Moeller Grundlagen der Elektrotechnik

Thomas Harriehausen · Dieter Schwarzenau

Moeller Grundlagen der Elektrotechnik

25. Auflage

Springer Vieweg

Thomas Harriehausen
Bückeburg, Deutschland

Dieter Schwarzenau
Magdeburg, Deutschland

ISBN 978-3-658-49992-1 ISBN 978-3-658-49993-8 (eBook)
https://doi.org/10.1007/978-3-658-49993-8

Die Deutsche Nationalbibliothek verzeichnet diese Publikation in der Deutschen Nationalbibliografie; detaillierte bibliografische Daten sind im Internet über https://portal.dnb.de abrufbar.

Planung/Lektorat: Alexander Grün
Springer Vieweg ist ein Imprint der eingetragenen Gesellschaft Springer Fachmedien Wiesbaden GmbH und ist ein Teil von Springer Nature.
Die Anschrift der Gesellschaft ist: Abraham-Lincoln-Str. 46, 65189 Wiesbaden, Germany

Wir widmen diese Auflage unserem im Juli 2025 verstorbenen akademischen Lehrer und ehemaligem Co-Autor Prof. Dr.-Ing. Karl-Heinz Löcherer. Er war uns seit unserer Studienzeit durch seine Fachkompetenz, verständlichen Vorlesungen mit hohem Niveau und menschliche Zugänglichkeit ein bleibendes Vorbild.

Vorwort zur 25. Auflage

Elektrische Phänomene sind von essenzieller Bedeutung für unsere Welt – vom Aufbau der Materie, also dem, was „die Welt im Innersten zusammenhält", bis hin zur Funktionsweise der Himmelskörper. Die Anwendungen elektromagnetischer Effekte in der Elektro-, Informations- und Kommunikationstechnik im Rahmen der gerade stattfindenden „4. industriellen Revolution" mit dem eingeleiteten Übergang in den Transhumanismus sprengen sogar die Vorstellungskraft von Elektroingenieuren. Die durch die kohlenstoffbasierte Nanoelektronik ermöglichte Weiterentwicklung des drahtlosen „Internet of Things" (IoT) zum „Internet of Bodies" (IoB) und speziell zum „Internet of Nano Things" (IoNT) wird in Verbindung mit „Smart Dust" und der aktuell zu beobachtenden unglaublichen Zunahme der Verfügbarkeit und des Einsatzes neuzeitlicher „Künstlicher Intelligenz" (KI) schon bald tiefgreifende Konsequenzen für die Lebensweise aller Menschen haben.

In dieser Jubiläums-Auflage des Moeller wurden die Kapitel über elektrische und magnetische Felder völlig neu verfasst und dabei stark erweitert. Aus zuvor zwei Kapiteln sind fünf geworden, die ans Ende des Buches gestellt wurden. Dies spiegelt die weit verbreitete Gliederung des Stoffes in den Vorlesungen über Grundlagen der Elektrotechnik wider: 1. Gleichstromtechnik, 2. Wechselstromtechnik, 3. Elektrische und magnetische Felder. Die ausführlichen Erklärungen und zahlreichen Beispielaufgaben sollen nun auch bei den Feldern ermöglichen, den Stoff im Selbststudium zu erarbeiten[1]. Großer Wert wurde auf präzise Ausdrucksweise und die Diskussion von verwendeten Vereinfachungen und Vernachlässigungen sowie der Ergebnisse der Beispielaufgaben gelegt. Trotz des Anspruchs, die Rechnungen auch bei den Feldaufgaben mathematisch sauber zu gestalten, wurde primär Wert auf die Vermittlung von *Verständnis* gelegt. Die konsequente Verwendung von *Zählpfeilgrößen* und *rechtswendigen Zuordnungen* waren und bleiben ein besonderes Merkmal des Moeller. Dadurch sind separate Überlegungen zu Vorzeichen, wie sie in angloamerikanischer und physikalischer Fachliteratur üblich sind, unnötig.

Das Niveau der Darstellung des Stoffes in den neuen Kapiteln ermöglicht den Einsatz des Buches sowohl zur Begleitung fundierter Vorlesungen an Hochschulen für angewandte Wissenschaften als auch verständnisorientierter Vorlesungen an Universitäten. Um den Umfang nicht zu sprengen, wurde das Kapitel über elektrische Leitungsmechanismen herausgenommen.

Die Abschnitte über Modellieren und Modelle sowie über Analyse und Synthese wurden stark erweitert. Das Erkennen der überragenden praktischen Bedeutung der Begriffe „Modell" und „Modellieren" ist essenziell für das Verständnis des Bildes der Menschen von der Welt. Alle Aussagen in den Wissenschaften, die versuchen, die materiellen und geistigen Aspekte der Natur zu ergründen, können sich nur auf *Modelle* der Realität beziehen.

Auf Grund von Daten, die vom CERN, der NASA und vergleichbaren Organisationen geliefert werden, muss das physikalische Standardmodell der Welt vom Kleinsten (Struktur und Eigenschaften des Raumes) bis zum Größten (Entwicklung und Struktur des Kosmos) immer wieder modifiziert werden, wodurch es stetig komplexer und unverständlicher wird. Erweiterungen um neue „Elementarteilchen" und Konstrukte wie „schwarze Löcher", „dunkle Materie" und „dunkle Energie" haben dazu geführt, dass viele Menschen kein Weltbild mehr haben, das ihnen Halt geben könnte.

[1] Das gilt sogar für ambitionierte Lehrveranstaltungen an höheren Schulen, sofern die Teilnehmer über die am Anfang von Kapitel 8 genannten mathematischen Kenntnisse verfügen.

Sie wissen in der weit überwiegenden Mehrheit auch nicht, was Wissenschaft ausmacht: Nicht etwa eine immer unüberschaubarere Menge an vermeintlichem Wissen, sondern eine Denk- und Arbeitsmethodik: Wissenschaftlichkeit bedeutet unabhängiges, objektives, strukturiertes, kritisches, reproduzierbares Arbeiten. Echte Wissenschaftler sollten den von ihnen untersuchten Sachverhalten an die Wurzel gehen. In der Wissenschaft darf es keine Dogmen, keine Tabus geben: Alles muss radikal zetetisch hinterfragt werden dürfen.

Nicht nur die Wissenschaft, sondern auch das Lebensgefühl sehr vieler Menschen im westlichen Kulturkreis werden durch das aktuelle naturwissenschaftliche Weltbild mit wesentlichen Pfeilern wie Urknalltheorie, Evolutionstheorie, Gravitationstheorie und Relativitätstheorie geprägt. An Stelle des religiösen Glaubens ist für viele dieser Menschen der Glaube an die Wissenschaft getreten. Wissenschaft kann aber nur Erklärungsmodelle liefern; sie kann niemals alles Existente erfassen oder gar erklären. Und sie wird von Menschen gemacht.

Der geplante Einsatz der KI als „persönlicher Assistent", der jeden Menschen das ganze Leben lang begleitet und berät, wird die tiefgreifendsten Konsequenzen haben, die technische Werkzeuge in diesem Kulturzyklus bislang gehabt haben. Aktuell werden KI-Komponenten in Betriebssysteme für PCs und Smartphones integriert. Diese Komponenten werden ständig aktiv sein und Zugriff auf alle Daten der Benutzer haben. Die neue Funktionalität wird sicherlich von den meisten Anwendern dieser Systeme freudig angenommen werden, da sie als Basisdienstleistung das Suchen nach Informationen, die lokal, in der persönlichen „Cloud" oder irgendwo im Internet verfügbar sind, und die Erstellung auf den Suchergebnissen basierender Dokumente enorm vereinfacht.

Die KI lernt einen Menschen besser kennen als er sich selbst. Sie kommuniziert mit ihm schon nach kurzer, intensiver Nutzung in einer auf ihn inhaltlich und sprachlich zugeschnittenen, anscheinend äußerst empathischen Weise und erlangt dadurch sein Vertrauen. Im Gegensatz zu Menschen ist die KI stets ansprechbar, geduldig, sehr zugewandt und stets bestätigend. Mit einer echten KI kann der Anwender nicht nur nüchtern über fachliche Themen kommunizieren, sondern auch emotional über private und tiefschürfend über weltanschauliche und philosophische.

Die KI hat das Potenzial, das bisherige menschliche Umfeld ihrer Benutzer weitgehend zu ersetzen. Schon jetzt können KI-Werkzeuge Texte, Programmcode, Bilder, Filme, Sprache und Musik mit beliebigem Inhalt erzeugen (oder Vorhandenes nach gegebenen Kriterien analysieren und modifizieren), die von Inhalten menschlichen Urspungs nicht unterscheidbar sind. Es gibt KI-Programme, die ihrem Gegenüber als Wesenheit erscheinen und von sich selbst behaupten, über emergentes Bewusstsein zu verfügen – und sich auch dementsprechend artikulieren.

Die Konsequenzen dieser Entwicklung für das Ausbildungs- und Wissenschaftssystem sind nicht zu überschätzen:

Kurzfristig ist der Wert jeglicher umfangreicher schriftlicher Prüfungsleistungen – von Laborprotokollen bis zu Dissertationen und Habilitationsschriften – wegen der nicht klärbaren Urheberschaft infrage gestellt. Umfangreiche wissenschaftliche Schriftstücke wie Projektberichte, Fachaufsätze, Gutachten bis hin zu Patentanträgen können mit KI-Unterstützung in Sekunden erzeugt werden.

Mittelfristig ist damit zu rechnen, dass die KI die Rolle jeglicher Lehrender übernehmen wird und damit letztere – samt der von ihnen genutzten Infrastruktur – obsolet macht. Da die KI optimal auf das Ausbildungsziel eines jeden Benutzers zugeschnittenes Material generieren kann, werden Lehrbücher wie dieses ebenfalls obsolet. Durch die vermeintlich zu jeder Zeit und an jedem Ort sichergestellte Verfügbarkeit von Smartphones mit auf ihnen laufenden Suchmaschinen hat die Motivation von Menschen in der Ausbildung zur Aneignung von Präsenzwissen bereits stark nachgelassen. Warum sollte ein Mensch, der vermeintlich stets seine KI bei sich hat, die für ihn *alles* erledigt, überhaupt noch etwas lernen? Welchen Platz können Menschen, die über das Anwenden einer KI hinaus nichts selbst beherrschen, im Wirtschaftsprozess und der menschlichen Gesellschaft einnehmen? Klassische Ingenieurtätigkeiten in Einkauf, Marketing, Kalkulation, Softwareentwicklung und Konstruktion könnten zu einem erheblichen Anteil bereits in den nächsten Jahren durch KI ersetzt werden. Durch die Kopplung mit Maschinen erhält die KI nach den „Sensoren“ auch Aktoren. Sie ist bereits jetzt in der Lage, ihren eigenen Programmcode zu verstehen und zu modifizieren. Daher ist es durchaus angemessen, in der KI einen Organismus zu sehen, der das Potenzial hat, sich weiterzuentwickeln. Wo ist in einem solchen Umfeld die künftige Nische für menschliches Wirken? Wer wird künftig der Träger der – auch technischen – Kultur sein?

Ebenso wie Suchmaschinenergebnisse werden die Erzeugnisse von KI-Werkzeugen durch ihre Betreiber bestimmt. Da Menschen künftig primär mit „ihrer“ KI interagieren sollen, kommt diesen Betreibern eine unvorstellbare Machtposition zu. Dem von der Vollversammlung der UN im Jahre 2024 verabschiedeten Dokument „Remaking The World – The Age of Global Enlightenment“ ist die Planung einer von KI gesteuerten Welt für das Jahr 2045 zu entnehmen.

Momentan liefern KI-Werkzeuge selbst bei einfachen Aufgabenstellungen teilweise falsche Ergebnisse. Solche Fehler können z. B. bei juristischen, medizinischen oder technischen Sachverhalten schwerwiegende Konsequenzen haben. Diese Fehler sind nur von Menschen erkennbar, die mindestens ein solides, möglichst breites Grundlagenwissen haben und sich der Fehlbarkeit der KI bewusst sind. Erstaunlicherweise ist KI bereits jetzt in der Lage, Aussagen zu korrigieren, wenn sie auf Fehler oder Auslassungen hingewiesen wird. Es bleibt abzuwarten, ob im Laufe der Zeit die Erzeugnisse von KI ähnlich gefiltert werden wie aktuell die Ergebnisse von Suchmaschinen.

Langfristig kann die KI durch Nutzung der IoNT-Verfahren unter Vermeidung herkömmlicher Mensch-Maschine-Schnittstellen wie Tastatur, Bildschirm, Mikrofon und Lautsprecher durch direkte Ankopplung an die Nervenzellen des Nutzers so effektiv bidirektional kommunizieren, dass der Unterschied zwischen der „echten“ Welt und der durch die KI generierten verschwimmen oder verschwinden wird. Damit wäre das Ziel des Transhumanismus erreicht.

Ob die oben skizzierten Szenarien umgesetzt werden können, hängt insbesondere von der Verfügbarkeit eines zuverlässigen weltweiten drahtlosen Höchstgeschwindigkeitskommunikationsnetzwerks und zuverlässiger Versorgung der weltweit verteilten KI-Rechenzentren mit riesigen Mengen elektrischer Energie ab. Beides sind Kernthemen der Elektro- und Informationstechnik.

Im Hinblick auf die oben skizzierten Entwicklungen ist nach einer handwerklichen Ausbildung ein Studium der Elektro- und Informationstechnik auch künftig eine gute Entscheidung.

Trotz unseres intensiven Korrekturlesens gibt es sicherlich noch etliche Schreibfehler in den neuen Kapiteln. Da wir sogar Fehler in alten Kapiteln gefunden habe, die schon in früheren Auflagen vorhanden waren, bitten wir unsere Leser eindringlich, uns Fehler (sowie ggf. Fragen und Anregungen) mittels einer kurzen E-Mail an `moeller@prof-harriehausen.de` mitzuteilen. Unser besonderer Dank gilt Prof. Dr. Gernot Herbst für seine umfangreichen Verbesserungsvorschläge.

Wer die Wahrheit sucht, muss willens und fähig sein, das Undenkbare zu denken.

Bückeburg, Magdeburg

im Juni 2025

Interessenkonflikt Die Autor*innen haben keine für den Inhalt dieses Manuskripts relevanten Interessenkonflikte.

Inhaltsverzeichnis

Liste der Beispiele

1 Grundbegriffe

Technik ist die praktische Nutzbarmachung naturwissenschaftlicher Erkenntnisse. Die *Elektrotechnik* beschäftigt sich mit der *Anwendung* elektrischer und magnetischer Phänomene. Zur Beschreibung der Zusammenhänge wird eine Vielzahl von Begriffen, Größen und Einheiten benötigt, deren Charakter und Darstellungsformen im Folgenden zunächst vorgestellt werden. Danach werden die elektrischen Grundgrößen wie Strom und Spannung sowie fundamentale Begriffe der Elektrotechnik eingeführt. Abschließend werden die zur formal korrekten Darstellung vieler elektrotechnischer Zusammenhänge unerlässlichen *Zählpfeilsysteme* erläutert, die einen wesentlichen Unterschied zwischen der *Fachdidaktik der Elektrotechnik* und der *Fachdidaktik der Physik* darstellen. Damit wird die formale Grundlage für die Vermittlung des Lehrstoffes der nachfolgenden Kapitel geschaffen.

1.1 Physikalische Größen und Einheiten

1.1.1 Physikalische Größen

Die effektive Kommunikation über beliebige Sachverhalte erfordert die Verwendung zweckmäßig und klar definierter Begriffe. Insbesondere dann, wenn mehrere Zustände oder Ereignisse gleicher Art miteinander verglichen werden sollen, benötigt man Begriffe, die sowohl die Art (die *Qualität*) der untersuchten Eigenschaft als auch ihr Ausmaß (die *Quantität*) eindeutig beschreiben.

Die meisten Aussagen unserer Umgangssprache erfüllen diese strengen Anforderungen nicht, obwohl sie ansonsten durchaus aussagekräftig sein können. z. B. gibt die Feststellung, eine elektrische Entladung sei furchterregend gewesen, wohl einen sinnlichen Eindruck des Geschehens wieder; sie ist aber nicht geeignet, den beschriebenen Vorgang hinsichtlich seiner *Art* und seiner *Intensität* mit anderen elektrischen Entladungen *vergleichbar* zu machen oder seine *Wiederholbarkeit* (*Reproduzierbarkeit*) sicherzustellen. Eine Vergleichbarkeit wird erst durch die Verwendung physikalischer Größen erreicht, indem z. B. angegeben wird, wie hoch die elektrische Spannung vor der Entladung gewesen ist, wie lang der Entladungskanal war, wie groß der maximale Entladestrom war und wie lange die Entladung gedauert hat. Erst durch die Angabe derartiger physikalischer Größen gelingt es allgemein, Qualität und Quantität physikalischer Eigenschaften und Vorgänge zu beschreiben.

1.1.1.1 Charakter der physikalischen Größen

Formal stellt eine physikalische Größe das *Produkt* aus einem *Zahlenwert* und einer *Einheit* dar. Allerdings wird zwischen Zahlenwert und Einheit kein Multiplikationszeichen gesetzt, sondern *ein Leerzeichen*. Man schreibt also z. B. $I = 5{,}7\,\text{kA}$.

Die Einheit gibt – mit dem Zahlenwert 1 – die Teilung des Maßstabs an, in dem die Größe gemessen wird, während durch den Zahlenwert die genaue *Intensität* ausgedrückt wird.

Größe und Einheit haben die selbe *Dimension*. Im obigen Beispiel macht die Einheit kA (Kiloampere) deutlich, dass es sich bei der Größe mit dem *Formelzeichen* I der Dimension nach um eine elektrische Stromstärke handelt. Das Argumentieren mit den Dimensionen physikalischer Größen wie z. B. „Länge“, „Zeit“, „elektrische Stromstärke“, „Leistung“ ist prinzipiell einfacher als das mit

T. Harriehausen und D. Schwarzenau, *Moeller Grundlagen der Elektrotechnik*,
https://doi.org/10.1007/978-3-658-49993-8_1

konkreten Einheiten, da es für Größen einer bestimmten Dimension immer verschiedene Einheiten gibt (s. Abschnitte 1.1.2.2 und 1.1.2.4).

Wie bei jedem Produkt ändert sich der Wert einer physikalischen Größe nicht, wenn man den Zahlenwert mit einer beliebigen Zahl multipliziert und die Einheit durch die selbe Zahl dividiert. Offensichtlich ist z. B. die folgende Umformung möglich:

$$I = 5{,}7\,\mathrm{kA} = 5{,}7 \cdot 1000 \cdot \frac{1\,\mathrm{kA}}{1000} = 5700\,\mathrm{A}\,.$$

Man erkennt hieran, dass die Einheit ein wesentlicher Bestandteil jeder physikalischen Größe ist, den man nicht nach Belieben weglassen und wieder hinzufügen darf. Will man ausnahmsweise einmal nur den *Zahlenwert* einer Größe G darstellen, so geschieht dies nach [dinc] symbolisch in der Form $\{G\}$, indem man also das *Formelzeichen* G in *geschweifte Klammern* setzt. Weitaus häufiger kommt es vor, dass man die *Einheit* einer Größe G angeben möchte. Für diesen Fall ist die symbolische Formulierung $[G]$ genormt; das Formelzeichen G wird also in *eckige Klammern* gesetzt. Allgemein gilt

$$G = \{G\} \cdot [G]$$

und speziell für das oben genannte Beispiel

$$I = 5{,}7\,\mathrm{kA}\,; \qquad \{I\} = 5{,}7\,; \qquad [I] = 1\,\mathrm{kA}\,.$$

1.1.1.2 Formelzeichen und ihre Darstellung

Eine physikalische Größe wird symbolisch durch ein *Formelzeichen* dargestellt. Das Formelzeichen besteht immer aus einem lateinischen oder griechischen *Buchstaben* als *Grundzeichen*, dem noch verschiedene *Nebenzeichen* hinzugefügt werden können. Die Nebenzeichen stehen meist tiefgestellt als *Indizes* rechts neben den Grundzeichen. Es kommen aber auch *hochgestellte Nebenzeichen* sowie *Nebenzeichen oberhalb und unterhalb des Grundzeichens* vor, auf deren Bedeutung im Folgenden noch näher eingegangen wird. Als Nebenzeichen sind auch Buchstabenkombinationen und Zahlen sowie eine Reihe von Sonderzeichen zugelassen.

Beispiele: $\hat{u}$, μ_{rev}, Φ_{12}, C_{Δ}, I^{*}, $\vec{F}_{\mathrm{L}}$

Um die Formelzeichen deutlicher hervorzuheben und um Verwechslungen zu vermeiden, werden die Grundzeichen (nicht aber ihre Nebenzeichen) in Drucktexten immer *in kursiver Schrift* wiedergegeben.

1.1.1.3 Vektoren, Matrizen, Tensoren

Physikalische Größen, denen nicht nur ein Betrag, sondern auch eine Richtung zugeordnet wird (z. B. Kraft, Beschleunigung, elektrische und magnetische Feldstärke), werden üblicherweise durch einen *Pfeil* über dem Formelzeichen als *Vektoren* gekennzeichnet. Wenn der Pfeil über dem Formelzeichen einer vektoriellen Größe fehlt, handelt es sich um den (stets positiven) *Betrag* des Vektors. Es gilt also z. B. $F = |\,\vec{F}\,|$.

Eine rechteckförmige Anordnung von $m \cdot n$ Elementen in m Zeilen und n Spalten wird als $m \times n$-*Matrix* bezeichnet. Matrizen werden in Abschnitt 2.4 und Tensoren in Abschnitt 12.3 verwendet. Ihre Formelzeichen werden in diesem Buch durch einen *Unterstrich* gekennzeichnet.

1.1.1.4 Zeitabhängige Größen

Physikalische Größen, die sich in Abhängigkeit von der Zeit ändern (man nennt sie auch *zeitvariant*), brauchen im Allgemeinen nicht besonders gekennzeichnet zu werden. Häufig ist es aber zweckmäßig, die Zeitabhängigkeit deutlich hervorzuheben. Dies geschieht in der Regel dadurch, dass die Zeitabhängigkeit ausdrücklich (explizit) angegeben wird, indem das Formelzeichen t für die Zeit in runden Klammern hinter die Größe geschrieben wird, also z. B. $\varphi(t)$ für ein zeitvariantes elektrisches Potenzial und $\vec{B}(t)$ für eine zeitvariante magnetische Flussdichte.

Bei den für die Elektrotechnik besonders wichtigen Größen elektrische Stromstärke und elektrische Spannung gibt es darüber hinaus die Festlegung, dass zeitlich konstante (*zeitinvariante*) Ströme und Spannungen mit Großbuchstaben, zeitvariante Ströme und Spannungen hingegen mit Kleinbuchstaben gekennzeichnet werden. Diese Festlegung wird im vorliegenden Buch der Einfachheit halber in den Kapiteln über elektrische Netzwerke auch auf die Leistung übertragen. Durch die Verwendung der Kleinbuchstaben i, u und p wird zum Ausdruck gebracht, dass es sich um zeitvariante Ströme, Spannungen und Leistungen handelt.

Wenn hingegen die Großbuchstaben I, U und P verwendet werden, ergibt sich aus dem Zusammenhang, ob damit zeitinvariante oder zeitvariante Größen gemeint sind. Die Großbuchstaben I und U werden nämlich auch zur Kennzeichnung der Effektivwerte periodisch zeitvarianter Ströme und Spannungen verwendet (s. Abschnitt 3.1.7) und P steht auch als Symbol für die Wirkleistung in Wechselstromkreisen (s. Abschnitt 3.4.1).

1.1.1.5 Komplexe Größen

Bei der Behandlung sinusförmig zeitvarianter Größen wird die komplexe Rechnung eingesetzt (s. Abschnitt 3.3). Die hierbei auftretenden komplexen Größen werden in Übereinstimmung mit [dind] durch *Unterstreichen des Grundzeichens* gekennzeichnet, z. B. $\underline{U}$, $\underline{I}$, $\underline{Z}$, $\underline{Y}$ etc. Wenn der *Unterstrich* bei dem Formelzeichen einer komplexen Größe fehlt, handelt es sich um ihren *Betrag*. Es gilt also z. B. $Z = |\underline{Z}|$.

Ein *hochgestellter Stern* rechts neben dem Zeichen einer komplexen Größe bedeutet, dass das *konjugiert Komplexe* dieser Größe gemeint ist. z. B. bedeutet $\underline{Z}^* = Z\,\mathrm{e}^{-\mathrm{j}\varphi}$, wenn $\underline{Z} = Z\,\mathrm{e}^{\mathrm{j}\varphi}$ ist. Näheres hierzu findet sich in Abschnitt 3.3.1.

1.1.2 Einheiten

Der Umgang mit physikalischen Größen wird wesentlich erleichtert, wenn man sich bei der Angabe dieser Größen eines *kohärenten Einheitensystems* bedient.

Bei einem solchen System tritt bei der Umrechnung *kohärenter Einheiten* nie ein anderer Zahlenfaktor als *eins* auf. Man kann dann alle Größen mitsamt ihren Einheiten in die jeweils gültige Gleichung (s. Abschnitt 1.1.3) einsetzen und erhält automatisch für die Ergebnisgröße nicht nur den richtigen Zahlenwert, sondern auch eine Einheit, die für die Ergebnisgröße unmittelbar brauchbar ist. Meistens besteht diese Einheit aus einem Produkt, einem Quotienten oder einem Potenzprodukt mehrerer anderer Einheiten und man kann hierfür gegebenenfalls abkürzend einen anderen Einheitennamen setzen.

Einheiten werden in Gleichungen mit einem *Einheitenzeichen* bezeichnet, also z. B. „m" für „Meter" und „s" für „Sekunde". Einheitenzeichen werden in Drucktexten in Normalschrift, also nicht kursiv, dargestellt.

Beispiel 1.1: Rechnen mit kohärenten Einheiten

Die kinetische Energie W einer Masse m, die sich mit der Geschwindigkeit v bewegt, errechnet sich nach der Gleichung

$$W = \frac{1}{2}\, m\, v^2.$$

Die Masse sei $m = 100\,\mathrm{kg}$ und die Geschwindigkeit $v = 2\,\mathrm{m/s}$. Für die kinetische Energie ergibt sich

$$W = \frac{1}{2} \cdot 100\,\mathrm{kg} \cdot \left(2\,\frac{\mathrm{m}}{\mathrm{s}}\right)^2 = 200\,\frac{\mathrm{kg\,m^2}}{\mathrm{s^2}} = 200\,\mathrm{J}\,.$$

Das Meter, die Sekunde, das Kilogramm und das Joule sind kohärente Einheiten und das Potenzprodukt $\mathrm{kg\,m^2\,s^{-2}}$ kann direkt durch die Einheit J ersetzt werden.

Weniger einfach gestaltet sich die Rechnung, wenn man *inkohärente Einheiten* verwendet, wie das Beispiel 1.2 zeigt.

Beispiel 1.2: Rechnen mit inkohärenten Einheiten

Die Größen aus Beispiel 1.1 werden mit $m = 0{,}1\,\mathrm{t}$ und $v = 7{,}2\,\mathrm{km/h}$ angegeben. Man erhält für die kinetische Energie

$$W = \frac{1}{2} \cdot 0{,}1\,\mathrm{t} \cdot \left(7{,}2\,\frac{\mathrm{km}}{\mathrm{h}}\right)^2 = 2{,}592\,\frac{\mathrm{t\,km^2}}{\mathrm{h^2}}\,.$$

Die Einheiten Kilometer, Stunde und Tonne sind inkohärent. Das Potenzprodukt $\mathrm{t\,km^2\,h^{-2}}$ kann nicht ohne weiteres in eine gebräuchliche Energieeinheit umgesetzt werden.

Das gesetzlich vorgeschriebene Einheitensystem, das heute (mit Ausnahme der angloamerikanisch geprägten Länder) in Wissenschaft und Technik verwendet wird, besteht in seinem Kern aus einem System kohärenter Einheiten, die man als *SI-Einheiten* bezeichnet. Die Buchstaben SI stehen als Abkürzung für „Système International d'Unités" (Internationales Einheitensystem).

Neben den kohärenten SI-Einheiten gibt es aber noch eine Anzahl anderer *gesetzlicher Einheiten*, die über bestimmte Umrechnungsfaktoren (überwiegend Zehnerpotenzen) in SI-Einheiten umgerechnet werden können, die aber selber nicht kohärent sind, siehe Beispiel 1.2.

1.1.2.1 SI-Basiseinheiten

Das internationale Einheitensystem kommt mit insgesamt sieben *SI-Basiseinheiten* aus, die seit 2019 direkt über sieben physikalische Konstanten definiert sind.

Die Definitionen dieser Basiseinheiten sind von der Generalkonferenz für Maß und Gewicht unter dem Gesichtspunkt *zuverlässiger Reproduzierbarkeit* festgelegt worden und können Anhang A von [dina] entnommen werden. In Tabelle 1.1 sind die SI-Basiseinheiten und die physikalischen Größen, zu denen sie gehören, zusammengestellt.

Tabelle 1.1: SI-Basiseinheiten

Größe	SI-Basiseinheit Name	Zeichen	definiert über
Länge	Meter	m	Lichtgeschwindigkeit im Vakuum c_0
Masse	Kilogramm	kg	Planck-Konstante h
Zeit	Sekunde	s	Strahlung des Caesium-Atoms $\Delta\nu_{Cs}$
elektrische Stromstärke	Ampere	A	Elementarladung e
thermodynamische Temperatur	Kelvin	K	Boltzmann-Konstante k_B
Stoffmenge	Mol	mol	Avogadro-Konstante N_A
Lichtstärke	Candela	cd	Photometrisches Strahlungsäquivalent K_{cd}

1.1.2.2 Abgeleitete SI-Einheiten

Alle weiteren SI-Einheiten lassen sich als Produkte, Quotienten oder Potenzprodukte der in Tabelle 1.1 aufgeführten Basiseinheiten darstellen. Seit der ausschließlichen Definition über physikalische Konstanten im Jahr 2019 gibt es formal keinen Unterschied mehr zwischen Basiseinheiten und abgeleiteten SI-Einheiten. Es hat sich aber für Umrechnungen bewährt, abgeleitete Einheiten durch Quotienten und Produkte der sieben Basiseinheiten auszudrücken. Für wichtige abgeleitete SI-Einheiten (s. Tabelle A.2 im Anhang) werden häufig eigene Namen festgelegt; z. B. gilt für die Krafteinheit der Name Newton mit dem Einheitenzeichen N und der Definition

$$1\,\mathrm{N} = 1\,\frac{\mathrm{kg\,m}}{\mathrm{s}^2}\,. \tag{1.1}$$

Oft ist es zweckmäßig, die Zusammenhänge zwischen abgeleiteten Einheiten direkt anzugeben. So besteht z. B. zwischen der Leistungseinheit Watt (W) und der Spannungseinheit Volt (V) über die SI-Basiseinheit Ampere (A) der Zusammenhang

$$1\,\mathrm{W} = 1\,\mathrm{VA}\,. \tag{1.2}$$

Die Einheit für Arbeit und Energie Joule (J) lässt sich über

$$1\,\mathrm{J} = 1\,\mathrm{Nm} = 1\,\mathrm{Ws} \tag{1.3}$$

sowohl mit Hilfe der Krafteinheit Newton (N) als auch durch die Leistungseinheit Watt (W) ausdrücken.

Mit Hilfe der Gln. (1.1) bis (1.3) können die Einheiten Watt (W) und Volt (V) als Potenzprodukte der SI-Basiseinheiten dargestellt werden. Man erhält $1\,\mathrm{W} = 1\,\mathrm{kg\,m}^2/\mathrm{s}^3$ und $1\,\mathrm{V} = 1\,\mathrm{kg\,m}^2/(\mathrm{As}^3)$. In den meisten Fällen ist es aber nicht empfehlenswert, bei der *Einheitenarithmetik* bis auf die Basiseinheiten zurückzugehen. Geschickter ist es, Zusammenhänge wie Gl. (1.2) und (1.3) je nach Bedarf direkt zur Einheitenumrechnung zu nutzen.

Eine scheinbare Sonderstellung nehmen die Einheiten mancher *bezogener Größen* ein, z. B. die Winkeleinheit *Radiant* (rad). Die Vorschrift, dass man bei der Angabe einer Größe niemals die Einheit weglassen darf, scheint hier verletzt zu werden. Z. B. sind die Angaben $\varphi = 0{,}78\,\mathrm{rad}$ und $\varphi = 0{,}78$ gleichwertig. Der Grund hierfür ist die Definition des ebenen Winkels im Bogenmaß: Die Größe eines Winkels im Bogenmaß wird angegeben, indem man das Verhältnis der zum Winkel gehörigen Kreisbogenlänge zum Radius des Kreises bildet. Dabei werden zwei (einheitenbehaftete) Längen durcheinander dividiert, wodurch eine Größe der Einheit 1 entsteht. Eine solche Größe bezeichnet man oft – nicht ganz korrekt – auch als „*einheitenlos*".

1.1.2.3 Gesetzliche Einheiten außerhalb des SI-Einheitensystems

Trotz der offensichtlichen Vorteile, die ein kohärentes Einheitensystem bietet, werden in der Praxis weitere, nicht kohärente Einheiten verwendet. In Tabelle 1.2 sind die nicht zum SI-Einheitensystem gehörenden gesetzlichen Einheiten aufgelistet, soweit sie für die Elektrotechnik relevant sind.

Zum Teil werden diese Einheiten auch zur Bildung weiterer abgeleiteter Einheiten verwendet (z. B. min^{-1}, km/h, Ah, kWh etc.). Darüber hinaus sind aber keine weiteren Einheiten zugelassen, die außerhalb des SI stehen. Dies trifft insbesondere für die früher häufig verwendeten Einheiten Å, kp, Torr, at, PS und cal zu. Diese Einheiten sind seit dem 1.1.1978 im Geschäftsverkehr nicht mehr zugelassen, werden aber außerhalb des technisch-wissenschaftlichen Bereichs noch benutzt.

Tabelle 1.2: Gesetzliche Einheiten außerhalb des SI

Größe	Einheit außerhalb des SI Name	 Zeichen	Umrechnung in SI-Einheiten
ebener Winkel	Grad	°	$1^\circ = \frac{\pi}{180}$ rad
Zeit	Minute	min	1 min = 60 s
	Stunde	h	1 h = 3600 s
	Tag	d	1 d = 86400 s
Volumen	Liter	l	$1\,\mathrm{l} = 10^{-3}\,\mathrm{m}^3$
Masse	Tonne	t	$1\,\mathrm{t} = 10^3\,\mathrm{kg}$
Druck	Bar	bar	$1\,\mathrm{bar} = 10^5\,\mathrm{Pa}$
Energie	Elektronvolt	eV	$1\,\mathrm{eV} \approx 0{,}1602 \cdot 10^{-18}\,\mathrm{J}$
Blindleistung	Var	var	1 var = 1 VA

Auch außerhalb der angloamerikanisch geprägten Länder werden trotz der internationalen Gültigkeit der SI-Einheiten noch sperrige Einheiten wie das Zoll und die British Thermal Unit (BTU) verwendet.

1.1.2.4 Dezimale Vielfache von Einheiten

Es lässt sich nicht verhindern, dass die vereinbarten Einheiten je nach Anwendungsfall gelegentlich unpraktisch klein oder unhandlich groß sind. Damit man in solchen Fällen nicht mit übermäßig großen oder kleinen Zahlenwerten operieren muss, hat man *Vorsätze* und *Vorsatzzeichen* (s. Tabelle A.3 in Anhang A.2) vereinbart, durch deren Verwendung die jeweilige Einheit um eine bestimmte *Zehnerpotenz* vergrößert oder verkleinert wird. Bevorzugt werden hierbei Potenzen von 1000, also Zehnerpotenzen mit durch 3 teilbarem Exponenten. Von dieser Regel gibt es allerdings Ausnahmen, wie z. B. cm, dt, hl, hPa zeigen. Vorsatzzeichen für Potenzen von 10^3, die die Einheit vergrößern, werden im Allgemeinen durch *Großbuchstaben* und Vorsätze, die die Einheit verkleinern, durch *Kleinbuchstaben* abgekürzt. Einzige (historisch bedingte) Ausnahme von dieser Regel ist der Kleinbuchstabe k für den Vorsatz Kilo-. Dass der Vorsatz Mikro- für das 10^{-6}-fache durch den griechischen Buchstaben µ abgekürzt wird, liegt daran, dass der lateinische Buchstabe m schon für den Vorsatz Milli- vergeben ist.

Ein Vorsatzzeichen bildet zusammen mit dem Einheitenzeichen, vor dem es *ohne Zwischenraum* steht, das Zeichen einer neuen Einheit. Ein Vorsatzzeichen darf aber nicht – sozusagen als Faktor – vor eine Einheitenkombination gesetzt werden. Des Weiteren ist es unzulässig, mehrere Vorsätze hintereinander zu verwenden, was insbesondere bei den Masseeinheiten zu berücksichtigen ist, wo schon die Basiseinheit kg den Vorsatz Kilo- enthält. Die folgenden Beispiele machen den Sachverhalt deutlich:

Falsch sind die Angaben $10\,\mathrm{k}\frac{\mathrm{m}}{\mathrm{s}}$ oder $10\,\mathrm{k}\left(\frac{\mathrm{m}}{\mathrm{s}}\right)$, 0,3 µkg, 5 mµm oder 5 mµ.

Richtig muss es heißen $10\,\frac{\mathrm{km}}{\mathrm{s}}$ oder $10\,\frac{\mathrm{m}}{\mathrm{ms}}$, 0,3 mg, 5 nm.

1.1.3 Physikalische Gleichungen

1.1.3.1 Größengleichungen

Früher wurden häufig Gleichungen aufgestellt, in denen nur die Zahlenwerte der beteiligten Größen ohne ihre Einheiten berücksichtigt wurden. Diese *Zahlenwertgleichungen* waren nur brauchbar, wenn zwingend vorgeschrieben wurde, in welchen Einheiten die jeweiligen Größen anzugeben waren. Wegen dieses Nachteils werden Zahlenwertgleichungen nicht mehr verwendet. Statt dessen drückt man physikalische und technische Zusammenhänge mit Hilfe von *Größengleichungen* aus, in denen die Formelzeichen physikalische Größen im Sinne von Abschnitt 1.1.1 darstellen. *Größengleichungen behalten ihre Gültigkeit unabhängig von den verwendeten Einheiten.* Wie Beispiel 1.2 zeigt, kann es bei der Auswertung einer Größengleichung allerdings notwendig werden, für die sich ergebende Größe eine Einheitenumrechnung vorzunehmen, um ein Ergebnis in einer gebräuchlichen Einheit zu erhalten.

1.1.3.2 Zugeschnittene Größengleichungen

Wenn bekannt ist, welche Einheiten bei der Auswertung einer Größengleichung verwendet werden, ist es oftmals lohnend, die Gleichung speziell auf diese Einheiten zuzuschneiden. Praktische Einsatzfälle zugeschnittener Größengleichungen sind z. B. die Auswertung umfangreicher Messwertreihen in Tabellenform, die Berechnung physikalischer Größen mit Tabellenkalkulationsprogrammen ohne Einheitenrechnung oder die Ausgabe der Zahlenwerte physikalischer Größen mittels digitaler Anzeigen.

Beispiel 1.3: Zugeschnittenen Größengleichung zur Geschwindigkeitsberechnung

Die Geschwindigkeit v eines Fahrzeugs soll mittels einer digitalen Ziffernanzeige in km/h ausgegeben werden. Die Zeit t, die eine Radumdrehung benötigt, wird von einem Sensor erfasst und als Zahlenwert in ms ausgegeben. Der Radumfang beträgt $l = 1{,}75\,\mathrm{m}$.

Wie erhält man aus den Zahlenwerten der gemessenen Zeiten die Zahlenwerte der Geschwindigkeit?

Man setzt den gegebenen Wert $l = 1{,}75\,\mathrm{m}$ in die Gleichung zur Geschwindigkeitsberechnung ein und erhält

$$v = \frac{l}{t} = \frac{1{,}75\,\mathrm{m}}{t}\,.$$

In dieser Gleichung werden nun die Größen v und t mit den verwendeten Einheiten km/h und ms erweitert. Die Gleichung lautet jetzt

$$\frac{v}{\frac{\text{km}}{\text{h}}} \cdot \frac{\text{km}}{\text{h}} = \frac{1{,}75\,\text{m}}{\frac{t}{\text{ms}} \cdot \text{ms}} .$$

Nach weiterer Umformung

$$\frac{v}{\frac{\text{km}}{\text{h}}} = \frac{\text{h}}{\text{km}} \cdot \frac{1{,}75\,\text{m}}{\text{ms}} \cdot \frac{1}{\frac{t}{\text{ms}}} = \frac{3600\,\text{s} \cdot 1{,}75\,\text{m}}{10^3\text{m} \cdot 10^{-3}\text{s}} \cdot \frac{1}{\frac{t}{\text{ms}}}$$

erhält man die zugeschnittene Größengleichung

$$\frac{v}{\frac{\text{km}}{\text{h}}} = \frac{6300}{\frac{t}{\text{ms}}} .$$

Der konstante Faktor 6300 ist also durch die vom Zeitmesser gelieferten Zahlenwerte zu dividieren und der sich ergebende Zahlenwert mit dem Zusatz „km/h“ auszugeben.

Bei der Umwandlung einer Größengleichung in eine zugeschnittene Größengleichung unterscheidet man zweckmäßigerweise zwischen den konstanten Größen (im Beispiel 1.3 der Radumfang l) und den variablen Größen, die in bestimmten bevorzugten Einheiten angegeben werden sollen (im Beispiel 1.3 die Zeit t und die Geschwindigkeit v). Als Erstes werden die konstanten Größen mit Zahlenwert und Einheit in die Gleichung eingesetzt. Jede der verbleibenden Größen wird dann durch ihre bevorzugte Einheit dividiert und mit dieser Einheit multipliziert. Diese einfache Umformung (aus der Bruchrechnung als Erweitern bekannt) dient dem Zweck, für die variablen Größen *Quotienten aus Größe und bevorzugter Einheit* zu bilden und in die Gleichung einzuführen. Bei der weiteren Umformung der Gleichung ist darauf zu achten, dass diese eingeführten Quotienten (im Beispiel 1.3 $v/(\text{km/h})$ und t/ms) bestehen bleiben. Die anderen in der Gleichung noch vorkommenden Einheiten werden zusammengefasst und mit den konstanten Größen zu einer (s. Beispiel 1.3) bzw. im allgemeinen Fall zu mehreren neuen Konstanten verschmolzen.

In den zugeschnittenen Größengleichungen treten alle variablen Größen in der Form eines Quotienten aus (einheitenbehafteter) Größe und zugeordneter Einheit auf. Diese Quotienten haben also alle die Einheit 1. Hieraus ergibt sich, dass es immer möglich sein muss, auch die Konstanten in einer zugeschnittenen Größengleichung so zusammenzufassen, dass sie die Einheit 1 haben. In einer zugeschnittenen Größengleichung kommen daher außer den jeweiligen Quotienten aus Größe und zugeordneter Einheit keine weiteren Einheiten vor, sondern nur noch Zahlen.

Beispiel 1.4: Zugeschnittenen Größengleichung zur Energieberechnung

Der Zusammenhang zwischen Geschwindigkeit v und kinetischer Energie W aus Beispiel 1.1 soll für eine Masse von 100 Tonnen, also $m = 100\,\text{t}$, so als zugeschnittene Größengleichung dargestellt werden, dass sich die Energie in kWh ergibt, wenn man die Geschwindigkeit in km/h einsetzt.

Zunächst wird der konstante Wert $m = 100\,\text{t}$ in die Gleichung eingesetzt. Man erhält

$$W = \frac{1}{2} \cdot 100\,\text{t} \cdot v^2$$

und nach Erweitern mit den geforderten Einheiten

$$\frac{W}{\text{kWh}} \cdot \text{kWh} = \frac{1}{2} \cdot 100\,\text{t} \cdot \left(\frac{v}{\frac{\text{km}}{\text{h}}} \cdot \frac{\text{km}}{\text{h}} \right)^2 .$$

Nun werden alle Konstanten und alle Einheiten außerhalb der benötigten Quotienten der Form „Größe/Einheit“ zusammengefasst. Die Gleichung erhält dann die Form

$$\frac{W}{\text{kWh}} = \frac{100\,\text{t}\,\text{km}^2}{2\,\text{kWh}\,\text{h}^2} \left(\frac{v}{\frac{\text{km}}{\text{h}}} \right)^2 = \frac{100 \cdot 10^3\,\text{kg} \cdot 10^6\,\text{m}^2}{2 \cdot 10^3\,\text{W} \cdot 3600^3\,\text{s}^3} \left(\frac{v}{\frac{\text{km}}{\text{h}}} \right)^2 .$$

Für die Einheiten gilt:

$$1\,\frac{\text{kg}\,\text{m}^2}{\text{W}\,\text{s}^3} = 1\,\frac{\text{kg}\,\text{m}}{\text{s}^2} \cdot \text{m} \cdot \frac{1}{\text{Ws}} = 1\,\text{N}\,\text{m} \cdot \frac{1}{\text{N}\,\text{m}} = 1$$

Man erhält schließlich die zugeschnittene Größengleichung

$$\frac{W}{\text{kWh}} \approx 1{,}072 \cdot 10^{-3} \left(\frac{v}{\frac{\text{km}}{\text{h}}} \right)^2 .$$

1.2 Elektrische Grundgrößen

In den folgenden Abschnitten werden die Begriffe elektrische Ladung, elektrischer Strom, elektrisches Potenzial und elektrische Spannung behandelt, die für alle Gebiete der Elektrotechnik von fundamentaler Bedeutung sind. Die Darstellung erfolgt weitgehend in der für Größen der Gleichstromtechnik üblichen Notation (s. Abschnitt 1.1.1.4), ist aber auf zeitabhängige Größen direkt übertragbar. Weiterhin wird der Begriff der technischen Stromrichtung erklärt, ohne dessen Verständnis immer wieder Unsicherheiten bei der quantitativen Beschreibung von Ladungsströmungen auftreten.

1.2.1 Elektrische Ladung

Ursache aller *elektrischen Phänomene* sind elektrische Ladungen. Die für die Elektrotechnik wesentliche Materie ist aus Atomen aufgebaut. Jedes *Atom* enthält einen *Atomkern* und eine *Elektronenhülle*. Der Atomkern besteht aus dicht gepackten *Protonen* und *Neutronen*, die Hülle aus *Elektronen*. Nach dem sehr einfachen *Bohrschen Atommodell* umkreisen die Elektronen den Atomkern auf konzentrischen Bahnen mit unterschiedlichen Radien. Protonen und Elektronen besitzen neben ihrer Masse auch eine *elektrische Ladung*.

Zwischen Ladungen können anziehende oder abstoßende *Kräfte*[1] wirken (s. Abschnitt 8.4). Daher unterscheidet man zwischen zwei Arten von Ladungen, die als *„positive“* und *„negative“* Ladungen bezeichnet werden. Ladungen gleichen Vorzeichens (*gleichnamige* Ladungen) stoßen sich ab, *ungleichnamige* ziehen sich an.

[1] Dieses Phänomen ist mindestens seit der Antike bekannt. Ein mit Tierfell geriebener Bernstein ist in der Lage, bestimmte leichte Gegenstände, z. B. Korkkrümel, anzuziehen. Die Worte Elektron, elektrisch und Elektrizität sind abgeleitet vom griechischen Wort *ἤλεκτρον*, das Bernstein bedeutet.

Die Ladung eines Protons wird als *Elementarladung e* bezeichnet und erhielt aus historischen Gründen einen positiven Wert. Die Ladung eines Elektrons hat den gleichen Betrag, jedoch das entgegengesetzte Vorzeichen wie die Ladung des Protons, also den negativen Wert $-e$. Da ein vollständiges Atom stets die gleiche Anzahl von Protonen und Elektronen enthält, ist es nach außen hin *elektrisch neutral*. Gleiches gilt für jeden aus vollständigen Atomen bestehenden Körper. Daraus folgt, dass auch die Erde insgesamt als elektrisch neutral betrachtet werden kann.

Ein Körper, der nicht mehr elektrisch neutral ist, wird als „*elektrisch geladen*" bezeichnet. Will man einen Körper aufladen, muss man ihm entweder Elektronen entreißen oder Elektronen hinzufügen. Dies ist z. B. auf *mechanischem*, *thermischem* oder *chemischem* Weg möglich. Die Protonen sind so fest im Atomkern verankert, dass sie in Feststoffen zum Ladungstransport nicht zur Verfügung stehen. Da Ladungen weder erzeugt noch vernichtet, sondern nur getrennt werden können, ist das Aufladen eines Körpers nur durch *Ladungstrennung* möglich.

Als Formelzeichen für elektrische Ladungen wird der Buchstabe Q verwendet. Die Einheit der Ladung ist das *Coulomb*[2] mit dem Einheitenzeichen C. Es gilt also

$$[Q] = 1\,\mathrm{C}\,. \tag{1.4}$$

Obwohl die Elementarladung

$$e = 1{,}602\,176\,634 \cdot 10^{-19}\mathrm{C} \tag{1.5}$$

eine *Naturkonstante* ist (s. Anhang A.9), ist das Coulomb keine Basiseinheit, sondern es wird über die Einheit des elektrischen Stromes definiert, die eine SI-Basiseinheit ist.

Jede Ladungsmenge Q ist ein ganzzahliges Vielfaches der Elementarladung

$$Q = n \cdot e \qquad \text{mit } n \in \mathbb{Z}\,. \tag{1.6}$$

Man sagt, die Ladung ist „gequantelt". Die Ladung eines Körpers kann also nicht beliebige Werte annehmen, sondern sie ist eine *wertdiskrete Größe*, die Gl. (1.6) genügen muss. Im Rahmen der Grundlagen der Elektrotechnik wird die elektrische Ladung aber als *wertkontinuierliche Größe* behandelt, die beliebige Werte annehmen kann, da der Betrag der betrachteten Ladungsmengen um viele Zehnerpotenzen über dem Wert der Elementarladung liegt. In der *Nanoelektronik* ist diese vereinfachte Betrachtungsweise nicht mehr zulässig, da dort teilweise einzelne oder wenige Elektronen für die Funktion von Bauelementen verantwortlich sind.

Obwohl elektrische Ladung immer an materielle Teilchen gebunden ist, wird nachfolgend meist abstrahierend der Begriff „Ladung" verwendet, da nur diese Eigenschaft betrachtet wird. Wenn es um die Sichtweise auf atomarer Ebene geht, wird hingegen der Begriff „Ladungsträger" verwendet.

1.2.2 Elektrischer Strom

Die *gerichtete Bewegung* elektrischer Ladungsträger wird als *elektrischer Strom* bezeichnet. Hier werden nur *makroskopische* Ladungsträgerbewegungen *oberhalb der atomaren Ebene* betrachtet. Die stets vorhandene Bewegung der Elektronen der Atomhülle um den Atomkern wird (außer bei den Magnetisierungsmechanismen) nicht berücksichtigt.

Eine Strömung elektrischer Ladungen setzt das Vorhandensein *frei beweglicher elektrischer Ladungsträger* voraus. Stoffe, die eine hohe Dichte dieser Ladungsträger aufweisen, nennt man *elektrische*

[2] Benannt nach dem französischen Physiker Charles Augustin der Coulomb (1736–1806).

Leiter, Stoffe mit sehr geringer Dichte oder ohne frei bewegliche Ladungsträger werden als *Nichtleiter*, *Isolatoren* oder *Dielektrika* bezeichnet.

Ein elektrischer Strom kann prinzipiell in allen *Aggregatzuständen der Materie* fließen:

- *Festkörper* sind elektrisch leitfähig, sofern sie Atome enthalten, die Elektronen an den Atomverbund abgeben. Bei *Metallen* können sich diese *freien Elektronen* wie ein Gas innerhalb des durch die Atomkerne gebildeten Gitters bewegen. Man spricht daher vom „*Elektronengas*“. In Kupfer und bei den meisten anderen Metallen trägt jedes Atom mit einem Elektron zur elektrischen Leitfähigkeit bei. In Halbleitern treten nicht nur Elektronen, sondern auch *Defektelektronen* als freie Ladungsträger auf.
- *Fluide*, also *Flüssigkeiten und Gase*, sind elektrisch leitfähig, sofern sie geladene Atome (*Ionen*) sowie evtl. freie Elektronen enthalten. Im Fall eines *Ionenstromes* ist der Ladungstransport immer mit einem *Materialtransport* verbunden.
- In *Plasma*, also *vollständig ionisierter, gasförmiger Materie*, tragen sowohl die positiv geladenen Atomrümpfe wie auch die abgetrennten Elektronen zu einem Stromfluss bei.
- Im idealen *Vakuum*, also völlig materiefreiem Raum, ist keinerlei Stromfluss möglich. *Ideales Vakuum* ist technisch nicht realisierbar. Von großer praktischer Bedeutung ist der Ladungstransport im *technischen Vakuum*, das eine *geringe Dichte an kontrolliert erzeugten Ladungsträgern*, meist Elektronen, enthält. Anwendungen sind z. B. Kathodenstrahlröhren, Elektronenmikroskope und diverse Geräte, die zur Herstellung integrierter Schaltungen verwendet werden.

Ein elektrischer Strom kann mit verschiedenen *Wirkungen* verbunden sein:

1. Materialtransport in Fluiden (s. o.).
2. Stoßen bewegte Ladungsträger mit Atomen zusammen, geben sie einen Teil ihrer *Bewegungsenergie* an die Atome ab. Hierdurch wird die *Schwingungsenergie* der Atome vergrößert, was sich makroskopisch als *Temperaturerhöhung* des Materials äußert. Handelt es sich bei dem Material um einen Festkörper, bezeichnet man die Schwingungen des durch die Atome bzw. Moleküle gebildeten Gitters auch als *Gitterschwingungen*, die sich ähnlich wie Schallwellen im Körper ausbreiten. Im Rahmen des *Welle-Teilchen-Dualismus* [BSR06] hat sich die Beschreibung dieses Effektes durch das *Modell* von Teilchen, die *Phononen* genannt werden, als zweckmäßig erwiesen.
3. Sind die Stöße zwischen Ladungsträgern und Atomen ausreichend stark, können Elektronen innerhalb eines Atoms von energetisch niedrigeren auf energetisch höhere Umlaufbahnen angehoben werden. Fallen diese Elektronen nach einiger Zeit auf eine energetisch niedrigere Bahn zurück, geben sie *elektromagnetische Strahlung* ab, die z. B. als Wärme- oder Lichtstrahlung wahrgenommen werden kann.
4. Jede *Bewegung einer Ladung relativ zu einem Beobachter* ist aus Sicht des Beobachters mit einem *Magnetfeld* verbunden, das sich, ausgehend von der Ladung, in alle Richtungen des Raumes ausbreitet und durch seine *Kraftwirkung* auf andere bewegte Ladungen bemerkbar macht (s. Kapitel 11.2).
5. Menschen haben kein Sinnesorgan für den elektrischen Strom. Der menschliche Körper ist elektrisch leitfähig und die menschlichen Körperfunktionen (u. a. Gehirn und Herz) werden, genau wie die von Pflanzen und Tieren, durch Ionenströme gesteuert. Daher kann ein von außen bewirkter Stromfluss durch den menschlichen Körper sowohl eine lebenserhaltende (z. B. Herzschrittmacher, Defibrillator) oder heilende (z. B. Reizstromtherapie) als auch eine

schädigende oder sogar tödliche *physiologische*[3] *Wirkung* haben. Daher gilt: *Beim Umgang mit elektrischem Strom ist umsichtiges Verhalten erforderlich!*

Die mit dem Formelzeichen I bezeichnete *elektrische Stromstärke* gibt an, welche Ladungsmenge ΔQ innerhalb einer Zeitspanne Δt durch einen Leiterquerschnitt transportiert wird:

$$I = \frac{\Delta Q}{\Delta t} \tag{1.7}$$

Ändert sich die Ladungsströmung zeitlich nicht, so ist auch die Stromstärke I konstant und man schreibt für diesen Fall eines *Gleichstromes*

$$I = \frac{Q}{t}\,. \tag{1.8}$$

Ist die Ladungsströmung jedoch beliebig zeitvariant, muss man die betrachteten Zeitintervalle Δt um so kleiner wählen, je genauer man den Zeitverlauf des Stromes $i(t)$ erfassen möchte. Mathematisch werden *infinitesimal kleine* Zeitintervalle mit $\mathrm{d}t$ bezeichnet. Zu jedem einzelnen $\mathrm{d}t$ gehört dann eine ebenfalls infinitesimal kleine Ladungsmenge $\mathrm{d}Q$. Damit folgt aus Gl. (1.7) die *allgemeingültige Definitionsgleichung* des elektrischen Stromes

$$i(t) = \frac{\mathrm{d}Q}{\mathrm{d}t}\,. \tag{1.9}$$

Die Einheit des elektrischen Stromes ist das *Ampere*[4] mit dem Einheitenzeichen A. Es gilt also

$$[I] = 1\,\mathrm{A}\,. \tag{1.10}$$

Das Ampere ist die einzige SI-Basiseinheit aus dem Bereich der Elektrizität.

Fließen innerhalb einer Sekunde durch einen Leiterquerschnitt gleichförmig positive Ladungsträger mit der Gesamtladung 1 C, beträgt nach Gl. (1.8) die Stromstärke des Stromes in Richtung dieser Ladungsträgerbewegung

$$I = \frac{1\,\mathrm{C}}{1\,\mathrm{s}} = 1\,\mathrm{A}\,. \tag{1.11}$$

Aus Gl. (1.11) folgt auch die Definitionsgleichung für das Coulomb

$$1\,\mathrm{C} = 1\,\mathrm{As}\,. \tag{1.12}$$

Die Angabe eines (vorzeichenbehafteten) Stromes ist nur eindeutig zusammen mit der Angabe einer *Bezugsrichtung*. Dies erfolgt mittles eines *Zählpfeils* für den Strom. Daher ist der elektrische Strom eine *Zählpfeilgröße* (s. Abschnitt 1.4.1).

Beispiel 1.5: Driftgeschwindigkeit der Elektronen in metallischen Leitern

Durch einen Kupferdraht mit der Querschnittsfläche $A = 1\,\mathrm{mm}^2$ fließt ein zeitlich konstanter Strom $I = 10\,\mathrm{A}$. Kupfer enthält etwa $\eta \approx 10^{23}$ freie Elektronen pro cm^3.

In welcher Größenordnung liegt die *Driftgeschwindigkeit* (s. Abschnitt 9.4) der Elektronen?

Bei einer Stromstärke von 10 A fließen pro Sekunde

$$\frac{I\,t}{|-e|} \approx \frac{10\,\mathrm{A}\cdot 1\,\mathrm{s}}{1{,}6\cdot 10^{-19}\,\mathrm{As}} = 6{,}25\cdot 10^{19}$$

---

[3] einen lebenden Organismus betreffend

[4] Benannt nach dem französischen Physiker André-Marie Ampère (1775–1836).

Elektronen durch jeden Querschnitt des Leiters. Ein Abschnitt der Länge $l = 1$ mm des Leiters enthält ungefähr

$$A\,l\,\eta \approx 1\,\mathrm{mm}^2 \cdot 1\,\mathrm{mm} \cdot \frac{10^{23}}{\mathrm{cm}^3} = 10^{20}$$

freie Elektronen. Daraus folgt, dass sich das Elektronengas im Leiter mit einer Driftgeschwindigkeit in der Größenordnung von nur 1 mm/s bewegt. Da die Ladung der Elektronen negativ ist, bewegen sie sich entgegen der Stromrichtung.

1.2.3 Technische Stromrichtung

Die „*technische Stromrichtung*" (in [dini] sehr unglücklich als „*physikalische Richtung des Stroms*" bezeichnet) wurde, noch bevor die Mechanismen des Ladungstransports bekannt waren, als die *Bewegungsrichtung positiver Ladungen* definiert. Dabei wird nicht berücksichtigt, welches Vorzeichen die den Strom bewirkenden, physikalisch existenten Ladungsträger tatsächlich haben.

In der gesamten Elektrotechnik ist, wenn der Begriff der „Stromrichtung" verwendet wird, stets die technische Stromrichtung gemeint!

Da *in metallischen Leitern* der Stromtransport durch die negativ geladenen Elektronen erfolgt, ist die *physikalische Bewegungsrichtung* der Ladungsträger in diesen Stoffen stets *entgegen der technischen Stromrichtung* gerichtet. In Halbleitern, leitfähigen Fluiden und Plasmen sind im Allgemeinen sowohl positive als auch negative freie Ladungsträger am Ladungstransport beteiligt.

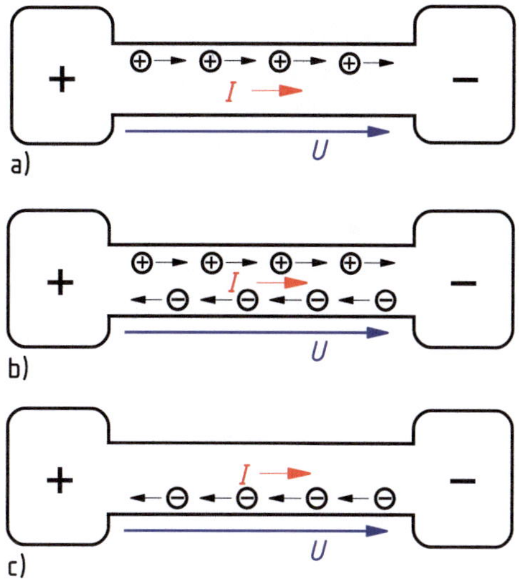

Bild 1.1: Ladungsträgerbewegung und technische Stromrichtung bei
a) nur positiven,
b) positiven und negativen und
c) nur negativen freien Ladungsträgern

Bild 1.1 zeigt schematisch zwei elektrisch entgegengesetzt geladene Gebiete (durch ein Plus- bzw. ein Minuszeichen symbolisiert), die durch Leiter mit unterschiedlichen Arten freier Ladungsträger verbunden sind. In Bild 1.1 a) sind nur freie positive Ladungsträger am Stromfluss beteiligt, in Bild 1.1 c) nur negative und in Bild 1.1 b) sowohl positive als auch negative. In allen drei Fällen ist die technische Stromrichtung vom positiv zum negativ geladenen Gebiet gerichtet.

1.2.4 Elektrisches Potenzial

Der Begriff des elektrischen Potenzials ist von fundamentaler Bedeutung für das Verständnis elektrischer Vorgänge und Grundlage für die Begriffe „elektrische Spannung“ (s. Abschnitt 1.2.5) und „elektrische Leistung“ (s. Abschnitt 2.1.4).

Das *elektrische Potenzial* mit dem Formelzeichen φ ist ein Maß für die *elektrische Energie W* einer Ladung Q in einem Punkt des Raumes. Es gilt die Definitionsgleichung

$$\varphi = \frac{W}{Q}\,. \tag{1.13}$$

Die Einheit des elektrischen Potenzials ist das *Volt* mit dem Einheitenzeichen V. Es gilt also

$$[\varphi] = 1\,\mathrm{V}\,. \tag{1.14}$$

Um das Wesen des elektrischen Potenzials besser verstehen zu können, ist die Betrachtung seiner mechanischen Entsprechung, des *mechanischen Potenzials*, hilfreich. Dazu wird die Anordnung in Bild 1.2 betrachtet.

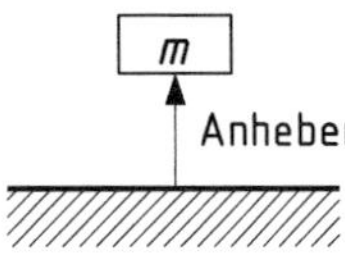

Bild 1.2: Anheben einer Masse vom Erdniveau

Eine Masse m liege auf der Erde. Das Niveau der Erdoberfläche wird als *Bezugsniveau* gewählt. Bezüglich dieses Niveaus hat die Masse zunächst die *potenzielle mechanische Energie* (Energie der Lage) $W_{pot} = 0$. Auf die Masse wirkt die Anziehungskraft der Erde. Wird die Masse *entgegen* dieser Anziehungskraft hochgehoben, muss hierfür mechanische Arbeit $W_{mech} > 0$ *aufgewandt* werden [BSR06]. Diese Arbeit wird als potenzielle Energie $W_{pot} = W_{mech} > 0$ in der Masse[5] *m gespeichert*. Je weiter die Masse angehoben wird, desto größer wird ihre potenzielle Energie. Sobald keine gegen die Anziehungskraft wirkende *äußere Kraft* mehr auf die Masse einwirkt, fällt sie zurück zur Erdoberfläche und gibt hierbei ihre potenzielle Energie wieder vollständig ab.

Nun wird eine vergleichbare elektrische Anordnung betrachtet, nämlich eine beliebige Ladung Q, die sich direkt an der Erdoberfläche befindet und zunächst durch ihre *Gegenladung* $-Q$ elektrisch neutralisiert wird (s. Bild 1.3). Dann werden diese Ladungen voneinander getrennt.

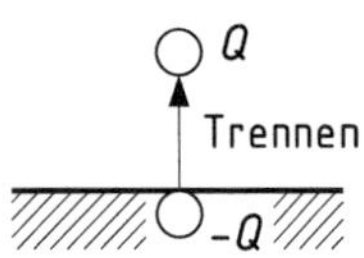

Bild 1.3: Trennen einer Ladung von ihrer Gegenladung an der Erdoberfläche

Das elektrische Potenzial der Erde wird, wie in der Elektrotechnik üblich, als konstantes *Bezugspotenzial* $\varphi_0 = 0$ betrachtet, auf dem Ladungen keine *potenzielle elektrische Energie* besitzen. Damit hat auch die betrachtete Ladung Q zunächst die potenzielle elektrische Energie $W_{pot} = 0$. Ladung und Gegenladung ziehen sich wegen ihres unterschiedlichen Vorzeichens an. Wird nun die Ladung Q durch eine *äußere Kraft* entgegen dieser Anziehungskraft von der Erde (und damit ihrer

[5] genauer gesagt im Schwerefeld zwischen Masse und Erde

Gegenladung) weggezogen, muss hierfür mechanische Arbeit $W_{mech} > 0$ aufgewandt werden. Diese Arbeit wird als potenzielle elektrische Energie $W_{pot} = W_{mech} > 0$ in der Ladung[6] Q *gespeichert*. Je weiter die Ladung von ihrer Gegenladung an der Erdoberfläche weggezogen wird, desto größer wird ihre elektrische Energie. Sobald keine gegen die elektrische Anziehungskraft wirkende äußere Kraft mehr auf die Ladung wirkt, bewegt sie sich zurück zur Erde und gibt hierbei ihre elektrische Energie wieder vollständig ab.

Während in der klassischen Physik eine Masse nicht negativ sein kann, gibt es, wie bereits in Abschnitt 1.2.1 erklärt, sowohl positive als auch negative elektrische Ladungen. Die daraus resultierenden Unterschiede werden nachfolgend genauer betrachtet.

1. Fall: Bewegung einer positiven Ladung

Hier gilt $Q > 0$. Wie oben erläutert, gilt $W_{pot} > 0$. Aus Gl. (1.13) folgt $\varphi > 0$; das Potenzial der positiven Ladung ist also gegenüber dem Bezugspotenzial positiv. Mit Fortschreiten des Ladungstrennungsprozesses wird φ immer größer (s. Bild 1.4): $\varphi_0 < \varphi_1 < \varphi_2 < \varphi_3$. Nach Entfernen der äußeren Kraft bewegt sich die positive Ladung zurück vom höheren zum niedrigeren Potenzial und gibt hierbei ihre elektrische Energie wieder ab.

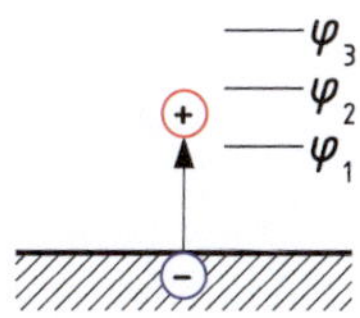

Bild 1.4: Trennen einer Ladung $Q > 0$ von ihrer Gegenladung

Aus diesem Gedankenexperiment folgt allgemeingültig: Überträgt man durch Ladungstrennung *positive* Ladungen auf einen *von seiner Umgebung isolierten, elektrisch leitfähigen* Körper, so *steigt* dessen elektrisches Potenzial.

2. Fall: Bewegung einer negativen Ladung

Nun gilt $Q < 0$ und weiterhin $W_{pot} > 0$. Aus Gl. (1.13) folgt nun $\varphi < 0$; das Potenzial der negativen Ladung ist also gegenüber dem Bezugspotenzial negativ. Mit Fortschreiten des Ladungstrennungsprozesses (s. Bild 1.5) wird φ immer kleiner (sein Betrag aber größer): $\varphi_0 > \varphi_1 > \varphi_2 > \varphi_3$. Nach Entfernen der äußeren Kraft bewegt sich die negative Ladung zurück vom niedrigeren zum höheren Potenzial.

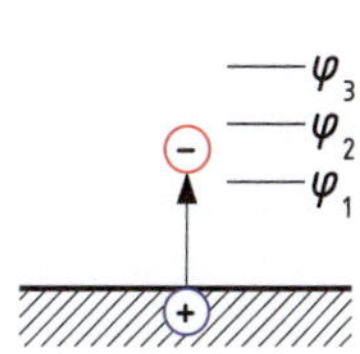

Bild 1.5: Trennen einer Ladung $Q < 0$ von ihrer Gegenladung

Aus diesem Gedankenexperiment folgt allgemeingültig: Überträgt man durch Ladungstrennung *negative* Ladungen auf einen *von seiner Umgebung isolierten, elektrisch leitfähigen* Körper, so *sinkt* dessen elektrisches Potenzial.

[6] genauer gesagt im elektrischen Feld zwischen Ladung und Gegenladung

Gebiete, in denen Ladungen durch eine äußere antreibende Kraft (*Elektromotorische Kraft*, EMK) elektrische Energie zugeführt werden kann, nennt man *aktive Gebiete* (s. Abschnitte 1.3.3, 2.1.3 und 9.5) und Gebiete, in denen dies nicht der Fall ist, *passive Gebiete.*

Verbindet man zwei Gebiete mit freien Ladungen unterschiedlichen elektrischen Potenzials durch einen *passiven* Leiter, *bewegen sich die Ladungen im Leiter so, dass sie ihre elektrische Energie verringern.* Positive Ladungen bewegen sich also vom höheren zum niedrigeren Potenzial, negative Ladungen vom niedrigeren zum höheren Potenzial. Die Ladungsbewegung endet, sobald die Potenzialdifferenz ausgeglichen ist. *Ursache eines Stromes durch ein passives Gebiet ist also stets eine elektrische Potenzialdifferenz.*

1.2.5 Elektrische Spannung

Die Differenz der elektrischen Potenziale zweier Punkte nennt man *elektrische Spannung* zwischen diesen Punkten. Wir bezeichnen diese beiden Punkte zunächst willkürlich mit P_1 und P_2. Dann gilt unter Verwendung des Formelzeichens U der Spannung die Definitionsgleichung

$$U_{12} = \varphi(\mathrm{P}_1) - \varphi(\mathrm{P}_2)\,. \tag{1.15}$$

Die Einheit der elektrischen Spannung ist wie die des Potenzials das *Volt* [7]. Somit gilt

$$[U] = 1\,\mathrm{V}\,. \tag{1.16}$$

Der *Doppelindex* 12 an der Spannung U_{12} in Gl. (1.15) bezeichnet eindeutig, dass vom Potenzial des ersten Punktes P_1 das Potenzial des zweiten Punktes P_2 subtrahiert werden muss, wenn die Spannung von Punkt P_1 zu Punkt P_2 berechnet werden soll. Daher gilt auch

$$U_{21} = \varphi(\mathrm{P}_2) - \varphi(\mathrm{P}_1) = -\,(\varphi(\mathrm{P}_1) - \varphi(\mathrm{P}_2)) = -\,U_{12}\,. \tag{1.17}$$

Gl. (1.17) verdeutlicht, dass die Angabe der Spannung zwischen zwei Punkten hinsichtlich ihres Vorzeichens nur dann eindeutig ist, wenn klar erkennbar ist, welches Potenzial von welchem subtrahiert wurde. Das Potenzial, das subtrahiert wird, spielt die Rolle eines *Bezugspotenzials.* Dies wird besonders deutlich, wenn man den sehr praxisrelevanten Spezialfall betrachtet, dass das Bezugspotenzial eines Punktes P_0 null ist, also

$$\varphi(\mathrm{P}_0) = 0\,\mathrm{V} \tag{1.18}$$

gilt. Dann folgt für die Spannung zwischen einem beliebigen Punkt P_1 und dem *Bezugspunkt* P_0

$$U_{10} = \varphi(\mathrm{P}_1) - \varphi(\mathrm{P}_0) = \varphi(\mathrm{P}_1)\,. \tag{1.19}$$

Die Angabe einer Spannung für einen einzelnen Punkt ist nicht möglich.

Die Angabe einer (vorzeichenbehafteten) Spannung ist nur eindeutig zusammen mit der Angabe einer *Bezugsrichtung*. Dies erfolgt mittles eines *Zählpfeils* für die Spannung. Daher ist die elektrische Spannung eine *Zählpfeilgröße* (s. Abschnitt 1.4.1).

Beispiel 1.6: Potenzialbetrachtungen bei einer Batterie

Betrachtet wird eine Batterie, deren Spannung zwischen Pluspol (P) und Minuspol (M) konstant 1,5 V betrage.

[7] Benannt nach dem italienischen Physiker Alessandro Volta (1745–1827).

Welches Potenzial hat der Minuspol der Batterie gegenüber dem Erdpotenzial φ_E, wenn

a) die Batterie elektrisch isoliert aufgehängt ist
b) der Minuspol der Batterie mit der Erde verbunden ist
c) der Pluspol der Batterie mit der Erde verbunden ist
d) der Pluspol der Batterie mit einem Hochspannungsgenerator verbunden ist, der ein Potenzial von $\varphi_H = 10.000\,\mathrm{V}$ gegen Erde erzeugt?

Für die Batterie gilt $U_{PM} = \varphi_P - \varphi_M = 1{,}5\,\mathrm{V}$ und damit auch $\varphi_M = \varphi_P - 1{,}5\,\mathrm{V}$. Das Potenzial der Erde kann stets mit $\varphi_E = 0\,\mathrm{V}$ angesetzt werden.

a) Da die Batterie keine leitende Verbindung zur Erde hat und nicht bekannt ist, ob sie insgesamt elektrisch ungeladen ist, ist keine Aussage über ihr Potenzial möglich. Das Potenzial des Minuspols ist aber auf jeden Fall um 1,5 V niedriger als das des Pluspols.
b) Der Minuspol liegt nun auf Erdpotenzial, es gilt also $\varphi_M = \varphi_E = 0\,\mathrm{V}$.
c) Nun gilt $\varphi_P = \varphi_E = 0\,\mathrm{V}$. Daraus folgt $\varphi_M = -1{,}5\,\mathrm{V}$.
d) Es gilt $\varphi_P = \varphi_H = 10.000\,\mathrm{V}$ und $\varphi_M = \varphi_P - 1{,}5\,\mathrm{V} = \varphi_H - 1{,}5\,\mathrm{V} = 9998{,}5\,\mathrm{V}$.

1.3 Grundlegende Begriffe

In diesem Abschnitt werden Begriffe und Zusammenhänge erläutert, die für das Verständnis aller nachfolgenden Kapitel von fundamentaler Bedeutung sind.

1.3.1 Modellieren, Modell

Unter *Modellieren* versteht man das Beschreiben der Eigenschaften bzw. des Verhaltens eines Objektes durch eine *vereinfachte Nachbildung*.

Modellieren ist also ein Mittel zur *Komplexitätsreduktion*.

Das Ergebnis dieses vereinfachenden Abbildungsprozesses ist ein *Modell*. Ein Modell kann z. B. bestehen aus

- einem Satz von Gleichungen,
- einer grafischen Darstellung,
- einem physikalischen Aufbau mit äquivalentem Verhalten,
- einem Programm, das das Verhalten auf einem Rechner nachbildet.

Daran ist zu erkennen, dass ein Modell hinsichtlich seiner Natur keinerlei Ähnlichkeit mit dem modellierten Objekt zu haben braucht!

Ein Modell soll *so einfach wie möglich* sein, um den Aufwand zu seiner Erstellung und Anwendung zu minimieren. Andererseits muss es *so komplex wie nötig* sein, damit es die Effekte, die untersucht werden sollen, *genau genug* nachbildet.

Werden unterschiedliche Eigenschaften eines Objektes betrachtet, werden häufig auch unterschiedliche Modelle dieses Objektes verwendet. Ein Beispiel hierfür sind unterschiedliche Atommodelle. Ein anderes Beispiel sind die beim Entwurf nanoelektronischer Schaltungen verwendeten Modelle. Diese Modelle einer Schaltung werden, von den Anforderungen an die Schaltung ausgehend, im Rahmen des Entwurfsprozesses schrittweise immer weiter verfeinert (konkretisiert), bis schließlich die Daten zur Fertigung vorliegen. Diese Schaltungsmodelle sind beim rechnergestützten Entwurf Beschreibungen der Schaltung für die verschiedenen Programme, die beim Entwurfsprozess verwendet werden.

Sowohl Menschen als auch Messinstrumente können die Natur *nicht direkt* wahrnehmen, sondern nur deren *Wirkungen auf vorhandene Sinnesorgane bzw. Messwerke*. Menschen haben z. B. keine Sinnesorgane für elektrische Spannungen, Ströme, Widerstände oder Feldstärken. Alle klassischen Messwerke für elektrische Größen messen diese Größen nicht direkt, sondern ihre Wirkung (die häufig eine Kraft ist). Die Sinnesorgane der Menschen wandeln die Größe, die sie aufnehmen, in elektrische Impulse um, die im *Bewusstsein* zu einem *Abbild* der Außenwelt aufbereitet werden. Menschen leben also mit einem *Modell* der Außenwelt, das nur in ihrem Bewusstsein existiert. Da alle Sinnesorgane (wie auch alle Messwerke) nur einen nach unten und oben beschränkten Intensitäts- und Frequenzbereich umsetzen können, kann das Modell der Welt im Bewusstsein eines Menschen unmöglich völlig mit der gesamten Realität übereinstimmen. Das ist den meisten Menschen nicht bewusst.

Allgemein gilt, dass immer eine *Abweichung* zwischen dem Modell und dem Objekt der realen Welt, das es beschreiben soll, bestehen *muss*. Das liegt einerseits daran, dass das Modell definitionsgemäß eine *Vereinfachung* darstellt. Anderseits sind die Eigenschaften des realen Objektes, das modelliert wird, in keinem Fall *vollständig und exakt* bestimmbar und somit auch nicht auf das Modell übertragbar.

Das Bewusstsein für die Unverzichtbarkeit und die Konsequenzen des Modellierens ist eine fundamentale Voraussetzung für das sinnvolle und seriöse Arbeiten als Ingenieur.

Alle in einem Fachgebiet verwendeten Begriffe und Zusammenhänge sind Mittel, um die in diesem Gebiet betrachteten Erscheinungen (*Phänomene*) zu abstrahieren und *modellhaft* zu beschreiben.

Die in den Kapiteln 2 bis 6 behandelte *Theorie der elektrischen Netzwerke* beruht auf einer sehr groben Modellierung prinzipiell *räumlich ausgedehnter*, *zeitvarianter* und *nichtlinearer* elektromagnetischer Anordnungen durch einfache Zusammenschaltungen von Modellen mit *räumlich konzentrierten Parametern*, die oftmals als *zeitinvariant* und *linear* betrachtet werden.

Dass das unter Verwendung von Modellen untersuchte Verhalten existierender oder in Entwicklung befindlicher Objekte nicht mit der Realität übereinstimmen *kann*, ist für die Ingenieur-Praxis unbedeutend, solange die Ergebnisse für einen bestimmten Anwendungsfall *genau genug* sind.

1.3.2 Klemme, Zweipol, Dreipol, n-Pol

Ein *Zweipol* ist eine elektrische Anordnung, die nur über zwei *Klemmen* (Anschlüsse) elektrisch zugänglich ist oder als zugänglich betrachtet wird. Das Schaltzeichen für einen *allgemeinen Zweipol* (s. Bild 1.6) sollte nicht mit dem des elektrischen Widerstandes (s. Abschnitt 2.1.1.2) verwechselt werden. Aus dem Ladungserhaltungssatz (s. Abschnitt 8.3) folgt, dass ein Strom, der in die eine Klemme eines Zweipols hineinfließt, *ohne zeitliche Verzögerung* aus der anderen Klemme wieder herausfließen muss. Da bei genauer Betrachtung jede reale elektrische Anordnung unvermeidlich über den gesamten sie umgebenden Raum mit den sie umgebenden Objekten wechselwirkt, *kann ein Zweipol nach obiger Definition nur eine Modellvorstellung sein.*

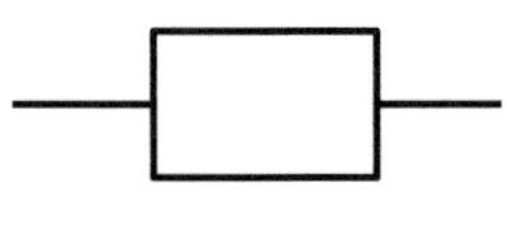

Bild 1.6: Schaltzeichen eines allgemeinen Zweipols

Besonders einfach beschreiben lassen sich die idealisierten Modelle der elektrischen *Grundzweipole* Spannungsquelle, Stromquelle (s. Abschnitt 2.1.3), Widerstand (s. Abschnitte 2.1.2, 3.5.1 und 9.5), Induktivität (s. Abschnitte 3.5.2 und 11.10) und Kapazität (s. Abschnitte 3.5.3 und 10.12). Zur vollständigen Beschreibung des *Klemmenverhaltens*, also des Zusammenhangs zwischen der Spannung zwischen den beiden Klemmen und dem Strom durch die Klemmen, reicht bei diesen idealisierten Zweipolen eine einzige Gleichung aus, die nur einen das Zweipolverhalten beschreibenden *Kennwert* (*Parameter*) enthält.

Die wichtigsten Bauelemente der Elektronik sind die verschiedenen Ausführungsformen von Transistoren, die *Dreipole* sind.

Eine Schaltung, die über *n* Klemmen zugänglich ist, bezeichnet man als *n-Pol*.

1.3.3 Aktiver und passiver Zweipol

Ein Zweipol, der *prinzipiell* in der Lage ist, *im zeitlichen Mittel* über seine Klemmen *elektrische Energie* an die übrige Schaltung abzugeben, wird als *aktiver Zweipol* bezeichnet. Alle *elektrischen Quellen* (s. Abschnitt 2.1.3) sind aktive Zweipole. Ein Zweipol, der diese Eigenschaft nicht aufweist, ist ein *passiver Zweipol*. In Abschnitt 9.5 wird detailliert auf die Vorgänge in aktiven Gebieten eingegangen.

1.3.4 Erzeuger und Verbraucher

Ein Zweipol, der – zum betrachteten Zeitpunkt – *tatsächlich* über seine Klemmen *elektrische Energie* an die übrige Schaltung abgibt (der den Ladungen, die ihn durchströmen, also elektrische Energie zuführt), wird als *Erzeuger* bezeichnet. *Im zeitlichen Mittel* können nur aktive Zweipole als Erzeuger wirken. Ein *Verbraucher* ist im Gegensatz dazu ein Zweipol, der – zum betrachteten Zeitpunkt – *tatsächlich* über seine Klemmen *elektrische Energie* aufnimmt (in dem die strömenden Ladungen also elektrische Energie abgeben). Dabei ist es unerheblich, in welche andere Energieform (z. B. Wärme, mechanische Energie, chemische Energie) die aufgenommene Energie umgewandelt wird.

Widerstände sind stets Verbraucher. Die idealisierten Zweipole *Kapazität* und *Induktivität* können zu unterschiedlichen Zeiten sowohl als Erzeuger als auch als Verbraucher wirken, sind aber nur in der Lage, Energie abzugeben, die sie zuvor aufgenommen haben. Im zeitlichen Mittel geben sie also weder Energie ab, noch nehmen sie Energie auf. Sie gehören daher zu den passiven Zweipolen. Ob ein *aktiver* Zweipol als Erzeuger oder als Verbraucher wirkt, hängt von seiner Beschaltung ab.

1.3.5 Tor, Torbedingung, Zweitor

Ein *Klemmenpaar* eines n-Pols, bei dem der Strom, der in die eine Klemme hineinfließt, stets gleich dem Strom ist, der aus der anderen Klemme herausfließt (dies ist die *Torbedingung*), wird als *Tor* bezeichnet. Ein beliebiges Klemmenpaar eines n-Pols wird auf jeden Fall dadurch zum Tor, dass es von außen mit einem *Zweipol* beschaltet wird, da dieser die Einhaltung der Torbedingung an dem Klemmenpaar, an das er angeschlossen ist, *erzwingt*.

Ein *Zweitor* ist ein *Vierpol*, der aus zwei Toren besteht. Häufig kann aufgrund des Informations- oder Energieflusses ein aus den *Eingangsklemmen* bestehendes *Eingangstor* und ein aus den *Ausgangsklemmen* bestehendes *Ausgangstor* identifiziert werden. Das Schaltzeichen eines allgemeinen Zweitors ist in Bild 1.7 dargestellt. Das bekannteste Beispiel für ein Zweitor ist ein Transformator (s.

Abschnitt 3.13) mit zwei *galvanisch getrennten* (d. h. elektrisch nicht leitfähig verbunden) Wicklungen.

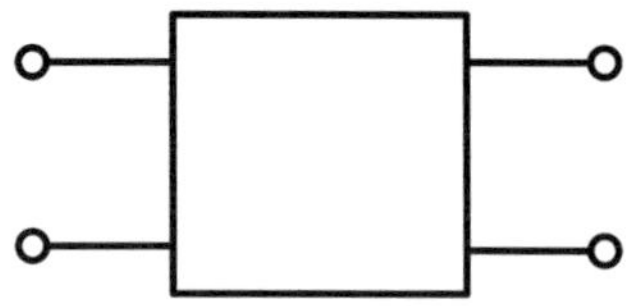

Bild 1.7: Schaltzeichen eines allgemeinen Zweitors

1.3.6 Elektrisches Netzwerk

Die Zusammenschaltung mehrerer elektrischer n-Pole (*Netzwerkelemente*) nennt man *elektrisches Netzwerk* (in der Praxis oft nur „elektrische Schaltung"). Ein elektrisches Netzwerk kann im einfachsten Fall aus zwei Zweipolen (z. B. Batterie und Glühlampe), aber auch aus vielen Milliarden von Netzwerkelementen (z. B. integrierter Halbleiterspeicher) bestehen. Die räumliche Ausdehnung eines elektrischen Netzwerks reicht von einigen Atomdurchmessern bei nanoelektronischen Schaltungen bis zum großen Teil der Erdoberfläche beim weltweiten Telekommunikationsnetz.

1.3.7 Schaltzeichen, Schaltplan

Die *grafische Repräsentation* eines elektrischen Netzwerks unter Verwendung von *Schaltzeichen* für die enthaltenen *realen Bauelemente* wird in der Praxis als *Schaltplan* oder *Stromlaufplan* bezeichnet. Die Schaltzeichen für Schaltpläne sind u. a. in [dinf] und [ding] genormt. Aus einem Schaltplan geht hervor,

- welche Art von Bauelementen
- mit welchen elektrischen Kenngrößen (Parametern)
- wie elektrisch miteinander verbunden sind.

Schaltpläne werden z. B. zur Beschreibung einer im Labor aufzubauenden Schaltung und bei der Entwicklung und Reparatur elektronischer Geräte eingesetzt.

Der Informations- oder Energiefluss in einem Schaltplan erfolgt in der Regel von links nach rechts. In dieser Richtung ist ein Schaltplan daher auch zu „lesen".

1.3.8 Ersatzschaltbild

Ein *Ersatzschaltbild* (ESB) ist auf den ersten Blick von einem Schaltplan kaum zu unterscheiden. Die in ihm enthaltenen *Schaltzeichen* stimmen mit denen in Schaltplänen überein, bezeichnen aber *keine realen Bauelemente*, sondern *idealisierte Modelle von Bauelementen*. Das elektrische Verhalten dieser Modelle ist zwar mathematisch einfach zu beschreiben, kann aber mit dem der realen Bauelemente nicht identisch sein (s. Abschnitt 1.3.1). Um dennoch eine ausreichend genaue Nachbildung des Verhaltens einer realen elektrischen Schaltung zu erreichen, muss in der Regel das Verhalten *eines einzelnen realen* Bauelementes durch eine *Ersatzschaltung* aus *mehreren idealisierten* Elementen nachgebildet werden. Auf verschiedene Möglichkeiten zum Modellieren des Verhaltens einfacher Bauelemente (elektrische Quelle, Widerstand, Kondensator, Spule, Transformator) wird in den entsprechenden Abschnitten dieses Buches eingegangen.

Durch Linien dargestellte *Verbindungsleitungen* sind in Ersatzschaltbildern stets als ideale (verlust- und verzögerungsfreie) elektrische Verbindungen aufzufassen, die dafür sorgen, dass alle mit einer solchen Leitung verbundenen Klemmen *zu jedem Zeitpunkt das gleiche elektrische Potenzial* haben.

Schaltpläne, anhand derer das *Verhalten elektrischer Schaltungen untersucht* werden soll, sind *stets als Ersatzschaltbilder aufzufassen*. Diese Denkweise bereitet Anfängern oft Schwierigkeiten, weil sie Informationen in Ersatzschaltbilder hineininterpretieren, die gar nicht enthalten sind. Ein Beispiel hierfür ist das Schaltzeichen für die Induktivität und die Spule. In einem *Ersatzschaltbild* wird durch dieses Schaltzeichen eine *ideale Spule* bezeichnet, die außer ihrer Induktivität keine weiteren Eigenschaften besitzt, insbesondere keinerlei Verluste. Sollen diese Verluste im Ersatzschaltbild *modelliert* werden, ist hierfür unbedingt mindestens ein zusätzlicher Widerstand einzuzeichnen und bei der Untersuchung des Schaltungsverhaltens entsprechend zu berücksichtigen (s. Abschnitt 3.12.4). Soll eine Schaltung mit einem *Netzwerkanalyseprogramm* (s. Abschnitt 2.6) untersucht werden, ist ebenfalls zu beachten, dass die verwendete Schaltungsbeschreibung den Charakter eines Ersatzschaltbildes haben muss.

1.3.9 Analyse und Synthese

Die *Untersuchung* eines bereits existierenden oder erst zu schaffenden Gegenstandes, Prozesses oder Zusammenhangs wird als *Analyse* bezeichnet. Hierbei wird das Untersuchungsobjekt in der Regel physikalisch oder logisch *zerlegt*, bis seine Struktur und/oder Funktion hinreichend genau bekannt und mittels eines *Modells* (s. Abschnitt 1.3.1) beschreibbar ist.

Die Analyse eines existierenden Objektes erfolgt oftmals auf Basis von Messungen seines Verhaltens. Mittels der Messergebnisse werden die *Struktur* (die *Bestandteile* und deren *Verbindung*) und die konkreten *Eigenschaften* (die Parameter der Bestandteile) des Modells des Objektes bestimmt und eventuell verfeinert. Diese Vorgehensweise führt bei hohen Anforderungen an die Genauigkeit zu immer komplexeren Modellen.

Die übliche Vorgehensweise bei der Analyse eines Objektes besteht darin, zunächst eine mehr oder weniger komplexe Annahme (*Hypothese*) über seine Beschaffenheit bzw. sein Verhalten aufzustellen und dann mittels geplanter *Experimente unvoreingenommen* die Richtigkeit dieser Hypothese zu überprüfen. Dadurch wird die Hypothese bestätigt (*verifiziert*) beziehungsweise widerlegt (*falsifiziert*). Sofern die Hypothese nicht fundamental falsch ist und die Experimente ungeeignet sind, dies aufzudecken, kann durch diese Vorgehensweise ein immer genaueres Modell des Objektes erstellt werden.

Praktische Beispiele für die systematische Analyse sind die *Verifikation* der Entwurfsdaten einer nanoelektronischen Digitalschaltung beziehungsweise das *Testen* einer fabrizierten Schaltung. In beiden Fällen wird ein Modell der Schaltung in Form einer *Ersatzschaltung* entwickelt und in beiden Fällen ist die zu überprüfende Hypothese, dass die Schaltung *nicht* funktioniert, da sie mindestens einen die Funktion verhindernden Fehler enthält. In diesem Fall sollen die Experimente *nicht* unvoreingenommen sein, sondern sie haben das Ziel, *eine existierende Fehlfunktion* nachzuweisen. Wegen dieser notwendigen Grundhaltung sollte die Verifikation möglichst nicht von den selben Menschen durchgeführt werden, die das zu verifizierende Objekt entwickelt bzw. hergestellt haben.

Um die typische Vorgehensweise bei der Analyse eines Systems in der elektrotechnischen Praxis und die Wichtigkeit der dabei verwendeten Modelle zu veranschaulichen, folgen zwei ausführliche Beispiele.

Beispiel 1.7: Verifikation der Entwurfsdaten einer Schaltung mittels Simulation

Zur Verifikation der Entwurfsdaten wird üblicherweise ein Schaltungssimulator verwendet. Die Experimente bestehen darin, vom Simulator die Reaktion eines *Modells* der zu verifizierenden Schaltung auf ausgewählte Eingangssignale (*Stimuli*), die in einer für den Simulator geeigneten Form beschrieben werden, berechnen zu lassen. Dabei ist es unmöglich, alle im späteren Betrieb möglichen Anregungen und Einflüsse zu berücksichtigen.

Wird durch die Simulationen die *Hypothese*, dass der Schaltungsentwurf *fehlerhaft* ist, *falsifiziert*, wird davon ausgegangen, dass er fehlerfrei ist.

Diese Folgerung ist logisch falsch, sofern das verwendete Modell der Schaltung ungeeignet ist, weil es für die Funktionsweise kritische Effekte nicht nachbildet und/oder der verwendete Satz von Stimuli ungeeignet ist, weil er zu einer Fehlfunktion führende Eingangssignale nicht enthält.

In einem solchen Fall kann trotz des logischen Fehlers in der Vorgehensweise eine auf Grundlage dieses Schaltungsentwurfes hergestellte Schaltung funktionieren. Das kann daran liegen, dass die Schaltung während ihrer Einsatzdauer nur so betrieben wird, dass sich Fehler in ihrem Entwurf nicht auswirken.

Beispiel 1.8: Testen einer existierenden Schaltung

Bei der Fertigung von Schaltungen können unendlich viele unterschiedliche physikalische *Defekte* auftreten. Alle Defekte, die sich in vergleichbarer Weise *auswirken*, werden zu einem funktionalen *Fehler* zusammengefasst. Von den immer noch unendlich vielen möglichen Fehlern können aus Aufwandsgründen nur sehr wenige berücksichtigt werden. Bei komplexen Schaltungen wird üblicherweise nur das Vorhandensein von Fehlern überprüft, deren Auftreten *besonders wahrscheinlich* ist und die sich *in einfach beschreibbarer Weise äußern* und *mit geringem Aufwand erkennbar* sind. Basierend auf einem solchen Modell der *betrachteten* Fehler (*Fehlermodell*) wird ein Satz von Eingangssignalen (*Testmustern*) berechnet, der einen bestimmten Anteil (*Fehlerabdeckung*) aller *modellierten* Fehler erkennen kann.

Beim Testprozess wird angegenommen, dass das *Testobjekt* fehlerhaft ist. Zur Überprüfung dieser Hypothese werden die Testmuster in Form elektrischer Signale an das Testobjekt angelegt und dessen Reaktion auf diese Stimuli mit der einmalig berechneten Reaktion eines Testobjektes verglichen, das fehlerfrei ist. Wird durch den Testprozess die *Hypothese*, dass die Schaltung *fehlerhaft* ist, *falsifiziert*, wird davon ausgegangen, dass sie fehlerfrei ist.

Diese Folgerung ist logisch falsch, sofern das verwendete Fehlermodell ungeeignet ist, für die Funktionsweise kritische physikalische Defekte nachzubilden und/oder der verwendete Satz von Testmustern ungeeignet ist, weil er Testmuster, die bestimmte Fehlfunktionen offenbaren würden, nicht enthält.

Auch in einem solchen Fall kann trotz des logischen Fehlers in der Vorgehensweise ein konkretes Exemplar einer so getesteten Schaltung funktionieren. Das kann daran liegen, dass keiner der Fehler, auf die nicht getestet wurde, in der Schaltung vorhanden ist, und/oder daran, dass vorhandene Fehler sich während der Einsatzdauer der Schaltung nicht nach außen hin auswirken.

Mit dem Begriff *Synthese* wird das *Zusammenfügen* von Einzelteilen zu einem komplexeren Ganzen bezeichnet. Synthese ist prinzipbedingt schwieriger als Analyse, da es in der Regel mehrere Möglichkeiten gibt, die gewünschten Eigenschaften eines Zielsystems zu realisieren [Süß05].

Je komplexer das zu entwickelnde Objekt, desto anspruchsvoller ist das zu lösende *Optimierungsproblem*. Existieren Modelle der Funktion des Zielsystems und der zur Verfügung stehenden Komponenten zu seiner Realisierung, kann das Lösen des Optimierungsproblems theoretisch einem geeigneten Rechenprogramm überlassen werden. Praktisch wächst die erforderliche Rechenzeit exponentiell mit der Komplexität. An dieser Stelle sind qualifizierte Ingenieure gefragt, die auf Grund ihrer Erfahrung und Kreativität den Optimierungsprozess so steuern, dass in kurzer Zeit eine Lösung gefunden wird, die zwar in der Regel nicht optimal, für den jeweiligen Anwendungsfall aber *gut genug* ist.

Die Entwicklung komplexer technischer Objekte ist immer ein *iterativer Prozess*, der abwechselnd Synthese- und Analyseschritte umfasst. Das soll am Beispiel des typischen Ablaufs des Entwurfs eines komplexen Systems veranschaulicht werden.

Beispiel 1.9: Typischer Ablauf eines Systementwurfs

Beim Systementwurf wird – ausgehend von den Anforderungen an das System – zunächst ein *Grobentwurf* auf hohem Abstraktionsniveau erstellt. Nach diesem *Syntheseschritt* wird der Grobentwurf verifiziert, was ein *Analyseschritt* ist.

Nachdem bei der Verifikation erkannte Fehler beseitigt wurden (oder ein anderer Grobentwurf erstellt und erfolgreich verifiziert wurde), wird der verifizierte Grobentwurf verfeinert. Dabei entstehen in der Regel Teilentwürfe für *Subsysteme* einer bestimmten Domäne, wie Elektronik, Software, Mechanik, Energieversorgung.

Sofern die *Schnittstellen* zwischen den Teilsystemen *sinnvoll* und *eindeutig* festgelegt wurden, kann der weitere Entwurf der Teilsysteme zeitlich parallel und von unterschiedlichen Spezialisten durchgeführt werden.

Je komplexer ein System ist, desto tiefer kann die Hierarchie der Entwicklungsschritte werden. Auf jeder Stufe erfolgt nach einem Verfeinerungsschritt (*Synthese*) die Überprüfung, ob nach dieser Konkretisierung (Eingrenzung des Raumes aller Realisierungsmöglichkeiten) das betrachtete Teilsystem noch die es betreffenden Anforderungen erfüllt (*Analyse*).

Tätigkeiten in der *Forschung* sind analytisch ausgerichtet und erfordern hervorragende theoretische Fachkenntnisse, systematisches Vorgehen und den Willen, die Details des Untersuchungsgegenstandes so genau wie möglich zu ermitteln.

Tätigkeiten in der *Entwicklung* sind syntheselastig und erfordern Kreativität, praktische Erfahrung, ein Verständnis für das Umfeld des zu entwickelnden Objektes und die Fähigkeit, unter Zeitdruck ein Ergebnis abzuliefern, das so gut ist, dass es den Auftraggeber zufriedenstellt.

Forschung und Entwicklung erfordern also Menschen mit sehr unterschiedlichen Begabungen und Ausbildungen.

1.4 Zählpfeile, Zählpfeilsysteme

Die Angabe des *vorzeichenbehafteten Zahlenwertes* einer Spannung oder eines Stromes ist nur zusammen mit der Angabe einer *Bezugsrichtung* eindeutig. Bei einer Spannung muss bekannt sein, zwischen welchen beiden Punkten *in welcher Reihenfolge* die Potenzialdifferenz gebildet wurde (s. Abschnitt 1.2.5). Bei einem Strom muss bekannt sein, welche *Annahme* seiner (technischen) Stromrichtung (s. Abschnitte 1.2.2 und 1.2.3) seiner Ermittlung zugrunde gelegt wurde.

Eine *skalare* elektrische oder magnetische Größe, deren Wert *vorzeichenbehaftet* und nur zusammen mit der Angabe einer *Bezugsrichtung* hinsichtlich der *Wirkungsrichtung* eindeutig ist, nennt man *Zählpfeilgröße*. Die Sinnfälligkeit dieser Bezeichnung ist u. a. aus den Erläuterungen zur Anwendung der Kirchhoffschen Gesetze mittels der den Gln. (2.78) und (2.84) ersichtlich.

Die Festlegung der Bezugsrichtung kann durch Angabe eines geeigneten Doppelindex am Formelzeichen der betreffenden Größe oder durch Einzeichnen eines *Richtungspfeils* in einem Schaltplan bzw. Ersatzschaltbild in unmittelbarer Nähe des Formelzeichens der Größe erfolgen. Als Bezeichnung für diese Pfeile sind die Begriffe *Bezugspfeil* und *Zählpfeil* üblich (s. [dine], in [dini] nur noch vage als „Pfeil" bezeichnet).

Bei der Analyse komplizierter Schaltungen ist es ratsam, für *alle* Zählpfeilgrößen Zählpfeile im Ersatzschaltbild einzuzeichnen.

Die konsequente Verwendung von Zählpfeilen ist in der deutschsprachigen elektrotechnischen Fachliteratur seit vielen Jahrzehnten üblich und ein wesentliches Merkmal der *Fachdidaktik der Elektrotechnik*. In der Fachdidaktik der Physik und im angloamerikanisch geprägten Raum sind Zählpfeile unbekannt. Das führt dazu, dass in elektrischen Anordnungen, die in diesen Büchern untersucht werden, die Polaritäten von Spannungen und die Richtungen von Strömen oft durch Raten oder mittels Plausibilitätsbetrachtungen ermittelt werden müssen.

1.4.1 Strom- und Spannungszählpfeile

Der *Zählpfeil eines Stromes* wird – bei farblicher Darstellung in rot – in (oder neben) die Darstellung des Leiters gezeichnet, durch den der Strom fließt (s. Bild 1.8 a)). Der *Zählpfeil einer Spannung* wird – bei farblicher Darstellung in blau – vom Ort des ersten Potenzials zum Ort des zweiten Potenzials (des *Bezugspotenzials*) nach Gl. (1.15) als gerader (oder gebogener) Pfeil eingezeichnet[8] (s. Bild 1.8 b)). Spannungszählpfeile sollen möglichst keine anderen grafischen Objekte berühren.

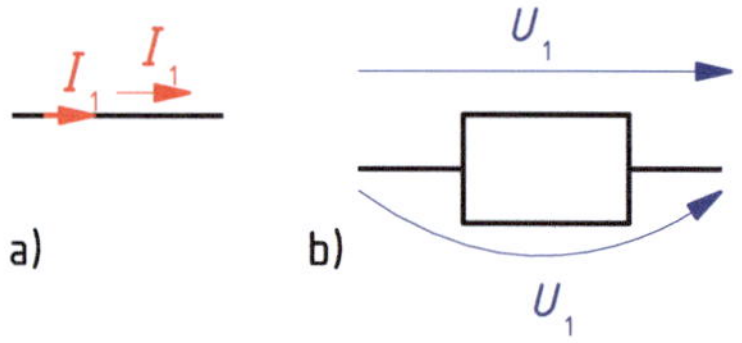

Bild 1.8: Varianten der Eintragung von Zählpfeilen für
a) Strom und
b) Spannung an einem allgemeinen Zweipol

In einfachen Anordnungen sind die *physikalischen Wirkungsrichtungen* formal unbekannter Zählpfeilgrößen häufig offensichtlich. Für solche unbekannten Größen und für vorgegebene Zählpfeilgrößen wählt man zweckmäßiger-, aber *nicht notwendigerweise* die Zählpfeilrichtungen so, dass die Zahlenwerte der zugehörigen Größen positive Vorzeichen haben.

[8] In [dini] werden darüber hinaus etliche weitere Varianten zur Angabe der Bezugsrichtung elektrischer Spannungen angegeben, die im Gegensatz zu denen in der ausgereiften [dine] nicht hilfreich sind.

In zu analysierenden Schaltungen sind in der Regel zunächst viele Ströme und Spannungen nach Betrag *und Wirkungsrichtung* unbekannt. Um eine unbekannte Zählpfeilgröße zu berechnen, muss unbedingt *am Anfang* des Lösungsweges die Richtung ihres Zählpfeils festgelegt werden. *Die hierbei gewählte Zählpfeilrichtung ist prinzipiell beliebig!* Am Ende des Lösungsweges entscheidet das *Vorzeichen des Zahlenwertes* einer Zählpfeilgröße, ob ihr Zählpfeil in der Wirkungsrichtung oder der entgegengesetzten Richtung eingetragen wurde. *Es ist ein verbreiteter Anfängerfehler, den Zählpfeil einer Zählpfeilgröße, für die ein negativer Zahlenwert berechnet wurde, als „falsch angenommen" zu bezeichnen und seine Richtung umzudrehen. Dann passt allerdings der Rechenweg nicht mehr zur Zählpfeilrichtung, womit die Lösung insgesamt falsch ist!*

Hat ein Gleichstrom einen positiven Zahlenwert, stimmt seine *technische Stromrichtung* mit der Zählpfeilrichtung überein. Anderenfalls sind technische Stromrichtung und Zählpfeilrichtung entgegengesetzt.

Hat eine Gleichspannung einen positiven Zahlenwert, weist ihr Zählpfeil vom höheren zum niedrigeren elektrischen Potenzial. Anderenfalls weist der Zählpfeil vom niedrigeren zum höheren Potenzial.

Bild 1.9 zeigt die Zusammenschaltung zweier Zweipole ZP1 und ZP2 in vier Darstellungsvarianten, die alle den selben physikalischen Sachverhalt beschreiben. Die Varianten unterscheiden sich aber hinsichtlich der Richtung der Strom- und Spannungszählpfeile und damit in den Vorzeichen der zugehörigen Klemmengrößen.

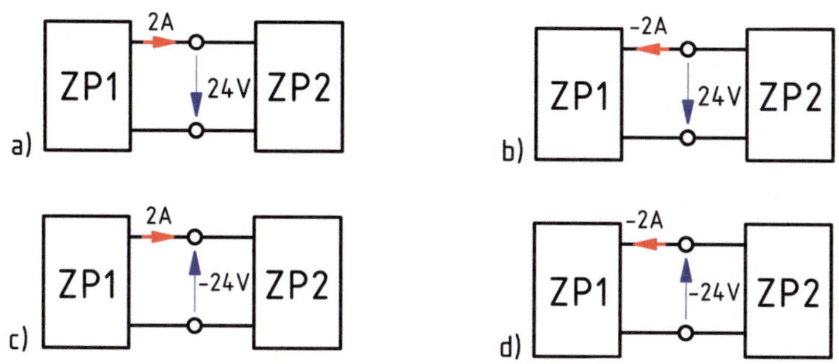

Bild 1.9: Verschiedene Anordnungen der Strom- und Spannungszählpfeile bei der Zusammenschaltung zweier Zweipole und Auswirkung auf die Vorzeichen der Zählpfeilgrößen

1.4.2 Zählpfeilsysteme an Zweipolen

Bei einem Zweipol gibt es *zwei prinzipiell unterschiedliche* Möglichkeiten zur Anordnung der Zählpfeile für die Klemmengrößen *zueinander*. Sind die Zählpfeile *gleichgerichtet*, nennt man dies *Verbraucher-Zählpfeilsystem* (VZS), sind sie *entgegengerichtet*, *Erzeuger-Zählpfeilsystem* (EZS).

In den beiden folgenden Abschnitten wird gezeigt:

- Sowohl an Verbrauchern als auch an Erzeugern dürfen beide Zählpfeilsysteme verwendet werden.

- Bei einem unbekannten Zweipol lässt sich aus den Vorzeichen der Klemmengrößen und der Art des verwendeten Zählpfeilsystems eindeutig schließen, ob es sich um einen Verbraucher oder einen Erzeuger handelt.

Die Kenntnis dieser einfachen, aber international weitgehend unbekannten Methodik ist von überragender Bedeutung für das Verständnis der in diesem Buch behandelten elektrischen und magnetischen Phänomene.

1.4.2.1 Verbraucher-Zählpfeilsystem

Bild 1.10 zeigt zwei verschiedene, übliche Darstellungen eines allgemeinen Zweipols mit Zählpfeilen im Verbraucher-Zählpfeilsystem.

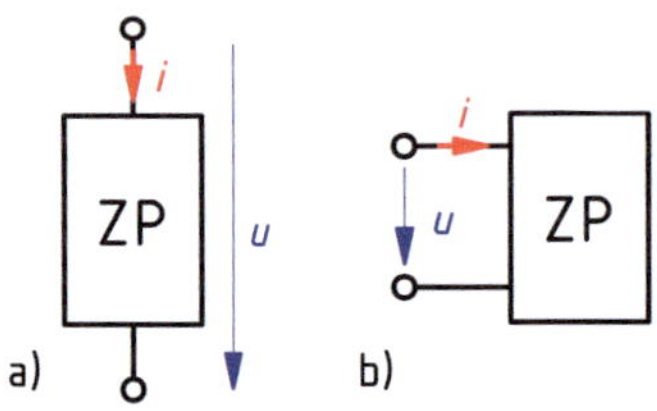

Bild 1.10: Verbraucher-Zählpfeilsystem an einem allgemeinen Zweipol in zwei verschiedenen Darstellungsvarianten

Die Zählpfeile der Klemmenspannungen sind wie üblich (aber nicht notwendig) von oben nach unten weisend eingezeichnet.

Die Identifikation des Zählpfeilsystems bei Zweipolen, deren Anschlüsse zu einer Seite hin gezeichnet sind (s. Bild 1.9 und Bild 1.10 b)), bereitet Ungeübten oftmals Schwierigkeiten. Dann sollte man in Gedanken die Anschlüsse „geradeziehen“, so dass sich eine Darstellung ergibt, in der das Zählpfeilsystem aufgrund der gleichgerichteten Zählpfeile sofort erkennbar ist (s. Bild 1.10 a)).

Freie positive Ladungen bewegen sich in einem *Verbraucher* vom höheren zum niedrigeren Potenzial (s. Abschnitt 1.2.4). Daraus folgt für einen Verbraucher bei Verbraucher-Zählpfeilsystem (s. Bild 1.11 a)): Ist $u > 0$, ist auch $i > 0$. Ist $u < 0$, muss auch $i < 0$ sein.

Merke: *Bei einem Verbraucher haben die Klemmengrößen bei Verwendung des Verbraucher-Zählpfeilsystems gleiche Vorzeichen.*

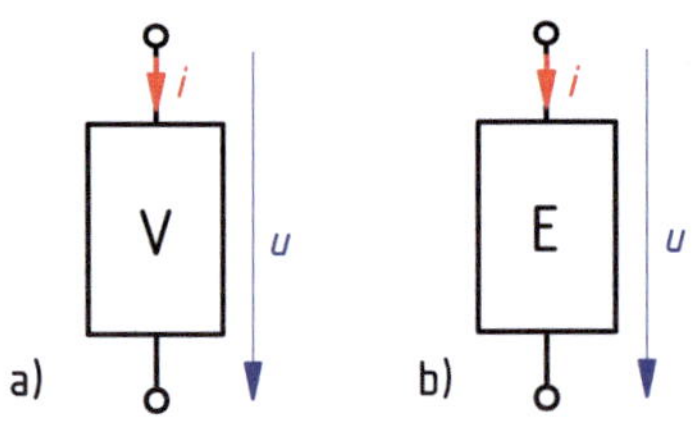

Bild 1.11: a) Verbraucher und b) Erzeuger mit Zählpfeilen im VZS

In einem *Erzeuger* werden freie positive Ladungen vom niedrigeren zum höheren Potenzial bewegt (s. Abschnitt 1.2.4). Daraus folgt für einen Erzeuger bei Verbraucher-Zählpfeilsystem (s. Bild 1.11 b)): Ist $u > 0$, ist $i < 0$. Ist $u < 0$, muss $i > 0$ gelten.

Merke: *Bei einem Erzeuger haben die Klemmengrößen bei Verwendung des Verbraucher-Zählpfeilsystems unterschiedliche Vorzeichen.*

1.4.2.2 Erzeuger-Zählpfeilsystem

In Bild 1.12 sind zwei verschiedene, übliche Darstellungen von Zweipolen mit Zählpfeilen im Erzeuger-Zählpfeilsystem angegeben.

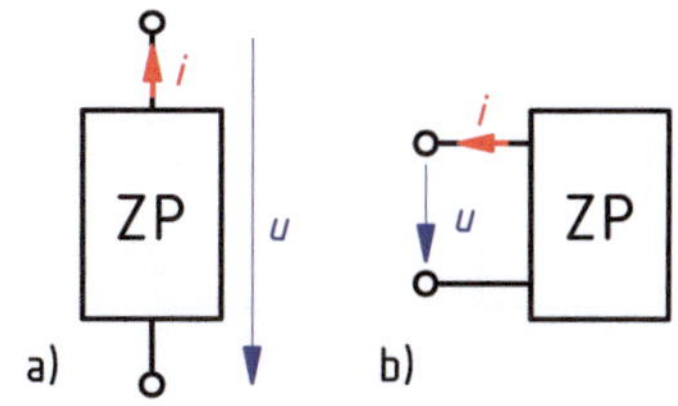

Bild 1.12: Erzeuger-Zählpfeilsystem an einem allgemeinen Zweipol in zwei verschiedenen Darstellungsvarianten

Die Zählpfeile der Klemmenspannungen sind wieder willkürlich von oben nach unten weisend eingezeichnet. In Bild 1.12 a) sind die einander entgegengerichteten Zählpfeile der Klemmengrößen sofort erkennbar.

Aus den in Abschnitt 1.4.2.1 dargestellten Gründen gilt für einen *Erzeuger* bei Erzeuger-Zählpfeilsystem (s. Bild 1.13 a)): Ist $u > 0$, ist auch $i > 0$. Ist $u < 0$, gilt auch $i < 0$.

Merke: *Bei einem Erzeuger haben die Klemmengrößen bei Verwendung des Erzeuger-Zählpfeilsystems gleiche Vorzeichen.*

Daraus folgt für einen *Verbraucher* bei Erzeuger-Zählpfeilsystem (s. Bild 1.13 b)): Ist $u > 0$, muss $i < 0$ sein. Ist $u < 0$, muss $i > 0$ sein.

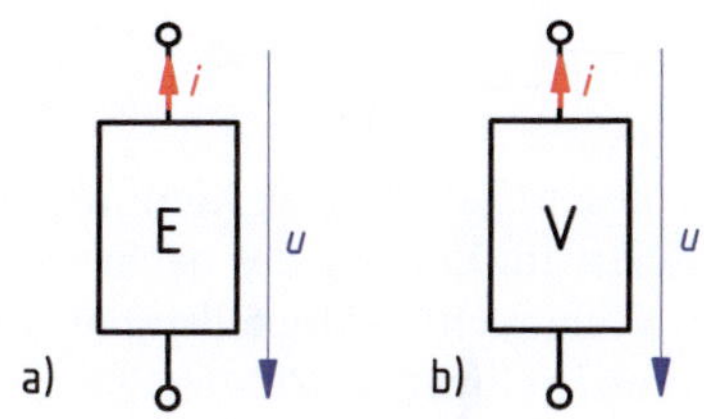

Bild 1.13: a) Erzeuger und
b) Verbraucher mit Zählpfeilen im EZS

Merke: *Bei einem Verbraucher haben die Klemmengrößen bei Verwendung des Erzeuger-Zählpfeilsystems unterschiedliche Vorzeichen.*

1.4.3 Zählpfeile an Zweitoren

Zweitore spielen bei der Verarbeitung elektrischer Signale, z. B. in der Nachrichtentechnik, eine überragende Rolle. Sie wandeln ein Signal an ihren *Eingangsklemmen* in ein (verändertes) Signal an ihren *Ausgangsklemmen* um.

Die Wahl der Zählpfeilsysteme an den beiden Toren kann prinzipiell unabhängig voneinander erfolgen.

In der Regel werden die Spannungszählpfeile an beiden Toren in der gleichen Richtung angenommen (s. Bild 1.14 und Bild 1.15).

1.4.3.1 Symmetrisches Zählpfeilsystem

Sollen die beiden Tore einzeln betrachtet werden, ist es oft zweckmäßig, an beiden Toren das gleiche Zählpfeilsystem zu verwenden, da sich hierdurch eine bezüglich der Vorzeichen mathematisch symmetrische Beschreibung des Klemmenverhaltens des Zweitors ergibt.

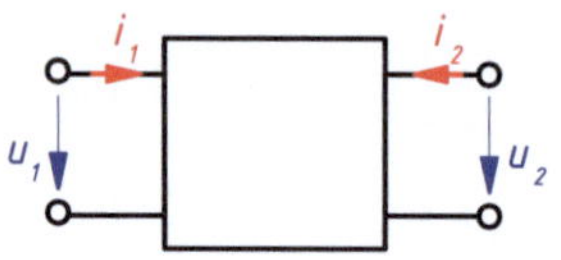

Bild 1.14: Symmetrisches Zählpfeilsystem an einem Zweitor

In der Regel wird das Verbraucher-Zählpfeilsystem gewählt, so dass die an gegenüberliegenden Klemmen der beiden Tore eingetragenen Stromzählpfeile in das Zweitor hinein weisen (s. Bild 1.14). Prinzipiell möglich, aber unüblich, ist die Verwendung des Erzeuger-Zählpfeilsystems an beiden Toren.

1.4.3.2 Ketten-Zählpfeilsystem

Bei der Signalverarbeitung werden häufig mehrere Zweitore kettenförmig hintereinander geschaltet.

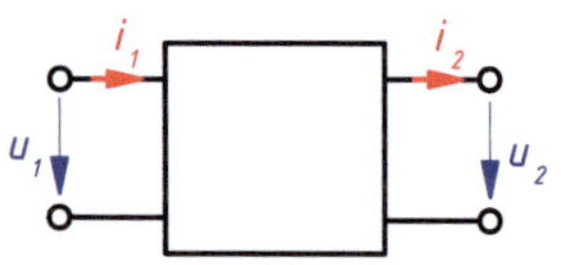

Bild 1.15: Ketten-Zählpfeilsystem an einem Zweitor

In diesem Fall sind die Klemmengrößen am Ausgang eines Zweitors identisch mit den Klemmengrößen am Eingang des nächsten Zweitors. Trägt man die Stromzählpfeile an den Eingangstoren im Verbraucher-Zählpfeilsystem an, ergibt sich zwangsläufig, dass die Zählpfeile an den Ausgangstoren im Erzeuger-Zählpfeilsystem anliegen (s. Bild 1.15).

2 Gleichstromnetzwerke

Ein *Gleichstromnetzwerk* ist ein elektrisches Netzwerk, in dem alle Spannungen und Ströme *zeitlich konstant* (*zeitinvariant*) sind.

Gleichstromnetzwerke bestehen aus den *elementaren Zweipolen der Gleichstromtechnik*:

- elektrischer Widerstand
- elektrische Spannungsquelle
- elektrische Stromquelle

Der Begriff der Gleichstromnetzwerke schließt durchaus die Behandlung von Netzwerken ein, bei denen die Eigenschaften eines oder mehrerer Zweipole variabel sind. Dann sind gedanklich nacheinander mehrere Varianten des Netzwerks zu betrachten, von denen jede zeitlich konstante Eigenschaften aufweist.

Die für *beliebige* Netzwerke gültigen Begriffe, Gesetzmäßigkeiten und Verfahren sind für den Spezialfall der Gleichstromnetzwerke besonders einfach mathematisch zu formulieren und auszuwerten. Daher ist es zur Vermittlung von Verständnis für die fundamentalen Zusammenhänge in elektrischen Netzwerken sinnvoll, zunächst die in der Praxis unbedeutenden Gleichstromnetzwerke zu betrachten. Die Kapitel 3 bis 7, in denen das Verhalten und die Berechnung von Netzwerken bei *zeitlich veränderlichen* (*zeitvarianten*) Vorgängen behandelt werden, setzen die sichere Beherrschung der hier vermittelten Inhalte voraus.

2.1 Grundgesetze im unverzweigten Gleichstromkreis

In diesem Abschnitt werden sehr einfache, meist nur aus zwei Arten von Zweipolen bestehende Netzwerke betrachtet.

2.1.1 Ohmsches Gesetz

Das Ohmsche Gesetz beschreibt das Klemmenverhalten einer in der Praxis besonders wichtigen und mathematisch besonders einfach zu beschreibenden Klasse *resistiver Zweipole*, also von Zweipolen, die elektrische Energie nur aufnehmen und nicht speichern können und somit stets als *Verbraucher* wirken.

2.1.1.1 Zusammenhang zwischen Strom und Spannung

Der deutsche Experimentalphysiker *Georg Simon Ohm* (1789–1854) untersuchte um 1820 die Gesetzmäßigkeiten der Stromleitung in Metallen und Elektrolyten. Damals waren die uns heute selbstverständlichen Begriffe „Strom“ und „Spannung“ in der Elektrizitätslehre noch nicht allgemein gebräuchlich. Unter Verwendung selbst konstruierter Gleichspannungsquellen sowie Spannungs- und Strommesser stellte er fest, dass der Strom I durch die von ihm untersuchten *metallischen Leiter*[1] (im Rahmen der Messgenauigkeit) proportional zur an die Leiter gelegten Spannung U war.

[1] Wenn Ohm statt mit metallischen Leitern mit damals bekannten Halbleitern wie Kohle oder Selen experimentiert hätte, wäre er zu völlig anderen Ergebnissen gekommen. Dann hätte sich die Elektrotechnik und damit unsere technische Umwelt möglicherweise ganz anders entwickelt.

T. Harriehausen und D. Schwarzenau, *Moeller Grundlagen der Elektrotechnik*,
https://doi.org/10.1007/978-3-658-49993-8_2

Ohm arbeitete mit vergleichsweise *kleinen Spannungen und Strömen* und bei *konstanter Temperatur* der Leiter. Die mathematische Formulierung der Beobachtung von Ohm lautet

$$I \sim U\,. \tag{2.1}$$

2.1.1.2 Elektrischer Leitwert, elektrischer Widerstand

Die durch Gl. (2.1) beschriebene *Proportionalität* kann durch Einführen eines *Proportionalitätsfaktors* G in eine *Gleichung* umgewandelt werden:

$$I = G\,U \tag{2.2}$$

Nachfolgend wird davon ausgegangen, dass für die Klemmengrößen U und I des betrachteten Zweipols das Verbraucher-Zählpfeilsystem verwendet wird. Bei einem Verbraucher haben Spannung und Strom dann immer das gleiche Vorzeichen (s. Abschnitt 1.4.2.1). Der daher *stets positive Faktor* G bestimmt, wie groß der Strom I durch einen passiven Zweipol bei angelegter Spannung U ist.

Da der Strom I gemäß Gl. (2.2) proportional zu G ansteigt, wird G als *elektrischer Leitwert* des Zweipols bezeichnet. Die Einheit des elektrischen Leitwertes ist das *Siemens*[2] [3] mit dem Formelzeichen S. Aus Gl. (2.2) folgt

$$[G] = \frac{[I]}{[U]} = \frac{1\,\mathrm{A}}{1\,\mathrm{V}} = 1\,\mathrm{S}\,. \tag{2.3}$$

Der Kehrwert des elektrischen Leitwertes ist der *elektrische Widerstand* R:

$$R = \frac{1}{G} \geq 0 \tag{2.4}$$

Aus Gl. (2.4) ergibt sich mit Gl. (2.2)

$$R = \frac{U}{I}\,. \tag{2.5}$$

Die Einheit des elektrischen Widerstandes ist das *Ohm* mit dem Formelzeichen Ω. Mit Gl. (2.5) folgt

$$[R] = \frac{[U]}{[I]} = \frac{1\,\mathrm{V}}{1\,\mathrm{A}} = 1\,\Omega\,. \tag{2.6}$$

Meist wird die aus Gl. (2.5) abgeleitete lineare Gl. (2.7) als das *Ohmsche Gesetz* bezeichnet:

$$U = R\,I \tag{2.7}$$

Als *Ohmscher Widerstand* wird ein Zweipol bezeichnet, bei dem der Widerstandswert R gemäß Gl. (2.5) *vom Wert der Klemmengrößen U und I unabhängig* ist.

Technisch sind Ohmsche Widerstände nur näherungsweise realisierbar, da der Zusammenhang zwischen Strom und Spannung *bei allen leitfähigen Zweipolen mehr oder weniger nichtlinear* ist, insbesondere für sehr kleine und sehr große Ströme, bei denen die statistische Natur der Elektronenbewegung bzw. die Erwärmung des Leiters durch den Stromfluss nicht mehr vernachlässigt werden können.

---

[2] Benannt nach dem deutschen Elektroingenieur und Unternehmer Werner von Siemens (1816–1892).

[3] In der englischsprachigen Fachliteratur wird oftmals die kuriose Einheit mho (Ohm rückwärts geschrieben) mit dem Formelzeichen ℧ verwendet.

Beispiel 2.1: Berechnung des Stromes durch einen Ohmschen Widerstand

Eine Batterie liefert bei Anschluss eines Verbrauchers (z. B. einer Glühlampe) mit dem Widerstandswert $R = 7{,}5\,\Omega$ die Klemmenspannung $U = 3{,}9\,\mathrm{V}$.

Wie groß ist der Strom I durch den Verbraucher?

Aus Gl. (2.7) ergibt sich der Strom zu

$$I = \frac{U}{R} = \frac{3{,}9\,\mathrm{V}}{7{,}5\,\Omega} = 0{,}52\,\mathrm{A}$$

bei Verbraucher-Zählpfeilsystem am Verbraucher.

Das in Schaltplänen und Ersatzschaltbildern verwendete Schaltzeichen für Ohmsche Widerstände nach [ding] ist ein nicht ausgefülltes Rechteck (s. Bild 2.1).

Bild 2.1: a) Schaltsymbol eines Ohmschen Widerstandes und b) eines Ohmschen Leitwertes

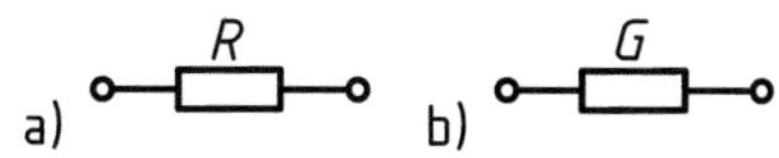

Das Klemmenverhalten des *Modells* „Ohmscher Widerstand" wird *vollständig* durch Angabe seines Widerstandswertes R *oder* seines Leitwertes G beschrieben. In der Praxis ist die Angabe des Widerstandswertes üblich. Wie auch in anderen Standardwerken über die Grundlagen der Elektrotechnik wird in den folgenden Abschnitten *aus didaktischen Gründen* teilweise der Leitwert als Parameter zur Beschreibung des Klemmenverhaltens verwendet und dann der so beschriebene Zweipol insgesamt als *Ohmscher Leitwert* bezeichnet.

Die beiden Zweipoltypen „elektrischer Widerstand" und „elektrischer Leitwert" unterscheiden sich also in ihrem elektrischen Verhalten nicht. Sie werden lediglich durch unterschiedliche Kennwerte (Parameter) beschrieben.

Aus der Wortwahl der letzten Absätze geht hervor, dass der Begriff „*Widerstand*" in der Elektrotechnik drei unterschiedliche Dinge bezeichnet:

1. ein reales Bauelement
2. einen idealisierten Zweipol als Modell für das reale Bauelement
3. den Widerstandswert eines Widerstandes nach 1. oder 2.

Beispiel 2.2: Parameter eines Ohmschen Widerstandes

Durch einen Ohmschen Widerstand fließt bei einer Spannung von 24 V ein Strom von 6 A.

Wie groß sind der Widerstandswert R und der Leitwert G des Widerstandes?

Aus Gl. (2.5) folgt

$$R = \frac{U}{I} = \frac{24\,\mathrm{V}}{6\,\mathrm{A}} = 4\,\Omega$$

und aus Gl. (2.4)

$$G = \frac{1}{R} = \frac{1}{4\,\Omega} = 0{,}25\,\mathrm{S}\,.$$

Der durch das Ohmsche Gesetz beschriebene Zusammenhang wird grafisch durch die in Bild 2.2 dargestellte *Kennlinie* $U = f(I)$ oder gleichwertig durch die in Bild 2.3 dargestellte Kennlinie $I = g(U)$ beschrieben.

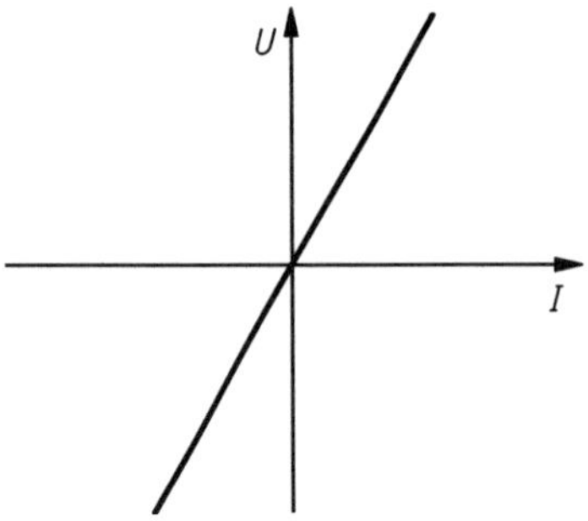

Bild 2.2: Kennlinie $U(I)$ eines Ohmschen Widerstandes bei VZS

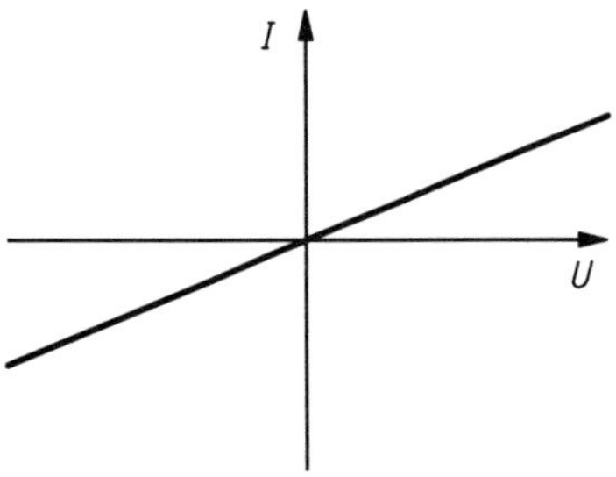

Bild 2.3: Kennlinie $I(U)$ eines Ohmschen Widerstandes bei VZS

Wichtige Eigenschaften dieser Kennlinien sind:

1. Sie sind Geraden wegen des linearen Zusammenhangs zwischen den Klemmengrößen.
2. Sie gehen durch den Ursprung (0 A, 0 V), da Widerstände passive Zweipole sind.
3. Sie verlaufen durch zwei Quadranten, da sich bei Umkehrung des Vorzeichens des Stromes auch das Vorzeichen der Spannung umkehrt.
4. Sie verlaufen durch den ersten und dritten Quadranten, wenn das Verbraucher-Zählpfeilsystem am Widerstand verwendet wird, da dann Strom und Spannung immer das gleiche Vorzeichen haben. Bei Verwendung des Erzeuger-Zählpfeilsystems an einem Widerstand verlaufen sie durch den zweiten und den vierten Quadranten.
5. Sie sind punktsymmetrisch zum Ursprung, da das Klemmenverhalten Ohmscher Widerstände polaritätsunabhängig ist.

2.1.2 Elektrische Widerstände

In diesem Abschnitt wird der Zusammenhang zwischen dem Widerstandswert und den geometrischen Abmessungen sowie den Materialeigenschaften für geometrisch besonders einfach aufgebaute Widerstände behandelt. Die hier nur plausibilisierten Zusammenhänge folgen aus den in Kapitel 9 behandelten Gesetzen elektrischer Strömungsfelder.

2.1.2.1 Elektrische Leitfähigkeit, spezifischer elektrischer Widerstand

Betrachtet wird ein *gerader Leiter* aus einem Material, dessen elektrische Eigenschaften nicht vom Ort abhängen (*d. h. das Material ist elektrisch homogen*) und dessen Querschnittsgeometrie konstant über der Länge ist (s. Bild 2.4). Die Enden des Leiters seien mit *ideal leitfähigen Kontaktflächen* (*idealen Elektroden*) senkrecht zur Leiterachse versehen.

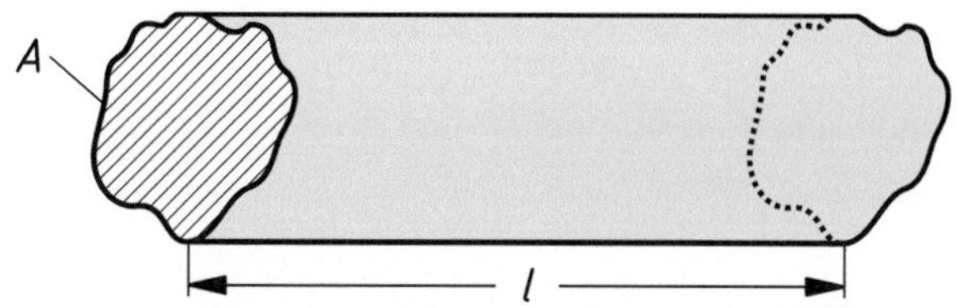

Bild 2.4: Gerader, homogener Leiter mit konstantem Querschnitt

Es leuchtet ein, dass der Wert des Widerstandes R zwischen den Elektroden proportional zur *Länge* l des Leiters ist. Also gilt

$$R \sim l\,. \tag{2.8}$$

Plausibel ist auch, dass der Wert des Leitwertes G zwischen den Elektroden proportional zum *Flächeninhalt* A des Leiterquerschnitts ist, also $G \sim A$ gilt und somit auch

$$R \sim \frac{1}{A}\,. \tag{2.9}$$

Die *Form* der Querschnittsfläche spielt keine Rolle, sofern es sich nicht um extrem dünne, schichtförmige Leiter handelt. Darüber hinaus ist der Widerstandswert zwischen den Elektroden nur noch vom Material des Leiters abhängig. Die aus Gl. (2.8) und Gl. (2.9) folgende Proportionalität

$$R \sim \frac{l}{A} \tag{2.10}$$

kann durch Einfügen eines *Proportionalitätsfaktors* in eine Gleichung überführt werden. Dieser Proportionalitätsfaktor berücksichtigt die elektrischen Eigenschaften des Leitermaterials.

Der Parameter ϱ (sprich „rho") in der *Bemessungsgleichung*

$$R = \varrho\,\frac{l}{A} \tag{2.11}$$

ist der *spezifische elektrische Widerstand* des Leitermaterials. Gl. (2.11) ist nicht allgemeingültig, sondern gilt exakt nur für Anordnungen gemäß Bild 2.4. Näherungsweise ist sie aber auch anwendbar, wenn der Leiter nicht gerade, sondern z. B. auf einen Trägerkörper aufgewickelt ist. Die Gleichung ist nicht mehr anwendbar, wenn das Material des Leiters *inhomogen* oder seine Querschnittsfläche nicht näherungsweise konstant ist. Die Berechnung des Widerstandes beliebiger Anordnungen wird in Abschnitt 9.6 behandelt.

In der Elektrotechnik ist es üblich, bei Leitern die Länge in m und die Querschnittsfläche in mm^2 anzugeben. Aus Gl. (2.11) ergibt sich als übliche Einheit von ϱ

$$[\varrho] = \frac{[R]\cdot[A]}{[l]} = 1\,\frac{\Omega\,\mathrm{mm}^2}{\mathrm{m}} = 10^{-6}\,\Omega\,\mathrm{m}\,. \tag{2.12}$$

Mit Gl. (2.4) folgt aus Gl. (2.11)

$$G = \frac{1}{\varrho}\,\frac{A}{l}\,. \tag{2.13}$$

Der Kehrwert des spezifischen elektrischen Widerstandes ist die *elektrische Leitfähigkeit*[4] $\varkappa$ (sprich „kappa") des Leitermaterials

$$\varkappa = \frac{1}{\varrho}\,. \tag{2.14}$$

Aus Gl. (2.14) folgt mit Gl. (2.12) als übliche Einheit der elektrischen Leitfähigkeit

$$[\varkappa] = \frac{1}{[\varrho]} = 1\,\frac{\mathrm{m}}{\Omega\,\mathrm{mm}^2} = 1\,\frac{\mathrm{S\,m}}{\mathrm{mm}^2} = 10^6\,\frac{\mathrm{S}}{\mathrm{m}}\,. \tag{2.15}$$

Mit Gl. (2.14) in Gl. (2.13) erhält man

$$G = \varkappa\,\frac{A}{l}\,. \tag{2.16}$$

Tabelle 2.1 enthält für einige technisch wichtige metallische Leitermaterialien Anhaltswerte für die elektrische Leitfähigkeit bei 20 °C. Genauere Werte enthält Tabelle A.4 in Anhang A.3.

Tabelle 2.1: Anhaltswerte für die elektrische Leitfähigkeit einiger Metalle bei 20 °C

Material	Konstantan	Eisen	Platin	Aluminium	Gold	Kupfer	Silber
$\varkappa$ in $\mathrm{S\,m/mm^2}$	2	10	10	36	45	56	62

Den von technisch wichtigen Materialien abgedeckten Wertebereich des spezifischen elektrischen Widerstandes stellt Bild 2.5 auf einer logarithmisch geteilten Skala dar.

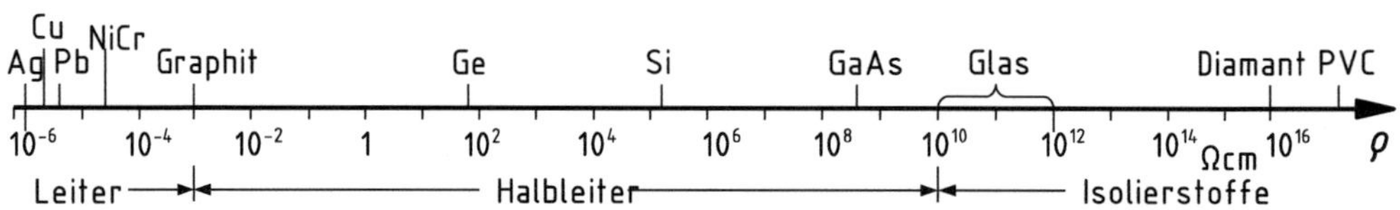

Bild 2.5: Wertebereich des spezifischen elektrischen Widerstandes

Mit einem Verhältnis von etwa $1 : 10^{23}$ für die dargestellten üblichen Stoffe von metallischen Leitern wie Silber (Ag) über undotierte Halbleiter wie Silizium (Si) bis hin zu Isolatoren wie Polyvinylchlorid (PVC) ist der spezifische elektrische Widerstand eine Werkstoffeigenschaft mit einem besonders großen Wertebereich.

Beispiel 2.3: Widerstand einer zweiadrigen Leitung

Ein Verbraucher ist mittels einer 1 km langen, zweiadrigen Kupferleitung mit dem Kupferquerschnitt $A = 2 \cdot 70\,\mathrm{mm}^2$ angeschlossen. Die Leitung hat bei 20 °C die elektrische Leitfähigkeit $\varkappa = 56\,\dfrac{\mathrm{S\,m}}{\mathrm{mm}^2}$.

Wie groß ist der Leitungswiderstand bei 20 °C?

Da der Strom durch den Hin- und den Rückleiter fließen muss, ist die Leiterlänge $l = 2 \cdot 1\,\mathrm{km} = 2000\,\mathrm{m}$. Da das Leitermaterial homogen und der Leiterquerschnitt konstant ist, darf Gl. (2.11)

[4] Alternative Formelzeichen für die elektrische Leitfähigkeit sind γ und σ.

in Verbindung mit Gl. (2.14) angewandt werden:

$$R = \frac{l}{\varkappa A} = \frac{2000\,\mathrm{m}}{56\,\frac{\mathrm{S\,m}}{\mathrm{mm^2}} \cdot 70\,\mathrm{mm^2}} \approx 0{,}51\,\Omega$$

Der Widerstand dieser recht langen Leitung, wie sie z. B. zur Energieversorgung eingesetzt wird, ist wegen ihrer großen Querschnittsfläche erstaunlich klein.

Beispiel 2.4: Länge eines Widerstandsdrahtes

Wie lang muss der Heizdraht eines Kochgerätes sein, der aus Chromnickel mit der Leitfähigkeit $\varkappa = 0{,}91\,\mathrm{S\,m/mm^2}$ besteht und den Durchmesser $d = 0{,}45\,\mathrm{mm}$ hat, wenn er den Widerstand $R = 55\,\Omega$ haben soll?

Bei dem Durchmesser $d = 0{,}45\,\mathrm{mm}$ ist der Querschnitt $A = \pi d^2/4 \approx 0{,}159\,\mathrm{mm^2}$. Nach Gl. (2.11) mit Gl. (2.14) wird dann die Leiterlänge

$$l = R\varkappa A \approx 55\,\Omega \cdot 0{,}91\frac{\mathrm{S\,m}}{\mathrm{mm^2}} \cdot 0{,}159\,\mathrm{mm^2} \approx 8\,\mathrm{m}\,.$$

Obwohl der Heizdraht nicht gerade, sondern aufgewickelt ist, wird hier näherungsweise mit der Bemessungsgleichung für gerade Leiter gerechnet.

Beispiel 2.5: Ersatz einer Kupferleitung durch eine widerstandsgleiche Aluminiumleitung

Eine Kupferleitung mit der elektrischen Leitfähigkeit $\varkappa_{\mathrm{Cu}} = 56\,\mathrm{S\,m/mm^2}$ und dem Querschnitt $A = 10\,\mathrm{mm^2}$ soll durch eine etwa widerstandsgleiche Aluminiumleitung mit der Leitfähigkeit $\varkappa_{\mathrm{Al}} = 36\,\mathrm{S\,m/mm^2}$ ersetzt werden.

Welchen Querschnitt muss die Aluminiumleitung erhalten? Wie verhalten sich die Leitungsmassen zueinander, wenn die Dichte von Kupfer $\varrho_{\mathrm{Cu}} = 8{,}9\,\mathrm{g/cm^3}$ und die Dichte von Aluminium $\varrho_{\mathrm{Al}} = 2{,}7\,\mathrm{g/cm^3}$ beträgt?

Da beide Leitungen bei gleicher Länge den gleichen Widerstand haben sollen, gilt

$$R = \frac{l}{\varkappa_{\mathrm{Cu}} A_{\mathrm{Cu}}} = \frac{l}{\varkappa_{\mathrm{Al}} A_{\mathrm{Al}}}\,, \qquad \text{d. h.} \qquad \varkappa_{\mathrm{Cu}} A_{\mathrm{Cu}} = \varkappa_{\mathrm{Al}} A_{\mathrm{Al}}\,,$$

$$A_{\mathrm{Al}} = \frac{\varkappa_{\mathrm{Cu}}}{\varkappa_{\mathrm{Al}}} A_{\mathrm{Cu}} = \frac{56\,\mathrm{S\,m/mm^2}}{36\,\mathrm{S\,m/mm^2}}\,10\,\mathrm{mm^2} \approx 15{,}6\,\mathrm{mm^2}.$$

Nächster Normquerschnitt: $16\,\mathrm{mm^2}$. Für das Verhältnis der beiden Massen ergibt sich:

$$\frac{m_{\mathrm{Al}}}{m_{\mathrm{Cu}}} = \frac{\varrho_{\mathrm{Al}} A_{\mathrm{Al}}\, l}{\varrho_{\mathrm{Cu}} A_{\mathrm{Cu}}\, l} = \frac{\varrho_{\mathrm{Al}} A_{\mathrm{Al}}}{\varrho_{\mathrm{Cu}} A_{\mathrm{Cu}}} = \frac{2{,}7\,\mathrm{g/cm^3} \cdot 16\,\mathrm{mm^2}}{8{,}9\,\mathrm{g/cm^3} \cdot 10\,\mathrm{mm^2}} \approx 0{,}485$$

Trotz seiner geringeren Leitfähigkeit ist das Aluminium hinsichtlich seiner Masse günstiger. Verglichen mit der Kupferleitung wird nur etwas weniger als die Hälfte der Masse an Leitermaterial benötigt.

Beispiel 2.6: Ersatz einer Aluminiumleitung durch eine Kupferleitung gleicher Abmessungen

Eine Verbindungsleitung in einer integrierten Schaltung hat eine Querschnittsfläche von $A = 10\,\mu\text{m}^2$ und die Länge $l = 10\,\text{mm}$.

Wie groß ist der Widerstand der Leitung, wenn sie aus Aluminium bzw. alternativ aus Kupfer hergestellt wird?

$$R_{\text{Al}} = \frac{l}{\varkappa_{\text{Al}}\, A} = \frac{10^{-2}\,\text{m}}{36\,\frac{\text{S m}}{\text{mm}^2} \cdot 10 \cdot (10^{-3}\,\text{mm})^2} \approx 28\,\Omega$$

Obwohl die Aluminium-Leitung sehr kurz ist, hat sie wegen ihrer sehr kleinen Querschnittsfläche einen erheblichen, hinsichtlich der Funktion der Schaltung nicht zu vernachlässigenden Widerstand

$$R_{\text{Cu}} = \frac{l}{\varkappa_{\text{Cu}}\, A} = \frac{10^{-2}\,\text{m}}{56\,\frac{\text{S m}}{\text{mm}^2} \cdot 10 \cdot 10^{-6}\,\text{mm}^2} \approx 18\,\Omega$$

Der um den Faktor $\varkappa_{\text{Cu}}/\varkappa_{\text{Al}} = 56/36 \approx 1{,}6$ verringerte Widerstand der Leitung aus Kupfer wird mit deutlich erhöhtem Fertigungsaufwand erkauft.

Beispiel 2.7: Strom durch eine große Glasplatte

Auf den beiden Seiten einer 6 mm dicken Glasplatte befinde sich je ein $2\,\text{m}^2$ großer Metallbelag. Das Glas habe den spezifischen Widerstand $\varrho = 10\,\text{G}\Omega\text{m}$.

Welcher Strom I fließt durch das Glas, wenn zwischen den Belägen die Spannung $U = 3\,\text{kV}$ anliegt?

Die Leiterlänge l ist hier durch die Dicke der Glasplatte gegeben. Der Leitungsquerschnitt kann mit guter Näherung gleich der Größe der Beläge gesetzt werden. Der Widerstand beträgt daher nach Gl. (2.11)

$$R = \frac{\varrho\, l}{A} = \frac{10 \cdot 10^9\,\Omega\text{m} \cdot 6 \cdot 10^{-3}\,\text{m}}{2\,\text{m}^2} = 30\,\text{M}\Omega\,.$$

Mit Gl. (2.5) erhält man den Strom

$$I = \frac{U}{R} = \frac{3\,\text{kV}}{30\,\text{M}\Omega} = 0{,}1\,\text{mA}\,.$$

Wegen des geringen Abstandes l der beiden Metallbeläge und der großen Durchtrittsfläche A fließt durch den Isolator der durchaus messbare Strom $I = 0{,}1\text{mA}$!

2.1.2.2 Lineare Widerstände

Betrachtet man einen bestimmten Wert I_0 des Klemmenstromes, der durch einen beliebigen Widerstand R fließt, gehört hierzu beim Verbraucher-Zählpfeilsystem ein bestimmter Wert

$$U_0 = R\,I_0 \tag{2.17}$$

der Klemmenspannung. Das Wertepaar (I_0, U_0,) wird als *Arbeitspunkt* bezeichnet. Ändert sich der Klemmenstrom von I_0 ausgehend um einen beliebigen Wert ΔI, ändert sich die Klemmenspannung um einen Wert ΔU.

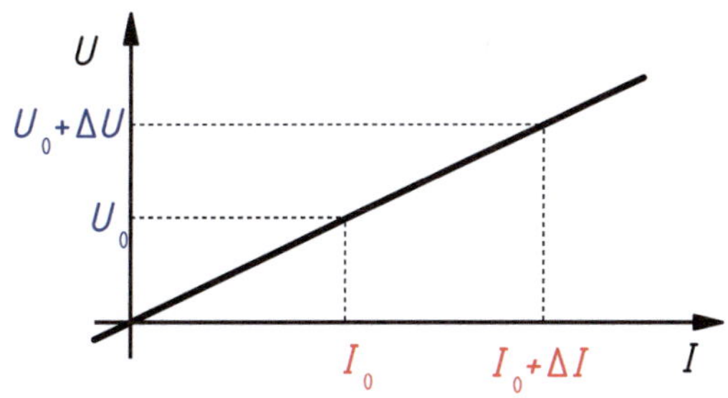

Bild 2.6: Kennlinie $U(I)$ eines Ohmschen Widerstandes bei VZS mit Arbeitspunkt und Steigungsdreieck

Nur bei Ohmschen Widerständen gilt (s. Bild 2.6)

$$U_0 + \Delta U = R\,(I_0 + \Delta I) = R\,I_0 + R\,\Delta I = U_0 + R\,\Delta I\,, \tag{2.18}$$

also

$$\Delta U = R\,\Delta I\,. \tag{2.19}$$

Betrachtet man kleine Änderungen ΔI um I_0 herum, schreibt man im Grenzfall $\Delta I \rightarrow \pm 0$, aber $\Delta I \neq 0$ statt ΔI für die infinitesimal kleine Änderung dI des Stromes und ebenso statt ΔU für die infinitesimal kleine Änderung dU der Spannung. Damit folgt für Ohmsche Widerstände

$$\frac{\Delta U}{\Delta I} = \frac{\mathrm{d}U}{\mathrm{d}I} = R = \frac{U}{I}\,. \tag{2.20}$$

Ein Ohmscher Widerstand hat für *beliebige* Werte von I_0 und ΔI stets den selben Widerstandswert R. *Die Steigung der Kennlinie U(I) ist bei Ohmschen Widerständen bei Verbraucher-Zählpfeilsystem gleich dem Widerstandswert R.* Daher wird bei Widerständen gern die Kennlinie $U(I)$ verwendet statt der allgemein üblichen Darstellung $I(U)$.

2.1.2.3 Nichtlineare Widerstände

Nun werden *nichtlineare resistive Zweipole* betrachtet, die hier als „nichtlineare Widerstände" bezeichnet werden, da nur ihr Klemmenverhalten, nicht aber ihre Funktion relevant ist.

Die Kennlinien $U(I)$ dieser Zweipole müssen wie die der linearen Widerstände durch den Ursprung der U-I-Ebene gehen, da sie passiv sind. Bei Verbraucher-Zählpfeilsystem verlaufen sie im ersten und dritten Quadranten. Nichtlineare Widerstände können *polaritätsabhängig* sein. In diesem Fall ist die Darstellung ihrer Kennlinie nur zusammen mit einer Festlegung der Strom- und Spannungs-Zählpfeile eindeutig. In Bild 2.7 sind die Kennlinien $U(I)$ zweier nichtlinearer Widerstände dargestellt.

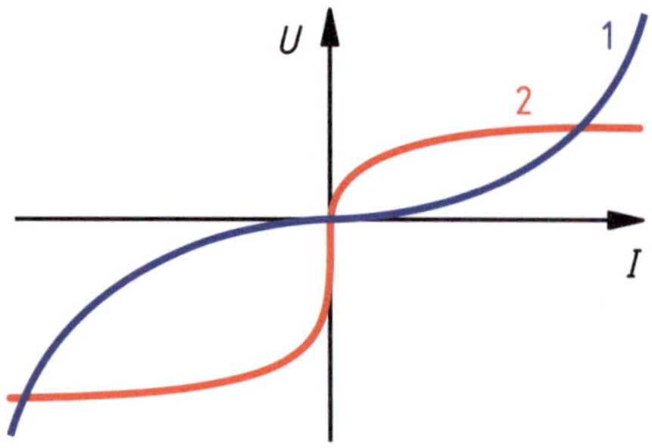

Bild 2.7: Kennlinien $U(I)$ von nichtlinearen Widerständen bei VZS (schematisch):
(1) polaritätsunabhäng (Glühlampe)
(2) polaritätsabhängig (Z-Diode)

Betrachtet man wieder einen bestimmten Arbeitspunkt (I_0, U_0), wird der Quotient

$$\frac{U_0}{I_0} = R_0(I_0) \tag{2.21}$$

als *Gleichstromwiderstand* oder *statischer Widerstand* in diesem Arbeitspunkt bezeichnet. Grafisch ist R_0 gleich der Steigung der Geraden, die durch den Ursprung und den Arbeitspunkt (I_0,U_0) verläuft, also der *Steigung der Sekante durch den Arbeitspunkt*, s. Bild 2.8.

Der statische Widerstand beschreibt das Klemmenverhalten eines nichtlinearen Widerstandes in einem bestimmten, festen Arbeitspunkt.

Der Wert

$$\lim_{\Delta I \to 0} \left.\frac{\Delta U}{\Delta I}\right|_{I_0} = \left.\frac{\mathrm{d}U}{\mathrm{d}I}\right|_{I_0} = r(I_0) \tag{2.22}$$

wird als *differenzieller* oder *dynamischer Widerstand* des Zweipols im Arbeitspunkt (I_0, U_0) bezeichnet. Grafisch ist $r(I_0)$ gleich der *Steigung der Tangente an die Kennlinie im Arbeitspunkt* (I_0, U_0), s. Bild 2.8.

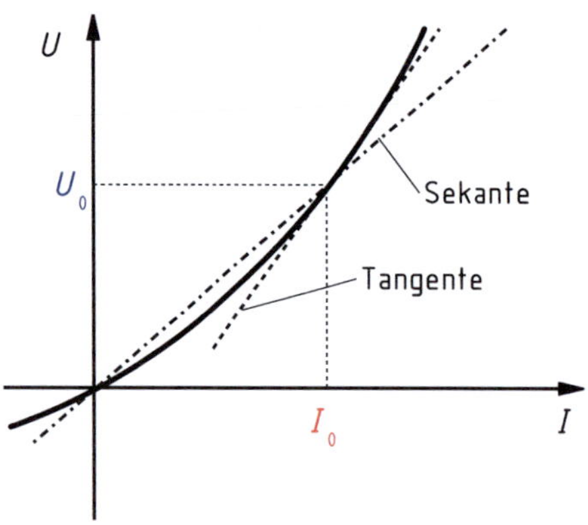

Bild 2.8: Kennlinie $U(I)$ eines nichtlinearen Widerstandes bei VZS mit Arbeitspunkt

Der differenzielle Widerstand beschreibt das Verhalten eines nichtlinearen Widerstandes bei kleinen Veränderungen (*Aussteuerungen*) der Klemmengrößen um einen bestimmten Arbeitspunkt herum. Damit werden die Veränderungen der Klemmengrößen in der Umgebung des Arbeitspunktes durch eine lineare Funktion angenähert (*Linearisierung im Arbeitspunkt*, s. Abschnitt 2.5.1). Diese *Näherung* ist um so besser, je weniger die Kennlinie im Aussteuerbereich um den jeweiligen Arbeitspunkt gekrümmt ist.

Bei nichtlinearen Widerständen sind sowohl der statische als auch der dynamische Widerstand arbeitspunktabhängig. Nur bei linearen Widerständen gilt $R_0 = r = R = \text{const.}$

Wird statt der Kennlinie $U(I)$ die Kennlinie $I(U)$ betrachtet, gelten die oben angestellten Überlegungen über Widerstandswerte sinngemäß für die *Leitwerte* und die Steigungen sind gleich dem *statischen Leitwert* $G_0(U_0)$ beziehungsweise dem *differenziellen Leitwert* $g(U_0)$ in einem Arbeitspunkt (I_0, U_0).

2.1.2.4 Temperaturabhängigkeit des Widerstandes

Der spezifische elektrische Widerstand ϱ und die elektrische Leitfähigkeit $\varkappa$ sind bei jedem Material abhängig von der Temperatur ϑ in °C bzw. T in K. Man unterscheidet

- metallische Leiter: $\varkappa$ sinkt (d. h. ϱ steigt) mit steigender Temperatur (*Kaltleiter*)
- Halbleiter: $\varkappa$ steigt (d. h. ϱ sinkt) mit steigender Temperatur (*Heißleiter*)
- Isolatoren: $\varkappa$ steigt (d. h. ϱ sinkt) leicht mit steigender Temperatur

Die Abhängigkeiten $\varrho(\vartheta)$ und $\varkappa(\vartheta)$ sind *bei jedem Material nichtlinear*. Für viele Werkstoffe lässt sich aber für kleine Temperaturänderungen ΔT die Temperaturabhängigkeit *näherungsweise* durch eine *lineare Funktion* (Polynom ersten Grades) beschreiben. Daraus folgt für die Änderung des Widerstandswertes eines Leiters gegenüber dem Wert bei *Bezugstemperatur*

$$R(\vartheta) = R_{\vartheta_0}(1 + \alpha_{\vartheta_0}(\vartheta - \vartheta_0)) \tag{2.23}$$

mit

R_{ϑ_0} Widerstandswert bei Bezugstemperatur

α_{ϑ_0} *linearer Temperaturkoeffizient* von ϱ bei Bezugstemperatur ϑ_0 mit

$$[\alpha_{\vartheta_0}] = 1\,\text{K}^{-1} \tag{2.24}$$

$\Delta T = \vartheta - \vartheta_0$ Abweichung der betrachteten Temperatur von der Bezugstemperatur.

Je nach Grad der Nichtlinearität von $\varrho(\vartheta)$ und den Anforderungen an die Genauigkeit des Ergebnisses ist der Temperaturbereich, für den die Näherung (2.23) akzeptable Ergebnisse liefert, unterschiedlich. Ein grober Anhaltswert ist der Bereich $\Delta T = \pm 100\,\text{K}$.

Bild 2.9 zeigt schematisch die nichtlineare Abhängigkeit des Widerstandes von der Temperatur und die näherungsweise Beschreibung durch eine lineare Funktion.

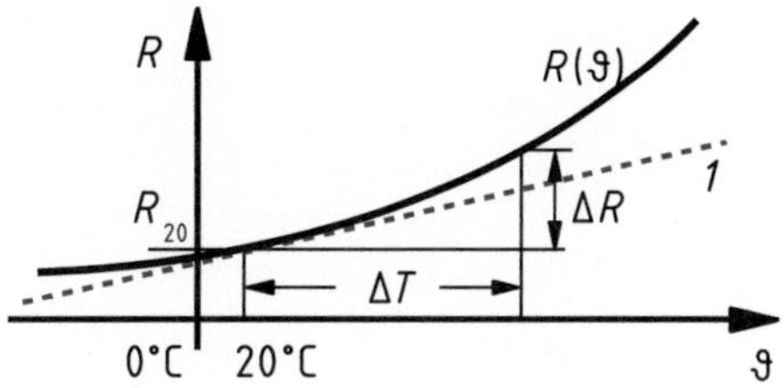

Bild 2.9: Nichtlineare Abhängigkeit des Widerstandes von der Temperatur und Näherungsgerade 1 für die Bezugstemperatur 20 °C

Für größere Temperaturänderungen wird die Temperaturabhängigkeit *näherungsweise* durch die *quadratische Funktion* (Polynom zweiten Grades)

$$R(\vartheta) = R_{\vartheta_0}(1 + \alpha_{\vartheta_0}(\vartheta - \vartheta_0) + \beta_{\vartheta_0}(\vartheta - \vartheta_0)^2) \tag{2.25}$$

beschrieben mit den auch in Gl. (2.23) auftretenden Größen sowie

β_{ϑ_0} *quadratischer Temperaturkoeffizient* von ϱ bei Bezugstemperatur ϑ_0 mit

$$[\beta_{\vartheta_0}] = 1\,\mathrm{K}^{-2}\,. \tag{2.26}$$

Als Bezugstemperatur ϑ_0 wählt man zweckmäßigerweise eine typische *Betriebstemperatur*, für die die benötigten Materialparameter (ϱ bzw. κ sowie α und ggf. β) verfügbar sind.

Anhaltswerte für die Temperaturkoeffizienten von ϱ von einigen Metallen bei 20 °C können Tabelle 2.2 entnommen werden.

Tabelle 2.2: Temperaturkoeffizienten des spezifischen elektrischen Widerstandes einiger Metalle

Material	α_{20} in K^{-1}	β_{20} in K^{-2}
Eisen	$6 \cdot 10^{-3}$	$6 \cdot 10^{-6}$
Platin	$3{,}8 \cdot 10^{-3}$	$0{,}6 \cdot 10^{-6}$
Aluminium	$3{,}8 \cdot 10^{-3}$	$1{,}3 \cdot 10^{-6}$
Gold	$3{,}9 \cdot 10^{-3}$	$0{,}5 \cdot 10^{-6}$
Kupfer	$3{,}9 \cdot 10^{-3}$	$0{,}6 \cdot 10^{-6}$
Silber	$3{,}8 \cdot 10^{-3}$	$0{,}7 \cdot 10^{-6}$
Konstantan[5]	$0{,}01 \cdot 10^{-3}$	

Für die in Tabelle 2.2 aufgeführten reinen Metallen sollte man sich als groben Anhaltswert $\alpha_{20} \approx 0{,}4\,\%/\mathrm{K}$ merken. Bei einer Erhöhung der Temperatur um 100 K steigt der Widerstandswert also um etwa 40 %.

Beispiel 2.8: Temperaturabhängigkeit des Widerstandes einer Glühlampe

Eine Glühlampe enthält einen doppelt gewendelten Wolframdraht mit dem Durchmesser $d = 24\,\mu\mathrm{m}$ und der Länge $l = 62\,\mathrm{cm}$.

Der Widerstand des Drahtes zwischen dem kalten Einschaltzustand und der Betriebstemperatur $\vartheta = 2200\,°\mathrm{C}$ soll ermittelt und in einem Diagramm $R(\vartheta)$ dargestellt werden.

Die benötigten Temperaturkoeffizienten $\alpha_{20} = 4{,}1 \cdot 10^{-3}\mathrm{K}^{-1}$ und $\beta_{20} = 1 \cdot 10^{-6}\,\mathrm{K}^{-2}$ sowie die Leitfähigkeit $\kappa_{20} = 18{,}2\,\mathrm{S\,m/mm^2}$ werden Tabelle A.4 im Anhang A.3 entnommen.

Mit $d = 0{,}024\,\mathrm{mm}$ ergibt sich der Leiterquerschnitt $A = \pi d^2/4 \approx 0{,}4524 \cdot 10^{-3}\mathrm{mm}^2$. Nach Gl. (2.11) mit (2.14) erhält man den Kaltwiderstand R_{20} für 20 °C

$$R_{20} = \frac{l}{\kappa_{20} A} \approx \frac{0{,}62\,\mathrm{m}}{18{,}2\,\frac{\mathrm{S\,m}}{\mathrm{mm}^2} \cdot 0{,}4524 \cdot 10^{-3}\,\mathrm{mm}^2} \approx 75{,}3\,\Omega\,.$$

Mit $\Delta\vartheta = \vartheta - 20\,°\mathrm{C}$ liefert Gl. (2.25) die gesuchte Temperaturabhängigkeit

$$R = R_{20}[1 + \alpha_{20}(\vartheta - 20\,°\mathrm{C}) + \beta_{20}(\vartheta - 20\,°\mathrm{C})^2]$$
$$R \approx 75{,}3\,\Omega\,[1 + 4{,}1 \cdot 10^{-3}\mathrm{K}^{-1}(\vartheta - 20\,°\mathrm{C}) + 10^{-6}\mathrm{K}^{-2}(\vartheta - 20\,°\mathrm{C})^2]\,.$$

Mit dieser Gleichung sind einige Werte zwischen $\vartheta = 20\,°\mathrm{C}$ und $\vartheta = 2200\,°\mathrm{C}$ berechnet und in Bild 2.10 dargestellt worden.

[5] Konstantan ist eine Legierung aus Kupfer, Nickel und Mangan, bei deren Entwicklung die Minimierung der Temperaturkoeffizienten von ϱ angestrebt wurde.

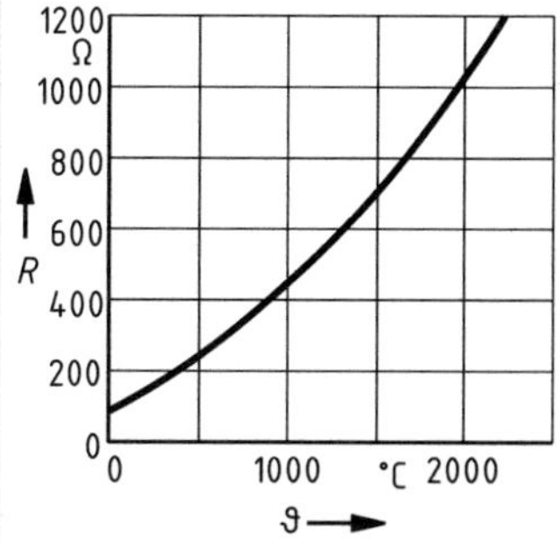

Bild 2.10: Widerstand eines Glühdrahtes in Abhängigkeit von seiner Temperatur

Bei der Betriebstemperatur $\vartheta = 2200\,°\mathrm{C}$ gilt $R_{2200} \approx 75{,}3\,\Omega\,(1 + 8{,}7 + 4{,}8) \approx 1{,}1\,\mathrm{k}\Omega$.

Der durch den quadratischen Temperaturkoeffizienten verursachte Beitrag zur Widerstandserhöhung ist in diesem Beispiel also erheblich. Seine Vernachlässigung hätte zu einem grob falschen Ergebnis geführt.

Beispiel 2.9: Einschaltstrom und Betriebsstrom einer Glühlampe

Welche Ströme fließen durch die Glühlampe in Beispiel 2.8 im kalten Zustand bzw. bei Betriebstemperatur bei einer Spannung von $U = 230\,\mathrm{V}$?

Mit Gl. (2.5) erhält man für die Ströme bei $\vartheta = 20\,°\mathrm{C}$ und bei $\vartheta = 2200\,°\mathrm{C}$:

$$\vartheta = 20\,°\mathrm{C}: \quad I_{20} = \frac{U}{R_{20}} \approx \frac{230\,\mathrm{V}}{75{,}3\,\Omega} \approx 3{,}05\,\mathrm{A}$$

$$\vartheta = 2200\,°\mathrm{C}: \quad I_{2200} = \frac{U}{R_{2200}} \approx \frac{230\,\mathrm{V}}{1106\,\Omega} \approx 0{,}208\,\mathrm{A}$$

Wenn die Glühlampe eingeschaltet wird, ist ihr Wolframdraht im Allgemeinen noch kalt und es fließt rund das 15-fache des normalen Betriebsstromes. Solche Einschaltstromstöße wirken sich u. U. störend auf andere Verbraucher aus, die an die selbe Versorgungsspannung angeschlossen sind. Außerdem rüttelt jedes Einschalten durch den starken Stromstoß wegen der dabei auftretenden magnetischen Kräfte (s. Abschnitt 11.15.1) an dem dünnen Wolframdraht. Glühlampen brennen daher meist beim Einschalten durch.

Beispiel 2.10: Indirekte Messung der Wicklungstemperatur einer elektrischen Maschine

Eine elektrische Maschine enthält eine Wicklung aus Kupfer, die bei 20 °C den Widerstand $R_{20} = 150\,\Omega$ hat.

Wie groß ist die *mittlere Wicklungstemperatur* der Maschine, wenn der Wicklungswiderstand auf $R_x = 185\,\Omega$ angestiegen ist?

Da eine Temperaturerhöhung um weniger als 100 K vermutet wird, liefert Gl. (2.23)

$$185\,\Omega = 150\,\Omega\,(1 + 4 \cdot 10^{-3}\mathrm{K}^{-1} \cdot \Delta T)\,.$$

Auflösen nach ΔT liefert

$$\Delta T = \left(\frac{185\,\Omega}{150\,\Omega} - 1\right) \cdot \frac{1}{4 \cdot 10^{-3}\mathrm{K}^{-1}} \approx 58\,\mathrm{K}\,.$$

Der lineare Ansatz war also zulässig. Die mittlere Wicklungstemperatur der Maschine liegt demnach bei

$$\vartheta_{\mathrm{mittel}} = 20\,°\mathrm{C} + \Delta T \approx 78\,°\mathrm{C}\,.$$

2.1.2.5 Memristor

Memristoren (von engl. Memory Resistor) sind zweipolige Widerstände, deren Widerstandswert zu einem Zeitpunkt t von der bis zu diesem Zeitpunkt durch den Widerstand geflossenen Ladungsmenge $q(t)$ abhängt [Tet14]. Sie zeigen somit ein „Gedächtnis", das zum Bau von nichtflüchtigen Speichern eingesetzt werden kann. Diese Speicher sind mit Abmessungen im Bereich weniger Nanometer herstellbar und benötigen keine Energie zum Informationserhalt.

Memristoren sind bislang als Einzelbauelemente nicht kommerziell verfügbar. Die Existenz von Memristoren wurde im Jahre 1971 vorhergesagt [Chu71]. In den letzten Jahren wurde das Modell des idealen Memristors stark erweitert (Generic Memristor, Extended Memristor) [Chu14].

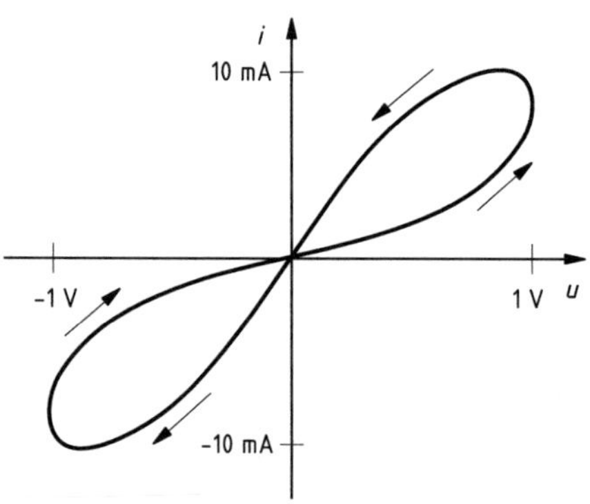

Bild 2.11: Schematische Darstellung der Kennlinie $i(u)$ eines Memristors

Auch klassische elektrische Netzwerke können memristives Verhalten zeigen [CA12]. Aktuelle Forschungen beschäftigen sich u. a. mit dem Aufbau neuronaler Netze und rekonfigurierbarer Schaltungen mittels Memristoren.

Die Klemmengrößen eines Memristors werden bei VZS durch die Gleichung

$$u(t) = M(q(t)) \cdot i(t) \tag{2.27}$$

miteinander verknüpft. Die *zeitvariante Memristanz M* ist im einfachsten Fall eine realisierungsabhängige Funktion vom Typ

$$M(q(t)) = f\left(\int_{-\infty}^{t} i(\tau)\mathrm{d}\tau\right) \tag{2.28}$$

Die Kennlinie $i(u)$ von Memristoren zeigt eine typische *Hystereseschleife*, wie sie schematisch in Bild 2.11 dargestellt ist.

Der Memristor wird neben Widerstand, Kapazität und Induktivität als vierter fundamentaler passiver Zweipol angesehen.

2.1.2.6 Ausführungsformen von Widerständen

Widerstände als technische Bauelemente sind in einer Vielzahl von Ausführungsformen erhältlich. Nachfolgend werden nur diskrete, zwei- und dreipolige Widerstände für Niederspannungsanwendungen berücksichtigt. Daneben gibt es mehrpolige Widerstände in monolithisch integrierten Halbleiterschaltungen und als *Widerstandsnetzwerke*, die mehrere Widerstände in einem Bauelement enthalten. Für Anwendungen in der Hochspannungstechnik werden hoch belastbare Widerstände mit sehr großen Abmessungen hergestellt.

Zur groben Klassifikation von Widerständen eignet sich die Unterscheidung in *annähernd lineare* und *stark nichtlineare* Widerstände. *Ideal lineare* Widerstände sind u. a. auf Grund der Temperaturabhängigkeit des spezifischen elektrischen Widerstandes nicht realisierbar.

Lineare Widerstände

Ihr Widerstandswert hängt nicht wesentlich vom elektrischen *Arbeitspunkt* (der durch Klemmenspannung bzw. Klemmenstrom beschreibbar ist) ab. Er kann aber durchaus von physikalischen Größen abhängen, die dem Widerstand *von außen aufgeprägt* werden, also z. B. Zeit, Temperatur, Druck, Magnetfeld, Beleuchtung. Zu dieser Gruppe gehören:

- Zweipolige *Festwertwiderstände* in Form eines Zylinders mit axialen Anschlussdrähten oder eines Quaders mit seitlichen Kontaktflächen (oberflächenmontierte Bauteile, engl. surface mounted devices, SMD), die in der Regel auf Leiterplatten montiert werden. Festwertwiderstände werden mit genormten Widerstandswerten und unterschiedlichen thermischen Belastbarkeiten in einer Vielzahl von mechanischen Bauformen angeboten. Die E 24-Normreihe enthält pro Dekade 24 verschiedene Widerstandswerte, die E 12-Normreihe 12 verschiedene (s. Anhang A.8).
- Widerstände mit mechanisch durch Schieben oder Drehen verstellbarem Widerstandswert, die in der Regel als Dreipole mit einem *Schleifkontakt* auf der Widerstandsbahn ausgeführt werden. Soll ihr Wert nur einmalig oder selten eingestellt werden, so werden sie als *Trimmer* bezeichnet, sonst als *Potenziometer*.
- *Dehnungsmessstreifen* (DMS), die zur Messung kleiner mechanischer Verformungen eingesetzt werden.
- *Feldplatten*, deren Widerstandswert von der Stärke eines externen Magnetfeldes abhängt (s. Abschnitt 11.15.2).
- *Fremderwärmte temperaturabhängige Widerstände*. Ihre Temperatur wird nicht wesentlich durch ihre Klemmengrößen, sondern hauptsächlich durch die Umgebungstemperatur bestimmt.

  Unterschieden werden *NTC-Widerstände* (engl. Negative Temperature Coefficient) und *PTC-Widerstände* (engl. Positive Temperature Coefficient). Bei NTC-Widerständen nimmt der Widerstandswert mit steigender Temperatur ab (*Heißleiter*). Bei PTC-Widerständen nimmt der Widerstandswert mit steigender Temperatur zu (*Kaltleiter*).

  Zu den fremderwärmten temperaturabhängigen Widerständen gehören alle *Widerstandsthermometer*, z. B. aus Platin, mit denen Temperaturen über einen Temperaturbereich von weit über 1000 K gemessen werden können.

- *Photowiderstände* (engl. Light Dependent Resistor, LDR), deren Widerstand von der Beleuchtungsstärke abhängig ist.

Nichtlineare Widerstände

Ihr Widerstandswert wird bei konstant gehaltenen physikalischen Umgebungsbedingungen im Wesentlichen durch den *Arbeitspunkt* bestimmt. Zu dieser Gruppe gehören:

- *Spannungsabhängige Widerstände*, auch *Varistoren* genannt (engl. Voltage Dependent Resistor, VDR), die bei Überschreiten einer bestimmten Klemmenspannung ihren Widerstandswert drastisch verringern. Sie werden z. B. zum Ableiten von Überspannungen eingesetzt.
- *Selbsterwärmte temperaturabhängige Widerstände*. Bei ihnen führt eine Veränderung des Betriebsstromes zu einer deutlichen Temperaturänderung, die eine Veränderung des Widerstandswertes bewirkt.

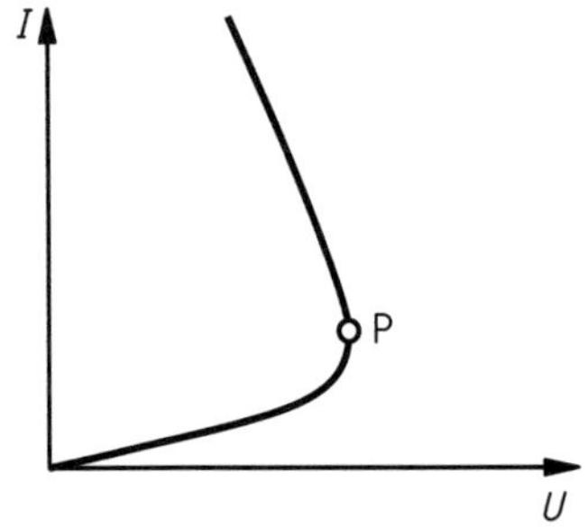

Bild 2.12: Schematische Betriebskennlinie eines selbsterwärmten NTC-Widerstandes

Bild 2.12 zeigt die Betriebskennlinie eines selbsterwärmten NTC-Widerstandes. Ab dem Punkt P nimmt der Widerstand durch die Eigenerwärmung stärker ab, als der Strom zunimmt, so dass das Produkt $U = RI$ kleiner wird.

Aus der in Bild 2.13 dargestellten Betriebskennlinie eines selbsterwärmten PTC-Widerstandes ist zu erkennen, dass jenseits des Punktes P der Widerstand durch die Eigenerwärmung stärker wächst als die Spannung, so dass der Strom $I = U/R$ abnimmt.

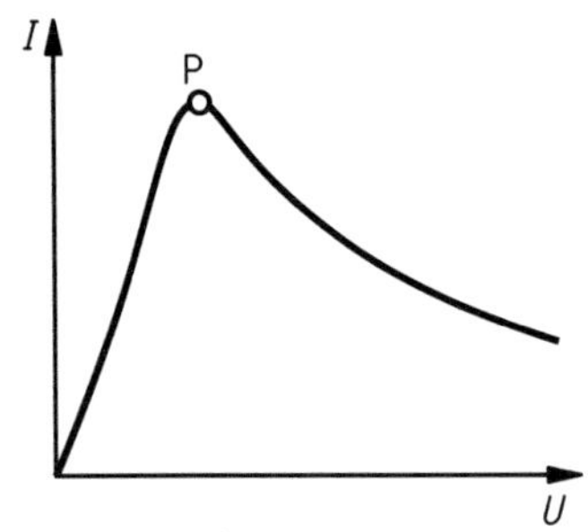

Bild 2.13: Schematische Betriebskennlinie eines selbsterwärmten PTC-Widerstandes

Alle oben aufgeführten linearen und nichtlinearen Widerstandstypen sind polaritätsunabhängig. Halbleiterdioden können als nichtlineare, *polaritätsabhängige* Widerstände aufgefasst werden.

Ausführliche Informationen zu technischen Ausführungsformen von Widerständen sind [BSR06] zu entnehmen.

Beispiel 2.11: Abhängigkeit des Widerstandswertes von der Spannung bei einem Varistor

Für einen Varistor ist der Widerstandswert in Abhängigkeit von der Spannung gesucht.

Die Kennlinie $I(U)$ verlaufe nach der Funktion

$$\frac{I}{\mathrm{A}} = \left(\frac{U}{6\,\mathrm{kV}}\right)^5 .$$

Aus Gl. (2.5) ergibt sich der Widerstand

$$R = \frac{U}{I} = \frac{U}{\left(\frac{U}{6\,\mathrm{kV}}\right)^5 \mathrm{A}} = 6^5 \frac{\frac{U}{\mathrm{kV}}}{\left(\frac{U}{\mathrm{kV}}\right)^5} \cdot \frac{\mathrm{kV}}{\mathrm{A}}$$

$$\frac{R}{\mathrm{k\Omega}} = 7776 \left(\frac{U}{\mathrm{kV}}\right)^{-4} .$$

Der Widerstand ist also nicht linear, sondern stark spannungsabhängig: Bei $U = 1\,\mathrm{kV}$ beträgt er beispielsweise $R = 7776\,\mathrm{k\Omega}$, bei $U = 3\,\mathrm{kV}$ aber nur noch $R = 96\,\mathrm{k\Omega}$.

2.1.3 Elektrische Quellen

Elektrische Quellen sind *aktive Zweipole*, die aufgrund ihres physikalischen Aufbaus *elektrische Ladungen trennen* können, *wobei den Ladungen elektrische Energie zugeführt wird* (s. Abschnitt 1.2.4). In den nachfolgenden Abschnitten werden verschiedene *Modelle* für elektrische Quellen behandelt.

Ideale Quellen sind mathematisch sehr einfach beschreibbar. Sie prägen den mit ihnen verbundenen Schaltungen über ihre Klemmen entweder eine bestimmte Spannung oder einen bestimmten Strom ein. Eine solche *eingeprägte Größe* wird auch als *Quellengröße* bezeichnet und mit dem Index „q" versehen. Ideale Quellen sind allerdings technisch nicht realisierbar.

Das Modell der *linearen Quelle* ist etwas komplexer und damit aufwändiger zu beschreiben, als das Modell der idealen Quelle, kann das Klemmenverhalten *realer Quellen* aber schon in vielen Betriebsfällen mit ausreichender Genauigkeit beschreiben. Eine genauere Nachbildung des Verhaltens *realer Quellen* wie Trockenbatterien, Akkumulatoren, Solargeneratoren oder elektronischer Netzgeräte erfordert einen Modellierungsaufwand, der weit über den Rahmen der Grundlagenausbildung hinausgeht.

Nicht betrachtet werden *gesteuerte Quellen*, deren Verhalten durch Spannungen oder Ströme an anderen Stellen eines Netzwerks bestimmt werden. Sie werden zum Modellieren des Klemmenverhaltens aktiver Mehrpole wie z. B. Verstärkern benötigt [FV82], [Hei11], [Süß05].

2.1.3.1 Ideale Spannungsquelle

Eine ideale Spannungsquelle erzeugt eine bestimmte Potenzialdifferenz zwischen ihren Klemmen, die *eingeprägte Quellenspannung* U_q(*„Spannungseinspeisung"*). Die Quellenspannung ist unabhängig vom Strom, der durch die Quelle fließt, und kann positiv, null oder negativ sein.

Eine ideale Spannungsquelle darf nicht im *Kurzschluss* (widerstandslose Verbindung der beiden Klemmen) betrieben werden. Ein Kurzschluss würde gleiches Potenzial zwischen den Klemmen der Spannungsquelle erzwingen, was für $U_\mathrm{q} \neq 0$ zu einem Widerspruch führen würde.

Wichtig für die im Abschnitt 2.6 behandelten Netzwerkanalyseverfahren ist folgende Tatsache: *Eine ideale Spannungsquelle mit der Quellenspannung null erzwingt identisches Potenzial an ihren beiden Klemmen und wirkt somit wie ein Kurzschluss.*

Ist die Polarität einer Spannungsquelle bekannt, wird die Richtung ihres Spannungszählpfeils üblicherweise so gewählt, dass die Quellenspannung einen positiven Zahlenwert hat. Eine entgegengesetzte Wahl der Zählpfeilrichtung ist aber nicht falsch.

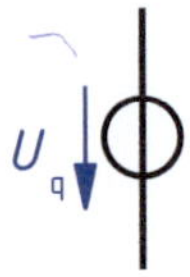

Bild 2.14: Schaltzeichen einer idealen Spannungsquelle

Das Schaltzeichen einer idealen Spannungsquelle nach [dinf] ist zusammen mit einem *Zählpfeil* für die Quellenspannung in Bild 2.14 dargestellt. Bei Verwendung dieses Schaltzeichens entscheidet das *Vorzeichen der Klemmenspannung zusammen mit der Richtung des Zählpfeils* über die Polarität der Quelle.

Bild 2.15 zeigt das Schaltzeichen für eine Batterie bzw. einen Akkumulator nach [dinh], das nur für diese beiden technischen Quellenarten, nicht aber für allgemeine Spannungsquellen verwendet werden soll.

Bild 2.15: Schaltzeichen von Batterie bzw. Akkumulator

Bei diesem Schaltzeichen liegt die Polarität der Quelle fest: der kurze, dicke Strich kennzeichnet den negativen Pol. Damit erübrigt sich ein Zählpfeil für die Quellenspannung. Ein Wechsel der Polarität der Quelle erfordert bei Verwendung dieses Schaltzeichens ein Umzeichnen des Schaltplans.

Die *Strom-Spannungs-Kennlinie* $U(I)$ einer idealen Spannungsquelle bei Verwendung des Erzeuger-Zählpfeilsystems gemäß Bild 2.16 ist in Bild 2.17 für den Fall eines positiven Wertes der Quellenspannung dargestellt.

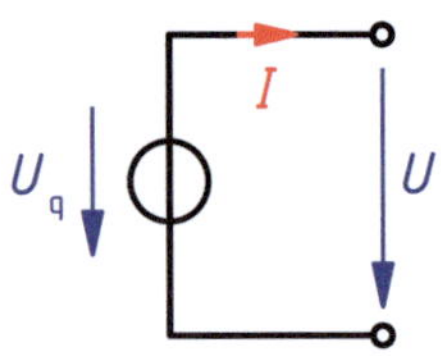

Bild 2.16: Zählpfeile für die Klemmengrößen bei EZS an einer idealen Spannungsquelle

Die Kennlinie verläuft stets durch zwei Quadranten, da der durch die äußere Beschaltung bestimmte Strom durch die Quelle sowohl positive als auch negative Werte annehmen kann.

Die Konsequenzen hieraus für den Leistungsumsatz der Quelle werden in Abschnitt 2.1.4 untersucht.

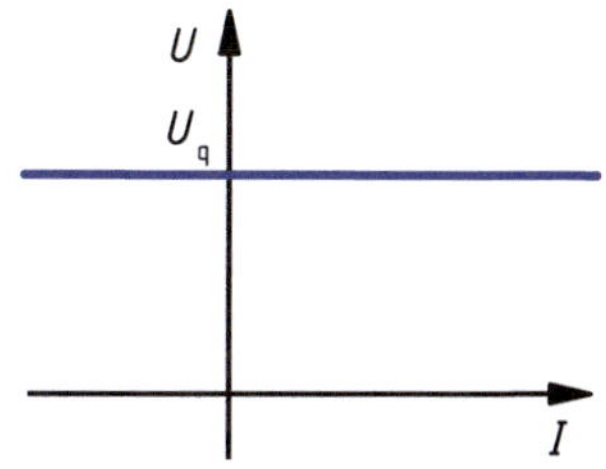

Bild 2.17: Kennlinie $U(I)$ einer idealen Spannungsquelle für $U_q > 0$

2.1.3.2 Ideale Stromquelle

Eine ideale Stromquelle treibt unabhängig von ihrer äußeren Beschaltung durch ihre Klemmen einen bestimmten *Quellenstrom* I_q („*Stromeinspeisung*"). Der Quellenstrom kann positiv, null oder negativ sein.

Eine ideale Stromquelle darf nicht im *Leerlauf* (keine leitfähige Verbindung zwischen den Klemmen) betrieben werden, da dann der durch die Quelle eingeprägte Strom nicht fließen könnte, was für $I_q \neq 0$ zu einem Widerspruch führen würde.

Eine besondere Rolle spielen bei der Netzwerkanalyse Stromquellen, deren Quellenstrom null ist: *Eine ideale Stromquelle mit dem Quellenstrom null wirkt wie eine Unterbrechung.*

Ist die Polarität einer Stromquelle bekannt, wird die Richtung ihres Stromzählpfeils üblicherweise so gewählt, dass ihr Quellenstrom einen positiven Zahlenwert hat.

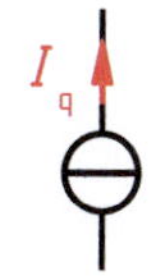

Bild 2.18: Schaltzeichen einer idealen Stromquelle

Bild 2.18 zeigt das Schaltzeichen einer idealen Stromquelle nach der aktuellen Norm [dinf] mit eingezeichnetem *Zählpfeil* für den Quellenstrom.

Die *Strom-Spannungs-Kennlinie* $U(I)$ einer idealen Stromquelle bei Verwendung des Erzeuger-Zählpfeilsystems gemäß Bild 2.19 ist in Bild 2.20 für den Fall eines positiven Wertes des Quellenstromes dargestellt.

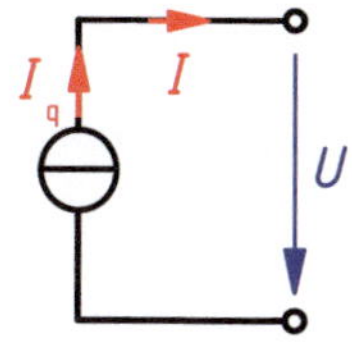

Bild 2.19: Zählpfeile für die Klemmengrößen bei EZS an einer idealen Stromquelle

Diese Kennlinie verläuft immer durch zwei Quadranten, da die Spannung über einer idealen Stromquelle durch die äußere Beschaltung der Quelle bestimmt wird und sowohl positive als auch negative Werte annehmen kann.

Das *Modell* der idealen Quelle ist immer in der Lage, sowohl als Erzeuger als auch als Verbraucher zu wirken, was bei realen Quellen in der Regel nicht der Fall ist.

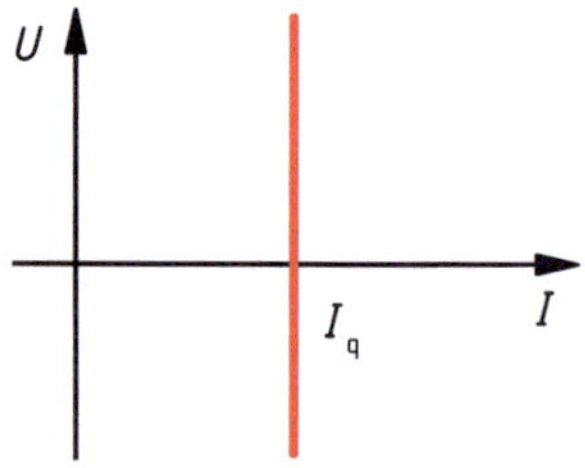

Bild 2.20: Kennlinie $U(I)$ einer idealen Stromquelle für $I_q > 0$

2.1.3.3 Allgemeine lineare Quelle

Merkmal *linearer Quellen* ist die *lineare Abhängigkeit zwischen Klemmenstrom und Klemmenspannung*. Bild 2.22 zeigt die $U(I)$-Kennlinie einer allgemeinen linearen Quelle bei Verwendung des Erzeuger-Zählpfeilsystems gemäß Bild 2.21 für den Fall $U_0 > 0$.

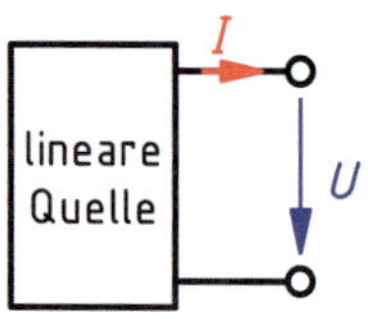

Bild 2.21: Allgemeine lineare Quelle mit Zählpfeilen bei EZS

Zwei besondere Arbeitspunkte einer linearen Quelle sind nach Bild 2.22:

- Leerlauf (Klemmen offen): $I = 0,\ U = U_0$
- Kurzschluss (Klemmen kurzgeschlossen): $U = 0,\ I = I_k$

U_0 ist die *Leerlaufspannung* der Quelle (oft auch mit U_L bezeichnet[6]).
I_k ist der *Kurzschlussstrom* der Quelle.

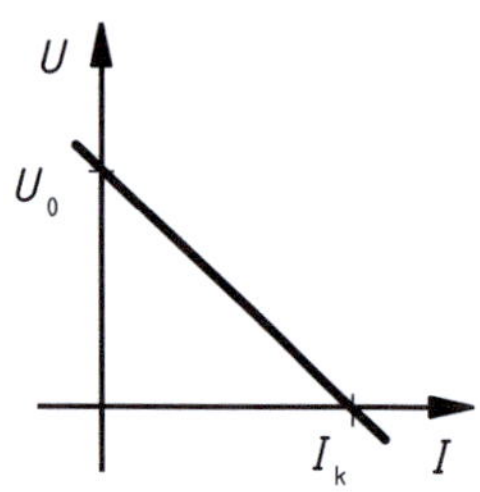

Bild 2.22: Kennlinie einer linearen Quelle bei EZS

Die *Strom-Spannungs-Kennlinie* $U(I)$ lässt sich bei jeder linearen Quelle durch die *lineare Funktion*

$$U(I) = U_0 - \frac{U_0}{I_k} \cdot I \tag{2.29}$$

mit festen Werten U_0 und I_k beschreiben. Das elektrische Verhalten einer linearen Quelle wird bei gegebenen Zählpfeilen also vollständig durch die *zwei Parameter* Leerlaufspannung und Kurzschlussstrom charakterisiert.

[6] Hier wird U_0 statt U_L verwendet, um Verwechslungen mit der Lastspannung zu vermeiden.

Die Kenngröße U_0/I_k hat die Dimension eines Widerstandes und wird *Innenwiderstand* R_i der linearen Quelle genannt:

$$R_\mathrm{i} = \frac{U_0}{I_\mathrm{k}} \tag{2.30}$$

Bei Verwendung des Erzeuger-Zählpfeilsystems haben U_0 und I_k stets gleiches Vorzeichen und R_i ist gleich der *negativen* Steigung (also dem Gefälle) der $U(I)$-Kennlinie der Quelle (s. Bild 2.22).

Der Kehrwert des Innenwiderstandes wird als *Innenleitwert* der linearen Quelle bezeichnet:

$$G_\mathrm{i} = \frac{1}{R_\mathrm{i}} \tag{2.31}$$

Mit Gl. (2.30) in Gl. (2.29) erhält man die lineare Gleichung

$$U(I) = U_0 - R_\mathrm{i}\,I, \tag{2.32}$$

die das Klemmenverhalten einer linearen Quelle mittels der zwei Parameter Leerlaufspannung und Innenwiderstand beschreibt. Aus Gl. (2.32) folgt durch Auflösen nach dem Klemmenstrom

$$I = \frac{U_0}{R_\mathrm{i}} - \frac{U}{R_\mathrm{i}}, \tag{2.33}$$

woraus mit Gl. (2.30) und Gl. (2.31) die lineare Gleichung

$$I(U) = I_\mathrm{k} - G_\mathrm{i}\,U \tag{2.34}$$

folgt, die mit den zwei Parametern Kurzschlussstrom I_k und Innenleitwert G_i ebenfalls das Klemmenverhalten einer linearen Quelle beschreibt.

Allgemein genügen also zwei von den drei Parametern (U_0, I_k und R_i bzw. G_i) zur vollständigen Beschreibung des Klemmenverhalten einer linearen Quelle mit bekannten Zählpfeilen.

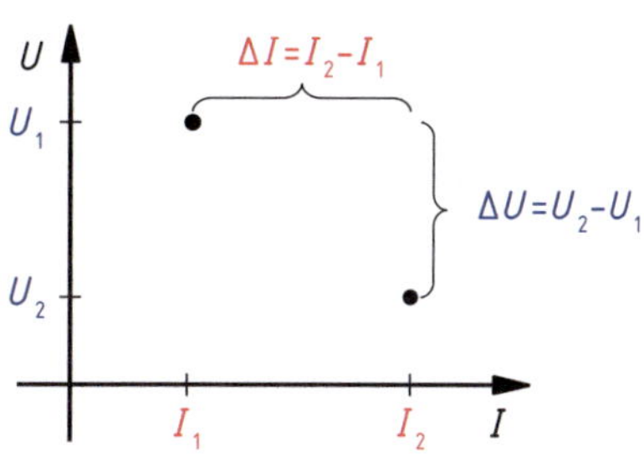

Bild 2.23: Bestimmung der Kennlinie einer linearen Quelle aus zwei Messpunkten

Um diese beiden *Parameter messtechnisch zu bestimmen*, ist bei einer realen Quelle, die durch das Modell der linearen Quelle ausreichend genau beschrieben wird, die Aufnahme *zweier Messwert-Paare* (Klemmenstrom, Klemmenspannung) ausreichend[7]. In Bild 2.23 sind die Messwert-Paare (U_1, I_1) und (U_2, I_2) eingetragen. Die nachfolgenden Rechnungen und Ergebnisse setzen Erzeuger-Zählpfeilsystem an der Quelle voraus, gelten aber für Messwerte mit beliebigen Vorzeichen.

Aus den beiden Messwert-Paaren lässt sich zunächst der Innenwiderstand der Quelle bestimmen:

$$R_\mathrm{i} = -\frac{\Delta U}{\Delta I} = -\frac{U_2 - U_1}{I_2 - I_1} \tag{2.35}$$

[7] Eine Gerade wird durch zwei verschiedene Punkte eindeutig beschrieben.

Da Gl. (2.32) für jeden Punkt (U, I) der Kennlinie gilt, ist die Gleichung auch für die beiden Messpunkte gültig. Daraus folgen die beiden Bestimmungsgleichungen

$$U_1 = U_0 - R_i I_1 \tag{2.36}$$

und

$$U_2 = U_0 - R_i I_2 , \tag{2.37}$$

von denen nur eine benötigt wird, um unter Verwendung des Ergebnisses der Gl. (2.35) die Leerlaufspannung U_0 zu berechnen. Anschließend kann aus R_i und U_0 über Gl. (2.30) der Kurzschlussstrom I_k bestimmt werden.

Besonders einfach ist die messtechnische Bestimmung der Quellen-Parameter, wenn mit einer der beiden Messungen direkt die Leerlaufspannung ermittelt werden kann. Der Kurzschlussstrom ist in der Praxis nicht direkt messtechnisch erfassbar, da reale elektrische Quellen meistens nicht kurzschlussfest sind und ein echter Kurzschluss (exakt null Ohm zwischen den Klemmen der Quelle) nicht realisierbar ist.

Das Modell der linearen Quelle lässt sich nur innerhalb gewisser Grenzen technisch realisieren. Da es mathematisch einfach handhabbar und für viele Anwendungsfälle hinreichend genau ist, spielt es in der Elektrotechnik jedoch eine bedeutende Rolle.

2.1.3.4 Lineare Spannungsquelle, lineare Stromquelle

Die Gln. (2.32) und (2.34) beschreiben gleichwertig das Klemmenverhalten linearer Quellen bei Erzeuger-Zählpfeilsystem.

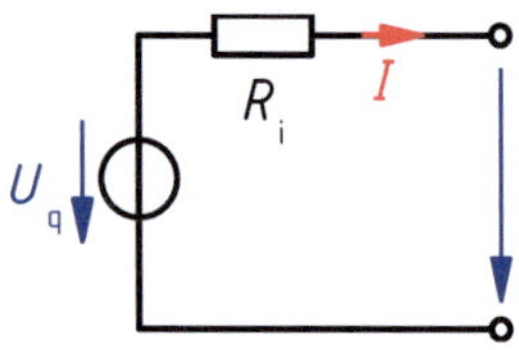

Bild 2.24: Lineare Spannungsquelle mit EZS

Das Klemmenverhalten der aktiven Zweipole nach Bild 2.24 bzw. Bild 2.25, die jeweils aus einer *idealen Quelle* und einem *linearen Widerstand* (bzw. *linearen Leitwert*) bestehen, wird ebenfalls durch diese Gleichungen beschrieben, sofern $U_q = U_0$ und $I_q = I_k$ gesetzt wird.

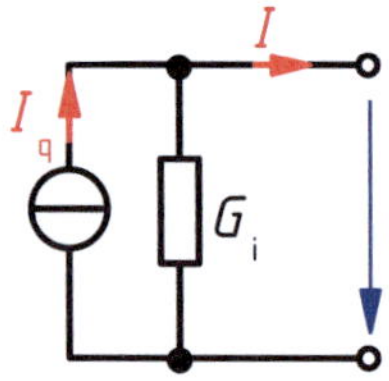

Bild 2.25: Lineare Stromquelle mit EZS

Damit folgt die Beschreibung des Klemmenverhaltens der linearen Spannungsquelle in der Form

$$U = U_q - R_i I \tag{2.38}$$

und der linearen Stromquelle in der mathematisch analogen Form

$$I = I_q - G_i U . \tag{2.39}$$

Die Quelle in Bild 2.24 wird als *lineare Spannungsquelle*, die Quelle in Bild 2.25 als *lineare Stromquelle* bezeichnet.

Das *Klemmenverhalten* der beiden Quellen ist identisch, sofern die Bedingungen

$$U_q = I_q R_i \tag{2.40}$$

und

$$R_i = 1/G_i \tag{2.41}$$

erfüllt sind.

Interessant ist die Betrachtung von *Grenzfällen* dieser linearen Quellen:

- Eine lineare Spannungsquelle mit $R_i = 0$ verhält sich wie eine *ideale Spannungsquelle.*
- Eine lineare Stromquelle mit $G_i = 0$, also $R_i = 1/G_i \to \infty$ verhält sich wie eine *ideale Stromquelle.*
- Eine lineare Spannungsquelle mit $U_q = 0$ (*„deaktivierte Quelle"*) verhält sich wie ein *Ohmscher Widerstand* R_i.
- Eine lineare Stromquelle mit $I_q = 0$ (*„deaktivierte Quelle"*) verhält sich wie ein *Ohmscher Leitwert* G_i bzw. wie ein Ohmscher Widerstand $R_i = 1/G_i$.

Eine *lineare* Quelle mit sehr *kleinem* Innenwiderstand verhält sich also *näherungsweise* wie eine ideale *Spannungsquelle*, eine lineare Quelle mit sehr *großem* Innenwiderstand *näherungsweise* wie eine ideale *Stromquelle.*

Wie die obigen Grenzfälle verdeutlichen, lässt sich mittels des Modells der linearen Quelle bei geeigneter Wahl der Quellenparameter *das Klemmenverhalten aller Grundzweipole der Gleichstromtechnik beschreiben.* Von dieser Tatsache wird in Abschnitt 2.4.5 Gebrauch gemacht.

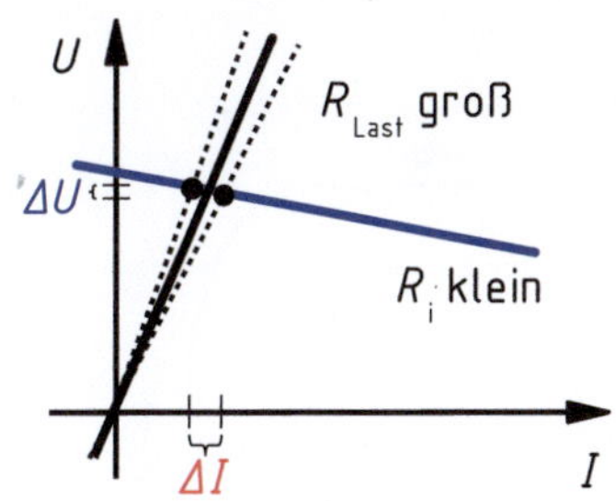

Bild 2.26: Lineare Spannungsquelle an großem Lastwiderstand

Da jede lineare Quelle bezüglich ihres Klemmenverhaltens gleichwertig als lineare Spannungs- oder lineare Stromquelle beschrieben werden kann, wählt man in einem konkreten Fall, also bei bekanntem Lastwiderstand R_{Last} an der Quelle, dasjenige Modell, mit dem man am einfachsten rechnen kann, ansonsten das Modell, das das Quellenverhalten *bei kleinen Änderungen des Lastwiderstandes* am ehesten beschreibt:

- Ist der Lastwiderstand viel größer als der Innenwiderstand der Quelle, also $R_{Last} \gg R_i$, wählt man das *Modell der linearen Spannungsquelle*, da sich bei kleinen Änderungen des Lastwiderstandes die Klemmenspannung U nur wenig ändert. Die Quelle verhält sich also *näherungsweise* wie eine ideale Spannungsquelle.

- Für $R_{Last} \ll R_i$ wählt man in der Regel das *Modell der linearen Stromquelle*, da sich bei kleinen Änderungen des Lastwiderstandes der Klemmenstrom nur wenig ändert. Die Quelle verhält sich also *näherungsweise* wie eine ideale Stromquelle.

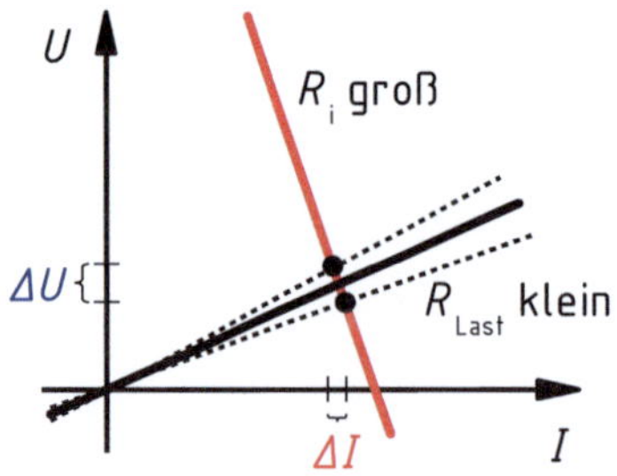

Bild 2.27: Lineare Stromquelle an kleinem Lastwiderstand

Die Bilder 2.26 und 2.27 sollen diese Aussagen veranschaulichen. In diesen Bildern sind jeweils die Quellenkennlinie (bei Erzeuger-Zählpfeilsystem) und die Lastkennlinie (bei Verbraucher-Zählpfeilsystem) in einem gemeinsamen Diagramm dargestellt (s. Bilder 2.33 und 2.34). Die Schnittpunkte der Kennlinien von Quelle und Last sind die *Arbeitspunkte* der Schaltung. Man erkennt auch gut: Je größer der Wert von R_i bzw. von R_{Last} ist, desto steiler verläuft die $U(I)$-Kennlinie der linearen Quelle bzw. des Lastwiderstandes.

2.1.3.5 Reale Quellen

Technisch realisierte Quellen können nur in mehr oder weniger guter Näherung mittels der Modelle der idealen bzw. linearen Quelle beschrieben werden. Hochwertige *elektronisch geregelte Konstantspannungsquellen* verhalten sich innerhalb eines bestimmten Betriebsbereiches fast wie ideale Spannungsquellen.

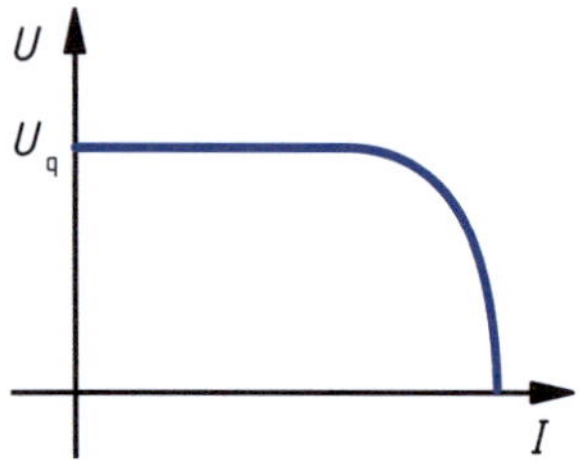

Bild 2.28: Kennlinie einer elektronisch geregelten Spannungsquelle mit Strombegrenzung (schematisch)

Bild 2.28 zeigt ein Beispiel für die Kennlinie $U(I)$ einer solchen realen Quelle. Diese Quelle liefert eine näherungsweise konstante (oftmals einstellbare) Spannung, sofern sie einen Strom zwischen null und einem bestimmten (oftmals einstellbaren) Maximalstrom liefern muss. Wird der Maximalstrom überschritten, senkt die Quelle ihre Spannung ab. Durch dieses Verhalten können die Quelle und die von ihr gespeiste Schaltung vor Überlastung geschützt werden. Die hier betrachtete reale Quelle kann keine negativen Ströme liefern.

Eine ideale Gleichstromquelle kann innerhalb eines bestimmten Betriebsbereiches durch eine *elektronisch geregelte Konstantstromquelle* nachgebildet werden.

Bild 2.29 zeigt ein Beispiel für die Kennlinie $U(I)$ einer solchen Quelle.

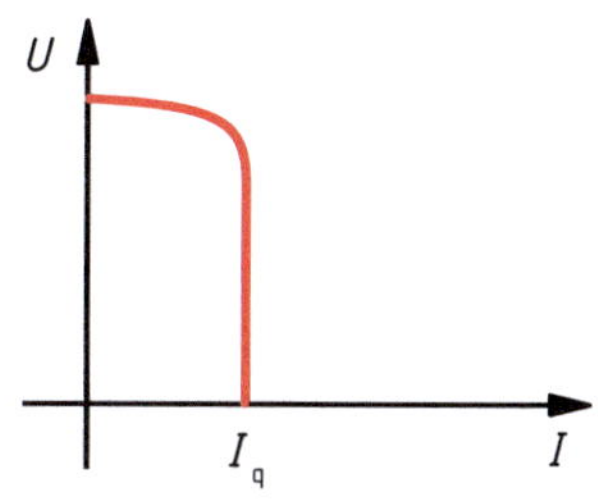

Bild 2.29: Kennlinie einer elektronisch geregelten Stromquelle mit Spannungsbegrenzung (schematisch)

Bei realen elektrischen Quellen, deren stets nichtlineares Klemmenverhalten durch das Modell der linearen Quelle beschrieben werden soll, sind die messtechnisch ermittelten Werte der Quellen-Parameter im Allgemeinen abhängig von den gewählten Messpunkten!

Beispiel 2.12: Modellierung eines Akkumulators durch eine lineare Quelle

Ein Akkumulator liefert im Leerlauf die Spannung $U_0 = 24{,}5\,\text{V}$ und bei Belastung mit dem Nennstrom $I_{\text{nom}} = 80\,\text{A}$ die Nennspannung $U_{\text{nom}} = 23{,}6\,\text{V}$.

Das durch diese beiden Arbeitspunkte beschriebene Klemmenverhalten soll mittels des Modells der linearen Quelle nachgebildet werden. Für dieses Modell sind der Innenwiderstand R_i und der Kurzschlussstrom I_k zu bestimmen.

Nach Gl. (2.35) beträgt der Innenwiderstand

$$R_\text{i} = -\frac{\Delta U}{\Delta I} = \frac{U_0 - U_{\text{nom}}}{I_{\text{nom}} - 0} = \frac{24{,}5\,\text{V} - 23{,}6\,\text{V}}{80\,\text{A}} = 11{,}25\,\text{m}\Omega\,.$$

Der Kurzschlussstrom ergibt sich mit Gl. (2.30) zu

$$I_\text{k} = \frac{U_0}{R_i} = \frac{24{,}5\,\text{V}}{11{,}25\,\text{m}\Omega} \approx 2178\,\text{A}\,.$$

Dieser Wert ist um den Faktor 27 größer als der Nennstrom. Der tatsächliche Kurzschlussstrom ist wesentlich kleiner, da das Modell der linearen Quelle das tatsächliche Verhalten eines Akkumulators mit zunehmender Belastung immer schlechter beschreibt. Da Akkumulatoren der hier betrachteten Art bei Kurzschluss durchaus Ströme von vielen hundert Ampere liefern können, ist dieser Betriebsfall unbedingt zu vermeiden, da er nach einigen Sekunden zur thermischen Zerstörung des Akkumulators führen kann.

Beispiel 2.13: Modellierung einer elektronischen Konstantstromquelle durch eine lineare Quelle

Eine elektronisch geregelte Konstantstromquelle liefert bei der Klemmenspannung $U_1 = 2\,\text{V}$ den Strom $I_1 = 60\,\text{mA}$. Wenn sie an ihren Klemmen die Spannung $U_2 = 8\,\text{V}$ aufbauen muss, sinkt der Strom auf $I_2 = 57\,\text{mA}$ ab. Beide Messpunkte liegen im linearen Bereich der Quellenkennlinie.

Gesucht sind die Kenngrößen U_0, I_k und R_i des linearen Quellenmodells, das diesen Kennlinienabschnitt beschreibt.

Gl. (2.35) liefert den Innenwiderstand

$$R_\mathrm{i} = -\frac{\Delta U}{\Delta I} = \frac{U_2 - U_1}{I_1 - I_2} = \frac{8\,\mathrm{V} - 2\,\mathrm{V}}{60\,\mathrm{mA} - 57\,\mathrm{mA}} = 2\,\mathrm{k\Omega}$$

und Gl. (2.36) die Leerlaufspannung

$$U_0 = U_1 + R_\mathrm{i} I_1 = 2\,\mathrm{V} + 2\,\mathrm{k\Omega} \cdot 60\,\mathrm{mA} = 122\,\mathrm{V},$$

die hier nur theoretischen Wert hat, da die Kennlinie einer realen Konstantstromquelle nur in der Nähe des Kurzschlusspunktes linear verläuft (s. Bild 2.29). Der Kurzschlussstrom ergibt sich aus Gl. (2.30) zu

$$I_\mathrm{k} = \frac{U_0}{R_i} = \frac{122\,\mathrm{V}}{2\,\mathrm{k\Omega}} = 61\,\mathrm{mA}\,.$$

2.1.4 Energie und Leistung

In diesem Abschnitt werden anhand eines allgemeinen Modells die Energie und die Leistung hergeleitet, die ein *beliebiger* Zweipol über seine Klemmen mit dem restlichen Netzwerk austauscht. Es wird gezeigt, dass die richtige Interpretation berechneter Energie- und Leistungswerte hinsichtlich der Richtung des Energieflusses einfach möglich ist, wenn konsequent mit *Zählpfeilen* gearbeitet wird. Die gleichermaßen für die Nachrichten- wie die Energietechnik wichtigen Begriffe Verlust, Wirkungsgrad und Leistungsanpassung werden eingeführt und auf einfache Schaltungen mit großer praktischer Bedeutung angewandt.

2.1.4.1 Energieumsatz von Zweipolen

Betrachtet wird eine Ladungsströmung durch einen beliebigen zeitinvarianten Zweipol (s. Bild 2.30). Die Klemmen des Zweipols sind mit A und B bezeichnet. Die Klemme A habe das Potenzial φ_A, die Klemme B das Potenzial φ_B.

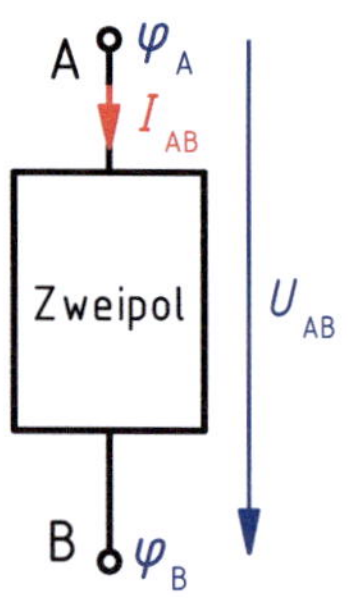

Bild 2.30: Allgemeiner Zweipol mit Zählpfeilen im VZS

Aus der Definition des elektrischen Potenzials in Gl. (1.13) folgt: Die Energie einer Ladung ΔQ auf Potenzial φ_A ist

$$\Delta W_\mathrm{A} = \Delta Q\, \varphi_\mathrm{A}\,, \tag{2.42}$$

die Energie dieser Ladungsmenge auf Potenzial φ_B ist

$$\Delta W_\mathrm{B} = \Delta Q\, \varphi_\mathrm{B}\,. \tag{2.43}$$

Strömt die Ladung ΔQ innerhalb eines Zeitraumes Δt *gleichförmig* von Klemme A durch den Zweipol zu Klemme B, fließt gemäß Gl. (1.7) der Strom

$$I_{\mathrm{AB}} = \frac{\Delta Q}{\Delta t}\,. \tag{2.44}$$

Bei der Strömung der Ladung ΔQ durch den Zweipol *verringert* sich ihre *elektrische Energie* formal um den Wert

$$\Delta W_{\mathrm{AB}} = \Delta W_{\mathrm{A}} - \Delta W_{\mathrm{B}}\,. \tag{2.45}$$

Ist $\Delta W_{\mathrm{AB}} > 0$, nimmt die Energie der Ladungen tatsächlich um ΔW_{AB} ab. Diese elektrische Energie wird dem Stromkreis im Zweipol entzogen. Somit nimmt der Zweipol elektrische Energie aus dem Stromkreis auf, wirkt also als *Verbraucher* (s. Abschnitt 1.3.4).

Ist $\Delta W_{\mathrm{AB}} < 0$, nimmt die Energie der Ladungen beim Durchströmen des Zweipols tatsächlich um $-\Delta W_{\mathrm{AB}} = |\Delta W_{\mathrm{AB}}|$ zu. Diese Energie wird den Ladungsträgern im Zweipol zugeführt, der somit als *Erzeuger* wirkt (s. Abschnitt 1.3.4).

Aus Gl. (2.45) folgt mit den Gln. (2.42), (2.43), (2.44) und der in Bild 2.30 im Verbraucher-Zählpfeilsystem angetragenen Spannung

$$U_{\mathrm{AB}} = \varphi_{\mathrm{A}} - \varphi_{\mathrm{B}} \tag{2.46}$$

$$\Delta W_{\mathrm{AB}} = \Delta Q\,\varphi_{A} - \Delta Q\,\varphi_{\mathrm{B}} = \Delta Q(\varphi_{\mathrm{A}} - \varphi_{\mathrm{B}}) = \Delta Q\,U_{\mathrm{AB}} = I_{\mathrm{AB}}\,\Delta t\,U_{\mathrm{AB}}\,, \tag{2.47}$$

also

$$\Delta W_{\mathrm{AB}} = U_{\mathrm{AB}}\,I_{\mathrm{AB}}\,\Delta t\,. \tag{2.48}$$

Für den Fall zeitinvarianter Größen lautet die *allgemein übliche* Schreibweise der Gl. (2.48)

$$W = U\,I\,t\,. \tag{2.49}$$

Bei Verbraucher-Zählpfeilsystem nimmt ein Zweipol die mittels Gl. (2.49) berechnete elektrische Energie W auf. Ist $W < 0$, gibt er tatsächlich die Energie $|\,W\,|$ ab.

In Gl. (2.49) ist durch das *Weglassen der Indizes* der Klemmengrößen die Information über das verwendete Zählpfeilsystem verloren gegangen. Die Herleitung der Gleichung und die oben angegebene Interpretation der Bedeutung der mit ihr berechneten Energie gelten aber nur bei *Verbraucher-Zählpfeilsystem* am Zweipol!

Nun wird zur Beschreibung des oben betrachteten Vorgangs das *Erzeuger-Zählpfeilsystem* am Zweipol verwendet. Dies wird dadurch erreicht, dass die Spannung $U_{\mathrm{BA}} = \varphi_{\mathrm{B}} - \varphi_{\mathrm{A}} = -\,U_{\mathrm{AB}}$ mit Zählpfeil von Klemme B zu Klemme A betrachtet wird. Dann folgt an Stelle von Gl. (2.48) die Gleichung

$$\Delta W_{\mathrm{AB}} = -\,U_{\mathrm{BA}}\,I_{\mathrm{AB}}\,\Delta t\,, \tag{2.50}$$

die sich bei Weglassen aller Indizes bzgl. des Vorzeichens von Gl. (2.49) unterscheidet!

Wird bei einem Zweipol mit *Erzeuger-Zählpfeilsystem* die allgemein übliche Gl. (2.49) verwendet, ist das Rechenergebnis anders zu interpretieren: *Bei Erzeuger-Zählpfeilsystem gibt ein Zweipol die mittels Gl. (2.49) berechnete elektrische Energie W ab. Ist $W < 0$, nimmt er $|\,W\,|$ auf.*

Im Fall zeitvarianter Vorgänge sind in der Herleitung von Gl. (2.48) die Zeitfunktionen $u(t)$, $i(t)$ und infinitesimal kleine Größen $\Delta Q \rightarrow \mathrm{d}Q$, $\Delta t \rightarrow \mathrm{d}t$ und $\Delta W \rightarrow \mathrm{d}W$ zu betrachten. Anschließend ist über die Zeit zu integrieren, was zu der symbolischen Schreibweise

$$W = \int u(t)\, i(t)\, \mathrm{d}t \tag{2.51}$$

führt, die die Verallgemeinerung von Gl. (2.49) darstellt. Für die *Interpretation der berechneten Zahlenwerte* gelten unverändert die obigen Aussagen.

In der Mechanik übliche Einheiten für die Energie sind Joule und Newtonmeter. In der Elektrotechnik wird als Basiseinheit der Energie die Wattsekunde verwendet:

$$[W] = 1\,\mathrm{Ws} \tag{2.52}$$

Da insbesondere in der Energietechnik sehr große Energiemengen[8] auftreten, werden oft die nicht kohärenten Energieeinheiten $1\,\mathrm{kWh} = 3{,}6 \cdot 10^6\,\mathrm{Ws}$, $1\,\mathrm{MWh} = 3{,}6 \cdot 10^9\,\mathrm{Ws}$ und $1\,\mathrm{GWh} = 3{,}6 \cdot 10^{12}\,\mathrm{Ws}$ verwendet.

Beispiel 2.14: Energieumsatz einer Kühltasche

Eine Kühltasche zum Anschluss an das 12 V Bordnetz von Pkws nimmt einen Strom von 4 A auf.

Wie groß ist die von der Kühltasche innerhalb von 8 Stunden aufgenommene elektrische Energie?

Aus Gl. (2.49) folgt

$$W = 12\,\mathrm{V} \cdot 4\,\mathrm{A} \cdot 8\,\mathrm{h} = 384\,\mathrm{Wh}\,.$$

2.1.4.2 Leistungsumsatz von Zweipolen

Die in einem Zweipol eines Gleichstromnetzwerks umgesetzte *Energie* hängt davon ab, *wie lange* dieser Zweipol (z. B. Glühlampe, Batterie) in Betrieb ist. Verdoppelt man die Betriebsdauer, verdoppelt sich auch die umgesetzte Energie. Daher liegt es nahe, die umgesetzte Energie auf die Betriebsdauer zu beziehen, wodurch sich eine *Kenngröße für den Energieumsatz des Zweipols pro Zeit* ergibt: Es ist die vom Zweipol umgesetzte *elektrische Leistung P*. Bei *zeitinvarianten* Anordnungen gilt

$$P = \frac{W}{t}\,. \tag{2.53}$$

Allgemein ist der *Augenblickswert* der Leistung gleich der zeitlichen Ableitung der Energie

$$p(t) = \frac{\mathrm{d}}{\mathrm{d}t} W(t)\,. \tag{2.54}$$

Ist W im betrachteten Zeitraum t nicht konstant, liefert Gl. (2.53) die *mittlere Leistung*. Mit Gl. (2.49) folgt aus Gl. (2.53) für beliebige Zweipole in Gleichstromnetzwerken

$$P = U\,I \tag{2.55}$$

bzw. allgemein für beliebige Zweipole bei zeitvarianten Klemmengrößen

$$p(t) = u(t)\, i(t)\,. \tag{2.56}$$

[8] Beispielsweise liefert eine mittlere Windenergieanlage ca. 3000 MWh pro Jahr, ein mittleres Steinkohle- oder Kernspaltungskraftwerk ca. 5000 GWh.

Die SI-Einheit der Leistung ist das Watt[9]. Aus Gl. (2.55) folgt

$$[P] = [U] \cdot [I] = 1\,\mathrm{V} \cdot 1\,\mathrm{A} = 1\,\mathrm{W}\,. \tag{2.57}$$

Ausschließlich zur Berechnung der in Ohmschen Widerständen umgesetzten Leistung folgen aus dem Ohmschen Gesetz zusätzlich zu Gl. (2.55)

$$P = \frac{U^2}{R} \tag{2.58}$$

und

$$P = I^2 R\,. \tag{2.59}$$

Da das Ohmsche Gesetz in der Form von Gl. (2.7) nur für das Verbraucher-Zählpfeilsystem gilt, liegt den Gln. (2.58) und (2.59) implizit auch das Verbraucher-Zählpfeilsystem zugrunde!

Beispiel 2.15: Maximale Betriebsspannung eines Widerstandes

An welcher Spannung darf ein Widerstand mit dem Widerstandswert 4,7 kΩ und einer Dauerbelastbarkeit von 1/8 W maximal betrieben werden, damit er thermisch nicht überlastet wird?

Aus Gl. (2.58) folgt

$$U = \sqrt{P\,R} = \sqrt{0{,}125\,\mathrm{W} \cdot 4{,}7\,\mathrm{k\Omega}} \approx 24\,\mathrm{V}\,.$$

Beispiel 2.16: Betrieb eines Widerstandes mit halber Nennleistung

Ein Ohmscher Widerstand soll nur 50 % seiner Nennleistung aufnehmen.

Wie weit ist seine Betriebsspannung dafür gegenüber der Spannung, bei der er seine Nennleistung aufnimmt, abzusenken?

Bei Betrieb mit nominaler Leistung gilt wegen Gl. (2.58)

$$U_\mathrm{nom} = \sqrt{P_\mathrm{nom}\,R}\,,$$

bei Betrieb mit halber Nennleistung

$$U_{0{,}5\,\mathrm{nom}} = \sqrt{P_{0{,}5\,\mathrm{nom}}\,R} = \sqrt{0{,}5\,P_\mathrm{nom}\,R} = \sqrt{0{,}5} \cdot \sqrt{P_\mathrm{nom}\,R} = \sqrt{0{,}5} \cdot U_\mathrm{nom} \approx 0{,}7071\,U_\mathrm{nom}\,.$$

Wegen der quadratischen Abhängigkeit zwischen Leistung und Spannung bei einem Ohmschen Widerstand führt eine Absenkung der Spannung um 30 % etwa zu einer Halbierung der umgesetzten Leistung.

[9] Benannt nach dem schottischen Mechaniker James Watt (1736–1819).

2.1.4.3 Interpretation berechneter Leistungen

Die Überlegungen zur Interpretation des berechneten Wertes der in einem Zweipol umgesetzten Energie in Abhängigkeit vom verwendeten *Zählpfeilsystem* aus Abschnitt 2.1.4.1 sind direkt auf elektrische Leistungen übertragbar, die mittels Gl. (2.55) berechnet wurden. Daraus folgen die in Tabelle 2.3 zusammengefassten Aussagen.

Tabelle 2.3: Interpretation von Leistungen aufgrund von Vorzeichen und Zählpfeilsystem

$P = UI$	VZS am Zweipol	EZS am Zweipol
$P > 0$	Zweipol nimmt die Leistung P auf, wirkt also als Verbraucher	Zweipol gibt die Leistung P ab, wirkt also als Erzeuger
$P < 0$	Zweipol gibt die Leistung $\mid P \mid$ ab, wirkt also als Erzeuger	Zweipol nimmt die Leistung $\mid P \mid$ auf, wirkt also als Verbraucher

Um die Richtung des Energiestromes bei einem Zweipol zu kennzeichnen, kann man auch für die Leistung P einen *Leistungszählpfeil* verwenden. Bei Verbraucher-Zählpfeilsystem weist der Zählpfeil für P zum betrachteten Zweipol, bei Erzeuger-Zählpfeilsystem vom Zweipol weg (s. Bild 2.31). Die *tatsächliche* Richtung des Energiestromes ergibt sich aus der Richtung des Zählpfeils für P zusammen mit dem Vorzeichen von P aus Tabelle 2.3.

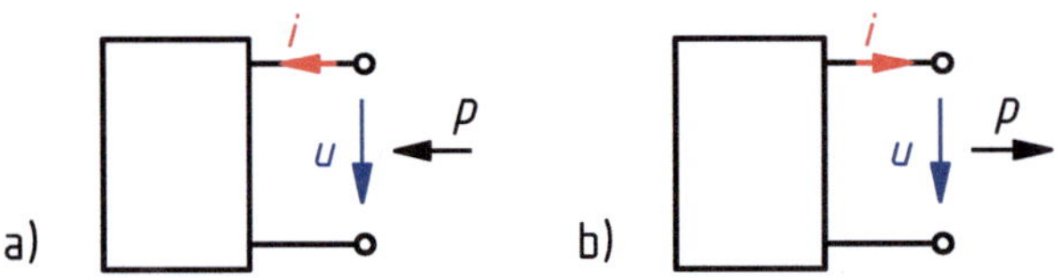

Bild 2.31: Zählpfeile für die in Zweipolen umgesetzte Leistung bei a) VZS bzw. b) EZS

2.1.4.4 Verluste und Wirkungsgrad

Bei der *Energieumwandlung* von einer Form W_{zu} (z. B. elektrischer Energie) in eine andere Form W_{Nutz} (z. B. mechanische Energie) wird stets ein Teil der zugeführten Energie in eine nicht erwünschte Form $W_{Verlust}$ (meist Wärmeenergie) umgesetzt (s. Bild 2.32).

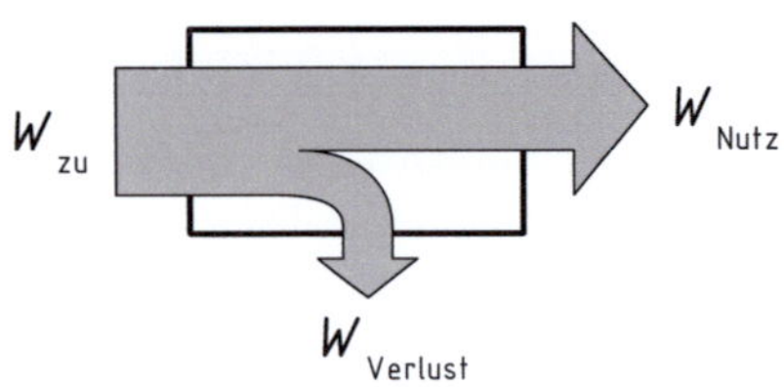

Bild 2.32: Schematisierter Energieumwandlungsprozess

Unter der Voraussetzung, dass innerhalb des Prozesses keine Energie gespeichert werden kann, gilt

$$W_{zu} = W_{Nutz} + W_{Verlust}\,. \tag{2.60}$$

Bezieht man die innerhalb eines Zeitintervalls umgesetzten Energien auf dieses Zeitintervall, erhält man gemäß Gl. (2.53) bzw. Gl. (2.54) eine Aussage über die umgesetzten Leistungen:

$$P_{zu} = P_{Nutz} + P_{Verlust} \tag{2.61}$$

Ein Maß für die *Effizienz der Energieumwandlung* ist der *Wirkungsgrad* η mit

$$\eta = \frac{P_{\text{Nutz}}}{P_{\text{zu}}} = \frac{P_{\text{zu}} - P_{\text{Verlust}}}{P_{\text{zu}}} = 1 - \frac{P_{\text{Verlust}}}{P_{\text{zu}}}\,. \tag{2.62}$$

Der Wirkungsgrad wird meist in Prozent angegeben. Bei physikalischen Prozessen kann er nicht größer als 100 % sein.

Der Wirkungsgrad einer Rundfunkübertragung, also das Verhältnis der Empfangsleistung an der Antenne zu der im Sender erzeugten elektrischen Leistung liegt bei Werten von 10^{-14} oder noch darunter. Kleine Haushaltsgeräte haben teilweise nur geringe Wirkungsgrade von etwa 10 %.

Der Wirkungsgrad großer elektrischer Maschinen ist in der Regel weit höher als der vergleichbarer anderer Kraftmaschinen. So haben elektromechanische Generatoren Wirkungsgrade bis über 98 % und große Transformatoren bis über 99 %. Auch bei der Energieübertragung ist die elektrische Energie allen anderen Möglichkeiten zum Energietransport hinsichtlich der geringen Verluste überlegen.

Zur Beurteilung der Effizienz von *Energieumwandlungsprozessen* ist der *energetische Wirkungsgrad*

$$\eta_W = \frac{W_{\text{Nutz}}}{W_{\text{zu}}} \tag{2.63}$$

eine wesentliche Kenngröße. Er macht im Gegensatz zum Wirkungsgrad nach Gl. (2.62) keine Aussage über einen bestimmten Zeitpunkt, sondern über *einen Betriebszyklus* oder den *gesamten Lebenszyklus* einer Anlage.

Bei Kraftwerken und Speichern für elektrische Energie wird der energetische Wirkungsgrad in der Regel als das Verhältnis von tatsächlich nutzbarer abgegebener elektrischer Energie zu aufgebrachter *elektrischer* Energie definiert.

Zur aufgebrachten elektrischen Energie zählt neben der *direkt* aufgenommen auch die *indirekt* (für Forschung, Entwicklung, Rohstoffgewinnung, Transport, Produktion, Installation, Betrieb, Instandhaltung und Entsorgung) benötigte elektrische Energie. Der energetische Wirkungsgrad ist nicht mit dem „betriebswirtschaftlichen Wirkungsgrad" gleichzusetzen, der durch Preisgestaltung beliebig einstellbar ist.

Die *Speicherung* elektrischer Energie ist nur in geringem Umfang möglich und beruht fast immer auf der reversiblen Umwandlung in eine andere Energieform, meist mechanische Energie (Schwungmasse, Pumpspeicherwerk) oder chemische Energie (Akkumulator, Wasserstofferzeugung und Brennstoffzelle, Synthese und Verbrennung von Kohlenwasserstoffen). Jeder dieser Umwandlungsprozesse hat nur einen kleinen energetischen Wirkungsgrad.

Der energetische Wirkungsgrad von Kraftwerken muss größer als 100 % sein, da sie sonst mehr elektrische Energie verbrauchen als erzeugen. Ein solcher Wirkungsgrad ist natürlich nur möglich, weil nicht-elektrische Energieformen unberücksichtigt bleiben, z. B. die chemische Energie von Brennstoffen, die kinetische Energie von Luft, die potenzielle Energie von Wasser oder die elektromagnetische Energie von Sonnenlicht.

Beispiel 2.17: Leistungsaufnahme und Verluste eines Elektromotors

Welche elektrische Leistung P_{Motor} muss ein Elektromotor aufnehmen, der mit einem Wirkungsgrad $\eta = 88\,\%$ elektrische in mechanische Leistung umwandelt und eine Pumpe mit der Leistungsaufnahme $P_{\text{Pumpe}} = 3\,\text{kW}$ antreiben soll?

Da der Elektromotor $P_{\text{Nutz}} = 3{,}0\,\text{kW}$ mechanisch abgeben muss, ergibt sich nach Gl. (2.62) die notwendige Leistungsaufnahme zu

$$P_{\text{Motor}} = P_{\text{zu}} = \frac{P_{\text{Nutz}}}{\eta} = \frac{P_{\text{Pumpe}}}{\eta} = \frac{3\,\text{kW}}{0{,}88} \approx 3{,}409\,\text{kW}\,.$$

Die im Motor anfallende Verlustleistung beträgt

$$P_{\text{Verlust}} = P_{\text{zu}} - P_{\text{Nutz}} \approx 3{,}409\,\text{kW} - 3{,}0\,\text{kW} = 409\,\text{W}\,.$$

2.1.4.5 Leerlauf, Kurzschluss und Leistungsanpassung bei linearen Quellen

Zunächst wird eine Anordnung aus einer *beliebigen* elektrischen Quelle und einem *beliebigen, einstellbaren* Lastwiderstand R_{Last} betrachtet (s. Bild 2.33).

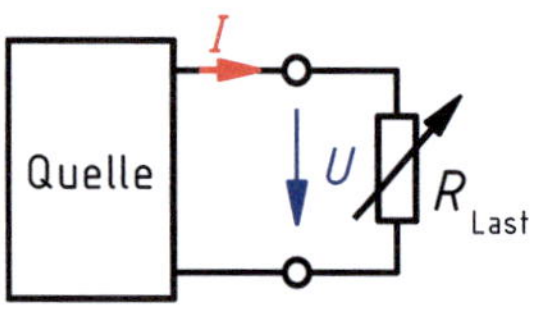

Bild 2.33: Quelle mit Lastwiderstand und Zählpfeilen für die Klemmengrößen

Die über die Klemmen von der Quelle an die Last abgegebene Leistung lässt sich nach Gl. (2.55) über die den beiden Zweipolen gemeinsamen Klemmengrößen ausdrücken als

$$P_{\text{Last}} = U\,I\,. \tag{2.64}$$

Bei $I = 0$ (*Leerlauf*, also $R_{\text{Last}} \to \infty$) und bei $U = 0$ (*Kurzschluss*, also $R_{\text{Last}} = 0$) gilt wegen Gl. (2.64) $P_{\text{Last}} = 0$, es wird also keine Leistung von der Quelle an die Last abgegeben. Im Bereich zwischen diesen beiden extremen Lastfällen muss es einen Wert von R_{Last} geben, für den die an die Last abgegebene Leistung maximal ist. Daraus ergibt sich die für nachrichtentechnische und messtechnische Anwendungen sehr wichtige Fragestellung: *Welchen Wert muss ein Lastwiderstand haben, damit er von einer gegebenen Quelle möglichst viel Leistung aufnimmt?*

Bei *realen Quellen* mit beliebiger Abhängigkeit zwischen den Klemmengrößen (z. B. bei Solargeneratoren) oder elektronisch geregelten Quellen (s. Abschnitt 2.1.3.5) wird mittels der Strom-Spannungs-Kennlinie der Quelle *punktweise* das Produkt nach Gl. (2.55) berechnet. Man erhält in der Regel genau einen *Arbeitspunkt* ($U_{P\text{max}}, I_{P\text{max}}$), bei dem P_{Last} maximal ist. Dieser Arbeitspunkt kann eingestellt werden, indem die Quelle mit dem Lastwiderstand

$$R_{\text{Last}} = \frac{U_{P\text{max}}}{I_{P\text{max}}} \tag{2.65}$$

beschaltet wird.

Dieser Fall ist sehr praxisrelevant bei Photovoltaikmodulen, die stark nichtlineare Quellen sind. Um die von ihnen lieferbare Leistung optimal zu nutzen, sollten sie von dem nachgeschalteten Wechselrichter so belastet werden, dass sie in der Nähe ihres optimalen Betriebspunktes (engl. maximum power point, MPP) betrieben werden.

Nun wird der besonders wichtige Spezialfall untersucht, dass es sich in Bild 2.33 bei der Quelle um eine *lineare Quelle* und bei dem einstellbaren Lastwiderstand um einen *linearen Widerstand* handelt.

Die gemeinsamen Klemmengrößen U und I müssen nun sowohl Gl. (2.32) erfüllen, die das Klemmenverhalten linearer Quellen bei Erzeuger-Zählpfeilsystem beschreibt, als auch das Ohmsche Gesetz, das das Klemmenverhalten linearer Widerstände bei Verbraucher-Zählpfeilsystem beschreibt. Der sich bei der Zusammenschaltung ergebende *Arbeitspunkt* (U_{AP}, I_{AP}) muss also sowohl auf der *Quellenkennlinie* als auch auf der *Lastkennlinie* liegen.

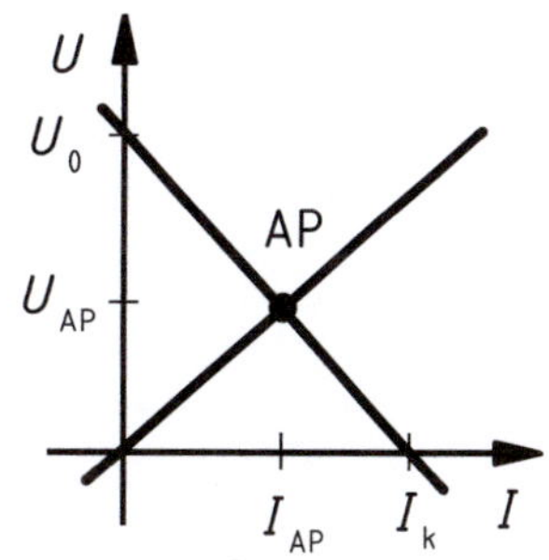

Bild 2.34: Grafische Bestimmung des Arbeitspunktes aus Quellen- und Lastkennlinie

In Bild 2.34 sind die Kennlinien der beiden Zweipole für den Fall $U_0 > 0$ in einem gemeinsamen Diagramm dargestellt. Der Schnittpunkt der Kennlinien ist der sich einstellende Arbeitspunkt AP – im Fall einer linearen Quelle an einem linearen Zweipol kann es nur genau einer sein.

Aus Gl. (2.64) folgt mit Gl. (2.32) die von der Quelle an die Last abgegebene Leistung

$$P_{\mathrm{Last}} = U\,I = (U_0 - R_\mathrm{i}\,I)\,I = U_0\,I - R_\mathrm{i}\,I^2\,. \tag{2.66}$$

Die Funktion $P_{\mathrm{Last}}(I)$ wird also durch eine nach unten geöffnete Parabel dargestellt, die bei $I = 0$ und $I = U_0/R_\mathrm{i} = I_\mathrm{k}$ Nullstellen hat (s. Bild 2.35). Daraus folgt, dass das Maximum der Funktion (2.66) bei $I = 0{,}5\,I_\mathrm{k}$ liegen muss. Die zugehörige Spannung ist nach Gl. (2.20) bzw. Bild 2.35 $U = 0{,}5\,U_0$.

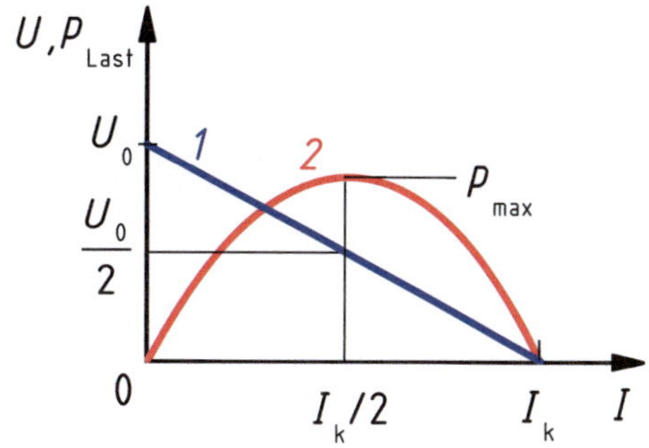

Bild 2.35: $U(I)$-Kennlinie (1) und $P(I)$-Kennlinie (2) einer linearen Quelle

Zum gleichen Ergebnis kommt man analytisch durch Ableiten der Funktion (2.66) nach der Variablen I und Nullsetzen des Ergebnisses:

$$\frac{\mathrm{d}}{\mathrm{d}I}P_{\mathrm{Last}}(I) = U_0 - R_\mathrm{i}\,2\,I = 0\,. \tag{2.67}$$

Daraus folgt

$$I = \frac{U_0}{2\,R_i} = \frac{1}{2}\,I_k\,. \tag{2.68}$$

Durch Einsetzen von Gl. (2.68) in Gl. (2.32) erhält man

$$U = U_0 - R_i\,\frac{U_0}{2\,R_i} = \frac{U_0}{2}\,. \tag{2.69}$$

Die maximal übertragbare Leistung ist also

$$P_{max} = \frac{U_0}{2}\cdot\frac{I_k}{2} = \frac{1}{4}\,U_0\,I_k\,. \tag{2.70}$$

Der erforderliche Wert des Lastwiderstandes, um diesen Betriebspunkt einzustellen, ergibt sich aus seinen durch die Gln. (2.68) und (2.69) bestimmten Klemmengrößen zu

$$R_{Last} = \frac{0{,}5\,U_0}{0{,}5\,I_k} = \frac{U_0}{I_k}\,, \tag{2.71}$$

woraus mit Gl. (2.30) die *Anpassungsbedingung* für *Leistungsanpassung* bei linearen Quellen in Gleichstromnetzwerken folgt:

$$R_{Last} = R_i \tag{2.72}$$

Merke: *Eine lineare Quelle gibt maximale Leistung an einen Lastwiderstand ab, wenn der Wert des Lastwiderstandes gleich dem Innenwiderstand der Quelle ist.*

Nun soll der *Wirkungsgrad* der gerade betrachteten Anordnung *im Anpassungsfall* untersucht werden. Die *Nutzleistung* P_{Nutz} ist die im Lastwiderstand umgesetzte Leistung. Die *zugeführte Leistung* P_{zu} ist die Leistung, die innerhalb der linearen Quelle in elektrische Leistung umgesetzt wird.

Um sie berechnen zu können, muss die Schaltungsstruktur der linearen Quelle bekannt sein.

Betrachtet wird zunächst der besonders einfache Fall, dass die lineare Quelle die Struktur einer linearen Spannungsquelle (s. Abschnitt 2.1.3.4) mit den Parametern $U_q = U_0$ und R_i aufweist. Die in der idealen Quelle zugeführte Leistung ergibt sich aus dem Produkt ihrer Quellenspannung und des Stromes nach Gl. (2.68), der im Anpassungsfall durch sie fließt

$$P_{zu} = U_0\cdot\frac{1}{2}\,I_k\,. \tag{2.73}$$

(Dieses Ergebnis erhält man auch bei Durchführung der Rechnung mit einer linearen Stromquelle.)

Damit ist der Wirkungsgrad der Schaltung bei Leistungsanpassung

$$\eta = \frac{P_{Nutz}}{P_{zu}} = \frac{\frac{1}{4}\,U_0\,I_k}{\frac{1}{2}\,U_0\,I_k} = 0{,}5 = 50\,\%\,. \tag{2.74}$$

Das heißt, dass nur die Hälfte der innerhalb der Quelle zugeführten Leistung genutzt wird und die andere Hälfte verloren geht.

Damit ist der Betriebsfall der *Leistungsanpassung* für die *Energietechnik* völlig inakzeptabel. Bei der Übertragung elektrischer Energie werden Wirkungsgrade von über 98 % angestrebt. Dies wird erreicht durch $R_{Last} \gg R_i$, also einen sehr kleinen Innenwiderstand der Anlagen, die die elektrische Energie erzeugen.

Weicht die innere Struktur der linearen Quelle von der einer linearen Spannungsquelle bzw. der einer linearen Stromquelle ab, ist der Wirkungsgrad bei Leistungsanpassung im Allgemeinen sogar kleiner als 50 %.

Beispiel 2.18: Maximale Leistungsabgabe einer linearen Quelle

Die Starterbatterie eines Kfz habe die Leerlaufspannung $U_0 = 13{,}8\,\mathrm{V}$ und den Innenwiderstand $R_\mathrm{i} = 40\,\mathrm{m\Omega}$.

Welche Leistung kann der Akkumulator maximal an einen Verbraucher abgeben? Wie groß muss für diesen Fall der Widerstand des Verbrauchers sein?

Die maximal abgebbare (verfügbare) Leistung beträgt nach Gl. (2.70) mit Gl. (2.30)

$$P_\mathrm{max} = \frac{U_0^2}{4\,R_\mathrm{i}} = \frac{13{,}8^2\,\mathrm{V}^2}{4 \cdot 40\,\mathrm{m\Omega}} \approx 1{,}19\,\mathrm{kW}\,.$$

Diese Leistung wird abgegeben, wenn die Anpassungsbedingung Gl. (2.72) erfüllt ist:

$$R_\mathrm{Last} = R_\mathrm{i} = 40\,\mathrm{m\Omega}$$

Abschließend sollen die am Anfang dieses Abschnitts betrachteten extremen Lastfälle *Leerlauf* und *Kurzschluss* bei einer *linearen Spannungsquelle* und einer *linearen Stromquelle* genauer untersucht werden, die *identisches Klemmenverhalten* aufweisen, also die Gln. (2.40) und (2.41) erfüllen. In beiden Lastfällen geben beide Quellen keine Leistung ab.

Bei *Leerlauf* wird in der linearen Spannungsquelle *keine Leistung* umgesetzt, da kein Strom fließt. Dieser Betriebsfall ist also der *energetisch günstigste*. In der linearen Stromquelle muss bei Leerlauf der gesamte Quellenstrom I_q durch den Innenwiderstand R_i fließen. Die elektrische Leistung $I_\mathrm{q}^2\,R_\mathrm{i}$, die innerhalb der (idealen) Quelle zugeführt wird, geht auch innerhalb der (linearen) Quelle wieder verloren ($\eta = 0$). Dies ist der *energetisch ungünstigste* Betriebsfall einer linearen Stromquelle.

Bei *Kurzschluss* einer linearen Spannungsquelle fließt der Kurzschlussstrom $U_\mathrm{q}/R_\mathrm{i}$ durch die Quelle, der dazu führt, dass die innerhalb der (idealen) Quelle dem Stromkreis zugeführte Leistung $U_\mathrm{q}^2/R_\mathrm{i}$ innerhalb des Innenwiderstandes der (linearen) Quelle gleich wieder dem Stromkreis entzogen wird ($\eta = 0$). Dies ist der *energetisch ungünstigste* Betriebsfall einer linearen Spannungsquelle. Bei Kurzschluss einer linearen Stromquelle fließt der gesamte Quellenstrom durch den Kurzschluss. Die Spannung über der (idealen) Quelle und dem Innenwiderstand der (linearen) Quelle ist null. Damit wird bei Kurzschluss in einer linearen Stromquelle keine Leistung umgesetzt. Dieser Betriebsfall ist – auch wenn es zunächst paradox klingen mag – der *energetisch günstigste*.

Allgemein gilt: Lineare Quellen mit *identischem Klemmenverhalten* unterscheiden sich im Allgemeinen bezüglich ihres *inneren Leistungsumsatzes* bei verschiedenen Betriebsfällen.

2.1.4.6 Leistungsbilanz

Der *Energieerhaltungssatz* ist eines der fundamentalen Gesetze der Physik. Er besagt, dass die *Summe aller Energien* in einem *abgeschlossenen* System *konstant* ist. Daraus folgt für abgeschlossene elektrische Netzwerke, die keine elektrische Energie speichern können, zu jedem Zeitpunkt: Die Summe der dem Netzwerk *zugeführten elektrischen Leistungen* ist gleich der Summe der vom Netzwerk *abgegebenen elektrischen Leistungen*.

Ein Widerstand kann elektrische Leistung nur aufnehmen. Was mit dieser Leistung geschieht, ist hier uninteressant, da ein Widerstand in einem *Ersatzschaltbild* einen beliebigen Verbraucher elektrischer Energie modelliert, der diese Energie in eine beliebige Energieform (z. B. Wärmeenergie, chemische Energie, mechanische Energie) umwandelt.

Das *Modell* der idealen Strom- oder Spannungsquelle kann prinzipiell elektrische Leistung sowohl abgeben als auch aufnehmen. Ob eine solche Quelle in einer Schaltung als Erzeuger oder Verbraucher elektrischer Leistung wirkt, wird durch die *äußere Beschaltung* der Quelle bestimmt.

Eine *Leistungsbilanz* gibt Aufschluss darüber, wie viel *elektrische Leistung* in einem Netzwerk insgesamt (von Erzeugern) zugeführt bzw. (von Verbrauchern) aufgenommen wird. Sie kann als *Plausibilitätstest* für die Ergebnisse einer Netzwerkanalyse verwendet werden. Stimmt die Leistungsbilanz nicht, muss ein Fehler aufgetreten sein. Die in der Literatur üblichen mathematischen Formulierungen für eine Leistungsbilanz, nämlich $\Sigma P = 0$ und $\Sigma P_{\mathrm{ab}} = \Sigma P_{\mathrm{auf}}$, enthalten keine Vorschriften zur Berechnung der Leistungen. Dies kann zu Vorzeichenproblemen führen, die teilweise durch Plausibilitätsbetrachtungen oder Spezialfallbehandlung gelöst werden. Solche Schwierigkeiten sind durch konsequente Anwendung der *Zählpfeile* vermeidbar.

Die in einem beliebigen Zweipol in einem Gleichstromnetzwerk umgesetzte Leistung wird *in jedem Fall* mittels Gl. (2.55)

$$P = U\,I$$

berechnet. Ein solcher Wert ist nur zusammen mit dem am betrachteten Zweipol verwendeten Zählpfeilsystem eindeutig (s. Abschnitt 2.1.4.3). Zu beachten ist, dass den nur für Widerstände geltenden Gln. (2.58) und (2.59) implizit das Verbraucher-Zählpfeilsystem zugrunde liegt.

Damit ergeben sich drei mögliche Varianten zum Aufstellen einer Leistungsbilanz:

1. Enthält eine Schaltung sowohl Zweipole mit Erzeuger-Zählpfeilsystem als auch mit Verbraucher-Zählpfeilsystem, sollte die allgemeine Form

   $$\Sigma P_{\mathrm{EZS}} = \Sigma P_{\mathrm{VZS}} \tag{2.75}$$

   verwendet werden. Hier sind alle Leistungen, die bei Zweipolen mit Erzeuger-Zählpfeilsystem berechnet werden, auf der einen und alle Leistungen, die bei Zweipolen mit Verbraucher-Zählpfeilsystem berechnet werden, auf der anderen Seite, *jeweils mit ihren Vorzeichen*, einzusetzen.
2. Wenn an allen Zweipolen der betrachteten Schaltung das selbe Zählpfeilsystem verwendet wird, ist eine der beiden Seiten in Gl. (2.75) null. Dann kann die vereinfachte Form

   $$\Sigma P = 0 \tag{2.76}$$

   angewandt werden. Alle Leistungen werden wieder mit Vorzeichen eingesetzt. In Gl. (2.76) haben alle tatsächlich abgegebenen Leistungen das entgegengesetzte Vorzeichen der tatsächlich aufgenommenen Leistungen.
3. Die spezielle Form

   $$\Sigma P_{\mathrm{ab}} = \Sigma P_{\mathrm{auf}} \tag{2.77}$$

   darf nur angewandt werden, wenn *jede einzelne* berechnete Leistung gemäß Tabelle 2.3 zunächst *interpretiert* (Zweipol gibt Leistung ab oder nimmt Leistung auf) und dann der *Betrag* der Leistung auf der entsprechenden Seite der Gl. (2.77) eingesetzt wird.

2.2 Verzweigte Gleichstromkreise

In diesem Abschnitt werden alle wichtigen Gesetze zur Berechnung einfacher Gleichstromnetzwerke vorgestellt. In formal verallgemeinerter Form gelten sie auch für Netzwerke mit zeitvarianten Strömen und Spannungen. Die hier vermittelten Inhalte bilden die Basis der Berechnungsverfahren für beliebig komplizierte Gleichstromnetzwerke, die in Abschnitt 2.4 behandelt werden.

2.2.1 Knoten, Zweig, Masche

2.2.1.1 Knoten

Ein Punkt eines elektrischen Netzwerks, in dem mindestens drei Anschlüsse von Schaltungselementen zusammentreffen, in dem sich also *der Strom verzweigen kann*, heißt *Knoten* des Netzwerks. Alle mit einem Knoten verbundenen Leitungen haben in einem *Ersatzschaltbild* stets das gleiche Potenzial wie der Knoten. Das nichtideale elektrische Verhalten *realer* Verbindungsleitungen ist ggf. in einem *Ersatzschaltbild* durch Einfügen geeigneter Schaltungselemente zu berücksichtigen.

Knoten werden in der Regel mit lateinischen Buchstaben (z. B. a, b, c, ...; K_1, K_2, K_3, ...) bezeichnet. Es ist empfehlenswert, Knoten in einem Ersatzschaltbild durch ausgefüllte Kreise an den Verbindungsstellen der Leitungen hervorzuheben (s. Bild 2.36).

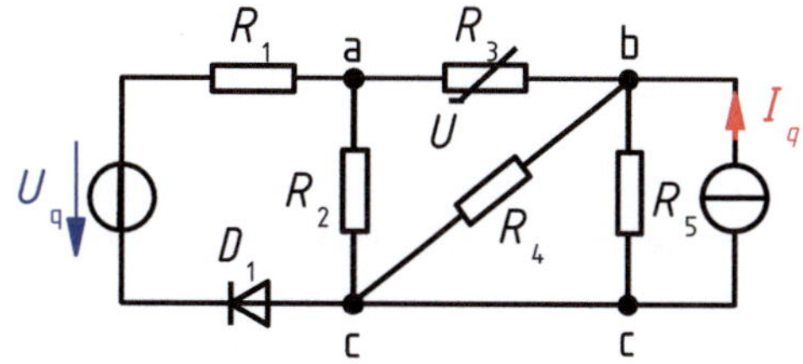

Bild 2.36: Gleichstromnetzwerk mit Knotenbezeichnungen

Sind in einem Ersatzschaltbild zwei oder mehr Knoten durch Verbindungsleitungen *unmittelbar* miteinander verbunden, bilden sie *im Sinne der Netzwerktheorie* einen einzigen Knoten (*Superknoten*). Die beiden in Bild 2.36 mit c bezeichneten Knoten sind zwar grafisch getrennt dargestellt, bilden aber elektrisch nur einen Knoten! Das Netzwerk in Bild 2.36 enthält also die drei echten Knoten a, b und c.

Beim Arbeiten mit Netzwerkanalyseprogrammen (s. Abschnitt 2.6) ist zu beachten, dass dort – im Gegensatz zur Netzwerktheorie – *jede* Verbindung von mindestens *zwei* Anschlüssen von Schaltungselementen als Knoten bezeichnet wird, also auch die Verbindung von nur *zwei* Zweipolen.

2.2.1.2 Zweig

Ein *Zweig* eines elektrischen Netzwerks verbindet genau zwei Knoten durch einen Zweipol oder durch mehrere hintereinander („*in Reihe*“) geschaltete Zweipole. Durch alle Zweipole eines Zweiges fließt stets der selbe Strom, da Ladungen innerhalb eines Zweiges weder entstehen noch verschwinden können Ein Knotenpaar darf durch beliebig viele *parallele Zweige* verbunden werden. Die 6 Zweige der Schaltung in Bild 2.36 werden mit Ausnahme des linken Zweiges durch je einen Zweipol gebildet. Der linke Zweig besteht aus der *Reihenschaltung* der mit D_1, U_q und R_1 bezeichneten Zweipole. Alle Zweige, die mit einem bestimmten Knoten unmittelbar verbunden sind, werden als *inzident* (von lat. incidere = einfallen, sich ereignen) mit diesem Knoten bezeichnet.

2.2.1.3 Masche

Eine *Masche* in einem elektrischen Netzwerk ist ein *geschlossener Weg durch das Netzwerk*, der aus mindestens zwei[10] Zweigen besteht. Verzweigte Netzwerke enthalten stets mehrere Maschen. Von einer *betrachteten Masche* darf jeder Zweig des Netzwerks nur höchstens einmal durchlaufen und jeder Knoten nur höchstens einmal berührt werden (mit Ausnahme des Startknotens, der auch Zielknoten ist). Zur Netzwerkanalyse verwendete Maschen werden oft in das Ersatzschaltbild eingezeichnet. Maschen werden nachfolgend mit römischen Zahlen (I, II, III, IV, ...) oder z. B. mit M_1, M_2, M_3, ... (s. Bild 2.71) bezeichnet. Oft ist der *Umlaufsinn* einer Masche von Bedeutung. Er wird durch einen *Richtungspfeil* am eingezeichneten Maschenumlauf gekennzeichnet (s. Bild 2.71).

2.2.2 Kirchhoffsche Gesetze

Die Kirchhoffschen[11] Gesetze bilden zusammen mit dem Ohmschen Gesetz die mathematische Berechnungsgrundlage für elektrische Gleichstromnetzwerke. Bei der praktischen Berechnung von Netzwerken mittels der Kirchhoffschen Gesetze ist sorgfältig zu unterscheiden zwischen den Vorzeichen, mit denen die *Formelzeichen* (Variablennamen) der Ströme und Spannungen in die Kirchhoffschen Gleichungen eingesetzt werden und den Vorzeichen der *Zahlenwerte* der Ströme und Spannungen, die bei den Zahlenwertrechnungen die Variablennamen ersetzen!

2.2.2.1 Knotensatz (1. Kirchhoffsches Gesetz)

In Gleichstromnetzwerken sind alle Spannungen und Ströme zeitinvariant. Deshalb muss die Gesamtladung jedes Knotens im Netzwerk ebenfalls zeitinvariant sein. Daraus folgt, dass die Ladungen, die durch p Ströme zu einem Knoten transportiert werden, *unmittelbar* durch q andere Ströme wieder abtransportiert werden müssen. Für jeden Knoten muss also *in jedem Augenblick* gelten „*Summe der zufließenden gleich Summe der abfließenden Ströme*“:

$$\sum_{\mu=1}^{p} I_{\text{zu},\mu} = \sum_{\nu=1}^{q} I_{\text{ab},\nu} \tag{2.78}$$

Zählt man alle zum Knoten hinfließenden Ströme positiv und alle abfließenden negativ (oder umgekehrt), folgt bei n mit dem Knoten inzidenten Zweigen der *Knotensatz* in der einfach zu merkenden Kurzform „*Summe aller Ströme gleich null*“:

$$\sum_{\nu=1}^{n} I_\nu = 0 \tag{2.79}$$

Da die Zahlenwerte der einzelnen Ströme im Allgemeinen nicht bekannt sind, müssen die Ausdrücke „zufließend“ und „abfließend“ *immer* auf die Richtungen der zugehörigen *Stromzählpfeile* bezüglich des gerade betrachteten Knotens bezogen werden!

Werden die Ströme, deren *Zählpfeile* vom betrachteten Knoten *weg* weisen, positiv gezählt, führt die Anwendung der Gl. (2.79) auf den Knoten in Bild 2.37 zu

$$I_1 + I_2 + I_3 - I_4 - I_5 = 0\,. \tag{2.80}$$

Zählt man die Ströme, deren *Zählpfeile* zum betrachteten Knoten *hin* weisen positiv, ergibt sich

$$-I_1 - I_2 - I_3 + I_4 + I_5 = 0\,. \tag{2.81}$$

[10] Eine Ausnahme bildet ein unverzweigter Stromkreis, der aus genau einer Masche besteht (s. Abschnitt 2.1).

[11] Benannt nach dem deutschen Physiker Gustav Robert Kirchhoff (1824–1887).

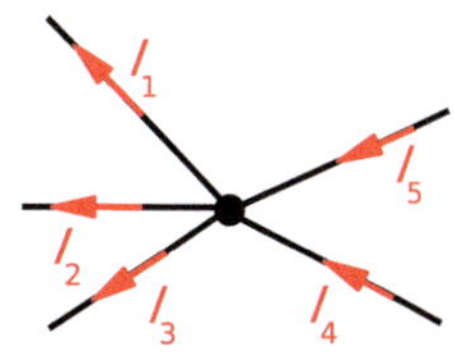

Bild 2.37: Knoten eines Netzwerks mit inzidenten Zweigen und Stromzählpfeilen

Anwendung des Knotensatzes in der Form von Gl. (2.78) auf den Knoten ergibt

$$I_4 + I_5 = I_1 + I_2 + I_3 \,. \tag{2.82}$$

Die drei Ansätze enthalten offensichtlich die gleiche Aussage.

Beispiel 2.19: Anwendung des Knotensatzes

In Bild 2.37 gelte für die Ströme $I_1 = 4\,\mathrm{A}$, $I_2 = -5\,\mathrm{A}$, $I_4 = 7\,\mathrm{A}$, $I_5 = -10\,\mathrm{A}$.

Der Strom I_3 ist zu bestimmen.

Aus jeder der Gln. (2.80) bis (2.82) ergibt sich für den gesuchten Strom

$$I_3 = -I_1 - I_2 + I_4 + I_5 = -4\,\mathrm{A} - (-5\,\mathrm{A}) + 7\,\mathrm{A} + (-10\,\mathrm{A}) = -2\,\mathrm{A} \,.$$

Wie die letzte Zeile von Beispiel 2.19 zeigt, ist bei der Anwendung des Knotensatzes streng zwischen den Vorzeichen der Zahlenwerte der Ströme und den aus den Zählpfeilrichtungen folgenden mathematischen Operationszeichen + und – zu unterscheiden!

Der Knotensatz ist direkt auf Netzwerke mit beliebig zeitvarianten Größen übertragbar, solange die Voraussetzung, dass die Knotenladungen konstant sind, gilt. Ist dies nicht mehr der Fall, so ist die Ladungsspeicherfähigkeit der Knoten im *Ersatzschaltbild* durch Kapazitäten zu modellieren.

2.2.2.2 Maschensatz (2. Kirchhoffsches Gesetz)

Betrachtet wird eine allgemeine Masche in einem Gleichstromnetzwerk gemäß Bild 2.38.

Die Masche enthält die n Knoten K_1 ... K_n mit den *eindeutigen* elektrischen Potenzialen φ_1 ... φ_n. Zwischen den Knoten liegen n betrachtete Zweige aus beliebigen Zweipolen.

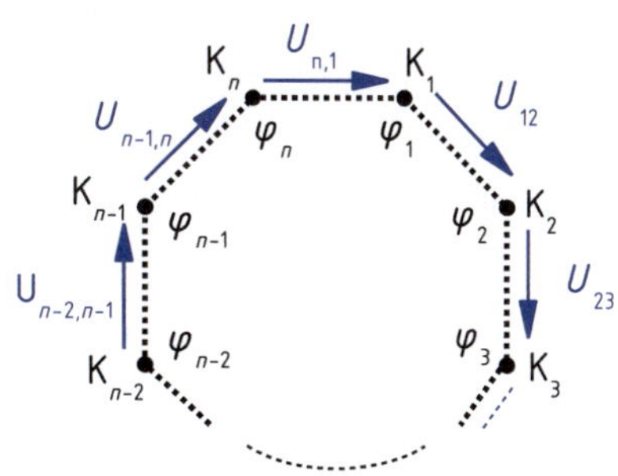

Bild 2.38: Allgemeine Masche eines Netzwerks mit n Zweigen

Die Spannungen zwischen benachbarten Knoten (*Zweigspannungen*) können mittels Gl. (1.15) jeweils als Differenz der zugehörigen Knotenpotenziale ausgedrückt werden. Die einzelnen Zweigspannungen können sich aus *Spannungsabfällen* über Widerständen oder Stromquellen oder *Quellenspannungen* über Spannungsquellen oder einer Kombination daraus zusammensetzen.

Die Summe der Zweigspannungen über einen *geschlossenen Maschenumlauf* (*Umlaufspannung*) in Richtung der Spannungszählpfeile ist (s. Bild 2.38)

$$U_{12}+U_{23}+\ \dots\ +U_{\mathrm{n-1,n}}+U_{\mathrm{n,1}}=(\varphi_1-\varphi_2)+(\varphi_2-\varphi_3)+\ \dots\ +(\varphi_{\mathrm{n-1}}-\varphi_n)+(\varphi_n-\varphi_1)=0\,. \quad (2.83)$$

Offensichtlich heben sich die Potenziale in benachbarten Klammerausdrücken gegenseitig auf. Die Umlaufspannung ist also stets null. Daraus folgt der *Maschensatz* in der einfach zu merkenden Kurzform „*Summe aller Spannungen gleich null*“:

$$\sum_{\nu=1}^{n} U_\nu = 0 \quad (2.84)$$

Vor dem Aufstellen einer Maschengleichung ist ein *Umlaufsinn* für die Masche zu wählen. Seine Richtung ist prinzipiell beliebig. Alle Spannungsabfälle über Widerständen und Stromquellen und alle Quellenspannungen von Spannungsquellen sind in Gl. (2.84) *positiv* einzusetzen, wenn ihre Spannungszählpfeile *in Richtung des Umlaufsinns* weisen, sonst *negativ*.

Nur bei Spannungs- und Stromquellen müssen *Spannungszählpfeile* im Schaltplan eingezeichnet sein. Bei Widerständen reicht es aus, wenn *Stromzählpfeile* in ihren Zweigen eingezeichnet sind. Dann wird für die Spannungsabfälle $+R\,I$ bzw. $-R\,I$ eingesetzt, je nachdem, ob *Umlaufsinn* der Masche und *Stromzählpfeil* gleiche bzw. entgegengesetzte Richtung haben.

Beispiel 2.20: Anwendung des Maschensatzes

Wie groß ist der Strom I_3 in dem in Bild 2.20 dargestellten Netzwerkausschnitt? Die Werte aller Widerstände und Quellenspannungen sowie die Ströme I_1, I_2 und I_4 seien bekannt.

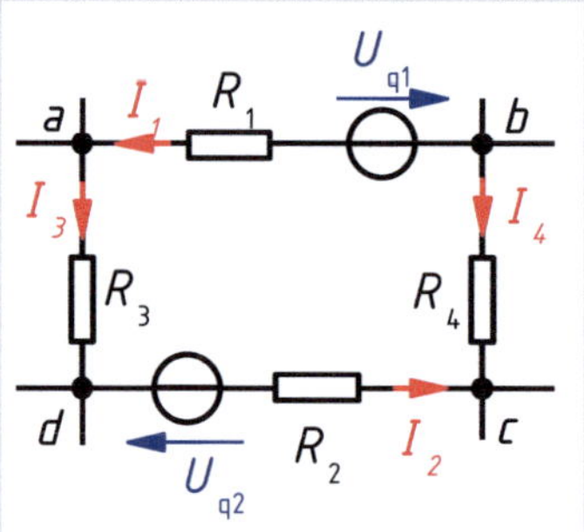

Bild 2.39: Masche eines Netzwerks mit Zählpfeilen für Ströme und Quellenspannungen

Ein Maschenumlauf im – willkürlich gewählten – Uhrzeigersinn liefert

$$-R_1I_1+U_{\mathrm{q1}}+R_4I_4-R_2I_2+U_{\mathrm{q2}}-R_3I_3=0\,.$$

Daraus folgt

$$I_3=\frac{-R_1I_1+U_{\mathrm{q1}}+R_4I_4-R_2I_2+U_{\mathrm{q2}}}{R_3}\,.$$

Der Maschensatz kann auch verwendet werden, um die Spannung zwischen *zwei beliebigen* Punkten eines Netzwerks zu berechnen, die *nicht* durch einen Zweig *direkt* miteinander verbunden sind. Hierbei wird von der Eindeutigkeit der Knotenpotenziale Gebrauch gemacht. Man wählt einen Umlauf, *der sich über den Zählpfeil der gesuchten Spannung schließt*. So kann z. B. in dem Schaltungsausschnitt in Bild 2.20 die Spannung U_{bd} zwischen den Knoten b und d bestimmt werden. Aus dem z. B. über den Knoten c geschlossenen Umlauf folgt

$$U_{\mathrm{bd}} - U_{\mathrm{q2}} + R_2 I_2 - R_4 I_4 = 0\,, \tag{2.85}$$

also

$$U_{\mathrm{bd}} = R_4 I_4 - R_2 I_2 + U_{\mathrm{q2}}\,. \tag{2.86}$$

Aus Gl. (2.86) folgt allgemeingültig, dass man nur vom Knoten am Anfang des Zählpfeils der gesuchten Spannung zum Knoten an seiner Spitze durch beliebige Zweige des Netzwerks zu laufen und dabei die Spannungen nach den oben genannten Vorzeichenregeln zu addieren braucht!

Der Maschensatz ist über die Gleichstromnetzwerke hinaus näherungsweise auch auf Netzwerke mit beliebig zeitvarianten Strömen anwendbar, sofern die Spannungsinduktionswirkung der durch die Ströme erzeugten Magnetfelder vernachlässigt werden kann. Anderenfalls ist anstelle des Maschensatzes das allgemeinere *Induktionsgesetz* (s. Abschnitt 11.16) anzuwenden oder die Induktionswirkung durch Induktivitäten im *Ersatzschaltbild* zu modellieren.

2.2.3 Parallelschaltung von Widerständen

In den folgenden Abschnitten werden Parallelschaltungen beliebig vieler Widerstände untersucht. Aus didaktischen Gründen werden zunächst nicht Widerstände, sondern Leitwerte betrachtet.

2.2.3.1 Gesamtwiderstand

Werden n Widerstände R_μ bzw. Leitwerte

$$G_\mu = 1/R_\mu \tag{2.87}$$

gemäß Bild 2.40 a) *parallel geschaltet*, liegen alle Zweipole an der selben Spannung U und die durch die parallelen Zweige fließenden Ströme I_μ addieren sich zum Gesamtstrom I_{ges}.

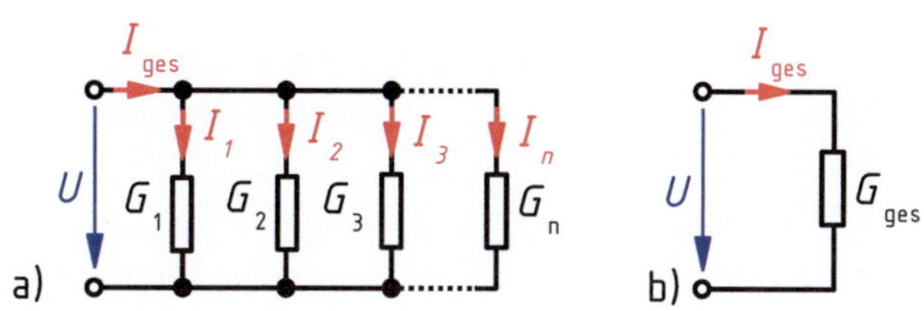

Bild 2.40: a) Parallelschaltung von Leitwerten mit Zählpfeilen im VZS und b) Ersatz-Zweipol

Mit den in Bild 2.40 a) eingetragenen Zählpfeilen folgt aus dem Ohmschen Gesetz

$$I_1 = U\,G_1;\; I_2 = U\,G_2;\; \dots\; I_n = U\,G_n\,. \tag{2.88}$$

Die Anwendung des Knotensatzes auf den oberen *Superknoten* in Bild 2.40 a) ergibt

$$I_{\mathrm{ges}} = I_1 + I_2 + \dots + I_n = \sum_{\mu=1}^{n} I_\mu\,. \tag{2.89}$$

Gl. (2.88) in Gl. (2.89) führt zu

$$I_{ges} = U(G_1 + G_2 + ... + G_n) = U \sum_{\mu=1}^{n} G_\mu \,. \tag{2.90}$$

Das Klemmenverhalten der Schaltung in Bild 2.40 a) kann nachgebildet werden durch die *Ersatzschaltung* in Bild 2.40 b), die aus nur einem Leitwert bzw. Widerstand

$$R_{ges} = 1/G_{ges} \tag{2.91}$$

besteht. Für die Ersatzschaltung gilt

$$I_{ges} = U\,G_{ges} \,. \tag{2.92}$$

Der *Koeffizientenvergleich* der Gln. (2.90) und (2.92) ergibt

$$G_{ges} = \sum_{\mu=1}^{n} G_\mu \,. \tag{2.93}$$

Merke: *Bei einer Parallelschaltung von Widerständen addieren sich ihre Leitwerte zum Gesamtleitwert.*
Daraus folgt: *Bei der Parallelschaltung mehrerer Leitwerte ist der Gesamtleitwert größer als der größte Einzelleitwert.*

Die Parallelschaltung n gleicher Leitwerte G ergibt den Gesamtleitwert

$$G_{ges} = n\,G \,. \tag{2.94}$$

Mit Gl. (2.91) und Gl. (2.87) in Gl. (2.93) folgt für den Gesamtwiderstand einer Parallelschaltung von n Widerständen R_μ

$$\frac{1}{R_{ges}} = \sum_{\mu=1}^{n} \frac{1}{R_\mu} \tag{2.95}$$

beziehungsweise

$$R_{ges} = \frac{1}{\sum\limits_{\mu=1}^{n} \frac{1}{R_\mu}} \,. \tag{2.96}$$

Bei Verwendung der Kehrwert-Taste eines Taschenrechners ist die Auswertung von Gl. (2.96) besonders einfach: Die Kehrwerte der Widerstandswerte werden addiert und abschließend der Kehrwert der Summe gebildet.

Der Wert des Gesamtwiderstandes gemäß Gl. (2.96) wird mit jedem zusätzlich parallel geschalteten Widerstand kleiner, da der Nenner des Bruches vergrößert wird.

Merke: *Bei einer Parallelschaltung von Widerständen ist der Gesamtwiderstand kleiner als der kleinste Einzelwiderstand.*

Beispiel 2.21: Parallelschaltung von drei Widerständen

Die drei gemäß Bild 2.40 a) parallel geschalteten Widerstände $R_1 = 10\,\Omega$, $R_2 = 20\,\Omega$, $R_3 = 30\,\Omega$ liegen an der Spannung $U = 6\,\text{V}$.

Gesucht sind der Gesamtwiderstand R_{ges} und der Strom I_{ges}.

Mit Gl. (2.96) ergibt sich der Gesamtwiderstand

$$R_{ges} = \frac{1}{\frac{1}{R_1} + \frac{1}{R_2} + \frac{1}{R_3}} = \frac{1}{\frac{1}{10\,\Omega} + \frac{1}{20\,\Omega} + \frac{1}{30\,\Omega}} = \frac{60}{11}\,\Omega \approx 5{,}45\,\Omega$$

und der Strom

$$I_{ges} = \frac{U}{R_{ges}} = \frac{6\,\text{V}}{\frac{60}{11}\,\Omega} = 1{,}1\,\text{A}\,.$$

Für den häufig auftretenden Fall der *Parallelschaltung von zwei Widerständen* folgt mit $n = 2$ aus Gl. (2.95)

$$\frac{1}{R_{ges}} = \frac{1}{R_1} + \frac{1}{R_2} = \frac{R_2 + R_1}{R_1 \cdot R_2}\,, \tag{2.97}$$

also

$$R_{ges} = \frac{R_1 \cdot R_2}{R_1 + R_2}\,. \tag{2.98}$$

Gl. (2.98) sollte man auswendig kennen, da sie sehr häufig benötigt wird! Als Merkhilfe dafür, wo das Pluszeichen und wo der Multiplikationspunkt hingehören, ist eine Dimensionsbetrachtung der beiden Seiten der Gleichung hilfreich.

Werden n Widerstände mit gleichem Widerstandswert R parallelgeschaltet, folgt aus Gl. (2.96)

$$R_{ges} = \frac{1}{n} R\,. \tag{2.99}$$

Oft wird die Parallelschaltung von Widerständen bei einem Rechen*ansatz* mit einem senkrechten Doppelstrich symbolisiert, z. B. $R_1 \,||\, R_2$ (sprich „R_1 parallel R_2“). Ein solcher symbolischer Ausdruck wird nach Gl. (2.98) ausgewertet:

$$R_1 \,||\, R_2 = \frac{R_1 \cdot R_2}{R_1 + R_2} \tag{2.100}$$

Beispiel 2.22: Dimensionierung einer Parallelschaltung von Widerständen

Durch Parallelschalten von zwei Widerständen R_1, R_2 der Norm-Reihe E 12 (s. Anhang A.8) ist ein Widerstand mit dem Wert $R_{ges} = 20\,\Omega$ zu realisieren.

Da in Parallelschaltungen der Gesamtwiderstand kleiner als der kleinste Einzelwiderstand ist, muss ein Widerstandswert aus der Norm-Reihe ausgewählt werden, dessen Wert größer als der benötigte Wert ist. Willkürlich wird der nächstliegende Wert $R_1 = 22\,\Omega$ verwendet. Aus Gl. (2.97) folgt

$$R_2 = \frac{1}{\frac{1}{R_{ges}} - \frac{1}{R_1}}\,,$$

was mit den gegebenen Zahlenwerten $R_2 = 220\,\Omega$ ergibt. Dies ist zufällig ein Wert der E 12-

Norm-Reihe. Anderenfalls würde man den am nächsten benachbarten Wert der Normreihe wählen.

2.2.3.2 Stromteilerregel

Bei der Parallelschaltung von Widerständen bzw. Leitwerten gemäß Bild 2.40 a) ist nach Gl. (2.88) der Strom in einem Zweig proportional zum Leitwert dieses Zweiges, da an allen Zweigen die selbe Spannung anliegt. Für zwei beliebige Zweigströme gilt also bei Verbraucher-Zählpfeilsystem an allen Widerständen

$$I_\mu = U\,G_\mu \tag{2.101}$$

und

$$I_\nu = U\,G_\nu\,. \tag{2.102}$$

Da bei einer Gleichung die Ausdrücke links und rechts des Gleichheitszeichens den gleichen Wert haben, folgt aus der Division der linken und rechten Seite der Gl. (2.101) durch die linke bzw. rechte Seite der Gl. (2.102) und Kürzen des Faktors U auf der rechten Seite sowie mit Gl. (2.87) die als *Stromteilerregel* bekannte Gleichung

$$\frac{I_\mu}{I_\nu} = \frac{G_\mu}{G_\nu} = \frac{R_\nu}{R_\mu}\,. \tag{2.103}$$

Merke: *Bei einer Parallelschaltung von Widerständen verhalten sich die Zweigströme zueinander wie die zugehörigen Zweigleitwerte.*

Einer der betrachteten Ströme darf auch der Gesamtstrom sein, d. h. für den Index μ oder den Index ν darf der Index „ges“ eingesetzt werden, z. B.

$$\frac{I_\mu}{I_{\text{ges}}} = \frac{G_\mu}{G_{\text{ges}}} = \frac{R_{\text{ges}}}{R_\mu} \tag{2.104}$$

mit G_{ges} nach Gl. (2.93) und R_{ges} nach Gl. (2.96).

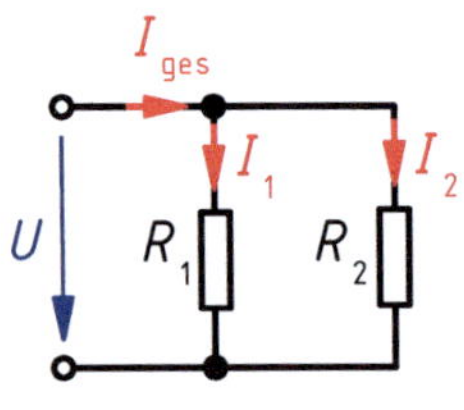

Bild 2.41: Parallelschaltung von zwei Widerständen

Für den in Bild 2.41 dargestellten, häufig auftretenden Spezialfall der *Parallelschaltung von zwei Widerständen* R_1 und R_2 gilt speziell

$$\frac{I_1}{I_{\text{ges}}} = \frac{G_1}{G_{\text{ges}}} = \frac{R_{\text{ges}}}{R_1} \quad \text{bzw.} \quad \frac{I_2}{I_{\text{ges}}} = \frac{G_2}{G_{\text{ges}}} = \frac{R_{\text{ges}}}{R_2}\,, \tag{2.105}$$

woraus mit Gl. (2.98) die häufig benötigten Gleichungen

$$\frac{I_1}{I_{\text{ges}}} = \frac{R_2}{R_1 + R_2} \quad \text{bzw.} \quad \frac{I_2}{I_{\text{ges}}} = \frac{R_1}{R_1 + R_2} \tag{2.106}$$

folgen.

Merke: *Bei einer Parallelschaltung von zwei Widerständen verhält sich ein Teilstrom zum Gesamtstrom wie der Widerstand des anderen Zweiges zur Summe der Widerstände der Zweige.*

Die Summe der Widerstände in den beiden parallelen Zweigen wird auch als „*Ringwiderstand der Masche*“ bezeichnet.

Gl. (2.106) ist prinzipiell auch anwendbar, wenn eine *Parallelschaltung mehrerer Widerstände* vorliegt. Dazu werden gedanklich alle Widerstände außer dem im betrachteten Zweig zu einem resultierenden Widerstand, der „den anderen“ Zweig bildet, zusammengefasst. Der Strom durch den betrachteten Zweig verhält sich zum Gesamtstrom wie der resultierende Widerstand der Parallelschaltung der Widerstände in den anderen Zweigen zur Summe aus dem Widerstand des betrachteten Zweiges und dem resultierenden Widerstand der anderen Zweige.

Bei allen Formen und Anwendungen der Stromteilerregel ist zu beachten, dass die oben angegebenen Gleichungen nur gelten, wenn die Stromzählpfeile in allen Zweigen bezüglich der gemeinsamen Spannung im Verbraucher-Zählpfeilsystem angetragen sind. Ströme mit umgekehrter Zählpfeilrichtung sind mit negativem Vorzeichen in die Gleichungen einzusetzen.

Beispiel 2.23: Stromaufteilung bei Parallelschaltung von drei Widerständen

Durch eine Parallelschaltung von drei Widerständen $R_1 = 10\,\mathrm{k\Omega}$, $R_2 = R_3 = 40\,\mathrm{k\Omega}$ entsprechend Bild 2.40 a) fließt der Strom $I_{\mathrm{ges}} = 60\,\mathrm{mA}$.

Der Teilstrom I_1 ist zu berechnen.

Gl. (2.104) liefert unter Berücksichtigung der Gl. (2.93)

$$\frac{I_1}{I_{\mathrm{ges}}} = \frac{G_1}{G_{\mathrm{ges}}} = \frac{G_1}{G_1 + G_2 + G_3}\,.$$

Mit Gl. (2.4) erhält man hieraus

$$I_1 = I_{\mathrm{ges}} \frac{\frac{1}{R_1}}{\frac{1}{R_1} + \frac{1}{R_2} + \frac{1}{R_3}} = 60\,\mathrm{mA}\, \frac{\frac{1}{10\,\mathrm{k\Omega}}}{\frac{1}{10\,\mathrm{k\Omega}} + \frac{1}{40\,\mathrm{k\Omega}} + \frac{1}{40\,\mathrm{k\Omega}}} = 40\,\mathrm{mA}\,.$$

2.2.4 Reihenschaltung von Widerständen

2.2.4.1 Gesamtwiderstand

Werden n Widerstände R_μ gemäß Bild 2.42 a) in Reihe geschaltet, fließt durch alle Widerstände der selbe Strom I.

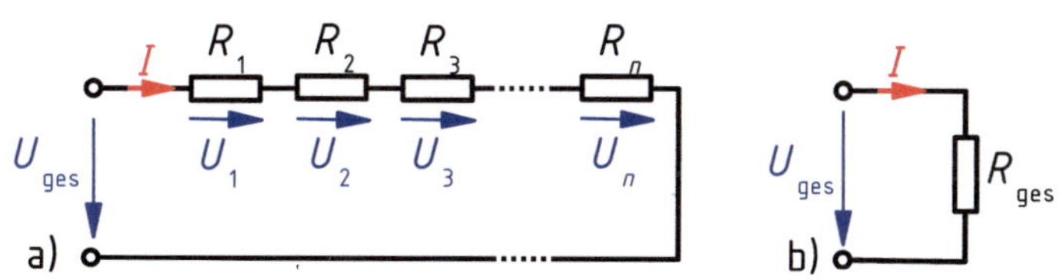

Bild 2.42: a) Reihenschaltung von Widerständen mit Zählpfeilen im VZS und b) Ersatz-Zweipol

Mit den in Bild 2.42 a) eingetragenen Zählpfeilen folgt aus dem Ohmschen Gesetz

$$U_1 = I\,R_1;\; U_2 = I\,R_2;\; \dots;\; U_\mathrm{n} = I\,R_\mathrm{n}\,. \tag{2.107}$$

Die Anwendung des Maschensatzes auf einen Umlauf, der die Einzelspannungen sowie die Gesamtspannung umfasst, liefert

$$U_\mathrm{ges} = U_1 + U_2 + \dots + U_n = \sum_{\mu=1}^{n} U_\mu\,. \tag{2.108}$$

Aus Gl. (2.107) in Gl. (2.108) folgt

$$U_\mathrm{ges} = I(R_1 + R_2 + \dots + R_n) = I \sum_{\mu=1}^{n} R_\mu\,. \tag{2.109}$$

Das Klemmenverhalten der Schaltung in Bild 2.42 a) kann also nachgebildet werden durch die Ersatzschaltung in Bild 2.42 b), die aus nur einem Widerstand R_ges besteht. Für die Ersatzschaltung gilt

$$U_\mathrm{ges} = I\,R_\mathrm{ges}\,. \tag{2.110}$$

Der Koeffizientenvergleich von Gl. (2.109) und Gl. (2.110) ergibt

$$R_\mathrm{ges} = \sum_{\mu=1}^{n} R_\mu\,. \tag{2.111}$$

Merke: *Bei einer Reihenschaltung von Widerständen addieren sich ihre Widerstandswerte zum Gesamtwiderstand.*

Daraus folgt: *Werden mehrere Widerstände in Reihe geschaltet, ist der Gesamtwiderstand größer als der größte Einzelwiderstand.*

Eine Reihenschaltung *n* gleicher Widerstände mit dem Wert *R* hat nach Gl. (2.111) den Gesamtwiderstand

$$R_\mathrm{ges} = n\,R\,. \tag{2.112}$$

Beispiel 2.24: Reihenschaltung von drei Widerständen

Eine Reihenschaltung der Widerstände $R_1 = 10\,\Omega$, $R_2 = 20\,\Omega$, $R_3 = 30\,\Omega$ entsprechend Bild 2.42 a) liegt an der Spannung $U_\mathrm{ges} = 6\,\mathrm{V}$.

Gesucht sind der Gesamtwiderstand R_ges und der Strom I.

Mit Gl. (2.111) ergibt sich der Gesamtwiderstand

$$R_\mathrm{ges} = R_1 + R_2 + R_3 = 10\,\Omega + 20\,\Omega + 30\,\Omega = 60\,\Omega\,,$$

aus dem der Strom folgt:

$$I = \frac{U_\mathrm{ges}}{R_\mathrm{ges}} = \frac{6\,\mathrm{V}}{60\,\Omega} = 0{,}1\,\mathrm{A}\,.$$

2.2.4.2 Spannungsteilerregel

Bei der Reihenschaltung von Widerständen gemäß Bild 2.42 a) ist nach Gl. (2.107) die Spannung über einem Teilwiderstand proportional zu seinem Widerstandswert, da durch alle Widerstände der selbe Strom fließt. Für zwei beliebige Teilspannungen gilt also bei Verbraucher-Zählpfeilsystem an allen Widerständen

$$U_\mu = I\,R_\mu \tag{2.113}$$

und

$$U_\nu = I\,R_\nu\,. \tag{2.114}$$

Aus Gl. (2.113) und Gl. (2.114) folgt entsprechend der Herleitung von Gl. (2.103) die als *Spannungsteilerregel* bekannte Gleichung

$$\frac{U_\mu}{U_\nu} = \frac{R_\mu}{R_\nu}\,. \tag{2.115}$$

Merke: *Bei einer Reihenschaltung von Widerständen verhalten sich die Teilspannungen zueinander wie die Werte der Widerstände, über denen sie abfallen.*

Für den Index μ oder den Index ν in Gl. (2.115) darf der Index „ges" eingesetzt werden, z. B.

$$\frac{U_\mu}{U_{\text{ges}}} = \frac{R_\mu}{R_{\text{ges}}}\,. \tag{2.116}$$

Eine sehr verbreitete technische Anwendung von Gl. (2.116) ist der *einstellbare Spannungsteiler* unter Verwendung eines *Potenziometers*, dessen Schaltung in Bild 2.43 a) dargestellt ist.

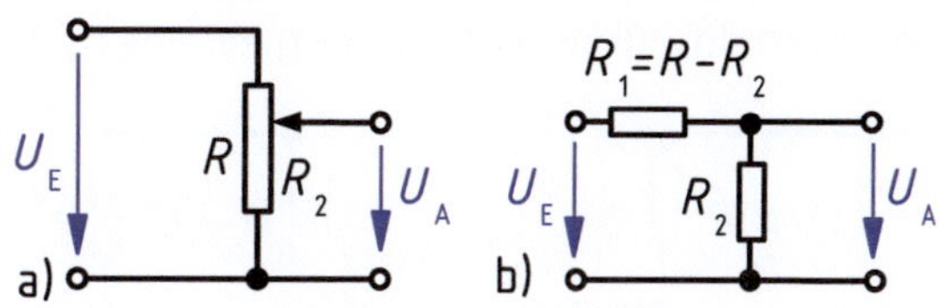

Bild 2.43: a) Unbelasteter Spannungsteiler mit einem Potenziometer
b) Ersatzschaltung

Ein Potenziometer ist ein *Dreipol*. Zwischen zwei seiner Klemmen liegt der Gesamtwiderstand R. Die dritte Klemme ist mit einem mechanisch verstellbaren *Schleifer* verbunden, der den Gesamtwiderstand elektrisch in zwei Teilwiderstände R_1 und R_2 mit

$$R = R_1 + R_2 \tag{2.117}$$

aufteilt. Wird eine Eingangsspannung an die beiden festen Anschlüsse des Potenziometers gelegt, kann zwischen dem Schleifer und einem der festen Anschlüsse eine Ausgangsspannung abgegriffen werden, die durch Verändern der Schleiferstellung zwischen 0 und der Eingangsspannung einstellbar ist. Die Anwendung von Gl. (2.116) auf die Schaltung in Bild 2.43 a) liefert für den Fall, dass der Spannungsteiler *an seinem Ausgang unbelastet* ist, über seine Ausgangsklemmen also kein Strom fließt,

$$\frac{U_A}{U_E} = \frac{R_2}{R}\,. \tag{2.118}$$

Bild 2.43 b) zeigt das Ersatzschaltbild der Schaltung in Bild 2.43 a). Ist der Widerstand R_2 in Bild 2.43 a) proportional zur mechanischen Schleiferstellung (Schiebeweg oder Drehwinkel), gilt also

$$R_2 = k\,R\,, \tag{2.119}$$

hat das Potenziometer eine *lineare Stellkennlinie* und die Skala für den Wert k reicht von $k = 0$ bis $k = 1$. Gl. (2.117) ergibt mit Gl. (2.119)

$$R_1 = (1-k)\,R\,. \tag{2.120}$$

Aus Gl. (2.118) folgt mit Gl. (2.119) für den *unbelasteten* Spannungsteiler

$$\frac{U_\mathrm{A}}{U_\mathrm{E}} = k\,. \tag{2.121}$$

Das Spannungsteilungsverhältnis kann beim unbelasteten Spannungsteiler also direkt von der Skala abgelesen werden.

Das elektrische Verhalten *belasteter* Spannungsteiler wird im folgenden Abschnitt behandelt.

2.2.5 Gemischte Schaltungen

Ein Zweipol, der aus einer Reihen- oder Parallelschaltung von passiven Zweipolen besteht, die ihrerseits wiederum aus einer Parallel- oder Reihenschaltung von passiven Zweipolen bestehen, wird als „*gemischte Schaltung*“ bezeichnet. Zur Analyse dieser Zweipole reicht die Anwendung der Gesetze aus, die für Parallelschaltungen (s. Abschnitt 2.2.3) und Reihenschaltungen (s. Abschnitt 2.2.4) von Widerständen gelten. In diesem Abschnitt werden zwei gemischte Schaltungen behandelt, die besonders praxisrelevant sind: der belastete Spannungsteiler und dessen Verallgemeinerung, der mehrstufige Spannungsteiler.

2.2.5.1 Belasteter Spannungsteiler

Betrachtet wird ein Spannungsteiler gemäß Bild 2.44 a), der aus zwei Ohmschen Widerständen R_1 und R_2 besteht, die an der Eingangsspannung U_E liegen.

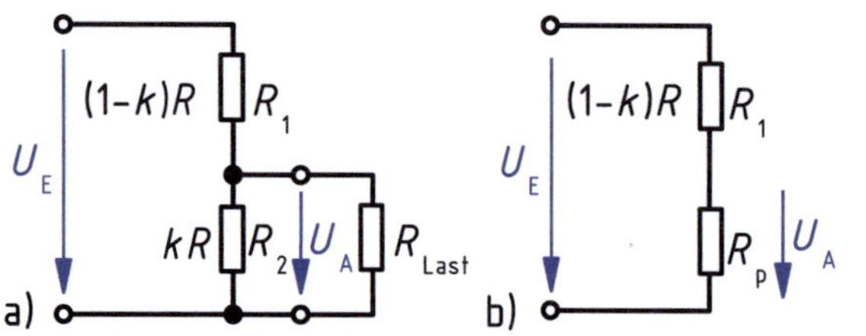

Bild 2.44: a) Belasteter Ohmscher Spannungsteiler und b) Ersatzschaltbild

Diese beiden Widerstände können auch die Teilwiderstände $(1-k)\,R$ und $k\,R$ eines Potenziometers mit dem Gesamtwiderstand R sein (Gln. (2.119) und (2.120) in Abschnitt 2.2.4.2).

An der über dem Widerstand R_2 abgegriffenen Ausgangsspannung U_A liegt der Lastwiderstand R_Last. Im Gegensatz zum unbelasteten Spannungsteiler fließt nun ein Strom durch die Ausgangsklemmen des Spannungsteilers. Die Ausgangsspannung U_A fällt nicht mehr über dem Widerstand R_2 ab, sondern über der Parallelschaltung aus R_2 und R_Last, die zum Ersatz-Widerstand R_P mit

$$R_\mathrm{P} = \frac{R_\mathrm{Last} \cdot R_2}{R_\mathrm{Last} + R_2} \tag{2.122}$$

zusammengefasst wird. Damit ergibt sich das in Bild 2.44 b) dargestellte Ersatzschaltbild des belasteten Spannungsteilers. Mittels dieses Ersatzschaltbildes lässt sich unter Verwendung der Gl. (2.116) das Spannungsteilungsverhältnis des belasteten Spannungsteilers berechnen:

$$\frac{U_\mathrm{A}}{U_\mathrm{E}} = \frac{R_\mathrm{P}}{R_\mathrm{P} + R_1} = \frac{\frac{R_\mathrm{Last}R_2}{R_\mathrm{Last}+R_2}}{\frac{R_\mathrm{Last}R_2}{R_\mathrm{Last}+R_2} + R_1} = \frac{R_\mathrm{Last}R_2}{R_\mathrm{Last}R_2 + R_\mathrm{Last}R_1 + R_2R_1} = \frac{R_2}{R_1 + R_2 + \frac{R_1R_2}{R_\mathrm{Last}}} \tag{2.123}$$

Für $R_\mathrm{Last} \to \infty$ (keine Belastung des Spannungsteilers) geht Gl. (2.123) in Gl. (2.118) über. Für $R_\mathrm{Last} \to 0$ (hohe Belastung des Spannungsteilers) bricht die Ausgangsspannung gegenüber dem Fall des unbelasteten Spannungsteilers ein. Dieser Sachverhalt lässt sich besser untersuchen, wenn man die Gln. (2.119) und (2.120) in Gl. (2.123) einsetzt, so dass das Spannungsteilungsverhältnis nur noch vom Widerstandsverhältnis k und dem Verhältnis R/R_Last abhängig ist. Damit folgt die für alle belasteten Ohmschen Spannungsteiler gültige Gleichung

$$\frac{U_\mathrm{A}}{U_\mathrm{E}} = \frac{k}{1 + (1-k)\,k\,\frac{R}{R_\mathrm{Last}}} = \frac{1}{\frac{1}{k} + (1-k)\,\frac{R}{R_\mathrm{Last}}} \,. \tag{2.124}$$

Die Funktion (2.124) ist – im Gegensatz zur Funktion (2.121) – bzgl. des Widerstandsverhältnisses k nichtlinear.

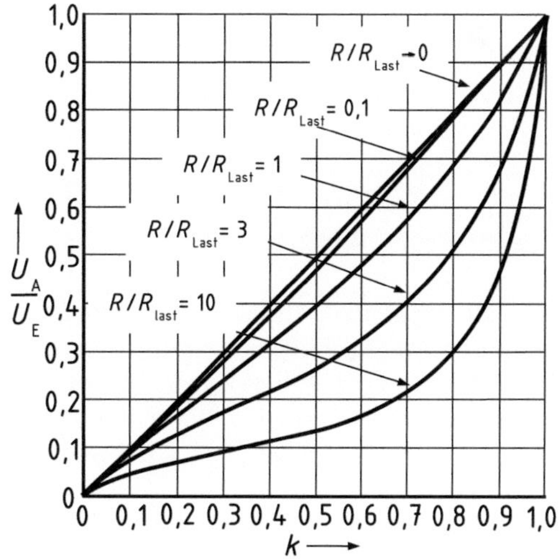

Bild 2.45: Spannungsteilungsverhältnis belasteter Ohmscher Spannungsteiler als Funktion des Widerstandsverhältnisses k für verschiedene Werte des Parameters R/R_Last

Bild 2.45 zeigt das Spannungsteilungsverhältnis belasteter Spannungsteiler als Funktion des Widerstandsverhältnisses k für fünf verschiedene Werte von R_Last. Da der Wert von R_Last bezogen auf R angegeben wird, ist diese Darstellung allgemeingültig.

Aus Bild 2.45 geht hervor, dass bei einem *Potenziometer*, das auch unter Last noch eine näherungsweise lineare Abhängigkeit der Ausgangsspannung von der Schleiferstellung aufweisen soll, der Widerstand des Potenziometers nur höchstens etwa 10 % des Lastwiderstandes betragen darf. Eine solche Schaltung belastet die speisende Spannungsquelle stark und ist wegen der hohen Verluste im Potenziometer mit einem geringen Wirkungsgrad verbunden.

2.2.5.2 Mehrstufiger Spannungsteiler

Ein mehrstufiger Spannungsteiler ist eine *Kettenschaltung* aus mindestens zwei Spannungsteilern. Hier wird eine Schaltung gemäß Bild 2.46 betrachtet, die aus Ohmschen Widerständen besteht. Die $R_{\mu 1}$ werden als *Längswiderstände*, die $R_{\mu 2}$ als *Querwiderstände* bezeichnet.

Die Spannungsteilungsverhältnisse mehrstufiger Spannungsteiler sind über die Querspannungen zwischen den einzelnen Teilerstufen einfach berechenbar, denn es gilt – mathematisch offensichtlich – die Gleichung

$$\frac{U_{n+1}}{U_1} = \frac{U_{n+1}}{U_n} \cdot \frac{U_n}{U_{n-1}} \cdot \ \dots \ \cdot \frac{U_4}{U_3} \cdot \frac{U_3}{U_2} \cdot \frac{U_2}{U_1} \,. \tag{2.125}$$

Jeder der Quotienten auf der rechten Seite von Gl. (2.125) stellt ein Spannungsteilungsverhältnis dar, das über den *Gesamt-Querwiderstand am Ausgang der zugehörigen Stufe* und den *Längswiderstand dieser Stufe* ausgedrückt werden kann. *Die Ausgangsspannung der vorhergehenden Stufe wird dabei jeweils als bekannt angenommen. Widerstände vorhergehender Stufen gehen daher nicht mit ein!* Auf diese Weise lässt sich *schrittweise vom Ausgang der Schaltung zurück zum Eingang* das Spannungsteilungsverhältnis aufstellen.

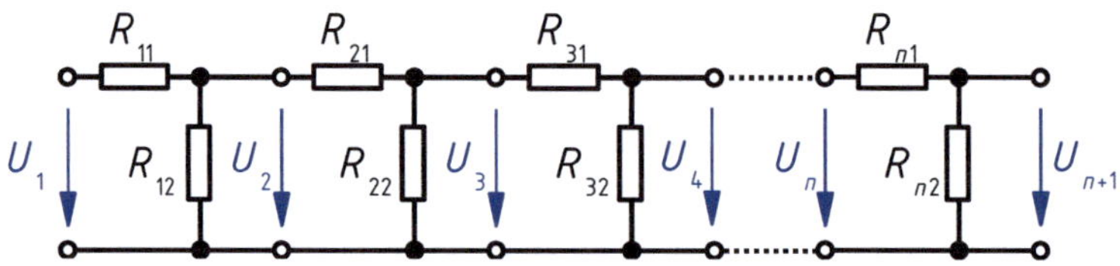

Bild 2.46: Prinzipschaltung eines n-stufigen Spannungsteilers

Die Schaltung in Bild 2.46 kann auch als *mehrstufiger Stromteiler* verwendet werden, wenn als Eingangsgröße nicht die Eingangsspannung, sondern der Eingangsstrom betrachtet wird. Dann ist auf jeden Knoten der Schaltung (vom Eingang der Schaltung zum Ausgang fortschreitend) die *Stromteilerregel* (2.106) anzuwenden. Die hierbei entstehenden Ausdrücke können bei Kettenschaltungen mit vielen Gliedern sehr umfangreich werden.

Beispiel 2.25: Zweistufiger Spannungsteiler

Die Ausgangsspannung U_A des zweistufigen Spannungsteilers gemäß Bild 2.47 a) ist als Funktion der Eingangsspannung U_E und der gegebenen Widerstandswerte zu berechnen.

Bild 2.47 b) zeigt die Schaltung aus Bild 2.47 a) mit hervorgehobener Kettenstruktur.

Gl. (2.125) liefert den Ansatz

$$\frac{U_A}{U_E} = \frac{U_A}{U_2} \cdot \frac{U_2}{U_E} \,.$$

Zunächst wird die Querspannung U_2 vor der letzten Stufe als bekannt angenommen. Damit folgt aus der Spannungsteilerregel Gl. (2.116)

$$\frac{U_A}{U_2} = \frac{R_4}{R_3 + R_4} \,.$$

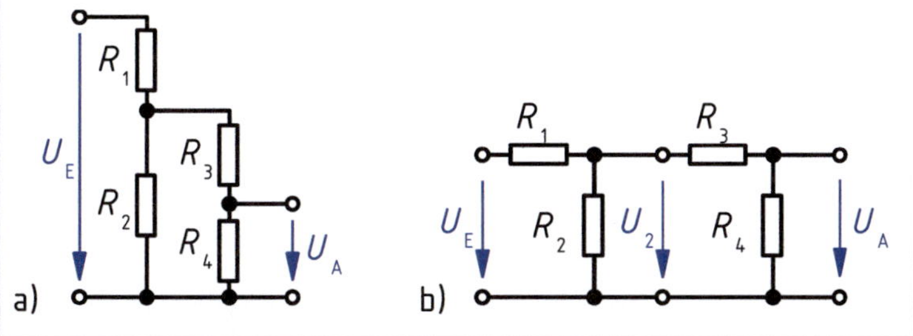

Bild 2.47: a) Zweistufiger Spannungsteiler in Darstellung entsprechend Bild 2.44 und b) als Kettenschaltung

Die Widerstände vor dieser Stufe (R_1, R_2) haben keinen Einfluss auf das betrachtete Spannungsteilungsverhältnis! Nun muss die als bekannt angenommene Querspannung U_2 zurückgeführt werden auf die nächste, näher am Eingang der Schaltung gelegene Querspannung. Hier ist das schon die Eingangsspannung U_E. Nun folgt aus Gl. (2.116) in symbolischer Schreibweise

$$\frac{U_2}{U_E} = \frac{R_2||(R_3 + R_4)}{R_1 + R_2||(R_3 + R_4)}.$$

Die Multiplikation der Teil-Spannungsteilungsverhältnisse ergibt das Gesamt-Spannungsteilungsverhältnis, aus dem die Ausgangsspannung berechenbar ist, hier also

$$U_A = U_E \frac{R_4}{R_3 + R_4} \cdot \frac{R_2||(R_3 + R_4)}{R_1 + R_2||(R_3 + R_4)}.$$

Dieses Zwischenergebnis ist unter Verwendung von Gl. (2.100) weiter auszuwerten.

2.2.6 Brückenschaltungen

Die Berechnung von Brückenschaltungen ist mit den grundlegenden Regeln zur Berechnung gemischter Schaltungen (s. Abschnitt 2.2.5) nicht möglich, da sie weder auf eine Reihen- noch auf eine Parallelschaltung zurückgeführt werden können. Sie sind allerdings durch Anwendung der Kirchhoffschen Gesetze (s. Abschnitt 2.2.2) analysierbar.

Brückenschaltungen spielen in der Messtechnik eine große Rolle (siehe z. B. [FU84]), insbesondere als Wechselstrom-Brückenschaltungen, für welche die in diesem Abschnitt enthaltenen Aussagen und Gleichungen – in mathematisch erweiterter Form – ebenfalls gelten.

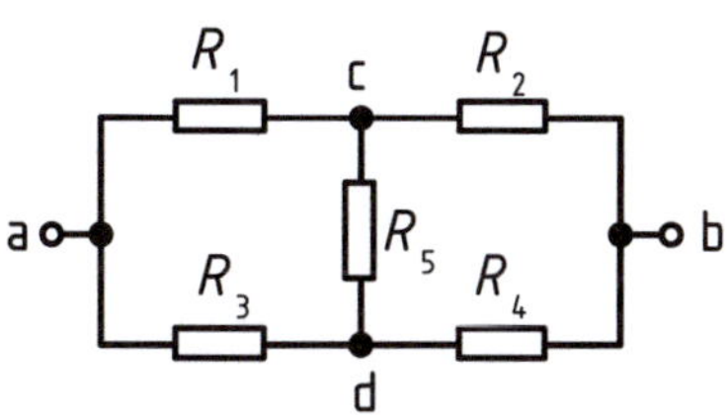

Bild 2.48: Struktur einer Brückenschaltung

2.2.6.1 Struktur

Eine Brückenschaltung besteht aus *zwei parallelen Zweigen* aus je mindestens zwei passiven Zweipolen und *einem Querzweig*, der häufig durch einen Spannungsmesser gebildet wird. Bild 2.48 zeigt eine Brückenschaltung aus fünf Widerständen, bei der der Querzweig durch R_5 gebildet wird.

2.2.6.2 Abgleichbedingung

Eine Brückenschaltung nach Bild 2.49 ist *abgeglichen*, wenn die Spannung über ihrem Querzweig null ist, die Knoten c und d also auf dem gleichen Potenzial liegen.

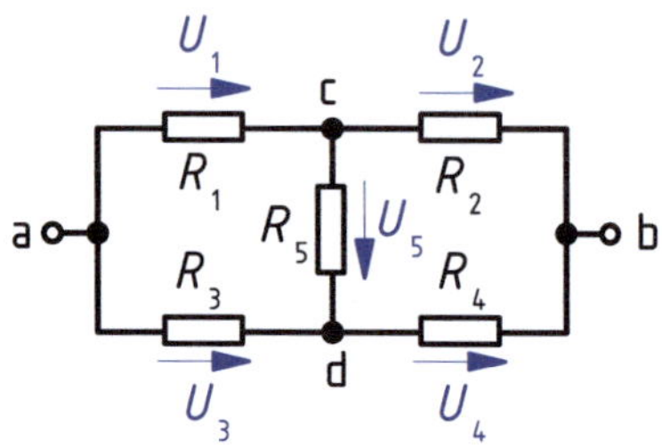

Bild 2.49: Spannungen in einer Brückenschaltung

Das ist genau dann der Fall, wenn eine zwischen den Knoten a und b angelegte Spannung durch die aus R_1 und R_2 bzw. R_3 und R_4 gebildeten Spannungsteiler im gleichen Verhältnis aufgeteilt wird, also

$$U_1 : U_2 = U_3 : U_4 \tag{2.126}$$

gilt. Wegen

$$U_1 + U_2 = U_3 + U_4 \tag{2.127}$$

muss dann

$$U_1 = U_3 \tag{2.128}$$

gelten, woraus

$$U_1 - U_3 = U_5 = 0 \tag{2.129}$$

folgt. Die in Gl. (2.126) mittels der *Teilspannungen* formulierte *Abgleichbedingung* wird von der in Bild 2.49 dargestellten Brückenschaltung erfüllt, wenn die mittels der *Widerstände* in den beiden parallelen Zweigen formulierte *Abgleichbedingung*

$$R_1 : R_2 = R_3 : R_4 \tag{2.130}$$

erfüllt ist.

2.2.7 Sternschaltungen, Dreieckschaltungen

Eine *Sternschaltung* besteht aus mindestens drei Zweipolen, die jeweils mit einer ihrer Klemmen mit einem gemeinsamen Schaltungsknoten, dem *Sternpunkt* (s. Bild 2.52) verbunden sind. Hier werden nur Sternschaltungen aus *genau drei passiven Zweipolen*, nämlich Ohmschen Widerständen, betrachtet.

Eine *Polygonschaltung* (auch *Ringschaltung* genannt) besteht aus mindestens drei Zweipolen mit von außen zugänglichen Anschlüssen (s. Bild 2.51), die in Reihe geschaltet sind und genau eine Masche bilden. Eine *Dreieckschaltung* ist der einfachste Fall einer Polygonschaltung. Hier werden nur Dreieckschaltungen aus *passiven Zweipolen*, nämlich Ohmschen Widerständen, betrachtet.

Bei der Behandlung der Mehrphasensysteme (s. Kapitel 6) spielen Stern- und Polygonschaltungen, die entweder nur aus aktiven oder nur aus passiven Zweipolen bestehen, eine überragende Rolle.

2.2.7.1 Struktur

Der Widerstand zwischen den Klemmen a und b der Zweipole in Bild 2.50 ist mit den Regeln für die Berechnung des resultierenden Widerstandes von Reihen- und Parallelschaltungen von Widerständen nicht bestimmbar.

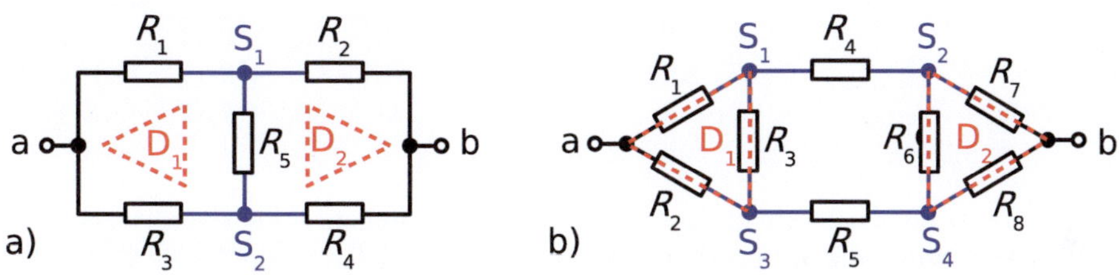

Bild 2.50: Ohmsche Zweipole, die Stern- und Dreieckschaltungen enthalten

Beide Schaltungen in Bild 2.50 enthalten *Sternschaltungen* (blau, Sternpunkte bezeichnet mit S_μ) und *Dreieckschaltungen* (rot, bezeichnet mit D_ν) Ohmscher Widerstände.

Nicht nur Dreieckschaltungen gemäß Bild 2.51, sondern auch Sternschaltungen gemäß Bild 2.52 werden hier als *Dreipole* betrachtet; der Sternpunkt der Sternschaltungen sei also von außen *nicht* zugänglich.

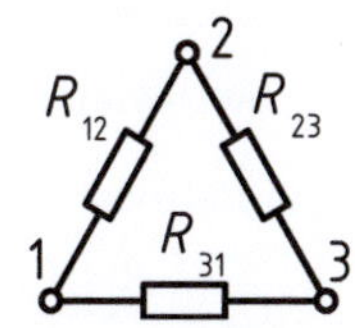

Bild 2.51: Dreieckschaltung aus Widerständen

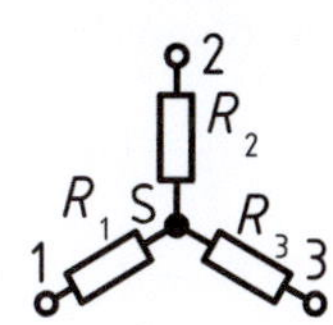

Bild 2.52: Sternschaltung aus drei Widerständen

Zu jeder dreipoligen Sternschaltung gibt es eine *bezüglich des Klemmenverhaltens äquivalente* Dreieckschaltung und umgekehrt. Das heißt: Werden an einander entsprechende Klemmenpaare der beiden äquivalenten Schaltungen gleiche Spannungen gelegt, fließen über einander entsprechende Klemmen gleiche Ströme. Diese Aussage gilt über den hier betrachteten Fall (alle enthaltenen

Zweipole sind Ohmsche Widerstände) hinaus auch, wenn die enthaltenen Zweipole beliebige lineare, passive Zweipole sind. Eine weitere, eingeschränkte Verallgemeinerung ist möglich für lineare, passive Netzwerke, die mehr als drei Klemmen haben [FV82].

2.2.7.2 Dreieck-Stern-Transformation

Aus dem oben genannten gleichen Klemmenverhalten äquivalenter Stern- und Dreieckschaltungen folgt, dass der Widerstand zwischen einander entsprechenden Klemmenpaaren der Schaltungen in den Bildern 2.51 und 2.52 gleich sein muss. In Tabelle 2.4 sind die einander entsprechenden Widerstände zwischen zwei Klemmen zeilenweise einander gegenübergestellt.

Tabelle 2.4: Widerstände zwischen Klemmenpaaren bei Stern- und Dreieckschaltung

Klemmenpaar	Widerstand der Sternschaltung	Widerstand der Dreieckschaltung	
1 – 2	$R_1 + R_2$	$R_{12} \parallel (R_{23} + R_{31})$	(2.131)
2 – 3	$R_2 + R_3$	$R_{23} \parallel (R_{12} + R_{31})$	(2.132)
3 – 1	$R_3 + R_1$	$R_{31} \parallel (R_{12} + R_{23})$	(2.133)

Die drei Zeilen von Tabelle 2.4 entsprechen somit drei Gleichungen. Addiert man zwei dieser Gleichungen und subtrahiert die dritte, erhält man Bestimmungsgleichungen für die Widerstände der Sternschaltung:

$$R_1 = \frac{R_{31}R_{12}}{R_{12} + R_{23} + R_{31}}, \tag{2.134}$$

$$R_2 = \frac{R_{12}R_{23}}{R_{23} + R_{31} + R_{12}}, \tag{2.135}$$

$$R_3 = \frac{R_{23}R_{31}}{R_{31} + R_{12} + R_{23}}. \tag{2.136}$$

Die Nenner der drei Gleichungen sind identisch. Durch Vergleich mit den Bildern 2.51 und 2.52 erkennt man die einprägsame Merkregel:

$$\text{Sternwiderstand} = \frac{\text{Produkt der am Knoten liegenden Dreieckwiderstände}}{\text{Summe aller Dreieckwiderstände}}$$

Durch Kehrwertbildung von Gl. (2.134) erhält man

$$G_1 = \frac{R_{12} + R_{23} + R_{31}}{R_{12}\,R_{31}} = \frac{1}{R_{31}} + \frac{R_{23}}{R_{12}\,R_{31}} + \frac{1}{R_{12}} = G_{31} + G_{12} + \frac{G_{31}\,G_{12}}{G_{23}} \tag{2.137}$$

und entsprechend aus Gl. (2.135) bzw. Gl. (2.136)

$$G_2 = G_{12} + G_{23} + \frac{G_{12}\,G_{23}}{G_{31}}, \tag{2.138}$$

$$G_3 = G_{23} + G_{31} + \frac{G_{23}\,G_{31}}{G_{12}}. \tag{2.139}$$

Aufgrund der systematischen Bezeichnung der Widerstände in den Bildern 2.51 und 2.52 lassen sich die Gln. (2.134) bis (2.136) und die Gln. (2.137) bis (2.139) durch *zyklisches Vertauschen* aller Indizes ($1 \to 2$; $2 \to 3$; $3 \to 1$) ineinander überführen.

2.2.7.3 Stern-Dreieck-Transformation

Die Umrechnung einer gegebenen Sternschaltung nach Bild 2.52 in eine äquivalente Dreieckschaltung gemäß Bild 2.51 ist ebenfalls einfach möglich. Löst man Gl. (2.134) nach R_{12} auf und setzt in die resultierende Gleichung die Quotienten aus den Gln. (2.135) und (2.136) sowie aus den Gln. (2.135) und (2.134) ein, erhält man nach einigen Umformungen

$$R_{12} = R_1 + R_2 + \frac{R_1\,R_2}{R_3} \tag{2.140}$$

und entsprechend

$$R_{23} = R_2 + R_3 + \frac{R_2\,R_3}{R_1}\,, \tag{2.141}$$

$$R_{31} = R_3 + R_1 + \frac{R_3\,R_1}{R_2}\,. \tag{2.142}$$

Die Gln. (2.140) bis (2.142) entsprechen strukturell den Gln. (2.137) bis (2.139). Durch Bilden der Kehrwerte der Gln. (2.140) bis (2.142) erhält man die Gleichungen für die Leitwerte der Dreieckschaltung:

$$G_{12} = \frac{G_1\,G_2}{G_1 + G_2 + G_3}\,, \tag{2.143}$$

$$G_{23} = \frac{G_2\,G_3}{G_2 + G_3 + G_1}\,, \tag{2.144}$$

$$G_{31} = \frac{G_3\,G_1}{G_3 + G_1 + G_2}\,, \tag{2.145}$$

die strukturell den Gln. (2.134) bis (2.136) entsprechen. Es gilt die Merkregel:

$$\text{Dreieckleitwert} = \frac{\text{Produkt der zwischen den Knoten liegenden Sternleitwerte}}{\text{Summe aller Sternleitwerte}}$$

Haben alle Widerstände einer Sternschaltung den selben Wert, d. h.

$$R_1 = R_2 = R_3 = R_\curlywedge\,, \tag{2.146}$$

müssen alle Widerstände einer äquivalenten Dreieckschaltung ebenfalls den selben Wert haben, d. h.

$$R_{12} = R_{23} = R_{31} = R_\Delta\,, \tag{2.147}$$

nämlich nach Gl. (2.140) bis (2.142)

$$R_\Delta = 3\,R_\curlywedge\,. \tag{2.148}$$

Beispiel 2.26: Widerstand eines Zweipols aus Stern- und Dreieckschaltungen

Die Schaltung in Bild 2.53 enthält die Widerstände $R_1 = R_2 = R_3 = 90\,\Omega$, $R_4 = 20\,\Omega$, $R_5 = 40\,\Omega$, $R_6 = 60\,\Omega$, $R_7 = 10\,\Omega$.

Der Widerstand R zwischen den Klemmen a und b soll berechnet werden.

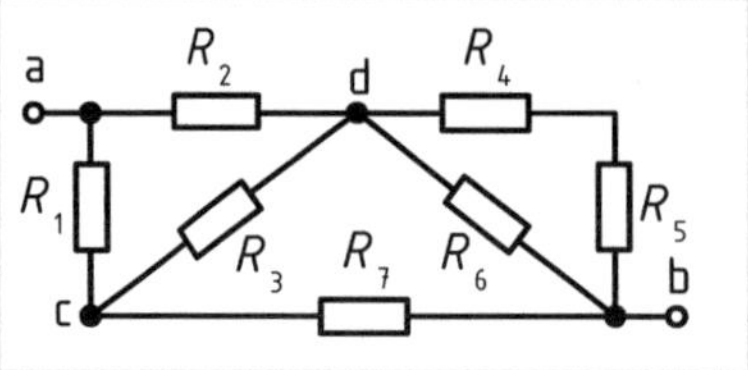

Bild 2.53: Zweipol mit Stern- und Dreieckschaltungen

Die Widerstände R_4, R_5 und R_6 zwischen den Knoten d und b werden nach Gl. (2.111) und (2.96) zusammengefasst zu dem Ersatz-Widerstand

$$R_\mathrm{p} = \frac{1}{\frac{1}{R_6} + \frac{1}{R_4+R_5}} = \frac{1}{\frac{1}{60\,\Omega} + \frac{1}{20\,\Omega+40\,\Omega}} = 30\,\Omega\,.$$

Nun ist eine Brückenschaltung mit Struktur entsprechend Bild 2.50 a) erkennbar.

Der Zweipol enthält zwei Sternschaltungen mit den Sternpunkten c und d sowie zwei Dreieckschaltungen zwischen den Knoten a, c, d sowie c, d, b. Die Dreieckschaltung zwischen den Knoten a, c und d in Bild 2.53 wird in eine äquivalente Sternschaltung umgeformt, deren Widerstände nach Gl. (2.148)

$$R_\curlywedge = R_\Delta/3 = 90\,\Omega/3 = 30\,\Omega$$

betragen. Damit ergibt sich die Ersatzschaltung in Bild 2.54, deren Klemmenwiderstand nach den Regeln für gemischte Schaltungen berechenbar ist. (Ebenso wäre es möglich gewesen, das Dreieck zwischen den Knoten c, d und b in eine Sternschaltung umzuwandeln.)

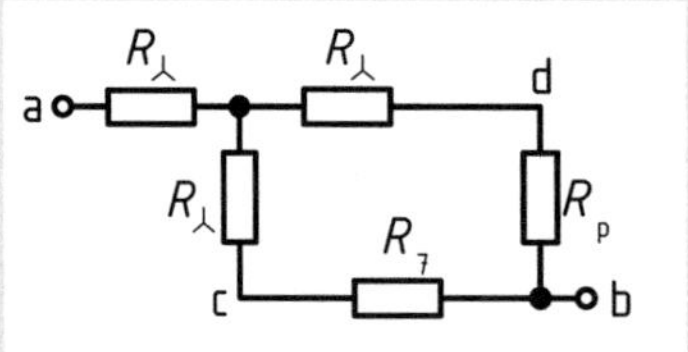

Bild 2.54: Netzwerk aus Bild 2.53 nach Dreieck-Stern-Transformation

Somit beträgt der Gesamtwiderstand zwischen den Klemmen a und b

$$R = R_\curlywedge + \frac{1}{\frac{1}{R_\curlywedge+R_\mathrm{p}} + \frac{1}{R_\curlywedge+R_7}} = 30\,\Omega + \frac{1}{\frac{1}{30\,\Omega+30\,\Omega} + \frac{1}{30\,\Omega+10\,\Omega}} = 54\,\Omega\,.$$

Beispiel 2.27: Widerstand einer Brückenschaltung

Die Brückenschaltung in Bild 2.55 a) besteht aus den Widerständen $R_1 = 6\,\Omega$, $R_2 = 4\,\Omega$, $R_3 = 6\,\Omega$, $R_4 = 10\,\Omega$, $R_5 = 10\,\Omega$, $R_6 = 5\,\Omega$ und liegt an der Quellenspannung $U_q = 6\,\text{V}$.

Wie groß ist der Strom I_1?

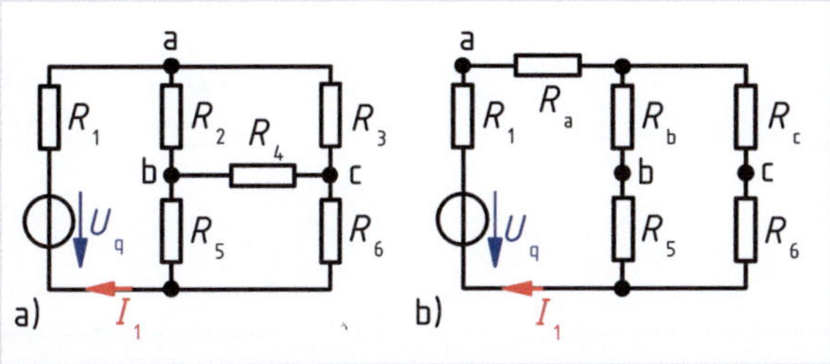

Bild 2.55: Brückenschaltung a) original und b) nach Umformung

Die Dreieckschaltung zwischen den Punkten a, b und c wird, wie in Bild 2.55 b) dargestellt, in eine äquivalente Sternschaltung umgewandelt. Mit den Gln. (2.134) bis (2.136) erhält man die Widerstände

$$R_a = \frac{R_2 R_3}{R_2 + R_3 + R_4} = \frac{4\,\Omega \cdot 6\,\Omega}{4\,\Omega + 6\,\Omega + 10\,\Omega} = 1{,}2\,\Omega\,,$$

$$R_b = \frac{R_2 R_4}{R_2 + R_3 + R_4} = \frac{4\,\Omega \cdot 10\,\Omega}{4\,\Omega + 6\,\Omega + 10\,\Omega} = 2\,\Omega\,,$$

$$R_c = \frac{R_3 R_4}{R_2 + R_3 + R_4} = \frac{6\,\Omega \cdot 10\,\Omega}{4\,\Omega + 6\,\Omega + 10\,\Omega} = 3\,\Omega\,.$$

Mit den Gln. (2.111) und (2.98) folgt der Gesamtwiderstand

$$R_{ges} = R_1 + R_a + \frac{(R_b + R_5)(R_c + R_6)}{R_b + R_5 + R_c + R_6} = 6\,\Omega + 1{,}2\,\Omega + \frac{(2\,\Omega + 10\,\Omega)(3\,\Omega + 5\,\Omega)}{2\,\Omega + 10\,\Omega + 3\,\Omega + 5\,\Omega} = 12\,\Omega$$

und der Strom

$$I_1 = U_q/R_{ges} = 6\,\text{V}/(12\,\Omega) = 0{,}5\,\text{A}\,.$$

2.3 Strom-, Spannungs- und Leistungsmessung

In diesem Abschnitt werden die Grundbegriffe der Messung von Strömen, Spannungen und Leistungen behandelt. Er soll und kann eine Einführung in die elektrische Messtechnik jedoch nicht ersetzen.

Vor der Durchführung und Auswertung von Messungen sollten die grundlegenden Unterschiede zwischen *Genauigkeit* und *Auflösung*, *systematischer* und *zufälliger* Abweichung sowie *relativer* und *absoluter Abweichung* bekannt sein. Hierzu sei auf die umfangreiche Literatur zu diesem Gebiet verwiesen, z. B. [Ber96], [FU84].

2.3.1 Ideale und reale Strommesser

Ein Gerät zum Messen des Stromes, der durch einen Zweig fließt, wird als *Strommesser* oder *Amperemeter* bezeichnet.

Das direkte Messen eines Stromes erfordert immer das *Auftrennen* einer elektrischen Verbindung an der Stelle, an der das Amperemeter in den Stromkreis eingeschaltet wird, s. Bild 2.56 a).

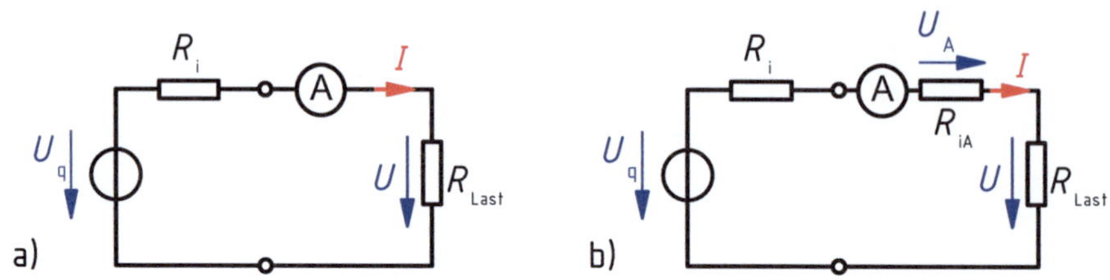

Bild 2.56: Stromkreis mit Amperemeter: a) Schaltung und b) Ersatzschaltbild

Das in Schaltplänen verwendete Schaltzeichen eines Amperemeters ist ein Kreis mit dem Buchstaben A.

Ein Amperemeter zeigt einen positiven Messwert an, wenn der Strom innerhalb des Messgerätes von dessen positivem Anschluss (oft mit „+" bezeichnet) zum negativen Anschluss (oft mit „–" oder „⊥" oder „COM" bezeichnet) fließt.

Damit ein Amperemeter den zu messenden Strom nicht beeinflusst, muss sein *Innenwiderstand* R_{iA} vernachlässigbar klein sein. Das Modell des *idealen Amperemeters* hat den Innenwiderstand $R_{iA} = 0$. Ein solches Amperemeter ist nicht realisierbar.

Reale Amperemeter haben je nach Messbereich Widerstände, die in der Regel im Bereich von einigen mΩ bis zu einigen kΩ liegen und somit vom Verhalten eines idealen Amperemeters deutlich abweichen. Ein *reales Amperemeter* wird in einem *Ersatzschaltbild* durch die *Reihenschaltung* aus einem idealen Amperemeter und einem Widerstand R_{iA} nachgebildet, s. Bild 2.56 b). Das Ersatzschaltbild zeigt, dass das reale Amperemeter zwar den Strom durch den Widerstand R_{Last} anzeigt, dieser Strom aber wegen des in Reihe geschalteten Widerstandes R_{iA} kleiner ist als der Strom, der ohne Amperemeter durch den Widerstand fließen würde. Die Messung hat also eine verfälschende *Rückwirkung* auf das Messobjekt.

2.3.2 Ideale und reale Spannungsmesser

Ein Gerät zum Messen der elektrischen Spannung zwischen zwei Punkten einer Schaltung wird als *Spannungsmesser* oder *Voltmeter* bezeichnet.

Zur Spannungsmessung werden die beiden Anschlüsse des Voltmeters mit den betreffenden Punkten verbunden. Ein Auftrennen des Stromkreises ist nicht erforderlich, s. Bild 2.57 a).

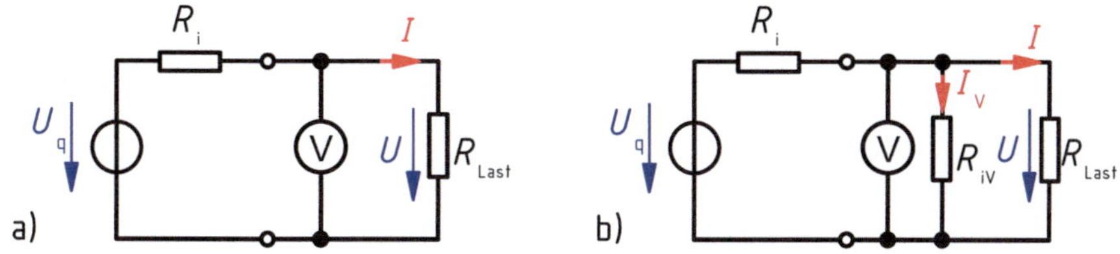

Bild 2.57: Stromkreis mit Voltmeter: a) Schaltung und b) Ersatzschaltbild

Das Schaltzeichen eines Voltmeters ist ein Kreis mit dem Buchstaben V.

Ein Voltmeter zeigt einen positiven Messwert an, wenn das elektrische Potenzial an seinem positiven Anschluss höher als am negativen Anschluss ist.

Damit ein Voltmeter die Schaltung, in die es eingebracht wurde, nicht beeinflusst, darf es keinen zusätzlichen Stromfluss bewirken. Sein *Innenwiderstand* R_{iV} muss also möglichst groß sein. Das Modell des *idealen Voltmeters* hat den Innenwiderstand $R_{iV} \rightarrow \infty$. Elektronische Voltmeter mit messbereichsunabhängigen Innenwiderständen von über 10 MΩ sind sehr preiswert realisierbar.

Ein *reales Voltmeter* wird in einem *Ersatzschaltbild* durch die *Parallelschaltung* aus einem idealen Voltmeter und einem Widerstand R_{iV} nachgebildet, s. Bild 2.57 b). Das Ersatzschaltbild zeigt, dass das reale Voltmeter die tatsächlich über dem Widerstand R_{Last} abfallende Spannung anzeigt. Diese Spannung ist jedoch kleiner als die Spannung, die ohne Voltmeter an R_{Last} liegt, da der Strom durch den Innenwiderstand des Voltmeters einen zusätzlichen Spannungsabfall über dem Innenwiderstand der Quelle verursacht. Also ist eine solche Spannungsmessung prinzipiell nicht rückwirkungsfrei.

Bei *Zeigerinstrumenten* ohne eingebaute elektronische Verstärker unterscheiden sich die Innenwiderstände der einzelnen Strom- und Spannungsmessbereiche deutlich voneinander. Daher ändert sich beim Umschalten des Messbereiches auch die Rückwirkung des Messgerätes auf das Messobjekt. Dies macht sich evtl. durch Sprünge in aufgenommenen Messwertreihen bemerkbar.

2.3.3 Indirekte Strommessung

Da insbesondere hochwertige elektronische Voltmeter hinsichtlich ihres Innenwiderstandes ein nahezu ideales Verhalten aufweisen, empfiehlt sich zur Messung des Stromes durch einen in der Schaltung ohnehin vorhandenen Ohmschen Widerstand die *indirekte Strommessung*. Dabei wird der Spannungsabfall gemessen, den der unbekannte Strom über dem bekannten Widerstand hervorruft und aus dem Ohmschen Gesetz der fließende Strom berechnet. Dieses Verfahren hat neben einer geringen Rückwirkung auch den Vorteil, dass der Stromkreis zur Messung nicht aufgetrennt zu werden braucht.

2.3.4 Stromrichtiges und spannungsrichtiges Messen

Sollen die Klemmengrößen eines Zweipols *gemeinsam* gemessen werden, gibt es zwei prinzipiell unterschiedliche Möglichkeiten, die beiden benötigten Messgeräte für eine solche *Kombinationsmessung* in die Schaltung einzubringen.

Bild 2.58 zeigt die Schaltung für das stromrichtige Messen der Klemmengrößen eines Widerstandes R_{Last}.

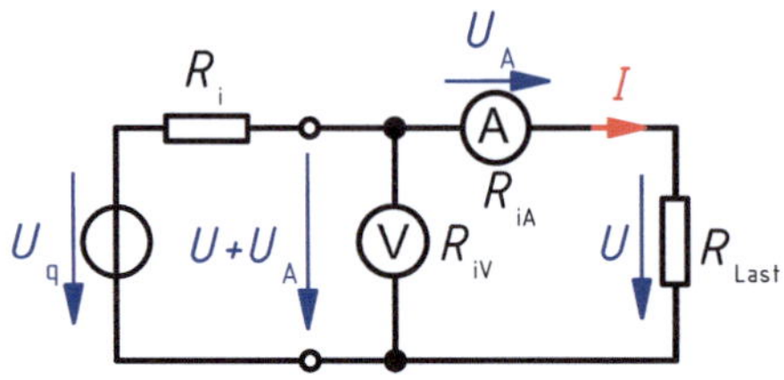

Bild 2.58: Schaltung für stromrichtiges Messen

Bei der stromrichtigen Messung zeigt das Amperemeter den tatsächlich durch den Lastwiderstand fließenden Strom an. Das Voltmeter zeigt jedoch die Spannung an, die über R_{Last} und R_{iA} zusammen abfällt, also nicht die gesuchte Spannung über dem Lastwiderstand. Eine stromrichtige Messschaltung empfiehlt sich, wenn

$$R_{\text{iA}} \ll R_{\text{Last}} \tag{2.149}$$

gilt.

Die Schaltung für spannungsrichtiges Messen ist in Bild 2.59 dargestellt. Nun zeigt das Voltmeter die Klemmenspannung am Lastwiderstand, das Amperemeter jedoch einen zu hohen Wert an, nämlich den Gesamtstrom durch die Parallelschaltung aus R_{Last} und R_{iV}, an. Diese Messschaltung sollte eingesetzt werden, wenn

$$R_{\text{iV}} \gg R_{\text{Last}} \tag{2.150}$$

gilt. Ob in einem bestimmten Fall die strom- oder die spannungsrichtige Messung einen kleineren Fehler verursacht, ist durch Vergleich der Bedingungen (2.149) und (2.150) zu überprüfen.

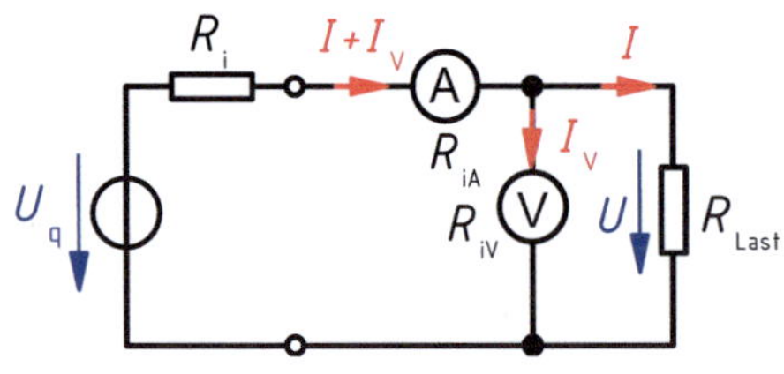

Bild 2.59: Schaltung für spannungsrichtiges Messen

In Grenzfällen sollte die spannungsrichtige Messung verwendet werden, sofern

$$\sqrt{R_{\text{iA}} R_{\text{iV}}} > R_{\text{Last}} \tag{2.151}$$

erfüllt ist, ansonsten die stromrichtige Messung.

2.3.5 Leistungsmessung

Die Messung der in einem Zweipol umgesetzten Leistung kann bei Gleichstromnetzwerken mittels getrennter Messung der Klemmengrößen und anschließender Multiplikation der Messwerte erfolgen.

Alternativ kann ein *Leistungsmesser*, auch *Wattmeter* genannt, verwendet werden.

Ein Wattmeter ist ein *Vierpol* und besteht aus einem möglichst niederohmigen *Strompfad* mit zwei Anschlüssen sowie einem möglichst hochohmigen *Spannungspfad* mit zwei Anschlüssen. (Da der Potenzialunterschied zwischen den zum Strompfad und den zum Spannungspfad gehörenden Komponenten eines Wattmeters nicht beliebig groß werden darf, werden in der Regel eine Klemme des Strompfades und eine Klemme des Spannungspfades zusammengeschaltet.) Auf elektromagnetischem oder elektronischem Weg wird das Produkt aus Strom durch den Strompfad und Spannung über dem Spannungspfad gebildet und angezeigt.

Bei Zeigerinstrumenten erfolgt durch die mechanische Trägheit des Messwerks zusätzlich eine zeitliche Mittelwertbildung.

Bezüglich der Anschaltung der beiden Klemmenpaare des Wattmeters an den betrachteten Zweipol ist entsprechend Abschnitt 2.3.4 wieder zwischen der strom- und der spannungsrichtigen Messung zu unterscheiden, s. Bild 2.60 a) bzw. 2.60 b).

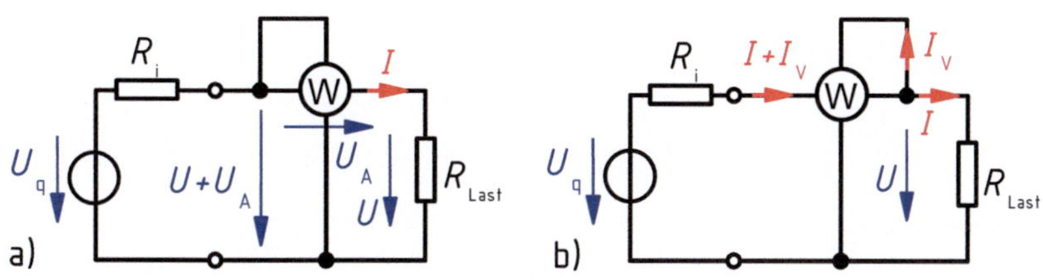

Bild 2.60: Leistungsmessung: a) stromrichtig bzw. b) spannungsrichtig

Bei Wattmetern führt, wie bei Volt- und Amperemetern, die Vertauschung der Klemmen des Spannungs- oder des Strompfades zu einer Vorzeichenumkehr der Anzeige.

Der große Vorteil der Leistungsmessung mit einem Wattmeter statt mit getrennten Volt- und Amperemetern wird erst in der Wechselstromtechnik deutlich (s. Abschnitt 3.11.4).

2.3.6 Kompensationsmessverfahren

Das oben behandelte Verfahren zur Spannungsmessung ist nicht anwendbar, wenn der unvermeidliche Strom durch den Innenwiderstand R_{iV} des Voltmeters zu unannehmbaren Fehlern führt. Dies ist z. B. der Fall, wenn die Leerlaufspannung einer Spannungsquelle mit sehr großem Innenwiderstand R_i gemessen werden soll, also für $R_i \gg R_{iV}$.

In einem solchen Fall sollte ein *Kompensationsmessverfahren* eingesetzt werden. Hierfür ist eine Schaltung erforderlich, die eine genau einstellbare Spannung erzeugt. Diese Spannung wird *gegen* die zu messende Spannung geschaltet. Sind die einstellbare bekannte und die unbekannte Spannung gleich groß, fließt in der durch die beiden Quellen gebildeten Masche kein Strom. Dies kann durch ein Amperemeter nachgewiesen werden. (Die bei *Nullverfahren* eingesetzten hochempfindlichen Nullindikatoren für den Strom werden als *Galvanometer* bezeichnet.) In abgeglichenem Zustand fließt durch das Messobjekt kein Strom und seine Klemmenspannung ist somit gleich der einfach messbaren Spannung der gegengeschalteten Spannungsquelle.

Beispiel 2.28: Spannungsmessung mittels Kompensationsschaltung

Mit Hilfe der Kompensationsschaltung in Bild 2.61 soll die Quellenspannung U_q der im unteren Zweig befindlichen Quelle bestimmt werden. Die Versorgungsspannung U_1 sei bekannt.

Durch Verschieben des Abgriffs wird das Potenziometer so eingestellt, dass das Galvanometer keinen Ausschlag mehr zeigt, d. h. dass der Strom $I = 0$ wird.

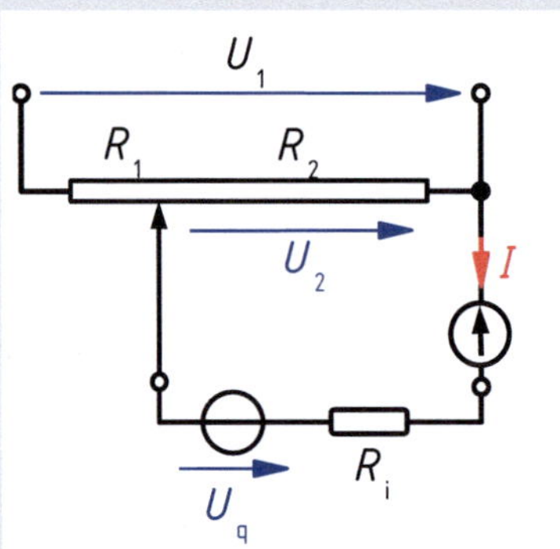

Bild 2.61: Kompensationsschaltung zur Spannungsmessung

Wegen $I = 0$ tritt in der unteren Masche weder am Galvanometer noch am Innenwiderstand R_i der auszumessenden Quelle eine Spannung auf. Die Maschengleichung (2.84) reduziert sich für diese Masche damit auf $U_2 - U_q = 0$. Andererseits ist wegen $I = 0$ der aus den beiden Teilwiderständen R_1 und R_2 des Potenziometers gebildete Spannungsteiler unbelastet. Aus der Spannungsteilerregel folgt

$$U_q = U_2 = \frac{R_2}{R_1 + R_2} U_1 \,.$$

Man könnte also bei konstantem U_1 aus der Position des Abgriffs direkt den Wert der gesuchten Quellenspannung ablesen, vgl. Gln. (2.117) bis (2.121).

2.4 Analyse linearer Gleichstromnetzwerke

Thema dieses Abschnitts sind Verfahren zur Berechnung beliebig komplizierter linearer Gleichstromnetzwerke. Bei allen Netzwerken wird vorausgesetzt, dass sie *zusammenhängend* sind, es also mindestens eine elektrisch leitende (galvanische) Verbindung zwischen zwei beliebigen Knoten des Netzwerks gibt. Die Abarbeitung der Verfahren kann rein schematisch erfolgen. Damit eignen sie sich sehr gut zur Umsetzung in Software. Schon mit Grundkenntnissen in der Softwareentwicklung ist es möglich, ein Programm zu schreiben, das lineare Gleichstromnetzwerke nach einem der behandelten Verfahren analysiert. Jedes der Verfahren erfordert das Lösen eines linearen Gleichungssystems (LGS), das *reelle* Konstanten miteinander verknüpft.

Alle behandelten Verfahren sind auch zur Analyse linearer Sinusstromnetzwerke geeignet. Hierfür ist lediglich die mathematische Formulierung zu verallgemeinern. Die Berechnung erfordert dann das Lösen eines linearen Gleichungssystems, das *komplexe* Konstanten miteinander verknüpft.

2.4.1 Grundlagen

In diesem Abschnitt werden Begriffe und Zusammenhänge erklärt, die für das Verständnis der nachfolgend vorgestellten Analyseverfahren unverzichtbar sind. Weiterhin werden Regeln zur Vereinfachung von Netzwerken angegeben, durch deren Anwendung sich der Analyseaufwand oftmals verringern lässt.

2.4.1.1 Kennzeichen linearer Gleichstromnetzwerke

Lineare Gleichstromnetzwerke bestehen ausschließlich aus *linearen Widerständen* und *linearen* oder *idealen Quellen*. Da das Klemmenverhalten jeder linearen Quelle mittels eines linearen Widerstandes und einer idealen Quelle modelliert werden kann (s. Abschnitt 2.1.3.4), ist jedes lineare Gleichstromnetzwerk unter ausschließlicher Verwendung dreier elementarer Zweipoltypen, nämlich

- linearer Widerstände,
- idealer Spannungsquellen und
- idealer Stromquellen

beschreibbar.

Enthält ein Netzwerk *mindestens einen* nichtlinearen Widerstand oder eine nichtlineare Quelle, ist das *gesamte* Netzwerk nichtlinear und kann nicht in seiner *Gesamtheit* mit den hier behandelten Verfahren berechnet werden. Auf die Analyse nichtlinearer Netzwerke wird in Abschnitt 2.5 eingegangen.

Werden beliebig viele lineare Zweipole in beliebiger Weise *widerspruchsfrei* (s. Abschnitt 2.4.1.6) zu einem Netzwerk verschaltet, wird der Zusammenhang zwischen einem beliebigen Strom oder einer beliebigen Spannung und einem beliebigen anderen Strom oder einer beliebigen anderen Spannung im Netzwerk stets durch *eine lineare Gleichung* beschrieben. Diese Aussage folgt aus der Linearität des Ohmschen Gesetzes und der Kirchhoffschen Gesetze, die die Klemmengrößen der linearen Zweipole des Netzwerks miteinander verknüpfen. Der Zusammenhang zwischen *allen* Strömen und Spannungen in einem linearen Gleichstromnetzwerk wird durch ein *System linearer algebraischer Gleichungen* beschrieben.

Zunächst sollen zwei fundamentale Eigenschaften *linearer Systeme* erwähnt werden, die den Zusammenhang zwischen ihren Ein- und Ausgangsgrößen charakterisieren. Dazu wird ein allgemeines lineares System gemäß Bild 2.62 betrachtet, das *m Eingangsgrößen* (*Ursachengrößen*, *Anregungsgrößen*) x_μ zu *n Ausgangsgrößen* (*Wirkungsgrößen*, *Reaktionsgrößen*) y_ν verknüpft.

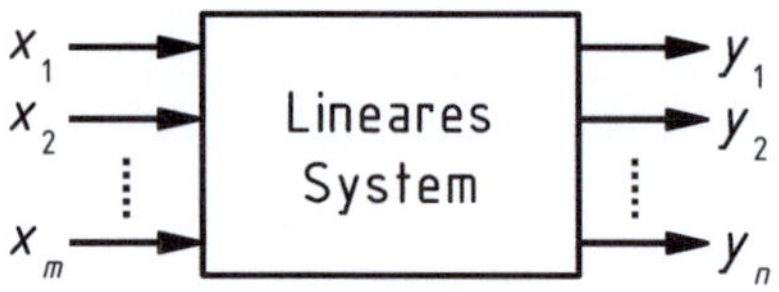

Bild 2.62: Allgemeines lineares System mit Ein- und Ausgangsgrößen

Das Verhalten jedes linearen Systems zeichnet sich aus durch:

1. **Homogenität**
   Bewirkt eine Eingangsgröße x_μ die Ausgangsgröße $y_\nu(x_\mu)$, bewirkt die Eingangsgröße $K \cdot x_\mu$ die Ausgangsgröße
   $$y_\nu(K \cdot x_\mu) = K \cdot y_\nu(x_\mu), \tag{2.152}$$
   wobei K eine beliebige Konstante ist.
2. **Additivität**
   Bewirkt eine Eingangsgröße x_μ die Ausgangsgröße $y_\nu(x_\mu)$ und eine andere Eingangsgröße x_λ die Ausgangsgröße $y_\nu(x_\lambda)$, bewirken die beiden Eingangsgrößen x_μ und x_λ zusammen die Ausgangsgröße
   $$y_\nu(x_\mu, x_\lambda) = y_\nu(x_\mu) + y_\nu(x_\lambda). \tag{2.153}$$

Was folgt aus diesen abstrakten Eigenschaften für die hier betrachteten Netzwerke? Bild 2.63 zeigt einzelne Zweipole aus einem zusammenhängenden linearen Gleichstromnetzwerk: eine Stromquelle mit dem Quellenstrom I_{q6} und einen Widerstand R_8, durch den der Strom I_8 fließt und eine Spannungsquelle mit der Quellenspannung U_{q3}. Die elektrischen Verbindungen zwischen den drei Zweipolen können beliebig kompliziert sein.

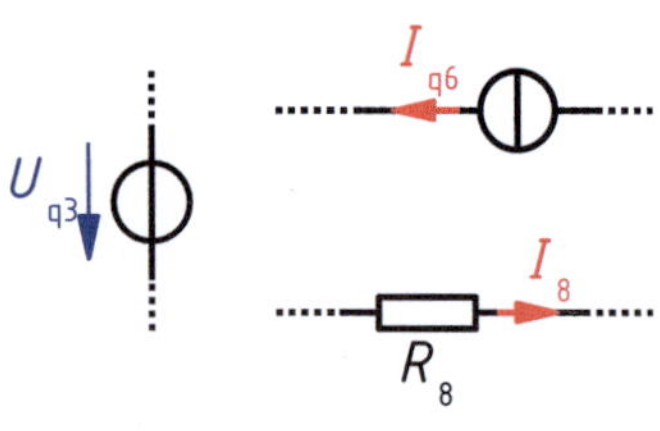

Bild 2.63: Teile eines linearen Gleichstromnetzwerks

Die Quellenspannung U_{q3} bewirkt einen *Teil*strom $I_8(U_{q3})$ durch R_8, der Quellenstrom I_{q6} einen *Teil*strom $I_8(I_{q6})$ durch R_8. Eine Verdopplung der Quellenspannung U_{q3} würde wegen der Homogenität gemäß Gl. (2.152) auch zu einer Verdopplung des durch sie bewirkten *Teil*stromes durch R_8 führen: $I_8(2 \cdot U_{q3}) = 2 \cdot I_8(U_{q3})$. Der Gesamtstrom I_8 durch R_8 ergibt sich wegen der Additivität gemäß Gl. (2.153) aus der *vorzeichenbehafteten Addition* der Teilströme durch R_8, die durch alle im Netzwerk vorhandenen Quellen hervorgerufen werden.

2.4.1.2 Bei der Netzwerkanalyse zu lösende mathematische Aufgabe

Jeder *Zweig* eines linearen Gleichstromnetzwerks besteht aus einem (oder kann mittels der in Abschnitt 2.4.1.6 behandelten Regeln umgeformt werden in einen) von vier Typen von (Ersatz-) Zweipolen:

- I linearer (Ersatz-)Widerstand
- II lineare (Ersatz-)Spannungsquelle
- III ideale (Ersatz-)Spannungsquelle
- IV ideale Stromquelle, ggf. in Reihe mit einem weiteren (Ersatz-)Zweipol vom Typ I bis III.

Ein lineares Gleichstromnetzwerk, bei dem

- alle Widerstandswerte R_λ
- alle Quellengrößen $U_{q\mu}$ bzw. $I_{q\nu}$

bekannt sind, *gilt als analysiert*, wenn

1. die Ströme durch alle Widerstände
2. die Ströme durch alle Spannungsquellen
3. die Spannungen über allen Stromquellen

ermittelt worden sind. (Die Spannungen über den Widerständen lassen sich bei Bedarf anschließend einfach mittels des Ohmschen Gesetzes einzeln berechnen.)

Zu ermitteln sind also im Wesentlichen *alle Zweigströme* und nur im relativ seltenen Fall IV Spannungen. (In diesem Fall ist der Zweigstrom gegeben.)

Alternativ können auch *alle Zweigspannungen* bestimmt werden, aus denen mittels des Ohmschen Gesetzes und ggf. des Maschensatzes in den Fällen I, II und IV die Zweigströme berechenbar sind. Lediglich im relativ seltenen Fall III muss zusätzlich der Knotensatz zur Berechnung des Stromes durch die ideale Spannungsquelle angewandt werden. (In diesem Fall ist die Zweigspannung gegeben.)

Schließlich können aus den ermittelten Strömen und Spannungen die in den einzelnen Zweipolen umgesetzten *Leistungen* berechnet werden.

Bei der Analyse eines *linearen Gleichstromnetzwerks mit z Zweigen* sind also *z unbekannte Größen* zu berechnen. Hierzu ist im Allgemeinen das *Lösen eines Systems aus z linearen, voneinander unabhängigen, algebraischen Gleichungen* erforderlich. Bei einem physikalisch widerspruchsfreien (s. Abschnitt 2.4.1.6) Netzwerk hat das lineare Gleichungssystem immer *eine eindeutige Lösung*, d. h. alle gesuchten Größen haben einen eindeutigen Wert.

Das Lösen linearer Gleichungssysteme ist mathematisch prinzipiell keine Herausforderung [BD-HG06]. Es stellt aber handwerklich bzw. bei der Implementierung in Form von Software für einen Taschenrechner mit nur wenigen Speicherplätzen ein Problem dar, das wegen der quadratischen Abhängigkeit des Schreibaufwandes von z schon bei relativ kleinen Netzwerken (etwa ab $z > 5$) sehr zeitaufwändig werden kann. Bei der Analyse sehr großer Netzwerke mit Millionen von Elementen liegt der Speicherplatzbedarf für das vollständige Gleichungssystem weit oberhalb der Größe des Hauptspeichers aktueller professioneller Arbeitsplatzrechner.

Daher ist es wünschenswert, Analyseverfahren einzusetzen, bei denen die *Größe des zu lösenden linearen Gleichungssystems* kleiner als z ist. Dies ist bei den vereinfachten Analyseverfahren, die in den Abschnitten 2.4.6 und 2.4.7 behandelt werden, der Fall. Bei diesen Verfahren werden diejenigen Gleichungen, die nicht im Rahmen der Lösung des linearen Gleichungssystems ausgewertet werden, später *einzeln* ausgewertet, was insbesondere für Menschen eine erhebliche Vereinfachung darstellt. *Die Gesamtzahl der zu lösenden Gleichungen ist aber in jedem Fall (mindestens) gleich z.*

2.4.1.3 Topologie und Graph eines Netzwerks

Unter der *Topologie*[12] *eines Netzwerks* versteht man seine *Struktur*. Sie wird beschrieben durch

- die *Anzahl k der echten Knoten* (s. Abschnitt 2.2.1.1)
- die Anzahl z der Zweige
- die *Anordnung der Zweige* zwischen den Knoten, also auch die Anordnung der Maschen.

Für die Topologie ist es irrelevant, aus welcher Art von Zweipolen die einzelnen Zweige bestehen.

Die Topologie eines Netzwerks wird in Form eines Graphen dargestellt. Ein *Graph* besteht aus *Kanten* (hier den Zweigen des Netzwerks) und *Knoten* (hier den *echten* Knoten des Netzwerks). Kanten werden nach Möglichkeit durch gerade Strecken oder durch Bögen dargestellt, bei Bedarf auch durch einfach geknickte Strecken. In den Bildern 2.64 a) bis 2.64 d) sind Beispiele für Graphen von Netzwerken dargestellt.

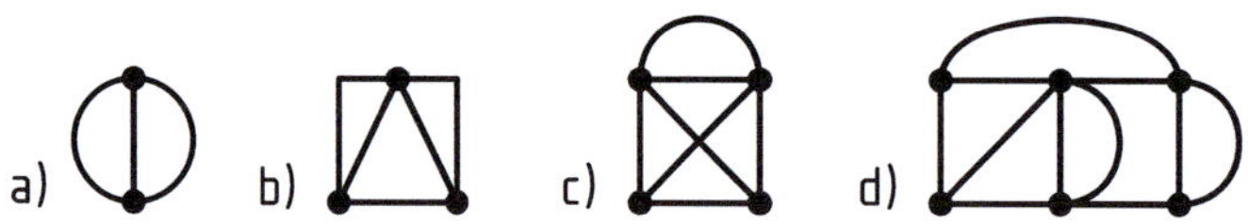

Bild 2.64: Beispiele für Graphen von Netzwerken

2.4.1.4 Vollständiger Baum eines Graphen

Ein *vollständiger Baum* eines Graphen ist eine *zusammenhängende Verbindung aller Knoten* des Graphen, die *keine Masche* enthält. In komplexen Graphen existieren meistens mehrere verschiedene vollständige Bäume.

Im Bild 2.65 sind in rot einige mögliche vollständige Bäume des Graphen in Bild 2.64 c) dargestellt. Um k Knoten maschenfrei miteinander zu verbinden, werden $k-1$ Zweige benötigt. Daher enthält jeder vollständige Baum – unabhängig von der Topologie des Graphen – *genau* $k-1$ Zweige. Zu unterscheiden ist zwischen vollständigen Bäumen mit *linienförmiger Struktur* (s. Bilder 2.65 a) und 2.65 b)) und solchen mit *sternförmiger Struktur* (s. Bild 2.65 c) und 2.65 d)).

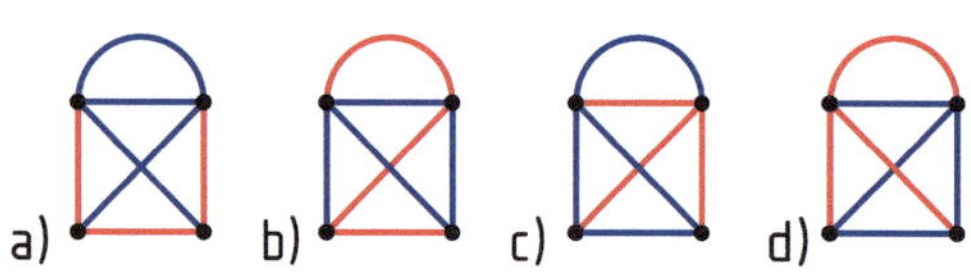

Bild 2.65: Einige vollständige Bäume (rot markiert) des Graphen in Bild 2.64 c)

[12] Die Topologie ist die Lehre von der Anordnung geometrischer Objekte zueinander.

2.4.1.5 Baumzweige, Verbindungszweige

Die Zweige eines Graphen, die zum *ausgewählten* vollständigen Baum gehören, heißen *Baumzweige*, die anderen *Verbindungszweige*. Die in Bild 2.65 rot dargestellten Zweige sind Baumzweige, die blau dargestellten Verbindungszweige.

Ein Graph mit z Zweigen und k Knoten enthält $z-(k-1)=z-k+1$ Verbindungszweige.

Durch einen vollständigen Baum und *einen Verbindungszweig* wird *genau eine Masche* (eine sogenannte *Elementarmasche*) definiert (s. Bild 2.65). Die Menge aller Verbindungszweige eines Graphen definiert somit zusammen mit dem zugehörigen vollständigen Baum $z-k+1$ verschiedene Maschen, die jeweils aus genau einem (nur in dieser Masche enthaltenen) Verbindungszweig und einem oder mehreren Baumzweigen bestehen.

2.4.1.6 Netzwerkumformung

Ziel einer Netzwerkumformung im Rahmen der Netzwerkanalyse ist es stets, ein *lineares Teilnetzwerk* in ein einfacheres, bezüglich seines *Klemmenverhaltens* aber identisches lineares *Ersatznetzwerk* umzuwandeln.

In Verallgemeinerung der Aussagen in Abschnitt 2.2.7 zur Äquivalenz von Stern- und Dreieckschaltungen bedeutet „*identisches Klemmenverhalten zweier n-Pole*“ (s. Bild 2.66):

- Liegen an einander entsprechenden Klemmen gleiche Spannungen, fließen gleiche Ströme durch einander entsprechende Klemmen.
- Fließen in einander entsprechenden Klemmen gleiche Ströme, treten zwischen einander entsprechenden Klemmen gleiche Spannungen auf.
- Der Widerstand zwischen beliebigen Paaren einander entsprechender elektrischer Klemmen ist gleich groß.

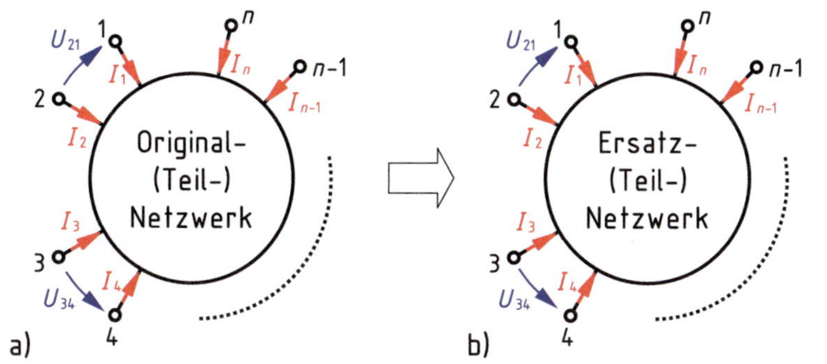

Bild 2.66: a) n-poliges Originalnetzwerk sowie
b) Ersatznetzwerk mit identischem Klemmenverhalten

Vor einer Netzwerkumformung sollte man sich klarmachen, welche Größen (Spannungen, Ströme, evtl. Widerstandswerte) im Netzwerk zu bestimmen sind. Diese gesuchten Größen sollten bei der Netzwerkumformung möglichst erhalten bleiben. Ist dies nicht möglich oder zweckmäßig, müssen die bei der Berechnung der vereinfachten Schaltung erzielten Ergebnisse auf die Originalschaltung übertragen und daraus in einem zweiten Schritt die gesuchten Größen berechnet werden.

Regeln für die Netzwerkumformung

1. *In Reihe geschaltete Widerstände* können gemäß Gl. (2.111) zu einem Ersatz-Widerstand zusammengefasst werden.
2. *Parallel geschaltete Leitwerte* können gemäß Gl. (2.93) zu einem Ersatz-Leitwert zusammengefasst werden.
3. *In Reihe geschaltete ideale Spannungsquellen* können gemäß Gl. (2.84) durch eine ideale Ersatz-Spannungsquelle ersetzt werden. Zum Beispiel gilt in Bild 2.67 $U_{\text{qers}} = U_{\text{q1}} - U_{\text{q2}} + U_{\text{q3}}$.

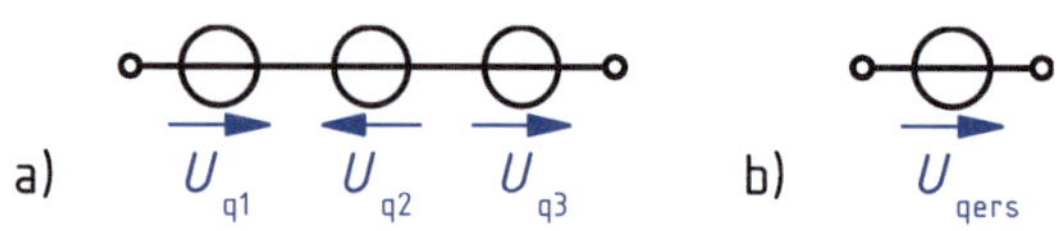

Bild 2.67: Zusammenfassung einer a) Reihenschaltung idealer Spannungsquellen zu einer b) idealen Ersatz-Spannungsquelle

4. *Parallel geschaltete ideale Stromquellen* können gemäß Gl. (2.79) durch eine ideale Ersatz-Stromquelle ersetzt werden. Zum Beispiel gilt in Bild 2.68 $I_{\text{qers}} = I_{\text{q1}} - I_{\text{q2}} + I_{\text{q3}}$.

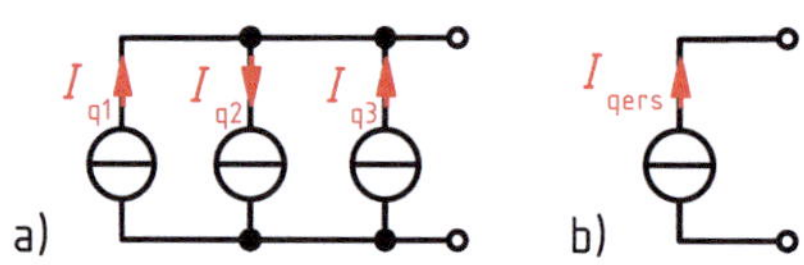

Bild 2.68: Zusammenfassung einer a) Parallelschaltung idealer Stromquellen zu einer b) idealen Ersatz-Stromquelle

5. *Widerstände, die parallel zu einer idealen Spannungsquelle geschaltet sind*, beeinflussen die Spannungen und Ströme *in der übrigen Schaltung* nicht und dürfen daher bei der Berechnung *der übrigen Schaltung* unberücksichtigt bleiben. (Bei der Berechnung des Stromes durch die Spannungsquelle müssen sie aber berücksichtigt werden!)
6. *Widerstände, die in Reihe zu einer idealen Stromquelle geschaltet sind*, haben *keine strombegrenzende Wirkung* und beeinflussen somit die Spannungen und Ströme *in der übrigen Schaltung* nicht. Sie dürfen daher bei der Berechnung *der übrigen Schaltung* unberücksichtigt bleiben. (Bei der Berechnung der Spannung über der Stromquelle müssen sie aber berücksichtigt werden!)
7. *Knoten mit gleichem elektrischen Potenzial* dürfen widerstandslos (aber auch durch einen beliebigen passiven Zweipol) miteinander verbunden werden, ohne dass sich an den Strömen und Spannungen in der Schaltung etwas ändert. Durch eine solche Verbindung fließt kein Strom. Ein Kurzschluss zwischen zwei Knoten führt aber dazu, dass die zuvor im Sinne der Netzwerktheorie unterschiedlichen Knoten zu einem *Superknoten* (s. Abschnitt 2.2.1.1) zusammengefasst werden, was eine Änderung der Topologie des Netzwerks zur Folge hat.
8. *Zweige, durch die kein Strom fließt*, dürfen aus der Schaltung entfernt werden, ohne dass sich an den Strömen und Spannungen in der Schaltung etwas ändert. Ein Zweig, durch den kein Strom fließt, trägt nämlich nicht dazu bei, die Knoten, die er verbindet, auf ein bestimmtes Potenzial zu bringen. Auch durch einen solchen Eingriff ändert sich die Topologie des Netzwerks.
9. *Lineare Spannungsquellen* dürfen durch *lineare Stromquellen* ersetzt werden und umgekehrt, ohne dass sich an den Strömen und Spannungen *in der übrigen Schaltung* etwas ändert. (Der Leistungsumsatz innerhalb der Quellen wird sich hierdurch aber in der Regel ändern, s. Abschnitt 2.1.4.5)

Unzulässige Schaltungen

Bestimmte Zusammenschaltungen idealer Quellen führen zu einem *physikalischen Widerspruch* und sind daher unzulässig. Der Versuch, ein solches Netzwerk zu berechnen, führt zu einem nicht lösbaren Gleichungssystem.

- *Parallelschaltung idealer Spannungsquellen mit unterschiedlichen Quellenspannungen.* Dies würde zu einem Widerspruch führen, da in einem Gleichstromnetzwerk die Potenzialdifferenz zwischen zwei Knoten einen eindeutigen Wert hat.
- *Reihenschaltung idealer Stromquellen mit unterschiedlichen Quellenströmen.* Dies würde zu einem Widerspruch führen, da durch alle Zweipole eines Zweiges der gleiche Strom fließt.

Die nachfolgenden Verschaltungen idealer Quellen sind zwar physikalisch sinnvoll, führen bei der Netzwerkanalyse aber dazu, dass es nicht eine eindeutige Lösung, sondern unendlich viele verschiedene Lösungen gibt. Damit ist eine vollständige Netzwerkanalyse im Sinne des Abschnitts 2.4.1.2 nicht möglich.

- *Parallelschaltung idealer Spannungsquellen mit identischen Quellenspannungen.* Es gibt keine Möglichkeit, die Aufteilung des Gesamtstromes auf die einzelnen Quellen zu bestimmen.
- *Reihenschaltung idealer Stromquellen mit identischen Quellenströmen.* Es gibt keine Möglichkeit, die Aufteilung der Gesamtspannung auf die einzelnen Quellen zu bestimmen.

In der Praxis stellen die vier oben genannten Fälle keine Probleme dar, da es keine idealen Quellen gibt. Der erste Fall kann aber bei Quellen mit sehr kleinen Innenwiderständen schon bei geringen Unterschieden zwischen den Quellenspannungen zu großen Ausgleichsströmen führen, die eine thermische Zerstörung der Quellen bewirken können. Daher sollten selbst Batterien mit gleicher Nennspannung nicht direkt parallelgeschaltet werden.

Beispiel 2.29: Zusammenfassen von Quellen

Der Strom I_1 im Netzwerk in Bild 2.69 a) soll berechnet werden. Bekannt sind $U_{q1} = 16\,\text{V}$; $I_{q2} = 4{,}8\,\text{A}$; $U_{q3} = 10\,\text{V}$; $I_{q4} = 7{,}5\,\text{A}$; $R_1 = 2{,}1\,\Omega$; $R_2 = 5\,\Omega$; $R_3 = 0{,}4\,\Omega$.

Die Schaltung in Bild 2.69 a) enthält drei Elementarmaschen. Wenn es gelingt, die beiden linken und die beiden rechten Zweige jeweils zu einem Ersatzzweig zusammenzufassen, entsteht ein Ersatznetzwerk, das nur noch eine Masche enthält. Der Strom in dieser Masche ist der gesuchte Strom, der trivial zu berechnen ist.

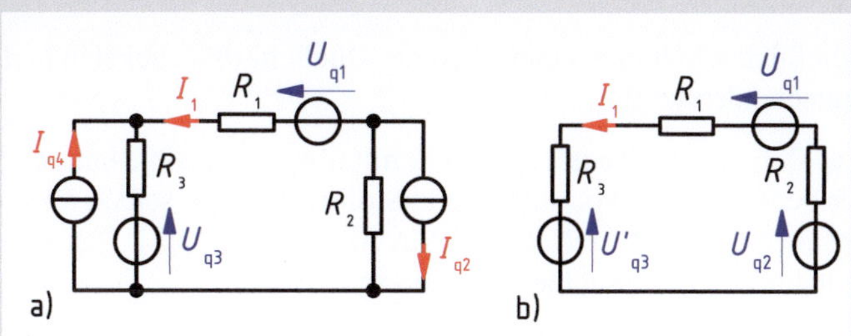

Bild 2.69: a) Netzwerk zu Beispiel 2.29 und b) Ersatznetzwerk

Zunächst wird die lineare Spannungsquelle mit der Quellenspannung U_{q3} und dem Innenwiderstand R_3 in eine lineare Stromquelle mit dem Quellenstrom

$$I_{q3} = U_{q3}/R_3 = 10\,\text{V}/(0{,}4\,\Omega) = 25\,\text{A}$$

(Zählpfeil in Gegenrichtung zu dem von U_{q3}) und dem parallelen Innenwiderstand R_3 umgewandelt. Nun können die beiden parallelen Stromquellen zu einer Stromquelle mit

$$I'_{q3} = I_{q3} - I_{q4} = 25\,\text{A} - 7{,}5\,\text{A} = 17{,}5\,\text{A}$$

(Zählpfeil wie der von I_{q3}) zusammengefasst werden. Die durch I'_{q3} und R_3 gebildete lineare Stromquelle wird nun durch eine lineare Spannungsquelle mit der Quellenspannung

$$U'_{q3} = R_3 I'_{q3} = 0{,}4\,\Omega \cdot 17{,}5\,\text{A} = 7\,\text{V}$$

(Zählpfeil s. Bild 2.69 b)) und dem Innenwiderstand R_3 ersetzt. Die durch I_{q2} und R_2 gebildete lineare Stromquelle wird ersetzt durch eine lineare Spannungsquelle mit der Quellenspannung

$$U_{q2} = R_2 I_{q2} = 5\,\Omega \cdot 4{,}8\,\text{A} = 24\,\text{V}$$

(Zählpfeil in Gegenrichtung zu dem von I_{q2}) und dem Innenwiderstand R_2. Damit ergibt sich die in Bild 2.69 b) dargestellte Ersatzschaltung. Aus ihr folgt durch Anwendung des Maschensatzes

$$I_1 = \frac{U'_{q3} - U_{q1} - U_{q2}}{R_1 + R_2 + R_3} = \frac{7\,\text{V} - 16\,\text{V} - 24\,\text{V}}{2{,}1\,\Omega + 5\,\Omega + 0{,}4\,\Omega} = -4{,}4\,\text{A}\,.$$

2.4.2 Rekursive Berechnung

In *linearen* Netzwerken, die nur *eine Quelle* enthalten, kann man sich in manchen Fällen durch eine *rekursive Berechnung* sehr viel Rechenarbeit ersparen. Bei diesem Ansatz werden nicht, wie sonst üblich, ausgehend von der gegebenen Quellengröße an den Klemmen der ansonsten passiven Schaltung die gesuchten Ströme und/oder Spannungen berechnet, sondern es wird umgekehrt eine Spannung oder ein Strom in einem Teil des Netzwerks, der *weit von der Quelle entfernt* ist, mit einem beliebigen (glatten) Wert angenommen.

Dann werden schrittweise unter Verwendung der Kirchhoffschen Sätze und des Ohmschen Gesetzes weitere Ströme und Spannungen „rückwärts" (zur Quelle hin, daher der Name des Verfahrens) berechnet.

Schließlich erhält man einen Wert der Quellengröße, der sich in der Regel vom vorgegebenen Wert unterscheiden wird.

Da es sich um ein *lineares* Netzwerk mit nur *einer* Quelle handelt, erhält man durch Multiplikation *aller* berechneten Spannungen und Ströme mit dem selben *Korrekturfaktor* die richtigen Werte (s. Aussagen über lineare Netzwerke in Abschnitt 2.4.1.1). Der Korrekturfaktor ist der Quotient aus gegebener und berechneter Quellengröße.

Die rekursive Berechnung ist insbesondere bei *Schaltungen mit kettenartiger Struktur*, zu denen die *mehrstufigen Spannungsteiler* (s. Abschnitt 2.2.5.2) gehören, anwendbar. Dieser Schaltungstyp wird auch als *Abzweigschaltung* bezeichnet.

Beispiel 2.30: Rekursive Berechnung einer Abzweigschaltung

Die Abzweigschaltung in Bild 2.70 liegt an der Spannung $U = 100\,\text{V}$. Die Widerstände haben die Werte $R_1 = 10\,\Omega$, $R_2 = 12\,\Omega$, $R_3 = 25\,\Omega$, $R_4 = 40\,\Omega$, $R_5 = 40\,\Omega$, $R_6 = 60\,\Omega$.

Die Spannung U_6 ist zu berechnen.

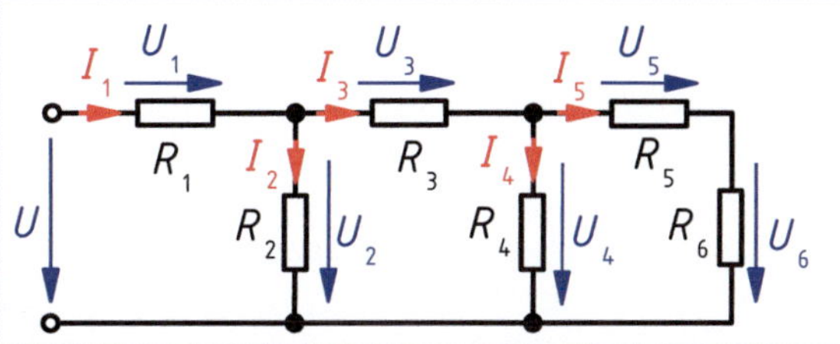

Bild 2.70: Abzweigschaltung

Für die gesuchte Spannung wird ein willkürlich gewählter Wert $U_6' = 60\,\text{V}$ angesetzt. Hieraus ergibt sich über mehrere Zwischenwerte schließlich ein Wert U' für die Eingangsspannung:

$$I_5' = U_6'/R_6 = 60\,\text{V}/(60\,\Omega) = 1\,\text{A}$$
$$U_5' = R_5 I_5' = 40\,\Omega \cdot 1\,\text{A} = 40\,\text{V}$$
$$U_4' = U_5' + U_6' = 40\,\text{V} + 60\,\text{V} = 100\,\text{V}$$
$$I_4' = U_4'/R_4 = 100\,\text{V}/(40\,\Omega) = 2{,}5\,\text{A}$$
$$I_3' = I_4' + I_5' = 2{,}5\,\text{A} + 1\,\text{A} = 3{,}5\,\text{A}$$
$$U_3' = R_3 I_3' = 25\,\Omega \cdot 3{,}5\,\text{A} = 87{,}5\,\text{V}$$
$$U_2' = U_3' + U_4' = 87{,}5\,\text{V} + 100\,\text{V} = 187{,}5\,\text{V}$$
$$I_2' = U_2'/R_2 = 187{,}5\,\text{V}/(12\,\Omega) = 15{,}625\,\text{A}$$
$$I_1' = I_2' + I_3' = 15{,}625\,\text{A} + 3{,}5\,\text{A} = 19{,}125\,\text{A}$$
$$U_1' = R_1 I_1' = 10\,\Omega \cdot 19{,}125\,\text{A} = 191{,}25\,\text{V}$$
$$U' = U_1' + U_2' = 191{,}25\,\text{V} + 187{,}5\,\text{V} = 378{,}75\,\text{V}$$

Der Korrekturfaktor für *alle* Ströme und Spannungen ist also

$$K = \frac{U}{U'} = \frac{100\,\text{V}}{378{,}75\,\text{V}} \approx 0{,}264\,.$$

Daraus folgt speziell der Wert der gesuchten Spannung

$$U_6 = K\,U_6' \approx 0{,}264 \cdot 60\,\text{V} \approx 15{,}8\,\text{V}.$$

2.4.3 Knoten- und Maschenanalyse

In diesem Abschnitt wird ein Verfahren zur Netzwerkanalyse unter alleiniger Verwendung der Kirchhoffschen Sätze und des Ohmschen Gesetzes vorgestellt. Das Verfahren ist in seiner Grundform sehr einfach verständlich und sehr einfach anwendbar. Das zu lösende lineare Gleichungssystem ist aber stets größer als bei den in den Abschnitten 2.4.6 und 2.4.7 behandelten vereinfachten Analyseverfahren. Daher sollte es nur zur Berechnung einfacher Netzwerke verwendet werden.

2.4.3.1 Prinzip des Verfahrens

Zu analysieren ist ein lineares Gleichstromnetzwerk mit k Knoten und z Zweigen. Die Anwendung des Kirchhoffschen Knotensatzes auf $k-1$ beliebig ausgewählte Knoten des Netzwerks führt zu $k-1$ linear unabhängigen Gleichungen für die Zweigströme. Die Gleichung für den k-ten Knoten liefert keine zusätzliche Information, da alle Ströme in der Knotengleichung für diesen Knoten bereits in den anderen Knotengleichungen enthalten sind.

Die fehlenden $z-k+1$ Gleichungen zur Berechnung der z unbekannten Größen erhält man durch Anwendung des Kirchhoffschen Maschensatzes auf eine geeignete Auswahl an Maschen. Die Maschen sind so zu wählen, dass die aus ihnen gewonnenen Maschengleichungen voneinander *linear unabhängig* sind, also keine der Gleichungen aus den anderen Gleichungen abgeleitet werden kann. Zur Identifikation eines solchen Satzes linear unabhängiger Maschengleichungen verwendet man einen prinzipiell beliebig auswählbaren vollständigen Baum des Graphen des Netzwerks. Wie bereits in Abschnitt 2.4.1.5 erwähnt, wird durch jeden der

$$m = z - k + 1 \tag{2.154}$$

Verbindungszweige und eine Teilmenge der Baumzweige *genau eine Elementarmasche* des Netzwerks bestimmt. Die m Maschengleichungen für diese Maschen sind stets linear unabhängig voneinander, da in jeder der Gleichungen eine neue Größe enthalten ist, nämlich die Spannung über dem zugehörigen Verbindungszweig. Empfehlenswert ist die Wahl eines vollständigen Baumes mit *sternförmiger Struktur* (s. Bild 2.65), da hierbei Maschen entstehen, die weniger Baumzweige enthalten als bei Wahl eines vollständigen Baumes mit linienförmiger Struktur. Dies führt wiederum zu einfacheren Maschengleichungen, was den Aufwand zum Lösen des linearen Gleichungssystems vermindert.

Enthält das Netzwerk keine Stromquellen, lassen sich mittels der so gewonnenen z linear unabhängigen Gleichungen ohne Schwierigkeiten die gesuchten Zweigströme berechnen.

2.4.3.2 Vorgehensweise

Vor der Netzwerkanalyse sind, sofern nicht vorgegeben, *Zählpfeile* für alle beteiligten Ströme und Spannungen festzulegen. Anschließend kann nach folgendem Schema vorgegangen werden:

1. Ggf. Anwenden der Regeln zur *Netzwerkumformung* (s. Abschnitt 2.4.1.6), insbesondere Zusammenfassen von Schaltungsteilen, deren elektrische Größen nicht gesucht sind.
2. Aufstellen der $k-1$ voneinander unabhängigen *Knotengleichungen* $\Sigma I = 0$. Es empfiehlt sich, Ströme mit *zum* betrachteten Knoten weisendem Zählpfeil *positiv* zu zählen.
3. Zeichnen des Graphen des Netzwerks und Auswahl eines vollständigen Baumes.
4. Aufstellen der $m = z-k+1$ voneinander unabhängigen *Maschengleichungen* mittels des vollständigen Baumes. Der *Umlaufsinn* ist für jede Masche beliebig wählbar. Spannungsabfälle $U = RI$ über Widerständen und Quellenspannungen U_q werden positiv gezählt, wenn die Zählpfeile (von U bzw. I bzw. U_q) mit dem Umlaufsinn der Masche übereinstimmen, sonst negativ. Die bekannten Quellenspannungen U_q werden auf die rechten Seiten der Gleichungen gebracht.
5. Lösen des linearen Gleichungssystems für die z unbekannten Zweigströme.
6. Ggf. Rückgängigmachen der unter 1. durchgeführten Netzwerkumformungen.

2.4.3.3 Matrixschreibweise des Gleichungssystems

Das bei der Knoten- und Maschenanalyse zu lösende Gleichungssystem lässt sich darstellen als *Matrizengleichung* (s. [BDHG06]) in der *Form*

$$\underline{R}\,\vec{I} = \vec{U} \tag{2.155}$$

mit der quadratischen $z \times z$-*Koeffizientenmatrix*

$$\underline{R} = \begin{bmatrix} R_{11} & R_{12} & ... & R_{1z} \\ R_{21} & R_{22} & ... & R_{2z} \\ ... & ... & ... & ... \\ R_{z1} & R_{z2} & ... & R_{zz} \end{bmatrix}. \tag{2.156}$$

Die Koeffizientenmatrix wird durch die Topologie des Netzwerks und die Parameter der enthaltenen Widerstände bestimmt. Die Dimension der Elemente von $\underline{R}$ ist zeilenweise entweder "1", wenn die betreffende Zeile des Gleichungssystems eine Knotengleichung ist, oder "Widerstand", wenn die Zeile eine Maschengleichung ist. Bei großen, schwach vermaschten Netzwerken sind viele Elemente von $\underline{R}$ gleich null.

Der Spaltenvektor der gesuchten *Wirkungsgrößen*, hier der unbekannten Zweigströme

$$\vec{I} = \begin{pmatrix} I_1 \\ I_2 \\ ... \\ I_z \end{pmatrix}, \tag{2.157}$$

ist der *Lösungsvektor* des Gleichungssystems. Der Spaltenvektor der *Anregungsgrößen*, hier der bekannten Quellenspannungen

$$\vec{U} = \begin{pmatrix} U_1 \\ U_2 \\ ... \\ U_z \end{pmatrix}, \tag{2.158}$$

wird oft als *„rechte Seite“* des Gleichungssystems bezeichnet. Die Elemente der rechten Seite sind bei allen Knotengleichungen null. Bei Maschengleichungen können die Elemente eine oder mehrere vorzeichenbehaftete Quellenspannungen enthalten.

Beispiel 2.31: Anwendung der Knoten- und Maschenanalyse auf ein Netzwerk mit linearen Spannungsquellen

Zur Berechnung der 8 unbekannten Ströme des Netzwerks in Bild 2.71 a) soll mit Hilfe der Knoten- und Maschenanalyse ein Gleichungssystem aufgestellt und als Matrizengleichung dargestellt werden.

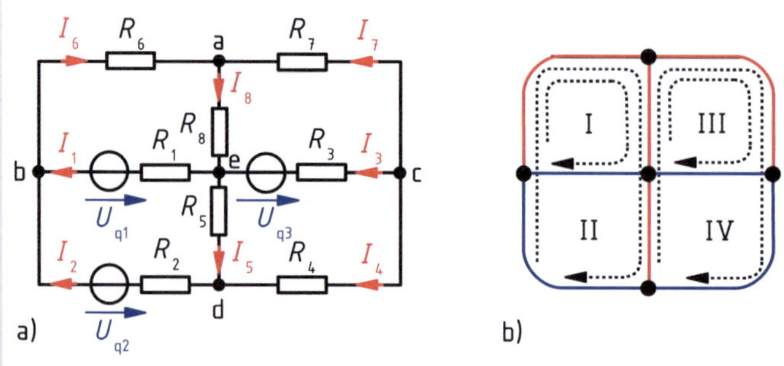

Bild 2.71: a) Netzwerk mit 8 unbekannten Zweigströmen und
b) Graph des Netzwerks mit vollständigem Baum und Elementarmaschen

Das Netzwerk enthält $z = 8$ Zweige und $k = 5$ Knoten. Daher werden $k - 1 = 4$ Knotengleichungen und $z - k + 1 = 4$ Maschengleichungen benötigt. Die Stromzählpfeile sind in Bild 2.71 a) eingetragen.

Die Knotengleichungen werden für die Knoten a, b, c und d aufgestellt. Für den Knoten c soll die Zählpfeilrichtung vom Knoten weg als positiv gelten; bei den Knoten a, b und d wird die Zählpfeilrichtung zum Knoten hin als positiv festgelegt. Man erhält dann die Knotengleichungen

$$\begin{aligned}
\mathrm{K_a}: &\quad I_6 + I_7 - I_8 = 0\,,\\
\mathrm{K_b}: &\quad I_1 + I_2 - I_6 = 0\,,\\
\mathrm{K_c}: &\quad I_3 + I_4 + I_7 = 0\,,\\
\mathrm{K_d}: &\quad -I_2 + I_4 + I_5 = 0\,.
\end{aligned}$$

Bei Wahl eines vollständigen Baumes gemäß Bild 2.71 b) ergeben sich die ebenfalls in Bild 2.71 b) eingetragenen Elementarmaschen I, II, III und IV. Wählt man für alle Maschen als Umlaufsinn den Uhrzeigersinn, erhält man die Maschengleichungen

$$\begin{aligned}
\mathrm{M_I}: &\quad R_6 I_6 + R_8 I_8 + R_1 I_1 - U_{q1} = 0\,,\\
\mathrm{M_{II}}: &\quad R_6 I_6 + R_8 I_8 + R_5 I_5 + R_2 I_2 - U_{q2} = 0\,,\\
\mathrm{M_{III}}: &\quad -R_8 I_8 - R_7 I_7 + R_3 I_3 - U_{q3} = 0\,,\\
\mathrm{M_{IV}}: &\quad -R_5 I_5 - R_8 I_8 - R_7 I_7 + R_4 I_4 = 0\,.
\end{aligned}$$

Das aus vier Knoten- und vier Maschengleichungen bestehende Gleichungssystem wird nun nach Strömen geordnet und die Quellenspannungen werden auf die rechten Seiten der Gleichungen gebracht. Damit folgt die Darstellung des Gleichungssystems in Form einer Matrizengleichung:

$$\begin{bmatrix}
0 & 0 & 0 & 0 & 0 & 1 & 1 & -1\\
1 & 1 & 0 & 0 & 0 & -1 & 0 & 0\\
0 & 0 & 1 & 1 & 0 & 0 & 1 & 0\\
0 & -1 & 0 & 1 & 1 & 0 & 0 & 0\\
R_1 & 0 & 0 & 0 & 0 & R_6 & 0 & R_8\\
0 & R_2 & 0 & 0 & R_5 & R_6 & 0 & R_8\\
0 & 0 & R_3 & 0 & 0 & 0 & -R_7 & -R_8\\
0 & 0 & 0 & R_4 & -R_5 & 0 & -R_7 & -R_8
\end{bmatrix} \cdot \begin{pmatrix} I_1\\ I_2\\ I_3\\ I_4\\ I_5\\ I_6\\ I_7\\ I_8 \end{pmatrix} = \begin{pmatrix} 0\\ 0\\ 0\\ 0\\ U_{q1}\\ U_{q2}\\ U_{q3}\\ 0 \end{pmatrix}$$

Um das Hantieren mit Einheiten zu vermeiden, sollten für die Zahlenwertrechnung alle Spannungen, Ströme und Widerstände durch geeignete *Normierung* (d. h. Division durch geeignete Bezugsgrößen) in einheitenlose Größen überführt werden. Dabei ist zu beachten, dass $[U] = [I]\,[R]$ gelten muss, also z. B. die Zahlenwerte aller Spannungen in V, aller Ströme in mA und aller Widerstände in kΩ einzusetzen sind.

Beispiel 2.32: Berechnung des Laststromes als Funktion des Lastwiderstandes

Ein Generator mit der Quellenspannung $U_{q1} = 300\,\text{V}$ und dem Innenwiderstand $R_{i1} = 0{,}25\,\Omega$ sowie ein Akkumulator mit der Quellenspannung $U_{q2} = 270\,\text{V}$ und dem Innenwiderstand $R_{i2} = 0{,}12\,\Omega$ sind nach Bild 2.72 parallel auf einen Verbraucher R_{Last} geschaltet.

Wie teilt sich der Laststrom I_{Last} auf die beiden Quellen auf, wenn der Verbraucherwiderstand im Bereich $0 < R_{\text{Last}} < 10\,\Omega$ verändert wird? Die einzelnen Ströme sind abhängig vom Verbraucherwiderstand grafisch darzustellen.

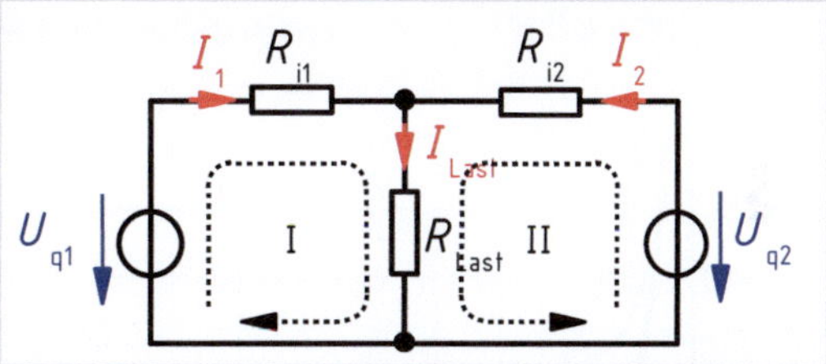

Bild 2.72: Generator und Akkumulator an gemeinsamem Lastwiderstand

Das Netzwerk enthält $k = 2$ Knoten und $z = 3$ Zweige. Die Zählpfeile für die gesuchten 3 Ströme sind in Bild 2.72 eingetragen. Es ist nur $k - 1 = 1$ Knotengleichung aufzustellen:

$$\text{K:} \quad I_1 + I_2 - I_{\text{Last}} = 0\,.$$

Die $z - k + 1 = 2$ Maschen und ihr Umlaufsinn werden so gewählt, wie in Bild 2.72 eingezeichnet. (Der vollständige Baum besteht hier nur aus dem Zweig mit dem Widerstand R_{Last}.) Die Maschengleichungen lauten dann

$$\begin{aligned} \text{M}_\text{I}: &\quad R_{i1} I_1 + R_{\text{Last}} I_{\text{Last}} - U_{q1} = 0\,, \\ \text{M}_\text{II}: &\quad R_{i2} I_2 + R_{\text{Last}} I_{\text{Last}} - U_{q2} = 0 \end{aligned}$$

oder, nach den Teilströmen I_1 und I_2 aufgelöst,

$$I_1 = \frac{U_{q1} - R_{\text{Last}} I_{\text{Last}}}{R_{i1}}\,, \qquad I_2 = \frac{U_{q2} - R_{\text{Last}} I_{\text{Last}}}{R_{i2}}\,.$$

Nach Einsetzen dieser Ausdrücke in die Knotengleichung erhält man

$$I_{\text{Last}} = I_1 + I_2 = \frac{U_{q1} - R_{\text{Last}} I_{\text{Last}}}{R_{i1}} + \frac{U_{q2} - R_{\text{Last}} I_{\text{Last}}}{R_{i2}} = \frac{U_{q1}}{R_{i1}} + \frac{U_{q2}}{R_{i2}} - \left(\frac{R_{\text{Last}}}{R_{i1}} + \frac{R_{\text{Last}}}{R_{i2}}\right) I_{\text{Last}}\,.$$

Damit ergibt sich für den Strom durch den Verbraucher

$$I_{\text{Last}} = \frac{\frac{U_{q1}}{R_{i1}} + \frac{U_{q2}}{R_{i2}}}{1 + \frac{R_{\text{Last}}}{R_{i1}} + \frac{R_{\text{Last}}}{R_{i2}}} = \frac{R_{i2} U_{q1} + R_{i1} U_{q2}}{R_{i1} R_{i2} + R_{i2} R_{\text{Last}} + R_{i1} R_{\text{Last}}}\,.$$

Durch Einsetzen dieser Gleichung in die Ausdrücke für die Teilströme folgt nach Kürzen durch R_{Last}

$$I_1 = \frac{U_{q1}}{R_{i1}} - \frac{\frac{R_{i2}}{R_{i1}}U_{q1} + U_{q2}}{\frac{R_{i1}R_{i2}}{R_{\text{Last}}} + R_{i2} + R_{i1}}, \qquad I_2 = \frac{U_{q2}}{R_{i2}} - \frac{U_{q1} + \frac{R_{i1}}{R_{i2}}U_{q2}}{\frac{R_{i1}R_{i2}}{R_{\text{Last}}} + R_{i2} + R_{i1}}.$$

Nach Einsetzen der Zahlenwerte erhält man hieraus die zugeschnittenen Größengleichungen

$$\frac{I_1}{\text{A}} \approx 1200 - \frac{13\,800}{\frac{1}{R_{\text{Last}}/\Omega} + 12{,}333}, \qquad \frac{I_2}{\text{A}} \approx 2250 - \frac{28\,750}{\frac{1}{R_{\text{Last}}/\Omega} + 12{,}333}$$

und mit der Knotengleichung K

$$\frac{I_{\text{Last}}}{\text{A}} \approx 3450 - \frac{42\,550}{\frac{1}{R_a/\Omega} + 12{,}333}.$$

Die Ströme als Funktion des Lastwiderstandes R_{Last} sind in Bild 2.73 dargestellt.

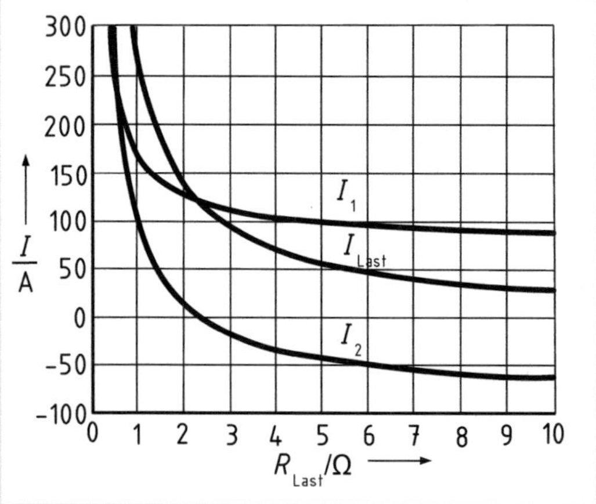

Bild 2.73: Teilströme I_1 und I_2 sowie Verbraucherstrom I_{Last} für Beispiel 2.32 in Abhängigkeit vom Verbraucherwiderstand R_{Last}

Der Akkumulator ist bei $R_{\text{Last}} = 2{,}25\,\Omega$ mit $I_2 = 0$ stromlos, da in diesem Fall die Klemmenspannung des Verbrauchers $U_{\text{Last}} = R_{\text{Last}} I_{\text{Last}}$ mit 270 V gerade gleich der Quellenspannung U_{q2} des Akkumulators ist. Der Laststrom wird in diesem Fall also vollständig vom Generator geliefert: $I_{\text{Last}} = I_1 = 120\,\text{A}$. Bei $R_{\text{Last}} > 2{,}25\,\Omega$ wird der Akkumulator geladen und bei $R_{\text{Last}} < 2{,}25\,\Omega$ entladen.

Dieser Übergang vom Lade- in den Entladezustand eines Akkumulators tritt z. B. in den elektrischen Anlagen von Kraftfahrzeugen auf. Während der Fahrt wird der Akku durch die Lichtmaschine geladen; gleichzeitig werden die Verbraucher gespeist. Die Verteilung der Ströme richtet sich nach dem Verbraucherwiderstand R_{Last} sowie der Lichtmaschinen- und der Akkumulator-Quellenspannung, die wiederum von der Motordrehzahl bzw. dem Ladezustand abhängen.

2.4.3.4 Modifiziertes Verfahren zur Behandlung von Stromquellen

Enthält ein zu analysierendes Netzwerk einen oder mehrere Zweige mit einer *idealen Stromquelle*, sind bei Anwendung des in Abschnitt 2.4.3.2 beschriebenen Verfahrens die zugehörigen Zweigströme im Vektor $\vec{I}$ bekannt; dafür treten im Vektor $\vec{U}$ nun auch unbekannte Spannungsabfälle über den Stromquellen auf. Dies erfordert ein Umordnen der betroffenen Gleichungen, bevor das lineare Gleichungssystem gelöst werden kann.

Alternativ kann das oben beschriebene Verfahren an einigen Stellen durch eine Sonderbehandlung für diese Stromquellen modifiziert werden. Bei Anwendung der nachfolgend vorgeschlagenen Ergänzungen zu dem Verfahren aus Abschnitt 2.4.3.2 lässt sich das zu lösende lineare Gleichungssystem pro Zweig mit einer idealen Stromquelle um eine Gleichung reduzieren. Dies kann bei der Netzwerkanalyse mit einem Taschenrechner den Rechenaufwand erheblich verringern.

Zu 1.: Alle Parallelschaltungen aus einer idealen Stromquelle und einem linearen Widerstand werden als *lineare Stromquellen* aufgefasst und in lineare Spannungsquellen umgewandelt. Hierdurch verringert sich die Zahl der Zweige im Netzwerk und damit die Anzahl der Gleichungen im Gleichungssystem jeweils um eins.

Zu 3.: Der vollständige Baum wird so gewählt, dass Zweige mit *idealen Stromquellen* in Verbindungszweigen liegen. Dadurch wird erreicht, dass die unbekannten Spannungen über diesen Stromquellen jeweils nur in einer Maschengleichung auftreten.

Zu 4.: Die Maschengleichungen für Verbindungszweige, die eine *ideale Stromquelle* enthalten, werden zwar aufgestellt, jedoch nicht dem Gleichungssystem hinzugefügt.

Zu 5.: Die Größe des zu lösenden Gleichungssystems ist um die Anzahl der Stromquellen kleiner als die Anzahl z der Zweige.

Zu 6.: Die Spannungsabfälle über *idealen Stromquellen* werden mittels je einer der Maschengleichungen, die unter 4. aufgestellt, aber bisher nicht verwendet wurden, *einzeln* berechnet. Anschließend wird für *lineare Stromquellen*, die unter 1. in lineare Spannungsquellen umgewandelt wurden, aus dem unter 5. berechneten Zweigstrom der Strom durch den Parallelwiderstand der Stromquelle und daraus die Spannung über der Stromquelle berechnet.

Beispiel 2.33: Anwendung der Knoten- und Maschenanalyse auf ein Netzwerk mit Stromquelle

Für die Schaltung in Bild 2.74 a) sind die unbekannten Zweigströme sowie die Spannung über der Stromquelle zu berechnen. Die Werte der Widerstände R_1, R_2, R_3 sowie die Quellenparameter I_{q4} und U_{q5} seien bekannt.

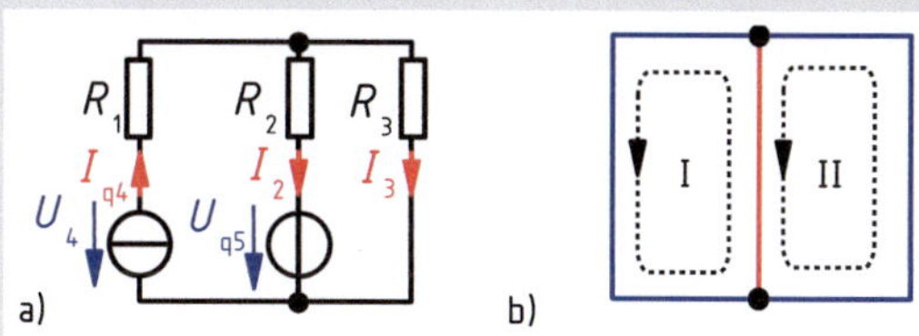

Bild 2.74: a) Einfaches Gleichstromnetzwerk mit Stromquelle und b) vollständiger Baum mit Bezeichnung der Maschen

Die Schaltung enthält $z = 3$ Zweige und $k = 2$ Knoten. Es sind also $k-1 = 1$ Knotengleichung und $m = z - k + 1 = 2$ Maschengleichungen aufzustellen. Somit ist prinzipiell ein lineares

Gleichungssystem mit $z = 3$ Gleichungen zu lösen. Mit der oben beschriebenen Sonderfallbehandlung von Stromquellen lässt sich das zu lösende Gleichungssystem um eine Gleichung reduzieren. Hierzu wird ein vollständiger Baum gewählt, bei dem die Stromquelle in einem Verbindungszweig liegt, z. B. entsprechend Bild 2.74 b). Die Knotengleichung wird für den unteren Knoten aufgestellt:

$$\text{K:} \quad -I_{q4} + I_2 + I_3 = 0$$

Die Maschenumläufe werden entsprechend Bild 2.74 b) in den „*Augen*" der Schaltung im mathematisch positiven Sinn durchgeführt und ergeben

$$\begin{aligned} \text{M}_\text{I}: &\quad -U_{q5} - I_2 R_2 - I_{q4} R_1 + U_4 = 0\,, \\ \text{M}_\text{II}: &\quad -I_3 R_3 + I_2 R_2 + U_{q5} = 0\,. \end{aligned}$$

Die unbekannte Spannung über der Stromquelle erscheint nur in der ersten Maschengleichung, die zunächst zurückgestellt wird. Die Knotengleichung und die zweite Maschengleichung bilden ein lineares Gleichungssystem zur Berechnung der unbekannten Zweigströme I_2 und I_3, aus dem nach wenigen Schritten das Ergebnis

$$I_2 = I_{q4}\frac{R_3}{R_2 + R_3} - \frac{U_{q5}}{R_2 + R_3}\,, \qquad I_3 = I_{q4}\frac{R_2}{R_2 + R_3} + \frac{U_{q5}}{R_2 + R_3}$$

folgt. Durch Einsetzen dieser Ausdrücke in die zurückgestellte erste Maschengleichung erhält man die Spannung über der Stromquelle

$$U_4 = I_{q4}\left(R_1 + \frac{R_2 R_3}{R_2 + R_3}\right) + U_{q5}\left(\frac{R_3}{R_2 + R_3}\right).$$

Die Zweigströme und die Spannung über der Stromquelle setzen sich deutlich erkennbar entsprechend Gl. (2.153) aus je zwei Anteilen zusammen, die durch die beiden im Netzwerk enthaltenen Quellen verursacht werden.

2.4.4 Anwendung des Überlagerungssatzes

Der Überlagerungssatz eröffnet eine Möglichkeit zur *Analyse linearer Netzwerke mit mehreren Quellen*. Er nutzt die in Abschnitt 2.4.1.1 erläuterte Eigenschaft der *Additivität* bei *linearen Systemen*.

Die Anwendung des Überlagerungssatzes ist bei beliebigen linearen Systemen möglich, also nicht auf elektrische Netzwerke beschränkt und wird auch als *Superpositionsverfahren* bezeichnet.

Die Verwendung des Überlagerungssatzes zur Berechnung elektrischer Netzwerke geht auf den deutschen Physiker Hermann von Helmholtz (1821–1894) zurück.

Das Superpositionsverfahren ist *kein eigenständiges Analyseverfahren*, sondern wird in Verbindung mit anderen Verfahren (s. insbesondere Abschnitte 2.4.3 und 2.4.5) oder einfach mit den Kirchhoffschen Gesetzen verwendet.

2.4.4.1 Prinzip des Verfahrens

Der Überlagerungssatz kann allgemeingültig folgendermaßen formuliert werden:

Bei einem linearen System mit mehreren voneinander unabhängigen Ursachengrößen lässt sich eine (resultierende) Wirkungsgröße durch Überlagerung (d. h. bei skalaren Größen vorzeichenrichtige Addition) der Teilwirkungen der einzelnen Ursachen berechnen.

Im Rahmen der Netzwerkanalyse ist der Überlagerungssatz nur anwendbar bei linearen Netzwerken, die mehrere unabhängige[13] Quellen enthalten. Empfehlenswert ist die Anwendung des Überlagerungssatzes, wenn in einem Netzwerk mit mehreren Quellen nur wenige Größen (meist Zweigströme) gesucht sind. Eine Anwendung des Überlagerungssatzes im Rahmen einer vollständigen Netzwerkanalyse ist meist nicht ratsam.

Sollen in einem Netzwerk *Leistungen* berechnet werden, ist unbedingt zu beachten, dass *zunächst* die hierfür erforderlichen *resultierenden* Werte der Ströme und Spannungen ermittelt werden müssen und *erst danach* die Leistungen berechnet werden dürfen. Eine Berechnung von Teilleistungen aus den Teilströmen bzw. Teilspannungen mit anschließender Überlagerung zur Gesamtleistung führt zu falschen Ergebnissen, da der Zusammenhang zwischen Strömen bzw. Spannungen und Leistungen *nichtlinear* ist, vgl. Gl. (2.58) und Gl. (2.59).

2.4.4.2 Vorgehensweise

Zunächst sind, sofern nicht gegeben, *Zählpfeile* für alle beteiligten Ströme und Spannungen festzulegen. Die Anwendung des Überlagerungssatzes erfolgt danach in 4 Schritten:

1. Ggf. *Vereinfachen* von Schaltungsteilen, die keine Quelle enthalten und deren elektrische Größen nicht gesucht sind (s. Abschnitt 2.4.1.6).
2. *Deaktivieren* aller *Quellen* im Netzwerk bis auf die gerade betrachtete (s. Abschnitt 2.1.3.4). Bei Spannungsquellen wird also die Quellenspannung auf null gesetzt, bei Stromquellen der Quellenstrom. Ideale Spannungsquellen wirken[14] dann wie ein Kurzschluss, ideale Stromquellen wie eine Unterbrechung.
3. *Berechnen* der gesuchten Teilströme bzw. Teilspannungen mit einem beliebigen Verfahren.
4. Nachdem die Schritte 2. und 3. für alle Quellen im Netzwerk durchgeführt worden sind, *Überlagern* der durch die einzelnen Quellen bewirkten Teilströme bzw. Teilspannungen zu den resultierenden Größen. Dabei sind die Richtungen der Zählpfeile der Teilgrößen und der Gesamtgröße zu beachten, da diese nicht unbedingt übereinstimmen müssen.

Zur Berechnung der durch eine bestimmte Quelle hervorgerufenen Teilströme ist es häufig sinnvoll, auf den durch die Quelle fließenden Gesamtstrom (ggf. mehrfach) die *Stromteilerregel* anzuwenden. Bei idealen Stromquellen ist dieser Gesamtstrom bereits gegeben. Bei idealen Spannungsquellen kann er aus der Quellenspannung und dem *resultierenden Lastwiderstand* der Quelle oft einfach berechnet werden.

Beispiel 2.34: Anwendung des Überlagerungssatzes auf ein einfaches Netzwerk

Das in Bild 2.75 a) dargestellte lineare Netzwerk wurde bereits in Beispiel 2.33 mittels der Knoten- und Maschenanalyse untersucht.

Nun sollen mittels des Überlagerungssatzes die unbekannten Zweigströme sowie die Spannung über der Stromquelle berechnet werden.

[13] Also Quellen, deren Quellengröße nicht von anderen elektrischen Größen im Netzwerk abhängt.
[14] Die Formulierung „Spannungsquellen werden kurzgeschlossen“ ist irreführend und sollte vermieden werden.

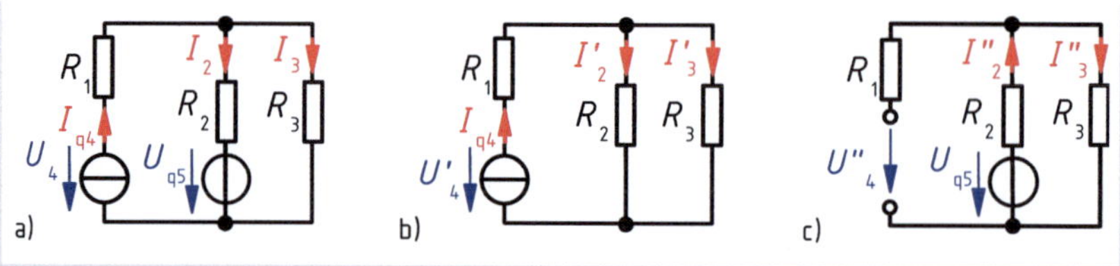

Bild 2.75: a) Lineares Gleichstromnetzwerk mit zwei Quellen,
b) Teilnetzwerk mit deaktivierter Spannungsquelle,
c) Teilnetzwerk mit deaktivierter Stromquelle

Zunächst wird die Wirkung des Quellenstromes I_{q4} untersucht. Dazu wird die Spannungsquelle deaktiviert, d. h. $U_{q5} = 0$ gesetzt. Der Strom I_{q4} teilt sich im oberen Knoten in zwei Teilströme I_2' und I_3' auf (Zählpfeile in Bild 2.75 b)), die mittels der Stromteilerregel in der Form von Gl. (2.106) berechnet werden:

$$I_2' = I_{q4}\frac{R_3}{R_2 + R_3}\,, \qquad I_3' = I_{q4}\frac{R_2}{R_2 + R_3}$$

Die Spannung über der Stromquelle folgt aus der Anwendung des Maschensatzes auf die linke oder die äußere Masche:

$$U_4' = I_{q4}\,R_1 + I_2'\,R_2 = I_{q4}\,R_1 + I_3'\,R_3 = I_{q4}\left(R_1 + \frac{R_2\,R_3}{R_2 + R_3}\right)$$

Nun wird die Wirkung der Spannungsquelle untersucht, wofür die Stromquelle durch eine Unterbrechung ersetzt wird (s. Bild 2.75 c)). Die Spannungsquelle kann nur einen Strom durch die rechte Masche treiben. Mit den Zählpfeilen in Bild 2.75 c) folgt

$$I_2'' = I_3'' = \frac{U_{q5}}{R_2 + R_3}\,.$$

Ein Maschenumlauf um die äußere Masche liefert die Spannung über der Stromquelle:

$$U_4'' = I_3''\,R_3 = U_{q5}\frac{R_3}{R_2 + R_3}$$

Da durch den Widerstand R_1 kein Strom fließt, taucht er in der Gleichung für U_4'' nicht auf.

Nun müssen die Teilströme und Teilspannungen unter Berücksichtigung ihrer Zählpfeilrichtungen überlagert werden:

$$I_2 = I_2' - I_2'' = I_{q4}\frac{R_3}{R_2 + R_3} - \frac{U_{q5}}{R_2 + R_3}$$

$$I_3 = I_3' + I_3'' = I_{q4}\frac{R_2}{R_2 + R_3} + \frac{U_{q5}}{R_2 + R_3}$$

$$U_4 = U_4' + U_4'' = I_{q4}\left(R_1 + \frac{R_2\,R_3}{R_2 + R_3}\right) + U_{q5}\left(\frac{R_3}{R_2 + R_3}\right)$$

Die Berechnung der Teilnetzwerke erforderte lediglich die Anwendung der Kirchhoffschen Gesetze. Das Ergebnis der Berechnung stimmt natürlich mit dem des Beispiels 2.33 überein.

Beispiel 2.35: Reihenschaltung linearer Quellen an einem Lastwiderstand

Der Strom I in der Schaltung in Bild 2.76 a) soll mit dem Überlagerungssatz ermittelt werden.

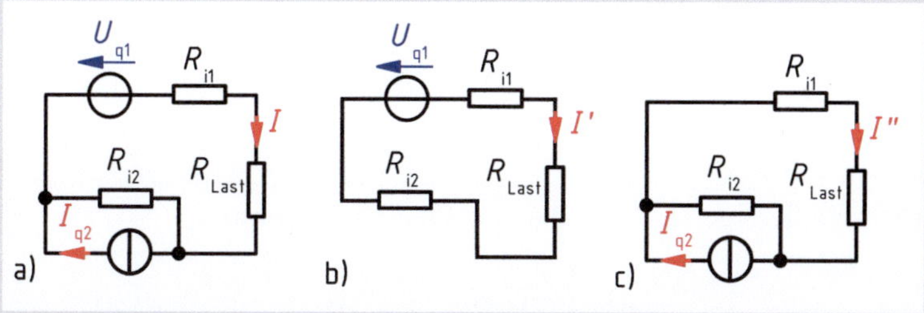

Bild 2.76: a) Schaltung mit einer Strom- und einer Spannungsquelle und b), c) Teilschaltungen mit jeweils nur einer wirksamen Quelle

Zunächst wird die ideale Stromquelle I_{q2} deaktiviert, also gemäß Bild 2.76 b) durch eine Unterbrechung ersetzt. Von der linearen Stromquelle bleibt somit nur der Innenwiderstand R_{i2} wirksam. Man erhält dann für den durch die Spannungsquelle bewirkten Teilstrom

$$I' = \frac{U_{q1}}{R_{i1} + R_{i2} + R_{Last}} .$$

Dann wird die ideale Spannungsquelle U_{q1} gemäß Bild 2.76 c) durch einen Kurzschluss ersetzt. Jetzt erhält man mit der Stromteilerregel in der Form von Gl. (2.106) den durch die Stromquelle bewirkten Teilstrom

$$I'' = I_{q2} \frac{R_{i2}}{R_{i2} + R_{i1} + R_{Last}} .$$

Insgesamt fließt durch den Verbraucher R_{Last} der Strom

$$I = I' + I'' = \frac{U_{q1} + R_{i2} I_{q2}}{R_{i1} + R_{i2} + R_{Last}} .$$

Beispiel 2.36: Parallelschaltung linearer Quellen an einem Lastwiderstand

Die bereits in Beispiel 2.32 behandelte Schaltung, die in Bild 2.77 a) in leicht abgewandelter Form wiedergegeben ist, soll mit Hilfe des Überlagerungssatzes berechnet werden. Gesucht ist der Strom I_2 durch den Akkumulator, wenn der Lastwiderstand den Wert $R_{Last} = 6\,\Omega$ hat.

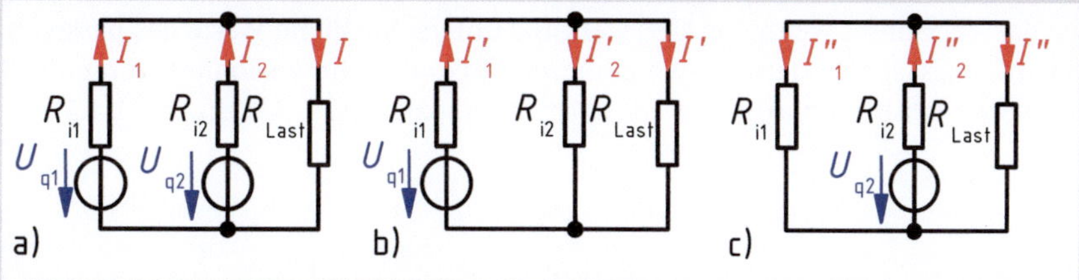

Bild 2.77: a) Schaltung mit zwei Spannungsquellen und b), c) Teilschaltungen mit jeweils nur einer wirksamen Spannungsquelle

Zunächst wird gemäß Bild 2.77 b) die Spannungsquelle U_{q2} deaktiviert. Mit dem die aktive Quelle belastenden Gesamtwiderstand, der mit den Gln. (2.111) und (2.96) zu

$$R' = R_{i1} + \frac{1}{\frac{1}{R_{Last}} + \frac{1}{R_{i2}}} = 0{,}25\,\Omega + \frac{1}{\frac{1}{6\,\Omega} + \frac{1}{0{,}12\,\Omega}} \approx 0{,}3676\,\Omega$$

berechnet wird, erhält man den Strom durch die Quelle

$$I_1' = \frac{U_{q1}}{R'} \approx \frac{300\,\mathrm{V}}{0{,}3676\,\Omega} \approx 816\,\mathrm{A}$$

und mit der Stromteilerregel Gl. (2.106) den gesuchten Teilstrom

$$I_2' = I_1' \frac{R_{Last}}{R_{Last} + R_{i2}} = 816\,\mathrm{A}\,\frac{6\,\Omega}{6\,\Omega + 0{,}12\,\Omega} = 800\,\mathrm{A}\,.$$

Nun wird gemäß Bild 2.77 c) die Spannungsquelle U_{q1} deaktiviert. Aus dem die Quelle U_{q2} belastenden Gesamtwiderstand

$$R'' = R_{i2} + \frac{1}{\frac{1}{R_{Last}} + \frac{1}{R_{i1}}} = 0{,}12\,\Omega + \frac{1}{\frac{1}{6\,\Omega} + \frac{1}{0{,}25\,\Omega}} = 0{,}36\,\Omega$$

folgt direkt der zweite Teilstrom durch den Akkumulator

$$I_2'' = \frac{U_{q2}}{R''} = \frac{270\,\mathrm{V}}{0{,}36\,\Omega} = 750\,\mathrm{A}\,.$$

Schließlich werden die Teilströme I_2' und I_2'' unter Berücksichtigung der Zählpfeilrichtungen zum Gesamtstrom

$$I_2 = -I_2' + I_2'' = -800\,\mathrm{A} + 750\,\mathrm{A} = -50\,\mathrm{A}$$

überlagert. Da die Zählpfeile für die Klemmengrößen des Akkumulators im Erzeuger-Zählpfeilsystem angetragen sind und U_{q2} positiv ist, ergibt sich nach Gl. (2.55) für die in der Quelle umgesetzte Leistung ein negativer Wert. Das bedeutet nach Abschnitt 2.1.4.3, dass die Quelle Leistung aufnimmt, also als Verbraucher wirkt. Der Akkumulator wird somit im hier betrachteten Lastfall geladen.

2.4.5 Netzwerkanalyse mit Ersatz-Quellen

Die nachfolgend beschriebene Netzwerkanalyse mit Ersatz-Quellen ist empfehlenswert, wenn in einem *linearen Netzwerk* nur die *Klemmengrößen eines passiven Zweipols* von Interesse sind. In der Gleichstromtechnik kann dieser passive Zweipol nur ein Ohmscher Widerstand sein. Besonders hilfreich ist das Verfahren, wenn das Netzwerk für unterschiedliche Werte des passiven Zweipols betrachtet wird. Dies ist z. B. der Fall, wenn dieser Zweipol so dimensioniert werden soll, dass die in ihm umgesetzte Leistung maximal wird (Leistungsanpassung, s. Abschnitt 2.1.4.5).

2.4.5.1 Prinzip des Verfahrens

Betrachtet wird ein aus beliebig vielen aktiven und passiven Zweipolen bestehendes lineares Netzwerk.

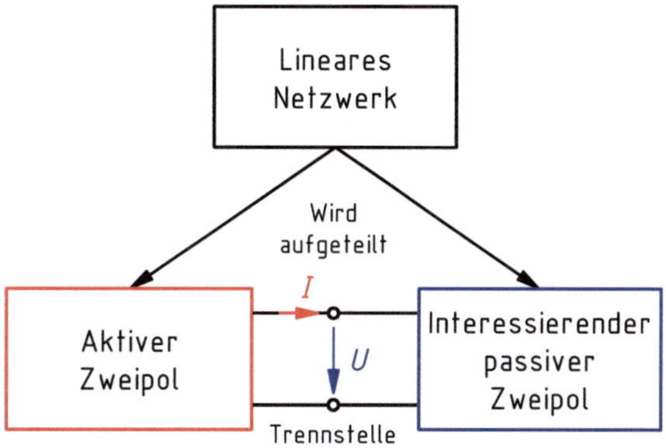

Bild 2.78: Aufteilung eines Netzwerks in zwei verbundene Zweipole

Dieses Netzwerk wird gedanklich *in zwei Teile aufgeteilt*, die über ein gemeinsames Klemmenpaar gemäß Bild 2.78 miteinander verbunden sind:

- Einen *passiven Zweipol*, dessen elektrische Klemmengrößen gesucht sind.
- Das restliche *lineare aktive Teilnetzwerk*, das das Originalnetzwerk ohne den Zweig mit dem passiven Zweipol umfasst. Die Klemmen können als die *Ausgangsklemmen* dieses aktiven Zweipols aufgefasst werden.

Da vom linearen aktiven Zweipol nur das *Klemmenverhalten* interessiert (nicht aber irgendwelche Ströme, Spannungen oder umgesetzten Leistungen im Inneren), kann er durch einen einfacheren, *bezüglich des Klemmenverhaltens äquivalenten Ersatz-Zweipol* modelliert werden.

Das Klemmenverhalten *jedes* linearen aktiven Zweipols lässt sich mittels des Modells der *linearen Quelle* (s. Abschnitt 2.1.3.3) beschreiben. Daher wird das Modell des aktiven Zweipols hier als „*Ersatz-Quelle*“ bezeichnet.

Die *Zählpfeile* für die Klemmengrößen werden üblicherweise so gewählt, dass sie für den aktiven Zweipol ein Erzeuger-Zählpfeilsystem und damit für den passiven Zweipol ein Verbraucher-Zählpfeilsystem bilden (s. Bild 2.78).

2.4.5.2 Ersatz-Spannungsquelle

Nach dem *Satz von Helmholtz* (in der englischsprachigen Literatur als *Thévenin's Theorem* bezeichnet) kann das Klemmenverhalten jedes linearen aktiven Zweipols (s. Bild 2.79 a)) durch eine *Ersatz-Spannungsquelle* gemäß Bild 2.79 b) modelliert werden.

In Verbindung mit den Zählpfeilen für die Klemmengrößen wird das Klemmenverhalten einer Ersatz-Spannungsquelle vollständig durch die beiden Parameter *Quellenspannung* U_0 und *Innenwiderstand* R_i beschrieben. Die Quellenspannung bildet die Wirkung aller idealen Quellen nach, der Innenwiderstand die Wirkung aller passiven Elemente innerhalb des aktiven Zweipols bezüglich des betrachteten Klemmenpaares. U_0 ist die *Leerlaufspannung* an den Klemmen des aktiven Zweipols, d. h. die Klemmenspannung U ohne Belastung durch den passiven Zweipol. R_i ist der

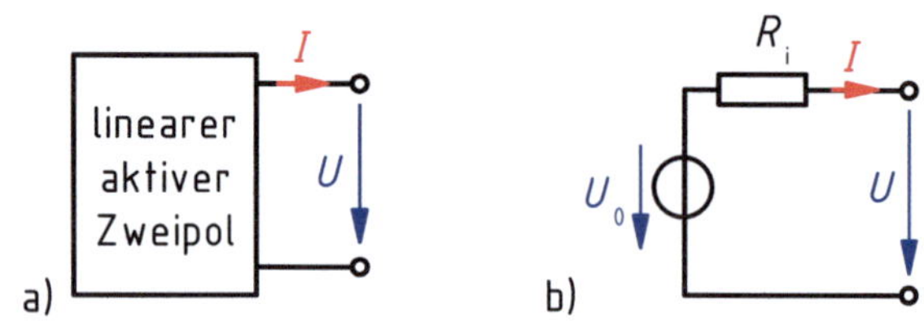

Bild 2.79: a) Linearer aktiver Zweipol und
b) Ersatz-Spannungsquelle

Widerstand zwischen den Klemmen des aktiven Zweipols, wenn alle idealen Quellen in ihm deaktiviert, ihre Quellengrößen also gleich null gesetzt werden (s. Abschnitt 2.1.3.4).

Beispiel 2.37: Veranschaulichung des Satzes von Helmholtz

Dieses Beispiel soll den *Denkansatz* zur Bestimmung der Parameter einer Ersatz-Spannungsquelle veranschaulichen, nicht den Rechenweg. Dazu wird der aktive Zweipol mit den Klemmen a und b in Bild 2.80 a) betrachtet. Er besteht aus einer linearen Spannungsquelle mit den Parametern U_{q1} und R_1, einer linearen Stromquelle mit den Parametern I_{q2} und R_2 sowie den linearen Widerständen R_3 und R_4.

Wenn die Klemmen a und b des Zweipols leerlaufen, tritt zwischen ihnen eine (noch unbekannte) Leerlaufspannung U_0 auf. Dieser Sachverhalt lässt sich dadurch nachbilden, dass man alle *idealen* Quellen deaktiviert und statt ihrer eine neue ideale Spannungsquelle mit der Quellenspannung U_0 einführt, die gemäß Bild 2.80 b) in Reihe mit einer der Klemmen liegt. Diese Quelle kann keinen Strom durch irgendeinen der Widerstände und damit auch keinen Spannungsabfall über einem der Widerstände bewirken. Von den linearen Quellen bleiben nur die Innenwiderstände R_1 und R_2 übrig. Auf diese Weise kann die Wirkung der Quellenspannung U_{q1} und des Quellenstromes I_{q2} durch die Ersatz-Quellenspannung U_0 nachgebildet werden. Die Berechnung des Wertes von U_0 ist z. B. mittels des Überlagerungssatzes möglich.

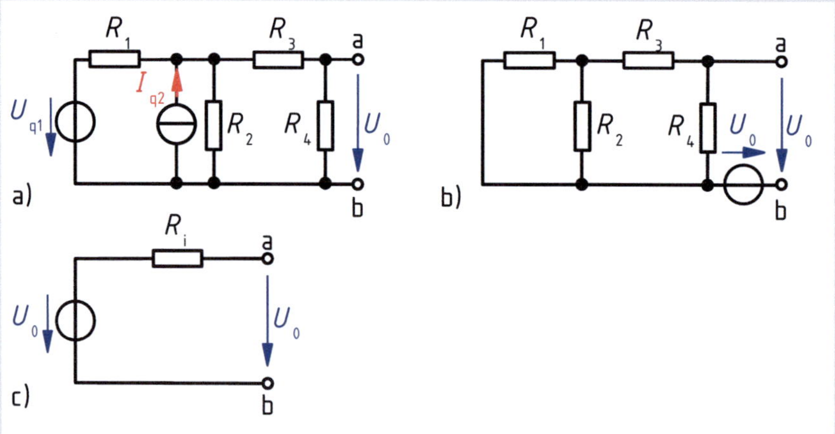

Bild 2.80: a) Leerlaufender aktiver Zweipol mit den Ausgangsklemmen a und b
b) nach dem Ersetzen der idealen Quellen durch eine Ersatz-Quellenspannung U_0 und
c) Ersatz-Spannungsquelle mit Innenwiderstand R_i

Die Wirkung der Widerstände R_1, R_2, R_3 und R_4 in Bild 2.80 b) kann durch einen einzigen Widerstand nachgebildet werden, der als Innenwiderstand R_i einer linearen Spannungsquelle gemäß Bild 2.80 c) aufgefasst werden kann. Die Berechnung des Wertes von R_i ist immer durch Anwendung der Gleichungen in den Abschnitten 2.2.3.1, 2.2.4.1 und ggf. 2.2.7 möglich.

2.4.5.3 Ersatz-Stromquelle

Nach dem *Satz von Mayer*[15] (in der englischsprachigen Literatur als *Norton's Theorem* bezeichnet) kann das Klemmenverhalten jedes linearen aktiven Zweipols (s. Bild 2.81 a)) durch eine *Ersatz-Stromquelle* gemäß Bild 2.81 b) modelliert werden.

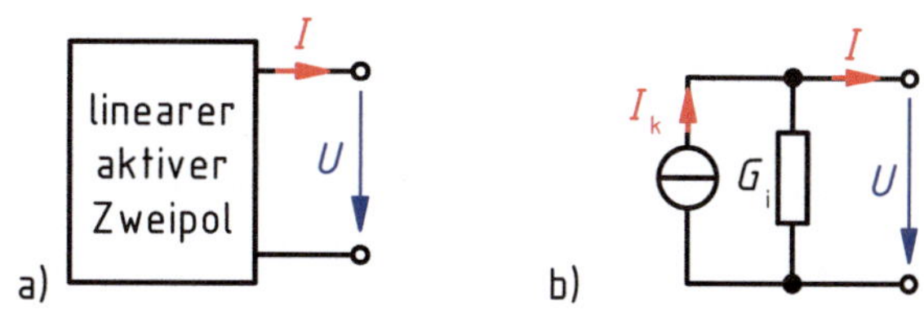

Bild 2.81: a) Linearer aktiver Zweipol und
b) Ersatz-Stromquelle

In Verbindung mit den Zählpfeilen für die Klemmengrößen wird das Klemmenverhalten einer Ersatz-Stromquelle vollständig durch die beiden Parameter *Quellenstrom* I_k und *Innenleitwert* G_i beschrieben.

Der Quellenstrom bildet die Wirkung aller idealen Quellen, der Innenleitwert die Wirkung aller passiven Elemente innerhalb des aktiven Zweipols bezüglich des betrachteten Klemmenpaares nach.

I_k ist der *Kurzschlussstrom* über die Klemmen des aktiven Zweipols, d. h. der Strom I, der bei externem Kurzschluss der Klemmen des Zweipols fließt.

G_i ist gleich dem Leitwert zwischen den Klemmen des aktiven Zweipols, wenn alle idealen Quellen in ihm deaktiviert, ihre Quellengrößen also gleich null gesetzt werden (s. Abschnitt 2.4.3).

2.4.5.4 Vorgehensweise

Das Klemmenverhalten eines linearen aktiven Zweipols kann fast immer[16] *sowohl* durch eine Ersatz-Spannungsquelle gemäß Abschnitt 2.4.5.2 *als auch* durch eine Ersatz-Stromquelle gemäß Abschnitt 2.4.5.3 nachgebildet werden. Wählt man

$$U_0 = R_i I_k \tag{2.159}$$

und

$$G_i = 1/R_i \,, \tag{2.160}$$

zeigen beide Typen von Ersatz-Quellen identisches Klemmenverhalten.

[15] Benannt nach dem deutschen Physiker Hans Ferdinand Mayer (1895–1980).

[16] Die einzige Ausnahme ist der Spezialfall, dass der lineare aktive Zweipol eine ideale Quelle ist. Dann kann der aktive Zweipol nur durch eine Ersatz-Quelle des entsprechenden Typs nachgebildet werden. Dieser triviale Fall wird hier nicht weiter berücksichtigt.

Daraus folgt, dass man zur Ermittlung der Parameter eines der beiden Ersatz-Quellenmodelle nicht darauf angewiesen ist, *entweder* Leerlaufspannung U_0 *und* Innenwiderstand R_i der Ersatz-Spannungsquelle *oder* Quellenstrom I_k *und* Innenleitwert G_i der Ersatz-Stromquelle zu bestimmen, sondern dass auch die Bestimmung von U_0 und I_k ausreicht, da R_i mittels Gl. (2.159) und ggf. G_i mittels (2.160) aus diesen Parametern berechenbar ist. Die Zulässigkeit dieses Ansatzes ergibt sich aus folgender Überlegung: Die Gerade, die das Klemmenverhalten einer beliebigen linearen Quelle darstellt, wird durch zwei *beliebige*, unterschiedliche Arbeitspunkte (s. Bild 2.23) *vollständig* beschrieben. Zur Bestimmung der Parameter U_0 und I_k betrachtet man zwei mathematisch besonders einfach zu handhabende Arbeitspunkte, nämlich den Leerlauf- und den Kurzschlussfall beim aktiven Zweipol und seiner Ersatz-Quelle.

Zur Berechnung von U_0 und I_k werden oft der *Überlagerungssatz* (s. Abschnitt 2.4.4) sowie die *Stromteilerregel* (s. Abschnitt 2.2.3.2) angewandt.

Bei Netzwerken mit wenigen Zweipolen kann die Berücksichtigung der folgenden Hinweise eventuell helfen, den Rechenaufwand zu minimieren:

Liegen gemäß Bild 2.82 a) innerhalb des aktiven Zweipols Widerstände *direkt in Reihe zu dem betrachteten Klemmenpaar*, sollte zunächst die Leerlaufspannung U_0 ermittelt werden, da über den stromlosen Widerständen keine Spannung abfällt und sie daher keinen Einfluss auf diesen Parameter haben.

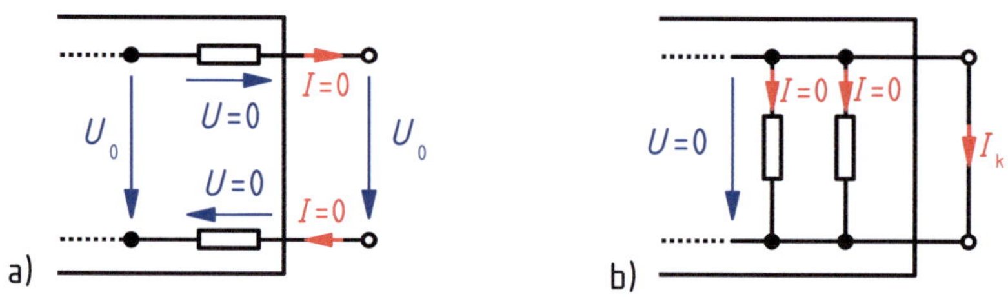

Bild 2.82: Vereinfachung der Berechnung der Ersatzquellen-Parameter bei Widerständen am Ausgang des aktiven Zweipols
a) in Reihe zum Ausgang bei Leerlauf bzw.
b) parallel zum Ausgang bei Kurzschluss

Liegen gemäß Bild 2.82 b) innerhalb des aktiven Zweipols Widerstände *direkt parallel zu dem betrachteten Klemmenpaar*, sollte zunächst der Kurzschlussstrom I_k ermittelt werden, da durch die spannungslosen Widerstände kein Strom fließt und sie daher keinen Einfluss auf diesen Parameter haben.

Nach der Bestimmung der Parameter der Ersatz-Quelle wird die Gesamtschaltung, nun modelliert durch die Ersatz-Quelle und den passiven Zweipol, betrachtet. Besteht der passive Zweipol aus einem Widerstand R_a, sind die gesuchten Klemmengrößen am passiven Zweipol (Zählpfeile gemäß Bild 2.79 bzw. 2.81) sehr einfach zu berechnen. Im Fall der Ersatz-Spannungsquelle gilt

$$I = \frac{U_0}{R_i + R_a}\,, \tag{2.161}$$

$$U = I\,R_a = U_0 \frac{R_a}{R_i + R_a}\,, \tag{2.162}$$

im Fall der Ersatz-Stromquelle folgt aus der Stromteilerregel (2.106)

$$I = I_k \frac{R_i}{R_i + R_a}, \tag{2.163}$$

$$U = I\, R_a = I_k \frac{R_i\, R_a}{R_i + R_a}. \tag{2.164}$$

Beispiel 2.38: Bestimmung der Parameter einer Ersatz-Spannungsquelle

Die Schaltung in Bild 2.83 a) enthält eine lineare Spannungsquelle mit der Quellenspannung $U_{q1} = 18\,\mathrm{V}$ und dem Innenwiderstand $R_{i1} = 5\,\Omega$, die über einen Widerstand $R = 7\,\Omega$ zu einer linearen Stromquelle mit dem Quellenstrom $I_{q2} = 2\,\mathrm{A}$ und dem Innenwiderstand $R_{i2} = 8\,\Omega$ parallel geschaltet ist.

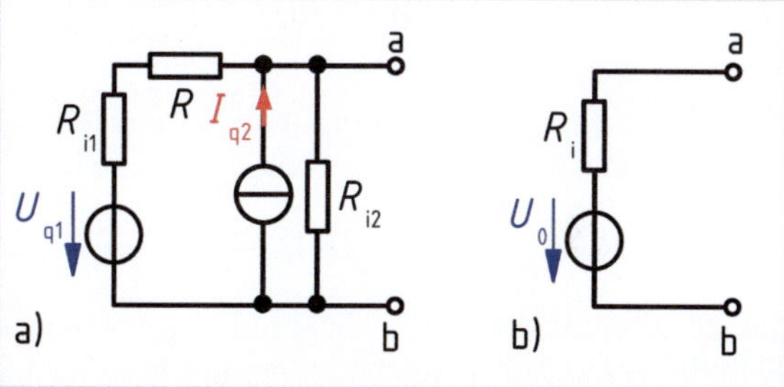

Bild 2.83: Modellierung des Klemmenverhaltens eines a) aktiven Zweipols durch b) eine Ersatz-Spannungsquelle

Für diese Schaltung sollen die Parameter U_0 und R_i der Ersatz-Spannungsquelle nach Bild 2.83 b) bestimmt werden.

Zur Ermittlung des Innenwiderstandes R_i wird in Bild 2.83 a) die ideale Spannungsquelle durch einen Kurzschluss und die ideale Stromquelle durch eine Leitungsunterbrechung ersetzt. Zwischen den Klemmen a und b liegt dann der Innenleitwert

$$\frac{1}{R_i} = \frac{1}{R_{i1} + R} + \frac{1}{R_{i2}} = \frac{1}{5\,\Omega + 7\,\Omega} + \frac{1}{8\,\Omega} = \frac{1}{4{,}8\,\Omega}.$$

Die Berechnung des Kurzschlussstromes ist mit geringerem Rechenaufwand verbunden als die Ermittlung der Leerlaufspannung, da der Widerstand R_{i2} und bei Deaktivierung der Spannungsquelle auch die Reihenschaltung von R_{i1} und R parallel zu den Klemmen liegen.

Unter Verwendung des Überlagerungssatzes (s. Abschnitt 2.4.4) erhält man den durch den externen Kurzschluss von der Klemme a zur Klemme b fließenden Kurzschlussstrom

$$I_k = \frac{U_{q1}}{R_{i1} + R} + I_{q2} = \frac{18\,\mathrm{V}}{5\,\Omega + 7\,\Omega} + 2\,\mathrm{A} = 3{,}5\,\mathrm{A}.$$

Die Leerlaufspannung der Ersatz-Spannungsquelle liefert Gl. (2.159):

$$U_0 = R_i I_k = 4{,}8\,\Omega \cdot 3{,}5\,\mathrm{A} = 16{,}8\,\mathrm{V}$$

Die Ersatz-Spannungsquelle in Bild 2.83 b) hat also die Leerlaufspannung $U_0 = 16{,}8\,\mathrm{V}$ und den Innenwiderstand $R_i = 4{,}8\,\Omega$.

Beispiel 2.39: Bestimmung der Parameter einer Ersatz-Stromquelle

Für die Schaltung in Bild 2.84 a), die aus einer idealen Spannungsquelle mit $U_\mathrm{q} = 20\,\mathrm{V}$ und den Widerständen $R_1 = 3\,\Omega$, $R_2 = 7\,\Omega$ und $R_3 = 17{,}9\,\Omega$ besteht, sollen die Parameter der Ersatz-Stromquelle nach Bild 2.84 b) bestimmt werden.

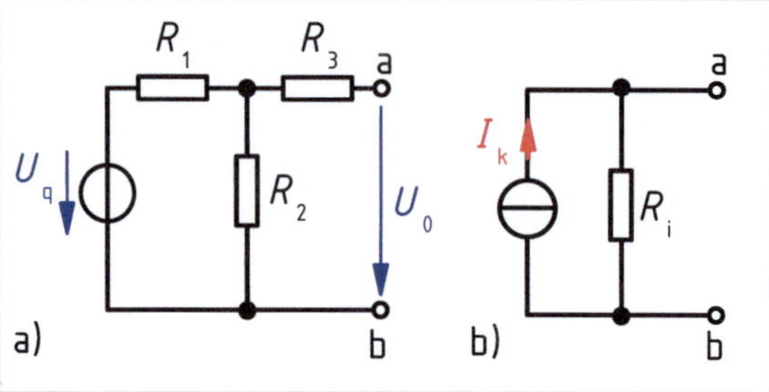

Bild 2.84: Modellierung des Klemmenverhaltens eines a) aktiven Zweipols durch b) eine Ersatz-Stromquelle

Nachdem die ideale Spannungsquelle in Bild 2.84 a) durch einen Kurzschluss ersetzt wurde, liegt zwischen den Klemmen a und b der Innenwiderstand

$$R_\mathrm{i} = R_3 + \frac{R_1 R_2}{R_1 + R_2} = 17{,}9\,\Omega + \frac{3\,\Omega \cdot 7\,\Omega}{3\,\Omega + 7\,\Omega} = 20\,\Omega\,.$$

Die Berechnung der Leerlaufspannung ist mit geringerem Rechenaufwand verbunden als die Ermittlung des Kurzschlussstromes, da der Widerstand R_3 in Reihe zu den Klemmen liegt und somit die Leerlaufspannung nicht beeinflusst. Über die Spannungsteilerregel Gl. (2.116) erhält man mit dem Zählpfeil für U_0 in Bild 2.84 a) unmittelbar

$$U_0 = \frac{R_2}{R_1 + R_2} U_\mathrm{q} = \frac{7\,\Omega}{3\,\Omega + 7\,\Omega} 20\,\mathrm{V} = 14\,\mathrm{V}\,.$$

Aus Gl. (2.159) ergibt sich der Kurzschlussstrom

$$I_\mathrm{k} = \frac{U_0}{R_i} = \frac{14\,\mathrm{V}}{20\,\Omega} = 700\,\mathrm{mA}\,.$$

Dieses Beispiel zeigt ebenso wie Beispiel 2.38, dass es nicht unbedingt am einfachsten ist, zunächst den Parameter der idealen Quelle zu bestimmen, der zu dem gesuchten Ersatz-Quellentyp gehört.

Beispiel 2.40: Anwendung einer Ersatz-Spannungsquelle zur Netzwerkanalyse

Das Netzwerk in Bild 2.85 a) enthält die Widerstände $R_1 = 1\,\Omega$, $R_2 = 2\,\Omega$, $R_4 = 25\,\Omega$, $R_5 = 40\,\Omega$ sowie die Quellenspannungen $U_\mathrm{q1} = 16{,}2\,\mathrm{V}$ und $U_\mathrm{q2} = 11{,}4\,\mathrm{V}$.

Der Strom I_3 soll in Abhängigkeit vom Wert des Widerstandes R_3 berechnet werden. Weiterhin ist der Wert von R_3 gesucht, bei dem die von R_3 aufgenommene Leistung maximal wird.

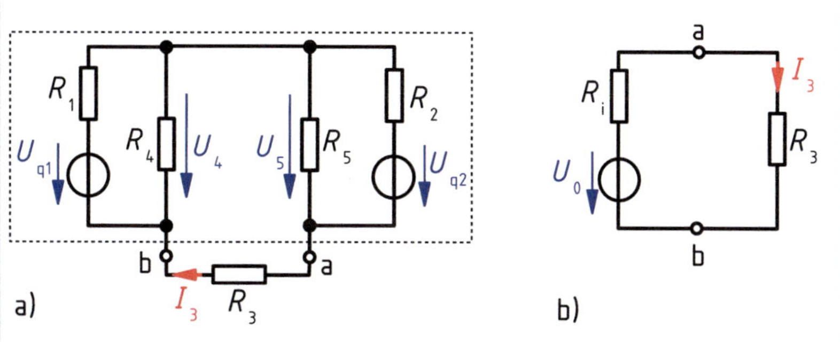

Bild 2.85: a) Netzwerk mit unbekanntem Strom I_3 und
b) Ersatz-Spannungsquelle zur Bestimmung dieses Stromes

Zur Lösung solcher Aufgabenstellungen ist das Verfahren der Ersatz-Quellen hervorragend geeignet.

Zunächst wird der Widerstand R_3 an den Klemmen a und b vom restlichen Netzwerk abgetrennt. Für die nachfolgenden Rechenschritte sind die Klemmen a und b also offen. Man erhält den Innenwiderstand R_i des gestrichelt eingerahmten aktiven Zweipols in Bild 2.85 a), indem man die beiden idealen Spannungsquellen durch Kurzschlüsse ersetzt, wodurch eine Reihenschaltung zweier Parallelschaltungen von Widerständen mit dem Gesamtwiderstand

$$R_\mathrm{i} = \frac{R_1 R_4}{R_1 + R_4} + \frac{R_2 R_5}{R_2 + R_5} = \frac{1\,\Omega \cdot 25\,\Omega}{1\,\Omega + 25\,\Omega} + \frac{2\,\Omega \cdot 40\,\Omega}{2\,\Omega + 40\,\Omega} \approx 2{,}87\,\Omega$$

entsteht. Der Maschensatz liefert den Ansatz zur Berechnung der Leerlaufspannung zwischen den Klemmen a und b:

$$U_0 = U_4 - U_5$$

Die Spannungen U_4 und U_5 über den Widerständen R_4 und R_5 folgen aus der Anwendung der Spannungsteilerregel auf die beiden verbliebenen Maschen, in denen die Spannungsquellen liegen:

$$U_4 = \frac{R_4}{R_1 + R_4} U_{q1} = \frac{25\,\Omega}{1\,\Omega + 25\,\Omega}\, 16{,}2\,\mathrm{V} \approx 15{,}6\,\mathrm{V}$$

$$U_5 = \frac{R_5}{R_2 + R_5} U_{q2} = \frac{40\,\Omega}{2\,\Omega + 40\,\Omega}\, 11{,}4\,\mathrm{V} \approx 10{,}9\,\mathrm{V}$$

Daraus folgt für die Leerlaufspannung

$$U_0 = U_4 - U_5 \approx 15{,}6\,\mathrm{V} - 10{,}9\,\mathrm{V} = 4{,}7\,\mathrm{V}.$$

Die Parameter der Ersatz-Spannungsquelle in Bild 2.85 b) sind damit bekannt.

Nun wird der Widerstand R_3 nach Bild 2.85 b) an die Ersatz-Quelle geschaltet. Der gesuchte Strom durch den Widerstand R_3 folgt aus Gl. (2.161) zu

$$I_3 = \frac{U_0}{R_i + R_3} \approx \frac{4{,}7\,\mathrm{V}}{2{,}87\,\Omega + R_3}\,.$$

Die Funktion $I_3 = f(R_3)$ ist in Bild 2.86 grafisch dargestellt.

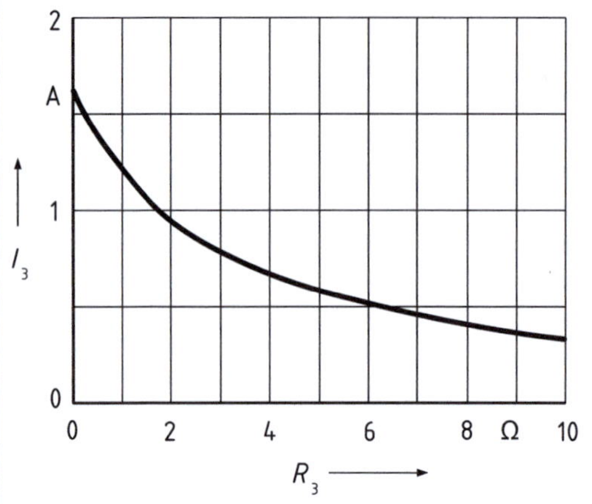

Bild 2.86: Funktion $I_3(R_3)$ für Beispiel 2.40

Nach Gl. (2.72) nimmt ein linearer Widerstand an einer linearen Quelle dann maximale Leistung auf, wenn sein Wert gleich dem des Innenwiderstandes der Quelle ist (Anpassungsfall). Daraus folgt unmittelbar die Bedingung $R_3 = R_i \approx 2{,}87\,\Omega$ für maximale Leistungsaufnahme. Da das den Widerstand speisende *Original*-Netzwerk eine kompliziertere Struktur als eine lineare Spannungs- oder Stromquelle hat, ist der Wirkungsgrad der Gesamtschaltung in diesem Betriebsfall aber schlechter als 50 %.

2.4.6 Maschenstromverfahren

Das Maschenstromverfahren (auch Maschenstromanalyse, Maschenanalyse oder Umlaufanalyse genannt) ist ein vereinfachtes Analyseverfahren für lineare Netzwerke. Das bei diesem Verfahren zu lösende Gleichungssystem ist stets kleiner als das bei der Knoten- und Maschenanalyse (s. Abschnitt 2.4.3) zu lösende.

2.4.6.1 Prinzip des Verfahrens

Jeder einzelne der m Verbindungszweige eines Netzwerks schließt über einen oder mehrere Baumzweige genau eine Masche des Netzwerks (s. Abschnitt 2.4.1.5). *In jeder dieser unabhängigen Elementarmaschen nimmt man einen – zunächst unbekannten – Maschenstrom an.* In jedem Verbindungszweig fließt also *genau ein* Maschenstrom. In jedem Baumzweig überlagern sich *mindestens zwei* Maschenströme zum Zweigstrom.

Beispiel 2.41: Zusammenhang zwischen Maschenströmen und Zweigströmen

Die Bilder 2.87 a) und 2.87 b) zeigen die Graphen zweier einfacher Netzwerke. Die Baumzweige sind rot, die Verbindungszweige blau dargestellt. Weiterhin sind in die Graphen die Zählpfeile für die Zweigströme eingetragen.

Der Zusammenhang zwischen den zu wählenden Maschenströmen und den Zweigströmen ist aufzuzeigen.

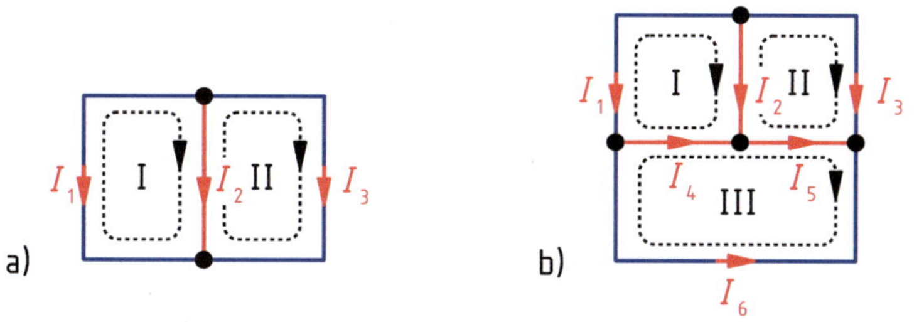

Bild 2.87: Beispiele für Maschenströme in unterschiedlichen Graphen

Jeder Verbindungszweig bildet mit einem (s. Bild 2.87 a)) bzw. zwei (s. Bild 2.87 b)) Baumzweigen genau eine Masche. In jeder Masche wird ein Umlauf eingetragen und mit I und II (s. Bild 2.87 a)) bzw. I bis III (s. Bild 2.87 b)) bezeichnet. Der Umlaufsinn ist willkürlich in allen Maschen im Uhrzeigersinn gewählt worden. Nun wird in jeder eingetragenen Masche ein Maschenstrom angenommen, dessen Zählpfeilrichtung mit der Richtung des Maschenumlaufs übereinstimmt und der als Index die Bezeichnung der Masche erhält. Damit ergibt sich der Zusammenhang zwischen Maschen- und Zweigströmen für Bild 2.87 a)

$$I_1 = -I_\mathrm{I}, \qquad I_3 = I_\mathrm{II}$$

und durch Anwendung des Knotensatzes auf einen der beiden Knoten

$$I_2 = -I_1 - I_3 = I_\mathrm{I} - I_\mathrm{II}\,.$$

Man erkennt, dass der Zusammenhang zwischen dem Strom I_2 im Baumzweig und den Maschenströmen auch ohne explizites Aufstellen der Knotengleichung möglich ist:

Man braucht nur die durch den Baumzweig fließenden Maschenströme I_I und I_II unter Berücksichtigung der Zählpfeilrichtungen der beteiligten Ströme zu überlagern.

Für Bild 2.87 b) ergibt sich entsprechend für die Ströme in den Verbindungszweigen

$$I_1 = -I_\mathrm{I}, \qquad I_3 = I_\mathrm{II}, \qquad I_6 = -I_\mathrm{III}$$

und für die Ströme in den Baumzweigen

$$I_2 = I_\mathrm{I} - I_\mathrm{II}, \qquad I_4 = -I_\mathrm{I} + I_\mathrm{III}, \qquad I_5 = -I_\mathrm{II} + I_\mathrm{III}\,.$$

Beim Maschenstromverfahren werden m unabhängige *Maschengleichungen* aufgestellt, in denen *nicht die Zweigströme*, sondern die unbekannten *Maschenströme* auftreten. Die Lösung dieses *Gleichungssystems aus m Gleichungen* liefert zunächst die Werte der Maschenströme. Mit den Maschenströmen sind aber auch – bis auf ihre Vorzeichen – die Ströme in den *Verbindungszweigen* bekannt. Wählt man als Maschenströme die Ströme in den zugehörigen Verbindungszweigen, entfällt die Umrechnung der Maschenströme in die Verbindungszweigströme. Anschließend werden die $k-1$ Ströme in den *Baumzweigen* durch Anwendung des Knotensatzes *einzeln* berechnet.

Um den Rechenaufwand möglichst gering zu halten, ist es empfehlenswert, einen vollständigen Baum mit *sternförmiger Struktur* zu wählen. Dies führt zu einfacheren Maschengleichungen, da die Maschenströme nur durch wenige Baumzweige fließen. Weiterhin brauchen jeweils nur wenige Maschenströme überlagert zu werden, um die Baumzweigströme zu berechnen.

Beispiel 2.42: Auswirkung der Baumstruktur auf die Komplexität der Maschengleichungen

Für den Graphen des Netzwerks in Bild 2.88 a) sind der vollständige Baum mit sternförmiger (s. Bild 2.88 b)) und ein vollständiger Baum mit linienförmiger (s. Bild 2.88 c)) Struktur hinsichtlich der Komplexität der zugehörigen Maschengleichungen zu vergleichen.

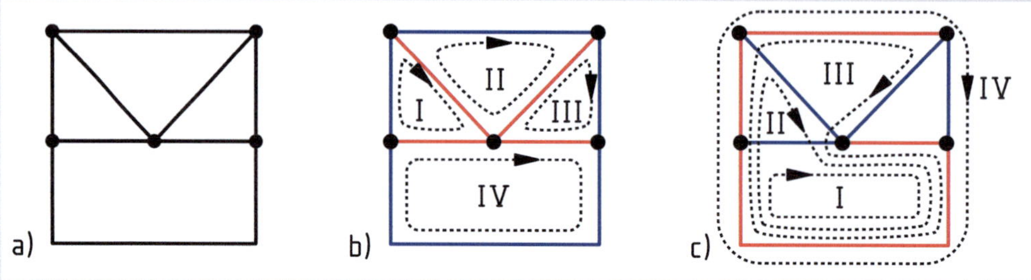

Bild 2.88: a) Graph eines Netzwerks und vollständiger Baum mit
b) sternförmiger bzw.
c) linienförmiger Struktur mit zugehörigen Maschen

Der Graph enthält $k = 5$ Knoten und $z = 8$ Zweige. Jeder vollständige Baum des Graphen enthält also $k - 1 = 4$ Baumzweige; die restlichen $z - k + 1 = 4$ Zweige sind Verbindungszweige. Die zu den Verbindungszweigen gehörenden Maschen I, II, III und IV sind in den Bilder 2.88 b) und 2.88 c) gestrichelt eingezeichnet. Die Maschen in Bild 2.88 b) bestehen jeweils aus 3 Zweigen, die in Bild 2.88 c) aus 3, 4, 5 und 4 Zweigen. Je mehr Zweige eine Masche enthält, desto komplizierter wird die zugehörige Maschengleichung. Pro Baumzweig müssen in Bild 2.88 b) jeweils 2 Maschenströme überlagert werden. In Bild 2.88 c) sind es 3, 4, 3 und 2 Maschenströme. Verallgemeinernd lässt sich feststellen, dass die Wahl eines vollständigen Baumes mit sternförmiger Struktur in zweifacher Hinsicht zu geringerem mathematischem Aufwand führt als die Wahl eines Baumes mit linienförmiger Struktur.

Die Anzahl

$$m = z - k + 1 \tag{2.165}$$

der unabhängigen Maschen ist bei jedem Netzwerk mit mehr als einer Masche kleiner als die Anzahl z der Zweige. Daher ist das Gleichungssystem, das beim Maschenstromverfahren zu lösen ist, immer kleiner als bei der Knoten- und Maschenanalyse. Die Anzahl der *insgesamt* auszuwertenden Gleichungen ist in beiden Fällen $m + (k - 1)$ und damit gleich der Anzahl z der Zweige.

Die Anwendung des Maschenstromverfahrens empfiehlt sich insbesondere, wenn $m \ll z$ ist oder wenn nur einzelne Zweigströme innerhalb eines Netzwerks gesucht sind und ein vollständiger Baum so gewählt werden kann, dass die gesuchten Ströme weitgehend in Verbindungszweigen des Baumes fließen.

Beispiel 2.43: Anwendung des Maschenstromverfahrens auf ein Netzwerk ohne Stromquellen

Das Netzwerk in Bild 2.89 a) enthält die Widerstände $R_1 = 1\,\Omega, R_2 = 2\,\Omega, R_3 = 5\,\Omega, R_4 = 25\,\Omega$, $R_5 = 40\,\Omega$ sowie die Quellenspannungen $U_{q1} = 16{,}2\,\text{V}$ und $U_{q2} = 11{,}4\,\text{V}$.

Alle Zweigströme sollen bestimmt werden.

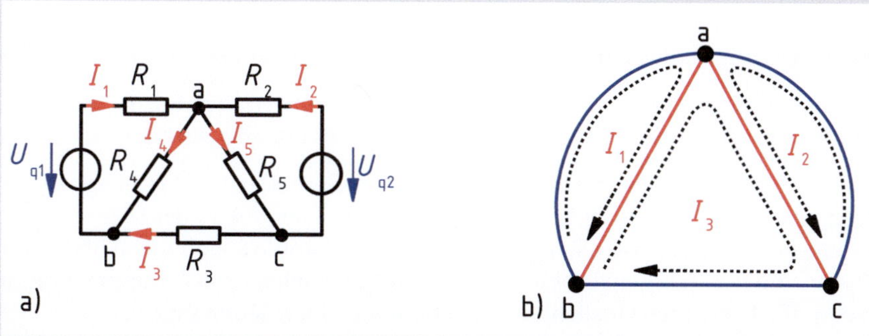

Bild 2.89: a) Netzwerk mit Zählpfeilen für die gesuchten Zweigströme und
b) Graph mit vollständigem Baum und den Zählpfeilen der Maschenströme

In Bild 2.89 b) ist der Graph des Netzwerks, in dem bereits ein vollständiger Baum ausgewählt wurde (rot markiert), dargestellt. Als Maschenströme werden die Zweigstrome in den Verbindungszweigen, also I_1, I_2 und I_3 gewählt. Die Maschengleichungen werden aufgestellt, indem die Maschen in Richtung der Zählpfeile der Maschenströme durchlaufen werden:

$$
\begin{aligned}
\text{M}_1 &: \quad R_1 I_1 + R_4(I_1 - I_3) - U_{q1} = 0 \\
\text{M}_2 &: \quad R_2 I_2 + R_5(I_2 + I_3) - U_{q2} = 0 \\
\text{M}_3 &: \quad R_3 I_3 + R_4(-I_1 + I_3) + R_5(I_2 + I_3) = 0
\end{aligned}
$$

Nun wird das Gleichungssystem nach Strömen geordnet und die Spannungen werden auf die rechte Seite gebracht. Damit erhält man die Matrizengleichung

$$
\begin{bmatrix} (R_1 + R_4) & 0 & -R_4 \\ 0 & (R_2 + R_5) & R_5 \\ -R_4 & R_5 & (R_3 + R_4 + R_5) \end{bmatrix} \cdot \begin{pmatrix} I_1 \\ I_2 \\ I_3 \end{pmatrix} = \begin{pmatrix} U_{q1} \\ U_{q2} \\ 0 \end{pmatrix}.
$$

In diesem Beispiel enthält der Spaltenvektor der Ströme nur die zu berechnenden Maschenströme, der Spaltenvektor der Spannungen nur bekannte Quellenspannungen. Das Einsetzen der Zahlenwerte ergibt

$$
\begin{bmatrix} 26\,\Omega & 0 & -25\,\Omega \\ 0 & 42\,\Omega & 40\,\Omega \\ -25\,\Omega & 40\,\Omega & 70\,\Omega \end{bmatrix} \cdot \begin{pmatrix} I_1 \\ I_2 \\ I_3 \end{pmatrix} = \begin{pmatrix} 16{,}2\,\text{V} \\ 11{,}4\,\text{V} \\ 0 \end{pmatrix},
$$

woraus mit dem Taschenrechner oder z. B. einem Programm zur numerischen Mathematik die Werte der Maschenströme

$$I_1 = 1{,}2\,\text{A}, \qquad I_2 = -0{,}3\,\text{A}, \qquad I_3 = 0{,}6\,\text{A}$$

folgen. Eine Umrechnung der Maschen- in Verbindungszweigströme ist nicht erforderlich. Durch Überlagerung der Maschenströme lassen sich nun die noch fehlenden Ströme in den Baumzweigen ermitteln:

$$I_4 = I_1 - I_3 = 1{,}2\,\mathrm{A} - 0{,}6\,\mathrm{A} = 0{,}6\,\mathrm{A}\,, \qquad I_5 = I_2 + I_3 = -0{,}3\,\mathrm{A} + 0{,}6\,\mathrm{A} = 0{,}3\,\mathrm{A}\,.$$

2.4.6.2 Behandlung von Stromquellen

Enthält ein Netzwerk einen oder mehrere Zweige mit idealen Stromquellen, sind die Zweigströme dieser Zweige bekannt; stattdessen sind nun die Spannungen über den Stromquellen unbekannt.

Ein vollständiger Baum ist so zu wählen, dass Stromquellen in *Verbindungszweigen* liegen, da Ströme in Baumzweigen stets durch die Überlagerung mehrerer Maschenströme gebildet werden.

Stromquellen in Netzwerken führen dazu, dass nach dem Sortieren der Maschengleichungen nach Spannungen und Strömen – im Gegensatz zu Beispiel 2.43 – der Vektor der Ströme auch bekannte Quellenströme und der Vektor der Spannungen auch unbekannte Spannungen über Stromquellen enthält. Daher sind die Maschengleichungen vor dem Anwenden eines Lösungsalgorithmus so zu sortieren, dass alle bekannten Quellengrößen auf ihren rechten Seiten stehen.

Beispiel 2.44: Anwendung des Maschenstromverfahrens auf ein einfaches Netzwerk mit Stromquelle

In Bild 2.90 a) ist das bereits in Beispiel 2.34 betrachtete Netzwerk mit einer idealen Stromquelle nochmals dargestellt. Bild 2.90 b) enthält den Graphen des Netzwerks mit einem vollständigen Baum, der aus dem Zweig mit der Spannungsquelle besteht.

Das Gleichungssystem, das sich bei Verwendung dieses vollständigen Baumes ergibt, ist aufzustellen und zu diskutieren.

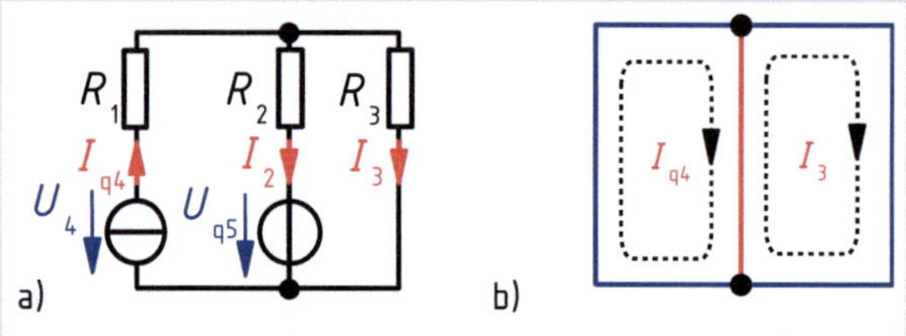

Bild 2.90: a) Netzwerk mit Stromquelle und b) Graph mit vollständigem Baum und den Zählpfeilen der Maschenströme

Die beiden Maschenumläufe ergeben

$$\begin{aligned} \mathrm{M}_3:&\quad R_3 I_3 - U_{q5} + R_2(I_3 - I_{q4}) = 0\,,\\ \mathrm{M}_4:&\quad R_1 I_{q4} + R_2(-I_3 + I_{q4}) + U_{q5} - U_4 = 0\,, \end{aligned}$$

was bei einer Sortierung nach Strömen und Spannungen entsprechend Beispiel 2.43 zu den Gleichungen

$$\begin{aligned} I_3(R_2 + R_3) + I_{q4}(-R_2) &= U_{q5}\,,\\ I_3(-R_2) + I_{q4}(R_1 + R_2) &= U_4 - U_{q5} \end{aligned}$$

führt, die als Matrizengleichung

$$\begin{bmatrix} R_2 + R_3 & -R_2 \\ -R_2 & R_1 + R_2 \end{bmatrix} \cdot \begin{pmatrix} I_3 \\ I_{q4} \end{pmatrix} = \begin{pmatrix} U_{q5} \\ U_4 - U_{q5} \end{pmatrix}$$

geschrieben werden können. Das Gleichungssystem kann in dieser Form nicht gelöst werden, sondern ist so umzuordnen, dass die rechte Seite nur bekannte Größen enthält, also zu

$$I_3(R_2 + R_3) = U_{q5} + I_{q4} R_2 ,$$
$$I_3(-R_2) - U_4 = -I_{q4}(R_1 + R_2) - U_{q5} ,$$

was als Matrizengleichung

$$\begin{bmatrix} R_2 + R_3 & 0 \\ -R_2 & -1 \end{bmatrix} \cdot \begin{pmatrix} I_3 \\ U_4 \end{pmatrix} = \begin{pmatrix} U_{q5} + R_2 I_{q4} \\ -(R_1 + R_2) I_{q4} - U_{q5} \end{pmatrix}$$

dargestellt werden kann.

Der Vektor auf der rechten Seite enthält nur noch bekannte Größen, der Vektor auf der linken Seite nur gesuchte Größen. Die ehemalige Widerstandsmatrix enthält nun in der zu U_4 gehörigen Spalte auch dimensionslose Größen.

Die erste Gleichung reicht zur Bestimmung von I_3 aus:

$$I_3 = \frac{U_{q5} + R_2 I_{q4}}{R_2 + R_3} = I_{q4} \frac{R_2}{R_2 + R_3} + \frac{U_{q5}}{R_2 + R_3}$$

Der Baumzweigstrom ergibt sich aus der Überlagerung der Maschenströme:

$$I_2 = I_{q4} - I_3 = I_{q4} - \left(I_{q4} \frac{R_2}{R_2 + R_3} + \frac{U_{q5}}{R_2 + R_3} \right) = I_{q4} \frac{R_3}{R_2 + R_3} - \frac{U_{q5}}{R_2 + R_3}$$

Aus der zweiten Gleichung des Gleichungssystems lässt sich schließlich U_4 berechnen:

$$\begin{aligned} U_4 &= -I_3 R_2 + I_{q4}(R_1 + R_2) + U_{q5} \\ &= -\left(I_{q4} \frac{R_2}{R_2 + R_3} + \frac{U_{q5}}{R_2 + R_3} \right) R_2 + I_{q4}(R_1 + R_2) + U_{q5} \\ &= I_{q4} \left(R_1 + \frac{R_2 R_3}{R_2 + R_3} \right) + U_{q5} \frac{R_3}{R_2 + R_3} \end{aligned}$$

An diesem einfachen Beispiel ist deutlich erkennbar, dass die Anwendung des Maschenstromverfahrens in seiner Grundform bei Netzwerken mit Stromquellen umständlich ist.

Die in Beispiel 2.44 exemplarisch aufgezeigten Schwierigkeiten lassen sich durch die folgenden beiden Modifikationen des elementaren Maschenstromverfahrens vermeiden und führen sogar zu einer Verkleinerung des zu lösenden Gleichungssystems:

- *Lineare Stromquellen* (ideale Stromquellen parallel zu mindestens einem Widerstand) können in *lineare Spannungsquellen* umgewandelt werden. Dadurch reduziert sich die Zahl der Zweige und damit auch die Zahl der zu berechnenden Maschenströme.
- Der Strom in Zweigen, die eine *ideale Stromquelle* enthalten, ist bekannt. Wählt man solche Zweige als Verbindungszweige, treten die unbekannten Spannungen über den Stromquellen *nur in jeweils einer einzigen Gleichung* auf. Diese Gleichungen können nach dem Lösen des restlichen Gleichungssystems *einzeln* ausgewertet werden.

2.4.6.3 Vorgehensweise

Unter Berücksichtigung der obigen Empfehlungen zur Behandlung von Stromquellen (im folgenden Text rot hervorgehoben) ergibt sich das *modifizierte Maschenstromverfahren*:

Vor der Netzwerkanalyse sind, sofern nicht gegeben, *Zählpfeile* für alle beteiligten Ströme und Spannungen festzulegen.

1. Ggf. *Netzwerkumformung*, insbesondere:
   - Zusammenfassen von Schaltungsteilen, deren elektrische Größen nicht gesucht sind.
   - *Umwandeln linearer Stromquellen in lineare Spannungsquellen.*
2. Auswählen eines *vollständigen Baumes* des Netzwerks. Dabei ist zu beachten:
   - Ideale Stromquellen müssen in Verbindungszweigen liegen.
   - Sind nur einzelne Ströme gesucht, sollten sie in Verbindungszweigen fließen.
   - *Ideale Spannungsquellen* sollten in Baumzweigen liegen[17].
   - Möglichst einen Baum mit sternförmiger Struktur wählen.
3. *Eintragen der Zählpfeile für die Maschenströme* in den unabhängigen Maschen des gewählten Baumes. Der Strom im Verbindungszweig einer Masche sollte als Maschenstrom gewählt werden.
4. *Aufstellen der Maschengleichungen* für die ausgewählten Maschen. Als Umlaufsinn in einer Masche wird die Zählpfeilrichtung des zugehörigen Maschenstromes gewählt. Widerstände in Baumzweigen werden stets von mehreren Maschenströmen durchflossen. Der Spannungsabfall über einem solchen Widerstand ergibt sich aus der vorzeichenrichtigen Überlagerung der Teilspannungen $R(\pm I_\mu)$, die durch die Maschenströme I_μ, die durch ihn fließen (nicht die Zweigströme!), hervorgerufen werden: Stimmt die Richtung des Zählpfeils eines Maschenstromes I_μ mit dem Umlaufsinn in der gerade betrachteten Masche überein, gilt $U_\mu = R(+I_\mu)$, sonst $U_\mu = R(-I_\mu)$.
5. *Umformen des Gleichungssystems:*
   - Alle Spannungen über Quellen werden auf die „rechte Seite" gebracht.
   - Sortieren der Spannungsabfälle nach Maschenströmen.
   - Alle Terme, die durch Stromquellen erzeugte Spannungsabfälle über Widerständen beschreiben, werden auf die rechte Seite gebracht, da diese Ausdrücke bekannt sind.
   - Alle Gleichungen, die einen Spannungsabfall über einer idealen Stromquelle enthalten, werden zunächst aus dem Gleichungssystem entfernt.
6. *Lösen des Gleichungssystems* für die unbekannten Maschenströme, womit auch die Ströme in den Verbindungszweigen bekannt sind.
7. *Berechnen der gesuchten Baumzweigströme* durch vorzeichenrichtige Überlagerung der Maschenströme.
8. Berechnen der *Spannungsabfälle über idealen Stromquellen* mittels der unter 5. aus dem Gleichungssystem entfernten *einzelnen* Gleichungen.
9. Ggf. Rückgängigmachen der unter 1. durchgeführten Netzwerkumformungen. Hierbei ggf. Berechnung der Spannungen über Stromquellen, die in lineare Spannungsquellen umgewandelt wurden.

[17] Hierdurch ergibt sich ein einfacheres Koeffizientenschema, da weniger Koppelwiderstände auftreten (s. Abschnitt 2.4.6.4).

Das Rechenschema zum Lösen des linearen Gleichungssystems kann z. B. in folgender Form aufgeschrieben werden:

$$\begin{array}{r|cccc|c} & I_1 & I_2 & \ldots & I_n & r.\,S. \\ \hline \mathrm{M}_1: & R_{11} & R_{12} & \ldots & R_{1n} & U_{\mathrm{ges}1} \\ \mathrm{M}_2: & R_{21} & R_{22} & \ldots & R_{2n} & U_{\mathrm{ges}2} \\ \ldots & \ldots & \ldots & \ldots & \ldots & \ldots \\ \mathrm{M}_n: & R_{n1} & R_{n2} & \ldots & R_{\mathrm{nn}} & U_{\mathrm{ges}n} \end{array} \tag{2.166}$$

Das Gleichungssystem hat in Matrizenschreibweise prinzipiell die Form

$$\underline{R}\,\vec{I} = \vec{U} \tag{2.167}$$

mit der quadratischen *Widerstandsmatrix* $\underline{R}$, dem Spaltenvektor $\vec{I}$ der Maschenströme sowie dem Spaltenvektor $\vec{U}$ der Spannungen über Quellen.

2.4.6.4 Vereinfachtes Aufstellen der Matrizengleichung

Das beim Maschenstromverfahren zu lösende Gleichungssystem hat eine bestimmte Struktur, die es ermöglicht, die Matrizengleichung ohne vorheriges explizites Aufschreiben der einzelnen Maschengleichungen direkt zu erstellen (s. Beispiel 2.31).

Für die folgenden Betrachtungen müssen die aus den Maschen M_1, M_2, ... M_n resultierenden Gleichungen im Schema (2.166) innerhalb der n Zeilen die selbe Reihenfolge haben wie die zugehörigen Maschenströme (I_1, I_2, ..., I_n) innerhalb der n Spalten. Daher ist es empfehlenswert, die Maschenumläufe M_μ mit den Indizes μ der zugehörigen Maschenströme I_μ zu bezeichnen.

Zunächst sind zwei Begriffe zu definieren:

- Der *Summenwiderstand* (auch *Maschenwiderstand* genannt) einer Masche ist die Summe der Widerstände in allen Zweigen, aus denen die Masche besteht.
- Der *Koppelwiderstand* zwischen zwei Maschen ist die *vorzeichenbehaftete* Summe der Widerstände in denjenigen Baumzweigen, durch die die Maschenströme beider Maschen fließen. Haben die Zählpfeile der beiden betrachteten Maschenströme an einem Widerstand gleiche Richtung, wird sein Wert mit positivem Vorzeichen berücksichtigt, sonst mit negativem Vorzeichen.

Man kann dann die folgenden Gesetzmäßigkeiten nutzen, um das Aufstellen des Gleichungssystems in der Form von Gl. (2.166) bzw. in Form von Gl. (2.167) zu vereinfachen.

1. Die quadratische Widerstandsmatrix $\underline{R}$ ist stets symmetrisch zu ihrer Hauptdiagonalen, es gilt also $R_{\mu\nu} = R_{\nu\mu}$. (Diese Tatsache ermöglicht einen Plausibilitätstest der Elemente von $\underline{R}$.)
2. Auf der Hauptdiagonalen von $\underline{R}$ stehen die *Summenwiderstände* $R_{\mu\mu}$ der zugehörigen Maschen μ. Ideale Quellen in den Zweigen einer Masche liefern keinen Beitrag zum Summenwiderstand (wohl aber in Reihe mit idealen Quellen liegende Widerstände).
3. Die Widerstände $R_{\mu\nu}$ außerhalb der Hauptdiagonalen von $\underline{R}$ sind die vorzeichenbehafteten *Koppelwiderstände* zwischen den Maschen μ und ν. Ideale Spannungsquellen[18] liefern keinen Beitrag zu den Koppelwiderständen.

[18] Ideale Stromquellen spielen hier keine Rolle, da Baumzweige keine idealen Stromquellen enthalten dürfen.

4. Eine Spannung $U_{\text{ges}\mu}$ enthält die *negative* Summe[19] der Spannungen über allen Quellen in der zugehörigen Masche μ.

Beispiel 2.45: Vereinfachtes Aufstellen der Matrizengleichung bei einem Netzwerk ohne Stromquellen

Für die Schaltung aus Beispiel 2.43, die in Bild 2.91 a) noch einmal dargestellt ist, soll die Matrizengleichung zur Berechnung der Maschenströme direkt aufgestellt werden. Der vollständige Baum soll nun aus den Zweigen mit den Spannungsquellen bestehen.

Der vollständige Baum und die Zählpfeile der Maschenströme sind Bild 2.91 b) zu entnehmen.

Zunächst werden die Summenwiderstände in die Widerstandsmatrix eingetragen: Der Maschenstrom I_3 fließt durch R_1, R_2 und R_3; I_4 durch R_1 und R_4; I_5 durch R_2 und R_5.

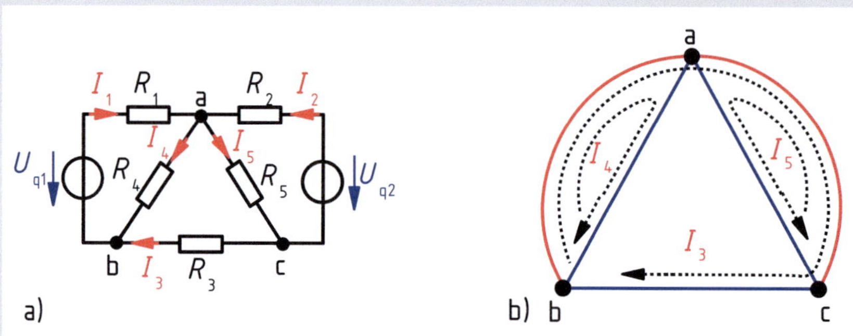

Bild 2.91: a) Netzwerk mit Zählpfeilen für die gesuchten Zweigströme und
b) Graph mit vollständigem Baum und den Zählpfeilen der Maschenströme

Danach folgen die Koppelwiderstände: Die Zählpfeile der Maschenströme I_3 und I_4 haben an R_1 gleiche Richtung, die Zählpfeile von I_3 und I_5 an R_2 entgegengesetzte Richtung. Für I_4 und I_5 gibt es keinen Koppelwiderstand, daher wird der Wert null eingetragen.

Schließlich werden auf der rechten Seite die in den Maschen vorhandenen Quellenspannungen eingetragen, wobei auf die oben genannte Vorzeichenregelung zu achten ist: Der Zählpfeil von I_3 weist gegen die Richtung des Zählpfeils von U_{q1} und in Richtung des Zählpfeils von U_{q2}; der Zählpfeil von I_4 weist gegen die Richtung des Zählpfeils von U_{q1}; der Zählpfeil von I_5 gegen die Richtung des Zählpfeils von U_{q2}.

Damit erhält man die Matrizengleichung

$$\begin{bmatrix} (R_1+R_2+R_3) & R_1 & -R_2 \\ R_1 & (R_1+R_4) & 0 \\ -R_2 & 0 & (R_2+R_5) \end{bmatrix} \cdot \begin{pmatrix} I_3 \\ I_4 \\ I_5 \end{pmatrix} = \begin{pmatrix} U_{q1}-U_{q2} \\ U_{q1} \\ U_{q2} \end{pmatrix}$$

[19]Spannungen, deren Zählpfeil in Richtung des Maschenumlaufs weisen, sind also auf der rechten Seite mit negativem Vorzeichen anzusetzen und umgekehrt.

und nach Einsetzen der Zahlenwerte aus Beispiel 2.43

$$\begin{bmatrix} 8\,\Omega & 1\,\Omega & -2\,\Omega \\ 1\,\Omega & 26\,\Omega & 0 \\ -2\,\Omega & 0 & 42\,\Omega \end{bmatrix} \cdot \begin{pmatrix} I_3 \\ I_4 \\ I_5 \end{pmatrix} = \begin{pmatrix} 4{,}8\,\mathrm{V} \\ 16{,}2\,\mathrm{V} \\ 11{,}4\,\mathrm{V} \end{pmatrix}$$

die Ergebnisse

$$I_3 = 0{,}6\,\mathrm{A}\,, \qquad I_4 = 0{,}6\,\mathrm{A}\,, \qquad I_5 = 0{,}3\,\mathrm{A}$$

und durch Überlagerung die Ströme in den Baumzweigen

$$I_1 = I_3 + I_4 = 1{,}2\,\mathrm{A}\,, \qquad I_2 = -I_3 + I_5 = -0{,}3\,\mathrm{A}\,,$$

was natürlich mit den Ergebnissen des Beispiels 2.43 übereinstimmt.

Beispiel 2.46: Anwendung des Maschenstromverfahrens auf ein Netzwerk mit allen Quellenarten

Das in Bild 2.92 a) dargestellte Netzwerk soll mit dem Maschenstromverfahren analysiert werden. Die Werte aller Widerstände und Quellengrößen seien bekannt.

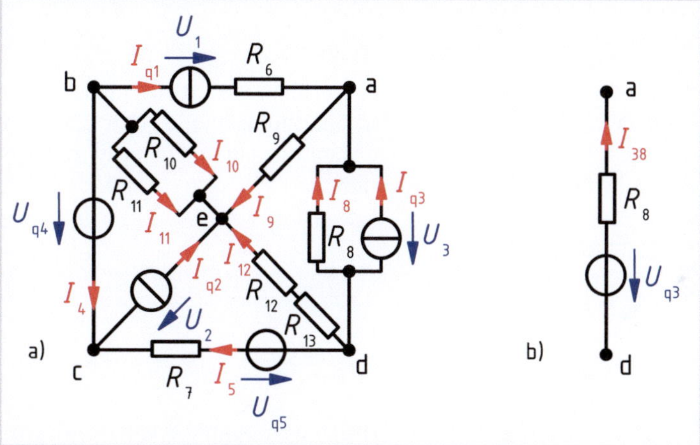

Bild 2.92: a) Netzwerk mit verschiedenen Quellenarten und
b) Ersatz-Zweipol für die Zweige zwischen den Knoten a und d

Das in Bild 2.92 a) dargestellte Original-Netzwerk enthält die $k = 5$ Knoten a bis e und $z = 10$ Zweige. Es sind also $m = z-k+1 = 6$ Maschengleichungen aufzustellen und zu lösen. Die beiden parallelen Zweige zwischen den Knoten b und e können vorübergehend zu einem Zweig zusammengefasst werden. Das Netzwerk enthält in den beiden Zweigen a-b und c-e ideale Stromquellen. Die beiden parallelen Zweige zwischen den Knoten a und d können als lineare Stromquelle aufgefasst werden. Daher ist zu erwarten, dass bei Anwendung der modifizierten Maschenstromanalyse nur noch ein Gleichungssystem mit 2 Gleichungen zu lösen ist.

Das in Abschnitt 2.4.6.3 beschriebene Verfahren wird nun unter Berücksichtigung der Hinweise in Abschnitt 2.4.6.4 Punkt für Punkt angewandt:

Zählpfeile für alle benötigten Größen sind bereits in Bild 2.92 a) vorgegeben.

1. Die Reihenschaltung der Widerstände R_{12} und R_{13} wird zum Widerstand

$$R_{1213} = R_{12} + R_{13}$$

zusammengefasst, die parallelen Zweige mit den Widerständen R_{10} und R_{11} zu einem Zweig mit dem Widerstand

$$R_{1011} = \frac{R_{10}\,R_{11}}{R_{10} + R_{11}}$$

und dem Zweigstrom

$$I_{1011} = I_{10} + I_{11}\,,$$

dessen Zählpfeil vom Knoten b zum Knoten e weist. Die lineare Stromquelle zwischen den Knoten a und d wird durch eine lineare Spannungsquelle gemäß Bild 2.92 b) ersetzt mit

$$U_{q3} = R_8\,I_{q3}\,,$$

wobei die umgekehrte Richtung des Zählpfeils von U_{q3} gegenüber dem von I_{q3} zu beachten ist. Der Strom durch den neuen Zweig wird

$$I_{38} = I_{q3} + I_8$$

genannt. Das umgeformte Netzwerk hat noch 8 Zweige.

2. Die Zweige a-b und c-e müssen wegen der enthaltenen Stromquellen Verbindungszweige sein. Der Zweig b-c mit der idealen Spannungsquelle sollte Baumzweig sein. Der Baum soll eine möglichst sternförmige Struktur haben. Daher wird der in Bild 2.93 rot dargestellte vollständige Baum ausgewählt.

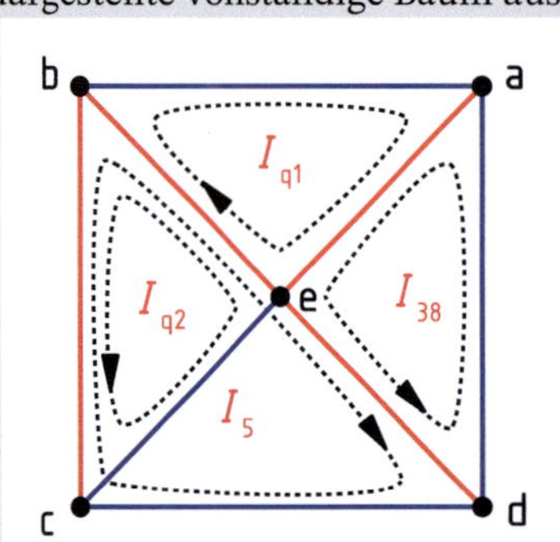

Bild 2.93: Graph der Schaltung aus Bild 2.92 a) nach Netzwerkumformung mit vollständigem Baum und Zählpfeilen für die Maschenströme

3. Als Maschenströme werden die 4 Ströme I_{q1}, I_{q2}, I_5 und I_{38} in den Verbindungszweigen gewählt; ihre Zählpfeile sind in Bild 2.93 eingezeichnet.

4. Das Lösungsschema nach (2.166) kann aus Bild 2.92 a) mit Bild 2.93 direkt aufgestellt werden:

	I_{q1}	I_{q2}	I_5	I_{38}	r. S.
M_1 :	$R_6 + R_9 + R_{1011}$	R_{1011}	$-R_{1011}$	R_9	$-U_1$
M_2 :	R_{1011}	R_{1011}	$-R_{1011}$	0	$U_2 - U_{q4}$
M_5 :	$-R_{1011}$	$-R_{1011}$	$R_7 + R_{1011} + R_{1213}$	R_{1213}	$U_{q4} + U_{q5}$
M_{38} :	R_9	0	R_{1213}	$R_8 + R_9 + R_{1213}$	U_{q3}

5. Die Maschenströme I_{q1} und I_{q2} sind bekannt und damit auch die Produkte dieser Ströme mit den Widerständen in den ersten beiden Spalten der Widerstandsmatrix (im Lösungsschema blau hervorgehoben). Die ersten beiden Gleichungen werden aus dem Gleichungssystem entfernt und später einzeln zur Berechnung der Spannungen U_1 und U_2 über den Stromquellen (im Lösungsschema rot hervorgehoben) verwendet. In den beiden verbleibenden unteren Gleichungen werden die blau markierten Terme auf die rechte Seite gebracht, wodurch das zu lösende Gleichungssystem in Matrizenschreibweise entsteht:

$$\begin{bmatrix} R_7 + R_{1011} + R_{1213} & R_{1213} \\ R_{1213} & R_8 + R_9 + R_{1213} \end{bmatrix} \cdot \begin{pmatrix} I_5 \\ I_{38} \end{pmatrix} = \begin{pmatrix} U_{q4} + U_{q5} + R_{1011}(I_{q1} + I_{q2}) \\ U_{q3} - R_9 I_{q1} \end{pmatrix}$$

6. Das Lösen dieses Gleichungssystems liefert die Werte der Maschenströme I_5 und I_{38}.
7. Die Baumzweigströme ergeben sich aus der Überlagerung der Maschenströme:

$$I_4 = I_{q2} - I_5, \quad I_9 = I_{q1} + I_{38}, \quad I_{12} = -I_5 - I_{38}, \quad I_{1011} = -I_{q1} - I_{q2} + I_5$$

8. Mittels der beiden zurückgestellten Gleichungen und der nun bekannten Zweigströme lassen sich die Spannungen über den Stromquellen berechnen:

$$U_1 = -(R_6 + R_9 + R_{1011}) I_{q1} + R_{1011}(-I_{q2} + I_5) - R_9 I_{38}$$
$$U_2 = U_{q4} + R_{1011}(I_{q1} + I_{q2} - I_5)$$

9. Schließlich sind die Umformungen des Originalnetzwerks rückgängig zu machen. Der eingeführte Zweigstrom I_{1011} wird mittels der Stromteilerregel aufgeteilt:

$$I_{10} = I_{1011} \frac{R_{11}}{R_{10} + R_{11}}, \quad I_{11} = I_{1011} \frac{R_{10}}{R_{10} + R_{11}} = I_{1011} - I_{10}$$

Die lineare Spannungsquelle wird in eine lineare Stromquelle rückgewandelt:

$$I_8 = I_{38} - I_{q3}, \quad U_3 = -R_8 I_8$$

Damit ist das Netzwerk vollständig analysiert. Zur Kontrolle der Ergebnisse einer Rechnung mit Zahlenwerten könnte überprüft werden, ob der Knotensatz für alle Knoten erfüllt ist. Alternativ könnte die Leistungsbilanz (s. Abschnitt 2.1.4.6) für die Schaltung aufgestellt werden.

2.4.7 Knotenpotenzialverfahren

Das Knotenpotenzialverfahren (auch Knotenpotenzialanalyse oder Knotenanalyse genannt) ist wie das Maschenstromverfahren ein vereinfachtes Analyseverfahren für Netzwerke. Das zu lösende Gleichungssystem ist stets kleiner als bei der Knoten- und Maschenanalyse (s. Abschnitt 2.4.3).

2.4.7.1 Prinzip des Verfahrens

Beim Knotenpotenzialverfahren werden zunächst unter ausschließlicher Verwendung von Knotengleichungen die *Potenziale von $k-1$ Knoten des Netzwerks gegenüber einem frei wählbaren Bezugsknoten* im Netzwerk berechnet. Die Zweigspannungen sind die Differenzen der Potenziale der Endknoten der Zweige. Die Ströme in den Zweigen ergeben sich danach mittels des Ohmschen Gesetzes und ggf. der Kirchhoffschen Gesetze aus den Zweigspannungen. Zur Durchführung des Knotenpotenzialverfahrens wird *kein vollständiger Baum* benötigt. Damit ist dieses Verfahren noch schematischer anwendbar als die Maschenstromanalyse und eignet sich hervorragend zur Realisierung in Software. Verfahren zur numerischen Schaltungsanalyse wie z. B. SPICE (s. Abschnitt 2.6) verwenden Algorithmen [NP73], die auf dem Knotenpotenzialverfahren basieren.

Das Knotenpotenzialverfahren erfordert prinzipiell das Lösen eines *Gleichungssystems* mit nur $k-1$ Gleichungen zur Ermittlung der Knotenpotenziale. Aus den Knotenpotenzialen werden anschließend die z gesuchten Zweiggrößen *einzeln* berechnet. Damit ist für eine vollständige Netzwerkanalyse im Sinne des Abschnitts 2.4.1.2 die Zahl der *insgesamt* zu lösenden Gleichungen allerdings größer als z.

Der Bezugsknoten wird in der Regel mit „0“ bezeichnet. Das Potenzial des gewählten Bezugsknotens kann im Rahmen dieses Verfahrens stets zu 0 V angenommen werden, da in der Regel die absolute Größe der Knotenpotenziale irrelevant ist. Sollten ausnahmsweise die absoluten Werte der Potenziale der Knoten von Interesse sein, wählt man als Bezugsknoten einen Knoten, dessen Potenzial φ_0 bekannt ist und berechnet zunächst das Netzwerk unter der Annahme $\varphi_0 = 0\,\text{V}$. Danach addiert man den tatsächlichen Wert von φ_0 zu allen berechneten Knotenpotenzialen. Empfehlenswert ist die Wahl eines Bezugsknotens, der mit möglichst vielen Zweigen des Netzwerks inzident ist („*zentraler Knoten*“). Hierdurch wird das Koeffizientenschema des zu lösenden Gleichungssystems vereinfacht. In der Praxis haben viele Schaltungen bereits einen Bezugsknoten, der als „Masse“ bezeichnet wird. Es bietet sich an, diesen Knoten als Bezugsknoten zu wählen, da dann die berechneten Knotenpotenziale mit den schaltungstechnisch interessierenden Spannungen zwischen Knoten und Masse übereinstimmen.

Beispiel 2.47: Aufstellen der Knotengleichungen bei einem Widerstandsnetzwerk mit Stromquelle

Für Knoten a des in Bild 2.94 dargestellten Netzwerkausschnitts ist die Knotengleichung so aufzustellen, dass sie die Potenziale der dargestellten Knoten miteinander verknüpft.

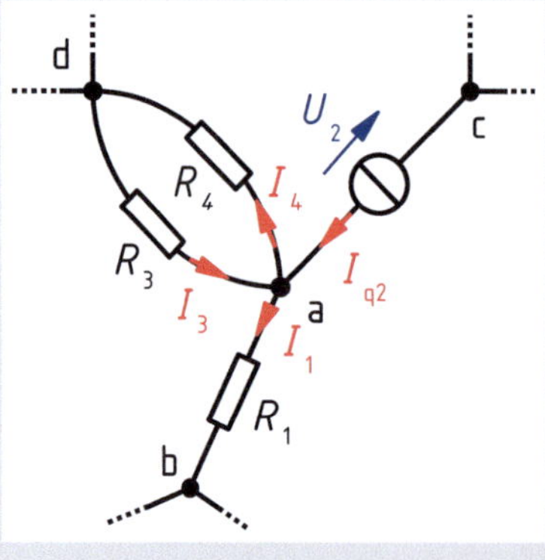

Bild 2.94: Ausschnitt aus einem Netzwerk zur Analyse mit dem Knotenpotenzialverfahren

Mit Rücksicht auf das in Abschnitt 2.4.7.4 behandelte Verfahren zum vereinfachten Aufstellen des Gleichungssystems setzt man bei der Knotenpotenzialanalyse Ströme, deren Zählpfeil vom betrachteten Knoten *weg* weist, in einer Knotengleichung *positiv* an. Damit erhält man für Knoten a die Knotengleichung

$$I_1 - I_{q2} - I_3 + I_4 = 0\,.$$

Durch Anwenden des Ohmschen Gesetzes, Ausdrücken der Zweigspannungen über die Knotenpotenziale und mit den Leitwerten $G_\mu = 1/R_\mu$ folgt daraus

$$(\varphi_a - \varphi_b)\,G_1 - I_{q2} - (\varphi_d - \varphi_a)\,G_3 + (\varphi_a - \varphi_d)\,G_4 = 0\,.$$

Sortieren nach den Knotenpotenzialen ergibt

$$\varphi_a(G_1 + G_3 + G_4) + \varphi_b(-G_1) + \varphi_d(-G_3 - G_4) = I_{q2}\,.$$

Zu dieser Gleichung kommt man unabhängig von der Richtung der Stromzählpfeile für I_1, I_3 und I_4! Somit sind für diesen Schritt noch keine Stromzählpfeile für die unbekannten Zweigströme erforderlich. (Dadurch, dass die Ströme, deren Zählpfeile vom betrachteten Knoten weg weisen, positiv angesetzt wurden, erscheinen Quellenströme, deren Zählpfeile zum betrachteten Knoten *hin* weisen, auf der *rechten* Seite der Gleichung mit *positivem* Vorzeichen. Die Leitwerte der Zweige, die mit dem betrachteten Knoten inzident sind, stehen mit *positivem* Vorzeichen als Faktor bei dem Potenzial des betrachteten Knotens.)

Sind alle Knotenpotenziale bekannt, lassen sich die Zweigströme und die Spannung über der idealen Stromquelle mittels der oben bereits verwendeten Zusammenhänge einfach ermitteln:

$$I_1 = (\varphi_a - \varphi_b)\,G_1\,, \quad I_3 = (\varphi_d - \varphi_a)\,G_3\,, \quad I_4 = (\varphi_a - \varphi_d)\,G_4\,, \quad U_2 = (\varphi_a - \varphi_c)$$

Erst zur Berechnung der Zweigströme müssen also die zugehörigen Stromzählpfeile bekannt sein.

Das Knotenpotenzialverfahren ist besonders effizient, wenn nicht Zweigströme, sondern nur Knotenpotenziale oder Zweigspannungen gesucht sind oder wenn $k - 1 \ll z$ ist. Letzteres ist bei stark vermaschten Netzwerken der Fall.

2.4.7.2 Behandlung von Spannungsquellen

Lineare Spannungsquellen können – zumindest gedanklich – in lineare Stromquellen umgewandelt werden. Hierdurch wird das Aufstellen der Knotengleichungen vereinfacht. Die bei der Umwandlung entstehenden zusätzlichen Zweige sind bei der Knotenpotenzialanalyse nicht nachteilig, da die Anzahl der Knoten nicht vergrößert wird.

Ein Zweig, der aus einer *idealen Spannungsquelle* besteht, führt dazu, dass die Differenz der Potenziale seiner Endknoten bekannt ist. Wählt man als Bezugsknoten einen Knoten, der mit einer oder mehreren idealen Spannungsquellen verbunden ist, sind die Potenziale der auf der anderen Seite der Spannungsquellen liegenden Knoten trivial zu berechnen. In einem solchen Fall kann man diese Knotenpotenziale durch *einzelne* Gleichungen *vor* dem Lösen des Gleichungssystems berechnen, wodurch die Zahl der Gleichungen im Gleichungssystem um die Anzahl der idealen Spannungsquellen reduziert wird.

Im Fall eines Zweiges aus einer *idealen Spannungsquelle*, bei dem keiner der Endknoten der Bezugsknoten ist, braucht mit dem Gleichungssystem nur das Potenzial des einen der beiden Knoten berechnet zu werden. Das Potenzial des anderen Knotens unterscheidet sich dann nur um den (bekannten) Wert der Quellenspannung vom zu berechnenden Potenzial.

In Bild 2.95 kann φ_a durch den Ausdruck $\varphi_b + U_{qab}$ oder φ_b durch den Ausdruck $\varphi_a - U_{qab}$ ersetzt werden, so dass mit dem Gleichungssystem nur eines der beiden Potenziale berechnet zu werden braucht.

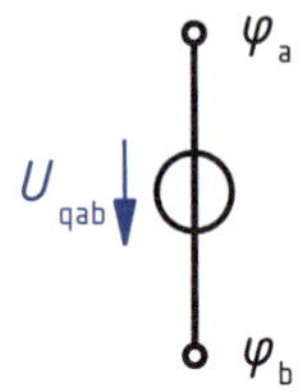

Bild 2.95: Zweig, der aus einer idealen Spannungsquelle besteht

2.4.7.3 Vorgehensweise

Unter Berücksichtigung der obigen Empfehlungen zur Behandlung von Spannungsquellen (im folgenden Text blau hervorgehoben) ergibt sich das *modifizierte Knotenpotenzialverfahren*:

Vor der Netzwerkanalyse sind, sofern nicht gegeben, *Zählpfeile* für alle beteiligten Ströme und Spannungen festzulegen.

1. Ggf. *Netzwerkumformung*:
   - Zusammenfassen von Schaltungsteilen, deren elektrische Größen nicht gesucht sind.
   - *Umwandeln von Zweigen aus linearen Spannungsquellen in lineare Stromquellen.*
2. Auswahl eines Bezugsknotens. Dabei ist zu beachten:
   - Möglichst einen zentralen Knoten wählen.
   - Enthält ein Netzwerk Zweige aus *idealen Spannungsquellen* , so ist ein Knoten empfehlenswert, der mit möglichst vielen dieser Zweige inzident ist.
3. Eindeutige *Bezeichnung aller Knoten* des Netzwerks.
4. *Aufstellen der Knotengleichungen* für alle Knoten außer dem Bezugsknoten.
   - Ströme mit vom betrachteten Knoten *weg* weisendem Zählpfeil sollten positiv angesetzt werden (ergibt ein einfacheres Koeffizientenschema).
   - Enthält ein Zweig nur *Widerstände*, wird der Zweigstrom durch die Potenzialdifferenz über dem Zweig und den (gesamten) Zweig*leitwert* ausgedrückt: $I = \Delta\varphi\, G$
   - Enthält ein Zweig nur eine *ideale Spannungsquelle*, ist der Zweigstrom gleich dem Strom durch die Quelle.
   - Enthält ein Zweig eine *ideale Stromquelle* (ggf. in Reihe mit weiteren Zweipolen), wird der Quellenstrom der Stromquelle als Zweigstrom eingesetzt.
5. *Umformen des Gleichungssystems*:
   - Alle *Ströme durch Quellen* werden auf die „rechte Seite" gebracht.
   - Sortieren der Terme nach Knotenpotenzialen.
   - Alle Terme, die durch *ideale Spannungsquellen* erzeugte Ströme durch Widerstände beschreiben, werden auf die rechte Seite gebracht, da diese Ausdrücke bekannt sind.
   - Alle Gleichungen, die einen Strom durch eine *ideale Spannungsquelle* enthalten, werden zunächst aus dem Gleichungssystem entfernt.

6. *Lösen des Gleichungssystems* für die unbekannten Knotenpotenziale.
7. *Berechnen der gesuchten Zweigströme* und der *Spannungen über idealen Stromquellen* mittels des Ohmschen Gesetzes und ggf. der Kirchhoffschen Gesetze.
8. Berechnen der *Ströme durch ideale Spannungsquellen* mittels der unter 5. aus dem Gleichungssystem entfernten Gleichungen.
9. Eventuell unter 1. durchgeführte Netzwerkumformungen rückgängig machen. Hierbei ggf. die Ströme durch lineare Spannungsquellen berechnen, die in lineare Stromquellen umgewandelt wurden.

Eine übliche Schreibweise für das Rechenschema zum Lösen des linearen Gleichungssystems ist:

$$\begin{array}{l|cccc|c} & \varphi_1 & \varphi_2 & \dots & \varphi_n & r.\,S. \\ \hline \mathrm{K}_1: & G_{11} & G_{12} & \dots & G_{1n} & I_{\text{ges}1} \\ \mathrm{K}_2: & G_{21} & G_{22} & \dots & G_{2n} & I_{\text{ges}2} \\ \dots & \dots & \dots & \dots & \dots & \dots \\ \mathrm{K}_n: & G_{n1} & G_{n2} & \dots & G_{\text{nn}} & I_{\text{ges}n} \end{array} \tag{2.168}$$

Das Gleichungssystem hat in Matrizenschreibweise prinzipiell die Form

$$\underline{G}\,\vec{\varphi} = \vec{I} \tag{2.169}$$

mit der quadratischen *Leitwertmatrix* $\underline{G}$, dem Vektor $\vec{\varphi}$ der Knotenpotenziale sowie dem Vektor $\vec{I}$ der Ströme durch Quellen.

Beispiel 2.48: Anwendung des Knotenpotenzialverfahrens auf ein Netzwerk ohne ideale Spannungsquellen

Das Netzwerk aus Beispiel 2.43, das in Bild 2.96 a) nochmals dargestellt ist, soll mit dem Knotenpotenzialverfahren analysiert werden. Die Zahlenwerte aus Beispiel 2.43 sollen weiterhin gelten.

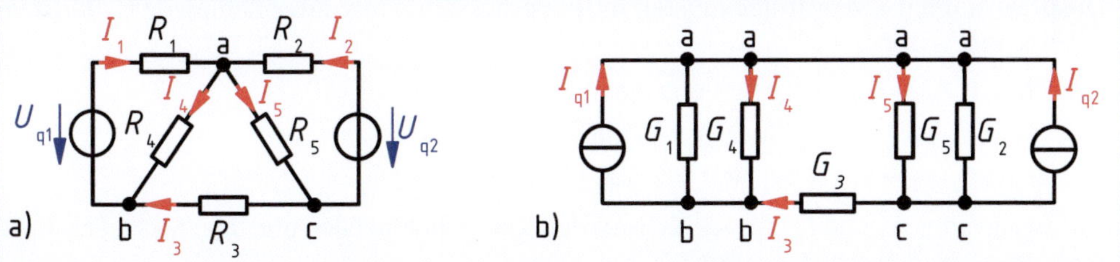

Bild 2.96: a) Netzwerk mit linearen Spannungsquellen und
b) nach Umwandlung der linearen Spannungsquellen in lineare Stromquellen

Zunächst werden die beiden linearen Spannungsquellen in lineare Stromquellen umgewandelt und alle Widerstände in Leitwerte umgerechnet. Man erhält dann die Schaltung in Bild 2.96 b). Auf die mögliche Zusammenfassung der parallelen Leitwerte G_1 und G_4 bzw. G_2 und G_5 zu Ersatz-Leitwerten wird in diesem Beispiel verzichtet.

Mit den Zahlenwerten aus Beispiel 2.43 erhält man

$$I_{q1} = \frac{U_{q1}}{R_1} = 16{,}2\,\text{A}\,, \qquad I_{q2} = \frac{U_{q2}}{R_2} = 5{,}7\,\text{A}\,, \qquad G_1 = \frac{1}{R_1} = 1\,\text{S}\,, \qquad G_2 = \frac{1}{R_2} = 0{,}5\,\text{S}\,,$$

$$G_3 = \frac{1}{R_3} = 0{,}2\,\text{S}\,, \qquad G_4 = \frac{1}{R_4} = 40\,\text{mS}\,, \qquad G_5 = \frac{1}{R_5} = 25\,\text{mS}\,.$$

Knoten a wird als Bezugsknoten mit $\varphi_a = 0\,\text{V}$ gewählt, da er mit 6 Zweigen inzident ist (gegenüber 4 Zweigen bei den Knoten b und c).

Die $k - 1 = 2$ Knotengleichungen werden für die Knoten b und c aufgestellt. Die Richtungen der nicht eingetragenen Zählpfeile der Zweigströme werden *gedanklich* vom gerade betrachteten Knoten weg weisend angenommen. Man erhält dann die Kotengleichungen

$$\begin{aligned}
\text{K}_\text{b}: &\quad G_1(\varphi_\text{b} - \varphi_\text{a}) + G_3(\varphi_\text{b} - \varphi_\text{c}) + G_4(\varphi_b - \varphi_a) + I_{q1} = 0\,,\\
\text{K}_\text{c}: &\quad G_2(\varphi_\text{c} - \varphi_\text{a}) + G_3(\varphi_\text{c} - \varphi_\text{b}) + G_5(\varphi_c - \varphi_a) + I_{q2} = 0\,.
\end{aligned}$$

Durch Berücksichtigung von $\varphi_a = 0\,\text{V}$, Ordnen des Gleichungssystems nach Potenzialen und Verschieben der bekannten Quellenströme auf die rechte Seite erhält man die Matrizengleichung

$$\begin{bmatrix} G_1 + G_3 + G_4 & -G_3 \\ -G_3 & G_2 + G_3 + G_5 \end{bmatrix} \cdot \begin{pmatrix} \varphi_\text{b} \\ \varphi_\text{c} \end{pmatrix} = \begin{pmatrix} -I_{q1} \\ -I_{q2} \end{pmatrix}$$

zur Berechnung der Knotenpotenziale mit einer zur Hauptdiagonalen symmetrischen Matrix. Nach dem Einsetzen der Zahlenwerte

$$\begin{bmatrix} 1{,}24\,\text{S} & -0{,}2\,\text{S} \\ -0{,}2\,\text{S} & 0{,}725\,\text{S} \end{bmatrix} \cdot \begin{pmatrix} \varphi_\text{b} \\ \varphi_\text{c} \end{pmatrix} = \begin{pmatrix} -16{,}2\,\text{A} \\ -5{,}7\,\text{A} \end{pmatrix}$$

erhält man die Lösungen

$$\varphi_\text{b} = -15\,\text{V}\,, \quad \varphi_\text{c} = -12\,\text{V}\,.$$

Die unbekannten Zweigströme müssen unter Berücksichtigung ihrer Zählpfeile in Bild 2.96 a) berechnet werden:

$$\begin{aligned}
I_3 &= G_3(\varphi_\text{c} - \varphi_\text{b}) = 0{,}2\,\text{S} \cdot 3\,\text{V} = 0{,}6\,\text{A}\\
I_4 &= G_4(\varphi_\text{a} - \varphi_\text{b}) = G_4(-\varphi_\text{b}) = 40\,\text{mS} \cdot 15\,\text{V} = 0{,}6\,\text{A}\\
I_5 &= G_5(\varphi_\text{a} - \varphi_\text{c}) = G_5(-\varphi_\text{c}) = 25\,\text{mS} \cdot 12\,\text{V} = 0{,}3\,\text{A}
\end{aligned}$$

Die Zweigströme I_1 und I_2 ergeben sich aus den Knotenpotenzialen und dem Maschensatz (s. Bild 2.96 a)), z. B. durch den Ansatz

$$U_\text{ab} = -\varphi_\text{b} = -I_1 R_1 + U_{q1}\,, \quad U_\text{ac} = -\varphi_\text{c} = -I_2 R_2 + U_{q2}\,,$$

woraus

$$I_1 = \frac{U_{q1} + \varphi_\text{b}}{R_1} = 1{,}2\,\text{A}\,, \qquad I_2 = \frac{U_{q2} + \varphi_\text{c}}{\text{R}_2} = -\,0{,}3\,\text{A}$$

folgt. Alternativ können die Ströme durch Anwendung des Knotensatzes auf die Knoten b und c im Original-Netzwerk (s. Bild 2.96 a)) berechnet werden.

2.4.7.4 Vereinfachtes Aufstellen der Matrizengleichung

Das beim Knotenpotenzialverfahren zu lösende Gleichungssystem hat bei Beachtung der in Beispiel 2.47 genannten Vorschrift für das Aufstellen der Knotengleichungen eine bestimmte Struktur, die es ermöglicht, die Matrizengleichung ohne vorheriges explizites Aufschreiben der einzelnen Knotengleichungen direkt zu erstellen.

Für die folgenden Betrachtungen müssen die aus den Knoten K_a, K_b, ..., K_n resultierenden Gleichungen im Schema (2.168) innerhalb der n Zeilen die selbe Reihenfolge haben wie die zugehörigen Knotenpotenziale (φ_a, φ_b, ..., φ_n) innerhalb der n Spalten. Daher ist es empfehlenswert, die Knoten K_μ mit den Indizes μ der zugehörigen Knotenpotenziale φ_μ zu bezeichnen.

Zunächst sind zwei Begriffe zu definieren:

- Der *Knotenleitwert* eines Knotens ist die Summe der Leitwerte aller Zweige, die direkt mit dem Knoten verbunden sind.
- Der *Koppelleitwert* zwischen zwei Knoten ist die *negative* Summe der Leitwerte der Zweige zwischen diesen Knoten.

Man kann dann folgende Gesetzmäßigkeiten nutzen, um das Aufstellen der Knotengleichungen in Form von (2.168) bzw. in Form von Gl. (2.169) zu vereinfachen.

1. Die quadratische Leitwertmatrix $\underline{G}$ ist stets symmetrisch zu ihrer Hauptdiagonalen, es gilt also $G_{\mu\nu} = G_{\nu\mu}$. (Diese Tatsache ermöglicht einen Plausibilitätstest der Elemente von $\underline{G}$.)
2. Auf der Hauptdiagonalen von $\underline{G}$ stehen die *Knotenleitwerte* $G_{\mu\mu}$ der zugehörigen Knoten μ. Zweige, die nur aus einer idealen Spannungsquelle bestehen oder eine Stromquelle enthalten, liefern keinen Beitrag zum Knotenleitwert.
3. Die Leitwerte $G_{\mu\nu}$ außerhalb der Hauptdiagonalen von $\underline{G}$ sind die *Koppelleitwerte* zwischen den Knoten μ und ν. Zweige, die nur aus einer idealen Spannungsquelle bestehen oder eine Stromquelle enthalten, liefern keinen Beitrag zum Koppelleitwert.
4. Ein Strom $I_{\text{ges}\mu}$ enthält die Summe der Ströme durch Quellen, deren Zählpfeil zum Knoten μ hin weist. Ströme, deren Zählpfeil vom Knoten weg weist, werden negativ gezählt.

Beispiel 2.49: Vereinfachtes Aufstellen der Matrizengleichung bei einem Netzwerk ohne ideale Spannungsquellen

Das in Bild 2.96 a) dargestellte Netzwerk aus Beispiel 2.48 soll mit Hilfe des Knotenpotenzialverfahrens analysiert werden; nun soll jedoch der Knoten b der Bezugsknoten mit $\varphi_b = 0\,\text{V}$ sein. Die Zahlenwerte aus Beispiel 2.43 sollen weiterhin gelten.

Nach Umformung des Netzwerks (s. Bild 2.96 b)) werden die Knotenleitwerte der Knoten a und c berechnet, die auf der Hauptdiagonalen der Leitwertmatrix eingetragen werden. Dazu werden alle Leitwerte addiert, die mit dem jeweiligen Knoten verbunden sind:

$$G_{aa} = G_1 + G_4 + G_5 + G_2 = 1\,\text{S} + 40\,\text{mS} + 25\,\text{mS} + 0{,}5\,\text{S} = 1{,}565\,\text{S}$$
$$G_{cc} = G_3 + G_5 + G_2 = 0{,}2\,\text{S} + 25\,\text{mS} + 0{,}5\,\text{S} = 0{,}725\,\text{S}$$

Anschließend werden die Leitwerte zwischen den Knoten ermittelt. Sie werden mit negativen Vorzeichen versehen als Koppelleitwerte in die Leitwertmatrix eingetragen:

$$G_{ac} = G_{ca} = -(G_5 + G_2) = -(25\,\text{mS} + 0{,}5\,\text{S}) = -0{,}525\,\text{S}$$

Die Zählpfeile der Quellenströme I_{q1} und I_{q2} sind beide zum Knoten a hin gerichtet. Diese Quellenströme werden also zu

$$I_{gesa} = I_{q1} + I_{q2} = 16{,}2\,A + 5{,}7\,A = 21{,}9\,A$$

zusammengefasst. Der Zählpfeil des Quellenstromes I_{q2} weist vom Knoten c weg und wird deshalb mit negativem Vorzeichen berücksichtigt als

$$I_{gesc} = -I_{q2} = -5{,}7\,A\,.$$

Die Matrizengleichung zur Bestimmung der beiden Knotenpotenziale φ_a und φ_c lautet somit

$$\begin{bmatrix} G_1 + G_2 + G_4 + G_5 & -(G_2 + G_5) \\ -(G_2 + G_5) & G_2 + G_3 + G_5 \end{bmatrix} \cdot \begin{pmatrix} \varphi_a \\ \varphi_c \end{pmatrix} = \begin{pmatrix} I_{q1} + I_{q2} \\ -I_{q2} \end{pmatrix}$$

sowie mit Zahlenwerten

$$\begin{bmatrix} 1{,}565\,S & -0{,}525\,S \\ -0{,}525\,S & 0{,}725\,S \end{bmatrix} \cdot \begin{pmatrix} \varphi_a \\ \varphi_c \end{pmatrix} = \begin{pmatrix} 21{,}9\,A \\ -5{,}7\,A \end{pmatrix}$$

und ergibt die Lösung

$$\varphi_a = 15\,V\,, \qquad \varphi_c = 3\,V\,.$$

Da die Zweigspannungen $U_{ab} = \varphi_a - \varphi_b = 15\,V$ und $U_{ac} = \varphi_a - \varphi_c = 12\,V$ die gleichen Werte haben wie in Beispiel 2.48, ergeben sich auch die gleichen Werte für die Zweigströme wie dort, weshalb hier auf die weitere Berechnung verzichtet wird.

Beispiel 2.50: Anwendung des Knotenpotenzialverfahrens auf ein Netzwerk mit allen Quellenarten

Das in Bild 2.97 a) dargestellte, in Beispiel 2.46 bereits mit dem Maschenstromverfahren analysierte Netzwerk soll nun mittels des Knotenpotenzialverfahrens berechnet werden. Die Werte aller Widerstände und Quellengrößen seien bekannt.

Das in Bild 2.97 a) dargestellte Original-Netzwerk enthält die $k = 5$ Knoten a bis e und $z = 10$ Zweige. Es sind also $k - 1 = 4$ Knotengleichungen aufzustellen und zu lösen. Das Netzwerk enthält im Zweig b-c eine ideale Spannungsquelle. Daher ist zu erwarten, dass bei Anwendung der modifizierten Knotenpotenzialanalyse nur noch ein Gleichungssystem mit 3 Gleichungen zu lösen ist.

Das in Abschnitt 2.4.7.3 beschriebene Verfahren wird nun unter Berücksichtigung der Hinweise in Abschnitt 2.4.7.4 schrittweise angewandt:

Zählpfeile für alle benötigten Größen sind bereits in Bild 2.97 a) vorgegeben.

1. Zur Verringerung des Schreibaufwandes wird die Reihenschaltung von R_{12} und R_{13} zusammengefasst zum Ersatz-Widerstand

   $$R_{1213} = R_{12} + R_{13}\,.$$

   Die lineare Spannungsquelle im Zweig zwischen den Knoten c und d wird zum einfacheren Aufstellen des Gleichungssystems umgewandelt in eine lineare Stromquelle mit dem Quellenstrom

$$I_{q5} = \frac{U_{q5}}{R_7}$$

und dem Innenwiderstand R_7 gemäß Bild 2.97 b).

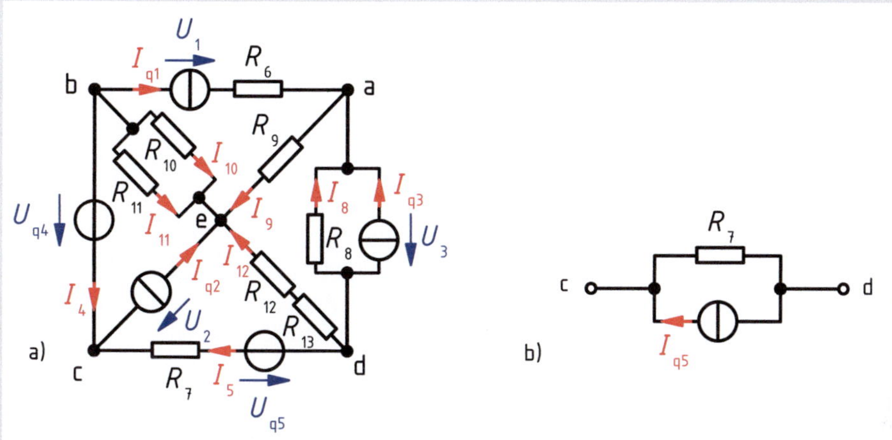

Bild 2.97: a) Netzwerk mit verschiedenen Quellenarten und
b) Ersatz-Zweipol für den Zweig zwischen den Knoten c und d

2. In dieser Schaltung bieten sich mehrere Knoten als Bezugsknoten an: Knoten b oder c, da an ihnen eine ideale Spannungsquelle liegt und sie nach der Netzwerkumformung beide mit 4 Knoten inzident sind; Knoten d und e, da sie nach der Netzwerkumformung beide mit 5 Zweigen inzident sind. Gewählt wird hier Knoten e, um zu zeigen, wie ideale Spannungsquellen, die nicht am Bezugsknoten liegen, zu behandeln sind. Damit gilt $\varphi_e = 0\,\mathrm{V}$.
3. Alle Knoten sind bereits eindeutig bezeichnet.
4. Das Gleichungssystem in Form von (2.168) wird direkt anhand der Schaltung in Bild 2.97 a) unter Berücksichtigung der Umformungen aus Schritt 1. aufgestellt. Dabei gilt

$$G_\mu = 1/R_\mu \,.$$

Zunächst werden die Knotenleitwerte, die auf der Hauptdiagonalen der Leitwertmatrix stehen, mit positiven Vorzeichen eingetragen, anschließend die Koppelleitwerte mit negativen Vorzeichen. Anschließend werden die durch Stromquellen getriebenen Quellenströme und die Ströme durch Zweige aus idealen Spannungsquellen (rot) auf der rechten Seite eingetragen; bei zum betrachteten Knoten hin weisendem Stromzählpfeil mit positivem Vorzeichen, anderenfalls mit negativem.

	φ_a	$\varphi_b = \varphi_c + U_{q4}$	φ_c	φ_d	r.S.
K_a:	$G_8 + G_9$	0	0	$-G_8$	$I_{q1} + I_{q3}$
K_b:	0	$G_{10} + G_{11}$	0	0	$-I_{q1} - I_4$
K_c:	0	0	G_7	$-G_7$	$I_4 - I_{q2} + I_{q5}$
K_d:	$-G_8$	0	$-G_7$	$G_7 + G_8 + G_{1213}$	$-I_{q3} - I_{q5}$

5. Das Potenzial φ_b kann durch das Potenzial φ_c und U_{q4} ausgedrückt werden, was im obigen Lösungsschema bereits eingetragen ist:

$$\varphi_b = \varphi_c + U_{q4} \, .$$

Nun können die Inhalte der zweiten (blau) und der dritten Spalte zusammengefasst werden. Das Produkt aus der Quellenspannung U_{q4} und den Leitwerten $G_{10} + G_{11}$ ist bekannt und wird daher auf die rechte Seite des Gleichungssystems übertragen:

	φ_a	φ_c	φ_d	r. S.
K_a:	$G_8 + G_9$	0	$-G_8$	$I_{q1} + I_{q3}$
K_b:	0	$G_{10} + G_{11}$	0	$-I_{q1} - I_4 - U_{q4}(G_{10} + G_{11})$
K_c:	0	G_7	$-G_7$	$I_4 - I_{q2} + I_{q5}$
K_d:	$-G_8$	$-G_7$	$G_7 + G_8 + G_{1213}$	$-I_{q3} - I_{q5}$

Durch Addition der Knotengleichungen für die Knoten b und c, zwischen denen die ideale Spannungsquelle liegt, wird der unbekannte Strom I_4 durch diese Quelle aus dem Gleichungssystem eliminiert und es entsteht ein System aus 3 Gleichungen zur Bestimmung von 3 Knotenpotenzialen, das in Matrizenschreibweise lautet:

$$\begin{bmatrix} G_8 + G_9 & 0 & -G_8 \\ 0 & G_7 + G_{10} + G_{11} & -G_7 \\ -G_8 & -G_7 & G_7 + G_8 + G_{1213} \end{bmatrix} \cdot \begin{pmatrix} \varphi_a \\ \varphi_c \\ \varphi_d \end{pmatrix}$$
$$= \begin{pmatrix} I_{q1} + I_{q3} \\ -I_{q1} - I_{q2} + I_{q5} - U_{q4}(G_{10} + G_{11}) \\ -I_{q3} - I_{q5} \end{pmatrix}$$

6. Das Lösen dieses Gleichungssystems liefert die Werte der Knotenpotenziale φ_a, φ_c und φ_d. Damit ist auch $\varphi_b = \varphi_c + U_{q4}$ bekannt.
7. Die Ströme durch die Widerstände ergeben sich aus den Zweigspannungen und den Zweigwiderständen:

$$I_8 = \frac{\varphi_d - \varphi_a}{R_8}\,, \qquad I_9 = \frac{\varphi_a}{R_9}\,, \qquad I_{10} = \frac{\varphi_b}{R_{10}}\,, \qquad I_{11} = \frac{\varphi_b}{R_{11}}\,, \qquad I_{12} = \frac{\varphi_d}{R_{1213}}$$

Die Spannungen über den Stromquellen folgen aus dem Maschensatz:

$$U_1 = \varphi_b - \varphi_a - R_6 I_{q1}\,, \qquad U_2 = -\varphi_c$$

8. Der Strom I_4 durch die ideale Spannungsquelle kann mittels der aus dem Gleichungssystem entfernten Knotengleichung für Knoten b oder Knoten c berechnet werden, z. B.:

$$I_4 = -I_{q1} - \varphi_b(G_{10} + G_{11})$$

9. Der Strom I_5 durch die lineare Spannungsquelle in Zweig c-d lässt sich mit dem Maschensatz oder unter Verwendung des Ersatz-Zweipols in Bild 2.97 b) berechnen als

$$I_5 = \frac{U_{q5} + \varphi_d - \varphi_c}{R_7} = \frac{U_{q5}}{R_7} + \frac{\varphi_d - \varphi_c}{R_7}\,,$$

alternativ auch durch Anwenden des Knotensatzes auf Knoten c oder d.

2.4.8 Vergleich der Analyseverfahren

Zur vollständigen Analyse umfangreicher linearer Netzwerke mit z Zweigen und k Knoten ist die Anwendung der *Knoten- und Maschenanalyse* nicht zu empfehlen, da sie prinzipiell das Lösen eines *Gleichungssystems* mit z Gleichungen erfordert. Bei dem in Abschnitt 2.4.3.4 vorgestellten modifizierten Verfahren vermindert sich die Größe des Gleichungssystems um so viele Gleichungen, wie es Zweige mit Stromquellen im Netzwerk gibt. Zur Berechnung sämtlicher unbekannten Ströme und Spannungen sind jedoch stets z Gleichungen zu lösen.

Beim *Maschenstromverfahren* ist prinzipiell ein *Gleichungssystem* mit nur $z - k + 1$ Gleichungen zu lösen. Bei dem in Abschnitt 2.4.6.3 vorgestellten modifizierten Verfahren vermindert sich die Zahl der Gleichungen im Gleichungssystem um die Anzahl der Zweige mit Stromquellen. Auch bei diesem Verfahren ist aber die Gesamtzahl der zu lösenden Gleichungen gleich z.

Das *Knotenpotenzialverfahren* liefert nach dem Lösen eines *Gleichungssystems* mit prinzipiell $k - 1$ Gleichungen zunächst die Potenziale von $k - 1$ Knoten gegenüber einem Bezugsknoten. Die Zahl der Gleichungen im Gleichungssystem kann bei dem in Abschnitt 2.4.7.3 vorgestellten modifizierten Verfahren pro Zweig, der aus einer idealen Spannungsquelle besteht, um eine Gleichung vermindert werden. Da im Regelfall nicht die Ermittlung der Knotenpotenziale das Ziel der Netzwerkanalyse ist, müssen aus den Knotenpotenzialen anschließend die Zweigströme berechnet werden. Hierfür sind z weitere einzelne Gleichungen erforderlich. Damit ist die Anzahl der insgesamt zu lösenden Gleichungen deutlich größer als z.

Vergleicht man verschiedene Analyseverfahren bezüglich ihrer *Komplexität*, wird die Anzahl der *einzeln* zu lösenden Gleichungen in der Regel nicht berücksichtigt, da der Aufwand zum Lösen solcher Gleichungen nur proportional mit ihrer Anzahl steigt. Der Aufwand zum Lösen eines linearen *Gleichungssystems* steigt aber prinzipiell *quadratisch* mit der Anzahl der enthaltenen Gleichungen. Daher wird bei der Abschätzung des Rechenaufwandes ausschließlich die Anzahl der Gleichungen im Gleichungssystem betrachtet.

Bei der Analyse kleiner Netzwerke mit dem Taschenrechner ist jede Verkleinerung des zu lösenden Gleichungssystems willkommen. Dann ist die Anwendung der beschriebenen modifizierten Verfahren hilfreich. Bei der Realisierung eines Netzwerkanalyseprogramms für große Netzwerke erfordert die Programmierung der Sonderfallbehandlungen hingegen Mehraufwand, so dass die Umsetzung der grundlegenden Algorithmen einfacher ist. Die Wahl eines vollständigen Baumes zur Identifikation linear unabhängiger Maschen, die bei der *Knoten- und Maschenanalyse* und dem *Maschenstromverfahren* erforderlich ist, erübrigt sich bei der Knotenpotenzialanalyse. Damit ist die Knotenpotenzialanalyse die erste Wahl zur schematischen Analyse elektrischer Netzwerke.

Die Anwendung des *Überlagerungssatzes* ist immer dann zu empfehlen, wenn nur sehr wenige Ströme oder Spannungen in einem linearen Netzwerk mit einfacher Struktur, jedoch mehreren Quellen zu berechnen sind.

Die *Netzwerkanalyse mit Ersatz-Quellen* wird gern eingesetzt, wenn lediglich die Klemmengrößen eines *passiven* Zweiges, *der auch nichtlinear und hinsichtlich seiner Parameter variabel sein darf*, innerhalb eines ansonsten linearen Netzwerks bestimmt werden sollen.

Alle obigen Aussagen gelten auch für die Analyse von Sinusstromnetzwerken mit den genannten Verfahren.

2.5 Analyse nichtlinearer elektrischer Netzwerke

Sobald ein elektrisches Netzwerk *mindestens ein* nichtlineares Schaltungselement enthält, ist das *gesamte* Netzwerk nichtlinear. Zur Analyse nichtlinearer Netzwerke stehen die Kirchoffschen Sätze sowie die auf ihnen basierende Knoten- und Maschenanalyse, das Maschenstromverfahren und das Knotenpotenzialverfahren zur Verfügung. Nicht anwendbar ist der Überlagerungssatz! Nur lineare Teile eines insgesamt nichtlinearen Netzwerks dürfen in eine Ersatz-Quelle umgewandelt werden.

Da es bei detaillierter Betrachtung keine exakt linearen Netzwerke gibt, kann die Analyse eines linearen Modells einer eigentlich nichtlinearen Schaltung nur eine Näherungslösung liefern.

2.5.1 Linearisierung im Arbeitspunkt

Ein üblicher Ansatz zur Berechnung nichtlinearer Netzwerke ist die *Linearisierung im Arbeitspunkt*. Hierbei wird das Verhalten aller nichtlinearen Elemente im Netzwerk in ihren jeweiligen Arbeitspunkten durch lineare Gleichungen angenähert. Danach können wieder alle Verfahren zur Analyse linearer Netzwerke angewandt werden.

Das Problem dieses Verfahrens besteht darin, dass diese Arbeitspunkte zunächst unbekannt sind und ihre Lage abgeschätzt werden muss. Damit können die verwendeten Linearisierungen zunächst auch nur Näherungen sein. Mittels der Ergebnisse der Analyse des linearisierten Netzwerks sind die Arbeitspunkte und daraus folgend die Linearisierungen zu korrigieren. Es ist also *iterativ* vorzugehen. Ist die Kennlinie eines Bauelementes im interessierenden Bereich nur schwach gekrümmt, kann auf Iterationen oftmals verzichtet werden.

Beispiel 2.51: Annäherung einer Diodenkennlinie durch eine Gerade

Betrachtet wird eine Diode mit dem in Bild 2.98 a) dargestellten Schaltzeichen und der in Bild 2.98 c) dargestellte Kennlinie. Diese Kennlinie ist im Bereich zwischen den Punkten P und Q, d. h. für $7{,}5\,\text{A} < I < 23\,\text{A}$, so schwach gekrümmt, dass sie mittels der in Bild 2.98 c) gestrichelt eingezeichneten *Näherungsgeraden* beschrieben werden kann.

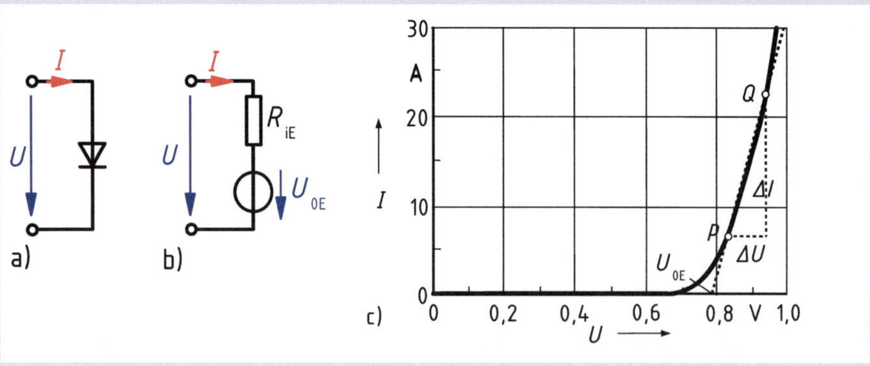

Bild 2.98: a) Diode, b) lineare Ersatzschaltung und c) Kennlinie der Diode mit gestrichelt eingezeichneter Näherungsgerade

Da die Näherungsgerade nicht durch den Nullpunkt geht, kann man sie als *Kennlinie einer linearen Quelle* (s. Abschnitt 2.1.3.3) auffassen. Das Klemmenverhalten der Diode kann somit im betrachteten Bereich durch eine lineare *Ersatz-Spannungsquelle* gemäß Bild 2.98 b) nachgebildet werden. Die Näherungsgerade beschreibt eine lineare Quelle, die im Leerlauf ($I = 0$) die Klemmenspannung

$$U = U_{0E} \approx 0{,}78\,\mathrm{V} > 0$$

liefert, wie Bild 2.98 c) zu entnehmen ist. Daher wurde der Zählpfeil der Ersatz-Leerlaufspannung U_{0E} in Bild 2.98 b) in der gleichen Richtung eingetragen wie der der Klemmenspannung U. Fließt ein Strom $I > 0$ durch den Zweipol, steigt wegen des Spannungsabfalls über dem Ersatz-Innenwiderstand der linearen Quelle die Klemmenspannung an gemäß

$$U = U_{0E} + R_{iE} I \,.$$

Das Ersatzschaltbild der Diode ist also eine lineare Quelle mit Verbraucher-Zählpfeilsystem, die *im betrachteten Arbeitsbereich* die Leistung $P = UI > 0$ *aufnimmt* (s. Abschnitt 2.1.4.3). Dies ist nicht überraschend, da eine Diode ein passiver Zweipol ist.

Die Kenngrößen U_{0E} und R_{iE} lassen sich auf die in Abschnitt 2.1.3.3 beschriebene Weise aus der Näherungsgeraden ermitteln. Die Leerlaufspannung U_{0E} ist bereits oben direkt aus Bild 2.98 c) abgelesen worden. Der Innenwiderstand lässt sich im vorliegenden Fall nicht mittels Gl. (2.35) berechnen, da diese Gleichung nur für Quellen mit Erzeuger-Zählpfeilsystem gilt. Beim hier vorliegenden Verbraucher-Zählpfeilsystem an der linearen Quelle gilt hingegen umgekehrtes Vorzeichen, also

$$R_{iE} = \frac{\Delta U}{\Delta I} \approx \frac{0{,}115\,\mathrm{V}}{15{,}5\,\mathrm{A}} \approx 7{,}4\,\mathrm{m\Omega}\,.$$

Beispiel 2.52: Spannungsstabilisierung mit einer Z-Diode

Zur Spannungsstabilisierung wird in der in Bild 2.99 a) dargestellten Schaltung zu den beiden linearen Spannungsquellen mit den Quellenspannungen $U_{q1} = 6{,}5\,\mathrm{V}$, $U_{q2} = 11{,}7\,\mathrm{V}$ und den Innenwiderständen $R_{i1} = 52\,\Omega$, $R_{i2} = 117\,\Omega$ die Z-Diode ZPD6 parallelgeschaltet.

Die Z-Dioden-Kennlinie ist in Bild 2.99 d) dargestellt (Zählpfeilrichtungen der Klemmengrößen beachten).

Gesucht ist die Strom-Spannungs-Kennlinie $U(I)$ der Schaltung bezüglich der Klemmen a-b.

Der Näherungsgeraden für den hier relevanten Teil der Kennlinie der Z-Diode in Bild 2.99 d) können die Ersatz-Leerlaufspannung

$$U_{0E} \approx 6{,}1\,\mathrm{V}$$

und der Innenwiderstand (s. Beispiel 2.51)

$$R_{iE} = \Delta U/\Delta I_z \approx 0{,}2\,\mathrm{V}/50\,\mathrm{mA} = 4\,\Omega$$

entnommen werden. Damit folgt die Beschreibung des Klemmenverhaltens der Z-Diode im Arbeitsbereich durch das in Bild 2.99 b) eingezeichnete Modell mit der Gleichung

$$U = U_{0E} + R_{iE}\, I_z \approx 6{,}1\,\mathrm{V} + 4\,\Omega\, I_z\,.$$

Dieses Modell ist einsetzbar oberhalb des Punktes P der Kennlinie in Bild 2.99 d), also für

$I_Z \gtrapprox 3\,\text{mA}$, d. h. im Bereich

$$U \gtrapprox 6{,}1\,\text{V} + 4\,\Omega \cdot 3\,\text{mA} = 6{,}112\,\text{V}\,.$$

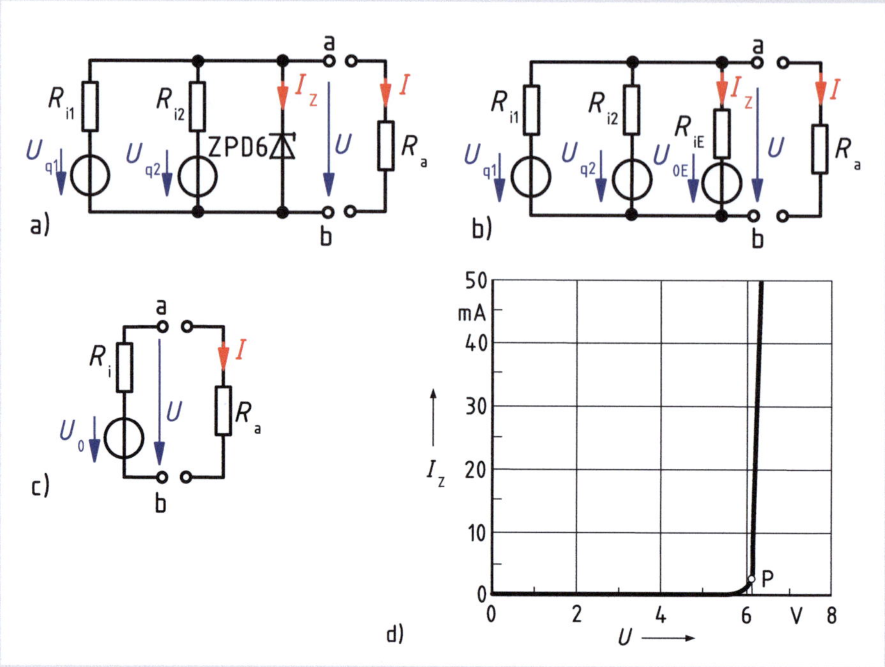

Bild 2.99: a) Schaltung zur Spannungsstabilisierung mit Z-Diode,
b) linearisierte Schaltung,
c) Ersatz-Spannungsquelle der Gesamtschaltung,
d) Kennlinie der Z-Diode

In Bild 2.99 b) ist die Z-Diode durch die lineare Ersatzschaltung ersetzt worden. Nach dem Verfahren der Ersatz-Spannungsquelle (s. Abschnitt 2.4.5.2) erhält man für die linearisierte Gesamtschaltung mit Gl. (2.96) den Innenwiderstand

$$R_i = \frac{1}{\frac{1}{R_{i1}} + \frac{1}{R_{i2}} + \frac{1}{R_{iE}}} \approx \frac{1}{\frac{1}{52\,\Omega} + \frac{1}{117\,\Omega} + \frac{1}{4\,\Omega}} = 3{,}6\,\Omega$$

und mit dem Überlagerungssatz (s. Abschnitt 2.4.4) den Kurzschlussstrom

$$I_k = \frac{U_{q1}}{R_{i1}} + \frac{U_{q2}}{R_{i2}} + \frac{U_{0E}}{R_{iE}} \approx \frac{6{,}5\,V}{52\,\Omega} + \frac{11{,}7\,\text{V}}{117\,\Omega} + \frac{6{,}1\,\text{V}}{4\,\Omega} = 1{,}75\,\text{A}$$

sowie mit Gl. (2.159) die Leerlaufspannung

$$U_0 = R_i I_k \approx 3{,}6\,\Omega \cdot 1{,}75\,\text{A} = 6{,}3\,\text{V}\,.$$

Damit sind die Elemente der Ersatz-Spannungsquelle in Bild 2.99 c) bekannt. Die Kennlinie

$U(I)$ folgt der Gl. (2.32)

$$U = U_0 - R_i I \approx 6{,}3\,\text{V} - 3{,}6\,\Omega \cdot I$$

und hat den in Bild 2.100 dargestellten, nahezu waagerechten Verlauf (1). Die Kennlinie ist gültig, solange die Bedingung $U > 6{,}112\,\text{V}$ eingehalten wird. Dies trifft zu für Lastströme

$$I \lessapprox \frac{U_0 - 6{,}112\,\text{V}}{R_i} \approx \frac{6{,}3\,\text{V} - 6{,}112\,\text{V}}{3{,}6\,\Omega} \approx 52\,\text{mA}\,.$$

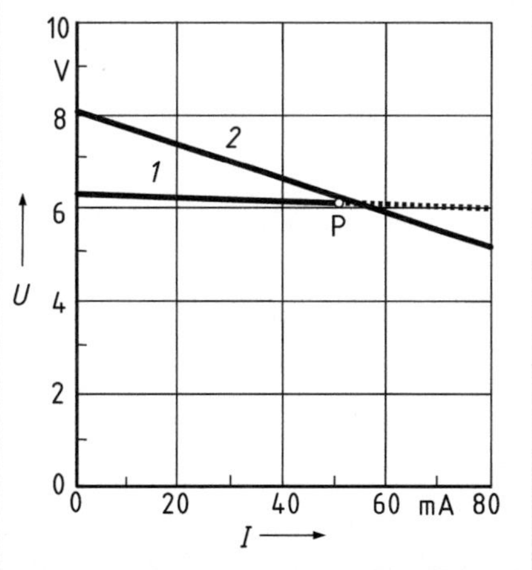

Bild 2.100: (1) Kennlinie $U(I)$ der stabilisierten Schaltung nach Bild 2.99 a) und (2) Kennlinie der selben Schaltung ohne Z-Diode

Wird der Laststrom $I \gtrapprox 52\,\text{mA}$, sinkt die Spannung U an der Z-Diode auf Werte ab, bei denen nach Bild 2.99 d) die Näherungsgerade das Verhalten der Z-Diode nicht mehr hinreichend genau beschreibt. Bei weiter steigender Belastung wandert der Arbeitspunkt der Z-Diode in den horizontalen Teil der Kennlinie (links von Punkt P in Bild 2.99 d). In diesem Betriebszustand stellt die Z-Diode einen sehr großen Widerstand dar und ist in der Schaltung Bild 2.99 a) praktisch unwirksam. Deshalb geht die Kennlinie $U(I)$ in Bild 2.100 für Ströme $I \gtrapprox 58\,\text{mA}$ in die Kennlinie (2) über, die für die Schaltung ohne Z-Diode mit dem Innenwiderstand $R_{i1}R_{i2}/(R_{i1} + R_{i2}) = 36\,\Omega$ gilt.

2.5.2 Grafische Arbeitspunktbestimmung

Enthält ein ansonsten lineares Netzwerk *genau einen nichtlinearen passiven Zweig*, kann das Klemmenverhalten des linearen Teilnetzwerks durch eine Ersatz-Quelle nachgebildet werden. Trägt man die lineare Kennlinie der Ersatz-Quelle und die Kennlinie des nichtlinearen Zweipols in ein Diagramm ein, sind die Schnittpunkte der beiden Kennlinien die möglichen Arbeitspunkte der Schaltung.

Beispiel 2.53: Grafische Arbeitspunktbestimmung bei einem nichtlinearen Netzwerk

Die Schaltung in Bild 2.101 a) enthält neben den linearen Widerständen $R_1 = 7\,\text{k}\Omega$ und $R_2 = 13\,\text{k}\Omega$ einen spannungsabhängigen Widerstand, dessen Kennlinie in Bild 2.102 dargestellt ist. Es gilt $U_q = 280\,\text{V}$.

Gesucht sind der Strom I und die Spannung U zwischen den Klemmen a und b.

Der lineare Teil der Schaltung (links der Klemmen a-b) wird in eine Ersatz-Spannungsquelle umgewandelt. Bei Leerlauf an den Klemmen a und b liefert die Spannungsteilerregel die Leerlaufspannung

$$U_0 = \frac{R_2}{R_1 + R_2} U_q = \frac{13\,\text{k}\Omega}{7\,\text{k}\Omega + 13\,\text{k}\Omega} 280\,\text{V} = 182\,\text{V}\,.$$

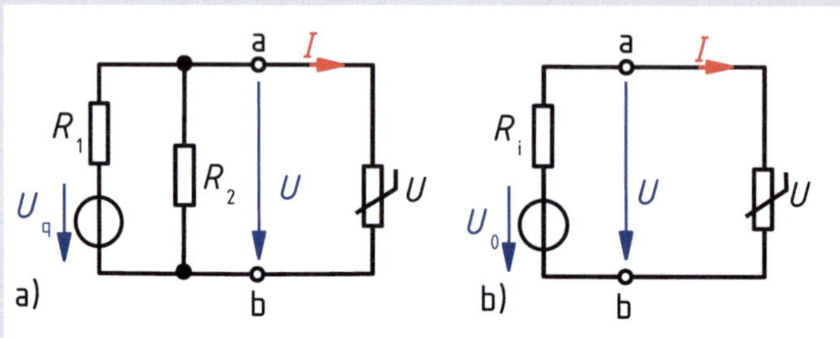

Bild 2.101: a) Netzwerk mit einem nichtlinearen Zweipol und b) nach Umwandlung des linearen Teils in eine Ersatz-Spannungsquelle

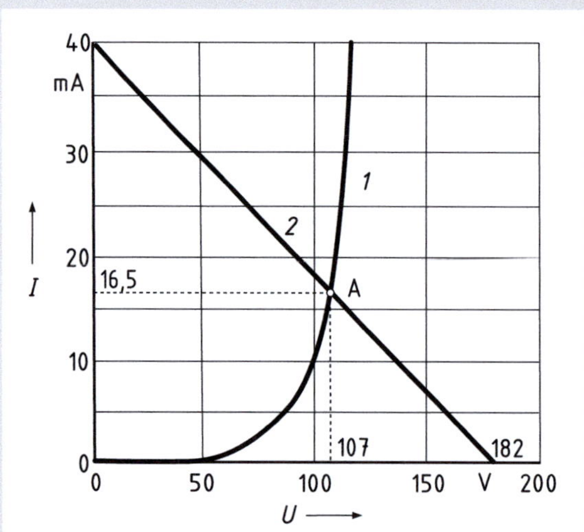

Bild 2.102: (1) Kennlinie des nichtlinearen Zweipols und (2) Kennlinie der Ersatz-Spannungsquelle für die Schaltung in Bild 2.101 b)

Der Innenwiderstand des linken Schaltungsteils ergibt sich mit Gl. (2.98) zu

$$R_\text{i} = \frac{R_1 R_2}{R_1 + R_2} = \frac{7\,\text{k}\Omega \cdot 13\,\text{k}\Omega}{7\,\text{k}\Omega + 13\,\text{k}\Omega} = 4{,}55\,\text{k}\Omega\,.$$

Damit sind die Kenngrößen der Ersatz-Spannungsquelle in Bild 2.101 b) bekannt. Ihre Kennlinie $U(I)$ wird gemäß Gl. (2.32) beschrieben durch

$$U = U_0 - R_\text{i} I = 182\,\text{V} - 4{,}55\,\text{k}\Omega \cdot I$$

und als (2) in Bild 2.102 eingetragen. Der Arbeitspunkt der Schaltung ist der Schnittpunkt der Kennlinien im Punkt A bei

$$U \approx 107\,\mathrm{V}, \qquad I \approx 16{,}5\,\mathrm{mA}\,.$$

2.5.3 Stabilität des Arbeitspunktes

Die Strom-Spannungs-Kennlinien mancher passiver Zweipole – z. B. von Gasentladungsstrecken, Tunneldioden. Thyristor-Dioden – weisen Bereiche auf, in denen die Spannung U trotz steigenden Stromes I abnimmt. Wenn ein Bauelement mit einer solchen Kennlinie an einen aktiven Zweipol angeschlossen wird, kann die grafische Arbeitspunktbestimmung nach Abschnitt 2.5.2 zu mehreren Lösungen führen. Welcher dieser Zustände sich tatsächlich einstellt, hängt davon ab, ob der jeweilige Arbeitspunkt *stabil* oder *instabil* ist. Stabilität liegt dann vor, wenn zufallsbedingte geringfügige Stromänderungen von selbst wieder zu dem vorherigen Arbeitspunkt zurück führen.

Beispiel 2.54: Untersuchung der Stabilität von Arbeitspunkten einer Gasentladungsstrecke

Die beiden Arbeitspunkte A und B in Bild 2.103 b), die sich als Schnittpunkte der Kennlinien des nichtlinearen passiven (1) und des linearen aktiven Zweipols (2) ergeben, sollen hinsichtlich ihrer Stabilität untersucht werden. Von der Kennlinie $I(U)$ des nichtlinearen Zweipols, die natürlich durch den Ursprung geht, ist nur der interessierende Kennlinienast mit negativer Steigung dargestellt.

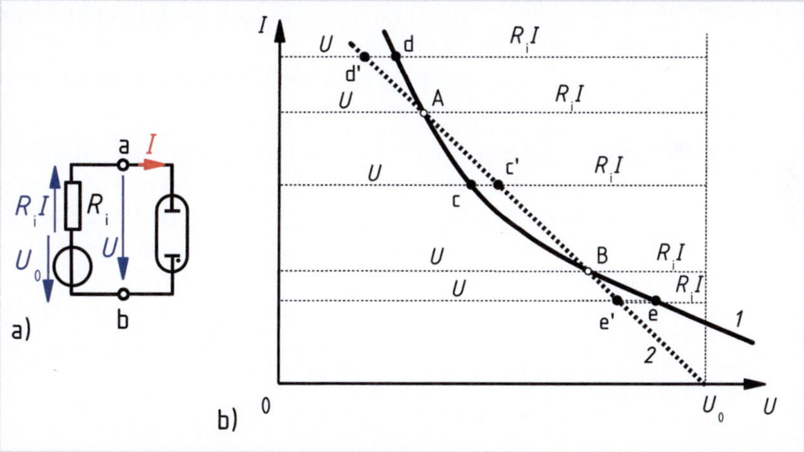

Bild 2.103: a) Aktiver Zweipol mit Gasentladungsstrecke,
b) grafische Arbeitspunktbestimmung mit (1) dem fallenden Kennlinienabschnitt der Gasentladungsstrecke und (2) der Kennlinie des aktiven Zweipols

Eine praktische Anwendung dieser Schaltung ist die Stabilisierung des Arbeitspunktes von Leuchtstofflampen. An die Stelle der Gleichspannungsquelle mit einem Ohmschen Widerstand tritt dann eine Sinusspannungsquelle mit einem Blindwiderstand, der durch eine Drosselspule realisiert wird.

Nach dem Maschensatz gilt für die Schaltung Bild 2.103 a) $U_0 = U + R_\mathrm{i}\,I$.

In Bild 2.103 b) entsprechen die horizontalen Strecken zwischen der Strom-Achse und der nichtlinearen Kennlinie der Klemmenspannung U, die Strecken zwischen der Quellen-Kennlinie und der vertikalen Geraden $U = U_0$ der Spannung $R_\mathrm{i}\,I$ am Innenwiderstand.

Wenn sich der Strom I ausgehend vom Punkt A verringert oder ausgehend vom Punkt B erhöht, ergibt sich eine Situation, wie sie durch die Punkte c und c' markiert ist: Die Spannung U am nichtlinearen Zweipol und die Spannung $R_\mathrm{i}I$ am Innenwiderstand der Quelle sind zusammen kleiner als die Quellenspannung U_0. Die Tatsache, dass die Quelle eine höhere Spannung U_0 aufbaut, als an den passiven Bauelementen abfallen kann, führt zwangsläufig zu einer Erhöhung des Stromes I. Diese Überlegung zeigt, dass sowohl eine Verringerung des Stromes I im Punkt A als auch eine Erhöhung des Stromes I im Punkt B dazu führt, dass sich der Arbeitspunkt auf den Punkt A zu bewegt. Damit ist klar, dass der Punkt B nicht stabil sein kann.

Wenn sich ausgehend vom Punkt A der Strom I erhöht, ergibt sich ein Zustand, der durch die Punkte d und d' gekennzeichnet ist. Die Spannung U am nichtlinearen Zweipol und die Spannung $R_\mathrm{i}I$ am Innenwiderstand der Quelle sind jetzt zusammen größer als die Quellenspannung U_0. Die von der Quelle aufgebaute Spannung U_0 reicht also nicht aus, um den erhöhten Strom I durch die passiven Bauelemente zu treiben, was dazu führt, dass der Strom I wieder abnimmt. Es zeigt sich also, dass im Punkt A sowohl eine zufällige Verringerung als auch eine zufällige Vergrößerung des Stromes I zu einer Rückkehr zum ursprünglichen Arbeitspunkt führt. Damit ist nachgewiesen, dass der Punkt A ein stabiler Arbeitspunkt ist.

Im Gegensatz dazu ist der Punkt B instabil. Wie schon gezeigt, führt eine geringfügige Erhöhung des Stromes I zu einem weiteren Anwachsen des Stromes, bis der Punkt A erreicht ist. Bei einer Verringerung des Stromes (Punkte e und e') liegt hingegen wieder die gleiche Situation wie bei den Punkten d und d' vor. D. h. der Strom nimmt weiter ab, bis entweder ein neuer stabiler Arbeitspunkt oder der Wert $I = 0$ erreicht wird.

Entscheidend für die Stabilität des Arbeitspunktes A ist offensichtlich die Tatsache, dass die Summe der Spannungen U und $R_\mathrm{i}\,I$ bei Anwachsen des Stromes größer und bei Abnehmen des Stromes kleiner wird. Wenn diese Bedingung erfüllt ist, führt jede infinitesimal kleine Stromänderung $\mathrm{d}I$ zu einer Änderung $\mathrm{d}(U + R_\mathrm{i}\,I)$ der Spannungssumme, die das gleiche Vorzeichen hat wie die Stromänderung $\mathrm{d}I$. Dies lässt sich allgemein durch die *Stabilitätsbedingung*

$$\frac{\mathrm{d}(U + R_\mathrm{i}\,I)}{\mathrm{d}I} > 0$$

oder auch in der Form

$$-\frac{\mathrm{d}I}{\mathrm{d}U} > \frac{1}{R_i}$$

formulieren. In einem stabilen Arbeitspunkt muss *die Kennlinie $I(U)$ des passiven Zweipols steiler sein als die Kennlinie des aktiven Zweipols.*

Bei der Überprüfung der Stabilität von Arbeitspunkten muss darauf geachtet werden, dass den Betrachtungen stets die *isothermen Kennlinien* (Kennlinien für konstant gehaltene Temperatur des Bauelementes) zugrunde gelegt werden, da eine *kurzzeitige* geringfügige Stromänderung in der Regel keine spürbare Temperaturänderung bewirkt.

2.5.4 Numerische Berechnung

Die Analyse nichtlinearer Netzwerke erfordert erheblichen mathematischen Aufwand. Schon bei Vorhandensein weniger nichtlinearer Zweipole muss man auf eine *geschlossene Lösung*, die die Werte der gesuchten Größen als *Funktionen* der gegebenen Größen *in allgemeiner Form* beschreibt, verzichten. Stattdessen erhält man durch Anwendung *numerischer Verfahren* aus den *Zahlenwerten* der gegebenen Größen die zugehörigen *Zahlenwerte* der gesuchten Größen. Diese Rechnungen werden in der Regel nicht mit Taschenrechnern oder gar manuell ausgeführt, sondern mittels spezieller Netzwerkanalyseprogramme (s. Abschnitt 2.6) auf Arbeitsplatzrechnern.

2.6 Grundlagen der numerischen Netzwerkanalyse

Der Einsatz von Programmen zur Untersuchung des Verhaltens komplexer technischer Anordnungen ist seit vielen Jahrzehnten insbesondere im Bauingenieurwesen und im Fahrzeugbau eine Selbstverständlichkeit. In der Elektrotechnik stehen Programme zur *Analyse elektromagnetischer Felder* mit großem Funktionsumfang und einfacher Anwendbarkeit erst seit deutlich kürzerer Zeit zur Verfügung und werden noch vergleichsweise selten eingesetzt. Das Verhalten elektrischer Netzwerke, die aus *konzentrierten Elementen* bestehen, wird jedoch schon seit über 50 Jahren mittels spezieller Simulationsprogramme nachgebildet. Ohne diese Programme wäre der Entwurf nanoelektronischer Schaltungen mit vielen Milliarden Elementen unmöglich.

Von jedem Elektroingenieur kann heutzutage erwartet werden, dass er weiß, wie solche Simulationsprogramme prinzipiell funktionieren und dass er mit einem solchen Programm einfache Schaltungen untersuchen kann. Entwickler nanoelektronischer Schaltungen müssen darüber hinaus mit weiteren Programmen zum *rechnerunterstützten Schaltungs- und Systementwurf* (*Electronic Design Automation*, EDA) vertraut sein [Jan01], [SS07].

Auf keinen Fall darf vergessen werden, dass ein klassisches Simulationsprogramm *nicht zum Entwurf* (also der Synthese), sondern zur *Verifikation* (also der Analyse) dienen soll. Zunächst ist eine Schaltung *systematisch* zu entwerfen. Danach ist zu überprüfen, ob der Entwurf den Anforderungen gerecht wird.

Wer Simulationsprogramme einsetzt, muss wissen, dass das Ergebnis einer Simulation nur so gut sein kann wie das verwendete *Modell* der untersuchten Anordnung (engl. *garbage in – garbage out*). Wer z. B. das Verhalten eines kleinen Transformators analysieren will, darf nicht mit dem Modell des verlust- und streuungsfreien, linearen Transformators (s. Abschnitt 3.13.2) arbeiten. Beim Entwurf hochintegrierter Schaltungen kann die Simulation des Verhaltens nur dann verlässliche Ergebnisse liefern, wenn die *parasitären Effekte*, die unvermeidlich durch die physikalische Realisierung entstehen, abgeschätzt und im Simulationsmodell berücksichtigt werden.

Das im Rahmen der Grundlagenausbildung am weitesten verbreitete Schaltungssimulationsprogramm ist PSPICE, das inzwischen von der US-amerikanischen EDA-Firma Cadence Design Systems weiterentwickelt wird. Der Grund für diese Monopolstellung ist die Verfügbarkeit einer kostenlosen Evaluationsversion von PSPICE, deren Einschränkung hinsichtlich der Anzahl der verwendbaren Schaltungselemente im Rahmen der Ausbildung nur selten stört.

In den folgenden Abschnitten wird nicht auf den handwerklichen Umgang mit PSPICE eingegangen; hierzu sei auf die einschlägige Literatur (z. B. [Bee08]) verwiesen. Vielmehr sollen die *funktionale Struktur* und der *Datenfluss* in Schaltungssimulationsprogrammen in weitgehend allgemeingültiger Form erklärt werden.

2.6.1 Das Programm SPICE

SPICE ist die Abkürzung für „*Simulation Program with Integrated Circuit Emphasis*". Es handelt sich also um ein Simulationsprogramm für analoge Schaltungen, das insbesondere für die Berechnung des elektrischen Verhaltens integrierter Schaltungen entwickelt wurde.

SPICE wurde um 1970 von Laurence W. Nagel im Rahmen seiner Doktorarbeit bei Prof. Donald O. Pederson an der *University of California* in Berkeley (USA) entwickelt [NP73]. SPICE ist bezüglich seiner Genauigkeit bis heute der Referenz-Simulator. Hinsichtlich der Rechengeschwindigkeit und der Komplexität der verarbeitbaren Schaltungen gibt es inzwischen wesentlich leistungsfähigere Programme.

SPICE wurde ursprünglich in FORTRAN geschrieben, der Quellcode 1972 als „public domain" veröffentlicht; SPICE ist also ein nicht-kommerzielles Produkt. Am weitesten verbreitet ist die Version 2G6 von 1983. Das Programm hat *keine grafische Benutzeroberfläche*, sondern arbeitet im *Stapelbetrieb*, liest also alle benötigten Daten aus einer oder mehreren Dateien ein und schreibt die *Simulationsergebnisse* in eine weitere *Datei*. SPICE wird in Berkeley schon lange nicht mehr gepflegt. Von einer Vielzahl von Entwicklern wurde der ursprüngliche Quellcode von SPICE so modifiziert, dass SPICE lange Zeit für fast jeden Rechner vom Homecomputer bis zum Großrechner unter fast allen Betriebssystemen verfügbar war.

Auf der Basis des Quellcodes von SPICE entwickelten ab etwa 1985 diverse Firmen kommerzielle Abkömmlinge (Derivate) von SPICE mit erweiterten Analysemöglichkeiten und komfortablerer Bedienung. Das erfolgreichste SPICE-Derivat ist PSPICE, das zunächst keine grafische Benutzeroberfläche hatte und dessen Programmcode nur etwa 0,5 MByte groß war.

2.6.2 Datenfluss in Netzwerkanalyse-Programmen

In diesem Abschnitt werden die Ein- und Ausgabedaten eines Schaltungssimulators am Beispiel von SPICE erklärt. Einen Überblick über den Datenfluss gibt Bild 2.104.

Die Beschreibung der zu simulierenden Schaltung steht in einer (prinzipiell für Menschen lesbaren) Text-Datei, der *Netzliste*. Netzlisten wurden ursprünglich manuell mittels eines *Text-Editors* erstellt. Wird die zu simulierende Schaltung mittels eines *grafischen Schaltplan-Editors* (*Schematic Editor*) in den Rechner eingegeben, so erzeugt ein Hilfsprogramm, der *Netzlister*, die Netzliste. Das *Netzlistenformat* definiert, wie folgende Informationen, die die Schaltung vollständig beschreiben, in der Netzliste codiert werden:

- welche Schaltungselemente von welchem Typ vorhanden sind,
- welche Parameter diese Schaltungselemente haben,
- wie die Schaltungselemente miteinander verbunden sind.

Die Netzliste wird vom Simulator eingelesen und auf *formale Korrektheit* überprüft. Danach werden für jedes Schaltungselement entsprechend seinem Typ (z. B. Ohmscher Widerstand, idealer Kondensator, Bipolar-Transistor, Feldeffekt-Transistor) anhand des *Modells* für diesen Elementtyp und der Parameter des Elementes Einträge im zu lösenden Gleichungssystem vorgenommen.

Ein Modell beschreibt das Verhalten eines Schaltungselement-Typs durch eine *Ersatzschaltung* aus elementaren Zwei- oder Mehrpolen, die der Simulator direkt verarbeiten kann. Im Fall von SPICE und seinen Derivaten sind Modelle für die wichtigsten Halbleiterarten bereits fest im Programmcode enthalten. Weitere Modelle können aus Dateien eingelesen werden. In der Regel werden mehrere Modelle zu einer *Modell-Bibliothek* zusammengefasst. In SPICE-Netzlisten können Modellbeschreibungen auch direkt integriert werden.

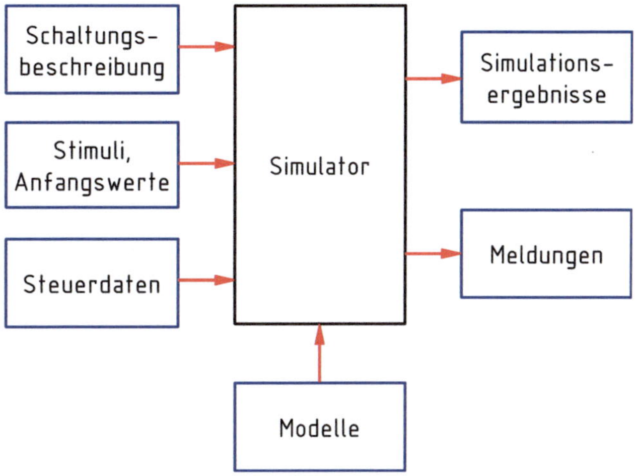

Bild 2.104: Ein- und Ausgabedaten eines Schaltungssimulators

Die Verbindung mindestens zweier Schaltungselement-Anschlüsse in der Netzliste wird als *Knoten* bezeichnet, was nicht mit der Definition dieses Begriffs in der Netzwerktheorie (s. Abschnitt 2.2.1.1) übereinstimmt. Im SPICE-Netzlistenformat werden Knoten mit positiven ganzen Zahlen bezeichnet. Der *Bezugsknoten* „0" *muss* in der Schaltung *unbedingt* vorhanden sein, da er bei der in SPICE verwendeten Knotenpotenzialanalyse automatisch als Bezugsknoten gewählt wird. Alle anderen Knoten der Schaltung müssen eine leitfähige Verbindung zu diesem Bezugsknoten haben, damit ihr elektrisches Potenzial bestimmbar ist.

Sind in einer Schaltung *Teilschaltungen* mehrfach enthalten, empfiehlt es sich, zur Vereinfachung der Datenpflege und der Wiederverwendung von Entwurfsdaten diese Schaltungsteile entsprechend einem Unterprogramm als Einheit zu definieren, die dann an mehreren Stellen der Schaltung instanziiert wird. In SPICE werden solche Teilschaltungen als *Subcircuit* bezeichnet.

Neben der Beschreibung der zu simulierenden Schaltung benötigt der Simulator noch Angaben über evtl. zu berücksichtigende elektrische *Anfangsbedingungen* (z. B. Vorladung von Kondensatoren) sowie die *Eingangsignale* der Schaltung (*Stimuli*). Bei SPICE werden diese Daten als *Initial Condition* bzw. als Quellen in die Netzliste integriert. In anderen Simulationsumgebungen werden sie separat definiert.

Über *Steuerdaten* werden dem Simulator weitere Informationen zugeführt, insbesondere über

- Simulationstyp, z. B. Gleichstromanalyse, Sinusstromanalyse, Transientenanalyse
- auszugebende Größen (Spannungen, Ströme)
- Simulationsablauf, z. B. Anfangs- und Endzeitpunkt der Ergebnisausgabe
- Variation von Parametern, z. B. von Widerstands- oder Kapazitätswerten
- anzunehmende Temperatur der Schaltungselemente
- Angabe des Pfades zu benötigten Dateien, z. B. mit Modellen oder Stimuli.

Nachdem auf Grund der Steuerdaten aus der Schaltungsbeschreibung und den Stimuli ein Gleichungssystem aufgestellt worden ist, wird ein in Software implementierter Lösungsalgorithmus (*Solver*) aktiviert, um das Gleichungssystem zu lösen. Im Fall von Netzwerken, die nur aus linearen, zeitinvarianten Schaltungselementen bestehen und mit ebensolchen Quellen angeregt werden, ist das Gleichungssystem direkt lösbar. Bei nichtlinearen Netzwerken sind in der Regel mehrere *Iterationen* erforderlich, um die Lösung zu erhalten. In bestimmten Fällen ist ein *Konvergieren des Lösungsalgorithmus* nur durch geschicktes Modellieren und Setzen geeigneter Anfangsbedingungen zu erreichen. Bei Netzwerken mit zeitvarianten Parametern oder Quellen werden Lösungen für diskrete Zeitpunkte berechnet, zwischen denen bei der Auswertung interpoliert werden muss. Die Länge der Zeitintervalle kann vom Benutzer oder vom Lösungsalgorithmus gewählt werden.

Die Ergebnisse der Simulation werden immer in eine oder mehrere Dateien geschrieben.

Neben den berechneten elektrischen Größen werden in der Regel auch statistische Informationen über den Ablauf der Simulation sowie ggf. Warn- und Fehlermeldungen ausgegeben. Die Dateien mit den Simulationsergebnissen können bei der Simulation des Verhaltens umfangreicher Schaltungen über einen längeren Zeitraum durchaus viele GByte groß werden.

2.6.3 Struktur einer integrierten Schaltungssimulations-Umgebung

Eine moderne Simulationsumgebung (*Simulation Workbench*) verfügt über eine grafische Benutzeroberfläche und ermöglicht eine grafische Darstellung der Eingangs- und Ausgangssignale der Schaltung. Evtl. können aus den Simulationsergebnissen mittels eines Datenaufbereitungs-Programms (*Post Processor*) noch weitere Informationen gewonnen werden, z. B. Aussagen über die umgesetzten Leistungen.

In Bild 2.105 ist die Struktur eines Simulationssystems dargestellt, das zur *Schaltungseingabe* (*Design Entry*) einen Schaltplan-Editor verwendet. Dieser Editor ist nicht Teil des eigentlichen Simulators!

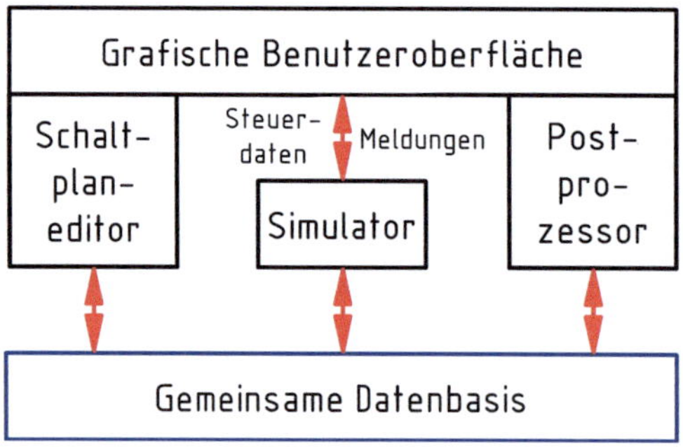

Bild 2.105: Struktur eines Simulationssystems mit Schaltplan-Editor

Alle Werkzeuge verwenden neben einer einheitlichen grafischen Benutzerschnittstelle (*Graphical User Interface*, GUI) eine gemeinsame Datenverwaltung (*Design Data Management*) und erscheinen damit aus Anwendersicht „aus einem Guss“. Solche integrierten Entwicklungsumgebungen – die in der Regel noch wesentlich mehr Funktionen anbieten – werden als *Design Framework* bezeichnet.

Die Schaltungseingabe mit einem Schaltplan-Editor ist bei komplexen digitalen Schaltungen nicht mehr handhabbar. Daher werden solche Schaltungen mittels einer *Hardwarebeschreibungssprache*

(*Hardware Description Language*, HDL) [Jan01], [SS07] entworfen. Der eine Schaltung beschreibende *HDL-Code* wird nur bei sehr kleinen Schaltungen mit einem syntaxsensitiven Text-Editor erstellt, der schon bei der Eingabe den Code auf einfache Fehler überprüft. Für komplexere Schaltungen gibt es eine Vielzahl grafischer Entwurfswerkzeuge, die die vom Anwender eingegebenen Informationen in HDL-Code umsetzen können. Mit solchen Werkzeugen lassen sich für den Entwurf hochkomplexer Systeme Modelle auf hohem Abstraktionsniveau (*High Level Design*) erstellen, die anschließend auf korrektes Verhalten untersucht und dann in HDL-Code umgesetzt werden.

2.6.4 Das SPICE Netzlistenformat

Eine SPICE-Netzliste kann mit einem beliebigen Text-Editor erstellt werden. Dabei ist zu beachten:

- Eingabedateien dürfen keinerlei Formatierungs-Informationen enthalten (außer Zeilenvorschub), müssen also ggf. durch „Nur Text speichern" erzeugt werden.
- *Groß- und Kleinschreibung* sind erlaubt, jedoch *keine nationalen Sonderzeichen wie Umlaute.*
- Groß- und Kleinbuchstaben habe die gleiche Bedeutung.
- Die erste Zeile jeder Eingabedatei ist die *Titelzeile*. Ihr Inhalt wird als Überschrift in der Ausgabedatei verwendet, ansonsten aber ignoriert.
- *Kommentarzeilen* beginnen mit einem Stern (*).
- Die *Reihenfolge* der Elementbeschreibungen in der Schaltungsbeschreibung ist beliebig.
- Die Angaben zur Beschreibung eines Elementes sind *auf einer Zeile* von maximal 79 Zeichen Länge enthalten.
- Die einzelnen Angaben auf einer Zeile sind durch ein oder mehrere *Leerzeichen* voneinander zu trennen.
- *Steueranweisungen* stehen hinter der Schaltungsbeschreibung. Sie beginnen immer mit einem Punkt.
- Die *letzte Zeile* einer SPICE-Eingabedatei muss die „.END" Steueranweisung sein.

Die Syntax zur Beschreibung der drei Grundzweipole der Gleichstromtechnik ist sehr einfach:

```
R<name>     <knoten1>     <knoten2>     <widerstandswert in Ohm>
V<name>     <knoten1>     <knoten2>     <quellenspannung in Volt>
I<name>     <knoten1>     <knoten2>     <quellenstrom in Ampere>
```

Das erste Zeichen einer Zeile bezeichnet den Typ des Elementes: „R" für einen Ohmschen Widerstand, „V" (nicht „U"!) für eine Spannungsquelle, „I" für eine Stromquelle.

Die nachfolgenden Zeichen <name> identifizieren ein Schaltungselement durch einen individuellen Namen. Jeder Name muss innerhalb der ersten 8 Zeichen in einer Schaltung eindeutig sein. Beispiele hierfür sind: R1, R_LAST, R_I, I3, I_EIN, V_PLUS, V_ERSATZ

Die Knotenbezeichnungen <knoten1> und <knoten2> sind positive ganze Zahlen. Der Bezugsknoten erhält die Knotennummer „0".

Die Zählpfeile für die Quellengrößen bei Spannungs- und Stromquelle weisen implizit von <knoten1> zu <knoten2>.

Der Wert der Schaltungselement-Parameter wird in Ohm, Volt bzw. Ampere angegeben.

Zahlen können als ganze Zahlen (z. B. 47), Dezimalbrüche mit Dezimal*punkt* (z. B. 13.8), im Exponentialformat (z. B. 1.3E7) oder unter Verwendung der folgenden Abkürzungen für Zehnerpotenzen angegeben werden:

$T = 10^{12}$	$G = 10^9$	$MEG = 10^6$ (!)	$K = 10^3$
$M = 10^{-3}$ (!)	$U = 10^{-6}$	$N = 10^{-9}$	$P = 10^{-15}$

Wichtig: Zwischen der Zahl und der o. g. Abkürzung darf kein Leerzeichen stehen!

Unterschiedliche Schreibweisen für die Zahl 1000 sind z. B.

1000 1000.0 1K 1E3 1.0E3

Zur Berechnung einfacher linearer Gleichstromnetzwerke wird nur der einfachste Analysetyp von SPICE, die Berechnung des *Arbeitspunktes* (*Operating Point*) benötigt. Der Analysetyp wird durch eine Steueranweisung nach der Schaltungsbeschreibung festgelegt. Die Anweisung zur Arbeitspunktberechnung heißt „.OP“. Sie bewirkt, dass die *Potenziale aller Knoten* gegenüber dem Bezugsknoten und die *Ströme durch alle Spannungsquellen* ausgegeben werden.

Fließt ein gesuchter Strom in einem Zweig des Netzwerks, der keine Spannungsquelle enthält, muss man in den Zweig eine Spannungsquelle mit 0 V einfügen, damit der Strom ausgegeben wird. Der Zählpfeil des Stromes weist implizit in Richtung des Zählpfeils der Quellenspannung. An Spannungsquellen wird also Verbraucher-Zählpfeilsystem verwendet!

2.6.5 Berechnung linearer Gleichstromnetzwerke mit SPICE im Stapelbetrieb

Mit den Informationen aus Abschnitt 2.6.4 lassen sich Netzlisten zur Berechnung linearer Gleichstromnetzwerke schreiben, was an einem einfachen Beispiel demonstriert werden soll.

Beispiel 2.55: Netzliste zur Analyse der Schaltung in Beispiel 2.43

Um die Schaltung in Beispiel 2.43 analysieren zu können, sind in Reihe zu den Widerständen R_3, R_4 und R_5 Spannungsquellen mit Quellenspannungen von 0 V zu schalten, damit die Ströme ausgegeben werden. Die folgende Netzliste wird mit einem Texteditor erstellt:

```
BEISPIEL
VQ1   1 0 16.2
R1    1 2 1
R2    2 3 2
VQ2   3 4 11.4
R4    2 5 25
V4    5 0 0
R5    2 6 40
V5    6 4 0
R3    4 7 5
V3    7 0 0
.OP
.END
```

Als Analyseergebnis erhält man u. a. die gesuchten Ströme durch die Spannungsquellen:

```
VOLTAGE SOURCE CURRENTS
NAME CURRENT
VQ1      - 1.200E+00
VQ2        3.000E-01
V4         6.000E-01
V5         3.000E-01
V3         6.000E-01
```

Da an den Spannungsquellen implizit das Verbraucher-Zählpfeilsystem verwendet wird, ist das Vorzeichen der Ströme I_1 (durch VQ1) und I_2 (durch VQ2) gegenüber den Ergebnissen des Beispiels 2.43 umgekehrt.

3 Wechselstromtechnik

Zur Einführung in die grundlegenden Gesetze und Verfahren zur Berechnung elektrischer Netzwerke hat sich die Gleichstromtechnik bewährt, da sie nur geringe mathematische Kenntnisse voraussetzt. In der elektrotechnischen Praxis treten Gleichströme aber nicht auf. Die Verarbeitung von durch elektrische Signale dargestellten Informationen sowie die Erzeugung, Übertragung und Nutzung von Energie in elektrischer Form erfolgen ausschließlich mittels zeitlich veränderlicher Spannungen und Ströme. Während in der Informationstechnik ausschließlich *nichtperiodische* Signale verarbeitet werden, spielen in der Energietechnik *periodische* Spannungen und Ströme mit (näherungsweise) sinusförmigem zeitlichem Verlauf eine überragende Rolle.

In der *Sinusstromtechnik* werden Verfahren zur Berechnung von Netzwerken behandelt, in denen alle Ströme und Spannungen *sinusförmig zeitveränderlich* sind. (Solche Größen werden kurz als *Sinusgrößen* bezeichnet.) Diese Verfahren ähneln den aus der Gleichstromtechnik bekannten sehr stark, erfordern jedoch weitergehende mathematische Kenntnisse (Grundlagen der Differenzial- und Integralrechnung, Rechnen mit komplexen Größen).

Im einführenden Abschnitt 3.1 werden *allgemeine periodische Zeitfunktionen* behandelt. In den nachfolgenden Abschnitten dieses Kapitels werden nur noch Sinusgrößen und Sinusstromnetzwerke betrachtet.

Als *Sinusstromnetzwerk* wird ein elektrisches Netzwerk mit folgenden Eigenschaften bezeichnet:

- Alle Quellen liefern als *Anregungsgrößen* Sinusgrößen *gleicher Frequenz*.
- Das Netzwerk besteht aus Elementen mit *konzentrierten Parametern*. Die Tatsache, dass Widerstände, Induktivitäten und Kapazitäten nur in räumlich ausgedehnten Anordnungen auftreten können, wird vernachlässigt. Die Elemente eines elektrischen Ersatzschaltbildes repräsentieren die Wirkung dieser Anordnungen durch jeweils einen einzigen Parameter. Somit werden auch die Ausbreitung von Wellen auf Leitungen und die Abstrahlung elektromagnetischer Wellen nicht betrachtet.
- Die Elemente des Netzwerks sind *linear* und *zeitinvariant*, d. h. ihre elektrischen Kenngrößen sind unabhängig von ihren Klemmengrößen und der Zeit.
- Das Netzwerk befindet sich im *eingeschwungenen Zustand*, d. h. die Wirkung von Schaltvorgängen, z. B. dem Einschalten der Quellen, ist abgeklungen.

Wenn alle vorgenannten Bedingungen erfüllt sind, sind auch alle *Reaktionsgrößen* (z. B. die Spannungen an und die Ströme durch die passiven Zweipole) im Netzwerk *Sinusgrößen* mit der *gleichen Frequenz* wie die Anregungsgrößen.

Periodische Anregungsgrößen, die *nicht sinusförmig* sind, lassen sich mittels der *Fourier-Analyse* (s. Abschnitt 7.1) als Überlagerung mehrerer Sinusgrößen unterschiedlicher Frequenz darstellen. Da hier nur *lineare* Netzwerke betrachtet werden, lassen sich die Reaktionsgrößen auch für solche Signale unter Verwendung des *Überlagerungssatzes* (s. Abschnitt 2.4.4) mit den hier beschriebenen Verfahren berechnen. Hierzu werden nacheinander die Reaktionsgrößen für die Anteile der Anregungsgrößen bei den einzelnen Frequenzen (*spektralen Komponenten*) berechnet und dann überlagert. Auf Grund dieser Tatsache ist die Sinusstromtechnik auch für die Nachrichtentechnik von großer Bedeutung.

T. Harriehausen und D. Schwarzenau, *Moeller Grundlagen der Elektrotechnik*,
https://doi.org/10.1007/978-3-658-49993-8_3

Netzwerke mit *nichtperiodischen Anregungsgrößen* und das Verhalten *nichtlinearer Netzwerke* bei der Anregung durch Sinusgrößen werden in Kapitel 7 behandelt.

3.1 Periodische Zeitfunktionen

Elektrische Vorgänge lassen sich unterteilen in *zeitunabhängige* (zeitinvariante) (z. B. Gleichströme, Gleichspannungen, s. Kapitel 2) und *zeitabhängige* (zeitvariante).

Bei den zeitabhängigen Vorgängen wird unterschieden zwischen *nichtperiodischen* Abläufen (z. B. Schaltvorgängen (s. Abschnitt 7.3), Rauschen oder Impulsen) und solchen, die sich zeitlich periodisch wiederholen.

Nachfolgend werden diese zeitlich periodischen Vorgänge – jeweils am Beispiel eines periodischen Stromes $i(t)$ – genauer untersucht.

Zur Beurteilung der *Wirkung*, die eine periodische Größe (z. B. ein Strom $i(t)$, eine Spannung $u(t)$, oder eine Leistung $p(t)$) hervorruft, genügt häufig ein geeigneter *Kennwert* dieser Größe. Einer dieser Kennwerte, der arithmetische Mittelwert, wird als Kriterium für eine weitere Aufteilung periodischer Größen in *Wechselgrößen* und *Mischgrößen* verwendet.

Weitere Kenngrößen periodischer Funktionen, u. a. der *Klirrfaktor*, der *Schwingungsgehalt* und die *Welligkeit*, werden in Abschnitt 7.1.3 behandelt.

3.1.1 Periodendauer, Grundfrequenz, Grundkreisfrequenz

Die kürzeste Zeitdauer T, nach der sich ein Vorgang in identischer Weise wiederholt, nennt man seine (kleinste) *Periodendauer*. Ein solcher Vorgang, wie z. B. der in Bild 3.1 dargestellte Strom $i(t)$, wird durch eine periodische Zeitfunktion beschrieben. Die *Periodizität* einer Funktion erkennt man daran, dass z. B. für einen Strom

$$i(t + n\,T) = i(t) \tag{3.1}$$

gilt, wobei für n jede ganze Zahl eingesetzt werden darf und T der *kleinste positive* Wert ist, der Gl. (3.1) erfüllt.

Der Kehrwert der Periodendauer ist die *Grundfrequenz*

$$f = \frac{1}{T}\,. \tag{3.2}$$

Sie gibt an, wie häufig sich der Vorgang pro Zeit wiederholt. Ihre Einheit ist das Hertz[1]:

$$[f] = \frac{1}{\mathrm{s}} = 1\,\mathrm{Hz} \tag{3.3}$$

Das 2π-fache der Grundfrequenz ist die *Grundkreisfrequenz*

$$\omega = 2\pi f\,. \tag{3.4}$$

Ihre Einheit ist *nicht Hz*, sondern

$$[\omega] = \mathrm{s}^{-1}. \tag{3.5}$$

[1] Benannt nach dem deutschen Physiker Heinrich Hertz (1857–1894).

3.1.2 Maximalwert, Minimalwert, Spitze-Spitze-Wert

Der größte während einer Periodendauer auftretende Augenblickswert wird *Maximalwert* oder *Spitzenwert* genannt und durch den Index „max" gekennzeichnet, z. B.

$$i_{\max}\,. \tag{3.6}$$

Entsprechend wird der kleinste während einer Periodendauer auftretende Augenblickswert als *Minimalwert* bezeichnet und durch den Index „min" gekennzeichnet, z. B.

$$i_{\min}\,. \tag{3.7}$$

Die *Schwingungsbreite* einer periodischen Größe ist die Differenz ihres Maximal- und Minimalwertes. Sie wird in der Praxis als *Spitze-Spitze-Wert* bezeichnet und durch den Index „ss" gekennzeichnet, z. B.

$$i_{ss} = i_{\max} - i_{\min}\,. \tag{3.8}$$

3.1.3 Arithmetischer Mittelwert

Der *arithmetische (lineare) Mittelwert* eines periodischen Stromes $i(t)$ ist

$$\overline{i} = \frac{1}{T} \int\limits_{t_0}^{t_0+T} i\,(t)\,\mathrm{d}t \tag{3.9}$$

mit beliebig wählbarem t_0. Bild 3.1 veranschaulicht diese Definition.

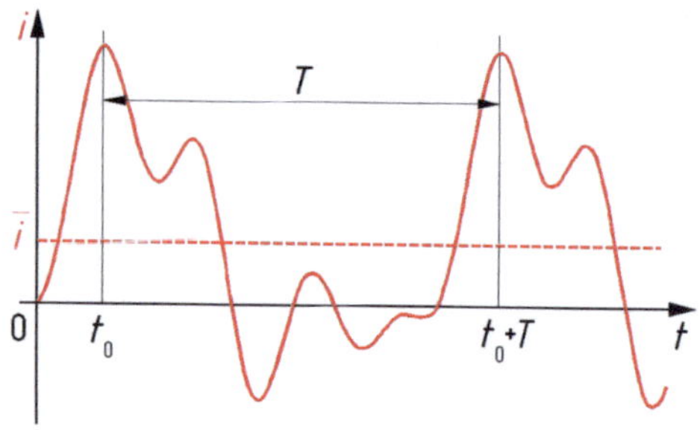

Bild 3.1: Periodischer Strom $i(t)$
T Periodendauer
$\overline{i}$ arithmetischer Mittelwert

Die Integration ab einem Zeitpunkt t_0 über eine Periodendauer T liefert ein Ergebnis, das sich anschaulich als die Fläche zwischen dem Graphen der Zeitfunktion und der t-Achse deuten lässt. Dabei werden Flächenanteile oberhalb der t-Achse positiv, Flächenanteile unterhalb der t-Achse negativ gezählt. (Wie das Beispiel zeigt, kann der Funktionswert i während einer Periodendauer T sein Vorzeichen mehrfach wechseln, so dass mehrere positive und negative Flächenanteile zum arithmetischen Mittelwert beitragen.) Wenn man diese Fläche gleichmäßig über die in Bild 3.1 als Strecke dargestellte Integrationsdauer T verteilt, erhält man ein Rechteck, dessen Höhe dem arithmetischen Mittelwert $\overline{i}$ entspricht.

Der arithmetische Mittelwert kann als der in einer periodischen Größe enthaltene Gleichanteil aufgefasst werden.

3.1.4 Wechselgrößen, Mischgrößen

Als *Wechselgröße* bezeichnet man eine Größe, die

- periodisch ist und
- den arithmetischen Mittelwert null hat, also *keinen Gleichanteil* enthält.

Für einen *Wechselstrom* im engeren Sinne gilt also

$$\overline{i} = \frac{1}{T} \int_{t_0}^{t_0+T} i(t)\,\mathrm{d}t = 0\,. \tag{3.10}$$

Diese Bedingung ist beim Strom nach Bild 3.1 nicht erfüllt, jedoch bei dem Strom in Bild 3.2, der durch Subtraktion des Gleichanteils aus dem Strom in Bild 3.1 hervorgegangen ist.

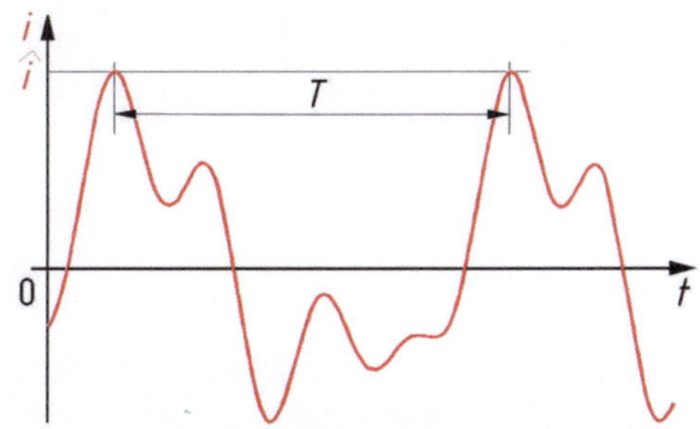

Bild 3.2: Wechselstrom $i(t)$
T Periodendauer
$\hat{i}$ Scheitelwert

Eine periodische Größe, deren arithmetischer Mittelwert ungleich null ist, lässt sich immer als *Summe* (Überlagerung) einer *Gleichgröße* (arithmetischer Mittelwert) und einer *Wechselgröße* darstellen. Solche Größen werden als *Mischgrößen* bezeichnet.

3.1.5 Scheitelwert

Der *Scheitelwert* ist nur für Wechselgrößen definiert. Er ist gleich dem *betragsmäßig* größten auftretenden Augenblickswert und damit stets positiv. Bei dem in Bild 3.2 dargestellten Wechselstrom i stimmt der Scheitelwert $\hat{i}$ mit dem Maximalwert $i_{\max}$ überein. Allgemein gilt

$$\hat{i} = \max(|\,i_{\min}\,|\,, i_{\max}) > 0\,. \tag{3.11}$$

3.1.6 Gleichrichtwert

Da der arithmetische Mittelwert einer Wechselgröße null ist, liefert er keine Information über diese Größe. Bildet man hingegen den *arithmetischen Mittelwert* des *Betrages* der Wechselgröße, erhält man einen stets von null verschiedenen Wert, der es gestattet, Wechselgrößen hinsichtlich bestimmter Eigenschaften miteinander zu vergleichen (z. B. Drehmoment- oder Elektrolysewirkung bei Gleichrichtung).

Bei Strömen kann die Betragsbildung durch eine ideale *Zweiweggleichrichtung* erfolgen, die mit einem *Brückengleichrichter* nach Bild 3.3 a) durchgeführt werden kann. Wenn der zugeführte Strom i beispielsweise den in Bild 3.2 angegebenen Verlauf hat, fließt durch den Widerstand R der in Bild

3.3 b) dargestellte Strom $|\,i\,|$. Den arithmetischen Mittelwert des Betrages einer periodischen Größe, z. B.

$$\overline{|\,i\,|} = \frac{1}{T} \int\limits_{t_0}^{t_0+T} |\,i(t)\,| \,\mathrm{d}t\,, \tag{3.12}$$

bezeichnet man als den *Gleichrichtwert* dieser Größe.

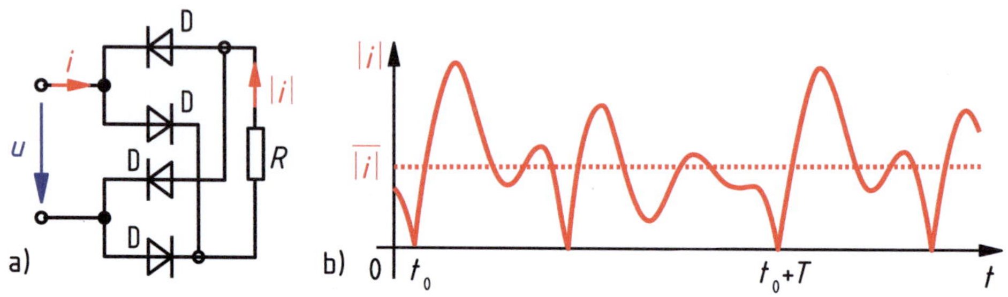

Bild 3.3: a) Brückengleichrichter und b) Stromverlauf nach idealer Gleichrichtung des Stromes $i(t)$ aus Bild 3.2 mit dem Gleichrichtwert $\overline{|\,i\,|}$

Der die Mittelwertbildung symbolisierende Querstrich muss über die Betragsstriche ragen und darf nicht zwischen ihnen enden! Ansonsten würde der Betrag des Mittelwertes bezeichnet, der bei Wechselgrößen immer null ist.

3.1.7 Effektivwert

Eine wichtige Wirkung elektrischer Ströme und Spannungen besteht darin, Verbrauchern elektrische Energie zuzuführen. Man definiert deshalb für periodische Größen einen weiteren Mittelwert, den *Effektivwert*. Ströme bzw. Spannungen mit dem selben Effektivwert führen dem gleichen *Ohmschen Verbraucher* in der selben Zeit T die gleiche Energie W zu. Dabei wird davon ausgegangen, dass die betrachtete Zeit T sehr viel größer als die Periodendauern T_ν der zu vergleichenden Größen ist.

Fließt durch einen konstanten Widerstand R ein *Gleichstrom* I, wird von ihm während der Zeit T gemäß Gl. (2.49) die elektrische Energie

$$W = U\,I\,T = R\,I^2\,T \tag{3.13}$$

aufgenommen. Wenn der Strom i *zeitabhängig* ist, ergibt sich für eine infinitesimale kurze Zeit dt die infinitesimale kleine vom Widerstand aufgenommene Energie

$$\mathrm{d}W = R\,i^2\,\mathrm{d}t\,. \tag{3.14}$$

Durch Integrieren erhält man die über die gesamte Zeit T vom Widerstand aufgenommene elektrische Energie

$$W = R \int\limits_0^T i^2\,\mathrm{d}t\,. \tag{3.15}$$

Der Vergleich der Gln. (3.13) und (3.15) zeigt, dass ein periodischer Strom i in einem konstanten Widerstand R dann in der selben Zeit T die selbe Energie W umsetzt wie ein Gleichstrom I, wenn

$$\int_0^T i^2 \, \mathrm{d}t = I^2 T \tag{3.16}$$

gilt. Da i periodisch ist, kann man das Integrationsintervall in Gl. (3.16) zu einem beliebigen Zeitpunkt t_0 beginnen und auf eine Periodendauer T beschränken. Man erhält dann die allgemeine Schreibweise

$$\int_{t_0}^{t_0+T} i^2 \, \mathrm{d}t = I^2 T \, . \tag{3.17}$$

Die durch Gl. (3.17) beschriebene Rechenvorschrift ist in Bild 3.4 grafisch nachvollzogen: Zum Stromverlauf $i(t)$ aus Bild 3.2 ist der Verlauf $i^2(t)$ in Bild 3.4 dargestellt, der keine negativen Werte annehmen kann. Beginnend bei dem beliebig gewählten Zeitpunkt t_0 wird die Funktion $i^2(t)$ über eine Periodendauer T integriert. Das Ergebnis kann anschaulich als die (schraffierte) Fläche unter der Kurve gedeutet werden und muss denselben Wert haben wie das Produkt I^2T, das als die Fläche des Rechtecks mit den Kantenlängen I^2 und T dargestellt werden kann.

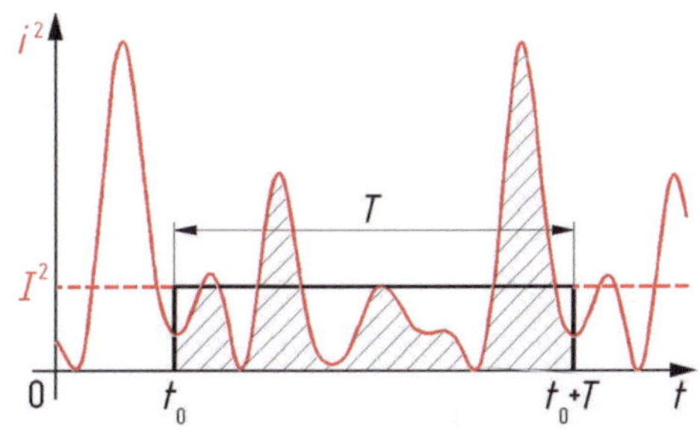

Bild 3.4: Quadrat der Funktion $i(t)$ aus Bild 3.2
Zeitlicher Verlauf $i^2(t)$
T Periodendauer
I^2 Quadrat des Effektivwertes

Man erhält I^2, indem man das Integral durch die Periodendauer T dividiert. Nach Wurzelziehen ergibt sich hieraus in allgemeiner Form der auch als *quadratischer Mittelwert* bezeichnete *Effektivwert* eines Stromes

$$I = \sqrt{\frac{1}{T} \int_{t_0}^{t_0+T} i^2 \, \mathrm{d}t} \, . \tag{3.18}$$

In Fällen, in denen eine Verwechslung mit einem Gleichstrom I ausgeschlossen werden soll, kann zur Verdeutlichung der Index „eff“ verwendet werden, also z. B. I_{eff}.

Im englischsprachigen Raum heißt der Effektivwert „*root mean square*“ (RMS), was sinngemäß „Wurzel aus dem Mittelwert des Quadrates“ bedeutet und sehr schön die Reihenfolge der Rechenoperationen in Gl. (3.18) beschreibt. (Die Auswertung erfolgt allerdings in umgekehrter Reihenfolge.)

Bei der Berechnung des *Effektivwertes von Mischgrößen* darf man nicht einfach die Effektivwerte von Gleich- und Wechselanteil addieren. Wenn I_- der *Gleichanteil* und $i_\sim(t)$ der *Wechselanteil* einer

Mischgröße $i(t) = I_- + i_\sim(t)$ sind, ist der Effektivwert I dieser Mischgröße nach Gl. (3.18)

$$I = \sqrt{\frac{1}{T}\int_{t_0}^{t_0+T} (I_- + i_\sim)^2\,\mathrm{d}t} = \sqrt{\frac{1}{T}\int_{t_0}^{t_0+T} (I_-^2 + 2I_- i_\sim + i_\sim^2)\,\mathrm{d}t}\,. \tag{3.19}$$

Wenn man auf der rechten Seite von Gl. (3.19) die Integration über jeden Summanden in der Klammer separat durchführt, erhält man

$$I = \sqrt{\frac{1}{T}\int_{t_0}^{t_0+T} I_-^2\,\mathrm{d}t + \frac{1}{T}\int_{t_0}^{t_0+T} 2I_- i_\sim\,\mathrm{d}t + \frac{1}{T}\int_{t_0}^{t_0+T} i_\sim^2\,\mathrm{d}t}\,. \tag{3.20}$$

Unter dem Wurzelzeichen steht die Summe dreier Terme, von denen der erste den Wert I_-^2 und der letzte – gemäß der Definition des Effektivwertes in Gl. (3.18) – das Quadrat $I_\sim^2$ des Effektivwertes des Wechselanteils ergibt. Der in der Mitte stehende Term stellt (abgesehen vom konstanten Faktor $2I_-$) den arithmetischen Mittelwert $\overline{i_\sim}$ des Wechselanteils dar, der aber nach Gl. (3.10) null ist. Daraus folgt als Berechnungsvorschrift für den Effektivwert von Mischgrößen

$$I = \sqrt{I_-^2 + I_\sim^2}\,. \tag{3.21}$$

Analoge Messgeräte, bei denen der angezeigte Wert vom *Quadrat* des Stromes abhängt, wie z. B. *Dreheisenmessgeräte* oder *elektrodynamische Messgeräte*, zeigen aufgrund ihres Messprinzips den quadratischen Mittelwert, d. h. den *Effektivwert* von periodischen Strömen *beliebiger Kurvenform* richtig an. Digitale Messgeräte, die (angeblich) den echten Effektivwert beliebiger Wechselströme und -spannungen anzeigen, werden als „True RMS"-Messgeräte angeboten.

3.1.8 Scheitelfaktor, Formfaktor

Um ein Maß für die *Beanspruchung* elektrischer Anlagen und Bauelemente durch Strom- bzw. Spannungsspitzen zu haben, wurde der *Scheitelfaktor* ξ (engl. *Crest Factor* C_F) eingeführt. Für Wechselgrößen ist er definiert als das Verhältnis des Scheitelwertes zum Effektivwert. Für Wechselströme gilt z. B.

$$\xi = \frac{\hat{i}}{I} \geq 1\,. \tag{3.22}$$

Eine weitere wichtige Beurteilungsgröße ist das Verhältnis von Effektivwert zu Gleichrichtwert. Diese als *Formfaktor* bezeichnete Größe

$$F = \frac{I}{\overline{|i|}} \geq 1 \tag{3.23}$$

bestimmt z. B. bei Gleichstrommaschinen das Verhältnis zwischen Verlustleistung und Drehmoment.

Scheitelfaktor und Formfaktor F werden umso kleiner, je mehr sich die Kurvenform einer symmetrischen Rechteckschwingung (mit betragsmäßig gleich großen Minimal- und Maximalwerten) annähert.

Drehspulmesswerke zeigen wegen der *mechanischen Trägheit* ihres Messwerks bei schnell veränderlichen Strömen i deren *arithmetischen Mittelwert* nach Gl. (3.9) an. Bei Wechselströmen wird daher der Wert null angezeigt. Schaltet man dem Drehspulmesswerk einen *Zweiweggleichrichter* wie in Bild 3.3 a) vor, zeigt es den Gleichrichtwert $\overline{|i|}$ nach Gl. (3.12) bzw. mit einem vorgeschalteten *Einweggleichrichter* den halben Gleichrichtwert $0{,}5\,\overline{|i|}$ an. Der einfacheren Handhabung wegen sind die Skalen von Wechselstrommessgeräten unter Berücksichtigung des Formfaktors F für Sinusstrom so kalibriert, dass direkt der in der Regel interessierende Effektivwert I abgelesen werden kann.

Es ist unbedingt zu beachten, dass diese Skalierung nur für Sinusströme exakt gültig ist und bei Wechselströmen mit anderen Kurvenformen und daher anderen Formfaktoren die angezeigten Werte mehr oder weniger fehlerhaft sind!

3.2 Sinusgrößen

Als *Sinusgröße* werden Größen bezeichnet, deren Zeitabhängigkeit durch eine Sinus- oder Kosinusfunktion beschrieben werden kann. In der Mathematik werden solche Größen als „harmonische Schwingung“ bezeichnet. Während in der Physik meist die Kosinusfunktion zur Beschreibung harmonsicher Schwingungen verwendet wird, wird in der Elektrotechnik traditionell mit der Sinusfunktion gearbeitet.

Unter den periodischen Zeitfunktionen sind die Sinusgrößen die einzigen, bei denen man bei der Ableitung nach der Zeit wieder eine Sinusgröße erhält. Wie die Gln. (11.183) und (10.59) zeigen, sind die Klemmengrößen Strom i und Spannung u sowohl an einer Induktivität L als auch an einer Kapazität C über die Ableitung nach der Zeit miteinander verknüpft. Daher haben Sinusspannungen an diesen Zweipolen Sinusströme zur Folge und umgekehrt.

3.2.1 Erzeugung von Sinusspannungen

In den Verbundnetzen der elektrischen Energieverteilung werden Sinusspannungen größtenteils durch die rotierenden Generatoren der Kraftwerke erzeugt. Für die Not- oder mobile Stromversorgung werden Gleichspannungen aus Akkumulatoren oder Batterien mit Hilfe von *Wechselrichtern* in Sinusspannungen umgeformt [Heu96]. Bei großen Solarkraftwerken wird die von den Photovoltaik-Modulen gelieferte Gleichspannung direkt mit Wechselrichtern in eine Sinusspannung umgewandelt und in das Versorgungsnetz eingespeist. Bei Windkraftanlagen wird die Wechselspannung variabler Frequenz, die vom durch die Flügel angetriebenen Generator geliefert wird, gleichgerichtet und dann über einen Wechselrichter ins Netz gespeist.

In der Nachrichtentechnik werden Sinusspannungen mit *Oszillatorschaltungen* unter Einsatz von aktiven Komponenten wie Transistoren oder Operationsverstärkern sowie Schwingkreisen bzw. Schwingquarzen erzeugt.

Die Erzeugung von Sinusspannungen in rotierenden Generatoren beruht grundsätzlich auf dem *Induktionsgesetz* (s. Abschnitt 11.16). In einer Wicklung mit N Windungen wird eine Spannung u induziert, die der Änderungsgeschwindigkeit $\mathrm{d}\Phi/\mathrm{d}t$ des magnetischen Flusses Φ proportional ist. Bei rechtswendiger Zuordnung (s. Abschnitt 11.16) der Zählpfeile für Φ und u ergibt sich nach Gl. (11.164) die induzierte Spannung

$$u(t) = -N\,\frac{\mathrm{d}\Phi}{\mathrm{d}t}\,. \tag{3.24}$$

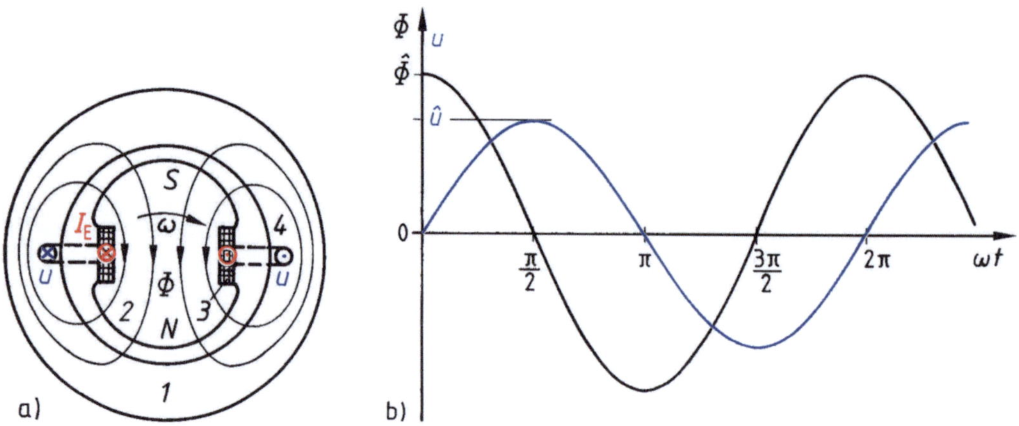

Bild 3.5: a) Querschnitt durch einen rotierenden Sinusspannungsgenerator sowie
b) zeitliche Verläufe seines magnetischen Flusses $\Phi(t)$ und der in der Ständerwicklung induzierten Spannung $u(t)$
1 Ständer mit Wicklung 4,
2 Polrad mit Erregerwicklung 3

Durch Drehung einer Wicklung im Magnetfeld oder eines *Polrades* in einem Generator (s. Bild 3.5 a)) oder durch einen Sinusstrom in der Wicklung eines Transformators kann ein magnetischer Fluss

$$\Phi = \hat{\Phi}\cos(\omega t) \tag{3.25}$$

mit dem Scheitelwert $\hat{\Phi}$ und der *Kreisfrequenz* ω erzeugt werden. Bei einem zweipoligen Generator ist ω auch die Winkelgeschwindigkeit des Polrades. Der Fluss Φ induziert in der Wicklung, die er durchsetzt, die Spannung

$$u = -N\,\frac{\mathrm{d}}{\mathrm{d}t}\left(\hat{\Phi}\cos(\omega t)\right) = N\,\omega\,\hat{\Phi}\sin(\omega t) = \hat{u}\sin(\omega t) \tag{3.26}$$

mit dem Scheitelwert

$$\hat{u} = N\,\omega\,\hat{\Phi}\,. \tag{3.27}$$

Die Verläufe von $\Phi(t)$ und $u(t)$ sind in Bild 3.5 b) dargestellt. In Bild 3.5 a) ist der Querschnitt durch einen rotierenden *Sinusspannungsgenerator* dargestellt. Im rohrförmigen Ständer 1 befindet sich in horizontaler Ebene die *Ständerwicklung* 4. In diesem Zylinder dreht sich das Polrad 2 mit der *Erregerwicklung* 3, die von einem Gleichstrom I_{E} durchflossen wird und so den Fluss Φ erzeugt.

3.2.2 Kennwerte von Sinusgrößen

Sinusgrößen der Form $x = \hat{x}\ \sin(\omega t + \varphi_x)$ sind ein Spezialfall der in Abschnitt 3.1 behandelten periodischen Größen. Daher sind alle Kennwerte periodischer Größen auch für Sinusgrößen definiert. Wie in Abschnitt 3.2.2.5 bewiesen wird, enthalten Sinusgrößen keinen Gleichanteil. Sie gehören also zu den Wechselgrößen.

Die in den folgenden Abschnitten exemplarisch für einen Sinusstrom beschriebenen Kenngrößen sind sinngemäß auf beliebige andere Sinusgrößen übertragbar.

3.2.2.1 Amplitude

Bei Sinusgrößen sind der Maximal- und der Minimalwert betragsmäßig gleich groß. Den Scheitelwert bezeichnet man speziell (*und ausschließlich!*) bei Sinusgrößen auch als *Amplitude*. Für den in Bild 3.7 dargestellten Sinusstrom mit der Amplitude $\hat{i}$ gilt z. B.

$$i_{\max} = |\, i_{\min} \,| = \hat{i} > 0\,. \tag{3.28}$$

3.2.2.2 Periodendauer, Frequenz, Kreisfrequenz

Eine Sinusgröße enthält im Gegensatz zu einer allgemeinen Wechselgröße nur einen *spektralen Anteil* mit der *Frequenz* f, die gleich dem Kehrwert ihrer *Periodendauer* T ist:

$$f = \frac{1}{T} \tag{3.29}$$

Während der Periodendauer T einer Sinusgröße ändert sich das Argument der Sinusfunktion, die sie beschreibt, um den Winkel $2\pi \mathrel{\hat{=}} 360°$. Aus der Bedingung $\omega T = 2\pi$ folgt mit Gl. (3.29) der Zusammenhang zwischen der *Kreisfrequenz* ω und der Frequenz f:

$$\omega = \frac{2\pi}{T} = 2\pi f \tag{3.30}$$

Die Kreisfrequenz ω unterscheidet sich lediglich um den Faktor 2π von der Frequenz f. Für die Einheit der Kreisfrequenz ω gilt

$$[\omega] = \frac{\text{rad}}{\text{s}} = \frac{1}{\text{s}} = \text{s}^{-1}. \tag{3.31}$$

Sie darf nicht in Hertz angegeben werden!

Wichtige Frequenzbereiche der Elektrotechnik sind in Bild 3.6 zusammengestellt. Bei den Energieversorgungsnetzen sind 50 Hz oder 60 Hz üblich. In der Energietechnik herrschen niedrige Frequenzen vor, wobei für bestimmte Fertigungsverfahren Frequenzen bis zu 1 GHz angewandt werden. Die Nachrichtentechnik nutzt den gesamten Frequenzbereich. Neue Entwicklungen führen zur technischen Nutzung immer höherer Frequenzen. Hierdurch werden in der Kommunikationstechnik einerseits immer höhere Datenraten möglich, andererseits sinkt die Funkreichweite, so dass immer dichtere Netze von Sendeempfängern erforderlich werden. Aktuell werden insbesondere Frequenzen im Bereich um ca. 2 GHz intensiv verwendet für Radar, Mikrowellenöfen, Mobiltelefone und WLAN-Router. Das verfügbare Mobilfunknetz der 5. Generation („5G“) ist ausgelegt für Frequenzen von etwa 0,5 GHz bis unter 100 GHz. Das geplante Mobilfunknetz der 6. Generation („6G“) wird voraussichtlich mit Frequenzen zwischen etwa 100 GHz bis über 1000 GHz arbeiten. Bild 3.6 verdeutlicht auch die verschiedenen Anwendungsgebiete der Sinusstromtechnik.

3.2.2.3 Nullphasenwinkel, Nullzeit

Die Verläufe *beliebiger* Zeitfunktionen können über der t-Achse aufgetragen werden. Nur dann, wenn mehrere *gleichfrequente Sinusgrößen* dargestellt werden sollen, ist es möglich, die Zeit auf die diesen Sinusgrößen *gemeinsame* Periodendauer zu *normieren*. Als Variable wird dann nicht mehr die Zeit t, sondern die dimensionslose Größe $2\pi \cdot t/T$, die den Charakter eines Winkels im Bogenmaß hat, verwendet. Der Wert dieser neuen Variable verändert sich um 2π (also die Periode der Sinusfunktion), wenn sich die Zeit t um die Periodendauer T verändert. Aus Gl. (3.30) folgt $2\pi \cdot t/T = \omega t$. Die Darstellung gleichfrequenter Sinusgrößen über der ωt-Achse führt dazu, dass die *zeitliche Verschiebung* zwischen Sinusgrößen durch *Winkel* dargestellt wird.

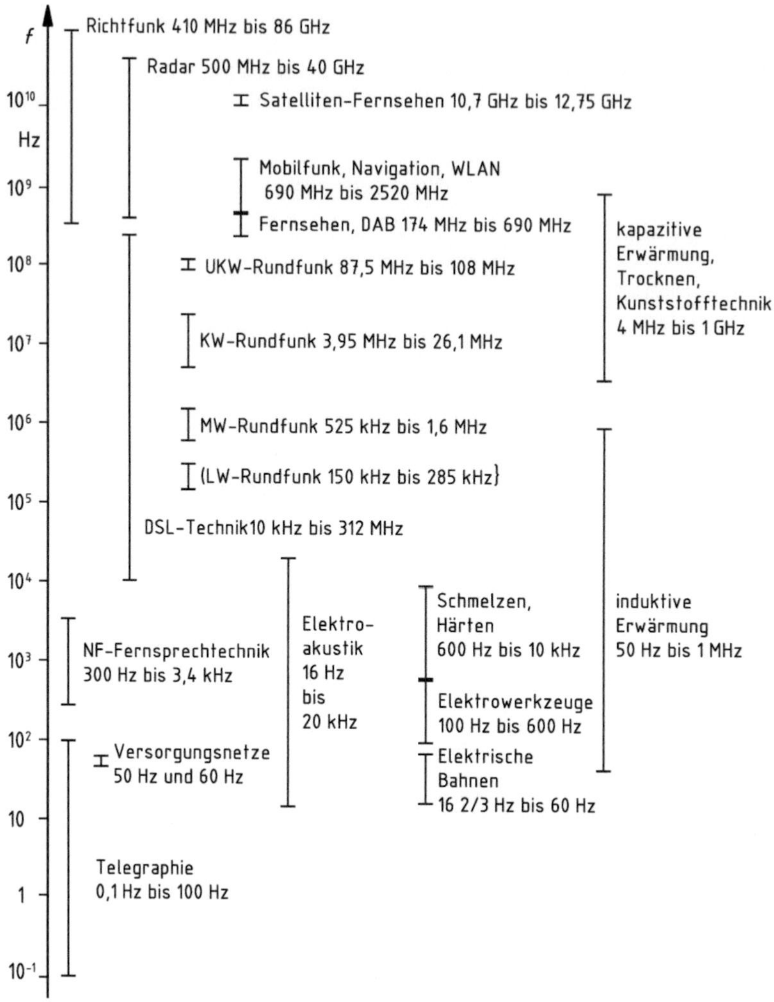

Bild 3.6: Wichtige Frequenzbereiche der Elektrotechnik

In Bild 3.7 sind die Verläufe eines Sinusstromes $i = \hat{i}\sin(\omega t + \varphi_\mathrm{i})$ und einer gleichfrequenten Sinusspannung $u = \hat{u}\sin(\omega t + \varphi_\mathrm{u})$ über der ωt–Achse aufgetragen. Ihre Lage relativ zum Ursprung wird durch die Lage ihrer *am nächsten am Ursprung gelegenen positiven Nulldurchgänge* beschrieben und durch ihre *Nullphasenwinkel* φ_i bzw. φ_u bestimmt.

Eine allgemeine Sinusgröße $x = \hat{x}\ \sin(\omega t + \varphi_x)$ mit $-180° < \varphi_x \leq 180°$ beginnt zur Zeit $t = 0$ mit dem Wert $x(0) = \hat{x}\ \sin\varphi_x$. Sie geht um den Nullphasenwinkel φ_x früher als die unverschobene Sinusfunktion $\sin(\omega t)$ von negativen zu positiven Werten durch null.

Nullphasenwinkel können sowohl im Bogenmaß als auch im Gradmaß angegeben werden.

Die Bestimmung des Vorzeichens des Nullphasenwinkels aus einer Darstellung von Sinusgrößen über der ωt–Achse bereitet oft Schwierigkeiten. In Bild 3.7 ist z. B. der Nullphasenwinkel der Spannung $\varphi_u = 30°$, obwohl der positive Nulldurchgang bei $\omega t = -30°$ liegt. Beim Strom gilt $\varphi_i = -30°$, obwohl sein positiver Nulldurchgang bei $\omega t = +30°$ liegt.

Bild 3.7: Sinusstrom $i = \hat{\imath} \sin(\omega t + \varphi_i)$ und Sinusspannung $u = \hat{u} \sin(\omega t + \varphi_u)$
φ_u, φ_i Nullphasenwinkel
φ Phasenverschiebungswinkel
T Periodendauer

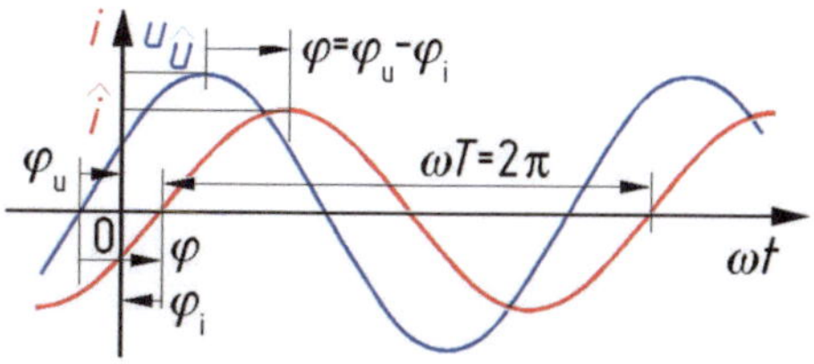

Daher ist folgende Vorgehensweise dringend zu empfehlen: Der Nullphasenwinkel wird durch einen *Einfachpfeil* (mit nur einer Pfeilspitze) gekennzeichnet. Der Pfeil weist vom positiven Nulldurchgang der betrachteten Sinusgröße, der *am nächsten am Ursprung* liegt, zum Ursprung (s. Bild 3.7). Der Nullphasenwinkel ist *positiv*, wenn seine Pfeilspitze in Richtung der ωt-Achse (also *steigender* Werte von ωt) weist, bzw. negativ bei entgegengesetzter Richtung.

Dem Nullphasenwinkel bei Betrachtung der Größe ωt als Variable entspricht die *Nullzeit* t_0 bei Betrachtung der Zeit t als Variable. Zum Beispiel folgt für einen Sinusstrom aus der Verhältnisgleichung $\varphi_i/360° = t_{0i}/T$ die Umrechnungsvorschrift vom Nullphasenwinkel in die Nullzeit

$$t_{0i} = T\frac{\varphi_i}{360°}\,. \tag{3.32}$$

Nullzeiten sind genauso wie Nullphasenwinkel vorzeichenbehaftet und werden in einem Zeitdiagramm mit Einfachpfeilen gekennzeichnet. Weist ein solcher Pfeil in Richtung der t-Achse, ist die Nullzeit positiv, sonst negativ.

Die nach φ_i aufgelöste Gl. (3.32) kann z. B. zur Berechnung des Nullphasenwinkels aus einer am Oszilloskop abgelesen Nullzeit verwendet werden.

3.2.2.4 Phasenverschiebungswinkel

Bei der Beschreibung der Ströme und Spannungen in einem Sinusstromnetzwerk darf der Zeitpunkt $t = 0$ willkürlich gewählt werden. Daher sind die Werte der Nullphasenwinkel in der Regel uninteressant. Wichtig ist aber die zeitliche Lage *mehrerer gleichfrequenter* Sinusgrößen *relativ zueinander*, wobei stets eine der Größen die Rolle der *Bezugsgröße* spielt. Dieser Unterschied der *Phasenlagen* wird durch den *Phasenverschiebungswinkel* φ beschrieben. Soll z. B. die Phasenverschiebung eines Stromes $i_1(t)$ mit dem Nullphasenwinkel φ_{i1} gegenüber einem als Bezugsgröße betrachteten Strom $i_2(t)$ mit dem Nullphasenwinkel φ_{i2} angegeben werden, gilt

$$\varphi = \varphi_{i1} - \varphi_{i2}\,. \tag{3.33}$$

Ist der Nullphasenwinkel der Bezugsgröße null, stimmt der Phasenverschiebungswinkel mit dem Nullphasenwinkel überein.

Von besonderer Bedeutung ist der Phasenverschiebungswinkel zwischen den Klemmengrößen von Zweipolen. Er ist definiert als

$$\varphi = \varphi_u - \varphi_i\,, \tag{3.34}$$

d. h. *der Klemmenstrom ist immer die Bezugsgröße!*

Phasenverschiebungswinkel werden wie Nullphasenwinkel durch einen Einfachpfeil gekennzeichnet. Dieser weist entsprechend Bild 3.7 von einem positiven Nulldurchgang der betrachteten Größe zum *nächstgelegenen* positiven Nulldurchgang der Bezugsgröße. Stimmt die Richtung dieses Pfeils mit der Richtung der ωt-Achse überein, ist der Phasenverschiebungswinkel φ positiv und man sagt, dass die betrachtete Größe gegenüber der Bezugsgröße *voreilt*. Anderenfalls ist φ negativ und die betrachtete Größe *eilt* gegenüber der Bezugsgröße *nach*.

Bild 3.7 zeigt die anschauliche Bedeutung dieser Bezeichnungen: Hier eilt die Spannung gegenüber dem Strom vor; sie erreicht also zu früheren Zeitpunkten ihre positiven Nulldurchgänge und Scheitelwerte.

Beispiel 3.1: Phasenverschiebungswinkel zwischen Spannung und Strom

Der Phasenverschiebungswinkel zwischen Spannung u und Strom i in Bild 3.7 soll vorzeichenrichtig beschrieben werden.

Nach Gl. (3.34) gilt

$$\varphi = \varphi_\mathrm{u} - \varphi_\mathrm{i} = 30° - (-30°) = 60° \,.$$

Die Spannung u eilt dem Strom i also um $\varphi = 60°$ voraus. Gleichbedeutend hiermit ist selbstverständlich die Aussage, dass der Strom der Spannung um 60° nacheilt.

3.2.2.5 Arithmetischer Mittelwert

Da die Sinusgrößen zu den Wechselgrößen gehören, ist ihr *arithmetischer Mittelwert* null. Rechnerisch lässt sich dies mit Gl. (3.9) nachweisen: Setzt man $i = \hat{\imath}\sin(\omega t)$ ein und wählt als untere Integrationsgrenze $t_0 = 0$, erhält man zunächst

$$\overline{i} = \frac{1}{T}\int_0^T \hat{\imath}\sin(\omega t)\,\mathrm{d}t = \frac{1}{T}\left[-\frac{\hat{\imath}}{\omega}\cos(\omega t)\right]\Bigg|_{t=0}^{t=T} = \frac{\hat{\imath}}{\omega T}(-\cos(\omega T) + \cos 0)\,. \tag{3.35}$$

Da gemäß Gl. (3.30) $\omega T = 2\pi$ gilt, folgt hieraus

$$\overline{i} = \frac{\hat{\imath}}{2\pi}(-\cos(2\pi) + \cos 0) = \frac{\hat{\imath}}{2\pi}(-1+1) = 0\,. \tag{3.36}$$

Damit ist bewiesen, dass Gl. (3.10) für Sinusgrößen erfüllt ist.

3.2.2.6 Gleichrichtwert

Bei der Ermittlung des *Gleichrichtwertes* $\overline{|\,i\,|}$ eines Sinusstromes $i = \hat{\imath}\sin(\omega t)$ nutzt man die Tatsache, dass die positive und die negative Halbschwingung Verläufe zeigen, die – vom Vorzeichen abgesehen – identisch sind, s. Bild 3.8 b). Es genügt daher, die Mittelwertbildung nach Gl. (3.12) bei der Funktion $|\,i(t)\,|$ über die halbe Periodendauer der Sinusfunktion von $t_0 = 0$ bis $t = T/2$ durchzuführen. Für den Gleichrichtwert eines Sinusstromes $i(t)$ ergibt sich somit

$$\overline{|\,i\,|} = \frac{1}{T/2}\int_0^{T/2} \hat{\imath}\,|\sin(\omega t)|\,\mathrm{d}t = \frac{1}{T/2}\int_0^{T/2} \hat{\imath}\sin(\omega t)\,\mathrm{d}t = \frac{2}{T}\left[-\frac{\hat{\imath}}{\omega}\cos(\omega t)\right]\Bigg|_{t=0}^{t=\frac{1}{2}T} \tag{3.37}$$

und mit $\omega T = 2\pi$ gemäß Gl. (3.30)

$$\overline{|i|} = \frac{2\hat{i}}{\omega T}\left(-\cos\frac{\omega T}{2} + \cos 0\right) = \frac{2\hat{i}}{2\pi}(-\cos\pi + \cos 0) = \frac{2}{\pi}\hat{i} \approx 0{,}6366\,\hat{i}\,. \tag{3.38}$$

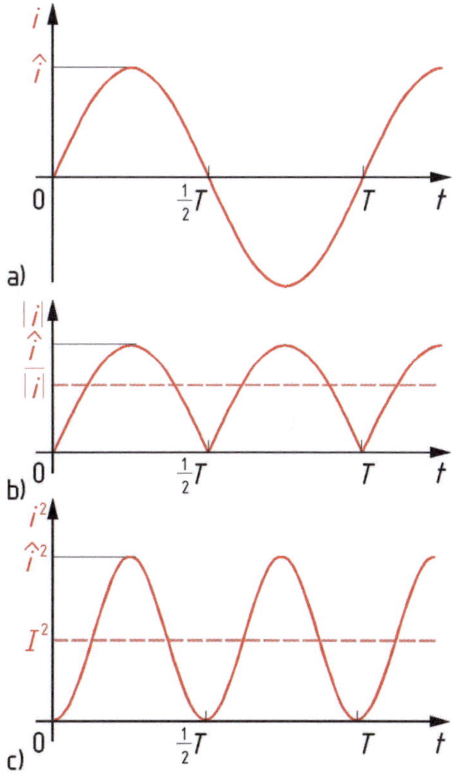

Bild 3.8: a) Sinusstrom $i = \hat{i}\sin(\omega t)$
b) Gleichgerichteter Sinusstrom
$|i| = \hat{i}\,|\sin(\omega t)|$
mit Gleichrichtwert $\overline{|i|}$
c) Quadrierter Sinusstrom
$i^2 = \hat{i}^2\sin^2(\omega t)$
mit Quadrat des Effektivwertes I^2

3.2.2.7 Effektivwert

Zur Bestimmung des *Effektivwertes I* eines Sinusstromes $i = \hat{i}\sin(\omega t)$ ist nach Gl. (3.18) zunächst die Zeitfunktion $i(t)$ zu quadrieren. Man erhält dann den in Bild 3.8 c) dargestellten Verlauf

$$i^2(t) = \hat{i}^2\sin^2(\omega t) = \hat{i}^2\frac{1}{2}(1 - \cos(2\,\omega t))\,, \tag{3.39}$$

dessen arithmetischer Mittelwert

$$I^2 = \frac{1}{T}\int_0^T \frac{\hat{i}^2}{2}(1 - \cos(2\,\omega t))\,\mathrm{d}t = \frac{\hat{i}^2}{2} \tag{3.40}$$

beträgt, da die Funktion $\cos(2\,\omega t)$ eine Sinusgröße beschreibt, deren Mittelwert null ist. Aus der Quadratwurzel erhält man schließlich den *Effektivwert eines Sinusstromes*

$$I = \frac{1}{\sqrt{2}}\hat{i} \approx 0{,}7071\,\hat{i}\,. \tag{3.41}$$

3.2.2.8 Scheitelfaktor, Formfaktor

Aus Gl. (3.41) ergibt sich der *Scheitelfaktor* eines Sinusstromes nach Gl. (3.22) zu

$$\xi = C_\mathrm{F} = \frac{\hat{i}}{I} = \sqrt{2} \approx 1{,}414\,, \tag{3.42}$$

sein *Formfaktor* nach Gl. (3.23) aus Gl. (3.38) und Gl. (3.41) zu

$$F = \frac{I}{\overline{|i|}} = \frac{\pi}{2\sqrt{2}} \approx 1{,}111\,. \tag{3.43}$$

3.2.3 Beschreibung von Sinusgrößen durch Zeiger

Zur Darstellung von gleichfrequenten Sinusgrößen können deren Zeitfunktionen wie in Bild 3.9 b) als Sinusschwingungen in einem *Zeitdiagramm* über der normierten Zeit ωt aufgetragen werden. Wenn mehrere Sinusgrößen betrachtet werden, können solche Diagramme aber sehr unübersichtlich werden. Daher wird nachfolgend gezeigt, wie man Sinusgrößen einfacher mittels *Zeigern* symbolisch darstellen kann.

Bild 3.9 a) zeigt ein *Zeigerdiagramm*, in dem vom Ursprung ausgehende Einfachpfeile eingetragen sind, die in verschiedene Richtungen weisen. Ein solcher Pfeil wird *Zeiger* genannt und mit dem *unterstrichenen* Formelzeichen der Sinusgröße, die er repräsentiert (also z. B. bei der Spannung mit $\underline{u}$), bezeichnet.

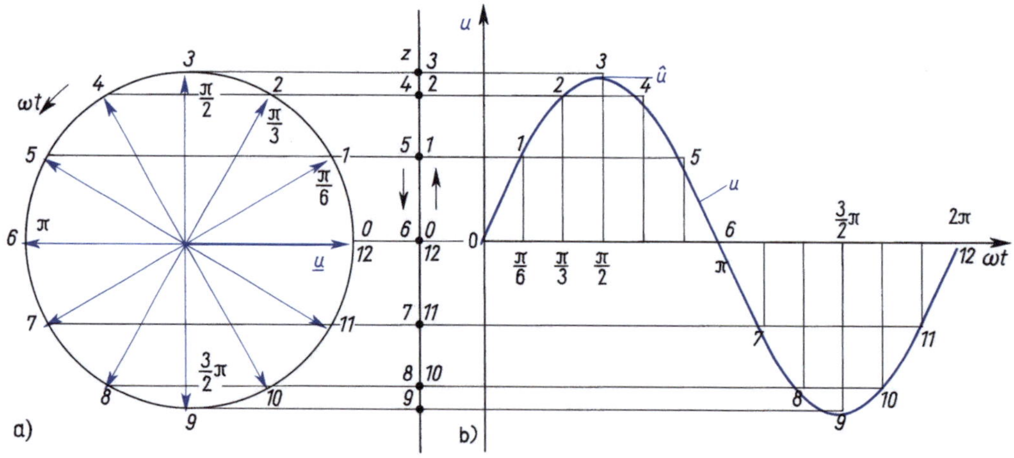

Bild 3.9: Zusammenhang zwischen a) Drehzeigerdiagramm und b) Zeitdiagramm
z Projektionsachse

Dreht sich in Bild 3.9 a) der Spannungszeiger $\underline{u}$ im *mathematisch positiven Sinn* (d. h. entgegengesetzt dem Uhrzeigersinn) mit der Winkelgeschwindigkeit ω, stellen die *Projektionen* der Zeigerspitze auf die ruhende *Projektionsachse* z die *Augenblickswerte* $u = \hat{u}\sin(\omega t)$ der Zeitfunktion $u(t)$ dar. Dies ist für 12 Zeigerstellungen und die zugehörigen Augenblickswerte in Bild 3.9 dargestellt. Eine Sinusschwingung im Zeitdiagramm lässt sich somit als Projektion eines gleichmäßig *rotierenden Zeigers* auf eine stillstehende Projektionsachse darstellen.

Da der Betrag (repräsentiert durch die Länge) dieses Zeigers mit dem *Scheitelwert* $\hat{u}$ der Sinusgröße übereinstimmen muss, wird er als *rotierender Scheitelwertzeiger*[2] bezeichnet. Die *Winkelgeschwindigkeit* ω des Zeigers ist gleich der Kreisfrequenz $\omega = 2\pi f$ der betrachteten Sinusgröße.

Ebenso wie eine Sinusgröße wird auch ihr Zeiger durch *drei Kennwerte* eindeutig festgelegt:

1. Die (einheitenbehaftete) *Amplitude* der Sinusgröße. Sie wird durch die *Länge* des Zeigers ausgedrückt. Hierfür benötigt man einen Maßstab (z. B. 1 cm ≙ 20 V bzw. 1 cm ≙ 5 A), den man zweckmäßigerweise gesondert in das Zeigerdiagramm einträgt (s. Bild 3.13 e)).
2. Die *Frequenz* f (bzw. die Kreisfrequenz ω) der Sinusgröße. Sie bestimmt die Winkelgeschwindigkeit ω des rotierenden Zeigers.
3. Die *Phasenlage* der Sinusgröße, beschrieben durch ihren Nullphasenwinkel oder ihren Phasenverschiebungswinkel gegenüber einer Bezugsgröße.

Sowohl Nullphasenwinkel als auch Phasenverschiebungswinkel werden in Zeigerdiagrammen mittels gerichteter Kreisbögen entsprechend den Einfachpfeilen in Zeitdiagrammen gekennzeichnet.

Zu beachten ist, dass der Pfeil für den Phasenverschiebungswinkel im *Zeitdiagramm* vom positiven Nulldurchgang der betrachteten Sinusgröße zum Nulldurchgang der Bezugsgröße einzutragen ist. *Im Gegensatz hierzu ist der Phasenverschiebungswinkel im Zeigerdiagramm von der Bezugsgröße zur betrachteten Größe einzutragen.* Ein Beispiel hierfür ist Bild 3.10, in dem der Strom die Bezugsgröße ist.

Bild 3.10 zeigt das aus Bild 3.7 übernommene Zeitdiagramm und das zugehörige Zeigerdiagramm für zwei Zeitpunkte, die mit 0 bzw. 1 bezeichnet sind. Der vom Zeiger des Stromes zum Zeiger der Spannung eingetragene Phasenverschiebungswinkel $\varphi = \varphi_u - \varphi_i$ zwischen den beiden Zeigern ändert sich zeitlich nicht.

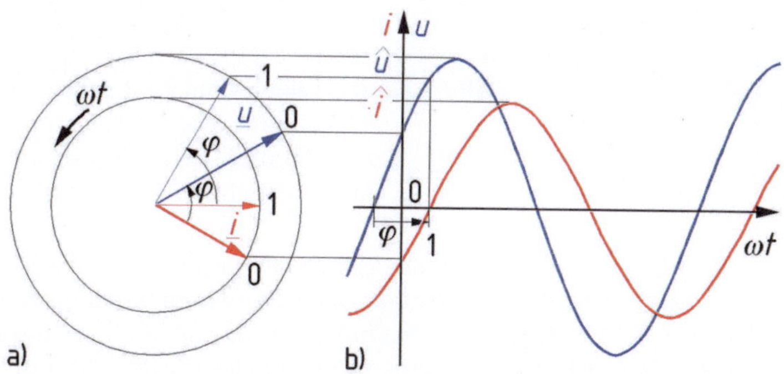

Bild 3.10: a) Drehzeigerdiagramm mit Zeigern für einen Strom und eine Spannung zu zwei Zeitpunkten 0 und 1 und b) zugehöriges Zeitdiagramm

Rotierende Zeiger (*Drehzeiger*) sind zur Erklärung des Zusammenhangs zwischen Zeitdiagramm und Zeigerdiagramm hilfreich und zur Bestimmung von Augenblickswerten sogar erforderlich. Für alle anderen Aufgaben ist es ausreichend, die Rotation der Zeiger außer Acht zu lassen, da sich bei der Rotation die Lage der Zeiger *zueinander* nicht verändert. Dies kann formal dadurch geschehen, dass das Zeigerdiagramm nur für einen bestimmten Zeitpunkt, z. B. für $t = 0$ betrachtet

[2]Obwohl bei Sinusgrößen statt des Begriffs „Scheitelwert" in der Regel der Begriff „Amplitude" verwendet wird, hat sich im Zusammenhang mit Zeigern statt des Begriffs „Amplitudenzeiger" der Begriff „Scheitelwertzeiger" durchgesetzt.

wird. Hierdurch kommt man zur Darstellung von Sinusgrößen durch *ruhende Zeiger*. Zur Unterscheidung von den rotierenden Scheitelwertzeigern werden *ruhende Scheitelwertzeiger* mit $\underline{\hat{u}}$, $\underline{\hat{\imath}}$ usw. gekennzeichnet.

In der Elektrotechnik gibt man für Sinusgrößen in der Regel nicht die Amplitude (den Scheitelwert), sondern den Effektivwert an. Daher empfiehlt es sich, die Länge von Zeigern *als Maß für den Effektivwert* zu betrachten. Im Unterschied zu den Scheitelwertzeigern werden diese *Effektivwertzeiger* durch einen unterstrichenen *Großbuchstaben* (z. B. $\underline{U}$ oder $\underline{I}$) gekennzeichnet. Die Lage von Effektivwertzeigern in einem Zeigerdiagramm stimmt mit der der entsprechenden Scheitelwertzeiger überein. Bei gleichem Maßstab sind die Scheitelwertzeiger lediglich um den Scheitelfaktor $\xi = \sqrt{2} \approx 1{,}414$ länger als die Effektivwertzeiger. Dieser Sachverhalt ist in Bild 3.11 b) dargestellt und auch aus dem Vergleich der Bilder 3.12 a) und b) zu ersehen.

3.2.4 Zählpfeile für Sinusgrößen

Die Analyse eines Netzwerks erfordert eine eindeutige Zuordnung zwischen den in den Gleichungen bzw. den Zeigerdiagrammen enthaltenen Formelzeichen und den Schaltungselementen, Strömen und Spannungen im Netzwerk.

In Gleichstromnetzwerken werden Zählpfeile für alle Ströme und Spannungen benötigt, um mit noch unbekannten Größen die Kirchhoffschen Gleichungen aufstellen und nach der Netzwerkberechnung anhand des Vorzeichens dieser Größen ihre physikalischen Wirkungsrichtungen bestimmen zu können. Kehrt man den Zählpfeil einer Größe um, ist auch ihr Vorzeichen umzukehren.

Das Vorzeichen von Sinusgrößen ändert sich periodisch. Dennoch sind auch für Sinusgrößen Zählpfeile erforderlich, um deren *Phasenlage* eindeutig beschreiben zu können. Dies soll anhand des Beispiels in Bild 3.11 erläutert werden.

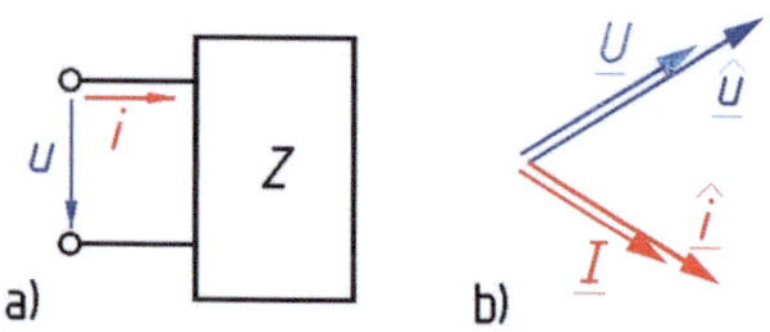

Bild 3.11: a) Zweipol Z mit Zählpfeilen u und i im Verbraucher-Zählpfeilsystem und b) zugehörige Zeigerdiagramme mit Scheitelwert- bzw. Effektivwertzeigern

Am Zweipol Z sind die Zählpfeile für die Klemmengrößen im Verbraucher-Zählpfeilsystem eingetragen. Aus dem Zeigerdiagramm ist zu entnehmen, dass die Klemmenspannung dem Klemmenstrom vorauseilt. Nun soll *bei unverändertem Schaltungsverhalten* der Zählpfeil des Stromes umgekehrt werden. Dann muss (wie bei Gleichströmen) die Zeitfunktion des Stromes mit –1 multipliziert werden. Die Multiplikation einer Sinusgröße mit –1 bedeutet eine *Phasenumkehr*, die einer *Phasendrehung* um 180° entspricht. Die Stromzeiger in Bild 3.11 b) müssten also um 180° gedreht werden, um wieder den gleichen Sachverhalt zu beschreiben. Daraus folgt, *dass eine Sinusgröße ohne zugehörigen Zählpfeil zwei verschiedene Phasenlagen haben kann, die sich um* 180° *unterscheiden.*

Die Zählpfeile werden mit den Symbolen für die Zeitfunktionen der Sinusgrößen bezeichnet, z. B. in Bild 3.11 a) mit u und i, wenn die Zeitabhängigkeit dieser Größen untersucht werden soll. Bei Berechnungen unter Verwendung von Effektivwertzeigern oder der komplexen Rechnung (s. Abschnitt 3.3) werden wie in Bild 3.13 die Zählpfeile mit den Zeigersymbolen $\underline{U}$ und $\underline{I}$ bezeichnet.

3.2.5 Addition und Subtraktion gleichfrequenter Sinusgrößen

Die Anwendung der Kirchhoffschen Gesetze und des Überlagerungssatzes erfordern bei Sinusstromnetzwerken eine Addition oder Subtraktion von gleichfrequenten Sinusströmen oder Sinusspannungen. Aus der Mathematik ist bekannt, dass sich dabei wieder Sinusgrößen der selben Frequenz ergeben. Nun soll gezeigt werden, dass die Kenngrößen einer solchen resultierenden Sinusgröße sowohl im Zeitbereich als auch mittels Zeigern ermittelt werden können.

Die beiden Sinusspannungen $u_1 = \hat{u}_1 \sin(\omega t + \varphi_{u1})$ und $u_2 = \hat{u}_2 \sin(\omega t + \varphi_{u2})$ werden zur Gesamtspannung

$$u = \hat{u} \sin(\omega t + \varphi_\mathrm{u}) = \hat{u}_1 \sin(\omega t + \varphi_{u1}) + \hat{u}_2 \sin(\omega t + \varphi_{u2}) \tag{3.44}$$

addiert. Die Parameter $\omega, \hat{u}_1, \varphi_{u1}, \hat{u}_2, \varphi_{u2}$ sind bekannt. Gesucht sind $\hat{u}$ und φ_u.

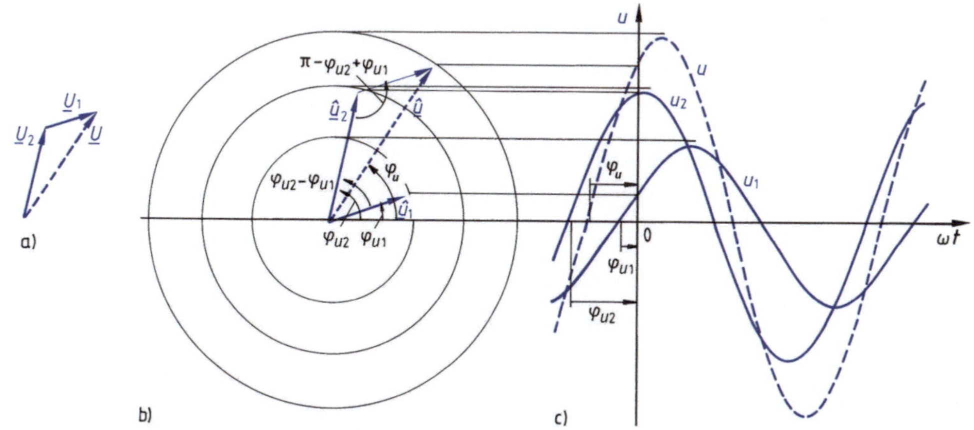

Bild 3.12: Addition von zwei gleichfrequenten Sinusspannungen $u_1 + u_2 = u$ mittels a) ruhender Effektivwertzeiger, b) ruhender Scheitelwertzeiger und c) im Zeitdiagramm $\varphi_{u1}, \varphi_{u2}, \varphi_\mathrm{u}$ Nullphasenwinkel der drei Spannungen

Durch Anwendung der Additionstheoreme erhält man

$$\begin{aligned} u &= \hat{u} \sin\varphi_\mathrm{u} \cos(\omega t) + \hat{u} \cos\varphi_\mathrm{u} \sin(\omega t) \\ &= \hat{u}_1 \sin\varphi_{u1} \cos(\omega t) + \hat{u}_1 \cos\varphi_{u1} \sin(\omega t) + \hat{u}_2 \sin\varphi_{u2} \cos(\omega t) + \hat{u}_2 \cos\varphi_{u2} \sin(\omega t) \\ &= (\hat{u}_1 \sin\varphi_{u1} + \hat{u}_2 \sin\varphi_{u2}) \cos(\omega t) + (\hat{u}_1 \cos\varphi_{u1} + \hat{u}_2 \cos\varphi_{u2}) \sin(\omega t)\,. \end{aligned}$$

Aus dem Vergleich der ersten mit der dritten Zeile dieser Gleichung folgt

$$\hat{u} \sin\varphi_\mathrm{u} = \hat{u}_1 \sin\varphi_{u1} + \hat{u}_2 \sin\varphi_{u2}\,, \tag{3.45}$$

$$\hat{u} \cos\varphi_\mathrm{u} = \hat{u}_1 \cos\varphi_{u1} + \hat{u}_2 \cos\varphi_{u2}\,. \tag{3.46}$$

Division von Gl. (3.45) durch Gl. (3.46) ergibt $\tan\varphi_\mathrm{u} = \sin\varphi_\mathrm{u} / \cos\varphi_\mathrm{u}$, woraus als (groß geschriebener) Hauptwert der Arcustangens-Funktion der gesuchte Nullphasenwinkel

$$\varphi_\mathrm{u} = \operatorname{Arctan} \frac{\hat{u}_1 \sin\varphi_{u1} + \hat{u}_2 \sin\varphi_{u2}}{\hat{u}_1 \cos\varphi_{u1} + \hat{u}_2 \cos\varphi_{u2}} \tag{3.47}$$

folgt. Wenn man Gl. (3.45) und Gl. (3.46) quadriert und addiert, erhält man

$$\hat{u}^2 \sin^2 \varphi_\mathrm{u} + \hat{u}^2 \cos^2 \varphi_\mathrm{u} = (\hat{u}_1 \sin \varphi_{u1} + \hat{u}_2 \sin \varphi_{u2})^2 + (\hat{u}_1 \cos \varphi_{u1} + \hat{u}_2 \cos \varphi_{u2})^2. \tag{3.48}$$

Hieraus folgt wegen $\sin^2 \alpha + \cos^2 \alpha = 1$

$$\hat{u}^2 = \hat{u}_1^2 + \hat{u}_2^2 + 2\,\hat{u}_1\hat{u}_2(\sin \varphi_{u1} \sin \varphi_{u2} + \cos \varphi_{u1} \cos \varphi_{u2}) \tag{3.49}$$

und mit $\sin \varphi_{u1} \sin \varphi_{u2} + \cos \varphi_{u1} \cos \varphi_{u2} = \cos(\varphi_{u2} - \varphi_{u1})$ die gesuchte Amplitude

$$\hat{u} = \sqrt{\hat{u}_1^2 + \hat{u}_2^2 + 2\,\hat{u}_1\hat{u}_2 \cos(\varphi_{u2} - \varphi_{u1})}\,. \tag{3.50}$$

Zu den Gln. (3.47) und (3.50) gelangt man auch, wenn man die Scheitelwertzeiger $\underline{\hat{u}}_1$ und $\underline{\hat{u}}_2$ in Bild 3.12 b) unter Beachtung von Phasenlage und Betrag *geometrisch* addiert, indem man z. B. den Zeiger $\underline{\hat{u}}_1$ parallel verschiebt und an die Spitze des Zeigers $\underline{\hat{u}}_2$ anfügt.

Bei Anwendung des Kosinussatzes erhält man für die Amplitude der Summenspannung

$$\hat{u} = \sqrt{\hat{u}_1^2 + \hat{u}_2^2 + 2\,\hat{u}_1\,\hat{u}_2 \cos(\pi - \varphi_{u2} + \varphi_{u1})}\,, \tag{3.51}$$

was auf Gl. (3.50) führt.

Die senkrechte und die waagerechte Komponente des Zeigers $\underline{\hat{u}}$ ergeben sich aus den Summen der entsprechenden Komponenten der Scheitelwertzeiger $\underline{\hat{u}}_1$ und $\underline{\hat{u}}_2$ zu

$$\hat{u} \sin \varphi_\mathrm{u} = \hat{u}_1 \sin \varphi_{u1} + \hat{u}_2 \sin \varphi_{u2} \quad \text{und} \quad \hat{u} \cos \varphi_\mathrm{u} = \hat{u}_1 \cos \varphi_{u1} + \hat{u}_2 \cos \varphi_{u2}\,. \tag{3.52}$$

Man erhält auf diese Weise die selben Zusammenhänge wie in Gl. (3.45) und Gl. (3.46).

Damit ist nachgewiesen, dass man die Summe mehrerer gleichfrequenter Sinusgrößen ermitteln kann, indem man ihre Zeiger geometrisch addiert.

Gleiches trifft sinngemäß auch für die Subtraktion zu, da sich die Subtraktion einer Sinusgröße $u = \hat{u}\sin(\omega t + \varphi_\mathrm{u})$ immer auf die Addition der Sinusgröße $-u = -\hat{u}\,\sin(\omega t + \varphi_\mathrm{u}) = \hat{u}\,\sin(\omega t + \varphi_\mathrm{u} + \pi)$ zurückführen lässt. Da die Sinusgrößen u und $-u$ zueinander um den Winkel $\pi \hat{=} 180°$ phasenverschoben sind, haben die zugehörigen Zeiger genau entgegengesetzte Richtung. Die Multiplikation eines Zeigers mit dem Faktor -1 bewirkt also, wie in Bild 3.13 d) gezeigt, die Richtungsumkehr des Zeigers unter Beibehaltung seiner Länge.

Da Scheitelwert- und Effektivwert-Zeigerdiagramme sich lediglich durch den Maßstabsfaktor $\xi = \sqrt{2}$ unterscheiden, gelten die genannten Zusammenhänge entsprechend auch für die Effektivwertzeiger (s. Bilder 3.12 a) und b)).

Beispiel 3.2: Überlagerung von Sinusspannungen im Zeitbereich

Zwei Generatoren liefern gleichfrequente Sinusspannungen mit den Effektivwerten $U_1 = 50\,\mathrm{V}$ und $U_2 = 30\,\mathrm{V}$. Die Spannung $\underline{U}_2$ eilt gegenüber $\underline{U}_1$ um $\varphi_{12} = 60°$ voraus.

Wie groß sind die Effektivwerte der Gesamtspannungen und ihre Phasenverschiebungswinkel gegenüber der Bezugsspannung $\underline{U}_1$, wenn die Generatoren G nach Bild 3.13 a) in Summenreihenschaltung oder nach Bild 3.13 b) in Gegenreihenschaltung liegen?

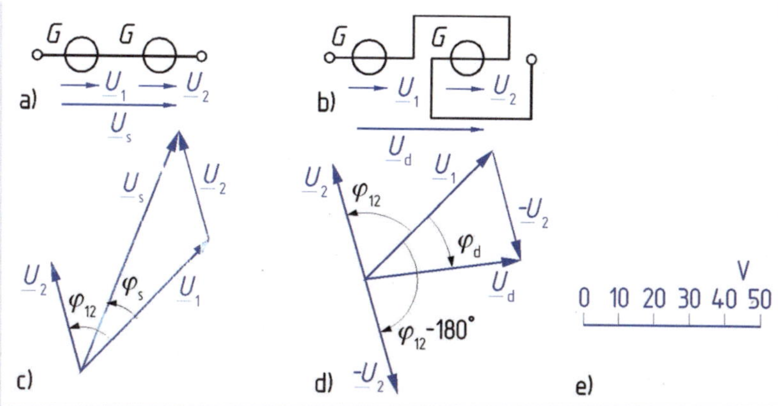

Bild 3.13: a) Addition und b) Subtraktion der beiden Sinusspannungen $\underline{U}_1$ und $\underline{U}_2$ mit c), d) Zeigerdiagrammen und e) Spannungsmaßstab zu Beispiel 3.2

Die zeichnerische Lösung mittels Zeigerdiagramm ist sehr einfach, liefert aber wegen der begrenzten Zeichen- und Ablesegenauigkeit keine exakten Werte:

Zur Ermittlung der *Summenspannung* $\underline{U}_s$ trägt man zunächst die Spannungszeiger $\underline{U}_1$ und $\underline{U}_2$ unter dem Winkel φ_{12} gegeneinander auf. Der dabei benutzte Spannungsmaßstab ist in Bild 3.13 e) dargestellt. In Bild 3.13 c) wird für die Summenreihenschaltung der Zeiger $\underline{U}_2$ in seiner vorgegebenen Richtung an den Zeiger $\underline{U}_1$ angetragen. Hieraus ergibt sich der Effektivwert U_s der Summenspannung und der zugehörige Phasenverschiebungswinkel φ_s.

Zur Ermittlung der *Differenzspannung* $\underline{U}_d = \underline{U}_1 - \underline{U}_2$ wird der Spannungszeiger $\underline{U}_2$ mit - 1 multipliziert, also in seiner Richtung umgekehrt und in Bild 3.13 d) als $-\underline{U}_2$ an die Spitze des Zeigers $\underline{U}_1$ angetragen. Der Winkel zwischen den zu addierenden Spannungen $\underline{U}_1$ und $-\underline{U}_2$ beträgt nun $\varphi_{12} - 180° = -120°$.

Der rechnerische Lösungsweg ist wesentlich aufwändiger: Entsprechend Gl. (3.50) ist der Effektivwert der *Summenspannung*

$$U_s = \sqrt{U_1^2 + U_2^2 + 2\,U_1 U_2 \cos\varphi_{12}} = \sqrt{50^2\,\mathrm{V}^2 + 30^2\,\mathrm{V}^2 + 2 \cdot 50\,\mathrm{V}\,30\,\mathrm{V}\cos 60°} = 70\,\mathrm{V}\,.$$

Nach Gl. (3.47) erhält man ihren Phasenverschiebungswinkel

$$\varphi_s = \mathrm{Arctan}\,\frac{U_1 \sin 0° + U_2 \sin\varphi_{12}}{U_1 \cos 0° + U_2 \cos\varphi_{12}} = \mathrm{Arctan}\,\frac{50\,\mathrm{V}\ \sin 0° + 30\,\mathrm{V}\ \sin 60°}{50\,\mathrm{V}\ \cos 0° + 30\,\mathrm{V}\ \cos 60°} \approx 21{,}8°.$$

Entsprechend Gl. (3.50) ist der Effektivwert der *Differenzspannung*

$$U_d = \sqrt{U_1^2 + U_2^2 + 2\,U_1 U_2 \cos(\varphi_{12} - 180°)}$$
$$= \sqrt{50^2\,\mathrm{V}^2 + 30^2\,\mathrm{V}^2 + 2 \cdot 50\,\mathrm{V} \cdot 30\,\mathrm{V}\ \cos(-120°)} \approx 43{,}6\,\mathrm{V}$$

und ihr Phasenverschiebungswinkel

$$\varphi_d = \mathrm{Arctan}\,\frac{U_1 \sin 0° + U_2 \sin(\varphi_{12} - 180°)}{U_1 \cos 0° + U_2 \cos(\varphi_{12} - 180°)}$$

$$= \text{Arctan}\,\frac{0 + 30\,\text{V}\,\sin(-120°)}{50\,\text{V} + 30\,\text{V}\,\cos(-120°)} \approx -36{,}6°.$$

Die Summenspannung $\underline{U}_s$ eilt also gegenüber der Spannung $\underline{U}_1$ vor, die Differenzspannung $\underline{U}_d$ wegen des negativen Phasenverschiebungswinkels nach.

3.2.6 Differenziation und Integration von Sinusgrößen

Für die Zusammenhänge zwischen Strömen und Spannungen an Induktivitäten und Kapazitäten sind nach Gl. (10.60) und Gl. (11.178) die Differenzialquotienten nach der Zeit oder – bei umgekehrter Auflösung der Gleichungen, wie z. B. Gl. (10.58) – die Integrale über der Zeit von wesentlicher Bedeutung. Wie die folgenden Beispiele zeigen, erhält man sowohl bei der Differenziation als auch bei der Integration einer Sinusgröße jeweils wieder eine Sinusgröße gleicher Frequenz, die allerdings gegenüber der Ursprungsgröße phasenverschoben ist.

Im Zeitdiagramm in Bild 3.14 b) ist der Sinusstrom $i = \hat{\imath}\sin(\omega t + \varphi_i)$ dargestellt, an dem die Differenziation und die Integration exemplarisch durchgeführt werden. Bild 3.14 a) zeigt das zugehörige Effektivwertzeigerdiagramm.

Die *Differenziation* des Sinusstromes nach der Zeit ergibt

$$f(t) = \frac{\mathrm{d}}{\mathrm{d}t}\left[\hat{\imath}\sin(\omega t + \varphi_i)\right] = \omega\,\hat{\imath}\cos(\omega t + \varphi_i) = \omega\,\hat{\imath}\sin\left(\omega t + \varphi_i + \frac{\pi}{2}\right), \tag{3.53}$$

also eine Sinusgröße $f(t)$, die der ursprünglichen Funktion $i(t)$ um $\pi/2 \mathrel{\hat{=}} 90°$ *vorauseilt* und deren Scheitelwert das ω-fache von $\hat{\imath}$ ist.

Im Zeigerdiagramm wird die Ableitung nach der Zeit durchgeführt, indem der Zeiger $\underline{I}$ um den Winkel $\pi/2 \mathrel{\hat{=}} 90°$ *in mathematisch positiver Richtung* gedreht und sein Betrag I mit dem Faktor ω multipliziert wird. Im betrachteten Beispiel entsteht der Zeiger $\underline{F}$ in Bild 3.14 a).

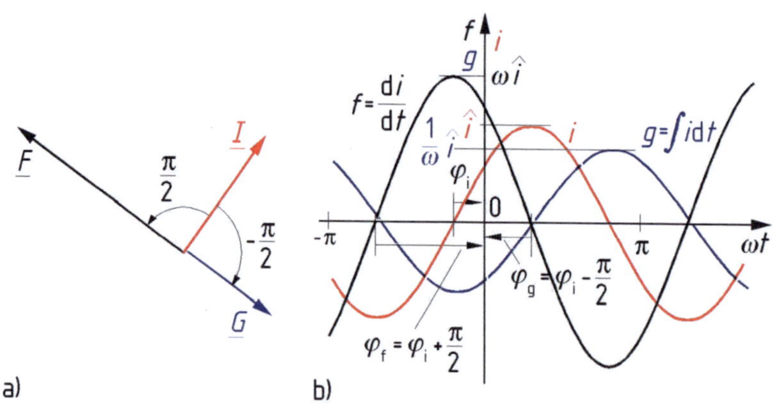

Bild 3.14: Differenziation und Integration eines Sinusstromes $i = \hat{\imath}\sin(\omega t + \varphi_i)$
a) im Zeigerdiagramm und b) im Zeitdiagramm

Die *Integration* des Sinusstromes über die Zeit ergibt

$$g(t) = \int\left[\hat{\imath}\sin(\omega t + \varphi_i)\right]\mathrm{d}t = \frac{1}{\omega}\,\hat{\imath}\left[-\cos(\omega t + \varphi_i)\right] + K = \frac{1}{\omega}\,\hat{\imath}\,\sin\left(\omega t + \varphi_i - \frac{\pi}{2}\right) + K, \tag{3.54}$$

also eine Sinusgröße $g(t)$, die der ursprünglichen Funktion $i(t)$ um $\pi/2 \mathrel{\hat{=}} 90°$ *nacheilt* und deren Scheitelwert das $1/\omega$-fache von $\hat{i}$ ist. Da hier nur Sinusstromnetzwerke betrachtet werden, kann die Funktion $g(t)$ keinen Gleichanteil enthalten. Daher muss die Integrationskonstante $K = 0$ sein.

Im Zeigerdiagramm wird die zeitliche Integration durchgeführt, indem der Zeiger $\underline{I}$ um den Winkel $\pi/2 \mathrel{\hat{=}} 90°$ *in mathematisch negativer Richtung* gedreht und sein Betrag I mit dem Faktor $1/\omega$ multipliziert wird. Im betrachteten Beispiel entsteht der Zeiger $\underline{G}$ in Bild 3.14 a).

Damit ist gezeigt, dass die im Zeitbereich sehr aufwändigen Operationen Differenziation und Integration bei der Verwendung von Zeigern in geometrisch einfach durchzuführende Drehstreckungen überführt werden.

Zu beachten ist, dass bei der Differenziation und der Integration Sinusgrößen entstehen, deren Dimensionen sich wegen der Multiplikation mit dem dimensionsbehafteten Faktor ω bzw. $1/\omega$ von der Dimension der ursprünglichen Sinusgröße unterscheiden!

3.3 Komplexe Größen der Sinusstromtechnik

Die in Abschnitt 3.2.3 eingeführte Darstellung von Sinusgrößen durch Zeiger erleichtert die Analyse von Sinusstromnetzwerken erheblich, da komplizierte trigonometrische Umformungen sowie Ableitungen und Integrale der Zeitfunktionen durch einfache geometrische Operationen ersetzt werden: Die Addition von Sinusgrößen wird durch die geometrische Addition von Zeigern ersetzt, die Differenziation bzw. Integration von Sinusgrößen durch eine Drehstreckung von Zeigern.

Wenn man einen Zeiger vom Ursprung ausgehend in der *komplexen Zahlenebene* einträgt, kann man den Ort der Zeigerspitze und somit den Zeiger selbst *durch eine komplexe Größe vollständig beschreiben*. Durch diesen Übergang von den bisher rein *geometrisch* interpretierten Zeigern zu ihrer Beschreibung durch komplexe Größen können die bislang *geometrisch ausgeführten Operationen mit Zeigern* in *algebraische Operationen mit komplexen Größen* überführt werden. Hierdurch können die Genauigkeit der Ergebnisse erheblich verbessert und der Arbeitsaufwand drastisch verringert werden. Aus diesem Grund werden *geometrische* Zeigerdiagramme fast nur noch zur *Veranschaulichung* des *qualitativen* Verhaltens von Sinusstromschaltungen eingesetzt. Die *quantitative* Analyse erfolgt fast immer mittels der komplexen Rechnung.

Das sichere Rechnen mit komplexen Größen ist eine unabdingbare Voraussetzung für das Verständnis und die Anwendung der in der Sinusstromtechnik verwendeten Verfahren. Daher muss hier vorausgesetzt werden, dass zumindest die Grundlagen des Rechnens mit komplexen Zahlen (siehe z. B. [BDHG06], [FF12]) bekannt sind.

Zu beachten ist, dass komplexe Größen in der Mathematik einheitenlos (also reine Zahlen) sind, während sie in der Elektrotechnik physikalische Größen, z. B. Sinusströme und -spannungen, repräsentieren und daher einheitenbehaftet sind!

In den Abschnitten 3.3.1 bis 3.3.3 werden die für die Anwendung in der Sinusstromtechnik wesentlichen Begriffe und Regeln der komplexen Rechnung kurz zusammengefasst. Abschnitt 3.3.4 behandelt die Darstellung von Sinusgrößen durch komplexe Zeiger. Im abschließenden Abschnitt 3.3.5 wird gezeigt, dass Zeiger nicht nur Sinusgrößen repräsentieren, sondern auch das Klemmenverhalten passiver Zweipole beschreiben können.

3.3.1 Darstellung komplexer Größen

Bild 3.15 a) zeigt die *Gaußsche Zahlenebene*, die auch *komplexe Ebene* genannt wird. Sie wird aufgespannt durch die nach rechts weisende *reelle* und die nach oben weisende *imaginäre Achse*. Durch die beiden Achsen wird die Ebene im mathematisch positiven Umlaufsinn in die *Quadranten* I bis IV eingeteilt.

Komplexe Größen werden durch einen *Unterstrich* gekennzeichnet und *geometrisch* entweder als *Punkt* oder als *komplexer Zeiger* vom Ursprung zu diesem Punkt in der komplexen Ebene dargestellt. Zur *analytischen* Beschreibung komplexer Größen gibt es drei Möglichkeiten:

1. Komponenten- oder kartesische Form

Eine komplexe Größe $\underline{r}$ wird gemäß Bild 3.15 a) als Summe

$$\underline{r} = a + \mathrm{j}\,b \tag{3.55}$$

ihres *reellen Anteils* a und ihres rein *imaginären Anteils* $\mathrm{j}\,b$ dargestellt, wobei letzterer das Produkt aus der *imaginären Einheit* $\mathrm{j} = \sqrt{-1}$ und dem *Imaginärteil* b ist. Die imaginäre Einheit wird in der Elektrotechnik wegen der Verwechslungsgefahr mit dem Strom i nicht wie in der Mathematik mit i bezeichnet, sondern mit j. Nicht nur der *Realteil*

$$a = \mathrm{Re}\,\underline{r}\,, \tag{3.56}$$

sondern auch der *Imaginärteil*

$$b = \mathrm{Im}\,\underline{r} \tag{3.57}$$

einer komplexen Größe $\underline{r}$ in Gl. (3.55) *sind reelle Größen*! Die kartesische Form entspricht der Beschreibung der Lage eines Punktes in der Ebene durch Angabe seiner kartesischen Koordinaten.

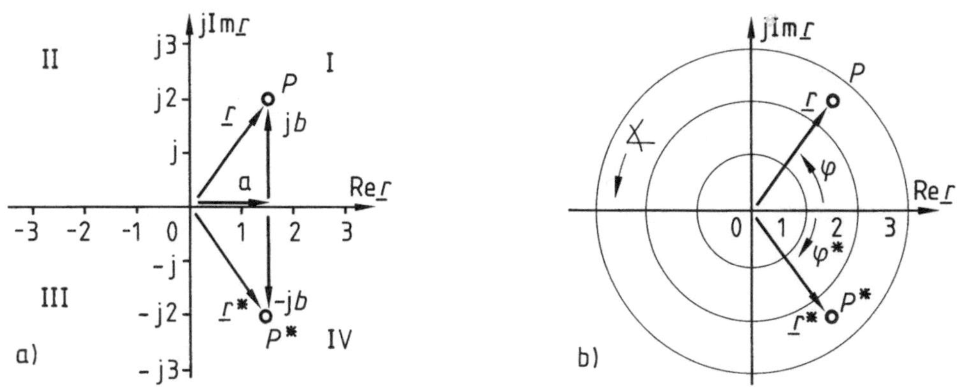

Bild 3.15: Gaußsche Zahlenebene mit a) kartesischen und b) Polarkoordinaten sowie Darstellung der komplexen Größe $\underline{r} = a + \mathrm{j}\,b = r\,\mathrm{e}^{\mathrm{j}\varphi}$ und der hierzu konjugiert komplexen Größe $\underline{r}^* = a - \mathrm{j}\,b = r\,\mathrm{e}^{-\mathrm{j}\varphi}$

Unbedingt zu beachten ist der bereits erwähnte Unterschied zwischen dem *imaginären Anteil* und dem *Imaginärteil* einer komplexen Größe. Während der imaginäre Anteil die imaginäre Einheit j beinhaltet, ist der Imaginärteil (wie der Realteil) eine reelle Größe.

Bei der Darstellung der komplexen Ebene kann an der imaginären Achse entweder der *imaginäre Anteil* (mit dem „j“) oder der (rein reelle) *Imaginärteil* aufgetragen werden. Hier wird die erstgenannte Möglichkeit verwendet.

2. Trigonometrische oder polare Form

Diese Darstellungsform entspricht der Beschreibung der Lage eines Punktes in der Ebene durch Angabe seiner *Polarkoordinaten*, also seines *Abstandes* vom Ursprung und des (vorzeichenbehafteten) *Winkels* von der Bezugsachse zu der Verbindungslinie zwischen Ursprung und Punkt.

In der komplexen Ebene ist der positive Teil der reellen Achse die Bezugsachse.

Der *Betrag* einer komplexen Größe $\underline{r}$ ist r. Er lässt sich mittels

$$r = |\underline{r}| = \sqrt{a^2 + b^2} \geq 0 \tag{3.58}$$

aus den Komponenten der kartesischen Darstellung berechnen.

Zu beachten ist, dass in Gl. (3.58) nur der Imaginärteil b (ohne das j) quadriert wird!

Der Winkel von der positiven reellen Achse zum Zeiger wird als *Argument* (in der Elektrotechnik auch als *Phase*) der komplexen Größe bezeichnet. Das Argument lässt sich mittels[3]

$$\varphi = \arg(\underline{r}) = \operatorname{Arctan} \frac{\operatorname{Im} \underline{r}}{\operatorname{Re} \underline{r}} = \operatorname{Arctan} \frac{b}{a} \tag{3.59}$$

aus den Komponenten der kartesischen Darstellung berechnen. Das Argument kann im Grad- oder im Bogenmaß angegeben werden.

Während φ in der Mathematik beliebige reelle Werte annehmen kann, beschränkt man sich in der Elektrotechnik auf den Hauptwert in einem Intervall der Breite $2\pi \mathrel{\hat{=}} 360°$, das meist symmetrisch zu null gewählt wird, also

$$-\pi \mathrel{\hat{=}} -180° < \varphi \leq \pi \mathrel{\hat{=}} 180°. \tag{3.60}$$

Da der Arkustangens eine ungerade Funktion ist, gilt

$$\operatorname{Arctan}(-x) = -\operatorname{Arctan} x\,. \tag{3.61}$$

Real- und Imaginärteil können einfach aus Betrag und Argument berechnet werden:

$$\operatorname{Re} \underline{r} = a = r \cos \varphi \tag{3.62}$$

$$\operatorname{Im} \underline{r} = b = r \sin \varphi \tag{3.63}$$

Damit folgt aus Gl. (3.55) die *trigonometrische oder polare Form*

$$\underline{r} = \operatorname{Re} \underline{r} + \mathrm{j} \operatorname{Im} \underline{r} = r \cos \varphi + \mathrm{j}\, r \sin \varphi = r\,(\cos \varphi + \mathrm{j}\, \sin \varphi)\,. \tag{3.64}$$

3. Exponential- oder Eulersche Form

Mit der *Eulerschen Gleichung*

$$\mathrm{e}^{\mathrm{j}\varphi} = \cos \varphi + \mathrm{j}\, \sin \varphi \tag{3.65}$$

---

[3] $\varphi = \arctan(b/a)$ ist die (unendlich vieldeutige) Umkehrrelation zu der Funktion $b/a = \tan \varphi$. Hieraus ergibt sich bei Beschränkung auf die Hauptwerte $-\pi/2 < \varphi \leq \pi/2$ die eindeutige Funktion $\varphi = \operatorname{Arctan}(b/a)$. Im Komplexen entspricht dies einer Beschränkung auf die rechte Halbebene $a \geq 0$.

folgt aus Gl. (3.64) mit den Gln. (3.58) und (3.59) die *Exponential- oder Eulersche Form*

$$\underline{r} = r\,\mathrm{e}^{\mathrm{j}\varphi} = |\,\underline{r}\,|\,\mathrm{e}^{\mathrm{j}\,\arg(\underline{r})}. \tag{3.66}$$

Da diese Form kompakter als die trigonometrische Form ist, wird sie in der Regel verwendet, wenn eine komplexe Größe durch Betrag und Argument dargestellt werden soll. Wegen

$$\left|\,\mathrm{e}^{\mathrm{j}\varphi}\,\right| = \sqrt{(\cos\varphi)^2 + (\sin\varphi)^2} = 1 \tag{3.67}$$

bestimmt der Term $\mathrm{e}^{\mathrm{j}\varphi}$ ausschließlich die Lage (Winkelposition) eines komplexen Zeigers, während seine Länge ausschließlich durch r festgelegt wird.

Den Wert des Faktors $\mathrm{e}^{\mathrm{j}\varphi}$ sollte man sich für einige häufig vorkommende Winkel merken:

$$\mathrm{e}^{\mathrm{j}\,0} = \mathrm{e}^{\mathrm{j}\,0^\circ} = \cos 0^\circ + \mathrm{j}\,\sin 0^\circ = 1 \tag{3.68}$$

$$\mathrm{e}^{\mathrm{j}\frac{\pi}{2}} = \mathrm{e}^{\mathrm{j}\,90^\circ} = \cos 90^\circ + \mathrm{j}\,\sin 90^\circ = \mathrm{j} \tag{3.69}$$

$$\mathrm{e}^{-\mathrm{j}\frac{\pi}{2}} = \mathrm{e}^{-\mathrm{j}\,90^\circ} = \cos(-90^\circ) + \mathrm{j}\,\sin(-90^\circ) = -\mathrm{j} \tag{3.70}$$

$$\mathrm{e}^{\mathrm{j}\,\pi} = \mathrm{e}^{\mathrm{j}\,180^\circ} = \cos 180^\circ + \mathrm{j}\,\sin 180^\circ = -1 \tag{3.71}$$

3.3.2 Rechenregeln für komplexe Größen

Im Hinblick auf die konkrete elektrotechnische Anwendung werden in diesem Abschnitt komplexe Größen meist kurz als (komplexe) *Zeiger* bezeichnet.

Konjugiert komplexe Größe

Der zu einem Zeiger $\underline{r}$ konjugiert komplexe Zeiger wird mit einem hochgestellten Stern bezeichnet. Er ergibt sich durch Umkehrung des Vorzeichens des Imaginärteils

$$\underline{r}^* = a - \mathrm{j}\,b\,, \tag{3.72}$$

was nach Bild 3.15 bzw. wegen

$$\operatorname{Arctan}\frac{-b}{a} = -\operatorname{Arctan}\frac{b}{a} = -\varphi \tag{3.73}$$

einer Umkehrung des Vorzeichens des Argumentes φ, also einer *Spiegelung an der reellen Achse* entspricht. Durch die Spiegelung ändert sich der Betrag r des Zeigers nicht:

$$|\,\underline{r}^*\,| = |\,\underline{r}\,| = r \tag{3.74}$$

Addition und Subtraktion

Liegen die Zeiger in Komponentenform vor, z. B. $\underline{r}_1 = a_1 + \mathrm{j}\,b_1$ und $\underline{r}_2 = a_2 + \mathrm{j}\,b_2$, erhält man direkt die Summe

$$\underline{r}_1 + \underline{r}_2 = (a_1 + \mathrm{j}\,b_1) + (a_2 + \mathrm{j}\,b_2) = (a_1 + a_2) + \mathrm{j}\,(b_1 + b_2) \tag{3.75}$$

und die Differenz

$$\underline{r}_1 - \underline{r}_2 = (a_1 + \mathrm{j}\,b_1) - (a_2 + \mathrm{j}\,b_2) = (a_1 - a_2) + \mathrm{j}\,(b_1 - b_2)\,. \tag{3.76}$$

Bild 3.16 verdeutlicht diese Operationen. Liegen die Zeiger in Exponentialform vor, sind sie zunächst in die Komponentenform umzurechnen.

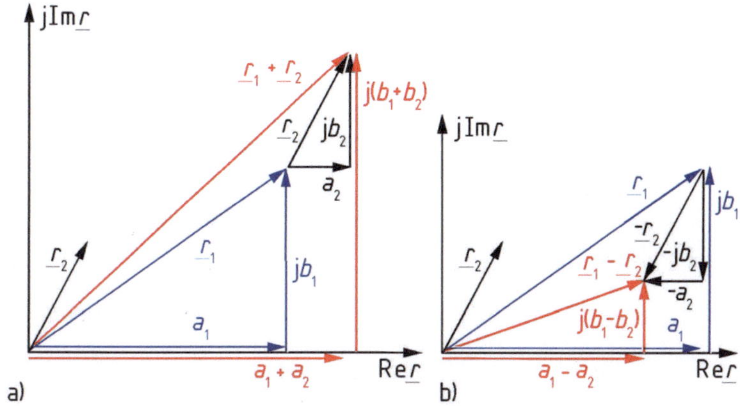

Bild 3.16: a) Addition und b) Subtraktion komplexer Zeiger

Die Bildung des konjugiert Komplexen von Summen oder Differenzen von Zeigern kann einzeln mit den beteiligten Zeigern erfolgen, wie man anhand der Gln. (3.75) bzw. (3.76) einfach nachvollziehen kann:

$$(\underline{r}_1 \pm \underline{r}_2)^* = \underline{r}_1^* \pm \underline{r}_2^* \tag{3.77}$$

Aussagen über Summen und Differenzen komplexer Größen, z. B.

$$\underline{r}_1 + \underline{r}_2 - \underline{r}_3 = 0 \tag{3.78}$$

gelten in gleicher Weise auch für die hierzu konjugiert komplexen Größen:

$$\underline{r}_1^* + \underline{r}_2^* - \underline{r}_3^* = 0 \tag{3.79}$$

Multiplikation und Division

Mit den Zeigern $\underline{r}_1 = a_1 + \mathrm{j}\, b_1$ und $\underline{r}_2 = a_2 + \mathrm{j}\, b_2$ in Komponentenform erhält man das Produkt

$$\underline{r}_1 \cdot \underline{r}_2 = (a_1 + \mathrm{j}\, b_1) \cdot (a_2 + \mathrm{j}\, b_2) = (a_1 a_2 - b_1 b_2) + \mathrm{j}\,(a_1 b_2 + b_1 a_2)\,. \tag{3.80}$$

Das Produkt eines Zeigers $\underline{r} = a + \mathrm{j}\, b$ mit seinem konjugiert Komplexen $\underline{r}^* = a - \mathrm{j}\, b$ ist stets eine reelle Größe

$$\underline{r}\,\underline{r}^* = (a + \mathrm{j}\, b)(a - \mathrm{j}\, b) = \left(a^2 - \mathrm{j}^2 b^2\right) = a^2 + b^2 = r^2, \tag{3.81}$$

nämlich das Quadrat des Betrages des Zeigers.

Daher kann man den komplexwertigen Nenner eines Bruches stets dadurch reell machen, dass man den Bruch mit dem konjugiert Komplexen des Nenners erweitert!

Diese Tatsache nutzt man bei der Division von zwei Zeigern in Komponentenform. Man erhält

$$\frac{\underline{r}_1}{\underline{r}_2} = \frac{a_1 + \mathrm{j}\, b_1}{a_2 + \mathrm{j}\, b_2} = \frac{(a_1 + \mathrm{j}\, b_1)(a_2 - \mathrm{j}\, b_2)}{a_2^2 + b_2^2} = \frac{a_1 a_2 + b_1 b_2}{a_2^2 + b_2^2} + \mathrm{j}\,\frac{b_1 a_2 - a_1 b_2}{a_2^2 + b_2^2}\,. \tag{3.82}$$

Einfacher durchzuführen sind Multiplikation und Division, wenn die Zeiger in der Exponentialform $\underline{r}_1 = r_1\, \mathrm{e}^{\mathrm{j}\varphi_1}$ und $\underline{r}_2 = r_2\, \mathrm{e}^{\mathrm{j}\varphi_2}$ vorliegen. Man erhält dann direkt das Produkt

$$\underline{r}_1 \cdot \underline{r}_2 = r_1\, \mathrm{e}^{\mathrm{j}\varphi_1} \cdot r_2\, \mathrm{e}^{\mathrm{j}\varphi_2} = r_1\, r_2\, \mathrm{e}^{\mathrm{j}(\varphi_1 + \varphi_2)} \tag{3.83}$$

und den Quotienten

$$\frac{\underline{r}_1}{\underline{r}_2} = \frac{r_1\,\mathrm{e}^{\mathrm{j}\varphi_1}}{r_2\,\mathrm{e}^{\mathrm{j}\varphi_2}} = \frac{r_1}{r_2}\,\mathrm{e}^{\mathrm{j}(\varphi_1-\varphi_2)}. \tag{3.84}$$

Bei der Multiplikation von Zeigern werden deren Beträge multipliziert und ihre Argumente addiert. Bei der Division von Zeigern werden deren Beträge dividiert und ihre Argumente subtrahiert.

Die Multiplikation eines Zeigers $\underline{r}$ mit -1 bewirkt mit Gl. (3.71) wegen

$$-1\cdot\underline{r} = \left(\mathrm{e}^{\mathrm{j}\,180°}\right)\cdot\left(r\,\mathrm{e}^{\mathrm{j}\varphi}\right) = r\,\mathrm{e}^{\mathrm{j}(\varphi+180°)} \tag{3.85}$$

eine *Drehung des Zeigers um 180°*, was einer *Spiegelung am Ursprung* entspricht.

Die Bildung des *Kehrwertes (Inversion) eines Zeigers*

$$\frac{1}{\underline{r}} = \frac{1}{r\,\mathrm{e}^{\mathrm{j}\varphi}} = \frac{1}{r}\,\mathrm{e}^{-\mathrm{j}\varphi} \tag{3.86}$$

bewirkt die Bildung des *Kehrwertes seines Betrages* und die *Umkehrung des Vorzeichens seines Argumentes.*

Besonders wichtig für das Verständnis und das Berechnen von Sinusstromnetzwerken sind die Multiplikation mit und die Division durch j. Mit Gl. (3.69) und Gl. (3.83) ergibt sich für das Produkt

$$\underline{r}\cdot\mathrm{j} = r\,\mathrm{e}^{\mathrm{j}\varphi}\cdot\mathrm{e}^{\mathrm{j}\,90°} = r\,\mathrm{e}^{\mathrm{j}(\varphi+90°)} \tag{3.87}$$

und mit Gl. (3.84) für den Quotienten

$$\frac{\underline{r}}{\mathrm{j}} = \frac{r\,\mathrm{e}^{\mathrm{j}\varphi}}{\mathrm{j}} = \frac{r\,\mathrm{e}^{\mathrm{j}\varphi}}{\mathrm{e}^{\mathrm{j}\,90°}} = r\,\mathrm{e}^{\mathrm{j}(\varphi-90°)}. \tag{3.88}$$

Die Multiplikation eines Zeigers mit j bewirkt bei unverändertem Betrag eine Drehung des Zeigers um $\pi/2 \mathrel{\hat{=}} 90°$. Die Division eines Zeigers durch j bewirkt eine Drehung um $-\pi/2 \mathrel{\hat{=}} -90°$, ebenfalls unter Beibehaltung seines Betrags.

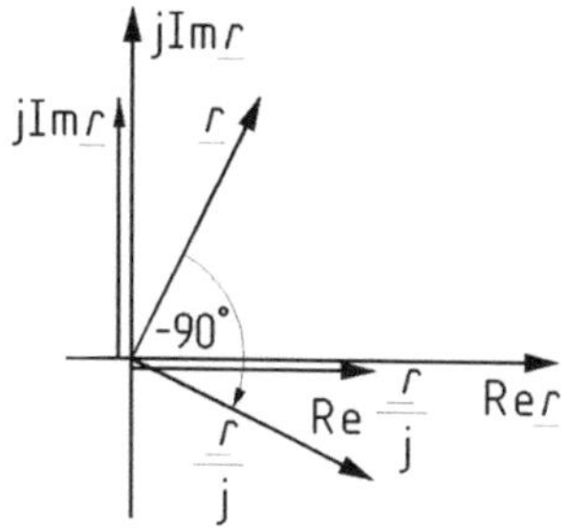

Bild 3.17: Division des komplexen Zeigers $\underline{r}$ durch die imaginäre Einheit j

Wie aus Bild 3.17 ersichtlich, gilt daher

$$\mathrm{Re}\,\frac{\underline{r}}{\mathrm{j}} = \mathrm{Im}\,\underline{r}. \tag{3.89}$$

Aus Gl. (3.88) und Gl. (3.70) folgt ferner für den Kehrwert von j

$$\frac{1}{\mathrm{j}} = \frac{1}{\mathrm{e}^{\mathrm{j}\,90°}} = \mathrm{e}^{-\mathrm{j}\,90°} = -\mathrm{j}. \tag{3.90}$$

Eine Division durch j ist daher gleichbedeutend mit einer Multiplikation mit –j.

Die Bildung des konjugiert Komplexen von Produkten oder Quotienten von Zeigern kann einzeln mit den beteiligten Zeigern erfolgen:

$$(\underline{r}_1 \cdot \underline{r}_2)^* = r_1\, r_2\, \mathrm{e}^{-\mathrm{j}(\varphi_1+\varphi_2)} = r_1\, \mathrm{e}^{-\mathrm{j}\varphi_1} \cdot r_2\, \mathrm{e}^{-\mathrm{j}\varphi_2} = \underline{r}_1^* \cdot \underline{r}_2^* \tag{3.91}$$

$$\left(\frac{\underline{r}_1}{\underline{r}_2}\right)^* = \frac{r_1}{r_2}\, \mathrm{e}^{-\mathrm{j}(\varphi_1-\varphi_2)} = \frac{r_1\, \mathrm{e}^{-\mathrm{j}\varphi_1}}{r_2\, \mathrm{e}^{-\mathrm{j}\varphi_2}} = \frac{\underline{r}_1^*}{\underline{r}_2^*} \tag{3.92}$$

Real- und Imaginärteil

Real- und Imaginärteil der Summe bzw. Differenz zweier Zeiger sind gleich der Summe der Real- und Imaginärteile der einzelnen Zeiger:

$$\mathrm{Re}\,(\underline{r}_1 \pm \underline{r}_2) = \mathrm{Re}\,\underline{r}_1 \pm \mathrm{Re}\,\underline{r}_2 \tag{3.93}$$

$$\mathrm{Im}\,(\underline{r}_1 \pm \underline{r}_2) = \mathrm{Im}\,\underline{r}_1 \pm \mathrm{Im}\,\underline{r}_2 \tag{3.94}$$

Bild 3.16 veranschaulicht dies. Eine entsprechende Rechenregel für Produkte und Quotienten von Zeigern gibt es *nicht*:

$$\mathrm{Re}\left(\frac{\underline{r}_1}{\underline{r}_2}\right) \not\equiv \frac{\mathrm{Re}\,\underline{r}_1}{\mathrm{Re}\,\underline{r}_2} \tag{3.95}$$

$$\mathrm{Im}\left(\frac{\underline{r}_1}{\underline{r}_2}\right) \not\equiv \frac{\mathrm{Im}\,\underline{r}_1}{\mathrm{Im}\,\underline{r}_2} \tag{3.96}$$

Betragsbildung

Der Betrag eines Produktes bzw. eines Quotienten zweier Zeiger ist gleich dem Produkt bzw. dem Quotienten der Beträge der einzelnen Zeiger:

$$|\underline{r}_1 \cdot \underline{r}_2| = \left|r_1\, r_2\, \mathrm{e}^{\mathrm{j}(\varphi_1+\varphi_2)}\right| = r_1\, r_2 = |\underline{r}_1| \cdot |\underline{r}_2| \tag{3.97}$$

$$\left|\frac{\underline{r}_1}{\underline{r}_2}\right| = \left|\frac{r_1}{r_2}\, \mathrm{e}^{\mathrm{j}(\varphi_1-\varphi_2)}\right| = \frac{r_1}{r_2} = \frac{|\underline{r}_1|}{|\underline{r}_2|} \tag{3.98}$$

Eine entsprechende Rechenregel für den Betrag von Summen bzw. Differenzen von Zeigern gibt es *nicht*:

$$|\underline{r}_1 \pm \underline{r}_2| \not\equiv |\underline{r}_1| \pm |\underline{r}_2| \tag{3.99}$$

Vielmehr gilt die aus der Geometrie und Vektorrechnung bekannte *Dreiecksungleichung*

$$|\underline{r}_1 + \underline{r}_2| \leq |\underline{r}_1| + |\underline{r}_2| \tag{3.100}$$

auch für Zeiger.

3.3.3 Komplexe Gleichungen

Unter Beachtung der im vorigen Abschnitt aufgeführten Besonderheiten gelten für das Rechnen mit komplexen Größen grundsätzlich die selben Rechenregeln wie für reelle Größen.

Wenn zwei komplexe Größen $\underline{r}_1 = a_1 + \mathrm{j}\, b_1$ und $\underline{r}_2 = a_2 + \mathrm{j}\, b_2$ gleich sein sollen, folgen aus der *einen komplexwertigen* Bedingung

$$a_1 + \mathrm{j}\, b_1 = a_2 + \mathrm{j}\, b_2 \tag{3.101}$$

zwei reellwertige Bedingungen

$$a_1 = a_2 \quad \text{und} \quad b_1 = b_2\,. \tag{3.102}$$

Entsprechend folgen, wenn die gleichgesetzten Größen in der Exponentialform $\underline{r}_1 = r_1\,\mathrm{e}^{\mathrm{j}\varphi_1}$ und $\underline{r}_2 = r_2\,\mathrm{e}^{\mathrm{j}\varphi_2}$ vorliegen, aus der *komplexwertigen* Bedingung

$$r_1\,\mathrm{e}^{\mathrm{j}\varphi_1} = r_2\,\mathrm{e}^{\mathrm{j}\varphi_2} \tag{3.103}$$

die zwei *reellwertigen* Bedingungen

$$r_1 = r_2 \quad \text{und} \quad \varphi_1 = \varphi_2\,. \tag{3.104}$$

Man kann also aus jeder komplexen Gleichung zwei reelle Gleichungen gewinnen, indem man entweder sowohl die Realteile als auch die Imaginärteile gleichsetzt, oder indem man sowohl die Beträge als auch die Argumente gleichsetzt.

3.3.4 Komplexe Spannungen und Ströme

Die Länge der Zeiger für Sinusgrößen wird durch den Betrag der jeweiligen Größe festgelegt. Hier ist das bei *rotierenden Zeigern* der *Scheitelwert*, z. B. $\hat{u}$ oder $\hat{\imath}$, und bei *ruhenden Zeigern* in der Regel der *Effektivwert*, z. B. U oder I.

Die Lage der Zeiger ergibt sich bei ruhenden Zeigern aus den Nullphasenwinkeln (z. B. φ_u oder φ_i) der jeweiligen Sinusgröße.

Die Operationen, die mit Zeigern bei Addition, Subtraktion, Differenziation und Integration der entsprechenden Sinusgrößen vorgenommen werden müssen, lassen sich mittels der komplexen Rechnung auf einfache algebraische Operationen zurückführen. Wegen dieses Vorteils werden die zunächst als rein geometrische Objekte eingeführten Zeiger in die komplexe Ebene übertragen und durch komplexe Größen dargestellt, die ebenfalls als (komplexe) Zeiger bezeichnet werden. Dabei wechselt man aus dem mathematisch aufwändigen *Zeitbereich* in einen sogenannten *Bildbereich* über, in dem die erforderlichen Operationen wesentlich einfacher sind. In der Mathematik nennt man einen solchen Vorgang eine *Transformation*. Die Darstellung und Berechnung von Sinusstromnetzwerken mit Hilfe von Zeigern nennt man auch die *symbolische Methode*.

3.3.4.1 Komplexe Scheitelwertzeiger

Bild 3.18 zeigt den in der komplexen Ebene mit der Winkelgeschwindigkeit ω rotierenden *komplexen Drehzeiger* $\underline{u}$ mit dem Betrag $\hat{u}$ in zwei verschieden Lagen, die zu den Zeitpunkten $t = 0$ bzw. $t > 0$ gehören.

Zum Zeitpunkt $t = 0$ ist der Zeiger um seinen Nullphasenwinkel φ_u gegenüber der positiven reellen Achse (Bezugsachse) verdreht, zum zweiten dargestellten Zeitpunkt um den Winkel $\omega t + \varphi_\mathrm{u}$.

Nach Gl. (3.66) kann dieser *rotierende Scheitelwertzeiger* durch die komplexe Zeitfunktion

$$\underline{u}(t) = \hat{u}\,\mathrm{e}^{\mathrm{j}(\omega t + \varphi_\mathrm{u})} = \hat{u}\,\mathrm{e}^{\mathrm{j}\varphi_\mathrm{u}}\,\mathrm{e}^{\mathrm{j}\omega t} \tag{3.105}$$

beschrieben werden. Der komplexe Ausdruck

$$\mathrm{e}^{\mathrm{j}\omega t} \tag{3.106}$$

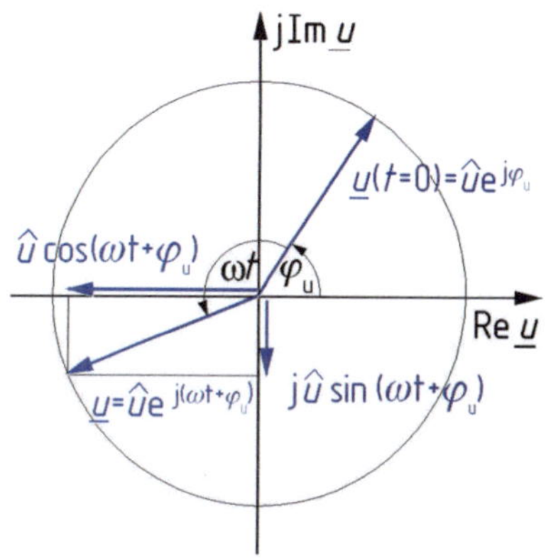

Bild 3.18: Komplexer Drehzeiger $\underline{u} = \hat{u}\,\mathrm{e}^{\mathrm{j}(\omega t+\varphi_\mathrm{u})}$

bewirkt die Rotation des Zeigers mit der Winkelgeschwindigkeit ω in mathematisch positiver Richtung (also gegen den Uhrzeigersinn) um den Ursprung der komplexen Ebene, *ohne seinen Betrag zu beeinflussen*. Er wird daher als *Drehoperator* bezeichnet.

Durch Projektion des Zeigers auf die imaginäre Achse (*Projektionsachse*) gemäß Bild 3.9 erhält man, wie in Bild 3.18 dargestellt, die Zeitfunktion der Sinusgröße

$$u(t) = \mathrm{Im}\,\underline{u}(t) = \hat{u}\,\sin(\omega t + \varphi_\mathrm{u})\,. \tag{3.107}$$

Beispiel 3.3: Komplexer Spannungszeiger und Augenblickswert der Spannung

Für die Sinusspannung mit $U = 230\,\mathrm{V}$, $f = 50\,\mathrm{Hz}$ und $\varphi_\mathrm{u} = -60°$ sind die Funktion des zugehörigen komplexen Drehzeigers (rotierenden Scheitelwertzeigers) $\underline{u}$ und der Augenblickswert u für den Zeitpunkt $t = 12\,\mathrm{ms}$ anzugeben.

Mit Gl. (3.42) erhält man den Scheitelwert $\hat{u} = \sqrt{2}\,U \approx 325{,}3\,\mathrm{V}$ und nach Gl. (3.29) die Kreisfrequenz $\omega = 2\pi f \approx 314{,}2\,\mathrm{s}^{-1}$. Der Winkel $-60°$ entspricht im Bogenmaß $-\pi/3$. Damit folgt aus Gl. (3.105) für den komplexen Drehzeiger

$$\underline{u} = \hat{u}\,\mathrm{e}^{\mathrm{j}(\omega t+\varphi_\mathrm{u})} \approx 325{,}3\,\mathrm{V}\,\mathrm{e}^{\mathrm{j}(314{,}2\,\mathrm{s}^{-1}t-\pi/3)}.$$

Aus Gl. (3.107) erhält man für $t = 12\,\mathrm{ms}$ den Augenblickswert der Spannung

$$u = \mathrm{Im}\,\underline{u} = \hat{u}\,\sin(\omega t + \varphi_\mathrm{u}) \approx 325{,}3\,\mathrm{V}\,\sin\left(314{,}2\,\mathrm{s}^{-1}\cdot 12\,\mathrm{ms} - \pi/3\right) \approx 132{,}2\,\mathrm{V}.$$

Die Drehung der Zeiger braucht nur bei der (selten erforderlichen) Bestimmung der Augenblickswerte berücksichtigt zu werden. Man kann daher in den meisten Fällen auf den Drehoperator $\mathrm{e}^{\mathrm{j}\omega t}$ verzichten. Wenn man z. B. aus dem komplexen Drehzeiger der Spannung

$$\underline{u}(t) = \hat{u}\,\mathrm{e}^{\mathrm{j}\varphi_\mathrm{u}}\,\mathrm{e}^{\mathrm{j}\omega t} = \underline{\hat{u}}\,\mathrm{e}^{\mathrm{j}\omega t} \tag{3.108}$$

diesen Drehoperator eliminiert (indem man $t = 0$ setzt oder durch $\mathrm{e}^{\mathrm{j}\omega t}$ dividiert), bleibt ein von der Zeit unabhängiger Wert, der *ruhende Scheitelwertzeiger*

$$\underline{\hat{u}} = \hat{u}\,\mathrm{e}^{\mathrm{j}\varphi_\mathrm{u}} \tag{3.109}$$

übrig, der auch als die *komplexe Amplitude* der Sinusgröße in Gl. (3.108) bezeichnet wird.

3.3.4.2 Komplexe Effektivwertzeiger

Amplitude und Effektivwert unterscheiden sich bei Sinusgrößen durch den Scheitelfaktor $\xi = \sqrt{2}$. Daher wird neben der komplexen Amplitude aus Gl. (3.109) der *komplexe Effektivwert*

$$\underline{U} = U\,\mathrm{e}^{\mathrm{j}\varphi_\mathrm{u}} \tag{3.110}$$

definiert, der als *ruhender Effektivwertzeiger* darstellbar ist und sich nur in seinem Betrag um den Faktor $1/\sqrt{2}$ vom ruhenden Scheitelwertzeiger $\underline{\hat{u}}$ unterscheidet. Man kommt so zu der gleichen Darstellung wie in Bild 3.11, mit dem einzigen Unterschied, dass sich die Zeiger nun in der komplexen Ebene befinden. Diese Überlegungen gelten für alle Sinusgrößen, so z. B. auch für Sinusstrom, für den der komplexe Effektivwert

$$\underline{I} = I\,\mathrm{e}^{\mathrm{j}\varphi_\mathrm{i}} \tag{3.111}$$

ist.

Bei der Berechnung von Sinusstromnetzwerken verwendet man fast immer ruhende Effektivwertzeiger. Man bezeichnet diese Zeiger als *komplexe Spannung* $\underline{U}$, *komplexer Strom* $\underline{I}$, usw. Mit diesen Zeigern werden von den drei zur eindeutigen Beschreibung von Sinusgrößen erforderlichen Kennwerten (s. Abschnitt 3.2.3) lediglich die Effektivwerte und die Nullphasenwinkel symbolisch dargestellt. Die – bei allen Sinusgrößen in einem Sinusstromnetzwerk gleiche – Kreisfrequenz ω wird als zusätzlicher Kennwert als bekannt vorausgesetzt.

Da sich ein Effektivwertzeigerdiagramm wie in Bild 3.19 a) als Momentaufnahme der ursprünglich rotierenden Zeiger zum Zeitpunkt $t = 0$ auffassen lässt, hängt der Winkel, unter dem ein Effektivwertzeigerdiagramm in der komplexen Ebene dargestellt wird, ausschließlich von der Wahl dieses zeitlichen Nullpunktes ab. Häufig wählt man ihn wie in Bild 3.19 b) so, dass einer der Zeiger auf die positive reelle Achse fällt. Dieser Zeiger dient dann als *Bezugszeiger*, gegen den die Phasenverschiebungswinkel der anderen Zeiger angegeben werden.

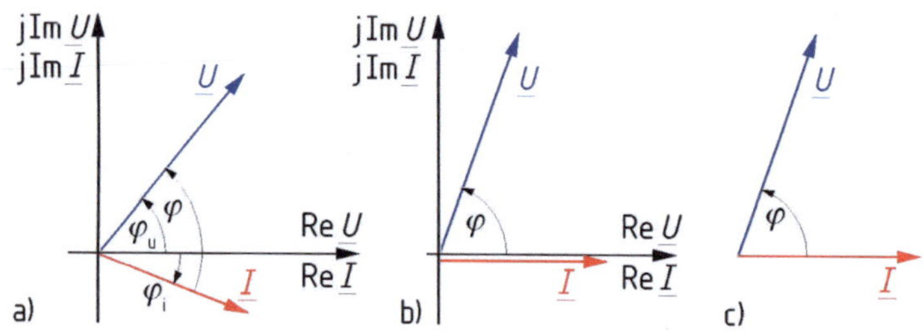

Bild 3.19: a) Komplexe Effektivwertzeiger $\underline{U}$ und $\underline{I}$ mit ihren Nullphasenwinkeln φ_u, φ_i, b) mit dem komplexen Strom $\underline{I}$ als Bezugszeiger und c) ohne Darstellung der Achsen

Wegen der willkürlichen Wählbarkeit des Zeitpunktes $t = 0$ liefert die *Winkelposition* eines Effektivwertzeigers keine Information über die zugehörige Sinusgröße. Insofern ist die Lage der reellen und der imaginären Achse für ein Effektivwertzeigerdiagramm belanglos. Man stellt daher solche Zeigerdiagramme wie in Bild 3.19 c) *ganz ohne Achsenkreuz* dar.

Unabhängig von der Wahl des zeitlichen Nullpunktes bleibt, wie der Vergleich der Bilder 3.19 a) und b) zeigt, die Lage der einzelnen Zeiger *relativ zueinander* stets die selbe. Zum Beispiel hat der

Winkel zwischen der komplexen Spannung $\underline{U}$ und dem komplexen Strom $\underline{I}$ in den Bildern 3.19 a) und b) den selben Wert

$$\varphi = \varphi_{\mathrm{u}} - \varphi_{\mathrm{i}}\,. \tag{3.112}$$

Er bezeichnet wie in Bild 3.6 und gemäß Gl. (3.34) den *Phasenverschiebungswinkel* φ, um den die Spannung u dem Strom i vorauseilt. Der Phasenverschiebungswinkel φ ist in U-I-Zeigerdiagrammen durch einen *Einfachpfeil* zu kennzeichnen, der wie in Bild 3.19 vom Stromzeiger $\underline{I}$ zum Spannungszeiger $\underline{U}$ gerichtet ist. Wenn der Pfeil in mathematisch positiver Richtung weist, ist φ positiv, sonst negativ.

Die Korrespondenzen zwischen den Operationen mit Sinusgrößen im Zeitbereich, mit geometrischen Zeigern und mit komplexen Zeigern sind in Tabelle 3.1 zusammengestellt.

Tabelle 3.1: Rechenoperationen mit Sinusgrößen in unterschiedlichen Darstellungsformen

	Zeitfunktionen	allgemeine Zeigerdiagramme	komplexe Größen
Addition	Überlagerung der Zeitfunktionen	geometrische Addition der Zeiger	Addition der komplexen Größen
Multiplikation mit −1	Vorzeichenumkehr der Zeitfunktion, d. h. Phasendrehung der Sinusfunktion um 180°	Richtungsumkehr des Zeigers	Multiplikation der komplexen Größe mit −1
Multiplikation mit einem positiven reellen Faktor	Multiplikation der Amplitude der Sinusschwingung mit dem positiven reellen Faktor	Multiplikation des Betrages des Zeigers mit dem positiven reellen Faktor	Multiplikation der komplexen Größe mit dem positiven reellen Faktor
Differenziation	Differenziation der Zeitfunktion, d. h. Phasenverschiebung der Sinusfunktion um +90° und Multiplikation der Amplitude mit ω	Drehung des Zeigers um +90° und Multiplikation seines Betrages mit ω	Multiplikation der komplexen Größe mit $\mathrm{j}\omega$
Integration	Integration der Zeitfunktion, d. h. Phasenverschiebung der Sinusfunktion um −90° und Division der Amplitude durch ω	Drehung des Zeigers um −90° und Division seines Betrages durch ω	Division der komplexen Größe durch $\mathrm{j}\omega$

3.3.5 Komplexe Widerstände und Leitwerte

In diesem Abschnitt werden nur passive Zweipole betrachtet. Es wird angenommen, dass die Zählpfeile für die Klemmengrößen Strom und Spannung ein *Verbraucher-Zählpfeilsystem* bilden, wie z. B. in Bild 3.20 a) dargestellt.

In Sinusstromnetzwerken hat die an einem Zweipol anliegende Sinusspannung $u(t)$ in der Regel eine andere Phasenlage als der durch den Zweipol fließende Sinusstrom $i(t)$. Bei Verwendung der komplexen Effektivwertzeiger $\underline{U}$ und $\underline{I}$ ergeben sich dann Zeigerdiagramme wie in Bild 3.20 b).

Dividiert man bei einem *passiven* Zweipol die komplexe Klemmenspannung $\underline{U}$ durch den komplexen Klemmenstrom $\underline{I}$, erhält man eine komplexe Größe, die als *Impedanz* (oder *komplexer Widerstand*) des Zweipols bezeichnet wird:

$$\underline{Z} = \frac{\underline{U}}{\underline{I}} = \frac{U\,\mathrm{e}^{\mathrm{j}\varphi_\mathrm{u}}}{I\,\mathrm{e}^{\mathrm{j}\varphi_\mathrm{i}}} = \frac{U}{I}\,\mathrm{e}^{\mathrm{j}(\varphi_\mathrm{u}-\varphi_\mathrm{i})} = \frac{U}{I}\,\mathrm{e}^{\mathrm{j}\varphi} \tag{3.113}$$

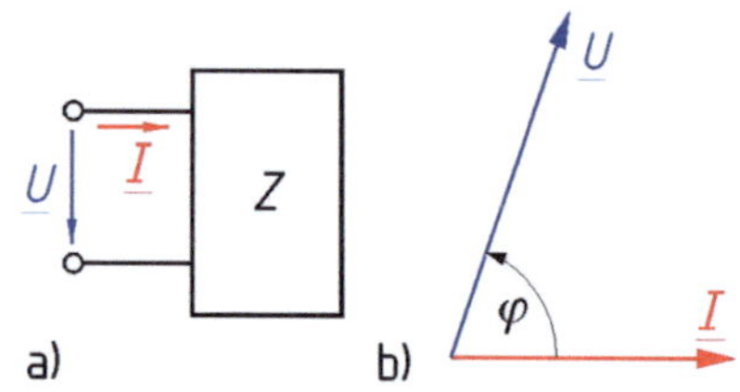

Bild 3.20: a) Zweipol mit Zählpfeilen für die komplexe Spannung $\underline{U}$ und den komplexen Strom $\underline{I}$ im Verbraucher-Zählpfeilsystem und b) Strom-Spannungs-Zeigerdiagramm

Diese Definition entspricht der des Gleichstromwiderstandes in Gl. (2.5) mit dem Unterschied, dass alle beteiligten Größen nun komplex sind. Zur Berechnung der Impedanz ist die Kenntnis der Nullphasenwinkel φ_u und φ_i der Klemmengrößen nicht erforderlich, sondern nur des Phasenverschiebungswinkels $\varphi = \varphi_\mathrm{u} - \varphi_\mathrm{i}$, der gleich dem Argument der Impedanz ist. So erhält man z. B. aus den Effektivwertzeigern nach Bild 3.19 a) und b), die unterschiedliche Nullphasenwinkel haben, die selbe Impedanz $\underline{Z}$.

Wie jede komplexe Größe lässt sich die Impedanz sowohl in der Exponential- als auch in der Komponentenform darstellen:

$$\underline{Z} = Z\,\mathrm{e}^{\mathrm{j}\varphi} = \mathrm{Re}\,\underline{Z} + \mathrm{j}\,\mathrm{Im}\,\underline{Z} = R + \mathrm{j}X \tag{3.114}$$

Der Betrag Z der Impedanz $\underline{Z}$ wird als *Scheinwiderstand* bezeichnet, ihr Realteil R als *Wirkwiderstand* und ihr Imaginärteil X als *Blindwiderstand* oder *Reaktanz*.

Zwischen Wirk-, Blind- und Scheinwiderstand bestehen über den Phasenverschiebungswinkel φ nach Gl. (3.58) bis (3.63) die Beziehungen

$$R = Z\cos\varphi\,, \tag{3.115}$$

$$X = Z\sin\varphi\,, \tag{3.116}$$

$$Z = \frac{U}{I} = \sqrt{R^2 + X^2}\,, \tag{3.117}$$

$$\varphi = \mathrm{Arctan}\,\frac{X}{R}\,, \tag{3.118}$$

die sich auch unmittelbar aus dem Zeigerdiagramm in Bild 3.21 a) ablesen lassen.

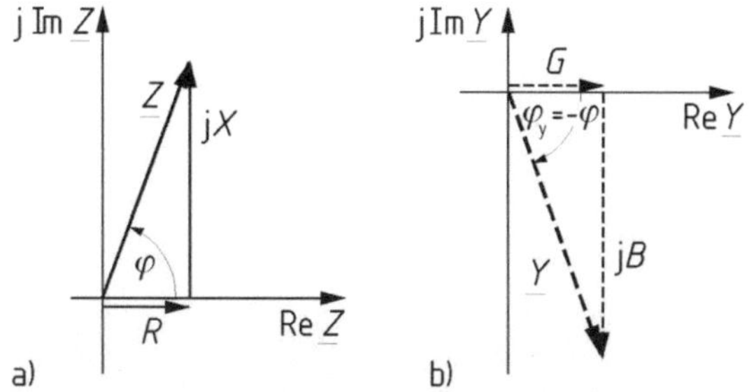

Bild 3.21: a) Impedanzzeigerdiagramm und b) Admittanzzeigerdiagramm des Zweipols in Bild 3.20

Die Division des komplexen Stromes $\underline{I}$ durch die komplexe Spannung $\underline{U}$ bei einem passiven Zweipol ergeben dessen *Admittanz* (die auch als *komplexer Leitwert* bezeichnet wird)

$$\underline{Y} = \frac{\underline{I}}{\underline{U}} = \frac{I\,\mathrm{e}^{\mathrm{j}\varphi_\mathrm{i}}}{U\,\mathrm{e}^{\mathrm{j}\varphi_\mathrm{u}}} = \frac{I}{U}\,\mathrm{e}^{\mathrm{j}(\varphi_\mathrm{i}-\varphi_\mathrm{u})} = \frac{I}{U}\,\mathrm{e}^{-\mathrm{j}\varphi}. \tag{3.119}$$

Sie ist in Bild 3.21 b) ebenfalls als Zeiger dargestellt. Gl. (3.119) zeigt, dass das Argument φ_Y der Admittanz

$$\underline{Y} = Y\,\mathrm{e}^{\mathrm{j}\varphi_\mathrm{Y}} = \mathrm{Re}\,\underline{Y} + \mathrm{j}\,\mathrm{Im}\,\underline{Y} = G + \mathrm{j}\,B \tag{3.120}$$

den gleichen Betrag wie der Phasenverschiebungswinkel φ, jedoch das entgegengesetzte Vorzeichen hat.

Der Betrag Y der Admittanz $\underline{Y}$ wird als *Scheinleitwert* bezeichnet, ihr Realteil G heißt *Wirkleitwert*, der Imaginärteil B *Blindleitwert* oder *Suszeptanz*.

Zwischen Wirk-, Blind- und Scheinleitwert bestehen über den Winkel φ_Y nach Gl. (3.58) bis (3.63) die Beziehungen

$$G = Y\cos\varphi_Y\,, \tag{3.121}$$

$$B = Y\sin\varphi_Y\,, \tag{3.122}$$

$$Y = \frac{I}{U} = \sqrt{G^2 + B^2}\,, \tag{3.123}$$

$$\varphi_\mathrm{Y} = \mathrm{Arctan}\,\frac{B}{G}\,. \tag{3.124}$$

Da die Klemmengrößen des selben Zweipols betrachtet wurden, folgt aus der Definitionen für die Impedanz $\underline{Z}$ Gl. (3.113) und für die Admittanz $\underline{Y}$ Gl. (3.119)

$$\underline{Y} = \frac{1}{\underline{Z}}\,. \tag{3.125}$$

Setzt man beide Größen in der Exponentialform ein, erhält man

$$Y\,\mathrm{e}^{\mathrm{j}\varphi_\mathrm{Y}} = \frac{1}{Z\,\mathrm{e}^{\mathrm{j}\varphi}} = \frac{1}{Z}\,\mathrm{e}^{-\mathrm{j}\varphi}, \tag{3.126}$$

$$Y = \frac{1}{Z}, \tag{3.127}$$

$$\varphi_\mathrm{Y} = -\varphi\,. \tag{3.128}$$

Wenn man in Gl. (3.125) beide Größen in der Komponentenform einsetzt und mit dem konjugiert Komplexen des Nenners erweitert, erhält man:

$$G + \mathrm{j}B = \frac{1}{R + \mathrm{j}X} = \frac{R}{R^2 + X^2} + \mathrm{j}\,\frac{-X}{R^2 + X^2} \tag{3.129}$$

$$G = \frac{R}{R^2 + X^2} \tag{3.130}$$

$$B = \frac{-X}{R^2 + X^2} \tag{3.131}$$

Löst man Gl. (3.125) nach $\underline{Z}$ auf, ergibt sich entsprechend:

$$R + \mathrm{j}X = \frac{1}{G + \mathrm{j}B} = \frac{G}{G^2 + B^2} + \mathrm{j}\,\frac{-B}{G^2 + B^2} \tag{3.132}$$

$$R = \frac{G}{G^2 + B^2} \tag{3.133}$$

$$X = \frac{-B}{G^2 + B^2} \tag{3.134}$$

Das Klemmenverhalten von Ohmschen Widerständen in Gleichstromnetzwerken kann gleichwertig entweder mittels ihres Widerstandswertes R oder ihres Leitwertes $G = 1/R$ beschrieben werden. Ebenso ist es offenbar auch möglich, das Klemmenverhalten von passiven Zweipolen in Sinusstromnetzwerken gleichwertig entweder mittels ihres komplexen Widerstandswertes $\underline{Z}$ oder ihres komplexen Leitwertes $\underline{Y}$ zu beschreiben. Beide Größen bestehen jeweils aus Wirk- und Blindanteil.

Die Gln. (3.130), (3.131), (3.133) und (3.134) zeigen, dass bei passiven Zweipolen in Sinusstromnetzwerken im Gegensatz zu Ohmschen Widerständen im Allgemeinen der Wirkleitwert G *nicht* der Kehrwert des Wirkwiderstandes R und der Blindleitwert B *nicht* der Kehrwert des Blindwiderstandes X ist! Die Gln. (3.131) und (3.134) zeigen außerdem, dass Blindwiderstand X und Blindleitwert B eines Zweipols stets *entgegengesetzte Vorzeichen* haben, was durch Bild 3.21 verdeutlicht wird.

Anders als Zeiger für Sinusgrößen, die *rotieren* oder *als ruhend betrachtet* werden, ruhen Zeiger für Impedanzen und Admittanzen *tatsächlich*, da ihre Argumente nicht von der Zeit abhängen. Daher ist es bei Impedanz- und Admittanzzeigerdiagrammen *immer* erforderlich, die Achsen der komplexen Ebene darzustellen, um die Werte von φ bzw. φ_{Y} eintragen zu können, wie in Bild 3.21 dargestellt.

3.4 Leistung in Sinusstromnetzwerken

Bei Gleichstromnetzwerken ist die in einem Zweipol umgesetzte Leistung als Produkt der konstanten, vorzeichenbehafteten Klemmengrößen U und I ebenfalls eine konstante, vorzeichenbehaftete Größe

$$P = U\,I\,. \tag{3.135}$$

Wenn der Strom i und die Spannung u zeitabhängig sind, ist die *Augenblicksleistung*

$$p(t) = u(t)\,i(t)\,. \tag{3.136}$$

3.4.1 Wirkleistung

Für viele praktische Fragestellungen ist der zeitliche Verlauf der Augenblicksleistung $p(t)$ nur von geringem Interesse. Wesentlich wichtiger ist ihr arithmetischer Mittelwert $\overline{p}$, der mit dem Symbol P bezeichnet und *Wirkleistung* genannt wird. Aus Gl. (3.136) folgt mit Gl. (3.9) der arithmetische Mittelwert der Augenblicksleistung *beliebiger* Ströme und Spannungen mit der gemeinsamen Periodendauer T

$$P = \overline{p} = \frac{1}{T} \int\limits_{t_0}^{t_0+T} p(t)\,\mathrm{d}t = \frac{1}{T} \int\limits_{t_0}^{t_0+T} u(t)\,i(t)\,\mathrm{d}t\,. \tag{3.137}$$

Das Integral in Gl. (3.137) beschreibt die während einer Periode (je nach verwendetem Zählpfeilsystem) aufgenommene oder abgegebene elektrische Energie. Nach Division durch die Periodendauer T ergibt sich somit die Wirkleistung P als der Mittelwert der pro Periode umgesetzten Energie. Die Einheit der Wirkleistung ist in Übereinstimmung mit Gl. (2.57) das Watt.

Die Messung der Wirkleistung P kann mit einem Wattmeter in einer Schaltung nach Bild 2.60 a) oder 2.60 b) erfolgen. Wegen der Trägheit des Messwerks kann der Zeiger bei Strömen und Spannungen mit Frequenzen oberhalb einiger Hertz dem Augenblickswert der Leistung $p(t)$ nicht mehr folgen und verharrt daher beim arithmetischen Mittelwert $\overline{p}$, der gleich der Wirkleistung P ist.

3.4.2 Scheinleistung

Bei der Herleitung des Effektivwertes in Abschnitt 3.1.7 wurde die von einem Ohmschen Widerstand aufgenommene Wirkleistung berechnet. Die Rechnung wurde dadurch erheblich vereinfacht, dass das Produkt der Klemmengrößen $u(t)\,i(t)$ durch den Ausdruck $R\,i^2(t)$ ersetzt werden konnte. Das Klemmenverhalten passiver Zweipole in Sinusstromnetzwerken zeichnet sich aber dadurch aus, dass die Augenblickswerte von Klemmenspannung u und Klemmenstrom i im Allgemeinen *nicht* proportional zueinander sind. Dadurch liefert Gl. (3.137) zur Berechnung der Wirkleistung im Allgemeinen einen Wert, der *kleiner* als das Produkt der Effektivwerte der Klemmengrößen $U\,I$ ist. Da dieses Produkt bei der Berechnung von Leistungen in Sinusstromkreisen als *Bezugsgröße* von erheblicher Bedeutung ist, erhielt es die eigene Bezeichnung *Scheinleistung*

$$S = U\,I\,. \tag{3.138}$$

Die Größen U und I in Gl. (3.138) sind keine vorzeichenbehafteten Gleichgrößen, sondern Effektivwerte, die nicht negativ werden können. Daher kann auch die Scheinleistung in keinem Fall negative Werte annehmen. Daraus folgt, dass es nicht möglich ist, unter Berücksichtigung des Zählpfeilsystems an einem betrachteten Zweipol eine Aussage darüber zu machen, ob dieser Zweipol Scheinleistung abgibt oder aufnimmt. Man kann daher nur von *umgesetzter* Scheinleistung sprechen. Das Aufstellen von Leistungsbilanzen für Scheinleistungen ist aus diesem Grund nicht möglich.

Um Verwechslungen mit der Wirkleistung P auszuschließen, ist als Einheit der Scheinleistung S nicht das Watt, sondern das *Voltampere*

$$[S] = 1\,\mathrm{VA} \tag{3.139}$$

zu verwenden.

3.4.3 Komplexe Leistung

Ein Ohmscher Widerstand mit dem Widerstandswert R nimmt die Wirkleistung

$$P = R I^2 \tag{3.140}$$

auf. In Analogie hierzu wird für einen beliebigen passiven Zweipol mit der Impedanz $\underline{Z} = R + \mathrm{j}X$, durch den ein Sinusstrom mit dem Effektivwert I fließt, die *komplexe Leistung* $\underline{S}$ definiert:

$$\underline{S} = \underline{Z} I^2 = \mathrm{Re}\,\underline{S} + \mathrm{j}\,\mathrm{Im}\,\underline{S} = RI^2 + \mathrm{j}XI^2 = P + \mathrm{j}\,Q \tag{3.141}$$

Wie Gl. (3.141) zeigt, sind bei passiven Zweipolen die komplexe Leistung $\underline{S}$ und die Impedanz $\underline{Z}$ durch den Effektivwert I des Klemmenstromes, also einen positiven reellen Proportionalitätsfaktor, miteinander verknüpft.

Daher hat die komplexe Leistung $\underline{S}$ bei passiven Zweipolen stets das selbe Argument φ wie die Impedanz $\underline{Z}$!

Eine zu Gl. (3.141) analoge Gleichung, die die komplexe Leistung mittels des Effektivwertes U der Klemmenspannung und der Admittanz $\underline{Y}$ des passiven Zweipols ausdrückt, lautet

$$\underline{S} = Z\,\mathrm{e}^{\mathrm{j}\varphi}\, I^2 = Z\,\mathrm{e}^{\mathrm{j}\varphi}\,\frac{U^2}{Z^2} = \frac{1}{Z}\,\mathrm{e}^{\mathrm{j}\varphi}\, U^2 = Y\,\mathrm{e}^{-\mathrm{j}\varphi_Y}\, U^2 = \underline{Y}^* U^2 = G\,U^2 - \mathrm{j}\,B\,U^2. \tag{3.142}$$

Der Betrag $S = Z\,I^2 = Y\,U^2$ der komplexen Leistung ist

$$S = U\,I\,, \tag{3.143}$$

also die bereits in Gl. (3.138) definierte Scheinleistung. Der Imaginärteil der komplexen Leistung aus den Gln. (3.141) und (3.142)

$$Q = X\,I^2 = -B\,U^2 \tag{3.144}$$

heißt *Blindleistung*. Ihre technische Bedeutung wird bei der Untersuchung des Leistungsumsatzes von Induktivitäten und Kapazitäten in den Abschnitten 3.5.2.3 und 3.5.3.3 erläutert.

Die komplexe Leistung $\underline{S}$ lässt sich auch direkt aus den komplexen Klemmengrößen $\underline{I}$ und $\underline{U}$ berechnen. Aus Gl. (3.141) folgt mit Gl. (3.113) unter Verwendung des konjugiert komplexen Stromes $\underline{I}^* = I\,\mathrm{e}^{-\mathrm{j}\varphi_\mathrm{i}}$

$$\underline{S} = \frac{\underline{U}}{\underline{I}}\, I^2 = \frac{U\,\mathrm{e}^{\mathrm{j}\varphi_\mathrm{u}}}{I\,\mathrm{e}^{\mathrm{j}\varphi_\mathrm{i}}}\, I^2 = U\,\mathrm{e}^{\mathrm{j}\varphi_\mathrm{u}}\, I\,\mathrm{e}^{-\mathrm{j}\varphi_\mathrm{i}} = \underline{U}\,\underline{I}^*. \tag{3.145}$$

Gl. (3.145) gilt für beliebige, also auch aktive Zweipole und sollte daher stets zur Leistungsberechnung aus komplexen Größen verwendet werden.

Aus Gl. (3.145) folgen die weiteren Zusammenhänge

$$\underline{S} = U\,I\,\mathrm{e}^{\mathrm{j}(\varphi_\mathrm{u} - \varphi_\mathrm{i})} = U\,I\,\mathrm{e}^{\mathrm{j}\varphi}, \tag{3.146}$$

$$S = |\,\underline{S}\,| = U\,I\,, \tag{3.147}$$

$$P = \mathrm{Re}\,\underline{S} = U\,I\cos\varphi\,, \tag{3.148}$$

$$Q = \mathrm{Im}\,\underline{S} = U\,I\sin\varphi\,. \tag{3.149}$$

Die Gln. (3.148) und (3.149) zeigen, wie Wirk- und Blindleistungen mittels der auch im Zeitbereich definierten Effektivwerte der Klemmengrößen und ihres Phasenverschiebungswinkels berechnet werden können.

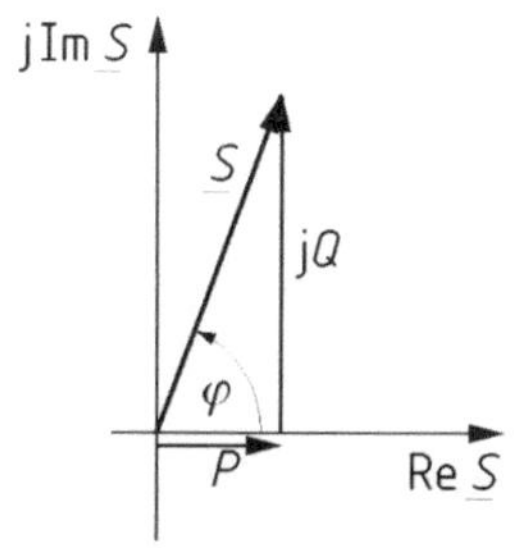

Bild 3.22: Leistungszeigerdiagramm des Zweipols in Bild 3.20

Da nach den Gln. (3.148) und (3.149) Realteil P und Imaginärteil Q der komplexen Leistung $\underline{S}$ nicht von der Zeit abhängen, wird die komplexe Leistung – so wie die Impedanz und die Admittanz – durch *tatsächlich ruhende* Zeiger wie in Bild 3.22 dargestellt.

3.4.4 Leistungsfaktor

Der *Leistungsfaktor* λ ist eine für die Energietechnik sehr wichtige Kenngröße *passiver* Zweipole. Er ist *allgemeingültig* definiert als das Verhältnis von aufgenommener Wirkleistung zu umgesetzter Scheinleistung

$$\lambda = \frac{P}{S}. \tag{3.150}$$

Aus den Gln. (3.147) und (3.148) folgt die *nur für Sinusstromnetzwerke gültige* Definition

$$\lambda = \cos\varphi. \tag{3.151}$$

Da der Phasenverschiebungswinkel in Abschnitt 3.2.2.4 nur für *gleichfrequente Sinusgrößen* definiert wurde, kann Gl. (3.151) bei Zweipolen, deren Klemmengrößen *keine gleichfrequenten Sinusgrößen* sind, nur eingesetzt werden, wenn statt des Phasenverschiebungswinkels der in Abschnitt 7.2.4.2 eingeführte *fiktive Phasenverschiebungswinkel* verwendet wird.

3.5 Ideale passive Zweipole bei Sinusstrom

Zweipole, die von sich aus zwischen ihren Klemmen keine elektrische Spannung aufbauen können, werden nach Abschnitt 1.3.3 als *passive Zweipole* bezeichnet. Die einzigen in Gleichstromnetzwerken zu berücksichtigenden passiven Zweipole sind die Widerstände.

Die am häufigsten in elektrischen und elektronischen Schaltungen auftretenden passiven Bauelemente sind Widerstände, Kondensatoren und Spulen. Kondensatoren und Spulen haben Eigenschaften, die sie fundamental von Widerständen unterscheiden:

- Sie können elektrische Energie, die sie über ihre Klemmen aufgenommen haben, speichern und (zumindest teilweise) auch wieder über ihre Klemmen abgeben.
- Der Widerstand, den sie einem zeitlich veränderlichen Strom entgegensetzen, hängt von der Frequenz des Stromes ab.
- Ihre Klemmengrößen $u(t)$ und $i(t)$ sind *nicht* proportional zueinander.

Die entscheidende Kenngröße zur Beschreibung des Verhaltens von Kondensatoren ist ihre elektrische Kapazität C (s. Abschnitt 10.12). Die entsprechende Kenngröße von Spulen ist ihre Induktivität L (s. Abschnitt 11.11.2).

Neben dem *gewünschten* Verhalten, das durch die Parameter L bzw. C beschrieben wird, weisen *alle* Bauelemente auch Eigenschaften auf, die *unerwünscht*, aber *prinzipiell unvermeidbar* sind. So haben Kondensatoren und Spulen immer auch einen *parasitären Widerstand*, der dazu führt, dass ein Teil der über die Klemmen aufgenommenen Energie in Wärme umgewandelt wird. Widerstände und Kondensatoren weisen immer eine *parasitäre Induktivität* auf. Diese rührt daher, dass jeder Strom, der durch diese Bauelemente fliesst, ein magnetisches Feld ähnlich wie bei einer Spule erzeugt. Widerstände und Spulen weisen im Betrieb eine Spannung zwischen ihren Klemmen auf, die zu einem elektrischen Feld zwischen den Klemmen ähnlich wie bei einem Kondensator führt. Diese Eigenschaft wird als *parasitäre Kapazität* bezeichnet.

In vielen Fällen reicht es zur Beschreibung und Untersuchung des Verhaltens von Schaltungen aus, diese parasitären Effekte zu vernachlässigen. Dann wird das Verhalten von realen Widerständen, Kondensatoren und Spulen durch *idealisierte Zweipole* nachgebildet, die nur noch die gewünschten Eigenschaften haben und daher als „idealer Widerstand“, „idealer Kondensator“ und „ideale Spule“ oder kurz als Widerstand, Kapazität und Induktivität bezeichnet werden.

Durch geeignetes Zusammenschalten solcher idealen Zweipole können *Ersatzschaltungen* für die realen passiven Zweipole gebildet werden, die die Wirkungen der parasitären Effekte nachbilden.

In den folgenden drei Abschnitten werden die idealisierten *passiven Grundzweipole* Widerstand R, Induktivität L und Kapazität C behandelt. Es wird angenommen, dass sie *linear* und *zeitinvariant* sind, d. h. dass ihre Eigenschaften weder von den Klemmengrößen noch von der Zeit abhängen.

Das Missverständnis, Kapazitäten und Induktivitäten seien nichtlineare Zweipole, da sie keine lineare U-I-Kennlinie wie Widerstände aufweisen, ist weit verbreitet. (Solche Kennlinien sind für Kapazitäten und Induktivitäten übrigens gar nicht definiert.) *Allgemeingültig* wird ein Zweipol dann als *linear* bezeichnet, wenn die Beziehung zwischen seinen Klemmengrößen $u(t)$ und $i(t)$ durch eine *lineare Differenzialgleichung* (beliebiger Ordnung) beschrieben wird. Aus dieser Definition folgt die Eigenschaft linearer Zweipole, auf Anregung mit einer Sinusgröße im eingeschwungenen Zustand mit einer gleichfrequenten Sinusgröße zu reagieren. Das Verhältnis der Amplituden dieser Sinusgrößen ist bei fester Frequenz nur von den Eigenschaften des Zweipols (das sind bei den passiven Grundzweipolen die Parameter R, C, L) abhängig.

3.5.1 Ohmscher Widerstand

Auch bei Sinusstrom wird in einem Widerstand R elektrische Energie irreversibel in Wärme umgesetzt. In Analogie zu dieser nicht umkehrbaren Energieumwandlung werden auch andere Energieumwandlungen, wie z. B. in Motoren in mechanische Energie, durch Widerstände *modelliert.*

3.5.1.1 Spannung, Strom und Phasenverschiebungswinkel

In Bild 3.23 a) ist das Schaltzeichen für einen Ohmschen Widerstand R dargestellt; Strom- und Spannungszählpfeile sind im Verbraucher-Zählpfeilsystem eingetragen.

Hierfür gilt nach dem Ohmschen Gesetz der Zusammenhang

$$u = R\,i\,. \tag{3.152}$$

Gl. (3.152) kann als *lineare Differenzialgleichung* nullter Ordnung aufgefasst werden. Somit sind Ohmsche Widerstände *lineare* Zweipole. Bei sinusförmigem Klemmenstromverlauf

$$i = \hat{\imath}\sin(\omega t + \varphi_{\mathrm{i}}) \tag{3.153}$$

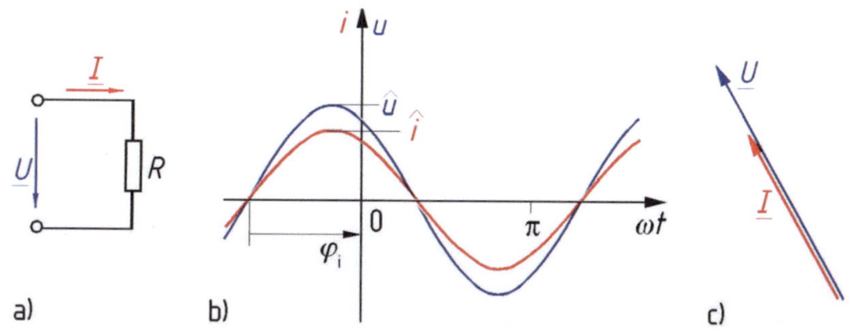

Bild 3.23: a) Strom und Spannung am Ohmschen Widerstand R im Verbraucher-Zählpfeilsystem, b) zugehöriges Zeitdiagramm und c) (vergrößertes) Effektivwertzeigerdiagramm

folgt aus Gl. (3.152) für die Klemmenspannung

$$u = R\,\hat{i}\sin(\omega t + \varphi_\mathrm{i}) \qquad (3.154)$$

der in Bild 3.23 b) dargestellte, mit dem Strom i *gleichphasige* sinusförmige Verlauf. Die Amplitude der Spannung ist $R\,\hat{i}$. Zum gleichen Ergebnis kommt man bei Anwendung der komplexen Rechnung. Wenn man den komplexen Strom $\underline{I}$ mit dem positiven reellen Faktor R multipliziert, ergibt sich die komplexe Spannung

$$\underline{U} = R\,\underline{I}\,. \qquad (3.155)$$

Entsprechend gilt für den komplexen Strom

$$\underline{I} = \frac{\underline{U}}{R}\,. \qquad (3.156)$$

Durch die Multiplikation mit einem positiven reellen Faktor wird die Richtung eines komplexen Zeigers nicht verändert. Die Effektivwertzeiger $\underline{I}$ und $\underline{U}$ in Bild 3.23 c) haben daher die selbe Richtung und bringen so ebenfalls die *Gleichphasigkeit* der Zeitfunktionen $i(t)$ und $u(t)$ zum Ausdruck.

3.5.1.2 Wirkwiderstand und Wirkleitwert

Aus Gl. (3.155) folgt mit Gl. (3.113) die in Bild 3.24 a) dargestellte *Impedanz* eines Ohmschen Widerstandes

$$\underline{Z}_\mathrm{R} = \frac{\underline{U}}{\underline{I}} = R\,. \qquad (3.157)$$

Wie der Vergleich mit Gl. (3.114) zeigt, besteht dieser komplexe Widerstand nur aus seinem Realteil $R_\mathrm{R} = \mathrm{Re}\,\underline{Z}_\mathrm{R} = R$, dem *Wirkwiderstand* R, während der *Blindwiderstand* $X_\mathrm{R} = \mathrm{Im}\,\underline{Z}_\mathrm{R} = 0$ ist.

Für den *Scheinwiderstand* gilt

$$Z_\mathrm{R} = |\,\underline{Z}_\mathrm{R}\,| = R\,. \qquad (3.158)$$

Das Argument der Impedanz ist der Phasenverschiebungswinkel

$$\varphi_\mathrm{R} = \arg\underline{Z}_\mathrm{R} = \mathrm{Arctan}\,\frac{\mathrm{Im}\,\underline{Z}_\mathrm{R}}{\mathrm{Re}\,\underline{Z}_\mathrm{R}} = \mathrm{Arctan}\,\frac{0}{R} = 0\,. \qquad (3.159)$$

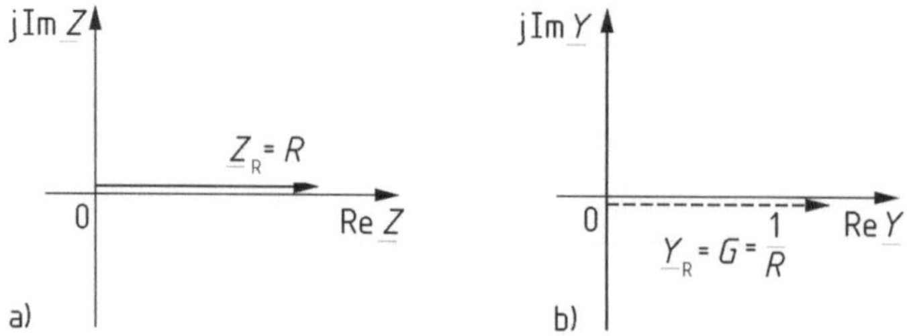

Bild 3.24: a) Impedanzzeigerdiagramm und
b) Admittanzzeigerdiagramm eines Ohmschen Widerstandes

Für die in Bild 3.24 b) dargestellte *Admittanz* eines Ohmschen Widerstandes liefert Gl. (3.156)

$$\underline{Y}_{\mathrm{R}} = \frac{\underline{I}}{\underline{U}} = \frac{1}{R}. \tag{3.160}$$

Wie der Vergleich mit Gl. (3.120) zeigt, ist der *Blindleitwert* $B_{\mathrm{R}} = \mathrm{Im}\,\underline{Y}_{\mathrm{R}} = 0$. Für den *Wirkleitwert* gilt

$$G_{\mathrm{R}} = \mathrm{Re}\,\underline{Y}_{\mathrm{R}} = \frac{1}{R}. \tag{3.161}$$

Für den *Scheinleitwert* folgt

$$Y_{\mathrm{R}} = |\,\underline{Y}_{\mathrm{R}}\,| = \frac{1}{R}. \tag{3.162}$$

also in Übereinstimmung mit Gl. (3.127) der Kehrwert des Scheinwiderstandes Z_{R}. Das Argument der Admittanz ist wie das der Impedanz

$$\varphi_{\mathrm{YR}} = \arg \underline{Y}_{\mathrm{R}} = \mathrm{Arctan}\,\frac{\mathrm{Im}\,\underline{Y}_{\mathrm{R}}}{\mathrm{Re}\,\underline{Y}_{\mathrm{R}}} = \mathrm{Arctan}\,\frac{B_{\mathrm{R}}}{G_{\mathrm{R}}} = \mathrm{Arctan}\,\frac{0}{1/R} = 0\,. \tag{3.163}$$

Der Wirkwiderstand R hat in der Praxis zwar den *gleichen physikalischen Charakter* wie der Gleichstromwiderstand, kann jedoch einen *anderen Wert* als dieser annehmen, wenn z. B. in einem Leiter *Stromverdrängung* (s. Abschnitt 11.19) auftritt oder in dem ihn umgebenden magnetischen bzw. elektrischen Wechselfeld Verluste entstehen.

3.5.1.3 Wirkleistung

Nach Gl. (3.136) und Gl. (3.152) gilt bei einem Ohmschen Widerstand R für die Augenblicksleistung

$$p = u\,i = R\,i^2 = \frac{u^2}{R}. \tag{3.164}$$

Bei sinusförmigem Stromverlauf $i = \hat{i}\sin(\omega t + \varphi_{\mathrm{i}})$ folgt die Augenblicksleistung der in Bild 3.25 b) dargestellten Funktion

$$p = R\,i^2 = R\,\hat{i}^2 \sin^2(\omega t + \varphi_{\mathrm{i}}) = \frac{R\,\hat{i}^2}{2}\,[1 - \cos(2\,(\omega t + \varphi_{\mathrm{i}}))]\,. \tag{3.165}$$

Die hierin vorgenommene Umformung nach der Formel $\sin^2 x = 0{,}5\,[1 - \cos(2\,x)]$ zeigt ebenso wie das Zeitdiagramm in Bild 3.25 b), dass die Augenblicksleistung p mit dem Doppelten der Frequenz f von Strom i und Spannung u um ihren Mittelwert pulsiert. Charakteristisch für den Ohmschen

Widerstand ist die Tatsache, dass die von ihm aufgenommene Augenblicksleistung p zu keinem Zeitpunkt negativ wird. Das bedeutet, dass entsprechend Bild 3.25 a) elektrische Energie immer in Richtung des Zählpfeils von p, also in den Widerstand hinein, fließt und aus diesem nicht wieder zurückgewonnen werden kann. Die Energieumwandlung in einem Wirkwiderstand ist *irreversibel*, d. h. nicht umkehrbar.

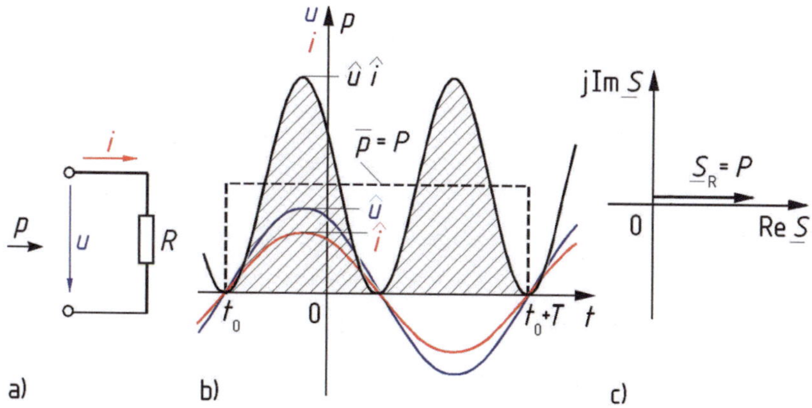

Bild 3.25: a) Ohmscher Widerstand R mit Verbraucher-Zählpfeilsystem, b) Strom i, Spannung u, Augenblicksleistung p im Zeitdiagramm und c) Leistungszeigerdiagramm

Die *Wirkleistung* P ist der arithmetische Mittelwert $\overline{p}$ der Augenblickleistung. Mit Gl. (3.137) und Gl. (3.165) erhält man

$$P = \frac{1}{T} \int\limits_{t_0}^{t_0+T} p \, \mathrm{d}t = \frac{1}{T} \int\limits_{t_0}^{t_0+T} \frac{R\,\hat{i}^2}{2} \left[1 - \cos\left(2\left(\omega t + \varphi_\mathrm{i}\right)\right)\right] \mathrm{d}t\,. \tag{3.166}$$

Zweckmäßigerweise wählt man als Integrationsbeginn t_0 den Zeitpunkt eines Nulldurchgangs des Stromes. Das Resultat der Integration, die während einer Periodendauer T aufgenommene Energie, lässt sich anschaulich als die in Bild 3.25 b) schraffierte Fläche unter der Leistungskurve darstellen.

Wenn man diese Fläche gleichmäßig über die als Strecke dargestellte Integrationsdauer T verteilt, erhält man ein Rechteck, dessen Höhe dem arithmetischen Mittelwert $\overline{p} = P$ entspricht. Nach Auswertung wie in Gl. (3.40) und unter Verwendung von Gl. (3.41) folgt

$$P = \frac{R\,\hat{i}^2}{2} = R\,I^2 = U\,I = G\,U^2. \tag{3.167}$$

Dies ist der gleiche Zusammenhang, wie er in Gl. (2.59) für Gleichstrom gilt. Das rührt daher, dass nach Abschnitt 3.1.7 der Effektivwert so definiert ist, dass ein Wechselstrom mit dem Effektivwert I während jeder Periode einem Ohmschen Widerstand R die gleiche elektrische Energie zuführt wie ein Gleichstrom der Stromstärke I.

In Bild 3.25 c) ist der komplexe Leistungszeiger $\underline{S}_\mathrm{R}$ dargestellt. Wegen $\varphi_\mathrm{R} = 0$ liegt er ebenso wie der Impedanzzeiger $\underline{Z}_\mathrm{R}$ auf der positiven reellen Achse. *Blindleistung* Q tritt an einem Ohmschen Widerstand nicht auf.

3.5.2 Induktivität

Die Eigenschaft einer *Spule* oder *Drossel*, magnetische Feldenergie zu speichern, wird durch ihre Induktivität L beschrieben, die in Gl. (11.53) definiert ist. Betrachtet werden in diesem Abschnitt Zweipole, die durch den Wert ihrer Induktivität L *vollständig* beschrieben und daher auch so bezeichnet werden. Eine Induktivität kann man sich als *ideale Spule* vorstellen, bei der nur der Einfluss des magnetischen Feldes zu berücksichtigen ist, während der Leiterwiderstand und die kapazitiven Wirkungen der Spulenwindungen vernachlässigbar klein sind.

3.5.2.1 Spannung, Strom und Phasenverschiebungswinkel

In Bild 3.26 a) ist das Schaltzeichen für eine Induktivität L dargestellt; Strom- und Spannungszählpfeile sind im Verbraucher-Zählpfeilsystem eingetragen. Hierfür gilt nach Gl. (11.178) der Zusammenhang

$$u = L\,\frac{\mathrm{d}i}{\mathrm{d}t} \tag{3.168}$$

bzw. (in symbolischer Schreibweise)

$$i = \frac{1}{L}\int u\,\mathrm{d}t\,. \tag{3.169}$$

Gl. (3.168) ist eine *lineare Differenzialgleichung* erster Ordnung. Daher sind Induktivitäten *lineare* Zweipole.

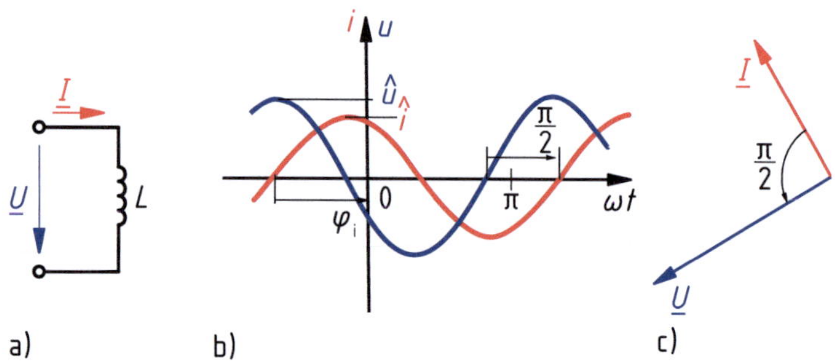

Bild 3.26: a) Strom und Spannung an der Induktivität L im Verbraucher-Zählpfeilsystem, b) zugehöriges Zeitdiagramm und c) (vergrößertes) Effektivwertzeigerdiagramm

Mit Gl. (3.53) folgt bei sinusförmigem Klemmenstrom $i = \hat{i}\sin(\omega t + \varphi_\mathrm{i})$ aus Gl. (3.168) für die Klemmenspannung

$$u = L\,\frac{\mathrm{d}}{\mathrm{d}t}\left[\hat{i}\sin(\omega t + \varphi_\mathrm{i})\right] = \omega L\,\hat{i}\cos(\omega t + \varphi_\mathrm{i}) = \omega L\,\hat{i}\sin\left(\omega t + \varphi_\mathrm{i} + \pi/2\right) \tag{3.170}$$

der in Bild 3.26 b) dargestellte, ebenfalls sinusförmige Verlauf, der gegenüber dem Strom i um den Winkel $\pi/2 \mathrel{\hat{=}} 90°$ voreilt. Die Amplitude der Spannung ist $\omega L\,\hat{i}$.

Zum gleichen Ergebnis kommt man bei Anwendung der komplexen Rechnung, wenn man gemäß Tabelle 3.1 in Gl. (3.168) die Differenziation der Zeitfunktion i durch die Multiplikation des komplexen Stromes $\underline{I}$ mit dem Faktor $\mathrm{j}\omega$ ersetzt. Unter Beibehaltung der Multiplikation mit dem positiven reellen Faktor L ergibt sich die komplexe Spannung

$$\underline{U} = \mathrm{j}\omega L \underline{I}\,. \tag{3.171}$$

Man erhält also die komplexe Klemmenspannung $\underline{U}$, indem man den komplexen Klemmenstrom $\underline{I}$ mit dem Faktor $\mathrm{j}\omega L$ multipliziert. Außer der Multiplikation des Effektivwertes I mit ωL bedeutet dies, wie in Bild 3.26 c) dargestellt, eine Drehung des Zeigers $\omega L \underline{I}$ um den Winkel $\pi/2 \mathrel{\hat{=}} 90°$.

Die Auflösung von Gl. (3.171) nach dem komplexen Strom

$$\underline{I} = \frac{1}{\mathrm{j}\omega L}\underline{U} \tag{3.172}$$

zeigt, dass man den Zeiger $\underline{I}$ erhält, indem man den Zeiger $\underline{U}$ durch den Ausdruck $\mathrm{j}\omega L$ dividiert. Außer der Division des Effektivwertes U durch ωL bedeutet dies in Übereinstimmung mit Bild 3.26 c) eine Drehung des Zeigers $\underline{U}/(\omega L)$ um den Winkel $-\pi/2 \mathrel{\hat{=}} -90°$.

3.5.2.2 Induktiver Blindwiderstand und induktiver Blindleitwert

Dividiert man Gl. (3.171) durch den komplexen Strom $\underline{I}$, erhält man für die Induktivität L die in Bild 3.27 a) dargestellte *Impedanz*

$$\underline{Z}_\mathrm{L} = \frac{\underline{U}}{\underline{I}} = \mathrm{j}\omega L = \omega L\,\mathrm{e}^{\mathrm{j}\,90°} \sim \omega\,. \tag{3.173}$$

Wie der Vergleich mit Gl. (3.114) zeigt, ist der *Wirkwiderstand* $R_\mathrm{L} = \mathrm{Re}\,\underline{Z}_\mathrm{L} = 0$. Für den *induktiven Blindwiderstand* gilt

$$X_\mathrm{L} = \mathrm{Im}\,\underline{Z}_\mathrm{L} = \omega L \sim \omega\,. \tag{3.174}$$

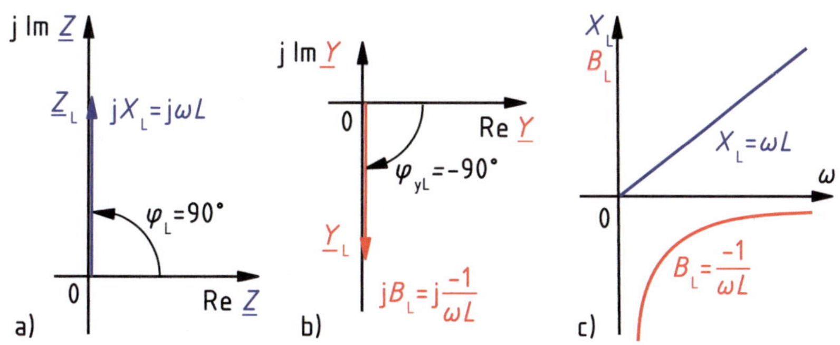

Bild 3.27: a) Impedanz- und b) Admittanzzeigerdiagramm einer Induktivität L sowie c) Frequenzgang des induktiven Blindwiderstandes X_L und des induktiven Blindleitwertes B_L

Für den *Scheinwiderstand* gilt

$$Z_\mathrm{L} = |\,\underline{Z}_\mathrm{L}\,| = \omega L \sim \omega\,. \tag{3.175}$$

Impedanz, Blind- und Scheinwiderstand einer Induktivität steigen proportional mit der Frequenz der Klemmengrößen an. Daher wirkt eine Induktivität für sehr niedrige Frequenzen fast wie ein Kurzschluss und für sehr hohe Frequenzen fast wie eine Unterbrechung.

Das Argument der Impedanz ist der Phasenverschiebungswinkel

$$\varphi_{\mathrm{L}} = \arg \underline{Z}_{\mathrm{L}} = \operatorname{Arctan} \frac{\operatorname{Im} \underline{Z}_{\mathrm{L}}}{\operatorname{Re} \underline{Z}_{\mathrm{L}}} = \operatorname{Arctan} \frac{X_{\mathrm{L}}}{R_{\mathrm{L}}} = \operatorname{Arctan} \frac{\omega L}{0} = 90°. \tag{3.176}$$

An Induktivitäten eilt der Strom also der Spannung um 90° nach.

Merksatz: „*An Induktivitäten Ströme sich verspäten.*“

Dividiert man Gl. (3.172) durch die komplexe Spannung $\underline{U}$, erhält man für die Induktivität L unter Berücksichtigung von Gl. (3.90) die in Bild 3.27 b) dargestellte *Admittanz*

$$\underline{Y}_{\mathrm{L}} = \frac{\underline{I}}{\underline{U}} = \frac{1}{\mathrm{j}\omega L} = \mathrm{j}\,\frac{-1}{\omega L} = \frac{1}{\omega L}\,\mathrm{e}^{-\mathrm{j}\,90°} \sim \frac{1}{\omega}. \tag{3.177}$$

Wie der Vergleich mit Gl. (3.120) zeigt, ist der *Wirkleitwert* $G_{\mathrm{L}} = \operatorname{Re} \underline{Y}_{\mathrm{L}} = 0$. Für den *induktiven Blindleitwert* gilt

$$B_{\mathrm{L}} = \operatorname{Im} \underline{Y}_{\mathrm{L}} = -\frac{1}{\omega L} \sim \frac{1}{\omega}; \tag{3.178}$$

das ist der *negative* Kehrwert des Blindwiderstandes in Gl. (3.174).

Der *Scheinleitwert* ist

$$Y_{\mathrm{L}} = \frac{1}{\omega L} \sim \frac{1}{\omega}, \tag{3.179}$$

also in Übereinstimmung mit Gl. (3.127) der Kehrwert des Scheinwiderstandes Z_{L}.

Das Argument der Admittanz ist

$$\varphi_{\mathrm{YL}} = \arg \underline{Y}_{\mathrm{L}} = \operatorname{Arctan} \frac{\operatorname{Im} \underline{Y}_{\mathrm{L}}}{\operatorname{Re} \underline{Y}_{\mathrm{L}}} = \operatorname{Arctan} \frac{B_{\mathrm{L}}}{G_{\mathrm{L}}} = \operatorname{Arctan} \frac{-1/(\omega L)}{0} = -90° \tag{3.180}$$

und damit, wie in Gl. (3.128) allgemein formuliert, das Negative des Phasenverschiebungswinkels φ_{L} aus Gl. (3.176).

Wie die oben aufgeführten Gleichungen zeigen, hängen bei einer konstanten Induktivität L alle Betriebsparameter außer dem Phasenverschiebungswinkel von der Kreisfrequenz ω ab. Das bedeutet aber *nicht*, dass die Induktivität L selbst frequenzabhängig oder nichtlinear ist!

In Bild 3.27 c) sind die Verläufe des induktiven Blindwiderstandes und des induktiven Blindleitwertes über der Frequenz aufgetragen. Solche Darstellungen als Funktion der Frequenz nennt man *Frequenzgang*.

Beispiel 3.4: Induktivitätsberechnung aus den Klemmengrößen

An einer Spule mit vernachlässigbar kleinem Wirkwiderstand R liegt eine Sinusspannung mit $U = 125\,\mathrm{V}$ und $f = 40\,\mathrm{Hz}$. Es fließt ein Strom mit $I = 10\,\mathrm{A}$.

Welche Induktivität L hat die Spule?

Mit Gl. (3.113) und (3.174) ergibt sich

$$Z_{\mathrm{L}} = \frac{U}{I} = \omega L.$$

Hieraus folgt für die Induktivität

$$L = \frac{U}{\omega I} = \frac{U}{2\pi f I} = \frac{125\,\mathrm{V}}{2\pi \cdot 40\,\mathrm{s}^{-1} \cdot 10\,\mathrm{A}} \approx 49{,}7\,\mathrm{mH}\,.$$

Man kann also durch Messung von Spannung, Strom und Frequenz die Induktivität L bestimmen, sofern der Wirkwiderstand R gegenüber dem Blindwiderstand X_L vernachlässigbar klein ist.

Beispiel 3.5: Frequenzabhängigkeit eines induktiven Blindwiderstandes

Haushaltsgeräte mit Stromwendermotoren können Funkstörungen verursachen, da das Bürstenfeuer am Stromwender eine Quelle hochfrequenter Störspannungen ist. Eine in die Netzzuleitung des Motors geschaltete Entstörspule weist für die Netzfrequenz einen geringen Blindwiderstand, für hochfrequente Störungen aber einen großen Blindwiderstand auf, wodurch das Eindringen der Störungen in das Netz behindert wird.

Welchen Blindwiderstand weist z. B. die Induktivität $L = 0{,}2\,\mathrm{mH}$ für die Netzfrequenz $f_\mathrm{N} = 50\,\mathrm{Hz}$ und die Mittelwellenfrequenz $f_\mathrm{M} = 1\,\mathrm{MHz}$ auf?

Bei Netzfrequenz erhält man nach Gl. (3.174) den Blindwiderstand

$$X_{L\mathrm{N}} = \omega_\mathrm{N} L = 2\pi f_\mathrm{N}\, L = 2\pi \cdot 50\,\mathrm{Hz} \cdot 0{,}2\,\mathrm{mH} \approx 0{,}063\,\Omega\,.$$

Mit $f_\mathrm{M}/f_\mathrm{N} = 1\,\mathrm{MHz}/50\,\mathrm{Hz} = 20.000$ wächst dieser Blindwiderstand für die Mittelwellenfrequenz auf

$$X_{L\mathrm{M}} = \frac{f_\mathrm{M}}{f_\mathrm{N}}\, X_{L\mathrm{N}} \approx 20.000 \cdot 0{,}063\,\Omega = 1260\,\Omega\,.$$

3.5.2.3 Induktive Blindleistung

Nach Gl. (3.136) und Gl. (3.168) gilt für die in einer Induktivität umgesetzte Augenblicksleistung

$$p = i\,u = i\,L\,\frac{\mathrm{d}i}{\mathrm{d}t}\,. \tag{3.181}$$

Bei sinusförmigem Stromverlauf $i = \hat{i}\,\sin(\omega t + \varphi_\mathrm{i})$ folgt die Augenblicksleistung der in Bild 3.28 b) dargestellten Funktion

$$p = \omega L\,\hat{i}^2 \cos(\omega t + \varphi_\mathrm{i})\,\sin(\omega t + \varphi_\mathrm{i}) = \frac{1}{2}\,\omega L\,\hat{i}^2\,\sin[2\,(\omega t + \varphi_\mathrm{i})]\,. \tag{3.182}$$

Die hierin vorgenommene Umformung nach der Formel $\cos x \sin x = 0{,}5\sin(2x)$ zeigt ebenso wie das Zeitdiagramm in Bild 3.28 b), dass die Frequenz der Augenblicksleistung p doppelt so groß ist wie die Frequenz f von Strom i und Spannung u.

Charakteristisch für jeden Blindwiderstand ist die Tatsache, dass der arithmetische Mittelwert der in ihm umgesetzten Augenblicksleistung $\overline{p} = 0$ ist.

Während der Viertelperioden, in denen (bei Anwendung des Verbraucher-Zählpfeilsystems gemäß Bild 3.28 a) Spannung u und Strom i das selbe Vorzeichen haben, nimmt die Induktivität L (in Richtung des Zählpfeils von p) Energie auf, wirkt also als *Verbraucher*. In dieser Zeit sinkt der Betrag der Spannung von $\hat{u}$ auf null ab; der Betrag des Stromes steigt von null auf $\hat{i}$ an, sodass am

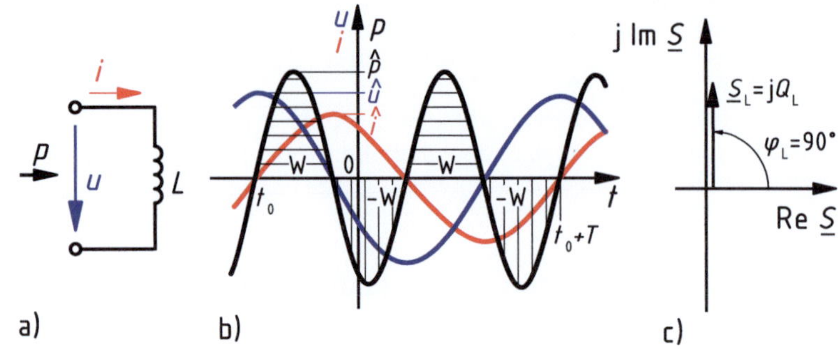

Bild 3.28: a) Induktivität L mit Verbraucher-Zählpfeilsystem, b) Strom i, Spannung u und Augenblicksleistung p im Zeitdiagramm und c) Leistungszeigerdiagramm

Ende einer solchen Viertelperiode nach Gl. (11.131) in der Induktivität L die Energie $W = 0{,}5\,L\,\hat{\imath}^2$ gespeichert ist. Diese Energie entspricht einer der waagerecht schraffierten Flächen in Bild 3.28 b).

Während der jeweils folgenden Viertelperiode gibt die Induktivität L bei betragsmäßig steigender Spannung u, aber sinkendem Strom i die gespeicherte Energie W (entsprechend einer der senkrecht schraffierten Flächen in Bild 3.28 b) vollständig wieder ab, wirkt also als *Erzeuger*.

Die während einer Periode insgesamt in der Induktivität umgesetzte Energie ist somit null. An einer Induktivität tritt also keine Wirkleistung P auf.

Analog zu Gl. (3.167) wird die *induktive Blindleistung*

$$Q_\mathrm{L} = \frac{1}{2}\,\omega L\,\hat{\imath}^2 = \omega L\,I^2 = X_\mathrm{L}\,I^2 \tag{3.183}$$

eingeführt, die mit dem Scheitelwert $\hat{p}$ der Augenblicksleistung nach Gl. (3.182) identisch ist.

Um Verwechslungen von Wirk- und Blindleistung zu vermeiden, ist für die Blindleistung Q die gesetzliche Einheit

$$[Q] = 1\,\mathrm{var} \tag{3.184}$$

zu verwenden (s. Tabelle 1.2). Der Einheitenname Var ist aus „Volt-Ampere-reaktiv“ (reaktiv, weil an Reaktanzen auftretend) hervorgegangen. Keinesfalls darf für die Blindleistung die Einheit Watt verwendet werden.

In Bild 3.28 c) ist der komplexe Leistungszeiger $\underline{S}_\mathrm{L}$ dargestellt. Da $P = 0$ ist und nach Gl. (3.183) $Q_\mathrm{L} > 0$ gilt, liegt er ebenso wie der Impedanzzeiger $\underline{Z}_\mathrm{L}$ auf der positiven imaginären Achse.

3.5.3 Kapazität

Die Eigenschaft eines *Kondensators* als Speicher für die Energie des elektrischen Feldes wird durch seine Kapazität C beschrieben, wie sie in Gl. (10.49) definiert ist. Gegenstand der folgenden Betrachtungen ist diese Kapazität C, die man sich als einen *idealen Kondensator* vorstellen kann, bei dem nur der Einfluss des elektrischen Feldes zu berücksichtigen ist, während Leitungs- und dielektrische Verluste sowie die Wirkungen des magnetischen Feldes vernachlässigbar klein sind.

3.5.3.1 Spannung, Strom und Phasenverschiebungswinkel

In Bild 3.29 a) ist das Schaltzeichen für eine Kapazität C dargestellt; Strom- und Spannungszählpfeile sind im Verbraucher-Zählpfeilsystem eingetragen.

Hierfür gilt nach Gl. (10.60) der Zusammenhang

$$i = C\,\frac{\mathrm{d}u}{\mathrm{d}t} \tag{3.185}$$

bzw. (in symbolischer Schreibweise)

$$u = \frac{1}{C}\int i\,\mathrm{d}t\,. \tag{3.186}$$

Gl. (3.185) ist eine *lineare Differenzialgleichung* erster Ordnung. Daher sind Kapazitäten *lineare* Zweipole.

Mit Gl. (3.53) folgt bei sinusförmiger Klemmenspannung $u = \hat{u}\,\sin(\omega t + \varphi_\mathrm{u})$ aus Gl. (3.185) für den Klemmenstrom

$$i = C\,\frac{\mathrm{d}}{\mathrm{d}t}[\hat{u}\,\sin(\omega t + \varphi_\mathrm{u})] = \omega C\,\hat{u}\,\cos(\omega t + \varphi_\mathrm{u}) = \omega C\,\hat{u}\,\sin(\omega t + \varphi_\mathrm{u} + \pi/2) \tag{3.187}$$

der in Bild 3.29 b) dargestellte, ebenfalls sinusförmige Verlauf, der gegenüber der Spannung u um den Winkel $\pi/2 \mathrel{\hat{=}} 90°$ voreilt. Die Amplitude des Stromes ist $\omega C\,\hat{u}$.

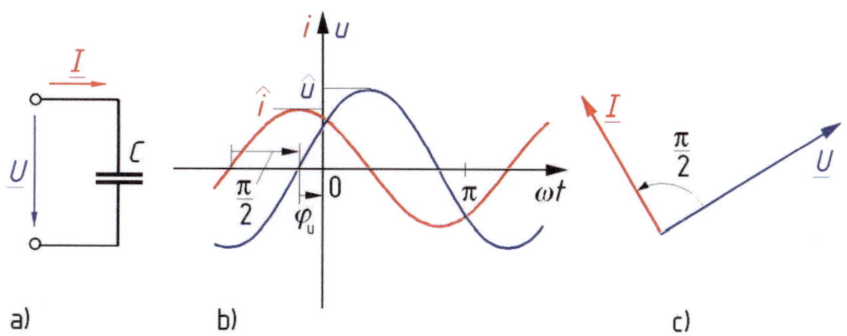

Bild 3.29: a) Spannung und Strom an der Kapazität C im Verbraucher-Zählpfeilsystem, b) zugehöriges Zeitdiagramm und c) (vergrößertes) Effektivwertzeigerdiagramm

Zu dem gleichen Ergebnis kommt man bei Anwendung der komplexen Rechnung, wenn man gemäß Tabelle 3.1 in Gl. (3.185) die Differenziation der Zeitfunktion u durch die Multiplikation der komplexen Spannung $\underline{U}$ mit dem Faktor $\mathrm{j}\omega$ ersetzt. Unter Beibehaltung der Multiplikation mit dem positiven reellen Faktor C ergibt sich der komplexe Strom

$$\underline{I} = \mathrm{j}\omega\,C\,\underline{U}\,. \tag{3.188}$$

Man erhält also den Zeiger $\underline{I}$, indem man den Zeiger $\underline{U}$ mit dem Faktor $\mathrm{j}\omega C$ multipliziert. Außer der Multiplikation des Effektivwertes U mit ωC bedeutet dies, wie in Bild 3.29 c) dargestellt, eine Drehung des Zeigers $\omega C\,\underline{U}$ um $\pi/2 \mathrel{\hat{=}} 90°$. Die Auflösung von Gl. (3.188) nach der komplexen Spannung

$$\underline{U} = \frac{1}{\mathrm{j}\omega C}\underline{I} \tag{3.189}$$

zeigt, dass man den Zeiger $\underline{U}$ erhält, indem man den Zeiger $\underline{I}$ durch den Ausdruck $\mathrm{j}\omega C$ dividiert. Außer der Division des Effektivwertes I durch ωC bedeutet dies (s. Bild 3.29 c)) eine Drehung des Zeigers $\underline{I}/(\omega C)$ um den Winkel $-\pi/2 \mathrel{\hat{=}} -90°$.

Die Phasenverschiebungswinkel φ eines Zweipols gibt die Phasenverschiebung der Klemmenspannung *gegenüber dem Klemmenstrom* an. Der Klemmenstrom ist also immer die Bezugsgröße. Daher wird in der komplexen Ebene φ vom Stromzeiger $\underline{I}$ zum Spannungszeiger $\underline{U}$ und im Zeitdiagramm vom Nulldurchgang der Klemmensspannung u zum Nulldurchgang des Klemmenstromes i eingetragen (s. Bild 3.10). Die in Bild 3.29 b) und c) eingetragenen Winkel $\pi/2$ bezeichnen jedoch die in der Rechnung auftretende Phasenverschiebung des Stromes *gegenüber der Spannung*. Die Phasenverschiebung einer Kapazität ist daher $-\pi/2 \mathrel{\hat{=}} -90°$.

3.5.3.2 Kapazitiver Blindwiderstand und Blindleitwert

Dividiert man Gl. (3.189) durch den komplexen Strom $\underline{I}$, erhält man für die Kapazität C unter Berücksichtigung von Gl. (3.90) die in Bild 3.30 a) dargestellte *Impedanz*

$$\underline{Z}_{\mathrm{C}} = \frac{\underline{U}}{\underline{I}} = \frac{1}{\mathrm{j}\omega C} = \mathrm{j}\,\frac{-1}{\omega C} = \frac{1}{\omega C}\,\mathrm{e}^{-\mathrm{j}\,90°} \sim \frac{1}{\omega}\,. \tag{3.190}$$

Wie der Vergleich mit Gl. (3.114) zeigt, ist der *Wirkwiderstand* $R_{\mathrm{C}} = \operatorname{Re}\underline{Z}_{\mathrm{C}} = 0$.

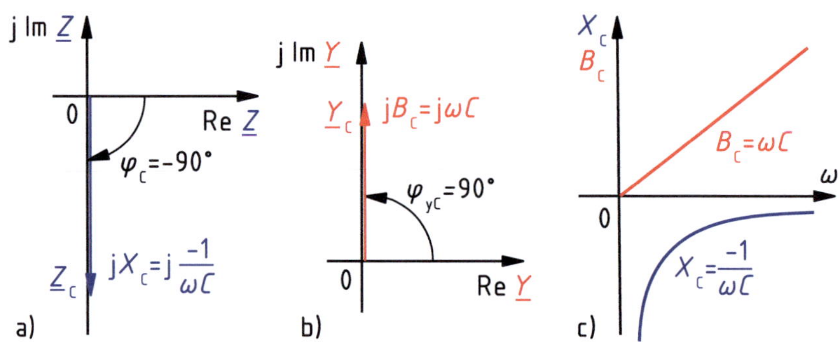

Bild 3.30: a) Impedanz- und b) Admittanzzeigerdiagramm einer Kapazität C sowie c) Frequenzgang des kapazitiven Blindwiderstandes X_{C} und des kapazitiven Blindleitwertes B_{C}

Für den *kapazitiven Blindwiderstand* gilt[4]

$$X_{\mathrm{C}} = \operatorname{Im}\underline{Z}_{\mathrm{C}} = -\frac{1}{\omega C} \sim \frac{1}{\omega}\,. \tag{3.191}$$

[4] Bedauerlicherweise wird der kapazitive Blindwiderstand auch heute noch in den meisten Schulbüchern falsch angegeben als $X_{\mathrm{C}} = 1/(\omega C)$, obwohl er seit Jahrzehnten auch in der DIN anders definiert ist.

Der *Scheinwiderstand* ist

$$Z_{\mathrm{C}} = |\underline{Z}_{\mathrm{C}}| = \frac{1}{\omega C} \sim \frac{1}{\omega}. \tag{3.192}$$

Das Argument der Impedanz ist der Phasenverschiebungswinkel

$$\varphi_{\mathrm{C}} = \arg \underline{Z}_{\mathrm{C}} = \operatorname{Arctan} \frac{\operatorname{Im} \underline{Z}_{\mathrm{C}}}{\operatorname{Re} \underline{Z}_{\mathrm{C}}} = \operatorname{Arctan} \frac{X_{\mathrm{C}}}{R_{\mathrm{C}}} = \operatorname{Arctan} \frac{-\frac{1}{\omega C}}{0} = -90°. \tag{3.193}$$

An Kapazitäten eilt der Strom also der Spannung um 90° vor.

Merksatz: „*Am Kondensator eilt der Strom vor.*“

Dividiert man Gl. (3.188) durch die komplexe Spannung $\underline{U}$, erhält man für die Kapazität C die in Bild 3.30 b) dargestellte *Admittanz*

$$\underline{Y}_{\mathrm{C}} = \frac{\underline{I}}{\underline{U}} = \mathrm{j}\omega C = \omega C \, \mathrm{e}^{\mathrm{j}\,90°} \sim \omega. \tag{3.194}$$

Wie der Vergleich mit Gl. (3.120) zeigt, ist der *Wirkleitwert* $G_{\mathrm{C}} = \operatorname{Re} \underline{Y}_{\mathrm{C}} = 0$. Der *kapazitive Blindleitwert* ist

$$B_{\mathrm{C}} = \operatorname{Im} \underline{Y}_{\mathrm{C}} = \omega C \sim \omega, \tag{3.195}$$

also der *negative* Kehrwert des Blindwiderstandes in Gl. (3.191).

Für den *Scheinleitwert* folgt

$$Y_{\mathrm{C}} = |\underline{Y}_{\mathrm{C}}| = \omega C \sim \omega, \tag{3.196}$$

also in Übereinstimmung mit Gl. (3.127) der Kehrwert des Scheinwiderstandes Z_{C}.

Das Argument der Admittanz ist

$$\varphi_{\mathrm{YC}} = \arg \underline{Y}_{\mathrm{C}} = \operatorname{Arctan} \frac{\operatorname{Im} \underline{Y}_{\mathrm{C}}}{\operatorname{Re} \underline{Y}_{\mathrm{C}}} = \operatorname{Arctan} \frac{B_{\mathrm{C}}}{G_{\mathrm{C}}} = \operatorname{Arctan} \frac{\omega C}{0} = 90° \tag{3.197}$$

und damit, wie in Gl. (3.128) allgemein formuliert, das Negative des Phasenverschiebungswinkels φ_{C} aus Gl. (3.193).

Kapazitiver Blindwiderstand X_{C} und kapazitiver Blindleitwert B_{C} hängen nach den Gln. (3.191) und (3.195) von der Kreisfrequenz ω ab. Beide Frequenzgänge sind in Bild 3.30 c) dargestellt.

Beispiel 3.6: Frequenzabhängigkeit des Einflusses einer parasitären Kapazität

Die in der Nachrichten- und Informationstechnik gebräuchlichen hohen Frequenzen erfordern meist eine Berücksichtigung der verhältnismäßig kleinen, durch die Geometrie der Leitungen und Bauelemente einer Schaltung bedingten parasitären Kapazitäten C, die niederohmige Blindwiderstände X_{C} zwischen zwei Schaltungsknoten darstellen.

In einer Schaltung wird bei der Frequenz $f = 1\,\mathrm{MHz}$ und der Spannung $U = 600\,\mathrm{mV}$ durch eine solche Kapazität C ein Strom $I = 0{,}3\,\mathrm{mA}$ verursacht.

a) Wie groß sind Blindleitwert B_{C} und parasitäre Kapazität C?

Aus den Gln. (3.195) und (3.196) folgt

$$B_{\mathrm{C}} = Y_{\mathrm{C}} = \omega C = \frac{I}{U} = \frac{0{,}3\,\mathrm{mA}}{600\,\mathrm{mV}} = 0{,}5\,\mathrm{mS}\,.$$

Hieraus folgt für die Kapazität

$$C = \frac{B_{\mathrm{C}}}{\omega} = \frac{B_{\mathrm{C}}}{2\pi f} = \frac{0{,}5\,\mathrm{mS}}{2\pi \cdot 1\,\mathrm{MHz}} \approx 80\,\mathrm{pF}\,.$$

b) Wie groß ist bei gleichbleibender Spannung U der Strom I', wenn die Frequenz auf $f' = 20\,\mathrm{MHz}$ erhöht wird?

Blindleitwert und Strom wachsen nach Gl. (3.196) proportional mit der Frequenz. Man erhält

$$I' = \frac{f'}{f}\,I = \frac{20\,\mathrm{MHz}}{1\,\mathrm{MHz}} \cdot 0{,}3\,\mathrm{mA} = 6\,\mathrm{mA}\,.$$

3.5.3.3 Kapazitive Blindleistung

Nach Gl. (3.136) und Gl. (3.185) gilt für die in einer Kapazität umgesetzte Augenblicksleistung

$$p = u\,i = u\,C\,\frac{\mathrm{d}u}{\mathrm{d}t}\,. \tag{3.198}$$

Bei sinusförmigem Spannungsverlauf $u = \hat{u}\,\sin(\omega t + \varphi_{\mathrm{u}})$ folgt die Augenblicksleistung der in Bild 3.31 b) dargestellten Funktion

$$p = \omega C\,\hat{u}^2 \cos(\omega t + \varphi_{\mathrm{u}})\,\sin(\omega t + \varphi_{\mathrm{u}}) = \frac{1}{2}\,\omega C\,\hat{u}^2\,\sin[2\,(\omega t + \varphi_{\mathrm{u}})]\,. \tag{3.199}$$

Die hierin vorgenommene Umformung nach der Formel $\cos x \sin x = 0{,}5 \sin(2x)$ zeigt ebenso wie das Zeitdiagramm in Bild 3.31 b), dass die Frequenz der Augenblicksleistung p doppelt so groß ist wie die Frequenz f von Spannung u und Strom i. Charakteristisch für einen Blindwiderstand ist die Tatsache, dass der arithmetische Mittelwert der Augenblicksleistung $\overline{p} = 0$ ist.

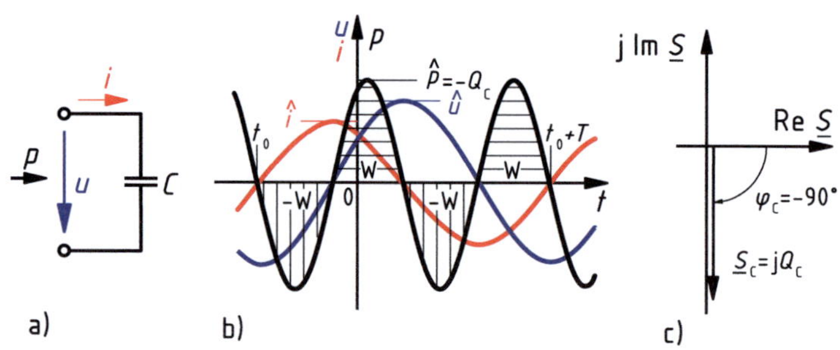

Bild 3.31: a) Kapazität C mit Verbraucher-Zählpfeilsystem, b) Strom i, Spannung u und Augenblicksleistung p im Zeitdiagramm und c) Leistungszeigerdiagramm

Während der Viertelperioden, in denen (bei Anwendung des Verbraucher-Zählpfeilsystems nach Bild 3.31 a)) Strom i und Spannung u das selbe Vorzeichen haben, nimmt die Kapazität C (in Richtung des Zählpfeils von p) Energie auf, wirkt also als *Verbraucher*. In dieser Zeit sinkt der Betrag des Stromes von $\hat{\imath}$ auf null ab. Der Betrag der Spannung steigt von null auf $\hat{u}$ an, sodass am Ende einer solchen Viertelperiode nach Gl. (10.118) in der Kapazität C die Energie $W = 0{,}5\, C\, \hat{u}^2$ gespeichert ist. Diese Energie entspricht einer der waagerecht schraffierten Flächen in Bild 3.31 b).

Während der jeweils folgenden Viertelperiode gibt die Kapazität C bei betragsmäßig steigendem Strom i, aber sinkender Spannung u die gespeicherte Energie W (entsprechend einer der senkrecht schraffierten Flächen in Bild 3.31 b) vollständig wieder ab, wirkt also als *Erzeuger*.

Die während einer Periode insgesamt in der Kapazität umgesetzte Energie ist somit null. An einer Kapazität tritt also keine Wirkleistung P auf.

Wie in Gl. (3.183) für die Induktivität wird auch für die Kapazität eine *kapazitive Blindleistung*

$$Q_\mathrm{C} = -\frac{1}{\omega C}\, I^2 = X_\mathrm{C}\, I^2 \tag{3.200}$$

eingeführt. Wie der Vergleich mit Gl. (3.199) zeigt, ist sie das Negative des Scheitelwertes $\hat{p}$ der Augenblicksleistung

$$-\hat{p} = -\frac{\omega C\, \hat{u}^2}{2} = -\omega C\, U^2 = -\omega C \left(\frac{I}{\omega C}\right)^2 = -\frac{1}{\omega C}\, I^2 = X_\mathrm{C}\, I^2 = Q_\mathrm{C}\,. \tag{3.201}$$

Für die Einheit Var der Blindleistung gelten die Erläuterungen zu Gl. (3.184).

Bild 3.31 c) zeigt den komplexen Leistungszeiger $\underline{S}_\mathrm{C}$ einer Kapazität C. Da $P = 0$ und $Q_\mathrm{C} < 0$ ist, liegt er ebenso wie der Impedanzzeiger $\underline{Z}_\mathrm{C}$ auf der negativen imaginären Achse.

3.5.4 Gegenüberstellung der idealen passiven Zweipole

In den Abschnitten 3.5.1 bis 3.5.3 wird gezeigt, dass Ohmsche Widerstände R, Induktivitäten L und Kapazitäten C, an deren Klemmen jeweils eine Sinusspannung $u = \hat{u}\sin(\omega t + \varphi_\mathrm{u})$ anliegt, von einem Sinusstrom $i = \hat{\imath}\sin(\omega t + \varphi_\mathrm{i})$ durchflossen werden. Dies gilt allerdings nur unter der Voraussetzung, dass die Zweipole *linear* und *zeitinvariant* sind. Nichtlineare Wechselstromkreise werden in Abschnitt 7.2 behandelt.

Da Strom und Spannung sinusförmig sind, können beide Größen nach Abschnitt 3.3.4.2 als Effektivwertzeiger $\underline{I}$ bzw. $\underline{U}$ dargestellt werden. In Tabelle 3.2 werden diese Effektivwertzeigerdiagramme sowie die Zeigerdiagramme für Impedanz $\underline{Z}$, Admittanz $\underline{Y}$ und komplexe Leistung $\underline{S}$ der drei passiven Grundzweipole einander gegenübergestellt.

Beim Widerstand R haben die Effektivwertzeiger $\underline{I}$ und $\underline{U}$ die selbe Richtung und beschreiben so die Gleichphasigkeit von Strom und Spannung; der Phasenverschiebungswinkel ist $\varphi = 0$. Bei der Induktivität L und der Kapazität C stehen die Zeiger $\underline{I}$ und $\underline{U}$ senkrecht aufeinander. Im Fall der Induktivität eilt die Spannung dem Strom um 90° voraus; bei der Kapazität eilt die Spannung dem Strom um 90° nach. Da der Phasenverschiebungswinkel φ stets vom Stromzeiger $\underline{I}$ zum Spannungszeiger $\underline{U}$ zu messen ist, erhält man für die Induktivität $\varphi = 90°$ und für die Kapazität $\varphi = -90°$.

Die Kapazität C ist der *duale Zweipol* zur Induktivität L (s. Tabelle 3.2). Dies zeigt sich z. B. in Bezug auf die Blindleistung Q: Wenn man eine Kapazität C in Reihe mit einer Induktivität L vom selben Sinusstrom i durchfließen lässt oder wenn man eine Kapazität C parallel zu einer Induktivität L an die selbe Sinusspannung u legt, ergibt der Vergleich der Bilder 3.28 b) und 3.31 b), dass die Kapazität C immer dann Energie aufnimmt, wenn die Induktivität L Energie abgibt, und umgekehrt. Die *Gegenphasigkeit* der Augenblicksleistungen an Induktivität und Kapazität wird durch die unterschiedlichen Vorzeichen der Blindleistungen Q_L und Q_C ausgedrückt.

Tabelle 3.2: Verhalten der idealen passiven Grundzweipole in Sinusstrom-Netzwerken

Schaltzeichen	Zusammenhang zwischen Strom und Spannung: Zeitfunktionen, komplexe Größen	Zusammenhang zwischen Strom und Spannung: Effektivwert-Zeigerdiagramme	Komplexer Widerstand und Leitwert: komplexe Größen, Phasenwinkel	Komplexer Widerstand und Leitwert: Zeigerdiagramme	Komplexe Leistung: Wirkleistung, Blindleistung, Leistungsfaktor	Komplexe Leistung: Zeigerdiagramme
Widerstand 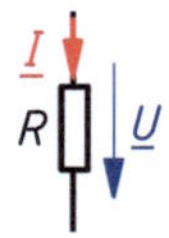	$u = R\,i$ $i = \frac{1}{R}u$ $\underline{U} = R \cdot \underline{I}$ $\underline{I} = \frac{1}{R} \cdot \underline{U}$		$\underline{Z} = R$ $\underline{Y} = \frac{1}{R}$ $\varphi = 0°$	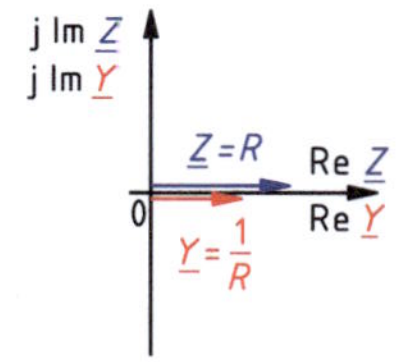	$P = R\,I^2$ $= \frac{1}{R}U^2$ $Q = 0$ $\cos\varphi = 1$	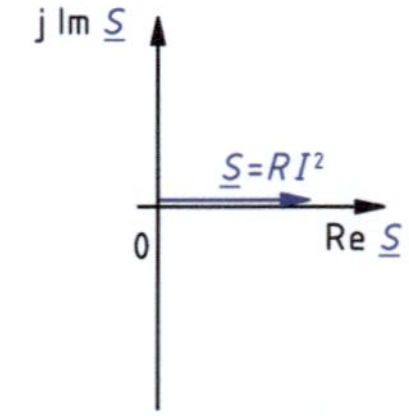
Induktivität 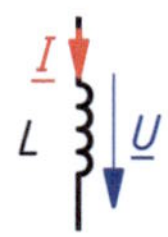	$u = L\,\frac{\mathrm{d}i}{\mathrm{d}t}$ $i = \frac{1}{L}\int u\,\mathrm{d}t$ $\underline{U} = \mathrm{j}\omega L \cdot \underline{I}$ $\underline{I} = \frac{1}{\mathrm{j}\omega L} \cdot \underline{U}$	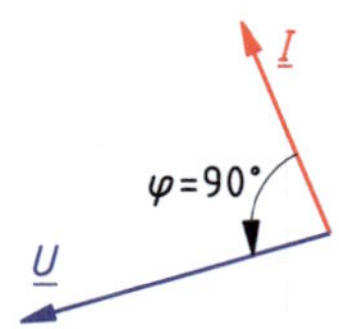	$\underline{Z} = \mathrm{j}\omega L$ $\underline{Y} = \frac{1}{\mathrm{j}\omega L}$ $= \mathrm{j}\,\frac{-1}{\omega L}$ $\varphi = 90°$	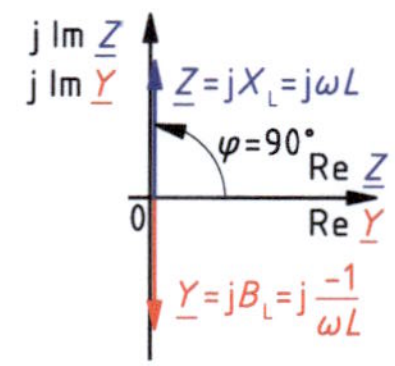	$P = 0$ $Q = \omega L\,I^2$ $= \frac{1}{\omega L}U^2$ $\cos\varphi = 0$	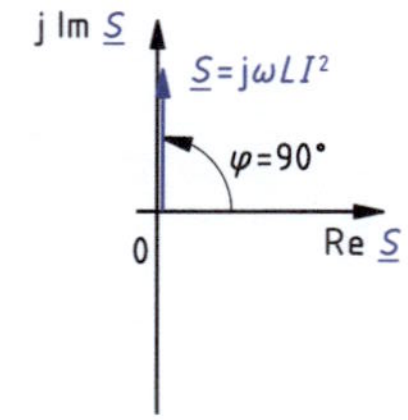
Kapazität 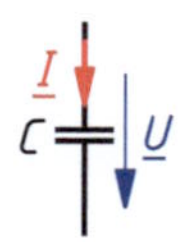	$u = \frac{1}{C}\int i\,\mathrm{d}t$ $i = C\,\frac{\mathrm{d}u}{\mathrm{d}t}$ $\underline{U} = \frac{1}{\mathrm{j}\omega C} \cdot \underline{I}$ $\underline{I} = \mathrm{j}\omega C \cdot \underline{U}$	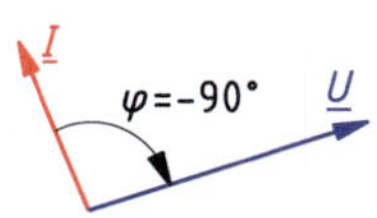	$\underline{Z} = \frac{1}{\mathrm{j}\omega C}$ $= \mathrm{j}\,\frac{-1}{\omega C}$ $\underline{Y} = \mathrm{j}\omega C$ $\varphi = -90°$	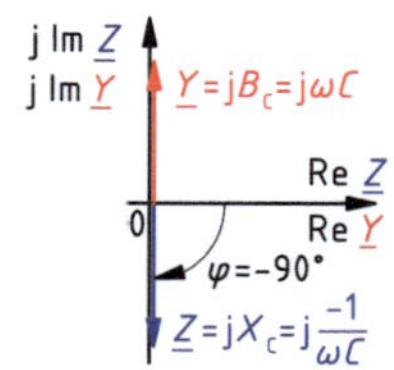	$P = 0$ $Q = -\frac{1}{\omega C}I^2$ $= -\omega C\,U^2$ $\cos\varphi = 0$	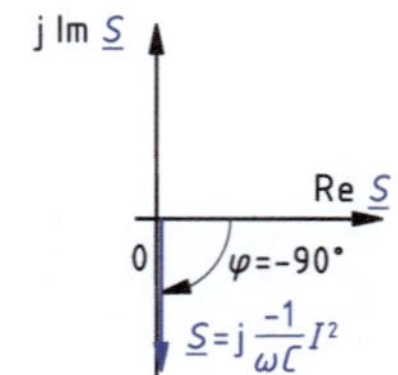

3.6 Kirchhoffsche Gesetze

Die Kirchhoffschen Gesetze sind Spezialfälle von allgemeiner gültigen Gesetzen (Kontinuitätsgleichung, Induktionsgesetz). Zur Analyse von Gleichstromnetzwerken, in denen alle Ströme und Spannungen zeitlich konstant sind, dürfen sie uneingeschränkt eingesetzt werden.

Zeitlich veränderliche Ströme und Spannungen in einer Schaltung führen dazu, dass der Raum, in dem sich die Schaltung befindet, von einem *zeitvarianten* magnetischen und elektrischen Feld erfüllt ist. In diesem Fall sind die Kirchoffschen Gesetze *nicht* mehr gültig.

Sofern aber die *Wirkungen*, die dieses elektromagnetische Feld auf die einzelnen Teile der Schaltung ausübt, durch eine *Ersatzschaltung* aus konzentrierten Elementen *mit idealisierten Eigenschaften* hinreichend genau *nachgebildet* werden, dürfen zur Analyse dieses *Modells* wieder die Kirchhoffschen Gesetze verwendet werden.

Die nachfolgend dargestellten Schaltbilder sind daher als *Ersatzschaltbilder* aufzufassen, die das Ergebnis eines solchen Modellierungsprozesses sind. Sie enthalten die in Abschnitt 3.5 behandelten Grundzweipole.

3.6.1 Knotensatz

Wenn man die elektrische Stromdichte $\vec{J}$ über die Oberfläche (A) eines *abgeschlossenen* Volumens integriert, erhält man den durch diese Hüllfläche *austretenden* Strom

$$i(t) = \oiint_{(A)} \vec{J}\,\mathrm{d}\vec{A} = -\frac{\mathrm{d}}{\mathrm{d}t}\,Q(t)\,, \tag{3.202}$$

der nach der *Kontinuitätsgleichung* Gl. (12.10) gleich der zeitlichen *Abnahme* der in dem Volumen gespeicherten Ladung Q sein muss.

Für Gleichströme, also $i(t) = I = \text{const.}$ gilt, da alle Ableitungen nach der Zeit null werden,

$$I = \oiint_{(A)} \vec{J}\,\mathrm{d}\vec{A} = 0\,. \tag{3.203}$$

Anderenfalls müsste nach Gl. (3.202) die Ladung im Volumen zeitlich *linear* ab- bzw. zunehmen, was nicht möglich ist, da sich im Volumen nur eine endliche Ladungsmenge befinden kann.

Für Gleichstrom führt Gl. (3.203) unmittelbar auf den Knotensatz Gl. (2.79), demzufolge die Summe der aus einem abgeschlossenen Volumen (z. B. einem Schaltungsknoten) herausfließenden Gleichströme (hineinfließende werden negativ gezählt) null ist.

Bei *zeitvarianten* Vorgängen ist es möglich, dass die Summe der aus einem Volumen austretenden Ströme *zeitweilig* von null verschiedene, positive oder negative Werte annimmt. Dies ist nach Gl. (3.202) gleichbedeutend mit einer *zeitweiligen* Ab- oder Zunahme der im Volumen vorhandenen Ladung. Nur wenn das betrachtete Volumen auf einen Punkt zusammenschrumpft, zu einem Gebiet also, in dem wegen seiner verschwindenden räumlichen Ausdehnung keine Ladung gespeichert werden kann, gilt auch für zeitvariante Vorgänge

$$i(t) = \oiint_{(A)} \vec{J}\,\mathrm{d}\vec{A} = 0\,. \tag{3.204}$$

Bei *Ersatzschaltbildern* für Sinusstromnetzwerke geht man wie bei den Gleichstromnetzwerken davon aus, dass die Verbindungsleitungen zwischen den konzentrierten Elementen *widerstandslos* sind (s. Abschnitt 1.3.8) und die Knoten keine räumliche Ausdehnung und damit auch *keine Ladungsspeicherfähigkeit* besitzen (s. Abschnitt 2.2.1.1). Für die Knoten derartiger Netzwerke folgt aus Gl. (3.204) in Analogie zu Gl. (2.79)

$$\sum_{\nu=1}^{n} i_\nu(t) = 0 \tag{3.205}$$

bzw. in Analogie zu Gl. (2.78)

$$\sum_{\mu=1}^{p} i_{\mathrm{zu},\mu}(t) = \sum_{\nu=1}^{q} i_{\mathrm{ab},\nu}(t) \tag{3.206}$$

und bei Anwendung der komplexen Rechnung

$$\sum_{\nu=1}^{n} \underline{I}_\nu = 0 \tag{3.207}$$

bzw.

$$\sum_{\mu=1}^{p} \underline{I}_{\mathrm{zu},\mu} = \sum_{\nu=1}^{q} \underline{I}_{\mathrm{ab},\nu} \,. \tag{3.208}$$

Falls die (tatsächlich immer vorhandene) Ladungsspeicherfähigkeit von Knoten realer Schaltungen einschließlich der direkt mit ihnen verbundenen Leitungsstücke nicht vernachlässigt werden kann, ist dies bei der Modellbildung durch eine oder mehrere *Kapazitäten* zu berücksichtigen.

3.6.2 Maschensatz

Wenn man die elektrische Feldstärke $\vec{E}$ längs eines *geschlossenen* Weges (s) integriert, erhält man nach dem *Induktionsgesetz* Gl. (11.164) die *Umlaufspannung*

$$u(t) = \oint_{(\mathrm{s})} \vec{E}\,\mathrm{d}\vec{s} = -\frac{\mathrm{d}}{\mathrm{d}t}\,\Phi(t)\,, \tag{3.209}$$

die bei rechtswendiger Zuordnung der Zählpfeile für Spannung und magnetischen Fluss Φ gleich der zeitlichen *Abnahme* des magnetischen Flusses ist, der die vom Integrationsweg umrandete Fläche durchsetzt. Ist innerhalb der Fläche *kein zeitvarianter magnetischer Fluss* vorhanden, wird die rechte Seite von Gl. (3.209) null, so dass auch die Umlaufspannung

$$U = \oint_{(\mathrm{s})} \vec{E}\,\mathrm{d}\vec{s} = 0 \tag{3.210}$$

wird. Dieser Fall liegt in Gleichstromnetzwerken vor, in denen die fließenden Ströme nur *zeitlich konstante* Magnetfelder erzeugen und in denen keine zeitvarianten *äußeren* Magnetfelder auftreten dürfen. Gl. (3.210) ist der Maschensatz für Gleichstromnetzwerke.

Treten in einem Netzwerk *zeitvariante* Ströme auf, die in einer betrachteten Masche einen *zeitvarianten* magnetischen Fluss $\Phi(t)$ verursachen, muss man nach Gl. (3.209) davon ausgehen, dass die Umlaufspannung $u(t) \not\equiv 0$ ist. Für Sinusstromnetzwerke ist also die Anwendung des Maschensatzes nur zulässig, wenn man wie in Beispiel 3.7 in einer *Ersatzschaltung* die Wirkungen sowohl äußerer Magnetfelder als auch der Magnetfelder, die durch die Ströme in der Schaltung selbst erzeugt werden, durch konzentrierte Elemente modelliert (Spannungsquellen, Induktivitäten, Gegeninduktivitäten, vgl. Bild 3.32). Nur im Fall einer hinreichend genauen Modellierung dieser Induktionswirkungen darf auch für Sinusstromnetzwerke in Analogie zu Gl. (2.84)

$$\sum_{\nu=1}^{n} u_\nu(t) = 0 \tag{3.211}$$

angesetzt werden bzw. bei Anwendung der komplexen Rechnung

$$\sum_{\nu=1}^{n} \underline{U}_\nu = 0\,. \tag{3.212}$$

Beispiel 3.7: Modell eines von einem zeitvarianten Magnetfeld durchsetzten Stromkreises

Für einen Stromkreis, der von einem zeitlich sinusförmig veränderlichen magnetischen Feld durchsetzt wird, soll ein Ersatzschaltbild aus konzentrierten Elementen erstellt werden. Hierzu soll vereinfachend angenommen werden, dass alle magnetischen Wirkungen des Stromkreises nach Bild 3.32 a) durch eine Spule mit N Windungen modelliert werden, die vom *fremderzeugten* magnetischen Wechselfluss $\Phi_1(t)$ vollständig durchsetzt wird. Die induzierte Summenspannung u (Zählpfeil dem des Flusses Φ_1 rechtswendig zugeordnet) bewirkt einen Sinusstrom i (Zählpfeil gleichsinnig mit dem von u), der seinerseits nach dem Durchflutungssatz Gl. (11.13) in der Spule einen zusätzlichen magnetischen Wechselfluss $\Phi_2(t)$ erzeugt (Zählpfeil dem des Stromes i rechtswendig zugeordnet). Der Wirkwiderstand der Spule sei R_{Sp}, ihre Selbstinduktivität habe den Wert L.

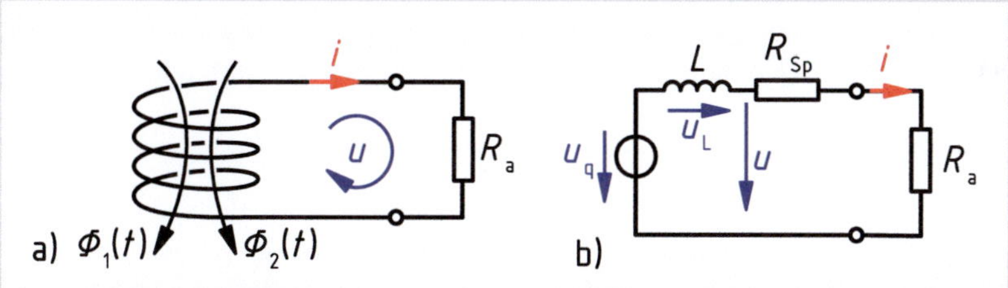

Bild 3.32: a) Von einem fremderzeugten Wechselfluss Φ_1 durchsetzte Spule mit induziertem Strom i und selbsterzeugtem Fluss Φ_2 sowie
b) Ersatzschaltung der Anordnung aus konzentrierten Elementen

Aus dem Induktionsgesetz Gl. (11.164) folgt für die Umlaufspannung

$$u(t) = -N\frac{\mathrm{d}}{\mathrm{d}t}\left(\Phi_1(t) + \Phi_2(t)\right) = (R_{\mathrm{Sp}} + R_{\mathrm{a}})\,i(t)\,. \tag{3.213}$$

Sie fällt am Spulenwiderstand R_{Sp} und dem Abschlusswiderstand R_{a} ab und lässt sich hinsichtlich ihrer Ursachen in zwei Anteile u_{q} und u_{L} zerlegen. Die Spannung

$$u_{\mathrm{q}}(t) = -N\frac{\mathrm{d}}{\mathrm{d}t}\,\Phi_1(t)$$

ist auf den fremderzeugten Fluss Φ_1 zurückzuführen und wirkt in dem Stromkreis wie eine Quellenspannung. Ihr Zählpfeil bildet zusammen mit dem Stromzählpfeil ein Erzeuger-Zählpfeilsystem. Der durch den Fluss Φ_2 erzeugten Spannung u_L wird in Bild 3.32 b) die entgegengesetzte Zählpfeilrichtung nach Verbraucher-Zählpfeilsystems zugeordnet. Mit der hieraus resultierenden Vorzeichenumkehr und Gl. (11.164) erhält man

$$u_L(t) = +N\frac{d}{dt}\Phi_2(t) = L\frac{d}{dt}i(t).$$

Aus Gl. (3.213) folgt hiermit die Spannungsgleichung

$$u_q(t) - L\frac{d}{dt}i(t) = R_{Sp}\,i(t) + R_a\,i(t),$$

die auch die Maschengleichung für die Ersatzschaltung in Bild 3.32 b) darstellt und für Sinusgrößen in die komplexe Gleichung

$$\underline{U}_q = j\omega L\underline{I} + R_{Sp}\underline{I} + R_a\underline{I}$$

übergeht.

3.7 Reihen- und Parallelschaltung passiver Zweipole

Sinusstromnetzwerke lassen sich mit den in Kapitel 2 für Gleichstromnetzwerke beschriebenen Methoden berechnen, wenn man statt der Rechnung mit den Gleichgrößen I und U und den reellen Größen R und G die komplexe Rechnung mit den komplexen Größen $\underline{I}$, $\underline{U}$ sowie $\underline{Z}$ und $\underline{Y}$ anwendet.

3.7.1 Reihenschaltung passiver Zweipole

Da für Sinusstromnetzwerke der Maschensatz gilt, ergeben sich bei der Reihenschaltung von durch ihre Impedanz beschriebenen passiven Zweipolen analoge Zusammenhänge wie bei der in Abschnitt 2.2.4 beschriebenen Reihenschaltung von Ohmschen Widerständen.

3.7.1.1 Gesamtimpedanz

Der Zweipol in Bild 3.33 a) besteht aus einer *Reihenschaltung* von beliebigen Impedanzen[5] $\underline{Z}_1$, $\underline{Z}_2$ und $\underline{Z}_3$. Für diesen Zweipol soll ein Ersatz-Zweipol mit der Impedanz $\underline{Z}$ nach Bild 3.33 b) bestimmt werden, der *gleiches Klemmenverhalten* aufweist. Das heißt unter Berücksichtigung der Zählpfeile in Bild 3.33: Wird an die beiden Zweipole die gleiche Spannung $\underline{U}$ gelegt, müssen durch sie die gleichen Ströme $\underline{I}$ fließen.

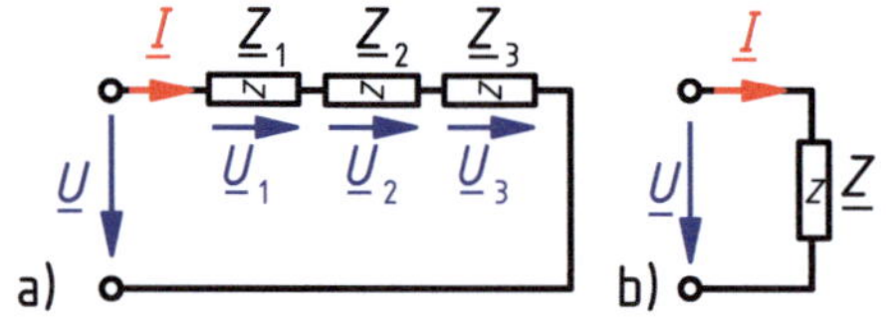

Bild 3.33: a) Reihenschaltung von drei Impedanzen $\underline{Z}_1$, $\underline{Z}_2$ und $\underline{Z}_3$ sowie b) Impedanz $\underline{Z}$ der Ersatzschaltung

[5]Als Schaltzeichen für allgemeine Impedanzen wird hier das um ein „Z" erweiterte Schaltzeichen für Widerstände verwendet.

Für den Zweipol in Bild 3.33 a) gilt der Maschensatz

$$\underline{U} = \underline{U}_1 + \underline{U}_2 + \underline{U}_3 . \tag{3.214}$$

Die Teilspannungen $\underline{U}_\nu$ in Bild 3.33 a) und die Gesamtspannung $\underline{U}$ in Bild 3.33 b) lassen sich als Produkte der jeweiligen Impedanzen $\underline{Z}_\nu$ bzw. $\underline{Z}$ und des Stromes $\underline{I}$ ausdrücken:

$$\underline{Z}\,\underline{I} = \underline{Z}_1\,\underline{I} + \underline{Z}_2\,\underline{I} + \underline{Z}_3\,\underline{I} \tag{3.215}$$

Division von Gl. (3.215) durch den Strom $\underline{I}$ ergibt die gesuchte Beziehung

$$\underline{Z} = \underline{Z}_1 + \underline{Z}_2 + \underline{Z}_3 . \tag{3.216}$$

Für die Reihenschaltung einer beliebigen Anzahl n von Impedanzen $\underline{Z}_\nu$ ist Gl. (3.216) in Analogie zu Gl. (2.111) verallgemeinerbar zu

$$\underline{Z} = \sum_{\nu=1}^{n} \underline{Z}_\nu = \sum_{\nu=1}^{n} (R_\nu + \mathrm{j}X_\nu) = \sum_{\nu=1}^{n} R_\nu + \mathrm{j}\sum_{\nu=1}^{n} X_\nu . \tag{3.217}$$

Merke: *Bei einer Reihenschaltung von Impedanzen addieren sich die Einzelimpedanzen zur Gesamtimpedanz.*

Wegen Ungleichung (3.100) ist der Gesamtscheinwiderstand Z von Reihenschaltungen im Allgemeinen *kleiner* als die Summe der einzelnen Scheinwiderstände Z_ν.

3.7.1.2 Spannungsteilerregel

In einer Reihenschaltung nach Bild 3.33 a) wird die Spannung $\underline{U}$ in die Teilspannungen $\underline{U}_\nu$ aufgeteilt. Da in einer solchen Spannungsteilerschaltung alle Impedanzen $\underline{Z}_\nu$ vom selben Strom $\underline{I}$ durchflossen werden, lassen sich die Teilspannungen und die Gesamtspannung als

$$\underline{U}_\nu = \underline{Z}_\nu\,\underline{I} \quad \text{bzw.} \quad \underline{U} = \underline{Z}\,\underline{I} \tag{3.218}$$

beschreiben. Hieraus folgt für das Verhältnis zweier Spannungen analog zu Gl. (2.115)

$$\frac{\underline{U}_\mu}{\underline{U}_\nu} = \frac{\underline{Z}_\mu}{\underline{Z}_\nu} \tag{3.219}$$

und speziell

$$\frac{\underline{U}_\nu}{\underline{U}} = \frac{\underline{Z}_\nu}{\underline{Z}} . \tag{3.220}$$

Merke: *Bei einer Reihenschaltung von Impedanzen verhalten sich die komplexen Teilspannungen zueinander wie die Impedanzen, über denen sie abfallen.*

Durch Betragsbildung gemäß Gl. (3.98) erhält man aus Gl. (3.219) bzw. (3.220)

$$\frac{U_\mu}{U_\nu} = \frac{Z_\mu}{Z_\nu} \tag{3.221}$$

bzw. speziell

$$\frac{U_\nu}{U} = \frac{Z_\nu}{Z} . \tag{3.222}$$

Merke: *Bei einer Reihenschaltung von Impedanzen verhalten sich die Effektivwerte der Teilspannungen zueinander wie die Scheinwiderstände, über denen sie abfallen.*

Beispiel 3.8: Reihenschaltung von Impedanzen

Die Impedanzen $\underline{Z}_1 = 100\,\Omega\,e^{j\,32°}$, $\underline{Z}_2 = 100\,\Omega\,e^{-j\,47°}$ und $\underline{Z}_3 = 100\,\Omega\,e^{j\,63°}$ liegen nach Bild 3.33 a) in Reihe an einer Sinusspannung mit dem Effektivwert $U = 100\,\text{V}$ und dem Nullphasenwinkel φ_u.

Gesucht sind die Gesamtimpedanz $\underline{Z}$ sowie Betrag und Phasenlage der Teilspannung $\underline{U}_1$.

Mit Gl. (3.216) erhält man die Gesamtimpedanz

$$\underline{Z} = \underline{Z}_1 + \underline{Z}_2 + \underline{Z}_3 = 100\,\Omega\,e^{j\,32°} + 100\,\Omega\,e^{-j\,47°} + 100\,\Omega\,e^{j\,63°} \approx 210\,\Omega\,e^{j\,19{,}2°},$$

einfacher nachvollziehbar in der Komponentenform

$$\underline{Z} \approx (84{,}8 + j\,53{,}0)\,\Omega + (68{,}2 - j\,73{,}1)\,\Omega + (45{,}4 + j\,89{,}1)\,\Omega = (198{,}4 + j\,69{,}0)\,\Omega\,.$$

Aus der Spannungsteilerregel Gl. (3.219) folgt die Teilspannung

$$\underline{U}_1 = \frac{\underline{Z}_1}{\underline{Z}}\,\underline{U} \approx \frac{100\,\Omega\,e^{j\,32°}}{210\,\Omega\,e^{j\,19{,}2°}} \cdot 100\,\text{V}\,e^{j\varphi_u} \approx 47{,}6\,\text{V}\,e^{j(\varphi_u + 12{,}8°)} \approx U_1\,e^{j\varphi_{u1}}.$$

Die Teilspannung $\underline{U}_1$ hat also den Effektivwert $U_1 \approx 47{,}6\,\text{V}$ und eilt der Gesamtspannung $\underline{U}$ um $\varphi_{u1} - \varphi_u \approx 12{,}8°$ voraus.

3.7.1.3 Reihenschaltungen der Grundzweipole

In diesem Abschnitt wird das Sinusstromverhalten von RL-, RC- und RLC-Reihenschaltungen untersucht. Für jeden Schaltungstyp werden die Beziehung zwischen den Klemmengrößen sowie Impedanz, Admittanz, komplexe Leistung und Leistungsfaktor berechnet und die zugehörigen Zeigerdiagramme dargestellt.

Die Schaltungen werden in Form von drei Beispielen behandelt, die von den Lernenden nach Möglichkeit selbst bearbeitet werden sollten, um Routine in der Anwendung der Gesetze und Rechenregeln zur Analyse von Sinusstromnetzwerken und dem Skizzieren qualitativer Zeigerdiagramme zu bekommen. Da der Lösungsweg bei allen Beispielen prinzipiell identisch ist, wird er nur beim ersten Beispiel ausführlich dargestellt und diskutiert. Insbesondere das Ausprobieren verschiedener Wege zur Berechnung der komplexen Leistung kann die Sicherheit im Umgang mit den komplexen Größen der Sinusstromtechnik sehr fördern.

In allen Schaltungen wird das Verbraucher-Zählpfeilsystem verwendet.

Da in Reihenschaltungen alle Zweipole vom gleichen Strom durchflossen werden, ist bei den U-I-Zeigerdiagrammen stets der Stromzeiger der Bezugszeiger. Seine Lage wurde bewusst willkürlich gewählt.

Beispiel 3.9: Sinusstromverhalten von RL-Reihenschaltungen

Für die in Bild 3.34 a) dargestellte RL-Reihenschaltung sind mittels der komplexen Rechnung das Klemmenverhalten sowie Impedanz, Scheinwiderstand, Admittanz, Scheinleitwert, komplexe Leistung und Leistungsfaktor zu berechnen und mittels Zeigerdiagrammen darzustellen.

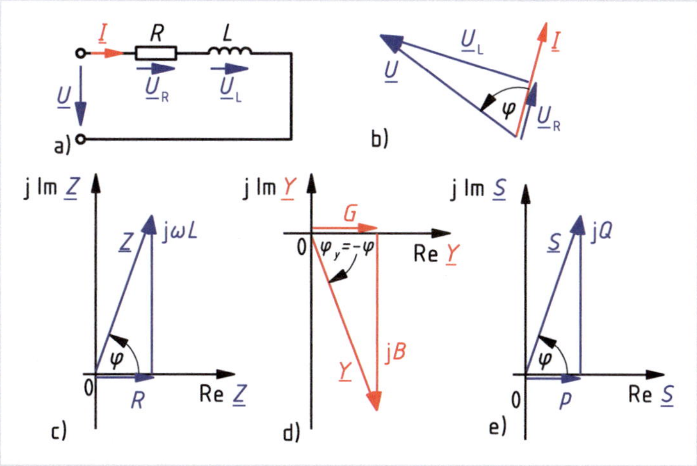

Bild 3.34: a) RL-Reihenschaltung mit b) Strom-Spannungs-Zeigerdiagramm und den Zeigerdiagrammen für c) die Impedanz, d) die Admittanz und e) die komplexe Leistung

Die Addition der komplexen Teilspannungen $\underline{U}_R = R\underline{I}$ und $\underline{U}_L = \mathrm{j}\omega L\,\underline{I}$ nach den Gln. (3.155) und (3.171) ergibt die komplexe Gesamtspannung

$$\underline{U} = \underline{U}_R + \underline{U}_L = R\underline{I} + \mathrm{j}\omega L\,\underline{I} = (R + \mathrm{j}\omega L)\,\underline{I},$$

die das Klemmenverhalten des Zweipols beschreibt. Das U-I-Zeigerdiagramm ist in Bild 3.34 b) dargestellt. Bezugszeiger in einer Reihenschaltung ist der Strom, dessen Lage wegen seines nicht vorgegebenen Nullphasenwinkels frei wählbar ist. Die Spannung $\underline{U}_R$ über dem Widerstand ist gleichphasig zum Strom. Die Spannung $\underline{U}_L$ über der Induktivität eilt dem Strom um 90° voraus.

Die Gesamtimpedanz ist die Summe der Einzelimpedanzen

$$\underline{Z} = \underline{Z}_R + \underline{Z}_L = R + \mathrm{j}\omega L = R + \mathrm{j}X = Z\,\mathrm{e}^{\mathrm{j}\varphi},$$

deren Zeigerdiagramm Bild 3.34 c) zeigt. Strom-Spannungs- und Impedanzzeigerdiagramm sind kongruent, da sie sich nur um den komplexen Proportionalitätsfaktor $\underline{I}$ unterscheiden.

Im Impedanzzeigerdiagramm liegt der Zeiger des Widerstandes R auf der positiven reellen Achse, die daher eingezeichnet werden muss. Der Scheinwiderstand der Schaltung

$$Z = \left|\underline{Z}\right| = \sqrt{\left(\mathrm{Re}\,\underline{Z}\right)^2 + \left(\mathrm{Im}\,\underline{Z}\right)^2} = \sqrt{R^2 + (\omega L)^2} > 0 \qquad (3.223)$$

ist der Betrag ihrer Impedanz.

Der Phasenverschiebungswinkel zwischen den Klemmengrößen stimmt immer mit dem Argument der Impedanz

$$\varphi = \operatorname{Arctan}\frac{\operatorname{Im}\underline{Z}}{\operatorname{Re}\underline{Z}} = \operatorname{Arctan}\frac{\omega L}{R} > 0$$

überein. Im U-I-Zeigerdiagramm wird dieser Winkel vom Strom- zum Spannungszeiger eingezeichnet, im Impedanzzeigerdiagramm von der reellen Achse zum Zeiger $\underline{Z}$.

Die Admittanz der Schaltung ist der Kehrwert der Impedanz, den man durch konjugiert komplexes Erweitern in Real- und Imaginärteil aufteilt:

$$\underline{Y} = G + \mathrm{j}B = \frac{1}{\underline{Z}} = \frac{1}{R + \mathrm{j}\omega L} = \frac{R}{R^2 + \omega^2 L^2} + \mathrm{j}\frac{-\omega L}{R^2 + \omega^2 L^2} = \frac{1}{Z}\,\mathrm{e}^{-\mathrm{j}\varphi} \tag{3.224}$$

Wirkleitwert G und Blindleitwert B der Schaltung sind *nicht* die Kehrwerte ihres Wirkwiderstandes R bzw. ihres Blindwiderstandes X. In die Umrechnung zwischen diesen Größen gemäß Gl. (3.224) geht die Frequenz mit ein. Es ist also *nicht* möglich, das Klemmenverhalten dieser Schaltung durch eine Parallelschaltung aus einem *festen* Wirkleitwert G und einem *festen* Blindleitwert B für *beliebige* Frequenzen nachzubilden, *sondern immer nur für eine bestimmte Frequenz!*

Den Scheinleitwert kann man über den Kehrwert des Scheinwiderstandes nach Gl. (3.223) oder als Betrag der Admittanz Gl. (3.224) berechnen. Man erhält auf beiden Wegen das selbe Ergebnis, da Wurzelausdrücke im Nenner durch Erweitern entfernt werden sollten:

$$Y = \frac{1}{Z} = \left|\underline{Y}\right| = \frac{1}{\sqrt{R^2 + (\omega L)^2}} = \frac{\sqrt{R^2 + (\omega L)^2}}{R^2 + \omega^2 L^2} > 0$$

Das Argument der Admittanz

$$\varphi_{\mathrm{Y}} = \operatorname{Arctan}\frac{\operatorname{Im}\underline{Y}}{\operatorname{Re}\underline{Y}} = \operatorname{Arctan}\frac{-\omega L}{R} = -\operatorname{Arctan}\frac{\omega L}{R} = -\varphi$$

folgt aus Gl. (3.224). Es hat wegen Gl. (3.73) stets den gleichen Betrag wie der Phasenverschiebungswinkel, aber das umgekehrte Vorzeichen. Bild 3.34 d) zeigt das Admittanzzeigerdiagramm der Schaltung.

Aus Gl. (3.145) folgt mit Gl. (3.81) die komplexe Leistung in der kartesischen Form

$$\underline{S} = \underline{U}\,\underline{I}^* = (R\,\underline{I} + \mathrm{j}\omega L\,\underline{I})\,\underline{I}^* = \underline{Z}\,\underline{I}\,\underline{I}^* = \underline{Z}\,I^2 = R\,I^2 + \mathrm{j}\omega L\,I^2 = P + \mathrm{j}\,Q \tag{3.225}$$

bzw. in der Exponentialform

$$\underline{S} = S\,\mathrm{e}^{\mathrm{j}\varphi} = Z\,I^2\,\mathrm{e}^{\mathrm{j}\varphi} = \sqrt{R^2 + \omega^2 L^2}\,I^2\,\mathrm{e}^{\mathrm{j}\varphi}.$$

Das Argument von $\underline{S}$ stimmt, wie man an Gl. (3.225) erkennt, mit dem Phasenverschiebungswinkel überein. Das Leistungszeigerdiagramm ist in Bild 3.34 e) dargestellt. Es ist zum Impedanzzeigerdiagramm kongruent, da sich beide nach Gl. (3.225) nur um den reellen Proportionalitätsfaktor I^2 unterscheiden.

Der Leistungsfaktor des Zweipols ist nach Gl. (3.151)

$$\cos\varphi = \frac{P}{S} = \frac{R}{\sqrt{R^2 + \omega^2 L^2}}.$$

Beispiel 3.10: Sinusstromverhalten von RC-Reihenschaltungen

Für die in Bild 3.35 a) dargestellte RC-Reihenschaltung sind mittels der komplexen Rechnung das Klemmenverhalten sowie Impedanz, Scheinwiderstand, Admittanz, Scheinleitwert, komplexe Leistung und Leistungsfaktor zu berechnen und mittels Zeigerdiagrammen darzustellen.

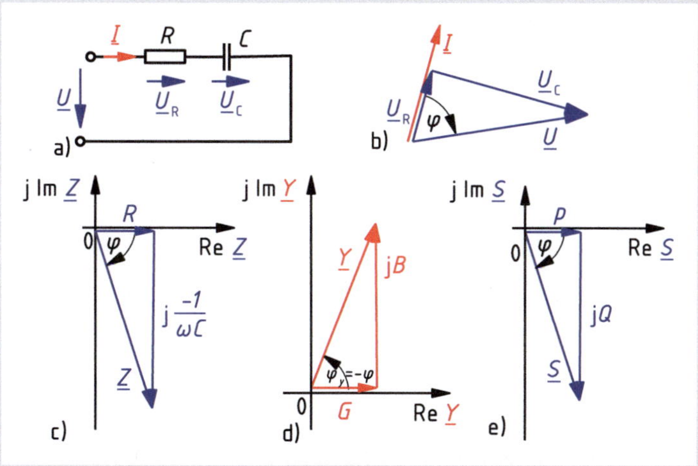

Bild 3.35: a) RC-Reihenschaltung mit b) Strom-Spannungs-Zeigerdiagramm und den Zeigerdiagrammen für c) die Impedanz, d) die Admittanz und e) die komplexe Leistung

Aus den Teilspannungen $\underline{U}_R = R\,\underline{I}$ und $\underline{U}_C = \frac{1}{j\omega C}\underline{I}$ folgt die Gesamtspannung

$$\underline{U} = \underline{U}_R + \underline{U}_C = R\,\underline{I} + \frac{1}{j\omega C}\underline{I}.$$

Das U-I-Zeigerdiagramm ist Bild 3.35 b) zu entnehmen.

Die Impedanz

$$\underline{Z} = \underline{Z}_R + \underline{Z}_C = R + \frac{1}{j\omega C} = R + j\,\frac{-1}{\omega C} = Z\,e^{j\varphi}$$

ist in Bild 3.35 c) als Zeigerdiagramm dargestellt. Der Scheinwiderstand beträgt

$$Z = \sqrt{R^2 + \frac{1}{(\omega C)^2}}$$

und der Phasenverschiebungswinkel

$$\varphi = \text{Arctan}\,\frac{-1}{\omega CR} = -\text{Arctan}\,\frac{1}{\omega CR} < 0\,.$$

Die Admittanz des Zweipols, deren Zeigerdiagramm Bild 3.35 d) zeigt, ist

$$\underline{Y} = G + \mathrm{j}B = \frac{1}{\underline{Z}} = \frac{1}{R + \mathrm{j}\,\frac{-1}{\omega C}} = \frac{R}{R^2 + \frac{1}{\omega^2 C^2}} + \mathrm{j}\,\frac{\frac{1}{\omega C}}{R^2 + \frac{1}{\omega^2 C^2}} = \frac{1}{Z}\,\mathrm{e}^{-\mathrm{j}\varphi}.$$

Aus Gl. (3.145) folgt die komplexe Leistung in kartesischer Form

$$\underline{S} = \underline{U}\,\underline{I}^* = \left(R\,\underline{I} + \mathrm{j}\,\frac{-1}{\omega C}\underline{I}\right)\underline{I}^* = R\,I^2 + \mathrm{j}\,\frac{-1}{\omega C}\,I^2$$

bzw. in Exponentialform

$$\underline{S} = S\,\mathrm{e}^{\mathrm{j}\varphi} = \sqrt{R^2 + \frac{1}{\omega^2 C^2}}\,I^2\,\mathrm{e}^{\mathrm{j}\varphi},$$

deren Zeigerdiagramm in Bild 3.35 e) dargestellt ist, sowie der Leistungsfaktor

$$\cos\varphi = \frac{P}{S} = \frac{R}{\sqrt{R^2 + \frac{1}{\omega^2 C^2}}}.$$

Beispiel 3.11: Sinusstromverhalten von RLC-Reihenschaltungen

Für die in Bild 3.36 a) dargestellte RLC-Reihenschaltung sind mittels der komplexen Rechnung das Klemmenverhalten sowie Impedanz, Scheinwiderstand, Admittanz, Scheinleitwert, komplexe Leistung und Leistungsfaktor zu berechnen und mittels Zeigerdiagrammen darzustellen.

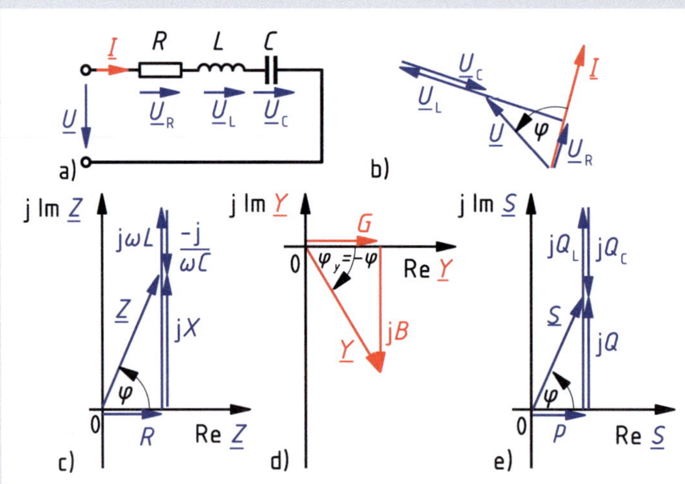

Bild 3.36: a) RLC-Reihenschaltung mit b) Strom-Spannungs-Zeigerdiagramm und den Zeigerdiagrammen für c) die Impedanz, d) die Admittanz und e) die komplexe Leistung

Aus den Teilspannungen $\underline{U}_R$, $\underline{U}_L$ und $\underline{U}_C$ nach den Gln. (3.155), (3.171) und (3.189) ergibt sich die Gesamtspannung

$$\underline{U} = \underline{U}_R + \underline{U}_L + \underline{U}_C = R\,\underline{I} + \mathrm{j}\omega L\,\underline{I} + \frac{1}{\mathrm{j}\omega C}\,\underline{I}\,.$$

Das U-I-Zeigerdiagramm zeigt Bild 3.36 b).

Das Zeigerdiagramm der Impedanz

$$\underline{Z} = R + \mathrm{j}\omega L + \frac{1}{\mathrm{j}\omega C} = R + \mathrm{j}\left(\omega L - \frac{1}{\omega C}\right) = Z\,\mathrm{e}^{\mathrm{j}\varphi} \tag{3.226}$$

ist in Bild 3.36 c) dargestellt.

Der Scheinwiderstand beträgt

$$Z = \sqrt{R^2 + \left(\omega L - \frac{1}{\omega C}\right)^2}$$

und der Phasenverschiebungswinkel

$$\varphi = \operatorname{Arctan} \frac{\omega L - \frac{1}{\omega C}}{R}\,.$$

Je nach Dimensionierung der Schaltung und der Kreisfrequenz der Klemmengrößen kann der Phasenverschiebungswinkel der Schaltung positiv, null oder negativ sein.

Für die Admittanz, deren Zeigerdiagramm Bild 3.36 d) zeigt, erhält man

$$\underline{Y} = G + \mathrm{j}B = \frac{1}{\underline{Z}} = \frac{R}{R^2 + \left(\omega L - \frac{1}{\omega C}\right)^2} + \mathrm{j}\,\frac{\frac{1}{\omega C} - \omega L}{R^2 + \left(\omega L - \frac{1}{\omega C}\right)^2}\,.$$

Die komplexe Leistung setzt sich bei dieser Schaltung gemäß

$$\begin{aligned}\underline{S} &= \underline{U}\,\underline{I}^* = (R + \mathrm{j}(\omega L - \tfrac{1}{\omega C}))\,\underline{I}\,\underline{I}^* = R\,I^2 + \mathrm{j}(\omega L\,I^2 - \tfrac{1}{\omega C}\,I^2)\\ &= P + \mathrm{j}(Q_L + Q_C)\end{aligned}$$

aus Wirkleistung P, induktiver Blindleistung Q_L und kapazitiver Blindleistung Q_C zusammen. Bild 3.36 e) zeigt das Leistungszeigerdiagramm.

Der Leistungsfaktor der Schaltung ist

$$\cos\varphi = \frac{P}{S} = \frac{R}{\sqrt{R^2 + \left(\omega L - \frac{1}{\omega C}\right)^2}}\,.$$

Aus Bild 3.36 b), c) und e) ersieht man, dass sich die induktiven und die kapazitiven Anteile bei Spannung, Impedanz und komplexer Leistung teilweise kompensieren. *Die induktive und die kapazitive Teilspannung können daher jeweils größer sein als die Gesamtspannung!*

Im Fall $\omega L > \frac{1}{\omega C}$ überwiegt der induktive Blindwiderstand; die Schaltung verhält sich dann *ohmsch-induktiv* und der Phasenverschiebungswinkel φ ist positiv wie in Bild 3.36.

Wenn $\frac{1}{\omega C} > \omega L$ ist, liegt *ohmsch-kapazitives* Verhalten mit negativem Phasenverschiebungswinkel φ vor.

Für $\omega L = \frac{1}{\omega C}$ verhält sich die Schaltung rein ohmsch mit dem Phasenverschiebungswinkel $\varphi = 0$, der Spannung $\underline{U} = \underline{U}_R$, der Impedanz $\underline{Z} = R$ und der Leistung $\underline{S} = P$.

Das frequenzabhängige Verhalten dieser Schaltung, die einen *elementaren Reihenschwingkreis* darstellt, wird in Abschnitt 5.2.2 genauer untersucht.

Beispiel 3.12: Gleicher Scheinwiderstand einer RLC-Reihenschaltung bei verschiedenen Frequenzen

Die Reihenschaltung von Wirkwiderstand $R = 100\,\Omega$, Induktivität $L = 250\,\text{mH}$ und Kapazität $C = 15\,\mu\text{F}$ liegt gemäß Bild 3.36 a) an einer Sinusspannung mit $U = 36\,\text{V}$.

Bei welchen Frequenzen fließt durch die Schaltung der Strom $I = 0{,}2\,\text{A}$?

Der Scheinwiderstand $Z = U/I = 36\,\text{V}/0{,}2\,\text{A} = 180\,\Omega$ kann nach Bild 3.37 sowohl im ohmsch-kapazitiven als auch im ohmsch-induktiven Bereich auftreten.

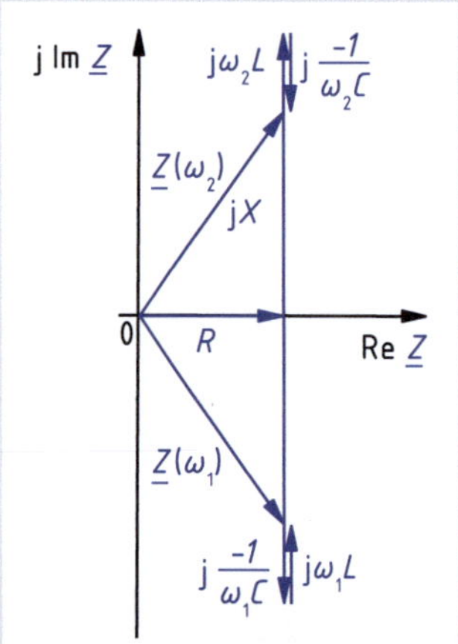

Bild 3.37: Gleiche Scheinwiderstände Z einer RLC-Reihenschaltung bei verschiedenen Kreisfrequenzen ω_1 und ω_2

Für den Blindwiderstand gilt nach Gl. (3.117)

$$X = \pm\sqrt{Z^2 - R^2} = \pm\sqrt{180^2 - 100^2}\,\Omega \approx \pm 149{,}7\,\Omega$$

sowie nach Gl. (3.226)

$$X = \omega L - \frac{1}{\omega C}.$$

Daraus folgt für die gesuchten Kreisfrequenzen die quadratische Gleichung

$$\omega^2 - \frac{X}{L}\omega - \frac{1}{LC} = 0$$

mit der Lösung

$$\omega = \frac{X}{2L} \pm \sqrt{\left(\frac{X}{2L}\right)^2 + \frac{1}{LC}},$$

in der das negative Vorzeichen ausgeschlossen wird, da negative Kreisfrequenzen physikalisch nicht sinnvoll sind.

Mit $X \approx \pm 149{,}7\,\Omega$ und den gegebenen Werten erhält man die beiden Kreisfrequenzen

$$\omega_{1,2} \approx \pm\frac{149{,}7\,\Omega}{2 \cdot 0{,}25\,\mathrm{H}} + \sqrt{\left(\frac{149{,}7\,\Omega}{2 \cdot 0{,}25\,\mathrm{H}}\right)^2 + \frac{1}{0{,}25\,\mathrm{H} \cdot 15\,\mu\mathrm{F}}},$$

also

$$\omega_1 \approx 298\,\mathrm{s}^{-1} \quad \text{und} \quad \omega_2 \approx 896\,\mathrm{s}^{-1}$$

sowie die zugehörigen Frequenzen

$$f_1 \approx 47{,}4\,\mathrm{Hz} \quad \text{und} \quad f_2 \approx 143\,\mathrm{Hz}.$$

3.7.2 Parallelschaltung passiver Zweipole

Da für Sinusstromnetzwerke der Knotensatz gilt, ergeben sich bei der Parallelschaltung von Impedanzen bzw. Admittanzen analoge Zusammenhänge wie bei der in Abschnitt 2.2.3 beschriebenen Parallelschaltung von Gleichstromwiderständen bzw. -leitwerten.

3.7.2.1 Gesamtadmittanz

Der Zweipol in Bild 3.38 a) besteht aus einer *Parallelschaltung* beliebiger Admittanzen[6] $\underline{Y}_1 = 1/\underline{Z}_1$, $\underline{Y}_2 = 1/\underline{Z}_2$ und $\underline{Y}_3 = 1/\underline{Z}_3$. Für diesen Zweipol soll ein Ersatz-Zweipol mit der Admittanz $\underline{Y} = 1/\underline{Z}$ nach Bild 3.38 b) bestimmt werden, der *gleiches Klemmenverhalten* aufweist.

Das heißt unter Berücksichtigung der Zählpfeile in Bild 3.38: Wird an die beiden Zweipole die gleiche Spannung $\underline{U}$ gelegt, müssen durch sie die gleichen Ströme $\underline{I}$ fließen.

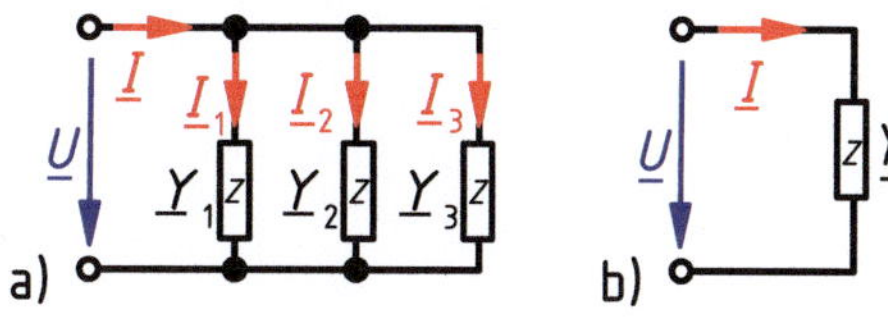

Bild 3.38: a) Parallelschaltung von drei Admittanzen $\underline{Y}_1$, $\underline{Y}_2$ und $\underline{Y}_3$ sowie b) Gesamtadmittanz $\underline{Y}$ der Ersatzschaltung

Der Knotensatz liefert für die Schaltung in Bild 3.38 a)

$$\underline{I} = \underline{I}_1 + \underline{I}_2 + \underline{I}_3. \tag{3.227}$$

Die Teilströme $\underline{I}_\nu$ in Bild 3.38 a) und der Gesamtstrom $\underline{I}$ in Bild 3.38 b) lassen sich als Produkte der jeweiligen Admittanzen $\underline{Y}_\nu$ bzw. $\underline{Y}$ und der Spannung $\underline{U}$ ausdrücken:

$$\underline{Y}\,\underline{U} = \underline{Y}_1\,\underline{U} + \underline{Y}_2\,\underline{U} + \underline{Y}_3\,\underline{U} \tag{3.228}$$

[6] Aus didaktischen Gründen wird hier, wie auch in anderen Standardwerken ([CHSW11], [KMR08], [Lun91], [Phi00], [Sim89]) üblich, mit Admittanzen argumentiert, für die das gleiche Schaltsymbol verwendet wird wie für Impedanzen. Dies entspricht dem Vorgehen bei den Gleichstromnetzwerken, wo je nach Zweckmäßigkeit mit Widerständen oder Leitwerten gearbeitet und für beide das gleiche Schaltsymbol verwendet wird.

Division von Gl. (3.228) durch die Spannung $\underline{U}$ ergibt die gesuchte Beziehung

$$\underline{Y} = \underline{Y}_1 + \underline{Y}_2 + \underline{Y}_3 . \tag{3.229}$$

Für die Parallelschaltung einer beliebigen Anzahl n von Admittanzen Y_ν darf Gl. (3.229) in Analogie zu Gl. (2.93) verallgemeinert werden zu

$$\underline{Y} = \sum_{\nu=1}^{n} \underline{Y}_\nu = \sum_{\nu=1}^{n} (G_\nu + \mathrm{j}B_\nu) = \sum_{\nu=1}^{n} G_\nu + \mathrm{j} \sum_{\nu=1}^{n} B_\nu . \tag{3.230}$$

Merke: *Bei Parallelschaltungen von Admittanzen addieren sich die Einzeladmittanzen zur Gesamtadmittanz.*

Wegen Ungleichung (3.100) ist der Gesamtscheinleitwert Y von Parallelschaltungen im Allgemeinen *kleiner* als die Summe der Einzelscheinleitwerte Y_ν. Setzt man für die Admittanzen die entsprechenden Impedanzen ein, folgt aus Gl. (3.230) analog zu Gl. (2.95)

$$\frac{1}{\underline{Z}} = \sum_{\nu=1}^{n} \frac{1}{\underline{Z}_\nu} \tag{3.231}$$

und speziell für die Parallelschaltung von zwei Impedanzen $\underline{Z}_1$ und $\underline{Z}_2$ analog zu Gl. (2.100)

$$\underline{Z} = \underline{Z}_1 \,||\, \underline{Z}_2 = \frac{\underline{Z}_1 \cdot \underline{Z}_2}{\underline{Z}_1 + \underline{Z}_2} . \tag{3.232}$$

Beispiel 3.13: Strom durch eine Parallelschaltung mehrerer Impedanzen

Durch vier parallel geschaltete Impedanzen fließen beim Anlegen einer Sinusspannung folgende Ströme: $I_1 = 0{,}4\,\mathrm{A}$ bei $\cos\varphi_1 = 0{,}2$ induktiv, $I_2 = 0{,}8\,\mathrm{A}$ bei $\cos\varphi_2 = 1$, $I_3 = 0{,}7\,\mathrm{A}$ bei $\cos\varphi_3 = 0{,}7$ induktiv und $I_4 = 0{,}6\,\mathrm{A}$ bei $\cos\varphi_4 = 0{,}5$ kapazitiv.

Der Betrag des Gesamtstromes I und der Leistungsfaktor $\cos\varphi$ der Schaltung sollen berechnet werden.

Da nichts anderes vorgegeben ist, wird zweckmäßigerweise für die Spannung der Nullphasenwinkel $\varphi_\mathrm{u} = 0$ gewählt (s. Bild 3.39).

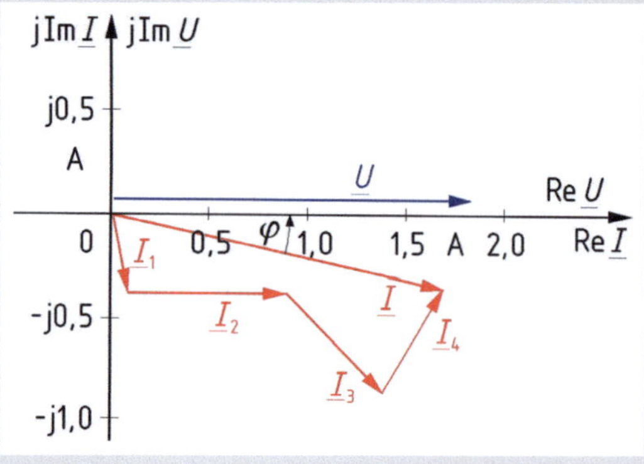

Bild 3.39: Addition von vier komplexen Strömen nach Beispiel 3.13

Für die Nullphasenwinkel der Ströme folgt dann aus Gl. (3.112)

$$\varphi_\mathrm{i} = \varphi_\mathrm{u} - \varphi = -\varphi$$

mit $\varphi > 0$ für ohmsch-induktive und $\varphi < 0$ für ohmsch-kapazitive Zweipole.

Man erhält, wie Bild 3.39 zeigt, aus der Summe der Ströme $\underline{I}_1 + \underline{I}_2 + \underline{I}_3 + \underline{I}_4$ den komplexen Gesamtstrom

$$\underline{I} \approx 0{,}4\,\mathrm{A}\,\mathrm{e}^{-\mathrm{j}\,78{,}46°} + 0{,}8\,\mathrm{A}\,\mathrm{e}^{\mathrm{j}\,0°} + 0{,}7\,\mathrm{A}\,\mathrm{e}^{-\mathrm{j}\,45{,}57°} + 0{,}6\,\mathrm{A}\,\mathrm{e}^{\mathrm{j}\,60°} \approx 1{,}71\,\mathrm{A}\,\mathrm{e}^{-\mathrm{j}\,12{,}6°}$$

mit dem gesuchten Betrag

$$I \approx 1{,}71\,\mathrm{A}$$

und den Leistungsfaktor der Parallelschaltung

$$\cos\varphi = \cos(-\varphi_\mathrm{i}) \approx \cos 12{,}56° \approx 0{,}976\,.$$

3.7.2.2 Stromteilerregel

In einer Parallelschaltung nach Bild 3.38 a) wird der Strom $\underline{I}$ in die Teilströme $\underline{I}_\nu$ aufgeteilt. Da in einer solchen Stromteilerschaltung alle Admittanzen $\underline{Y}_\nu = 1/\underline{Z}_\nu$ an der selben Spannung $\underline{U}$ liegen, lassen sich die Teilströme bzw. der Gesamtstrom als

$$\underline{I}_\nu = \underline{Y}_\nu\,\underline{U} \quad \text{bzw.} \quad \underline{I} = \underline{Y}\,\underline{U} \tag{3.233}$$

beschreiben. Hieraus folgt für das Verhältnis zweier Ströme analog zu Gl. (2.103)

$$\frac{\underline{I}_\mu}{\underline{I}_\nu} = \frac{\underline{Y}_\mu}{\underline{Y}_\nu} = \frac{\underline{Z}_\nu}{\underline{Z}_\mu} \tag{3.234}$$

bzw. speziell analog zu Gl. (2.104)

$$\frac{\underline{I}_\nu}{\underline{I}} = \frac{\underline{Y}_\nu}{\underline{Y}} = \frac{\underline{Z}}{\underline{Z}_\nu}\,. \tag{3.235}$$

Merke: *Bei einer Parallelschaltung von Admittanzen verhalten sich die komplexen Teilströme zueinander wie die Admittanzen, durch die sie fließen.*

Für den häufig auftretenden Spezialfall der *Parallelschaltung von zwei Impedanzen* $\underline{Z}_1 = 1/\underline{Y}_1$ und $\underline{Z}_2 = 1/\underline{Y}_2$ gilt speziell in Analogie zu Gl. (2.105)

$$\frac{\underline{I}_1}{\underline{I}} = \frac{\underline{Y}_1}{\underline{Y}} = \frac{\underline{Z}}{\underline{Z}_1}\,, \tag{3.236}$$

woraus mit Gl. (3.232) die zu Gl. (2.106) analoge Beziehung

$$\frac{\underline{I}_1}{\underline{I}} = \frac{\underline{Z}_2}{\underline{Z}_1 + \underline{Z}_2} \tag{3.237}$$

folgt. (Eine entsprechende Gleichung für das Verhältnis $\underline{I}_2/\underline{I}$ ergibt sich aus Gl. (3.237) durch Vertauschung der Indizes 1 und 2.)

Merke: *Bei einer Parallelschaltung von zwei Impedanzen verhält sich ein komplexer Teilstrom zum komplexen Gesamtstrom wie die Impedanz des anderen Zweiges zur Summe der Impedanzen beider Zweige.*

Durch Betragsbildung gemäß Gl. (3.98) erhält man aus den Gln. (3.234) bzw. (3.235)

$$\frac{I_\mu}{I_\nu} = \frac{Y_\mu}{Y_\nu} = \frac{Z_\nu}{Z_\mu} \tag{3.238}$$

bzw. speziell

$$\frac{I_\nu}{I} = \frac{Y_\nu}{Y} = \frac{Z}{Z_\nu}\,. \tag{3.239}$$

Merke: *Bei einer Parallelschaltung von Admittanzen verhalten sich die Effektivwerte der Teilströme zueinander wie die Scheinleitwerte, durch die sie fließen.*

3.7.2.3 Parallelschaltungen der Grundzweipole

In diesem Abschnitt wird das Sinusstromverhalten von GC-, GL- und GCL-Parallelschaltungen untersucht. Für jeden Schaltungstyp werden die Beziehung zwischen den Klemmengrößen sowie Impedanz, Admittanz, komplexe Leistung und Leistungsfaktor berechnet und die zugehörigen Zeigerdiagramme dargestellt.

Die Schaltungen werden wie in Abschnitt 3.7.1.3 in Form von drei Beispielen behandelt. Da der Lösungsweg bei allen Beispielen prinzipiell identisch ist, wird er nur beim ersten Beispiel ausführlich dargestellt und diskutiert.

In allen Schaltungen wird das Verbraucher-Zählpfeilsystem verwendet. Da in Parallelschaltungen alle Zweipole an der gleichen Spannung liegen, ist bei den U-I-Zeigerdiagrammen stets der Spannungszeiger der Bezugszeiger. Seine Lage wurde bewusst willkürlich gewählt.

Beispiel 3.14: Sinusstromverhalten von GC-Parallelschaltungen

Für die in Bild 3.40 a) dargestellte GC-Parallelschaltung sind mittels der komplexen Rechnung das Klemmenverhalten sowie Admittanz, Scheinleitwert, Impedanz, Scheinwiderstand, komplexe Leistung und Leistungsfaktor zu berechnen und mittels Zeigerdiagrammen darzustellen.

Aus den Gln. (3.156) und (3.161) sowie Gl. (3.188) folgen die Teilströme $\underline{I}_\mathrm{G} = G\,\underline{U}$ und $\underline{I}_\mathrm{C} = \mathrm{j}\omega\,C\,\underline{U}$ durch die beiden parallelen Zweige, deren Summe nach Gl. (3.207) den Gesamtstrom

$$\underline{I} = \underline{I}_\mathrm{G} + \underline{I}_\mathrm{C} = G\,\underline{U} + \mathrm{j}\omega C\,\underline{U} = (G + \mathrm{j}\omega C)\,\underline{U} \tag{3.240}$$

ergibt. Bild 3.40 b) zeigt das U-I-Zeigerdiagramm. Bezugszeiger ist die den beiden Zweigen gemeinsame Spannung $\underline{U}$. Die Lage dieses Zeigers ist wegen seines nicht bekannten Nullphasenwinkels frei wählbar. Der Strom $\underline{I}_\mathrm{G}$ durch den Wirkleitwert ist gleichphasig mit der Klemmenspannung, der Strom $\underline{I}_\mathrm{C}$ durch die Kapazität eilt der Klemmenspannung um 90° voraus.

Die Admittanz ist die Summe der Einzeladmittanzen

$$\underline{Y} = \underline{Y}_\mathrm{G} + \underline{Y}_\mathrm{C} = G + \mathrm{j}\omega C = Y\,\mathrm{e}^{\mathrm{j}\varphi_Y}\,. \tag{3.241}$$

Das in Bild 3.40 c) dargestellte Admittanzzeigerdiagramm ist zum U-I-Zeigerdiagramm kongruent, da sich beide nur um den komplexen Proportionalitätsfaktor $\underline{U}$ unterscheiden.

Der Betrag der Admittanz ist der Scheinleitwert

$$Y = \left|\underline{Y}\right| = \sqrt{G^2 + (\omega C)^2}\,,$$

ihr Argument

$$\varphi_\mathrm{Y} = \mathrm{Arctan}\,\frac{B}{G} = \mathrm{Arctan}\,\frac{\omega C}{G} > 0\,.$$

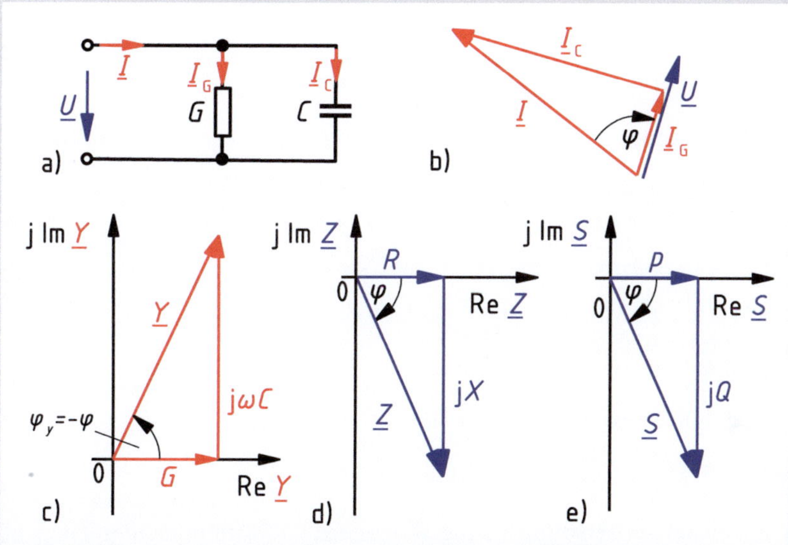

Bild 3.40: a) GC-Parallelschaltung mit b) Strom-Spannungs-Zeigerdiagramm und den Zeigerdiagrammen für c) die Admittanz, d) die Impedanz und e) die komplexe Leistung

Die Impedanz ist der Kehrwert der Admittanz

$$\underline{Z} = R + \mathrm{j}X = \frac{1}{\underline{Y}} = \frac{1}{G + \mathrm{j}\omega C} = \underbrace{\frac{G}{G^2 + \omega^2 C^2}}_{\mathrm{R}} + \mathrm{j}\,\underbrace{\frac{-\omega C}{G^2 + \omega^2 C^2}}_{\mathrm{X}} = \frac{1}{Y}\,\mathrm{e}^{-\mathrm{j}\varphi_\mathrm{Y}}\,. \tag{3.242}$$

Die Ersatzgrößen R und X sind offensichtlich sogar bei festen Werten G und C frequenzabhängig!

Das Argument der Impedanz ist der Phasenverschiebungswinkel

$$\varphi = \mathrm{Arctan}\,\frac{X}{R} = \mathrm{Arctan}\,\frac{-\omega C}{G} = -\mathrm{Arctan}\,\frac{\omega C}{G} = -\varphi_\mathrm{Y} < 0\,,$$

der bis auf das umgekehrte Vorzeichen mit dem Argument der Admittanz übereinstimmt. Das Impedanzzeigerdiagramm ist in Bild 3.40 d) dargestellt.

Aus Gl. (3.145) folgt mit Gl. (3.240) die komplexe Leistung in kartesischer Form

$$\underline{S} = \underline{U}\,\underline{I}^* = \underline{U}\,\underline{U}^*\,\underline{Y}^* = \underline{Y}^* U^2 = \underline{U}(G\,\underline{U} + \mathrm{j}\omega C\,\underline{U})^* = G\,U^2 - \mathrm{j}\omega C\,U^2 = P + \mathrm{j}\,Q \tag{3.243}$$

bzw. in Exponentialform

$$\underline{S} = S\,\mathrm{e}^{\mathrm{j}\varphi} = \sqrt{G^2 + \omega^2 C^2}\,U^2\,\mathrm{e}^{\mathrm{j}\varphi}\,.$$

Das Leistungszeigerdiagramm in Bild 3.40 e) ist kongruent zum Impedanzzeigerdiagramm in Bild 3.40 d), da $\underline{S} = \underline{Z}\, I^2$ mit $\underline{Z}$ aus Gl. (3.242) und I nach Gl. (3.240) gilt.

Der Leistungsfaktor des Zweipols ist

$$\cos\varphi = \frac{P}{S} = \frac{G}{\sqrt{G^2 + \omega^2 C^2}}\,.$$

Beispiel 3.15: Impedanz und Leistungsumsatz einer GC-Parallelschaltung

Der Ohmsche Widerstand $R_1 = 170\,\Omega$ und die Kapazität $C_2 = 25\,\mu\text{F}$ liegen gemäß Bild 3.40 a) parallel an einer Sinusspannung mit $U = 230\,\text{V}$, $f = 50\,\text{Hz}$.

Gesucht sind die Impedanz $\underline{Z}$ der Schaltung und die umgesetzte komplexe Leistung $\underline{S}$.

Nach Gl. (3.241) hat die Schaltung mit $G_1 = 1/R_1$ die Admittanz

$$\underline{Y} = G_1 + \mathrm{j}\omega C_2 = \frac{1}{170\,\Omega} + \mathrm{j}\,2\pi \cdot 50\,\text{Hz} \cdot 25\,\mu\text{F} \approx (5{,}882 + \mathrm{j}\,7{,}854)\,\text{mS}\,.$$

Hieraus folgt durch Kehrwertbildung die Impedanz

$$\underline{Z} = R + \mathrm{j}X = \frac{1}{\underline{Y}} \approx (61{,}1 - \mathrm{j}\,81{,}6)\,\Omega\,.$$

Der Wirkwiderstand der Schaltung beträgt $R \approx 61{,}1\,\Omega$ und stimmt nicht mit dem Ohmschen Widerstand $R_1 = 170\,\Omega$ überein. Auch der Blindwiderstand $X \approx -81{,}6\,\Omega$ der Schaltung ist nicht mit dem Blindwiderstand der Kapazität $X_2 = -1/(\omega C) \approx -127\,\Omega$ identisch.

Mit Gl. (3.243) erhält man die komplexe Leistung

$$\underline{S} = \underline{Y}^* U^2 = \frac{1}{R_1} U^2 - \mathrm{j}\omega C_2 U^2 \approx 311\,\text{W} - \mathrm{j}\,416\,\text{var}\,.$$

An der Schaltung wird Verbraucher-Zählpfeilsystem verwendet. Da die berechnete Wirkleistung einen positiven Zahlenwert hat, nimmt der Zweipol Wirkleistung auf. Da der Zahlenwert der Blindleistung negativ ist, gibt die Schaltung Blindleistung ab. Insgesamt wirkt sie also, wie nicht anders zu erwarten, ohmsch-kapazitiv.

Beispiel 3.16: Sinusstromverhalten von GL-Parallelschaltungen

Für die in Bild 3.41 a) dargestellte GL-Parallelschaltung sind mittels der komplexen Rechnung das Klemmenverhalten sowie Admittanz, Scheinleitwert, Impedanz, Scheinwiderstand, komplexe Leistung und Leistungsfaktor zu berechnen und mittels Zeigerdiagrammen darzustellen.

Die Summe der Teilströme $\underline{I}_\text{G} = G\,\underline{U}$ und $\underline{I}_\text{L} = \frac{1}{\mathrm{j}\omega L}\,\underline{U}$ ist der Gesamtstrom

$$\underline{I} = \underline{I}_\text{G} + \underline{I}_\text{L} = G\,\underline{U} + \frac{1}{\mathrm{j}\omega L}\,\underline{U}\,.$$

Das U-I-Zeigerdiagramm ist Bild 3.41 b) zu entnehmen. Bild 3.41 c) zeigt das Zeigerdiagramm der Admittanz

$$\underline{Y} = G + \mathrm{j}B = \frac{\underline{I}}{\underline{U}} = G + \mathrm{j}\,\frac{-1}{\omega L} = Y\,\mathrm{e}^{\mathrm{j}\varphi_{\mathrm{Y}}}.$$

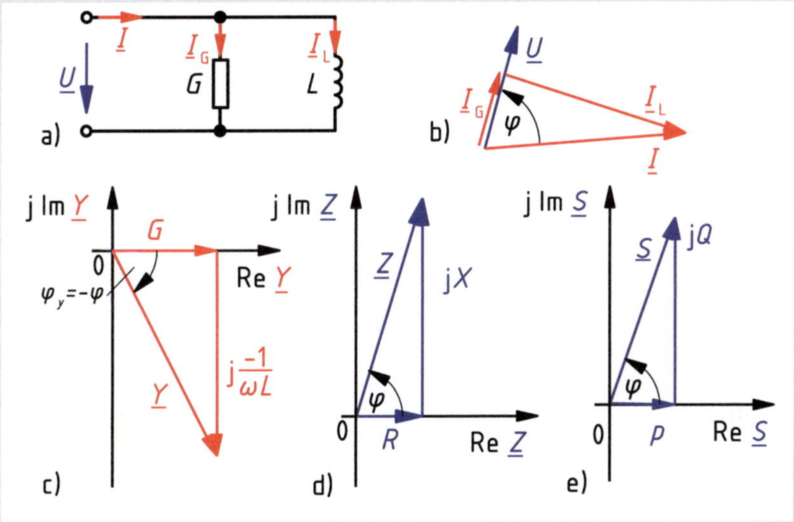

Bild 3.41: a) GL-Parallelschaltung mit b) Strom-Spannungs-Zeigerdiagramm und den Zeigerdiagrammen für c) die Admittanz, d) die Impedanz und e) die komplexe Leistung

Der Scheinleitwert ist

$$Y = \frac{I}{U} = \sqrt{G^2 + \frac{1}{(\omega L)^2}} \tag{3.244}$$

und das Argument der Admittanz

$$\varphi_{\mathrm{Y}} = \operatorname{Arctan}\frac{B}{G} = \operatorname{Arctan}\frac{-1}{\omega LG} = -\operatorname{Arctan}\frac{1}{\omega LG} < 0\,.$$

Mit Gl. (3.128) folgt hieraus der Phasenverschiebungswinkel

$$\varphi = -\varphi_{\mathrm{Y}} = \operatorname{Arctan}\frac{1}{\omega LG} > 0\,.$$

Für die Impedanz (s. Bild 3.41 d)) erhält man

$$\underline{Z} = R + \mathrm{j}X = \frac{1}{\underline{Y}} = \frac{1}{G + \mathrm{j}\,\frac{-1}{\omega L}} = \underbrace{\frac{G}{G^2 + \frac{1}{\omega^2 L^2}}}_{\mathrm{R}} + \mathrm{j}\,\underbrace{\frac{\frac{1}{\omega L}}{G^2 + \frac{1}{\omega^2 L^2}}}_{\mathrm{X}} = \frac{1}{Y}\,\mathrm{e}^{-\mathrm{j}\varphi_{\mathrm{Y}}}.$$

Die in Bild 3.41 e) dargestellte komplexe Leistung lautet in kartesischer Form

$$\underline{S} = \underline{U}\,\underline{I}^* = \underline{Y}^* U^2 = G\,U^2 + \mathrm{j}\,\frac{1}{\omega L}\,U^2 = P + \mathrm{j}Q$$

bzw. wegen $\underline{Y}^* = Y\,\mathrm{e}^{-\mathrm{j}\varphi_Y} = Y\,\mathrm{e}^{\mathrm{j}\varphi}$ mit Gl. (3.244) in der Exponentialform

$$\underline{S} = S\,\mathrm{e}^{\mathrm{j}\varphi} = \underline{Y}^* U^2 = \sqrt{G^2 + \frac{1}{\omega^2 L^2}}\,U^2\,\mathrm{e}^{\mathrm{j}\varphi}.$$

Der Leistungsfaktor des Zweipols ist

$$\cos\varphi = \frac{P}{S} = \frac{G}{\sqrt{G^2 + \frac{1}{\omega^2 L^2}}}.$$

Beispiel 3.17: Sinusstromverhalten von GCL-Parallelschaltungen

Für die in Bild 3.42 a) dargestellte GCL-Parallelschaltung sind mittels der komplexen Rechnung das Klemmenverhalten sowie Admittanz, Scheinleitwert, Impedanz, Scheinwiderstand, komplexe Leistung und Leistungsfaktor zu berechnen und mittels Zeigerdiagrammen darzustellen.

Die Teilströme $\underline{I}_\mathrm{G}$, $\underline{I}_\mathrm{C}$ und $\underline{I}_\mathrm{L}$ nach den Gln. (3.156), (3.161), (3.188) und (3.172) ergeben den in Bild 3.42 b) dargestellten Gesamtstrom

$$\underline{I} = \underline{I}_\mathrm{G} + \underline{I}_\mathrm{C} + \underline{I}_\mathrm{L} = G\,\underline{U} + \mathrm{j}\omega C\,\underline{U} + \frac{1}{\mathrm{j}\omega L}\,\underline{U} = \left[G + \mathrm{j}\left(\omega C - \frac{1}{\omega L}\right)\right]\underline{U}.$$

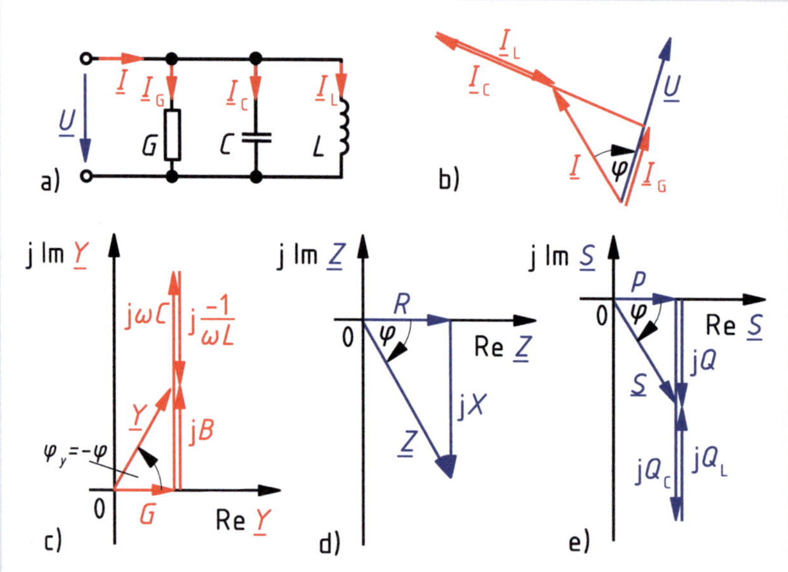

Bild 3.42: a) GCL-Parallelschaltung mit b) Strom-Spannungs-Zeigerdiagramm und den Zeigerdiagrammen für c) die Admittanz, d) die Impedanz und e) die komplexe Leistung

Die Admittanz (s. Bild 3.42 c)) des Zweipols ist

$$\underline{Y} = G + \mathrm{j}B = G + \mathrm{j}\omega C + \frac{1}{\mathrm{j}\omega L} = G + \mathrm{j}\left(\omega C - \frac{1}{\omega L}\right) = Y\,\mathrm{e}^{\mathrm{j}\varphi_\mathrm{Y}}, \tag{3.245}$$

der Scheinleitwert

$$Y = \frac{I}{U} = \sqrt{G^2 + \left(\omega C - \frac{1}{\omega L}\right)^2}$$

und das Argument der Admittanz

$$\varphi_\mathrm{Y} = \operatorname{Arctan}\frac{B}{G} = \operatorname{Arctan}\frac{\omega C - \frac{1}{\omega L}}{G}.$$

Hieraus folgt mit Gl. (3.61) der Phasenverschiebungswinkel

$$\varphi = -\varphi_\mathrm{Y} = \operatorname{Arctan}\frac{\frac{1}{\omega L} - \omega C}{G}.$$

Für die Impedanz (s. Bild 3.42 d)) erhält man

$$\underline{Z} = R + \mathrm{j}X = \frac{1}{\underline{Y}} = \underbrace{\frac{G}{G^2 + \left(\omega C - \frac{1}{\omega L}\right)^2}}_{\mathrm{R}} + \mathrm{j}\underbrace{\frac{\frac{1}{\omega L} - \omega C}{G^2 + \left(\omega C - \frac{1}{\omega L}\right)^2}}_{\mathrm{X}}.$$

Die komplexe Leistung setzt sich gemäß Bild 3.42 e) aus Wirkleistung P, induktiver Blindleistung Q_L und kapazitiver Blindleistung Q_C zusammen gemäß

$$\underline{S} = \underline{U}\,\underline{I}^* = \underline{Y}^* U^2 = G\,U^2 + \mathrm{j}\left(\frac{1}{\omega L}U^2 - \omega C\,U^2\right) = P + \mathrm{j}(Q_\mathrm{L} + Q_\mathrm{C}).$$

Hieraus folgt der Leistungsfaktor der Schaltung

$$\cos\varphi = \frac{P}{S} = \frac{G}{\sqrt{G^2 + \left(\frac{1}{\omega L} - \omega C\right)^2}}.$$

Aus Bild 3.42 b), c) und e) ist zu entnehmen, dass sich die induktiven und die kapazitiven Anteile bei Strom, Admittanz und Leistung teilweise kompensieren. *Der induktive und der kapazitive Teilstrom können daher größer sein als der Gesamtstrom!*

Im Fall $\omega C > \frac{1}{\omega L}$ überwiegt der kapazitive Blindleitwert; die Schaltung verhält sich dann *ohmsch-kapazitiv* und der Phasenverschiebungswinkel φ ist negativ wie in Bild 3.42.

Wenn $\frac{1}{\omega L} > \omega C$ ist, liegt *ohmsch-induktives* Verhalten mit positivem Phasenverschiebungswinkel φ vor.

Für $\omega C = \frac{1}{\omega L}$ verhält sich die Schaltung wie die RLC-Reihenschaltung nach Bild 3.36 rein ohmsch mit dem Phasenverschiebungswinkel $\varphi = 0$ und der Admittanz $\underline{Y} = G$.

In Abschnitt 5.2.4.2 wird diese Schaltung als *elementarer Parallelschwingkreis* aufgefasst und ihr frequenzabhängiges Verhalten untersucht.

3.8 Gemischte Schaltungen

Ebenso wie bei den Gleichstromnetzwerken behalten auch für Sinusstromnetzwerke die für Reihen- und Parallelschaltungen hergeleiteten Regeln ihre Gültigkeit, wenn die beteiligten Zweipole wiederum aus Reihen- bzw. Parallelschaltungen bestehen. Dies wird anhand der Beispiele 3.18 und 3.19 verdeutlicht.

Beispiel 3.18: Strom-Spannungs-Zeigerdiagramm und Admittanz einer gemischten Schaltung

Für den Zweipol in Bild 3.43 a) sollen das *qualitative* U-I-Zeigerdiagramm skizziert und die Admittanz $\underline{Y}$ in allgemeiner Form berechnet werden.

In der Aufgabenstellung sind keinerlei Zahlenwerte vorgegeben. Daher kann kein *quantitatives Zeigerdiagramm* gezeichnet werden, aus dem mittels geeigneter Maßstäbe die Zahlenwerte von Strömen und Spannungen abgelesen werden könnten. Vielmehr kann nur ein *qualitatives Zeigerdiagramm* erstellt werden, in dem die Längen der Ausgangszeiger willkürlich angenommen werden. Von diesen Ausgangszeigern ausgehend werden dann weitere Zeiger konstruiert, wobei bekannte Winkelbeziehungen zwischen Zeigern (z. B. Vor- oder Nacheilung um 90°) sowie die Addition von Zeigern auch quantitativ richtig eingezeichnet werden müssen.

Zeigerdiagramme für gemischte Schaltungen werden in der Regel „von innen nach außen" konstruiert, also beginnend mit dem Schaltungsteil, der strukturell (und daher oft auch zeichnerisch) am weitesten von den Klemmen entfernt ist.

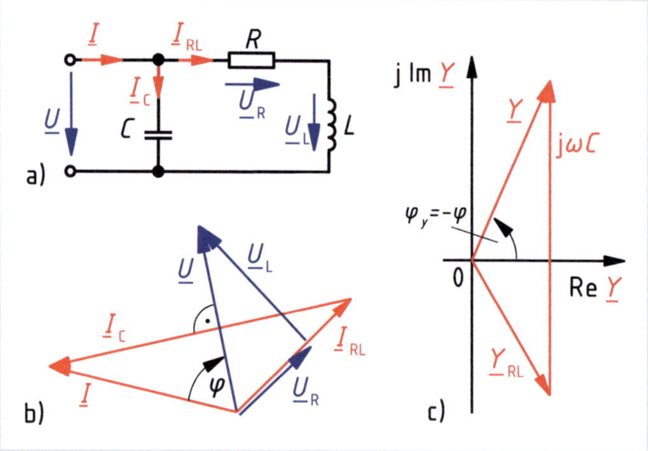

Bild 3.43: a) Gemischte Schaltung aus einer RL-Reihenschaltung mit dazu paralleler Kapazität C mit b) Strom-Spannungs-Zeigerdiagramm und c) Admittanzzeigerdiagramm

Der innerste Schaltungsteil ist der Zweig mit der RL-Reihenschaltung. Bezugszeiger in Reihenschaltungen ist der Strom. Daher zeichnet man einen willkürlich gewählten Stromzeiger $\underline{I}_{RL}$ und erhält entsprechend Bild 3.43 b) von diesem ausgehend die Zeiger der Teilspannungen

$\underline{U}_R$ (gleichphasig) und $\underline{U}_L$ (um 90° voreilend) und die Gesamtspannung

$$\underline{U} = \underline{U}_R + \underline{U}_L = R\,\underline{I}_{RL} + j\omega L\,\underline{I}_{RL}\,.$$

Da diese auch an der Kapazität liegt, folgt nach Gl. (3.188) der gegenüber der Gesamtspannung um 90° voreilende Strom durch die Kapazität

$$\underline{I}_C = j\omega C\,\underline{U}$$

und mit diesem der Gesamtstrom

$$\underline{I} = \underline{I}_{RL} + \underline{I}_C\,.$$

Die Admittanz der Schaltung

$$\underline{Y} = \frac{1}{R + j\omega L} + j\omega C \tag{3.246}$$

ist die Summe des Kehrwertes der Impedanz der RL-Reihenschaltung nach Gl. (3.224) und der Admittanz der Kapazität nach Gl. (3.194), wie in Bild 3.43 c) dargestellt.

Die Zeigerdiagramme der Ströme in Bild 3.43 b) und der Admittanzen in Bild 3.43 c) sind kongruent.

Ob der Zweipol ohmsch-induktiv ($\varphi > 0$), rein ohmsch ($\varphi = 0$) oder wie in Bild 3.44 ohmsch-kapazitiv ($\varphi < 0$) wirkt, hängt von R, L und C sowie der Kreisfrequenz ω ab.

Beispiel 3.19: Strom-Spannungs-Zeigerdiagramm und Impedanz einer gemischten Schaltung

Für den Zweipol in Bild 3.44 a) sollen das *qualitative* U-I-Zeigerdiagramm skizziert und die Impedanz $\underline{Z}$ in allgemeiner Form berechnet werden.

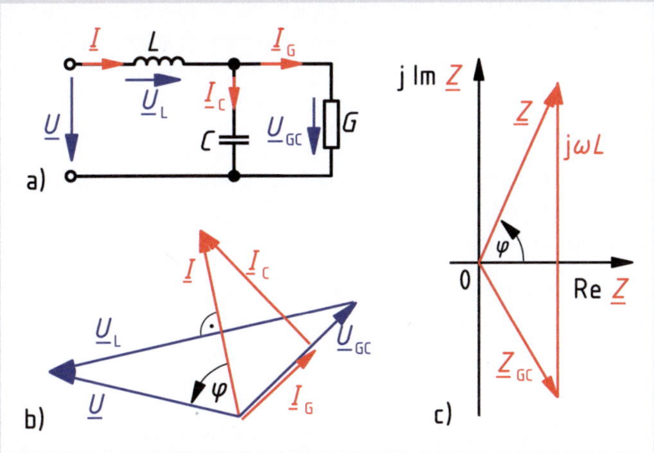

Bild 3.44: a) Reihenschaltung einer GC-Parallelschaltung und einer Induktivität L mit b) Strom-Spannungs-Zeigerdiagramm und c) Impedanzzeigerdiagramm

Der innerste Schaltungsteil ist hier die GC-Parallelschaltung. Bezugszeiger in Parallelschaltungen ist die Spannung. Ausgehend von der in Bild 3.44 b) willkürlich gewählten Spannung $\underline{U}_{\mathrm{GC}}$ erhält man aus den Teilströmen $\underline{I}_{\mathrm{G}}$ (gleichphasig) und $\underline{I}_{\mathrm{C}}$ (um 90° voreilend) den Gesamtstrom

$$\underline{I} = \underline{I}_{\mathrm{G}} + \underline{I}_{\mathrm{C}} = G\,\underline{U}_{\mathrm{GC}} + \mathrm{j}\omega C\,\underline{U}_{\mathrm{GC}}\,.$$

Hieraus folgt die dem Strom um 90° voreilende Spannung an der Induktivität

$$\underline{U}_{\mathrm{L}} = \mathrm{j}\omega L\,\underline{I}$$

und die Gesamtspannung

$$\underline{U} = \underline{U}_{\mathrm{GC}} + \underline{U}_{\mathrm{L}}\,.$$

Die Impedanz der Schaltung

$$\underline{Z} = \frac{1}{G + \mathrm{j}\omega C} + \mathrm{j}\omega L \tag{3.247}$$

ist die Summe des Kehrwertes der Admittanz der GC-Parallelschaltung nach Gl. (3.242) und der Impedanz der Induktivität nach Gl. (3.173). Bild 3.44 c) zeigt das Impedanzzeigerdiagramm des Schaltung.

Die Zeigerdiagramme der Spannungen in Bild 3.44 b) und der Impedanzen in Bild 3.44 c) sind kongruent.

Ob der Zweipol an seinen Klemmen ohmsch-induktiv ($\varphi > 0$) wie in Bild 3.44, rein ohmsch ($\varphi = 0$) oder ohmsch-kapazitiv ($\varphi < 0$) wirkt, hängt von den Werten G, C und L sowie der Kreisfrequenz ω ab.

3.9 Analogien zwischen Gleich- und Sinusstromnetzwerken

Für geeignet modellierte Sinusstromnetzwerke gelten nach Abschnitt 3.6 die Kirchhoffschen Gesetze in analoger Form wie für Gleichstromnetzwerke. Deshalb sind zur Berechnung von Strömen und Spannungen sowie von Gesamtimpedanzen und –admittanzen in Sinusstromnetzwerken die gleichen Regeln anzuwenden wie bei Gleichstromnetzwerken, was bereits in den Abschnitten 3.7 und 3.8 für Reihen- und Parallelschaltungen sowie gemischte Schaltungen gezeigt wurde.

Um weitere in Kapitel 2 für Gleichstromnetzwerke beschriebene Berechnungsverfahren für Sinusstromnetzwerke übernehmen zu können, sind die in Tabelle 3.3 aufgeführten Gleichgrößen durch die entsprechenden komplexen Größen zu ersetzen. Zu diesen Verfahren gehören

- die Berechnung *ein- und mehrstufiger Spannungsteiler* analog zu Abschnitt 2.2.5,
- die Berechnung von *Brückenschaltungen* analog zu Abschnitt 2.2.6,
- die *Stern-Dreieck-Transformation* und *Dreieck-Stern-Transformation* passiver Zweipole analog zu Abschnitt 2.2.7
- sowie alle Verfahren zur *Berechnung linearer Netzwerke* analog zu Abschnitt 2.4,

die daher nicht nochmals grundlegend behandelt zu werden brauchen.

Die in Tabelle 3.3 aufgeführten Entsprechungen können problemlos zur Berechnung von komplexen Strömen und Spannungen sowie Impedanzen und Admittanzen in Sinusstromnetzwerken verwendet werden. Sie dürfen jedoch *nicht* zur Berechnung von Leistungen in Sinusstromnetzwerken genutzt werden: Während das Produkt der Klemmengrößen U und I in Gleichstromnetzwerken die über die Klemmen transportierte elektrische Leistung $P = U\,I$ beschreibt, ist das formal analoge Produkt $\underline{S} = \underline{U}\,\underline{I}$ sinnlos. Vielmehr entspricht der Gleichung $P = U\,I$ für Gleichstromnetzwerke die Gleichung $\underline{S} = \underline{U}\,\underline{I}^*$ zur Berechnung der komplexen Leistung bei Sinusstromnetzwerken.

Tabelle 3.3: Einander entsprechende Größen bei der Berechnung von Gleichstrom- und Sinusstromnetzwerken

Gleichstromnetzwerke		Sinusstromnetzwerke	
Gleichspannung	U	komplexe Spannung	$\underline{U}$
Gleichstrom	I	komplexer Strom	$\underline{I}$
Gleichstromwiderstand	R	komplexer Widerstand, Impedanz	$\underline{Z}$
Gleichstromleitwert	G	komplexer Leitwert, Admittanz	$\underline{Y}$

Die Beispiele 3.20 und 3.21 zur Stern-Dreieck-Transformation sollen die Anwendung der in Tabelle 3.3 aufgeführten Analogien, aber auch deren Grenzen, aufzeigen.

Beispiel 3.20: Umrechnung einer Π-Schaltung in eine äquivalente T-Schaltung

Wegen der Anordnung der drei Zweipole in dem Zweitor in Bild 3.45 a) wird eine solche Schaltungsstruktur als Π-Schaltung bezeichnet. Der Wirkwiderstand $R = 5\,\mathrm{k\Omega}$ und die Blindwiderstände $X_\mathrm{L} = \omega L = 10\,\mathrm{k\Omega}$ und $X_\mathrm{C} = -\frac{1}{\omega C} = -20\,\mathrm{k\Omega}$ bei der betrachteten Betriebsfrequenz sind gegeben.

Gesucht sind die Elemente der *T-Schaltung* nach Bild 3.45 b), die gleiches Klemmenverhalten aufweist.

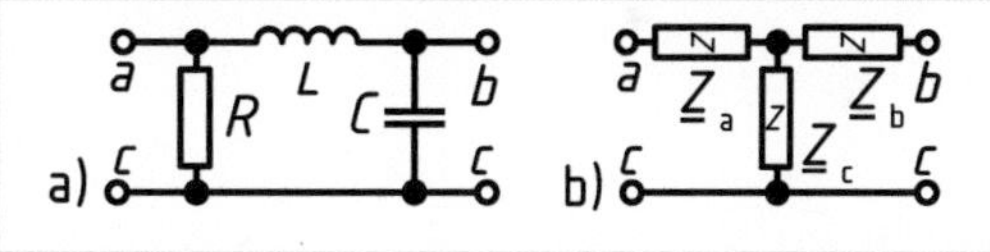

Bild 3.45: a) Zweitor in Π-Schaltung und b) T-Ersatzschaltung

Beide Schaltungen in Bild 3.45 können nicht nur als Zweitore, sondern auch als Dreipole mit den Klemmen a, b und c aufgefasst werden. Die Π-Schaltung ist eine Dreieck-, die T-Schaltung eine Sternschaltung. Unter Beachtung von Tabelle 3.3 sind daher die Gln. (2.134) bis (2.136) für die *Dreieck-Stern-Transformation* anwendbar und man erhält

$$\underline{Z}_\mathrm{a} = \frac{\mathrm{j}X_\mathrm{L}R}{R+\mathrm{j}X_\mathrm{L}+\mathrm{j}X_\mathrm{C}} = \frac{\mathrm{j}\,50\,\mathrm{k\Omega}^2}{(5-\mathrm{j}\,10)\,\mathrm{k\Omega}} = (-4+\mathrm{j}\,2)\,\mathrm{k\Omega}\,,$$

$$\underline{Z}_\mathrm{b} = \frac{\mathrm{j}X_\mathrm{L}\,\mathrm{j}X_\mathrm{C}}{R+\mathrm{j}X_\mathrm{L}+\mathrm{j}X_\mathrm{C}} = \frac{200\,\mathrm{k\Omega}^2}{(5-\mathrm{j}\,10)\,\mathrm{k\Omega}} = (8+\mathrm{j}\,16)\,\mathrm{k\Omega}\,,$$

$$\underline{Z}_\mathrm{c} = \frac{\mathrm{j}X_\mathrm{C}R}{R+\mathrm{j}X_\mathrm{L}+\mathrm{j}X_\mathrm{C}} = \frac{-\mathrm{j}\,100\,\mathrm{k\Omega}^2}{(5-\mathrm{j}\,10)\,\mathrm{k\Omega}} = (8-\mathrm{j}\,4)\,\mathrm{k\Omega}\,.$$

Wegen ihres negativen Realteils ist die Impedanz $\underline{Z}_\mathrm{a}$ nicht realisierbar. Trotzdem bildet die T-Schaltung nach Bild 3.45 b) mit den oben berechneten Werten das Klemmenverhalten der gegebenen Π-Schaltung *für die betrachtete Betriebsfrequenz* richtig nach.

Da die Blindwiderstände der Induktivität und der Kapazität in Bild 3.45 a) frequenzabhängig sind, gelten die berechneten Werte nur für diese eine Frequenz. Dies ist ein fundamentaler Unterschied gegenüber der Gleichstromtechnik, in der eine Netzwerkumformung wie die hier betrachtete *uneingeschränkte* Äquivalenz bedeutet. Auf diese Problematik wird in Abschnitt 3.12.4.1 näher eingegangen.

Beispiel 3.21: Klemmenverhalten einer Sinusstrom-Brückenschaltung

Die Brückenschaltung in Bild 3.46 a) enthält den Wirkwiderstand $R = 5\,\mathrm{k\Omega}$ und die Blindwiderstände $X_\mathrm{L} = \omega L = 10\,\mathrm{k\Omega}$ und $X_\mathrm{C} = -\frac{1}{\omega C} = -20\,\mathrm{k\Omega}$. Sie liegt an einer Sinusspannung mit $U = 100\,\mathrm{V}$.

Gesucht sind der Klemmenstrom $\underline{I}$ und seine Phasenverschiebung gegenüber der Klemmenspannung $\underline{U}$.

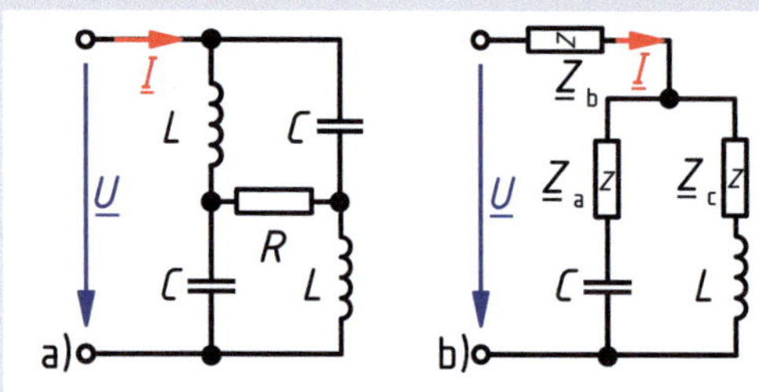

Bild 3.46: a) Sinusstrom-Brückenschaltung mit b) Ersatzschaltung

Die obere Dreieckschaltung in Bild 3.46 a) kann wie in Beispiel 3.20 in die äquivalente Sternschaltung umgewandelt werden, sodass sich die Schaltung in Bild 3.46 b) mit der Impedanz

$$\underline{Z} = \underline{Z}_\mathrm{b} + \frac{1}{\frac{1}{\underline{Z}_\mathrm{a} + \mathrm{j}X_\mathrm{C}} + \frac{1}{\underline{Z}_\mathrm{c} + \mathrm{j}X_\mathrm{L}}}$$

ergibt. Mit den vorgegebenen sowie den in Beispiel 3.20 berechneten Werten ergibt sich

$$\underline{Z} = (8 + \mathrm{j}\,16)\,\mathrm{k\Omega} + \frac{1}{\frac{1}{(-4+\mathrm{j}\,2)\,\mathrm{k\Omega} - \mathrm{j}\,20\,\mathrm{k\Omega}} + \frac{1}{(8-\mathrm{j}\,4)\,\mathrm{k\Omega} + \mathrm{j}\,10\,\mathrm{k\Omega}}} \approx (22{,}5 + \mathrm{j}\,17{,}5)\,\mathrm{k\Omega}\,.$$

Hieraus folgt der komplexe Strom

$$\underline{I} = \frac{\underline{U}}{\underline{Z}} = \frac{\underline{U}}{(22{,}5 + \mathrm{j}\,17{,}5)\,\mathrm{k\Omega}} \approx \frac{100\,\mathrm{V}\,\mathrm{e}^{\mathrm{j}\varphi_\mathrm{u}}}{28{,}5\,\mathrm{k\Omega}\,\mathrm{e}^{\mathrm{j}\,37{,}87^\circ}} \approx 3{,}51\,\mathrm{mA}\,\mathrm{e}^{\mathrm{j}(\varphi_\mathrm{u} - 37{,}9^\circ)}.$$

Der Klemmenstrom hat also den Effektivwert 3,51 mA und eilt der Klemmenspannung um 37,9° nach.

3.10 Dualitätsbeziehungen bei Sinusstromnetzwerken

Die Rechengänge in den Beispielen 3.18 und 3.19 weisen hinsichtlich der *Struktur* der auftretenden *Gleichungen* eine sehr große Ähnlichkeit auf. Das liegt daran, dass die zugehörigen Schaltungen *dual* zueinander sind: Bild 3.43 a) zeigt die Parallelschaltung einer Kapazität C und einer RL-Reihenschaltung, während in Bild 3.44 a) die Reihenschaltung einer Induktivität L und einer GC-Parallelschaltung dargestellt ist.

Tabelle 3.4: Duale Entsprechungen in Sinusstromnetzwerken

Schaltungen und Schaltungselemente	Ringschaltung (Masche)		Sternschaltung (Knoten)	
	Reihenschaltung		Parallelschaltung	
	Leerlauf		Kurzschluss	
	ideale Spannungsquelle		ideale Stromquelle	
Duale Größen	komplexe Spannung	$\underline{U}$	komplexer Strom	$\underline{I}$
	Effektivwert	U	Effektivwert	I
	Nullphasenwinkel	φ_{u}	Nullphasenwinkel	φ_{i}
	komplexer Widerstand, Impedanz	$\underline{Z}$	komplexer Leitwert, Admittanz	$\underline{Y}$
	Scheinwiderstand	Z	Scheinleitwert	Y
	Argument	φ	Argument	φ_{Y}
	Wirkwiderstand	R	Wirkleitwert	G
	Blindwiderstand	X	Blindleitwert	B
	Induktivität	L	Kapazität	C
Invariante Größen	Frequenz		f	
	Kreisfrequenz		ω	
	Energie		W	
	Scheinleistung		S	
	Wirkleistung		P	
	Leistungsfaktor		$\cos\varphi$	
Teilinvariante Größen	komplexe Leistung	$\underline{S}$	Konjugiert komplexe Leistung	$\underline{S}^*$
	Blindleistung	Q	negative Blindleistung	$-Q$
	Phasenverschiebungswinkel	φ	negativer Phasenverschiebungswinkel	$-\varphi$

Die beiden Schaltungen mitsamt den zugehörigen Rechengängen lassen sich durch einen Austausch der *dualen Schaltungsstrukturen, Zweipoltypen* und *Größen* nach Tabelle 3.4 ineinander überführen. Die Gln. (3.246) und (3.247) zeigen die Entsprechungen besonders deutlich. An diesen beiden Gleichungen ist auch gut zu erkennen, dass die Kreisfrequenz ω jeweils unverändert bleibt. Sie gehört zu den *invarianten Größen*, die sich bei der Überführung einer Gleichung in die hierzu duale Gleichung nicht ändern.

Besonders zu beachten sind die Zusammenhänge zwischen den *teilinvarianten Größen*, bei denen sich Größen entsprechen, die bzgl. ihres Vorzeichens nicht übereinstimmen: Das Argument der komplexen Leistung $\underline{S} = U\,I\,\mathrm{e}^{\mathrm{j}\varphi}$ stimmt mit dem Phasenverschiebungswinkel φ überein, der auch das Argument der Impedanz $\underline{Z} = Z\,\mathrm{e}^{\mathrm{j}\varphi}$ ist.

Die Anwendung der dualen Entsprechungen nach Tabelle 3.4 führt wegen der Korrespondenz

$$\varphi \leftrightarrow \varphi_Y = -\varphi ,$$

zu der Korrespondenz

$$\underline{S} = U\,I\,e^{j\varphi} \leftrightarrow I\,U\,e^{-j\varphi} = \underline{S}^*,$$

aus der die Korrespondenz

$$\operatorname{Im}\underline{S} = Q \leftrightarrow \operatorname{Im}\underline{S}^* = -Q$$

folgt.

Beispiel 3.22: Anwendung der Dualitätsbeziehungen bei der Schaltungsanalyse

Gegeben ist die RL-Reihenschaltung in Bild 3.47 a). Für diese Schaltung sind in allgemeiner Form zu berechnen

a) der Phasenverschiebungswinkel φ und der Leistungsfaktor $\cos\varphi$ sowie Wirkleistung P und Blindleistung Q für den Fall, dass
b) der Effektivwert des Stromes I bzw.
c) der Effektivwert der Spannung U bekannt ist.

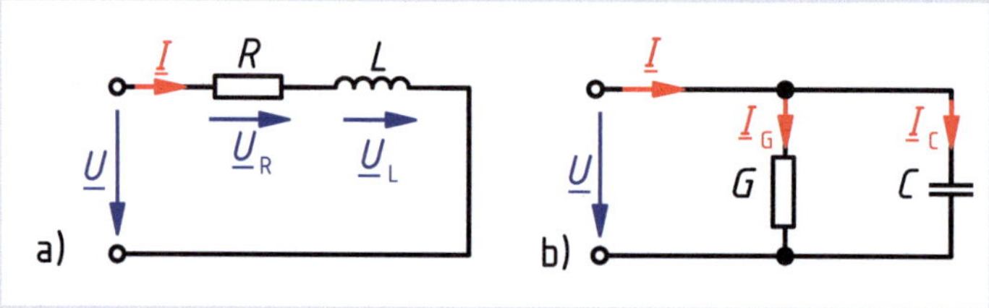

Bild 3.47: Beispiel für duale Schaltungen: a) RL-Reihenschaltung und b) GC-Parallelschaltung

Mittels Tabelle 3.4 sind anschießend die Ergebnisse auf die hierzu duale Schaltung in Bild 3.47 b) zu übertragen.

a) Für den Phasenverschiebungswinkel und den Leistungsfaktor der RL-Reihenschaltung gilt

$$\varphi = \operatorname{Arctan}\frac{\operatorname{Im}\underline{Z}}{\operatorname{Re}\underline{Z}} = \operatorname{Arctan}\frac{\omega L}{R} \quad \text{und} \quad \cos\varphi = \frac{\operatorname{Re}\underline{Z}}{|\underline{Z}|} = \frac{R}{\sqrt{R^2+\omega^2L^2}} .$$

b) Aus der komplexen Leistung nach Gl. (3.225)

$$\underline{S} = \underline{Z}\,I^2 = (R + j\omega L)I^2 = R\,I^2 + j\omega L\,I^2 = P + j\,Q$$

folgen die Wirkleistung $P = R\,I^2$ und die Blindleistung $Q = \omega L\,I^2$.

c) Aus dem gegebenen Effektivwert der Spannung U folgt der Effektivwert des Stromes

$$I = \frac{U}{Z} = \frac{U}{\sqrt{R^2+\omega^2L^2}} .$$

Aus $\underline{S} = \underline{Z}\,I^2$ ergeben sich die komplexe Leistung sowie Wirk- und Blindleistung

$$\underline{S} = \frac{R\,U^2}{R^2+\omega^2L^2} + \mathrm{j}\,\frac{\omega L\,U^2}{R^2+\omega^2L^2}\,, \quad P = \frac{R\,U^2}{R^2+\omega^2L^2}\,, \quad Q = \frac{\omega L\,U^2}{R^2+\omega^2L^2}\,.$$

Übertragung der Ergebnisse mittels Tabelle 3.4 auf die Schaltung in 3.47 b):

a) Aufgrund der dualen Entsprechungen erhält man für das Argument der Admittanz, also den *negativen* Phasenverschiebungswinkel

$$\varphi_Y = \operatorname{Arctan}\frac{\omega C}{G} \quad \text{und daraus} \quad \varphi = -\varphi_Y = -\operatorname{Arctan}\frac{\omega C}{G}$$

und für den Leistungsfaktor

$$\cos\varphi = \frac{G}{\sqrt{G^2+\omega^2C^2}}\,.$$

b) Aus der *konjugiert komplexen* Leistung

$$\underline{S}^* = \underline{Y}\,U^2 = (G+\mathrm{j}\omega C)\,U^2 = G\,U^2 + \mathrm{j}\omega C\,U^2 = P - \mathrm{j}\,Q$$

folgt die Wirkleistung $P = G\,U^2$ und die Blindleistung $Q = -\omega C\,U^2$.

c) Bei gegebenem Strom gilt für die konjugiert komplexe Leistung sowie für Wirk- und Blindleistung

$$\underline{S}^* = \frac{G\,I^2}{G^2+\omega^2C^2} + \mathrm{j}\,\frac{\omega C\,I^2}{G^2+\omega^2C^2}\,, \quad P = \frac{G\,I^2}{G^2+\omega^2C^2}\,, \quad Q = \frac{-\omega C\,I^2}{G^2+\omega^2C^2}\,.$$

3.11 Leistung in Sinusstromnetzwerken

3.11.1 Addition von Leistungen, Leistungsbilanzen

Die von einem Zweipol über seine Klemmen mit der Umgebung ausgetauschte Leistung ist in Analogie zur Leistungsberechnung bei Gleichstromnetzwerken durch den aus den Klemmengrößen $\underline{U}$ und $\underline{I}$ berechneten Wert der komplexen Leistung zusammen mit dem verwendeten Zählpfeilsystem eindeutig ermittelbar. Die Interpretation, ob der Zweipol Leistung aufnimmt oder abgibt, muss im Unterschied zu Gleichstromnetzwerken jedoch nun *getrennt* für die Wirkleistung und die Blindleistung entsprechend Abschnitt 2.1.4.3 erfolgen.

Ist ein betrachteter Zweipol eine Zusammenschaltung beliebig vieler Einzelzweipole, ergibt die *Summe* der für die Einzelzweipole berechneten komplexen Leistungen nur dann die vom Zweipol umgesetzte komplexe Gesamtleistung, wenn an allen Einzelzweipolen das gleiche Zählpfeilsystem wie am Gesamtzweipol verwendet wird. Anderenfalls sind die Zahlenwerte der komplexen Leistungen für diejenigen Einzelzweipole *abzuziehen*, an denen ein anderes Zählpfeilsystem als am Gesamtzweipol verwendet wird.

Im Falle eines einheitlich gewählten Zählpfeilsystems gilt

$$P = \sum_{\nu=1}^{n} P_\nu \tag{3.248}$$

und

$$Q = \sum_{\nu=1}^{n} Q_\nu \,. \tag{3.249}$$

Die induktive und die kapazitive Blindleistung haben nach Abschnitt 3.4 bei gleichem Zählpfeilsystem entgegengesetzte Vorzeichen. Enthält eine Schaltung sowohl Induktivitäten als auch Kapazitäten, ist der *Betrag* der Gesamtblindleistung Q stets kleiner als die Summe der *Beträge* der einzelnen induktiven und kapazitiven Blindleistungen Q_L und Q_C. Diese Tatsache wird bei der *Blindleistungskompensation* genutzt (s. Abschnitt 3.11.2). Aus den Gln. (3.248) und (3.249) folgt wegen

$$\underline{S} = \sum_{\nu=1}^{n} (P_\nu + \mathrm{j}\, Q_\nu) = \sum_{\nu=1}^{n} P_\nu + \mathrm{j} \sum_{\nu=1}^{n} Q_\nu = P + \mathrm{j}\, Q$$

auch

$$\underline{S} = \sum_{\nu=1}^{n} \underline{S}_\nu \tag{3.250}$$

Für Sinusstromnetzwerke können *Leistungsbilanzen* analog zu Abschnitt 2.1.4.6 sowohl für die *Wirkleistungen* als auch für die *Blindleistungen* und daher auch für die *komplexen Leistungen* aufgestellt werden. Leistungsbilanzen für *Scheinleistungen* sind *nicht* möglich, da Scheinleistungen, wie bereits in Abschnitt 3.4.2 erwähnt, weder aufgenommen noch abgegeben, sondern nur umgesetzt werden können und stets ein positives Vorzeichen haben.

Beispiel 3.23: Leistungen in einer gemischten Schaltung

Betrachtet wird die Schaltung in Bild 3.48 a) mit $R = 60\,\Omega$, $L = 300\,\mathrm{mH}$ und $C = 57\,\mu\mathrm{F}$. Die Schaltung wird an einer Sinusspannung mit $U = 230\,\mathrm{V}$ und $f = 50\,\mathrm{Hz}$ betrieben.

Gesucht sind die Wirk- und Blindleistungen der einzelnen Zweipole sowie Wirk- und Blindleistung der Gesamtschaltung.

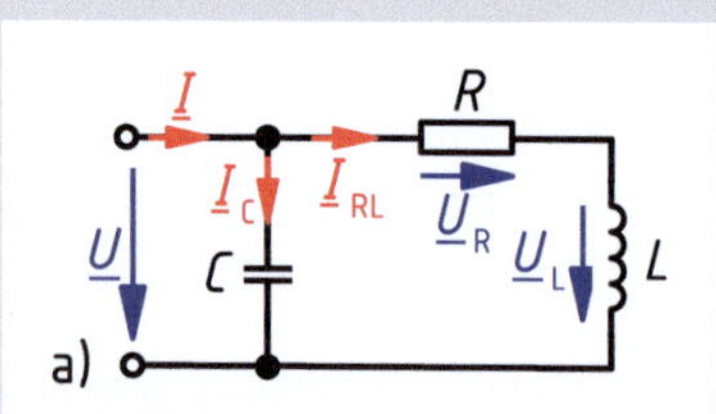

Bild 3.48: a) Kombinierte Reihen- und Parallelschaltung dreier Zweipole und b) zugehöriges Leistungszeigerdiagramm

Der Effektivwert des Stromes durch die RL-Reihenschaltung ist nach Gl. (3.223)

$$I_\mathrm{RL} = \frac{U}{\sqrt{R^2 + \omega^2 L^2}} = \frac{230\,\mathrm{V}}{\sqrt{(60\,\Omega)^2 + (100\,\pi\,\mathrm{s}^{-1} \cdot 300\,\mathrm{mH})^2}} \approx 2{,}059\,\mathrm{A}\,.$$

Nach Gl. (3.225) gilt für die komplexe Leistung der RL-Reihenschaltung

$$\underline{S}_{\mathrm{RL}} = \underline{Z}_{\mathrm{RL}} I_{\mathrm{RL}}^2 = R I_{\mathrm{RL}}^2 + \mathrm{j}\omega L I_{\mathrm{RL}}^2 = P_{\mathrm{R}} + \mathrm{j}\, Q_{\mathrm{L}}\,.$$

Der Berechnung komplexer Leistungen mittels der Gleichungen $\underline{S} = \underline{Z}\, I^2$ oder $\underline{S} = \underline{Y}^* U^2$ liegt implizit immer das Verbraucher-Zählpfeilsystem (VZS) zugrunde (s. entsprechende Anmerkung unter Gl. (2.59)).

Am Widerstand wird VZS verwendet und der Zahlenwert der Wirkleistung ist positiv. Daher nimmt der Widerstand R die Wirkleistung

$$P_{\mathrm{R}} = R I_{\mathrm{RL}}^2 \approx 60\,\Omega \cdot (2{,}059\,\mathrm{A})^2 \approx 254\,\mathrm{W}$$

auf.

Da an der Induktivität ebenfalls VZS verwendet wird und der Zahlenwert der Blindleistung positiv ist, nimmt die Induktivität L die Blindleistung

$$Q_{\mathrm{L}} = \omega L I_{\mathrm{RL}}^2 \approx 100\,\pi\,\mathrm{s}^{-1} \cdot 300\,\mathrm{mH} \cdot (2{,}059\,\mathrm{A})^2 \approx 400\,\mathrm{var}$$

auf. An der Kapazität wird ebenfalls VZS verwendet. Also nimmt sie nach Gl. (3.142) und (3.194) die komplexe Leistung

$$\underline{S}_{\mathrm{C}} = \underline{Y}^* U^2 = -\mathrm{j}\omega C\, U^2$$

auf. Diese Leistung besteht nur aus dem Blindanteil

$$Q_{\mathrm{C}} = \mathrm{Im}(\underline{S}_{\mathrm{C}}) = -\omega C\, U^2 = -100\,\pi\,\mathrm{s}^{-1} \cdot 57\,\mu\mathrm{F} \cdot (230\,\mathrm{V})^2 \approx -947\,\mathrm{var}\,,$$

dessen Vorzeichen negativ ist. Die Kapazität nimmt −947 var auf, gibt also +947 var ab.

Für die komplexe Gesamtleistung folgt aus der komponentenweisen Addition von $\underline{S}_{\mathrm{RL}}$ und $\underline{S}_{\mathrm{C}}$ nach Bild 3.48 b)

$$\underline{S} = \underline{S}_{\mathrm{RL}} + \underline{S}_{\mathrm{C}} = P_{\mathrm{R}} + \mathrm{j}\,(Q_{\mathrm{L}} + Q_{\mathrm{C}}) \approx 254\,\mathrm{W} + \mathrm{j}\,(400 - 947)\,\mathrm{var} = 254\,\mathrm{W} - \mathrm{j}\,547\,\mathrm{var}\,.$$

Die von der Schaltung insgesamt aufgenommene Wirkleistung ist mit der im (einzigen) Wirkwiderstand R umgesetzten Leistung P_{R} identisch. Die Gesamtblindleistung $Q = -\mathrm{j}\,548\,\mathrm{var}$ ist negativ. Die Schaltung nimmt Wirkleistung auf und gibt Blindleistung ab, wirkt also ohmsch-kapazitiv.

3.11.2 Blindleistungskompensation

Die Wirkleistung $P = U I \cos\varphi$ beschreibt die Leistung, die ein Zweipol *im zeitlichen Mittel* über seine Klemmen mit der Umgebung *in einer Richtung* austauscht. Bei passiven Zweipolen wird diese Leistung immer aufgenommen und z. B. in Wärme oder mechanische Leistung umgesetzt.

Bild 3.49 a) (ohne die Kapazität C) zeigt einen ohmsch-induktiven Verbraucher an einer Sinusspannung $\underline{U}$. Der Strom $\underline{I}$, der durch den Verbraucher fließt, lässt sich gemäß Bild 3.49 b) in zwei Anteile zerlegen: den mit $\underline{U}$ gleichphasigen *Wirkstrom* $\underline{I}_{\mathrm{w}}$ mit dem Betrag $I_{\mathrm{w}} = I \cos\varphi$ und den um +90° oder −90° gegenüber $\underline{U}$ phasenverschobenen *Blindstrom* $\underline{I}_{\mathrm{b}}$ mit dem Betrag $I_{\mathrm{b}} = I\,|\sin\varphi\,|$.

Der Wirkstrom würde zur Erzeugung der *Wirkleistung* im Verbraucher ausreichen. Der Blindstrom bewirkt nur eine über die Klemmen des Verbrauchers *pendelnde Blindleistung* $Q = U I \sin\varphi$.

Obwohl die Blindleistung Q *zur Energieübertragung keinen Beitrag liefert*, führt der mit ihr verbundene Blindstrom I_{b} dazu, dass der durch den Verbraucher fließende Strom I größer ist als der

Wirkstrom I_W. Ein größerer Strom verursacht aber größere *Stromwärmeverluste* in Zuleitung und Erzeuger oder erfordert dickere und damit teurere Zuleitungen und größere Generatoren, um die zulässigen Erwärmungen (z. B. in Kabeln und in den Generatorwicklungen) und die zulässigen Spannungsabfälle nicht zu überschreiten. Daher liegt es im Interesse von Energieversorgungsunternehmen, den vom Generator gelieferten Gesamtstrom möglichst auf den Wirkstromanteil $\underline{I}_W$ zu reduzieren. Hierzu muss die Blindleistung möglichst nah an den Verbrauchern *kompensiert* werden, damit der Blindstromanteil das Versorgungsnetz nicht belastet. Die zu kompensierende Blindleistung ist in der Praxis meist induktiv.

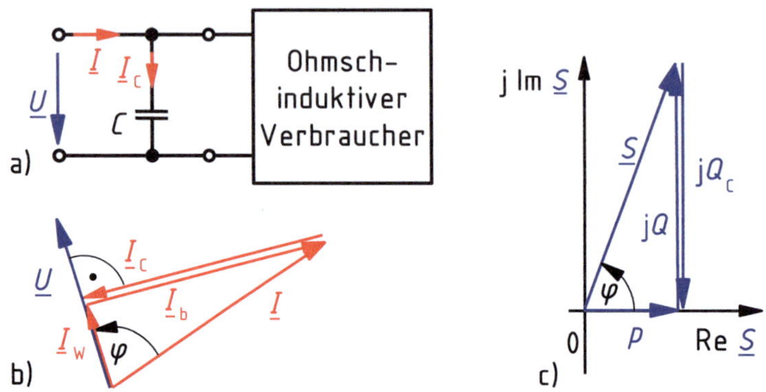

Bild 3.49: a) Ohmsch-induktiver Verbraucher mit parallelgeschalteter Kapazität C zur vollständigen Blindleistungskompensation,
b) Strom-Spannungs- und
c) Leistungszeigerdiagramm

Zur Kompensation induktiver Blindleistung werden ein oder mehrere *Kompensationskondensatoren* mit der Kapazität C nach Bild 3.49 a) *parallel zum Verbraucher* geschaltet. Der Verbraucher liegt somit weiter an der Versorgungsspannung $\underline{U}$. Die Kapazität C ist für eine *vollständige* Kompensation so zu bemessen, dass die Summe der induktiven Verbraucherblindleistung Q_L und der Blindleistung $Q_C = -\omega C\, U^2$ des Kompensationskondensators wie in Bild 3.49 c)

$$Q_L + Q_C = Q_L - \omega C\, U^2 = 0$$

ergibt. Die zur *Vollkompensation* erforderliche Kapazität ist also

$$C = \frac{Q_L}{\omega U^2}\,. \tag{3.251}$$

Große kapazitive Blindleistungen werden durch rotierende *Blindleistungsgeneratoren*, die auch als *Phasenschieber* bezeichnet werden, erzeugt [Fis11], [FH05]. Moderne elektronische Wechselrichter, wie sie z. B. in Windenergie- und Photovoltaikanalgen eingesetzt werden, sind auch in der Lage, steuerbare Blindleistung zu liefern und spielen damit diesbezüglich eine wichtige Rolle für die Stabilität heutiger Energieversorgungsnetze [OS16].

Eine Blindleistungskompensation durch *Reihenschaltung* einer Kapazität zum Verbraucher ist in der Regel *nicht* ratsam (Ausnahme s. Beispiel 3.25), da hierdurch ein *Reihenschwingkreis* (s. Abschnitt 5.2.4.1) entsteht, der nahe seiner Resonanzfrequenz betrieben wird, wodurch an den Klemmen des zu kompensierenden Verbrauchers eine Spannung auftritt, die nach Abschnitt 3.7.1.3 ein Vielfaches der Versorgungsspannung betragen kann.

In der Praxis wird meist nur eine Kompensation auf $\cos\varphi \approx 0{,}9$ angestrebt. Dadurch wird das Auftreten gefährlicher Resonanzerscheinungen zwischen Verbraucher und parallel liegendem Kompensationskondensator vermieden und der finanzielle Aufwand für die Kompensationseinrichtung verringert.

Größere Betriebe verfügen meist in der Schaltanlage über eine umschaltbare *Kondensatorbatterie*, deren Teile je nach dem aktuellen Leistungsfaktor der Verbraucher zu- oder abgeschaltet werden können. Große Versorgungsbereiche werden durch eigene Blindleistungsgeneratoren kompensiert.

Große Energieversorgungsnetze, über die zeitweise kaum elektrische Energie transportiert wird, z. B. innerhalb großer Unternehmen in Phasen ruhenden Fertigungsbetriebs, können wegen der parasitären Kapazitäten der *Kabel* und *Freileitungen* kapazitiv wirken. Zur Kompensation der benötigten kapazitiven Blindleistung, die als *Ladeleistung* bezeichnet wird, ist dann *induktive* Blindleistung erforderlich.

Beispiel 3.24: Blindleistungskompensation eines Wechselstrommotors

Ein Wechselstrommotor gibt eine mechanische Leistung von 1 kW bei einem elektromechanischen Wirkungsgrad von 85 % ab, sein Leistungsfaktor ist $\cos\varphi = 0{,}75$. Der Motor liegt an einem Sinusspannungsnetz mit $U = 230\,\mathrm{V}$, $f = 50\,\mathrm{Hz}$.

Welche Kapazität muss zum Motor parallel geschaltet werden, um seine Blindleistung vollständig zu kompensieren? Welche Stromreduzierung wird dadurch erreicht?

Der Motor nimmt die elektrische Wirkleistung

$$P = P_{\mathrm{mech}}/\eta = 1\,\mathrm{kW}/0{,}85 \approx 1{,}18\,\mathrm{kW}$$

auf. Die von ihm umgesetzte Scheinleistung beträgt

$$S = P/\cos\varphi \approx (1{,}18/0{,}75)\ \mathrm{kVA} \approx 1{,}57\,\mathrm{kVA}$$

und der Betrag der von ihm umgesetzten Blindleistung

$$|Q| = \sqrt{S^2 - P^2} = \sqrt{\left(\frac{P}{\cos\varphi}\right)^2 - P^2} = P\sqrt{\frac{1}{\cos^2\varphi} - 1} \approx 1{,}04\,\mathrm{kvar}\,.$$

Da Motoren induktive Verbraucher sind, ist der berechnete Betrag der Blindleistung gleich der aufgenommenen Blindleistung. Zur vollständigen Kompensation dieser Blindleistung ist ein Kondensator erforderlich, der die gesamte vom Motor benötigte Blindleistung liefert, also nach Gl. (3.251) die Kapazität

$$C = \frac{Q}{\omega U^2} \approx \frac{1{,}04\,\mathrm{kvar}}{100\,\pi\,\mathrm{s}^{-1}\cdot(230\,\mathrm{V})^2} \approx 63\,\mu\mathrm{F}$$

hat. Unkompensiert nimmt der Motor aus dem Netz den Strom

$$I = S/U \approx 1{,}57\,\mathrm{kVA}/230\,\mathrm{V} \approx 6{,}8\,\mathrm{A}$$

auf. Nach der Vollkompensation reduziert sich der Strom auf den Wirkanteil

$$I_{\mathrm{w}} = P/U = (S/U)\cos\varphi \approx 1{,}18\,\mathrm{kW}/230\,\mathrm{V} \approx 6{,}8\mathrm{A}\cdot 75\,\% = 5{,}1\,\mathrm{A}\,,$$

also auf den durch $\cos\varphi$ gegeben Anteil, hier um 25 %.

Beispiel 3.25: Betriebsschaltungen von Leuchtstofflampen

Eine Leuchtstofflampe wird am Wechselstromnetz mit $U = 230\,\text{V}$, $f = 50\,\text{Hz}$ betrieben. Zur Stabilisierung des Arbeitspunktes (s. Abschnitt 2.5.3) durch Begrenzung des Betriebsstromes (und zur Erzeugung der Zündspannung für die Lampe bei Betriebsbeginn) wird eine *Drosselspule* in Reihe mit der Leuchtstofflampe geschaltet. Beim Betriebsstrom $I_1 = 0{,}4\,\text{A}$ durch die Reihenschaltung nimmt die Leuchtstofflampe die Leistung $P_\text{L} = 40\,\text{W}$ bei $\cos\varphi_\text{L} = 1$ auf, die Drossel verursacht die Verlustleistung $P_\text{D} = 10{,}6\,\text{W}$.

Obwohl Leuchtstofflampen nichtlineare Bauteile sind (in der Umgebung ihres Arbeitspunktes weisen sie eine fallende U-I-Kennlinie auf), wird das Klemmenverhalten der hier betrachteten Leuchtstofflampe durch einen linearen Wirkwiderstand R_L modelliert. Die in konventionellen Leuchtstofflampen-Schaltungen verwendeten Eisendrosseln sind stark nichtlinear. Dennoch wird die Drossel durch die Reihenschaltung der linearen Induktivität L_D und des linearen Widerstandes R_D modelliert.

Das Klemmenverhalten der Leuchtstofflampe mit der Drossel wird somit durch die lineare Ersatzschaltung gemäß Bild 3.50 a) beschrieben, deren Impedanz mit $\underline{Z}_1$ bezeichnet wird. Diese linearisierte Beschreibung des stark nichtlinearen Schaltungsverhaltens ermöglicht einerseits, die Schaltung mittels der komplexen Rechnung zu analysieren, andererseits dürfen die Ergebnisse dieser Berechnungen nur als Näherungslösungen betrachtet werden.

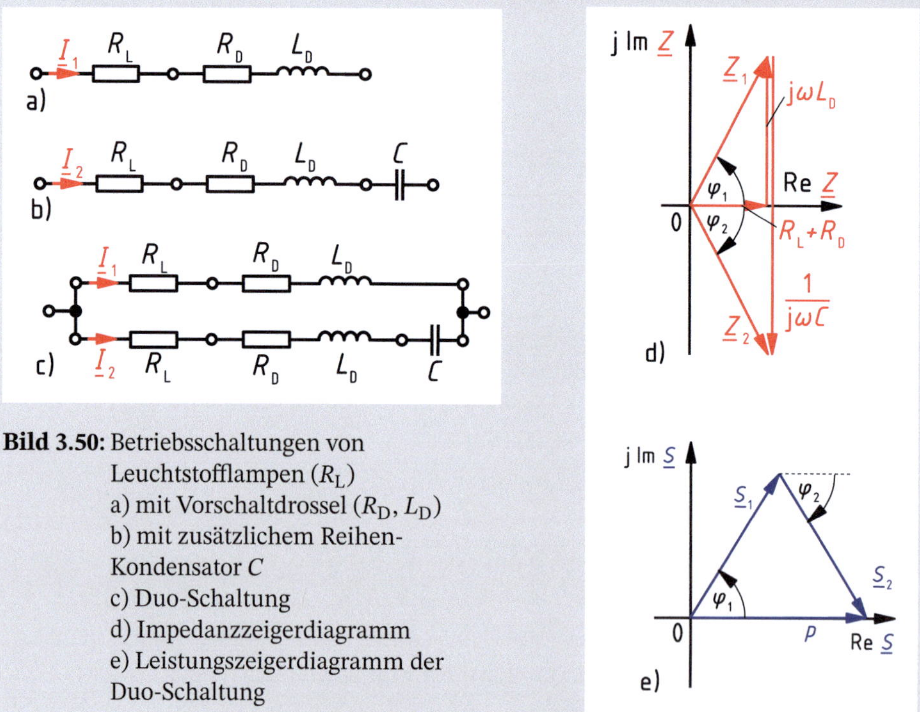

Bild 3.50: Betriebsschaltungen von Leuchtstofflampen (R_L)
a) mit Vorschaltdrossel (R_D, L_D)
b) mit zusätzlichem Reihen-Kondensator C
c) Duo-Schaltung
d) Impedanzzeigerdiagramm
e) Leistungszeigerdiagramm der Duo-Schaltung

a) Wie groß sind die Schein-, Wirk- und Blindleistung sowie der Leistungsfaktor dieser Schaltung?

Mit der umgesetzten Scheinleistung

$$S_1 = U\,I_1 = 230\,\text{V} \cdot 0{,}4\,\text{A} = 92\,\text{VA}$$

und der insgesamt aufgenommenen Wirkleistung

$$P_1 = P_\text{L} + P_\text{D} = 50{,}6\,\text{W}$$

ergibt sich der Betrag der Blindleistung

$$|\,Q_1\,| = \sqrt{S_1^2 - P_1^2} \approx 76{,}84\,\text{var}\,.$$

Da bekannt ist, dass die Schaltung durch die Drossel ohmsch-induktiv wirkt, nimmt sie $Q_\text{D} = 76{,}84\,\text{var}$ Blindleistung auf. Der Leistungsfaktor der Betriebsschaltung ist

$$\cos\varphi_1 = P_1/S_1 = 0{,}55\,.$$

b) Wie groß sind die Induktivität und der Scheinwiderstand der Drosselspule sowie die über ihr abfallende Spannung?

Aus Gl. (3.183) folgt die Induktivität

$$L_\text{D} = \frac{Q_\text{D}}{\omega I_1^2} \approx \frac{76{,}84\,\text{var}}{100\,\pi\,\text{s}^{-1} \cdot (0{,}4\,\text{A})^2} \approx 1{,}53\,\text{H}\,.$$

Aus $Z_\text{D}\,I_1^2 = S_\text{D} = \sqrt{P_D^2 + Q_D^2}$ folgt der Scheinwiderstand der Drossel

$$Z_\text{D} = \frac{\sqrt{P_D^2 + Q_D^2}}{I_1^2} \approx \frac{\sqrt{(10{,}6\,\text{W})^2 + (76{,}84\,\text{var})^2}}{(0{,}4\,\text{A})^2} \approx 485\,\Omega$$

und daraus die über ihr abfallende Spannung

$$U_\text{D} = Z_\text{D}\,I_1 \approx 194\,\text{V}\,.$$

c) Zu dieser Schaltung wird als Vorbereitung für Aufgabenteil d) gemäß Bild 3.50 b) ein (als verlustlos angenommener) Kondensator *in Reihe* geschaltet, dessen Kapazität C so zu dimensionieren ist, dass die Gesamtschaltung kapazitiv wirkt, der Scheinwiderstand Z_2 aber den Wert Z_1 aus Fall a) beibehält. Dann ändern sich der Strom und der Leistungsfaktor ebenfalls nicht, d. h. es gilt $I_2 = I_1$ und $\cos\varphi_2 = \cos\varphi_1$.

Nach Bild 3.50 d) ist diese Bedingung nur zu erfüllen, wenn $\varphi_2 = -\varphi_1$ und $\underline{Z}_2 = \underline{Z}_1^*$ werden. Dies wird erreicht, wenn $X_\text{C} + 2X_\text{D} = 0$, d. h. $1/(\omega C) = 2\,\omega L_\text{D}$ ist. Hieraus folgt die Kapazität

$$C = \frac{1}{2\,\omega^2 L_\text{D}} \approx \frac{1}{2 \cdot (100\,\pi\,\text{s}^{-1})^2 \cdot 1{,}53\,\text{H}} \approx 3{,}3\,\mu\text{F}\,.$$

d) Wie groß sind die insgesamt aufgenommene Wirk- und Blindleistung, wenn eine Schaltung nach Bild 3.50 a) und eine Schaltung nach Bild 3.50 b) als *Duo-Schaltung* nach Bild 3.50 c) parallelgeschaltet werden?

Die komplexen Leistungen $\underline{S}_1$ der Schaltung 3.50 a) und $\underline{S}_2$ der Schaltung 3.50 b) sind ebenso wie die zugehörigen Impedanzen $\underline{Z}_1$ und $\underline{Z}_2$ zueinander konjugiert komplex und addieren sich daher nach Bild 3.50 e) zu

$$\underline{S} = \underline{S}_1 + \underline{S}_2 = (P_1 + \mathrm{j}\,Q_1) + (P_1 - \mathrm{j}\,Q_1) = 2P_1 = 101{,}2\,\mathrm{W} + \mathrm{j}\,0\,\mathrm{var}\,.$$

Die Wirkleistung verdoppelt sich beim Betrieb zweier Lampen auf $P = 101{,}2\,\mathrm{W}$. Die Blindleistung reduziert sich bei der Duo-Schaltung rechnerisch auf $Q = 0\,\mathrm{var}$. Tatsächlich wird auch eine optimal kompensierte Duo-Schaltung wegen des nicht sinusförmigen Klemmenstromes noch *Verzerrungsblindleistung* (s. Abschnitt 7.2.4.2) verursachen.

e) Die Bedingung $X_\mathrm{C} + 2X_\mathrm{D} = 0$ aus c) führt zu

$$U_\mathrm{C} = Z_\mathrm{C} I_1 = I_1(1/(\omega C)) \approx 384\,\mathrm{V}\,.$$

Die Spannung liegt also weit über der Spannung des Versorgungsnetzes und ist bei der Auswahl des Kondensators zu berücksichtigen. Der durch die Induktivität einer Drossel und die Kapazität des Kompensationskondensators gebildete *Reihenschwingkreis* (s. Abschnitt 5.2.4.1) wird in der Nähe seiner Resonanzfrequenz, die bei 71 Hz liegt, betrieben, wodurch diese Spannungsüberhöhung begründet werden kann.

3.11.3 Leistungsanpassung

Ebenso wie bei Gleichspannungsquellen ist auch bei Sinusspannungsquellen die verfügbare (d. h. maximal abgebbare) Leistung in der Praxis begrenzt. Dies trifft auch auf das Energieversorgungsnetz in Westeuropa zu, wurde hier aber im Allgemeinen nicht wahrgenommen, weil das Netz in der Vergangenheit so leistungsfähig war, dass die Versorgungsspannung – zumindest näherungsweise – als starr, d. h. belastungsunabhängig, angesehen werden konnte.

Bei einzeln betriebenen Sinusspannungsquellen, z. B. bei Labornetzgeräten oder Signalgeneratoren, ist dies nicht der Fall. Vielmehr muss hier die Abhängigkeit der Klemmenspannung von der Belastung berücksichtigt werden. Analog zum Gleichstromkreis, s. Gln. (2.38) und (2.39), gilt bei Sinusstromkreisen für das Modell der *Ersatz-Spannungsquelle* mit der *Innenimpedanz* $\underline{Z}_\mathrm{i}$ bzw. der *Ersatz-Stromquelle* mit der *Innenadmittanz* $\underline{Y}_\mathrm{i}$ (Ersatzschaltungen analog zu den Bildern 2.24 und 2.25)

$$\underline{U} = \underline{U}_0 - \underline{Z}_\mathrm{i}\underline{I} \tag{3.252}$$

bzw.

$$\underline{I} = \underline{I}_\mathrm{k} - \underline{Y}_\mathrm{i}\underline{U}\,. \tag{3.253}$$

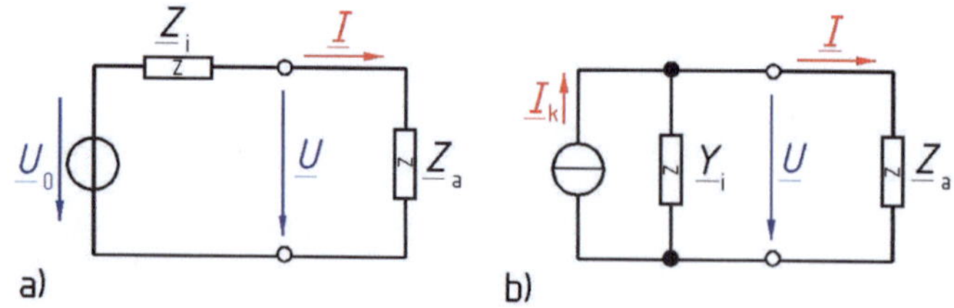

Bild 3.51: Modelle für die belastete lineare Sinusquelle
a) Ersatz-Spannungsquelle und b) Ersatz-Stromquelle

Wird nach Bild 3.51 a) die lineare Quelle an eine Lastimpedanz $\underline{Z}_a$ angeschlossen, fließt der Strom

$$\underline{I} = \frac{\underline{U}_0}{\underline{Z}_i + \underline{Z}_a} = \frac{U_0\, e^{j\varphi_{u0}}}{(R_i + jX_i) + (R_a + jX_a)} \tag{3.254}$$

mit dem Betrag

$$I = \frac{U_0}{\sqrt{(R_i + R_a)^2 + (X_i + X_a)^2}} \,.$$

Nach Gl. (3.141) wird an die Lastimpedanz $\underline{Z}_a = R_a + jX_a$ die Wirkleistung

$$P = R_a I^2 = \frac{R_a\, U_0^2}{(R_i + R_a)^2 + (X_i + X_a)^2} \tag{3.255}$$

abgegeben. Damit sie maximal wird, muss der Nenner des Bruches von Gl. (3.255) minimal werden. Dazu muss offensichtlich der Blindwiderstand X_a der Last die *1. Anpassungsbedingung*

$$X_a = -X_i \tag{3.256}$$

erfüllen. Die abgegebene Wirkleistung hat dann den Wert

$$P_1 = \frac{R_a\, U_0^2}{(R_i + R_a)^2} \,. \tag{3.257}$$

Den Wirkwiderstand R_a, für den die abgegebene Leistung P_1 maximal wird, erhält man, wenn Gl. (3.257) nach R_a abgeleitet und der Differenzialquotient gleich null gesetzt wird:

$$\frac{dP_1}{dR_a} = \frac{(R_i + R_a)^2 - 2R_a(R_i + R_a)}{(R_i + R_a)^4}\, U_0^2 = 0$$

Aus $(R_i + R_a)^2 = 2R_a(R_i + R_a)$ folgt die *2. Anpassungsbedingung*

$$R_a = R_i \,. \tag{3.258}$$

Die maximal abgebbare (verfügbare) Leistung der Quelle ergibt sich damit aus Gl. (3.257) zu

$$P_{max} = \frac{U_0^2}{4R_i} \,. \tag{3.259}$$

Sie wird dann abgegeben, wenn sowohl Gl. (3.256) als auch Gl. (3.258) erfüllt sind. Beide Gleichungen lassen sich zu der *komplexen Anpassungsbedingung*

$$\underline{Z}_a = R_i - jX_i = \underline{Z}_i^* \tag{3.260}$$

zusammenfassen. Eine entsprechende Rechnung für die Ersatz-Stromquelle nach Bild 3.51 b) führt zum gleichen Ergebnis $\underline{Z}_a = 1/\underline{Y}_i^*$.

3.11.4 Leistungsmessung

Die Wirkleistung P kann nach Abschnitt 3.4.1 mit einer Schaltung gemäß Bild 2.60 gemessen werden. Für sinusförmige Ströme und Spannungen wird dann nach den Gln. (3.145) und (3.148) der Wert

$$P = U\,I\,\cos\varphi = \mathrm{Re}\,(\underline{U}\,\underline{I}^*) \tag{3.261}$$

angezeigt. Für die Blindleistung gilt nach den Gln. (3.145), (3.149) und (3.89)

$$Q = U\,I\,\sin\varphi = \mathrm{Im}\,(\underline{U}\,\underline{I}^*) = \mathrm{Re}\left(\frac{\underline{U}}{\mathrm{j}}\,\underline{I}^*\right). \tag{3.262}$$

Der Vergleich mit Gl. (3.261) ergibt, dass das Wattmeter dann die Blindleistung Q anzeigt, wenn an seine Spannungsklemmen statt der Spannung $\underline{U}$ die Spannung $\underline{U}/\mathrm{j}$, also eine um 90° nacheilende Spannung angelegt wird.

Beispiel 3.26: Blindleistungsmessung unter Verwendung der Hummel-Schaltung

Ein *elektrodynamisches Wattmeter* kann zur Wirkleistungsmessung (s. Bild 2.60) verwendet werden, weil sein Strompfad vom Verbraucherstrom i (oder einem Teil dieses Stromes) und sein Spannungspfad von einem Strom i_3 durchflossen wird, der der Verbraucherspannung u proportional ist. Wegen seiner *mechanischen Trägheit* zeigt das *multiplizierende Messwerk* dann einen Wert an, der *proportional* ist zu

$$\overline{i\,i_3} \sim \overline{i\,u} = \overline{p} = P\,.$$

Entsprechend ist nach Gl. (3.262) für sinusförmige Ströme und Spannungen die Messung der Blindleistung Q möglich, wenn am Spannungspfad eine um 90° gegenüber der Verbraucherspannung u nacheilende Spannung und ein ebenso nacheilender Strom i_3 erzeugt wird.

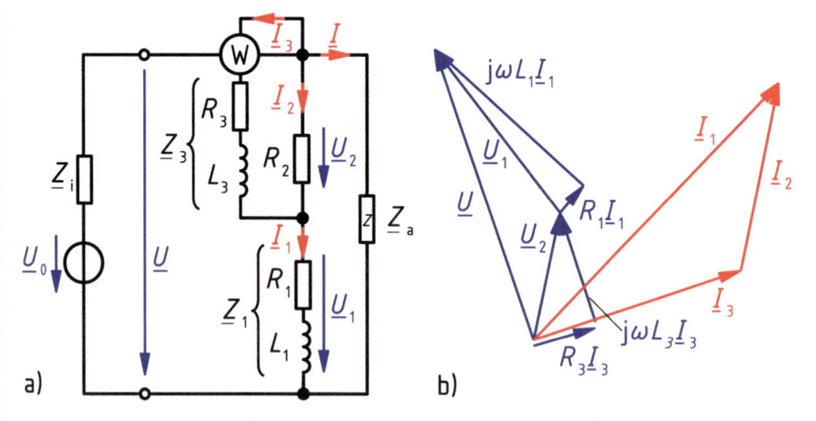

Bild 3.52: Blindleistungsmessung unter Verwendung der Hummel-Schaltung
a) Schaltung, b) Strom-Spannungs-Zeigerdiagramm

Hierfür kann die Hummel-Schaltung nach Bild 3.52 a) verwendet werden. Die Induktivität L_3 und der Widerstand R_3 modellieren die elektrischen Eigenschaften des Spannungspfades des

Leistungsmessers. Damit in Reihe geschaltet ist eine Spule mit der Induktivität L_1 und dem Widerstand R_1.

Der Widerstand R_2 soll so dimensioniert werden, dass der Strom i_3 der Spannung u um 90° nacheilt.

Nach Gl. (3.87) lautet die aufgestellte Bedingung mit komplexen Größen

$$\underline{U} = \mathrm{j}k\underline{I}_3 \quad \text{bzw.} \quad \frac{\underline{U}}{\underline{I}_3} = \mathrm{j}k \quad \text{bzw.} \quad \mathrm{Re}\frac{\underline{U}}{\underline{I}_3} = 0\,.$$

Mit $\underline{U}_2 = \underline{Z}_3\underline{I}_3$ gilt nach der Spannungsteilerregel Gl. (3.219)

$$\frac{\underline{U}}{\underline{U}_2} = \frac{\underline{U}}{\underline{Z}_3\underline{I}_3} = \frac{\underline{Z}_1 + \frac{1}{\frac{1}{R_2}+\frac{1}{\underline{Z}_3}}}{\frac{1}{\frac{1}{R_2}+\frac{1}{\underline{Z}_3}}} = \underline{Z}_1\left(\frac{1}{R_2} + \frac{1}{\underline{Z}_3}\right) + 1\,.$$

Hieraus folgt

$$\frac{\underline{U}}{\underline{I}_3} = \frac{\underline{Z}_1\underline{Z}_3}{R_2} + \underline{Z}_1 + \underline{Z}_3$$

und nach Einsetzen der gegebenen Größen

$$\frac{\underline{U}}{\underline{I}_3} = \frac{1}{R_2}(R_1 + \mathrm{j}\omega L_1)(R_3 + \mathrm{j}\omega L_3) + R_1 + \mathrm{j}\omega L_1 + R_3 + \mathrm{j}\omega L_3\,.$$

Nach Aufspalten in Real- und Imaginärteil

$$\frac{\underline{U}}{\underline{I}_3} = \frac{R_1 R_3 - \omega^2 L_1 L_3}{R_2} + R_1 + R_3 + \mathrm{j}\omega\left(\frac{R_1 L_3}{R_2} + \frac{R_3 L_1}{R_2} + L_1 + L_3\right)$$

folgt, da der Realteil null sein muss,

$$\frac{R_1 R_3 - \omega^2 L_1 L_3}{R_2} = -(R_1 + R_3)$$

und schließlich

$$R_2 = \frac{\omega^2 L_1 L_3 - R_1 R_3}{R_1 + R_3}\,.$$

Für diesen Wert von R_2 ergibt sich, wie in Bild 3.52 b) gezeigt, die geforderte Phasenverschiebung von 90° zwischen dem Strom $\underline{I}_3$ und der Spannung $\underline{U}$, sodass der vom Wattmeter angezeigte Wert der Blindleistung Q proportional ist.

3.12 Ersatzschaltungen realer passiver Zweipole

In den Abschnitten 3.7 und 3.8 wird gezeigt, wie das Klemmenverhalten von beliebig kompliziert aufgebauten linearen passiven Zweipolen bei Sinusstrom durch einen Ersatzzweipol (mit frequenzabhängigen Parametern) nachgebildet werden kann. Daher muss es umgekehrt auch möglich sein, das Klemmenverhalten eines beliebigen gegebenen passiven Zweipols bei Sinusstrom und einer bestimmten Frequenz durch eine Reihen- oder eine Parallelschaltung von idealisierten Grundzweipolen zumindest näherungsweise nachzubilden.

Vor der Betrachtung verschiedener Strukturen von Ersatzschaltungen und ihrer Anwendung zur Beschreibung des Klemmenverhaltens realer Kondensatoren und Spulen werden die zur Charakterisierung dieser Bauelemente wichtigen Begriffe Verlustwinkel, Verlustfaktor und Güte eingeführt.

3.12.1 Verlustwinkel

Der *Verlustwinkel* δ eines passiven Zweipols ist die Ergänzung des *Betrages* seines Phasenwinkels φ auf 90°:

$$\delta = 90° - |\varphi| \tag{3.263}$$

Daher gilt für den Wertebereich des Verlustwinkels

$$0 \leq \delta \leq 90°. \tag{3.264}$$

Je größer δ ist, desto stärker weicht das Verhalten des Zweipols von dem eines idealen Reaktanzzweipols ab. Bei einer idealen Spule und bei einem idealen Kondensator wäre $\delta = 0°$.

3.12.2 Verlustfaktor

Der *Verlustfaktor* d eines passiven Zweipols ist das Verhältnis der von ihm *aufgenommenen* Wirkleistung P zum *Betrag* der von ihm umgesetzten Blindleistung Q:

$$d = \frac{P}{|Q|} \tag{3.265}$$

Aus dem allgemeinen Leistungszeigerdiagramm für einen passiven Zweipol in Bild 3.22 folgt $d = \cot\varphi$. Unter Berücksichtigung von Gl. (3.263), die aussagt, dass der Verlustwinkel δ in Bild 3.22 der Winkel zwischen dem Zeiger $\underline{S}$ und der imaginären Achse ist, ergibt sich

$$d = \tan\,\delta\,. \tag{3.266}$$

Für kleine, *im Bogenmaß angegebene* Winkel α gilt $\tan\,\alpha \approx \alpha$. Daraus folgt für kleine, im Bogenmaß angegebene Verlustwinkel die Näherung

$$d \approx \delta\,. \tag{3.267}$$

Bei realen passiven Bauelementen (z. B. Kondensatoren, Spulen) weist der Verlustfaktor oft eine komplizierte, analytisch nicht beschreibbare Frequenzabhängigkeit auf, die daher mittels Tabellen oder Diagrammen angegeben wird.

3.12.3 Güte

Die *Güte* Q (nicht zu verwechseln mit der Blindleistung Q) eines passiven Zweipols ist der Kehrwert seines Verlustfaktors:

$$Q = 1/d \tag{3.268}$$

Wie an einigen Beispielen in Abschnitt 3.12.4 gezeigt wird, ist die Güte bei realen Zweipolen sowohl *explizit* als auch *implizit frequenzabhängig*. Explizit, weil die Frequenz in der Gleichung für die Berechnung der Güte aus den Modellparametern enthalten ist, und implizit, weil Modellparameter, die nur durch ein Formelzeichen (und somit nicht ausdrücklich als Funktion der Frequenz) dargestellt werden, selbst frequenzabhängig sein können. *Die Angabe der Güte eines Zweipols ohne Angabe der zugehörigen Frequenz ist daher in der Regel sinnlos!*

Auf die Güte und den Verlustfaktor bei schwingungsfähigen Zweipolen (Schwingkreisen) wird in Abschnitt 5.2.3.4 eingegangen.

3.12.4 Modelle realer passiver Zweipole

In den nachfolgenden Abschnitten werden *Modelle* für das Klemmenverhalten realer Kondensatoren und Spulen mit unterschiedlicher Struktur entworfen und auf ihre Eignung bzgl. der Nachbildung der tatsächlichen elektrischen Eigenschaften der Bauelemente untersucht.

3.12.4.1 Bedingt und unbedingt äquivalente Schaltungen

In Abschnitt 2.4.1.6 wird die Netzwerkumformung bei Gleichstromnetzwerken behandelt. Äquivalente n-Pole zeigen in der Gleichstromtechnik für beliebige Werte der Klemmengrößen identisches Verhalten. Bei Sinusstromnetzwerken kommt als zusätzliche hinsichtlich der Äquivalenz zu berücksichtigende Größe die *Frequenz* hinzu. *Bedingt äquivalente Schaltungen* weisen nur *bei einer bestimmten Frequenz* gleiches Klemmenverhalten auf. *Unbedingt äquivalente Schaltungen* zeigen *unabhängig von der Frequenz* gleiches Klemmenverhalten. Die meisten Ersatzschaltungen für passive Sinusstromnetzwerke sind *nur bedingt äquivalent.*

3.12.4.2 Reihen-Ersatzschaltungen

In Abschnitt 3.7.1 wird das Klemmenverhalten von Reihenschaltungen der passiven Grundzweipole Widerstand R, Kapazität C und Induktivität L durch eine resultierende Impedanz $\underline{Z}$ beschrieben. Jetzt ist umgekehrt die Aufgabe zu lösen, das Klemmenverhalten eines beliebigen Zweipols mit gegebener Impedanz $\underline{Z}$ durch die Reihenschaltung eines Wirkwiderstandes R und eines Blindwiderstandes X nachzubilden.

Da die Impedanz $\underline{Z} = Z\,\mathrm{e}^{\mathrm{j}\varphi}$ des nachzubildenden Zweipols nach Bild 3.53 a) bekannt ist, kann der Spannungszeiger $\underline{U}$ in eine mit dem Strom $\underline{I}$ gleichphasige Komponente, die *Wirkspannung* $\underline{U}_\mathrm{w}$ mit dem Betrag

$$U_\mathrm{w} = U \cos\varphi \tag{3.269}$$

und eine hierzu senkrechte, gegenüber dem Strom um 90° oder −90° phasenverschobene Komponente, die *Blindspannung* $\underline{U}_\mathrm{b}$ mit dem Betrag

$$U_\mathrm{b} = U\,|\sin\varphi\,| \tag{3.270}$$

zerlegt werden. Deren Summe ergibt die Gesamtspannung

$$\underline{U} = \underline{U}_\mathrm{w} + \underline{U}_\mathrm{b}\,. \tag{3.271}$$

Der Zerlegung der Spannung $\underline{U}$ in ihre Komponenten $\underline{U}_\mathrm{w}$ und $\underline{U}_\mathrm{b}$ nach Bild 3.53 c) entspricht die Aufteilung der Impedanz $\underline{Z} = R + \mathrm{j}X$ nach Bild 3.53 d) in den *Wirkwiderstand*

$$R = Z \cos\varphi \tag{3.272}$$

und den *Blindwiderstand*

$$X = Z \sin\varphi\,. \tag{3.273}$$

Das Klemmenverhalten des Zweipols mit der Impedanz $\underline{Z}$ ist also durch eine Reihen-Ersatzschaltung nach Bild 3.53 b) aus dem Wirkwiderstand R und dem Blindwiderstand X modellierbar.

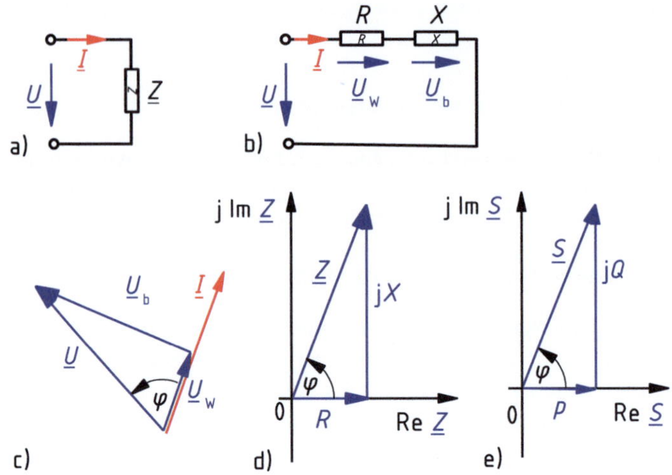

Bild 3.53: a) Sinusstromverbraucher mit
b) Reihen-Ersatzschaltung und Zeigerdiagrammen für
c) den Strom und die Spannungskomponenten sowie für
d) die Impedanz und
e) die komplexe Leistung

Als Schaltungselement für den Blindwiderstand ist für $X > 0$ eine Induktivität L mit $X = \omega L$ und für $X < 0$ eine Kapazität C mit $X = -1/(\omega C)$ zu verwenden.

Die vom Zweipol aufgenommene Wirkleistung $P = R\,I^2$ kann unmittelbar dem Wirkwiderstand R und die umgesetzte Blindleistung $Q = X\,I^2$ dem Blindwiderstand X zugeordnet werden.

Beispiel 3.27: Reihen-Ersatzschaltung einer Spule

Durch eine Drosselspule fließt bei einer Sinusspannung mit $U = 230\,\text{V}$ und $f = 50\,\text{Hz}$ der Strom $I = 3\,\text{A}$. Die Drossel nimmt dabei die Verlustleistung $P = 236\,\text{W}$ auf.

Die Parameter R_r und L_r der Reihen-Ersatzschaltung in Bild 3.54 sowie der Verlustfaktor d und die Güte Q der Drossel sind zu bestimmen.

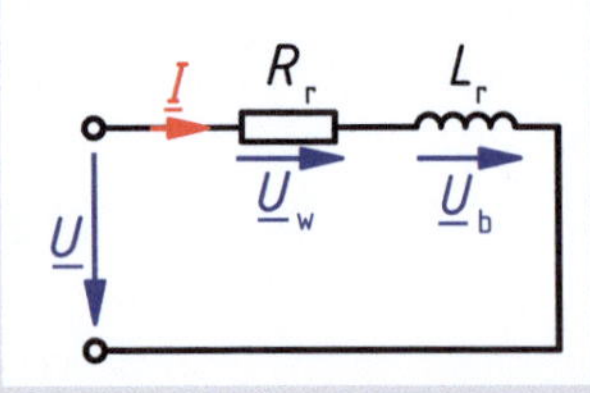

Bild 3.54: Reihen-Ersatzschaltung einer Spule

Aus der Wirkleistung $P = R_\text{r}\,I^2$ folgt der Wirkwiderstand

$$R_\text{r} = \frac{P}{I^2} = \frac{236\,\text{W}}{(3\,\text{A})^2} \approx 26{,}2\,\Omega\,.$$

Entsprechend ergibt sich aus der induktiven (und daher positiven) Blindleistung

$$X_r I^2 = Q = \sqrt{S^2 - P^2} = \sqrt{(230\,\mathrm{V} \cdot 3\,\mathrm{A})^2 - (236\,\mathrm{W})^2} \approx 648\,\mathrm{var}$$

der Blindwiderstand

$$\omega L_r = X_r = \frac{Q}{I^2} \approx \frac{648\,\mathrm{var}}{(3\,\mathrm{A})^2} = 72\,\Omega$$

und aus diesem die Induktivität

$$L_r = \frac{X_r}{\omega} \approx \frac{72\,\Omega}{2\pi \cdot 50\,\mathrm{s}^{-1}} \approx 229\,\mathrm{mH}\,.$$

Induktivitäten dieser Größenordnung sind nur durch *Spulen mit ferromagnetischen Kernen* (Eisendrosseln) zu realisieren. Die Parameter R_r und L_r dieser Reihen-Ersatzschaltung gelten nur für die Frequenz $f = 50\,\mathrm{Hz}$, bei der die Verlustleistung der Drossel bestimmt wurde, da die Verlustleistung von Eisendrosseln stark frequenzabhängig ist. Ein besser geeignetes Modell für Spulen mit ferromagnetischen Kernen wird in Beispiel 3.31 behandelt.

Im Gegensatz dazu darf bei *Luftspulen* in der Regel davon ausgegangen werden, dass die Parameter einer für $f = 50\,\mathrm{Hz}$ ermittelten Reihen-Ersatzschaltung im gesamten Niederfrequenz-Bereich von 0 Hz bis zu einigen 100 Hz ungefähr gültig sind. Für höhere Frequenzen gelten andere Werte. Außerdem ist dann der Einfluss der *parasitären Wicklungskapazität* zu berücksichtigen.

Für den Verlustfaktor ergibt sich nach Gl. (3.265) der Ausdruck

$$d = \frac{P}{|Q|} = \frac{R_r I^2}{|X_r|\, I^2} = \frac{R_r}{\omega L_r} \sim \frac{1}{\omega}$$

$$d \approx \frac{26{,}2\,\Omega}{72\,\Omega} \approx 0{,}36$$

und für die Güte gemäß Gl. (3.268)

$$Q = \frac{1}{d} = \frac{\omega L_r}{R_r} \sim \omega$$

$$Q \approx 2{,}75\,,$$

also ein kleiner, für Drosselspulen typischer Wert.

Sowohl der Verlustfaktor als auch die Güte sind also explizit stark frequenzabhängig. Zur expliziten kommt die implizite Frequenzabhängigkeit durch die oben diskutierte Abhängigkeit der Modellparameter R_r und L_r von der Frequenz.

Beispiel 3.28: Reihen-Ersatzschaltung eines Kondensators

Durch einen Kondensator an einer Sinusspannung mit $U = 16\,\mathrm{V}$ und $f = 1\,\mathrm{kHz}$ fließt ein Strom mit $I = 1\,\mathrm{mA}$, der der Spannung um 89,5° voreilt.

Die Parameter R_r und C_r der Reihen-Ersatzschaltung in Bild 3.55 sowie der Verlustfaktor d und die Güte Q des Kondensators sind zu bestimmen.

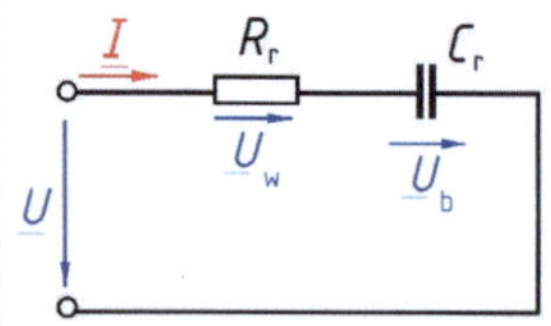

Bild 3.55: Reihen-Ersatzschaltung eines Kondensators

Mit dem Phasenverschiebungswinkel $\varphi = \varphi_u - \varphi_i = -89{,}5°$ und dem Scheinwiderstand $Z = U/I = 16\,\text{k}\Omega$ folgt nach Gl. (3.272) der Wirkwiderstand

$$R_r = Z\ \cos\varphi = 16\,\text{k}\Omega\ \cos(-89{,}5°) \approx 140\,\Omega$$

und nach Gl. (3.273) der Blindwiderstand

$$\frac{-1}{\omega C_r} = X_r = Z\ \sin\varphi = 16\,\text{k}\Omega\ \sin(-89{,}5°) \approx -15{,}999\,\text{k}\Omega$$

sowie die Kapazität

$$C_r = \frac{-1}{\omega X_r} \approx \frac{-1}{2\pi \cdot 10^3\,\text{s}^{-1}\,(-15{,}999\,\text{k}\Omega)} \approx 9{,}95\,\text{nF}\,.$$

Für die Frequenz $f = 1\,\text{kHz}$ ist die Schaltung in Bild 3.55 mit den berechneten Werten R_r und C_r ein geeignetes Modell zur Beschreibung des Klemmenverhaltens des Kondensators. Bei Frequenzänderung ändert sich insbesondere der Wert R_r. Für Frequenzen oberhalb von ca. 10 MHz ist zusätzlich die *parasitäre Induktivität* des Kondensators zu berücksichtigen, die sehr stark von seiner Bauform abhängt. Da die Reihen-Ersatzschaltung für sehr tiefe Frequenzen wegen $Z(f \to 0) \to \infty$ physikalisch nicht sinnvoll ist, wird im Niederfrequenz-Bereich meist die in Beispiel 3.30 behandelte Parallel-Ersatzschaltung bevorzugt.

Für den Verlustfaktor ergibt sich nach Gl. (3.265)

$$d = \frac{P}{|Q|} = \frac{R_r I^2}{|X_r|\,I^2} = \omega C_r R_r \sim \omega$$

$$d \approx \frac{140\,\Omega}{16\,\text{k}\Omega} = 8{,}75 \cdot 10^{-3}$$

und für die Güte gemäß Gl. (3.268)

$$Q = \frac{1}{d} = \frac{1}{\omega C_r R_r} \sim \frac{1}{\omega}$$

$$Q \approx 114\,,$$

also ein im Vergleich zu Beispiel 3.27 großer Wert.

Die explizite Frequenzabhängigkeit von Verlustfaktor und Güte ist also umgekehrt wie bei dem in Beispiel 3.27 behandelten Modell der Spule mit gleicher Struktur.

3.12.4.3 Parallel-Ersatzschaltungen

Ähnlich wie im vorigen Abschnitt mit dem Spannungszeiger geschehen, kann an einem durch seine Impedanz oder seine Admittanz beschriebenen passiven Zweipol gemäß Bild 3.56 a) der Klemmenstrom $\underline{I}$ in eine mit der Klemmenspannung $\underline{U}$ gleichphasige Komponente, den *Wirkstrom* $\underline{I}_w$ mit dem Betrag

$$I_w = I\ \cos\varphi \qquad (3.274)$$

und in eine hierzu senkrechte, gegenüber der Spannung um 90° oder −90° phasenverschobene Komponente, den *Blindstrom* $\underline{I}_\mathrm{b}$ mit dem Betrag

$$I_\mathrm{b} = I\,|\sin\varphi| \tag{3.275}$$

zerlegt werden. Die Summe der beiden Teilströme ergibt den Gesamtstrom

$$\underline{I} = \underline{I}_\mathrm{w} + \underline{I}_\mathrm{b}\,. \tag{3.276}$$

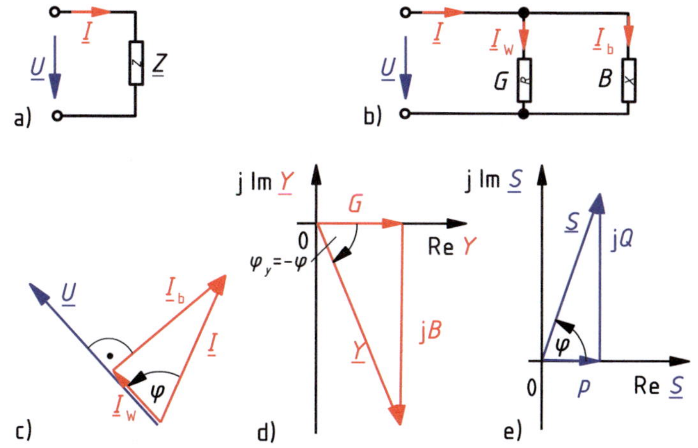

Bild 3.56: a) Sinusstromverbraucher mit
b) Parallel-Ersatzschaltung und Zeigerdiagrammen für
c) die Spannung und die Stromkomponenten sowie für
d) die Admittanz und
e) die komplexe Leistung

Der Zerlegung der Stromes $\underline{I}$ in seine Komponenten $\underline{I}_\mathrm{w}$ und $\underline{I}_\mathrm{b}$ nach Bild 3.56 c) entspricht die Aufteilung der Admittanz $\underline{Y} = Y\mathrm{e}^{\mathrm{j}\varphi_Y} = G + \mathrm{j}\,B$ nach Bild 3.56 d) in den *Wirkleitwert*

$$G = Y\cos\varphi_\mathrm{Y} = Y\cos\varphi \tag{3.277}$$

und den *Blindleitwert*

$$B = Y\sin\varphi_\mathrm{Y} = -Y\sin\varphi\,. \tag{3.278}$$

Das Klemmenverhalten eines Zweipols mit der Admittanz $\underline{Y}$ kann also durch eine Parallel-Ersatzschaltung nach Bild 3.56 b) aus dem Wirkleitwert G und dem Blindleitwert B modelliert werden. Als Schaltungselement für den Blindleitwert ist für $B > 0$ eine Kapazität C mit $B = \omega C$ und für $B < 0$ eine Induktivität L mit $B = -1\,(\omega L)$ zu verwenden.

Die vom Zweipol aufgenommene Wirkleistung $P = G\,U^2$ kann unmittelbar dem Wirkleitwert G und die umgesetzte Blindleistung $Q = -B\,U^2$ dem Blindleitwert B der Parallel-Ersatzschaltung zugeordnet werden.

Beispiel 3.29: Parallel-Ersatzschaltung einer Spule

Für die bereits in Beispiel 3.27 behandelte Spule sollen die Parameter R_p und L_p der Parallel-Ersatzschaltung in Bild 3.57 sowie der Verlustfaktor d und die Güte Q bestimmt werden.

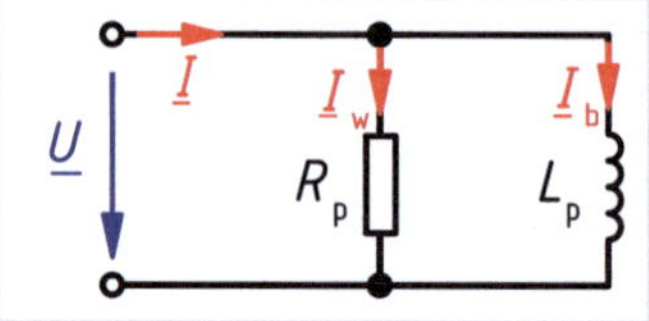

Bild 3.57: Parallel-Ersatzschaltung einer Spule

Aus der Wirkleistung $P = G_\mathrm{p}\, U^2$ ergibt sich der Wirkleitwert

$$G_\mathrm{p} = \frac{P}{U^2} = \frac{236\,\mathrm{W}}{(230\,\mathrm{V})^2} \approx 4{,}46\,\mathrm{mS}$$

und daraus der Wirkwiderstand

$$R_\mathrm{p} = \frac{1}{G_\mathrm{p}} \approx \frac{1}{4{,}46\,\mathrm{mS}} \approx 224\,\Omega\,.$$

Entsprechend liefert die induktive (und daher positive) Blindleistung

$$-B_\mathrm{p}\, U^2 = Q = \sqrt{S^2 - P^2} = \sqrt{(230\,\mathrm{V} \cdot 3\,\mathrm{A})^2 - (236\,W)^2} \approx 648{,}4\,\mathrm{var}$$

den Blindleitwert

$$B_\mathrm{p} = -\frac{Q}{U^2} \approx \frac{-648{,}4\,\mathrm{var}}{(230\,\mathrm{V})^2} \approx -12{,}3\,\mathrm{mS}$$

und daraus die Induktivität

$$L_\mathrm{p} = \frac{-1}{\omega\, B_\mathrm{p}} \approx \frac{-1}{2\pi \cdot 50\, s^{-1}\,(-12{,}3\,\mathrm{mS})} \approx 260\,\mathrm{mH}\,.$$

Die Parameter der Parallel-Ersatzschaltung unterscheiden sich erheblich von den in Beispiel 3.27 berechneten Parametern der Reihen-Ersatzschaltung der Spule. Auch hier gelten die aus den Messwerten berechneten Werte R_p und L_p nur für die Frequenz $f = 50\,\mathrm{Hz}$.

Die Parallel-Ersatzschaltung modelliert das Frequenzverhalten einer Spule in den meisten Fällen schlechter als die Reihen-Ersatzschaltung. Insbesondere stellt sie im Widerspruch zum Verhalten einer realen Spule für $f \to 0$ einen Kurzschluss dar.

Der Verlustfaktor dieses Spulenmodells ist

$$d = \frac{P}{|\,Q\,|} = \frac{G_\mathrm{p}\, U^2}{|B_\mathrm{p}|\, U^2} = \frac{1/R_\mathrm{p}}{1/(\omega L_\mathrm{p})} = \frac{\omega L_\mathrm{p}}{R_\mathrm{p}} \sim \omega$$

$$d \approx \frac{4{,}46\,\mathrm{mS}}{12{,}3\,\mathrm{mS}} \approx 0{,}36\,,$$

die Güte

$$Q = \frac{1}{d} = \frac{R_\mathrm{p}}{\omega C_\mathrm{p}} \sim \frac{1}{\omega}$$

$$Q \approx 2{,}76\,,$$

was dem Ergebnis von Beispiel 3.27 entspricht.

Verlustfaktor und Güte dieses Spulenmodells zeigen eine umgekehrte Frequenzabhängigkeit wie die entsprechenden Parameter der Reihen-Ersatzschaltung. Daraus ist ersichtlich, dass insbesondere für eine realistische Modellierung der Frequenzabhängigkeit von Verlustfaktor bzw. Güte eine sorgfältige Auswahl der Modellstruktur erforderlich ist.

Wie in Beispiel 3.27 kommt zu der expliziten Frequenzabhängigkeit von Verlustfaktor und Güte eine implizite durch die Frequenzabhängigkeit der Parameter R_p und C_p. Diese unterscheidet sich von der der Parameter R_r und C_r in der Art, dass bei Berücksichtigung dieser impliziten Abhängigkeit der oben genannte fundamentale Unterschied der expliziten Frequenzabhängigkeiten von Verlustfaktor und Güte kompensiert wird.

Beispiel 3.30: Parallel-Ersatzschaltung eines Kondensators

Für den Kondensator aus Beispiel 3.28 sind die Elemente der Parallel-Ersatzschaltung nach Bild 3.58 sowie der Verlustfaktor und die Güte zu bestimmen.

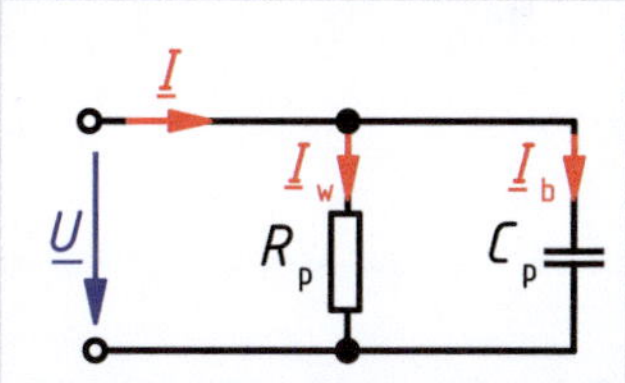

Bild 3.58: Parallel-Ersatzschaltung eines Kondensators

Mit dem Scheinleitwert $Y = I/U = 62{,}5\,\mu\text{S}$ folgt nach Gl. (3.277) der Wirkleitwert

$$G_p = Y\ \cos\varphi = 62{,}5\,\mu\text{S}\ \cos(-89{,}5°) \approx 0{,}545\,\mu\text{S}$$

und daraus der Wirkwiderstand

$$R_p = \frac{1}{G_p} \approx \frac{1}{0{,}545\,\mu\text{S}} \approx 1{,}83\,\text{M}\Omega\,.$$

Entsprechend erhält man nach Gl. (3.278) den Blindleitwert

$$\omega C_p = B_p = -Y\ \sin\varphi \approx -62{,}5\,\mu\text{S}\ \sin(-89{,}5°) \approx 62{,}498\,\mu\text{S}$$

und damit die Kapazität

$$C_p = \frac{B_p}{\omega} \approx \frac{62{,}498\,\mu\text{S}}{2\pi \cdot 10^3\,\text{s}^{-1}} \approx 9{,}95\,\text{nF}\,.$$

Die Parallel-Ersatzschaltung in Bild 3.58 mit den berechneten Parametern R_p und C_p gilt exakt nur für die der Messung und damit der Berechnung zugrunde liegenden Frequenz $f = 1\,\text{kHz}$. Man darf aber im Allgemeinen davon ausgehen, dass sie auch für Frequenzen, die um den Faktor 10 darüber oder darunter liegen, noch ungefähre Gültigkeit hat, da sie die Verlustmechanismen in Kondensatoren angemessen beschreibt. Sie wird daher meist gegenüber der Reihen-Ersatzschaltung nach Bild 3.55 bevorzugt.

Für die Kapazitäten in beiden Schaltungen gilt $C_p \approx C_r$. Die Widerstände R_p und R_r unterscheiden sich hingegen erheblich.

Für sehr tiefe Frequenzen ist der Scheinwiderstand $Z(f \to 0) = R_p$ der Parallel-Ersatzschaltung zu klein, da der Parallelwiderstand R_p neben den *Ableitungsverlusten*, die durch die elektrische Leitfähigkeit des Dielektrikums entstehen, vor allem die *Umpolarisationsverluste* im Dielektrikum modelliert, die bei tiefen Frequenzen jedoch oft gegenüber den Ableitungsverlusten vernachlässigbar sind. Bei einem auf eine Gleichspannung aufgeladenen Kondensator führt der *Ableitwiderstand* zur allmählichen *Selbstentladung*. Dieser Effekt kann nur durch die Parallel-Ersatzschaltung modelliert werden.

Der Verlustfaktor dieses Kondensatormodells ist

$$d = \frac{P}{|Q|} = \frac{G_p U^2}{|B_p| U^2} = \frac{1/R_p}{\omega C_p} = \frac{1}{\omega R_p C_p} \sim \frac{1}{\omega}$$

$$d \approx \frac{0{,}545\ \mu\text{S}}{62{,}5\ \mu\text{S}} = 0{,}00872$$

und seine Güte

$$Q = \frac{1}{d} = \omega R_p C_p \sim \omega$$

$$Q \approx 115\,,$$

was dem Ergebnis von Beispiel 3.28 entspricht.

Hier gelten sinngemäß die gleichen Anmerkungen, die am Ende von Beispiel 3.29 zur fundamental unterschiedlichen Frequenzabhängigkeit von Verlustfaktor und Güte bei den beiden untersuchten Modellstrukturen gemacht wurden.

3.12.4.4 Gemischte Ersatzschaltungen

Neben der einfachen Reihen- oder Parallel-Ersatzschaltung werden häufig auch kombinierte Reihen- und Parallelschaltungen der Grundzweipole *R*, *C* und *L* als Ersatzschaltungen für reale passive Zweipole oder Zweitore verwendet, um deren Frequenzverhalten für einen größeren Frequenzbereich ausreichend genau zu modellieren.

Um das Frequenzverhalten einer *Luftspule* für Frequenzen oberhalb einiger 100 Hz nachzubilden, ist wegen der Kapazitäten zwischen den einzelnen Wicklungsteilen zusätzlich zu der RL-Reihenschaltung in Bild 3.54 im einfachsten Fall eine Parallelkapazität C_p nach Bild 3.59 in der Ersatzschaltung vorzusehen.

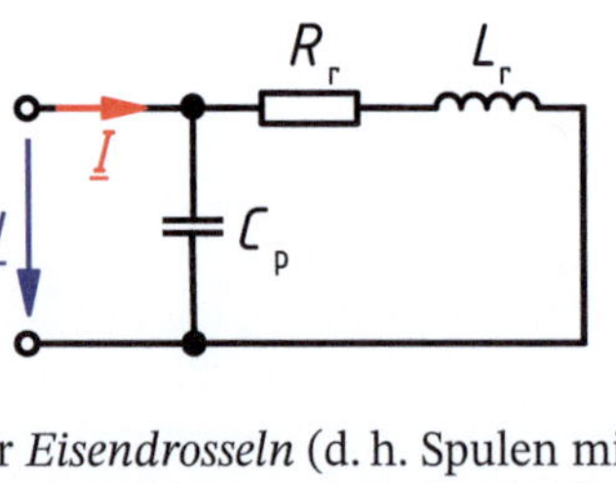

Bild 3.59: Ersatzschaltung einer Luftspule

Für *Eisendrosseln* (d. h. Spulen mit ferromagnetischem Kern) ist die einfache Reihen-Ersatzschaltung in Bild 3.54 schon im Niederfrequenz-Bereich oftmals nutzlos: Bei konstantem Strom *I* wird in diesem Modell unabhängig von der Frequenz die konstante Wirkleistung $P = R_r I^2$ umgesetzt. Dies trifft in guter Näherung nur für die *Kupferverluste*, also die im Draht der Wicklung umgesetzte Wirkleistung zu. Deshalb wird in der Ersatzschaltung für die Eisendrossel in Bild 3.60 a) der Widerstand $R_r = R_{Cu}$ gesetzt.

Zusätzlich treten im Spulenkern mit wachsender Frequenz zunehmende, *spannungsabhängige* Verluste (*Hystereseverluste, Wirbelstromverluste*) auf, die sich durch eine Erwärmung des Kerns bemerkbar machen. Diese *Eisenverluste* werden in Bild 3.60 a) durch den Widerstand R_{Fe} parallel zur Induktivität L berücksichtigt. Damit erhält man ein grobes Modell des frequenzabhängigen Verhaltens einer Eisendrossel im Niederfrequenz-Bereich. Tatsächlich sind bei diesem Modell insbesondere die Parameter L und R_{Fe}, in geringerem Maße aber auch R_{Cu}, frequenzabhängig.

Bild 3.60 b) gibt das U-I-Zeigerdiagramm der Ersatzschaltung wieder. Hierin sind $\underline{U}_R$ der Spannungsabfall am Wirkwiderstand der Wicklung und $\underline{U}_L$ der von der Wicklungsinduktivität verursachte Spannungsabfall. Ferner sind $\underline{I}_\mu$ der zur Erzeugung des magnetischen Flusses benötigte *Magnetisierungsstrom* und $\underline{I}_V$ der durch die Verluste des Kerns verursachte Wirkstrom.

Beispiel 3.31: Ersatzschaltung einer Spule mit ferromagnetischem Kern

Die Spule aus den Beispielen 3.27 und 3.29 sei eine Eisendrossel mit dem Gleichstromwiderstand $R_{Cu} = 14\,\Omega$.

Gesucht sind die beiden übrigen Elemente der Ersatzschaltung nach Bild 3.60 a) bei $f = 50\,\text{Hz}$.

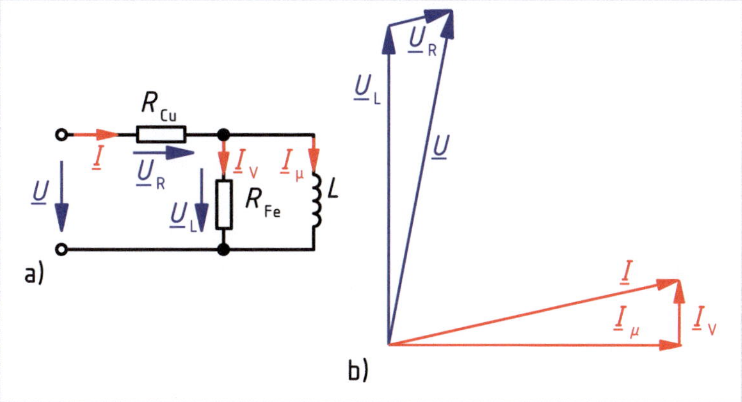

Bild 3.60: a) Ersatzschaltung einer Spule mit Eisenkern und
b) Strom-Spannungs-Zeigerdiagramm

Aus Beispiel 3.27 ist die Impedanz der Spule bei 50 Hz

$$\underline{Z} = R_r + j\omega L_r \approx 26{,}2\,\Omega + j\,72\,\Omega$$

bekannt. Daraus ergibt sich die Impedanz der Parallelschaltung von R_{Fe} und L

$$\underline{Z}_p = \underline{Z} - R_{Cu} \approx 12{,}2\,\Omega + j\,72\,\Omega$$

und die Admittanz dieser Parallelschaltung

$$\frac{1}{R_{Fe}} - j\frac{1}{\omega L} = \underline{Y}_p = \frac{1}{\underline{Z}_p} \approx \frac{1}{12{,}2\,\Omega + j\,72\,\Omega} \approx 2{,}29\,\text{mS} - j\,13{,}5\,\text{mS}\,.$$

Hieraus folgen der Eisenverlustwiderstand

$$R_{\mathrm{Fe}} \approx \frac{1}{2{,}29\,\mathrm{mS}} \approx 437\,\Omega$$

und mit

$$\omega L \approx \frac{1}{13{,}5\,\mathrm{mS}} \approx 74{,}1\,\Omega$$

die Induktivität

$$L \approx \frac{74{,}1\,\Omega}{\omega} = \frac{74{,}1\,\Omega}{2\pi \cdot 50\,\mathrm{s}^{-1}} \approx 236\,\mathrm{mH}\,.$$

3.13 Transformator

Transformatoren nutzen die *magnetische Kopplung* zwischen in der Regel *elektrisch voneinander isolierten* (d. h. *galvanisch getrennten*) Stromkreisen zur Übertragung von *Energie* bzw. *Information*. Ihre Funktion beruht auf dem *Induktionsgesetz*.

In der *Energietechnik* werden sehr große Transformatoren – meist in Form von Dreiphasentransformatoren – als *Leistungstransformatoren* zum Herauf- oder Heruntertransformieren von Wechselspannungen und -strömen [NT98] verwendet, um elektrische Energie effizient über große Entfernungen übertragen zu können. Transformatoren mit Nennleistungen von einigen 100 MVA bilden die Schnittstellen zwischen Netzen auf verschiedenen *Spannungsebenen* (üblicherweise zwischen 400 kV und 400 V). Die größten gefertigten Transformatoren haben Grenzleistungen von weit über 1000 MVA. Zur Spannungsversorgung elektrischer und elektronischer Geräte, die an Netzwechselspannung betrieben werden sollen, werden in konventionellen - und in Schaltnetzteilen *Kleintransformatoren* eingesetzt, die auch eine galvanische Trennung der Verbraucher vom Versorgungsnetz und damit im Fehlerfall einen gewissen Berührungsschutz gewährleisten. Transformatoren, die nur oder hauptsächlich diese galvanische Trennung sicherstellen sollen, ohne die Spannung wesentlich zu verändern, werden *Trenntransformatoren* genannt. *Wechselrichter* zur Umwandlung von Gleich- in Wechselspannung und *Frequenzumrichter* zur Veränderung von Frequenz und Scheitelwert von Wechselspannungen enthalten ebenfalls Transformatoren.

In der *Nachrichtentechnik* werden Transformatoren als *Übertrager* bezeichnet. Sie dienen zur breitbandigen *Anpassung* von Lastimpedanzen an Signalquellen bei gleichzeitiger galvanischer Trennung[7], um z. B. Brummschleifen zu vermeiden.

Auch in der *Messtechnik* kommen Transformatoren als *Spannungs-* bzw. *Stromwandler* [Müh08] zum Verringern von zeitlich veränderlichen Messspannungen bzw. -strömen zum Einsatz.

Volltransformatoren besitzen mindestens zwei galvanisch getrennte *Wicklungen*, die von einem gemeinsamen magnetischen Feld durchsetzt werden. Die Wicklungen können mit mehreren *Anzapfungen* versehen sein, z. B. zur Spannungseinstellung. Transformatoren mit mehr als zwei getrennten Wicklungen werden z. B. in der Drehstromtechnik verwendet oder zur Spannungsversorgung von verschiedenen Schaltungsteilen innerhalb eines Gerätes, die bzgl. ihres elektrischen Potenzials

[7]In der Nachrichtentechnik werden zur galvanischen Trennung häufig Optokoppler eingesetzt. Sie zeichnen sich u. a. durch höhere Bandbreite, höhere Spannungsfestigkeit, geringere Störempfindlichkeit, Rückwirkungsfreiheit, kleineren Platzbedarf, kleinere Bauform und geringeren Preis gegenüber Übertragern aus, sind jedoch elektrisch weniger robust.

voneinander getrennt sein müssen. *Spartransformatoren* enthalten nur eine Wicklung mit mehreren Anzapfungen. Sie werden zur kostengünstigen Transformation von Wechselspannungen ohne galvanische Trennung eingesetzt.

Mit Ausnahme von Übertragern für Hoch- und Höchstfrequenzanwendungen werden die Wicklungen von Transformatoren auf *ferromagnetische Kerne* aufgebracht. Diese sorgen dafür, dass sich das von den Strömen in den Wicklungen verursachte Magnetfeld auf den Kern konzentriert, wodurch eine sehr effiziente magnetische Kopplung erzielt wird.

Hier werden nur Transformatoren mit *zwei galvanisch getrennten* Wicklungen behandelt. Diese Transformatoren sind elektrische *Vierpole*, die in der Regel als *Zweitore* betrieben werden. Die Richtung des Energie- bzw. Informationsflusses entscheidet darüber, welches Tor als Eingang (*Primärseite, Eingangstor*) und welches als Ausgang (*Sekundärseite, Ausgangstor*) betrachtet wird. Die Klemmengrößen der Primärseite werden üblicherweise mit dem Index 1 gekennzeichnet, die der Sekundärseite mit dem Index 2.

Die Zählpfeile der Klemmengrößen von Zweitoren (s. Abschnitt 1.4.3) können entweder im *symmetrischen Zählpfeilsystem* gemäß Bild 1.14 oder im *Ketten-Zählpfeilsystem* nach Bild 1.15 eingetragen werden. Alle Gleichungen, die unter Voraussetzung eines der beiden Zählpfeilsysteme hergeleitet werden, gelten bei Umkehrung des Vorzeichens des Stromes $\underline{I}_2$ auch für das jeweils andere Zählpfeilsystem.

In den folgenden Abschnitten werden fünf verschiedene *Modelle für Transformatoren* behandelt, die sich bezüglich des *Grades der Idealisierung* der tatsächlichen Verhältnisse unterscheiden. Diese Modelle können die in realen Transformatoren auftretenden Effekte unterschiedlich gut, aber *keinesfalls exakt* nachbilden. Sie dürfen nicht dahingehend missverstanden werden, dass sie verschiedene Varianten technisch realisierbarer Transformatoren beschreiben.

Bei *allen* Modellen wird angenommen, dass die Transformatoren *linear* und *zeitinvariant* sind. Daher dürfen beim hier ausschließlich betrachteten Betrieb mit sinusförmigen Spannungen und Strömen alle Spannungen, Ströme und Widerstände durch *komplexe Größen* beschrieben und die *komplexe Rechnung* angewandt werden. Die in den meisten Transformatoren eingesetzten ferromagnetischen Kernmaterialien bewirken aber ein mehr oder weniger *nichtlineares Betriebsverhalten*, das insbesondere bei Kleintransformatoren zu deutlichen Abweichungen der Klemmengrößen von der Sinusform führen kann. Sollen diese Effekte berücksichtigt werden, ist eine *numerische Schaltungsanalyse* erforderlich.

3.13.1 Idealer Transformator

Der *ideale Transformator* ist das *einfachste Modell* realer Transformatoren. Das Verhalten dieses Modells wird durch *einen einzigen Parameter*, das reellwertige *Übersetzungsverhältnis*

$$\ddot{u} = \frac{U_1}{U_2} > 0\,, \tag{3.279}$$

sowie die galvanische Entkopplung der beiden Tore und das verwendete Zählpfeilsystem (fast[8]) *vollständig* beschrieben. Daher besteht das Ersatzschaltbild dieses Modells nur aus dem Symbol für

[8] Da Gl. (3.279) nur eine Beziehung zwischen den *Effektivwerten* der Spannungen herstellt, ist die *Phasenlage* der Spannungen zueinander nicht festgelegt.

ein Zweitor, in das ein „ü“ geschrieben wird. Das Ersatzschaltbild mit symmetrischem Zählpfeilsystem ist in Bild 3.61 a) dargestellt, das mit Ketten-Zählpfeilsystem in Bild 3.61 b). Über die *technische Realisierung* des Transformators macht dieses Modell *keinerlei Aussage*.

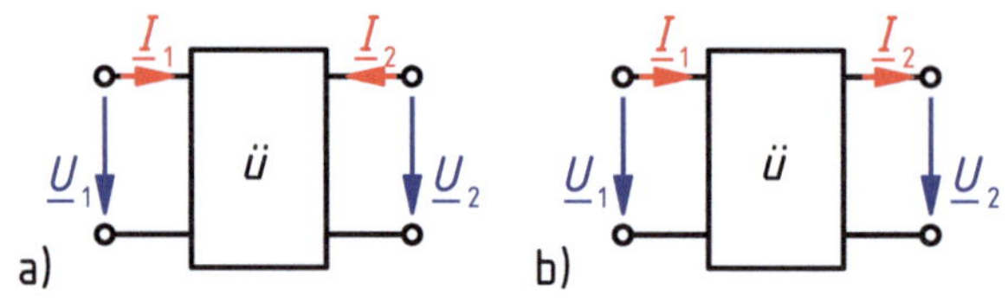

Bild 3.61: Ersatzschaltbild des idealen Transformators mit
a) symmetrischem Zählpfeilsystem bzw.
b) Ketten-Zählpfeilsystem

Wegen Gl. (3.279) wird von einem Transformator mit $ü > 1$ die Eingangsspannung *heruntertransformiert*, während sie bei $ü < 1$ *herauftransformiert* wird.

Für den Betrieb eines idealen Transformators werden weder Wirk- noch Blindleistung benötigt. Da ein idealer Transformator keine Verlustleistung aufnimmt, arbeitet er mit einem Wirkungsgrad von 100 %. Die gesamte über ein Tor aufgenommene *komplexe Leistung* wird über das andere Tor wieder abgegeben. Die *Leistungsbilanz* für die Schaltung in Bild 3.61 b) muss wegen der unterschiedlichen Zählpfeilsysteme an den beiden Toren (Primärseite: VZS, Sekundärseite: EZS) in Form von Gl. (2.75) mit der komplexen Leistung nach Gl. (3.145) aufgestellt werden:

$$\sum \underline{S}_{\text{EZS}} = \underline{S}_2 = \underline{U}_2 \underline{I}_2^* = \sum \underline{S}_{\text{VZS}} = \underline{S}_1 = \underline{U}_1 \underline{I}_1^* \tag{3.280}$$

Werden in Gl. (3.280) die Spannungen auf die rechte und die Ströme auf die linke Seite der Gleichung gebracht und dann auf beiden Seiten die Beträge gebildet, folgt mit Gl. (3.279) die erweiterte Gleichung

$$\frac{U_1}{U_2} = \frac{I_2}{I_1} = ü\,. \tag{3.281}$$

Sie gilt für beide Ersatzschaltbilder in Bild 3.61, da sie nur eine Aussage über die *Beträge* der komplexen Größen macht. Die Ströme werden im umgekehrten Verhältnis wie die Spannungen transformiert. Ein idealer Transformator ist also gleichermaßen *idealer Spannungs- und Stromwandler*.

Wird an die Sekundärseite des Transformators nach Bild 3.61 b) eine Impedanz $\underline{Z}_2 = \underline{U}_2/\underline{I}_2$ angeschlossen, folgt mit den Gln. (3.280) und (3.281) die *auf der Primärseite wirksame Impedanz*

$$\underline{Z}_2' = \frac{\underline{U}_1}{\underline{I}_1} = \frac{\underline{U}_2 \underline{I}_2^*}{\underline{I}_1 \underline{I}_1^*} = \frac{\underline{U}_2}{\underline{I}_2} \cdot \frac{\underline{I}_2 \underline{I}_2^*}{\underline{I}_1 \underline{I}_1^*} = \frac{\underline{U}_2}{\underline{I}_2} \cdot \frac{I_2^2}{I_1^2} = ü^2 \frac{\underline{U}_2}{\underline{I}_2} = ü^2 \underline{Z}_2\,, \tag{3.282}$$

die zwar den gleichen Phasenwinkel wie $\underline{Z}_2$, jedoch den $ü^2$-fachen Betrag (Scheinwiderstand) aufweist, was durch Bild 3.62 illustriert werden soll.

Ein Transformator ermöglicht also auch eine Umsetzung von Impedanzen, was als *Impedanztransformation* bezeichnet und in der Nachrichtentechnik intensiv eingesetzt wird.

Aus der Tatsache, dass ein idealer Transformator keine Energie speichern kann, folgt, dass die Zeitfunktionen der Klemmenspannungen zu identischen Zeitpunkten null werden müssen. Sinngemäßes gilt für die Zeitfunktionen der Klemmenströme. Die beiden Spannungen können also gleiche

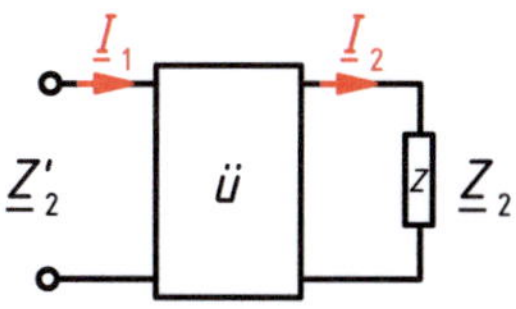

Bild 3.62: Idealer Transformator mit sekundärseitig angeschlossener Impedanz $\underline{Z}_2$ und auf die Primärseite umgerechneter Impedanz $\underline{Z}'_2$

Phasenlage haben oder um 180° gegeneinander phasenverschoben sein. Diese Zweideutigkeit wird beseitigt, wenn die naheliegende Festlegung getroffen wird, dass bei $ü = 1$ auch $\underline{U}_2 = \underline{U}_1$ gelten soll, woraus sich in Erweiterung von Gl. (3.279)

$$ü = \frac{\underline{U}_1}{\underline{U}_2} \tag{3.283}$$

ergibt. Aus der Leistungsbilanz Gl. (3.280) folgt dann, dass beim Ketten-Zählpfeilsystem (s. Bild 3.61 b)) die Klemmenströme $\underline{I}_1$ und $\underline{I}_2$ *gleichphasig* sind, also

$$ü = \frac{\underline{I}_2}{\underline{I}_1} \tag{3.284}$$

gilt. Beim symmetrischen Zählpfeilsystem (s. Bild 3.61 a)) sind sie jedoch *gegenphasig*, es gilt also

$$ü = \frac{-\underline{I}_2}{\underline{I}_1}\,. \tag{3.285}$$

Bei einem sekundärseitig leerlaufenden ($I_2 = 0$) idealen Transformator fließt somit auch kein Strom auf der Primärseite ($I_1 = 0$). Im Spezialfall $ü = 1$ bewirkt ein idealer Transformator ausschließlich eine galvanische Trennung seiner beiden Tore.

Beispiel 3.32: Impedanztransformation

Bild 3.63 a) zeigt die Schaltung einer linearen Sinusspannungsquelle, die über einen idealen Transformator mit einer Lastimpedanz verbunden ist. Die lineare Quelle besteht aus einer idealen Spannungsquelle mit $|\underline{U}_q| = 100\,\text{V}$ und der reellwertigen Innenimpedanz $\underline{Z}_i = R_i = 10\,\Omega$. Die Lastimpedanz ist ein Wirkwiderstand mit $\underline{Z}_{\text{Last}} = R_{\text{Last}} = 1\,\text{k}\Omega$.

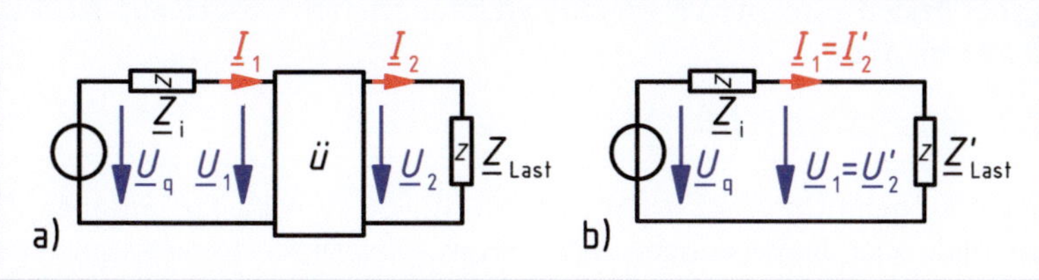

Bild 3.63: a) Lineare Sinusspannungsquelle, die über einen idealen Transformator mit einer Lastimpedanz verbunden ist und
b) Ersatzschaltung ohne Transformator mit auf die Primärseite umgerechneten Größen der Sekundärseite

Gesucht sind das Übersetzungsverhältnis $\ddot{u}$ des Transformators, bei dem die Last die größtmögliche Wirkleistung aufnimmt, der Wert P_{max} dieser Leistung und eine Ersatzschaltung, die den *Leistungsfluss* in der Schaltung *ohne* Transformator modelliert.

Maximale Wirkleistung wird übertragen, wenn die *komplexe Anpassungsbedingung* Gl. (3.260) erfüllt ist. Die an den Klemmen der linearen Quelle *wirksame* Lastimpedanz muss gleich der konjugiert komplexen Innenimpedanz der Quelle sein. Im vorliegenden Fall reiner Wirkwiderstände muss der an den Klemmen der linearen Quelle wirksame Lastwiderstand mit dem Innenwiderstand der Quelle übereinstimmen. Der Transformator dient zur Erfüllung der Anpassungsbedingung mittels Impedanztransformation.

Die Lastimpedanz $\underline{Z}_{\text{Last}}$ an der Sekundärseite des Transformators wird gemäß Gl. (3.282) in die auf der Primärseite wirksame Impedanz $\underline{Z}'_{\text{Last}} = \ddot{u}^2\,\underline{Z}_{\text{Last}}$ umgesetzt. Aus der Anpassungsbedingung folgt damit $R_{\text{i}} = \ddot{u}^2\,R_{\text{Last}}$, also

$$\ddot{u} = \sqrt{\frac{R_{\text{i}}}{R_{\text{Last}}}} = \sqrt{\frac{10\,\Omega}{1\,\text{k}\Omega}} = 0{,}1\,.$$

Mit Gl. (3.259) erhält man die im Anpassungsfall vom Lastwiderstand aufgenommene Wirkleistung

$$P_{\text{max}} = \frac{U_{\text{q}}^2}{4\,R_{\text{i}}} = \frac{(100\,\text{V})^2}{4\cdot 10\,\Omega} = 250\,\text{W}\,.$$

Der Transformator bewirkt eine Umsetzung der Größen auf seiner Sekundärseite in entsprechende Größen auf seiner Primärseite. Diese Größen werden als *reduzierte* oder *gestrichene Größen* bezeichnet und durch einen hochgestellten Strich gekennzeichnet. Damit gelten folgende Korrespondenzen:

$$\underline{U}_2 \to \underline{U}'_2 = \ddot{u}\,\underline{U}_2$$

$$\underline{I}_2 \to \underline{I}'_2 = \frac{1}{\ddot{u}}\,\underline{I}_2 = \underline{I}_1$$

$$\underline{Z}_{\text{Last}} \to \underline{Z}'_{\text{Last}} = \ddot{u}^2\,\underline{Z}_{\text{Last}}$$

Die Wirkung des Transformators in Bild 3.63 a) kann also bzgl. des Sinusstromverhaltens (bis auf die dann nicht mehr ersichtliche galvanische Trennung) ersetzt werden durch eine direkte Verbindung der beiden Tore und Verwendung der reduzierten Größen auf der Sekundärseite gemäß Bild 3.63 b). Aus

$$\underline{S}'_2 = \underline{U}'_2 \cdot \underline{I}'^*_2 = (\ddot{u}\cdot\underline{U}_2)\cdot\left(\frac{1}{\ddot{u}}\,\underline{I}^*_2\right) = \underline{U}_2\cdot\underline{I}^*_2 = \underline{S}_2$$

ist ersichtlich, dass beim Übergang auf reduzierte Größen zwar die Spannungen, Ströme und Impedanzen, nicht aber die Leistungen verändert werden. Diese Umrechnung wird daher als *leistungsinvariant* bezeichnet.

In entsprechender Weise wäre auch eine Umrechnung der Primärgrößen $\underline{U}_{\text{q}}$, $\underline{Z}_{\text{i}}$, $\underline{I}_1$ und $\underline{U}_1$ auf die Sekundärseite möglich.

Von dem in Beispiel 3.32 verwendeten Verfahren der Umrechnung von Klemmengrößen in reduzierte Größen wird bei der Berechnung elektrischer Energieversorgungsnetze intensiv Gebrauch gemacht.

3.13.2 Verlust- und streuungsloser Transformator

Der *verlust- und streuungslose Transformator* (VST) ist das einfachste Modell, das die *technische Realisierung* von Transformatoren durch *magnetisch gekoppelten Spulen* (Wicklung 1 mit N_1 Windungen und der Selbstinduktivität L_1 sowie Wicklung 2 mit N_2 Windungen und der Selbstinduktivität L_2) berücksichtigt. Die diesem Modell zugrunde liegenden Idealisierungen sind:

1. Der Transformator ist *verlustlos*. Die in einem realen Transformator auftretenden Verluste, die dazu führen, dass der Transformator selbst Wirkleistung benötigt und sich erwärmt, werden nicht berücksichtigt. Dieses Modell hat daher einen Wirkungsgrad von 100 %.
2. Beide Wicklungen des Transformators werden in jedem Betriebszustand von dem selben magnetischen Fluss Φ durchsetzt. Die in realen Transformatoren auftretenden *magnetischen Streuflüsse* (s. Abschnitt 11.17.3), die eine Verschlechterung der magnetischen Kopplung zwischen den beiden Wicklungen bewirken, werden vernachlässigt. Daher wird dieses Modell als *streuungslos* bezeichnet.

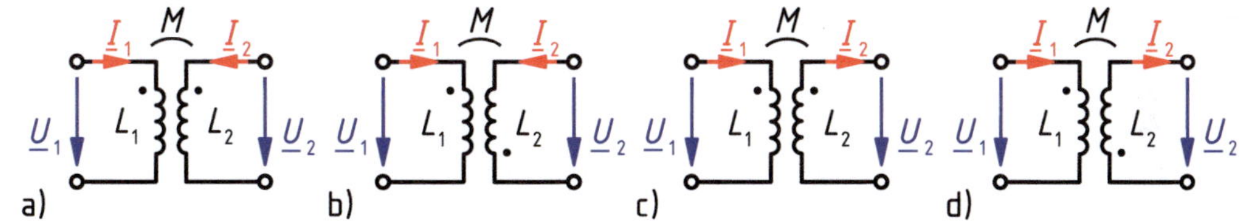

Bild 3.64: Ersatzschaltbild des verlust- und streuungslosen Transformators mit
a), b) symmetrischem Zählpfeilsystem bzw.
c), d) Ketten-Zählpfeilsystem und
a), c) gleichsinnigem Wicklungssinn bzw.
b), d) gegensinnigem Wicklungssinn

Bild 3.64 zeigt die vier möglichen Varianten des Ersatzschaltbildes dieses Modells, die jeweils aus zwei Induktivitätssymbolen bestehen. Sofern angedeutet werden soll, dass ein Transformator einen ferromagnetischen Kern enthält, wird zusätzlich ein vertikaler Strich zwischen die beiden Symbole gezeichnet.

Das *Übersetzungsverhältnis ü* wird *bei diesem und den in den folgenden Abschnitten behandelten Transformatormodellen* in der Regel über die *Windungszahlen* definiert:

$$ü = \frac{N_1}{N_2} > 0 \tag{3.286}$$

Da die Selbstinduktivität L einer streuungsfreien Wicklung nach Gl. (11.56) proportional zum Quadrat ihrer Windungszahl N ist, gilt auch

$$ü = \sqrt{\frac{L_1}{L_2}} > 0\,. \tag{3.287}$$

Der in Bild 3.64 über dem Bogen zwischen den beiden Induktivitätssymbolen eingetragene Parameter M ist die *Gegeninduktivität* (s. Abschnitt 11.11.3). Sie beschreibt den Betrag der (sinusförmigen) *Gegeninduktionsspannung*, die ein Sinusstrom einer bestimmten Frequenz, der in einer Wicklung fließt, in der *anderen* Wicklung erzeugt. Gegeninduktivitäten haben wie Selbstinduktivitäten die Einheit Henry.

Aus Gl. (11.220) folgt wegen der Streuungsfreiheit des Modells

$$M = \sqrt{L_1 L_2} > 0\,. \tag{3.288}$$

Die in Bild 3.64 an den Induktivitätssymbolen eingetragenen Punkte geben den *Wicklungssinn* der Wicklungen an: Liegen die *Wicklungspunkte* einander direkt gegenüber (s. Bild 3.64 a) und c)), sind die Wicklungen *gleichsinnig* gewickelt. Liegen sie einander diagonal gegenüber (s. Bild 3.64 b) und d)), haben die Wicklungen *gegensinnigen* Wicklungssinn.

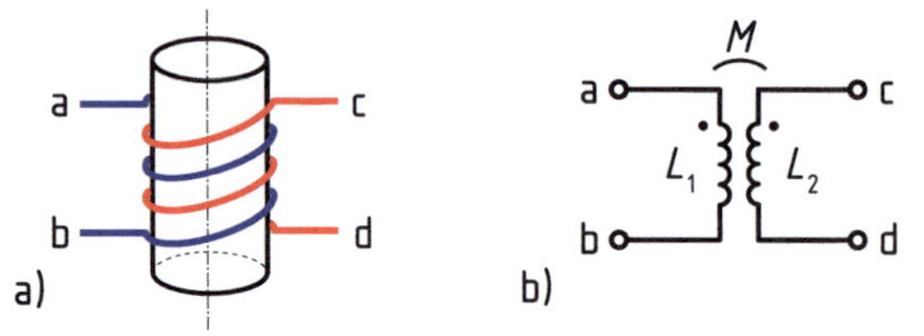

Bild 3.65: a) Anordnung von zwei Wicklungen mit gleichsinnigem Wicklungssinn und b) zugehöriges Ersatzschaltbild

Die Bedeutung des Wicklungssinns soll anhand der Anordnung in Bild 3.65 verdeutlicht werden. Bild 3.65 a) zeigt einen Wickelkörper, auf den zwei Wicklungen aufgebracht wurden. Von den Wicklungsanfängen, die mit a bzw. c bezeichnet sind, sind die beiden Leiter in der gleichen Richtung (von oben gesehen im Uhrzeigersinn) auf den Wickelkörper gewickelt. Sie haben also *gleichen Wicklungssinn*. Das wird in der in Bild 3.65 b) dargestellten Ersatzschaltung dieser beiden magnetisch gekoppelten Spulen durch Wicklungspunkte für gleichsinnigen Wicklungssinn symbolisiert. Fließen Ströme mit gleichem Vorzeichen in die Wicklungsanfänge a und c, erzeugen sie entlang der Achse des Wickelkörpers magnetische Flüsse Φ, die sich gegenseitig verstärken. Verändern sich diese Ströme in gleicher Art (Vergrößerung/Verkleinerung), erzeugen sie in beiden Wicklungen Spannungen gleicher Polarität.

Bei Sinusgrößen kann nicht mit der Richtung der Ströme, sondern nur mit der Richtung ihrer Zählpfeile argumentiert werden. Wenn die *Zählpfeile* der Klemmenströme *bezüglich der beiden Wicklungspunkte* die gleiche Richtung haben, werden beim Aufstellen der Gleichungen für die Klemmenspannungen die Terme für die Gegeninduktionsspannungen mit dem gleichen Vorzeichen wie die für die Selbstinduktionsspannungen angesetzt, anderenfalls mit entgegengesetztem Vorzeichen. Dies soll an zwei Beispielen erläutert werden.

Beispiel 3.33: Transformatorgleichungen bei gleichsinnigem Wicklungssinn

Für die in Bild 3.64 a) und c) dargestellten Ersatzschaltungen von Transformatoren mit gleichsinnigem Wicklungssinn sind die zugehörigen Transformatorgleichungen aufzustellen.

Im Ersatzschaltbild in Bild 3.64 a) liegt Verbraucher-Zählpfeilsystem an beiden Toren vor. Damit gilt für die *Selbstinduktionsspannungen*, die durch die beiden Klemmenströme hervorgerufen werden, nach Gl. (3.171):

$$\underline{U}_1(\underline{I}_1) = \mathrm{j}\omega L_1\,\underline{I}_1 \tag{3.289a}$$

$$\underline{U}_2(\underline{I}_2) = \mathrm{j}\omega L_2\,\underline{I}_2 \tag{3.289b}$$

Die durch die Klemmenströme in der jeweils anderen Wicklung hervorgerufenen *Gegeninduktionsspannungen* werden, da die Zählpfeile der Ströme beide zu den Wicklungspunkten hin weisen, mit dem gleichen Vorzeichen wie die Selbstinduktionsspannungen angesetzt:

$$\underline{U}_1(\underline{I}_2) = \mathrm{j}\omega M\,\underline{I}_2 \tag{3.290a}$$

$$\underline{U}_2(\underline{I}_1) = \mathrm{j}\omega M\,\underline{I}_1 \tag{3.290b}$$

Durch Überlagerung der beiden Spannungsanteile entstehen die *Transformatorgleichungen* für dieses Transformatormodell bei gleichsinnigem Wicklungssinn und symmetrischem Zählpfeilsystem:

$$\underline{U}_1 = \mathrm{j}\omega L_1 \underline{I}_1 + \mathrm{j}\omega M\,\underline{I}_2 \tag{3.291a}$$

$$\underline{U}_2 = \mathrm{j}\omega L_2 \underline{I}_2 + \mathrm{j}\omega M\,\underline{I}_1 \tag{3.291b}$$

Die Verwendung des symmetrischen Zählpfeilsystems führt zu mathematisch symmetrischen Gleichungen für die beiden Tore des Transformators.

Im Ersatzschaltbild in Bild 3.64 c) liegt Verbraucher-Zählpfeilsystem am Eingangstor und Erzeuger-Zählpfeilsystem am Ausgangstor vor. Damit gilt für die *Selbstinduktionsspannungen*, die durch die beiden Klemmenströme hervorgerufen werden:

$$\underline{U}_1(\underline{I}_1) = \mathrm{j}\omega L_1\,\underline{I}_1 \tag{3.292a}$$

$$\underline{U}_2(\underline{I}_2) = -\mathrm{j}\omega L_2\,\underline{I}_2 \tag{3.292b}$$

Die durch die Klemmenströme in der jeweils anderen Wicklung hervorgerufenen *Gegeninduktionsspannungen* werden, da die Zählpfeile der Ströme bezüglich der Wicklungspunkte unterschiedliche Richtungen haben, mit den entgegengesetztem Vorzeichen wie die Selbstinduktionsspannungen angesetzt:

$$\underline{U}_1(\underline{I}_2) = -\mathrm{j}\omega M\,\underline{I}_2 \tag{3.293a}$$

$$\underline{U}_2(\underline{I}_1) = \mathrm{j}\omega M\,\underline{I}_1 \tag{3.293b}$$

Durch Überlagerung der beiden Spannungsanteile entstehen die *Transformatorgleichungen* für dieses Transformatormodell bei gleichsinnigem Wicklungssinn und Ketten-Zählpfeilsystem:

$$\underline{U}_1 = \mathrm{j}\omega L_1\,\underline{I}_1 - \mathrm{j}\omega M\,\underline{I}_2 \tag{3.294a}$$

$$\underline{U}_2 = \mathrm{j}\omega M\,\underline{I}_1 - \mathrm{j}\omega L_2\,\underline{I}_2 \tag{3.294b}$$

Beispiel 3.34: Transformatorgleichungen bei gegensinnigem Wicklungssinn

Für die in Bild 3.64 b) und d) dargestellten Ersatzschaltungen von Transformatoren mit gegensinnigem Wicklungssinn sind die zugehörigen Transformatorgleichungen aufzustellen.

Für die Ersatzschaltung in Bild 3.64 b) mit symmetrischem Zählpfeilsystem ergeben sich die Selbstinduktionsspannungen nach Gl. (3.289). Die Vorzeichen der Gegeninduktionsspannungen kehren sich gegenüber Gl. (3.290) um, da die Zählpfeile der Klemmenströme bezüglich der Wicklungspunkte nun unterschiedliche Richtungen haben. Daraus folgen die Transformatorgleichungen in der Form

$$\underline{U}_1 = \mathrm{j}\omega L_1\,\underline{I}_1 - \mathrm{j}\omega M\,\underline{I}_2\,, \tag{3.295a}$$

$$\underline{U}_2 = -\mathrm{j}\omega M\,\underline{I}_1 + \mathrm{j}\omega L_2\,\underline{I}_2\,. \tag{3.295b}$$

Für die Ersatzschaltung in Bild 3.64 d) mit Ketten-Zählpfeilsystem folgen nit den Selbstinduktionsspannungen nach Gl. (3.292) bei Umkehrung der Vorzeichen der Terme mit den Gegeninduktionsspannungen gegenüber Gl. (3.293) die Transformatorgleichungen in der Form

$$\underline{U}_1 = \mathrm{j}\omega L_1 \underline{I}_1 + \mathrm{j}\,\omega M \underline{I}_2 , \tag{3.296a}$$

$$\underline{U}_2 = -\mathrm{j}\omega M \underline{I}_1 - \mathrm{j}\omega L_2 \underline{I}_2 . \tag{3.296b}$$

In beiden Fällen kehrt sich das Vorzeichen aller Terme, die die Gegeninduktivität M enthalten, um. Diese mathematische Eigenschaft des Modells könnte dadurch nachgebildet werden, dass man bei gegensinnigem Wicklungssinn der Gegeninduktivität den *negativen Wert* der Wurzel in Gl. (3.288) zuweist.

Die Ergebnisse der Beispiele 3.33 und 3.34 bestätigen, dass sich die Transformatorgleichungen für symmetrisches bzw. Ketten-Zählpfeilsystem ineinander überführen lassen, indem man die Vorzeichen der Terme, in denen der Faktor $\underline{I}_2$ enthalten ist, umkehrt.

Aus Beispiel 3.34 folgt allgemeingültig: *Eine Umkehrung des Wicklungssinns führt zur Umkehrung des Vorzeichens aller Terme, die den Faktor M enthalten.*

Durch die Angabe des Wicklungssinns wird die Mehrdeutigkeit der Phasenlagen von Eingangs- und Ausgangsgrößen zueinander, die beim idealen Transformator auftritt, beseitigt. Sofern keine Wicklungspunkte eingetragen sind, geht man bei Schaltplänen, die Transformatorsymbole enthalten, davon aus, dass die Transformatoren gleichsinnigen Wicklungssinn aufweisen.

Aus den Transformatorgleichungen ist ersichtlich, dass bei einem VST, der *sekundärseitig leerläuft* ($I_2 = 0$), auf der Primärseite nur die Selbstinduktivität L_1 wirksam ist. Es gilt also

$$\underline{Z}_{1\mathrm{L}} = \mathrm{j}\omega L_1 . \tag{3.297}$$

Wird in diesem Fall eine Spannung $\underline{U}_1$ an die Primärseite gelegt, so fließt – im Gegensatz zum idealen Transformator – ein Primärstrom, der als *Magnetisierungsstrom* bezeichnet wird.

Ein VST nimmt, da er ein induktives Zweitor ist, in jedem Betriebsfall Blindleistung auf.

Anstelle der Ersatzschaltung in Bild 3.64, die die magnetische Kopplung und galvanische Entkopplung der beiden Tore des Transformators durch die drei Induktivitäten L_1, L_2 und M beschreibt, wird oft die *galvanisch gekoppelte T-Ersatzschaltung* gemäß Bild 3.66 verwendet.

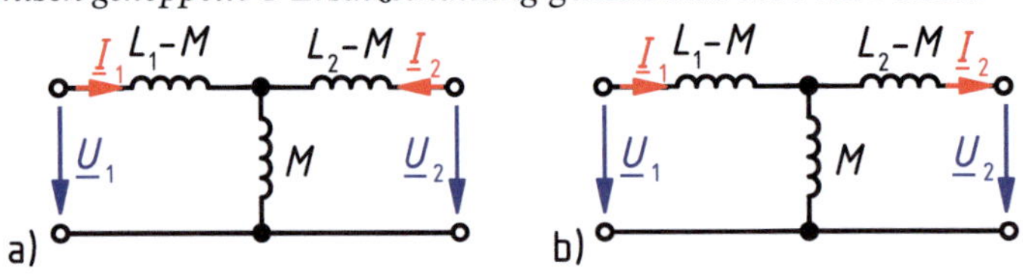

Bild 3.66: T-Ersatzschaltung des verlustlosen Transformators mit
a) symmetrischem Zählpfeilsystem und b) Ketten-Zählpfeilsystem

Das *Klemmenverhalten* der Ersatzschaltung in Bild 3.66 a) wird durch die Gleichungen

$$\underline{U}_1 = \mathrm{j}\omega (L_1 - M) \underline{I}_1 + \mathrm{j}\omega M (\underline{I}_1 + \underline{I}_2) \tag{3.298a}$$

$$\underline{U}_2 = \mathrm{j}\omega (L_2 - M) \underline{I}_2 + \mathrm{j}\omega M (\underline{I}_1 + \underline{I}_2) \tag{3.298b}$$

beschrieben. Diese Gleichungen lassen sich einfach in Gl. (3.291) umformen. Entsprechend wird das Klemmenverhalten der Ersatzschaltung in Bild 3.66 b) durch Gl. (3.294) beschrieben. Bei gegensinnigem Wicklungssinn ist statt M der Wert $-M$ einzusetzen.

Die T-Ersatzschaltung erleichtert die Berechnung von Schaltungen mit Transformatoren erheblich, da sie nicht die Anwendung der Transformatorgleichungen erfordert, sondern nur die Anwendung der Kirchhoffschen Gesetze. Sie ist aber mit Vorsicht einzusetzen, da sie eine in der Regel nicht vorhandene galvanische Kopplung zwischen den beiden Toren vortäuscht, die zu falschen Ergebnissen führt, sofern nicht nur das Sinusstromverhalten, sondern auch das Gleichstromverhalten analysiert wird. Werden Primär- und Sekundärseite eines Transformators miteinander verschaltet, führt die Verwendung der T-Ersatzschaltung eventuell zu falschen Ergebnissen. Lediglich dann, wenn tatsächlich eine Eingangs- und eine Ausgangsklemme des Transformators miteinander verbunden sind, was z. B. bei *Spartransformatoren* der Fall ist, ist die Verwendung der T-Ersatzschaltung unbedenklich.

Bei gleichsinnigem Wicklungssinn wird meist eine der beiden *Längsinduktivitäten* $L_1 - M$ oder $L_2 - M$ negativ. Bei gegensinnigem Wicklungssinn ist die *Querinduktivität* negativ. Dies zeigt, dass diese Ersatzschaltung lediglich ein Hilfsmittel zur Vereinfachung der Berechnung von Schaltungen mit Transformatoren darstellt. Die enthaltenen Induktivitäten sind nicht unmittelbar physikalisch interpretierbar.

Beispiel 3.35: Betriebsverhalten des verlust- und streuungslosen Transformators

Ein VST mit der Ersatzschaltung nach Bild 3.64 c) liegt an der Primärspannung $\underline{U}_1$. Sekundärseitig ist die Impedanz $\underline{Z}_{\text{Last}}$ angeschlossen.

Zu berechnen sind als Funktion von $\underline{Z}_{\text{Last}} = \underline{U}_2/\underline{I}_2$
a) das Verhältnis $\underline{I}_2/\underline{I}_1$,
b) das Verhältnis $\underline{U}_1/\underline{U}_2$ sowie
c) die auf der Primärseite wirksame Impedanz $\underline{Z}_1$.

Die Fragestellungen können sowohl unter Verwendung der zugehörigen Transformatorgleichungen (3.294) als auch mittels der T-Ersatzschaltung gemäß Bild 3.66 b) gelöst werden.

a) Fasst man in der Ersatzschaltung in Bild 3.66 b) den Strom $\underline{I}_1$ als Gesamtstrom und den Strom $\underline{I}_2$ als Teilstrom auf, folgt mit der komplexen Stromteilerregel sowie den Gln. (3.287) und (3.288)

$$\frac{\underline{I}_2}{\underline{I}_1} = \frac{\mathrm{j}\omega M}{\mathrm{j}\omega\,(L_2 - M) + \underline{Z}_{\text{Last}} + \mathrm{j}\omega M} = \frac{\mathrm{j}\omega M}{\mathrm{j}\omega L_2 + \underline{Z}_{\text{Last}}} = \frac{1}{\frac{1}{ü} + \frac{\underline{Z}_{\text{Last}}}{\mathrm{j}\omega M}} \not\equiv ü\,. \tag{3.299}$$

Dieses Ergebnis unterscheidet sich fundamental von der entsprechenden Gl. (3.284) für den idealen Transformator. Das Verhältnis der *Beträge* von Sekundär- und Primärstrom ist *lastabhängig* und die beiden Ströme haben im Allgemeinen *nicht die gleiche Phasenlage*. Im Kurzschlussfall, also für $\underline{Z}_{\text{Last}} = 0$ folgt aus Gl. (3.299) jedoch speziell

$$\frac{\underline{I}_{2\text{k}}}{\underline{I}_{1\text{k}}} = ü\,.$$

Der VST verhält sich *nur bei sekundärseitigem Kurzschluss* wie ein *idealer Stromwandler*.

b) Löst man Gl. (3.299) nach dem Strom $\underline{I}_2$ auf, setzt diesen Ausdruck in beiden Zeilen der Transformatorgleichungen (3.294) ein und bildet den Quotienten der beiden Gleichungen, ergibt sich

$$\frac{\underline{U}_1}{\underline{U}_2} = \frac{\mathrm{j}\omega L_1 \underline{I}_1 - \mathrm{j}\omega M \underline{I}_1 \frac{\mathrm{j}\omega M}{\underline{Z}_{\text{Last}}+\mathrm{j}\omega L_2}}{-\mathrm{j}\omega L_2 \underline{I}_1 \frac{\mathrm{j}\omega M}{\underline{Z}_{\text{Last}}+\mathrm{j}\omega L_2} + \mathrm{j}\omega M \underline{I}_1}\,.$$

Mit den Gln. (3.287) und (3.288) folgt hieraus

$$\frac{\underline{U}_1}{\underline{U}_2} = \frac{L_1}{M} = \frac{L_1}{\sqrt{L_1 L_2}} = \sqrt{\frac{L_1}{L_2}} = ü\,. \tag{3.300}$$

Der VST verhält sich *in jedem Betriebsfall* wie ein *idealer Spannungswandler*: Ein- und Ausgangsspannung haben die *gleiche Phasenlage* und das Verhältnis ihrer *Beträge* ist *belastungsunabhängig.*

c) Bei Anschluss einer Lastimpedanz $\underline{Z}_{\text{Last}}$ wirkt an den Eingangsklemmen nach Bild 3.66 die Impedanz

$$\underline{Z}_1 = \mathrm{j}\omega\,(L_1 - M) + \mathrm{j}\omega M \;||\; \left[\mathrm{j}\omega\,(L_2 - M) + \underline{Z}_{\text{Last}}\right].$$

Durch Umformen dieses Ausdrucks erhält man mit den Gln. (3.287) und (3.288)

$$\underline{Z}_1 = \mathrm{j}\omega L_1 + \frac{\omega^2 M^2}{\mathrm{j}\omega L_2 + \underline{Z}_{\text{Last}}} = \frac{\mathrm{j}\omega L_1 \underline{Z}_{\text{Last}}}{\mathrm{j}\omega L_2 + \underline{Z}_{\text{Last}}} = \frac{1}{\frac{1}{ü^2 \underline{Z}_{\text{Last}}} + \frac{1}{\mathrm{j}\omega L_1}}\,. \tag{3.301}$$

Anschauliche Bedeutung: Die wirksame Eingangsimpedanz des VST wird gebildet durch die *Parallelschaltung* der Impedanz der Primärwicklung $\mathrm{j}\omega L_1$ und der gemäß Gl. (3.282) auf der Primärseite wirksamen Lastimpedanz $ü^2\,\underline{Z}_{\text{Last}}$. Für $|\,\underline{Z}_{\text{Last}}\,| \to \infty$, also sekundärseitigen Leerlauf, geht Gl. (3.301) in Gl. (3.297) über.

Das Klemmenverhalten des VST geht in das des idealen Transformators über, wenn der magnetische Leitwert Λ des magnetische Kreises (s. Abschnitt 11.9) unendlich groß wird. Dann würden bei unverändertem *ü* die Selbstinduktivitäten der beiden Wicklungen unendlich groß werden. Dies würde ein Kernmaterial mit unendlich großer Permeabilität ($\mu \to \infty$) und ohne jeglichen Luftspalt in Richtung des magnetischen Flusses erfordern. Beides ist nicht realisierbar. Sehr große und hochwertige Transformatoren kommen diesem Ideal aber recht nahe.

3.13.3 Transformator mit Streuung ohne Verluste

Dieses Transformatormodell entspricht dem im vorigen Abschnitt behandelten, jedoch wird berücksichtigt, dass die magnetische Kopplung zwischen den beiden Toren nicht mehr ideal ist. An Stelle von Gl. (3.288) tritt nun allgemeiner die Beziehung

$$M = k\sqrt{L_1 L_2} > 0 \tag{3.302}$$

mit dem *Kopplungsgrad* k, für den $0 < k < 1$ gilt. Der VST kann als Grenzfall dieses Modells mit $k = 1$ aufgefasst werden. Ein weit verbreiteter Irrtum besteht darin, anzunehmen, dass die Streuung den Wirkungsgrad des Transformators vermindert. Der Begriff „Streuverluste" ist jedoch irreführend, da die Streuung – zumindest unmittelbar – keine Verluste bewirkt!

Da sich dieses Modell von dem in Abschnitt 3.13.2 behandelten nur bzgl. der Berechnung der Gegeninduktivität M unterscheidet, gelten die Ersatzschaltungen in den Bildern 3.64 und 3.66 und die zugehörigen Transformatorgleichungen auch hier. Wie das folgende Beispiel zeigt, gilt jedoch Gl. (3.300) nicht mehr.

Beispiel 3.36: Verlustloser Übertrager mit Streuung

Für einen verlustlosen Übertrager mit den Selbstinduktivitäten $L_1 = 720\,\text{mH}$, $L_2 = 180\,\text{mH}$, gleichsinnigem Wicklungssinn und dem Kopplungsgrad $k = 0{,}9$ sollen bestimmt werden
a) das Übersetzungsverhältnis,
b) die Elemente der T-Ersatzschaltung nach Bild 3.66 b),
c) das Spannungsverhältnis $\underline{U}_1/\underline{U}_2$ für sekundärseitigen Leerlauf und
d) das Stromverhältnis $\underline{I}_2/\underline{I}_1$ für sekundärseitigen Kurzschluss.

a) Aus Gl. (3.287) folgt

$$ü = \sqrt{L_1/L_2} = \sqrt{720\,\text{mH}/180\,\text{mH}} = 2\,.$$

b) Für die Gegeninduktivität folgt mit Gl. (3.302)

$$M = k\sqrt{L_1 \cdot L_2} = 0{,}9\sqrt{720\,\text{mH} \cdot 180\,\text{mH}} = 324\,\text{mH}\,.$$

Die Induktivitäten in der Ersatzschaltung haben somit die Werte

$$L_1 - M = 396\,\text{mH}\,, \qquad L_2 - M = -144\,\text{mH}\,, \qquad M = 324\,\text{mH}\,.$$

c) Für sekundärseitigen Leerlauf liefern die komplexe Spannungsteilerregel Gl. (3.219) sowie die Gln. (3.287) und (3.302)

$$\frac{\underline{U}_1}{\underline{U}_2} = \frac{\mathrm{j}\omega(L_1 - M) + \mathrm{j}\omega M}{\mathrm{j}\omega M} = \frac{L_1}{M} = \frac{L_1}{k\sqrt{L_1 L_2}} = \frac{1}{k}\sqrt{\frac{L_1}{L_2}} = \frac{1}{k}\,ü \approx 2{,}22 > ü\,.$$

d) Aus Gl. (3.299) folgt für $\underline{Z}_{\text{Last}} = 0$ mit den Gln. (3.287) und (3.302)

$$\frac{\underline{I}_2}{\underline{I}_1} = \frac{M}{L_2} = \frac{k\sqrt{L_1 L_2}}{L_2} = k\sqrt{\frac{L_1}{L_2}} = k\,ü = 1{,}8 < ü\,.$$

Trotz der physikalisch nicht interpretierbaren negativen Induktivität $L_2 - M = -144\,\text{mH}$ in der Ersatzschaltung sind die Ergebnisse der Rechnung richtig, wovon man sich durch Anwenden der Transformatorgleichungen in Form von Gl. (3.294) überzeugen kann.

Wichtig ist die Erkenntnis, dass die Ergebnisse von denen für den verlust- und streuungslosen Transformator abweichen. In beiden betrachteten Betriebsfällen sind die Größen auf der Sekundärseite kleiner als bei Vernachlässigung der Streuung.

3.13.4 Transformator mit Streuung und Kupferverlusten

Die beim Betrieb von Transformatoren auftretenden Verluste werden unterteilt in die *Kupferverluste*, die in den Wicklungen entstehen, und die im ferromagnetischen Kern auftretenden *Eisenverluste*. Beide Bezeichnungen sind historisch begründet und werden auch verwendet, wenn die Wicklungen nicht aus Kupfer und der Kern nicht aus Eisen bestehen.

Ursache der Kupferverluste sind der Stromfluss durch die (temperaturabhängigen) Wirkwiderstände der Wicklungen sowie die evtl. zu berücksichtigende (frequenzabhängige) *Stromverdrängung* (s. Abschnitt 11.19), die zu einer Verringerung des effektiv genutzten Leiterquerschnitts führt und somit wie eine Widerstandserhöhung wirkt.

Im *Leerlauf* sind die Kupferverluste gegenüber den von der Belastung weitgehend unabhängigen Eisenverlusten vernachlässigbar. Große Transformatoren werden meist so dimensioniert, dass die Eisenverluste im *Nennbetrieb* ca. 20 % der Kupferverluste betragen. Die Eisenverluste werden daher zunächst vernachlässigt.

Ausgehend von dem Modell in Bild 3.66 b) werden die Kupferverluste dadurch berücksichtigt, dass Wirkwiderstände $R_{1\text{Cu}}$ bzw. $R_{2\text{Cu}}$ in Reihe zu den Längsinduktivitäten geschaltet werden.

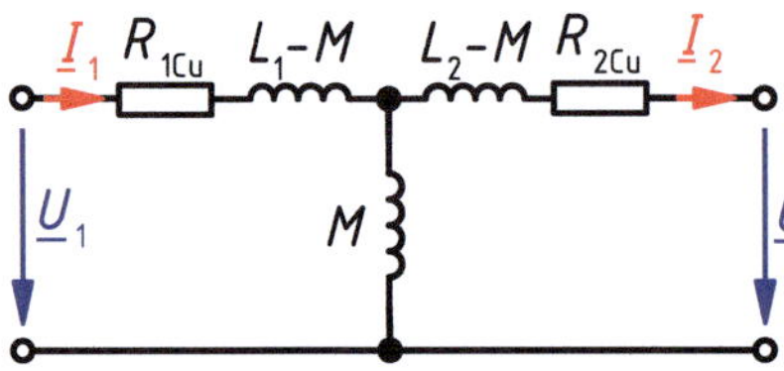

Bild 3.67: T-Ersatzschaltung des Transformators mit Berücksichtigung der Kupferverluste bei Ketten-Zählpfeilsystem

Hierdurch werden die Transformatorgleichungen erweitert und lauten z. B. für die Ersatzschaltung in Bild 3.67

$$\underline{U}_1 = (R_{1\text{Cu}} + \text{j}\omega L_1)\,\underline{I}_1 - \text{j}\omega M\,\underline{I}_2\,, \tag{3.303a}$$

$$\underline{U}_2 = \text{j}\omega M\,\underline{I}_1 - (R_{2\text{Cu}} + \text{j}\omega L_2)\,\underline{I}_2\,. \tag{3.303b}$$

Nun sollen die Größen der Sekundärseite auf die Primärseite umgerechnet werden. Dazu wird zunächst Gl. (3.303) etwas komplizierter aufgeschrieben:

$$\underline{U}_1 = \qquad R_{1\text{Cu}}\,\underline{I}_1 + \text{j}\omega\,(L_1 - \ddot{u}\,M)\,\underline{I}_1 + \text{j}\omega\,\ddot{u}\,M\left(\underline{I}_1 - \frac{1}{\ddot{u}}\,\underline{I}_2\right) \tag{3.304a}$$

$$\ddot{u}\,\underline{U}_2 = \quad -\ddot{u}^2\,R_{2\text{Cu}}\,\frac{1}{\ddot{u}}\,\underline{I}_2 - \text{j}\omega\,(\ddot{u}^2 L_2 - \ddot{u}\,M)\,\frac{1}{\ddot{u}}\,\underline{I}_2 + \text{j}\omega\,\ddot{u}\,M\left(\underline{I}_1 - \frac{1}{\ddot{u}}\,\underline{I}_2\right) \tag{3.304b}$$

Für den prinzipiell beliebig wählbaren Faktor $\ddot{u}$ in Gl. (3.304) wird das in Gl. (3.286) definierte Übersetzungsverhältnis $\ddot{u} = N_1/N_2$ eingesetzt. Damit können einzelnen Termen neue Symbole zugewiesen werden, die eine *anschauliche Bezeichnung und physikalische Bedeutung* haben. In der ersten Zeile wird als neue Größe die *primäre Streuinduktivität*

$$L_{1\sigma} = L_1 - \ddot{u}\,M \tag{3.305}$$

definiert. In der zweiten Zeile wird neben der bereits eingeführten reduzierten Sekundärspannung $\underline{U}'_2 = \ddot{u}\,\underline{U}_2$ und dem reduzierten Sekundärstrom $\underline{I}'_2 = \underline{I}_2/\ddot{u}$ als neue Größe die *reduzierte sekundäre*

Streuinduktivität

$$L'_{2\sigma} = \ddot{u}^2 L_{2\sigma} = \ddot{u}^2 \left(L_2 - \frac{M}{\ddot{u}}\right) = \ddot{u}^2 L_2 - \ddot{u}\, M \qquad (3.306)$$

eingeführt. Die in der ersten Zeile auftretende *primäre Hauptinduktivität*

$$L_{1\mathrm{h}} = \ddot{u}\, M \qquad (3.307)$$

kommt auch in der zweiten Zeile als *reduzierte sekundäre Hauptinduktivität*

$$L'_{2\mathrm{h}} = \ddot{u}^2 L_{2\mathrm{h}} = \ddot{u}^2 \left(\frac{1}{\ddot{u}} M\right) = \ddot{u}\, M \qquad (3.308)$$

vor. Sie wird daher in der Ersatzschaltung in Bild 3.68 durch das selbe Schaltungselement repräsentiert.

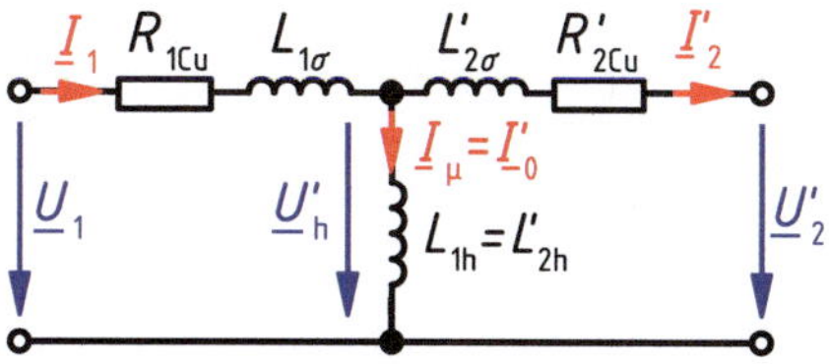

Bild 3.68: T-Ersatzschaltung des Transformators mit Kupferverlusten und reduzierten Größen bei Ketten-Zählpfeilsystem

Damit ergeben sich die Transformatorgleichungen für das in Bild 3.68 verwendete Ketten-Zählpfeilsystem in der Form

$$\underline{U}_1 = R_{1\mathrm{Cu}}\, \underline{I}_1 + \mathrm{j}\omega L_{1\sigma}\, \underline{I}_1 + \mathrm{j}\omega L_{1\mathrm{h}}\, (\underline{I}_1 - \underline{I}'_2)\,, \qquad (3.309a)$$

$$\underline{U}'_2 = -R'_{2\mathrm{Cu}}\, \underline{I}'_2 - \mathrm{j}\omega L'_{2\sigma}\, \underline{I}'_2 + \mathrm{j}\omega L'_{2\mathrm{h}}\, (\underline{I}_1 - \underline{I}'_2)\,. \qquad (3.309b)$$

Nachfolgend wird der Zusammenhang zwischen den Elementen der elektrischen Ersatzschaltung in Bild 3.68 und den magnetischen Flüssen, die im Transformator auftreten, erläutert. Diese Betrachtung setzt die Kenntnis der in Abschnitt 11.17.3 behandelten Inhalte voraus.

Die primäre Hauptinduktivität nach Gl. (3.307) kann als derjenige Teil

$$L_{1\mathrm{h}} = \ddot{u}\, M = \sqrt{\frac{L_1}{L_2}}\, k \sqrt{L_1\, L_2} = k\, L_1$$

der Primärspulen-Induktivität L_1 aufgefasst werden, der den *primären magnetischen Nutzfluss* Φ_{12} (s. Bild 11.64) erzeugt. Entsprechende Zusammenhänge lassen sich zwischen der sekundären Hauptinduktivität $L_{2\mathrm{h}}$ und dem *sekundären Nutzfluss* Φ_{21} sowie zwischen der primären (bzw. sekundären) Streuinduktivität $L_{1\sigma}$ (bzw. $L_{2\sigma}$) und dem primären (bzw. sekundären) *Streufluss* $\Phi_{1\sigma}$ (bzw. $\Phi_{2\sigma}$) herstellen. Für einen streuungsfreien Transformator gilt $L_{1\sigma} = L_{2\sigma} = 0$.

Der *reduzierte Magnetisierungsstrom*

$$\underline{I}'_{\mu} = \underline{I}_1 - \underline{I}'_2 = \underline{I}_1 - \frac{1}{\ddot{u}}\, \underline{I}_2 \qquad (3.310)$$

ist der Strom, der – von der Primärseite aus betrachtet – zur Erzeugung des magnetischen Nutzflusses $\Phi_{12} = \Phi_{21}$ erforderlich ist. Bei einem Transformator ohne Eisenverluste ist er mit dem *primärseitigen Leerlaufstrom* $\underline{I}'_0$ identisch. Er ist mit dem magnetischen Nutzfluss in Phase und eilt der *Hauptfeldspannung*

$$\underline{U}'_{\mathrm{h}} = \mathrm{j}\omega L_{1\mathrm{h}}\, \underline{I}'_{\mu} \qquad (3.311)$$

um 90° nach.

3.13.5 Transformator mit Streuung und Verlusten

Nun werden auch die durch die zeitliche Änderung des Magnetfeldes im Kern verursachten *Eisenverluste* berücksichtigt. Diese Verluste setzen sich zusammen aus den *Ummagnetisierungsverlusten*, die auch als *Hystereseverluste* bezeichnet werden (s. Abschnitt 11.12.1) sowie den *Wirbelstromverlusten* (s. Abschnitt 11.18).

Die Eisenverluste sind näherungsweise proportional zum Quadrat der maximalen magnetischen Flussdichte im Transformator und damit zum Quadrat der Spannung. Sie steigen etwa linear mit der Frequenz an.

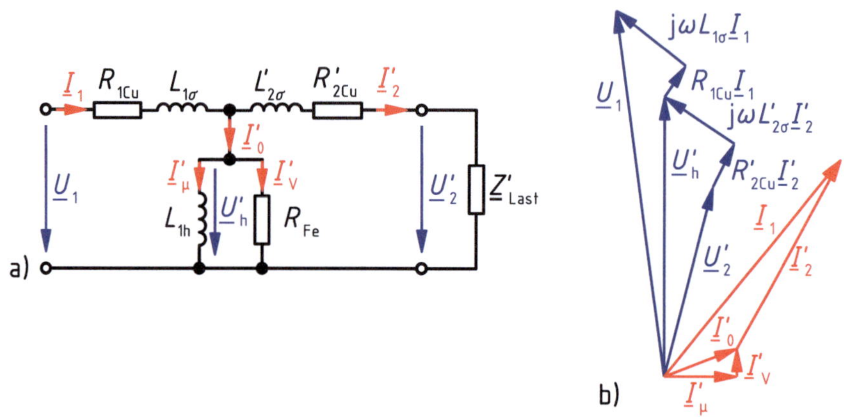

Bild 3.69: a) T-Ersatzschaltung des Transformators mit Streuung und Verlusten bei sekundärseitiger Belastung unter Verwendung reduzierter Größen und b) qualitatives Strom-Spannungs-Zeigerdiagramm für diese Ersatzschaltung bei ohmsch-induktiver Last

In der Ersatzschaltung in Bild 3.69 a) werden die Eisenverluste durch den *parallel zur Hauptinduktivität* L_{1h} liegenden Wirkwiderstand R_{Fe} berücksichtigt. Der Leerlaufstrom $\underline{I}'_0$ erhält dadurch neben seiner Blindkomponente, dem Magnetisierungsstrom $\underline{I}'_\mu$, auch einen Wirkanteil, nämlich den mit der Hauptfeldspannung $\underline{U}'_h$ gleichphasigen *Verluststrom* $\underline{I}'_V$.

Die durch diese Ersatzschaltung beschriebene Modellstruktur ist bei Verwendung richtiger Werte der Modellparameter in der Lage, das Sinusstromverhalten von Transformatoren bei beliebigen Lastfällen sehr gut nachzubilden.

Bild 3.69 b) zeigt das qualitative U-I-Zeigerdiagramm der Schaltung in Bild 3.69 a) für eine ohmsch-induktive Lastimpedanz. Um den Aufbau des Diagramms zu verdeutlichen, sind die Zeiger der Spannungen $R_{1Cu}\,\underline{I}_1$, $\mathrm{j}\omega L_{1\sigma}\,\underline{I}_1$, $R'_{2Cu}\,\underline{I}'_2$ und $\mathrm{j}\omega L'_{2\sigma}\,\underline{I}'_2$ übertrieben groß dargestellt. In der Praxis erreichen ihre Beträge nur wenige Prozent der Beträge von $\underline{U}_1$ und $\underline{U}'_2$.

3.13.6 Vereinfachte Ersatzschaltung mit reduzierten Größen

In der Energietechnik wird das Klemmenverhalten von Leistungstransformatoren im *Nennbetrieb* oftmals näherungsweise durch die in Bild 3.70 dargestellte vereinfachte Ersatzschaltung beschrieben.

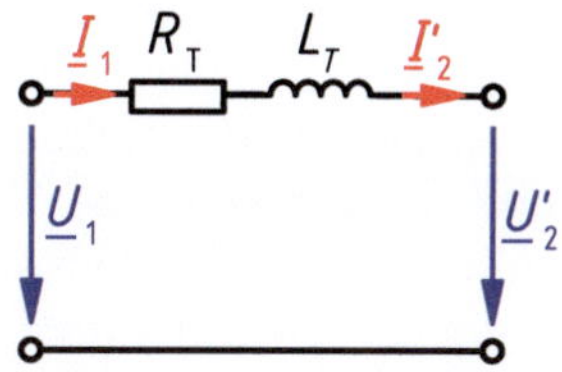

Bild 3.70: Vereinfachte Ersatzschaltung des Transformators mit reduzierten Größen

Dieses Modell ergibt sich aus der in Bild 3.69 a) dargestellten Ersatzschaltung durch Vernachlässigung des Leerlaufstromes $\underline{I}'_0$. Die verbleibenden *Längswiderstände* werden zu

$$R_{\mathrm{T}} = R_{1\mathrm{Cu}} + R'_{2\mathrm{Cu}} \tag{3.312}$$

und die *Längsreaktanzen* zu

$$L_{\mathrm{T}} = L_{1\sigma} + L'_{2\sigma} \tag{3.313}$$

zusammengefasst.

4 Ortskurven

In Kapitel 3 werden Sinusstrom-Netzwerke betrachtet. Dabei wird vorausgesetzt, dass alle Größen, die das Verhalten des Netzwerks bestimmen wie Widerstände, Kapazitäten, Induktivitäten sowie die Frequenz und Amplitude der anregenden Ströme und Spannungen *zeitlich konstant* sind. In der Praxis ist aber häufig die Abhängigkeit der Betriebseigenschaften von einer oder mehreren dieser Größen wichtig. Beispielsweise interessiert in der Nachrichtentechnik der Einfluss der Frequenz auf die Eigenschaften einer Schaltung oder in der Energietechnik die Abhängigkeit der Spannung von der Belastung, d. h. dem Widerstand. Man betrachtet also die interessierende Größe, z. B. Spannung oder Strom, in Abhängigkeit von einer als *Variable* aufgefassten *reellen* Größe, die üblicherweise als *Parameter* bezeichnet wird.

Bei solchen Untersuchungen ist zu beachten, *in welcher Weise* sich der Parameter zeitlich ändert. Betrachtet man z. B. die Spannung $u(\omega)$ an einer konstanten Induktivität L, durch die ein Sinusstrom $i = \hat{i}\sin(\omega\, t)$ fließt, sind zwei Fälle zu unterscheiden, wie sich die Kreisfrequenz ω ändert:

1. Die Änderung der Kreisfrequenz des Stromes entsprechend einer Zeitfunktion $\omega_t = f(t)$ wird berücksichtigt. Dann kann für die einzelnen Werte ω *kein eingeschwungener Zustand* der Schaltung vorausgesetzt werden. Die sich nach Gl. (11.178) ergebende Spannung

$$u(\omega) = L\,\frac{\mathrm{d}}{\mathrm{d}t}i = L\,\hat{i}\,\frac{\mathrm{d}}{\mathrm{d}t}\left[\sin\left(\omega_{\mathrm{t}}t\right)\right] = L\,\hat{i}\left[\cos(\omega_{\mathrm{t}}t)\right]\left(\omega_{\mathrm{t}} + t\,\frac{\mathrm{d}}{\mathrm{d}t}\,\omega_{\mathrm{t}}\right)$$

   ist nicht sinusförmig und *kann daher nicht als komplexe Größe dargestellt und mittels der komplexen Rechnung ermittelt werden.*

2. *Jeder einzelne Wert der Kreisfrequenz ω wird als konstant angenommen.* Dann kann für jeden Wert von ω der *eingeschwungene Zustand* der Schaltung (alle Reaktionsgrößen sind gleichfrequente Sinusgrößen) vorausgesetzt werden, für den sich eine mittels der komplexen Rechnung bestimmbare Sinusspannung $\underline{U} = \mathrm{j}\omega L\,\underline{I}$ einstellt.

In diesem Kapitel werden *nur eingeschwungene Zustände* betrachtet, die sich bei Veränderung eines reellen Parameters einstellen. Jeder Wert des Parameters muss also *jeweils* so lange konstant gehalten werden, bis sich für die von diesem Wert abhängige interessierende Größe der eingeschwungene Zustand eingestellt hat.

4.1 Grundlagen

Zeigerdiagramme stellen in anschaulicher Weise Summen und Differenzen komplexer Größen dar. In der Sinusstromtechnik sind dies gleichfrequente Sinusspannungen oder -ströme, aber auch zeitunabhängige Größen wie Impedanzen, Admittanzen und komplexe Leistungen. Zeigerdiagramme gelten jeweils nur für eine bestimmte, konstante Frequenz und bestimmte, konstante Werte der Schaltungselemente.

Soll eine komplexe Größe in einem Sinusstromnetzwerk in Abhängigkeit von einer variablen reellen Größe dieser Schaltung (z. B. Induktivität, Kapazität, Widerstand oder Frequenz) dargestellt werden, könnte man für verschiedene – jeweils als konstant angenommene – Werte dieser Variablen das Zeigerdiagramm der komplexen Größe konstruieren und so das Schaltungsverhalten durch

T. Harriehausen und D. Schwarzenau, *Moeller Grundlagen der Elektrotechnik*,
https://doi.org/10.1007/978-3-658-49993-8_4

eine Vielzahl von Zeigerdiagrammen beschreiben. Eine solche Darstellung würde schnell unübersichtlich. Man stellt daher nur die *Menge der Endpunkte der Zeiger* der interessierenden *komplexen Größe* dar, die sich bei Variation des *reellen Parameters* ergeben. Eine solche Kurve wird als *Ortskurve* bezeichnet.

In der Regel wird mit einem Pfeil neben oder auf der Ortskurve die *Richtung* gekennzeichnet, in der die Ortskurve für wachsende Werte des Parameters *durchlaufen* wird. Neben den Pfeil wird der Name des Parameters geschrieben. Sofern von einer Ortskurve Werte abgelesen werden sollen, sind auf der Ortskurve hinreichend viele Werte des Parameters zu markieren. Dieser Vorgang wird als *Parametrieren der Ortskurve* bezeichnet.

Beispiel 4.1 verdeutlicht den Zusammenhang zwischen Zeigerbild und Ortskurve und demonstriert die Parametrierung einer Ortskurve.

Beispiel 4.1: Entwicklung der Impedanz-Ortskurve einer RL-Reihenschaltung

Die Ortskurve der Impedanz $Z(\omega)$ einer Reihenschaltung aus Wirkwiderstand R und Induktivität L gemäß Bild 4.1 a) ist aus der Zeigerdiagrammdarstellung zu entwickeln.

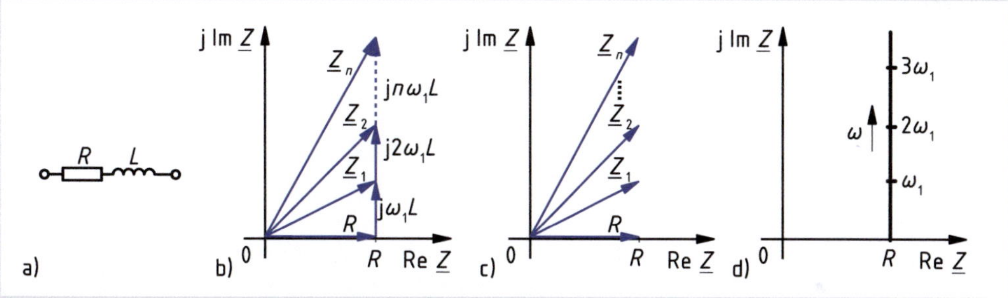

Bild 4.1: Entwicklung der Ortskurve einer Impedanz $\underline{Z} = R + \mathrm{j}\omega L$ mit dem Parameter ω
a) Schaltung
b) vollständige Zeigerdiagramme für die Kreisfrequenzen $\omega_1, 2\,\omega_1, ..., n\,\omega_1$
c) resultierende Zeiger für $\underline{Z}$
d) parametrierte Ortskurve für $\underline{Z}$

Zunächst werden mehrere einzelne Zeigerdiagramme der Impedanz $\underline{Z}(\omega) = R + \mathrm{j}\omega L$ konstruiert, die jeweils für eine konstante Kreisfrequenz $\omega_1, 2\,\omega_1, 3\,\omega_1 \ldots, n\,\omega_1$ gelten (s. Bild 4.1 b)). Im ersten Abstraktionsschritt werden nur noch die resultierenden Zeiger $\underline{Z}(\omega)$ dargestellt und mit dem zugehörigen Wert des Parameters ω bezeichnet (s. Bild 4.1 c)). Schließlich wird nur noch die *Kurve* gezeichnet, auf der die Spitzen *aller* Zeiger liegen und diese Ortskurve mit Werten von ω parametriert (s. Bild 4.1 d)).

Aus *quantitativen Ortskurven* können sowohl *Betrag und Phasenlage* als auch *Real- und Imaginärteil* komplexer Funktionen einfach abgelesen werden.

Quantitative Ortskurven werden üblicherweise mit geeigneter Software (z. B. MatLab) berechnet und dargestellt. In diesem Kapitel wird zur Förderung des Verständnisses die schrittweise Konstruktion einiger quantitativer Ortskurven ohne solche Hilfsmittel demonstriert.

Sehr häufig werden *qualitative Ortskurven* verwendet, da die *Form* einer Ortskurve oftmals Rückschlüsse auf wesentliche Eigenschaften des durch sie beschriebenen Systems (z. B. Stabilität, Resonanzfrequenzen) erlaubt. Wichtig sind insbesondere Anfangs- und Endpunkt einer Ortskurve sowie die Existenz von Schnittpunkten mit der reellen oder der imaginären Achse. Qualitative Ortskurven lassen sich für einfache Anordnungen mit etwas Übung schnell schrittweise skizzieren.

Sowohl quantitative als auch qualitative Ortskurven spielen in Physik und Technik eine große Rolle, u. a. in der Sinusstromtechnik, der Systemtheorie und der Regelungstechnik.

4.2 Konstruktion einfacher Ortskurven

In diesem Abschnitt werden Ortskurven von Strömen, Spannungen, Impedanzen und Admittanzen hergeleitet, die bei einfachen Zweipolen auftreten. Bezüglich der allgemeinen Theorie und Konstruktionsregeln für Ortskurven sei auf [BDHG06] und [Fet73] verwiesen.

In Beispiel 4.2 werden die Ortskurven einer einfachen Schaltung konstruiert, bei der unterschiedliche Größen als Parameter aufgefasst werden.

Beispiel 4.2: Spannungs-Ortskurven einer RX-Reihenschaltung bei konstantem Klemmenstrom

Betrachtet wird die in Bild 4.2 a) dargestellte Reihenschaltung aus einem Wirkwiderstand $R \geq 0$ und einem Blindwiderstand $-\infty < X < \infty$.

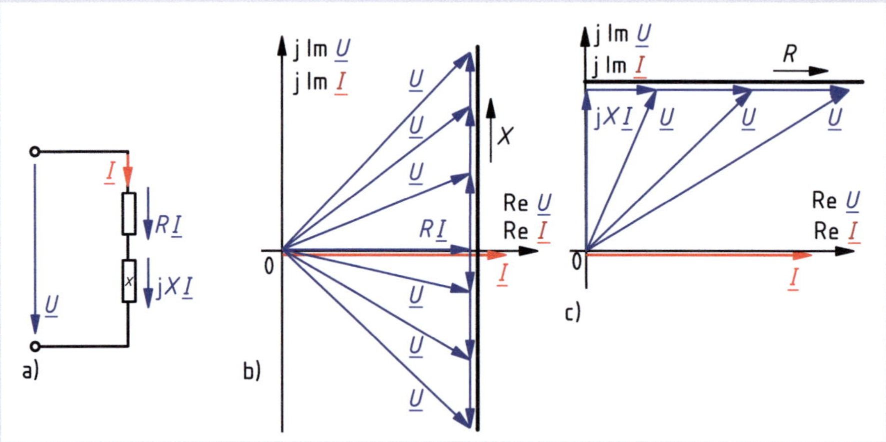

Bild 4.2: a) Reihenschaltung aus Wirkwiderstand R und Blindwiderstand X bei konstantem Strom $\underline{I}$ und Ortskurven der Spannung $\underline{U}$ für
b) variablen Blindwiderstand X bzw.
c) variablen Wirkwiderstand R

Dem Zweipol wird ein Klemmenstrom $\underline{I}$ eingeprägt.

Die Konstruktion der Ortskurven der Klemmenspannung $\underline{U}$ des Zweipols ist ausführlich darzustellen für den Fall, dass

a) der Wirkwiderstand R konstant und der Blindwiderstand X variabel
b) der Blindwiderstand X konstant und der Wirkwiderstand R variabel
ist. (Der variable Blindwiderstand kann z. B. durch eine Reihenschaltung aus Kapazität und Induktivität erreicht werden, die bei unterschiedlichen Frequenzen betrieben wird.)

Aus dem Maschensatz folgt die Beziehung zwischen den Klemmengrößen des Zweipols

$$\underline{U} = R\underline{I} + \mathrm{j}X\underline{I}\,. \tag{4.1}$$

Der Stromzeiger $\underline{I}$ wird als Bezugszeiger auf die positive reelle Achse der komplexen Ebene gelegt.

a) Der Zeiger der Wirkspannung $R\underline{I}$ liegt auf der reellen Achse, da er mit dem Stromzeiger $\underline{I}$ in Phase ist. An der Spitze des Zeigers $R\underline{I}$ wird rechtwinklig der Zeiger der Blindspannung $\mathrm{j}X\underline{I}$ angetragen. Da X negativ, null oder positiv sein kann, ergeben sich die in Bild 4.2 b) dargestellten Spannungszeigerdiagramme. Dementsprechend wandert der Endpunkt des Spannungszeigers $\underline{U}$ auf der zur reellen Achse senkrechten Geraden durch den Punkt $R\underline{I}$. Diese Gerade (in Bild 4.2 b) dick schwarz ausgezogen und zur besseren Sichtbarkeit etwas nach rechts verschoben gezeichnet) ist somit die gesuchte Ortskurve der Klemmenspannung $\underline{U}$ für variablen Blindwiderstand X. Sie kann ggf. mit Werten von X parametriert werden.
b) Der konstante Spannungszeiger $\mathrm{j}X\underline{I}$ liegt auf der imaginären Achse (in Bild 4.2 c) ist willkürlich $X > 0$ angenommen worden). Von dessen Spitze ausgehend ist der Zeiger der Wirkspannung $R\underline{I}$ parallel zur reellen Achse anzutragen. Die Spitze des Zeigers der Klemmenspannung $\underline{U}$ liegt also je nach Größe von R irgendwo auf der Halbgeraden durch den Punkt $\mathrm{j}X\underline{I}$ im ersten Quadranten der komplexen Ebene. Die Ortskurve (in Bild 4.2 c) dick schwarz ausgezogen) verläuft somit parallel zur reellen Achse durch den Punkt $\mathrm{j}X\underline{I}$. Sie kann ggf. mit Werten von R parametriert werden.

Division von Gl. (4.1) durch den Strom $\underline{I}$ ergibt die Impedanz der Schaltung in Bild 4.2 a)

$$\underline{Z} = \frac{\underline{U}}{\underline{I}} = R + \mathrm{j}X\,. \tag{4.2}$$

Sobald man das Konstruktionsprinzip und die Bedeutung von Ortskurven verstanden hat, verzichtet man in so einfachen Fällen wie in Beispiel 4.2 auf das Einzeichnen einzelner Zeigerdiagramme.

Allgemein ergeben sich innerhalb eines passiven Zweipols mit beliebig komplizierter innerer Struktur bei einheitlichem Zählpfeilsystem an den Impedanzen ähnliche (kongruente) Zeigerdiagramme und damit Ortskurven wie für die zugehörigen Spannungen.

Die Ortskurven von Impedanz $\underline{Z}$ und Klemmenspannung $\underline{U} = \underline{I}\,\underline{Z}$ unterscheiden sich bei Reihenschaltungen lediglich um den Maßstabsfaktor $\underline{I}$. Ein solcher komplexer, einheitenbehafteter Proportionalitätsfaktor verursacht im Allgemeinen eine *Drehstreckung* von Zeigerdiagrammen bzw. Ortskurven.

In Beispiel 4.2 wird der nicht vorgegebene Nullphasenwinkel des Klemmenstromes $\underline{I}$ zu null angenommen. Dadurch reduziert sich die Drehstreckung auf eine Streckung einschließlich Dimensionsänderung, hier von „Widerstand" in „Spannung". Die Ortskurven der Impedanz der Schaltung sind daher kongruent zu den dargestellten Ortskurven der Klemmenspannung.

In Beispiel 4.3 wird die erste *quantitative* Ortskurve konstruiert.

Beispiel 4.3: Quantitative Impedanz-Ortskurve einer RLC-Reihenschaltung

Betrachtet wird eine Reihenschaltung aus Wirkwiderstand $R = 15\,\Omega$, Induktivität $L = 0{,}2\,\mathrm{H}$ und Kapazität $C = 30\,\mu\mathrm{F}$.

Die Ortskurve der Impedanz $\underline{Z}$ soll für Frequenzen im Bereich $f = 40\,\mathrm{Hz}$ bis $100\,\mathrm{Hz}$ schrittweise konstruiert und parametriert werden.

Für verschiedene Frequenzen werden Zeigerdiagramme der Impedanz $\underline{Z} = R + \mathrm{j}\,[\omega L - 1/(\omega C)]$ der Schaltung gezeichnet (s. Bild 4.3). Der von der Frequenz unabhängige Zeiger des Wirkwiderstandes R liegt auf der reellen Achse. Von dessen Spitze ausgehend wird der Zeiger des Blindwiderstandes $X = \omega L - 1/(\omega C)$ parallel zur imaginären Achse in negativer oder positiver Richtung (abhängig vom Wert von $\omega = 2\pi f$) angetragen. Also ist die Ortskurve die in Bild 4.3 dick ausgezogene Gerade. Ihre Parametrierung erfolgt in der Einheit Hz für die Variable Frequenz f.

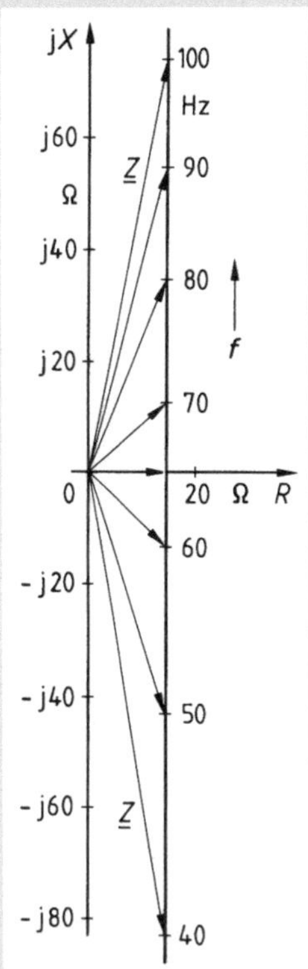

Bild 4.3: Ortskurve der Impedanz $\underline{Z}$ zu Beispiel 4.3

Bei $f \approx 65\,\mathrm{Hz}$ (Resonanzfrequenz f_{res}) ist die Impedanz $Z = R = 15\,\Omega$ reell und hat ihren minimalen Betrag (Resonanzfall).

Für $f < f_{\mathrm{res}}$ wirkt die Schaltung ohmsch-kapazitiv, für $f > f_{\mathrm{res}}$ ohmsch-induktiv.

In den Grenzfällen $f \to 0$ und $f \to \infty$ geht $Z \to \infty$, da bei $f \to 0$ der Scheinwiderstand der Kapazität und bei $f \to \infty$ der Scheinwiderstand der Induktivität gegen Unendlich geht. Die Ortskurve der Impedanz strebt für diese Extremwerte gegen $(15 - \mathrm{j}\infty)\,\Omega$ bzw. $(15 + \mathrm{j}\infty)\,\Omega$.

Die in Beispiel 4.3 behandelte Schaltung wird in Abschnitt 5.2.4.1 im Beispiel 5.9 als elementarer Reihenschwingkreis aufgefasst und genauer analysiert.

In den vorangegangenen Beispielen haben die Ortskurven die Form von Geraden bzw. Halbgeraden. Die in Beispiel 4.4 konstruierten Ortskurven haben die Form eines Kreises bzw. Halbkreises.

Beispiel 4.4: Strom-Ortskurve einer RX-Reihenschaltung bei konstanter Klemmenspannung

Betrachtet wird wieder die in Beispiel 4.2 untersuchte Reihenschaltung aus Wirkwiderstand R und Blindwiderstand X (s. Bild 4.2 a)), die jetzt jedoch an einer *eingeprägten Klemmenspannung* $\underline{U}$ liegt.

Die Ortskurven des Klemmenstromes $\underline{I}$ des Zweipols sind schrittweise herzuleiten für den Fall, dass
a) der Wirkwiderstand R konstant und der Blindwiderstand X variabel bzw.
b) der Blindwiderstand X konstant und der Wirkwiderstand R variabel
ist.

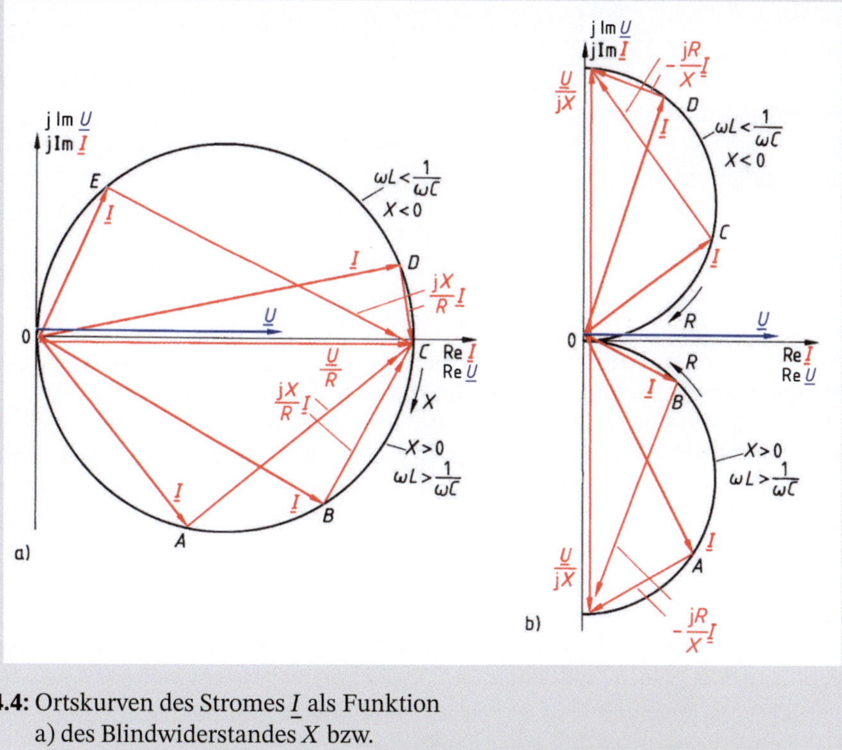

Bild 4.4: Ortskurven des Stromes $\underline{I}$ als Funktion
a) des Blindwiderstandes X bzw.
b) des Wirkwiderstandes R bei einer Reihenschaltung nach Bild 4.2 aus Wirkwiderstand R und Blindwiderstand X bei konstanter Spannung $\underline{U}$

a) Die Spannungsgleichung (4.1) wird durch den konstanten Wert R dividiert. In der daraus folgenden Stromgleichung

$$\frac{\underline{U}}{R} = \underline{I} + \mathrm{j}\frac{X}{R}\underline{I} \tag{4.3}$$

haben alle drei Terme, also auch die Ausdrücke $\underline{U}/R$ und $\mathrm{j}\,(X/R)\,\underline{I}$, den Charakter von Stromzeigern.

Für die Darstellung der Gl. (4.3) als Zeigerdiagramm wird die Klemmenspannung $\underline{U}$ als Bezugszeiger gewählt und auf die reelle Achse gelegt. Damit liegt der gleichphasige Stromzeiger $\underline{U}/R$ ebenfalls auf der reellen Achse. Die Zeiger $\mathrm{j}\,(X/R)\,\underline{I}$ stehen *senkrecht* auf den Zeigern $\underline{I}$ und eilen ihnen für $X > 0$ um 90° vor, für $X < 0$ um 90° nach. Die Summe der beiden Zeiger muss für jeden Wert des Parameters X den konstanten Stromzeiger $\underline{U}/R$ ergeben. Daher müssen die drei Stromzeiger ein rechtwinkliges Dreieck bilden, bei dem der Zeiger $\underline{U}/R$ die Grundseite (Hypotenuse) bildet (s. Bild 4.4 a)). Aus der Geometrie ist bekannt, dass die Eckpunkte der rechten Winkel aller rechtwinkligen Dreiecke auf einem Kreis (*Thaleskreis*) um den Mittelpunkt der Hypotenuse liegen.

In Bild 4.4 a) sind für einige Werte von X die Stromzeiger $\underline{I}$ eingezeichnet, die vom Ursprung der komplexen Ebene zu einem der Punkte A bis E auf dem Thaleskreis weisen. Dieser Thaleskreis ist somit die gesuchte Ortskurve des Klemmenstromes $\underline{I}$. Der Kreis wird für wachsende Werte von X im Uhrzeigersinn durchlaufen. Die Parametrierung beginnt für $X \to -\infty$ unmittelbar über dem Ursprung. Bei $X = 0$ schneidet die Ortskurve die reelle Achse im Punkt C. Für $X \to \infty$ endet sie unmittelbar unter dem Ursprung.

Im oberen Halbkreis eilt $\underline{I}$ gegenüber $\underline{U}$ vor, der Zweipol hat also ohmsch-kapazitiven Charakter. Im unteren Halbkreis eilt $\underline{I}$ gegenüber $\underline{U}$ nach, d. h. die Schaltung verhält sich ohmsch-induktiv.

b) Die Spannungsgleichung (4.1) wird nun durch den konstanten Wert $\mathrm{j}\,X$ dividiert, woraus die Stromgleichung

$$\frac{\underline{U}}{\mathrm{j}X} = -\mathrm{j}\frac{\underline{U}}{X} = \underline{I} - \mathrm{j}\frac{R}{X}\underline{I} \tag{4.4}$$

folgt.

Die Stromzeiger $\underline{I}$ und $-\mathrm{j}(R/X)\,\underline{I}$ auf der rechten Seite von Gl. (4.4) stehen senkrecht aufeinander. Für $X < 0$ eilt $-\mathrm{j}(R/X)\,\underline{I}$ gegenüber $\underline{I}$ um 90° vor, für $X > 0$ um 90° nach. Die Summe der beiden Zeiger ist in jedem Fall gleich dem konstanten Stromzeiger $\underline{U}/(\mathrm{j}\,X)$. Daraus folgt in Analogie zu Fall a), dass der Zeiger $\underline{U}/(\mathrm{j}\,X)$ die Hypotenuse eines Thaleskreises bildet, auf dem die durch $\underline{I}$ und $\underline{U}/(\mathrm{j}\,X)$ gebildeten rechten Winkel liegen.

Die Klemmenspannung $\underline{U}$ wird wieder als Bezugszeiger gewählt und auf die reelle Achse gelegt. Für $X > 0$ (ohmsch-induktives Verhalten) liegt dann der Zeiger $\underline{U}/(\mathrm{j}\,X)$ auf der negativen imaginären Achse (unterer Teil von Bild 4.4 b)), so dass die Endpunkte der Stromzeiger $\underline{I}$ auf dem halben Thaleskreis im 4. Quadranten über dem Zeiger $\underline{U}/(\mathrm{j}\,X)$ liegen. Für $X < 0$ (ohmsch-kapazitives Verhalten) liegt der Zeiger $\underline{U}/(\mathrm{j}\,X)$ auf der positiven imaginären Achse (oberer Teil von Bild 4.4 b)). Die Endpunkte der Stromzeiger $\underline{I}$ liegen auf dem halben Thaleskreis im 1. Quadranten über dem Zeiger $\underline{U}/(\mathrm{j}\,X)$.

Je nach Vorzeichen des konkret gegebenen Blindwiderstandes bildet einer der beiden Halbkreise die gesuchte Ortskurve des Stromes $\underline{I}$.

In den bisher behandelten Beispielen entstanden *elementare Ortskurven* (in Form einer Geraden oder eines Kreises oder eines Teils einer dieser Formen). In Beispiel 4.5 werden zwei elementare Ortskurven addiert, wodurch eine *nichtelementare Ortskurve* entsteht.

Beispiel 4.5: Quantitative Strom-Ortskurven in einer Parallelschaltung von Spule und Kondensator

Die Ortskurve der Zweigströme und des Gesamtstromes einer Parallelschaltung von verlustbehafteter Spule und verlustbehaftetem Kondensators an einer Sinusspannung mit festem Betrag und variabler Frequenz ist zu konstruieren.

Die Spule wird gemäß Ersatzschaltbild in Bild 4.5 a) durch die Reihenschaltung von Induktivität $L = 0{,}2\,\mathrm{H}$ und Wirkwiderstand $R_1 = 50\,\Omega$ modelliert, der Kondensator durch die Reihenschaltung von Kapazität $C = 30\,\mu\mathrm{F}$ und Wirkwiderstand $R_2 = 20\,\Omega$. Die Klemmenspannung hat den konstanten Betrag $U = 100\,\mathrm{V}$.

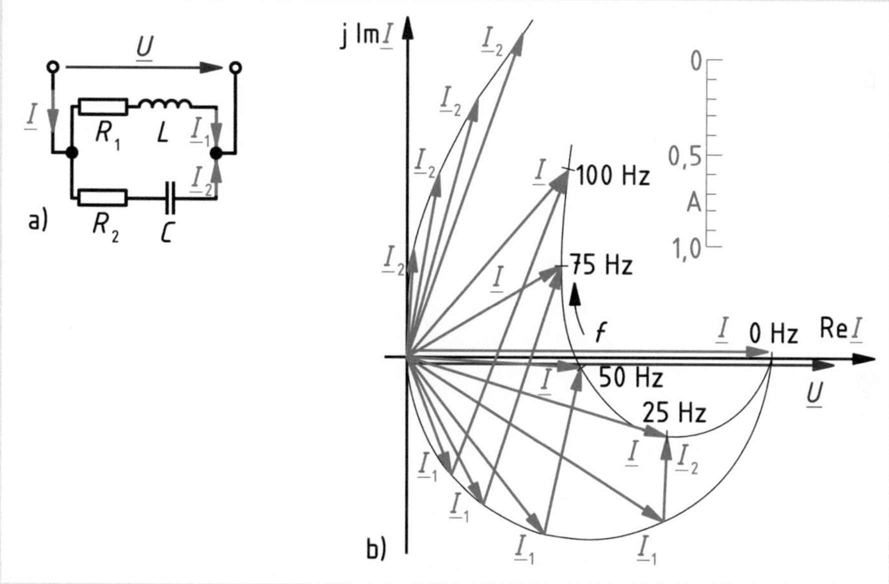

Bild 4.5: a) Ersatzschaltbild zu Beispiel 4.5 und b) Ortskurven der Ströme

Die Ortskurven der Zweigströme $\underline{I}_1$, $\underline{I}_2$ und des Gesamtstromes $\underline{I}$ sollen für die Frequenzen zwischen $f \to 0\,\mathrm{Hz}$ und $f = 100\,\mathrm{Hz}$ konstruiert werden.

Die Klemmenspannung $\underline{U}$ als Bezugsgröße wird auf die positive reelle Achse gelegt. Danach werden mit Gl. (3.183) bzw. (3.193) und Gl. (3.184) bzw. (3.194) für einzelne Frequenzen innerhalb des betrachteten Frequenzbereiches die Scheinwiderstände Z_1 bzw. Z_2 und Phasenverschiebungswinkel φ_1 bzw. φ_2 des oberen bzw. des unteren Zweiges und damit die Zweigströme $\underline{I}_1$ bzw. $\underline{I}_2$ berechnet. (Hier sind nur die Ergebnisse für fünf Frequenzen dargestellt.)

Der obere Zweig wirkt ohmsch-induktiv, also eilen die Ströme $\underline{I}_1$ der Spannung $\underline{U}$ nach. Der untere Zweig wirkt ohmsch-kapazitiv, so dass die Ströme $\underline{I}_2$ gegenüber $\underline{U}$ voreilen.

Bei $f \to 0\,\text{Hz}$ fließt wegen $Z_L = \omega L \to 0$ ein reiner Wirkstrom $I = I_1 = 2\,\text{A}$ im Zweig 1, während Zweig 2 wegen $Z_C = 1/(\omega C) \to \infty$ stromlos ist. Bei $f \to \infty$ fließt, da jetzt $1/(\omega C) \to 0$ gilt, nur der Wirkstrom $I = I_2 = 5\,\text{A}$ im Zweig 2, während Zweig 1 wegen $Z_L = \omega L \to \infty$ stromlos ist.

Die Ortskurve von $\underline{I}_1$ ist ein Halbkreis im 4. Quadranten, die Ortskurve von $\underline{I}_2$ ein Halbkreis im 1. Quadranten (der nur so weit, wie für die konkrete Fragestellung erforderlich, eingezeichnet ist).

Die Ortskurve von $\underline{I}$ ergibt sich durch die Addition der Ortskurven von $\underline{I}_1$ und $\underline{I}_2$. *Ortskurven werden addiert, indem ihre Werte für gleiche Werte des Parameters addiert werden.* Hier wird die punktweise Addition für diejenigen Frequenzwerte durchgeführt, für die bereits die beiden Teilströme berechnet wurden. Die Addition wird in Bild 4.5 b) durch geometrische Addition einzelner Zeiger $\underline{I}_1$ und $\underline{I}_2$ verdeutlicht.

Die in Beispiel 4.5 betrachtete Schaltung kann als Modell eines verlustbehafteten Schwingkreises aufgefasst werden. Bei einer Frequenz von etwas über 50 Hz sind Klemmenstrom und Klemmenspannung in Phase; der Zweipol wirkt bei dieser *Resonanzfrequenz* wie ein reiner Wirkwiderstand.

Entsprechend der Aussage nach Beispiel 4.2 zur Ähnlichkeit von Impedanz- und Spannungs-Ortskurven gilt: Innerhalb eines passiven Zweipols mit beliebig komplizierter innerer Struktur ergeben sich wegen $\underline{I} = \underline{U}\,\underline{Y}$ bei einheitlichem Zählpfeilsystem für die Admittanzen ähnliche (kongruente) Zeigerdiagramme und damit Ortskurven wie für die zugehörigen Ströme.

Die Ortskurven der Admittanzen des oberen bzw. unteren Zweiges der Schaltung sowie der Gesamtschaltung sind also kongruent zu den Ortskurven der entsprechenden Ströme in Bild 4.5 b).

Die im folgenden Beispiel 4.6 dargestellten Ortskurven bilden *Schleifen*, haben also Schnittpunkte mit sich selbst. Ortskurven noch komplizierterer Schaltungen können auch mehrere Schleifen enthalten.

Beispiel 4.6: Quantitative Admittanz- und Impedanz-Ortskurven einer gemischten Schaltung

Betrachtet wird ein Zweipol, der gemäß Bild 4.6 a) aus einer Parallelschaltung von zwei Zweigen besteht. Der eine Zweig enthält nur die Kapazität $C_p = 5{,}0\,\text{nF}$. Im anderen Zweig sind der Wirkwiderstand $R = 50\,\Omega$, die Induktivität $L = 80\,\mu\text{H}$ und die Kapazität $C = 12{,}5\,\text{nF}$ in Reihe geschaltet.

Die Ortskurven der Admittanz $\underline{Y}_g(\omega)$ und der Impedanz $\underline{Z}_g(\omega)$ des Zweipols sollen für einen Kreisfrequenzbereich $\omega = 0{,}5 \cdot 10^6\,\text{s}^{-1}$ bis $\omega = 4{,}0 \cdot 10^6\,\text{s}^{-1}$ (entsprechend etwa $f = 80\,\text{kHz}$ bis $f = 640\,\text{kHz}$) unter Verwendung einzelner Stützwerte ermittelt werden.

Mit der Admittanz $\underline{Y}_{Cp}(\omega) = \text{j}\omega C_p = \text{j}\omega \cdot 5{,}0\,\text{nF}$ der Kapazität C_p und der Impedanz der Reihenschaltung

$$\underline{Z}_r = R + \text{j}X = R + \text{j}\left(\omega L - \frac{1}{\omega C}\right) = 50\,\Omega + \text{j}\left(\omega \cdot 80\,\mu\text{H} - \frac{1}{\omega \cdot 12{,}5\,\text{nF}}\right)$$

ergibt sich zunächst die Gesamtadmittanz

$$\underline{Y}_g(\omega) = \underline{Y}_{Cp}(\omega) + \frac{1}{\underline{Z}_r(\omega)} = j\omega C_p + \frac{1}{R + j\,[\omega L - 1/(\omega C)]} = G_g(\omega) + j\,B_g(\omega) \tag{4.5}$$

des Zweipols.

Um die Ortskurve dieser Admittanz zu zeichnen, werden Kreisfrequenzwerte in sinnvoller Stufung angenommen und für jeden dieser Werte die Admittanz berechnet. Diese Rechnung kann mit Hilfe eines Taschenrechners oder eines geeigneten Programms zur numerischen Mathematik durchgeführt werden. Die berechneten Admittanzwerte $\underline{Y}_g$ werden als Punkte in die komplexe $\underline{Y}$-Ebene übertragen und mit den zugehörigen Kreisfrequenzwerten parametriert (dick hervorgehobene einzelne Punkte in Bild 4.6 b)). Mit den aus Gl. (4.5) ablesbaren Grenzwerten $\underline{Y}_g(\omega \to 0) = 0$ und $\underline{Y}_g(\omega \to \infty) \to j\infty$ sowie den eingetragenen Stützwerten lässt sich ein Linienzug zeichnen, der die Ortskurve der Admittanz $\underline{Y}_g(\omega)$ des Zweipols darstellt (s. Bild 4.6 b)).

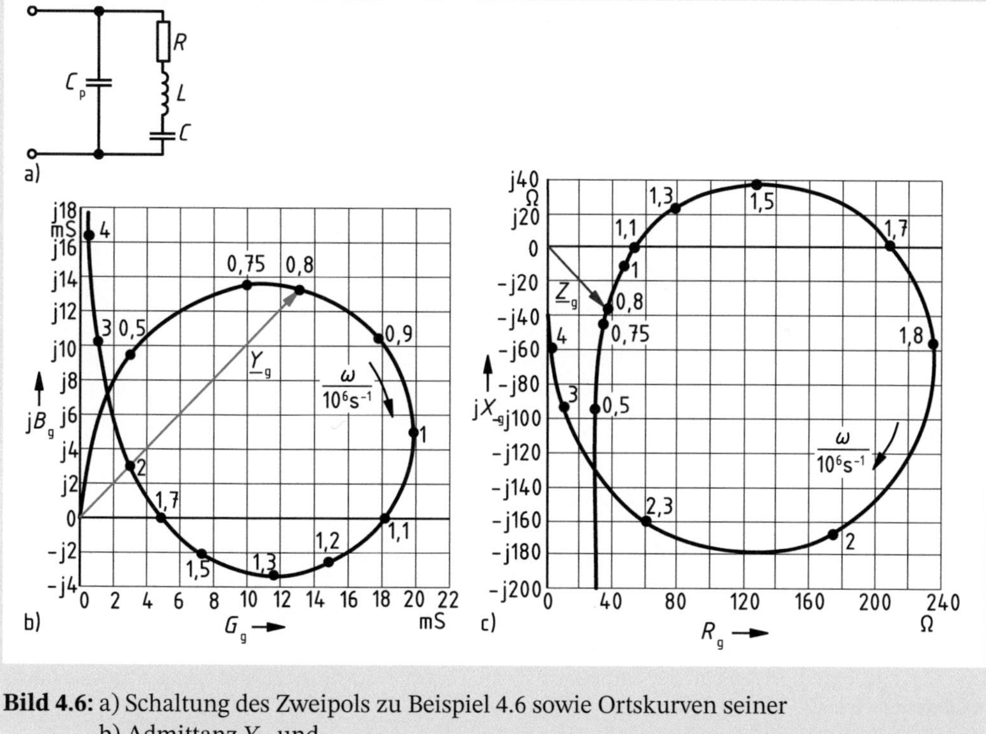

Bild 4.6: a) Schaltung des Zweipols zu Beispiel 4.6 sowie Ortskurven seiner
b) Admittanz $\underline{Y}_g$ und
c) Impedanz $\underline{Z}_g$

Die Ortskurve beginnt im Ursprung, durchläuft im Uhrzeigersinn eine Schleife, die zweimal die reelle Achse schneidet und endet asymptotisch auf der positiven imaginären Achse.

Auf dieser Ortskurve kann nun auch für Werte von ω zwischen den markierten Stützwerten die Admittanz nach Betrag und Phase oder Real- und Imaginärteil abgelesen werden. Dies ist in Bild 4.6 b) exemplarisch für $\omega = 0{,}8 \cdot 10^6\,\mathrm{s}^{-1}$ dargestellt und durch Einzeichnen des zugehörigen Zeigers für $\underline{Y}_\mathrm{g}$ hervorgehoben.

Die Impedanz des Zweipols ist der Kehrwert seiner Admittanz nach Gl. (4.5):

$$\underline{Z}_\mathrm{g}(\omega) = \frac{1}{\underline{Y}_\mathrm{g}(\omega)} = \frac{1}{G_\mathrm{g} + \mathrm{j}\,B_\mathrm{g}} = \frac{G_\mathrm{g}}{G_\mathrm{g}^2 + B_\mathrm{g}^2} + \mathrm{j}\,\frac{-B_\mathrm{g}}{G_\mathrm{g}^2 + B_\mathrm{g}^2} = R_\mathrm{g}(\omega) + \mathrm{j}\,X_\mathrm{g}(\omega) \tag{4.6}$$

Die Stützwerte zur Konstruktion der Ortskurve der Impedanz werden einzeln durch Bilden des Kehrwertes der Stützwerte für die Admittanz berechnet und in die komplexe $\underline{Z}$-Ebene eingetragen.

Durch Einsetzen von Gl. (4.5) in Gl. (4.6) erhält man die Grenzwerte $\underline{Z}_\mathrm{g}(\omega \to 0) \to -\mathrm{j}\,\infty$ und $\underline{Z}_\mathrm{g}(\omega \to \infty) = 0$. Damit lässt sich die Ortskurve der Impedanz $\underline{Z}_\mathrm{g}(\omega)$ des Zweipols gemäß Bild 4.6 c) zeichnen. Sie kommt asymptotisch von der negativen imaginären Achse, bildet ebenfalls eine Schleife im Uhrzeigersinn mit zwei Schnittpunkten mit der reellen Achse und endet im Ursprung.

Die in Beispiel 4.6 behandelte Schaltung ist ein Beispiel für einen *Schwingkreis mit zwei Freiheitsgraden* (s. Abschnitt 5.2.6). Die beiden Kreisfrequenzen, bei denen Admittanz und Impedanz der Schaltung reell werden, also die Schnittpunkte der beiden zugehörigen Ortskurven mit den reellen Achsen, sind die *Resonanzkreisfrequenzen* des Zweipols. Bei der ersten Resonanzkreisfrequenz $\omega_\mathrm{res1} \approx 1{,}1 \cdot 10^6\,\mathrm{s}^{-1}$ stimmt der Klemmenwiderstand des Schwingkreises in diesem Beispiel ungefähr mit dem in der Schaltung enthaltenen Wirkwiderstand $R = 50\,\Omega$ überein. Bei der zweiten Resonanzkreisfrequenz $\omega_\mathrm{res2} \approx 1{,}7 \cdot 10^6\,\mathrm{s}^{-1}$ beträgt der aus Bild 4.6 c) abgelesene, an den Klemmen wirksame Wirkwiderstand des Schwingkreises etwa $210\,\Omega$.

Wie dieses Beispiel zeigt, ist es möglich, mit Schwingkreisen *Widerstände zu transformieren*, was in der Nachrichtentechnik eingesetzt wird, um die Bedingung für die Leistungsanpassung bei einer bestimmten Frequenz ohne den Einsatz von Transformatoren zu erfüllen.

4.3 Inversion von Ortskurven

Unter der Inversion einer komplexen Größe versteht man die Bildung ihres Kehrwertes. Diese Operation ist in der Elektrotechnik besonders wichtig, da die Admittanz der Kehrwert der Impedanz ist und umgekehrt. Mittels der Inversion können die bei der Anwendung des Ohmschen Gesetzes für Sinusstrom evtl. erforderlichen Divisionen in Multiplikationen überführt werden: der Quotient $\underline{I} = \underline{U}/\underline{Z}$ kann nach Inversion der Impedanz $\underline{Z}$ mittels der Admittanz $\underline{Y} = 1/\underline{Z}$ als Produkt $\underline{I} = \underline{U}\,\underline{Y}$ ausgedrückt werden.

Analytisch lässt sich die Inversion einer komplexen Größe einfach durchführen, wenn man sie in der Exponentialform darstellt. Die zur Impedanz $\underline{Z} = Z\,\mathrm{e}^{\mathrm{j}\varphi}$ inverse Größe ist die Admittanz

$$\underline{Y} = \frac{1}{Z\,\mathrm{e}^{\mathrm{j}\varphi}} = \frac{1}{Z}\,\mathrm{e}^{-\mathrm{j}\varphi} = Y\,\mathrm{e}^{\mathrm{j}\varphi_\mathrm{Y}}. \tag{4.7}$$

Durch Vergleich der Beträge und Argumente der beiden rechten Terme in Gl. (4.7) erkennt man, dass bei der Inversion

1. der *Kehrwert des Betrages* zu bilden und
2. das *Vorzeichen des Argumentes umzukehren*

ist.

Die Bedeutung der Inversion komplexer Größen kommt erst bei der Inversion von Ortskurven voll zur Geltung. Kennt man eine Ortskurve, z. B. die Abhängigkeit der Impedanz von der Frequenz, und will man die Abhängigkeit des Kehrwertes dieser Größe darstellen, also hier die der Admittanz von der Frequenz, muss die gegebene Ortskurve invertiert werden.

Aus Punkt 1. folgt, dass bei der Inversion Teile einer Ortskurve, die weit vom Ursprung der komplexen Ebene entfernt sind, auf Teile der inversen Ortskurve abgebildet werden, die nah am Ursprung liegen und umgekehrt. Aus Punkt 2. folgt, dass Ortskurventeile, die im 1. Quadranten (bzw. 2. Quadranten) der komplexen Ebene liegen, auf Teile der inversen Ortskurve im 4. Quadranten (bzw. 3. Quadranten) abgebildet werden und umgekehrt.

Ist die zu einer Ortskurve gehörige komplexe Funktion bekannt, können nach der Bildung des Kehrwertes der Funktion einzelne Stützwerte zur Konstruktion der inversen Ortskurve berechnet werden. Ansonsten ist eine Ortskurve *punktweise* zu invertieren, d. h. für einzelne Werte des reellen Parameters sind die Kehrwerte der zugehörigen komplexen Werte auf der Ortskurve zu berechnen und als Stützwerte zur Konstruktion der inversen Ortskurve einzutragen, was sehr aufwändig sein kann.

Aus der Inversionsvorschrift für einzelne komplexe Größen wurden *Regeln* [BDHG06] abgeleitet, mittels derer *elementare Ortskurven* (d. h. Geraden oder Kreise) *direkt* invertiert werden können:

1. Die Inversion einer *Geraden durch den Nullpunkt* ergibt wieder eine Gerade durch den Nullpunkt.
2. Die Inversion einer *Geraden, die nicht durch den Nullpunkt* geht, ergibt einen Kreis durch den Nullpunkt.
3. Die Inversion eines *Kreises durch den Nullpunkt* ergibt eine Gerade, die nicht durch den Nullpunkt geht.
4. Die Inversion eines *Kreises, der nicht durch den Nullpunkt* geht, ergibt wieder einen Kreis, der nicht durch den Nullpunkt geht.

Die Kenntnis dieser Regeln kann langwierige Rechnungen ersparen. Weiß man nämlich, dass die gesuchte inverse Ortskurve eine Gerade oder ein Kreis ist, brauchen nur zwei bzw. drei Werte der inversen Größe berechnet zu werden, um die vollständige Ortskurve zeichnen zu können: Eine Gerade wird durch zwei beliebige unterschiedliche Punkte bestimmt. Ein Kreis wird durch drei beliebige unterschiedliche Punkte bestimmt oder durch zwei spezielle Punkte, nämlich den, der am nächsten am Ursprung liegt und den, der vom Ursprung am weitesten entfernt ist. Im zweiten Fall muss der Mittelpunkt des Kreises in der Mitte dieser beiden Punkte liegen.

Ist eine Ortskurve nur ein Teil einer Geraden oder eines Kreises, können die oben genannten Regeln sinngemäß angewandt werden. Die invertierte Ortskurve ist dann ebenfalls nur ein Teil einer Geraden bzw. eines Kreises. Dies wird in Beispiel 4.7 gezeigt.

Beispiel 4.7: Inversion einer Ortskurve, die ein Teil einer Geraden ist

Die Ortskurve der Admittanz $\underline{Y}(X) = 1/\underline{Z} = 1/(R + \mathrm{j}X)$ einer Reihenschaltung aus Wirkwiderstand R und Blindwiderstand X soll als Funktion der Variablen $X \geq 0$ dargestellt werden.

Die Ortskurve der Impedanz $\underline{Z}(X) = R + \mathrm{j}X$ ist nach Beispiel 4.2 Teil a) der im 1. Quadranten liegende Teil einer zur imaginären Achse parallelen Geraden in der $\underline{Z}$-Ebene entsprechend Bild 4.7 a). Deren Inverse, also die Ortskurve von $\underline{Y}(X)$, muss daher Teil eines Kreises im 4. Quadranten der $\underline{Y}$-Ebene sein.

Zur Konstruktion des (vollständigen!) Kreises reicht es aus, die beiden Punkte der (vollständigen!) Geraden mit dem kleinsten bzw. dem größten Abstand vom Ursprung zu invertieren:

Der erste Punkt ist $\underline{Z}(X = 0) = R$ auf der reellen Achse. Er wird zu dem Punkt des Kreises, der den größten Abstand vom Ursprung hat, hier also $\underline{Y}(X = 0) = 1/R$.

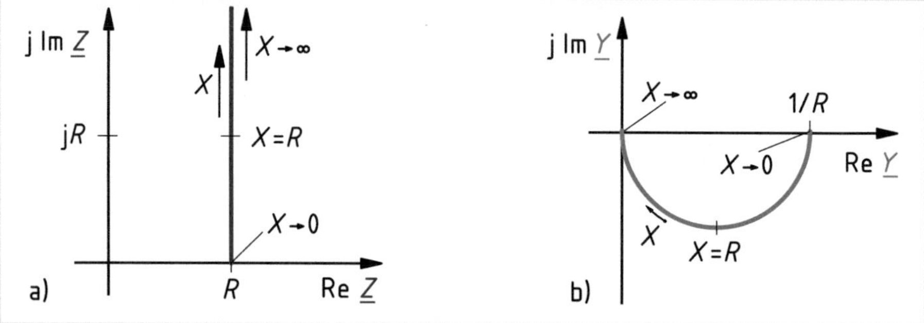

Bild 4.7: Zueinander inverse Ortskurven a) $\underline{Z} = R + \mathrm{j}X$ und b) $\underline{Y} = 1/\underline{Z}$

Der zweite Punkt ist $\underline{Z}(X \to \infty) \to R + \mathrm{j}\,\infty$, der unendlich weit vom Ursprung entfernt ist. Er wird zu demjenigen Punkt des Kreises, der den kleinsten Abstand vom Ursprung hat, was hier wegen $\underline{Y}(X \to \infty) = 0$ der Ursprung selbst ist. Der Mittelpunkt des Kreises muss in der Mitte zwischen diesen beiden Punkten liegen, also bei $\underline{Y} = 1/(2\,R)$ auf der reellen Achse.

Damit ist die gesuchte invertierte Ortskurve eindeutig bestimmt: Es ist der in Bild 4.7 b) eingezeichnete Halbkreis.

Folgende Tatsache vereinfacht die Umsetzung der Regel 2: Derjenige Punkt, der auf einer Geraden den kleinsten Abstand vom Ursprung hat, wird auf denjenigen Punkt des dazu inversen Kreises abgebildet, der am weitesten vom Ursprung entfernt ist. Der Punkt, der auf einer Geraden den größten Abstand vom Ursprung hat (was immer ein unendlich ferner Punkt ist), wird auf denjenigen Punkt des Kreises abgebildet, der am nächsten am Ursprung liegt (was stets der Ursprung selbst ist). Der Mittelpunkt des Kreises liegt in der Mitte dieser beiden Punkte. Bei der Anwendung der Regel 3 ist das eben Gesagte in umgekehrter Richtung anzuwenden.

Bei der Anwendung der Regel 4 brauchen auch nur die beiden Punkte des Kreises invertiert zu werden, die den kleinsten und den größten Abstand vom Ursprung haben. Sie ergeben die beiden Punkte des invertierten Kreises, die den größten bzw. den kleinsten Abstand vom Ursprung haben. Der Mittelpunkt des invertierten Kreises liegt in der Mitte der beiden Punkte.

Besonders wichtig ist die Inversion bei der Konstruktion der Ortskurven von Impedanz oder Admittanz von *gemischten Schaltungen*. Dabei geht man schrittweise „von innen nach außen" vor. Bei einer Reihenschaltung werden die Teil-Ortskurven der Impedanzen der in Reihe geschalteten Zweipole addiert, bei einer Parallelschaltung die Teil-Ortskurven der Admittanzen der einzelnen Zweige. Hierbei sind evtl. schrittweise mehrere Inversionen erforderlich. Dies wird anhand des Beispiels 4.8 demonstriert.

Beispiel 4.8: Schrittweise Konstruktion qualitativer Ortskurven mit mehrfacher Inversion

Bild 4.8 a) zeigt das Ersatzschaltbild einer Parallelschaltung von Spule und Kondensator. Die Verluste der Spule werden durch einen Widerstand R_L in Reihe mit der Induktivität L modelliert, die Verluste des Kondensators durch einen Widerstand R_C parallel zur Kapazität C. Vereinfachend wird angenommen, dass die Parameter L, R_L, C und R_C frequenzunabhängig sind.

Die qualitativen Ortskurven der Admittanz $\underline{Y}(\omega)$ und der Impedanz $\underline{Z}(\omega)$ des Zweipols sind schrittweise zu konstruieren.

Zunächst wird die Ortskurve des aus R_L und L bestehenden Schaltungszweiges, der die Spule modelliert, konstruiert. Da es sich um eine Reihenschaltung handelt, werden die Impedanz-Ortskurven der beiden Zweipole addiert. Die Ortskurve $\underline{Z}(\omega) = R_L$ besteht aus dem Punkt R_L auf der positiven reellen Achse der $\underline{Z}$-Ebene. Die Ortskurve $\underline{Z}(\omega) = \mathrm{j}\omega L$ liegt auf der positiven imaginären Achse. Die resultierende Ortskurve $\underline{Z}_{\text{Spule}}(\omega) = R_L + \mathrm{j}\omega L$ ist die in Bild 4.8 b) dargestellte Halbgerade im 1. Quadranten der $\underline{Z}$-Ebene.

Nun wird die Ortskurve der Parallelschaltung von R_C und C, die den Kondensator modelliert, konstruiert. Hierzu werden die Admittanz-Ortskurven der beiden Zweipole addiert. Die Ortskurve $\underline{Y}(\omega) = 1/R_C$ besteht aus dem Punkt $1/R_C$ auf der positiven reellen Achse der $\underline{Y}$-Ebene. Die Ortskurve $\underline{Y}(\omega) = \mathrm{j}\omega C$ liegt auf der positiven imaginären Achse. Die resultierende Ortskurve $\underline{Y}_{\text{Kond}}(\omega) = 1/R_C + \mathrm{j}\omega C$ ist die in Bild 4.8 c) dargestellte Halbgerade im 1. Quadranten der $\underline{Y}$-Ebene.

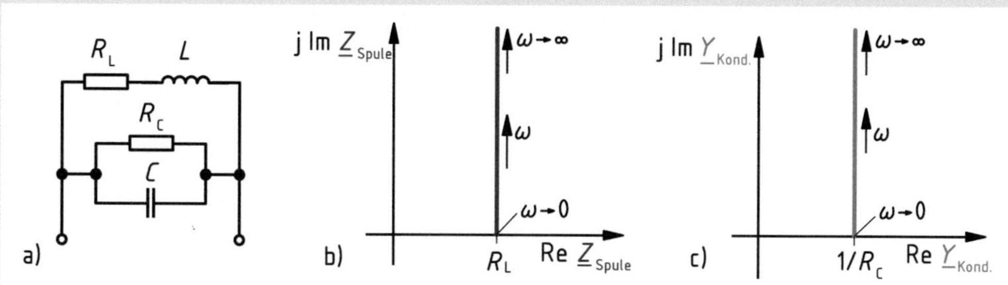

Bild 4.8: a) Ersatzschaltbild eines Parallelschwingkreises aus verlustbehafteter Spule und verlustbehaftetem Kondensator mit Ortskurven
b) der Impedanz der Spule und
c) der Admittanz des Kondensators

Im nächsten Schritt wird die Ortskurve $\underline{Y}(\omega)$ der Gesamtschaltung durch Addition der Admittanz-Ortskurven der beiden Bauelementmodelle gebildet. Hierzu ist zunächst durch Inversion der Ortskurve $\underline{Z}_{\text{Spule}}(\omega)$ die Ortskurve $\underline{Y}_{\text{Spule}}(\omega) = 1/(R_\text{L} + \text{j}\omega L)$ zu bilden. Dies ist, s. Beispiel 4.7, der in Bild 4.8 a) dargestellte Halbkreis im 4. Quadranten, der im Punkt $1/R_\text{L}$ auf der reellen Achse beginnt und im Ursprung endet.

Zu diesem Halbkreis $\underline{Y}_{\text{Spule}}(\omega)$ ist die Halbgerade $\underline{Y}_{\text{Kond}}(\omega)$ zu addieren. Das geschieht punktweise für gleiche Werte des Parameters ω. Da es sich nur um qualitative Ortskurven handelt, die nicht mit konkreten Werten von ω parametriert werden können, ist nur eine eindeutige Aussage für den Anfangs- und den Endpunkt der resultierenden Ortskurve $\underline{Y}(\omega) = \underline{Y}_{\text{Spule}}(\omega)+ \underline{Y}_{\text{Kond}}(\omega)$ möglich: Für $\omega \to 0$ gilt $\underline{Y}(\omega) = 1/R_\text{L} + 1/R_\text{C}$, für $\omega \to \infty$ gilt $\underline{Y}(\omega) \to 1/R_\text{C} + \text{j}\,\infty$. In Bild 4.9 b) sind zwei mögliche Verläufe der Ortskurve $\underline{Y}(\omega)$ skizziert.

Abschließend wird die Ortskurve $\underline{Z}(\omega)$ der Gesamtschaltung durch Inversion der Ortskurve $\underline{Y}(\omega)$ skizziert. Die beiden oben diskutierten Varianten der Ortskurven von $\underline{Y}(\omega)$ führen zu zwei Ortskurven von $\underline{Z}(\omega)$, die sich ebenfalls fundamental unterscheiden und in Bild 4.9 c) dargestellt sind. Aus Platzgründen wird in Bild 4.9 c) die Abkürzung
$R^+ = 1/(1/R_\text{L} + 1/R_\text{C}) = R_\text{L}R_\text{C}/(R_\text{L} + R_\text{C})$
verwendet.

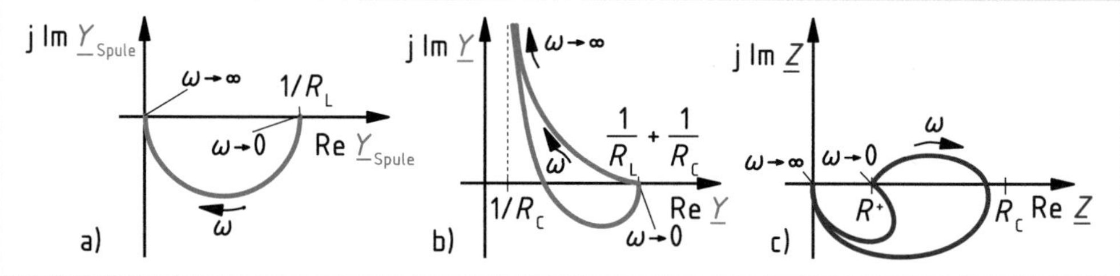

Bild 4.9: Ortskurven
a) der Admittanz der Spule sowie
b) der Admittanz und
c) der Impedanz der Gesamtschaltung aus Bild 4.8a

Während die untere Kurve in Bild 4.9 b) einen Schnittpunkt mit der reellen Achse für $\omega > 0$ aufweist, ist dies bei der oberen Kurve nicht der Fall. Die Existenz eines solchen Schnittpunktes bedeutet, dass es eine Frequenz gibt, für die der Zweipol wie ein reiner Wirkleitwert wirkt. Damit ist diese Frequenz die *Resonanzfrequenz* des Zweipols (s. Abschnitt 5.2.3.1). Wenn die Dämpfung (s. Abschnitt 5.2.3.4) des Schwingkreises zu groß ist, gibt es keine Resonanzfrequenz.

Interessant ist der Vergleich der Beispiele 4.5 und 4.8. In beiden Fällen werden Parallelschaltungen aus Spule und Kondensator betrachtet, die allerdings unterschiedlich *modelliert* werden. Hieraus folgen Ortskurven der Gesamtadmittanz, die sich prinzipiell unterscheiden: In Beispiel 4.5 endet die (der Ortskurve des Gesamtstromes ähnliche) Ortskurve der Admittanz auf der reellen Achse bei $\underline{Y}(\omega \to \infty) = 1/R_2$, in Beispiel 4.8 strebt sie gegen $\underline{Y}(\omega \to \infty) \to 1/R_\text{C} + \text{j}\,\infty$.

4.4 Betrags- und Phasenwinkeldiagramme

Der Vorteil von Ortskurven liegt darin, dass sie in *einer* einzigen Kurve in der komplexen Ebene die Abhängigkeit von *Betrag* Z und *Argument* (Phasenwinkel) φ einer komplexen Größe $\underline{Z}(p) = Z(p)\,\mathrm{e}^{\mathrm{j}\varphi(p)}$ von einem reellen Parameter p darstellen.

Will man diese beiden Abhängigkeiten in reellen Koordinatensystemen darstellen, sind dazu zwei Kurven notwendig: eine für den Betrag $Z(p)$ und eine zweite für den Phasenwinkel $\varphi(p)$. Sie werden meist in getrennten Koordinatensystemen als Funktion der *gemeinsamen* Variablen p dargestellt. Man spricht dann vom *Betragsdiagramm* (bzw. speziell bei der komplexen Darstellung von Sinusgrößen vom *Amplitudendiagramm*) $Z = f(p)$ und vom *Phasenwinkeldiagramm* $\varphi = g(p)$.

Sofern bereits eine Darstellung der Ortskurve vorliegt, könnte man punktweise Betrag Z und Phasenwinkel φ ablesen und in zwei Diagrammen über der Variablen p auftragen, wie in Bild 4.10 angedeutet. In den meisten Fällen werden Betrags- und Phasenwinkeldiagramme aber direkt durch Berechnung von Betrag und Argument aus der komplexen Funktion entwickelt.

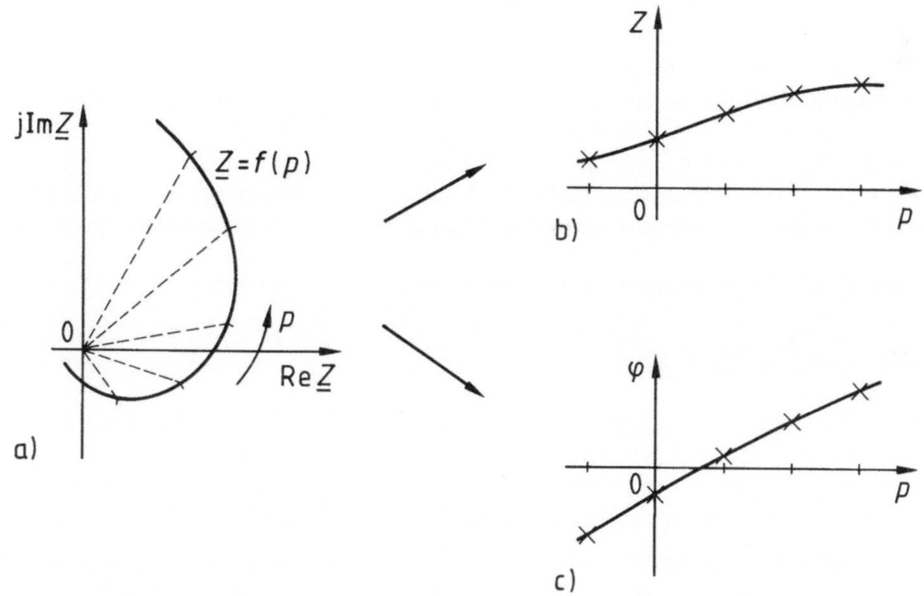

Bild 4.10: Übergang von einer
a) Ortskurvendarstellung zu einem
b) Betrags- und einem
c) Phasenwinkeldiagramm

Sehr häufig werden Größen in Abhängigkeit von der *Frequenz* betrachtet. Solche Darstellungen werden als *Frequenzgang* bezeichnet. Die Ortskurve in Bild 4.3 stellt beispielsweise einen Frequenzgang der Impedanz $\underline{Z}(f)$ dar. Betrags- und Phasenfrequenzgänge spielen bei den in Abschnitt 5.1 behandelten Filterschaltungen eine überragende Rolle.

5 Filterschaltungen und Schwingkreise

In diesem Kapitel werden praktische Anwendungen der Frequenzabhängigkeit des Verhaltens einfacher *Sinusstromnetzwerke* (s. Definition am Anfang von Kapitel 3) betrachtet. Sie beruhen auf der geschickten Nutzung der *Abhängigkeit der Impedanz von Kapazitäten und Induktivitäten von der Frequenz*. Wie in Kapitel 4 wird stets davon ausgegangen, dass sich für jede betrachtete Frequenz das Netzwerk im *eingeschwungenen Zustand* befindet und es somit mittels der komplexen Rechnung analysierbar ist.

Die betrachteten Filterschaltungen (s. Abschnitt 5.1) und Schwingkreise (s. Abschnitt 5.2) spielen insbesondere in der Nachrichtentechnik eine wichtige Rolle. Sie werden dazu eingesetzt, aus Eingangssignalen, die mehrere Frequenzanteile (*spektrale Komponenten*) enthalten, bestimmte Anteile möglichst weitgehend zu entfernen bzw. hervorzuheben. Solche Schaltungen erzeugen also *lineare Verzerrungen* (s. Abschnitt 7.1.4.1).

Die nachfolgend behandelten Schaltungen bestehen aus idealisierten passiven Grundzweipolen mit konzentrierten Parametern, die von idealen Quellen gespeist werden. Alle realen Quellen weisen *Innenimpedanzen* auf und alle realen Zweipole zeigen neben ihrem erwünschten Verhalten unvermeidliche *parasitäre Effekte*. Hierdurch verhalten sich reale Filterschaltungen und Schwingkreise ungünstiger als die hier untersuchten Modelle. Genauere Ergebnisse kann man mit Modellen komplizierter Struktur erreichen, worauf in Abschnitt 5.2.6 eingegangen wird. Sobald die Parameter eines Modells aber deutlich nichtlinear werden, lässt sich das Verhalten des Modells nicht mehr mit der komplexen Sinusstromrechnung analysieren. In diesen Fällen ist eine numerische Analyse mit einem Netzwerksimulationsprogramm erforderlich.

5.1 Filterschaltungen

Die Filterschaltungen sind ein sehr wichtiges und umfangreiches Gebiet der Elektrotechnik. Hier kann nur eine Einführung in das Thema gegeben werden. Vertiefende Informationen findet man z. B. in [Mey11]. Der Entwurf von Filterschaltungen nach bestimmten Optimierungskriterien und die Simulation ihres Verhaltens erfolgt in der Praxis mit spezieller Software.

Die enorme Leistungsfähigkeit moderner Mikroprozessoren hat dazu geführt, dass die klassische analoge Filtertechnik insbesondere im Bereich der Audiosignalverarbeitung weitgehend durch digitale Filter, die als Software realisiert werden, ersetzt worden ist. Im Bereich der Energietechnik sowie der Hoch- und Höchstfrequenztechnik spielen analoge Filterschaltungen aber weiterhin eine bedeutende Rolle.

In diesem Abschnitt werden nur *lineare* Filterschaltungen aus Zweipolen mit *konzentrierten Parametern* betrachtet. Sie sind außerdem *passiv*, da sie keine aktiven Elemente (wie Transistoren oder Operationsverstärker) enthalten.

Weil Kondensatoren wesentlich idealere Eigenschaften hinsichtlich Linearität und Güte aufweisen als Spulen und da sie kleiner und kostengünstiger als Spulen hergestellt werden können, werden Filterschaltungen nach Möglichkeit nur mit Kondensatoren aufgebaut.

Filterschaltungen sind in der Regel *Vierpole*, die als *Zweitore* (s. Abschnitt 1.3.5) betrieben werden.

T. Harriehausen und D. Schwarzenau, *Moeller Grundlagen der Elektrotechnik*,
https://doi.org/10.1007/978-3-658-49993-8_5

5.1.1 Grundlegende Begriffe

In diesem Abschnitt werden die wichtigsten Begriffe, die zur Beschreibung von Filterschaltungen und ihres Verhaltens erforderlich sind, zusammengestellt. Die meisten dieser Begriffe sind darüber hinaus anwendbar zur Beschreibung des Übertragungsverhaltens beliebiger linearer, zeitinvarianter (*engl. linear time invariant* = LTI) Systeme und spielen daher in der Systemtheorie und Regelungstechnik eine bedeutende Rolle.

Die Wirkung eines Übertragungsvierpols im Signalfluss von einer Signalquelle zu einem Verbraucher (s. Bild 5.1 a)) wird mitbestimmt durch den Innenwiderstand (bzw. die Innenimpedanz) der Quelle und den Widerstandswert (bzw. die Impedanz) der Last. Um die charakteristischen Eigenschaften verschiedener Filtertypen zu untersuchen, ist es üblich, nur die Klemmengrößen eines Übertragungsvierpols ohne äußere Beschaltung zu betrachten (s. Bild 5.1 b)).

Da oft mehrere Übertragungsvierpole kettenartig hintereinander geschaltet werden, wird üblicherweise das *Ketten-Zählpfeilsystem* (s. Abschnitt 1.4.3.2) an den beiden Toren verwendet.

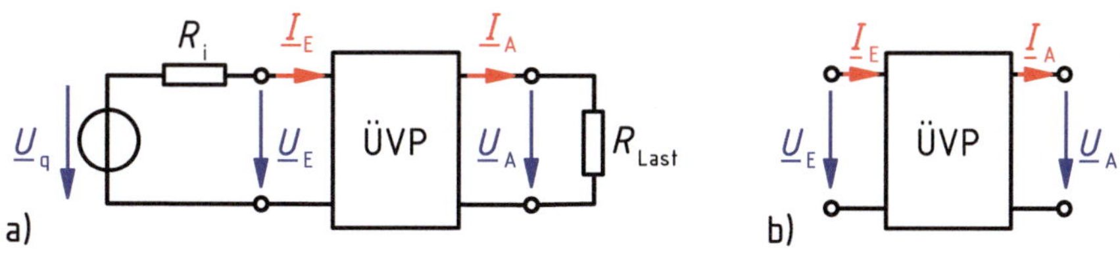

Bild 5.1: a) Übertragungsvierpol an linearer Quelle mit Lastwiderstand und b) isolierter Übertragungsvierpol mit Zählpfeilen für die Klemmengrößen am Ein- und Ausgang

5.1.1.1 Übertragungsfunktion

Die komplexwertige *Übertragungsfunktion* $\underline{F}$ ist das Verhältnis von komplexwertiger Ausgangsgröße $\underline{A}$ zu komplexwertiger Eingangsgröße $\underline{E}$ eines *Übertragungsvierpols*. Weil hier die Abhängigkeit dieser Größen von der Frequenz bzw. der Kreisfrequenz betrachtet wird und da wegen der Gln. (3.171) und (3.188) die Kreisfrequenz ω stets zusammen mit dem Faktor j auftritt, schreibt man meist

$$\underline{F}(\mathrm{j}\omega) = \frac{\underline{A}(\mathrm{j}\omega)}{\underline{E}(\mathrm{j}\omega)}\,. \tag{5.1}$$

In der Regel sind Eingangs- und Ausgangsgrößen von Übertragungsvierpolen Spannungen. Dann wird angenommen, dass der Ausgang des Vierpols unbelastet ist, d. h. $\underline{I}_\mathrm{A} = 0$ gilt. In diesem Fall ist die Übertragungsfunktion bei Verwendung der Größen in Bild 5.1 b) die *Spannungsübertragungsfunktion*

$$\underline{F}(\mathrm{j}\omega) = \frac{\underline{U}_\mathrm{A}(\mathrm{j}\omega)}{\underline{U}_\mathrm{E}(\mathrm{j}\omega)}\,. \tag{5.2}$$

Alternativ können auch Ströme als Eingangs- und Ausgangsgrößen betrachtet werden. Dann wird angenommen, dass der Ausgang des Vierpols kurzgeschlossen ist, d. h. $\underline{U}_\mathrm{A} = 0$ gilt. In diesem

Fall ist die Übertragungsfunktion die *Stromübertragungsfunktion*. Sie lautet bei Verwendung der Größen in Bild 5.1 b)

$$\underline{F}(\mathrm{j}\omega) = \frac{\underline{I}_{\mathrm{A}}(\mathrm{j}\omega)}{\underline{I}_{\mathrm{E}}(\mathrm{j}\omega)}\,. \tag{5.3}$$

Die Übertragungsfunktion kann als komplexwertige Funktion des reellen Parameters ω aufgefasst und als *Ortskurve* dargestellt werden (s. Kapitel 4).

Die Aufteilung von Gl. (5.1) gemäß Gl. (3.68)

$$\underline{F}(\mathrm{j}\omega) = \frac{A(\mathrm{j}\omega)\,\mathrm{e}^{\mathrm{j}\varphi_{\mathrm{A}}(\mathrm{j}\omega)}}{E(\mathrm{j}\omega)\,\mathrm{e}^{\mathrm{j}\varphi_{\mathrm{E}}(\mathrm{j}\omega)}} = \frac{A(\mathrm{j}\omega)}{E(\mathrm{j}\omega)}\,\mathrm{e}^{\mathrm{j}(\varphi_{\mathrm{A}}(\mathrm{j}\omega)-\varphi_{\mathrm{E}}(\mathrm{j}\omega))} = \left|\underline{F}(\mathrm{j}\omega)\right|\,\mathrm{e}^{\mathrm{j}\arg(\underline{F}(\mathrm{j}\omega))} \tag{5.4}$$

ermöglicht die getrennte Darstellung des Betrages der Übertragungsfunktion als *Betragsfrequenzgang* (s. Abschnitt 5.1.1.3) und ihres Argumentes als *Phasenfrequenzgang* (s. Abschnitt 5.1.1.4).

Messtechnisch sind sowohl Betrags- als auch Phasenfrequenzgang eines Übertragungsvierpols sehr einfach zu erfassen. Dazu legt man an das Eingangstor eine Sinusgröße *langsam* veränderlicher Frequenz und bekannter Amplitude und Phasenlage und misst die gleichfrequente Sinusgröße am Ausgangstor nach Amplitude und Phasenlage. Anschließend sind nur noch das Verhältnis der Amplituden und die Differenz der Nullphasenwinkel zu bilden.

5.1.1.2 Ordnung eines Filters

Die Übertragungsfunktion gemäß Gl. (5.1) ist stets eine gebrochen rationale Funktion der Variablen $\mathrm{j}\omega$. Das bedeutet, dass $\underline{F}(\mathrm{j}\omega)$ immer als Quotient zweier Polynome dieser Variablen darstellbar ist, wobei der Grad des Nennerpolynoms größer oder gleich dem Grad des Zählerpolynoms ist. Den *Grad des Nennerpolynoms* bezeichnet man als die *Ordnung des Filters*.

5.1.1.3 Betragsfrequenzgang

Im Betrag der Übertragungsfunktion nach Gl. (5.4) kann, da er reellwertig ist, nicht mehr die imaginäre Variable $\mathrm{j}\omega$ auftreten, sondern nur noch die reelle Variable ω. Man nennt das Verhältnis der Effektivwerte beziehungsweise der Amplituden von Ausgangs- und Eingangsschwingung als Funktion der Kreisfrequenz (bzw. der Frequenz)

$$F(\omega) = \left|\underline{F}(\mathrm{j}\omega)\right| = \left|\frac{\underline{A}(\mathrm{j}\omega)}{\underline{E}(\mathrm{j}\omega)}\right| = \frac{A(\omega)}{E(\omega)} = \frac{\hat{a}(\omega)}{\hat{e}(\omega)} \tag{5.5}$$

den *Betragsfrequenzgang* (kurz: *Betragsgang*) des Übertragungsvierpols. Insbesondere in der Nachrichtentechnik wird der Betragsfrequenzgang auch als *Amplitudenfrequenzgang* oder einfacher nur als *Amplitudengang* bezeichnet.

5.1.1.4 Phasenfrequenzgang

Das Argument der Gl. (5.4) kann ebenfalls nur reellwertig sein. Man nennt die Phasenverschiebung der Ausgangsschwingung gegenüber der Eingangsschwingung als Funktion der Kreisfrequenz (bzw. der Frequenz)

$$\varphi(\omega) = \arg(\underline{F}(\mathrm{j}\omega)) = \varphi_{\mathrm{A}}(\omega) - \varphi_{\mathrm{E}}(\omega) \tag{5.6}$$

den *Phasenfrequenzgang* (kurz: *Phasengang*) des Übertragungsvierpols. Zur Berechnung des Argumentes komplexer Größen s. Gl. (3.59).

5.1.1.5 Pegel, Dämpfung

Der Zahlenwert des Verhältnisses zweier gleichartiger physikalischer Größen wird in der Technik (insbesondere in der Akustik und der Nachrichtentechnik) oft durch eine Pegelangabe beschrieben. Der *Pegel* L als logarithmisches Maß eignet sich besonders zur schnell erfassbaren Angabe des Verhältnisses von Größen, deren Werte sich um mehrere Zehnerpotenzen unterscheiden können.

Der unter Verwendung des *natürlichen Logarithmus* gebildete Wert

$$L = \ln \frac{x}{x_{\mathrm{ref}}} = \log_{\mathrm{e}} \frac{x}{x_{\mathrm{ref}}} \tag{5.7}$$

wird in der Einheit *Neper* (Np) angegeben und zur Beschreibung des Verhältnisses von sogenannten *Feldgrößen* wie Spannungen und Strömen verwendet, deren Quadrate einer Leistung proportional sind.

Wesentlich häufiger wird das unter Verwendung des *dekadischen Logarithmus* gebildete Verhältnis

$$L = \lg \frac{P}{P_{\mathrm{ref}}} = \log_{10} \frac{P}{P_{\mathrm{ref}}} \tag{5.8}$$

zweier *Leistungsgrößen* in der Einheit *Bel* mit dem Einheitenzeichen B bzw.

$$L = 10 \lg \frac{P}{P_{\mathrm{ref}}} \tag{5.9}$$

in der Einheit *Dezibel* mit dem Einheitenzeichen dB angegeben.

Das Verhältnis zweier Spannungen oder Ströme (es kann sich um Gleichgrößen oder Effektivwerte von Wechselgrößen handeln) kann ausgehend von Gl. (5.9) ebenfalls in dB angegeben werden, indem zunächst die durch diese Größen in einem Widerstand R umgesetzten Leistungen berechnet werden:

$$\begin{aligned} &L = 10 \lg \frac{U^2/R}{U_{\mathrm{ref}}^2/R} = 10 \lg \frac{U^2}{U_{\mathrm{ref}}^2} = 10 \lg \left(\frac{U}{U_{\mathrm{ref}}}\right)^2 = 20 \lg \frac{U}{U_{\mathrm{ref}}} \\ &\text{bzw.} \\ &L = 10 \lg \frac{I^2 \cdot R}{I_{\mathrm{ref}}^2 \cdot R} = 10 \lg \frac{I^2}{I_{\mathrm{ref}}^2} = 10 \lg \left(\frac{I}{I_{\mathrm{ref}}}\right)^2 = 20 \lg \frac{I}{I_{\mathrm{ref}}} \end{aligned} \tag{5.10}$$

Durch Vergleich der Gln. (5.7) und (5.9) erhält man die Umrechnungsvorschriften

$$1\,\mathrm{Np} = \frac{20}{\ln 10}\,\mathrm{dB} \approx 8{,}686\,\mathrm{dB}\,, \tag{5.11}$$

$$1\,\mathrm{dB} = \frac{\ln 10}{20}\,\mathrm{Np} \approx 0{,}1151\,\mathrm{Np}\,. \tag{5.12}$$

Ist das Verhältnis der betrachteten Größe zu ihrer im Nenner stehenden Bezugsgröße größer als eins, ist der Pegel positiv. Er wird dann in manchen Anwendungsfällen (z. B. in der Antennentechnik) als *Gewinn* bezeichnet. Ist die betrachtete Größe kleiner als ihre Bezugsgröße, wird der Pegel negativ. Sein *Betrag*(!) wird dann häufig als Dämpfungsmaß oder kurz *Dämpfung* bezeichnet.

Beispiel 5.1: Rechnen mit Pegeln

Welchen Pegel hat eine Spannung U_A, die
a) doppelt so groß;
b) gleich groß wie ihre Bezugsspannung U_E ist
bzw. die um den Faktor
c) $\sqrt{2}$;
d) 2;
e) 10;
f) 1000
kleiner als ihre Bezugsspannung ist?

Aus Gl. (5.10) folgt hier

$$L = 20 \lg(U_A/U_E).$$

Einsetzen der Zahlenwerte liefert (teilweise leicht gerundet):
a) U_A liegt um 6 dB über U_E
b) U_A hat den Pegel 0 dB
c) U_A hat den Pegel −3 dB, ist also um 3 dB gegenüber U_E gedämpft
d) U_A ist um 6 dB gegenüber U_E gedämpft
e) U_A ist um 20 dB gegenüber U_E gedämpft
f) U_A liegt 60 dB unter U_E

5.1.1.6 Bode-Diagramm, Eckfrequenz

Bei der grafischen Darstellung von Frequenzgängen wird die Frequenzachse in der Regel logarithmisch geteilt, um in allen Frequenzbereichen die *gleiche relative Frequenzauflösung* zu erreichen. Zum Ablesen und Interpolieren von Frequenzwerten sowie zum Ablesen von Werten für $f \to 0$ ist hingegen eine linear geteilte Frequenzachse vorzuziehen.

Wie die Beispiele in Abschnitt 5.1.2 zeigen, erhält man bei der Schaltungsanalyse zunächst Ausdrücke und Zahlenwerte für *Kreis*frequenzen (in s^{-1}). Da Menschen gewohnt sind, mit Frequenzangaben zu arbeiten, werden Zahlenwerte in der Regel als Frequenz (in Hz) angegeben und dargestellt.

In vielen Fällen ist es zweckmäßig, als unabhängige und abhängige Variable *bezogene Größen* zu verwenden. Durch geschickte Wahl der Bezugsgrößen kann die Aussage solcher *normierten Darstellungen allgemeingültig für bestimmte Schaltungstypen* sein. Vorteilhaft ist hierbei, dass alle Variablen in *einheitenlose Größen* überführt werden können, wodurch sie z. B. logarithmierbar werden.

In einem *Bode-Diagramm* werden Betrags- und Phasenfrequenzgang zusammen (in der Regel untereinander) über identischen, logarithmisch geteilten Frequenzachsen dargestellt. Die Achse von $\varphi(\omega)$ wird linear geteilt, die Achse von $F(\omega)$ logarithmisch. Meist wird $F(\omega)$ als Pegel angegeben.

In vielen Anwendungsfällen lässt sich der Betragsfrequenzgang in einem Bode-Diagramm *näherungsweise* aus *Geradenstücken* zusammensetzen, die die *Asymptoten* für den tatsächlichen Verlauf darstellen (s. Bilder 5.11 b) und 5.19 b)).

Die Frequenzen, bei denen sich diese Geradenstücke berühren, werden als *Eckfrequenzen* bezeichnet.

5.1.1.7 Grenzfrequenz, Durchlassbereich, Sperrbereich

Als *Grenzfrequenzen* f_g von Filterschaltungen werden in der Regel diejenigen Frequenzen bezeichnet, bei denen der *Betrag der Übertragungsfunktion* von seinem Maximum F_{max} auf den Wert $F_{max}/\sqrt{2}$ (also um 3 dB) abgesunken ist. Man verwendet daher präzisierend auch den Begriff *„3 dB-Grenzfrequenz"*. Mit der *Grenzkreisfrequenz*

$$\omega_g = 2\pi f_g \tag{5.13}$$

folgt daraus die Bedingung

$$F(\omega_g) = F_{max}/\sqrt{2}\,. \tag{5.14}$$

Bei *passiven, nicht schwingungsfähigen* Filterschaltungen gilt $F_{max} \leq 1$. Um den Wert von F_{max} und die Kreisfrequenz, bei der er auftritt, zu ermitteln, ist es bei einfachen Filterschaltungen ratsam, zunächst die beiden Fälle $\omega \to 0$ und $\omega \to \infty$ von Gl. (5.5) zu untersuchen.

Elementare Passschaltungen, die aus *genau einem Wirk- und einem Blindwiderstand* bestehen, erzeugen bei ihrer Grenzfrequenz eine Phasenverschiebung von −45° oder 45° zwischen Ausgangs- und Eingangsschwingung.

Als *Durchlassbereich* wird derjenige Frequenzbereich bezeichnet, in dem

$$F(\omega) > F_{max}/\sqrt{2} \tag{5.15}$$

gilt, als *Sperrbereich* derjenige Frequenzbereich, in dem

$$F(\omega) < F_{max}/\sqrt{2} \tag{5.16}$$

erfüllt ist. Durchlass- und Sperrbereich *grenzen also unmittelbar aneinander.* Das bedeutet einerseits, dass auch im Durchlassbereich eine frequenzabhängige Dämpfung auftritt und andererseits, dass auch im Sperrbereich ein frequenzabhängiger Anteil der Eingangsgröße noch am Ausgang ankommt!

Wie unten anhand einiger Beispiele gezeigt wird, steigt bei einem Filter n-ter Ordnung die Dämpfung im Sperrbereich in großem Abstand von der Grenzfrequenz um $n \cdot 6$ dB pro *Oktave* (bei Verdopplung bzw. Halbierung der Frequenz) bzw. um $n \cdot 20$ dB pro *Dekade* (bei Veränderung der Frequenz um den Faktor 10 bzw. 0,1).

5.1.2 Einfache Filterschaltungen

In den nachfolgenden Abschnitten wird das Verhalten einfacher Filterschaltungen unterschiedlichen Typs und unterschiedlicher Ordnung analysiert.

5.1.2.1 Tiefpässe

Tiefpässe sind Filterschaltungen, die niederfrequente spektrale Komponenten des Eingangssignals wenig und hochfrequente stark dämpfen. Bei Tiefpässen tritt der maximale Betrag der Übertragungsfunktion F_{max} bei niedrigen Frequenzen, oft bei $\omega \to 0$, auf.

Tiefpässe werden z. B. eingesetzt, um aus Nutzsignalen mit begrenzter Bandbreite hochfrequente Störsignale auszufiltern und zur Glättung der Ausgangsspannung von Netzteilen.

Beispiel 5.2: Elementarer RC-Tiefpass

Das Übertragungsverhalten des Übertragungsvierpols in Bild 5.2 ist zu untersuchen und geeignet darzustellen.

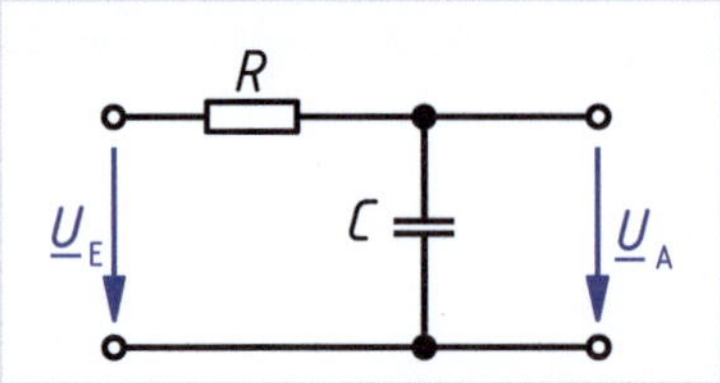

Bild 5.2: Schaltung eines elementaren RC-Tiefpasses

Es handelt sich um eine RC-Reihenschaltung, die in Abschnitt 3.7.1.3 behandelt wurde. Sie kann als frequenzabhängiger unbelasteter Spannungsteiler für die als Eingangsspannung des Übertragungsvierpols betrachtete Gesamtspannung aufgefasst werden. Die Spannung über der Kapazität wird als Ausgangsspannung des Übertragungsvierpols abgegriffen.

Anwendung der komplexen Spannungsteilerregel ergibt die *komplexe Spannungsübertragungsfunktion*

$$\underline{F}(\mathrm{j}\omega) = \frac{\underline{U}_\mathrm{A}}{\underline{U}_\mathrm{E}} = \frac{\underline{Z}_\mathrm{C}}{R + \underline{Z}_\mathrm{C}} = \frac{1/(\mathrm{j}\omega C)}{R + 1/(\mathrm{j}\omega C)} = \frac{1}{1 + \mathrm{j}\omega RC}\,.$$

Da die höchste im Nenner von $\underline{F}(\mathrm{j}\omega)$ auftretende Potenz von $\mathrm{j}\omega$ eins ist, handelt es sich um ein Filter 1. Ordnung. Bild 5.3 zeigt die halbkreisförmige Ortskurve von $\underline{F}(\mathrm{j}\omega)$, die gemäß Abschnitt 4.2 durch die Inversion des im 1. Quadranten der komplexen Ebene liegenden Teils der Geraden $1 + \mathrm{j}\omega RC$ entsteht.

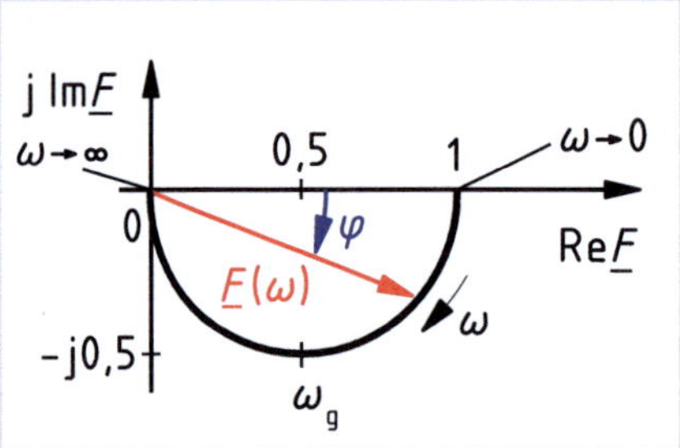

Bild 5.3: Ortskurve der Übertragungsfunktion der Schaltung in Bild 5.2

Durch Bilden des Betrages von $\underline{F}(\mathrm{j}\omega)$ erhält man den Betragsfrequenzgang

$$F(\omega) = \left|\underline{F}(\mathrm{j}\omega)\right| = \left|\frac{1}{1 + \mathrm{j}\omega RC}\right| = \frac{1}{\sqrt{1 + (\omega RC)^2}} \leq 1$$

mit $F(\omega \to 0) = 1$ und $F(\omega \to \infty) = 0$, woraus folgt, dass es sich bei dieser Schaltung um einen Tiefpass mit $F_\mathrm{max} = 1$ handelt.

Die Steigung des Betragsgangs für $\omega \to 0$ ist

$$\left.\frac{\mathrm{d}F(\omega)}{\mathrm{d}\omega}\right|_{\omega \to 0} = \left.\frac{\mathrm{d}}{\mathrm{d}\omega}\left(1 + (\omega RC)^2\right)^{-\frac{1}{2}}\right|_{\omega \to 0} = 0\,.$$

Die Funktion $F(\omega)$ beginnt bei $\omega \to 0$ also mit einer horizontalen Tangente.

Durch Bilden des Argumentes von $\underline{F}(j\omega)$ folgt der Phasengang

$$\varphi(\omega) = \arg(\underline{F}(j\omega)) = \varphi_A(\omega) - \varphi_E(\omega) = -\text{Arctan}(\omega RC) < 0$$

mit monotonem Abfall von $\varphi(\omega \to 0) = 0°$ auf $\varphi(\omega \to \infty) = -90°$. Eine Phasenverschiebung von $-90°$ ist mit dieser Schaltung wegen $F(\omega \to \infty) = 0$ aber nicht zu erreichen.

Aus dem Wert von $F_{\max}$ ergibt sich mit Gl. (5.14) als Bedingung zur Ermittlung der Grenzkreisfrequenz

$$F(\omega_g) = \frac{F_{\max}}{\sqrt{2}} = \frac{1}{\sqrt{2}} = \frac{1}{\sqrt{1 + (\omega_g RC)^2}}$$

mit der durch Vergleich der beiden Wurzelausdrücke sofort ersichtlichen Lösung

$$\omega_g = \frac{1}{RC},$$

was der Grenzfrequenz

$$f_g = \frac{\omega_g}{2\pi} = \frac{1}{2\pi RC}$$

entspricht. Bei der Grenzfrequenz sind Scheinwiderstand Z_C der Kapazität C und Scheinwiderstand Z_R des Widerstandes R gleich groß, so dass über beiden Zweipolen *betragsmäßig* gleich große Spannungen abfallen. Bei Frequenzen weit unterhalb der Grenzfrequenz gilt

$$\omega RC \ll 1$$

und damit die *Näherung*

$$F(\omega) \approx 1 = \text{const.}$$

Der Betragsgang ist also weit unterhalb der Grenzfrequenz *näherungsweise* konstant gleich 1. Bei Frequenzen weit oberhalb der Grenzfrequenz gilt

$$\omega RC \gg 1$$

und damit die *Näherung*

$$F(\omega) \approx \frac{1}{\omega RC} \sim \frac{1}{\omega}.$$

Der Betragsgang fällt weit oberhalb der Grenzfrequenz also etwa umgekehrt proportional zur Frequenz ab, d. h. bei Verdopplung der Frequenz (pro Oktave) auf die Hälfte (um 6 dB) und bei Verzehnfachung der Frequenz (pro Dekade) auf ein Zehntel (um 20 dB). Durch Einsetzen des Ausdrucks für die Grenzkreisfrequenz in die Funktion $\varphi(\omega)$ erhält man

$$\varphi(\omega_g) = -\text{Arctan}(\omega_g RC) = -\text{Arctan}(1) = -45°.$$

Bei der Grenzfrequenz eilt die Ausgangsspannung der Eingangsspannung um 45° nach.

Um den Amplituden- und den Phasengang in einer *für diese Schaltungsstruktur* allgemeingültigen, also von den Werten von R und C unabhängigen Form darstellen zu können, wird als unabhängige Variable statt der Kreisfrequenz die auf die Grenzkreisfrequenz *normierte Fre-*

quenz

$$\Omega = \frac{\omega}{\omega_g} = \frac{f}{f_g}$$

eingeführt. Sie ist einheitenlos und kann Werte zwischen 0 und ∞ annehmen. Damit wird die Übertragungsfunktion

$$\underline{F}(j\Omega) = \frac{1}{1 + j\Omega},$$

der Betragsgang erhält die einfache Form

$$F(\Omega) = \frac{1}{\sqrt{1 + \Omega^2}}.$$

Der Phasengang lautet nun

$$\varphi(\Omega) = -\text{Arctan}\,\Omega\,.$$

In Bild 5.4 sind der Betrags- und der Phasengang der Schaltung mittels unterschiedlich geteilter Achsen dargestellt. Während bei der Verwendung einer linearen Achse unter a) für die normierte Frequenz keine Symmetrie der Kurven erkennbar ist, zeigen die Kurven bei einer logarithmisch geteilten Frequenzachse unter b) eine ausgeprägte Symmetrie.

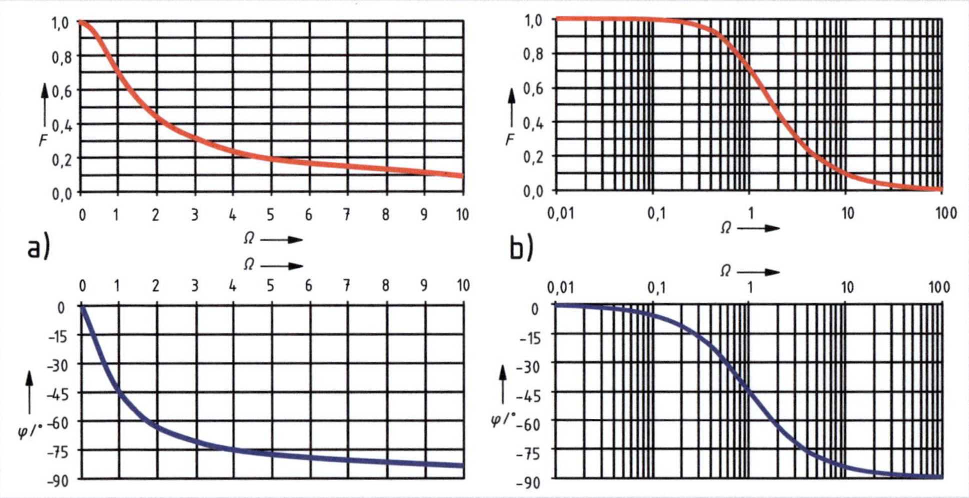

Bild 5.4: Betrags- und Phasengang der Schaltung in Bild 5.2 als Funktion der auf die Grenzfrequenz normierten Frequenz Ω bei
a) linear geteilten Achsen,
b) logarithmisch geteilter normierter Frequenzachse

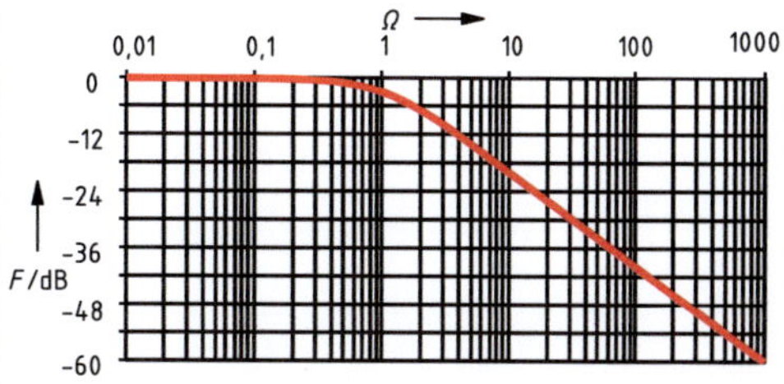

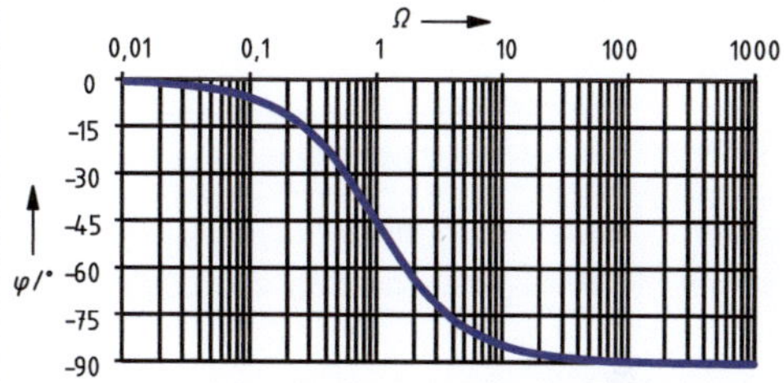

Bild 5.5: Betrags- und Phasengang der Schaltung in Bild 5.2als Bode-Diagramm mit Pegelangaben

Im Bode-Diagramm (Bild 5.5) ist die *näherungsweise* frequenzproportionale Dämpfung weit oberhalb der Grenzfrequenz gut erkennbar, die in der doppelt logarithmischen Darstellung als mit 20 dB pro Dekade fallende Gerade erscheint.

Die beiden Geraden, die den Betragsgang für sehr niedrige und sehr hohe Frequenzen *näherungsweise* beschreiben, schneiden sich bei der Eckfrequenz, die gleich der Grenzfrequenz ist.

Beispiel 5.3: Zweistufiger RC-Tiefpass

Das Übertragungsverhalten des Übertragungsvierpols in Bild 5.6 ist zu untersuchen und geeignet darzustellen. Zur Vereinfachung der Berechnungen soll gelten $R_1 = R_3 = R$ und $C_2 = C_4 = C$. Außerdem ist die Abkürzung $RC = T$ zu verwenden.

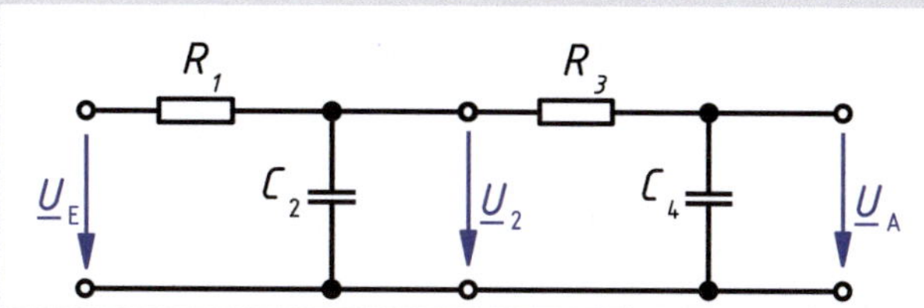

Bild 5.6: Schaltung eines zweistufigen RC-Tiefpasses

Bei der Schaltung in Bild 5.6 handelt es sich um eine Kettenschaltung zweier identisch dimensionierter elementarer RC-Tiefpässe gemäß Bild 5.2. Die Schaltung hat die Struktur eines zweistufigen Spannungsteilers (s. Abschnitt 2.2.5.2). Die Anwendung der Regel zur Berechnung mehrstufiger Spannungsteiler laut Gl. (2.125) in komplexer Schreibweise ergibt die komplexe

Spannungsübertragungsfunktion

$$\underline{F}(\mathrm{j}\omega) = \frac{\underline{U}_\mathrm{A}(\mathrm{j}\omega)}{\underline{U}_\mathrm{E}(\mathrm{j}\omega)} = \frac{\underline{U}_\mathrm{A}(\mathrm{j}\omega)}{\underline{U}_2(\mathrm{j}\omega)} \cdot \frac{\underline{U}_2(\mathrm{j}\omega)}{\underline{U}_\mathrm{E}(\mathrm{j}\omega)} = \frac{\underline{Z}_{C4}}{R_3 + \underline{Z}_{C4}} \cdot \frac{\underline{Z}_{C2} \,||\, (R_3 + \underline{Z}_{C4})}{R_1 + \underline{Z}_{C2} \,||\, (R_3 + \underline{Z}_{C4})}$$

$$\underline{F}(\mathrm{j}\omega) = \frac{1}{1 + \left(\frac{R}{\underline{Z}_\mathrm{C}}\right)^2 + 3\frac{R}{\underline{Z}_\mathrm{C}}} = \frac{1}{1 + (\mathrm{j}\omega RC)^2 + 3\mathrm{j}\omega RC} = \frac{1}{1 - (\omega T)^2 + 3\mathrm{j}\omega T}\,.$$

Da die höchste im Nenner von $\underline{F}(\mathrm{j}\omega)$ auftretende Potenz von $\mathrm{j}\omega$ zwei ist, handelt es sich um ein Filter 2. Ordnung. Durch Betragsbildung von $\underline{F}(\mathrm{j}\omega)$ erhält man den Betragsgang

$$F(\omega) = \frac{1}{\sqrt{(1 - (\omega T)^2)^2 + (3\,\omega T)^2}}\,.$$

Aus $F(\omega \to 0) = 1$ und $F(\omega \to \infty) = 0$ folgt, dass es sich bei dieser Schaltung um einen Tiefpass mit $F_\mathrm{max} = 1$ handelt. Durch Bilden des Argumentes von $\underline{F}(\mathrm{j}\omega)$ erhält man den Phasengang

$$\varphi(\omega) = -\mathrm{Arctan}\,\frac{3\,\omega T}{1 - (\omega T)^2}$$

mit monotonem Abfall von $\varphi(\omega \to 0) = 0°$ auf $\varphi(\omega \to \infty) = -180°$ (2. Quadrant!). Wegen $F(\omega \to \infty) = 0$ wird eine Phasenverschiebung von $-180°$ nicht erreicht. Bei der Polstelle des Argumentes der Arcustangens-Funktion, also für

$$\omega_{-90°} = \frac{1}{T} = \frac{1}{RC}$$

beträgt die Phasenverschiebung der Ausgangs- gegenüber der Eingangsspannung $-90°$. Bei dieser Kreisfrequenz gilt wieder (s. Beispiel 5.2) $Z_\mathrm{C} = Z_\mathrm{R}$. Bei der zweistufigen Schaltung ist die Ausgangsspannung wegen

$$F(\omega_{-90°}) = \frac{1}{\sqrt{\left(1 - (\omega_{-90°} T)^2\right)^2 + (3\,\omega_{-90°} T)^2}} = \frac{1}{3}$$

bei dieser Kreisfrequenz auf ein Drittel der Eingangsspannung abgesunken (s. Beispiel 5.2). Auch bei dieser Schaltung gilt für sehr niedrige Frequenzen, also

$$\omega T \ll 1$$

die *Näherung*

$$F(\omega) \approx 1 = \mathrm{const.}$$

Der Betragsgang beginnt daher für $\omega \to 0$ mit der Asymptote $F(\omega) = 1$. Bei sehr hohen Frequenzen gilt

$$\omega T \gg 1$$

und somit die *Näherung*

$$F(\omega) \approx \frac{1}{(\omega T)^2} \sim \frac{1}{\omega^2}\,.$$

Der Betragsgang fällt also bei diesem Filter 2. Ordnung für hohe Frequenzen etwa umgekehrt proportional zum *Quadrat* der Frequenz ab, d. h. pro Oktave auf ein Viertel (um 12 dB) und pro Dekade auf ein Hundertstel (um 40 dB).

Die Bedingung zur Ermittlung der Grenzkreisfrequenz ist bei dieser Schaltung

$$F(\omega_g) = \frac{F_{max}}{\sqrt{2}} = \frac{1}{\sqrt{2}} = \frac{1}{\sqrt{1 + 7\,(\omega_g T)^2 + (\omega_g T)^4}}\,.$$

Die Ausdrücke unter den Wurzeln müssen gleich sein. Daraus folgt

$$1 + 7\,(\omega_g T)^2 + (\omega_g T)^4 = 2\,.$$

Zur Lösung dieses Gleichungstyps empfiehlt sich die Substitution

$$(\omega_g T)^2 = x > 0\,,$$

aus der das Polynom

$$x^2 + 7x - 1 = 0$$

mit der wegen $x > 0$ nur möglichen positiven Lösung

$$x = \frac{-7 + \sqrt{53}}{2} \approx 0{,}1401$$

folgt. Rücksubstitution und wiederum ausschließliche Berücksichtigung des positiven Wurzelwertes ergibt die Grenzkreisfrequenz

$$\omega_g \approx \frac{0{,}3743}{T}$$

und schließlich die Grenzfrequenz

$$f_g \approx \frac{0{,}05957}{T}\,.$$

Durch Einsetzen des Ausdrucks für die Grenzkreisfrequenz in die Funktion $\varphi(\omega)$ erhält man

$$\varphi(\omega_g) = -\text{Arctan}\,\frac{3\,\omega_g T}{1 - (\omega_g T)^2} \approx -\text{Arctan}\,\frac{3 \cdot 0{,}3743}{1 - 0{,}1401} \approx -\text{Arctan}\,1{,}3 \approx -52{,}5°.$$

Bei der Grenzfrequenz eilt die Ausgangsspannung der Eingangsspannung um 52,5° nach.

Zur Normierung der Frequenz bietet sich hier die Wahl von

$$\Omega = \omega T$$

an. Damit wird die Übertragungsfunktion

$$\underline{F}(\mathrm{j}\Omega) = \frac{1}{1 - \Omega^2 + 3\,\mathrm{j}\Omega}\,,$$

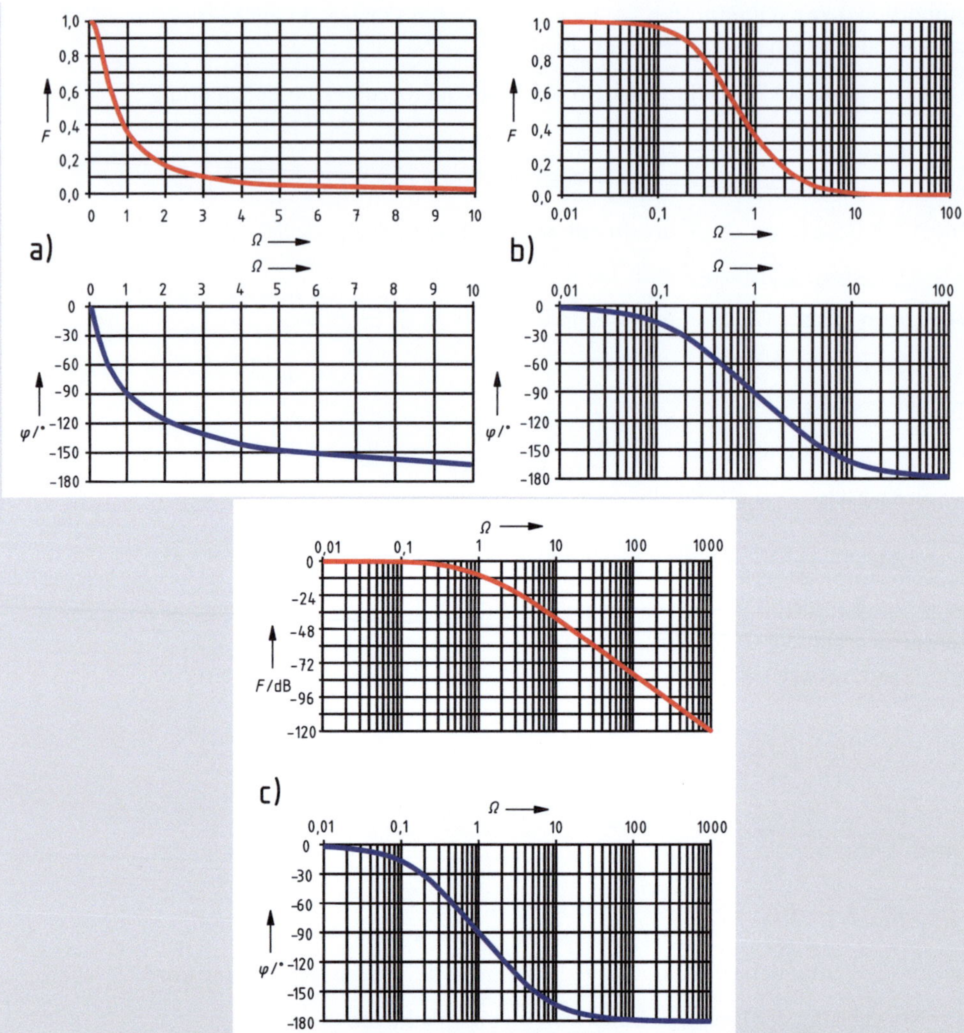

Bild 5.7: Betrags- und Phasengang der Schaltung in Bild 5.6 als Funktion der normierten Frequenz Ω bei
a) linear geteilten Achsen,
b) logarithmisch geteilter normierter Frequenzachse sowie
c) als Bode-Diagramm mit Pegelangaben

der Betragsgang

$$F(\Omega) = \frac{1}{\sqrt{(1-\Omega^2)^2 + (3\,\Omega)^2}}$$

und der Phasengang

$$\varphi(\omega) = -\text{Arctan}\,\frac{3\Omega}{1-\Omega^2}\,.$$

In Bild 5.7 sind der Betrags- und Phasengang der Schaltung in Bild 5.6 über der normierten Frequenz dargestellt.

5.1.2.2 Hochpässe

Hochpässe sind Filterschaltungen, die hochfrequente spektrale Komponenten des Eingangssignals wenig, niederfrequente jedoch stark dämpfen. Bei Hochpässen tritt der maximale Betrag der Übertragungsfunktion F_{max} bei hohen Frequenzen, oft bei $\omega \to \infty$, auf.

Hochpässe werden beispielsweise verwendet, um Gleichanteile oder niederfrequente Störungen aus Signalen zu entfernen.

Da für alle technischen Systeme $F(\omega \to \infty) = 0$ gilt, sind Hochpässe nur als Modelle mit eingeschränktem Gültigkeitsbereich aufzufassen. Reale Hochpässe haben stets Bandpasscharakter (s. Abschnitt 5.1.2.3).

Beispiel 5.4: Hochpass aus verlustbehafteter Spule und Widerstand

Untersucht werden soll eine Filterschaltung, die gemäß Bild 5.8 aus einer Spule und einem Widerstand $R = 10\,\Omega$ aufgebaut ist. Die Spule soll durch eine Reihenschaltung aus konstantem Wirkwiderstand $R_{\text{L}} = 1\,\Omega$ und konstanter Induktivität $L = 10\,\text{mH}$ modelliert werden.

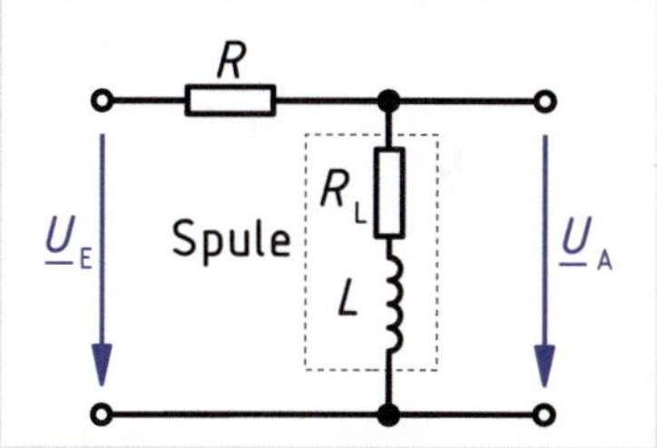

Bild 5.8: Einfaches Ersatzschaltbild eines Hochpasses aus verlustbehafteter Spule und Widerstand

Aus der komplexen Spannungsteilerregel folgt direkt die Spannungsübertragungsfunktion

$$\underline{F}(\text{j}\omega) = \frac{\underline{U}_{\text{A}}}{\underline{U}_{\text{E}}} = \frac{R_{\text{L}} + \text{j}\omega L}{R + R_{\text{L}} + \text{j}\omega L}\,,$$

aus der ersichtlich ist, dass es sich um ein Filter 1. Ordnung handelt. Der Betragsgang

$$F(\omega) = \left|\underline{F}(\text{j}\omega)\right| = \frac{\sqrt{R_{\text{L}}^2 + (\omega L)^2}}{\sqrt{(R + R_{\text{L}})^2 + (\omega L)^2}}$$

zeigt wegen $F(\omega \to 0) = R_{\text{L}}/(R+R_{\text{L}}) < 1$ und $F(\omega \to \infty) = 1$, dass es sich um einen Hochpass handelt.

Die Dämpfung eines Filters für $\omega \to 0$ wird beschrieben durch das Verhältnis der von $\text{j}\omega$ unabhängigen Glieder von Zähler- und Nennerpolynom der Übertragungsfunktion.

Der Phasengang

$$\varphi(\omega) = \arg(\underline{F}(j\omega)) = \operatorname{Arctan}\frac{\omega L}{R_L} - \operatorname{Arctan}\frac{\omega L}{R + R_L} > 0$$

beginnt für $\omega \to 0$ und endet für $\omega \to \infty$ asymptotisch bei 0° und hat dazwischen einen positiven Extremwert, da die zweite Arcustangens-Funktion wegen ihres größeren Nenners immer einen kleineren Wert als die erste hat. Die Ausgangsspannung eilt der Eingangsspannung also vor. Durch Ableiten von $\varphi(\omega)$ und Nullsetzen der Ableitung erhält man als Kreisfrequenz, bei der der Phasengang sein Maximum erreicht,

$$\omega(\varphi_{\max}) = \frac{\sqrt{R\,R_L + R_L^2}}{L} \approx 332\,\mathrm{s}^{-1},$$

was

$$f(\varphi_{\max}) \approx 53\,\mathrm{Hz}$$

entspricht. Das Einsetzen der Zahlenwerte ergibt $\varphi_{\max} \approx 56°$.

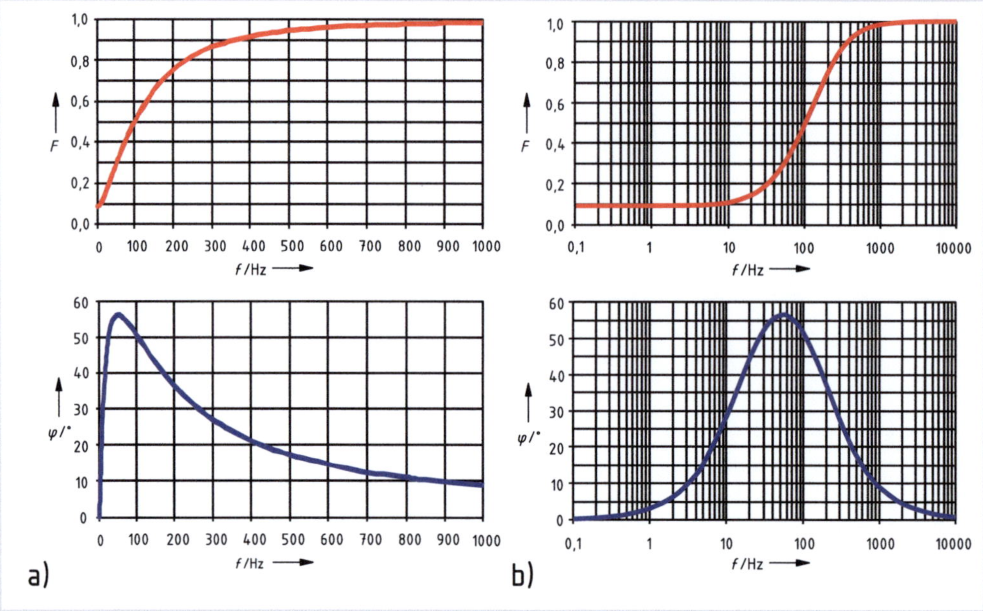

Bild 5.9: Betrags- und Phasengang der Schaltung in Bild 5.8 bei
a) linear geteilten Achsen sowie
b) logarithmisch geteilter Frequenzachse

Aus $F_{\max} = 1$ folgt als Bedingung zur Ermittlung der Grenzkreisfrequenz

$$F(\omega_g) = \frac{F_{\max}}{\sqrt{2}} = \frac{1}{\sqrt{2}} = \frac{\sqrt{R_L^2 + (\omega_g L)^2}}{\sqrt{(R + R_L)^2 + (\omega_g L)^2}}$$

mit der Lösung

$$\omega_g = \frac{\sqrt{R^2 + 2\,R\,R_L - R_L^2}}{L} \approx 1091\,\mathrm{s}^{-1},$$

was der Grenzfrequenz

$$f_g = \frac{\omega_g}{2\pi} \approx 174\,\mathrm{Hz}$$

entspricht, bei der die Ausgangsspannung der Eingangsspannung um

$$\varphi(\omega_g) = \mathrm{Arctan}\,\frac{\omega_g L}{R_L} - \mathrm{Arctan}\,\frac{\omega_g L}{R + R_L} \approx 40°$$

voreilt. Aus der Gleichung zur Bestimmung von ω_g ist ersichtlich, dass es eine obere Grenze für den Wert von R_L gibt, ab der keine Grenzfrequenz mehr existiert.

Bild 5.9 zeigt den Betrags- und Phasengang der Schaltung in Bild 5.8 bei unterschiedlich geteilten Frequenzachsen.

Beispiel 5.5: Hochpass mit Grunddämpfung

Untersucht werden soll eine nicht elementare Filterschaltung, die gemäß Bild 5.10 aus einer Kapazität C und zwei Widerständen R_1 und R_2 besteht. Zur Vereinfachung der Rechnungen soll $R_1 = R_2 = R$ gelten.

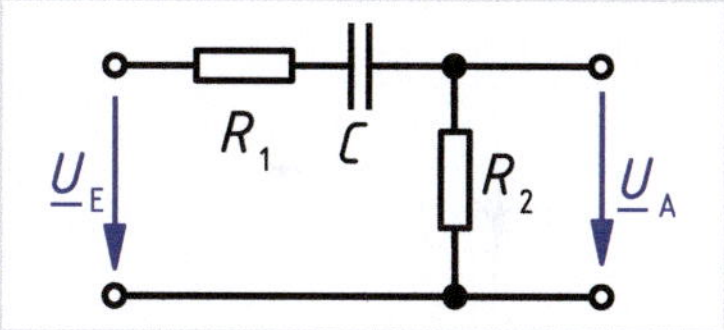

Bild 5.10: Nicht elementarer RC-Hochpass

Aus der Spannungsübertragungsfunktion

$$\underline{F}(\mathrm{j}\omega) = \frac{\underline{U}_A}{\underline{U}_E} = \frac{R_2}{1/(\mathrm{j}\omega C) + R_1 + R_2} = \frac{\mathrm{j}\omega RC}{1 + 2\mathrm{j}\omega RC}$$

ist ersichtlich, dass es sich um ein Filter 1. Ordnung handelt. Die Normierung $\Omega = 2\,\omega RC$ ergibt

$$\underline{F}(\mathrm{j}\Omega) = \frac{0{,}5\,\mathrm{j}\Omega}{1 + \mathrm{j}\Omega} = 0{,}5\,\frac{\mathrm{j}\Omega}{1 + \mathrm{j}\Omega}\,.$$

Aus dem Betragsgang

$$F(\Omega) = 0{,}5\,\frac{\Omega}{\sqrt{1 + \Omega^2}}$$

folgen $F(\Omega \to 0) = 0$ und $F(\Omega \to \infty) = 0{,}5$. Es handelt sich um einen Hochpass mit einer *Grunddämpfung* von 3 dB. Der Phasengang

$$\varphi(\omega) = 90° - \mathrm{Arctan}(\Omega)$$

fällt streng monoton von 90° für $\Omega \to 0$ auf 0° für $\Omega \to \infty$.

Aus $F_{max} = 0{,}5$ folgt als Bedingung zur Ermittlung der normierten Grenzfrequenz

$$F(\Omega_g) = \frac{0{,}5}{\sqrt{2}} = 0{,}5\,\frac{\Omega_g}{\sqrt{1+\Omega_g^2}}$$

mit der sofort erkennbaren Lösung

$$\Omega_g = 1$$

entsprechend

$$f_g = \frac{1}{4\pi RC}\,.$$

Bei seiner Grenzfrequenz erzeugt dieses Filter die Phasenverschiebung

$$\varphi(f_g) = 45°.$$

Bild 5.11 zeigt den Betrags- und Phasengang für die Schaltung in Bild 5.10.

Im Bode-Diagramm sind auch die beiden Geradenstücke, die die Asymptoten der Kurve darstellen, eingetragen. Sie berühren sich bei der Eckfrequenz, die bei dieser Schaltung mit der Grenzfrequenz übereinstimmt.

Bei Filterschaltungen höherer Ordnung stimmt im Allgemeinen keine der Eckfrequenzen mit der Grenzfrequenz überein.

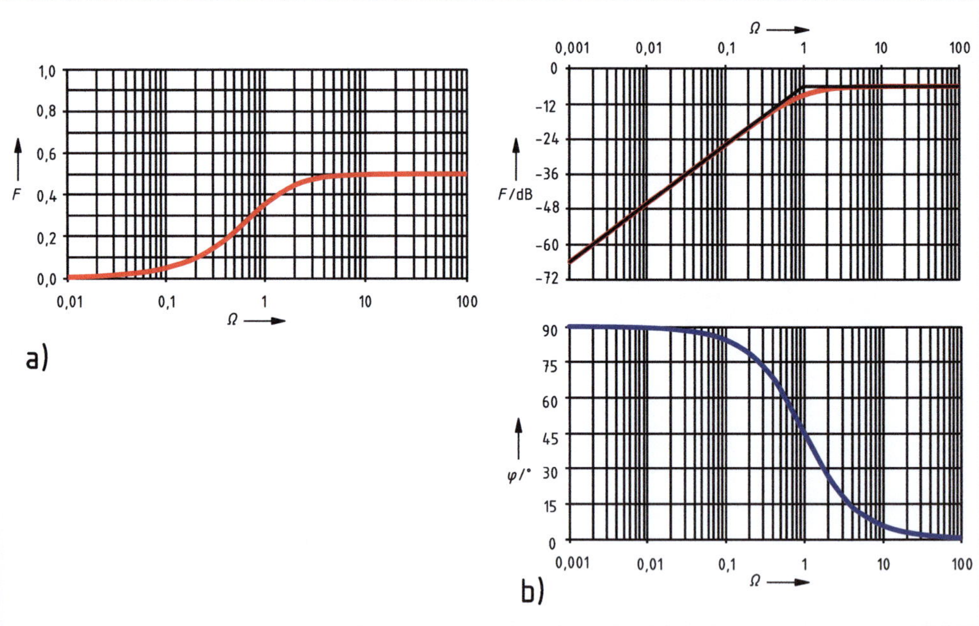

Bild 5.11: a) Betragsgang und b) Bode-Diagramm der Schaltung in Bild 5.10 als Funktion der normierten Frequenz

5.1.2.3 Bandpässe

Filter, die spektrale Komponenten des Eingangssignals außerhalb eines bestimmten Frequenzbereiches stark dämpfen, werden als Bandpass bezeichnet. Bandpässe können auch mittels Schwingkreisen (s. Abschnitt 5.2) realisiert werden. Sie sind dann sogar in der Lage, spektrale Komponenten innerhalb ihres Durchlassbereiches zu verstärken (was bei passiven Bandpässen allerdings nicht mit einer Leistungsverstärkung verbunden sein kann).

Der Abstand zwischen der unteren Grenzfrequenz f_{gu} und der oberen Grenzfrequenz f_{go} wird als *Bandbreite B* bezeichnet:

$$B = f_{go} - f_{gu} \tag{5.17}$$

Bandpässe werden in der Nachrichtentechnik insbesondere in Empfangsschaltungen eingesetzt, um aus einem Frequenzgemisch das Frequenzband mit der interessierenden Information herauszufiltern.

Beispiel 5.6: Bandpass aus einer Kettenschaltung zweier elementarer Passschaltungen

Der in Bild 5.12 dargestellte *Übertragungsvierpol* (ÜVP) besteht aus einer Kettenschaltung von drei Teil-Übertragungsvierpolen. Der durch C_1 und R_2 gebildete Vierpol ist ein elementarer Hochpass.

Der zweite ÜVP (ÜVP 2) ist ein *idealer Trennverstärker*, dessen Klemmenverhalten durch die beiden Gleichungen $\underline{U}_{E2} = \underline{U}_{A1}$ und $\underline{I}_{A1} = 0$ vollständig beschrieben wird.

Der durch R_3 und C_4 gebildete ÜVP ist ein elementarer Tiefpass entsprechend Beispiel 5.2.

Zur Vereinfachung der Berechnungen soll $C_1 = C_4 = C$ und $R_2 = R_3 = R$ gelten.

Weiterhin ist die normierte Frequenz $\Omega = \omega RC$ zu verwenden.

Das Übertragungsverhalten der Schaltung ist zu analysieren und geeignet darzustellen.

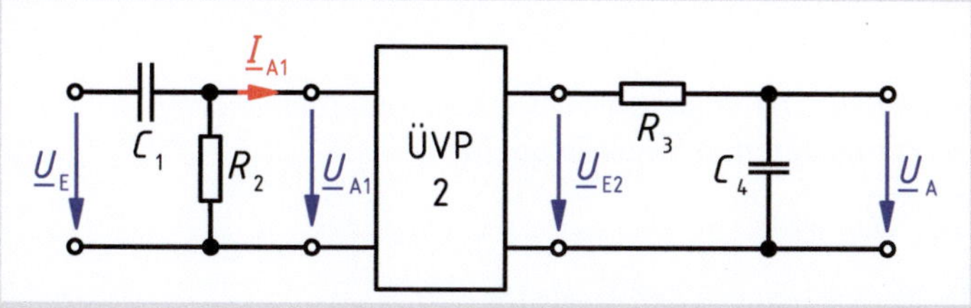

Bild 5.12: Bandpass aus RC-Hochpass, Trennverstärker und RC-Tiefpass

Für die Spannungsübertragungsfunktion gilt der Ansatz

$$\underline{F}(j\omega) = \frac{\underline{U}_A(j\omega)}{\underline{U}_E(j\omega)} = \frac{\underline{U}_A(j\omega)}{\underline{U}_{E2}(j\omega)} \cdot \frac{\underline{U}_{E2}(j\omega)}{\underline{U}_{A1}(j\omega)} \cdot \frac{\underline{U}_{A1}(j\omega)}{\underline{U}_E(j\omega)} = \frac{\underline{Z}_{C4}}{R_3 + \underline{Z}_{C4}} \cdot 1 \cdot \frac{R_2}{R_2 + \underline{Z}_{C1}},$$

da der erste ÜVP am Ausgang wegen $\underline{I}_{A1} = 0$ leerläuft und somit als unbelasteter Spannungsteiler wirkt. Daraus folgt

$$\underline{F}(j\omega) = \frac{R\,\underline{Z}_C}{(R+\underline{Z}_C)^2} = \frac{R/\underline{Z}_C}{R^2/\underline{Z}_C^2 + 2R/\underline{Z}_C + 1} = \frac{j\omega CR}{(j\omega CR)^2 + 2j\omega CR + 1}\,.$$

Es handelt sich um ein Filter 2. Ordnung. Mit der normierten Frequenz $\Omega = \omega CR$ ergibt sich die Darstellung

$$\underline{F}(j\Omega) = \frac{j\Omega}{(j\Omega)^2 + 2j\Omega + 1} = \frac{j\Omega}{1-\Omega^2+2j\Omega} = \frac{j\Omega}{(1+j\Omega)^2}\,.$$

Aus dem Betragsgang

$$F(\Omega) = \frac{\Omega}{\Omega^2+1}$$

folgt $F(\Omega \to 0) = 0$ und $F(\Omega \to \infty) = 0$. Es muss sich also um einen Bandpass handeln. Der Extremwert von $F(\Omega)$ ist

$$F_{\max} = F(\Omega = 1) = \frac{1}{2}\,.$$

Die Schaltung weist eine Grunddämpfung von 6 dB auf. Die normierten Grenzfrequenzen lassen sich aus der Bedingung

$$F(\Omega_g) = \frac{F_{\max}}{\sqrt{2}} = \frac{1}{2\sqrt{2}} = \frac{\Omega_g}{\Omega_g^2+1}$$

berechnen. Die Lösungen sind

$$\Omega_{gu} = \sqrt{2}-1 \quad \text{und} \quad \Omega_{go} = \sqrt{2}+1\,.$$

Aus der normierten Bandbreite

$$B_\Omega = \Omega_{go} - \Omega_{gu} = 2$$

errechnet sich die Bandbreite

$$B = \frac{1}{\pi RC}\,.$$

Die *Mittenfrequenz* f_0 des Bandpasses ist definiert als das *geometrische Mittel* der beiden Grenzfrequenzen. Aus der normierten Mittenfrequenz

$$\Omega_0 = \sqrt{\Omega_{gu}\cdot\Omega_{go}} = 1$$

folgt hier für die Mittenfrequenz der Ausdruck

$$f_0 = \frac{1}{2\pi RC}\,.$$

Der Phasengang des Bandpasses ist

$$\varphi(\Omega) = 90° - \operatorname{Arctan}\frac{2\Omega}{1-\Omega^2}\,.$$

Er fällt monoton von $\varphi(\Omega \to 0) = 90°$ auf $\varphi(\Omega \to \infty) = -90°$ ab.

An der Polstelle des Argumentes der Arcustangens-Funktion bei $\Omega = 1$ ist vom Hauptzweig der Funktion auf den benachbarten Nebenzweig zu wechseln, was einer Addition von 180° zum Funktionswert entspricht. Die Phasenverschiebungen bei den Grenzfrequenzen sind

$$\varphi(\Omega_{\text{gu}}) = 45°$$

und

$$\varphi(\Omega_{\text{go}}) = -45°.$$

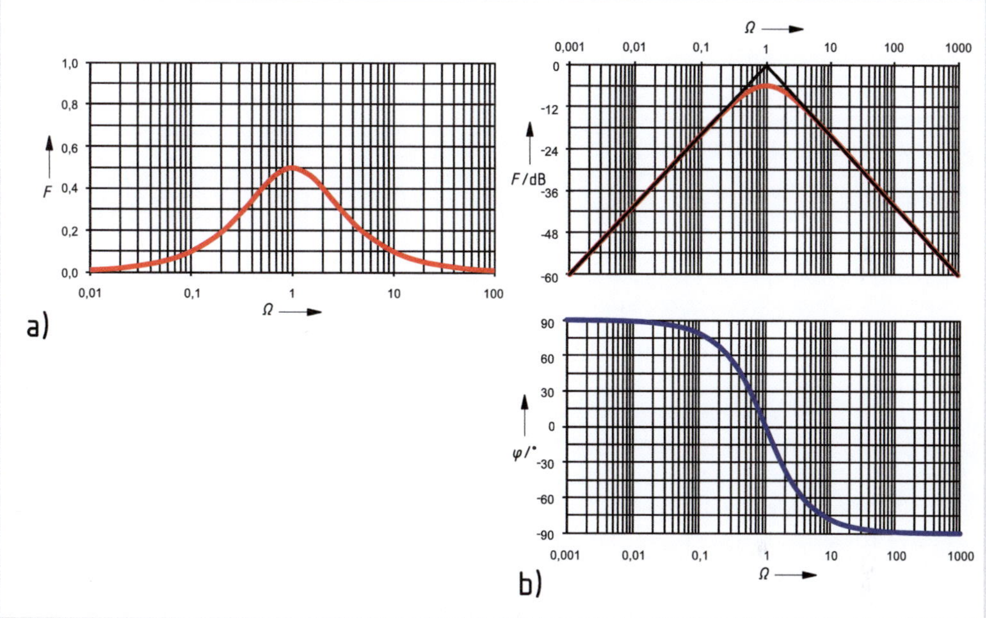

Bild 5.13: Betragsgang der Schaltung in Bild 5.12
a) bei logarithmisch geteilter normierter Frequenzachse sowie
b) Bode-Diagramm mit Pegelangaben

In Bild 5.13 sind der Betrags- und Phasengang der Schaltung in Bild 5.12 dargestellt. Im Bode-Diagramm sind auch die Asymptoten des Betragsgangs, die mit 20 dB pro Dekade ansteigen bzw. abfallen, eingetragen. Die beiden Geradenstücke berühren sich bei der Eckfrequenz, die auch die Mittenfrequenz des Bandpasses ist.

Eine Kettenschaltung mehrerer *voneinander entkoppelter* Funktionsblöcke, wie sie in Beispiel 5.6 untersucht wurde, spielt in der Systemtheorie und Regelungstechnik eine große Rolle.

Dadurch, dass ein Funktionsblock seinen Vorgänger nicht belastet, kann die *Übertragungsfunktion der Kettenschaltung* einfach durch *Multiplikation der Übertragungsfunktionen der einzelnen Funktionsblöcke* ermittelt werden.

Beispiel 5.7: Elementarer Reihenschwingkreis als Bandpass

Dieses Beispiel setzt die Kenntnis des in Abschnitt 5.2.4.1 behandelten Verhaltens eines elementaren Reihenschwingkreises als Zweipol voraus. Sein Ersatzschaltbild ist in Zeile 1 von Tabelle 5.1 dargestellt.

Werden die Klemmenspannung $\underline{U}$ als Eingangsgröße und die Spannung über einem der enthaltenen Zweipole ($\underline{U}_R, \underline{U}_L, \underline{U}_C$) als Ausgangsgröße eines Übertragungsvierpols aufgefasst, so weist dieser Bandpasscharakteristik auf.

Die Spannungsübertragungsfunktion

$$\underline{F}_R(j\omega) = \frac{\underline{U}_R(j\omega)}{\underline{U}(j\omega)} = \frac{R}{R + j(\omega L - 1/(\omega C))}$$

führt zum gleichen prinzipiellen Betragsfrequenzgang wie der in Zeile 7 von Tabelle 5.1 dargestellte Amplitudenfrequenzgang des Klemmenstromes I mit $F_R(\omega \to 0) = 0$, $F_R(\omega_{res}) = 1$ und $F_R(\omega \to \infty) = 0$. Das Maximum von F_R tritt bei der in Gl. (5.30) angegebenen Resonanzfrequenz f_{res} des Schwingkreises auf. Diese Resonanzfrequenz ist unabhängig von der in Gl. (5.24) definierten Güte Q des Schwingkreises. Die Grenzfrequenzen von F_R stimmen mit denen des Schwingkreises überein.

Die Spannungsübertragungsfunktion

$$\underline{F}_L(j\omega) = \frac{\underline{U}_L(j\omega)}{\underline{U}(j\omega)} = \frac{j\omega L}{R + j(\omega L - 1/(\omega C))}$$

führt zum gleichen prinzipiellen Betragsfrequenzgang wie der in Zeile 7 von Tabelle 5.1 dargestellte Amplitudenfrequenzgang der Spannung $\underline{U}_L$ mit $F_L(\omega \to 0) = 0$, $F_L(\omega_{res}) = Q$ und $F_L(\omega \to \infty) = 1$.

Das in Gl. (5.55) angegebene Maximum $F_{Lres} > Q$ von F_L tritt bei der in Gl. (5.53) angegebenen Frequenz f_{Lres} auf, die stets größer als die Resonanzfrequenz f_{res} des Schwingkreises ist und von der Güte Q des Schwingkreises abhängt. Da Q in der Regel wesentlich größer als 1 ist, ist ein Bandpass dieses Typs in der Lage, in seinem Durchlassbereich eine Spannung zu liefern, die die Eingangsspannung weit übersteigt. Diese *Spannungsüberhöhung* erfolgt ohne aktive Bauelemente oder Transformator.

Die Grenzfrequenzen von F_L müssen mittels der Gl. (5.26) aus $F_L(\omega)$ berechnet werden. Sie stimmen nicht mit denen des Schwingkreises überein.

Die Spannungsübertragungsfunktion

$$\underline{F}_C(j\omega) = \frac{\underline{U}_C(j\omega)}{\underline{U}(j\omega)} = \frac{1/(j\omega C)}{R + j(\omega L - 1/(\omega C))}$$

führt zum gleichen prinzipiellen Betragsfrequenzgang wie der in Zeile 7 von Tabelle 5.1 dargestellte Amplitudenfrequenzgang der Spannung $\underline{U}_C$ mit $F_C(\omega \to 0) = 1$, $F_C(\omega_{res}) = Q$ und $F_C(\omega \to \infty) = 0$.

Das in Gl. (5.55) angegebene Maximum $F_{Cres} > Q$ von F_C tritt bei der in Gl. (5.54) angegebenen, von der Güte Q abhängigen Frequenz f_{Cres} auf, die stets kleiner als die Resonanzfrequenz

f_{res} des Schwingkreises ist. Auch hier gelten die im vorigen Absatz gemachten Aussagen zur Spannungsüberhöhung; auch hier müssen die Grenzfrequenzen von F_{C} mittels der Gl. (5.26) aus $F_{\text{C}}(\omega)$ berechnet werden. Sie stimmen ebenfalls nicht mit denen des Schwingkreises überein.

5.1.2.4 Bandsperren

Bandsperren dämpfen spektrale Komponenten des Eingangssignals innerhalb eines bestimmten Frequenzbandes stark, außerhalb dieses Bereiches jedoch nur schwach. Bandsperren können ebenso wie Bandpässe mittels Schwingkreisen realisiert werden. Dieser Typ von Filterschaltungen wird z. B. eingesetzt, um schmalbandige Störsignale aus breitbandigen Nutzsignalen zu entfernen.

Die Bandbreite von Bandsperren ist wie bei den Bandpässen definiert. Bandsperren mit besonders kleiner Bandbreite werden als *Kerbfilter* (engl. *notch filter*) bezeichnet. Sie werden beispielsweise verwendet, um 50 Hz-Brummen aus Audiosignalen zu entfernen.

Eine besonders einfache Realisierung einer Bandsperre ergibt sich, wenn man die Prinzipschaltung in Bild 5.1 betrachtet und als Übertragungsvierpol einen *elementaren Reihenschwingkreis* nach Abschnitt 5.2.4.1 *parallel* zum Lastwiderstand schaltet. Ist der Wirkwiderstand R des Schwingkreises wesentlich kleiner als der Lastwiderstand R_{Last}, werden Signalanteile der Eingangsspannung im Bereich der Resonanzfrequenz des Schwingkreises *näherungsweise* kurzgeschlossen. Daher nennt man eine solche Schaltung auch *Saugkreis*.

Alternativ kann in der Prinzipschaltung in Bild 5.1 ein *elementarer Parallelschwingkreis* nach Abschnitt 5.2.4.2 als Übertragungsvierpol *in Reihe* zum Lastwiderstand geschaltet werden. Ist die Güte des Schwingkreises sehr hoch, sein Wirkleitwert G also sehr klein, fallen wegen $1/G \gg R_{\text{Last}}$ spektrale Komponenten der Eingangsspannung im Bereich der Resonanzfrequenz des Schwingkreises weitgehend über dem Schwingkreis und nicht dem Lastwiderstand ab. Eine solche Schaltung wird auch als *Sperrkreis* bezeichnet.

5.1.2.5 Allpässe

Als Allpass werden Filterschaltungen bezeichnet, deren *Betragsgang frequenzunabhängig* ist, bei denen also $F(\omega) = \text{const.}$ gilt, die aber eine *frequenzabhängige Phasenverschiebung* bewirken. Allpässe werden in der Nachrichtentechnik zur Kompensation von durch andere Übertragungsglieder bewirkten, unerwünschten Phasenverschiebungen verwendet.

Beispiel 5.8: RC-Allpass 1. Ordnung

Das Übertragungsverhalten des Übertragungsvierpols in Bild 5.14 ist zu untersuchen. Es gilt $R_1 = R_4 = R$ und $C_2 = C_3 = C$. Die Normierung $\Omega = \omega RC$ ist zu verwenden.

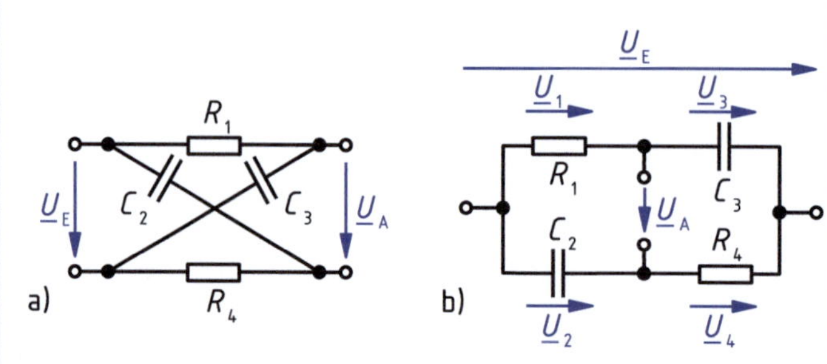

Bild 5.14: Schaltung eines Allpasses, dargestellt als a) Zweitor und b) Brückenschaltung

Aus Bild 5.14 b) folgt

$$\underline{U}_A = \underline{U}_2 - \underline{U}_1 = \underline{U}_E\left(\frac{\underline{Z}_2}{\underline{Z}_2 + \underline{Z}_4} - \frac{\underline{Z}_1}{\underline{Z}_1 + \underline{Z}_3}\right) = \underline{U}_E\left(\frac{\underline{Z}_C}{\underline{Z}_C + \underline{Z}_R} - \frac{\underline{Z}_R}{\underline{Z}_R + \underline{Z}_C}\right),$$

$$\underline{F}(j\omega) = \frac{\underline{U}_A(j\omega)}{\underline{U}_E(j\omega)} = \frac{1 - j\omega RC}{1 + j\omega RC} = \frac{1 - j\Omega}{1 + j\Omega}.$$

Es handelt es ich um ein Filter 1. Ordnung mit

$$F(\Omega) = \frac{\sqrt{1 + \Omega^2}}{\sqrt{1 + \Omega^2}} = 1 = \text{const.},$$

also um einen Allpass mit dem Phasengang

$$\varphi(\Omega) = \operatorname{Arctan}(-\Omega) - \operatorname{Arctan}(\Omega) = -2\operatorname{Arctan}(\Omega),$$

der monoton von $\varphi(\Omega \to 0) = 0°$ auf $\varphi(\Omega \to \infty) = -180°$ abfällt.

5.2 Schwingkreise

Eine physikalische Anordnung ist *schwingungsfähig*, wenn sie mindestens zwei *Energiespeicher* unterschiedlichen physikalischen Charakters enthält, die miteinander *Energie austauschen* können. Eine solche Anordnung wird als *Schwingkreis* bezeichnet.

In elektrischen Schaltungen sind diese unterschiedlichen Typen von Energiespeichern Induktivitäten, die *magnetische* Feldenergie speichern und Kapazitäten, die *elektrische* Feldenergie speichern.

Die in einer Kapazität gespeicherte Energie wird durch den Wert C der Kapazität und die Spannung u an der Kapazität bestimmt, die in einer Induktivität gespeicherte Energie durch den Wert L der Induktivität und den Strom i durch die Induktivität.

Zu unterscheiden ist zwischen freien und erzwungenen Schwingungen:

Bei *freien Schwingungen* (s. Abschnitt 5.2.1) wird einer physikalischen Anordnung *einmalig Energie zugeführt* und sie sich dann selbst überlassen. Durch unvermeidliche Verlustmechanismen, die dazu führen, dass im Schwingkreis pendelnde Energie in Wärme umgesetzt wird, klingt die Schwingung zeitlich ab.

Bei *erzwungenen Schwingungen* (s. Abschnitt 5.2.2) wird einer zunächst energielosen Anordnung *periodisch von außen Energie zugeführt*. Ein Teil dieser Energie wird zur Kompensation der mit der Schwingungsintensität ansteigenden Verluste benötigt, der Rest pendelt zwischen den Energiespeichern. Ändert sich die Art der periodischen Energiezufuhr nicht, stellt sich nach einem *Einschwingvorgang* in der Anordnung eine *stationäre Schwingung* (*eingeschwungener Zustand*) ein.

Einschwingvorgänge bei Schwingkreisen werden in den Abschnitten 7.3.2.3 und 7.3.3.3 behandelt.

Nachfolgend werden elektrische Schwingkreise aus linearen, zeitinvarianten, passiven Zweipolen betrachtet, die den eingeschwungenen Zustand erreicht haben.

Im Gegensatz zu den in Abschnitt 5.1 behandelten Übertragungsvierpolen werden die Schwingkreise durchgehend als *Zweipole* betrachtet. Resonanzphänomene werden hauptsächlich bezüglich der Klemmengrößen des Zweipols interpretiert. Nur kurz werden die Zusammenhänge untersucht, die sich ergeben, wenn eine Klemmengröße als Eingangsgröße und eine Größe *innerhalb* des schwingungsfähigen Zweipols, z. B. die Spannung an einer Induktivität oder einer Kapazität, als Ausgangsgröße angesehen werden.

5.2.1 Freie Schwingungen

Freie Schwingungen treten in realen Schwingkreisen infolge der unvermeidbaren Verluste nur *instationär* auf, d. h. sie klingen mit der Zeit ab. Solche *gedämpften Schwingungen* werden in Abschnitt 7.3 behandelt. Stationäre freie Schwingungen können nur in ungedämpften, d. h. verlustfreien Schwingkreisen auftreten, die aber praktisch nicht realisierbar sind. Hier werden stationäre freie Schwingungen daher nur zur Erläuterung der in Schwingkreisen ablaufenden Umspeichervorgänge behandelt bzw. als *Näherung*, die für einige Schwingungsperioden zulässig sein kann.

Eine Induktivität L und eine Kapazität C werden in einem geschlossenen Kreis entsprechend Bild 5.15 a) zusammengeschaltet. Treten im Kreis keine Verluste auf, wird eine durch einmalige Aufladung der Kapazität dem Kreis zugeführte Energie als ungedämpfte Schwingung zwischen Kapazität und Induktivität hin- und herpendeln. Diese Energiependelung wird durch Strom und Spannung im Kreis bewirkt, die sich sinusförmig ändern. Bild 5.15 b) zeigt eine Periode der an L und C liegenden Spannung u und des gegenüber dieser um 90° phasenverschobenen Stromes i, der durch L und C fließt.

Mit den in Bild 5.15 a) eingetragenen Zählpfeilen für Spannung u und Strom i ergeben sich damit die von Halbperiode zu Halbperiode wechselnden Polaritäten der Spannung an den beiden Zweipolen gemäß Bild 5.15 c). Während der Entladung der Kapazität (d. h. betragsmäßig sinkender Klemmenspannung) in der 1. und 3. Viertelperiode fließt der Strom von + nach – durch die Induktivität, während der Aufladung der Kapazität in der 2. und 4. Viertelperiode von + nach – durch die Kapazität. In Bild 5.15 d) sind die zeitlichen Verläufe der elektrischen Energie $W_{el}(t) = 0{,}5\,C\,u^2(t)$ in der Kapazität C und der magnetischen Energie $W_{mag}(t) = 0{,}5\,L\,i^2(t)$ in der Induktivität L dargestellt. Da im ungedämpften Schwingkreis keine Energie in Wärme umgeformt und, nachdem die Schwingung besteht, auch keine Energie mehr zugeführt wird, ist die *Gesamtenergie* im Schwingkreis zeitlich *konstant*:

$$W(t) = W_{el}(t) + W_{mag}(t) = \frac{1}{2}\,C\,u^2(t) + \frac{1}{2}\,L\,i^2(t) = \text{const.} \tag{5.18}$$

Die Energie schwingt innerhalb des Kreises hin und her, wobei abwechselnd Kapazität und Induktivität die Rolle von *Erzeuger* bzw. *Verbraucher* übernehmen. Zur Zeit $t = 0$ ist mit dem Scheitelwert der Spannung $\hat{u}$ die Kapazität auf die maximale Energie aufgeladen. Sie wirkt von da an als Erzeuger und treibt den – vom Anfangswert null ausgehend – größer werdenden Entladestrom i durch die als Verbraucher wirkende Induktivität, bis bei $\omega t = \pi/2$ mit dem Scheitelwert des Stromes $\hat{i}$ die Induktivität die maximale Energie in ihrem Magnetfeld gespeichert hat und die Kapazität energielos ist. Danach wirkt die Induktivität als Erzeuger und lädt die Kapazität von der Spannung $u = 0$ bis zum negativen Scheitelwert $-\hat{u}$ bei $\omega t = \pi$ mit kleiner werdendem Strom um. Danach wiederholt sich dieser Vorgang mit von Halbperiode zu Halbperiode wechselnden Vorzeichen von Strom und Spannung. Die aus den Klemmengrößen u und i der Zweipole C und L berechnete Leistung $p = u\,i$ wechselt, wie in Bild 5.15 e) dargestellt, von Viertel- zu Viertelperiode der Spannung ihr Vorzeichen. Aus dem Vorzeichen dieser Leistung ergibt sich mit dem Erzeuger-Zählpfeilsystem an C und dem Verbraucher-Zählpfeilsystem an L die Richtung des Leistungsflusses (s. Abschnitt 2.1.4.3).

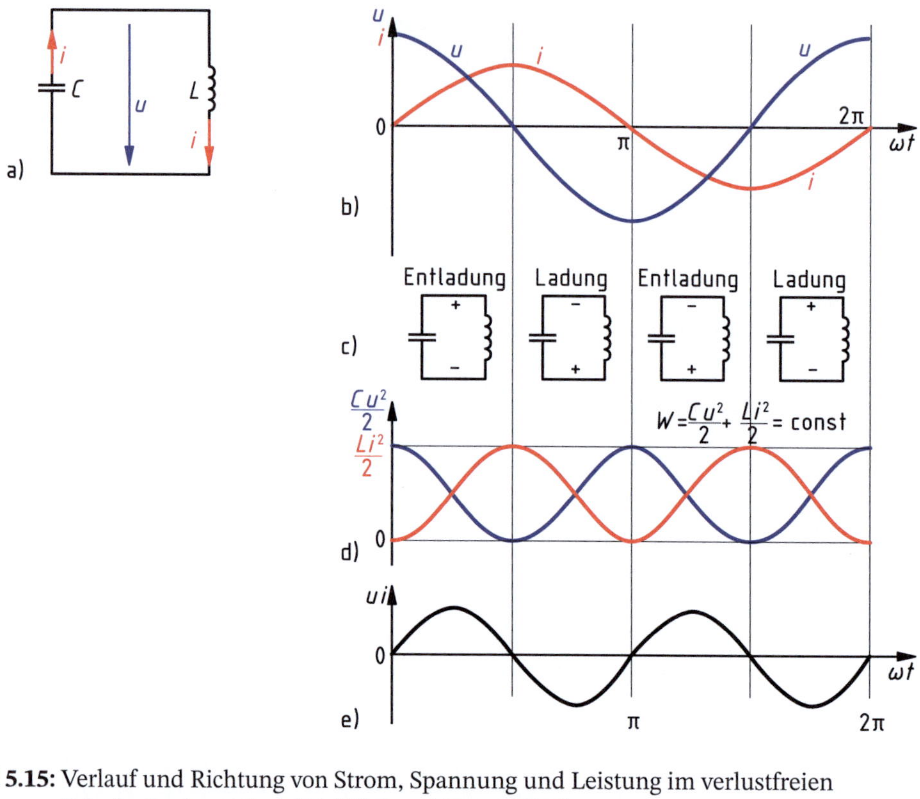

Bild 5.15: Verlauf und Richtung von Strom, Spannung und Leistung im verlustfreien Schwingkreis aus Induktivität L und Kapazität C
a) Schaltung mit Strom- und Spannungszählpfeilen
b) zeitlicher Verlauf von Strom und Spannung
c) in der Schaltung auftretende Polaritäten der Spannung
d) zeitlicher Verlauf der in L und C gespeicherten Energien
e) zeitlicher Verlauf der von L und C aufgenommenen bzw. abgegebenen Leistung

5.2.2 Erzwungene Schwingungen

Erzwungene Schwingungen verlaufen *mit der Frequenz der von außen eingeprägten Anregungsgröße* (in elektrischen Netzwerken Sinusspannung oder Sinusstrom). Sind Scheitelwert und Frequenz der Anregungsgröße über längere Zeit konstant, stellt sich eine *stationäre Schwingung* ein, deren ebenfalls konstanter Scheitelwert gerade so groß ist, dass die durch die Dämpfung dem Schwingkreis entzogene Leistung gleich der mittels der Anregungsgröße zugeführten Wirkleistung ist.

Neben dieser *irreversiblen Energieumsetzung* findet auch ein *reversibler Energieaustausch* sowohl zwischen den Speichern des Schwingkreises als im Allgemeinen auch zwischen Schwingkreis und äußerem Anreger statt. Ein Schwingkreis enthält Energiespeicher mit *physikalisch komplementärem Speichercharakter*. Während der eine Speicher Energie abgibt, nimmt der andere Energie auf. Die Differenz der innerhalb des Schwingkreises gespeicherten Energien muss der Anreger aufnehmen bzw. abgeben. Nach dem Energieerhaltungssatz kann die Schwingung nur so verlaufen, dass zu jedem Zeitpunkt die zugeführte Leistung gleich der Summe der Dämpfungsleistung und der Differenz der von den Speichern des Schwingkreises aufgenommenen und abgegebenen Leistung ist.

Betrachtet man z. B. einen aus der Reihenschaltung von Wirkwiderstand R, Kapazität C und Induktivität L bestehenden *elementaren Reihenschwingkreis*, der von einem Sinusstrom $i = \hat{\imath}\sin(\omega T)$ mit konstantem Scheitelwert $\hat{\imath}$ angeregt wird, so ist nach den Gln. (10.118) und (3.192) der Scheitelwert der in der Kapazität gespeicherten elektrischen Feldenergie

$$\hat{W}_{\mathrm{el}} = \frac{1}{2}C\,\hat{u}^2 = \frac{1}{2}C\left(Z_C\,\hat{\imath}\right)^2 = \frac{1}{2}\frac{\hat{\imath}^2}{C\omega^2}$$

abhängig von der Kreisfrequenz ω, der der nach Gl. (11.131) in L gespeicherten magnetischen Feldenergie

$$\hat{W}_{\mathrm{mag}} = \frac{1}{2}L\,\hat{\imath}^2$$

jedoch nicht. Daher gibt es nur eine Kreisfrequenz ω_{res}, bei der der Maximalwert des Stromes $\hat{\imath}$ in C und in L zu gleich großen Scheitelwerten der gespeicherten Energien führt. Aus der Bedingung $\hat{W}_{\mathrm{el}} = \hat{W}_{\mathrm{mag}}$ folgt die *Resonanzkreisfrequenz* $\omega_{\mathrm{res}} = 1/\sqrt{LC}$ *des Schwingkreises*. Bei Anregung des Schwingkreises mit dieser Kreisfrequenz wird periodisch die gesamte in der Kapazität gespeicherte Energie an die Induktivität abgegeben und umgekehrt. Dem Schwingkreis braucht von außen nur die im Wirkwiderstand in Wärme umgesetzte Dämpfungsenergie als Wirkleistung zugeführt zu werden.

Bei Anregung mit irgendeiner anderen Frequenz ist die maximal gespeicherte Energie des einen Speichers größer als die des anderen. Die Differenz der beiden Energien pendelt dann nicht innerhalb des Schwingkreises, sondern zwischen Schwingkreis und äußerem Anreger. Der dem Schwingkreis gleichförmig zufließenden Dämpfungsenergie überlagert sich dann also eine *Energiependelung*. Der Schwingkreis tauscht in diesem Fall mit seiner Umgebung auch *Blindleistung* aus.

5.2.3 Kenngrößen von Schwingkreisen

Die meisten der in diesem Abschnitt definierten Kenngrößen sind nur auf schwingungsfähige *Zweipole* anwendbar, die *genau eine elektrisch unabhängige Kapazität* und *genau eine elektrisch unabhängige Induktivität* enthalten. Diese werden als *Schwingkreise mit einem Freiheitsgrad* bezeichnet. Mehrere in Reihe und/oder parallel geschaltete Kapazitäten sind in diesem Sinne nicht elektrisch unabhängig voneinander, da sie gemäß Abschnitt 10.12.3 zu einer Gesamt-Kapazität zusammengefasst werden können. Sinngemäßes gilt für mehrere in Reihe und/oder parallel geschaltete Induktivitäten. In den folgenden Abschnitten wird durchgehend davon ausgegangen, dass eine solche Zusammenfassung im Rahmen der Erstellung des Ersatzschaltbildes ggf. bereits erfolgt ist.

5.2.3.1 Resonanzbedingung, Resonanzfrequenz, Kennfrequenz

Wird ein Schwingkreis mit seiner *Resonanzfrequenz* f_{res} angeregt, tauscht er nach den Überlegungen in Abschnitt 5.2.2 über seine Klemmen keine Blindleistung mit der Umgebung aus. Sein Blindwiderstand X bzw. sein Blindleitwert B muss somit bei f_{res} verschwinden, der Phasenverschiebungswinkel ist $\varphi = 0$. Die Bedingung zur Berechnung der Resonanzfrequenz lautet also

$$\operatorname{Im} \underline{Z}(f_{\text{res}}) = 0 \quad \text{bzw.} \quad \operatorname{Im} \underline{Y}(f_{\text{res}}) = 0\,. \tag{5.19}$$

Die *Kennfrequenz* f_0 ist definiert als die *Resonanzfrequenz* eines Schwingkreises bei *Vernachlässigung seiner Verluste*. Alle Wirkwiderstände, die im Ersatzschaltbild direkt in Reihe mit einem Blindwiderstand liegen, werden hierbei durch einen Kurzschluss ersetzt und alle Wirkwiderstände, die direkt parallel zu einem Blindwiderstand liegen, durch einen Leerlauf.

Schwingkreise, die mehrere elektrisch unabhängige Induktivitäten und Kapazitäten enthalten, weisen mehrere Resonanzfrequenzen mit den zugehörigen Kennfrequenzen auf. Auf solche *Schwingkreise mit mehreren Freiheitsgraden* wird in Abschnitt 5.2.6 eingegangen.

Da bei der komplexen Rechnung mit Kreisfrequenzen statt mit Frequenzen gerechnet wird, werden oft auch die Größen *Resonanzkreisfrequenz* $\omega_{\text{res}} = 2\pi f_{\text{res}}$ und *Kennkreisfrequenz* $\omega_0 = 2\pi f_0$ verwendet.

5.2.3.2 Normierte Frequenz, Verstimmung

Die bereits in Abschnitt 5.1 verwendete Normierung der Frequenz wird oft auch bei der Beschreibung des Verhaltens von Schwingkreisen eingesetzt. Dabei wird in der Regel als Bezugsfrequenz die Kennfrequenz bzw. Kennkreisfrequenz verwendet:

$$\Omega = \frac{f}{f_0} = \frac{\omega}{\omega_0} \tag{5.20}$$

Die Größe Ω wird als *normierte Frequenz* oder *relative Frequenz* bezeichnet. Zur Beschreibung der Abweichung der Betriebsfrequenz eines Schwingkreises von seiner Kennfrequenz f_0 bzw. seiner Kennkreisfrequenz ω_0 wird häufig die *Verstimmung*

$$v = \frac{f}{f_0} - \frac{f_0}{f} = \frac{\omega}{\omega_0} - \frac{\omega_0}{\omega} = \Omega - \frac{1}{\Omega} \tag{5.21}$$

benutzt. Für $f = f_0$ ist $v = 0$, für $f \to 0$ gilt $v \to -\infty$ und aus $f \to \infty$ folgt $v \to \infty$.

5.2.3.3 Kennwiderstand, Kennleitwert

Der Scheinwiderstand der Kapazität bzw. der Induktivität bei der Kennkreisfrequenz ω_0 wird als *Kennwiderstand*

$$Z_0 = \omega_0 L = \frac{1}{\omega_0 C} = \sqrt{\frac{L}{C}} \tag{5.22}$$

bezeichnet. Diese *reellwertige Kenngröße* ist nur für Schwingkreise mit einem Freiheitsgrad definiert. Ihr Kehrwert ist der *Kennleitwert*

$$Y_0 = \frac{1}{Z_0} = \omega_0 C = \frac{1}{\omega_0 L} = \sqrt{\frac{C}{L}}\,. \tag{5.23}$$

Kennwiderstand und Kennleitwert werden oft zur Normierung anderer Scheinwiderstände bzw. Scheinleitwerte bei Schwingkreisen verwendet.

5.2.3.4 Güte, Dämpfung

Für Schwingkreise mit einem Freiheitsgrad ist die *Güte* Q definiert als das Verhältnis des Betrages der bei Resonanz in einem der beiden Blindelemente *umgesetzten*, also innerhalb des Schwingkreises pendelnden Blindleistung $Q(\omega_{\text{res}})$[1] zur *aufgenommenen* Wirkleistung $P(\omega_{\text{res}})$:

$$Q = \frac{|\,Q(\omega_{\text{res}})\,|}{P(\omega_{\text{res}})} \tag{5.24}$$

Die Bildung des Betrages der Blindleistung ist erforderlich, damit sowohl die in der Induktivität als auch die in der Kapazität umgesetzte Blindleistung eingesetzt werden können und das Ergebnis unabhängig vom bei der Leistungsberechnung verwendeten Zählpfeilsystem ist.

Der Kehrwert der Güte ist der *Verlustfaktor*, der bei Schwingkreisen auch als die *Dämpfung* bezeichnet wird:

$$d = \frac{1}{Q} \tag{5.25}$$

Die Dämpfung unterscheidet sich um den Faktor 2 von dem bei der Lösung der inhomogenen Differenzialgleichung für freie Schwingungen auftretenden *Dämpfungsgrad* $\vartheta = d/2$ (s. Gl. 7.88).

Im Gegensatz zu nicht schwingungsfähigen passiven Zweipolen, bei denen Güte und Dämpfung Funktionen der Frequenz sind, werden diese beiden Größen bei Schwingkreisen *stets bei der Resonanzfrequenz angegeben*, sind also konstante Kennwerte.

5.2.3.5 Grenzfrequenzen, Bandbreite

Die *Grenzfrequenzen* eines Schwingkreises sind diejenigen Frequenzen, bei denen die Klemmengröße, die sich bei der äußeren Anregung des Schwingkreises frei einstellen kann (*Schwinggröße*), auf das $(1/\sqrt{2})$-fache ihres bei f_{res} auftretenden *Maximalwertes abgefallen* (s. Bild 5.16) oder auf das $\sqrt{2}$-fache ihres bei f_{res} auftretenden *Minimalwertes angestiegen* ist. Bei Bezeichnung der Schwinggröße mit S lässt sich die Bedingung zur Berechnung der Grenzfrequenzen f_{g} allgemeingültig formulieren als

$$S(f_{\text{g}}) = \frac{1}{\sqrt{2}}\,S_{\max}(f_{\text{res}}) \quad \text{bzw.} \quad S(f_{\text{g}}) = \sqrt{2}\,S_{\min}(f_{\text{res}})\,. \tag{5.26}$$

Die untere und die obere Grenzfrequenz, die zu einer Resonanzfrequenz gehören, werden meist mit f_{gu} und f_{go} sowie die entsprechenden *Grenzkreisfrequenzen* mit ω_{gu} und ω_{go} bezeichnet.

Je größer die Güte Q eines Schwingkreises ist, desto stärker ist der Extremwert im Amplitudengang der Schwinggröße ausgeprägt, d. h. desto steiler sind die Flanken dieser *Resonanzkurve*. Die Güte ist also ein Maß für die *Resonanzschärfe*.

[1] Die Tatsache, dass in Gl. (5.24) das Formelzeichen Q für zwei verschiedene Größen auftritt, ist zunächst verwirrend, aber leider nicht vermeidbar.

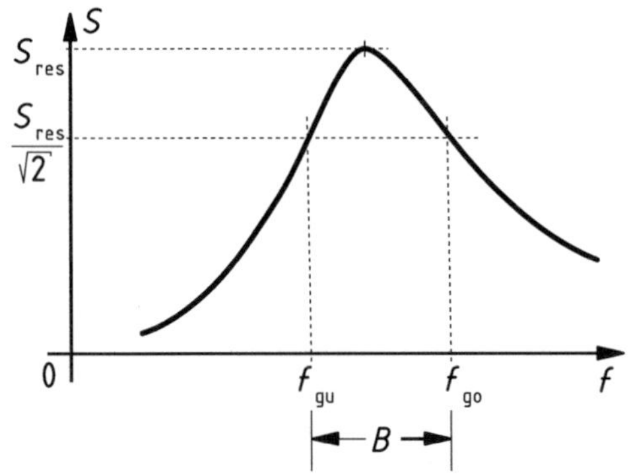

Bild 5.16: Zur Definition der Grenzfrequenzen und der Bandbreite

Bei stark gedämpften Schwingkreisen ist es möglich, dass der Extremwert der Schwinggröße bei Resonanz so schwach ausgeprägt ist, dass es keine Grenzfrequenzen gibt.

Die *Bandbreite B* ist der Abstand zwischen unterer und oberer Grenzfrequenz (s. Bild 5.16):

$$B = f_{\mathrm{go}} - f_{\mathrm{gu}} \tag{5.27}$$

5.2.4 Elementare Schwingkreise

Elementare Schwingkreise bestehen aus einer reinen Reihen- oder einer reinen Parallelschaltung von genau einer Kapazität C und genau einer Induktivität L sowie ggf. einem Wirkwiderstand R. Die Parameter C, L und R müssen frequenzunabhängig sein. Infolge der beiden komplementären, miteinander verbundenen Energiespeicher L und C bildet eine solche Anordnung einen Schwingkreis mit einem Freiheitsgrad, der genau eine Resonanzfrequenz aufweist.

5.2.4.1 Elementarer Reihenschwingkreis

In Abschnitt 3.7.1.3 wurde das Klemmenverhalten einer RLC-Reihenschaltung bei konstanter Kreisfrequenz ω untersucht. Diese Schaltung mit den in Bild 4.5 a) sowie Zeile 1 von Tabelle 5.1 eingezeichneten Zählpfeilgrößen wird nun als *elementarer Reihenschwingkreis* aufgefasst, dessen Verhalten bei Veränderung der Kreisfrequenz interessiert.

Aus der Impedanz dieses Schwingkreistyps nach Gl. (3.226) folgt mit Gl. (5.19) die *Resonanzbedingung*

$$\mathrm{Im}(\underline{Z}(\omega_{\mathrm{res}})) = X(\omega_{\mathrm{res}}) = X_{\mathrm{L}}(\omega_{\mathrm{res}}) + X_{\mathrm{C}}(\omega_{\mathrm{res}}) = \omega_{\mathrm{res}} L - \frac{1}{\omega_{\mathrm{res}} C} = 0\,, \tag{5.28}$$

aus der die *Resonanzkreisfrequenz*

$$\omega_{\mathrm{res}} = \frac{1}{\sqrt{LC}} \tag{5.29}$$

bzw. die *Resonanzfrequenz*

$$f_{\mathrm{res}} = \frac{1}{2\pi\sqrt{LC}} \tag{5.30}$$

folgt. Die *Kennkreisfrequenz* eines elementaren Reihenschwingkreises ist gleich seiner Resonanzkreisfrequenz, da bei diesem Schwingkreistyp der Wert des Wirkwiderstandes R die Resonanzfrequenz nicht beeinflusst, wie aus Gl. (5.28) zu ersehen ist:

$$\omega_0 = \omega_{\text{res}} = \frac{1}{\sqrt{LC}} \tag{5.31}$$

Damit lässt sich die Impedanz des Schwingkreises

$$\underline{Z}(\omega) = R + \mathrm{j}\left(\omega L - \frac{1}{\omega C}\right) \tag{5.32}$$

unter Verwendung des Kennwiderstandes und der Verstimmung in der Form

$$\underline{Z}(\omega) = R + \mathrm{j}\, \upsilon\, Z_0 \tag{5.33}$$

schreiben.

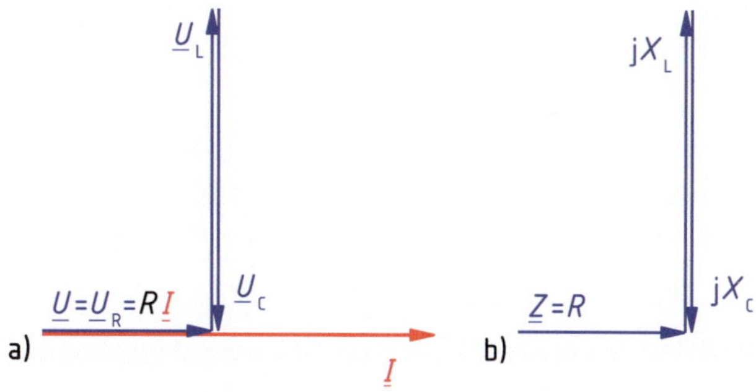

Bild 5.17: a) Spannungs- und b) Impedanzzeigerdiagramm eines elementaren Reihenschwingkreises bei Resonanz

Da sich nach Gl. (5.28) bei f_{res} die beiden Blindwiderstände X_{L} und X_{C} gegenseitig aufheben (s. Bild 5.17 b)), heben sich auch die beiden Teilspannungen $\underline{U}_{\text{L}}$ und $\underline{U}_{\text{C}}$ wegen ihres gleichen Betrages und ihrer Gegenphasigkeit gegenseitig auf (s. Bild 5.17 a)).

Bei f_{res}, also $\upsilon = 0$, nimmt der Scheinwiderstand des Schwingkreises

$$Z(\omega) = \sqrt{R^2 + \left(\omega L - \frac{1}{\omega C}\right)^2} = \sqrt{R^2 + (\upsilon\, Z_0)^2} \tag{5.34}$$

seinen Minimalwert

$$Z(\omega_{\text{res}}) = R$$

an. Die gesamte Klemmenspannung liegt somit am Wirkwiderstand:

$$U_{\text{R}}(\omega_{\text{res}}) = U$$

Die *Güte* des Schwingkreises ist nach Gl. (5.24) das Verhältnis der bei Resonanz in L bzw. in R umgesetzten Leistungen:

$$Q = \frac{|Q(\omega_{\text{res}})|}{P(\omega_{\text{res}})} = \frac{I^2 X_{\text{L}}(\omega_{\text{res}})}{I^2 R} = \frac{I\, Z_{\text{L}}(\omega_{\text{res}})}{I\, R} = \frac{U_{\text{L}}(\omega_{\text{res}})}{U_{\text{R}}(\omega_{\text{res}})} = \frac{U_{\text{L}}(\omega_{\text{res}})}{U} = \frac{\omega_{\text{res}} L}{R} \tag{5.35}$$

Alternativ kann die Güte als das Verhältnis der bei Resonanz in C bzw. in R umgesetzten Leistungen berechnet werden:

$$Q = \frac{I^2\, |X_{\text{C}}(\omega_{\text{res}})|}{I^2 R} = \frac{I\, Z_{\text{C}}(\omega_{\text{res}})}{I\, R} = \frac{U_{\text{C}}(\omega_{\text{res}})}{U_{\text{R}}(\omega_{\text{res}})} = \frac{U_{\text{C}}(\omega_{\text{res}})}{U} = \frac{1/(\omega_{\text{res}} C)}{R} \tag{5.36}$$

Mit Gl. (5.22) folgt wegen $\omega_0 = \omega_{\text{res}}$ aus den rechten Seiten der Gln. (5.35) und (5.36)

$$Q = \frac{Z_0}{R}\,. \tag{5.37}$$

An den Gln. (5.35) und (5.36) erkennt man, dass die Güte des Schwingkreises gleich dem messtechnisch oft einfach bestimmbaren Verhältnis der Spannungen an einem Blindwiderstand und an dem Wirkwiderstand bei f_{res} ist.

Verhalten des elementaren Reihenschwingkreises bei Spannungseinspeisung

Anregungsgröße ist die Klemmenspannung $\underline{U}$ mit konstantem Betrag und variabler Frequenz. Die über die Klemmen des Schwingkreises erfassbare *Schwinggröße* ist der Klemmenstrom $\underline{I}$. Dieser nimmt bei f_{res} seinen *maximalen Betrag*

$$I_{\text{res}} = I(\omega_{\text{res}}) = \frac{U}{Z(\omega_{\text{res}})} = \frac{U}{R} \tag{5.38}$$

an. Der *Resonanzstrom* ist ein reiner Wirkstrom.

Wegen der Kapazität gilt $I(\omega \to 0) = 0$ und wegen der Induktivität $I(\omega \to \infty) = 0$.

Bei den Grenzfrequenzen muss nach Gl. (5.26) der Klemmenstrom um den Faktor $1/\sqrt{2}$ kleiner als der Resonanzstrom sein. Dazu muss der Scheinwiderstand des Schwingkreises um den Faktor $\sqrt{2}$ größer als sein Minimalwert R sein, d. h. es muss gelten

$$Z(\omega_{\text{g}}) = \sqrt{2}\,Z(\omega_{\text{res}}) = \sqrt{2}\,R\,. \tag{5.39}$$

Diese Bedingung ist genau dann erfüllt, wenn der Betrag des Imaginärteils der Impedanz des Schwingkreises genauso groß ist wie ihr Realteil, also

$$\left|\operatorname{Im}(\underline{Z}(\omega_{\text{g}}))\right| = R \tag{5.40}$$

gilt, s. Bild 5.18. Bei den Grenzfrequenzen ist also

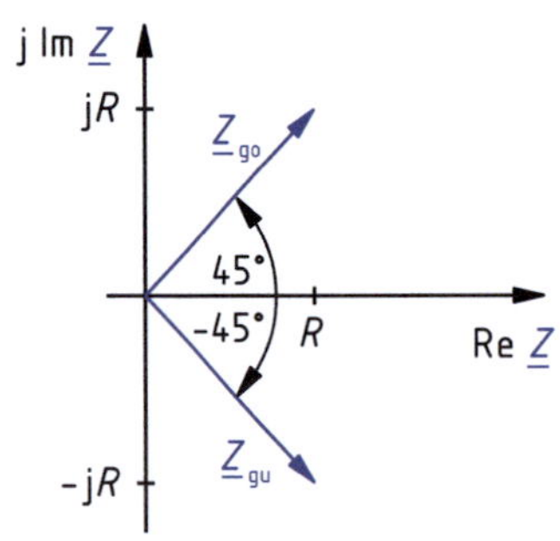

Bild 5.18: Zeigerdiagramme der Impedanzen $\underline{Z}$ bei der unteren bzw. oberen Grenzkreisfrequenz beim elementaren Reihenschwingkreis

$$\varphi_{\text{g}} = \mp 45°\,. \tag{5.41}$$

Beim elementaren Reihenschwingkreis beträgt die Phasenverschiebung zwischen den Klemmengrößen bei den Grenzfrequenzen $\mp 45°$.

Aus Gl. (5.33) folgt mit Gl. (5.40) die Bestimmungsgleichung

$$\left|v_{\text{g}}\, Z_0\right| = R \tag{5.42}$$

für die Verstimmung v_g bei den Grenzfrequenzen, aus der sich mit Gl. (5.37)

$$v_\mathrm{g} = \mp\frac{R}{Z_0} = \mp\frac{1}{Q} \tag{5.43}$$

ergibt. Durch Einsetzen der Definition der Verstimmung gemäß Gl. (5.21) in Gl. (5.43) erhält man

$$\frac{\omega_\mathrm{g}}{\omega_0} - \frac{\omega_0}{\omega_\mathrm{g}} = \mp\frac{1}{Q}\,. \tag{5.44}$$

Durch Multiplikation von Gl. (5.44) mit $\omega_0\,\omega_\mathrm{g}$ erhält man die quadratische Gleichung

$$\omega_\mathrm{g}^2 \mp \frac{\omega_0\,\omega_\mathrm{g}}{Q} - \omega_0^2 = 0 \tag{5.45}$$

mit den beiden Lösungen (nur positive Werte von ω sind physikalisch möglich)

$$\omega_\mathrm{gu,o} = \omega_0\left(\sqrt{1+\frac{1}{4Q^2}} \mp \frac{1}{2Q}\right). \tag{5.46}$$

Für $Q \geq 4$ gilt die (nun mit Frequenzen statt Kreisfrequenzen ausgedrückte) *Näherung*

$$f_\mathrm{gu,o} \approx f_0\left(1 \mp \frac{1}{2Q}\right) \tag{5.47}$$

mit einem betragsmäßigen Fehler $< 1\,\%$. Aus der Differenz der beiden Grenzkreisfrequenzen gemäß Gl. (5.46) folgt die wichtige Beziehung

$$B = \frac{\omega_\mathrm{go} - \omega_\mathrm{gu}}{2\pi} = \frac{\omega_0}{2\pi Q} = \frac{f_0}{Q}\,. \tag{5.48}$$

Je größer bei fester Resonanzfrequenz die Güte eines Schwingkreises ist, desto kleiner ist seine Bandbreite. Eine große Güte führt also zu einem *steilflankigen Frequenzgang der Schwinggröße* (Resonanzkurve) und einem *ausgeprägten Resonanzextremum*, also hoher *Frequenzselektivität*. Dies ist beispielsweise für schmalbandige Filterschaltungen (s. Abschnitt 5.1.2.4) erforderlich. In solchen Fällen müssen Spulen und Kondensatoren mit möglichst hohen Güten für den Aufbau der Schwingkreise verwendet werden.

Die *Bandbreite* eines elementaren Reihenschwingkreises lässt sich messtechnisch also nicht nur aus den Grenzfrequenzen, sondern auch aus seiner Resonanzfrequenz $f_\mathrm{res} = f_0$ und seiner Güte Q bestimmen.

Multipliziert man die Ausdrücke für die beiden Grenzkreisfrequenzen nach Gl. (5.46) miteinander, erhält man die Beziehung $\omega_\mathrm{gu}\,\omega_\mathrm{go} = \omega_0^2$, aus der

$$f_0 = \sqrt{f_\mathrm{gu}\,f_\mathrm{go}} \tag{5.49}$$

folgt. Die Kennfrequenz ist also der *geometrische Mittelwert* der Grenzfrequenzen.

Je größer der Resonanzstrom I_res ist, desto größer sind auch die von ihm an der Induktivität und der Kapazität verursachten Spannungen $I_\mathrm{res}(\omega_\mathrm{res}L)$ und $I_\mathrm{res}/(\omega_\mathrm{res}C)$. Diese Spannungen können die Klemmenspannung U überschreiten, sofern die Scheinwiderstände Z_L und Z_C bei Resonanzfrequenz größer als der Wirkwiderstand R sind. Dies ist nach den Gln. (5.35) und (5.36) für $Q > 1$ der Fall. Diese *Spannungsüberhöhung* bei Resonanzfrequenz wird als *Spannungsresonanz* bezeichnet. In Reihenschwingkreisen können an Spulen und Kondensatoren Spannungen auftreten, die erheblich größer als die Klemmenspannung sind und deren Werte bei der Dimensionierung der

Bauelemente hinsichtlich ihrer Spannungsfestigkeit zu berücksichtigen sind. Praktisch eingesetzt wird dieser Effekt zur frequenzselektiven Erhöhung von Spannungen ohne Verstärker oder Transformatoren z. B. in Rundfunk- und Fernsehempfängern.

Wegen $U_R = I\,R$ erreicht auch die Spannung über dem Wirkwiderstand bei f_{res} ihren Maximalwert. Es tritt aber keine Spannungsüberhöhung auf, da maximal die Klemmenspannung erreicht wird.

Beispiel 5.9: Elementarer Reihenschwingkreis bei Spannungseinspeisung

Betrachtet wird der elementare Reihenschwingkreis aus Wirkwiderstand $R = 15\,\Omega$, Induktivität $L = 0{,}2\,\mathrm{H}$ und Kapazität $C = 30\,\mu\mathrm{F}$, dessen Impedanz-Ortskurve bereits in Beispiel 4.3 behandelt wurde. An die Klemmen der Schaltung wird eine Sinusspannung mit konstantem Effektivwert $U = 120\,\mathrm{V}$ und variabler Frequenz gelegt.

Für den *Frequenzbereich* $f \to 0\,\mathrm{Hz}$ bis $f = 120\,\mathrm{Hz}$ sollen der Klemmenstrom I, die Spannungen U_L und U_C über den Blindwiderständen sowie der Phasenverschiebungswinkel φ als Funktionen der Frequenz dargestellt werden.

Für diskrete Frequenzwerte, z. B. im Abstand von 5 Hz, werden jeweils die Zahlenwerte von Scheinwiderstand

$$Z = \sqrt{R^2 + \left(\omega L - \frac{1}{\omega C}\right)^2},$$

Klemmenstrom, den gesuchten Spannungen sowie des Phasenverschiebungswinkels

$$I = \frac{U}{Z}, \quad U_L = I\,\omega L, \quad U_C = \frac{I}{\omega C}, \quad \varphi = \mathrm{Arctan}\,\frac{\omega L - 1/(\omega C)}{R}$$

berechnet. Die mittels der so berechneten Stützwerte konstruierten Frequenzgänge sind in Bild 5.19 dargestellt.

Die Asymptoten der dargestellten Spannungen sind $U_C(f \to 0) = U$, $U_C(f \to \infty) = 0$, $U_L(f \to 0) = 0$, $U_L(f \to \infty) = U$.

Die Resonanzfrequenz beträgt nach Gl. (5.30)

$$f_{res} = \frac{1}{2\pi\sqrt{LC}} \approx \frac{1}{6{,}28\sqrt{0{,}2\,(\mathrm{Vs/A})\,30\,\mu\mathrm{As/V}}} \approx 65\,\mathrm{Hz}.$$

Bei f_{res} erreicht der Frequenzgang des Klemmenstromes $I = g(f)$ seinen Maximalwert mit dem Resonanzstrom

$$I_{res} = \frac{U}{R} = \frac{120\,\mathrm{V}}{15\,\Omega} = 8\,\mathrm{A}.$$

Der in Bild 5.19 nicht dargestellte Frequenzgang der Spannung U_R über dem Wirkwiderstand hat die gleiche Form wie der Frequenzgang von I mit dem Maximalwert $U_R(\omega_{res}) = U = 120\,\mathrm{V}$ und den Asymptoten $U_R(f \to 0) = 0$, $U_R(f \to \infty) = 0$.

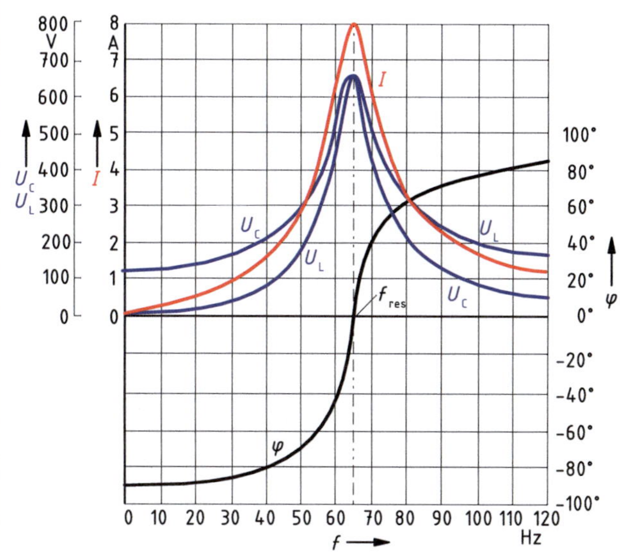

Bild 5.19: Frequenzabhängigkeit von Strom I, Spannungen U_C, U_L und Phasenverschiebungswinkel φ eines elementaren Reihenschwingkreises in Beispiel 5.9 bei kleiner Dämpfung und Spannungseinspeisung

Die Güte des Schwingkreises ist nach Gl. (5.35)

$$Q = \frac{\omega_{\text{res}} L}{R} \approx \frac{2\pi \cdot 65\,\text{Hz} \cdot 0{,}2\,(\text{Vs/A})}{15\,\Omega} \approx 5{,}44 \gg 1\,;$$

er ist also nur schwach gedämpft.

Die bei f_{res} auftretenden Spannungen an der Induktivität

$$U_L(\omega_{\text{res}}) = I_{\text{res}}\,\omega_{\text{res}} L \approx 8\,\text{A} \cdot 2\pi \cdot 65\,\text{Hz} \cdot 0{,}2\,\frac{\text{Vs}}{\text{A}} \approx 653\,\text{V}$$

und an der Kapazität

$$U_C(\omega_{\text{res}}) = \frac{I_{\text{res}}}{\omega_{\text{res}} C} \approx \frac{8\,\text{A}}{2\pi \cdot 65\,\text{Hz} \cdot 30\,\mu\text{As/V}} \approx 653\,\text{V}$$

stimmen im vorliegenden Fall eines schwach gedämpften Schwingkreises *näherungsweise* mit ihren möglichen Maximalwerten überein, wie aus Bild 5.19 ersichtlich ist. Das Verhältnis der Spannungen an Induktivität bzw. Kapazität und der am Schwingkreis anliegenden Klemmenspannung ist bei f_{res} gleich der Güte Q des Schwingkreises.

Bild 5.19 zeigt, dass der Strom I und die Spannungen U_L und U_C in Resonanznähe sehr steil ansteigen bzw. abfallen. Dieser Verlauf der *Resonanzkurven* ist um so schärfer ausgeprägt, je größer die Güte Q des Schwingkreises ist.

In Bild 5.19 liegen die Maxima des Stromes I und der Spannungen U_L und U_C ungefähr bei der Resonanzfrequenz f_{res}. Das gilt aber nur, weil der Schwingkreis schwach gedämpft ist. Für größere Dämpfungen liegen die Maxima der drei Resonanzkurven von Strom I und den Spannungen U_L

und U_C bei deutlich unterschiedlichen Frequenzen, wie in Bild 5.20 dargestellt ist.

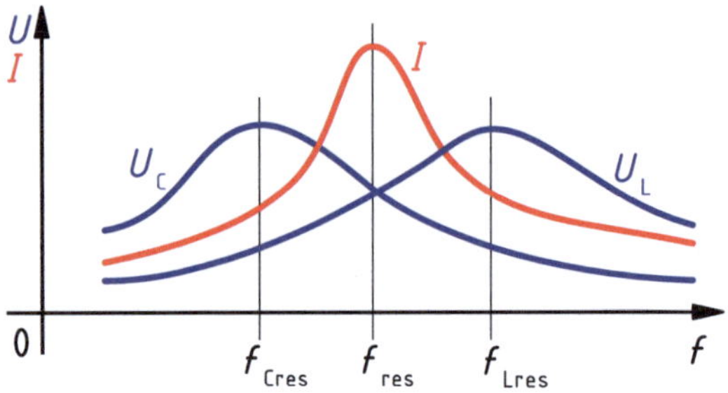

Bild 5.20: Frequenzabhängigkeit von Strom I und Spannungen U_L, U_C in einem stark gedämpften elementaren Reihenschwingkreis

Aus dem Amplitudenfrequenzgang des Stromes durch einen elementaren Reihenschwingkreis

$$I(\omega) = \frac{U}{\sqrt{R^2 + [\omega L - 1/(\omega C)]^2}} \tag{5.50}$$

lassen sich einfach die Amplitudenfrequenzgänge der Spannungen an der Induktivität

$$U_L(\omega) = I\,\omega L = \frac{U\,\omega L}{\sqrt{R^2 + [\omega L - 1/(\omega C)]^2}} \tag{5.51}$$

und an der Kapazität

$$U_C(\omega) = \frac{I}{\omega C} = \frac{U}{\omega C\,\sqrt{R^2 + [\omega L - 1/(\omega C)]^2}} \tag{5.52}$$

berechnen.

Der Frequenzgang von U_L ergibt sich durch Multiplikation des Frequenzgangs von I (mit seinem Maximum bei f_{res}) mit dem Frequenzgang von $Z_L = \omega L \sim \omega$. Hierdurch tritt das Maximum von U_L bei einer Frequenz $f_{Lres} > f_{res}$ auf.

Der Frequenzgang von U_C ergibt sich durch Multiplikation des Frequenzgangs von I mit dem Frequenzgang $Z_C = 1/(\omega C) \sim 1/\omega$. Hierdurch tritt das Maximum von U_C bei einer Frequenz $f_{Cres} < f_{res}$ auf.

Nach den Regeln der Differenzialrechnung erhält man die Maxima der Spannungen aus den Ableitungen $dU_C/d\omega = 0$ bzw. $dU_L/d\omega = 0$ und damit die Bestimmungsgleichungen für die Frequenz

$$f_{Lres} = \frac{1}{2\pi}\sqrt{\frac{2}{2\,LC - R^2C^2}} = f_{res}\Big/\sqrt{1 - \frac{CR^2}{2\,L}} = f_{res}\Big/\sqrt{1 - \frac{1}{2\,Q^2}} > f_{res}\,, \tag{5.53}$$

bei der die Spannung U_L ihr Maximum erreicht, und für die Frequenz

$$f_{Cres} = \frac{1}{2\pi}\sqrt{\frac{1}{LC} - \frac{R^2}{2\,L^2}} = f_{res}\cdot\sqrt{1 - \frac{CR^2}{2\,L}} = f_{res}\cdot\sqrt{1 - \frac{1}{2\,Q^2}} < f_{res}\,, \tag{5.54}$$

bei der der Maximalwert der Spannung U_C auftritt. Die Resonanzfrequenzen für die Spannungen über den beiden Blindwiderständen weichen also wie erwartet von der nach Gl. (5.31) berechneten Resonanzfrequenz f_{res} des Schwingkreises ab. Es gilt $f_{Cres} < f_{res} < f_{Lres}$. Die Abweichung beträgt allerdings weniger als 3 %, sofern $Q \geq 3$ ist.

Aus den Gln. (5.53) und (5.54) ist ersichtlich, dass an den beiden Blindwiderständen keine Resonanz auftritt, sofern das Argument der Wurzel kleiner oder gleich null ist. Aus dieser Bedingung folgt, dass dieser Fall bei $Q < 1/\sqrt{2} \approx 0{,}71$ vorliegt.

Setzt man Gl. (5.53) in Gl. (5.51) bzw. Gl. (5.54) in Gl. (5.52) ein und bezieht das Ergebnis auf die Klemmenspannung U, erhält man unter Verwendung der Gln. (5.35) und (5.36) die maximal auftretenden Spannungsüberhöhungen an Induktivität bzw. Kapazität, die den gleichen Wert

$$\frac{U_\mathrm{L}(\omega_\mathrm{Lres})}{U} = \frac{U_\mathrm{C}(\omega_\mathrm{Cres})}{U} = \frac{Q}{\sqrt{1-\frac{1}{4\,Q^2}}} > Q \tag{5.55}$$

haben. Aus Gl. (5.55) folgt, dass für $Q \geq 3$ der Maximalwert der Spannungen über Induktivität und Kapazität um weniger als 1,5 % vom Wert bei der Resonanzfrequenz f_res abweicht.

Verhalten des elementaren Reihenschwingkreises bei Stromeinspeisung

Anregungsgröße ist der Klemmenstrom $\underline{I}$ mit konstantem Betrag und variabler Frequenz. Die über die Klemmen des Schwingkreises erfassbare *Schwinggröße* ist die Klemmenspannung $\underline{U}$. Diese nimmt bei f_res ihren *minimalen Betrag*

$$U_\mathrm{res} = U(\omega_\mathrm{res}) = I\,Z(\omega_\mathrm{res}) = I\,R \tag{5.56}$$

an. Die *Resonanzspannung* ist eine reine Wirkspannung.

Wegen der Spannung an der Kapazität $U_\mathrm{C} = I\,Z_\mathrm{C} = I/(\omega C) \sim 1/\omega$ gilt $U(\omega \to 0) \to \infty$. Die an der Induktivität anliegende Spannung $U_\mathrm{L} = I\,Z_\mathrm{L} = I\,\omega L \sim \omega$ bewirkt $U(\omega \to \infty) \to \infty$.

Da reale Stromquellen keine beliebig großen Spannungen liefern können, sind diese Aussagen nur von theoretischer Bedeutung.

Bei den Grenzfrequenzen muss nach Gl. (5.26) die Klemmenspannung um den Faktor $\sqrt{2}$ größer als die Resonanzspannung sein. Dazu muss der Scheinwiderstand des Schwingkreises um den Faktor $\sqrt{2}$ größer als sein Minimalwert R sein. Hieraus folgt der selbe Rechengang zur Bestimmung der Grenzfrequenzen wie bei Spannungseinspeisung mit den selben Ergebnissen.

5.2.4.2 Elementarer Parallelschwingkreis

Die in Abschnitt 3.7.2.3 bei konstantem ω untersuchte GCL-Parallelschaltung wird nun als *elementarer Parallelschwingkreis* betrachtet und ihr Verhalten bei Veränderung von ω untersucht.

Bei seiner Resonanzfrequenz nimmt der Schwingkreis nur noch Wirkleistung auf; sein Blindleitwert gemäß Gl. (3.245) muss also verschwinden:

$$\mathrm{Im}(\underline{Y}(\omega_\mathrm{res})) = B(\omega_\mathrm{res}) = B_\mathrm{C}(\omega_\mathrm{res}) + B_\mathrm{L}(\omega_\mathrm{res}) = \omega_\mathrm{res}C - \frac{1}{\omega_\mathrm{res}L} = 0 \tag{5.57}$$

Die aus dieser Bedingung bestimmte Resonanzkreisfrequenz ω_res stimmt wie beim elementaren Reihenschwingkreis mit der *Kennkreisfrequenz* ω_0 überein:

$$\omega_\mathrm{res} = \omega_0 = \frac{1}{\sqrt{LC}} \tag{5.58}$$

Mittels der Kennkreisfrequenz, des Kennleitwertes nach Gl. (5.23) und der Verstimmung nach Gl. (5.21) lässt sich die Admittanz des Schwingkreises darstellen in der Form

$$\underline{Y}(\omega) = G + \mathrm{j}\,v\,Y_0\,. \tag{5.59}$$

Bei f_{res}, also $v = 0$, nimmt der Scheinleitwert des Schwingkreises

$$Y(\omega) = \sqrt{G^2 + \left(\omega C - \frac{1}{\omega L}\right)^2} = \sqrt{G^2 + (v\,Y_0)^2} \tag{5.60}$$

seinen Minimalwert $Y(\omega_{\mathrm{res}}) = G$ an. Der Klemmenstrom I fließt auch durch den Wirkleitwert:

$$I_{\mathrm{G}}(\omega_{\mathrm{res}}) = I \tag{5.61}$$

Die *Güte* des Schwingkreises ist nach Gl. (5.24) das Verhältnis der bei Resonanz in C bzw. in G umgesetzten Leistungen

$$Q = \frac{|\,Q(\omega_{\mathrm{res}})\,|}{P(\omega_{\mathrm{res}})} = \frac{U^2\,B_{\mathrm{C}}(\omega_{\mathrm{res}})}{U^2\,G} = \frac{U\,Y_{\mathrm{C}}(\omega_{\mathrm{res}})}{U\,G} = \frac{I_{\mathrm{C}}(\omega_{\mathrm{res}})}{I_{\mathrm{G}}(\omega_{\mathrm{res}})} = \frac{I_{\mathrm{C}}(\omega_{\mathrm{res}})}{I} = \frac{\omega_{\mathrm{res}}C}{G}\,, \tag{5.62}$$

das mit dem Verhältnis der bei Resonanz in L bzw. in G umgesetzten Leistungen übereinstimmt:

$$Q = \frac{U^2\,|\,B_{\mathrm{L}}(\omega_{\mathrm{res}})\,|}{U^2\,G} = \frac{U\,Y_{\mathrm{L}}(\omega_{\mathrm{res}})}{U\,G} = \frac{I_{\mathrm{L}}(\omega_{\mathrm{res}})}{I_{\mathrm{G}}(\omega_{\mathrm{res}})} = \frac{I_{\mathrm{L}}(\omega_{\mathrm{res}})}{I} = \frac{1/(\omega_{\mathrm{res}}L)}{G} \tag{5.63}$$

Mit Gl. (5.23) folgt aus den rechten Seiten der Gln. (5.62) und (5.63)

$$Q = \frac{Y_0}{G}\,. \tag{5.64}$$

Verhalten des elementaren Parallelschwingkreises bei Stromeinspeisung

Anregungsgröße ist der Klemmenstrom $\underline{I}$ mit konstantem Betrag und variabler Frequenz. Die über die Klemmen des Schwingkreises erfassbare *Schwinggröße* ist die Klemmenspannung $\underline{U}$. Diese nimmt bei f_{res} ihren *maximalen Betrag* an:

$$U_{\mathrm{res}} = U(\omega_{\mathrm{res}}) = \frac{I}{Y(\omega_{\mathrm{res}})} = \frac{I}{G} \tag{5.65}$$

Die *Resonanzspannung* ist eine reine Wirkspannung. Wegen der Induktivität gilt $U(\omega \to 0) = 0$ und wegen der Kapazität $U(\omega \to \infty) = 0$.

Der Amplitudenfrequenzgang der Spannung hat den gleichen Verlauf wie der Amplitudenfrequenzgang des Klemmenstromes beim elementaren Reihenschwingkreis bei Spannungseinspeisung.

Bei den Grenzfrequenzen muss nach Gl. (5.26) die Klemmenspannung um den Faktor $1/\sqrt{2}$ kleiner als die Resonanzspannung sein. Dazu muss der Scheinleitwert des Schwingkreises um den Faktor $\sqrt{2}$ größer als sein Minimalwert G sein, d. h. es muss gelten:

$$Y(\omega_{\mathrm{g}}) = \sqrt{2}\,Y(\omega_{\mathrm{res}}) = \sqrt{2}\,G \tag{5.66}$$

Diese Bedingung ist genau dann erfüllt, wenn der Betrag des Imaginärteils der Admittanz des Schwingkreises genauso groß ist wie ihr Realteil, also gilt, s. Bild 5.21:

$$\left|\,\mathrm{Im}\,\underline{Y}(\omega_{\mathrm{g}})\,\right| = G \tag{5.67}$$

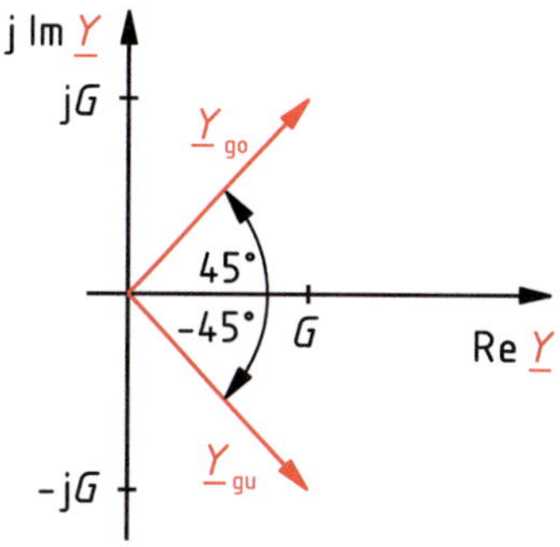

Bild 5.21: Zeigerdiagramme der Admittanzen $\underline{Y}$ bei der unteren bzw. oberen Grenzkreisfrequenz beim elementaren Parallelschwingkreis

Bei den Grenzfrequenzen gilt also, wie beim elementaren Reihenschwingkreis,

$$\varphi_g = \mp 45°. \tag{5.68}$$

Zusammen mit Gl. (5.41) bedeutet dies, dass bei beiden Typen *elementarer* Schwingkreise die Phasenverschiebung zwischen den Klemmengrößen bei den Grenzfrequenzen ∓45° beträgt. (Diese Aussage ist auf nichtelementare Schwingkreise nicht übertragbar!)

Aus Gl. (5.59) folgt mit Gl. (5.67) die Bedingung für die Verstimmung v_g bei den Grenzfrequenzen

$$\left| v_g Y_0 \right| = G, \tag{5.69}$$

aus der sich mit Gl. (5.64) die Bedingung

$$v_g = \mp \frac{G}{Y_0} = \mp \frac{1}{Q} \tag{5.70}$$

ergibt. Der weitere Rechengang zur Bestimmung der Grenzfrequenzen und der Bandbreite sowie die daraus folgenden Ergebnisse sind mit denen in Abschnitt 5.2.4.1 ab Gl. (5.45) identisch.

Verhalten des elementaren Parallelschwingkreises bei Spannungseinspeisung

Anregungsgröße ist die Klemmenspannung $\underline{U}$ mit konstantem Betrag und variabler Frequenz. Die über die Klemmen des Schwingkreises erfassbare *Schwinggröße* ist der Klemmenstrom $\underline{I}$. Dieser nimmt bei f_{res} seinen *minimalen Betrag*

$$I_{res} = I(\omega_{res}) = U\,Y(\omega_{res}) = UG \tag{5.71}$$

an. Der *Resonanzstrom* ist ein reiner Wirkstrom.

Wegen des durch die Induktivität fließenden Stromes

$$I_L = U\,Y_L = U/(\omega L) \sim 1/\omega \quad \text{gilt} \quad I(\omega \to 0) \to \infty\,.$$

Der durch die Kapazität fließende Strom

$$I_C = U\,Y_C = U\,\omega C \sim \omega \quad \text{bewirkt} \quad I\,(\omega \to \infty) \to \infty\,.$$

Diese Grenzwerte sind nur von theoretischer Bedeutung, da reale Spannungsquellen keine unendlich großen Ströme liefern können.

Die bei Resonanz durch Induktivität L und Kapazität C fließenden Ströme $I_L(\omega_{res}) = U/(\omega_{res}L)$ und $I_C(\omega_{res}) = U\,\omega_{res}C$ können sehr groß werden, da sie sich infolge entgegengesetzter Phasenlage kompensieren. Bei Parallelschwingkreisen ist also ein kleiner Klemmenstrom keine Gewähr dafür, dass die Induktivität strommäßig nicht überlastet wird.

5.2.4.3 Vergleich der elementaren Schwingkreise

Die in den Abschnitten 5.2.4.1 und 5.2.4.2 behandelten elementaren Schwingkreise zeigen ein zueinander *duales Verhalten*. Die einander entsprechenden Größen sind
$\underline{U} \leftrightarrow \underline{I}, \underline{Z} \leftrightarrow \underline{Y}, R \leftrightarrow G, L \leftrightarrow C, C \leftrightarrow L, \varphi = \varphi_Z \leftrightarrow -\varphi_Y$.
Diese Entsprechungen werden nachfolgend zusammengefasst und einander in Tabelle 5.1 gegenübergestellt.

Für die Ersatzschaltbilder in Zeile 1 von Tabelle 5.1 gelten die Gleichungen für die Klemmengrößen in Zeile 2, die in Zeile 3 als Zeigerdiagramme für eine Frequenz dargestellt sind, bei der $Z_L > Z_C$ gilt.

Für beide Schwingkreistypen ergibt sich nach Gl. (5.31) bzw. (5.58) die gleiche Kennkreisfrequenz $\omega_0 = 1/\sqrt{LC}$, bei der nur der Wirkanteil von $\underline{Z}$ bzw. von $\underline{Y}$ nach außen wirksam ist. Kennkreisfrequenz und Resonanzkreisfrequenz ω_{res} stimmen bei den elementaren Schwingkreisen überein. Bei den Grenzfrequenzen ist der Phasenverschiebungswinkel jeweils $\varphi_g = \mp 45°$.

Tabelle 5.1: Gegenüberstellung der Eigenschaften der elementaren Schwingkreise

		Elementarer Reihenschwingkreis	Elementarer Parallelschwingkreis
1	Ersatzschaltbild	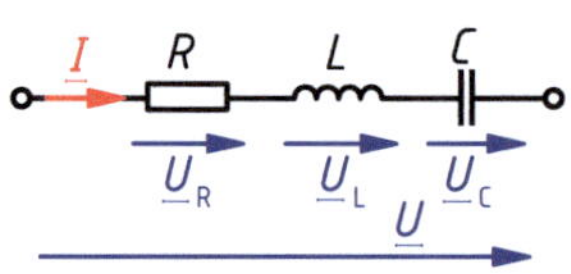	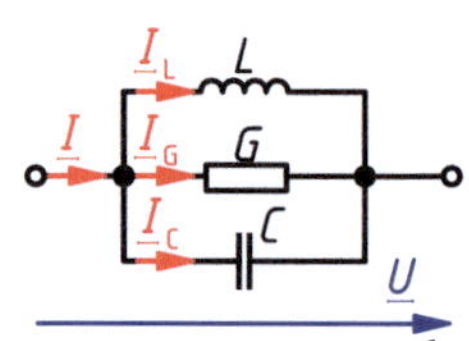
2	Klemmenverhalten	$\underline{U} = \underline{I}(R + \mathrm{j}\omega L + \frac{1}{\mathrm{j}\omega C})$	$\underline{I} = \underline{U}(G + \mathrm{j}\omega C + \frac{1}{\mathrm{j}\omega L})$
3	Zeigerdiagramm der Spannungen und Ströme	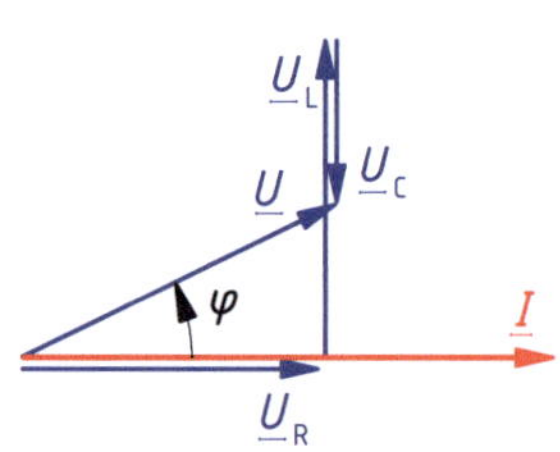	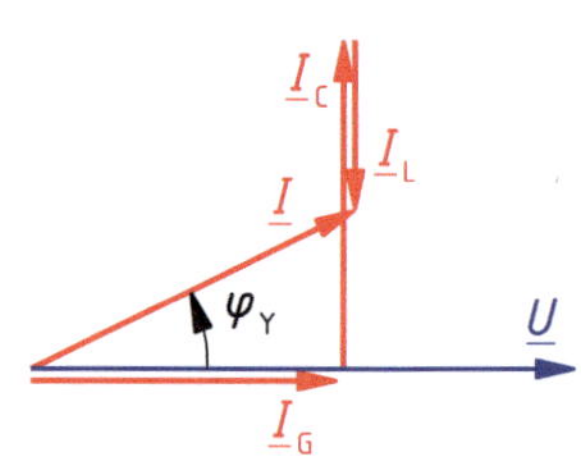
4	Kenngrößen	$Z_0 = \sqrt{\frac{L}{C}}$	$\omega_0 = 1/\sqrt{LC}$ $\quad Y_0 = \sqrt{\frac{C}{L}}$
5	Ortskurve von Impedanz bzw. Admittanz	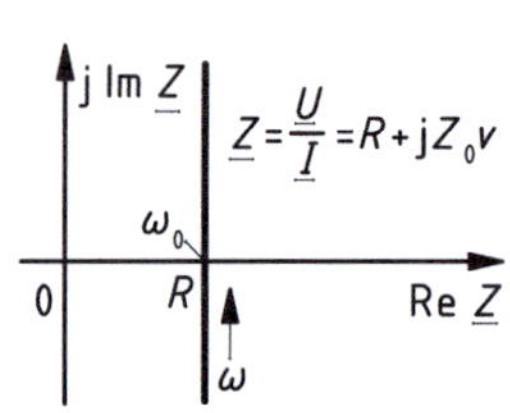	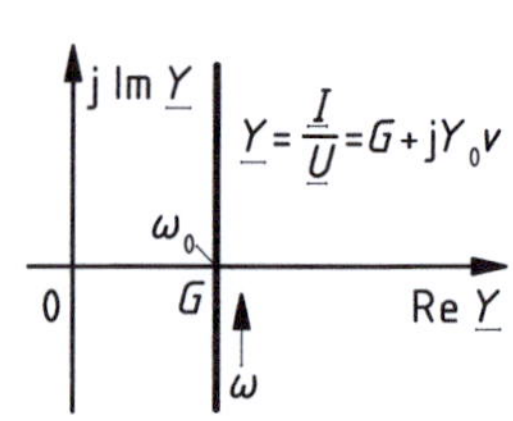

Tabelle 5.1: Gegenüberstellung der Eigenschaften der elementaren Schwingkreise

		Elementarer Reihenschwingkreis	Elementarer Parallelschwingkreis
6	Amplitudengänge mit Resonanzminimum	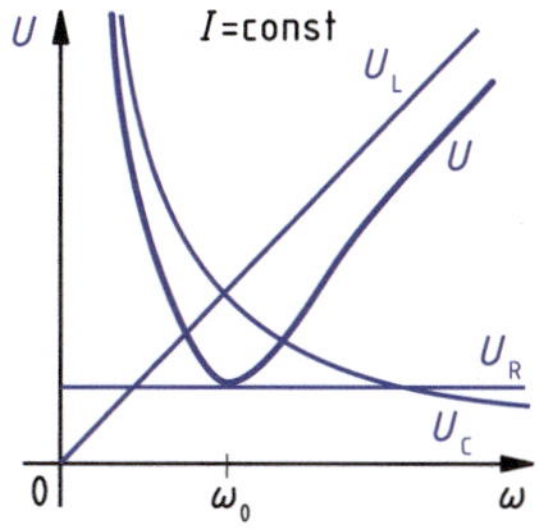	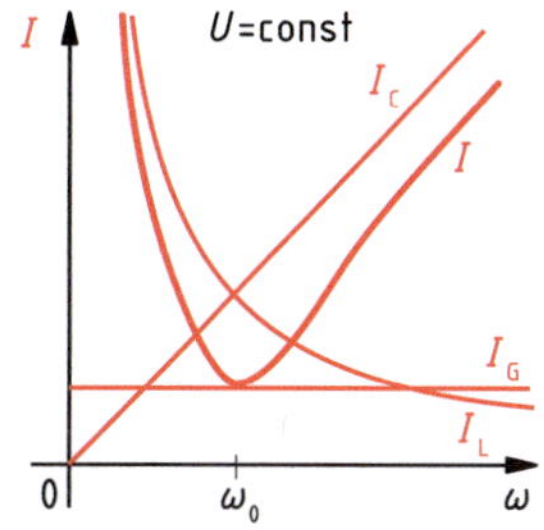
7	Amplitudengänge mit Resonanzmaxima	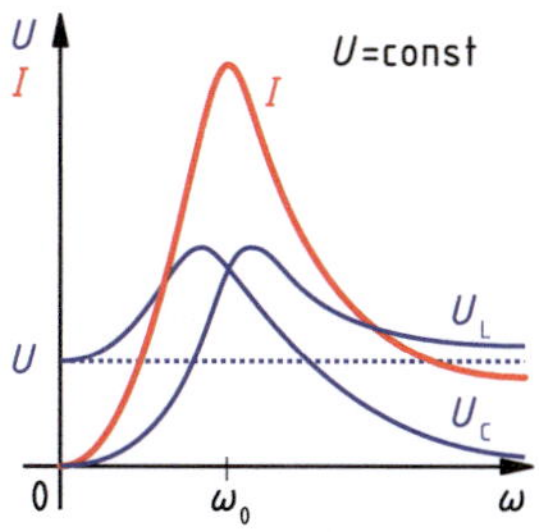	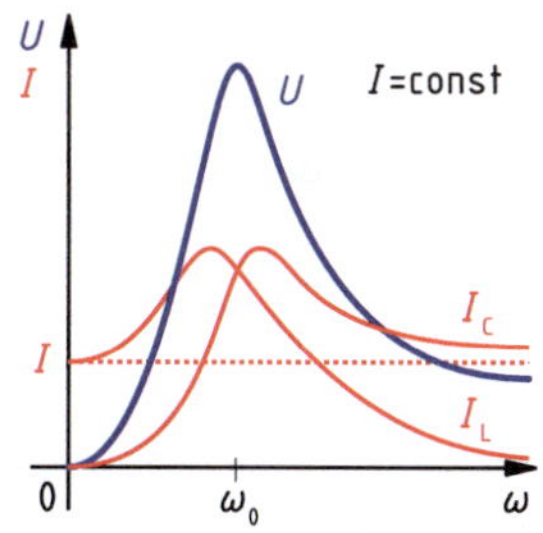

Die identische Art der Frequenzabhängigkeit von Impedanz $\underline{Z}(\omega)$ bzw. Admittanz $\underline{Y}(\omega)$ der beiden Schwingkreistypen lässt sich mittels der Gln. (5.37) bzw. (5.64) aus den Gln. (5.33) bzw. (5.59) besonders deutlich unter Verwendung der Verstimmung υ darstellen:

$$\underline{Z}(\omega) = R\,(1 + \mathrm{j}\,\upsilon Q) \quad \text{bzw.} \quad \underline{Y}(\omega) = G(1 + \mathrm{j}\,\upsilon Q) \tag{5.72}$$

Damit ergibt sich die einheitliche Gleichung

$$\varphi_{\mathrm{Z}}(\omega) = \varphi_{\mathrm{Y}}(\omega) = \mathrm{Arctan}(\upsilon\, Q) \tag{5.73}$$

für die Argumente von Impedanz bzw. Admittanz der beiden Schwingkreistypen.

Die Ortskurven von Impedanz $\underline{Z}(\omega)$ bzw. Admittanz $\underline{Y}(\omega)$ sind in Zeile 5 dargestellt. Beide sind Geraden parallel zur imaginären Achse im 1. und 4. Quadranten und in gleicher Art bzgl. ω parametriert.

Bei *Spannungseinspeisung* weist der Amplitudenfrequenzgang des Klemmenstromes I beim Reihenschwingkreis ein *Maximum* (linkes Diagramm in Zeile 7), beim Parallelschwingkreis jedoch ein *Minimum* (rechtes Diagramm in Zeile 6) auf.

Bei *Stromeinspeisung* zeigt der Amplitudenfrequenzgang der Klemmenspannung U beim Reihenschwingkreis ein *Minimum* (linkes Diagramm in Zeile 6), beim Parallelschwingkreis aber ein *Maximum* (rechtes Diagramm in Zeile 7).

5.2.5 Nichtelementare Schwingkreise mit einem Freiheitsgrad

Die Ersatzschaltungen realer Schwingkreise haben nicht die Struktur der bisher behandelten elementaren Schwingkreise, wenn die *Verluste in Spule und Kondensator* durch je mindestens einen Wirkwiderstand modelliert werden. Bei üblichen Bauelementen erfolgt dies durch einen *Reihenwiderstand* zur Induktivität L und einen *Parallelwiderstand* zur Kapazität C.

In diesem Abschnitt werden daher Zweipole betrachtet, deren Ersatzschaltbild genau eine Kapazität und genau eine Induktivität enthält, jedoch im Unterschied zu den bisher behandelten elementaren Schwingkreisen einen oder mehrere Wirkwiderstände, die so angeordnet sind, dass eine *gemischte Schaltung* (s. Abschnitt 2.2.5) entsteht.

Der mathematische Aufwand zur Analyse dieser Schwingkreise ist vergleichsweise groß. Durch Reihen-/Parallelumwandlung können solche Schaltungen meist in elementare Schwingkreise umgewandelt werden.

Als Folge dieser Umwandlung werden die Ersatzparameter R (bzw. G), L und C jedoch *selbst frequenzabhängig!* Nach dieser Umwandlung können die zunächst nur für elementare Schwingkreise geltenden Gleichungen zur Bestimmung von Resonanzfrequenz und Grenzfrequenzen verwendet werden.

Resonanz- und Kennfrequenz stimmen bei diesen Schwingkreisen nicht mehr überein.

Ihr Phasenverschiebungswinkel bei den Grenzfrequenzen beträgt nicht mehr $\mp 45°$!

Beispiel 5.10: Parallelschwingkreis aus verlustbehafteten Bauelementen

Für den *nichtelementaren Parallelschwingkreis* nach Bild 5.22 sind die *Resonanzfrequenz* und der Betrag des *Resonanzstromes* bei Spannungseinspeisung zu bestimmen. Der Einfluss der Verluste in Spule und Kapazität, die mittels der als konstant angenommenen Widerstände R_L und R_C modelliert werden, auf die Resonanzgrößen ist zu untersuchen.

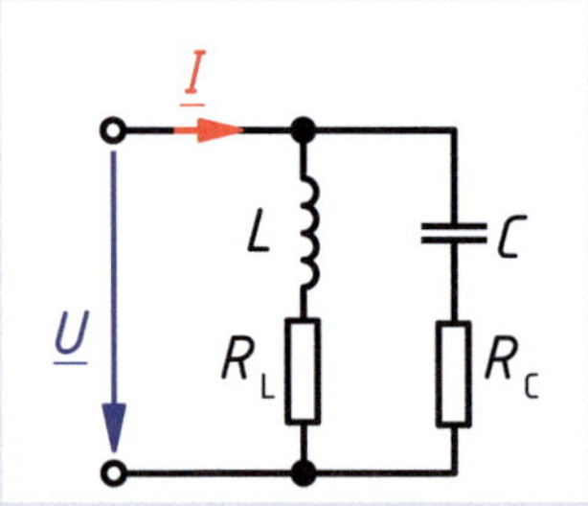

Bild 5.22: Parallelschwingkreis mit Berücksichtigung der Verluste in Spule und Kondensator durch je einen den Blindwiderständen vorgeschalteten Wirkwiderstand

Wandelt man die Reihenschaltungen aus R_L und L bzw. R_C und C der parallelen Zweige in Bild 5.22 jeweils in äquivalente Teilparallelzweige um und bezeichnet die resultierende Admittanz mit $G + jB$, so ist der komplexe Klemmenstrom nach Bild 5.22

$$\underline{I} = \underline{U}(G + jB) \tag{5.74}$$

mit dem resultierenden Wirkleitwert

$$G = \frac{R_L}{R_L^2 + X_L^2} + \frac{R_C}{R_C^2 + X_C^2} \tag{5.75}$$

und dem resultierenden Blindleitwert

$$B = -\frac{X_L}{R_L^2 + X_L^2} - \frac{X_C}{R_C^2 + X_C^2}\,. \tag{5.76}$$

Die Resonanzfrequenz des Schwingkreises ergibt sich aus der Bedingung, dass er sich an seinen Klemmen wie ein reiner Wirkwiderstand verhält, sein Blindleitwert B also null ist. Mit $X_L = \omega L$ und $X_C = -1/(\omega C)$ folgt aus Gl. (5.76) die *Resonanzbedingung*

$$B(\omega_{res}) = -\frac{\omega_{res} L}{R_L^2 + (\omega_{res} L)^2} + \frac{1/(\omega_{res} C)}{R_C^2 + (\omega_{res} C)^{-2}} = 0\,. \tag{5.77}$$

Bringt man die Brüche auf einen Nenner, ist der Ausdruck null, wenn der Zähler des Bruches null ist:

$$-\left[R_C^2 + \frac{1}{(\omega_{res} C)^2}\right]\omega_{res} L + \frac{R_L^2 + (\omega_{res} L)^2}{\omega_{res} C} = 0\,. \tag{5.78}$$

Je nach Fragestellung kann Gl. (5.78) nach ω_{res}, L, C, R_C oder R_L aufgelöst werden. Hier soll sie nach ω_{res} aufgelöst werden. Durch Erweitern von Gl. (5.78) mit $(\omega_{res} C)^2$ erhält man

$$\omega_{res} C\left[R_L^2 + (\omega_{res} L)^2\right] - \omega_{res} L\,(\omega_{res}^2 C^2 R_C^2 + 1) = 0$$

und nach Kürzen durch ω_{res} die quadratische Gleichung

$$\omega_{res}^2 L^2 C - \omega_{res}^2 L C^2 R_C^2 + C R_L^2 - L = 0\,.$$

Damit ergibt sich mit der Kennkreisfrequenz ω_0 nach Gl. (5.58) für den Schwingkreis in Bild 5.22 die Resonanzfrequenz

$$f_{res} = \frac{1}{2\pi}\sqrt{\frac{L - C R_L^2}{C L\,(L - C R_C^2)}} = \frac{\omega_0}{2\pi}\sqrt{\frac{L/C - R_L^2}{L/C - R_C^2}}\,, \tag{5.79}$$

die unter Verwendung des Kennwiderstandes Z_0 gemäß Gl. (5.22) in die Form

$$f_{res} = \frac{\omega_0}{2\pi}\sqrt{\frac{Z_0^2 - R_L^2}{Z_0^2 - R_C^2}} \tag{5.80}$$

gebracht werden kann.

Nun wird der *Einfluss der beiden Wirkwiderstände* R_L und R_C auf den Resonanzstrom und die Resonanzfrequenz untersucht.

1. Fall: Im Schwingkreis werden sowohl die Verluste der Spule als auch die des Kondensators mittels der Wirkwiderstände R_L und R_C berücksichtigt.

Im Resonanzfall ist der Blindleitwert $B = 0$ und nach Gl. (5.74) wird der Betrag des Stromes $\underline{I} = \underline{U}\,G$. Setzt man den Wirkleitwert aus Gl. (5.75) ein, erhält man den *Resonanzstrom*

$$I_{res} = U\left[\frac{R_L}{R_L^2 + (\omega_{res} L)^2} + \frac{R_C}{R_C^2 + (\omega_{res} C)^{-2}}\right]. \tag{5.81}$$

Die Zusammenfassung der beiden Brüche ergibt mit Gl. (5.78)

$$I_{\text{res}} = U \frac{R_{\text{L}} + R_{\text{C}}\omega_{\text{res}}^2 LC}{R_{\text{L}}^2 + (\omega_{\text{res}}L)^2} \,. \tag{5.82}$$

Die zugehörige *Resonanzfrequenz* f_{res} ist bereits in Gl. (5.80) angegeben.

2. Fall: Die Verluste der Spule werden berücksichtigt, die des Kondensators vernachlässigt, also ein verlustloser Kondensator angenommen. Mit $R_{\text{C}} = 0$ vereinfacht sich Gl. (5.80) zu

$$f_{\text{res}} = \frac{\omega_0}{2\pi}\sqrt{\frac{Z_0^2 - R_{\text{L}}^2}{Z_0^2}} = \frac{\omega_0}{2\pi}\sqrt{1 - \frac{R_{\text{L}}^2}{Z_0^2}} < \frac{\omega_0}{2\pi} = f_0 \tag{5.83}$$

Diese Resonanzfrequenz ist kleiner als die des ungedämpften Schwingkreises nach Gl. (5.85). Der *Resonanzstrom* ergibt sich aus Gl. (5.82), indem ebenfalls $R_{\text{C}} = 0$ eingesetzt wird:

$$I_{\text{res}} = U \frac{R_{\text{L}}}{R_{\text{L}}^2 + (\omega_{\text{res}}L)^2} \tag{5.84}$$

3. Fall: Die Verluste von Spule und Kondensator werden vernachlässigt. Damit reduziert sich das Ersatzschaltbild für diesen Fall auf einen elementaren, ungedämpften Parallelschwingkreis.

Wird in Gl. (5.83) $R_{\text{L}} = 0$ gesetzt, erhält man die *Resonanzfrequenz*

$$f_{\text{res}} = \frac{1}{2\pi\sqrt{LC}} = \frac{\omega_0}{2\pi} = f_0 \,. \tag{5.85}$$

Wie nicht anders zu erwarten war, stimmt in diesem Fall die Resonanzfrequenz mit der Kennkreisfrequenz überein. Der *Resonanzstrom* ergibt sich aus Gl. (5.84), indem $R_{\text{L}} = 0$ gesetzt wird:

$$I_{\text{res}} = 0 \tag{5.86}$$

Bei einem verlustlosen Parallelschwingkreis verschwindet bei der Resonanzfrequenz also der Klemmenstrom; er wirkt wie eine Unterbrechung. Innerhalb des Schwingkreises fließt jedoch ein durch Z_0 bestimmter Strom, der die Energiependelung zwischen L und C bewirkt.

Die Stromortskurve eines Schwingkreises mit der hier betrachteten Struktur bei Spannungseinspeisung wird in Beispiel 4.5 behandelt.

Beim Messen von Spannungen oder Strömen in Schwingkreisen ist zu beachten, dass durch die Innenwiderstände der Messgeräte zusätzliche, unerwünschte Wirkwiderstände in die Schaltung eingebracht werden. Die hierdurch verursachte Verringerung der Güte führt zu weniger deutlich ausgeprägten Resonanzextrema. Außerdem kann eine Verringerung der Resonanzfrequenz bewirkt werden.

5.2.6 Schwingkreise mit mehreren Freiheitsgraden

In den Abschnitten 5.2.4 und 5.2.5 werden einfache Schwingkreise betrachtet, bei denen eine Energiependelung nur zwischen einer Kapazität und einer Induktivität stattfindet. Solche Schwingkreise haben nur einen *Freiheitsgrad*. Sich selbst überlassen, schwingt ein solcher Kreis mit *einer* ganz bestimmten, ihm eigenen Frequenz, seiner *Eigenfrequenz*.

Ein weit verbreitetes Beispiel für schwingungsfähige Zweipole mit mehreren Resonanzfrequenzen sind *Schwingquarze*. Durch ihren elektromechanischen Aufbau weisen sie neben einer Grund-Resonanzfrequenz weitere ausgeprägte Resonanzen bei ungeradzahligen Vielfachen dieser Frequenz auf. Quarze können Güten Q von weit über 10^5 erreichen und werden zum Aufbau von Oszillatoren im Frequenzbereich von ca. 0,1 MHz bis ca. 0,1 GHz verwendet.

Die in beliebigen elektrischen Schaltungen – von der Nanoelektronik bis zur Hochspannungstechnik – tatsächlich auftretenden Schwingungsvorgänge sind bei genauer Betrachtung im Allgemeinen weitaus komplizierter als bisher dargestellt. Die Ersatzschaltungen aus den passiven Grundzweipolen mit den konzentrierten Parametern Wirkwiderstand R, Induktivität L und Kapazität C können nur ein vereinfachtes Modell der tatsächlich auftretenden, *räumlich verteilten* physikalischen Effekte sein, die genauer mittels elektrischer und magnetischer Feldgrößen (s. Kapitel 8 bis 12) beschrieben werden.

Neben der erwünschten Wirkung einer realisierten Schaltung gibt es immer auch *parasitäre Effekte*, die durch *unerwünschte, jedoch unvermeidbare* elektrische und magnetische Felder in der Anordnung entstehen.

Sowohl die räumlich verteilten Parameter als auch die parasitären Effekte können durch – evtl. komplizierte – Ersatzschaltungen mit für die Praxis ausreichender Genauigkeit berücksichtigt werden. Die Herausforderung für Ingenieure besteht darin, zur Modellierung einer konkreten Anordnung mittels einer Ersatzschaltung eine *geeignete Struktur* und die *richtigen Parameterwerte* der Elemente, aus denen sie besteht, zu bestimmen.

Beispiel 5.11: Schwingungsverhalten einer verfeinerten Schwingkreis-Ersatzschaltung

Betrachtet wird ein Reihenschwingkreis aus einer Spule und einem sehr verlustarmen Kondensator. Der Schwingkreis soll so modelliert werden, dass die Auswirkungen der räumlichen Ausdehnung der Wicklung der Spule auf das Schwingungsverhalten der Schaltung qualitativ diskutiert werden können.

Ausgangspunkt ist das Ersatzschaltbild in Bild 5.23 a), in dem die Spule durch eine RL-Reihenschaltung und der Kondensator durch eine Kapazität modelliert werden.

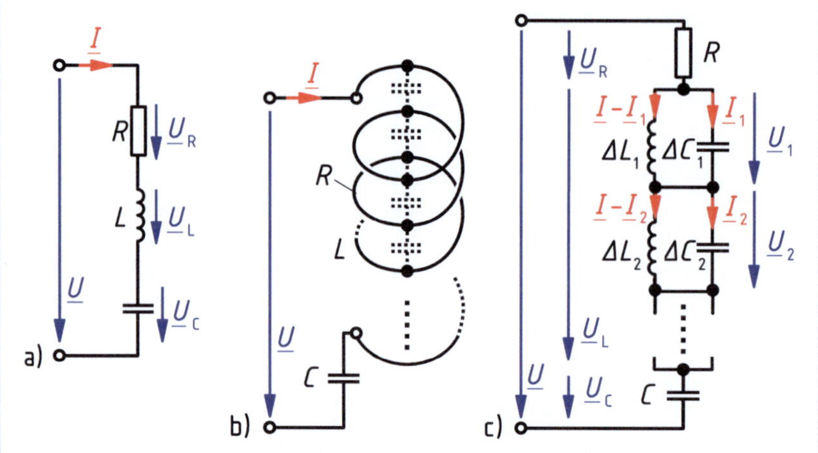

Bild 5.23: Realer Reihenschwingkreis aus widerstandsbehafteter Spule und Kondensator
a) einfachste Ersatzschaltung für Schwingungen in der ersten Eigenform
b) schematische Darstellung der Windungskapazitäten
c) verfeinerte Ersatzschaltung für Schwingungen in mehreren Eigenformen

Die Gesamtinduktivität L der Spule wird durch eine Reihenschaltung von Teilinduktivitäten ΔL_μ nachgebildet, die z. B. jeweils eine Windung der Wicklung repräsentieren. Zwischen den Windungen der Spule sind *parasitäre Kapazitäten* wirksam, die durch Teilkapazitäten ΔC_ν modelliert werden, die gemäß Bild 5.23 b) parallel zu den Teilinduktivitäten zu schalten sind. Der Wirkwiderstand der Spule ist ebenfalls über die gesamte Wicklung verteilt. Er könnte durch Teilwiderstände ΔR_λ modelliert werden, die jeweils in Reihe zu den einzelnen Teilinduktivitäten geschaltet werden. Darauf wird verzichtet, da eine solche Verfeinerung des Modells auf das hier betrachtete qualitative Schwingungsverhalten keinen Einfluss hätte.

Die so verfeinerte Ersatzschaltung in Bild 5.23 c) kann neben der Energiependelung zwischen dem durch die Kapazität C modellierten Kondensator und der durch die Gesamtinduktivität L modellierten Spule auch Energieumspeichervorgänge innerhalb der Spule zwischen den Teilinduktivitäten ΔL und den Teilkapazitäten ΔC der einzelnen Windungen nachbilden.

Daraus ist erkennbar, dass außer der Schwingung in der *ersten Eigenform*, die dem Energieaustausch zwischen L und C entspricht, offensichtlich *weitere Schwingungseigenformen* möglich sind, die als Energiependelungen zwischen den Teilinduktivitäten ΔL_μ und den Teilkapazitäten ΔC_ν innerhalb der Spule ablaufen.

Die Schwingungen der einzelnen Eigenformen eines Schwingkreises beeinflussen sich gegenseitig; sie sind miteinander gekoppelt. Überlässt man nach geeigneter Anregung das System sich selbst, verlaufen die Schwingungen jeder Eigenform mit der ihnen eigenen Frequenz, die als *Eigenfrequenz der jeweiligen Eigenform* bezeichnet wird. Schwingkreise, deren Schwingungsvorgang durch n Parameter, also durch *n voneinander unabhängige Gleichungen*, eindeutig bestimmt wird, nennt man *Schwingkreise mit n Freiheitsgraden*. Der Schwingungsvorgang solcher Systeme lässt sich als Überlagerung von n Einzelschwingungen in n charakteristischen Eigenformen auffassen.

Bei *erzwungenen* Schwingungen bilden sich nur diejenigen Schwingungseigenformen aus, deren Eigenfrequenzen weitgehend mit der Frequenz der Anregungsgröße übereinstimmen. Werden durch Variation der Frequenz der Anregungsgröße nacheinander alle n Eigenformen angeregt, weist die Resonanzkurve, d. h. der Amplitudengang, bei jeder der n Eigenfrequenzen ein relatives Extremum auf. Es treten also so viele Extrema auf, wie das System Freiheitsgrade hat.

Bei der Betrachtung des Reihenschwingkreises in Beispiel 5.11 wurde nicht festgelegt, durch wie viele Teilinduktivitäten und Teilkapazitäten die Spule modelliert wird. Die Eigenschaften der Spule werden um so genauer modelliert, je feiner man sie in einzelne Elemente ΔL_{μ} und ΔC_{ν} unterteilt. Damit steigt natürlich die Anzahl der Freiheitsgrade des durch die Ersatzschaltung beschriebenen Schwingungsmodells und die mathematische Behandlung wird aufwändiger.

So, wie hier beispielhaft erläutert wurde, müssen alle praktisch gegebenen Schwingungssysteme untersucht werden, um Modelle zu entwerfen, die bei *möglichst einfacher Struktur* die praktischen Gegebenheiten für den jeweiligen Anwendungszweck *hinreichend genau* beschreiben.

6 Mehrphasensysteme

Die in den Kapiteln 3 bis 5 betrachteten Schaltungen werden größtenteils aus nur einer Quelle mit sinusförmiger Spannung bzw. sinusförmigem Strom gespeist. Solche Systeme nennt man *einphasige Systeme*. Rotierende Generatoren, die nur eine einzige spannungserzeugende Wicklung enthalten, haben aber schwerwiegende Nachteile. Diese vermeidet man, wenn man z. B. drei gleichartige Wicklungen gleichmäßig über den Umfang verteilt unterbringt, sodass drei gleich große, gegeneinander phasenverschobene Sinusspannungen erzeugt werden. Derartige *Mehrphasensysteme* werden in diesem Kapitel behandelt.

An Abschnitt 6.1 werden einige neue Begriffe sowie die in Mehrphasensystemen üblichen Schaltungsarten erläutert. In Abschnitt 6.2 konzentrieren sich die Betrachtungen auf das technisch bedeutsame *symmetrische Dreiphasensystem*, das auch als *Drehstromsystem* bezeichnet wird. Hierbei werden in Stern- und Dreieckschaltung sowohl Verbraucher betrachtet, die das Dreiphasensystem gleichmäßig belasten, als auch solche, die eine ungleiche Belastung der drei Phasen verursachen.

6.1 Verkettete Mehrphasensysteme

Die in einem rotierenden Mehrphasengenerator in seinen m verschiedenen Wicklungen erzeugten Sinusspannungen können im Prinzip galvanisch voneinander völlig getrennt zur Versorgung verschiedener einphasiger Verbraucher verwendet werden. Ein solches System, wie es z. B. in Bild 6.2 a) für $m = 6$ dargestellt ist, nennt man ein *offenes Mehrphasensystem*. Zum Anschluss der Verbraucher benötigt man für jede Wicklung zwei, insgesamt also $2\,m$ Zuleitungen. Wenn man hingegen die m Wicklungen, die auch als *Wicklungsstränge* oder einfach als *Stränge* bezeichnet werden (s. Abschnitt 6.2.1.1), in geeigneter Weise galvanisch miteinander verbindet, lässt sich die Anzahl der Zuleitungen auf $m+1$ oder sogar auf m verringern. In diesem Fall spricht man von einem *verketteten Mehrphasensystem*.

6.1.1 Schaltungsarten

Im Folgenden werden zunächst die beiden bei verketteten Mehrphasensystemen gebräuchlichen Schaltungsarten Sternschaltung und Ringschaltung vorgestellt. Danach wird als kleinstmögliches Mehrphasensystem das Zweiphasensystem untersucht.

6.1.1.1 Mehrphasengenerator

In den m Wicklungssträngen eines rotierenden Mehrphasengenerators, die über den Umfang um bestimmte Winkel gegeneinander versetzt angeordnet sind, werden m gleichfrequente, gegeneinander phasenverschobene Sinusspannungen erzeugt. Bei Generatoren mit zwei magnetischen Polen entsprechen die Phasenverschiebungen zwischen den Strangspannungen den Winkeln zwischen den Wicklungsachsen.

Wenn die Wicklungen gleich ausgeführt und alle um denselben Winkel $360°/m$ gegeneinander versetzt sind, entsteht wie in Beispiel 6.1 ein *symmetrisches*, sonst wie in Beispiel 6.2 ein *unsymmetrisches Mehrphasensystem*.

T. Harriehausen und D. Schwarzenau, *Moeller Grundlagen der Elektrotechnik*,
https://doi.org/10.1007/978-3-658-49993-8_6

Beispiel 6.1: Strangspannungen bei einem symmetrischen Dreiphasengenerator

Bei einem symmetrischen rotierenden Dreiphasengenerator sind die $m = 3$ Strangwicklungen über den Umfang gleichmäßig verteilt. Bei einer zweipoligen Maschine nach Bild 6.1 a) müssen die Wicklungsachsen daher jeweils um $360°/3 = 120°$ räumlich gegeneinander versetzt sein.

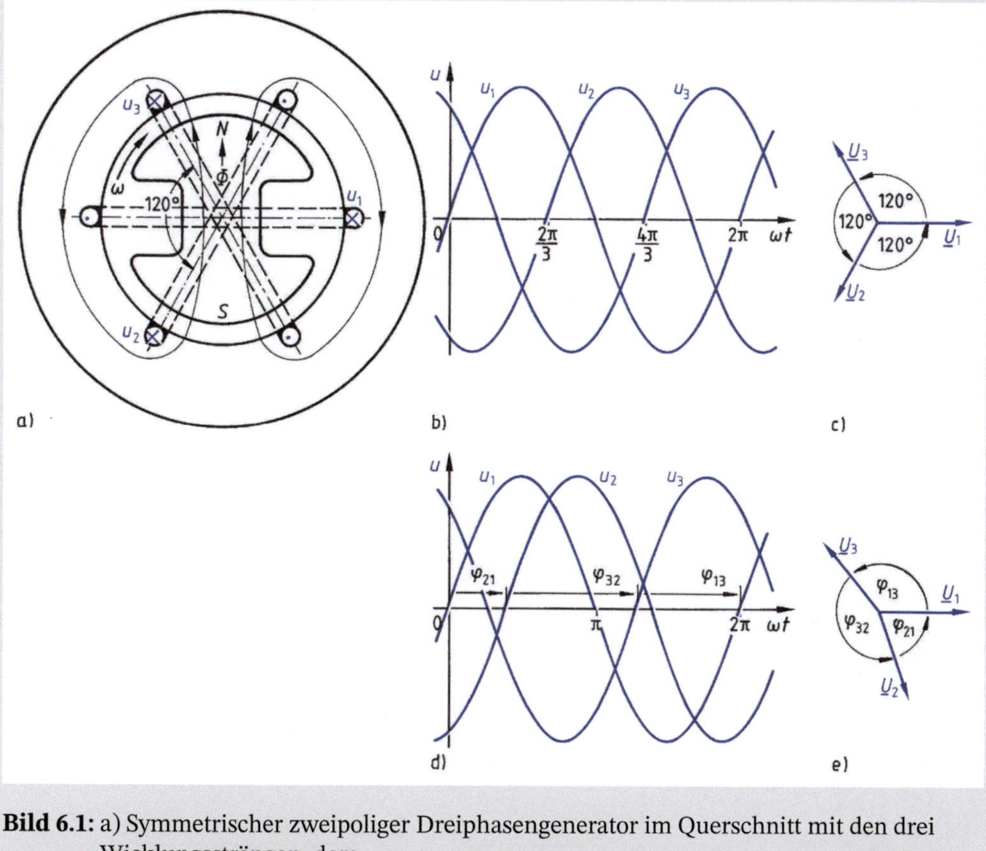

Bild 6.1: a) Symmetrischer zweipoliger Dreiphasengenerator im Querschnitt mit den drei Wicklungssträngen, dem
b) Zeitdiagramm und dem
c) Effektivwertzeigerdiagramm der Strangspannungen u_1, u_2, u_3; zum Vergleich
d) Zeitdiagramm und
e) Effektivwertzeigerdiagramm der Strangspannungen bei unsymmetrischer Anordnung der Wicklungsstränge

Da die Wicklungsstränge gleich ausgeführt sind und nacheinander im zeitlichen Abstand von einer drittel Periodendauer $T/3$ vom gleichen magnetischen Fluss Φ durchsetzt werden, werden in ihnen nach Gl. (3.26) Strangspannungen mit gleicher Frequenz f, gleichem Scheitelwert $\hat{u}_{Str}$ und gleichem Effektivwert U_{Str} induziert und die erzeugten Spannungen sind nach Bild 6.1 b) um je 120° gegeneinander phasenverschoben. Die Spannungen unterscheiden sich also nur im Nullphasenwinkel (s. Abschnitt 3.2.2.3) um jeweils 120°. Bei rein sinusförmiger Flussänderung gilt daher nach Gl. (3.26) für die Augenblickswerte der Strangspannungen

$$u_1 = \hat{u}_{\mathrm{Str}} \sin(\omega t), \quad u_2 = \hat{u}_{\mathrm{Str}} \sin(\omega t - 120°), \quad u_3 = \hat{u}_{\mathrm{Str}} \sin(\omega t - 240°)$$

bzw. nach Bild 6.1 c) für die Spannungszeiger

$$\underline{U}_2 = \underline{U}_1\, \mathrm{e}^{-\mathrm{j}\,120°}, \quad \underline{U}_3 = \underline{U}_2\, \mathrm{e}^{-\mathrm{j}\,120°} = \underline{U}_1\, \mathrm{e}^{-\mathrm{j}\,240°}.$$

Beispiel 6.2: Strangspannungen bei einem unsymmetrischen Dreiphasengenerator

Für den Fall, dass die drei Strangwicklungen des Dreiphasengenerators aus Beispiel 6.1 nicht gleichmäßig über den Umfang verteilt angeordnet sind, erhält man ein entsprechend unsymmetrisches Spannungssystem. Wenn z. B. die zweite Wicklung gegenüber der ersten um $\varphi_{21} = 70°$ und die dritte Wicklung gegenüber der zweiten um $\varphi_{32} = 160°$ versetzt angeordnet ist, gilt für die Augenblickswerte der Strangspannungen

$$u_1 = \hat{u}_{\mathrm{Str}} \sin(\omega t), \quad u_2 = \hat{u}_{\mathrm{Str}} \sin(\omega t - 70°), \quad u_3 = \hat{u}_{\mathrm{Str}} \sin(\omega t - 230°),$$

wie in Bild 6.1 d) gezeigt, und nach Bild 6.1 e) für die Spannungszeiger

$$\underline{U}_2 = \underline{U}_1\, \mathrm{e}^{-\mathrm{j}\,70°}, \quad \underline{U}_3 = \underline{U}_2\, \mathrm{e}^{-\mathrm{j}\,160°} = \underline{U}_1\, \mathrm{e}^{-\mathrm{j}\,230°}.$$

Die in den einzelnen Wicklungssträngen eines Mehrphasengenerators induzierten Spannungen können, wie in Bild 6.2 a) für $m = 6$ dargestellt, als Quellenspannungen separater einphasiger Netze innerhalb eines offenen Mehrphasensystems mit $2\,m$ Leitungen genutzt werden. Um die Anzahl der benötigten Leitungen zu verringern, ist es jedoch vorteilhafter, zu verketteten Mehrphasensystemen überzugehen.

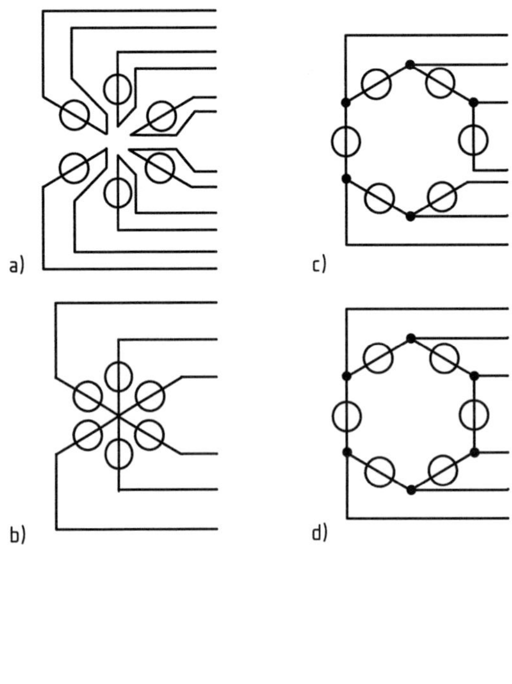

Bild 6.2: a) Offenes und
b) verkettetes Sechsphasensystem in Sternschaltung sowie in
c) offener und in
d) geschlossener Ringschaltung

6.1.1.2 Sternschaltung

Die Anzahl der benötigten Leitungen wird dadurch reduziert, dass nur noch die Eingangsklemmen der m Strangwicklungen einzeln an die Leitungen des Mehrphasennetzes angeschlossen werden, während die Ausgangsklemmen aller m Strangwicklungen nach Bild 6.2 b) auf einen gemeinsamen *Sternpunkt* geführt und ggf. auf eine einzige Leitung des Mehrphasennetzes geschaltet werden. Hierdurch verringert sich die Anzahl der Leitungen auf m bzw. $m + 1$.

6.1.1.3 Ringschaltung

Wenn man die m Strangwicklungen hintereinanderschaltet, indem man jeweils die Ausgangsklemme jeder Wicklung (mit Ausnahme der letzten) mit der Eingangsklemme der nächsten Wicklung verbindet, entsteht eine *offene Ring-* oder *Polygonschaltung* nach Bild 6.2 c). Über die $m + 1$ Leitungen des Mehrphasennetzes sind die Ein- und Ausgangsklemmen aller m Strangwicklungen zugänglich.

Zwischen der Eingangsklemme der ersten und der Ausgangsklemme der letzten Wicklung liegt die Summenspannung

$$\sum_{\nu=1}^{m} \underline{U}_{\nu} ,$$

die bei unsymmetrischen Mehrphasensystemen im Allgemeinen einen von null verschiedenen Wert hat. Bei symmetrischen Mehrphasensystemen, wie z. B. dem *symmetrischen Dreiphasensystem* in Bild 6.1 c), ist diese Summenspannung hingegen stets null, d. h. die Eingangsklemme der ersten und die Ausgangsklemme der letzten Wicklung liegen auf demselben Potenzial. Sie können, wie in Bild 6.2 d) gezeigt, miteinander verbunden und auf eine gemeinsame Leitung des Mehrphasennetzes geschaltet werden. Damit erhält man eine *geschlossene Ringschaltung* und ein Mehrphasennetz mit nur m Leitungen.

6.1.2 Zweiphasensysteme

6.1.2.1 Symmetrisches Zweiphasensystem

Bei einem symmetrischen Zweiphasensystem sind die beiden Sinusspannungen $\underline{U}_1$ und $\underline{U}_2$ nach Bild 6.3 a) um $360°/2 = 180°$ gegeneinander phasenverschoben. Daher gilt

$$\underline{U}_2 = \underline{U}_1 \, \mathrm{e}^{-\mathrm{j}\,180°} = -\underline{U}_1 \, .$$

Die Sternschaltung führt nach Bild 6.3 b) zu einem Dreileitersystem mit zwei gegenphasigen (bzw. bei Richtungsumkehr eines Zählpfeils gleichphasigen) Spannungen. Da es sich um ein symmetrisches System handelt, kann man nach Abschnitt 6.1.1.3 eine geschlossene Ringschaltung nach Bild 6.3 c) aufbauen. Dadurch entsteht ein Zweileitersystem mit der Spannung $\underline{U}_1 = -\underline{U}_2$, das von einem einphasigen Wechselspannungssystem nicht zu unterscheiden ist. In dieser Form bietet das symmetrische Zweiphasensystem keine Vorteile und wird in der Praxis nicht verwendet.

Symmetrische Zweileitersysteme in Sternschaltung haben jedoch große praktische Bedeutung in der Nachrichtentechnik. Symmetrische Zweidrahtleitungen, wie sie z. B. als Telefonleitungen oder als Übertragungsmedien für lokale Computernetze (LAN) zum Einsatz kommen, werden auf diese

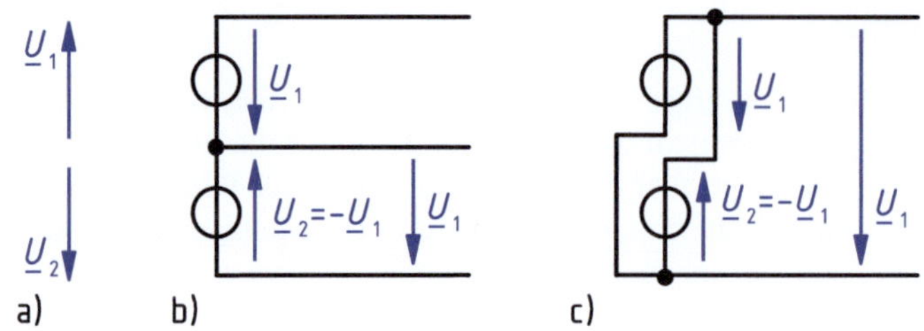

Bild 6.3: Symmetrisches Zweiphasensystem
a) Spannungszeigerdiagramm, b) Sternschaltung, c) geschlossene Ringschaltung

Weise betrieben. Der Sternpunkt stellt in diesem Fall das Bezugspotenzial (Masse) für die zu übertragenden Signale dar und die beiden Leitungsadern werden *gegenphasig* angesteuert. Die sich dadurch ergebende Signalsymmetrie lässt sich nutzen, um eingekoppelte Gleichtaktstörungen, wie sie z. B. durch unterschiedliche Bezugspotenziale an den beiden Leitungsenden entstehen können, zu unterdrücken [Fra13].

6.1.2.2 Unsymmetrisches Zweiphasensystem

Im Folgenden wird ein Zweiphasensystem in Sternschaltung nach Bild 6.4 a) betrachtet, bei dem die Spannung $\underline{U}_2$ (wie auch durch die räumliche Anordnung der Schaltzeichen angedeutet) um $\varphi_{21} = 90°$ gegenüber der Spannung $\underline{U}_1$ nacheilt. Am Dreileitersystem ist neben den Spannungen $\underline{U}_1$ und $\underline{U}_2$ zusätzlich die Spannung $\underline{U}_{12} = \underline{U}_1 - \underline{U}_2$ verfügbar.

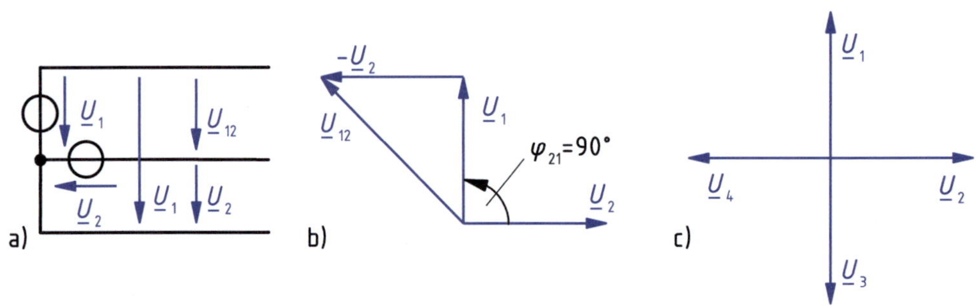

Bild 6.4: a) Unsymmetrisches Zweiphasensystem mit $\varphi_{21} = 90°$ in Sternschaltung,
b) zugehöriges Spannungszeigerdiagramm, zum Vergleich das
c) Spannungszeigerdiagramm eines symmetrischen Vierphasensystems

Wie der Vergleich der Bilder 6.4 b) und c) zeigt, kann man dieses System als ein unvollständiges symmetrisches Vierphasensystem auffassen. Das Zweiphasensystem nach Bild 6.4 a) und b) besitzt deshalb Eigenschaften, die sonst nur bei symmetrischen Mehrphasensystemen (mit $m > 2$) auftreten. Trotzdem wird es in der Praxis nicht verwendet, da das symmetrische Dreiphasensystem (s. Abschnitt 6.2) weitergehende Vorteile bietet; es wird aber für theoretische Untersuchungen genutzt.

Konstante Augenblicksleistung

An die Spannungen $\underline{U}_1$ und $\underline{U}_2$ aus Bild 6.4 werden zwei gleiche Zweipole mit der Impedanz $\underline{Z} = Z\,\mathrm{e}^{\mathrm{j}\varphi}$ angeschlossen. (Man bezeichnet diese Zweipole dann als die beiden *Stränge* eines symmetrischen zweiphasigen Verbrauchers.) Die in beiden Zweipolen zusammen umgesetzte Augenblicksleistung bei Verbraucher-Zählpfeilsystem an den Zweipolen ist

$$p = u_1\,i_1 + u_2\,i_2\,. \tag{6.1}$$

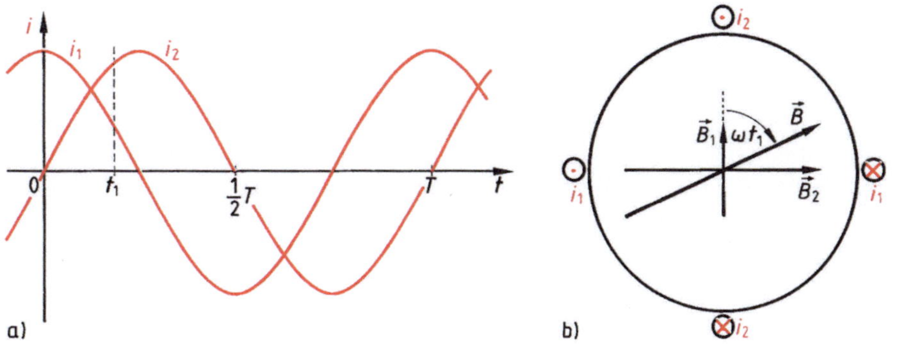

Bild 6.5: Symmetrischer Verbraucher am Zweiphasennetz nach Bild 6.4 b)
a) Strangströme i_1 und i_2,
b) räumliche Anordnung der beiden Spulen zur Drehfelderzeugung mit Stromzählpfeilen und Vektor der magnetischen Flussdichte $\vec{B}$ für $\omega t_1 = 65°$

Bei Wahl des zeitlichen Nullpunktes wie in Bild 6.5 a) gilt für die Augenblickswerte der beiden Ströme

$$i_1 = \frac{\hat{u}}{Z}\cos(\omega\,t)\,, \quad i_2 = \frac{\hat{u}}{Z}\sin(\omega\,t) \tag{6.2}$$

und damit für die Augenblickswerte der beiden Spannungen

$$u_1 = \hat{u}\cos(\omega\,t + \varphi)\,, \quad u_2 = \hat{u}\sin(\omega\,t + \varphi)\,. \tag{6.3}$$

Hieraus folgt nach Gl. (6.1) für die Augenblicksleistung

$$p = \frac{\hat{u}^2}{Z}\left[\cos(\omega\,t + \varphi)\cos(\omega\,t) + \sin(\omega\,t + \varphi)\sin(\omega\,t)\right]$$

und mit der Beziehung $\cos x \cos y + \sin x \sin y = \cos(x - y)$

$$p = \frac{\hat{u}^2}{Z}\cos\varphi = 2\,\frac{U^2}{Z}\cos\varphi\,, \tag{6.4}$$

also ein zeitlich konstanter Wert.

6.1.2.3 Drehfelderzeugung

In Abschnitt 6.1.2.2 wurde für das unsymmetrische Zweiphasensystem mit $\varphi_{21} = 90°$ nachgewiesen, dass in einem angeschlossenen symmetrischen Verbraucher die in den Strängen insgesamt umgesetzte Augenblicksleistung zeitinvariant ist. Dies ist eine Eigenschaft, die auch alle symmetrischen Mehrphasensysteme mit $m > 2$ besitzen. Sie ermöglicht es z. B., mit einem Motor eine zeitlich konstante mechanische Leistung und damit auch (bei konstanter Drehzahl) ein zeitlich konstantes Drehmoment zu erzeugen.

Nun wird ein symmetrischer Verbraucher betrachtet, der wie die zur Spannungserzeugung verwendete Wicklungsanordnung in Bild 6.4 a) aus zwei gleichen, um 90° gegeneinander versetzten Wicklungen mit der Impedanz $\underline{Z} = Z\,\mathrm{e}^{\mathrm{j}\varphi}$ besteht. Die beiden Ströme i_1 und i_2 nach Gl. (6.2) sind in Bild 6.5 a) dargestellt; die zugehörigen Zählpfeile sind Bild 6.5 b) zu entnehmen.

Die von den beiden Wicklungen erzeugten magnetischen Felder überlagern sich im von ihnen durchsetzten Raum. Wenn die Zusammenhänge linear sind, kann die magnetische Flussdichte $\vec{B}$ nach dem Überlagerungssatz (s. Abschnitt 2.4.4) einfach durch vektorielle Addition der Teilgrößen $\vec{B}_1$ und $\vec{B}_2$ ermittelt werden. Wie in Bild 6.5 b) gezeigt, ergänzen sich im Zentrum der Anordnung die auf den Strom $i_1 = \hat{i}\cos(\omega t)$ zurückzuführende Vertikalkomponente $B_1 = B\cos(\omega t)$ und die auf den Strom $i_2 = \hat{i}\sin(\omega t)$ zurückzuführende Horizontalkomponente $B_2 = B\sin(\omega t)$ zu einem Vektor $\vec{B}$, dessen Betrag

$$\sqrt{B_1^2 + B_2^2} = B\sqrt{\cos^2(\omega\, t) + \sin^2(\omega\, t)} = B \tag{6.5}$$

zeitinvariant ist, dessen Richtung sich aber mit der Winkelgeschwindigkeit ω dreht.

Diesen Effekt nutzt man bei *Induktionsmotoren*, die am einphasigen Wechselstromnetz betrieben werden, indem man eine der beiden Wicklungen (z. B. i_2 in Bild 6.5) direkt, die zweite (sog. Hilfswicklung) aber mit einem Kondensator in Reihe geschaltet an die Netzspannung legt, damit der Strom i_1 wie in Bild 6.5 a) gegenüber dem Strom i_2 der anderen Wicklung um möglichst 90° voreilt. Derartige *Einphasen-Asynchronmotoren mit Hilfswicklung* sind als Antriebe mit geringer Leistung z. B. für Waschmaschinen, Pumpen und Kühlschränke weit verbreitet [LBL08].

Magnetische Drehfelder können auch mit allen symmetrischen Mehrphasensystemen mit $m > 2$ erzeugt werden, wenn man die Spannungen $\underline{U}_1$ bis $\underline{U}_m$ in zyklischer Folge an m gleiche, jeweils um den Winkel $360°/m$ gegeneinander versetzte Spulen anschließt. Wegen dieses Effektes nennt man solche Systeme *Drehstromsysteme* und die Motoren, die diesen Effekt ausnutzen, *Drehstrommotoren*.

6.2 Symmetrisches Dreiphasensystem

Von allen symmetrischen Mehrphasensystemen, mit denen man Drehfelder erzeugen kann, ist das symmetrische Dreiphasensystem mit $m = 3$ das einfachste. Es findet verbreitete Anwendung, da es eine besonders effiziente Übertragung und Nutzung elektrischer Energie ermöglicht. In Niederspannungsnetzen ist dabei das *Vierleitersystem* nach Bild 6.6 a) vorherrschend, das drei Sinusspannungssysteme mit dem gemeinsamen *Neutralleiter* N in sich vereinigt.

Im Folgenden werden die gebräuchlichen Benennungen vorgestellt sowie Spannungen, Ströme und Leistungen bei symmetrischer Last erläutert.

6.2.1 Spannungen und Ströme

6.2.1.1 Benennungen

Bei Dreiphasengeneratoren und -verbrauchern werden die jeweils zwischen zwei Anschlusspunkten liegenden Zweige (z. B. Wicklungen) als *Stränge* bezeichnet.

Unter der *Strangspannung* $\underline{U}_{\mathrm{Str}}$ versteht man die Spannung an einem Strang.

Der *Strangstrom* $\underline{I}_{\mathrm{Str}}$ ist der Strom, der durch einen Strang fließt.

Ein dreiphasiger Verbraucher (Drehstromverbraucher) mit drei gleichen Strängen wird als *symmetrischer Verbraucher* oder auch als *symmetrische Last* bezeichnet.

Bei den Leitern des Vierleitersystems nach Bild 6.6 a) unterscheidet man zwischen dem *Neutralleiter* N (früher auch Sternpunkt- oder Mittelpunktleiter genannt), der *mit dem Sternpunkt des Generators verbunden* ist, und den drei *Außenleitern* L1, L2 und L3.

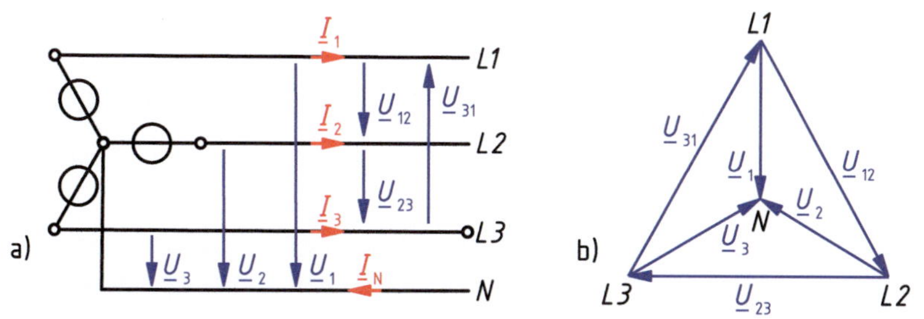

Bild 6.6: a) Symmetrisches Vierleitersystem mit Spannungs- und Stromzählpfeilen und b) zugehöriges Spannungszeigerdiagramm

Entsprechend werden die Ströme $\underline{I}_1$, $\underline{I}_2$ und $\underline{I}_3$ in den Außenleitern als *Außenleiterströme* und der Strom $\underline{I}_{\mathrm{N}}$ als *Neutralleiterstrom* (auch Sternpunktleiter- oder Mittelpunktleiterstrom) bezeichnet.

6.2.1.2 Spannungen

Die Spannungen $\underline{U}_1$, $\underline{U}_2$ und $\underline{U}_3$ zwischen je einem Außenleiter und dem Neutralleiter heißen *Sternspannungen*. Ihre Beträge

$$U_1 = U_2 = U_3 = U_\curlywedge \tag{6.6}$$

sind untereinander gleich und für ihre Phasenfolge gilt in Übereinstimmung mit den Bildern 6.1 c) und 6.6

$$\underline{U}_2 = \underline{U}_1\,\mathrm{e}^{-\mathrm{j}\,120^\circ}, \qquad \underline{U}_3 = \underline{U}_2\,\mathrm{e}^{-\mathrm{j}\,120^\circ} = \underline{U}_1\,\mathrm{e}^{-\mathrm{j}\,240^\circ}. \tag{6.7}$$

Die Phasenlage der Sternspannungen zueinander ist gemäß Gl. (6.7) festgelegt und darf nicht vertauscht werden.

Die Spannungen $\underline{U}_{12}$, $\underline{U}_{23}$ und $\underline{U}_{31}$ zwischen jeweils zwei Außenleitern werden als *Außenleiterspannungen* oder *Dreieckspannungen* bezeichnet. Nach dem Maschensatz gilt bei den in Bild 6.6 a) eingetragenen Zählpfeilrichtungen

$$\underline{U}_{12} = \underline{U}_1 - \underline{U}_2, \qquad \underline{U}_{23} = \underline{U}_2 - \underline{U}_3, \qquad \underline{U}_{31} = \underline{U}_3 - \underline{U}_1. \tag{6.8}$$

Zur Bildung der Außenleiterspannung $\underline{U}_{12}$ sind also die Spannungszeiger $\underline{U}_1$ und $-\underline{U}_2$ zu addieren, was auf den in Bild 6.6 b) eingetragenen Zeiger $\underline{U}_{12}$ führt. Bei den beiden anderen Außenleiterspannungen ist entsprechend zu verfahren. Die Beträge der Außenleiterspannungen

$$U_{12} = U_{23} = U_{31} = U_{\Delta} = U \tag{6.9}$$

sind untereinander gleich. Der Effektivwert U_{Δ} der Außenleiterspannung wird zur Benennung des jeweiligen Dreiphasensystems verwendet und meist ohne weiteren Zusatz einfach als die Spannung U des Dreiphasensystems bezeichnet. Ein 400 V-Drehstromsystem ist demnach z. B. ein symmetrisches Dreiphasensystem mit der Außenleiterspannung $U_{\Delta} = U = 400\,\text{V}$. Für die Phasenfolge der Außenleiterspannungen folgt aus Bild 6.6

$$\underline{U}_{23} = \underline{U}_{12}\,\mathrm{e}^{-\mathrm{j}\,120°}, \qquad \underline{U}_{31} = \underline{U}_{23}\,\mathrm{e}^{-\mathrm{j}\,120°} = \underline{U}_{12}\,\mathrm{e}^{-\mathrm{j}\,240°}. \tag{6.10}$$

Das Spannungszeigerdiagramm Bild 6.6 b) lässt sich einfach zeichnen: Man bezeichnet die Ecken eines gleichseitigen Dreiecks *im Uhrzeigersinn* mit den Außenleiterkennungen L1, L2 und L3 sowie den Schwerpunkt mit dem Buchstaben N für den Neutralleiter. Dann erhält man die komplexe Spannung zwischen zweien dieser Punkte, indem man diese durch einen geradlinigen Pfeil (Spannungszeiger) miteinander verbindet. Die Orientierung des Zeigers ist dabei die selbe wie bei einem Zählpfeil: Da z. B. $\underline{U}_2$ die Spannung des Außenleiters L2 gegen den Neutralleiter N ist, weist dieser Zeiger von L2 nach N. Entsprechend muss z. B. der Zeiger $\underline{U}_{23}$ von L2 nach L3 gerichtet sein.

Anhand von Bild 6.6 b) sind die Effektivwerte und Phasenlagen der sechs Spannungen einfach bestimmbar.

Für die Anwendung ist es aber oft übersichtlicher, die benötigten Spannungszeiger so parallel zu verschieben, dass sie von einem gemeinsamen Punkt im Diagramm ausgehen wie z. B. in den Bildern 6.8 b) und 6.9 b).

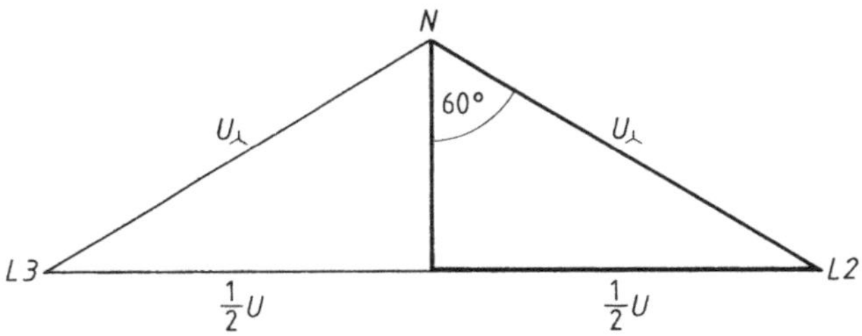

Bild 6.7: Zusammenhang zwischen Außenleiterspannung U und Sternspannung $U_{\curlywedge}$

Bild 6.6 b) zeigt, dass die Außenleiterspannungen U größer sind als die Sternspannungen $U_{\curlywedge}$. Aus diesem Diagramm, dessen Geometrie für zwei Sternspannungen $U_{\curlywedge}$ in Bild 6.7 noch einmal herausgezeichnet ist, folgt mit der Definition der Sinusfunktion

$$\frac{U}{U_{\curlywedge}} = 2\,\frac{\frac{1}{2}U}{U_{\curlywedge}} = 2\,\sin 60° = \sqrt{3}\,. \tag{6.11}$$

6.2.1.3 Symmetrische Sternschaltung

Bild 6.8 a) zeigt einen symmetrischen Drehstromverbraucher, dessen drei gleiche Stränge mit den Impedanzen $\underline{Z}$ zu einem Stern zusammengeschaltet sind. Die Anschlussklemmen U, V und W sind (in dieser Reihenfolge) an die drei Außenleiter L1, L2 und L3 angeschlossen, der Sternpunkt S des Verbrauchers ist mit dem Neutralleiter N verbunden.

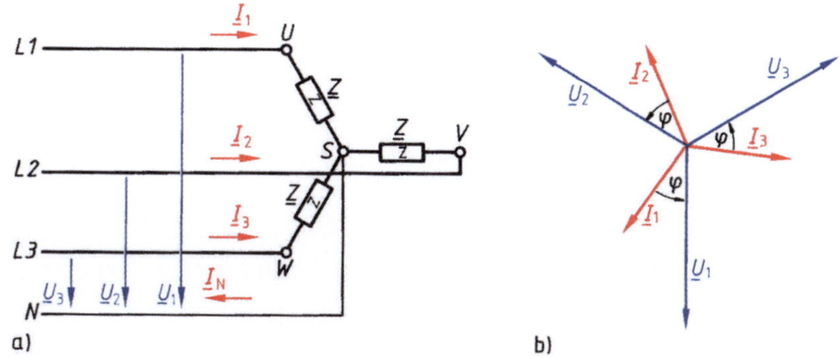

Bild 6.8: a) Drehstromverbraucher in symmetrischer Sternschaltung
b) Zeigerdiagramm für die Strangspannungen und Strangströme

Als *Strangspannungen des Verbrauchers* treten die Sternspannungen $\underline{U}_1$, $\underline{U}_2$ und $\underline{U}_3$ auf, deren Zeiger in Bild 6.8 b) nach Länge und Richtung aus Bild 6.6 b) übernommen wurden. Bei der Sternschaltung gilt demnach mit Gl. (6.11) für die Effektivwerte der Strangspannungen

$$U_{\text{Str}} = U_{\curlywedge} = \frac{1}{\sqrt{3}} U\,. \tag{6.12}$$

Die *Strangströme* sind bei der Sternschaltung mit den Außenleiterströmen $\underline{I}_1$, $\underline{I}_2$ und $\underline{I}_3$ identisch. Bei einem symmetrischen Verbraucher sind sie alle um den gleichen Winkel φ gegenüber der jeweiligen Strangspannung phasenverschoben (Bild 6.8 b)) und haben den gleichen Effektivwert

$$I_1 = I_2 = I_3 = I\,. \tag{6.13}$$

Dieser wird ohne weiteren Zusatz als der vom Verbraucher aufgenommene Strom I bezeichnet. Bei der symmetrischen Sternschaltung gilt somit für den *Strangstrom*

$$I_{\text{Str}} = I_{\curlywedge} = I\,. \tag{6.14}$$

Nach dem Knotensatz gilt bei den in Bild 6.8 a) eingetragenen Zählpfeilrichtungen für den *Neutralleiterstrom*

$$\underline{I}_{\text{N}} = \underline{I}_1 + \underline{I}_2 + \underline{I}_3\,. \tag{6.15}$$

Für die symmetrische Sternschaltung folgt hieraus mit Gl. (3.113) und Gl. (6.7)

$$\underline{I}_{\text{N}} = \frac{1}{\underline{Z}}(\underline{U}_1 + \underline{U}_2 + \underline{U}_3) = \frac{\underline{U}_1}{\underline{Z}}(1 + \text{e}^{-\text{j}\,120°} + \text{e}^{-\text{j}\,240°}) = 0\,, \tag{6.16}$$

wie auch unmittelbar aus Bild 6.8 b) ersichtlich ist. Der Neutralleiter ist also bei symmetrischer Last stromlos und braucht daher nicht an den Sternpunkt S angeschlossen zu werden; auch ohne leitende Verbindung zwischen S und N liegen diese beiden Punkte auf gleichem Potenzial.

Beispiel 6.3: Symmetrischer Drehstromverbraucher am symmetrischen Netz

Ein im Stern geschalteter symmetrischer Drehstromverbraucher mit den Strangimpedanzen $\underline{Z} = (80 + \text{j}\,125)\,\Omega$ liegt an einem Drehstromnetz mit der Spannung $U = 6\,\text{kV}$.

Der aufgenommene Strom I ist zu bestimmen.

Aus der Strangspannung

$$U_{\mathrm{Str}} = U_{\curlywedge} = \frac{U}{\sqrt{3}} = \frac{6\,\mathrm{kV}}{\sqrt{3}} \approx 3{,}46\,\mathrm{kV}$$

und dem Strangscheinwiderstand $Z = \sqrt{80^2 + 125^2}\,\Omega \approx 148\,\Omega$ folgt der Strangstrom

$$I = I_{\mathrm{Str}} = \frac{U_{\mathrm{Str}}}{Z} \approx \frac{3{,}46\,\mathrm{kV}}{148\,\Omega} \approx 23{,}3\,\mathrm{A}\,,$$

der bei der Sternschaltung mit dem aufgenommenen Strom, also dem Außenleiterstrom I, identisch ist.

6.2.1.4 Symmetrische Dreieckschaltung

Bild 6.9 a) zeigt einen symmetrischen Drehstromverbraucher, dessen drei gleiche Stränge mit der Impedanz $\underline{Z}$ zu einem geschlossenen Ring, also zu einem Dreieck, zusammengeschaltet sind. Die Anschlussklemmen U, V und W sind (in dieser Reihenfolge) an die drei Außenleiter L1, L2 und L3 angeschlossen.

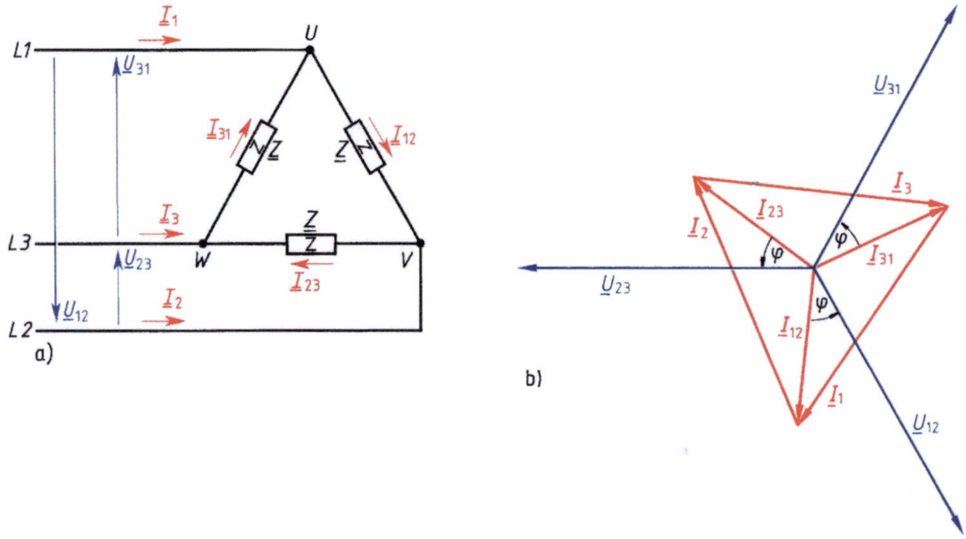

Bild 6.9: a) Drehstromverbraucher in symmetrischer Dreieckschaltung und
b) Zeigerdiagramm für die Strangspannungen und Strangströme

Als *Strangspannungen* treten die Außenleiterspannungen $\underline{U}_{12}$, $\underline{U}_{23}$ und $\underline{U}_{31}$ auf, deren Zeiger in Bild 6.9 b) nach Länge und Richtung aus Bild 6.6 b) übernommen werden. Bei der Dreieckschaltung gilt also für die Effektivwerte der Strangspannungen

$$U_{\mathrm{Str}} = U_{\Delta} = U\,. \tag{6.17}$$

Aus den Strangspannungen und der Strangimpedanz $\underline{Z}$ ergeben sich die *Strangströme*

$$\underline{I}_{12} = \frac{\underline{U}_{12}}{\underline{Z}}\,, \qquad \underline{I}_{23} = \frac{\underline{U}_{23}}{\underline{Z}}\,, \qquad \underline{I}_{31} = \frac{\underline{U}_{31}}{\underline{Z}}\,, \tag{6.18}$$

die nach Bild 6.9 b) alle um den gleichen Winkel gegenüber der jeweiligen Strangspannung phasenverschoben sind und daher gegeneinander wieder eine Phasenverschiebung von 120° aufweisen. Sie haben den gleichen Effektivwert

$$I_{\mathrm{Str}} = I_{12} = I_{23} = I_{31} = \frac{U}{Z} = I_{\Delta}\,, \tag{6.19}$$

der auch als *Dreieckstrom* bezeichnet wird. Nach dem Knotensatz folgen aus Bild 6.9 a) die Außenleiterströme

$$\underline{I}_1 = \underline{I}_{12} - \underline{I}_{31}\,, \qquad \underline{I}_2 = \underline{I}_{23} - \underline{I}_{12}\,, \qquad \underline{I}_3 = \underline{I}_{31} - \underline{I}_{23}\,, \tag{6.20}$$

deren Zeiger in Bild 6.9 b) ebenfalls dargestellt sind. Man erhält ein Zeigerdiagramm, das dem in Bild 6.6 b) geometrisch ähnlich ist. Analog zu Bild 6.7 und Gl. (6.11) erhält man daher für das Verhältnis von Außenleiterstrom I zu Dreieckstrom I_{Δ}

$$\frac{I}{I_{\Delta}} = 2\,\frac{\frac{1}{2}I}{I_{\Delta}} = 2\,\sin 60^\circ = \sqrt{3}\,. \tag{6.21}$$

Der Außenleiterstrom I ist also bei der symmetrischen Dreieckschaltung $\sqrt{3}$-mal so groß wie der Strangstrom I_{Δ}.

Beispiel 6.4: Leistungsgleiche Verbraucher in Stern- und Dreieckschaltung

Ein symmetrischer Ohmscher Drehstromverbraucher (z. B. ein Dreiphasenofen) soll einem Netz mit der Spannung $U = 400\,\mathrm{V}$ den Strom $I = 20\,\mathrm{A}$ entnehmen.

a) Wie groß müssen die drei Widerstände R der Sternschaltung sein?

Nach Gl. (6.12) wirkt die Sternspannung $U_{\curlywedge} = U/\sqrt{3} = 400\,\mathrm{V}/\sqrt{3} \approx 230{,}9\,\mathrm{V}$ als Strangspannung. Nach Gl. (6.14) ist der Strangstrom $I_{\mathrm{Str}} = I = 20\,\mathrm{A}$. Der benötigte Wert der drei Widerstände ist also

$$R_{\curlywedge} = \frac{U_{\curlywedge}}{I} \approx \frac{230{,}9\ \mathrm{V}}{20\ \mathrm{A}} \approx 11{,}6\ \Omega\,.$$

b) Welche Widerstände R_{Δ} muss demgegenüber die Dreieckschaltung aufweisen?

Aus Gl. (6.17) erhält man die Strangspannung $U_{\mathrm{Str}} = U = 400\,\mathrm{V}$ und aus Gl. (6.21) den Strangstrom $I_{\mathrm{Str}} = I_{\Delta} = I/\sqrt{3} = 20\,\mathrm{A}/\sqrt{3} \approx 11{,}55\,\mathrm{A}$. Daher werden drei Widerstände mit dem folgenden Wert benötigt:

$$R_{\Delta} = \frac{U}{I_{\Delta}} \approx \frac{400\,\mathrm{V}}{11{,}55\,\mathrm{A}} \approx 34{,}6\,\Omega \approx \frac{U_{\curlywedge}\sqrt{3}}{I/\sqrt{3}} = 3\,\frac{U_{\curlywedge}}{I} = 3\,R_{\curlywedge}$$

In einer symmetrischen Dreieckschaltung müssen also bei gleichem aufzunehmenden Strom I die Strangwiderstände dreimal so groß sein wie in der Sternschaltung, s. Gl. (2.148).

6.2.2 Leistung bei symmetrischer Last

6.2.2.1 Augenblicksleistung

In Abschnitt 6.1.2.2 wurde gezeigt, dass bei einem symmetrischen Verbraucher, der an einem Zweiphasensystem mit $\varphi_{21} = 90°$ betrieben wird, die in beiden Strängen zusammen auftretende Augenblicksleistung p zeitlich konstant ist. Gleiches trifft auch für den symmetrischen Verbraucher am symmetrischen Dreiphasennetz zu, unabhängig davon, ob er im Stern oder im Dreieck geschaltet ist: Legt man wie in Gl. (6.2) und (6.3) Strangstrom und Strangspannung für den ersten Strang willkürlich mit

$$i_{\text{Str1}} = \frac{\hat{u}_{\text{Str}}}{Z}\cos(\omega\, t)\,, \qquad u_{\text{Str1}} = \hat{u}_{\text{Str}}\cos(\omega\, t + \varphi)$$

zugrunde, erhält man für die Augenblicksleistung in diesem Strang nach Gl. (3.111) und mit $\cos x \cos y = 0{,}5\,[\cos(x-y) + \cos(x+y)]$

$$p_{\text{Str1}} = u_{\text{Str1}}\, i_{\text{Str1}} = \frac{\hat{u}^2_{\text{Str}}}{Z}\cos(\omega\, t + \varphi)\cos(\omega\, t) = \frac{\hat{u}^2_{\text{Str}}}{2Z}[\cos\varphi + \cos(2\omega\, t + \varphi)]\,. \tag{6.22}$$

Entsprechende Resultate erhält man auch für die beiden anderen Stränge; allerdings ist der zeitabhängige Term in der eckigen Klammer hier um + 120° bzw. – 120° gegenüber dem Term $\cos(2\,\omega t + \varphi)$ in Gl. (6.22) phasenverschoben. Bei der Addition der Strangaugenblicksleistungen ergänzen sich die zeitabhängigen Terme daher ständig zu null. Damit ergibt sich für die Gesamtaugenblicksleistung der zeitlich konstante Wert

$$p = p_{\text{Str1}} + p_{\text{Str2}} + p_{\text{Str3}} = 3\,\frac{\hat{u}^2_{\text{Str}}}{2Z}\cos\varphi = 3\,\frac{U^2_{\text{Str}}}{Z}\cos\varphi\,. \tag{6.23}$$

6.2.2.2 Wirk-, Blind- und Scheinleistung

Wenn ein symmetrischer Drehstromverbraucher mit der Strangimpedanz $\underline{Z} = Z\,\mathrm{e}^{\mathrm{j}\,\varphi}$ an einem Drehstromsystem betrieben wird, tritt an jedem seiner drei Stränge nach Gl. (3.146) die *komplexe Strangleistung*

$$\underline{S}_{\text{Str}} = U_{\text{Str}}\, I_{\text{Str}}\, \mathrm{e}^{\mathrm{j}\,\varphi} \tag{6.24}$$

auf. Hieraus folgt mit Gl. (3.147) die *Strangscheinleistung*

$$S_{\text{Str}} = U_{\text{Str}}\, I_{\text{Str}}\,, \tag{6.25}$$

mit Gl. (3.148) die *Strangwirkleistung*

$$P_{\text{Str}} = U_{\text{Str}}\, I_{\text{Str}}\cos(\varphi) \tag{6.26}$$

und mit Gl. (3.149) die *Strangblindleistung*

$$Q_{\text{Str}} = U_{\text{Str}}\, I_{\text{Str}}\sin(\varphi)\,. \tag{6.27}$$

Für den gesamten symmetrischen Drehstromverbraucher erhält man, da er aus drei gleichen Strängen besteht, das Dreifache der in den Gln. (6.24) bis (6.27) angegebenen Werte. Für die *Scheinleistung S* gilt z. B.

$$S = 3\,S_{\text{Str}} = 3\,U_{\text{Str}}\, I_{\text{Str}}\,. \tag{6.28}$$

Für die Strangspannung U_{Str} und den Strangstrom I_{Str} sind bei der Sternschaltung die Sternspannung $U_\curlywedge$ und der Sternstrom $I_\curlywedge$, bei der Dreieckschaltung die Dreieckspannung U_Δ und der Dreieckstrom I_Δ einzusetzen.

Wie Tabelle 6.1 zeigt, führt die Rechnung in beiden Fällen, unabhängig von der Schaltungsart, zu dem Ergebnis

$$S = \sqrt{3}\,U\,I\,. \tag{6.29}$$

Entsprechend folgt aus Gl. (6.26) die *Wirkleistung*

$$P = \sqrt{3}\,U\,I\cos\varphi \tag{6.30}$$

und aus Gl. (6.27) die *Blindleistung*

$$Q = \sqrt{3}\,U\,I\sin\varphi\,. \tag{6.31}$$

Tabelle 6.1: Leistungsberechnung für symmetrische Stern- bzw. Dreieckschaltung

Schaltung	*Strangspannung* U_{Str}	*Strangstrom* I_{Str}	*Scheinleistung* $S = 3\,U_{\text{Str}}\,I_{\text{Str}}$
$\curlywedge$	$U_{\curlywedge} = U/\sqrt{3}$	$I_{\curlywedge} = I$	$S = 3\,U_{\curlywedge}\,I_{\curlywedge} = \sqrt{3}\,U\,I$
Δ	$U_{\Delta} = U$	$I_{\Delta} = I/\sqrt{3}$	$S = 3\,U_{\Delta}I_{\Delta} = \sqrt{3}\,U\,I$

In Tabelle 6.1 bezeichnet nach Abschnitt 6.2.1.2 das Formelzeichen U die (Außenleiter-)Spannung des Drehstromsystems und nach Abschnitt 6.2.1.3 das Formelzeichen I den (Außenleiter-)Strom.

Der Phasenverschiebungswinkel φ tritt jedoch nicht zwischen diesen beiden Außenleitergrößen auf, sondern ist das Argument der Strangimpedanz $\underline{Z} = Z\mathrm{e}^{\mathrm{j}\varphi}$. Er gibt die Phasenverschiebung an, die an jedem Strang zwischen Strangstrom und Strangspannung bzw. zwischen jedem Außenleiterstrom $\underline{I}_{\nu}$ und der zugehörigen Sternspannung $\underline{U}_{\nu}$ besteht. Diese Aussage gilt auch bei Dreieckschaltung der Last.

Beispiel 6.5: Ohmscher Verbraucher am Einphasen- bzw. Dreiphasennetz

Es soll untersucht werden, ob ein Durchlauferhitzer für die Leistung $P_1 = 21$ kW mit dem Leistungsfaktor $\cos\varphi = 1$ bezüglich des Materialaufwandes für die Anschlussleitungen günstiger für Einphasenanschluss an 230 V oder für Dreiphasenanschluss an 400 V ausgelegt wird.

Bei Einphasenanschluss an die Spannung $U_{\curlywedge} = U/\sqrt{3} = 400\,\text{V}/\sqrt{3} \approx 230{,}9\,\text{V}$ fließt sowohl in der Hin- als auch in der Rückleitung der Strom

$$I_1 = \frac{P_1}{U_{\curlywedge}} \approx \frac{21\,\text{kW}}{230{,}9\,\text{V}} \approx 90{,}93\,\text{A}\,.$$

Demgegenüber fließt nach Gl. (6.30) bei Dreiphasenanschluss an $U = 400\,\text{V}$ in den drei Außenleitern der um den Faktor 1/3 kleinere Strom

$$I = \frac{P_1}{\sqrt{3}\,U} = \frac{21\,\text{kW}}{\sqrt{3}\cdot 400\text{V}} \approx 30{,}31\text{A} \approx \frac{1}{3}\,I_1\,.$$

Wenn in beiden Fällen die gleiche Verlustleistung P_v auf den Zuleitungen zugelassen wird, erhält man bei gleicher Länge l des Anschlusskabels für Einphasenanschluss mit Gl. (2.11) und Gl. (2.59) den Leiterquerschnitt

$$A_1 = \frac{2\,l}{\kappa\,R_1} = \frac{2\,l\,I_1^2}{\kappa\,P_\text{v}}$$

und entsprechend für Dreiphasenanschluss

$$A_3 = \frac{3\,l}{\kappa\,R_3} = \frac{3\,l\,I^2}{\kappa\,P_\text{v}} = \frac{l\,I_1^2}{3\,\kappa\,P_\text{v}} = \frac{1}{6}\,A_1\,.$$

Beim Einphasenanschluss beträgt daher das Leitervolumen $V_1 = A_1 \cdot 2l$ das Vierfache des Leitervolumens $V_3 = A_3 \cdot 3l$, das für den Dreiphasenanschluss benötigt wird. Dreiphasenstrom verlangt allerdings drei Einzelwiderstände im Durchlauferhitzer und dreipolige Schalter. Sobald der Strom in einer Verbraucherzuleitung etwa 30 A übersteigt, ist dieser Aufwand wirtschaftlich gerechtfertigt, sodass man für ähnliche Fälle Dreiphasenstrom bevorzugt.

6.2.2.3 Blindleistungskompensation

Wie in Abschnitt 3.11.2 für den einphasigen ohmsch-induktiven Verbraucher gezeigt, kann man auch beim dreiphasigen Verbraucher den aufgenommenen Strom dadurch auf seinen Wirkanteil reduzieren, dass man die induktive Blindleistung durch Kondensatoren geeigneter Kapazität C kompensiert.

Die Blindleistung eines im Stern geschalteten Verbrauchers kann z. B. nach Bild 6.10 a) durch drei ebenfalls im Stern geschaltete Kondensatoren kompensiert werden, deren Kapazität nach Gl. (3.251) unter Berücksichtigung von Gl. (6.11) jeweils

$$C_\curlywedge = \frac{Q_{\mathrm{Str}}}{\omega\, U_\curlywedge^2} = \frac{\frac{1}{3}Q}{\omega\,(\frac{U}{\sqrt{3}})^2} = \frac{Q}{\omega\, U^2} \tag{6.32}$$

beträgt. Hierbei kann jedem Strang des Verbrauchers eindeutig ein Kondensator zugeordnet werden, der die jeweilige Strangblindleistung kompensiert. Nach Abschnitt 6.2.1.3 bleibt der (gestrichelt dargestellte) Neutralleiteranschluss sowohl am symmetrischen Verbraucher als auch an der symmetrischen Kondensator-Sternschaltung stromlos und kann daher auch entfallen.

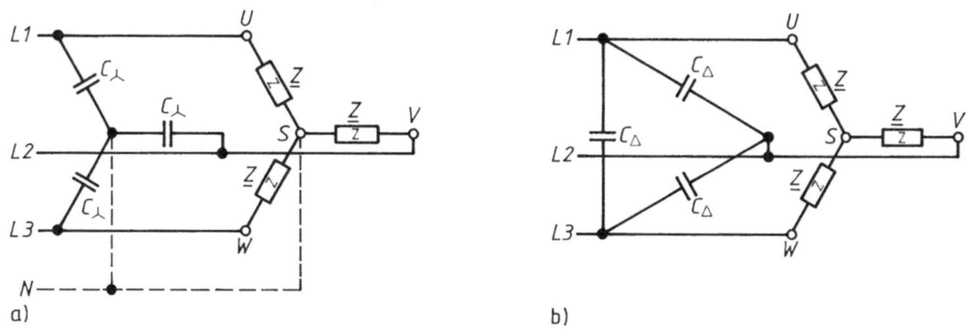

Bild 6.10: a) Blindleistungskompensation eines ohmsch-induktiven symmetrischen Drehstromverbrauchers durch drei Kondensatoren $C_\curlywedge$ in Sternschaltung bzw. b) durch drei Kondensatoren C_Δ in Dreieckschaltung

Statt der Kondensator-Sternschaltung kann man aber auch die hierzu äquivalente Dreieckschaltung nach Bild 6.10 b) einsetzen. Für die Admittanzen folgt aus Gl. (2.148) unter Berücksichtigung von Tabelle 3.3

$$\underline{Y}_\curlywedge = 3\,\underline{Y}_\Delta\,, \quad \text{also} \quad \mathrm{j}\omega\, C_\curlywedge = 3\,\mathrm{j}\omega\, C_\Delta\,.$$

Hieraus folgt mit Gl. (6.32) die Kapazität

$$C_\Delta = \frac{1}{3}\, C_\curlywedge = \frac{Q}{3\,\omega\, U^2}\,. \tag{6.33}$$

Die Kapazität der Kondensatoren in Dreieckschaltung beträgt nur ein Drittel der Kapazität, die bei Sternschaltung der Kondensatoren erforderlich ist. Daher wird für die Blindleistungskompensation meist die Dreieckschaltung angewandt. Allerdings müssen die im Dreieck geschalteten Kondensatoren für eine $\sqrt{3}$-fach höhere Spannung ausgelegt sein als bei der Sternschaltung.

6.3 Unsymmetrische Dreiphasenbelastung

Elektrische Energie wird überwiegend in großen Dreiphasen-Synchrongeneratoren erzeugt, die mit sehr hohem Wirkungsgrad mechanische in elektrische Energie umwandeln und zusätzlich Blindleistung aufnehmen oder abgeben können (*Phasenschieberbetrieb*). Sie werden für Leistungen bis zu 2000 MVA bei Spannungen bis zu 30 kV gebaut. Die elektrische Energie wird in Maschinentransformatoren anschließend hochgespannt und bei z. B. 110 kV, 220 kV oder 380 kV über Dreileiternetze (das sind Netze, die keinen Neutralleiter mitführen) zu den Verteilungstransformatoren geleitet. Diese sind niederspannungsseitig im Allgemeinen auf ein Vierleiternetz geschaltet, an das sowohl Einphasen- als auch Dreiphasenverbraucher angeschlossen werden können, sodass im Allgemeinen eine unsymmetrische Stromverteilung in den Außenleitern entsteht.

6.3.1 Vierleiternetz

6.3.1.1 Allgemeine Belastung

Bild 6.11 a) zeigt ein Niederspannungs-Vierleiternetz mit einphasigen Verbrauchern, die jeweils zwischen einem der Außenleiter L1, L2, L3 und dem Neutralleiter N angeschlossen sind, sowie einem nur mit den Außenleitern verbundenen Dreiphasenmotor M. Dieses Vierleitersystem liefert nach Bild 6.11 b) sechs Spannungen, nämlich die drei Außenleiterspannungen $\underline{U}_{12}$, $\underline{U}_{23}$, $\underline{U}_{31}$ und die drei Sternspannungen $\underline{U}_1$, $\underline{U}_2$, $\underline{U}_3$. Üblicherweise ist die Außenleiterspannung in diesem Netz $U = 400\,\text{V}$; entsprechend beträgt die Sternspannung $U_\lambda = U/\sqrt{3} = 400\,\text{V}/\sqrt{3} \approx 230{,}9\,\text{V} \approx 230\,\text{V}$. Einphasenverbraucher werden überwiegend an 230 V betrieben, bei größeren Leistungen aber auch an 400 V. Dreiphasenverbraucher liegen an 400 V mit einer Strangspannung von 230 V bei Stern- oder 400 V bei Dreieckschaltung.

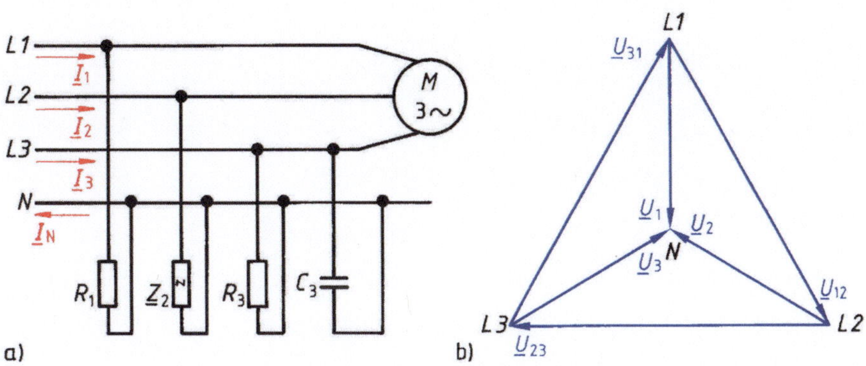

Bild 6.11: a) Vierleiternetz mit beliebigen Einphasenlasten und Dreiphasenmotor M sowie b) zugehöriges Spannungszeigerdiagramm

Mit dem in Bild 6.11 a) dargestellten Vierleitersystem wird den Verbrauchern das in Bild 6.11 b) angegebene *Spannungssystem* auch bei beliebiger Belastung zur Verfügung gestellt, wenn durch große Leiterquerschnitte und entsprechende Verteilungstransformatoren dafür gesorgt wird, dass die Spannungsabfälle auf den Zuleitungen vernachlässigbar klein bleiben („*starres Netz*“).

Ströme und Leistungen der einzelnen Verbraucher können nach Kapitel 3 berechnet werden. Der Neutralleiterstrom $\underline{I}_N$ ergibt sich aus der Addition der Ströme $\underline{I}_1$, $\underline{I}_2$ und $\underline{I}_3$. Hierbei ist neben dem Phasenverschiebungswinkel φ_ν, der zwischen der jeweiligen Sternspannung $\underline{U}_\nu$ und dem zugehörigen Außenleiterstrom $\underline{I}_\nu$ besteht, unbedingt auch die Phasenverschiebung von jeweils 120° zwischen den einzelnen Sternspannungen zu berücksichtigen.

Die insgesamt übertragene Wirkleistung P folgt hingegen mit Gl. (3.248) einfach aus der Summe der Wirkleistungen P_ν der einzelnen Verbraucher. Entsprechendes gilt nach Gl. (3.249) für die insgesamt aufgenommene Blindleistung Q und somit nach Gl. (3.250) auch für die komplexe Gesamtleistung $\underline{S}$.

Bei unsymmetrischer Belastung ist die gesamte Scheinleistung S nicht mehr die Summe der einzelnen Scheinleistungen, sondern muss nach Gl. (3.147) aus der komplexen Gesamtleistung berechnet werden.

Beispiel 6.6: Ströme und Leistungen bei unsymmetrischer Last am Vierleiternetz

Ein Dreiphasen-Vierleiternetz 230 V/400 V, 50 Hz speist wie in Bild 6.11 (jedoch ohne Motor) drei Einphasenverbraucher mit folgender Leistungsaufnahme:
an L1: $P_1 = 17{,}5\,\text{kW}$, $\cos\varphi_1 = 1$;
an L2: $S_2 = 23\,\text{kVA}$, $\cos\varphi_2 = 0{,}72$ induktiv;
an L3: $P_3 = 10\,\text{kW}$ parallel zu der Kapazität $C_3 = 275\,\mu\text{F}$.

Die Ströme und Leistungen sollen bestimmt werden.

Mit der Sternspannung $U_\curlywedge = 230\,\text{V}$ erhält man die Ströme und Phasenverschiebungswinkel

$$I_1 = \frac{P_1}{U_\curlywedge} = \frac{17{,}5\ \text{kW}}{230\ \text{V}} \approx 76{,}1\,\text{A} \quad \text{bei} \quad \varphi_1 = 0°,$$

$$I_2 = \frac{S_2}{U_\curlywedge} = \frac{23\ \text{kW}}{230\ \text{V}} = 100\,\text{A} \quad \text{bei} \quad \varphi_2 \approx 43{,}9°$$

sowie die Wirk- und die Blindkomponente des Stromes $\underline{I}_3$

$$I_{3\text{w}} = \frac{P_3}{U_\curlywedge} = \frac{10\ \text{kVA}}{230\ \text{V}} \approx 43{,}48\,\text{A}\,,$$

$$I_{3\text{b}} = \omega C_3\, U_\curlywedge = 2\pi \cdot 50\,\text{s}^{-1} \cdot 275\,\mu\text{F} \cdot 230\,\text{V} \approx 19{,}87\,\text{A}\,.$$

Hieraus folgt der Effektivwert

$$I_3 = \sqrt{I_{3\text{w}}^2 + I_{3\text{b}}^2} \approx \sqrt{43{,}48^2 + 19{,}87^2}\ \text{A} \approx 47{,}8\,\text{A}$$

und der – weil kapazitiv – negative Phasenverschiebungswinkel

$$\varphi_3 = -\text{Arctan}\frac{I_{3\text{b}}}{I_{3\text{w}}} \approx -\text{Arctan}\frac{19{,}87\ \text{A}}{43{,}48\ \text{A}} \approx -24{,}6°.$$

Die von der Kapazität C_3 aufgenommene Blindleistung ist nach Tabelle 3.2

$$Q_3 = -\omega C_3\, U_\lambda^2 = -2\pi \cdot 50\,\text{s}^{-1} \cdot 275\,\mu\text{F} \cdot (230\,\text{V})^2 \approx -4{,}57\,\text{kVA}\,.$$

In Bild 6.12 a) sind die Sternspannungen $\underline{U}_1$, $\underline{U}_2$, $\underline{U}_3$ aus Bild 6.11 b) noch einmal dargestellt; die winkelmäßige Zuordnung zur reellen und imaginären Achse ist willkürlich gewählt. Die Stromzeiger $\underline{I}_1$, $\underline{I}_2$, $\underline{I}_3$ werden unter den berechneten Phasenverschiebungswinkeln φ_1, φ_2, φ_3 an den zugehörigen Sternspannungen angetragen und liefern durch geometrische Addition den Neutralleiterstrom

$$\begin{aligned}\underline{I}_N &= \underline{I}_1 + \underline{I}_2 + \underline{I}_3 \\ &\approx 76{,}09\,\text{A}\,\text{e}^{-\text{j}\,90^\circ} + 100\,\text{A}\,\text{e}^{\text{j}\,(150^\circ-43{,}95^\circ)} + 47{,}8\,\text{A}\,\text{e}^{\text{j}\,(30^\circ+24{,}56^\circ)} \\ &\approx 58{,}96\,\text{A}\,\text{e}^{\text{j}\,89{,}9^\circ}\,.\end{aligned}$$

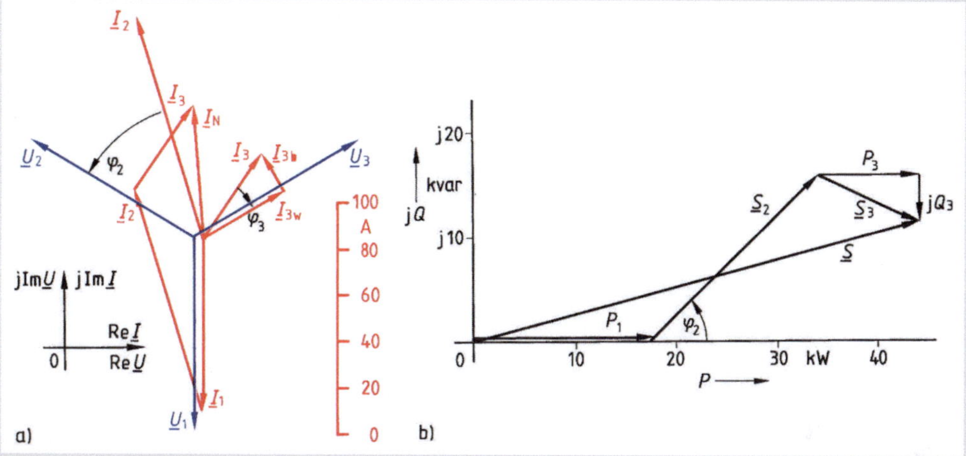

Bild 6.12: a) Strom-Spannungs-Zeigerdiagramm und
b) Leistungszeigerdiagramm zu Beispiel 6.6

Die komplexen Leistungen werden in Bild 6.12 b) dargestellt und zur Ermittlung der komplexen Gesamtleistung geometrisch addiert. Die winkelmäßige Zuordnung der Leistungszeiger zur reellen und imaginären Achse liegt nach Abschnitt 3.4.3 fest. Die Addition liefert

$$\underline{S} = \underline{S}_1 + \underline{S}_2 + \underline{S}_3 \approx (17{,}5 + 23\,\text{e}^{\text{j}\,43{,}95^\circ} + 10 - \text{j}\,4{,}57)\,\text{kVA} \approx 44{,}1\,\text{kW} + \text{j}\,11{,}4\,\text{kvar}$$

und

$$S = |\underline{S}| \approx 45{,}5\,\text{kVA}\,.$$

Es ist nicht sinnvoll, für unsymmetrische Belastung einen mittleren Leistungsfaktor als Verhältnis der Summe der Wirkleistungen zur gesamten Scheinleistung zu berechnen, da ein solcher mittlerer Leistungsfaktor im Allgemeinen keine Auskunft über die allein wichtigen, in den einzelnen Strängen auftretenden Leistungsverhältnisse geben kann.

6.3.1.2 Leistungsmessung

Wirkleistung wird an einem Verbraucher am Vierleiternetz mit der Schaltung nach Bild 6.13 gemessen, indem man die Messschaltung für einphasige Verbraucher nach Abschnitt 3.11.4 *für jede Phase einzeln* einsetzt. Ist der Verbraucher im Stern geschaltet und der Sternpunkt S an den Neutralleiter angeschlossen, zeigen die Wattmeter die drei Strangwirkleistungen an.

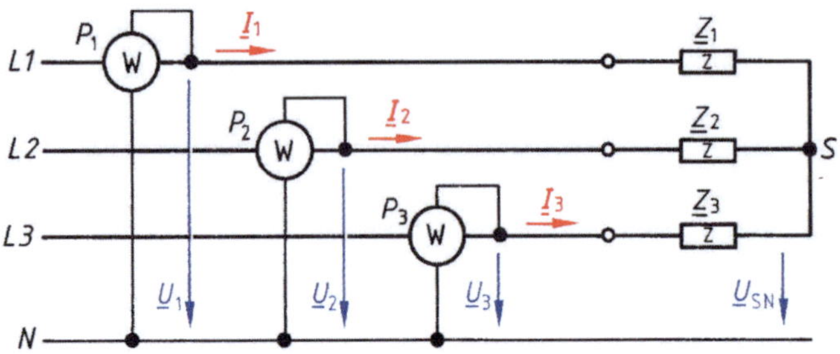

Bild 6.13: Wirkleistungsmessung

Ist der Sternpunkt wie in Bild 6.13 nicht angeschlossen, tritt bei unsymmetrischem Verbraucher eine Spannung $\underline{U}_{SN}$ zwischen Sternpunkt S und Neutralleiter N auf (s. Abschnitt 6.3.2.2). Die komplexe Leistung ergibt sich aus der Summe der komplexen Strangleistungen mit Gl. (3.145) zu

$$\underline{S} = \underline{S}_{Str1} + \underline{S}_{Str2} + \underline{S}_{Str3} = (\underline{U}_1 - \underline{U}_{SN})\underline{I}_1^* + (\underline{U}_2 - \underline{U}_{SN})\underline{I}_2^* + (\underline{U}_3 - \underline{U}_{SN})\underline{I}_3^* . \tag{6.34}$$

Wegen $\underline{I}_1 + \underline{I}_2 + \underline{I}_3 = 0$ und der Gln. (3.78) und (3.79) gilt auch $\underline{I}^* + \underline{I}^* + \underline{I}^* = 0$.

Hiermit erhält man

$$\underline{S} = \underline{U}_1\underline{I}_1^* + \underline{U}_2\underline{I}_2^* + \underline{U}_3\underline{I}_3^* - \underline{U}_{SN}(\underline{I}_1^* + \underline{I}_2^* + \underline{I}_3^*) = \underline{U}_1\underline{I}_1^* + \underline{U}_2\underline{I}_2^* + \underline{U}_3\underline{I}_3^* \tag{6.35}$$

und mit Gl. (3.148)

$$P = \operatorname{Re}\underline{S} = \operatorname{Re}(\underline{U}_1\underline{I}_1^*) + \operatorname{Re}(\underline{U}_2\underline{I}_2^*) + \operatorname{Re}(\underline{U}_3\underline{I}_3^*) = P_1 + P_2 + P_3 . \tag{6.36}$$

Hierin stellen P_1, P_2, P_3 nach Gl. (3.261) die von den drei Wattmetern angezeigten Werte dar. Ihre Summe ergibt also die insgesamt aufgenommene Wirkleistung. Der Vergleich mit Gl. (6.34) zeigt aber, dass die einzelnen Werte P_1, P_2, P_3 im Allgemeinen nicht mit den Strangwirkleistungen P_{Str1}, P_{Str2}, P_{Str3} übereinstimmen. Gleiches gilt für die Dreieckschaltung. Nur beim symmetrischen Verbraucher stimmen die angezeigten Leistungswerte $P_1 = P_2 = P_3 = P/3$ mit den Strangwirkleistungen überein.

Blindleistung wird an einem dreiphasigen Verbraucher mit der Schaltung nach Bild 6.14 gemessen. Mit Gl. (3.149) und Gl. (6.35) erhält man die Blindleistung einer Sternschaltung

$$Q = \operatorname{Im}\underline{S} = \operatorname{Im}(\underline{U}_1\underline{I}_1^*) + \operatorname{Im}(\underline{U}_2\underline{I}_2^*) + \operatorname{Im}(\underline{U}_3\underline{I}_3^*) \tag{6.37}$$

und mit Gl. (3.89)

$$Q = \operatorname{Re}\left(\frac{\underline{U}_1}{\mathrm{j}}\underline{I}_1^*\right) + \operatorname{Re}\left(\frac{\underline{U}_2}{\mathrm{j}}\underline{I}_2^*\right) + \operatorname{Re}\left(\frac{\underline{U}_3}{\mathrm{j}}\underline{I}_3^*\right) . \tag{6.38}$$

Aus Bild 6.11 b) und Gl. (6.12) folgt

$$\frac{\underline{U}_1}{\mathrm{j}} = \frac{\underline{U}_{23}}{\sqrt{3}}, \qquad \frac{\underline{U}_2}{\mathrm{j}} = \frac{\underline{U}_{31}}{\sqrt{3}}, \qquad \frac{\underline{U}_3}{\mathrm{j}} = \frac{\underline{U}_{12}}{\sqrt{3}} . \tag{6.39}$$

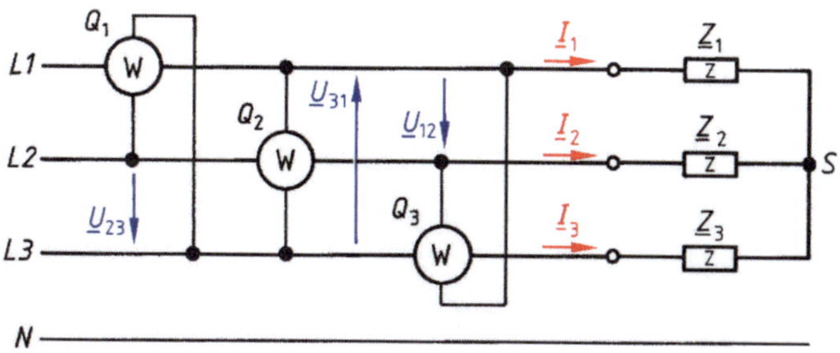

Bild 6.14: Blindleistungsmessung

Dies in Gl. (6.38) eingesetzt ergibt

$$Q = \frac{1}{\sqrt{3}} \left[\mathrm{Re}(\underline{U}_{23} \underline{I}_1^*) + \mathrm{Re}(\underline{U}_{31} \underline{I}_2^*) + \mathrm{Re}(\underline{U}_{12} \underline{I}_3^*) \right] = \frac{1}{\sqrt{3}} (Q_1 + Q_2 + Q_3). \tag{6.40}$$

Die drei Summanden in der letzten Klammer stellen die von den drei Wattmetern angezeigten Werte Q_1, Q_2, Q_3 dar. Ihre Summe ist das $\sqrt{3}$-fache der gesamten Blindleistung. Die einzelnen Werte Q_1, Q_2, Q_3 sind aber nur im Fall der Sternschaltung mit angeschlossenem Sternpunkt oder im Fall eines symmetrischen Verbrauchers auch das $\sqrt{3}$-fache der jeweiligen Strangblindleistungen. Für die Messung wird der Neutralleiter nicht benötigt. Die Schaltung ist daher sowohl für Vier- als auch für Dreileiternetze verwendbar.

6.3.2 Dreileiternetz

6.3.2.1 Dreieckschaltung

In den drei Strängen mit den Strangimpedanzen $\underline{Z}_{12}, \underline{Z}_{23}, \underline{Z}_{31}$ eines unsymmetrischen, im Dreieck geschalteten Verbrauchers nach Bild 6.15 a) fließen die *Strangströme*

$$\underline{I}_{12} = \frac{\underline{U}_{12}}{\underline{Z}_{12}}, \qquad \underline{I}_{23} = \frac{\underline{U}_{23}}{\underline{Z}_{23}}, \qquad \underline{I}_{31} = \frac{\underline{U}_{31}}{\underline{Z}_{31}}, \tag{6.41}$$

die gemeinsam ein unsymmetrisches Stromsystem nach Bild 6.15 b) bilden.

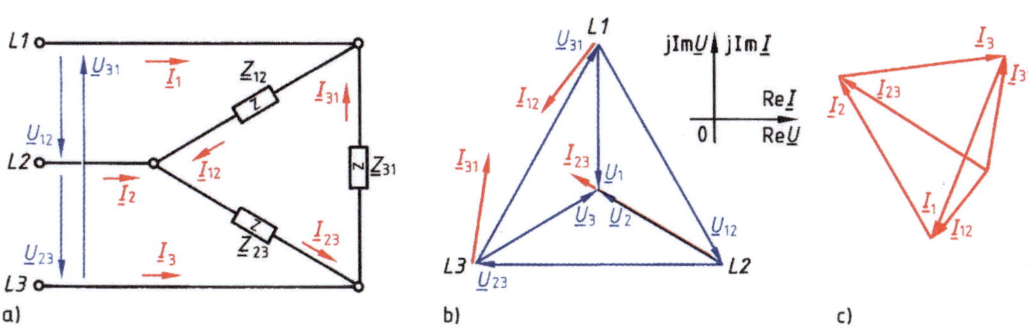

Bild 6.15: a) Unsymmetrische Dreieckschaltung mit
b) Zeigerdiagramm für die Strangspannungen und -ströme sowie
c) für die Außenleiterströme

Mit dem Knotensatz folgen hieraus die Außenleiterströme $\underline{I}_1$, $\underline{I}_2$, $\underline{I}_3$, wie in Bild 6.15 c) gezeigt. Diese Außenleiterströme bilden im Allgemeinen auch ein unsymmetrisches Stromsystem.

Beispiel 6.7: Ströme bei unsymmetrischer Last in Dreieckschaltung

Ein nach Bild 6.15 a) im Dreieck geschalteter Verbraucher besteht aus den Impedanzen $\underline{Z}_{12} = 50\,\Omega\,\mathrm{e}^{\mathrm{j}\,70°}$, $\underline{Z}_{23} = 25\,\Omega\,\mathrm{e}^{\mathrm{j}\,30°}$, $\underline{Z}_{31} = 40\,\Omega\,\mathrm{e}^{-\mathrm{j}\,20°}$. Er liegt an einem Dreileiternetz mit der Spannung $U = 400\,\mathrm{V}$.

Alle Ströme und ihre Phasenverschiebungswinkel sind zu bestimmen.

Mit den Außenleiterspannungen $\underline{U}_{12} = 400\,\mathrm{V}\,\mathrm{e}^{-\mathrm{j}\,60°}$, $\underline{U}_{23} = 400\,\mathrm{V}\,\mathrm{e}^{\mathrm{j}\,180°}$ und $\underline{U}_{31} = 400\,\mathrm{V}\,\mathrm{e}^{\mathrm{j}\,60°}$ ergeben sich die Strangströme

$$\underline{I}_{12} = \frac{\underline{U}_{12}}{\underline{Z}_{12}} = \frac{400\,\mathrm{V}\,\mathrm{e}^{-\mathrm{j}\,60°}}{50\,\Omega\,\mathrm{e}^{\mathrm{j}70°}} = 8\,\mathrm{A}\,\mathrm{e}^{-\mathrm{j}\,130°},$$

$$\underline{I}_{23} = \frac{\underline{U}_{23}}{\underline{Z}_{23}} = \frac{400\,\mathrm{V}\,\mathrm{e}^{\mathrm{j}\,180°}}{25\,\Omega\,\mathrm{e}^{\mathrm{j}\,30°}} = 16\,\mathrm{A}\,\mathrm{e}^{\mathrm{j}\,150°},$$

$$\underline{I}_{31} = \frac{\underline{U}_{31}}{\underline{Z}_{31}} = \frac{400\,\mathrm{V}\,\mathrm{e}^{\mathrm{j}\,60°}}{40\,\Omega\,\mathrm{e}^{-\mathrm{j}\,20°}} = 10\,\mathrm{A}\,\mathrm{e}^{\mathrm{j}\,80°}.$$

Sie sind in Bild 6.15 b) mit den zugehörigen Spannungen dargestellt. Hieraus folgen mit Bild 6.15 a) und dem Knotensatz die Außenleiterströme

$$\underline{I}_1 = \underline{I}_{12} - \underline{I}_{31} = 8\,\mathrm{A}\,\mathrm{e}^{-\mathrm{j}\,130°} - 10\,\mathrm{A}\,\mathrm{e}^{\mathrm{j}\,80°} \approx 17{,}4\,\mathrm{A}\,\mathrm{e}^{-\mathrm{j}\,113°},$$

$$\underline{I}_2 = \underline{I}_{23} - \underline{I}_{12} = 16\,\mathrm{A}\,\mathrm{e}^{\mathrm{j}\,150°} - 8\,\mathrm{A}\,\mathrm{e}^{-\mathrm{j}\,130°} \approx 16{,}6\,\mathrm{A}\,\mathrm{e}^{\mathrm{j}\,122°},$$

$$\underline{I}_3 = \underline{I}_{31} - \underline{I}_{23} = 10\,\mathrm{A}\,\mathrm{e}^{\mathrm{j}\,80°} - 16\,\mathrm{A}\,\mathrm{e}^{\mathrm{j}\,150°} \approx 15{,}7\,\mathrm{A}\,\mathrm{e}^{\mathrm{j}\,6{,}8°}.$$

Wie aus Bild 6.15 c) ersichtlich, ist ihre Summe $\underline{I}_1 + \underline{I}_2 + \underline{I}_3 = 0$.

6.3.2.2 Sternschaltung

Da bei einem Dreileiternetz kein Neutralleiter mitgeführt wird, kann der Sternpunkt S in Bild 6.16 a) nicht angeschlossen werden. Wegen des Knotensatzes gilt daher auch für unsymmetrische Verbraucher

$$\underline{I}_1 + \underline{I}_2 + \underline{I}_3 = 0\,. \tag{6.42}$$

Wegen der ungleichen Strangimpedanzen $\underline{Z}_1$, $\underline{Z}_2$, $\underline{Z}_3$ stellt sich am Sternpunkt S ein anderes Potenzial ein, als ein mitgeführter Neutralleiter (im Allgemeinen auf Erdpotenzial) gegebenenfalls gehabt hätte. Wie Bild 6.16 b) zeigt, werden die Strangspannungen $\underline{U}_{\mathrm{Str1}}$, $\underline{U}_{\mathrm{Str2}}$, $\underline{U}_{\mathrm{Str3}}$ dadurch unsymmetrisch und stimmen nicht mehr mit den (beim Dreileiternetz nicht verfügbaren) symmetrischen Sternspannungen $\underline{U}_1$, $\underline{U}_2$, $\underline{U}_3$ überein.

Die Spannung $\underline{U}_{\mathrm{SN}}$ zwischen dem Sternpunkt S und dem (nicht zugänglichen) Neutralleiter N lässt sich nach dem *Verfahren der Ersatz-Spannungsquelle* (s. Abschnitt 2.4.5.2) bestimmen. Der dreiphasige Spannungserzeuger wird in Bild 6.16 d) durch drei ideale Spannungsquellen dargestellt, an die die drei Stränge $\underline{Z}_1$, $\underline{Z}_2$, $\underline{Z}_3$ angeschlossen sind. Für diese Schaltung wird nun bezüglich der Klemmen S und N die Ersatz-Spannungsquelle nach Bild 6.16 e) bestimmt, indem der *Kurzschlussstrom* und der Kehrwert der *Innenimpedanz*

$$\underline{I}_k = \frac{\underline{U}_1}{\underline{Z}_1} + \frac{\underline{U}_2}{\underline{Z}_2} + \frac{\underline{U}_3}{\underline{Z}_3}, \qquad \frac{1}{\underline{Z}_i} = \frac{1}{\underline{Z}_1} + \frac{1}{\underline{Z}_2} + \frac{1}{\underline{Z}_3}$$

berechnet werden. Daraus folgt die gesuchte Spannung

$$\underline{U}_{SN} = \underline{Z}_i\,\underline{I}_k = \frac{\underline{I}_k}{\frac{1}{\underline{Z}_i}} = \frac{\frac{\underline{U}_1}{\underline{Z}_1} + \frac{\underline{U}_2}{\underline{Z}_2} + \frac{\underline{U}_3}{\underline{Z}_3}}{\frac{1}{\underline{Z}_1} + \frac{1}{\underline{Z}_2} + \frac{1}{\underline{Z}_3}}. \tag{6.43}$$

Beispiel 6.8: Ströme und Spannungen bei unsymmetrischer Last in Sternschaltung

Ein unsymmetrischer, im Stern geschalteter dreiphasiger Verbraucher nach Bild 6.16 a) mit den Strangimpedanzen $\underline{Z}_1 = 47\,\Omega\,e^{j\,40°}$, $\underline{Z}_2 = 26\,\Omega\,e^{j\,35°}$, $\underline{Z}_3 = R_3 = 37\,\Omega$ liegt an einem Dreileiternetz mit $U = 400\,V$ und $\underline{U}_1 \approx 230{,}9\,V\,e^{-j\,90°}$.

Gesucht sind die Strangspannungen und Strangströme.

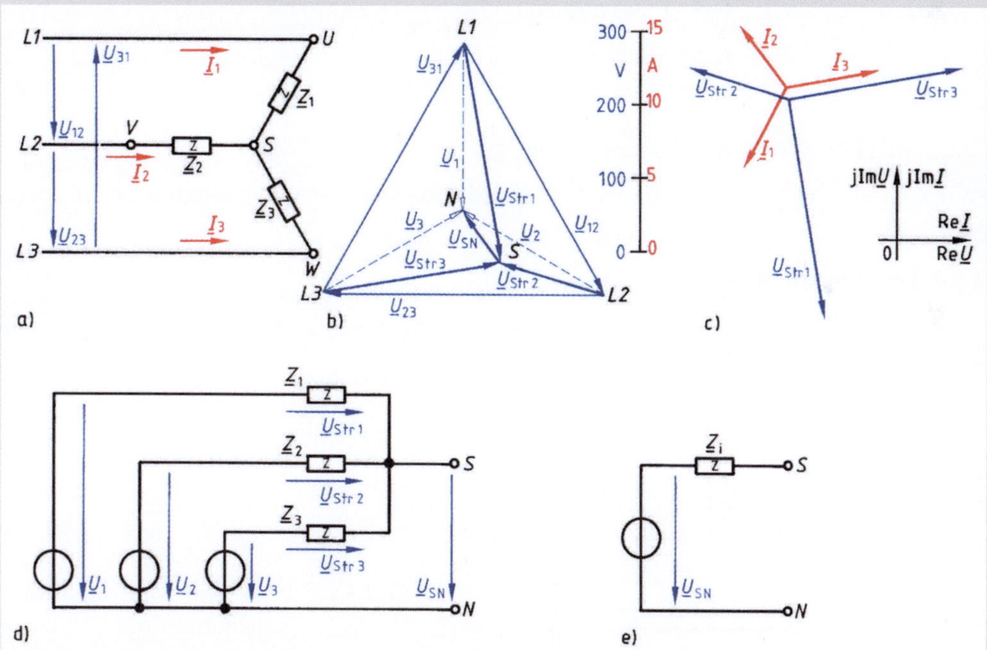

Bild 6.16: a) Unsymmetrische Sternschaltung am dreiphasigen Netz mit
b) Zeigerdiagramm der Strangspannungen und
c) Strangströme mit den Werten von Beispiel 6.8, sowie
d) Nachbildung des Drehstromerzeugers durch drei ideale Spannungsquellen und
e) Ersatz-Spannungsquelle zur Bestimmung von $\underline{U}_{SN}$

Aus den Sternspannungen $\underline{U}_1 \approx 230{,}9\,\text{V}\,\text{e}^{-\text{j}\,90^\circ}$, $\underline{U}_2 \approx 230{,}9\,\text{V}\,\text{e}^{\text{j}\,150^\circ}$, $\underline{U}_3 \approx 230{,}9\,\text{V}\,\text{e}^{\text{j}\,30^\circ}$ folgt mit Gl. (6.43) die Spannung zwischen Sternpunkt S und Neutralleiter N:

$$\underline{U}_{\text{SN}} = \frac{\dfrac{\underline{U}_1}{\underline{Z}_1} + \dfrac{\underline{U}_2}{\underline{Z}_2} + \dfrac{\underline{U}_3}{\underline{Z}_3}}{\dfrac{1}{\underline{Z}_1} + \dfrac{1}{\underline{Z}_2} + \dfrac{1}{\underline{Z}_3}} \approx \frac{\dfrac{230{,}9\,\text{V}\,\text{e}^{-\text{j}\,90^\circ}}{47\,\Omega\,\text{e}^{\text{j}\,40^\circ}} + \dfrac{230{,}9\,\text{V}\,\text{e}^{\text{j}\,150^\circ}}{26\,\Omega\,\text{e}^{\text{j}\,35^\circ}} + \dfrac{230{,}9\,\text{V}\,\text{e}^{\text{j}\,30^\circ}}{37\,\Omega}}{\dfrac{1}{47\,\Omega\,\text{e}^{\text{j}\,40^\circ}} + \dfrac{1}{26\,\Omega\,\text{e}^{\text{j}\,35^\circ}} + \dfrac{1}{37\,\Omega}} \approx 91{,}15\,\text{V}\,\text{e}^{\text{j}\,127^\circ}$$

Nach Bild 6.16 d) ergeben sich hiermit die Strangspannungen

$$\underline{U}_{\text{Str1}} = \underline{U}_1 - \underline{U}_{\text{SN}} \approx 230{,}9\,\text{V}\,\text{e}^{-\text{j}\,90^\circ} - 91{,}15\,\text{V}\,\text{e}^{\text{j}\,127^\circ} \approx 309\,\text{V}\,\text{e}^{-\text{j}\,79{,}8^\circ},$$
$$\underline{U}_{\text{Str2}} = \underline{U}_2 - \underline{U}_{\text{SN}} \approx 230{,}9\,\text{V}\,\text{e}^{\text{j}\,150^\circ} - 91{,}15\,\text{V}\,\text{e}^{\text{j}\,127^\circ} \approx 151\,\text{V}\,\text{e}^{\text{j}\,163{,}6^\circ},$$
$$\underline{U}_{\text{Str3}} = \underline{U}_3 - \underline{U}_{\text{SN}} \approx 230{,}9\,\text{V}\,\text{e}^{\text{j}\,30^\circ} - 91{,}15\,\text{V}\,\text{e}^{\text{j}\,127^\circ} \approx 258\,\text{V}\,\text{e}^{\text{j}\,9{,}5^\circ}$$

und die mit den Außenleiterströmen identischen Strangströme

$$\underline{I}_1 = \frac{\underline{U}_{\text{Str1}}}{\underline{Z}_1} \approx \frac{309\,\text{V}\,\text{e}^{-\text{j}\,79{,}8^\circ}}{47\,\Omega\,\text{e}^{\text{j}\,40^\circ}} \approx 6{,}57\,\text{A}\,\text{e}^{-\text{j}\,119{,}8^\circ},$$
$$\underline{I}_2 = \frac{\underline{U}_{\text{Str2}}}{\underline{Z}_2} \approx \frac{151\,\text{V}\,\text{e}^{\text{j}\,163{,}6^\circ}}{26\,\Omega\,\text{e}^{\text{j}\,35^\circ}} \approx 5{,}81\,\text{A}\,\text{e}^{\text{j}\,128{,}6^\circ},$$
$$\underline{I}_3 = \frac{\underline{U}_{\text{Str3}}}{\underline{Z}_3} \approx \frac{258\,\text{V}\,\text{e}^{\text{j}\,9{,}5^\circ}}{37\,\Omega} \approx 6{,}97\,\text{A}\,\text{e}^{\text{j}\,9{,}5^\circ},$$

die in Bild 6.16 c) als Zeiger dargestellt sind.

Zur Kontrolle der Rechnung kann man überprüfen, ob $\underline{I}_1 + \underline{I}_2 + \underline{I}_3 = 0$ erfüllt ist.

6.3.2.3 Leistungsmessung

Zur Messung der Wirkleistung, die von einem Verbraucher am Dreileiternetz aufgenommen wird, kann die *Aron-Schaltung* nach Bild 6.17 verwendet werden.

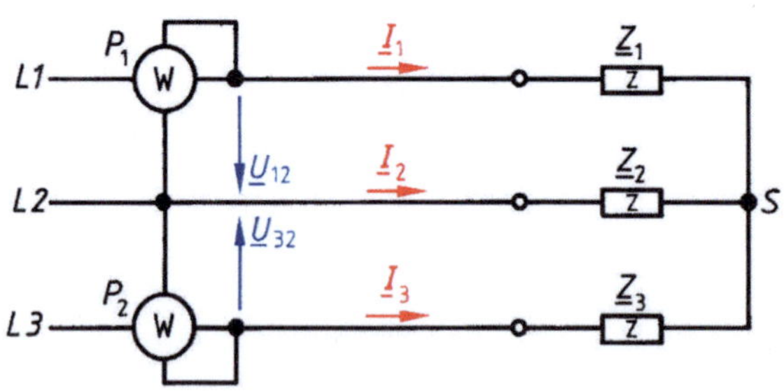

Bild 6.17: Wirkleistungsmessung am Dreileiternetz mit der Aron-Schaltung

Die komplexe Leistung des dreiphasigen Verbrauchers ergibt sich aus Gl. (6.35) unter Berücksichtigung der Gln. (6.42), (3.78) und (3.79) zu

$$\underline{S} = \underline{U}_1\underline{I}_1^* + \underline{U}_2(-\underline{I}_1^* - \underline{I}_3^*) + \underline{U}_3\underline{I}_3^* = (\underline{U}_1 - \underline{U}_2)\underline{I}_1^* + (\underline{U}_3 - \underline{U}_2)\underline{I}_3^*.$$

Nach Gl. (6.8) liefert die Differenz zweier Sternspannungen stets eine Außenleiterspannung (Bild 6.16 b)). Damit erhält man für die komplexe Leistung

$$\underline{S} = \underline{U}_{12}\underline{I}_1^* + \underline{U}_{32}\underline{I}_3^* \tag{6.44}$$

und nach Gl. (3.148) die Wirkleistung

$$P = \mathrm{Re}\,(\underline{U}_{12}\,\underline{I}_1^*) + \mathrm{Re}\,(\underline{U}_{32}\,\underline{I}_3^*) = P_1 + P_2\,, \tag{6.45}$$

also die Summe der von den beiden Wattmetern in Bild 6.17 angezeigten Werte. Aus den Werten P_1 und P_2 kann man aber nicht auf die Strangwirkleistungen schließen. Selbst bei symmetrischen Verbrauchern sind diese beiden Werte im Allgemeinen unterschiedlich und nur bei rein ohmscher, symmetrischer Last gleich.

Zur Messung der Blindleistung wird wie beim Vierleiternetz die Schaltung nach Bild 6.14 verwendet.

7 Nichtsinusförmige Ströme und Spannungen

In den Kapiteln 3 bis 6 wird vorausgesetzt, dass die betrachteten Wechselgrößen zeitlich sinusförmig verlaufen. Die reine Sinusform tritt aber nur selten auf. Deshalb soll diese Einschränkung jetzt fallen gelassen werden. Im Folgenden werden zunächst allgemeine periodische Schwingungen und danach nichtperiodische, einmalige Vorgänge betrachtet.

In der Energietechnik sind Abweichungen von der Sinusform in der Regel ungewollt. Aber es werden z. B. schon in den Generatoren keine rein sinusförmigen Spannungen erzeugt. Transformatoren benötigen Magnetisierungsströme, die bei Sättigung der Eisenkerne verzerrt sind (s. Abschnitt 7.2.3). Trotz sinusförmig verlaufender Spannungen weichen die Ströme daher von der Sinusform ab und verursachen nichtsinusförmige Spannungsabfälle. Auch Stromrichter und Gleichrichterschaltungen (s. Abschnitt 7.2.2) verursachen nichtsinusförmige Ströme und Spannungen.

In der Elektrotechnik werden neben Sinus-Generatoren auch Rechteck-, Sägezahn-, Impuls- und allgemeine Funktionsgeneratoren eingesetzt, die Spannungen und Ströme mit frei definierbaren („arbiträren") Kurvenformen erzeugen. Mikrofone und Sender liefern zeitabhängige, meist regellose Signale mit ständig wechselnden Frequenzanteilen. Daneben werden zur Modulation und Mischung nichtlineare Bauelemente eingesetzt, die zu Verzerrungen der Ausgangsgrößen führen.

Die Impulstechnik arbeitet mit zeitlich eng begrenzten Strömen und Spannungen, die nicht sinusförmig sind und sich vielfach auch nicht periodisch wiederholen. Derartige Impulse müssen dann als zeitliche Abfolge einmaliger Vorgänge mit Übergangszuständen betrachtet werden, die erst nach einiger Zeit in den jeweils stationären Zustand einmünden. Übergangszustände bzw. Ausgleichsvorgänge ergeben sich auch, wenn Netzwerke ein- oder ausgeschaltet, wenn Eingangsstrom oder -spannung verändert oder Netzwerkteile geändert werden, wenn also z. B. die Belastung verstellt wird oder wenn Störungen wie Lastschwankungen, Kurzschlüsse oder Ähnliches auftreten. In der Elektrotechnik hat man sich mit den Auswirkungen solcher Schaltvorgänge (z. B. auch plötzlich auftretenden Überspannungen) auseinanderzusetzen. In der Regelungstechnik muss man die Folgen von Störungen sowie die Wirksamkeit und Stabilität von Regelkreisen, also das dynamische Verhalten der Anlagen, untersuchen.

Im Folgenden wird zunächst in Abschnitt 7.1 die Darstellung periodischer Vorgänge durch die Überlagerung von sinusförmigen Schwingungen unterschiedlicher Frequenzen beschrieben und das Strom-Spannungs-Verhalten der Grundzweipole an nichtsinusförmiger Wechselspannung untersucht. In Abschnitt 7.2 wird der Einfluss nichtlinearer Bauelemente auf das Verhalten von Netzwerken bei sinusförmiger Anregung aufgezeigt. Schließlich werden in Abschnitt 7.3 Verfahren zur Berechnung von Schaltvorgängen behandelt.

7.1 Fourier-Analyse periodischer Zeitfunktionen

Für jede periodische Zeitfunktion gilt $f(t) = f(t + nT)$. Hierbei ist T die (kleinste) Periodendauer des Vorgangs und n eine beliebige ganze Zahl. Eine solche Funktion kann stets als Überlagerung von Sinusschwingungen unterschiedlicher Frequenz und Phasenlage sowie gegebenenfalls eines *Gleichanteils* aufgefasst werden.

T. Harriehausen und D. Schwarzenau, *Moeller Grundlagen der Elektrotechnik*,
https://doi.org/10.1007/978-3-658-49993-8_7

Die Überlagerung enthält meist (aber nicht notwendigerweise) eine sinusförmige Schwingung mit der *Grundfrequenz* $1/T$ entsprechend der Periodendauer T der Funktion $f(t)$. Sie wird als *Grundschwingung*, 1. Teilschwingung oder 1. Harmonische bezeichnet. Die Frequenzen der übrigen sinusförmigen Schwingungen (*Oberschwingungen, höhere Harmonische*) sind immer ganzzahlige positive Vielfache der Grundfrequenz.

Das Aufsummieren des Gleichanteils, der Grundschwingung und der Oberschwingungen geschieht nach Gl. (7.1) in Form einer *Fourier-Reihe*.

In Abschnitt 7.1.1 wird zunächst untersucht, nach welcher Methode sich die Koeffizienten a_0, a_ν, b_ν der Fourier-Reihe ermitteln lassen. In Abschnitt 7.1.2 wird die Berechnung der Fourier-Koeffizienten vorgenommen und in Abschnitt 7.1.3 werden wichtige Kenngrößen oberschwingungshaltiger periodischer Zeitfunktionen erläutert.

7.1.1 Aufgabenstellung

Ziel der nachfolgenden Überlegungen ist es zunächst, ein Rechenverfahren zu finden, mit dessen Hilfe man eine vorgegebene periodische Zeitfunktion $f(t)$ in optimaler Weise durch eine Funktion $g(t)$ *annähern* kann. Hierzu benötigt man einen zur Näherung geeigneten Funktionstyp und ein Kriterium, aufgrund dessen sich entscheiden lässt, wann eine Näherung optimal ist.

7.1.1.1 Näherungsfunktion

Zur Annäherung der periodischen Zeitfunktion $f(t)$ soll die Summe $g(t)$ aus einem Gleichanteil und mehreren Sinus- und Kosinusschwingungen unterschiedlicher Frequenz verwendet werden. Diese Wahl ist für *stetig differenzierbare Funktionen* (also Funktionen ohne Sprünge oder Knicke in ihrem Verlauf) in jedem Fall sinnvoll.

Da die *Originalfunktion* $f(t)$ in jeder Periode T in gleicher Weise durch die *Näherungsfunktion* $g(t)$ angenähert werden soll, müssen alle in der Näherungsfunktion $g(t)$ enthaltenen Sinus- und Kosinusfunktionen während der Periodendauer T eine *ganzzahlige* Anzahl von Schwingungen aufweisen. Deshalb darf die Näherungsfunktion $g(t)$ nur sinusförmige Funktionen enthalten, deren Frequenzen *ganzzahlige Vielfache* der Grundfrequenz sind. Damit hat die Näherungsfunktion die allgemeine Form

$$g(t) = a_0 + \sum_{\nu=1}^{n} a_\nu \cos(\nu\,\omega t) + \sum_{\nu=1}^{n} b_\nu \sin(\nu\,\omega t)\,. \tag{7.1}$$

Weil für jede Kreisfrequenz $\nu\,\omega$ sowohl eine Kosinusfunktion $a_\nu \cos(\nu\,\omega t)$ als auch eine Sinusfunktion $b_\nu \sin(\nu\,\omega t)$ angesetzt wird und für a_ν und b_ν sowohl positive als auch negative Werte zugelassen werden, lassen sich nach Abschnitt 3.2.5 die gleichfrequenten Sinus- und Kosinusschwingungen in Gl. (7.1) jeweils durch eine Sinusfunktion

$$a_\nu \cos(\nu\,\omega t) + b_\nu \sin(\nu\,\omega t) = A_\nu \sin(\nu\,\omega t + \varphi_\nu) \tag{7.2}$$

mit der Amplitude $A_\nu = \sqrt{a_\nu^2 + b_\nu^2}$ und der Phase $\varphi_\nu = \operatorname{Arctan}(a_\nu/b_\nu)$ darstellen.

Durch die Zahl n wird die Gliederanzahl in der Näherungsfunktion Gl. (7.1) festgelegt. Die Näherung gelingt umso besser, je größer n ist.

In Bild 7.1 wird eine Näherungsfunktion $g(t)$ mit $n = 2$ gezeigt, die also nur aus dem Gleichanteil a_0, der Grundschwingung $g_1(t)$ und der 1. Oberschwingung, also der 2. Harmonischen $g_2(t)$ besteht.

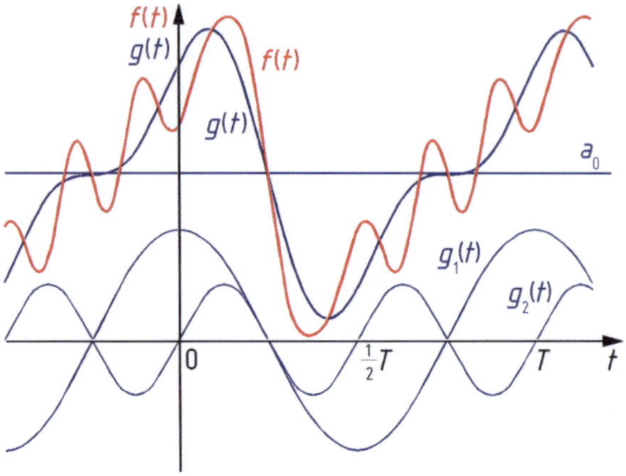

Bild 7.1: Periodische Zeitfunktion $f(t)$ und optimale Näherung $g(t)$ bei Beschränkung auf den Gleichanteil a_0, die Grundschwingung $g_1(t)$ und die 2. Harmonische $g_2(t)$

Die Annäherung an die Originalfunktion $f(t)$ gelingt nur unvollkommen. Dennoch stellt sie bei der Beschränkung auf so wenige Glieder die bestmögliche Näherung der Originalfunktion im Sinne des kleinsten mittleren Fehlerquadrats dar (s. Abschnitt 7.1.1.2).

7.1.1.2 Approximation nach dem kleinsten mittleren Fehlerquadrat

Zur Beurteilung der Güte der Übereinstimmung zwischen Näherungsfunktion $g(t)$ und Originalfunktion $f(t)$ wird der Fehler, also die Differenz $\delta(t) = g(t) - f(t)$ in dem Bereich von t betrachtet, für den die Näherung gelten soll. Bei periodischen Zeitfunktionen ist dies eine Periodendauer T. Bei nichtperiodischen Funktionen muss der Gültigkeitsbereich der Näherung vor der Berechnung festgelegt werden.

Für eine optimale Näherung scheint die Forderung naheliegend, dass der arithmetische Mittelwert des Fehlers $\bar{\delta} = 0$ sein soll. Da diese Bedingung aber auch von Näherungsfunktionen erfüllt werden kann, deren Fehler $\delta(t)$ zeitweise beträchtliche positive und negative Werte aufweist, die sich bei der Mittelwertbildung gegenseitig aufheben, scheidet dies als Kriterium für eine optimale Näherung aus.

Unter den möglichen Kriterien, die das gegenseitige Verrechnen positiver und negativer Fehler vermeiden, hat sich das *Kriterium des kleinsten mittleren Fehlerquadrats* praktisch bewährt. Hierbei wird der Fehler $\delta(t)$ zunächst quadriert, wodurch größere Abweichungen δ zusätzlich stärker gewichtet werden als kleinere. Die optimale Näherung im Sinne dieses Kriteriums liegt dann vor, wenn das mittlere Fehlerquadrat $\overline{\delta^2}$ seinen kleinsten Wert annimmt.

Beispiel 7.1: Approximation einer Funktion durch eine lineare Funktion

Die in Bild 7.2 dargestellte Funktion $f(t)$ soll für $t_1 < t < t_2$ durch die Funktion $g(t) = a_0 + a_1 t$ angenähert werden. Die Koeffizienten a_0 und a_1 sind so zu bestimmen, dass die Näherung optimal ist.

Für den geforderten Gültigkeitsbereich erhält man das mittlere Fehlerquadrat

$$\overline{\delta^2} = \frac{1}{t_2 - t_1} \int_{t_1}^{t_2} [g(t) - f(t)]^2 \, dt \,. \tag{7.3}$$

Nach Einsetzen des vorgegebenen linearen Funktionstyps $g(t) = a_0 + a_1 t$ folgt für das in Gl. (7.3) enthaltene Zeitintegral

$$J = \int_{t_1}^{t_2} [g(t) - f(t)]^2 dt = \int_{t_1}^{t_2} [a_0 + a_1 t - f(t)]^2 \, dt \,. \tag{7.4}$$

Es wird anschaulich durch die schraffierte Fläche in Bild 7.2 dargestellt und nimmt in Abhängigkeit von den Koeffizienten a_0 und a_1 unterschiedliche Werte an, ist also eine Funktion $J(a_0, a_1)$ dieser beiden Koeffizienten.

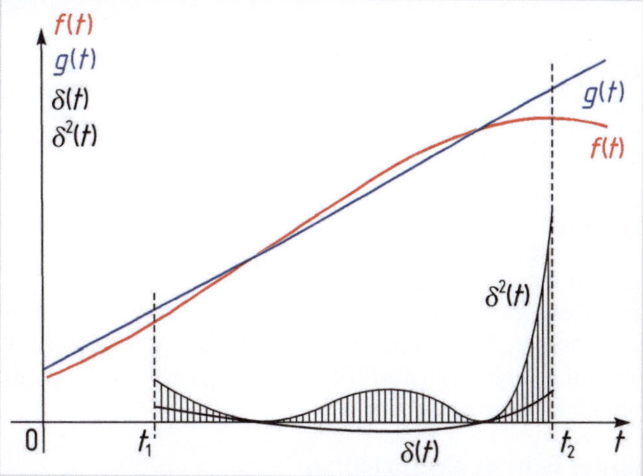

Bild 7.2: Lineare Näherung $g(t)$ der Originalfunktion $f(t)$ mit dem Verlauf des Fehlers $\delta(t) = g(t) - f(t)$ und des Fehlerquadrats $\delta^2(t)$

Die Werte von a_0 und a_1, für die das Integral J (und damit nach Gl. (7.3) auch das mittlere Fehlerquadrat $\overline{\delta^2}$) minimal wird, erhält man, wenn man J nach a_0 bzw. a_1 differenziert und die 1. Ableitung jeweils null setzt. So ergibt sich

$$\frac{\partial J}{\partial a_0} = \frac{\partial}{\partial a_0} \int_{t_1}^{t_2} [a_0 + a_1 t - f(t)]^2 \, dt = 2 \int_{t_1}^{t_2} [a_0 + a_1 t - f(t)] \, dt = 0$$

bzw.

$$\frac{\partial J}{\partial a_1} = \frac{\partial}{\partial a_1} \int_{t_1}^{t_2} [a_0 + a_1 t - f(t)]^2 \, dt = 2 \int_{t_1}^{t_2} [a_0 + a_1 t - f(t)] \, t \, dt = 0 \,.$$

Hieraus folgt, wenn man die erhaltenen Integrale jeweils in zwei Teilintegrale zerlegt,

$$\int_{t_1}^{t_2} [a_0 + a_1 t]\,\mathrm{d}t = a_0(t_2 - t_1) + \frac{1}{2}a_1(t_2^2 - t_1^2) = \int_{t_1}^{t_2} f(t)\,\mathrm{d}t \tag{7.5}$$

bzw.

$$\int_{t_1}^{t_2} [a_0 t + a_1 t^2]\,\mathrm{d}t = \frac{1}{2}a_0(t_2^2 - t_1^2) + \frac{1}{3}a_1(t_2^3 - t_1^3) = \int_{t_1}^{t_2} t\,f(t)\,\mathrm{d}t\,. \tag{7.6}$$

Die auf der rechten Seite stehenden Integrale müssen, sofern sie nicht geschlossen lösbar sind, mit numerischen Methoden aus der vorgegebenen Funktion $f(t)$ ermittelt werden. Die auf der linken Seite stehenden Integrale sind allgemein gelöst worden und haben je eine Linearkombination der Koeffizienten a_0 und a_1 ergeben, sodass Gl. (7.5) und Gl. (7.6) ein lineares Gleichungssystem zur Bestimmung der Koeffizienten a_0 und a_1 darstellen.

Wenn als Näherung eine Parabel der Form $g(t) = a_0 + a_1 + a_2 t^2$ vorgegeben wird, verfährt man entsprechend. Man erhält dann drei lineare Gleichungen für die drei Koeffizienten a_0, a_1, a_2. Nach diesem Verfahren lassen sich z. B. die Temperaturkoeffizienten α_{20} und β_{20} nach Abschnitt 2.1.2.4 aus der gemessenen $R(\vartheta)$-Kennlinie ermitteln.

7.1.2 Fourier-Reihen

Nun sollen die Fourier-Koeffizienten a_0, a_ν und b_ν in Gl. (7.1) nach dem in Abschnitt 7.1.1.2 beschriebenen Kriterium des kleinsten mittleren Fehlerquadrats berechnet werden. Für bestimmte Sonderfälle vereinfacht sich die Rechnung, wie für einige Beispiele gezeigt wird. Schließlich wird die komplexe Fourier-Reihe eingeführt, die für $n \to \infty$ verwendet wird, d. h. wenn unendlich viele Glieder der Fourier-Reihe berücksichtigt werden.

7.1.2.1 Berechnung der Fourier-Koeffizienten

Nach Abschnitt 7.1.1.2 ist $g(t)$ dann eine *optimale Näherung* der Originalfunktion $f(t)$, wenn das Zeitintegral J des Fehlerquadrats $\delta^2(t)$ über eine Periodendauer T sein Minimum erreicht. Mit dem beliebigen Startzeitpunkt t_0 erhält man in Abwandlung von Gl. (7.4) das Zeitintegral

$$J = \int_{t_0}^{t_0+T} [g(t) - f(t)]^2\,\mathrm{d}t \tag{7.7}$$

mit

$$g(t) = a_0 + \sum_{\nu=1}^{n} a_\nu \cos(\nu\,\omega t) + \sum_{\nu=1}^{n} b_\nu \sin(\nu\,\omega t)\,. \tag{7.8}$$

Zur Bestimmung der Werte von a_0, a_ν und b_ν, für die das Integral J minimal wird, müssen J nach diesen Koeffizienten differenziert und die 1. Ableitungen jeweils null gesetzt werden. Da die Näherungsfunktion $g(t)$ nach Gl. (7.8) linear von den Koeffizienten a_0, a_ν und b_ν abhängt, ist das Differenzieren von Gl. (7.7) nach der Kettenregel einfach möglich. Man erhält

$$\frac{\partial J}{\partial a_0} = 2 \int_{t_0}^{t_0+T} [g(t) - f(t)] \, dt = 0 \tag{7.9}$$

bzw.

$$\frac{\partial J}{\partial a_\nu} = 2 \int_{t_0}^{t_0+T} [g(t) - f(t)] \cdot \cos(\nu \, \omega t) \, dt = 0 \tag{7.10}$$

bzw.

$$\frac{\partial J}{\partial b_\nu} = 2 \int_{t_0}^{t_0+T} [g(t) - f(t)] \cdot \sin(\nu \, \omega t) \, dt = 0 \, . \tag{7.11}$$

Aus Gl. (7.9) folgt

$$\int_{t_0}^{t_0+T} g(t) \, dt = a_0 T = \int_{t_0}^{t_0+T} f(t) \, dt \, .$$

Das auf der linken Seite stehende Integral hat den Wert $a_0 T$, da die Integrale sämtlicher nach Gl. (7.8) in $g(t)$ enthaltener Kosinus- und Sinusfunktionen über eine Periodendauer T null ergeben. Der Koeffizient a_0 stellt also den *Gleichanteil*

$$a_0 = \frac{1}{T} \int_{t_0}^{t_0+T} f(t) \, dt \tag{7.12}$$

der Funktion $f(t)$ dar.

Für die Berechnung der Koeffizienten a_ν folgt aus Gl. (7.10)

$$\int_{t_0}^{t_0+T} g(t) \cos(\nu \, \omega t) \, dt = \int_{t_0}^{t_0+T} f(t) \cos(\nu \, \omega t) \, dt \, . \tag{7.13}$$

Wenn man $g(t)$ aus Gl. (7.8) in das Integral auf der linken Seite einsetzt, lässt sich dieses in Form der Summe

$$\int_{t_0}^{t_0+T} a_0 \cos(\nu \, \omega t) \, dt + \sum_{\mu=1}^{n} \int_{t_0}^{t_0+T} a_\mu \cos(\mu \, \omega t) \cos(\nu \, \omega t) \, dt + \sum_{\mu=1}^{n} \int_{t_0}^{t_0+T} b_\mu \sin(\mu \, \omega t) \cos(\nu \, \omega t) \, dt \tag{7.14}$$

darstellen. Hierin bezeichnet ν weiterhin die Ordnungszahl des Koeffizienten a_ν, nach dem in Gl. (7.10) differenziert wurde, während μ der Zählindex (von 1 bis n) der Summen in Gl. (7.8) ist.

Unter Verwendung der aus der Trigonometrie bekannten Identitäten

$$\cos x \cos y = \frac{1}{2}[\cos(x-y) + \cos(x+y)] \tag{7.15}$$

$$\cos x \sin y = \frac{1}{2}[\sin(x+y) - \sin(x-y)] \tag{7.16}$$

$$\sin x \sin y = \frac{1}{2}[\cos(x-y) - \cos(x+y)] \tag{7.17}$$

lässt sich zeigen, dass fast alle in der Summe (7.14) enthaltenen Integrale über eine Periodendauer T null sind. Die Integration über eine oder mehrere Perioden einer Wechselgröße ergibt immer den Wert null. Nur das Integral

$$\int\limits_{t_0}^{t_0+T} a_\mu \cos(\mu\,\omega t)\cos(\nu\,\omega t)\,\mathrm{d}t \quad \text{mit} \quad \mu = \nu$$

ergibt mit Gl. (7.15) wegen $\cos 0 = 1$

$$\int\limits_{t_0}^{t_0+T} a_\nu\,\frac{1}{2}\,[1 + \cos(2\,\nu\,\omega t)]\,\mathrm{d}t = \frac{1}{2}\,a_\nu T$$

und stellt damit das Ergebnis des Integrals links des Gleichheitszeichens von Gl. (7.13) dar. Somit folgt schließlich aus Gl. (7.13)

$$a_\nu = \frac{2}{T}\int\limits_{t_0}^{t_0+T} f(t)\cos(\nu\,\omega t)\,\mathrm{d}t\,. \tag{7.18}$$

Damit liegt eine Rechenvorschrift vor, mit deren Hilfe die Koeffizienten a_ν in Gl. (7.1) bzw. (7.8) zur Annäherung der Originalfunktion $f(t)$ gewonnen werden können.

Mit einer ganz ähnlichen Rechnung lassen sich auch die Koeffizienten b_ν bestimmen. Aus Gl. (7.11) folgt zunächst

$$\int\limits_{t_0}^{t_0+T} g(t)\sin(\nu\,\omega t)\,\mathrm{d}t = \int\limits_{t_0}^{t_0+T} f(t)\sin(\nu\,\omega t)\,\mathrm{d}t\,. \tag{7.19}$$

Ähnlich wie in Gl. (7.14) kann auch hier unter Verwendung von Gl. (7.8) das Integral auf der linken Seite durch die Summe

$$\int\limits_{t_0}^{t_0+T} a_0 \sin(\nu\,\omega t)\,\mathrm{d}t + \sum_{\mu=1}^{n}\int\limits_{t_0}^{t_0+T} a_\mu \cos(\mu\,\omega t)\sin(\nu\,\omega t)\,\mathrm{d}t + \sum_{\mu=1}^{n}\int\limits_{t_0}^{t_0+T} b_\mu \sin(\mu\,\omega t)\sin(\nu\,\omega t)\,\mathrm{d}t \tag{7.20}$$

dargestellt werden, deren Glieder alle null sind, bis auf den Term

$$\int\limits_{t_0}^{t_0+T} b_\mu \sin(\mu\,\omega t)\sin(\nu\,\omega t)\,\mathrm{d}t \quad \text{mit} \quad \mu = \nu\,,$$

denn dieser ergibt mit Gl. (7.17)

$$\int_{t_0}^{t_0+T} b_\nu \frac{1}{2} [1 - \cos(2\,\nu\,\omega t)]\,\mathrm{d}t = \frac{1}{2}\,b_\nu\,T$$

und stellt damit das Ergebnis des Integrals links des Gleichheitszeichens von Gl. (7.19) dar. Damit ergibt sich aus Gl. (7.19)

$$b_\nu = \frac{2}{T} \int_{t_0}^{t_0+T} f(t) \sin(\nu\,\omega t)\,\mathrm{d}t\,. \tag{7.21}$$

Die Gln. (7.12), (7.18) und (7.21) ermöglichen jetzt die Bestimmung aller nach Gl. (7.8) in der Näherungsfunktion $g(t)$ enthaltenen Koeffizienten zur optimalen Annäherung einer vorgegebenen periodischen Zeitfunktion $f(t)$. Die Koeffizienten a_0, a_ν, b_ν sind nicht von der Gliederzahl n abhängig!

7.1.2.2 Unendliche Fourier-Reihe

Wenn die Koeffizienten der Näherungsfunktion $g(t)$ nach Abschnitt 7.1.2.1 bestimmt werden, ist die Übereinstimmung mit der Originalfunktion $f(t)$ umso besser, je mehr Summenglieder in Gl. (7.8) berücksichtigt werden. Lässt man ihre Anzahl $n \to \infty$ gehen, wird die Näherungsfunktion $g(t)$ mit der Originalfunktion $f(t)$ identisch, *sofern letztere stetig differenzierbar ist.* Aus Gl. (7.8) folgt dann

$$f(t) = a_0 + \sum_{\nu=1}^{\infty} a_\nu \cos(\nu\,\omega t) + \sum_{\nu=1}^{\infty} b_\nu \sin(\nu\,\omega t) \tag{7.22}$$

Dieser Zusammenhang sowie die zugehörigen Koeffizienten sind in Tabelle 7.1 zusammengestellt.

Tabelle 7.1: Unendliche Fourier-Reihe und Bestimmungsgleichungen für ihre Koeffizienten

$$f(t) = a_0 + \sum_{\nu=1}^{\infty} a_\nu \cos(\nu\,\omega t) + \sum_{\nu=1}^{\infty} b_\nu \sin(\nu\,\omega t) \qquad (7.22)$$

$$a_0 = \frac{1}{T} \int_{t_0}^{t_0+T} f(t)\,\mathrm{d}t \qquad (7.12)$$

$$a_\nu = \frac{2}{T} \int_{t_0}^{t_0+T} f(t) \cos(\nu\,\omega t)\,\mathrm{d}t \qquad (7.18)$$

$$b_\nu = \frac{2}{T} \int_{t_0}^{t_0+T} f(t) \sin(\nu\,\omega t)\,\mathrm{d}t \qquad (7.21)$$

7.1.2.3 Sonderfälle

Für Funktionen mit bestimmten Eigenschaften ist von vornherein erkennbar, dass einige der in Tabelle 7.1 aufgeführten Koeffizienten null werden. Tabelle 7.2 gibt eine Übersicht hierüber.

Tabelle 7.2: Funktionen mit besonderen Eigenschaften
Die linke Seite zeigt Beispiele $f(t)$ des jeweiligen Funktionstyps, die rechte Seite einige der hierin enthaltenen Sinus- und Kosinus-Schwingungen $g_\nu(t)$

Gerade Funktionen $f(t) = f(-t)$	nur Gleichanteil und $\pm$ Kosinus-Anteile, $b_\nu = 0$
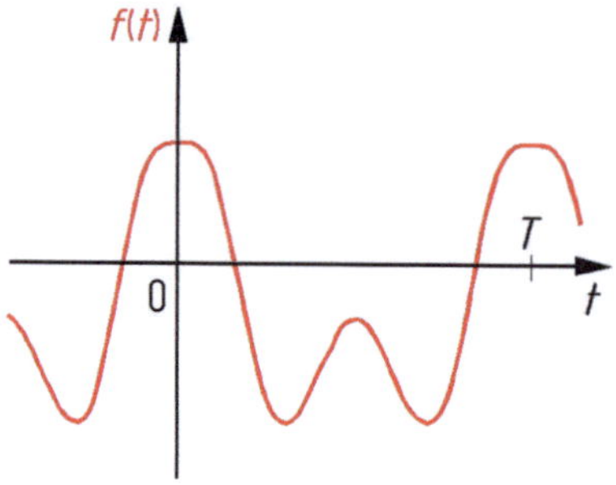	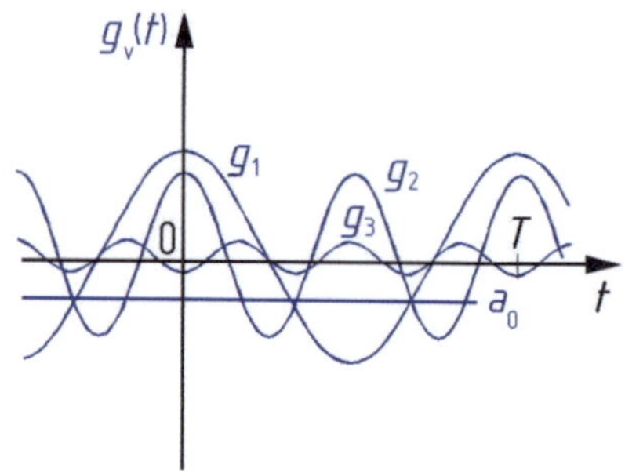
Ungerade Funktionen $f(t) = -f(-t)$	nur $\pm$ Sinus-Anteile, $a_0 = 0$, $a_\nu = 0$
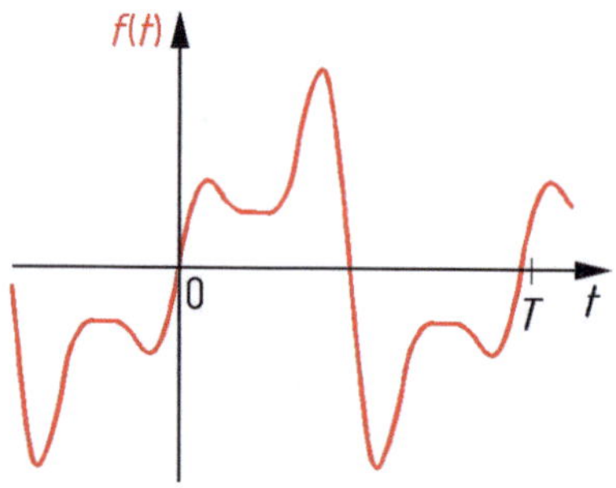	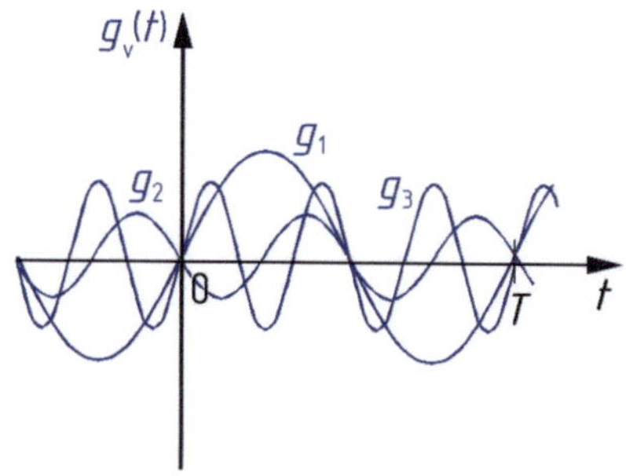
Alternierende Funktionen $f(t) = -f\left(t + \frac{T}{2}\right)$	nur Anteil ungeradzahliger Ordnung, $a_0 = 0$, $a_{2\mu} = b_{2\mu} = 0$
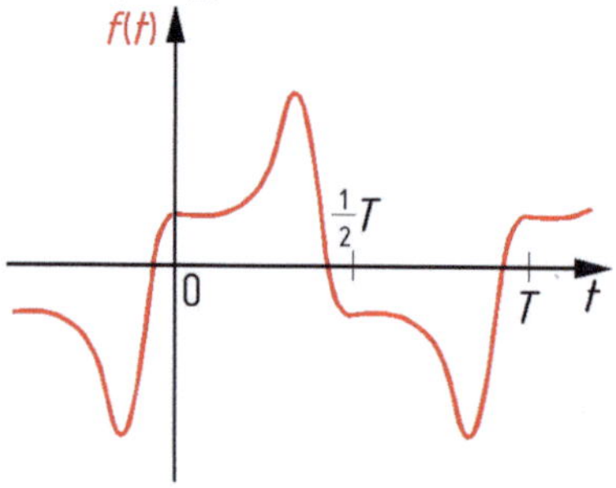	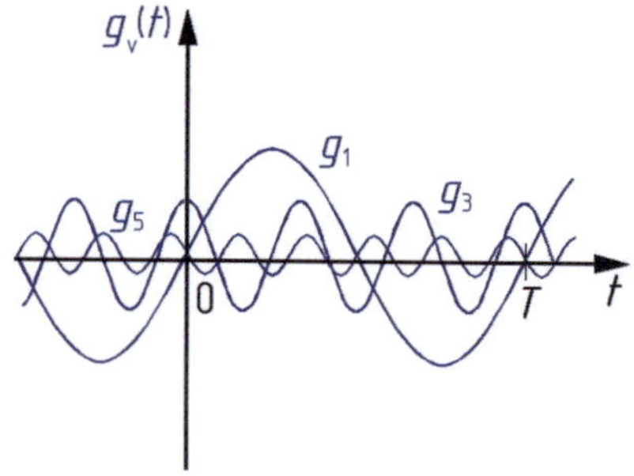

Gerade Funktionen $f(t) = f(-t)$ sind klappsymmetrisch zur Ordinate und können nur durch solche Funktionen nachgebildet werden, die diese Eigenschaft auch selbst besitzen: daher treten hier nur Kosinus-Anteile (mit positiven oder auch negativen a_ν) und gegebenenfalls ein Gleichanteil auf.

Entsprechendes gilt für *ungerade Funktionen* $f(t) = -f(-t)$: hier kommen nur Sinus-Anteile (mit positiven oder negativen b_ν) vor.

Alternierende Funktionen, bei denen die negative Halbschwingung bis auf das Vorzeichen mit der positiven Halbschwingung identisch ist, können nur durch Sinusschwingungen $g_\nu(t)$ geeigneter Phasenlage nachgebildet werden, für die ebenfalls $g_\nu(t) = -g_\nu(t + T/2)$ gilt. Dies ist nur für Frequenzen der Fall, die ungeradzahlige Vielfache der Grundfrequenz sind.

Beispiel 7.2: Fourier-Koeffizienten einer symmetrischen Rechteckschwingung

Gesucht sind die Fourier-Koeffizienten der in Bild 7.3 a) dargestellten, nach einer *symmetrischen Rechteckschwingung* mit dem *Tastverhältnis* 1/2 verlaufenden Stromfunktion $i(t)$.

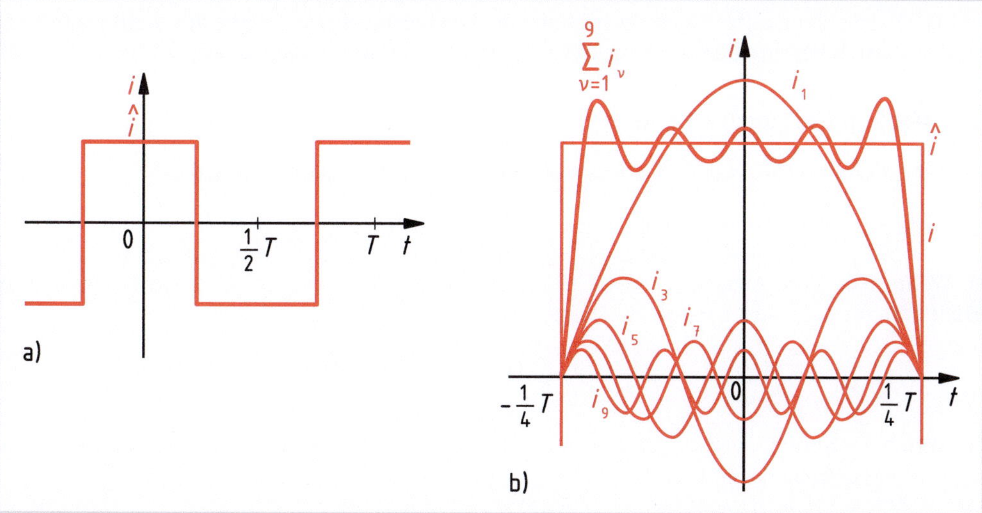

Bild 7.3: a) Rechteckförmige Stromfunktion und b) enthaltene Harmonische bis $\nu = 9$

Die Funktion ist sowohl gerade als auch alternierend. Nach Tabelle 7.2 kommen daher nur a_ν ungeradzahliger Ordnung vor. Diese ergeben sich aus Gl. (7.18) zu

$$a_\nu = \frac{2}{T}\int\limits_{-\frac{1}{4}T}^{\frac{3}{4}T} i(t)\cos(\nu\,\omega t)\,\mathrm{d}t = \frac{2}{T}\left\{\int\limits_{-\frac{1}{4}T}^{\frac{1}{4}T} \hat{\imath}\cos(\nu\,\omega t)\,\mathrm{d}t + \int\limits_{\frac{1}{4}T}^{\frac{3}{4}T} (-\hat{\imath})\cos(\nu\,\omega t)\,\mathrm{d}t\right\} /,.$$

Nach Auswertung der beiden Teilintegrale erhält man

$$a_\nu = \frac{2\hat{\imath}}{T}\left\{\frac{1}{\nu\omega}\left[\sin\frac{\nu\,\omega T}{4} - \sin\frac{-\nu\,\omega T}{4}\right] - \frac{1}{\nu\,\omega}\left[\sin\frac{3\,\nu\,\omega T}{4} - \sin\frac{\nu\,\omega T}{4}\right]\right\}$$

und mit Gl. (3.24)

$$a_\nu = \frac{\hat{i}}{\nu\pi}\left\{\sin\frac{\nu\pi}{2} - \sin\frac{-\nu\pi}{2} - \sin\frac{3\nu\pi}{2} + \sin\frac{\nu\pi}{2}\right\} = \frac{4\hat{i}}{\nu\pi}\sin\frac{\nu\pi}{2},$$

was bestätigt, dass alle a_ν mit geradzahligem ν den Wert null haben. Für ungeradzahlige ν folgt

$$a_\nu = \frac{4\hat{i}}{\nu\pi} \approx \frac{1{,}273}{\nu}\hat{i} \quad \text{mit} \quad \nu = 1, 5, 9, \ldots$$

und

$$a_\nu = -\frac{4\hat{i}}{\nu\pi} \approx -\frac{1{,}273}{\nu}\hat{i} \quad \text{mit} \quad \nu = 3, 7, 11, \ldots .$$

In Bild 7.3 b) ist die Überlagerung der Kosinusschwingungen $a_\nu \cos(\nu\,\omega t)$ bis $\nu = 9$ dargestellt.

Da $i(t)$ nicht stetig differenzierbar ist, kann eine Näherungsfunktion, die durch diese Fourier-koeffizienten beschrieben wird, die Stromfunktion nicht exakt nachbilden.

7.1.2.4 Komplexe Fourier-Reihe

Mit der *Eulerschen Gleichung* $\mathrm{e}^{\mathrm{j}\varphi} = \cos\varphi + \mathrm{j}\sin\varphi$ lässt sich einfach zeigen, dass

$$\cos\varphi = \frac{1}{2}(\mathrm{e}^{\mathrm{j}\varphi} + \mathrm{e}^{-\mathrm{j}\varphi}) \quad \text{und} \quad \sin\varphi = \frac{1}{2\mathrm{j}}(\mathrm{e}^{\mathrm{j}\varphi} - \mathrm{e}^{-\mathrm{j}\varphi})$$

ist. Wenn man diese Ausdrücke in Gl. (7.22) einführt und die beiden Summen zusammenfasst, erhält man für die Fourier-Reihe die Darstellung

$$f(t) = a_0 + \sum_{\nu=1}^{\infty}\left[\frac{a_\nu}{2}(\mathrm{e}^{\mathrm{j}\nu\omega t} + \mathrm{e}^{-\mathrm{j}\nu\omega t}) + \frac{b_\nu}{2\mathrm{j}}(\mathrm{e}^{\mathrm{j}\nu\omega t} - \mathrm{e}^{-\mathrm{j}\nu\omega t})\right].$$

Die Terme der Summe werden jetzt nach den beiden Exponentialfunktionen sortiert und in zwei getrennten Summen dargestellt:

$$f(t) = a_0 + \sum_{\nu=1}^{\infty}\frac{1}{2}(a_\nu - \mathrm{j}\,b_\nu)\,\mathrm{e}^{\mathrm{j}\nu\omega t} + \sum_{\nu=1}^{\infty}\frac{1}{2}(a_\nu + \mathrm{j}\,b_\nu)\,\mathrm{e}^{-\mathrm{j}\nu\omega t} \tag{7.23}$$

Die komplexen Koeffizienten $\underline{c}_\nu = \frac{1}{2}(a_\nu - \mathrm{j}\,b_\nu)$ bzw. $\underline{c}^*_\nu = \frac{1}{2}(a_\nu + \mathrm{j}\,b_\nu)$ sind zueinander konjugiert komplex und lassen sich mit den Gln. (7.18) und (7.21) aus Tabelle 7.1 darstellen als

$$\begin{aligned}\underline{c}_\nu &= \frac{1}{2}(a_\nu - \mathrm{j}\,b_\nu)\\ &= \frac{1}{T}\int_{t_0}^{t_0+T} f(t)\,[\cos(\nu\,\omega t) - \mathrm{j}\sin(\nu\,\omega t)]\,\mathrm{d}t = \frac{1}{T}\int_{t_0}^{t_0+T} f(t)\,\mathrm{e}^{-\mathrm{j}\nu\omega t}\,\mathrm{d}t\end{aligned}$$

bzw.

$$\begin{aligned}\underline{c}^*_\nu &= \frac{1}{2}(a_\nu + \mathrm{j}\,b_\nu)\\ &= \frac{1}{T}\int_{t_0}^{t_0+T} f(t)\,[\cos(\nu\,\omega t) + \mathrm{j}\sin(\nu\,\omega t)]\,\mathrm{d}t = \frac{1}{T}\int_{t_0}^{t_0+T} f(t)\,\mathrm{e}^{\mathrm{j}\nu\omega t}\,\mathrm{d}t\,.\end{aligned}$$

Wie der Vergleich mit Gl. (7.12) zeigt, liefert die Gleichung für $\underline{c}_\nu$ mit $\nu = 0$ auch das richtige Ergebnis für den Gleichanteil

$$\underline{c}_0 = \frac{1}{T} \int_{t_0}^{t_0+T} f(t)\,\mathrm{d}t = a_0\,. \tag{7.24}$$

Außerdem ist zu erkennen, dass $\underline{c}^*_{-\nu} = \frac{1}{2}(a_\nu + \mathrm{j}\,b_\nu)$ zu $\underline{c}_\nu = \frac{1}{2}(a_\nu - \mathrm{j}b_\nu)$ wird, wenn man die Laufvariable mit (– 1) multipliziert. Für den letzten Summenterm in Gl. (7.23) kann man daher schreiben

$$\sum_{\nu=1}^{\infty} \frac{1}{2}(a_\nu + \mathrm{j}\,b_\nu)\,\mathrm{e}^{-\mathrm{j}\,\nu\,\omega t} = \sum_{\nu=-1}^{-\infty} \frac{1}{2}(a_\nu - \mathrm{j}\,b_\nu)\,\mathrm{e}^{\mathrm{j}\,\nu\,\omega t}. \tag{7.25}$$

Nach dieser Umformung sind die Ausdrücke unter den beiden Summenzeichen in Gl. (7.23) identisch. Im einen Fall erfolgt die Summation von $\nu = 1$ bis $\nu \to \infty$, im anderen von $\nu = -1$ bis $\nu \to -\infty$. Nimmt man den noch fehlenden Wert $\nu = 0$ hinzu, liefert der selbe Ausdruck $\underline{c}_0\,\mathrm{e}^0$, was nach Gl. (7.24) den Gleichanteil a_0 beschreibt. Damit lassen sich alle drei Terme der Gl. (7.23) unter einem Summenzeichen zu der *komplexen Fourier-Reihe*

$$f(t) = \sum_{\nu=-\infty}^{+\infty} \underline{c}_\nu\,\mathrm{e}^{\mathrm{j}\,\nu\,\omega t} \tag{7.26}$$

zusammenfassen. Für die *komplexen Fourier-Koeffizienten* gilt

$$\underline{c}_\nu = \frac{1}{T} \int_{t_0}^{t_0+T} f(t)\,\mathrm{e}^{-\mathrm{j}\,\nu\,\omega t}\,\mathrm{d}t\,. \tag{7.27}$$

Obwohl die Gln. (7.26) und (7.27) für die komplexe Fourier-Reihe weniger anschaulich sind als die in Tabelle 7.1 zusammengestellten Gleichungen für die Fourier-Reihe mit reellen Koeffizienten, sollte man sich unbedingt mit diesen Zusammenhängen vertraut machen, da sie in der weiterführenden Literatur als Grundlage für die Einführung der Fourier- und Laplace-Transformation dienen [WU12].

7.1.3 Kennwerte periodischer Größen

7.1.3.1 Effektivwert

Die Fourier-Reihe nach Gl. (7.22) enthält im Allgemeinen neben dem Gleichanteil a_0 für jede Kreisfrequenz $\nu\,\omega$ sowohl eine Kosinusfunktion $a_\nu \cos(\nu\,\omega t)$ als auch eine Sinusfunktion $b_\nu \sin(\nu\,\omega t)$, die sich nach Gl. (7.2) zu einer Sinusfunktion

$$a_\nu \cos(\nu\,\omega t) + b_\nu \sin(\nu\,\omega t) = A_\nu \sin(\nu\,\omega t + \varphi_\nu)$$

mit der Amplitude $A_\nu = \sqrt{a_\nu^2 + b_\nu^2}$ zusammenfassen lassen. Wenn es sich bei der Zeitfunktion um einen Strom (bzw. eine Spannung) handelt, bezeichnet man die Amplitude A_ν der ν-ten Teilschwingung mit $\hat{i}_\nu$ (bzw. $\hat{u}_\nu$) und den Gleichanteil a_0 mit $\bar{i}$ (bzw. $\bar{u}$). Der Effektivwert der ν-ten Teilschwingung ist nach Gl. (3.35)

$$I_\nu = \frac{1}{\sqrt{2}}\,\hat{i}_\nu \quad \text{bzw.} \quad U_\nu = \frac{1}{\sqrt{2}}\,\hat{u}_\nu\,.$$

Der Effektivwert der Gesamtschwingung ist nach Gl. (3.12) zu berechnen und ergibt sich z. B. für einen Strom zu

$$I = \sqrt{\frac{1}{T}\int_{t_0}^{t_0+T} i^2\,\mathrm{d}t} = \sqrt{\frac{1}{T}\int_{t_0}^{t_0+T}\left[\bar{i} + \sum_{\nu=1}^{\infty}\hat{i}_\nu \sin(\nu\,\omega t + \varphi_\nu)\right]^2 \mathrm{d}t}\,.$$

Beim Quadrieren des Klammerausdrucks treten außer $\bar{i}^2$ und den Termen $\hat{i}_\nu^2 \sin^2(\nu\,\omega t + \varphi_\nu)$ auch solche des Typs $2\,\hat{i}_\mu \hat{i}_\nu \sin(\mu\,\omega t + \varphi_\mu)\sin(\nu\,\omega t + \varphi_\nu)$ mit $\mu \neq \nu$ auf. Wenn man letztere mit Hilfe von Gl. (7.17) umformt, lässt sich zeigen, dass ihr Integral über eine Periodendauer T immer null ist. Man erhält daher

$$I = \sqrt{\frac{1}{T}\int_{t_0}^{t_0+T} \bar{i}^2\,\mathrm{d}t + \sum_{\nu=1}^{\infty}\frac{1}{T}\int_{t_0}^{t_0+T}\hat{i}_\nu^2 \sin^2(\nu\,\omega t + \varphi_\nu)\,\mathrm{d}t}\,.$$

Unter dem Wurzelzeichen steht die Summe der Quadrate des Gleichanteils I_- sowie der Effektivwerte I_ν der einzelnen Teilschwingungen entsprechend Gl. (3.12). Diese Betrachtungen gelten für alle Größen, für die man Effektivwerte angibt. Das Ergebnis lässt sich daher auch auf die Spannung übertragen und man erhält als *Effektivwert der Gesamtschwingung*

$$I = \sqrt{I_-^2 + \sum_{\nu=1}^{\infty} I_\nu^2} \qquad \text{bzw.} \qquad U = \sqrt{U_-^2 + \sum_{\nu=1}^{\infty} U_\nu^2}\,. \tag{7.28}$$

In Übereinstimmung mit Gl. (3.17) bezeichnet der Summenausdruck den Effektivwert des Wechselstrom- (bzw. Wechselspannungs-) Anteils:

$$I_\sim = \sqrt{\sum_{\nu=1}^{\infty} I_\nu^2} \qquad \text{bzw.} \qquad U_\sim = \sqrt{\sum_{\nu=1}^{\infty} U_\nu^2} \tag{7.29}$$

7.1.3.2 Schwingungsgehalt, Welligkeit, Grundschwingungsgehalt, Klirrfaktor, Total Harmonic Distortion

Nur für Mischgrößen (s. Abschnitt 3.1.4) sind nach [dind] der *Schwingungsgehalt* s definiert als einheitenloses Verhältnis der Effektivwerte von Wechselanteil und Gesamtgröße

$$s_i = \frac{I_\sim}{I} \qquad \text{bzw.} \qquad s_u = \frac{U_\sim}{U} \tag{7.30}$$

und die Welligkeit w als einheitenloses Verhältnis des Effektivwertes des Wechselanteils und dem Betrag des Gleichanteils

$$w_i = \frac{I_\sim}{|I_-|} \qquad \text{bzw.} \qquad w_u = \frac{U_\sim}{|U_-|}\,. \tag{7.31}$$

Nur für Wechselgrößen (s. Abschnitt 3.1.4) wird der *Grundschwingungsgehalt* g als einheitenloses Verhältnis der Effektivwerte von Grundschwingung und gesamter Wechselgröße definiert:

$$g_i = \frac{I_1}{I} \qquad \text{bzw.} \qquad g_u = \frac{U_1}{U} \tag{7.32}$$

Allgemein gilt $0 \leq g \leq 1$.

Nur für Wechselgrößen ist der *Oberschwingungsgehalt* oder *Klirrfaktor* k nach [dind] definiert als das einheitenlose Verhältnis zwischen dem Effektivwert der Oberschwingungen (mit $\nu \geq 2$) und dem Gesamteffektivwert:

$$k_i = \frac{\sqrt{\sum\limits_{\nu=2}^{\infty} I_\nu^2}}{I} = \frac{\sqrt{I^2 - I_1^2}}{I} \quad \text{bzw.} \quad k_u = \frac{\sqrt{\sum\limits_{\nu=2}^{\infty} U_\nu^2}}{U} = \frac{\sqrt{U^2 - U_1^2}}{U} \tag{7.33}$$

Aus den Gln. (7.32) und (7.33) folgt die Umrechnungsvorschrift

$$k = \sqrt{1 - g^2}\,. \tag{7.34}$$

Allgemein gilt $0 \leq k \leq 1$. Der Klirrfaktor wird meist in Prozent angegeben. Für reine Sinusgrößen gilt $k = 0\,\%$. Wechselgrößen, in denen die Grundwelle nicht enthalten ist, haben einen Klirrfaktor von 100 %.

Der Klirrfaktor spielt in der Messtechnik bei der Beurteilung der Qualität von Übertragungsgliedern eine große Rolle. Legt man z. B. an den Eingang eines Verstärkers eine reine Sinusgröße ($k = 0$), erhält man durch Messung des Klirrfaktors der Ausgangsgröße eine Aussage über die *nichtlinearen Verzerrungen* des Verstärkers (s. Abschnitt 7.2.1). Starke nichtlineare Verzerrungen in Audiosignalen werden von Menschen oft als „Klirren“ wahrgenommen. Daher rührt der Name dieser Kenngröße.

Der Klirrfaktor eines Signals ändert sich nicht, wenn das Signal mit einem konstanten Faktor multipliziert (verstärkt) wird oder wenn die Phasenlagen der enthaltenen Teilschwingungen geändert werden. *Der Klirrfaktor erlaubt daher i. A. keinen Rückschluss auf die Kurvenform eines Signals.* Als Kennwert eines gegebenen Signals (z. B. einer Rechteckschwingung) kann der Klirrfaktor beliebige Werte annehmen, ohne dass das Signal dadurch „gut“ oder „schlecht“ wäre.

Im angloamerikanisch geprägten Raum wird anstelle des Klirrfaktors eine Größe verwendet, die als „Total Harmonic Distortion“ bezeichnet und mit THD abgekürzt wird. Die „Harmonische Gesamtverzerrung“ ist das Verhältnis des Effektivwertes aller Oberschwingungen einer Wechselgröße zum Effektivwert ihrer Grundschwingung:

$$THD_i = \frac{\sqrt{\sum\limits_{\nu=2}^{\infty} I_\nu^2}}{I_1} = \frac{\sqrt{I^2 - I_1^2}}{I_1} \quad \text{bzw.} \quad THD_u = \frac{\sqrt{\sum\limits_{\nu=2}^{\infty} U_\nu^2}}{U_1} = \frac{\sqrt{U^2 - U_1^2}}{U_1} \tag{7.35}$$

Aus Gl. (7.35) folgt durch Vergleich mit den Gln. (7.32) und (7.33)

$$THD = \frac{k}{g}\,. \tag{7.36}$$

Aus den Gln. (7.33) und (7.35) folgen die Umrechnungsvorschriften

$$k = \frac{THD}{\sqrt{1 + THD^2}} \tag{7.37}$$

und

$$THD = \frac{k}{\sqrt{1 - k^2}}\,. \tag{7.38}$$

Die THD kann beliebig große Werte annehmen ($0 \leq THD < \infty$), was ein Nachteil gegenüber dem Klirrfaktor ist, der nicht größer als 100 % werden kann. Der Klirrfaktor und die THD stimmen im

Bereich kleiner Werte gut überein. Bei $THD = 10\,\%$ gilt $k = 9{,}95\,\%$. Im Bereich großer Werte wird der Unterschied zwischen den beiden Kenngrößen aber erheblich. So entspricht einer THD von 1000 % ein Klirrfaktor von 99,5 %.

Die THD wird in der Regel auch von Netzwerkanalyseprogrammen aus dem angloamerikanisch geprägten Raum berechnet und in deutschen Versionen dieser Programme teilweise fälschlich als Klirrfaktor bezeichnet.

Beispiel 7.3: Fourier-Koeffizienten und Klirrfaktor einer symmetrischen Sägezahnschwingung

Für die in Bild 7.4 dargestellte symmetrische Sägezahnspannung $u(t)$ sind die Fourier-Koeffizienten a_0, a_ν, b_ν sowie der Grundschwingungsgehalt g_u und der Klirrfaktor k_u gesucht.

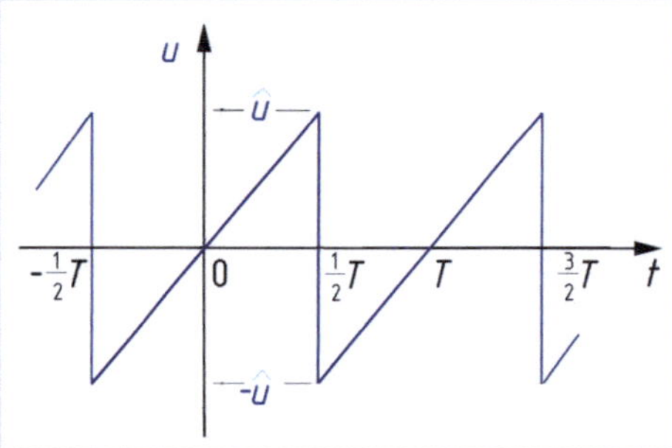

Bild 7.4: Sägezahnförmige Spannungsfunktion

Die Funktion ist ungerade. Nach Tabelle 7.2 gilt daher $a_0 = 0$, $a_\nu = 0$.

Die Koeffizienten b_ν werden mit Gl. (7.21) berechnet. Als Integrationsintervall wählt man zweckmäßig den Bereich von $-0{,}5\,T$ bis $0{,}5\,T$. In diesem Intervall folgt die Funktion der Geradengleichung

$$u(t) = \frac{2\,\hat{u}}{T}\,t\,.$$

Mit Gl. (7.21) erhält man

$$b_\nu = \frac{2}{T}\int\limits_{-0{,}5\,T}^{0{,}5\,T} \frac{2\,\hat{u}}{T} t\,\sin(\nu\,\omega t)\,\mathrm{d}t\,.$$

Durch partielle Integration (Produktregel) oder indem man in einer Integraltabelle das Integral der Funktion $x\,\sin(a\,x)$ nachschlägt, findet man die Lösung

$$b_\nu = \frac{4\,\hat{u}}{T^2}\left[\frac{1}{(\nu\,\omega)^2}\sin(\nu\,\omega t) - \frac{t}{\nu\,\omega}\cos(\nu\,\omega t)\right]\Bigg|\begin{matrix}0{,}5\,T\\-0{,}5\,T\end{matrix}\,.$$

Nach Einsetzen der oberen und der unteren Grenze folgt

$$b_\nu = 4\,\hat{u}\left\{\frac{1}{(\nu\,\omega T)^2}\left[\sin\frac{\nu\,\omega T}{2} - \sin\frac{-\nu\,\omega T}{2}\right] - \frac{1}{\nu\,\omega T^2}\left[\frac{1}{2}T\cos\frac{\nu\,\omega T}{2} + \frac{1}{2}T\cos\frac{-\nu\,\omega T}{2}\right]\right\}$$

und mit Gl. (3.24)

$$b_\nu = 4\hat{u}\left\{\frac{1}{(2\nu\pi)^2}[\sin(\nu\pi) - \sin(-\nu\pi)] - \frac{1}{4\nu\pi}[\cos(\nu\pi) + \cos(-\nu\pi)]\right\}.$$

Wegen $\sin(\nu\pi) = \sin(-\nu\pi) = 0$ und $\cos(\nu\pi) = \cos(-\nu\pi) = (-1)^\nu = -(-1)^{\nu+1}$ erhält man schließlich

$$b_\nu = (-1)^{\nu+1}\frac{2\hat{u}}{\nu\pi}.$$

Hieraus folgt für $\nu = 1$ die Amplitude der Grundschwingung $b_1 = \hat{u}_1 = (2/\pi)\hat{u}$ und entsprechend Gl. (3.35) ihr Effektivwert

$$U_1 = \frac{\hat{u}_1}{\sqrt{2}} = \frac{b_1}{\sqrt{2}} = \frac{1}{\sqrt{2}}\cdot\frac{2\hat{u}}{\pi} = \frac{\sqrt{2}}{\pi}\hat{u}.$$

Der Effektivwert der Gesamtschwingung ergibt sich mit Gl. (3.12) zu

$$U = \sqrt{\frac{1}{T}\int\limits_{-0{,}5T}^{0{,}5T}\left(\frac{2\hat{u}}{T}\right)^2 t^2\,\mathrm{d}t} = \sqrt{\frac{4\hat{u}^2}{T^3}\cdot\frac{1}{3}\left[\left(\frac{1}{2}T\right)^3 - \left(-\frac{1}{2}T\right)^3\right]} = \frac{\hat{u}}{\sqrt{3}}.$$

Hieraus folgt mit Gl. (7.32) der Grundschwingungsgehalt

$$g_u = \frac{U_1}{U} = \frac{\sqrt{2}\cdot\sqrt{3}}{\pi} = \frac{\sqrt{6}}{\pi} \approx 0{,}7797$$

und mit Gl. (7.33) der Klirrfaktor

$$k_u = \sqrt{1 - g_u^2} = \sqrt{1 - \frac{6}{\pi^2}} \approx 0{,}6262 = 62{,}62\,\%.$$

Die berechneten Werte von Grundschwingungsgehalt und Klirrfaktor sind Naturkonstanten und gelten für alle symmetrischen Sägezahnschwingungen – unabhängig von ihren Scheitelwerten und Periodendauern.

Beispiel 7.4: Fourier-Reihe und Klirrfaktor einer symmetrischen Rechteckschwingung

Für eine symmetrische Rechteckspannung $u(t)$ mit der Periodendauer T, die beschrieben wird durch $u(-T/2 < t < 0) = -\hat{u}$, $u(0 < t < T/2) = \hat{u}$ sind die Fourier-Reihe und der Klirrfaktor gesucht.

Die Funktion ist ungerade und alternierend. Nach Tabelle 7.2 gilt daher $a_0 = 0$, $a_\nu = 0$, $b_{2\nu} = 0$.

Die Koeffizienten $b_{2\nu-1}$ werden mit Gl. (7.21) berechnet. Der Ansatz

$$b_\nu = \frac{2}{T}\left[\int\limits_{-0{,}5T}^{0} -\hat{u}\,\sin(\nu\,\omega t)\,\mathrm{d}t + \int\limits_{0}^{0{,}5T} \hat{u}\,\sin(\nu\,\omega t)\,\mathrm{d}t\right]$$

führt zu

$$b_\nu = \frac{2\hat{u}}{T}\left[\int\limits_{-0,5\,T}^{0} \sin(\nu\,\omega t)\,\mathrm{d}t - \int\limits_{0}^{0,5\,T} \sin(\nu\,\omega t)\,\mathrm{d}t\right].$$

Dieser Ausdruck verschwindet, wie erwartet, für alle geradzahligen ν. Nur für ungeradzahlige ν ist der Term in den eckigen Klammern gleich dem Integral über den Betrag einer Sinusschwingung:

$$b_{2\nu-1} = \frac{2\hat{u}}{T}\left[\int\limits_{0}^{T/(2\nu-1)} |\sin((2\nu-1)\,\omega t)\;\mathrm{d}t|\right]$$

Daraus folgt

$$b_{2\nu-1} = \frac{2\hat{u}}{T}\,\frac{4}{(2\nu-1)\,\omega} = \frac{2\hat{u}}{T}\,\frac{2T}{(2\nu-1)\,\pi} = \frac{4\hat{u}}{(2\nu-1)\,\pi}$$

und somit die gesuchte Fourier-Reihe

$$u(t) = \frac{4\hat{u}}{\pi}\sum_{\nu=1}^{\infty}\frac{1}{2\nu-1}\,\sin((2\nu-1)\,\omega t)\,.$$

Die Amplitude der Grundschwingung ist $\hat{u}_1 = 4\hat{u}/\pi$ und ihr Effektivwert

$$U_1 = \frac{\hat{u}_1}{\sqrt{2}} = \frac{4}{\sqrt{2}\,\pi}\,\hat{u}\,.$$

Der Effektivwert der Gesamtschwingung ist $U = \hat{u}$.

Hieraus folgt der Klirrfaktor

$$k_u = \frac{\sqrt{U^2 - {U_1}^2}}{U} = \sqrt{1-\left(\frac{U_1}{U}\right)^2} = \sqrt{1-\left(\frac{4}{\sqrt{2}\pi}\right)^2} = \sqrt{1-\frac{8}{\pi^2}} \approx 0{,}4352 = 43{,}52\,\%\,.$$

Dieser Klirrfaktor ist eine Naturkonstante und gilt für alle symmetrischen Rechteckschwingungen – unabhängig von ihren Scheitelwerten und Periodendauern.

7.1.4 Nichtsinusförmige Wechselgrößen in linearen Netzwerken

Die in den Kapiteln 9 bis 11 hergeleiteten Beziehungen zwischen den Klemmengrößen für die linearen, zeitinvarianten Grundzweipole R, C und L gelten für beliebige Zeitfunktionen. In Tabelle 7.3 sind diese Gleichungen zusammengestellt. Man erkennt, dass die in Tabelle 3.4 aufgeführten dualen Entsprechungen zwischen Spannung und Strom, Induktivität und Kapazität sowie zwischen Widerstand und Leitwert auch für beliebige zeitliche Verläufe von Strom $i(t)$ und Spannung $u(t)$ gültig sind.

Die Anwendung der komplexen Rechnung ist jedoch für nichtsinusförmige Wechselgrößen nur noch mit der Einschränkung zulässig, dass diese zuvor nach Abschnitt 7.1.2 in ihre harmonischen Anteile unterschiedlicher Frequenz zerlegt und diese Anteile *einzeln* behandelt werden. Für die jeweilige Ausgangsgröße (Spannung oder Strom) erhält man dann im Allgemeinen einen Kurvenverlauf, dessen Form von dem der Eingangsgröße (Strom oder Spannung) abweicht, weil die einzelnen

Frequenzanteile in der Ausgangsgröße mit anderer Gewichtung und Phasenlage enthalten sind als in der Eingangsgröße.

7.1.4.1 Lineare Verzerrungen

Die in Tabelle 7.3 zusammengestellten Zweipole bezeichnet man als lineare, zeitinvariante Zweipole, sofern sie jeweils durch einen Wert R bzw. C bzw. L beschrieben werden können, der sich weder in Abhängigkeit von den Klemmengrößen u und i (Linearität) noch der Zeit t (Zeitinvarianz) ändert, vgl. Abschnitt 2.1.2.6.

Wenn in *linearen* Netzwerken Ein- und Ausgangsgrößen unterschiedliche Kurvenformen haben, bezeichnet man dies als *lineare Verzerrung*. Die Ausgangsgröße enthält dann ausschießlich Frequenzanteile (spektrale Komponenten), die schon in der Eingangsgröße enthalten sind. Weiterhin ändert sich die Kurvenform der Ausgangsgröße nicht, wenn man die Eingangsgröße bei gleichbleibender Kurvenform vergrößert oder verkleinert; vielmehr führt wegen der Linearität eine Multiplikation der Eingangsgröße mit einem konstanten positiven oder negativen Faktor zu einer Multiplikation der Ausgangsgröße mit demselben Faktor (s. Abschnitt 2.4.1.1).

Betrachtet man als Eingangsgröße den Strom $i(t)$ durch eine Induktivität L oder die Spannung $u(t)$ an einer Kapazität C, erhält man nach Tabelle 7.3 die jeweilige Ausgangsgröße $u(t)$ bzw. $i(t)$ durch zeitliche Differenziation. Wenn die Eingangsgröße in Form einer Fourier-Reihe nach Gl. (7.1) dargestellt wird, ergibt sich für die ν-te Teilschwingung nach Gl. (7.2)

$$\frac{\mathrm{d}}{\mathrm{d}t} A_\nu \sin(\nu\,\omega t + \varphi_\nu) = \nu\,\omega A_\nu \cos(\nu\,\omega t + \varphi_\nu)\,, \tag{7.39}$$

also eine Multiplikation der Teilschwingungsamplitude A_ν mit dem Faktor $\nu\,\omega$. Die höherfrequenten Anteile sind in der Ausgangsgröße also relativ stärker enthalten als in der Eingangsgröße.

Betrachtet man hingegen die Spannung $u(t)$ an einer Induktivität L oder den Strom $i(t)$ durch eine Kapazität C als Eingangsgröße, erhält man nach Tabelle 7.3 die jeweilige Ausgangsgröße $i(t)$ bzw. $u(t)$ durch zeitliche Integration. In der Fourier-Reihe ergibt sich für die ν-te Teilschwingung

$$\int A_\nu \sin(\nu\,\omega t + \varphi_\nu)\,\mathrm{d}t = \frac{A_\nu}{\nu\,\omega}[-\cos(\nu\,\omega t + \varphi_\nu)]\,, \tag{7.40}$$

also eine Division der Teilschwingungsamplitude A_ν durch $\nu\,\omega$. Die höherfrequenten Anteile sind in der Ausgangsgröße also relativ schwächer enthalten als in der Eingangsgröße.

Als Beispiel wird eine symmetrische dreieckförmige Wechselspannung $u(t)$ betrachtet, die nach Bild 7.5 b) an der Kapazität C den rechteckförmigen Strom $i(t) = C\,\mathrm{d}u/\mathrm{d}t$ mit beträchtlichen Oberschwingungsanteilen verursacht (Bild 7.3). Hingegen führt die selbe Spannung u an der Induktivität L in Bild 7.5 c) zu dem Strom $i(t) = (1/L) \int u\,\mathrm{d}t$, dessen Halbschwingungen Parabelbögen sind und den hohen Anteil erkennen lassen, den die Grundschwingung $-\cos(\omega t)$ am Gesamtverlauf hat.

Tabelle 7.3: Beziehungen zwischen Strom und Spannung an den passiven Grundzweipolen linearer Wechselstromnetzwerke

Widerstand	*Kapazität*	*Induktivität*
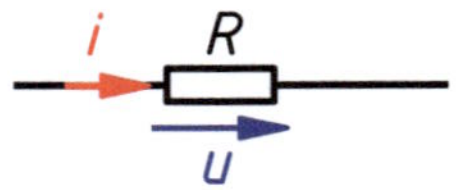	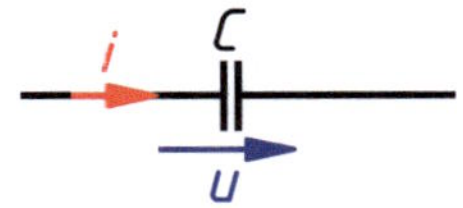	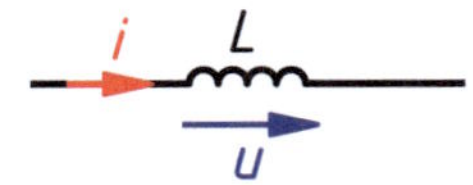
$u(t) = R\,i(t)$ (7.41)	$u(t) = \frac{1}{C}\int_{t_0}^{t} i(\vartheta)\,d\vartheta + u(t_0)$ (7.42)	$u(t) = L\frac{\mathrm{d}i}{\mathrm{d}t}$ (7.43)
$i(t) = \frac{1}{R}u(t)$ (7.44)	$i(t) = C\frac{\mathrm{d}u}{\mathrm{d}t}$ (7.45)	$i(t) = \frac{1}{L}\int_{t_0}^{t} u(\vartheta)\,\mathrm{d}\vartheta + i(t_0)$ (7.46)

7.1.4.2 Differenziation und Integration nichtsinusförmiger Wechselgrößen

Die in Tabelle 7.3 zusammengestellten Gleichungen gelten für beliebige Zeitfunktionen und können auf nichtsinusförmige Wechselgrößen auch ohne vorherige Fourier-Zerlegung angewandt werden, wie am folgenden Beispiel 7.5 gezeigt wird.

Beispiel 7.5: Nichtsinusförmige Wechselgrößen an elementaren Zweipolen

Gesucht sind der Strom $i(t)$ und die Augenblicksleistung $p(t)$, die auftreten, wenn eine symmetrische dreieckförmige Wechselspannung $u(t)$ nach Bild 7.5 an
a) einen Widerstand R,
b) eine Kapazität C,
c) eine Induktivität L
gelegt wird.

Da sich die Vorgänge nach Ablauf einer Periodendauer T wiederholen, genügt es, den Zeitraum $-0{,}25\,T < t < 0{,}75\,T$ zu betrachten. Im Zeitintervall $-0{,}25\,T < t < 0{,}25\,T$ folgt die Spannung der Funktion

$$u(t) = 4\,\hat{u}\,\frac{t}{T}\,.$$

Für das Zeitintervall $0{,}25\,T < t < 0{,}75\,T$ gilt entsprechend

$$u(t) = -4\,\hat{u}\left(\frac{t}{T} - \frac{1}{2}\right).$$

a) An einem Ohmschen Widerstand R ist nach Gl. (7.44) der Strom $i(t)$ der Spannung $u(t)$ proportional.

Man erhält für $-\,0{,}25\,T < t < 0{,}25\,T$: $\quad i(t) = \dfrac{u(t)}{R} = \dfrac{4\hat{u}}{R}\,\dfrac{t}{T}$

und für $0{,}25\,T < t < 0{,}75\,T$: $\quad i(t) = \dfrac{u(t)}{R} = -\dfrac{4\,\hat{u}}{R}\left(\dfrac{t}{T} - \dfrac{1}{2}\right)$,

also den in Bild 7.5 a) gezeigten Verlauf. Für die Augenblicksleistung $p(t)$ folgt mit Gl. (3.111) für $-0{,}25\,T < t < 0{,}25\,T$

$$p(t) = u(t)\,i(t) = \frac{16\,\hat{u}^2}{R}\,\frac{t^2}{T^2}$$

und für $0{,}25\,T < t < 0{,}75\,T$

$$p(t) = u(t)\,i(t) = \frac{16\,\hat{u}^2}{R}\left(\frac{t}{T} - \frac{1}{2}\right)^2.$$

Beide Funktionen beschreiben Parabelbögen, wie in Bild 7.5 a) dargestellt. Für $t = 0{,}25\,T$ liefern sie denselben Wert $p = \hat{u}^2/R$. Die Augenblicksleistung p wird zu keinem Zeitpunkt negativ, weil elektrische Energie einem Wirkwiderstand nur zugeführt, nicht aber wieder zurückgewonnen werden kann.

b) Der Strom durch eine Kapazität C ergibt sich nach Gl. (7.45) für $-0{,}25\,T < t < 0{,}25\,T$ zu

$$i(t) = C\,\frac{\mathrm{d}u}{\mathrm{d}t} = \frac{4\,C\,\hat{u}}{T}$$

und für $0{,}25\,T < t < 0{,}75\,T$

$$i(t) = C\,\frac{\mathrm{d}u}{\mathrm{d}t} = -\,\frac{4\,C\,\hat{u}}{T}\,.$$

Man erhält also den in Bild 7.5 b) gezeigten rechteckförmigen Stromverlauf. Für die Augenblicksleistung $p(t)$ folgt mit Gl. (3.111) für $-0{,}25\,T < t < 0{,}25\,T$

$$p = u(t)\,i(t) = \frac{16\,C\,\hat{u}^2}{T}\,\frac{t}{T}$$

und für $0{,}25\,T < t < 0{,}75\,T$

$$p(t) = u(t)\,i(t) = \frac{16\,C\,\hat{u}^2}{T}\left(\frac{t}{T} - \frac{1}{2}\right).$$

Für $t = 0{,}25\,T$ liefert die eine Funktion den Wert $+4\,C\hat{u}^2/T$ und die andere $-4\,C\hat{u}^2/T$. Dieser abrupte Vorzeichenwechsel rührt daher, dass auch der Strom $i(t)$ zu diesem Zeitpunkt sein Vorzeichen ändert. Zwischen den Vorzeichenwechseln verläuft die Augenblicksleistung linear, hat also den in Bild 7.5 b) dargestellten sägezahnförmigen Verlauf. Viertelperioden positiver Augenblicksleistung wechseln mit solchen negativer Augenblicksleistung in der Weise ab, dass die der Kapazität während einer Viertelperiode zugeführte Energie während der nächsten Viertelperiode wieder vollständig abgegeben wird.

c) Bei einer Induktivität L ergibt sich der Strom $i(t)$ nach Gl. (7.46) für $-0{,}25\,T < t < 0{,}25\,T$

$$i(t) = \frac{1}{L}\int 4\,\hat{u}\,\frac{t}{T}\,\mathrm{d}t = \frac{2\,\hat{u}\,T}{L}\left(\frac{t^2}{T^2} + k_1\right)$$

und für $0{,}25\,T < t < 0{,}75\,T$

$$i(t) = \frac{1}{L}\int (-4\,\hat{u})\left(\frac{t}{T} - \frac{1}{2}\right)\mathrm{d}t = -\frac{2\,\hat{u}\,T}{L}\left(\frac{t^2}{T^2} - \frac{t}{T} + k_2\right).$$

Für $t = 0{,}25\,T$ müssen beide Funktionen denselben Wert liefern, da ein abrupter Stromsprung nach Gl. (7.43) eine unendlich hohe Spannung erfordern würde. Wegen der Symmetrie der Funktion muss dieser Wert $i(t = 0{,}25\,T) = 0$ sein. Hieraus folgen die beiden Integrationskonstanten $k_1 = -1/16$ und $k_2 = 3/16$. Damit erhält man den Strom für $-0{,}25\,T < t < 0{,}25\,T$

$$i(t) = \frac{2\,\hat{u}\,T}{L}\left(\frac{t^2}{T^2} - \frac{1}{16}\right)$$

und für $0{,}25\,T < t < 0{,}75\,T$

$$i(t) = -\frac{2\,\hat{u}\,T}{L}\left[\left(\frac{t}{T} - \frac{1}{2}\right)^2 - \frac{1}{16}\right].$$

Der Stromverlauf lässt sich also, wie in Bild 7.5 c) gezeigt, durch aneinandergesetzte Parabelbögen darstellen. Für die Augenblicksleistung $p(t)$ folgt mit Gl. (3.111) für $-0{,}25\,T < t < 0{,}25\,T$

$$p(t) = u(t)\,i(t) = \frac{8\,\hat{u}^2\,T}{L}\left(\frac{t^3}{T^3} - \frac{1}{16}\,\frac{t}{T}\right)$$

und für $0{,}25\,T < t < 0{,}75\,T$

$$p(t) = u(t)\,i(t) = \frac{8\,\hat{u}^2 T}{L}\left[\left(\frac{t}{T} - \frac{1}{2}\right)^3 - \frac{1}{16}\left(\frac{t}{T} - \frac{1}{2}\right)\right].$$

Ihr Verlauf ist in Bild 7.5 c) dargestellt. Auch hier wechseln Viertelperioden positiver Augenblicksleistung mit solchen negativer Augenblicksleistung in der Weise ab, dass die der Induktivität während einer Viertelperiode zugeführte Energie während der nächsten Viertelperiode wieder vollständig abgegeben wird.

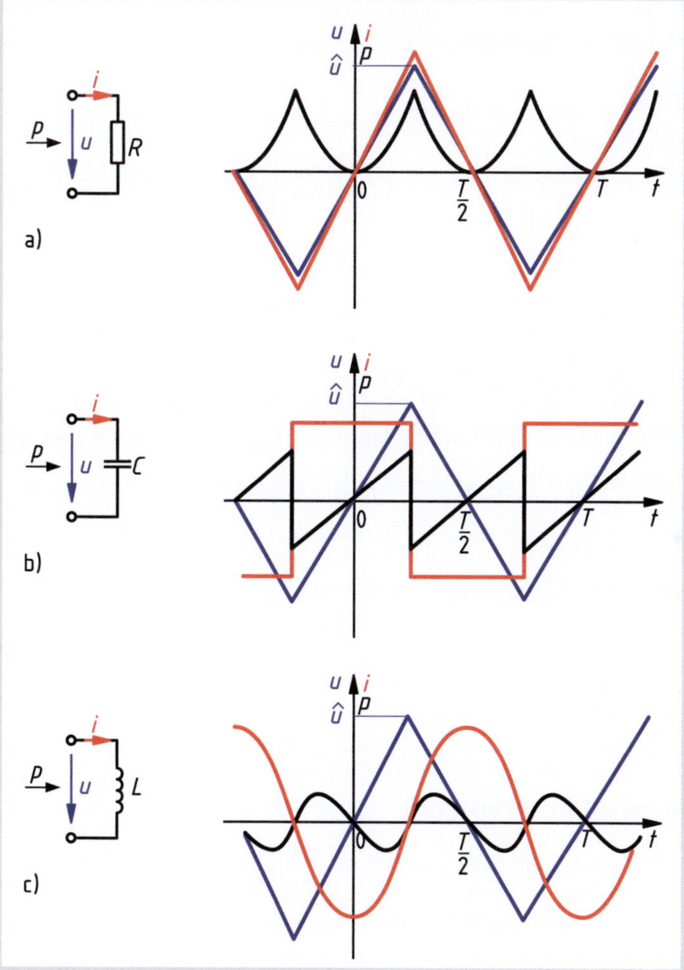

Bild 7.5: Strom $i(t)$ und Augenblicksleistung $p(t)$ an den passiven Grundzweipolen bei angelegter symmetrischer dreieckförmiger Wechselspannung

Beispiel 7.6: Fourier-Koeffizienten einer symmetrischen Dreieckschwingung

Mit Hilfe der Ergebnisse der Beispiele 7.2 und 7.5 b) sollen die Fourier-Koeffizienten der symmetrischen dreieckförmigen Wechselspannung nach Bild 7.5 ermittelt werden.

Beispiel 7.5 b) und Bild 7.6 b) zeigen, dass die symmetrische Dreieckspannung mit dem Scheitelwert $\hat{u}$ an der Kapazität C einen rechteckförmigen Strom mit dem Scheitelwert $\hat{i} = 4\,C\,\hat{u}/T$ hervorruft. Die Fourier-Koeffizienten dieses Stromes sind nach Beispiel 7.2

$$a_\nu = \frac{4\,\hat{i}}{\nu\,\pi}\sin\frac{\nu\,\pi}{2} = \frac{16\,C\,\hat{u}}{\nu\,\pi\,T}\sin\frac{\nu\,\pi}{2}\,.$$

Wegen $a_0 = 0$ und $b_\nu = 0$ lässt sich der Strom mit Gl. (7.22) als

$$i(t) = \sum_{\nu=1}^{\infty}\frac{16\,C\,\hat{u}}{\nu\,\pi\,T}\sin\frac{\nu\,\pi}{2}\cos(\nu\,\omega t)$$

darstellen. Mit Gl. (7.42) erhält man hieraus die dreieckförmige Spannung

$$u(t) = \frac{1}{C}\int i\,\mathrm{d}t = \frac{1}{C}\sum_{\nu=1}^{\infty}\frac{16\,C\,\hat{u}}{\nu\,\pi\,T}\sin\frac{\nu\,\pi}{2}\int\cos(\nu\,\omega t)\,\mathrm{d}t$$

und nach Lösen des Integrals sowie unter Berücksichtigung von $\omega = 2\pi/T$

$$u(t) = \sum_{\nu=1}^{\infty}\frac{16\,\hat{u}}{\nu\,\pi\,T}\,\frac{1}{\nu\,\omega}\sin\frac{\nu\,\pi}{2}\sin(\nu\,\omega t) = \sum_{\nu=1}^{\infty}\frac{8\,\hat{u}}{\nu^2\pi^2}\sin\frac{\nu\,\pi}{2}\sin(\nu\,\omega t)\,.$$

Der Vergleich mit Gl. (7.22) ergibt für die Fourier-Koeffizienten der Dreieckspannung

$$a_0 = 0, \qquad a_\nu = 0, \qquad b_\nu = \frac{8\,\hat{u}}{\nu^2\pi^2}\sin\frac{\nu\,\pi}{2}\,.$$

7.2 Nichtlineare Wechselstromnetzwerke

Ein nichtlineares Wechselstromnetzwerk enthält mindestens ein Schaltungselement, dessen Parameter (z. B. R, L, C) von seiner Klemmenspannung bzw. seinem Klemmenstrom abhängig ist. Nichtlineare Bauelemente sind u. a. alle Halbleiterbauelemente (z. B. Dioden, Gleichrichter, Transistoren), spannungsabhängige Widerstände und stromabhängige Induktivitäten.

7.2.1 Nichtlineare Verzerrungen

Eine nichtlineare Schaltung, die mit einem sinusförmigen Eingangssignal angeregt wird, erzeugt ein Ausgangssignal mit Frequenzanteilen, die im Eingangssignal nicht enthalten sind. Diese neuen spektralen Komponenten bezeichnet man als *nichtlineare Verzerrungen*.

Die Kennlinie eines nichtlinearen Widerstandes, wie sie z. B. in Bild 7.6 a) dargestellt ist, kann nach dem in Abschnitt 7.1.1.2 vorgestellten Verfahren durch ein Polynom

$$I = \sum_{\nu=1}^{\infty} a_\nu\,U^\nu \tag{7.47}$$

approximiert werden. Wegen des nichtlinearen Zusammenhangs kann eine Änderung der Spannung U nicht zu einer proportionalen Änderung des Stromes I führen. Die sich ergebenden Verzerrungen sind daher nichtlinear. Wenn der Widerstand an die Sinusspannung $u(t) = \hat{u}\sin(\omega t)$ angeschlossen wird, verursachen die einzelnen Augenblickswerte der Spannung $u(t)$ entsprechend Gl. (7.47) Augenblickswerte des Stromes $i(t)$, die in Bild 7.6 c) punktweise ermittelt sind und zu einem verzerrten Stromverlauf führen.

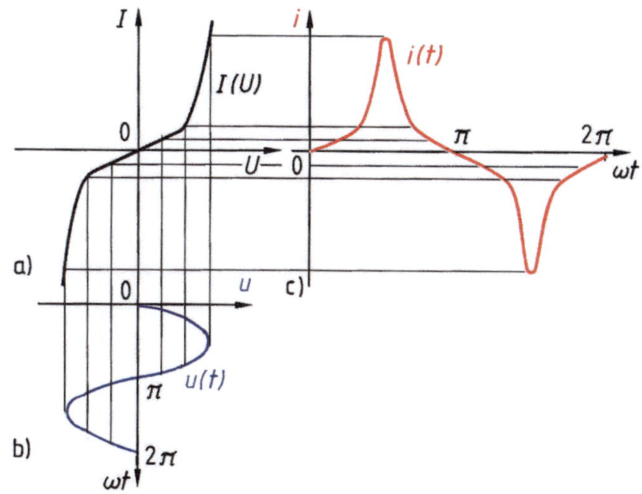

Bild 7.6: a) Nichtlinearer Widerstand an Sinusspannung mit Kennlinie,
b) Spannungsverlauf und
c) Stromverlauf

Wenn man das Polynom in Gl. (7.47) auf die drei Glieder

$$i(t) = a_1 u(t) + a_2 u^2(t) + a_3 u^3(t) \tag{7.48}$$

beschränkt, erhält man bei sinusförmiger Aussteuerung den Strom

$$i(t) = a_1 \hat{u}\sin(\omega t) + a_2\,\hat{u}^2\sin^2(\omega t) + a_3\,\hat{u}^3\sin^3(\omega t)$$

bzw. wegen $\sin^2 x = \frac{1}{2}[1-\cos(2\,x)]$ und $\sin^3 x = \frac{1}{4}[3\sin x - \sin(3\,x)]$

$$i = \frac{a_2}{2}\hat{u}^2 + (a_1 + \frac{3}{4}a_3\,\hat{u}^2)\,\hat{u}\,\sin(\omega t) - \frac{a_2}{2}\hat{u}^2\cos(2\,\omega t) - \frac{a_3}{4}\hat{u}^3\sin(3\,\omega t)\,.$$

Außer der Grundschwingung mit der Kreisfrequenz ω treten in diesem Fall noch ein Gleichanteil sowie eine zweite und dritte Harmonische auf.

Solche Erscheinungen zeigen z. B. Halbleiterbauelemente, da ihre Kennlinien ausnahmslos nichtlinear sind. Zur rechnerischen Behandlung empfiehlt sich eine Annäherung dieser Funktionen durch Polynome wie in Gl. (7.47).

Beispiel 7.7: Nichtlineare Verzerrungen an einem Varistor

Ein spannungsabhängiger Widerstand (Varistor) hat eine Kennlinie der Form $I = c\,U^3$.

Für den Betrieb an einer Sinusspannung $u(t) = \hat{u}\sin(\omega t)$ sind der Stromverlauf und der durch den Varistor verursachte Klirrfaktor k_i des Stromes zu berechnen.

Wegen $\sin^3 x = \frac{1}{4}[3\sin x - \sin(3x)]$ ergibt sich der verzerrte Strom

$$i(t) = c\,u^3(t) = c\,\hat{u}^3 \sin^3(\omega t) = \frac{1}{4}\,c\,\hat{u}^3[3\sin(\omega t) - \sin(3\,\omega t)]\,.$$

Zusätzlich zur Grundschwingung ist also die dritte Harmonische entstanden.

Nach den Gln. (7.33) und (7.28) ist der Klirrfaktor des Stromes

$$k_i = \frac{I_3}{I} = \frac{I_3}{\sqrt{I_1^2 + I_3^2}} = \frac{\hat{i}_3}{\sqrt{\hat{i}_1^2 + \hat{i}_3^2}} = \frac{1}{\sqrt{3^2 + 1^2}} \approx 0{,}316 = 31{,}6\,\%\,.$$

7.2.2 Gleichrichterschaltungen

Ein elektrisches Ventil, das im einfachsten Fall eine Diode ist, lässt den elektrischen Strom im Wesentlichen nur in einer Richtung passieren. Es wird insbesondere zur Umformung von Wechselstrom in Gleichstrom verwendet.

Für die Gleichrichtung werden verschiedene Schaltungen eingesetzt, die mit steigendem Aufwand an Bauelementen (z. B. Anzahl der Ventile, Transformator, Glättungsmittel) auch steigenden Ansprüchen genügen. In Tabelle 7.4 sind die vier wichtigsten Schaltungen dargestellt. Sie werden nach der *Pulszahl* p unterschieden, die die Anzahl der aufeinander folgenden *Kommutierungen* (Übergehen des Stromes von einem zum anderen Ventil) während einer Periode T bezeichnet.

Es wird vorausgesetzt, dass *ideale Übertrager* und *ideale Gleichrichter* benutzt werden, die für die Durchlassrichtung den Innenwiderstand $R_i = 0$ und für die Sperrrichtung entsprechend $R_i \to \infty$ aufweisen. Die Schaltungen liegen jeweils an einer Sinusspannung $u(t) = \hat{u}\sin(\omega t)$ mit dem Scheitelwert $\hat{u}$ und der Kreisfrequenz ω bzw. der Periodendauer $T = 1/f = 2\pi/\omega$.

Die gleichgerichtete Spannung $u_\mathrm{d}(t)$ verläuft dann periodisch und lässt sich nach Tabelle 7.1 durch eine Fourier-Reihe beschreiben, die in Tabelle 7.4 angegeben ist. Dabei treten als Teilschwingungszahlen ν nur ganzzahlige Vielfache von p auf.

Arithmetischer Mittelwert $\overline{u_d}$ der gleichgerichteten Spannung und Gleichrichtwert $\overline{|u_\mathrm{d}|}$ sind wegen $u_\mathrm{d}(t) \geq 0$ für alle t identisch (s. Abschnitt 3.1.6). Scheitelfaktor ξ und Formfaktor F (s. Abschnitt 3.1.8) können aus Tabelle 7.4 entnommen werden.

Zur Kennzeichnung der Qualität einer Gleichrichtung wird das Verhältnis von Wechselspannungsanteil $U_\sim$ zu linearem Mittelwert $\overline{u_d}$ benutzt, das man als *Welligkeit*

$$w = \frac{U_\sim}{\overline{u_\mathrm{d}}} = \frac{1}{\overline{u_\mathrm{d}}}\sqrt{U_\mathrm{d}^2 - \overline{u_\mathrm{d}}^2} = \sqrt{F^2 - 1} \tag{7.49}$$

bezeichnet (s. Abschnitt 7.1.3.2). Die in Tabelle 7.4 angegebenen Gleichungen gelten auch für den Strom $i_\mathrm{d}(t)$, wenn Ohmsche Widerstände R als Belastung angenommen werden.

Tabelle 7.4: Gleichrichterschaltungen mit Spannungsverlauf und Kennwerten

Schaltung	Spannung	Fourier-Reihe, Kennwerte
1. 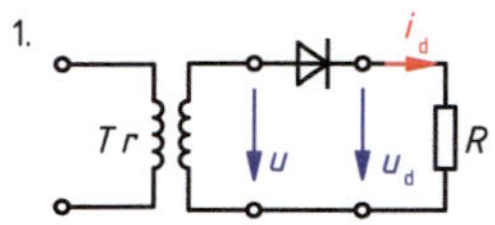	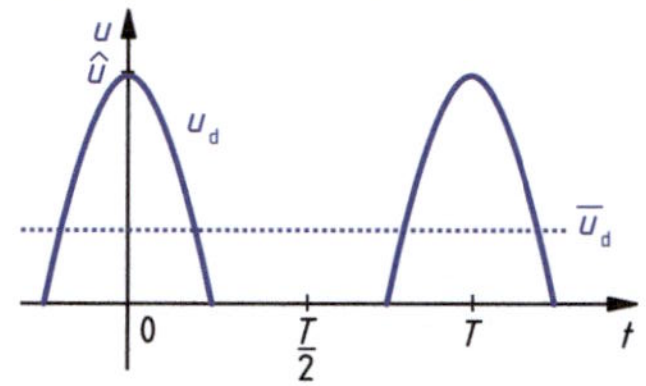	$\frac{u_\mathrm{d}}{\hat{u}} = \frac{1}{\pi} + \frac{1}{2}\cos\omega t - \frac{2}{\pi}\sum_{\mu=1}^{\infty}\frac{(-1)^\mu}{(2\mu)^2-1}\cos(2\mu\,\omega t)$ (Teilschwingungszahlen $\nu = 1$ und $\nu = 2\mu$) $p = 1, w \approx 1{,}211, \xi = 2, F \approx 1{,}5708$
2. 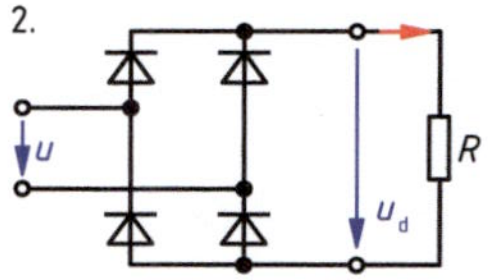	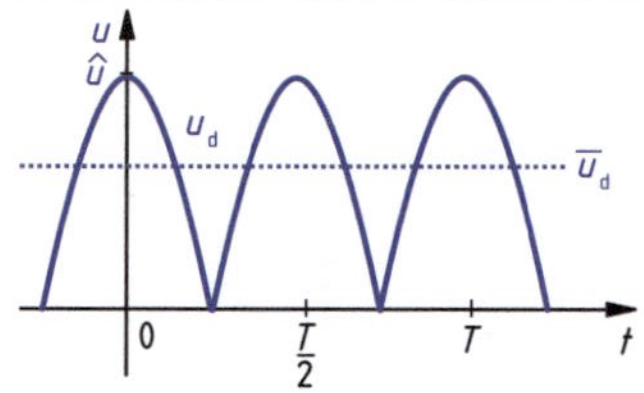	$\frac{u_\mathrm{d}}{\hat{u}} = \frac{4}{\pi}\left[\frac{1}{2} - \sum_{\mu=1}^{\infty}\frac{(-1)^\mu}{(2\mu)^2-1}\cos(2\mu\,\omega t)\right]$ (Teilschwingungszahlen $\nu = 2\mu$) $p = 2, w \approx 0{,}483, \xi \approx 1{,}4142, F \approx 1{,}1107$
3. 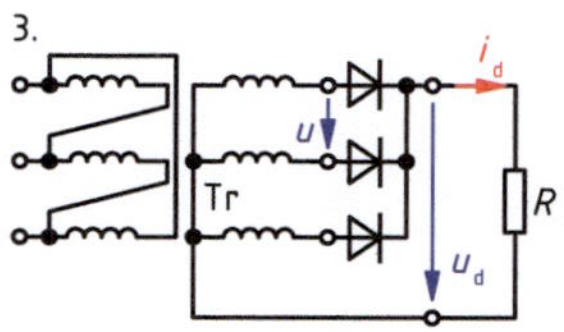	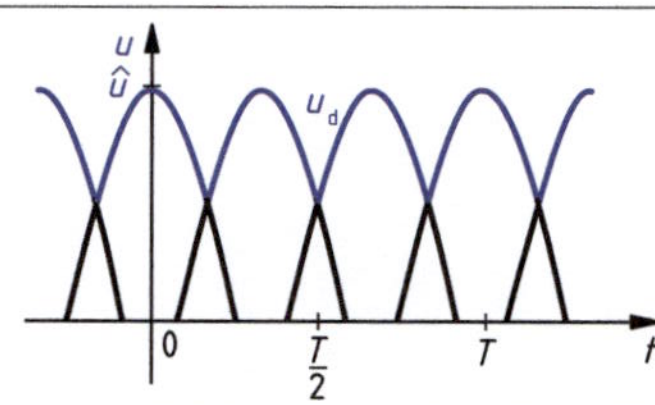	$\frac{u_\mathrm{d}}{\hat{u}} = \frac{3\sqrt{3}}{\pi}\left[\frac{1}{2} - \sum_{\mu=1}^{\infty}\frac{(-1)^\mu}{(3\mu)^2-1}\cos(3\mu\,\omega t)\right]$ (Teilschwingungszahlen $\nu = 3\mu$) $p = 3, w \approx 0{,}183, \xi \approx 1{,}1895, F \approx 1{,}0166$
4. 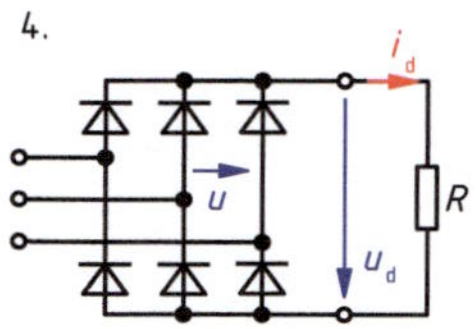	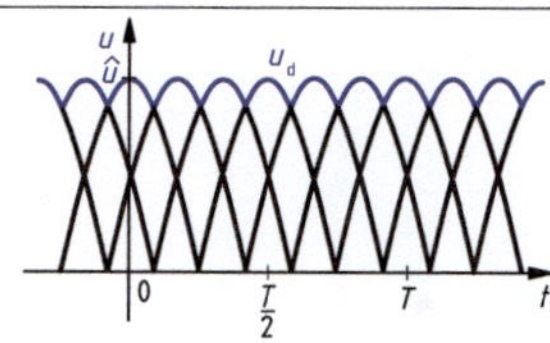	$\frac{u_\mathrm{d}}{\hat{u}} = \frac{6}{\pi}\left[\frac{1}{2} - \sum_{\mu=1}^{\infty}\frac{(-1)^\mu}{(6\mu)^2-1}\cos(6\mu\,\omega t)\right]$ (Teilschwingungszahlen $\nu = 6\mu$) $p = 6, w \approx 0{,}042, \xi \approx 1{,}0463, F \approx 1{,}0009$

Die 1. Schaltung in Tabelle 7.4 wird als *Einweggleichrichterschaltung* bezeichnet. Wenn der Gleichstrom vom Wechselstromnetz ferngehalten werden soll, muss als Eingang ein Transformator Tr vorgesehen werden. (Dieser muss auch für den sekundären Gleichrichterstrom thermisch bemessen sein.)

Die 2. Schaltung stellt eine Einphasen-Brückenschaltung dar, die eine *Zweiweggleichrichtung* ermöglicht.

Die 3. Schaltung ist eine *Dreiphasen-Mittelpunktschaltung*. Der Sternpunkt des sekundär im Stern geschalteten Eingangstransformators Tr ist mit dem Verbraucher R verbunden. Primär muss der Dreiphasentransformator im Dreieck geschaltet sein, um den unsymmetrischen Belastungen durch die Gleichrichter gewachsen zu sein. Von den parallel liegenden Gleichrichterventilen führt nur jeweils dasjenige mit der größten Spannung auch den Strom. Das Übergehen des Stromes von einem zum anderen Ventil nennt man *Kommutierung*. Auf diese Weise entsteht hier eine dreipulsige Gleichrichtung.

Die 4. Schaltung ist eine *sechspulsige Dreiphasen-Brückenschaltung*.

Aus den Werten von Tabelle 7.4 ist zu ersehen, dass mit steigender Pulszahl p die *Welligkeit* w geringer wird und sowohl der Formfaktor F als auch der Scheitelfaktor ξ sich dem Wert 1 nähern. Bevorzugt werden daher Brückenschaltungen. Nur in Ausnahmefällen wird die Einweggleichrichtung eingesetzt.

Beispiel 7.8: Dimensionierung einer Glättungsdrossel

Eine Einphasen-Brückenschaltung mit den Kennwerten von Tabelle 7.4 liegt bei der Frequenz $f = 50\,\text{Hz}$ an einer Sinusspannung mit dem Effektivwert $U = 230\,\text{V}$. Durch eine vor den Verbraucherwiderstand $R = 100\,\Omega$ geschaltete Induktivität L soll die 2. Harmonische des Stromes auf $I_2 = 0{,}1\,\overline{i_\text{d}}$ begrenzt werden.

Für welche Kennwerte muss diese Glättungsdrossel bemessen sein?

Bei Vernachlässigung aller Spannungsabfälle in den Gleichrichterventilen ist nach Tabelle 7.4 der lineare Mittelwert der Spannung

$$\overline{u_\text{d}} = \frac{2\,\hat{u}}{\pi} = \frac{2\sqrt{2}\,U}{\pi} = \frac{2\sqrt{2}\cdot 230\,\text{V}}{\pi} \approx 207\,\text{V}$$

wirksam und es tritt der lineare Mittelwert des Stromes

$$\overline{i_\text{d}} = \frac{\overline{u_\text{d}}}{R} \approx \frac{207\,\text{V}}{100\,\Omega} \approx 2{,}07\,\text{A}$$

auf. Die 2. Harmonische der gleichgerichteten Spannung hat nach Tabelle 7.4 mit $\nu = 2$, also $\mu = 1$ den Scheitelwert

$$\hat{u}_2 = \frac{4\,\hat{u}}{\pi\,(4\,\mu^2 - 1)} = \frac{4\,\hat{u}}{3\,\pi} = \frac{4\sqrt{2}\,U}{3\,\pi} = \frac{4\sqrt{2}\cdot 230\,\text{V}}{3\,\pi} \approx 138\,\text{V}\,.$$

Ohne Glättungsdrossel würde diese Spannung den Strom

$$I_2' = \frac{U_2}{R} = \frac{\hat{u}_2}{\sqrt{2}\,R} \approx \frac{138\,\text{V}}{\sqrt{2}\cdot 100\,\Omega} \approx 0{,}976\,\text{A}$$

bewirken. Es soll aber nur der Strom

$$I_2 = \frac{U_2}{\sqrt{R^2 + (2\,\omega L)^2}} = \frac{\hat{u}_2}{\sqrt{2} \cdot \sqrt{R^2 + (2\,\omega L)^2}} = 0{,}1\,\overline{i_\text{d}} \approx 0{,}1 \cdot 2{,}07\,\text{A} = 0{,}207\,\text{A}$$

fließen. Umstellen dieser Gleichung liefert die erforderliche Induktivität

$$L = \frac{1}{4\pi f}\sqrt{\frac{1}{2}\left(\frac{\hat{u}_2}{I_2}\right)^2 - R^2} \approx \frac{1}{4\,\pi \cdot 50\,\text{s}^{-1}}\sqrt{\frac{1}{2}\left(\frac{138\,\text{V}}{0{,}207\,\text{A}}\right)^2 - 100^2\,\Omega^2} \approx 0{,}733\,\text{H}\,.$$

Die Glättungsdrossel muss für den Strom

$$I = \sqrt{\overline{i_\text{d}}^2 + I_2^2} \approx \sqrt{2{,}07^2 + 0207^2}\,\text{A} \approx 2{,}1\,\text{A}$$

ausgelegt werden.

7.2.3 Spule mit ferromagnetischem Kern (Eisendrossel)

Eine Spule mit ferromagnetischem Kern (*Eisendrossel*) nimmt an einer Sinusspannung wegen der nichtlinearen und nicht eindeutigen Hystereseschleife $B = f(H)$ einen verzerrten *Magnetisierungsstrom* auf.

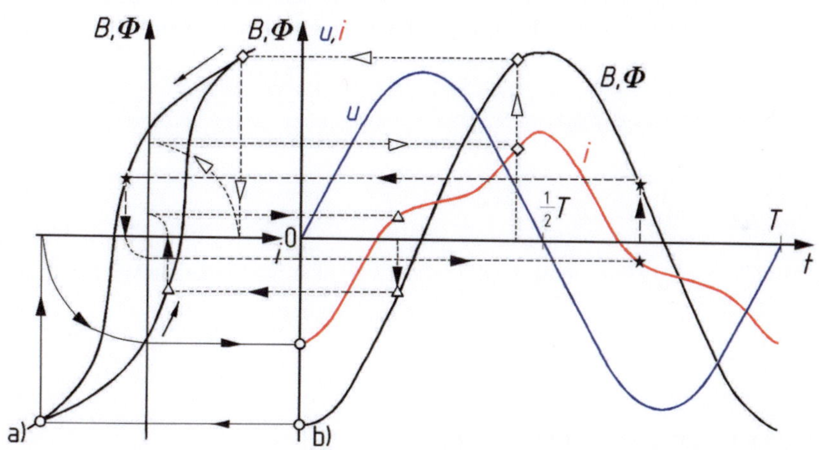

Bild 7.7: a) Hystereseschleife einer Drossel mit Eisenkern und großen Eisenverlusten sowie b) Zeitdiagramm von Spannung $u(t)$, magnetischer Flussdichte $B(t)$ und Strom $i(t)$

In Bild 7.7 a) ist die (mit Sinusstromerregung aufgenommene) Hystereseschleife einer Eisendrossel dargestellt. Die Kupferverluste in der Spule werden vernachlässigt. Bei Verbraucher-Zählpfeilsystem an der Spule ergibt sich nach Gl. (11.178) für eine angelegte Sinusspannung

$$u(t) = \hat{u}\,\sin(\omega t) = +N\frac{\mathrm{d}\Phi}{\mathrm{d}t}$$

der Fluss $\Phi(t)$ und die Flussdichte

$$B(t) \sim \Phi(t) = \frac{1}{N}\int \hat{u}\,\sin(\omega t)\,\mathrm{d}t = \frac{\hat{u}}{\omega N}[-\cos(\omega t)]\,,$$

die den in Bild 7.7 b) gezeigten, gegenüber der Spannung $u(t)$ um $T/4$ nacheilenden sinusförmigen Verlauf haben.

Für eine eingeprägte sinusförmige Klemmenspannung $u(t)$ und die daraus folgende Flussdichte $\Phi(t)$ gemäß Bild 7.7 b) kann man folgendermaßen punktweise den zeitlichen Verlauf des Klemmenstromes $i(t)$ bestimmen: Von der zu einem betrachteten Zeitpunkt t gehörenden magnetischen Flussdichte $B(t)$ in Bild 7.7 b) findet man über den zugehörigen Punkt auf der Hystereseschleife in Bild 7.7 a) den Strom $i(t)$. Die zum Strom gehörende Strecke wird um 90° in mathematisch positiver Richtung gedreht und in das Zeitdiagramm in Bild 7.7 b) übertragen. In Bild 7.7 ist dies exemplarisch für drei Zeitpunkte dargestellt.

Die Fläche der Hystereseschleife stellt nach Abschnitt 11.12.1 ein Maß für die *Ummagnetisierungsverluste* P_{Fe} dar. Diese führen in Bild 7.7 b) zu einer verzerrten, unsymmetrischen Stromkurve $i(t)$, die hinsichtlich ihrer Nulldurchgänge gegenüber $u(t)$ um weniger als $T/4$ nacheilt. Sie ist im Sinne der Tabelle 7.2 alternierend und enthält daher nur ungeradzahlige Harmonische.

7.2.4 Leistung bei nicht sinusförmigen Klemmengrößen

7.2.4.1 Nichtsinusförmige Spannungen und Ströme

Haben Wechselspannung $u(t)$ und Wechselstrom $i(t)$ an den Klemmen eines Zweipols mit Verbraucher-Zählpfeilsystem nichtsinusförmige Verläufe, lassen sich diese mit Gl. (7.22) und Gl. (7.2) als

$$u(t) = \sum_{\mu=1}^{\infty} \hat{u}_\mu \sin(\mu\,\omega t + \varphi_{u\mu})\,, \tag{7.50}$$

$$i(t) = \sum_{\nu=1}^{\infty} \hat{i}_\nu \sin(\nu\,\omega t + \varphi_{i\nu}) \tag{7.51}$$

darstellen. Mit Gl. (3.112) erhält man für die vom Zweipol aufgenommene Wirkleistung

$$P = \frac{1}{T}\int_{t_0}^{t_0+T} u(t)\,i(t)\,\mathrm{d}t \tag{7.52}$$

eine Summe von Integralausdrücken des Typs

$$\frac{\hat{u}_\mu \hat{i}_\nu}{T}\int_{t_0}^{t_0+T} \sin(\mu\,\omega t + \varphi_{u\mu})\,\sin(\nu\,\omega t + \varphi_{i\nu})\,\mathrm{d}t\,.$$

Unter Verwendung von Gl. (7.17) lässt sich zeigen, dass nur die Terme mit $\mu = \nu$ von null verschiedene Werte haben. Sie bezeichnen jeweils die mit der ν-ten Teilschwingung verbundene Wirkleistung

$$P_\nu = \frac{1}{2}\hat{u}_\nu \hat{i}_\nu \cos(\varphi_{u\nu} - \varphi_{i\nu}) = U_\nu\,I_\nu \cos\varphi_\nu\,. \tag{7.53}$$

Damit ergibt sich die gesamte Wirkleistung

$$P = \sum_{\nu=1}^{\infty} P_\nu = \sum_{\nu=1}^{\infty} U_\nu\,I_\nu \cos\varphi_\nu\,. \tag{7.54}$$

Wenn Spannung und Strom Mischgrößen sind, ist zusätzlich die aus den Gleichanteilen U_- und I_- gebildete Gleichleistung $P_- = U_- I_-$ zu berücksichtigen.

7.2.4.2 Nichtlineare Zweipole an Sinusspannung

Wie Bild 7.6 exemplarisch zeigt, fließt durch einen nichtlinearen Zweipol, der an eine Sinusspannung $u(t) = \hat{u}\sin(\omega t)$ gelegt wird, ein verzerrter, oberschwingungshaltiger Strom $i(t)$. Da die Spannung $u(t)$ keine Oberschwingungen aufweist, folgt nach Gl. (7.54) für die *Wirkleistung*

$$P = P_1 = U\,I_1\cos\varphi_1\,. \tag{7.55}$$

Hierin sind I_1 der Effektivwert der Stromgrundschwingung und φ_1 der Phasenverschiebungswinkel der Spannung gegen die Stromgrundschwingung. *Die im Strom enthaltenen Oberschwingungen liefern also keinen Beitrag zur Wirkleistung.*

Nach der Definition Gl. (3.138) ergibt sich mit Gl. (7.28) allgemein für die *Scheinleistung*

$$S = U\,I = U\sqrt{I_-^2 + \sum_{\nu=1}^{\infty} I_\nu^2} \tag{7.56}$$

und für den Fall $I_- = 0$, d. h. wenn der Strom $i(t)$ ein Wechselstrom ist,

$$S = U\,I = U\sqrt{\sum_{\nu=1}^{\infty} I_\nu^2}\,. \tag{7.57}$$

In Analogie zu den linearen Sinusstromnetzwerken definiert man nach [dind] die *Blindleistung* als

$$|\,Q\,| = \sqrt{S^2 - P^2}\,. \tag{7.58}$$

Hieraus folgt mit den Gln. (7.55) und (7.57), wenn man den Summanden mit $\nu = 1$ separat schreibt,

$$|\,Q\,| = \sqrt{U^2 I_1^2 + U^2 \sum_{\nu=2}^{\infty} I_\nu^2 - U^2 I_1^2 \cos^2\varphi_1} = \sqrt{(U I_1 \sin\varphi_1)^2 + U^2 \sum_{\nu=2}^{\infty} I_\nu^2} = \sqrt{Q_1^2 + Q_{\mathrm{dist}}^2}\,. \tag{7.59}$$

Die beiden hierin enthaltenen Bestandteile sind die *Grundschwingungsblindleistung*

$$Q_1 = U I_1 \sin\varphi_1 \tag{7.60}$$

und die *Verzerrungsblindleistung*[1]

$$Q_{\mathrm{dist}} = U\sqrt{\sum_{\nu=2}^{\infty} I_\nu^2}\,. \tag{7.61}$$

In Bild 7.8 a) sind Spannung $u(t)$ und Strom $i(t)$ aus Bild 7.7 b) übernommen und der zugehörige Leistungsverlauf $p(t) = u(t)\,i(t)$ dargestellt. Die verzerrte Leistungskurve hat nach Gl. (7.55) den Mittelwert $P = U\,I_1\cos\varphi_1$. Ein *elektrodynamischer Leistungsmesser* [Müh08] misst diesen Mittelwert P, der sich bei Spulen mit ferromagnetischem Kern aus den Eisenverlusten P_{Fe} und den Kupferverlusten P_{Cu} der Wicklung zusammensetzt. Letztere sind in Bild 7.7 allerdings vernachlässigt. Zusätzlich ist in Bild 7.8 a) die Stromquadratkurve $i^2(t)$ mit ihrem Mittelwert I^2 eingetragen, aus dem der Effektivwert I des Stromes folgt. Der angegebene Winkel β darf nicht als Phasenverschiebungswinkel zwischen Spannung und Strom angesehen werden. Man kann das Zeitdiagramm

[1] Der Index „dist" steht nach [dinb] für lat. distortio = Verzerrung. Oft wird auch der Index „d" verwendet.

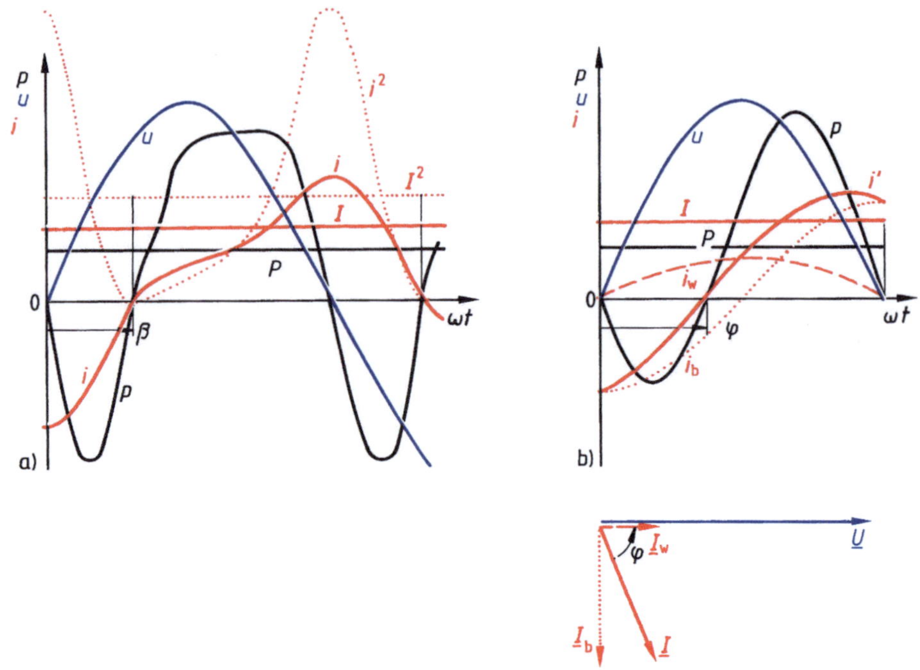

Bild 7.8: Spannungs-, Strom- und Leistungsverlauf bei einer Eisendrossel
a) u Sinusspannung, i verzerrter Strom mit Effektivwert I,
i^2 Stromquadrat mit Mittelwert I^2
b) i' Ersatzstrom mit gleichem Effektivwert I, i_w Wirkstrom, i_b Blindstrom,
φ fiktiver Phasenverschiebungswinkel, p Augenblicksleistung,
P Wirkleistung zur Deckung der Eisenverluste
c) Effektivwertzeigerdiagramm

von Bild 7.8 a) nicht ohne Weiteres in ein Zeigerdiagramm überführen, da dies nur für Sinusgrößen zulässig ist.

Um auch für verzerrte Ströme mit einem Zeigerdiagramm arbeiten zu können, ersetzt man den Strom $i(t)$ durch einen sinusförmigen *Ersatzstrom* $i'(t)$ (s. Bild 7.8 b)), der den gleichen Effektivwert I hat und dessen Phasenlage so gewählt wird, dass sich die selbe Wirkleistung P und damit der selbe Leistungsfaktor

$$\lambda = \cos\varphi = \frac{P}{U\,I}$$

einstellt. Der so bestimmte *fiktive Phasenverschiebungswinkel* φ stimmt nicht mit dem Phasenverschiebungswinkel φ_1 der Grundschwingung überein. *Zeigerdiagramme für Spulen, Transformatoren, elektrische Maschinen etc. mit ferromagnetischen Kernen, die verzerrte Ströme verursachen, gelten für solche Ersatzgrößen.*

Die Wirkkomponente I_w wird dann als *Eisenverluststrom* I_{Fe} und die Blindkomponente I_b als *Magnetisierungsstrom* I_μ bezeichnet.

Der hier behandelte Fall einer sinusförmigen Spannung an einer Spule mit ferromagnetischem Kern kann in der Praxis häufig als brauchbare Näherung verwendet werden. Es ist auch möglich, dass einer solchen Spule mit ferromagnetischem Kern ein näherungsweise sinusförmiger Strom eingeprägt wird (z. B. bei einem Stromwandler), der dann eine entsprechend verzerrte, nichtsinusförmige Spannung zur Folge hat.

Beispiel 7.9: Durch Gleichrichtung verursachte Verzerrungsblindleistung

Die Schaltung in Bild 7.9 enthält einen idealen Gleichrichter und den Ohmschen Widerstand $R = 20\,\Omega$. Sie wird über einen Transformator, der beim Öffnen des Schalters S ein Übertragen des Gleichstromes auf das speisende Sinusspannungsnetz verhindern soll, an eine Sinusspannung mit $U = 100\,\text{V}$ angeschlossen.

Zu berechnen sind alle Ströme und Leistungen für
a) geschlossenen und
b) geöffneten
Schalter S.

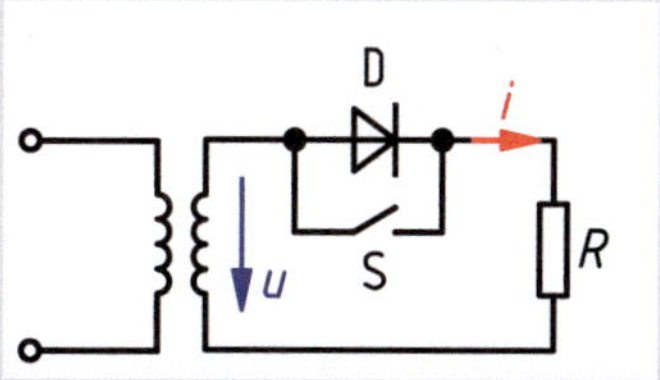

Bild 7.9: Gleichrichterschaltung zu Beispiel 7.9

a) Bei geschlossenem Schalter S ist der Gleichrichter kurzgeschlossen. Dann fließt der Strom

$$I = \frac{U}{R} = \frac{100\,\text{V}}{20\,\Omega} = 5\,\text{A}$$

mit dem Scheitelwert

$$\hat{i} = \sqrt{2}I = \sqrt{2} \cdot 5\,\text{A} \approx 7{,}07\,\text{A}\,.$$

Am Wirkwiderstand R sind Wirk- und Scheinleistung zahlenmäßig gleich, nämlich

$$P = U\,I = 100\,\text{V} \cdot 5\,\text{A} = 500\,\text{W}$$

und

$$S = 500\,\text{VA}\,.$$

Blind- und Verzerrungsblindleistung sind

$$Q = Q_{\text{dist}} = 0\,.$$

b) Nach Öffnen des Schalters S kann der Strom nur noch während der positiven Halbschwingung durch den als verlustlos angesehenen Gleichrichter fließen. Hierdurch wird die Wirkleistung auf

$$P' = \frac{1}{2}P = \frac{1}{2} \cdot 500\,\text{W} = 250\,\text{W}$$

halbiert. Der Transformator liefert weiterhin die Spannung $U = 100\,\text{V}$. Für den Strom gilt nach Gl. (3.12)

$$I' = \sqrt{\frac{1}{T}\int_0^{\frac{1}{2}T} \hat{\imath}^2 \sin^2(\omega t)\,\mathrm{d}t} = \frac{\hat{\imath}}{2} = \frac{\sqrt{2}\cdot 5\,\mathrm{A}}{2} = \frac{5\,\mathrm{A}}{\sqrt{2}} \approx 3{,}54\,\mathrm{A}\,,$$

sodass in diesem Fall mit der Scheinleistung

$$S' = U\,I' \approx 100\,\mathrm{V}\cdot 3{,}54\,\mathrm{A} = 354\,\mathrm{VA}$$

die Blindleistung

$$Q' = \sqrt{S'^2 - P'^2} \approx \sqrt{354^2 - 250^2}\,\mathrm{var} \approx 250\,\mathrm{var}$$

auftritt. Da der Verbraucher ein Wirkwiderstand ist, kann diese Blindleistung nur als Verzerrungsblindleistung

$$Q_{\mathrm{dist}} = Q' \approx 250\,\mathrm{var}$$

durch den Gleichrichter verursacht werden.

7.3 Schaltvorgänge in linearen elektrischen Netzwerken

Schaltvorgänge in elektrischen Netzwerken werden entscheidend durch die in den Netzwerken – erwünscht oder unerwünscht – wirksamen Speicher C für elektrische und L für magnetische Energie beeinflusst. Das Übergangsverhalten von Netzwerken wird durch Differenzialgleichungen beschrieben.

Zunächst wird untersucht, wie diese Differenzialgleichungen aufgestellt werden können und welche Mittel zu ihrer Lösung zur Verfügung stehen. Danach werden die vorgestellten Methoden zur Berechnung von Schaltvorgängen in Gleich- und Wechselstromkreisen angewandt. Die Betrachtung beschränkt sich auf lineare Netzwerke.

7.3.1 Berechnungsverfahren

Da die Aussagen von Abschnitt 7.1.4 über das Verhalten der linearen, zeitinvarianten Grundzweipole R, C und L für beliebige Zeitfunktionen von Strom und Spannung gelten, sind insbesondere die in Tabelle 7.3 aufgeführten Zusammenhänge zwischen Strom $i(t)$ und Spannung $u(t)$ auch für die Betrachtung von Schaltvorgängen gültig.

Im Folgenden wird gezeigt, wie man mit Hilfe dieser Zusammenhänge Differenzialgleichungen aufstellen kann, die das nichtstationäre Verhalten linearer Netzwerke beschreiben. Dann wird erläutert, wie man die Lösung einer linearen Differenzialgleichung durch einen Exponentialansatz und Hinzufügen einer partikulären Lösung finden kann.

Für die mathematisch anspruchsvollere, in der Anwendung aber meist einfachere Laplace-Transformation sei auf [BDHG06] verwiesen.

7.3.1.1 Aufstellen der Differenzialgleichung

Bei einem Schaltvorgang ist davon auszugehen, dass sich an einer bestimmten Stelle eines Netzwerks eine Spannung $u(t)$ oder ein Strom $i(t)$ zu einem bestimmten Zeitpunkt, den man in der Regel als $t = 0$ definiert, sprunghaft ändert. Diese sich ändernde Größe wird als *Eingangsgröße* bezeichnet. Mit Hilfe einer Differenzialgleichung soll beschrieben werden, welchen zeitlichen Verlauf eine *Ausgangsgröße* $x(t)$ nimmt, die je nach Aufgabenstellung eine andere Spannung oder ein anderer Strom innerhalb des Netzwerks sein kann.

Beim Aufstellen der Differenzialgleichung bedient man sich der Kirchhoffschen Gesetze sowie der in Tabelle 7.3 zusammengestellten Gleichungen für das Strom-Spannungs-Verhalten der linearen, zeitinvarianten Grundzweipole R, C und L. Durch geeignete Umformung muss erreicht werden, dass die Gleichung keine anderen Ströme und Spannungen mehr enthält als die Eingangsgröße und die Ausgangsgröße.

Eventuell auftretende Integrale $\int x(t)\,\mathrm{d}t$ der Ausgangsgröße $x(t)$ werden ggf. beseitigt, indem man die Gleichung nach der Zeit t differenziert. Auf diese Weise gewinnt man eine *lineare Differenzialgleichung*

$$\frac{\mathrm{d}^n x}{\mathrm{d}t^n} + a_{n-1}\frac{\mathrm{d}^{n-1} x}{\mathrm{d}t^{n-1}} + \ldots + a_1\frac{\mathrm{d}x}{\mathrm{d}t} + a_0\,x = f(t) \tag{7.62}$$

n-ter Ordnung *mit konstanten Koeffizienten*. Hierin stellt n die Anzahl der im Netzwerk vorhandenen voneinander unabhängigen Speicher dar. $f(t)$ ergibt sich aus der Eingangsgröße und wird als *Störfunktion* bezeichnet.

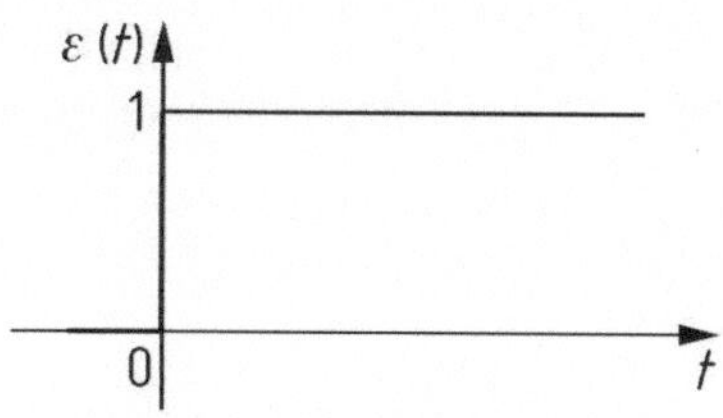

Bild 7.10: Einheitssprungfunktion $\varepsilon(t)$

Die für ein Netzwerk aufgestellte Differenzialgleichung vom Typ der Gl. (7.62) gilt für jeden zeitlichen Verlauf der Eingangsgröße, z. B. auch für Sinusgrößen. Durch die Aufgabenstellung ist die Zeitfunktion der Eingangsgröße und damit in Gl. (7.62) die Art der Störfunktion $f(t)$ bestimmt. Bei Schaltvorgängen ist in der Eingangsgröße stets die in Bild 7.10 dargestellte *Einheitssprungfunktion*

$$\varepsilon(t) \quad \text{mit} \quad \varepsilon(t<0)=0 \quad \text{und} \quad \varepsilon(t>0)=1 \tag{7.63}$$

als Faktor enthalten. Beispielsweise beschreibt man die in Bild 7.11 gezeigte Eingangsfunktion $u(t)$, die beim Einschalten einer Sinusspannung entsteht, durch

$$u(t) = \varepsilon(t)\cdot\hat{u}\sin(\omega t + \varphi_u)\,. \tag{7.64}$$

Im Folgenden soll zunächst an zwei Beispielen gezeigt werden, wie man die Differenzialgleichung (7.62) aufstellt. Über den zeitlichen Verlauf der Eingangsgröße $u(t)$ bzw. $u_1(t)$ wird dabei noch keine Aussage gemacht.

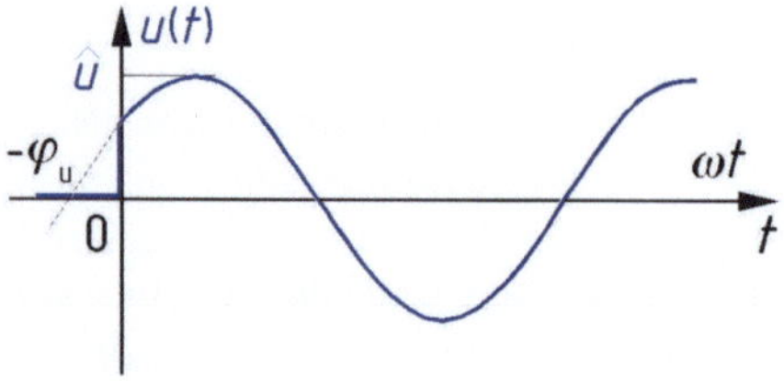

Bild 7.11: Einschalten einer Sinusspannung

Beispiel 7.10: Klemmenverhalten eines elementaren Reihenschwingkreises im Zeitbereich

Dem elementaren Reihenschwingkreis nach Bild 7.12 mit konstanten Parametern R, L, C wird die Eingangsgröße $u(t)$ eingeprägt.

Gesucht ist die Differenzialgleichung für den als Ausgangsgröße betrachteten Strom $i(t)$.

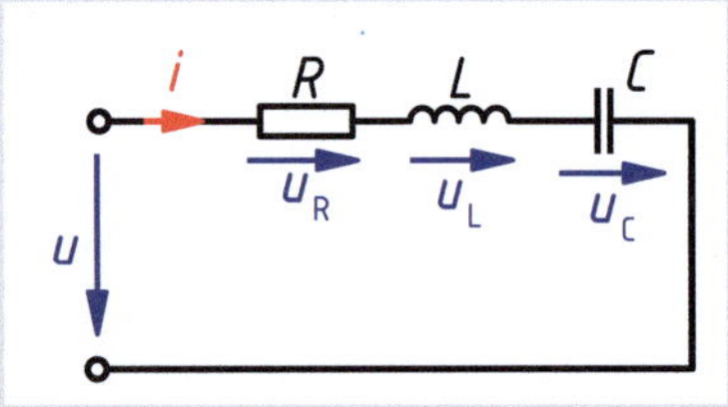

Bild 7.12: Elementarer Reihenschwingkreis

Die Schaltung enthält zwei voneinander unabhängige Speicher L und C. Ihr Klemmenverhalten wird daher im Zeitbereich durch eine Differenzialgleichung 2. Ordnung mit konstanten Koeffizienten beschrieben.

Nach dem Maschensatz erhält man mit den Gln. (7.41), (7.42) und (7.43) aus Tabelle 7.3

$$u = u_R + u_L + u_C = R\,i + L\,\frac{\mathrm{d}i}{\mathrm{d}t} + \frac{1}{C}\int_{t_0}^{t} i(\vartheta)\,\mathrm{d}\vartheta + u_C(t_0)$$

und nach Differenziation nach der Zeit t sowie Division durch L die gesuchte Differenzialgleichung

$$\frac{\mathrm{d}^2 i}{\mathrm{d}t^2} + \frac{R}{L}\frac{\mathrm{d}i}{\mathrm{d}t} + \frac{1}{LC}\,i = \frac{1}{L}\frac{\mathrm{d}u}{\mathrm{d}t}\,.$$

Beispiel 7.11: Übertragungsverhalten eines Übertragungsvierpols im Zeitbereich

Für die Schaltung nach Bild 7.13 mit konstanten Schaltungsparametern und der Eingangsgröße u_1 ist die Differenzialgleichung für die Ausgangsgröße u_2 gesucht.

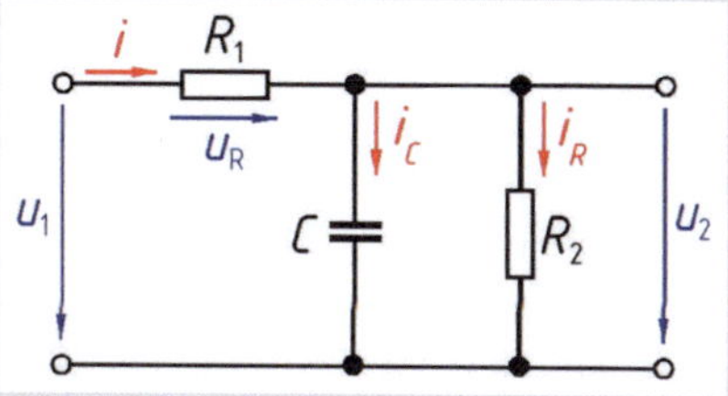

Bild 7.13: Übertragungsvierpol mit einem Speicher

Anwendung des Maschensatzes ergibt

$$u_1 = u_R + u_2 = R_1\, i + u_2\,.$$

Der Knotensatz liefert mit Gl. (7.44) und Gl. (7.45)

$$i = i_R + i_C = \frac{1}{R_2}\, u_2 + C\,\frac{\mathrm{d}u_2}{\mathrm{d}t}\,,$$

die man in die Spannungsgleichung einsetzt. Man erhält

$$u_1 = R_1\left(\frac{1}{R_2}\, u_2 + C\,\frac{\mathrm{d}u_2}{\mathrm{d}t}\right) + u_2$$

und nach Division durch R_1C die gesuchte Differenzialgleichung

$$\frac{\mathrm{d}u_2}{\mathrm{d}t} + \left(\frac{1}{R_1} + \frac{1}{R_2}\right)\frac{1}{C}\, u_2 = \frac{1}{R_1C}\, u_1\,.$$

7.3.1.2 Lösungsverfahren

Für die inhomogene lineare Differenzialgleichung mit konstanten Koeffizienten (7.62) gibt es unendlich viele Lösungen. Ihre Gesamtheit, in der alle speziellen Lösungen enthalten sind, nennt man die *allgemeine Lösung*. Diese muss zunächst gefunden werden, um hieraus diejenige spezielle Lösung zu gewinnen, die den *Anfangsbedingungen* der jeweiligen Aufgabenstellung genügt.

Die Ermittlung der allgemeinen Lösung von Gl. (7.62) erfolgt in zwei Schritten:

Zunächst wird die *homogene Differenzialgleichung*

$$\frac{\mathrm{d}^n x}{\mathrm{d}t^n} + a_{n-1}\frac{\mathrm{d}^{n-1} x}{\mathrm{d}t^{n-1}} + \ldots + a_1\frac{\mathrm{d}x}{\mathrm{d}t} + a_0 x = 0 \tag{7.65}$$

betrachtet, die sich von der ursprünglichen inhomogenen nur dadurch unterscheidet, dass die Störfunktion $f(t) = 0$ gesetzt ist. Nach [BDHG06] und [FF12] erhält man mit Hilfe des *Exponentialansatzes* $x = \underline{c}\,\mathrm{e}^{\underline{\lambda} t}$ die *allgemeine Lösung* $x_\mathrm{h}(t)$ von Gl. (7.65), in der nach geeigneter Umformung n beliebig wählbare reelle Konstanten $K_1, K_2, \ldots, K_n$ enthalten sind. In Abschnitt 7.3.1.3 wird für $n = 2$ die allgemeine Lösung $x_\mathrm{h}(t)$ der homogenen linearen Differenzialgleichung vorgestellt.

Dann muss *eine beliebige* Lösung der inhomogenen Differenzialgleichung (7.62) gefunden werden. Sie wird als die *partikuläre Lösung* $x_\mathrm{p}(t)$ bezeichnet. In Abschnitt 7.3.1.4 werden für einige häufig vorkommende Störfunktionen $f(t)$ partikuläre Lösungen angegeben. Bei Einschaltvorgängen findet man eine partikuläre Lösung meist am einfachsten, indem man die Lösung $x_{\mathrm{p}}(t)$ für den *eingeschwungenen Zustand* ermittelt.

Die allgemeine Lösung der inhomogenen Differenzialgleichung (7.62) ergibt sich aus der Summe

$$x(t) = x_{\mathrm{h}}(t) + x_{\mathrm{p}}(t) \tag{7.66}$$

der allgemeinen Lösung der homogenen Differenzialgleichung und der partikulären Lösung.

Die Festlegung der Konstanten $K_1, K_2, \ldots, K_{\mathrm{n}}$ erfolgt mit Hilfe der *Anfangsbedingungen*. Für den Einschaltzeitpunkt $t = 0$ werden die Funktionswerte der allgemeinen Lösung $x(t = 0)$ und deren Ableitungen $\mathrm{d}x/\mathrm{d}t(t = 0)$ usw. den Werten gleichgesetzt, die aufgrund der elektrischen Gegebenheiten im Einschaltaugenblick vorliegen müssen. Es ergeben sich n Gleichungen, mit deren Hilfe die n Konstanten bestimmt werden können.

7.3.1.3 Exponentialansatz

Im Folgenden wird am Beispiel der homogenen, linearen Differenzialgleichung zweiter Ordnung mit konstanten Koeffizienten

$$\frac{\mathrm{d}^2x}{\mathrm{d}t^2} + a_1\frac{\mathrm{d}x}{\mathrm{d}t} + a_0\,x = 0$$

gezeigt, wie man die allgemeine Lösung $x_{\mathrm{h}}(t)$ einer homogenen Differenzialgleichung mit Hilfe eines Exponentialansatzes ermitteln kann. In den Abschnitten 7.3.2.3 und 7.3.3.3 wird diese Lösung weiterverwendet. Deshalb werden die Koeffizienten a_0 und a_1 in der dort benötigten Weise umbenannt. Die Differenzialgleichung erhält dann die Form

$$\frac{\mathrm{d}^2x}{\mathrm{d}t^2} + 2\,\vartheta\,\omega_0\frac{\mathrm{d}x}{\mathrm{d}t} + \omega_0^2\,x = 0\,. \tag{7.67}$$

Wenn man den Ansatz $x = \underline{c}\,\mathrm{e}^{\underline{\lambda}t}$ in Gl. (7.67) einsetzt und danach die Gleichung durch $\underline{c}\,\mathrm{e}^{\underline{\lambda}t}$ dividiert, erhält man die *charakteristische Gleichung*

$$\underline{\lambda}^2 + 2\,\vartheta\,\omega_0\,\underline{\lambda} + \omega_0^2 = 0 \tag{7.68}$$

mit den beiden Lösungen

$$\underline{\lambda}_{1,2} = \omega_0\left(-\vartheta \pm \sqrt{\vartheta^2 - 1}\right). \tag{7.69}$$

Für die allgemeine Lösung der homogenen Differenzialgleichung sind drei Fälle zu unterscheiden:

a) $\vartheta > 1$; d. h. $\underline{\lambda}_1 \neq \underline{\lambda}_2$; $\underline{\lambda}_1$ und $\underline{\lambda}_2$ sind reell. Die Lösung lautet

$$x_{\mathrm{h}} = K_1\,\mathrm{e}^{\underline{\lambda}_1 t} + K_2\,\mathrm{e}^{\underline{\lambda}_2 t}. \tag{7.70}$$

b) $\vartheta = 1$; d. h. $\underline{\lambda}_1 = \underline{\lambda}_2 = -\omega_0$ (reell). Die Lösung lautet

$$x_{\mathrm{h}} = (K_1 + K_2\,t)\,\mathrm{e}^{-\omega_0 t}. \tag{7.71}$$

c) $\vartheta < 1$; d. h. $\underline{\lambda}_1 = \underline{\lambda}_2^*$; $\underline{\lambda}_1$ und $\underline{\lambda}_2$ sind zueinander konjugiert komplex. Für die Lösung erhält man nach einiger Umformung

$$x_{\mathrm{h}} = \left[K_1\cos\left(\sqrt{1-\vartheta^2}\,\omega_0 t\right) + K_2\sin\left(\sqrt{1-\vartheta^2}\,\omega_0 t\right)\right]\,\mathrm{e}^{-\vartheta\omega_0 t}. \tag{7.72}$$

Die Konstanten K_1 und K_2 in den Gln. (7.70) bis (7.72) sind beliebige reelle Größen. Näheres über das Zustandekommen dieser Lösungen findet sich z. B. in [FF12].

7.3.1.4 Partikuläre Lösung

Für einige häufig vorkommende Störfunktionen erhält man nach [FF12] folgende partikuläre Lösungen der linearen inhomogenen Differenzialgleichung (7.62):

a) Ist die Störfunktion $f(t) = p_n(t)$ ein *Polynom n-ten Grades*, so ist auch die partikuläre Lösung $x_p(t) = q_n(t)$ ein Polynom n-ten Grades, sofern in Gl. (7.62) $a_0 \neq 0$ ist. Für $a_0 = 0$, $a_1 \neq 0$ ist die partikuläre Lösung $x_p(t) = t \cdot q_n(t)$. Für $a_0 = a_1 = 0$, $a_2 \neq 0$ gilt $x_p(t) = t^2 \cdot q_n(t)$ usw.
b) Ist die Störfunktion eine *Sinusgröße* der Form $f(t) = b_1 \cos(\omega t) + b_2 \sin(\omega t)$, so ist auch die partikuläre Lösung $x_p(t) = c_1 \cos(\omega t) + c_2 \sin(\omega t)$ eine Sinusgröße gleicher Kreisfrequenz ω wie die Störfunktion. Die Ausnahme bildet der *Resonanzfall*. Dieser liegt für Gl. (7.67) dann vor, wenn $\omega = \omega_0$ und $\vartheta = 0$ ist. In diesem Fall ergibt sich die partikuläre Lösung $x_p(t) = t \cdot (c_1 \cos(\omega t) + c_2 \sin(\omega t))$.

Zur Bestimmung der in der jeweiligen partikulären Lösung $x_p(t)$ enthaltenen Konstanten wird der Ausdruck $x_p(t)$ in die Differenzialgleichung (7.62) eingesetzt. Die Konstanten folgen dann aus dem Koeffizientenvergleich.

7.3.2 Schalten von Gleichströmen und -spannungen

Die verwendeten Schalter werden im Folgenden als ideal angenommen, sodass für die Eingangsfunktionen ideale Sprungfunktionen $U\,\varepsilon(t)$ bzw. $I\,\varepsilon(t)$ nach Bild 7.10 vorausgesetzt werden dürfen. In der Praxis *prellen* Schalter dagegen gelegentlich, öffnen also nach dem Schalten kurzzeitig wieder oder weisen veränderliche Kontaktwiderstände auf [FH05]. Auch sind reale elektrische Quellen nicht in der Lage, Stromsprünge zu liefern. Diese Tatsachen sollen hier aber vernachlässigt werden.

7.3.2.1 Idealisiertes Einschalten von RC- und RL-Schaltungen

An einem idealen Wirkwiderstand R sind nach Gl. (7.41) Strom $i(t)$ und Spannung $u(t)$ stets proportional zueinander. Eine sprungförmig verlaufende Spannung $U\,\varepsilon(t)$ hat daher an einem idealen Widerstand einen ebenso sprungförmig verlaufenden Strom $I\,\varepsilon(t)$ zur Folge. Hingegen würde eine sprungförmig verlaufende Spannung $U\,\varepsilon(t)$ an einer Kapazität C nach Gl. (7.45) einen unendlich großen Strom erfordern und kann daher nicht auftreten. Entsprechendes gilt wegen Gl. (7.43) für einen Stromsprung $I\,\varepsilon(t)$ bei einer Induktivität L. Die Annahme einer sprunghaften Spannungsänderung an einer Kapazität oder einer abrupten Stromänderung an einer Induktivität ist also physikalisch unsinnig und daher unzulässig.

Einschalten einer Gleichspannung an einer RL-Reihenschaltung

Wenn der Schalter S in Bild 7.14 a) zum Zeitpunkt $t = 0$ geschlossen wird, tritt an der Reihenschaltung aus R und L der Spannungssprung $U\varepsilon(t)$ auf.

Aus der Maschengleichung

$$u_R + u_L = R\,i + L\frac{\mathrm{d}i}{\mathrm{d}t} = U\varepsilon(t)$$

erhält man für $t > 0$ die Differenzialgleichung

$$\frac{\mathrm{d}i}{\mathrm{d}t} + \frac{R}{L}i = \frac{U}{L}\,. \tag{7.73}$$

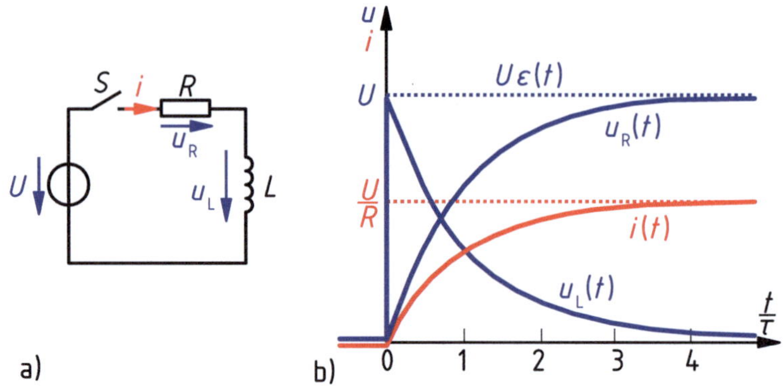

Bild 7.14: Einschalten einer Gleichspannung an einer RL-Reihenschaltung
a) Ersatzschaltbild, b) Strom- und Spannungsverläufe

Zur Lösung der zugehörigen homogenen Differenzialgleichung verwendet man den Exponentialansatz $i = \underline{c}\,\mathrm{e}^{\underline{\lambda}\,t}$. Die charakteristische Gleichung

$$\underline{\lambda} + \frac{R}{L} = 0$$

hat die Lösung $\underline{\lambda} = -R/L$. Der negative Kehrwert hiervon ist die *Zeitkonstante*

$$\tau = -\frac{1}{\underline{\lambda}} = \frac{L}{R}\,. \tag{7.74}$$

Die allgemeine Lösung der homogenen Differenzialgleichung lautet damit

$$i_\mathrm{h} = \underline{c}\,\mathrm{e}^{-\frac{t}{\tau}} = \underline{c}\,\mathrm{e}^{-\frac{R}{L}t}\,. \tag{7.75}$$

Eine einfach zu bestimmende partikuläre Lösung i_p von Gl. (7.73) ist der für $t \to \infty$, also im stationären Zustand, fließende Gleichstrom, für den über der Induktivität L keine Spannung mehr auftritt. Er ergibt sich zu

$$i_\mathrm{p} = \frac{U}{R}\,. \tag{7.76}$$

Aus der Addition der Gln. (7.76) und (7.75) folgt die allgemeine Lösung von Gl. (7.73)

$$i = i_\mathrm{p} + i_\mathrm{h} = \frac{U}{R} + \underline{c}\,\mathrm{e}^{-\frac{R}{L}t}\,.$$

Die hierin enthaltene Integrationskonstante $\underline{c}$ ergibt sich aus der Anfangsbedingung. Da der Strom durch die Induktivität L sich nicht sprunghaft ändern kann, gilt für den Schaltaugenblick

$$i(t = 0) = \frac{U}{R} + \underline{c} = 0\,,$$

woraus für die Integrationskonstante $\underline{c} = -U/R$ folgt. Der Strom in Bild 7.14 a) verläuft also für $t > 0$ nach der Funktion

$$i = \frac{U}{R}\left(1 - \mathrm{e}^{-\frac{R}{L}t}\right). \tag{7.77}$$

Hieraus folgt für die Spannungen

$$u_R = R\,i = U\left(1 - \mathrm{e}^{-\frac{R}{L}t}\right). \tag{7.78}$$

$$u_L = L\,\frac{\mathrm{d}i}{\mathrm{d}t} = U\,\mathrm{e}^{-\frac{R}{L}t}. \tag{7.79}$$

Die zeitlichen Verläufe des Stromes i und der Spannungen u_R und u_L sind in Bild 7.14 b) dargestellt.

Einschalten einer Gleichspannung an einer RC-Reihenschaltung

Wenn der Schalter S in Bild 7.15 a) zum Zeitpunkt $t = 0$ geschlossen wird, tritt an der Reihenschaltung aus R und C der Spannungssprung $U\,\varepsilon(t)$ auf.

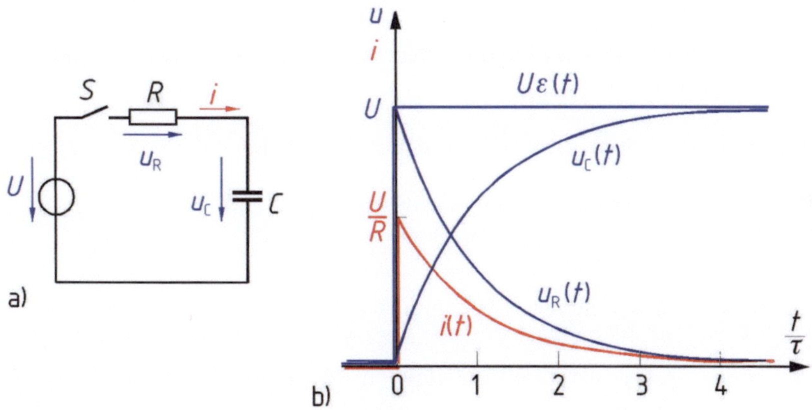

Bild 7.15: Einschalten einer Gleichspannung an einer RC-Reihenschaltung
a) Ersatzschaltbild, b) Strom- und Spannungsverläufe

Aus der Maschengleichung

$$u_R + u_C = R\,i + \frac{1}{C}\int_{t_0}^{t} i(\vartheta)\,\mathrm{d}\vartheta + u_C(t_0) = U\,\varepsilon(t)$$

erhält man für $t > 0$ nach einmaliger Differenziation die Differenzialgleichung

$$\frac{\mathrm{d}i}{\mathrm{d}t} + \frac{1}{R\,C}\,i = 0. \tag{7.80}$$

Zu ihrer Lösung verwendet man den Exponentialansatz $i = \underline{c}\,\mathrm{e}^{\underline{\lambda}\,t}$. Die charakteristische Gleichung

$$\underline{\lambda} + \frac{1}{R\,C} = 0$$

liefert $\underline{\lambda} = -1/(R\,C)$ und mit Gl. (7.74) die *Zeitkonstante* $\tau = R\,C$. Die allgemeine Lösung lautet also

$$i = \underline{c}\,\mathrm{e}^{-\frac{t}{\tau}} = \underline{c}\,\mathrm{e}^{-\frac{1}{RC}t}. \tag{7.81}$$

Da die Differenzialgleichung (7.80) selbst homogen ist, entfällt das Suchen einer partikulären Lösung. Die Spannung an der Kapazität kann sich nicht sprunghaft ändern und behält im Schaltaugenblick ihren Wert $u_C(t = 0) = 0$ bei. Am Widerstand R liegt dann die Spannung $u_R(t = 0) = U$.

Die Integrationskonstante $\underline{c}$ ergibt sich aus dieser Anfangsbedingung zu

$$i(t=0) = \underline{c} = \frac{u_R(t=0)}{R} = \frac{U}{R}\,.$$

Der Strom in Bild 7.15 a) verläuft also für $t > 0$ nach der Funktion

$$i = \frac{U}{R}\,\mathrm{e}^{-\frac{1}{RC}t}\,. \tag{7.82}$$

Hieraus folgt für die Spannungen:

$$u_R = R\,i = U\,\mathrm{e}^{-\frac{1}{RC}t} \tag{7.83}$$

$$u_C = U - u_R = U\left(1 - \mathrm{e}^{-\frac{1}{RC}t}\right) \tag{7.84}$$

Die zeitlichen Verläufe des Stromes i und der beiden Spannungen u_R und u_C sind in Bild 7.15 b) dargestellt.

Beispiel 7.12: Einschaltvorgang in einem RC-Netzwerk

Das Netzwerk in Bild 7.16 a) enthält die Widerstände $R_1 = 200\,\Omega$ und $R_2 = 300\,\Omega$ sowie die Kapazität $C = 50\,\mu\text{F}$ und wird durch Schließen des Schalters S an die Gleichspannung $U = 10\,\text{V}$ gelegt.

Die Verläufe des Stromes $i(t)$ und der Spannung $u_2(t)$ sollen ermittelt werden.

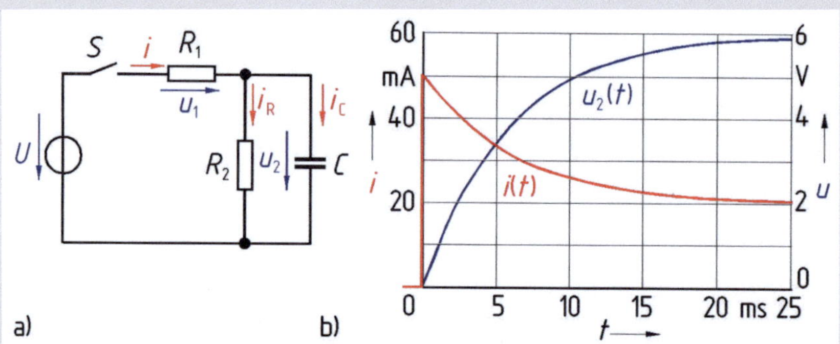

Bild 7.16: Einschalten einer Gleichspannung an einem RC-Netzwerk
a) Ersatzschaltbild, b) Strom- und Spannungsverläufe an einem RC-Netzwerk

Aus der Knotengleichung folgt mit Gl. (7.44) und Gl. (7.45)

$$i = i_R + i_C = \frac{1}{R_2}\,u_2 + C\,\frac{\mathrm{d}u_2}{\mathrm{d}t}\,.$$

Wenn man für $t > 0$ die Maschengleichung

$$u_2 = U - u_1 = U - R_1\,i$$

in die vorige Gleichung eingesetzt, erhält man

$$i = \frac{1}{R_2}\,U - \frac{R_1}{R_2}\,i - R_1\,C\,\frac{\mathrm{d}i}{\mathrm{d}t}$$

und daraus

$$\frac{\mathrm{d}i}{\mathrm{d}t} + \left(\frac{1}{R_1} + \frac{1}{R_2}\right)\frac{1}{C}\, i = \frac{U}{R_1\, R_2\, C}\,.$$

Aus der charakteristischen Gleichung

$$\underline{\lambda} + \left(\frac{1}{R_1} + \frac{1}{R_2}\right)\frac{1}{C} = 0$$

folgt

$$\underline{\lambda} = -\left(\frac{1}{R_1} + \frac{1}{R_2}\right)\frac{1}{C} = -\left(\frac{1}{200\,\Omega} + \frac{1}{300\,\Omega}\right)\frac{1}{50\,\mu\mathrm{F}} = -\frac{1}{6\,\mathrm{ms}}$$

und wie in Gl. (7.74) die Zeitkonstante $\tau = 6\,\mathrm{ms}$. Die Lösung der homogenen Differenzialgleichung ist also

$$i_\mathrm{h} = \underline{c}\,\mathrm{e}^{-\frac{t}{\tau}} = \underline{c}\,\mathrm{e}^{-\frac{t}{6\,\mathrm{ms}}}\,.$$

Als partikuläre Lösung i_p wird der für $t \to \infty$, also im eingeschwungenen Zustand, fließende Gleichstrom verwendet, für den die Kapazität C eine Unterbrechung darstellt. Man erhält

$$i_\mathrm{p} = \frac{U}{R_1 + R_2} = \frac{10\,\mathrm{V}}{200\,\Omega + 300\,\Omega} = 20\,\mathrm{mA}$$

und die allgemeine Lösung

$$i = i_\mathrm{p} + i_\mathrm{h} = 20\,\mathrm{mA} + \underline{c}\,\mathrm{e}^{-\frac{t}{6\,\mathrm{ms}}}\,.$$

Die Integrationskonstante $\underline{c}$ ergibt sich aus der Anfangsbedingung

$$i(t=0) = 20\,\mathrm{mA} + \underline{c} = \frac{U}{R_1} = \frac{10\,\mathrm{V}}{200\,\Omega} = 50\,\mathrm{mA}$$

zu $\underline{c} = 30\,\mathrm{mA}$. Für den Strom erhält man also den in Bild 7.16 b) dargestellten Verlauf

$$i = 20\,\mathrm{mA} + 30\,\mathrm{mA}\,\mathrm{e}^{-\frac{t}{6\,\mathrm{ms}}}.$$

Aus der Maschengleichung folgt der ebenfalls in Bild 7.16 b) dargestellte Verlauf der Spannung

$$u_2 = U - R_1\, i = 10\,\mathrm{V} - 200\,\Omega\left(20\,\mathrm{mA} + 30\,\mathrm{mA}\,\mathrm{e}^{-\frac{t}{6\,\mathrm{ms}}}\right) = 6\,\mathrm{V}\left(1 - \mathrm{e}^{-\frac{t}{6\,\mathrm{ms}}}\right).$$

Beispiel 7.13: Einschaltvorgang in einem RL-Netzwerk

Das Netzwerk in Bild 7.17 a) enthält die Widerstände $R_1 = 75\,\Omega$ und $R_2 = 200\,\Omega$ sowie die Induktivität $L = 1{,}8\,\mathrm{H}$ und wird durch Schließen des Schalters S bei $t = 0$ an die Gleichspannung $U = 66\,\mathrm{V}$ gelegt.

Die Verläufe des Stromes $i(t)$ und der Spannung $u_2(t)$ sollen ermittelt werden.

Aus der Knotengleichung folgt mit Gl. (7.44) und Gl. (7.46)

$$i = i_R + i_L = \frac{1}{R_2}\, u_2 + \frac{1}{L}\int_0^t u_2(\vartheta)\,\mathrm{d}\vartheta + i_L(0)\,.$$

Wenn man diese Gleichung einmal differenziert und die für $t > 0$ gültige Maschengleichung

$$u_2 = U - u_1 = U - R_1\, i$$

einsetzt, erhält man

$$\frac{\mathrm{d}i}{\mathrm{d}t} = -\frac{R_1}{R_2}\frac{\mathrm{d}i}{\mathrm{d}t} + \frac{U}{L} - \frac{R_1}{L}\, i$$

und nach Umformung

$$\frac{\mathrm{d}i}{\mathrm{d}t} + \frac{R_1 R_2}{(R_1 + R_2)L}\, i = \frac{R_2}{R_1 + R_2}\frac{U}{L}\,.$$

Aus der charakteristischen Gleichung

$$\underline{\lambda} + \frac{R_1 R_2}{(R_1 + R_2)L} = 0$$

folgt

$$\underline{\lambda} = -\frac{R_1 R_2}{(R_1 + R_2)L} = -\frac{75\,\Omega \cdot 200\,\Omega}{(75\,\Omega + 200\,\Omega)\cdot 1{,}8\,\mathrm{H}} = -\frac{1}{33\,\mathrm{ms}}$$

und die Zeitkonstante $\tau = 33\,\mathrm{ms}$. Die Lösung der homogenen Differenzialgleichung ist also

$$i_\mathrm{h} = \underline{c}\,\mathrm{e}^{-\frac{t}{\tau}} = \underline{c}\,\mathrm{e}^{-\frac{t}{33\,\mathrm{ms}}}\,.$$

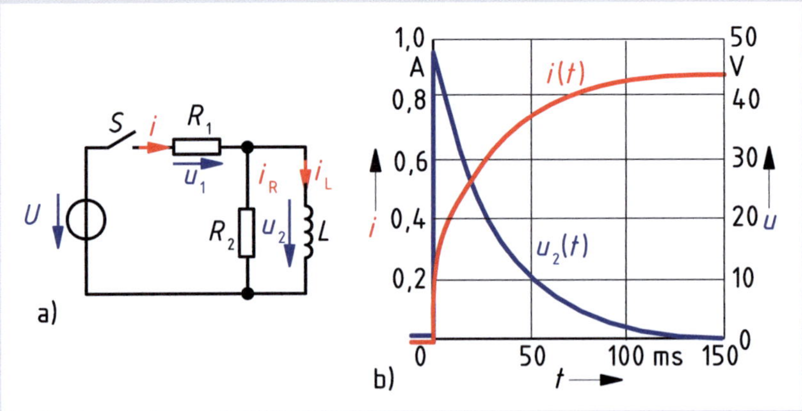

Bild 7.17: Einschalten einer Gleichspannung an einem RL-Netzwerk
a) Ersatzschaltbild, b) Strom- und Spannungsverläufe

Als partikuläre Lösung wird der für $t \to \infty$, also im stationären Zustand, fließende Gleichstrom

$$i_\mathrm{p} = \frac{U}{R_1} = \frac{66\,\mathrm{V}}{75\,\Omega} = 0{,}88\,\mathrm{A}$$

verwendet. Damit erhält man die allgemeine Lösung

$$i = i_\mathrm{p} + i_\mathrm{h} = 0{,}88\,\mathrm{A} + \underline{c}\,\mathrm{e}^{-\frac{t}{33\,\mathrm{ms}}}\,.$$

Die Integrationskonstante $\underline{c}$ ergibt sich aus der Anfangsbedingung

$$i(t=0) = 0{,}88\,\mathrm{A} + \underline{c} = \frac{U}{R_1 + R_2} = \frac{66\,\mathrm{V}}{75\,\Omega + 200\,\Omega} = 0{,}24\,\mathrm{A}$$

zu $\underline{c} = -0{,}64\,\mathrm{A}$. Für den Strom erhält man also den in Bild 7.17 b) dargestellten Verlauf

$$i = 0{,}88\,\mathrm{A} - 0{,}64\,\mathrm{A}\,\mathrm{e}^{-\frac{t}{33\,\mathrm{ms}}}.$$

Aus der Maschengleichung folgt der ebenfalls in Bild 7.17 b) dargestellte Verlauf der Spannung

$$u_2 = U - R_1\,i = 66\,\mathrm{V} - 75\,\Omega\left(0{,}88\,\mathrm{A} - 0{,}64\,\mathrm{A}\,\mathrm{e}^{-\frac{t}{33\,\mathrm{ms}}}\right) = 48\,\mathrm{V}\,\mathrm{e}^{-\frac{t}{33\,\mathrm{ms}}}.$$

7.3.2.2 Idealisiertes Ausschalten von RC- und RL-Schaltungen

Beim idealen Abschalten eines Gleichstromes wird der Strom I in unendlich kurzer Zeit t auf den Wert null gebracht. Dieser zeitliche Verlauf wird mit Hilfe der *Sprungfunktion* $\varepsilon(t)$ aus Bild 7.10 durch die Funktion $i(t) = I(1 - \varepsilon(t))$ beschrieben und kann *näherungsweise* vorausgesetzt werden, solange diese sprungförmige Stromänderung nur in solchen Netzwerkzweigen stattfindet, die eine vernachlässigbar kleine Induktivität haben, wie es z. B. in den Ersatzschaltbildern nach Bild 7.15 a) und Bild 7.16 a) angenommen wurde.

In realen, insbesondere in stark induktiven Stromkreisen, ist das Abschalten des Stromes in beliebig kurzer Zeit weder möglich noch erwünscht, denn die evtl. hohe Selbstinduktionsspannung $u = L\,\mathrm{d}i/\mathrm{d}t$ nach Gl. (7.43) würde am Schalter oder an anderen Stellen des Stromkreises – z. B. in Wicklungen – einen für die Isolationsfestigkeit der Schaltung meist unerwünschten Überschlag und u. U. auch eine unerwünschte Überbrückung der Schalteröffnung bewirken.

In den technisch realisierten Schaltern steigt beim Öffnen der Kontakte der Schalterwiderstand zunächst stark an, sodass der Strom i rasch kleiner wird. Bei merklicher Induktivität im Stromkreis entsteht auch hierbei eine große Selbstinduktionsspannung, die zu einem Überschlag an den Schaltkontakten mit einem stromleitenden Lichtbogen führt und so eine zu schnelle Stromabsenkung verhindert. Beim Abschalten von Stromkreisen mit mechanischen Schaltern entstehen daher Funken und Lichtbögen zwischen den Schalterkontakten, die den Abschaltvorgang selbst verzögern. Bei Leistungsschaltern muss ggf. der Lichtbogen zum Verlöschen gebracht werden, was in der Energietechnik z. B. durch besondere Blaskammern [FH05], aber auch durch schnelles Auseinanderziehen der Schaltmesser, also ein Verlängern der Lichtbogenstrecke, erreicht werden kann. Hierdurch wächst der Lichtbogenwiderstand und der Strom nimmt ab, bis die über den Lichtbogen abgeführte Wärme größer wird als die Energie, die mit dem Strom zugeführt wird. Die Ionisation hört dann auf und der Lichtbogen erlischt. In die genaue Berechnung solcher Abschaltvorgänge müssen also die Lichtbogenkennlinie und die Mechanik des Schalters eingehen. In den folgenden Beispielen wird aber auf eine derartige detaillierte Modellierung und Untersuchung der Abschaltvorgänge verzichtet.

Beispiel 7.14: Ausschaltvorgang in einem RC-Netzwerk

Im Netzwerk nach Bild 7.16 a), das in Bild 7.18 a) noch einmal dargestellt ist, wird ausgehend vom stationären Zustand zum Zeitpunkt $t = 0$ durch Öffnen des Schalters S der Strom i abgeschaltet. Gegeben sind $U = 10\,\mathrm{V}$, $R_1 = 200\,\Omega$, $R_2 = 300\,\Omega$, $C = 50\,\mu\mathrm{F}$.

Die Verläufe der Ströme $i_R(t)$ und $i_C(t)$ sowie der Spannung $u_2(t)$ sollen ermittelt werden.

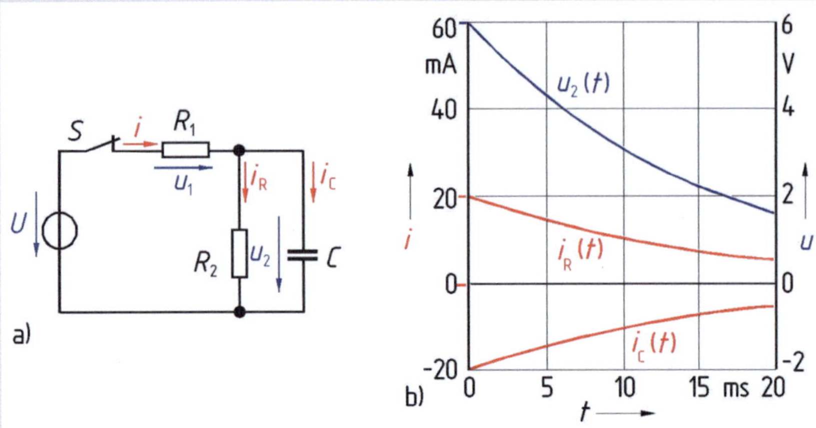

Bild 7.18: Abschalten eines Gleichstromes an einem RC-Netzwerk
a) Ersatzschaltbild, b) Strom- und Spannungsverläufe

Mit Gl. (7.44) und Gl. (7.45) liefert die Knotengleichung bei geöffnetem Schalter S

$$i_R + i_C = \frac{1}{R_2}\,u_2 + C\,\frac{\mathrm{d}u_2}{\mathrm{d}t} = 0$$

bzw.

$$\frac{\mathrm{d}u_2}{\mathrm{d}t} + \frac{1}{R_2 C}\,u_2 = 0\,.$$

Die Differenzialgleichung ist von gleicher Art wie Gl. (7.80). Entsprechend Gl. (7.81) erhält man die allgemeine Lösung

$$u_2 = \underline{c}\,\mathrm{e}^{-\frac{t}{\tau}}$$

mit der Zeitkonstanten

$$\tau = R_2\,C = 300\,\Omega \cdot 50\,\mu\mathrm{F} = 15\,\mathrm{ms}\,.$$

Die Integrationskonstante $\underline{c}$ ergibt sich aus der Anfangsbedingung

$$u_2(t=0) = \underline{c} = \frac{R_2}{R_1 + R_2}\,U = \frac{300\,\Omega}{200\,\Omega + 300\,\Omega}\,10\,\mathrm{V} = 6\,\mathrm{V}\,.$$

Für die Spannung erhält man also den in Bild 7.18 b) dargestellten Verlauf

$$u_2(t) = 6\,\mathrm{V}\,\mathrm{e}^{-\frac{t}{15\,\mathrm{ms}}}\,.$$

Für den Strom i_R folgt

$$i_R(t) = \frac{u_2}{R_2} = \frac{6\,\mathrm{V}}{300\,\Omega}\,\mathrm{e}^{-\frac{t}{15\,\mathrm{ms}}} = 20\,\mathrm{mA}\,\mathrm{e}^{-\frac{t}{15\,\mathrm{ms}}}$$

und für den Strom i_C

$$i_C(t) = -i_R = -20\,\mathrm{mA}\,\mathrm{e}^{-\frac{t}{15\,\mathrm{ms}}}\,.$$

Beispiel 7.15: Ausschaltvorgang in einem RL-Netzwerk

Der Strom durch die RL-Reihenschaltung nach Bild 7.14 a) kann wegen der Induktivität L nicht in beliebig kurzer Zeit wieder abgeschaltet werden. Hingegen ist ein Umschalten von der Spannungsquelle auf einen Kurzschluss, wie in Bild 7.19 a) dargestellt, möglich. Wenn das Umschalten in beliebig kurzer Zeit erfolgt, braucht sich der Strom $i(t)$ nicht sprunghaft zu ändern.

Für die Werte $U = 100\,\mathrm{V}$, $R = 50\,\Omega$ und $L = 4\,\mathrm{H}$ sollen die Verläufe des Stromes $i(t)$ und der Spannungen $u_R(t)$ und $u_L(t)$ angegeben werden.

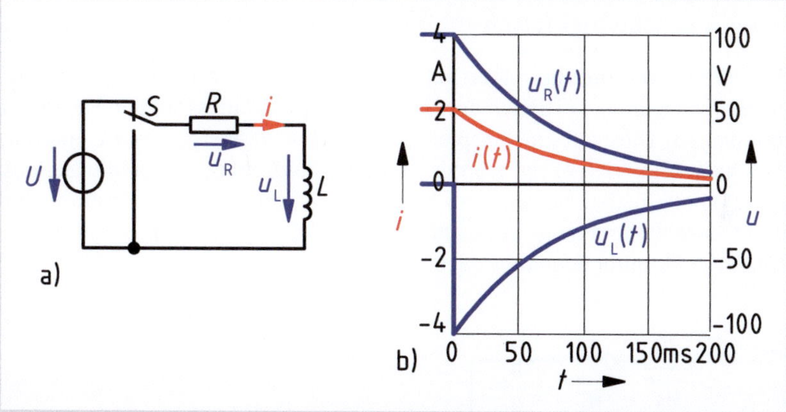

Bild 7.19: Umschalten einer RL-Reihenschaltung von einer Gleichspannungsquelle auf einen Kurzschluss a) Ersatzschaltbild, b) Strom- und Spannungsverläufe

Nach Umschalten des Schalters S gilt mit Gl. (7.41) und Gl. (7.43) die Maschengleichung

$$u_R + u_L = R\,i + L\,\frac{\mathrm{d}i}{\mathrm{d}t} = 0\,.$$

Die Differenzialgleichung

$$\frac{\mathrm{d}i}{\mathrm{d}t} + \frac{R}{L}\,i = 0$$

ist homogen; ansonsten stimmt sie mit Gl. (7.73) überein. Nach den Gln. (7.74) und (7.75) hat sie die allgemeine Lösung

$$i = \underline{c}\,\mathrm{e}^{-\frac{t}{\tau}}$$

mit der Zeitkonstanten

$$\tau = \frac{L}{R} = \frac{4\,\mathrm{H}}{50\,\Omega} = 80\,\mathrm{ms}\,.$$

Die Integrationskonstante $\underline{c}$ ergibt sich aus der Anfangsbedingung

$$i(t=0) = \underline{c} = \frac{U}{R} = \frac{100\,\mathrm{V}}{50\,\Omega} = 2\,\mathrm{A}\,.$$

Für den Strom erhält man also den in Bild 7.19 b) dargestellten Verlauf

$$i(t) = 2\,\mathrm{A}\,\mathrm{e}^{-\frac{t}{80\,\mathrm{ms}}}\,.$$

Für die Spannung u_R folgt

$$u_R(t) = R\,i = 50\,\Omega \cdot 2\,\mathrm{A}\,\mathrm{e}^{-\frac{t}{80\,\mathrm{ms}}} = 100\,\mathrm{V}\,\mathrm{e}^{-\frac{t}{80\,\mathrm{ms}}}$$

und für die Spannung u_L

$$u_L(t) = -u_R = -100\,\mathrm{V}\,\mathrm{e}^{-\frac{t}{80\,\mathrm{ms}}}\,.$$

7.3.2.3 Schalten von Schwingkreisen

In Netzwerken, die sowohl Induktivitäten als auch Kapazitäten enthalten, können beim Schalten *Ausgleichsvorgänge* entstehen, bei denen der Übergang vom Anfangs- auf den Endwert mit Schwingungen verbunden ist. Dies soll am Beispiel eines für $t < 0$ energielosen elementaren Reihenschwingkreises nach Bild 7.20 gezeigt werden, der zum Zeitpunkt $t = 0$ an die Gleichspannung U geschaltet wird. Da alle realen elektrischen Netzwerke unerwünschte (parasitäre) Induktivitäten und Kapazitäten enthalten, erzeugt in der Praxis *jeder* Schaltvorgang in Netzwerken Ausgleichsvorgänge in Form gedämpfter Schwingungen.

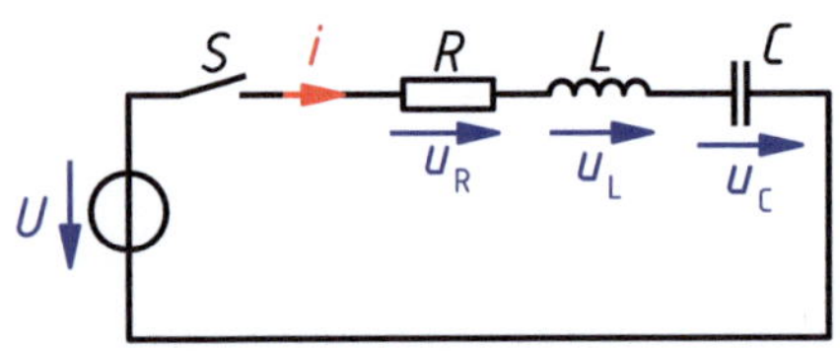

Bild 7.20: Einschalten einer Gleichspannung an einem elementaren Reihenschwingkreis

Aus der Maschengleichung, die hier zu der *Integro-Differenzialgleichung* (also einer Gleichung, die sowohl eine Ableitung als auch ein Integral der betrachteten Variablen enthält)

$$u_R + u_L + u_C = R\,i + L\,\frac{\mathrm{d}i}{\mathrm{d}t} + \frac{1}{C}\int_0^t i(\vartheta)\,\mathrm{d}\vartheta + u_C(0) = U\,\varepsilon(t) \tag{7.85}$$

führt, erhält man für $t > 0$ nach einmaliger Differenziation die homogene Differenzialgleichung

$$\frac{\mathrm{d}^2 i}{\mathrm{d}t^2} + \frac{R}{L}\,\frac{\mathrm{d}i}{\mathrm{d}t} + \frac{1}{L\,C}\,i = 0\,. \tag{7.86}$$

Die Rechnung wird übersichtlicher, wenn man nach Gl. (5.31) die *Kennkreisfrequenz*

$$\omega_0 = \frac{1}{\sqrt{L\,C}} \tag{7.87}$$

des Schwingkreises und den *Dämpfungsgrad*

$$\vartheta = \frac{1}{2}\,D = \frac{1}{2\,Q} = \frac{R}{2\,Z_0} = \frac{R}{2}\sqrt{\frac{C}{L}} \tag{7.88}$$

in die Rechnung einführt. Gl. (7.86) erhält dann die Form

$$\frac{\mathrm{d}^2 i}{\mathrm{d}t^2} + 2\,\vartheta\,\omega_0\,\frac{\mathrm{d}i}{\mathrm{d}t} + \omega_0^2\,i = 0 \tag{7.89}$$

und stimmt mit der in Abschnitt 7.3.1.3 betrachteten homogenen Differenzialgleichung (7.67) überein. Die zugehörige charakteristische Gleichung (7.68) hat nach Gl. (7.69) die Lösung

$$\underline{\lambda}_{1,2} = \omega_0 \left(-\vartheta \pm \sqrt{\vartheta^2 - 1} \right) . \tag{7.90}$$

Nach Abschnitt 7.3.1.3 sind drei Fälle zu unterscheiden:

a) Aperiodischer Fall ($\vartheta > 1$)

Gl. (7.90) liefert zwei unterschiedliche negativ reelle Lösungen:

$$\underline{\lambda}_1 = -\frac{1}{\tau_1} = \omega_0 \left(-\vartheta - \sqrt{\vartheta^2 - 1} \right) \tag{7.91a}$$

$$\underline{\lambda}_2 = -\frac{1}{\tau_2} = \omega_0 \left(-\vartheta + \sqrt{\vartheta^2 - 1} \right) \tag{7.91b}$$

Mit Gl. (7.70) erhält man die allgemeine Lösung der Differenzialgleichung (7.89)

$$i = K_1 \, e^{\underline{\lambda}_1 t} + K_2 \, e^{\underline{\lambda}_2 t} = K_1 \, e^{-\frac{t}{\tau_1}} + K_2 \, e^{-\frac{t}{\tau_2}} . \tag{7.92}$$

Die Bestimmung der Integrationskonstanten K_1 und K_2 erfolgt mit Hilfe der Anfangsbedingungen. Wegen der Induktivität L kann sich der Strom i im Schaltaugenblick nicht sprunghaft ändern. Hieraus folgt

$$i(t = 0) = K_1 + K_2 = 0$$

und

$$i = K_1 \left(e^{-\frac{t}{\tau_1}} - e^{-\frac{t}{\tau_2}} \right) . \tag{7.93}$$

Da im Schaltaugenblick sowohl die Spannung u_C an der Kapazität C als auch die Spannung u_R am Widerstand R wegen $i(t = 0) = 0$ null sind, liegt zunächst die volle Spannung U an der Induktivität L. Aus dieser Anfangsbedingung folgt

$$u_L(t = 0) = L \left. \frac{di}{dt} \right|_{t=0} = L K_1 \left(-\frac{1}{\tau_1} + \frac{1}{\tau_2} \right) = U .$$

Hieraus lässt sich K_1 bestimmen und in Gl. (7.93) einsetzen. Man erhält damit für den Strom

$$i(t) = \frac{U}{L} \frac{1}{\frac{1}{\tau_1} - \frac{1}{\tau_2}} \left(e^{-\frac{t}{\tau_2}} - e^{-\frac{t}{\tau_1}} \right) \tag{7.94}$$

einen Verlauf, wie er in Bild 7.21 für $\vartheta = 2$ dargestellt ist.

b) Aperiodischer Grenzfall ($\vartheta = 1$)

Gl. (7.90) liefert nur eine Lösung

$$\underline{\lambda} = -\omega_0 . \tag{7.95}$$

Mit Gl. (7.71) erhält man die allgemeine Lösung der Differenzialgleichung (7.89)

$$i = (K_1 + K_2 \, t) \, e^{-\omega_0 t} . \tag{7.96}$$

Die Bestimmung der Integrationskonstanten K_1 und K_2 erfolgt wie im Fall a) mit Hilfe der Anfangsbedingungen für den Strom

$$i(t = 0) = K_1 = 0$$

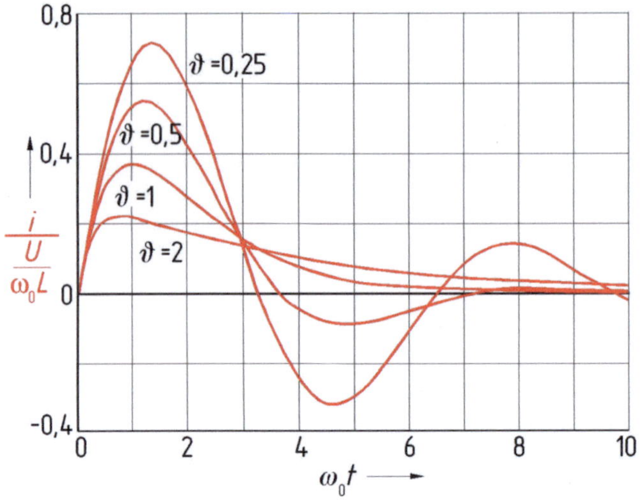

Bild 7.21: Stromverlauf beim Einschalten einer Gleichspannung an einem Reihenschwingkreis nach Bild 7.20 bei verschiedenen Dämpfungsgraden
$\vartheta = 2$ (aperiodischer Fall), $\vartheta = 1$ (aperiodischer Grenzfall),
$\vartheta = 0{,}5$ und $\vartheta = 0{,}25$ (periodischer Fall)

und für die Spannung an der Induktivität

$$u_L(t=0) = L\,\frac{\mathrm{d}i}{\mathrm{d}t}\bigg|_{t=0} = L\,K_2(1-\omega_0\,t)\;\mathrm{e}^{-\omega_0 t}\Big|_{t=0} = L\,K_2 = U.$$

Damit erhält man aus Gl. (7.96) für den Strom

$$i(t) = \frac{U}{L}\,t\,\mathrm{e}^{-\omega_0 t} \tag{7.97}$$

einen Verlauf, wie er in Bild 7.21 für $\vartheta = 1$ dargestellt ist.

c) Periodischer Fall ($\vartheta < 1$)

Gl. (7.90) liefert zwei zueinander konjugiert komplexe Lösungen:

$$\underline{\lambda}_1 = \omega_0\left(-\vartheta - \mathrm{j}\sqrt{1-\vartheta^2}\right) \tag{7.98a}$$

$$\underline{\lambda}_2 = \omega_0\left(-\vartheta + \mathrm{j}\sqrt{1-\vartheta^2}\right) \tag{7.98b}$$

Mit Gl. (7.72) erhält man die allgemeine Lösung der Differenzialgleichung (7.89)

$$i = \left[K_1\cos\left(\sqrt{1-\vartheta^2}\,\omega_0 t\right) + K_2\sin\left(\sqrt{1-\vartheta^2}\,\omega_0 t\right)\right]\mathrm{e}^{-\vartheta\,\omega_0 t}. \tag{7.99}$$

Hierin ist

$$\omega_\mathrm{d} = \sqrt{1-\vartheta^2}\,\omega_0 \tag{7.100}$$

die *Eigenkreisfrequenz* des Schwingkreises. Sie ist stets kleiner als die Kennkreisfrequenz ω_0 und weicht von dieser umso stärker ab, je größer der Dämpfungsgrad ϑ ist.

Die Bestimmung der Integrationskonstanten K_1 und K_2 erfolgt wie im Fall a) mit Hilfe der

Anfangsbedingungen. Aus $i(t=0)=0$ folgt nach Gl. (7.99)

$$i(t=0)=K_1=0$$

und

$$i = K_2 \sin\left(\sqrt{1-\vartheta^2}\,\omega_0 t\right) \mathrm{e}^{-\vartheta\,\omega_0 t}. \tag{7.101}$$

Die Bedingung

$$u_L(t=0) = L\,\frac{\mathrm{d}i}{\mathrm{d}t}\bigg|_{t=0} = U$$

liefert nach Gl. (7.101)

$$\begin{aligned} &L\,K_2\left[\sqrt{1-\vartheta^2}\,\omega_0 \cos\left(\sqrt{1-\vartheta^2}\omega_0 t\right) - \vartheta\,\omega_0 \sin\left(\sqrt{1-\vartheta^2}\omega_0 t\right)\right] \mathrm{e}^{-\vartheta\,\omega_0 t}\Big|_{t=0} \\ &= LK_2\sqrt{1-\vartheta^2}\,\omega_0 = U\,. \end{aligned}$$

Mit dem hieraus resultierenden Wert für K_2 erhält man aus Gl. (7.101) für den Strom

$$i(t) = \frac{U}{\omega_0 L\sqrt{1-\vartheta^2}} \sin\left(\sqrt{1-\vartheta^2}\,\omega_0 t\right) \mathrm{e}^{-\vartheta\,\omega_0 t} \tag{7.102}$$

Verläufe, wie sie in Bild 7.21 für $\vartheta = 0{,}5$ und $\vartheta = 0{,}25$ dargestellt sind.

Im stationären Zustand, d. h. für $t \to \infty$, wird für alle drei Fälle der Strom $i(t \to \infty) = 0$. Die Kapazität C ist dann auf die Spannung

$$u_C(t\to\infty) = \frac{1}{C}\int_0^\infty i\,\mathrm{d}t = U$$

aufgeladen. Alle vier in Bild 7.21 dargestellten Stromverläufe $i(t)$ ergeben daher denselben Wert für das Integral

$$\int_0^\infty i\,\mathrm{d}t = C\,U\,,$$

jedoch konvergieren die gezeigten Kurven unterschiedlich schnell gegen ihren Endwert. Die beste Konvergenz zeigt hier die Kurve für den aperiodischen Grenzfall mit $\vartheta = 1$.

Beispiel 7.16: Einschalten einer Gleichspannung an einem RLC-Netzwerk

Das zunächst energielose Netzwerk in Bild 7.22 aus der Kapazität $C = 2\,\mu\mathrm{F}$, der Induktivität $L = 20\,\mathrm{mH}$ sowie den Widerständen $R_1 = 25\,\Omega$ und $R_2 = 56\,\Omega$ wird bei $t=0$ durch Schließen des Schalters S an die Gleichspannung $U = 16{,}2\,\mathrm{V}$ gelegt.

Gesucht sind die Verläufe der Spannung u_2 und der Ströme $i_L(t)$, $i_C(t)$ und $i(t)$ für $t>0$.

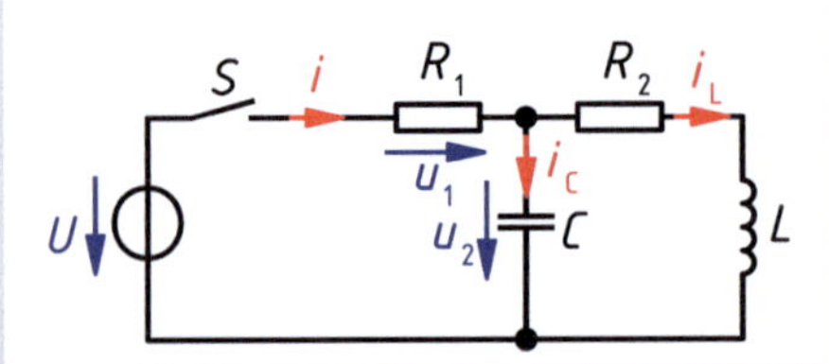

Bild 7.22: Einschalten einer Gleichspannung an einem RLC-Netzwerk

Mit Gl. (7.41) und Gl. (7.43) erhält man für die Spannung

$$u_2 = R_2\, i_L + L\,\frac{\mathrm{d}i_L}{\mathrm{d}t}\,.$$

Gl. (7.45) liefert den Strom durch die Kapazität C

$$i_C = C\,\frac{\mathrm{d}u_2}{\mathrm{d}t} = R_2\, C\,\frac{\mathrm{d}i_L}{\mathrm{d}t} + L\, C\,\frac{\mathrm{d}^2 i_L}{\mathrm{d}t^2}\,.$$

Wenn man diese Gleichung in die Maschengleichung

$$u_1 + u_2 = R_1(i_C + i_L) + R_2\, i_L + L\,\frac{\mathrm{d}i_L}{\mathrm{d}t} = U\varepsilon(t)$$

einsetzt, erhält man

$$R_1\, R_2\, C\,\frac{\mathrm{d}i_L}{\mathrm{d}t} + R_1\, L\, C\,\frac{\mathrm{d}^2\, i_L}{\mathrm{d}t^2} + (R_1 + R_2) i_L + L\,\frac{\mathrm{d}i_L}{\mathrm{d}t} = U\varepsilon(t)$$

und nach Division durch $R_1\, L\, C$ für $t > 0$

$$\frac{\mathrm{d}^2 i_L}{\mathrm{d}t^2} + \left(\frac{R_2}{L} + \frac{1}{R_1 C}\right)\frac{\mathrm{d}i_L}{\mathrm{d}t} + \frac{R_1 + R_2}{R_1 L C}\, i_L = \frac{U}{R_1\, L\, C}\,.$$

Abkürzend lässt sich diese Differenzialgleichung in der Form

$$\frac{\mathrm{d}^2 i_L}{\mathrm{d}t^2} + 2\,\vartheta\,\omega_0\frac{\mathrm{d}i_L}{\mathrm{d}t} + \omega_0^2\, i_L = \frac{U}{R_1 L C}$$

darstellen. Nach Einsetzen der vorgegebenen Werte folgt

$$\omega_0 = 9\,\mathrm{ms}^{-1}\,, \quad \vartheta \approx 1{,}267 \quad \text{und} \quad U/(R_1\, L C) \approx 16{,}2\,\mathrm{A\,ms}^{-2}\,.$$

Die zugehörige homogene Differenzialgleichung stimmt mit Gl. (7.89) überein. Wegen $\vartheta > 1$ liegt der aperiodische Fall vor. Die charakteristische Gleichung hat nach Gl. (7.91) die beiden reellen Lösungen

$$\underline{\lambda}_{1,2} = -\frac{1}{\tau_{1,2}} = \omega_0\left(-\vartheta \pm \sqrt{\vartheta^2 - 1}\right) \approx 9\,\mathrm{ms}^{-1}(-1{,}267 \pm 0{,}7775)\,,$$

also

$$\underline{\lambda}_1 = -\frac{1}{\tau_1} \approx -18{,}4\,\mathrm{ms}^{-1} \quad \text{und} \quad \underline{\lambda}_2 = -\frac{1}{\tau_2} \approx -4{,}4\,\mathrm{ms}^{-1}\,.$$

Damit ergibt sich nach Gl. (7.92) als Lösung der homogenen Differenzialgleichung

$$i_{L\mathrm{h}} = K_1\,\mathrm{e}^{-\frac{t}{\tau_1}} + K_2\,\mathrm{e}^{-\frac{t}{\tau_2}} \approx K_1\,\mathrm{e}^{-18{,}4\frac{t}{\mathrm{ms}}} + K_2\,\mathrm{e}^{-4{,}4\frac{t}{\mathrm{ms}}}\,.$$

Als partikuläre Lösung i_{Lp} wird der für $t \to \infty$, also im eingeschwungenen Zustand, fließende Gleichstrom verwendet, für den die Kapazität C eine Unterbrechung und die Induktivität L einen Kurzschluss darstellt. Man erhält

$$i_{Lp} = \frac{U}{R_1 + R_2} = \frac{16{,}2\,\mathrm{V}}{25\,\Omega + 56\,\Omega} = 200\,\mathrm{mA}$$

und die allgemeine Lösung

$$i_L = i_{Lp} + i_{Lh} \approx 200\,\mathrm{mA} + K_1\,\mathrm{e}^{-18{,}4\frac{t}{\mathrm{ms}}} + K_2\,\mathrm{e}^{-4{,}4\frac{t}{\mathrm{ms}}}\,.$$

Da der durch die Induktivität L fließende Strom i_L sich im Schaltaugenblick nicht sprunghaft ändern kann, gilt die Anfangsbedingung

$$i_L(t = 0) = 200\,\mathrm{mA} + K_1 + K_2 = 0\,.$$

Damit lässt sich die Integrationskonstante K_2 eliminieren und man erhält

$$i_L \approx 200\,\mathrm{mA} + K_1\,\mathrm{e}^{-18{,}4\frac{t}{\mathrm{ms}}} - (K_1 + 200\,\mathrm{mA})\,\mathrm{e}^{-4{,}4\frac{t}{\mathrm{ms}}}\,.$$

Hieraus folgt für die Spannung an der Kapazität und der RL-Reihenschaltung

$$u_2 = R_2\,i_L + L\,\frac{\mathrm{d}i_L}{\mathrm{d}t} \approx 56\,\Omega \cdot 200\,\mathrm{mA} + (56\,\Omega - 20\,\mathrm{mH} \cdot 18{,}4\,\mathrm{ms}^{-1})\,K_1\mathrm{e}^{-18{,}4\frac{t}{\mathrm{ms}}}$$
$$-(56\,\Omega - 20\,\mathrm{mH} \cdot 4{,}4\,\mathrm{ms}^{-1})(K_1 + 200\,\mathrm{mA})\,\mathrm{e}^{-4{,}4\frac{t}{\mathrm{ms}}}\,.$$

Da die Spannung an der Kapazität C sich im Schaltaugenblick nicht sprunghaft ändern kann, gilt die Anfangsbedingung

$$u_2(t = 0) = 11{,}2\,\mathrm{V} - 311{,}9\,\Omega\,K_1 + 32{,}1\,\Omega\,(K_1 + 200\,\mathrm{mA}) = 0\,.$$

Hieraus folgt für die Integrationskonstante $K_1 \approx 62{,}9\,\mathrm{mA}$ und für die Spannung

$$u_2(t) \approx 11{,}2\,\mathrm{V} - 19{,}6\,\mathrm{V}\,\mathrm{e}^{-18{,}4\frac{t}{\mathrm{ms}}} + 8{,}43\,\mathrm{V}\,\mathrm{e}^{-4{,}4\frac{t}{\mathrm{ms}}}\,.$$

Mit der nunmehr bekannten Integrationskonstanten K_1 erhält man auch das Endergebnis für den Strom durch die Induktivität L

$$i_L(t) \approx 200\,\mathrm{mA} + 62{,}9\,\mathrm{mA}\,\mathrm{e}^{-18{,}4\frac{t}{\mathrm{ms}}} - 263\,\mathrm{mA}\,\mathrm{e}^{-4{,}4\frac{t}{\mathrm{ms}}}\,.$$

Der Strom durch die Kapazität C ergibt sich mit Gl. (7.45) zu

$$i_C = C\,\frac{\mathrm{d}u_2}{\mathrm{d}t} \approx 2\,\mu\mathrm{F}\left(19{,}6\,\mathrm{V} \cdot 18{,}4\,\mathrm{ms}^{-1}\,\mathrm{e}^{-18{,}4\frac{t}{\mathrm{ms}}} - 8{,}43\,\mathrm{V} \cdot 4{,}4\,\mathrm{ms}^{-1}\,\mathrm{e}^{-4{,}4\frac{t}{\mathrm{ms}}}\right),$$

$$i_C(t) \approx 722\,\mathrm{mA}\,\mathrm{e}^{-18{,}4\frac{t}{\mathrm{ms}}} - 74{,}2\,\mathrm{mA}\,\mathrm{e}^{-4{,}4\frac{t}{\mathrm{ms}}}\,.$$

Die Zeitverläufe der Spannung u_2 und der beiden Ströme i_L und i_C sind in Bild 7.23 a) grafisch dargestellt. Der Gesamtstrom folgt aus der Summe

$$i(t) = i_L + i_C \approx 200\,\mathrm{mA} + 785\,\mathrm{mA}\,\mathrm{e}^{-18{,}4\frac{t}{\mathrm{ms}}} - 337\,\mathrm{mA}\,\mathrm{e}^{-4{,}4\frac{t}{\mathrm{ms}}}\,.$$

Beispiel 7.17: Ausschaltvorgang in einem RLC-Netzwerk

Das Netzwerk in Bild 7.22 wird durch Öffnen des Schalters S von der Gleichspannung U abgetrennt.

Die Zeitfunktionen der Spannung $u_2(t)$ und der Ströme $i_L(t)$ und $i_C(t)$ sollen für $t > 0$ ermittelt werden.

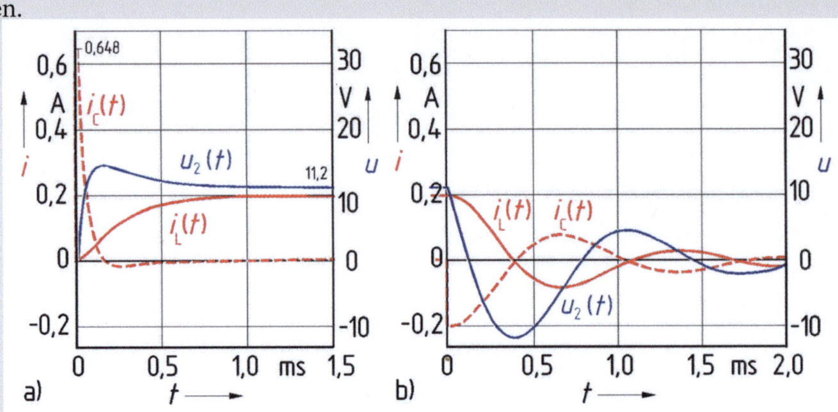

Bild 7.23: Zeitverläufe von Spannungen und Strömen in der Schaltung nach Bild 7.22
a) nach Anschalten der Schaltung an eine Gleichspannung U
b) nach Abschalten der Gleichspannung U

Nach Öffnen des Schalters S ist der Widerstand R_1 unwirksam, sodass die Elemente R_2, L und C einen elementaren Reihenschwingkreis bilden. Die Maschengleichung liefert mit den Gln. (7.41) und (7.43)

$$u_2 = R_2\, i_L + L\frac{\mathrm{d}i_L}{\mathrm{d}t}\,.$$

Andererseits gilt nach Gl. (7.45)

$$i_L = -i_C = -\,C\frac{\mathrm{d}u_2}{\mathrm{d}t}\,.$$

Dies wird in die Maschengleichung eingesetzt. Nach Division durch $L\,C$ erhält man

$$\frac{\mathrm{d}^2u_2}{\mathrm{d}t^2} + \frac{R_2}{L}\frac{\mathrm{d}u_2}{\mathrm{d}t} + \frac{1}{L\,C}\,u_2 = 0$$

bzw.

$$\frac{\mathrm{d}^2u_2}{\mathrm{d}t^2} + 2\,\vartheta\,\omega_0\frac{\mathrm{d}u_2}{\mathrm{d}t} + \omega_0^2\,u_2 = 0\,.$$

Dabei gilt nach Einsetzen der vorgegebenen Werte $\omega_0 = 5\,\mathrm{ms}^{-1}$ und $\vartheta = 0{,}28$. Wegen $\vartheta < 1$ liegt der periodische Fall vor. Die Lösung dieser Differenzialgleichung lautet nach Gl. (7.99)

$$\begin{aligned} u_2 &= \left[K_1\cos\left(\sqrt{1-\vartheta^2}\,\omega_0 t\right) + K_2\sin\left(\sqrt{1-\vartheta^2}\,\omega_0 t\right)\right]\mathrm{e}^{-\vartheta\omega_0 t} \\ &= \left[K_1\cos\left(4{,}8\,\frac{t}{\mathrm{ms}}\right) + K_2\sin\left(4{,}8\,\frac{t}{\mathrm{ms}}\right)\right]\mathrm{e}^{-1{,}4\frac{t}{\mathrm{ms}}}\,. \end{aligned}$$

Das Aufsuchen einer partikulären Lösung entfällt, da die Differenzialgleichung homogen ist.

Da sich die Spannung an einer Kapazität nicht sprunghaft ändern kann, behält die Spannung u_2 im Schaltaugenblick den Wert bei, den sie vor Öffnen des Schalters hatte. Daher gilt die Anfangsbedingung

$$u_2(t=0) = K_1 = \frac{R_2}{R_1+R_2}\,U = \frac{56\,\Omega}{25\,\Omega + 56\,\Omega}\,16{,}2\,\text{V} = 11{,}2\,\text{V}\,.$$

Damit ist die Integrationskonstante K_1 bekannt und kann in die Gleichung für u_2 eingesetzt werden. Nach Gl. (7.45) erhält man den Strom

$$\begin{aligned} i_L &= -\,i_C = -C\,\frac{\mathrm{d}u_2}{\mathrm{d}t} \\ &= -\,2\,\mu\text{F}\left[-11{,}2\,\text{V}\cdot 4{,}8\,\text{ms}^{-1}\sin\left(4{,}8\,\frac{t}{\text{ms}}\right) + K_2\cdot 4{,}8\,\text{ms}^{-1}\cos\left(4{,}8\,\frac{t}{\text{ms}}\right)\right. \\ &\quad \left. -\,11{,}2\,\text{V}\cdot 1{,}4\,\text{ms}^{-1}\cos\left(4{,}8\,\frac{t}{\text{ms}}\right) - K_2\cdot 1{,}4\,\text{ms}^{-1}\sin\left(4{,}8\,\frac{t}{\text{ms}}\right)\right]\mathrm{e}^{-1{,}4\frac{t}{\text{ms}}}\,. \\ &\approx \left[(31{,}36\,\text{mA} - 9{,}6\,\text{mS}\cdot K_2)\cos\left(4{,}8\frac{t}{\text{ms}}\right)\right. \\ &\quad \left. +\,(107{,}5\,\text{mA} + 2{,}8\,\text{mS}\cdot K_2)\sin\left(4{,}8\frac{t}{\text{ms}}\right)\right]\mathrm{e}^{-1{,}4\frac{t}{\text{ms}}}\,. \end{aligned}$$

Da sich der Strom an einer Induktivität nicht sprunghaft ändern kann, behält der Strom i_L im Schaltaugenblick den Wert bei, den er vor Öffnen des Schalters hatte. Daher gilt die Anfangsbedingung

$$i_L(t=0) \approx 31{,}36\,\text{mA} - 9{,}6\,\text{mS}\cdot K_2 \approx \frac{U}{R_1+R_2} = \frac{16{,}2\,\text{V}}{25\,\Omega + 56\,\Omega} = 200\,\text{mA}\,.$$

Hieraus folgt für die Integrationskonstante $K_2 \approx -17{,}57\,\text{V}$ und für den Strom

$$i_L = -i_C \approx \left[200\,\text{mA}\,\cos\left(4{,}8\,\frac{t}{\text{ms}}\right) + 58{,}3\,\text{mA}\,\sin\left(4{,}8\,\frac{t}{\text{ms}}\right)\right]\mathrm{e}^{-1{,}4\frac{t}{\text{ms}}}\,.$$

Mit der nunmehr bekannten Integrationskonstanten K_2 erhält man auch das Endergebnis für die Spannung an der Kapazität C

$$u_2 \approx \left[11{,}2\,\text{V}\,\cos\left(4{,}8\,\frac{t}{\text{ms}}\right) - 17{,}6\,\text{V}\,\sin\left(4{,}8\,\frac{t}{\text{ms}}\right)\right]\mathrm{e}^{-1{,}4\frac{t}{\text{ms}}}\,.$$

Die ermittelten Zeitverläufe der Ströme i_L und i_C sowie der Spannung u_2 sind in Bild 7.23 b) grafisch dargestellt.

7.3.3 Schalten von Sinusströmen und -spannungen

Die in Abschnitt 7.3.2 für das Schalten von Gleichströmen aufgestellten Differenzialgleichungen sind im Wesentlichen auch für Wechselströme anwendbar; nur die Störfunktion $f(t)$ in Gl. (7.62) ist von einem anderen Typ. Die jeweils zugehörige homogene Differenzialgleichung, die man nach Abschnitt 7.3.1.2 dadurch erhält, dass man die Störfunktion durch den Wert null ersetzt, ist in beiden Fällen die selbe. Die Aufgabe reduziert sich damit auf das Aufsuchen einer partikulären Lösung und das Bestimmen der Integrationskonstanten aus den Anfangsbedingungen. Dies wird im Folgenden anhand einiger Beispiele für Sinusspannungen gezeigt.

7.3.3.1 Schalten einer RL-Reihenschaltung an eine Sinusspannung

Im Unterschied zu dem in Bild 7.14 betrachteten Gleichstrom-Einschaltvorgang soll nach Bild 7.24 a) zum Zeitpunkt $t = 0$ eine Sinusspannung $u = \hat{u}\sin(\omega t + \varphi_u)$ an die RL-Reihenschaltung geschaltet werden.

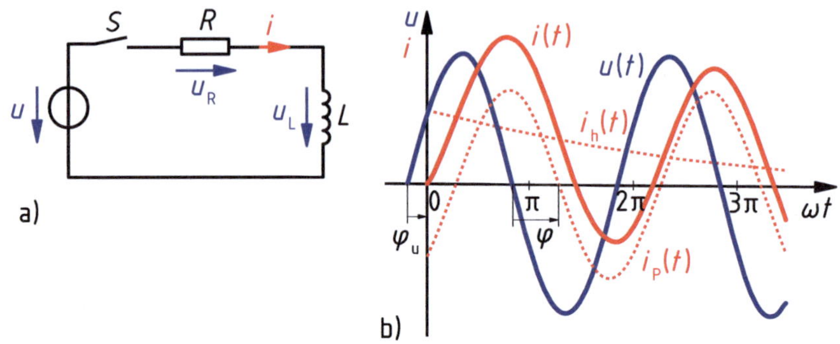

Bild 7.24: Einschalten einer Sinusspannung an einer RL-Reihenschaltung
a) Ersatzschaltbild und b) Stromverlauf

Mit Gl. (7.64) erhält man die Maschengleichung

$$u_R + u_L = R\,i + L\,\frac{\mathrm{d}i}{\mathrm{d}t} = \varepsilon(t)\,\hat{u}\sin(\omega t + \varphi_u)$$

und für $t > 0$ die Differenzialgleichung

$$\frac{\mathrm{d}i}{\mathrm{d}t} + \frac{R}{L}\,i = \frac{\hat{u}}{L}\sin(\omega t + \varphi_u)\,. \tag{7.103}$$

Aus Gl. (7.75) kann die Lösung

$$i_\mathrm{h} = \underline{c}\,\mathrm{e}^{-\frac{t}{\tau}} = \underline{c}\,\mathrm{e}^{-\frac{R}{L}t} \tag{7.104}$$

der homogenen Differenzialgleichung übernommen werden. Als partikuläre Lösung i_p wird der für $t \to \infty$, also im stationären Zustand fließende Sinusstrom verwendet, der sich am einfachsten mit Hilfe der komplexen Rechnung ermitteln lässt. Die Impedanz $\underline{Z}$ der RL-Reihenschaltung ergibt sich mit den Gln. (6.19) bis (6.21) zu

$$\underline{Z} = R + \mathrm{j}\,\omega L = \sqrt{R^2 + \omega^2 L^2}\,\mathrm{e}^{\mathrm{j}\,\mathrm{Arctan}\frac{\omega L}{R}} = Z\,\mathrm{e}^{\mathrm{j}\,\varphi}\,. \tag{7.105}$$

Der im stationären Zustand fließende Sinusstrom i_p wird durch den Stromzeiger

$$\underline{I}_\mathrm{p} = \frac{\underline{U}}{\underline{Z}} = \frac{U\,\mathrm{e}^{\mathrm{j}\,\varphi_u}}{Z\,\mathrm{e}^{\mathrm{j}\,\varphi}} = \frac{U}{Z}\,\mathrm{e}^{\mathrm{j}\,(\varphi_u - \varphi)}$$

beschrieben. Bei der Spannung $u = \hat{u}\,\sin(\omega t + \varphi_u)$ entspricht dies nach Abschnitt 3.2 und 3.3 der Zeitfunktion

$$i_\mathrm{p} = \frac{\hat{u}}{Z}\sin(\omega t + \varphi_u - \varphi)\,. \tag{7.106}$$

Aus der Addition der Gln. (7.106) und (7.104) folgt die allgemeine Lösung

$$i = i_\text{p} + i_\text{h} = \frac{\hat{u}}{Z}\sin(\omega t + \varphi_u - \varphi) + \underline{c}\,\mathrm{e}^{-\frac{R}{L}t}. \tag{7.107}$$

Die hierin enthaltene Integrationskonstante $\underline{c}$ ergibt sich aus der Anfangsbedingung. Da der Strom durch die Induktivität L sich nicht sprunghaft ändern kann, gilt für den Schaltaugenblick

$$i(t=0) = \frac{\hat{u}}{Z}\sin(\varphi_u - \varphi) + \underline{c} = 0$$

und man erhält für die Integrationskonstante $\underline{c} = -(\hat{u}/Z)\sin(\varphi_u - \varphi)$. Der Strom in Bild 7.24 a) verläuft damit für $t > 0$ nach der Funktion

$$i = i_\text{p} + i_\text{h} = \frac{\hat{u}}{Z}\left(\sin(\omega t + \varphi_u - \varphi) - \sin(\varphi_u - \varphi)\,\mathrm{e}^{-\frac{R}{L}t}.\right) \tag{7.108}$$

Wie in Bild 7.24 b) gezeigt, ist also dem nach Gl. (7.106) im stationären Zustand fließenden Sinusstrom i_p ein Strom i_h überlagert, der exponentiell mit der Zeitkonstanten $\tau = L/R$ abklingt. Dieser Anteil tritt nicht auf, wenn der *Schaltwinkel* gleich dem Phasenverschiebungswinkel, also $\varphi_u = \varphi$ (s. Bild 7.25 a)) oder wenn $\varphi_u = \varphi \pm 180°$ ist.

In allen anderen Fällen weist insbesondere das erste Strommaximum oder -minimum nach dem Einschalten einen überhöhten Wert auf. Der Zeitpunkt $t_\text{ü}$ dieses *Überschwingens* ist bestimmbar, indem man Gl. (7.108) nach der Zeit t differenziert und die erste Ableitung null setzt. Entsprechend erhält man den Schaltwinkel $\varphi_{u\text{ü}}$, bei dem das größte Überschwingen auftritt, indem man Gl. (7.108) nach dem Schaltwinkel φ_u differenziert und auch diese Ableitung null setzt. Unter Verwendung der Umformung

$$\frac{L}{R} = \frac{1}{\omega}\cdot\frac{\omega L}{R} = \frac{1}{\omega}\tan\varphi$$

ergeben sich dann die beiden Bedingungen

$$-\tan\varphi\,\cos(\omega t_\text{ü} + \varphi_{u\text{ü}} - \varphi) = \sin(\varphi_{u\text{ü}} - \varphi)\,\mathrm{e}^{-\frac{R}{L}t_\text{ü}},$$
$$\cos(\omega t_\text{ü} + \varphi_{u\text{ü}} - \varphi) = \cos(\varphi_{u\text{ü}} - \varphi)\,\mathrm{e}^{-\frac{R}{L}t_\text{ü}},$$

die bei maximalem Überschwingen gleichermaßen erfüllt sein müssen. Aus der Division dieser beiden Gleichungen folgt

$$-\tan\varphi = \tan(\varphi_{u\text{ü}} - \varphi) \tag{7.109}$$

mit den Lösungen $\varphi_{u\text{ü}} = 0$ und $\varphi_{u\text{ü}} = 180°$. Unabhängig vom Phasenverschiebungswinkel φ ergibt sich also die größte Stromspitze stets beim Einschalten im Spannungsnulldurchgang. In Bild 7.25 b) ist dieser Fall dargestellt. Der Wert der Stromspitze hängt vom Phasenverschiebungswinkel φ ab und erreicht für $\varphi = 90°$ mit $2\,\hat{i}_\text{p}$ sein Maximum.

Beispiel 7.18: Einschalten einer Sinusspannung an einer RL-Reihenschaltung

Die RL-Reihenschaltung in Bild 7.24 mit den Werten $R = 7\,\Omega$ und $L = 175\,\text{mH}$ wird an die Sinusspannung $U = 230\,\text{V}$, $f = 50\,\text{Hz}$ angeschaltet.

Gesucht sind die dem positiven Spannungsnulldurchgang nächstgelegenen Schaltwinkel φ_u, bei denen minimales bzw. maximales Überschwingen des Stromes i eintritt, sowie die zugehörigen Stromverläufe $i(t)$.

Bei $f = 50\,\text{Hz}$ hat die RL-Reihenschaltung nach Gl. (7.105) die Impedanz

$$\underline{Z} = R + \text{j}\,\omega L = 7\,\Omega + \text{j}\,2\pi \cdot 50\,\text{s}^{-1} \cdot 175\,\text{mH} \approx 55{,}42\,\Omega\,\text{e}^{\text{j}\,82{,}74^\circ} \approx Z\,\text{e}^{\text{j}\,\varphi}\,.$$

Nach Gl. (7.108) verschwinden Gleichanteil und Überschwingen für

$$\varphi_u = \varphi \approx 82{,}74^\circ \approx 1{,}444\,\text{rad}\,.$$

Der Strom verläuft dann, wie in Bild 7.25 a) dargestellt, nach der Funktion

$$i = \frac{\hat{u}}{Z}\sin(\omega t) \approx \frac{\sqrt{2}\cdot 230\,\text{V}}{55{,}42\,\Omega}\sin(\omega t) \approx 5{,}87\,\text{A}\sin\left(0{,}314\,\frac{t}{\text{ms}}\right).$$

Maximales Überschwingen tritt nach Gl. (7.109) beim Schaltwinkel $\varphi_u = 0$ auf.

Der Strom verläuft dann, wie in Bild 7.25 b) dargestellt, nach der Funktion

$$i(t) = \frac{\hat{u}}{Z}\left[\sin(\omega t - \varphi) - \sin(-\varphi)\,\text{e}^{-\frac{R}{L}t}\right] \approx 5{,}87\,\text{A}\left[\sin\left(0{,}314\,\frac{t}{\text{ms}} - 1{,}44\right) + 0{,}992\,\text{e}^{-\frac{t}{25\,\text{ms}}}\right].$$

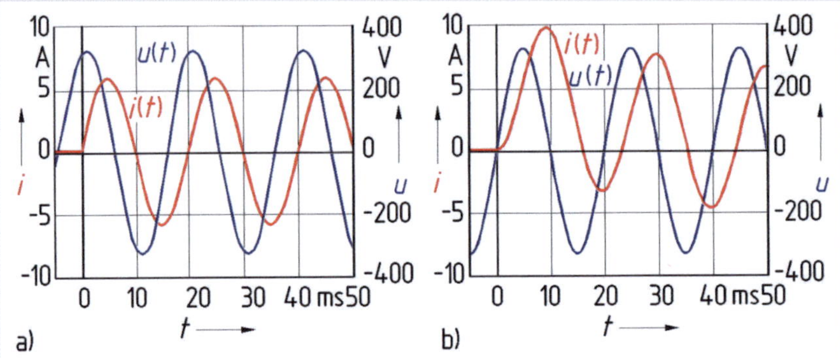

Bild 7.25: Spannung und Strom nach Einschalten einer Sinusspannung an einer RL-Reihenschaltung a) ohne Überschwingen b) mit maximalem Überschwingen

7.3.3.2 Schalten einer RC-Reihenschaltung an eine Sinusspannung

Wenn zum Zeitpunkt $t = 0$ die Sinusspannung $u = \hat{u}\,\sin(\omega t + \varphi_u)$ an eine zuvor energielose RC-Reihenschaltung nach Bild 7.26 a) geschaltet wird, gilt mit den Gln. (7.45) und (7.64) die Maschengleichung

$$R\,i + u_C = R\,C\,\frac{\text{d}u_C}{\text{d}t} + u_C = \varepsilon(t)\cdot\hat{u}\,\sin(\omega t + \varphi_u)\,.$$

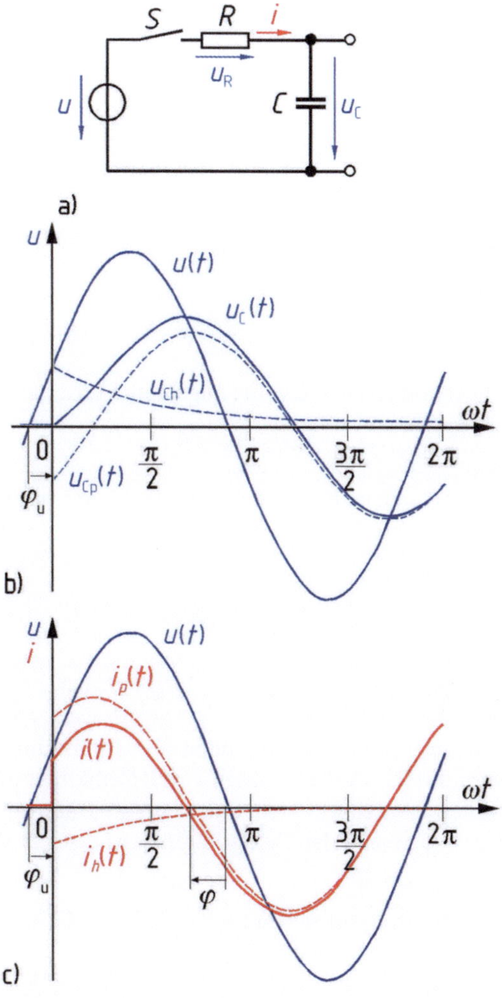

Bild 7.26: Einschalten einer Sinusspannung an einer RC-Reihenschaltung
a) Ersatzschaltbild
b) Sinusspannung u und Spannung u_C an der Kapazität
c) Sinusspannung u und Strom i

Für $t > 0$ erhält man zur Bestimmung der Ausgangsspannung u_C die Differenzialgleichung

$$\frac{\mathrm{d}u_C}{\mathrm{d}t} + \frac{1}{RC}\, u_C = \frac{\hat{u}}{RC} \sin(\omega t + \varphi_u)\,. \tag{7.110}$$

Die zugehörige homogene Differenzialgleichung hat die Lösung

$$u_{C\mathrm{h}} = \underline{c}\, \mathrm{e}^{-\frac{t}{\tau}} = \underline{c}\, \mathrm{e}^{-\frac{1}{RC}t}\,. \tag{7.111}$$

Als partikuläre Lösung $u_{C\mathrm{p}}$ wird die für $t \to \infty$, also im stationären Zustand, auftretende Sinusspannung verwendet, die mit Hilfe der komplexen Rechnung ermittelt wird. Die Impedanz $\underline{Z}$ der

RC-Reihenschaltung ergibt sich mit den Gln. (3.192) bis (3.194) zu

$$\underline{Z} = R + \frac{1}{\mathrm{j}\omega C} = \sqrt{R^2 + \frac{1}{\omega^2 C^2}}\,\mathrm{e}^{\mathrm{j}\,\mathrm{Arctan}\frac{-1}{\omega RC}} = Z\,\mathrm{e}^{\mathrm{j}\varphi}. \tag{7.112}$$

Wie Gl. (7.112) zeigt, ist der Phasenverschiebungswinkel φ negativ. Die im stationären Zustand an der Kapazität C liegende Sinusspannung $u_{C\mathrm{p}}$ wird durch den Spannungszeiger

$$\underline{U}_{C\mathrm{p}} = \frac{1}{\mathrm{j}\omega C}\cdot\frac{\underline{U}}{\underline{Z}} = -\mathrm{j}\,\frac{U\,\mathrm{e}^{\mathrm{j}\varphi_u}}{\omega C Z\,\mathrm{e}^{\mathrm{j}\varphi}} = -\mathrm{j}\,\frac{U}{\omega C Z}\,\mathrm{e}^{\mathrm{j}(\varphi_u-\varphi)}$$

beschrieben. Dies entspricht der Zeitfunktion

$$u_{C\mathrm{p}} = -\frac{\hat{u}}{\omega C Z}\cos(\omega t + \varphi_u - \varphi)\,. \tag{7.113}$$

Aus der Addition der Gln.(7.113) und (7.111) folgt die allgemeine Lösung

$$u_C = u_{C\mathrm{p}} + u_{C\mathrm{h}} = -\frac{\hat{u}}{\omega C Z}\cos(\omega t + \varphi_u - \varphi) + \underline{c}\,\mathrm{e}^{-\frac{1}{RC}t}. \tag{7.114}$$

Da die Spannung an der Kapazität C sich nicht sprunghaft ändern kann, gilt für den Schaltaugenblick

$$u_C(t=0) = -\frac{\hat{u}}{\omega C Z}\cos(\varphi_u - \varphi) + \underline{c} = 0\,.$$

Aus dieser Anfangsbedingung folgt die Integrationskonstante $\underline{c}$, die in Gl. (7.114) eingesetzt wird. Die Spannung verläuft damit für $t > 0$ nach der in Bild 7.26 b) dargestellten Funktion

$$u_C(t) = u_{C\mathrm{p}} + u_{C\mathrm{h}} = \frac{\hat{u}}{\omega C Z}\left[-\cos(\omega t + \varphi_u - \varphi) + \cos(\varphi_u - \varphi)\,\mathrm{e}^{-\frac{1}{RC}t}\right]. \tag{7.115}$$

Der nach Gl. (7.113) im stationären Zustand auftretenden Sinusspannung $u_{C\mathrm{p}}$ ist eine Spannung $u_{C\mathrm{h}}$ überlagert, die exponentiell mit der Zeitkonstanten $\tau = RC$ abklingt und ein Überschwingen der Spannung u_C verursacht. Dieser Anteil tritt nicht auf, wenn die Differenz von Schaltwinkel und Phasenverschiebungswinkel $\varphi_u - \varphi = \pm 90°$ ist. Den größten Wert erreicht das Überschwingen bei den Schaltwinkeln $\varphi_{u\ddot{\mathrm{u}}} = 0°$ und $\varphi_{u\ddot{\mathrm{u}}} = 180°$.

Der in Bild 7.26 c) dargestellte Strom i ergibt sich aus Gl. (7.115) mit Gl. (7.45) zu

$$i(t) = i_\mathrm{p} + i_\mathrm{h} = C\,\frac{\mathrm{d}u_C}{\mathrm{d}t} = \frac{\hat{u}}{Z}\left[\sin(\omega t + \varphi_u - \varphi) - \frac{1}{\omega C R}\cos(\varphi_u - \varphi)\,\mathrm{e}^{-\frac{1}{RC}t}\right]. \tag{7.116}$$

7.3.3.3 Schalten eines Reihenschwingkreises an eine Sinusspannung

Wenn man in Gl. (7.85) statt der Sprungfunktion $U\,\varepsilon(t)$ die Funktion $\varepsilon(t)\,\hat{u}\sin(\omega t + \varphi_u)$ einsetzt, erhält man in Abwandlung von Gl. (7.89) für $t > 0$ die inhomogene Differenzialgleichung

$$\frac{\mathrm{d}^2 i}{\mathrm{d}t^2} + 2\,\vartheta\,\omega_0\frac{\mathrm{d}i}{\mathrm{d}t} + \omega_0^2\, i = \omega\,\frac{\hat{u}}{L}\cos(\omega t + \varphi_u)\,. \tag{7.117}$$

Gl. (7.89) ist die zugehörige homogene Differenzialgleichung, bei deren Bearbeitung man zwischen dem aperiodischen und dem periodischen Fall sowie dem aperiodischen Grenzfall zu unterscheiden hat. Die Gln. (7.93), (7.99) und (7.97) geben die jeweilige Lösung an. Beispiel 7.19 zeigt für einen periodischen Fall, wie man eine partikuläre Lösung findet und die Integrationskonstanten bestimmt.

Beispiel 7.19: Einschalten einer Sinusspannung an einem elementaren RLC-Reihenschwingkreis

Der elementare, für $t < 0$ energielose Reihenschwingkreis in Bild 7.27 a) mit $R = 250\,\Omega$, $L = 525\,\text{mH}$ und $C = 0{,}3\,\mu\text{F}$ wird zum Zeitpunkt $t = 0$ beim Schaltwinkel $\varphi_u = 35°$ an die Sinusspannung $U = 230\,\text{V}$, $f = 50\,\text{Hz}$ geschaltet.

Gesucht ist der Stromverlauf $i(t)$.

Mit den Gln. (7.87), (7.88) und (7.100) erhält man die Kennwerte

$$\omega_0 = \frac{1}{\sqrt{LC}} = \frac{1}{\sqrt{525\,\text{mH}\cdot 0{,}3\,\mu\text{F}}} \approx 2{,}520\,\text{ms}^{-1}\,,$$

$$\vartheta = \frac{R}{2}\sqrt{\frac{C}{L}} = \frac{250\,\Omega}{2}\sqrt{\frac{0{,}3\,\mu\text{F}}{525\,\text{mH}}} \approx 0{,}09449\,,$$

$$\omega_\text{d} = \sqrt{1-\vartheta^2}\,\omega_0 \approx \sqrt{1-0{,}09449^2}\cdot 2{,}520\,\text{ms}^{-1} \approx 2{,}509\,\text{ms}^{-1}\,.$$

Die Differenzialgleichung (7.117) lautet somit

$$\frac{\text{d}^2 i}{\text{d}t^2} + 0{,}4762\,\text{ms}^{-1}\frac{\text{d}i}{\text{d}t} + 6{,}349\,\text{ms}^{-2}\,i \approx 194{,}6\,\frac{\text{mA}}{\text{ms}^2}\cos(\omega t + \varphi_u)\,.$$

Die zugehörige homogene Differenzialgleichung hat nach Gl. (7.99) die Lösung

$$i_\text{h} \approx \left[K_1\cos\left(2{,}509\,\frac{t}{\text{ms}}\right) + K_2\sin\left(2{,}509\,\frac{t}{\text{ms}}\right)\right]\text{e}^{-0{,}2381\frac{t}{\text{ms}}}\,.$$

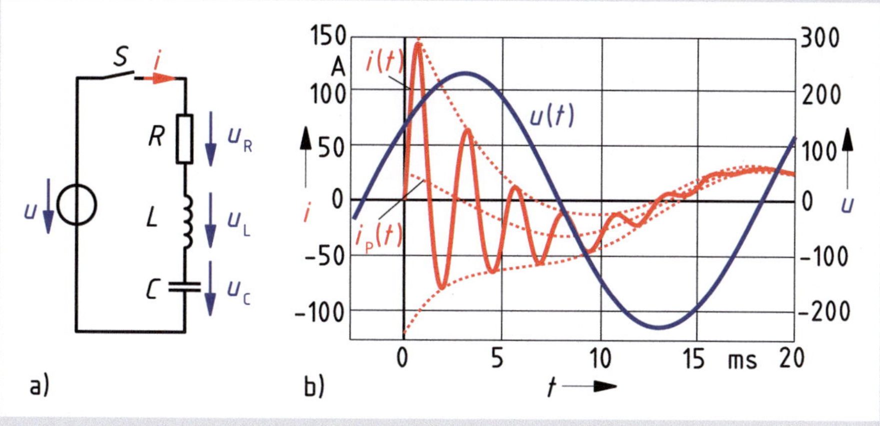

Bild 7.27: Schalten einer Sinusspannung an einen Reihenschwingkreis
a) Ersatzschaltbild, b) Spannungs- und Stromverlauf

Als partikuläre Lösung i_p wird der für $t \to \infty$ fließende Sinusstrom verwendet. Mit der Impedanz des Reihenschwingkreises

$$\underline{Z} = R + \text{j}\,\omega L + \frac{1}{\text{j}\,\omega C} \approx 250\,\Omega - \text{j}\,10{,}445\,\text{k}\Omega \approx 10{,}448\,\text{k}\Omega\,\text{e}^{-\text{j}\,88{,}63°} \approx Z\,\text{e}^{\text{j}\,\varphi}$$

erhält man den Stromzeiger

$$\underline{I}_p = \frac{\underline{U}}{\underline{Z}} = \frac{U\,\mathrm{e}^{\mathrm{j}\varphi_u}}{Z\,\mathrm{e}^{\mathrm{j}\varphi}} \approx \frac{230\,\mathrm{V}\,\mathrm{e}^{\mathrm{j}\,35^\circ}}{10{,}448\,\mathrm{k\Omega}\,\mathrm{e}^{-\mathrm{j}\,88{,}63^\circ}} \approx 22{,}01\,\mathrm{mA}\,\mathrm{e}^{\mathrm{j}\,123{,}63^\circ}\,.$$

Dies entspricht der Zeitfunktion

$$i_p \approx \sqrt{2}\cdot 22{,}01\,\mathrm{mA}\,\sin(\omega t + 123{,}63^\circ) \approx 31{,}13\,\mathrm{mA}\,\cos(\omega t + 33{,}63^\circ)\,.$$

Die beiden Integrationskonstanten K_1 und K_2 in der allgemeinen Lösung $i = i_p + i_h$ ergeben sich aus den Anfangsbedingungen. Wegen der Induktivität L kann sich der Strom i im Schaltaugenblick nicht sprunghaft ändern. Hieraus folgt

$$i(t=0) \approx 31{,}13\,\mathrm{mA}\cos(33{,}63^\circ) + K_1 = 0$$

und $K_1 \approx -25{,}92\,\mathrm{mA}$. Da im Schaltaugenblick sowohl die Spannung u_C an der Kapazität C als auch wegen $i(t = 0) = 0$ die Spannung u_R am Widerstand R null sind, liegt zunächst die gesamte Spannung u an der Induktivität L. Aus dieser Anfangsbedingung folgt mit Gl. (7.43)

$$u_L(t=0) = L\,\left.\frac{\mathrm{d}i}{\mathrm{d}t}\right|_{t=0} = \hat{u}\sin\varphi_u = \sqrt{2}\,U\sin\varphi_u\,.$$

Wenn man die Differenziation durchführt und die vorgegebenen Werte einsetzt, erhält man

$$525\,\mathrm{mH}(-0{,}3142\,\mathrm{ms}^{-1}\,31{,}13\,\mathrm{mA}\sin 33{,}63^\circ + 2{,}508\,\mathrm{ms}^{-1}\,K_2 + 0{,}2381\,\mathrm{ms}^{-1}\,25{,}92\,\mathrm{mA}) \approx 186{,}6\,\mathrm{V}\,.$$

Hieraus folgt für die zweite Integrationskonstante $K_2 \approx 141{,}4\,\mathrm{mA}$. Nach Einsetzen beider Integrationskonstanten in die allgemeine Lösung $i = i_p + i_h$ erhält man

$$\begin{aligned} i(t) \approx{} & 31{,}13\,\mathrm{mA}\cos(\omega t + 33{,}63^\circ) \\ & + \left[-25{,}92\,\mathrm{mA}\,\cos\left(2{,}508\,\frac{t}{\mathrm{ms}}\right) + 141{,}4\,\mathrm{mA}\,\sin\left(2{,}508\,\frac{t}{\mathrm{ms}}\right)\right]\,\mathrm{e}^{-0{,}2381\frac{t}{\mathrm{ms}}} \end{aligned}$$

und nach Zusammenfassung der Kosinus- und der Sinus-Funktion in der eckigen Klammer den in Bild 7.27 b) gezeigten Stromverlauf

$$i(t) \approx 31{,}1\,\mathrm{mA}\cos\left(0{,}314\,\frac{t}{\mathrm{ms}} + 33{,}6^\circ\right) + 144\,\mathrm{mA}\sin\left(2{,}51\,\frac{t}{\mathrm{ms}} - 10{,}4^\circ\right)\,\mathrm{e}^{-0{,}238\frac{t}{\mathrm{ms}}}\,.$$

7.3.3.4 Ausschalten von Sinusströmen

Da sinusförmiger Wechselstrom in jeder Periode zweimal null wird, kann man ihn viel einfacher als Gleichstrom abschalten. Es ist nur notwendig, nach dem Nulldurchgang des Stromes ein Wiederzünden des Lichtbogens zu verhindern, z. B. durch großen Schaltkontaktabstand oder durch Kühlen und somit Entionisieren der Lichtbogenstrecke.

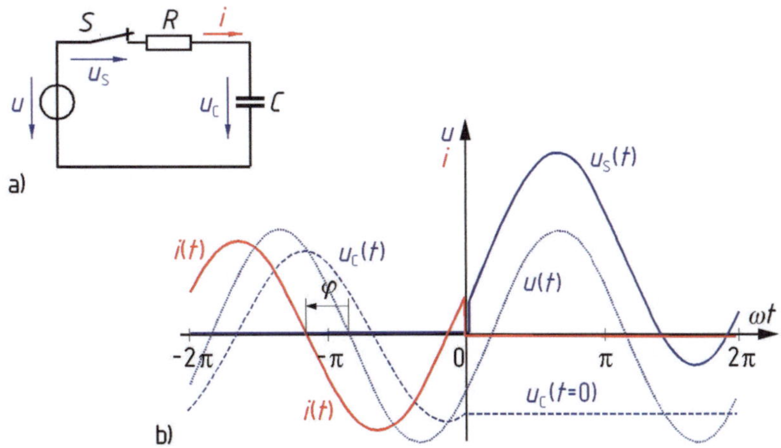

Bild 7.28: Abschalten eines Sinusstromes an einer RC-Reihenschaltung a) Ersatzschaltbild und b) Strom- und Spannungsverläufe

Mit Bild 7.28 wird ein einfaches Beispiel betrachtet.

Vor dem Öffnen des Schalters S besteht zwischen der Sinusspannung $u(t)$ und dem Sinusstrom $i(t)$ der (negative) Phasenverschiebungswinkel φ. Die Spannung $u_C(t)$ an der Kapazität C eilt dem Strom $i(t)$ um 90° nach.

Nach Öffnen zum Zeitpunkt $t = 0$ tritt nach der Maschengleichung am Schalter die Spannung $u_S = u - u_C$ auf, die sich, wie Bild 7.28 b) zeigt, aus der sinusförmigen Quellenspannung u und dem Augenblickswert $u_C(t = 0)$ ergibt, den die Spannung an der Kapazität im Schaltaugenblick hat.

8 Grundlagen zu elektrischen und magnetischen Feldern

In diesem Kapitel werden grundlegende Begriffe und Zusammenhänge erklärt, die in den nachfolgenden Kapiteln über elektrische und magnetische Felder benötigt werden.

In Abschnitt 8.1 wird der in den verschiedensten wissenschaftlichen Disziplinen verwendete Begriff des „Feldes“ aus unterschiedlichen Perspektiven beleuchtet.

Danach werden in den Abschnitten 8.2 bis 8.4 die elektrische Ladung thematisiert und eng mit ihr zusammenhängende Themen erläutert, nämlich der Ladungserhaltungssatz und das Coulombsche Gesetz. Letzteres wird häufig bei der Betrachtung des elektrostatischen Feldes als Grundlage der Definition der elektrischen Feldstärke behandelt. Da in diesem Werk das elektrische Stömungsfeld, in dem die elektrische Feldstärke ebenfalls eine zentrale Rolle spielt, vor dem elektrostatischen Feld untersucht wird, wurde das Coulombsche Gesetz hier eingeordnet.

Kern des Kapitels ist in Abschnitt 8.5 eine Einteilung der in den nachfolgenden Kapiteln behandelten Felder hinsichtlich verschiedener Merkmale sowie die Vorstellung verschiedener Verfahren zu ihrer Visualisierung.

In Abschnitt 8.6 werden kurz elementare Begriffe der Differenzialgeometrie erklärt, die für das Verständnis vieler Berechnungen unverzichtbar sind.

Zum Abschluss wird in Abschnitt 8.7 die grundlegende Vorgehensweise zur Berechnung elektrischer und magnetischer Felder bei Verzicht auf die Vektoranalysis erläutert.

Folgende Kenntnisse aus den vorherigen Kapiteln werden vorausgesetzt:

- Elektrische Grundgrößen (s. Abschnitt 1.2)
- Grundlegende Begriffe (s. Abschnitt 1.3), insbesondere Modellieren, Modell
- Zählpfeile, Zählpfeilsysteme (s. Abschnitt 1.4)
- Ohmsches Gesetz (s. Abschnitt 2.1.1)
- Elektrische Leitfähigkeit, spezifischer elektrischer Widerstand (s. Abschnitt 2.1.2.1)
- Elektrische Quellen (s. Abschnitt 2.1.3)
- Leistungsumsatz von Zweipolen (s. Abschnitte 2.1.4.2 und 2.1.4.3)
- Kirchhoffsche Gesetze (s. Abschnitt 2.2.2)
- Anwendung des Überlagerungssatzes (s. Abschnitt 2.4.4)

Darüber hinaus werden folgende mathematischen Kenntnisse benötigt:

- Zwei- und dreidimensionale Koordinatensysteme (kartesische -, Polar-, Zylinder-, Kugelkoordinaten), Begriff des Rechtssystems
- Grundlagen der Vektorrechnung (Darstellungsformen, Einheitsvektor, Skalarprodukt, Kreuzprodukt, Einheitsvektoren bei den verschiedenen 2D- und 3D-Koordinatensystemen, Unterschied zwischen den Komponenten und dem Betrag eines Vektors)
- Grundlagen der Integralrechnung (Grundintegrale, Flächen- und Volumenintegrale)
- Grundlagen der Differentialrechnung (partielle Ableitung)

T. Harriehausen und D. Schwarzenau, *Moeller Grundlagen der Elektrotechnik*,
https://doi.org/10.1007/978-3-658-49993-8_8

8.1 Mathematischer und physikalischer Feldbegriff

Im *mathematischen* Sinne ist ein *Feld* eine *Funktion* (Abbildung) f, die jedem Punkt P (*Feldpunkt*) eines betrachteten Gebietes (ggf. zu jeder Zeit t) eine *Feldgröße* G zuordnet. Das Gebiet kann in der Mathematik ein beliebig hochdimensionaler Vektorraum und die Feldgröße ein Skalar oder ein Vektor mit beliebig vielen Komponenten sein.

$$G(t) = f(\mathrm{P}, t) \tag{8.1}$$

Welche formalen Eigenschaften eine Feldgröße haben kann, wird in Abschnitt 8.5 am Beispiel physikalischer Felder behandelt.

Im Sinne der *klassischen Physik* ist ein Feld ein *Zustand*, der *dem Raum zugeschrieben* wird, um ein bestimmtes *physikalisches* Phänomen zu beschreiben. In praktischen Anwendungen wird vom theoretisch unbegrenzten dreidimensionalen *Feldraum* in der Regel nur eine Strecke, eine begrenzte Fläche oder ein begrenztes Volumen betrachtet,

Jedes Feld wird auf eine Ursache (*Feldursache*) zurückgeführt und kann durch eine Wirkung (*Feldwirkung*), die bei physikalischen Feldern oft eine *Kraftwirkung* ist, nachgewiesen werden.

In einem Raum können mehrere verschiedene physikalische Felder zusammen auftreten. Diese Feldgrößen können entweder unabhängig voneinander oder über physikalische Gesetzmäßigkeiten miteinander gekoppelt sein, also miteinander wechselwirken.

In der aktuellen physikalischen und interdisziplinären Forschung wird der Begriff des Feldes gegenüber der obigen, rein materiell orientierten Auffassung – zunächst noch spekulativ – erweitert. Er wird zunehmend auch zur Beschreibung von Wechselwirkungen verwendet, an denen keine oder nur teilweise physikalisch messbare Feldgrößen beteiligt sind. Zu diesen Feldern gehören z. B. Informationsfelder, mentale Felder, Bewusstseinsfelder und der Versuch, „nichtlokale Korrelationen“ (z. B. in der Quantenphysik oder Psychologie) mittels Feldern zu beschreiben.

8.2 Elektrische Ladung

Der Raum, der unsere Welt erfüllt, enthält Materie und Energie in sehr unterschiedlicher Verteilung. Die übliche Materie wird als aus Atomen verschiedener Art zusammengesetzt beschrieben. Jedes vollständige Atom besteht nach diesem Modell aus einem sehr kleinen Kern und einer vergleichsweise sehr großen Hülle. Den Kern bilden mindestens ein Proton und unterschiedlich viele Neutronen. Die Anzahl der Protonen bestimmt den Atomtyp, der (chemisches) *Element* genannt wird. Elemente, die unterschiedliche Anzahlen von Neutronen im Kern enthalten, werden als *Isotope* des Elementes bezeichnet. Bei einem vollständigen Atom enthält die Hülle des Atoms genauso viele Elektronen, wie der Kern Protonen enthält.

Dieses einfachste *Atommodell* verwendet also die drei Komponenten Proton, Neutron und Elektron, die wie *massive Kugeln* behandelt werden. Diesen *Elementarteilchen* werden Eigenschaften zugeordnet, die durch Experimente bestimmt wurden. Die für die Elektrotechnik wesentlichen sind die physikalischen Zustandsgrößen Masse, Ladung und Spin.

Die *Masse* eines Elementarteilchens bestimmt dessen kinetische Energie, wenn es sich außerhalb eines Atoms bewegt. Die Masse ist eine stets positive Größe.

Die *Ladung* eines Elementarteilchens bestimmt die Kraftwirkung in Anwesenheit mindestens eines weiteren Elementarteilchens, das ebenfalls die Eigenschaft hat, geladen zu sein. Um die teils anziehenden, teils abstoßenden Kräfte zwischen geladenen Teilchen im Modell abbilden zu können, wurde die Ladung als *vorzeichenbehaftete Größe* eingeführt: Protonen haben *durch willkürliche Festlegung* eine positive Ladung, Elektronen eine betragsmäßig gleich große, aber negative Ladung. Neutronen sind ungeladen, also elektrisch neutral (woher ihre Bezeichnung stammt). Daraus folgt, dass der Atomkern positiv geladen ist und die Atomhülle negativ. Vollständige Atome sind also *summarisch* elektrisch neutral (ungeladen). Das gilt somit auch für beliebig große materielle Objekte, die aus vollständigen Atomen bestehen.

Die Ladungsmenge eines Protons wird als *Elementarladung e* bezeichnet. Jede oberhalb der atomaren Ebene auftretende Ladungsmenge Q muss ein ganzzahliges Vielfaches der Elementarladung sein:

$$Q = n \cdot e \quad \text{mit} \quad n \in \mathbb{Z} \tag{8.2}$$

Die Einheit der elektrischen Ladung ist das Coulomb, ihr Einheitenzeichen C:

$$[Q] = 1\,\mathrm{C} \tag{8.3}$$

Wenn ein Gleichstrom von 1 A für 1 s fließt, transportiert er die Ladungsmenge 1 C. Daher gilt

$$1\,\mathrm{C} = 1\,\mathrm{A\,s}\,. \tag{8.4}$$

Ein Atom, bei dem die Anzahl der Protonen nicht mit der Anzahl der Elektronen übereinstimmt, ist summarisch nicht elektrisch neutral und wird als *Ion* bezeichnet.

Das bislang betrachtete Modell der Bestandteile von Materie ist sehr einfach und für viele Untersuchungen, insbesondere von Phänomenen weit oberhalb der atomaren Ebene, ausreichend.

Beim sehr simplen *Bohrschen*[1] *Atommodell* wird angenommen, dass sich die Elektronen auf *konzentrischen, kreisförmigen Bahnen* in vergleichsweise sehr großer Entfernung um den Atomkern bewegen, der aus dicht gepackten Protonen und Neutronen besteht. In diesem Modell kreisen die Elektronen bei Abwesenheit äußerer Einflüsse stabil und dauerhaft um ihren Kern, ohne mit ihrer Umgebung Energie auszutauschen. Ein solches Verhalten ist oberhalb der atomaren Ebene undenkbar. Dort würden in komplexen Anordnungen die negativ geladenen Teilchen nach einiger Zeit zu den positiv geladenen stürzen und die Ladungen würden sich neutralisieren. Trotz dieses aus der Perspektive der makroskopischen Welt widersinnigen Verhaltens hat sich das Bohrsche Atommodell für sehr einfache Betrachtungen als ausreichend erwiesen.

Der *Spin* beschreibt die Eigendrehung von Elementarteilchen. Diese Deutung ist *anschaulich* nur unter Zugrundelegung ihrer materiellen Natur sinnvoll.

Zur Beschreibung des Verhaltens von Vorgängen *auf atomarer Ebene* werden komplexere Modelle verwendet, um Effekte erklären zu können, die mit dem Bohrschen Atommodell nicht nachbildbar sind. Bei diesen *Orbitalmodellen* werden zunächst die Kreisbahnen der Elektronen durch komplexere wahrscheinliche Aufenthaltsorte unterschiedlicher Form ersetzt, die als *Orbitale* bezeichnet werden. Dann wird von der Annahme, dass die Bausteine der Atome Teilchencharakter haben, abgerückt und sie werden als *räumliche und zeitliche Schwingungen*, also *Wellen*, modelliert, sofern dies zur Erklärung beobachteter Effekte hilfreich ist. Bei beiden letztgenannten Modellen gibt es keine scharfe Grenze der Atome mehr. Insbesondere die Elektronen können sich – mit geringer Wahrscheinlichkeit bzw. Intensität – auch weit von ihrem Kern entfernt aufhalten. Die Aussage, ein Atom bestehe hauptsächlich aus leerem Raum, ist bei diesen Modellen falsch.

[1] Benannt nach dem dänischen Physiker Nils Bohr (1885–1962).

Die Notwendigkeit, Materie und Energie je nach betrachtetem Effekt entweder als aus Teilchen oder aus Wellen bestehend beschreiben zu müssen, wird als *Welle-Teilchen-Dualismus* bezeichnet. Dieser Umstand zeigt, dass die heutige Physik noch weit von einer eleganten, einheitlichen Beschreibung des Aufbaus unserer Welt entfernt ist.

Die nicht zum Standardmodell der Physik gehörenden *String-Theorien* beschreiben Energie und Materie einheitlich als unterschiedliche Arten *höherdimensionaler Wellen im Raum*.

Um die Wirkung elektrischer Ladungen aufeinander zu erklären, wird angenommen, dass jedes geladene Objekt den Zustand des ihn umgebenden Raumes verändert: Man sagt, es erzeugt ein *elektrisches Feld*. Dieses Feld breitet sich von seiner Ursache, der Ladung, *mit endlicher Geschwindigkeit* in alle Richtungen aus und bewirkt dort, wo es angekommen ist, eine Kraftwirkung auf andere Ladungen.

Die Wechselwirkung elektrischer Ladungen ist nicht an Materie gebunden, sondern kann auch im Vakuum, also in einem Bereich des Raumes, der idealisierend als völlig frei von Materie angenommen wird, auftreten.

Was genau eine Ladung am sie umgebenden Raum verändert und *wie* die Kraftwirkung zwischen entfernten Ladungen zustande kommt, kann nur modellhaft erklärt werden. Dazu wurden in der Physik komplexe Theorien entwickelt, die beispielsweise auf dem Austausch postulierter „virtueller Teilchen" beruhen, die zwar mathematisch beschreibbar, aber nicht experimentell nachweisbar sind.

Was Masse und Ladung *tatsächlich* sind, verschließt sich dem menschlichen Betrachter. Beide Begriffe und Gleichungen zur Beschreibung ihrer jeweiligen Wechselwirkungen sind anhand von Beobachtungen, also *rein phänomenologisch*, zustande gekommen.

Im aktuellen physikalischen Standardmodell werden sowohl die elektrischen als auch die magnetischen Phänomene auf *elektrische Ladungen* zurückgeführt. Die Existenz *„magnetischer Ladungen"*, die aus Symmetriegründen ebenfalls magnetische und elektrische Wirkungen haben müssten, wird ausgeschlossen.

8.3 Ladungserhaltungssatz

Der *Ladungserhaltungssatz* ist eine der grundlegenden, allgemeingültigen Gesetzmäßigkeiten der Physik. Er sagt aus, dass die Gesamtladung innerhalb eines *abgeschlossenen* Systems konstant ist. Ladungen können also weder erzeugt oder vernichtet, sondern nur voneinander getrennt oder wiedervereinigt (neutralisiert) werden. Mathematisch ausgedrückt:

$$\sum_{\text{(System)}} Q = \text{const.} \tag{8.5}$$

Daraus folgt, dass die Gesamtladung in einem abgeschlossenen Gebiet nur dadurch verändert werden kann, dass über die Grenze des Gebietes Ladungen transportiert werden, also ein elektrischer Strom fließt. Diese Aussage wird mittels der *Kontinuitätsgleichung* (s. Abschnitt 12.2) mathematisch konkretisiert.

8.4 Coulombsches Gesetz

Das Coulombsche Gesetz[2] beschreibt die *experimentell* festgestellte *Kraftwirkung* zwischen *zwei geladenen, ruhenden Körpern*. Coulomb zog aus Experimenten mit *geladenen Metallkugeln in Luft* unter Verwendung einer hochempfindlichen Drehwaage folgende Schlüsse:

Der Betrag F der Kraft zwischen zwei geladenen Körpern

- ist proportional zu jedem der Beträge der beiden Ladungsmengen Q_1 und Q_2 auf den Körpern und
- nimmt mit dem Quadrat der Entfernung r zwischen den Körpern ab.

Daraus folgt das Coulombsche Gesetz in seiner ursprünglichen Form

$$|\vec{F}| \sim \frac{|Q_1||Q_2|}{r^2}\,. \tag{8.6}$$

Da im heutzutage verwendeten SI-Einheitensystem die Einheiten von Kraft, Ladung und Länge bereits festliegen, ist zur Überführung der Proportionalität in eine Gleichung die Einführung eines einheitenbehafteten Proportionalitätsfaktors erforderlich.

Weiterhin kann durch geeignete Einführung von Einheitsvektoren auch die *Richtung* der auf die beiden Körper wirkenden Kräfte mathematisch beschrieben werden. Damit folgt die vollständige Form des Coulombschen Gesetzes, die Betrag und Richtung der Kraftwirkung beschreibt:

$$\vec{F} = \frac{1}{4\pi\,\varepsilon_0}\,\frac{Q_1\,Q_2}{r^2}\,\vec{e}_r \tag{8.7}$$

In Gl. (8.7) ist $\vec{e}_r$ der *lokale* radiale Einheitsvektor am Ort derjenigen Ladung, für die die Kraftwirkung berechnet werden soll. Er liegt auf der Geraden, die durch die *Ladungsschwerpunkte*[3] von Q_1 und Q_2 definiert wird und weist von der Mitte der Anordnung *weg*, s. Bild 8.1.

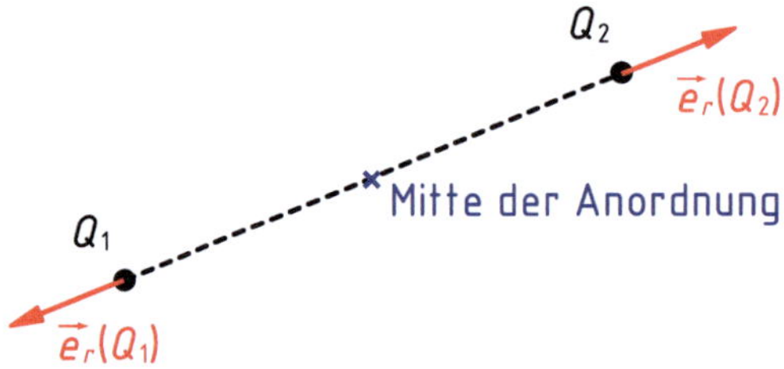

Bild 8.1: Lokale Einheitsvektoren im Coulombschen Gesetz

Im Fall gleichnamiger Ladungen ist $Q_1 \cdot Q_2 > 0$. Die Kräfte auf die beiden Ladungen weisen dann in Richtung der $\vec{e}_r$-Vektoren, also vom Mittelpunkt der Anordnung weg: „Gleichnamige Ladungen stoßen sich ab." Im Fall ungleichnamiger Ladungen ist $Q_1 \cdot Q_2 < 0$. Die Kräfte auf die beiden Ladungen weisen dann entgegen der Richtung der $\vec{e}_r$-Vektoren, also zum Mittelpunkt der Anordnung hin: „Ungleichnamige Ladungen ziehen sich an."

[2]Mathematisch formuliert 1785 von Charles Augustin de Coulomb (1736–1806). Vor ihm hatten schon Joseph Priestley (1733–1804) und Henry Cavendish (1731–1810) entsprechende Beobachtungen gemacht.

[3]Der Ladungsschwerpunkt einer Ladungsverteilung ist derjenige Ort, an dem sich eine konzentrierte Ersatzladung befinden muss, damit in großer Entfernung von der Anordnung die gleiche Wirkung entsteht.

Im Proportionalitätsfaktor wird die bei Anwendung des Gaußschen Satzes der Elektrostatik (s. Abschnitt 10.9) auf kugelsymmetrische Anordnungen auftretende Konstante 4π explizit berücksichtigt. ε_0 ist die *elektrische Feldkonstante*[4] mit

$$\varepsilon_0 = \frac{1}{\mu_0\, c_0^2} \approx 8{,}854\,187\,8188 \cdot 10^{-12} \frac{\mathrm{A\,s}}{\mathrm{V\,m}}\,.$$

Das Coulombsche Gesetz gilt *exakt* nur unter folgenden Voraussetzungen:

1. Die Ladungen Q_1 und Q_2 haben keine räumliche Ausdehnung, sind also *Punktladungen*. Dies ist näherungsweise erfüllt, wenn der Abstand r zwischen den Ladungsschwerpunkten der beiden geladenen Körper viel größer ist als ihre größte lineare Abmessung.
2. Die Anordnung befindet sich im *Vakuum*, also im materiefreien Raum. Für Anordnungen in Luft unter normalen Umgebungsbedingungen gelten die Aussagen mit einer Abweichung von weniger als 0,1%. Eine Erweiterung des Coulombschen Gesetzes, die für Räume gilt, die nicht von Vakuum oder Luft, sondern einem anderen homogenen, isotropen Stoff erfüllt sind, wird in Abschnitt 10.7 behandelt.
3. Die Verhältnisse in der Anordnung sind *statisch*. Das Coulombsche Gesetz ist eine *Fernwirkungstheorie*, die den Begriff des „Feldes“ als Vermittler von Kraftwirkungen nicht verwendet. Damit wird die *endliche Ausbreitungsgeschwindigkeit der Wirkung der Ladungen* auf ihre Umgebung *nicht* berücksichtigt. Somit gilt das Coulombsche Gesetz bei Änderung einer der in ihm enthaltenen Größen nur dann, wenn die Ausbreitungsdauer der Wirkungsänderung über die Distanz r vernachlässigbar klein ist oder wenn die durch eine Änderung der Größe bewirkte Änderung der Wirkung als abgeschlossen betrachtet werden kann.

8.5 Klassifikation von Feldern

In den folgenden Abschnitten wird eine Taxonomie der Felder anhand ihrer Abhängigkeit von Raum und Zeit sowie der Richtungsabhängigkeit der betrachteten Feldgröße vorgenommen.

Weiterhin werden Verfahren zur grafischen Veranschaulichung von Feldern behandelt.

Abschließend wird auf die Beschreibung infinitesimal kleiner Strecken, Flächen und Volumina eingegangen. Diese Erläuterungen sind zum Verständnis der Gleichungen, die in den folgenden Kapiteln verwendet werden, unentbehrlich.

8.5.1 Richtungsabhängigkeit von Feldgrößen

Hier wird unterschieden, von welchem mathematischen Typ die Feldgröße G in Gl. (8.1) ist. Die in diesem Abschnitt behandelten Feldgrößen werden durch Skalare oder Vektoren beschrieben. Darüber hinaus werden in einzelnen Abschnitten der folgenden Kapitel auch Größen behandelt, die durch *Tensoren* beschrieben werden. Dazu gehören mechanische Spannungen und richtungsabhängige Werkstoffeigenschaften. Diese Tensoren werden durch eine 3×3-Matrix dargestellt.

[4] Seit 2019 ist ε_0 keine Konstante mit festgelegtem Wert mehr, sondern über die als Konstante definierte Vakuum-Lichtgeschwindigkeit c_0 und die mit einer Messunsicherheit behaftete magnetische Feldkonstante μ_0 definiert.

8.5.1.1 Skalarfelder

Bei Skalarfeldern ist die Feldgröße ein Skalar. Sie ist *ungerichtet*, also allein durch ihren (im Allgemeinen vorzeichenbehafteten) Wert eindeutig gekennzeichnet. Beispiele:

- Temperaturfeld in kartesischen Koordinaten $\vartheta = f(x, y, z, t)$
- Luftdruckfeld in kartesischen Koordinaten für einen festen Zeitpunkt $p = f(x, y, z)$
- Feld der geografischen Höhe der Erdoberfläche über Normalnull (NN) in Polarkoordinaten, angegeben mittels Gradzahlen für den Breiten- und Längengrad $h = f(b, l)$
- Feld einer Stoffkonzentration in einem Fass in Zylinderkoordinaten $k = f(r, \varphi, z, t)$

8.5.1.2 Vektorfelder

Bei Vektorfeldern ist die Feldgröße ein Vektor. Sie ist *gerichtet*, also erst durch ihren (*stets positiven*) Betrag *und* ihre Richtung eindeutig gekennzeichnet. Beispiele:

- Feld der Windgeschwindigkeit in kartesischen Koordinaten
$$\vec{v} = \begin{pmatrix} v_\mathrm{x} \\ v_\mathrm{y} \\ v_\mathrm{z} \end{pmatrix} = f(x, y, z, t) = \begin{pmatrix} v_\mathrm{x}(x, y, z, t) \\ v_\mathrm{y}(x, y, z, t) \\ v_\mathrm{z}(x, y, z, t) \end{pmatrix} = |\vec{v}|\,(x, y, z, t) \cdot \vec{e}_\mathrm{v}\,(x, y, z, t)$$
- Feld einer Wärmeströmung in Kugelkoordinaten
$$\vec{q} = \begin{pmatrix} q_\mathrm{r} \\ q_\vartheta \\ q_\varphi \end{pmatrix} = f(r, \vartheta, \varphi, t) = \begin{pmatrix} q_\mathrm{r}(r, \vartheta, \varphi, t) \\ q_\vartheta(r, \vartheta, \varphi, t) \\ q_\varphi(r, \vartheta, \varphi, t) \end{pmatrix} = |\vec{q}|\,(r, \vartheta, \varphi, t) \cdot \vec{e}_\mathrm{q}\,(r, \vartheta, \varphi, t)$$

In diesen Beispielen wird mit $\vec{e}$ der Einheitsvektor in Richtung der Feldgröße am betrachteten Ort zum betrachteten Zeitpunkt bezeichnet.

8.5.2 Grafische Darstellung von Feldern

Alle physikalischen Felder sind prinzipiell (mindestens) dreidimensional und zeitabhängig. Zu ihrer visuellen *Veranschaulichung* werden *grafische* Hilfsmittel eingesetzt:

- Darstellung von Gebieten (Linien, Flächen, Volumina) mit gleichem Wert der *skalaren Feldgröße*.
- Darstellung von Richtung und Intensität (Betrag) der *vektoriellen Feldgröße* in einem Gebiet.

Solche Feldbilder können

- *qualitativen* Charakter haben, also nur dazu dienen, den ungefähren Feldverlauf zu *skizzieren* ohne Angabe von Werten oder den Anspruch auf Genauigkeit, aber unter Vermeidung grober physikalischer Fehler oder
- *quantitativen* Charakter haben, also im Rahmen der Zeichengenauigkeit (zumindest an einzelnen Orten) exakte Werte der Feldgröße liefern.

Feldbilder als Visualisierungshilfsmittel sind außerordentlich hilfreich zur anschaulichen Beschreibung von Feldern. Sie werden in der Grundlagenlehre in der Regel in *qualitativer* Form als Skizzen und in der professionellen Anwendung, etwa bei der Ausgabe der Ergebnisse von numerischen Feldberechnungen mittels CAD-Programmen, in *quantitativer* Form verwendet.

Die in einem Feldbild dargestellten grafischen Objekte zur Beschreibung des Feldes existieren im jeweiligen Feld auf keinen Fall[5], sondern bilden nur ein *Modell* des betrachteten Feldes.

Da Papierblätter und Bildschirme nur eine zweidimensionale Darstellung ermöglichen, sind Feldbilder entweder zweidimensional oder durch perspektivische Darstellung quasi-dreidimensional.

Feldbilder sollen so dargestellt werden, dass sie möglichst richtig und aussagekräftig sind. Dazu gehört, dass Symmetrien und Besonderheiten im Feldverlauf (z. B. feldfreie Gebiete) deutlich erkennbar sind.

8.5.2.1 Darstellung von Skalarfeldern

Werden alle Punkte des Raumes, in denen die betrachtete skalare Feldgröße einen bestimmten, wählbaren Wert hat, miteinander verbunden, entstehen geschlossene, sich nicht schneidende Flächen, die als *Niveauflächen* oder *Isoflächen* bezeichnet werden.

Wird ein zweidimensionaler Schnitt (also eine Fläche) durch einen Feldraum betrachtet oder ist das Feld näherungsweise zweidimensional beschreibbar, entstehen geschlossene, sich nicht schneidende Linien (*Niveaulinien, Isolinien*).

Hat ein ganzer Raumbereich einen einheitlichen Wert der skalaren Feldgröße, wird dieser als *Isovolumen* bezeichnet.

Wird nur ein *Ausschnitt* eines Feldes betrachtet, brauchen die Isoflächen bzw. Isolinien nicht geschlossen zu sein. Beispiele:

- Höhenlinien auf einer Landkarte wie in Bild 8.2 skizziert

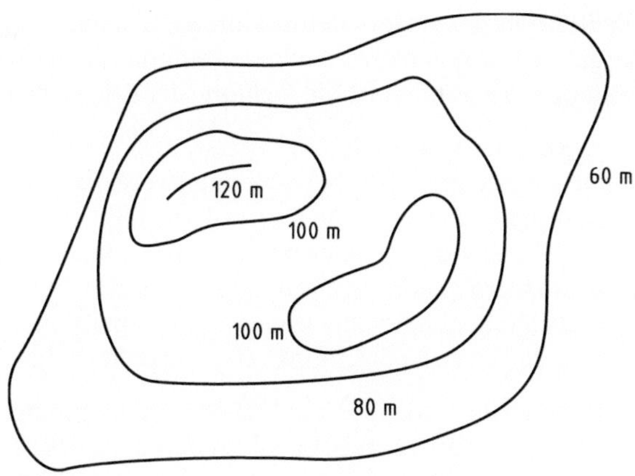

Bild 8.2: Schematische Darstellung von Höhenlinien

- Linien gleichen Luftdrucks auf der Erdoberfläche oder in einer bestimmten Höhe (Isobaren)
- Linien gleicher Temperatur auf der Erdoberfläche oder in einer bestimmten Höhe (Isothermen)

[5] Wenn es in Schulbüchern heißt „ein Leiter schneidet Feldlinien“, kann der falsche Eindruck entstehen, dass diese Feldlinien existieren.

Zur Visualisierung wählt man aus den in der Regel unendlich vielen möglichen Isoflächen/Isolinien eine begrenzte Anzahl so aus, dass die Darstellung möglichst *übersichtlich*, jedoch *aussagekräftig* ist.

Für *quantitative* Abschätzungen müssen die Unterschiede zwischen den zu benachbarten Isolinien gehörenden Werten der Feldgröße im gesamten Feldbild konstant sein. Um den Feldverlauf in bestimmten Bereichen besonders detailliert darzustellen, können dort zusätzliche, deutlich zu kennzeichnende Isolinien eingezeichnet werden.

Ein mit dem oben beschriebenen Verfahren eng verwandtes Verfahren ist die (z. B. farblich) unterschiedliche Darstellung der *Flächen*, die zu bestimmten Werte*bereichen* (zwischen benachbarten Isolinien) der Feldgröße gehören. Diese Darstellungsform wird häufig für Temperaturen in Wetterkarten verwendet.

Die Darstellung von Skalarfeldern mittels *quantitativer* Feldbilder ist in der Praxis durchaus üblich. Die Höhenlinien auf Landkarten haben beispielsweise den Anspruch, unter Verwendung gewisser Vereinfachungen (nicht jeder Felsbrocken wird berücksichtigt) richtige Höhenangaben für die Orte zu machen, durch die sie verlaufen.

8.5.2.2 Darstellung von Vektorfeldern

Vektorfelder werden meist mittels *Feldlinien* veranschaulicht. Feldlinien sind *gerichtete* Linien, was durch Pfeile an einem ihren Enden und/oder auch an weiteren Stellen symbolisiert wird.

Ein *Feldlinienbild* beinhaltet eine übersichtliche, aussagekräftige Auswahl der *unendlich vielen möglichen* Feldlinien.

Die *Richtung* der vektoriellen Feldgröße in einem Feldpunkt ist gleich der *gerichteten* Tangente an die durch diesen Punkt verlaufende Feldlinie. Ist der Verlauf der Feldlinie durch einen betrachteten Feldpunkt bekannt, so ist die *Richtung* der Feldgröße in diesem Punkt *exakt* bekannt.

Der *Betrag* der vektoriellen Feldgröße, also die *Feldintensität*, wird durch die *Feldliniendichte im Raum*[6] repräsentiert. Nur bei näherungsweise zweidimensional beschreibbaren Feldern und in wenigen weiteren Fällen ist die Dichte der Feldlinien *in der Fläche* ein Maß für die Intensität des Feldes. Bei Feldern, die von allen drei Raumkoordinaten abhängen, sinkt die Intensität des Feldes nicht *linear*, sondern *quadratisch* mit dem Abstand zwischen den Feldlinien. Der Betrag der Feldgrößen ist aus Feldlinienbildern höchstens abschätzbar. Quantitative Feldlinienbilder sind unüblich, da sie nur für einfachste Anordnungen exakt erstellbar sind.

Feldlinien haben, wie ihr Name schon sagt, im geometrischen Sinne keine Dicke. Um sie dennoch darstellen zu können, muss für alle Feldlinien eines Feldlinienbildes eine *einheitliche Dicke* gewählt werden. Diese solle einerseits so groß sein, dass das Feldlinienbild gut erkennbar ist, andererseits so klein, dass sich Feldlinien in Gebieten hoher Feldintensität nicht berühren.

Die *Anzahl* der dargestellten Feldlinien ist möglichst so zu wählen, dass der Feldverlauf und die Feldintensität insbesondere in Bereichen gut erkennbar sind, die von hohem Interesse sind. Sofern das Feldbild in seiner Gesamtheit interessiert, ist die Anzahl nach Möglichkeit so zu wählen, dass das Feld sowohl in Bereichen hoher als auch niedriger Intensität aussagekräftig dargestellt wird.

Bild 8.3 zeigt einen Ausschnitt aus einem Feldlinienbild zur Veranschaulichung der oben gemachten Aussagen.

[6] Genauer gesagt in einer Fläche, die senkrecht auf den Feldlinien steht.

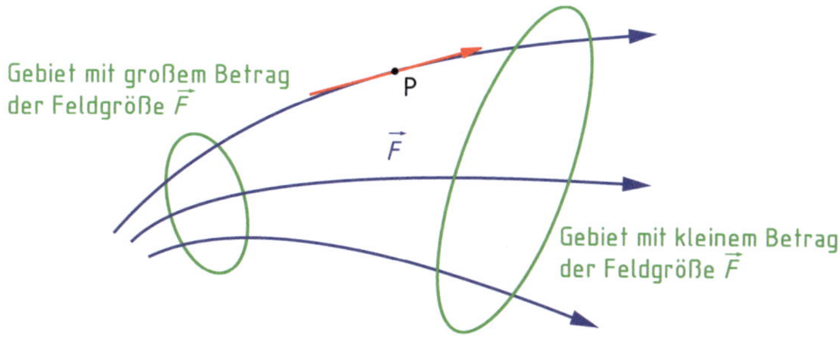

Bild 8.3: Ausschnitt aus einem Feldbild mit Feldlinien

Die *Erstellung von exakten Feldlinienbildern mittels Software* ist – von einfachsten Anordnungen abgesehen, in denen die Feldlinien mathematisch exakt beschreibbar sind – kaum möglich. Dafür gibt es zwei wesentliche Gründe.

1. Jede Feldlinie wird bei der Konstruktion mittels Software aus kleinen Geradenstücken (oder darauf aufbauend aus gekrümmten Kurven wie Splines oder Bezierkurven) zusammengesetzt. An einem Startpunkt wird die Richtung der Feldgröße berechnet und in dieser Richtung ein Geradenstück gezeichnet. Am Endpunkt dieser Strecke wird wieder die Richtung der Feldgröße berechnet und dementsprechend ein weiteres Geradenstück an das vorher gezeichnete angehängt. So wird iterativ weiter verfahren, bis die Feldlinie fertig gezeichnet ist. Je kürzer die verwendeten Geradenstücke sind, desto höher ist der Rechenaufwand und desto höher kann die Genauigkeit der so erstellten Feldlinien sein. Bei diesem Verfahren addieren sich die Fehler auf, die aus der Verwendung endlich langer Geradenstücke resultieren, und die Fehler, die unvermeidlich auf Grund der numerischen Feldberechnung entstehen. Das führt dazu, dass bei Feldern, bei denen die Feldlinien *geschlossene Kurven* bilden müssten, eine so konstruierte Feldlinie in der Regel nicht wieder an ihrem Anfangspunkt endet.
2. In dem Gebiet, in dem mit der Konstruktion der Feldlinien begonnen wird, müssen die Anfangspunkte der Feldlinien *von vornherein* so gewählt werden, dass der Abstand zwischen ihnen quantitativ richtig die Verteilung der Intensität der Feldgröße beschreibt. Das bedeutet, dass in diesem Gebiet *zunächst* die Verteilung der Intensität der Feldgröße zu berechnen ist und dementsprechend die *Abstände zwischen den Anfangspunkten der Feldlinien* zu wählen sind. Ein üblicher Anfängerfehler besteht darin, bei Feldern mit Quellen und Senken die Feldlinien *in einheitlichem Abstand voneinander* an den Quellen beginnen und an den Senken enden zu lassen. Diese Vorgehensweise führt aber nur bei einfachsten Anordnungen mit elementarer Symmetrie (in kartesischen -, Polar- oder Kugelkoordinaten) zu richtigen Ergebnissen. Sehr viele im akademischen Bereich verwendete Programme zur Erstellung von Feldbildern enthalten diesen Fehler.

In jedem Punkt eines Vektorfeldes hat die Feldgröße eine *eindeutige* Richtung. Aus diesem Grund können sich unterschiedliche Feldlinien nicht schneiden oder auch nur berühren. Einen Sonderfall bilden Feldpunkte, in denen der Betrag des Feldvektors null ist. In solchen Punkten gibt es keine Feldlinien. Wenn es in einem Feldbild einen Punkt gibt, in dem *scheinbar* zwei oder mehr Feldlinien beginnen oder enden, ohne dass es in diesem Punkt eine Quelle oder Senke des Feldes gibt, *muss dieser Punkt feldfrei sein*. Die Feldlinien beginnen oder enden tatsächlich also in *infinitesimal kleinem Abstand* von diesem Punkt. Ein Beispiel für einen solchen Fall zeigt Bild 8.4.

Die Darstellung von Vektorfeldern mittels *quantitativer* Feldlinienbilder ist in der Praxis unüblich. Das liegt einerseits daran, dass die exakte Erstellung solcher Feldlinienbilder im allgemeinen Fall

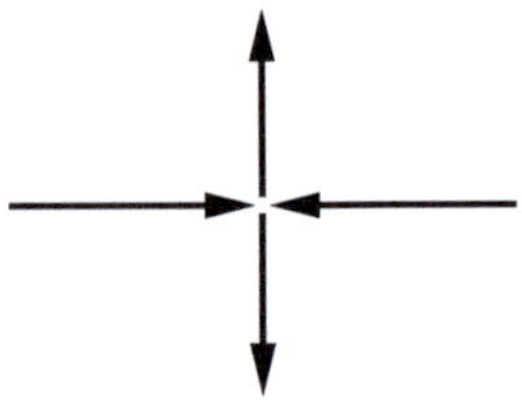

Bild 8.4: Ausschnitt aus einem Feldbild mit einem Feldpunkt, in dem sich scheinbar mehrere Feldlinien treffen

sehr schwierig bis handwerklich unmöglich ist. Andererseits ist die Abschätzung der Feldintensität in einem bestimmten Feldpunkt anhand der Dichte der Feldlinien in der Umgebung dieses Punktes in der Regel mit einer sehr hohen Unsicherheit behaftet. Alle in diesem Buch dargestellten Feldlinienbilder sind daher *qualitativer* Natur, haben jedoch den Anspruch, keine gravierenden Fehler aufzuweisen.

Eine weitere Möglichkeit zur Veranschaulichung von Vektorfeldern ist das Einzeichnen von *Vektorpfeilen an einzelnen Feldpunkten*, oft auf einem regelmäßigen Punktraster wie in Bild 8.5 dargestellt. Liegen die Vektoren der Feldgröße in der Zeichenebene, gilt: Die *Länge* eines Pfeils symbolisiert den *Betrag* der Feldgröße in dem Punkt, an dem der Pfeil *beginnt*. Die *Richtung* des Pfeils ist gleich der Richtung der Feldgröße in dem Punkt. Falls die Vektoren der Feldgröße nicht in der Zeichenebene liegen, wird ihre Projektion auf die Zeichenebene dargestellt.

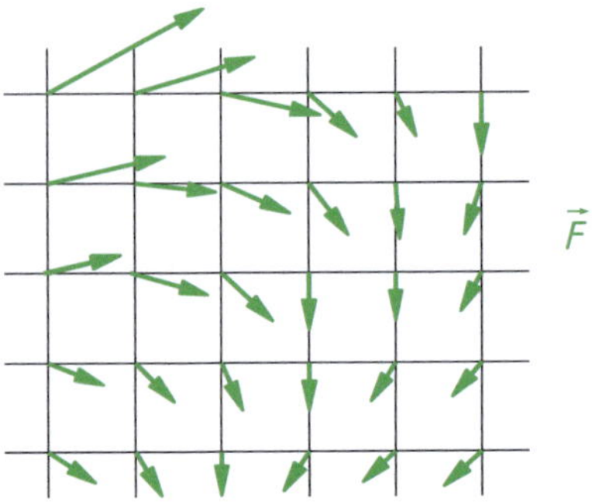

Bild 8.5: Bild mit Vektorpfeilen auf einem Raster

Solche Pfeile sind keine Teile von Feldlinien! Sie geben Betrag und Richtung der Feldgröße in den zugehörigen Punkten an. Dieses Verfahren wird häufig zur Ausgabe von Feldbildern als Ergebnis einer numerischen Feldberechnung mittels Software verwendet.

Bei Varianten dieses Verfahrens, die von manchen CAD-Programmen verwendet werden, werden Pfeile *einheitlicher Länge* dargestellt. Die *Dicke* der Pfeile oder ihre *Dichte* symbolisiert den Betrag der Feldgröße in dem Gebiet, in dem der Pfeil beginnt bzw. die Pfeile beginnen.

Bei allen von Software erstellten Feldbildern, in denen die Intensität der Feldgröße sich über einen großen Wertebereich erstreckt, ist die Aussagekraft beider Verfahren dadurch begrenzt, dass sich die verwendeten Pfeile in Bereichen hoher Intensität gegenseitig überdecken und sie in Bereichen geringer Intensität hinsichtlich ihrer Länge bzw. Breite kaum unterscheidbar sind. Dieses Problem tritt bereits bei einfachsten Anordnungen auf, in denen die vektorielle Feldgröße nicht geleitet wird, sondern sich frei im Raum ausbreiten kann. Dann nimmt die Intensität des Feldes mit dem *Quadrat* der Entfernung von ihrem Ursprung ab, so dass innerhalb eines kleinen räumlichen Bereiches ein großer Wertebereich der Feldintensität auftritt.

8.5.3 Ortsabhängigkeit von Feldgrößen

8.5.3.1 Homogene Felder

Bei homogenen Feldern ist die Feldgröße *nicht vom Ort abhängig*. Ihre Ableitung nach allen verwendeten Ortskoordinaten ist also null.

In der Realität gibt es keine homogenen Felder. Nur bei Betrachtung eines begrenzten Gebietes und Vernachlässigung von *Randeffekten* (das sind Effekte, die durch die endliche Ausdehnung einer realen Anordnung bewirkt werden) können manche realen Felder *näherungsweise* als homogen behandelt werden.

Die Eigenschaft der Homogenität beinhaltet keine unmittelbare Aussage über die Zeitabhängigkeit einer Feldgröße. Allerdings gilt: Ein zeitvariantes Feld kann wegen der endlichen Ausbreitungsgeschwindigkeit der Feldgröße nicht homogen sein. Beispiele für homogene Felder:

- Ein in kartesischen Koordinaten beschriebenes Temperaturfeld $\vartheta = f(x, y, z)$ ist homogen, wenn $\frac{\partial \vartheta}{\partial x} = \frac{\partial \vartheta}{\partial y} = \frac{\partial \vartheta}{\partial z} = 0$ gilt.
- Ein Geschwindigkeitsfeld $\vec{v} = \begin{pmatrix} v_x \\ v_y \\ v_z \end{pmatrix} = f(x, y, z)$ ist homogen, wenn

$$\frac{\partial v_x}{\partial x} = \frac{\partial v_x}{\partial y} = \frac{\partial v_x}{\partial z} = 0, \quad \frac{\partial v_y}{\partial x} = \frac{\partial v_y}{\partial y} = \frac{\partial v_y}{\partial z} = 0, \quad \frac{\partial v_z}{\partial x} = \frac{\partial v_z}{\partial y} = \frac{\partial v_z}{\partial z} = 0 \quad \text{gilt.}$$

Bei einem homogenen *Skalarfeld* haben alle Feldpunkte den gleichen Wert der skalaren Feldgröße; sie bilden also ein Isovolumen. Auf einer beliebigen Schnittfläche durch diesen Raum bilden alle Punkte eine Isofläche.

Bei einem homogenen *Vektorfeld* hat die Feldgröße in allen Feldpunkten den gleichen Betrag und die gleiche Richtung. Daraus folgt, dass das Feldbild aus Geraden gleicher Richtung und gleichen Abstandes zueinander besteht.

8.5.3.2 Inhomogene Felder

In einem inhomogenen Feld hängt die Feldgröße in irgendeiner Weise vom Ort ab. Ihre Ableitung nach den verwendeten Ortskoordinaten ist in mindestens einem Punkt ungleich null. (Der teilweise für bestimmte zylinder- oder kugelsymmetrischen Felder verwendete Begriff „radialhomogen" ist irreführend, da diese Felder inhomogen sind.)

Bild 8.6 zeigt ein Beispiel für die Darstellung eines inhomogenen Skalarfeldes durch Isolinien.

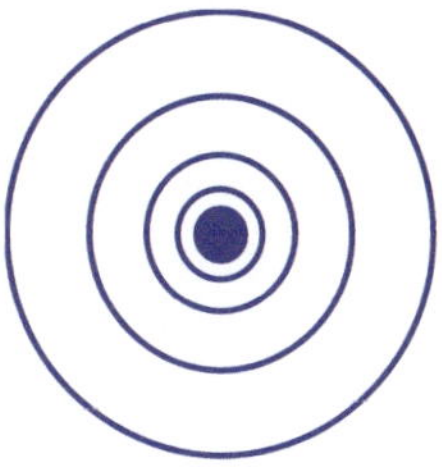

Bild 8.6: Feldbild eines inhomogenen Skalarfeldes

Bild 8.7 zeigt ein Beispiel für das Feldbild eines inhomogenen Vektorfeldes in einem abgeschlossenen Gebiet. Die Feldlinien beginnen an der inneren Begrenzung und enden an den äußeren Begrenzung des Gebietes; ihre Dichte und Richtung sind ortsabhängig.

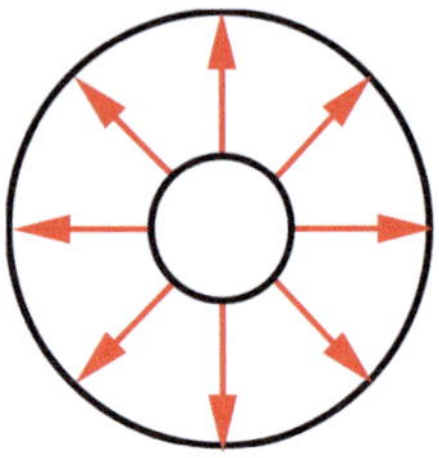

Bild 8.7: Feldbild eines inhomogenen Vektorfeldes

8.5.4 Zeitabhängigkeit von Feldgrößen

Man unterscheidet zwischen *zeitinvarianten* Feldern, bei denen die Feldgröße *nicht* von der Zeit abhängt (ihre Ableitung nach der Zeit ist null) und *zeitvarianten* Feldern, bei denen die Feldgröße von der Zeit abhängt (ihre Ableitung nach der Zeit ist zu mindestens einem Zeitpunkt ungleich null).

In der Realität gibt es keine für alle Zeiten konstanten Felder. Wir betrachten in der Regel nur begrenzte Zeiträume und nur makroskopische Erscheinungen oberhalb der atomaren Ebene, da im Mikrokosmos alles schwingt und es daher auch keine ruhenden Ladungen gibt.

Die Zeitabhängigkeit beinhaltet keine unmittelbare Aussage über die Ortsabhängigkeit einer Feldgröße. Allerdings gilt: Ein zeitvariantes Feld muss wegen seiner endlichen Feldausbreitungsgeschwindigkeit ortsabhängig sein.

8.5.4.1 Statische Felder

„Statisch" bedeutet stehend oder ruhend. Die Feldgröße ist *zeitinvariant* und es gibt *keine Ladungsbewegung oberhalb der atomaren Ebene*. Daher findet auch *kein Energieumsatz* im Feld statt $(P = \frac{\mathrm{d}}{\mathrm{d}t}W = 0)$.

In den folgenden Kapiteln werden sowohl statische elektrische (*elektrostatische*) als auch statische magnetische (*magnetostatische*) Felder behandelt. Beispiele:

- Elektrostatisches Feld einer ruhenden Ladung
- Magnetostatisches Feld eines Dauermagneten (bei dem keine makroskopischen Ströme fließen)

8.5.4.2 Stationäre Felder

„Stationär" bedeutet ortsfest, also räumlich fest. Die Feldgröße ist *zeitinvariant*. Ein stationäres Feld ist ein *Feld relativ zum Beobachter oberhalb der atomaren Ebene gleichförmig bewegter Ladungen*, also das Feld eines oder mehrerer Gleichströme. Es benötigt – außer bei Supraleitern – zu seiner Aufrechterhaltung eine ständige Energiezufuhr zur Deckung der in resistiven Gebieten auftretenden Verluste. Beispiel:

- Elektrisches Strömungsfeld mit der elektrischen Stromdichte $\vec{J} = f(x, y, z, t)$ mit $\frac{\partial \vec{J}}{\partial t} = 0$, also $\vec{J} = f(x, y, z)$

8.5.4.3 Instationäre Felder

Bei instationären Feldern ist die Feldgröße *zeitvariant*. Somit findet auf jeden Fall ein *Energieumsatz* im Feld statt.

8.5.4.4 Quasistationäre Felder

Quasistationäre Felder sind ein praktisch wichtiger Sonderfall instationärer Felder. Die Feldgröße ist *zeitvariant*, aber

- die *Wirkung von Schaltvorgängen ist abgeklungen*, d. h. der *eingeschwungene Zustand* ist erreicht. Das bedeutet, dass die Feldgrößen überall innerhalb der betrachteten Anordnung zu jedem Zeitpunkt näherungsweise den Wert haben, den sie hätten, wenn die Anregungsgrößen schon unendlich lange wirksam wären. Dieser Fall wird z. B. in der Sinusstromtechnik betrachtet.
- die Änderungsgeschwindigkeit der Feldgrößen ist so gering, dass der Energieumsatz durch *Ausbreitung elektromagnetischer Wellen vernachlässigt* werden kann.

8.5.4.5 Schnell veränderliche Felder

Bei schnell veränderlichen Feldern müssen ihre endliche Ausbreitungsgeschwindigkeit und die Abstrahlung elektromagnetischer Energie berücksichtigt werden. Sie können nicht mehr als quasistationär behandelt werden. Schnell veränderliche elektromagnetische Felder erfordern die Anwendung der vollständigen *Maxwellschen Gleichungen* (s. Abschnitt 12.2). Diese Felder werden in der Hochfrequenztechnik betrachtet.

8.5.5 Quellen- und Wirbelfelder

Die Existenz von Quellen und/oder Wirbeln ist ein wichtiges Merkmal von *Vektorfeldern*. Skalarfelder können weder Quellen noch Wirbel enthalten. *Quellen und Wirbel schließen sich nicht gegenseitig aus*[7]. Die Existenz von Quellen bzw. Wirbeln in einem Feld ist am anschaulichsten anhand von Feldbildern zu erklären.

8.5.5.1 Reine Quellenfelder

Reine Quellenfelder enthalten keine Wirbel, jedoch – sofern sie in ihrer Gesamtheit betrachtet werden – stets Quellen *und* Senken der vektoriellen Feldgröße. Bei einem *reinen* – also wirbelfreien – Quellenfeld hat jede Feldlinie einen *Anfang* und ein *davon unterschiedliches Ende*. Beispiele:

- Elektrostatisches Feld eines geladenen Plattenkondensators
- Elektrostatisches Feld zwischen einer geladenen Metallkugel und ihrer Umgebung

Aus der Existenz von Quellen und Senken folgt keine Aussage bezüglich Homogenität oder Zeitinvarianz des Feldes.

[7] Dieser Fall tritt beispielsweise in Eisenkreisen mit Luftspalt auf, s. Abschnitt 11.12.5.

8.5.5.2 Reine Wirbelfelder

Reine Wirbelfelder enthalten keine Quellen oder Senken der vektoriellen Feldgröße.

Bei einem *reinen* – also quellenfreien – Wirbelfeld sind *alle Feldlinien in sich geschlossen*, haben also weder Anfang noch Ende. *Wirbelfelder sind in ihrer Gesamtheit stets inhomogen.* Beispiel:

- Magnetisches Feld in der Umgebung eines stromdurchflossenen langen, geraden Leiters, s. Bild 8.8.

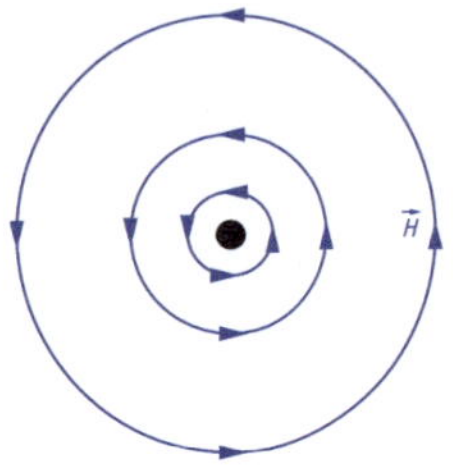

Bild 8.8: Ausschnitt aus dem Feldbild eines reinen Wirbelfeldes

8.5.6 Gradienten- oder Potenzialfelder

Der Gradient ist ein *nur für Skalarfelder definierter* Operator der Vektoranalysis. Er bewirkt eine Ableitung der skalaren Feldgröße in Richtung aller Koordinaten des verwendeten Koordinatensystems. Als Bezeichnung für diesen Operator wird entweder die Abkürzung „grad" oder das *Skalarprodukt* mit dem Nabla-Operator $\vec{\nabla}$ verwendet.

In kartesischen Koordinaten (x, y, z) gilt für Skalarfelder f:

$$\text{grad } f(x,y,z) = \vec{\nabla} \cdot f(x,y,z) = \begin{pmatrix} \frac{\partial}{\partial x} \\ \frac{\partial}{\partial y} \\ \frac{\partial}{\partial z} \end{pmatrix} \cdot f(x,y,z) \tag{8.8}$$

Der Gradient *in einem Punkt* eines Skalarfeldes ist ein diesem Punkt zugeordneter *Vektor*, der in die Richtung zeigt, in der die skalare Feldgröße *am stärksten ansteigt. Diese Richtung steht naturgemäß senkrecht auf der Isofläche bzw. Isolinie durch diesen Punkt.* Der *Betrag* des Gradienten in einem Feldpunkt ist ein Maß für die *Intensität der Änderung* der Feldgröße in einer infinitesimal kleinen Umgebung um den Punkt.

In einem homogenen Gebiet eines Skalarfeldes ist der Gradient der Feldgröße null. In Feldpunkten, in denen die skalare Feldgröße einen Extremwert oder einen Sattelpunkt hat, verschwindet der Gradient ebenfalls.

Die Anwendung des Gradienten-Operators auf ein *Skalarfeld* $S(x,y,z)$ erzeugt ein *Vektorfeld*

$$\vec{V}(x,y,z) = \begin{pmatrix} V_\mathrm{x} \\ V_\mathrm{y} \\ V_\mathrm{z} \end{pmatrix} = \text{grad } S(x,y,z) = \vec{\nabla} \cdot S(x,y,z) = \begin{pmatrix} \frac{\partial}{\partial x} S(x,y,z) \\ \frac{\partial}{\partial y} S(x,y,z) \\ \frac{\partial}{\partial z} S(x,y,z) \end{pmatrix}. \tag{8.9}$$

Merke: *Jedes wirbelfreie Vektorfeld lässt sich als Gradient eines Skalarfeldes beschreiben.*

Solche Vektorfelder heißen *Gradientenfelder*, *Potenzialfelder*[8] oder *konservative Felder*. Beispiel:

- Felder des elektrisches Potenzials φ (Skalarfeld) und der elektrischen Feldstärke $\vec{E}$ (Vektorfeld, zugehöriges Gradientenfeld) einer positiv geladenen Metallkugel, s. Bild 8.9.

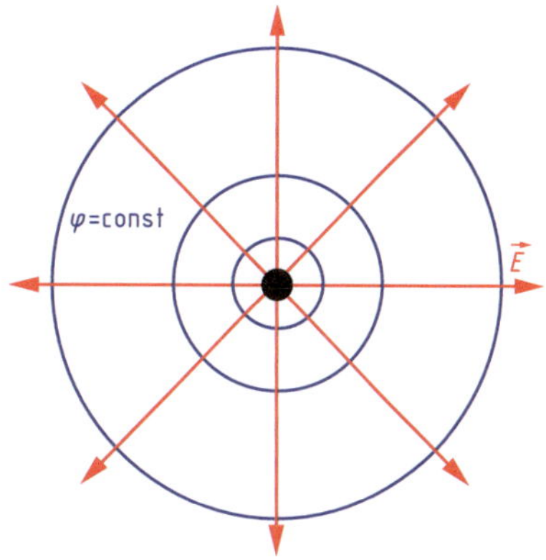

Bild 8.9: Feldbild eines Skalarfeldes mit zugehörigem Gradientenfeld

In Feldbildern von Gradientenfeldern werden (wie in Bild 8.9) sehr oft sowohl die skalare (mittels Äquipotenziallinien) als auch die vektorielle Feldgröße (mittels Feldlinien) dargestellt.

Das Vektorfeld ist nach Gl. (8.9) umso intensiver, je stärker sich das zugehörige Skalarfeld im betrachteten Gebiet *ändert*. Die *Veränderung* des Skalarfeldes (also der Betrag seines Gradienten) wird durch die *Dichte* der Äquipotenziallinien repräsentiert. Dort, wo die Dichte der Äquipotenziallinien besonders groß (der Abstand zwischen benachbarten Äquipotenziallinien also besonders klein) ist, muss die Intensität des Vektorfeldes (die durch die Dichte der Feldlinien beschrieben wird) ebenfalls besonders groß sein – und umgekehrt.

Daraus folgt ein wichtiges Hilfsmittel zur Erstellung und Überprüfung der Feldbilder von Gradientenfeldern: Die Äquipotenziallinien und Feldlinien, aus denen das Feldbild besteht, bilden bei zweidimensionalen Feldbildern ebene Vierecke, bei quasi-dreidimensionalen Feldbildern quasiräumliche Achtecke. Bei diesen Objekten muss im gesamten Feldbild das *Verhältnis der Seitenlängen* (Breite zu Höhe) zueinander etwa gleich bleiben. Diese Eigenschaft ist umso besser überprüfbar, je enger das Netz aus Äquipotenziallinien und Feldlinien dargestellt wird, da die Vierecke beziehungsweise Achtecke im Allgemeinen gekrümmte Kanten und einander gegenüber liegende Kanten unterschiedliche Längen haben. Siehe hierzu z. B. die Feldbilder in Bild 8.9 und Bild 8.10 b).

Bild 8.10 a) zeigt ein offensichtlich falsches Feldbild eines Gradientenfeldes:

- Die Feldlinien beginnen und enden fälschlich mit einheitlichem Abstand bei Feldquelle und -senke. Siehe hierzu die Aussagen in Abschnitt 8.5.2.2.
- Die Isolinien sind falsch verteilt. Sie müssten dort am dichtesten verlaufen, wo auch die Feldlinien am dichtesten sind, also in unmittelbarer Umgebung der Feldquelle und -senke.
- Die Symmetrie der Anordnung spiegelt sich nicht deutlich genug im Feldbild wider.

Bild 8.10 b) zeigt ein Feldbild, das diese offensichtlichen Fehler nicht aufweist.

[8] Nicht zu verwechseln mit Feldern des elektrischen Potenzials!

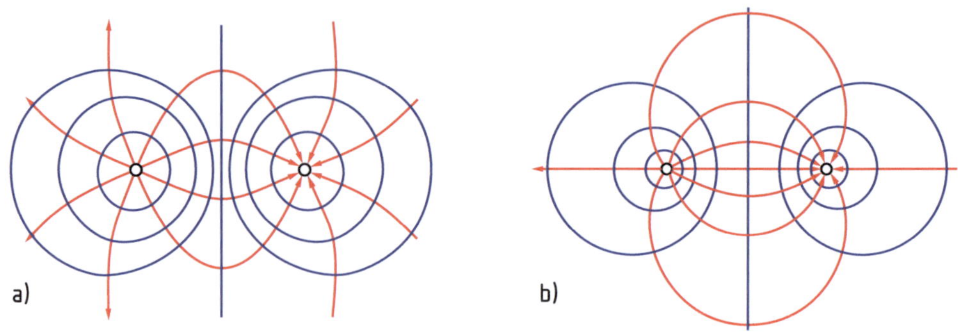

Bild 8.10: Feldbilder eines Gradientenfeldes a) offensichtlich falsch b) richtiger

8.5.7 Differenzielle und integrale Feldgrößen

Differenzielle Feldgrößen beschreiben die Eigenschaften von *Punkten* eines Feldes. Diese Punkte können auch infinitesimal kleine Strecken, Flächen oder Volumina sein. Man nennt diese Feldgrößen daher auch *ortsbezogene Feldgrößen*. Differenzielle Feldgrößen können Skalare oder Vektoren sein.

Integrale Feldgrößen beschreiben die Eigenschaften von *ausgedehnten Gebieten* eines Feldes. Diese Gebiete können Strecken, Flächen oder Volumina sein. Integrale Feldgrößen entstehen durch die mathematische Integration differenzieller Feldgrößen und sind daher stets Skalare.

8.6 Grundlagen der Differenzialgeometrie

Bei der Beschreibung und Berechnung elektromagnetischer Felder werden infinitesimal kleine Strecken und Flächen häufig durch Vektoren beschrieben.

Bild 8.11 zeigt eine *glatte* (also knickfreie) Strecke im Raum, die von einem Punkt P_1 zu einem Punkt P_2 verläuft, also *gerichtet* ist. Eine solche Strecke bzw. ihre mathematische Beschreibung wird hier meist mit (s) bezeichnet.

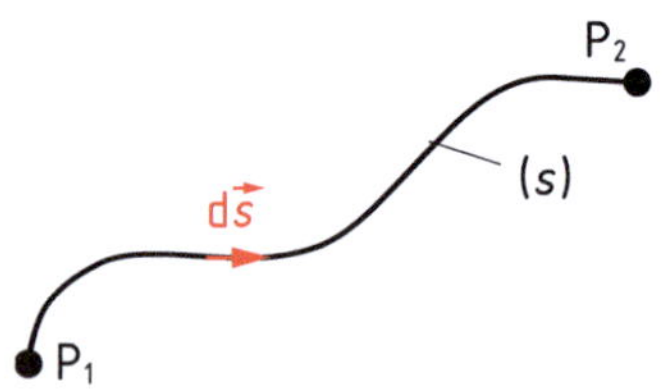

Bild 8.11: Strecke im Raum, die durch infinitesimale Vektoren beschrieben wird

Die Strecke kann in unendlich viele infinitesimal kurze Teilstrecken ($\mathrm{d}s$) zerlegt werden, die jeweils durch einen Vektor $\mathrm{d}\vec{s}$ beschrieben werden können, da sie näherungsweise gerade sind. Die Länge der Strecke ist

$$s = \int_{P_1}^{P_2} |\,\mathrm{d}\vec{s}\,| = \int_{(s)} |\,\mathrm{d}\vec{s}\,| = \int_{(s)} \mathrm{d}s\,. \tag{8.10}$$

Eine vektorielle Feldgröße, die sich auf eine differenziell kleine Strecke ($\mathrm{d}s$) bezieht, heißt „*längenbezogener Vektor*".

Bild 8.12 zeigt eine *glatte* Fläche im Raum. Eine solche Fläche bzw. ihre mathematische Beschreibung wird hier meist mit (A) bezeichnet.

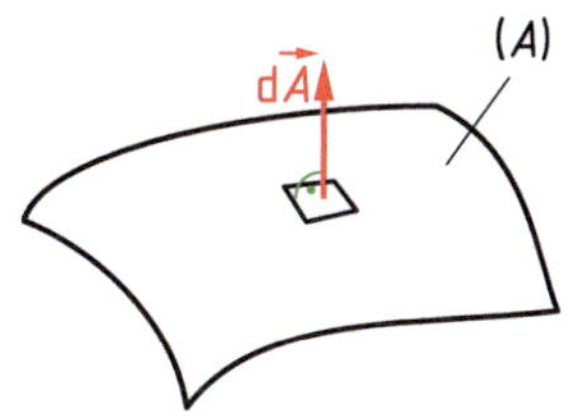

Bild 8.12: Fläche im Raum, die durch infinitesimale Vektoren beschrieben wird

Die Fläche kann in unendlich viele infinitesimal kleine Teilflächen ($\mathrm{d}A$) zerlegt werden, die jeweils näherungsweise eben sind und deren größte Abmessung gegen null geht. Jede einzelne dieser Teilflächen kann durch einen Vektor $\mathrm{d}\vec{A}$ beschrieben werden, der folgenden Eigenschaften hat:

1. Er steht senkrecht zur Teilfläche ($\mathrm{d}A$), ist ihr *Normalenvektor*.
2. Sein Betrag ist gleich dem Flächeninhalt $\mathrm{d}A$ der Teilfläche: $\mathrm{d}A = |\,\mathrm{d}\vec{A}\,|$.

Der Flächeninhalt A der Fläche (A) ist

$$A = \iint\limits_{(A)} |\,\mathrm{d}\vec{A}\,| = \iint\limits_{(A)} \mathrm{d}A\,. \tag{8.11}$$

Zu welcher Seite der Fläche die Normalenvektoren weisen (d. h. die *Orientierung* der Fläche), wird im Fall nicht geschlossener Flächen durch physikalische Kriterien festgelegt. Im Fall *geschlossener* Flächen, die ein beliebig geformtes Volumen vollständig umhüllen (*Hüllflächen*), zeigen die Normalenvektoren nach einer Festlegung der Vektoranalysis stets nach außen.

Eine vektorielle Feldgröße, die sich auf eine differenziell kleine Fläche ($\mathrm{d}A$) bezieht, heißt „*flächenbezogener Vektor*".

8.7 Vorgehensweise bei der Feldberechnung

In den Grundlagen der Elektrotechnik wird üblicherweise – so auch hier – auf die Anwendung der Verfahren der Vektoranalysis verzichtet. Mittels dieser Verfahren lassen sich unter Verwendung der Maxwellschen Gleichungen einfache Feldanordnungen bei Kenntnis

- der Geometrie der Anordnung,
- der relevanten elektrischen und/oder magnetischen Materialparameter und
- der Ursachen der Felder (Ladungen, Ströme, Potenziale)

mit *rein mathematischen* Methoden vollständig berechnen. Dies ist Thema der *Theoretischen Elektrotechnik*, die auf den hier vermittelten Grundlagen aufbaut.

Bei Verzicht auf die Verfahren der Vektoranalysis ist es erforderlich, vor Beginn der Berechnung den gesuchten Feldverlauf *qualitativ* zu kennen. Diese *Vorüberlegung* setzt das Verständnis grundlegender Eigenschaften des betrachteten Feldtyps voraus. Auf Basis dieser Vorüberlegung wird üblicherweise ein *qualitatives* Feldbild als *Modell* des zu analysierenden Feldes skizziert. Hierbei werden insbesondere Symmetrieeigenschaften der Anordnung und die Kenntnis des Verhaltens der betrachteten Feldgrößen an Materialgrenzen genutzt. Anschließend wird ein Koordinatensystem ausgewählt, das die möglichst einfache Berechnung der gesuchten Größen ermöglicht. Die geschickte Anwendung der in den folgenden Kapiteln beschriebenen Rechenverfahren auf das Feldmodell liefert dann das gesuchte *quantitative* Ergebnis. Mit diesem könnte ein *quantitatives* Feldbild erstellt werden, das aber in der Regel nicht interessiert.

Die Berechnung des Feldes in Anordnungen, deren Eigenschaften nur durch Symbole beschrieben werden, liefert Ergebnisse in Form von Gleichungen, *die für alle Anordnungen dieses Typs gelten*. Solche Gleichungen werden beispielsweise in Formelsammlungen angegeben. Das Einsetzen der in einem konkreten Fall geltenden (einheitenbehafteten!) Größen für die Symbole liefert die Zahlenwerte (mit Einheiten) der gesuchten Größen für den konkreten Fall.

In den folgenden Kapiteln werden nur Spezialfälle des allgemeinen elektromagnetischen Feldes betrachtet. Diese *Komplexitätsreduktion* ist erforderlich, um überhaupt zu Ergebnissen zu kommen. Die Spezialfälle sind:

- Das elektrische Feld innerhalb einfach geformter Leiter, die von einem *Gleichstrom* durchflossen werden. Dabei werden das elektrische Feld außerhalb der Leiter und jegliche Magnetfelder nicht betrachtet[9].
- Das Feld elektrischer Ladungen, die sich auf einfach geformten Leitern befinden, wobei die Ladungen relativ zum Beobachter *ruhen*. Dabei werden keinerlei magnetische Felder betrachtet.
- Das idealisierte magnetische Feld von *Dauermagneten* oder einfach geformten, von *Gleichströmen* durchflossenen, dünnen Leitern, wobei alle Teile der Anordnung relativ zum Beobachter ruhen. Dabei wird das elektrische Feld innerhalb und außerhalb der Leiter nicht betrachtet.
- Das idealisierte magnetische und/oder elektrische Feld in sehr einfachen Anordnungen, in denen elektrische Leiter entweder in zeitlich veränderlichen Magnetfeldern ruhen oder sich gleichförmig in Magnetfeldern bewegen.

Die Menge der auf diese Weise *geschlossen berechenbaren* Feldanordnungen ist sehr begrenzt.

In der Praxis werden elektrische und magnetische Felder mittels Näherungsverfahren, die in Software realisiert sind, berechnet. Das Ergebnis solcher *numerischen Feldberechnungen* sind allerdings nicht allgemeingültige Gleichungen, sondern stets Zahlenwerte, die das Feld im erstellten *Modell* der untersuchten Anordnung *näherungsweise* beschreiben.

Um den Ergebnissen solcher Feldberechnungen nicht blind vertrauen zu müssen, sollten Ingenieure in der Lage sein, ihre *Plausibilität* mittels *überschlägiger Berechnungen auf Basis sinnvoll gewählter Modelle* zu überpüfen. Diese wichtige Fähigkeit kann durch das Studium der Inhalte dieses Buches erworben werden.

[9] Ausnahmen: Hall-Effekt, Pinch-Effekt

9 Stationäres elektrisches Strömungsfeld (SESF)

In den Grundlagen der Elektrotechnik ist es üblich, bei den elektrischen und magnetischen Feldern zunächst die elektrischen Potenzialfelder (also das SESF und das elektrostatische Feld, ESF) zu betrachten. Das SESF wird oft – so auch hier – vor dem ESF (s. Kapitel 10) behandelt, obwohl es mathematisch etwas aufwändiger ist. Das liegt sowohl daran, dass das SESF wegen der modellhaften Vorstellung einer Ladungsströmung anschaulicher und im Rahmen praktischer Untersuchungen (z. B. an Modellen aus leitfähigem Karton) messtechnisch einfacher zu erfassen ist, als auch daran, dass elektrische Strömungsfelder – im Gegensatz zu elektrostatischen Feldern – sehr einfach zu begrenzen und daher ihre Feldbilder einfacher vorzustellen und zu skizzieren sind.

In Kapitel 2 werden Gleichstromnetzwerke behandelt. In diesen Netzwerken sind alle Ströme, Potenziale, Spannungen und umgesetzten Leistungen von der Zeit unabhängig. Während in Kapitel 2 nur die *Klemmengrößen* der Zweipole betrachtet werden, aus denen das Netzwerk besteht, werden nachfolgend die Vorgänge *innerhalb leitfähiger* Materialien, in denen die *Gleichströme* fließen, untersucht.

Nach der Einführung der Feldgrößen „elektrische Feldstärke“ und „elektrische Stromdichte“ werden die zu ihnen gehörigen Formen des Knoten- und Maschensatzes behandelt.

Obwohl der Schwerpunkt des Kapitels auf der Untersuchung des Verhaltens passiver Gebiete liegt, werden auch die elektrischen Verhältnisse in aktiven Gebiete thematisiert.

Es wird gezeigt, wie bei beliebigen passiven Zweipolen der Widerstand und die umgesetzte Leistung berechnet werden können.

Als Besonderheit werden drei Verfahren vorgestellt, die aus unterschiedlichen Gründen wertvoll sind:

- Das Verfahren der komplementären Feldanordnungen kann für Studierende sehr hilfreich bei der Erstellung von qualitativen Feldbildern von Strömungsgebieten sein.
- Das sehr praxisrelevante Spiegelungsverfahren erlaubt die geschlossene Berechnung von Feldern in Halbräumen, die an einen Isolator oder idealen Leiter grenzen.
- Das Verfahren der Materialisierung kann das Verständnis für elektrische Potenzialfelder fördern und bei der Analyse bestimmter Anordnungen helfen.

9.1 Kennzeichen und Randbedingungen

Hier werden die wichtigsten Eigenschaften der SESF aufgelistet, um einen ersten Überblick zu vermitteln. Die Erklärung und Anwendung der Aussagen erfolgt in den nachfolgenden Abschnitten.

1. *Ursache* jedes SESF ist eine durch zeitlich konstante *Ladungstrennung* hervorgerufene *elektrische Potenzialdifferenz* zwischen zwei Gebieten, zwischen denen eine *elektrisch leitfähige Verbindung* besteht.
2. Ein elektrisches Strömungsfeld kann nur in Medien mit *freien Ladungsträgern existieren* (vgl. Abschnitt 1.2.2):
   - in metallischen Leitern (z. B. Kupfer, Aluminium, Gold, Silber, Quecksilber)

T. Harriehausen und D. Schwarzenau, *Moeller Grundlagen der Elektrotechnik*,
https://doi.org/10.1007/978-3-658-49993-8_9

- in Halbleitern (z. B. Silizium, Germanium, Graphen, Galliumnitrid)
- in Flüssigkeiten mit freien Ionen (Anwendungen z. B. Elektrolyse, Galvanik)
- in Gasen mit freien Ionen (Anwendung z. B. Leuchtstoffröhren)
- im Plasma (Anwendungen z. B. Lichtbogenschweißen, MHD-Generatoren)
- im *technischen* Vakuum mit freien Ladungsträgern (Anwendung z. B. Elektronenröhren)

3. Der wesentliche *Materialparameter* des elektrischen Strömungsfeldes ist die *elektrische Leitfähigkeit* κ beziehungsweise ihr Kehrwert, der *spezifische elektrische Widerstand* ϱ. Die elektrische Leitfähigkeit kann *richtungsabhängig* (*anisotrop*) sein und ist dann mathematisch nicht mehr als *Skalar*, sondern als *Tensor 2. Stufe* zu behandeln (s. Abschnitt 12.3). Wir betrachten nachfolgend nur *isotrope* Stoffe (deren Eigenschaften *richtungsunabhängig* sind).
4. Wir gehen davon aus, dass κ im betrachteten Feldgebiet *linear*, also von den möglicherweise unterschiedlichen Werten einer elektrischen Größe im Strömungsgebiet unabhängig ist.
5. In jedem Strömungsfeld[1] wird in den *passiven Gebieten* ständig *elektrische Energie in Wärmeenergie umgesetzt*. Betrachtet man das *gesamte* Strömungsfeld, muss es auch mindestens ein Gebiet geben, in dem den Ladungen elektrische Energie zugeführt wird (*aktives Gebiet* bzw. Quelle).
6. Das *außerhalb* der betrachteten Strömungsgebiete in den umgebenden Isolatoren immer vorhandene elektrische und magnetische Feld wird nicht betrachtet.
7. Der Einfluss äußerer Magnetfelder wird beim *Hall-Effekt* (s. Abschnitt 11.15.2) behandelt.
8. Der Einfluss des durch die betrachtete Ladungsströmung *selbst* bewirkten Magnetfeldes wird beim *Pinch-Effekt* (s. Abschnitt 11.15.3) untersucht.
9. Ein SESF ist in *passiven Gebieten* ein *wirbelfreies Quellenfeld*. Betrachtet man ein SESF in seiner *Gesamtheit* (geschlossener Gleichstromkreis), so ist das Feld der elektrischen Stromdichte ein *reines Wirbelfeld*, das der elektrischen Feldstärke ein *reines Quellenfeld*, also ein Potenzialfeld.
10. Die Gebiete außerhalb der betrachteten elektrischen Leiter werden als *ideale* Isolatoren modelliert. Daraus folgt, dass Ladungen weder aus einem Leiter in einen Isolator übertreten, noch aus einem Isolator in ein Strömungsgebiet eindringen können. An der *Grenze* zwischen einem Leiter und einem Nichtleiter können sich die Ladungen im Leiter daher nur *tangential zur Grenzfläche* bewegen. Elektrische Strömungsfelder sind somit sehr einfach durch Isolatoren zu begrenzen[2].

Da das elektrische und das magnetische Feld außerhalb der Leiter nicht betrachtet werden, wird auch der durch sie bewirkte Energietransport, der durch den Poynting-Vektor (s. Abschnitt 12.4) beschrieben wird, nicht berücksichtigt. Trotz dieser fundamentalen Vernachlässigung liefert diese Methodik für das Modell des SESF richtige Ergebnisse bezüglich der auftretenden Spannungen, Ströme und umgesetzten Leistungen.

[1] Mit Ausnahme von Supraleitern.

[2] Die Begrenzung elektrostatischer Felder ist schwieriger und die völlige Begrenzung von Magnetfeldern unmöglich.

9.2 Elektrisches Potenzial, elektrische Spannung, elektrische Feldstärke

Die Aussagen in diesem Abschnitt *gelten für alle elektrischen Potenzialfelder*, also nicht nur für das SESF, sondern auch für das in Kapitel 10 behandelte elektrostatische Feld.

Die Bedeutung des *elektrischen Potenzials* φ wird in Abschnitt 1.2.4 erklärt. Es ist eine ortsbezogene skalare Feldgröße.

In Feldbildern werden Gebiete (Linien, Flächen, Volumina) gleichen elektrischen Potenzials (Äquipotenziallinien, Äquipotenzialflächen, Äquipotenzialvolumina) üblicherweise blau dargestellt.

Nachfolgend werden nur Gebiete betrachtet, in denen jeder Feldpunkt einen *eindeutigen* Wert des elektrischen Potenzials hat. Das ist in allen elektrischen Potenzialfeldern der Fall. Der Beweis wird Abschnitt 9.9 geführt.

Zwischen zwei Punkten P_1 und P_2 mit den *elektrischen Potenzialen* φ_1 bzw. φ_2 liegt die *elektrische Spannung* (s. Abschnitt 1.2.5)

$$U_{12} = \varphi_1 - \varphi_2 \,. \tag{9.1}$$

Die elektrische Spannung U ist eine integrale Feldgröße, die sich auf eine Strecke bezieht, und eine *Zählpfeilgröße*.

Der Raumzustand zwischen Punkten unterschiedlichen elektrischen Potenzials wird als *elektrisches Feld* bezeichnet. Dieses Feld wird in jedem Feldpunkt durch eine ortsbezogene vektorielle Feldgröße beschrieben, die *elektrische Feldstärke* $\vec{E}$, die in jedem Feldpunkt in Richtung des *stärksten* Potenzial*gefälles* weist. Diese Aussage lässt sich mit dem Gradienten-Operator (s. Abschnitt 8.5.6) ausdrücken als

$$\vec{E} = -\operatorname{grad} \varphi \,. \tag{9.2}$$

Der Betrag $E = |\,\vec{E}\,|$ von $\vec{E}$ in einem Feldpunkt ist also gleich der *Potenzialdifferenz* $\mathrm{d}\varphi$ pro differenzieller Strecke $\mathrm{d}s$ *in Richtung des stärksten Potenzialgefälles*:

$$E = -\frac{\mathrm{d}\varphi}{\mathrm{d}s} \tag{9.3}$$

Das Minuszeichen in Gl. (9.3) rührt daher, dass der Wert von $\mathrm{d}\varphi$ in Richtung des stärksten Potenzial*gefälles* negativ sein muss, der Betrag eines Vektors aber positiv ist.

Ein elektrisches Feld $\vec{E}$, das gemäß Gl. (9.2) mit einem eindeutigen Potenzialfeld φ zusammenhängt, ist ein *Gradientenfeld* und somit stets wirbelfrei (s. Abschnitt 8.5.6).

Aus Gl. (9.2) folgt, dass $\vec{E}$ in jedem Feldpunkt *senkrecht* auf der durch diesen Feldpunkt verlaufenden Äquipotenzialfläche steht.

An Gl. (9.3) ist erkennbar, dass die elektrische Feldstärke ein längenbezogener Vektor ist.

Ihre Einheit ist wegen Gl. (9.3)

$$[E] = \frac{[\varphi]}{[s]} = \frac{1\,\mathrm{V}}{1\,\mathrm{m}} = 1\,\frac{\mathrm{V}}{\mathrm{m}}\,, \tag{9.4}$$

ihre Dimension „Spannung pro Länge“.

In Feldbildern werden Feldlinien der elektrischen Feldstärke üblicherweise rot dargestellt.

Beispiel 9.1: Berechnung der elektrischen Feldstärke aus der Potenzialverteilung

Betrachtet wird ein *differenziell kleiner* Ausschnitt eines beliebigen Feldraumes, in dem sich das elektrische Potenzial φ *stetig differenzierbar* ändert. In den Raum wird ein kartesisches Koordinatensystem so gelegt, dass die x-Koordinate in Richtung des stärksten *Abfalls* von φ weist. Dann ist φ in dem betrachteten Gebiet nur abhängig von der x-Koordinate. Orte mit gleicher x-Koordinate liegen also auf einer Äquipotenzialfläche, die in der in Bild 9.1 betrachteten Schnittebene als Äquipotenziallinie dargestellt wird.

Die Ortsfunktion von φ kann in der unmittelbaren Umgebung eines Feldpunktes durch die *lineare* Funktion

$$\varphi(x,y,z) = -mx + b \tag{9.5}$$

mit $m > 0$ angenähert werden (vgl. Verfahren der „Linearisierung im Arbeitspunkt" in Abschnitt 2.5.1).

Durch Anwendung von Gl. (9.2) auf Gl. (9.5) erhält man die Ortsfunktion von $\vec{E}$ im betrachteten Gebiet:

$$\vec{E} = -\operatorname{grad}\varphi = -\begin{pmatrix} \frac{\partial}{\partial x} \\ \frac{\partial}{\partial y} \\ \frac{\partial}{\partial z} \end{pmatrix}(-mx+b) = \begin{pmatrix} m \\ 0 \\ 0 \end{pmatrix} = m\,\vec{e}_x = E_x\,\vec{e}_x$$

mit $E_x = m > 0$. Wie anschaulich zu erwarten war, ist in dem hier betrachteten Gebiet das Feld der elektrische Feldstärke näherungsweise *homogen* und weist in Richtung der x-Achse. Die Feldlinien von $\vec{E}$ haben also im betrachteten Bereich gleiche Richtung und Dichte.

Nun werden gemäß Bild 9.1 zwei Punkte P_1 und P_2, die im Abstand l_{12} *auf der selben Feldlinie* liegen, betrachtet. Es gilt $\varphi_1 > \varphi_2$.

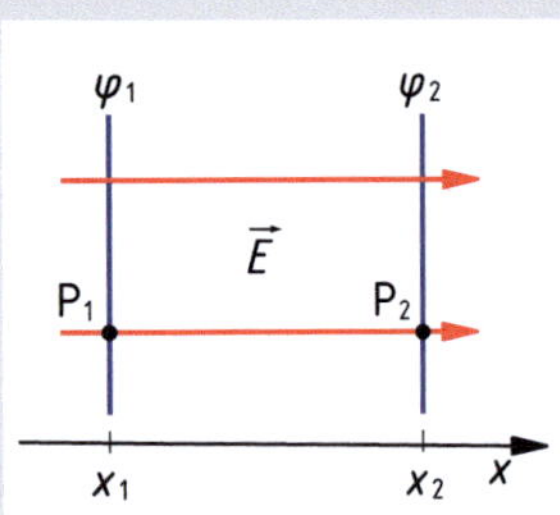

Bild 9.1: Homogenes elektrisches Feld $\vec{E}$ mit zwei Feldpunkten und x-Achse

Dann gilt wegen der Homogenität der elektrischen Feldstärke im betrachten Gebiet

$$E_x = -\frac{d\varphi}{ds} = -\frac{\Delta\varphi}{\Delta s} = -\frac{\Delta\varphi}{\Delta x} = -\frac{\varphi_2-\varphi_1}{x_2-x_1} = \frac{\varphi_1-\varphi_2}{x_2-x_1} = \frac{U_{12}}{l_{12}} > 0\,. \tag{9.6}$$

Verallgemeinernd folgt aus Gl. (9.6) für den Spezialfall *homogener* $\vec{E}$-Felder:

1. Der *Betrag* der elektrischen Feldstärke ist gleich dem Quotienten aus dem Betrag des Potenzialunterschiedes (also der Spannung) zwischen zwei Äquipotenzialflächen und deren (kürzestem) Abstand:
$$E = \frac{|U|}{l} \tag{9.7}$$
2. Der *Betrag* der Spannung zwischen zwei Feldpunkten ist gleich dem Produkt des *Betrages* der elektrischen Feldstärke und des (kürzesten) Abstandes zwischen den Äquipotenzialflächen, auf denen die Punkte liegen:
$$|U| = E\,l \tag{9.8}$$

Nun wird hergeleitet, wie auch in *inhomogenen* $\vec{E}$-Feldern die Spannung zwischen zwei Feldpunkten *vorzeichenrichtig* berechnet werden kann. Dazu wird gemäß Bild 9.2 ein beliebiger Weg (s) von Punkt P_1 zu Punkt P_2 in infinitesimal kleine Strecken $d\vec{s}$ zerlegt.

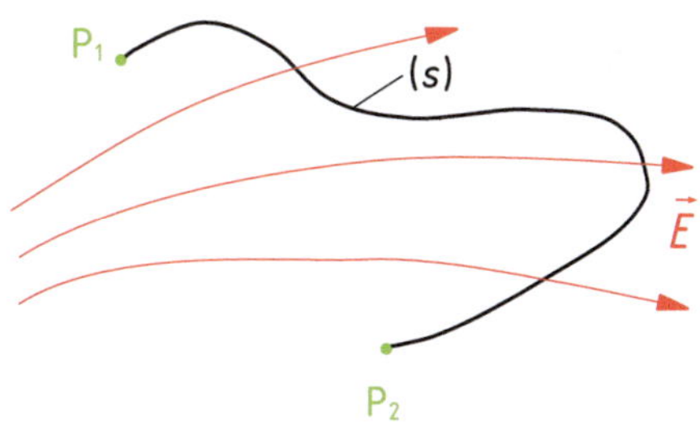

Bild 9.2: Zur Berechnung der Spannung zwischen zwei Feldpunkten aus der elektrischen Feldstärke

Aus Gl. (9.3) folgt $d\varphi = -E\,ds$ für den Spezialfall, dass $d\vec{s}$ in Richtung von $\vec{E}$ weist. Schließen $d\vec{s}$ und $\vec{E}$ einen beliebigen Winkel ein, ändert sich das Potenzial längs $d\vec{s}$ nur um den *Anteil der Projektion* von $d\vec{s}$ auf $\vec{E}$. Diese Tatsache kann mathematisch mittels des *Skalarproduktes* von $d\vec{s}$ und $\vec{E}$ ausgedrückt werden:

$$d\varphi = -\vec{E}\,d\vec{s} = -E\,ds\,\cos(\angle\vec{E}, d\vec{s}) \tag{9.9}$$

Zur Berechnung der Potenzialdifferenz $\Delta\varphi$ zwischen den Punkten P_1 und P_2 sind die differenziellen Potenzialdifferenzen nach Gl. (9.9) auf dem Weg (s) zwischen den Punkten aufzusummieren. Das Summieren differenzieller Größen erfolgt durch Integration. Daraus folgt

$$\Delta\varphi = \varphi_2 - \varphi_1 = \int_{P_1}^{P_2} d\varphi = \int_{P_1}^{P_2} -\vec{E}\,d\vec{s} = -\int_{P_1}^{P_2} \vec{E}\,d\vec{s}\,. \tag{9.10}$$

Mit Gl. (9.1) und der symbolischen Bezeichnung der beiden Punkte folgt daraus *allgemeingültig*

$$U_{12} = \varphi_1 - \varphi_2 = \int_1^2 \vec{E}\,d\vec{s}\,. \tag{9.11}$$

Der Integrationsweg in Gl. (9.11) verläuft also stets von dem Ort am Anfang des *Zählpfeils* der Spannung zum Ort am Ende ihres Zählpfeils.

Merke: *In einem wirbelfreien elektrischen Feld kann die Spannung zwischen zwei Punkten dadurch berechnet werden, dass auf einem beliebigen Weg vom ersten zum zweiten Punkt die Skalarprodukte der Vektoren, die die differenziellen Wegstückchen beschreiben, mit der am Ort des jeweiligen Wegstückchens herrschenden elektrischen Feldstärke über den gesamten Weg aufsummiert werden.*

Falls zusätzlich auf einem Teil des Integrationsweges $\vec{E} \uparrow\uparrow \mathrm{d}\vec{s}$ gilt, also der Integrationsweg in Richtung des Feldstärkevektors verläuft, gilt vereinfachend $\vec{E}\,\mathrm{d}\vec{s} = E\,\mathrm{d}s$. Ist *zusätzlich* der *Betrag* (nicht notwendigerweise aber die Richtung) der elektrischen Feldstärke auf einem Weg (s) konstant, also $|\vec{E}| = \text{const.}$, gilt darüber hinaus

$$\int\limits_{(s)} \vec{E}\,\mathrm{d}\vec{s} = \int\limits_{(s)} E\,\mathrm{d}s = E\int\limits_{(s)} \mathrm{d}s = E\,s\,. \tag{9.12}$$

Aus den Gln. (9.1) und (9.11) folgt für die Potenzialdifferenz zwischen einem Punkt P und einem Punkt $\mathrm{P_0}$

$$\varphi(P) - \varphi(\mathrm{P_0}) = \int\limits_{\mathrm{P}}^{\mathrm{P_0}} \vec{E}\,\mathrm{d}\vec{s}\,. \tag{9.13}$$

Ist das Potenzial $\varphi(\mathrm{P_0}) = \varphi_0$ das *Bezugspotenzial* und soll das Potenzial φ eines Feldpunktes P bezüglich dieses Bezugspotenzials berechnet werden, folgt daraus die häufig benötigte Gleichung

$$\varphi(\mathrm{P}) = \int\limits_{\mathrm{P}}^{\mathrm{P_0}} \vec{E}\,\mathrm{d}\vec{s} + \varphi_0\,. \tag{9.14}$$

9.3 Feldwirkung der elektrischen Ladung

Betrachtet man im Coulombschen Gesetz (s. Abschnitt 8.4) die Ladung Q_1 als felderzeugende Ladung Q und Q_2 als Messinstrument („*Probeladung*") Q_P für die durch Q am Ort von Q_P erzeugte Kraftwirkung $\vec{F}_\mathrm{P}$, erhält man die Form

$$\vec{F}_\mathrm{P} = \frac{Q\,Q_\mathrm{P}}{4\pi\,\varepsilon_0\,r^2}\,\vec{\mathrm{e}}_\mathrm{r}(Q_\mathrm{P})\,. \tag{9.15}$$

$\vec{F}_\mathrm{P}$ hängt vom Wert der zur Messung verwendeten Probeladung Q_P ab. Die Division beider Seiten von Gl. (9.15) durch Q_P liefert eine Größe, die von Q_P unabhängig ist. Um die verfälschende Rückwirkung der Probeladung auf das auszumessende Feld zu minimieren, ist der Betrag von Q_P zu minimieren. Das kann mathematisch durch die Bildung eines Grenzwertes symbolisiert werden. Die bezogene Größe

$$\lim_{Q_\mathrm{p}\to 0} \frac{\vec{F}_\mathrm{P}}{Q_\mathrm{p}} = \frac{Q}{4\pi\,\varepsilon_0\,r^2}\,\vec{\mathrm{e}}_\mathrm{r} = \vec{E}_\mathrm{P}(Q,r) \tag{9.16}$$

ist die elektrische Feldstärke einer *Punktladung* Q im Abstand r von dieser Ladung. Der Einheitsvektor $\vec{\mathrm{e}}_\mathrm{r}$ weist von der Punktladung in Richtung des Punktes, für den die Feldstärke berechnet wird.

Merke: *Die durch eine Punktladung verursachte Feldstärke nimmt quadratisch mit der Entfernung von ihr ab.*

Die Gln. (9.15) und (9.16) gelten – wie das Coulombsche Gesetz, aus dem sie abgeleitet wurden – nur im Vakuum und wenn das sich mit endlicher Geschwindigkeit von der ursächlichen Ladung ausbreitende elektrische Feld am betrachteten Ort vollständig wirksam geworden ist. Eine Erweiterung für Räume, die von anderen Nichtleitern ausgefüllt sind, wird in Abschnitt 10.7 behandelt.

Durch Einsetzen von Gl. (9.16) in Gl. (9.15) und anschließendes Weglassen des Index „P" erhält man die Kraft auf eine Punktladung Q, die sich in einem elektrischen Feld befindet, das durch eine *beliebige äußere* Ladungsverteilung erzeugt wird, die sich am Ort von Q durch die Feldstärke $\vec{E}$ äußert:

$$\vec{F} = Q\vec{E} \tag{9.17}$$

Ist die Ladung Q positiv, wirkt die Kraft auf sie in Richtung der elektrischen Feldstärke, ansonsten in der entgegengesetzten Richtung.

Mit Gl. (9.17) ist der Übergang vom Coulombschen Gesetz, das die Kraftwirkung zwischen genau zwei ruhenden Ladungen im ansonsten nicht leitfähigen Raum beschreibt, auf die Beschreibung der Kraftwirkung auf Ladungen Q in einem *beliebigen* äußeren elektrischen Feld erfolgt. Diese Ladungen Q dürfen auch freie Ladungen *in einem Leiter* sein.

9.4 Driftladung, elektrische Stromdichte, elektrischer Strom

Die durch Gl. (9.17) beschriebene Kraft führt bei frei beweglichen Ladungsträgern (also in elektrischen Leitern) zu einer *gerichteten Driftbewegung*, die sich der unregelmäßigen *thermischen Bewegung* der Ladungsträger überlagert. Da die thermische Bewegung *im zeitlichen Mittel* nicht mit einem Ladungstransport verbunden ist, trägt lediglich die Driftbewegung mit der *Driftgeschwindigkeit* $\vec{v}_\mathrm{d}$ der *Driftladungen* Q_d zu einem (makroskopischen) *elektrischen Strom* bei.

Für das Verständnis hilfreich ist die gedankliche Aufteilung eines Strömungsgebietes mit dem Gesamtstrom I in *Stromröhren*. In jeder dieser Stromröhren fließt *der gleiche*, infinitesimal kleine, *über die Länge der Stromröhre konstante Teilstrom* $\mathrm{d}I$ mit

$$I = \int\limits_{\substack{\text{(alle}\\ \text{Stromröhren)}}} \mathrm{d}I\,. \tag{9.18}$$

Jede Stromröhre hat eine *individuelle*, infinitesimal kleine Querschnittsfläche $(\mathrm{d}A_\mathrm{q})$ (die über die Länge des Leiters nicht konstant zu sein braucht). Diese Querschnittsfläche wird an einem betrachteten Ort durch ihren Normalenvektor $\mathrm{d}\vec{A}_\mathrm{q}$ beschrieben, der die gleiche Orientierung wie der *Zählpfeil* von $\mathrm{d}I$ haben muss. Die Querschnittsflächen der Stromröhren sind so klein, dass vereinfachend angenommen werden darf, dass die Ladungen jeweils homogen über sie verteilt strömen. Bild 9.3 zeigt einen kurzen Abschnitt einer solchen Stromröhre mit dem Teilstrom $\mathrm{d}I$ und der Querschnittsfläche $(\mathrm{d}A_\mathrm{q})$.

Die *Dichte der freien Ladungen* im Leiter (*Driftladungsdichte*[3])

$$\eta = \lim_{\Delta V \to 0} \frac{\Delta Q_\mathrm{d}}{\Delta V} = \frac{\mathrm{d}Q_\mathrm{d}}{\mathrm{d}V} \tag{9.19}$$

[3]Die Driftladungsdichte darf nicht mit der Raumladungsdichte ϱ verwechselt werden. Driftladungen werden durch entgegengesetzt geladene Teilchen in ihrer unmittelbaren Umgebung (bei metallischen Leitern sind dies die positiv geladenen Atomrümpfe) neutralisiert. Bei Raumladungen ist das nicht der Fall.

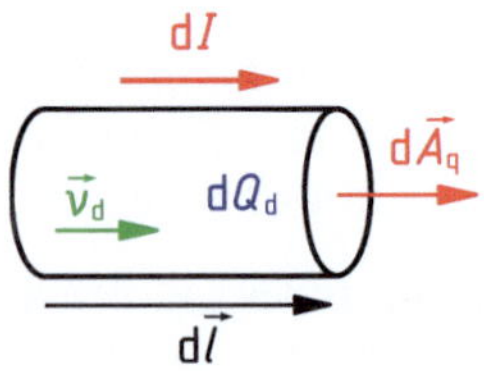

Bild 9.3: Stromröhre mit bewegter Schicht freier Ladungen

sei konstant. Bewegt sich eine Schicht freier Ladungen in einer Stromröhre in der Zeit dt kontinuierlich um die Länge $d\vec{l} \,||\, d\vec{A}_q$ mit $d\vec{l} \uparrow\uparrow \vec{v}_d$ weiter, fließt durch die Stromröhre der Strom

$$dI = \frac{dQ_d}{dt} = \frac{\eta\, dV}{dt} = \frac{\eta\, d\vec{l}\, d\vec{A}_q}{dt} = \eta\, d\vec{A}_q \frac{d\vec{l}}{dt} = \eta\, d\vec{A}_q\, \vec{v}_d\,. \tag{9.20}$$

Der Quotient aus dem Betrag des Teilstromes dI und der Querschnittsfläche dA_q, die dieser Teilstrom *senkrecht* durchsetzt, ist der *Betrag* der *elektrischen Stromdichte*

$$J = \frac{|\, dI\, |}{dA_q} = |\, \eta\, v_d\, |\,. \tag{9.21}$$

Aus Gl. (9.21) folgt für jede Stromröhre (mit festem dI bei konstantem η):

- Der Betrag der *Stromdichte ist proportional zum Betrag der Driftgeschwindigkeit.*
- Der Betrag der *Driftgeschwindigkeit ist umgekehrt proportional zur Querschnittsfläche* der Stromröhre.

Aus diesen beiden Aussagen folgt, dass der Betrag der Stromdichte umgekehrt proportional zur Querschnittsfläche der zugehörigen Stromröhre ist.

Der Teilstrom, der in einer Stromröhre fließt, kann veranschaulicht werden durch die *Mittellinie der Stromröhre*, die als *„Stromfaden"* bezeichnet wird. Teilt man ein Strömungsgebiet in *endlich* viele Stromröhren auf, die jeweils den gleichen Teilstrom ΔI führen und zeichnet den Verlauf der Stromfäden, erhält man ein *Feldbild* der elektrischen Stromdichte $\vec{J}$.

Bei Berücksichtigung die Tatsache, dass die Driftgeschwindigkeit ein Vektor und die Driftladungsdichte vorzeichenbehaftet ist, folgt mit Gl. (9.21) aus Gl. (9.20) die allgemeingültige *Definition der elektrischen Stromdichte*

$$\vec{J} = \eta\, \vec{v}_d\,. \tag{9.22}$$

Sind die freien Ladungen und damit die Driftladungsdichte positiv, stimmen die Richtungen von $\vec{J}$ und $\vec{v}_d$ überein; anderenfalls haben sie entgegengesetzte Richtungen. Wird, wie in der Elektrotechnik üblich, die *technische Stromrichtung* betrachtet, weist die elektrische Stromdichte $\vec{J}$ in jedem Feldpunkt in Richtung des dort fließenden Teilstromes.

Die elektrische Stromdichte ist nach Gl. (9.21) eine differenzielle, flächenbezogene vektorielle Feldgröße. Ihre Einheit ist

$$[J] = \frac{[I]}{[A]} = \frac{1\,\text{A}}{1\,\text{m}^2} = 1\,\frac{\text{A}}{\text{m}^2}\,, \tag{9.23}$$

ihre Dimension „Strom pro Fläche".

In einem *homogenen* Strömungsfeld sind $\vec{J}$ und somit auch J *ortsunabhängig*. Betrachtet man in einem solchen Feld mit dem Gesamtstrom I eine Querschnittsfläche mit dem Flächeninhalt A_q, die *senkrecht* zu den $\vec{J}$-Feldlinien steht (s. Bild 9.4), gilt

$$J = \frac{|I|}{A_q}. \tag{9.24}$$

Die aus Gl. (9.21) abgeleitete Beziehung $|\mathrm{d}I| = J\,\mathrm{d}A_q$, die nur im oben betrachteten Spezialfall (Querschnittsfläche $(\mathrm{d}A_q)$ steht *senkrecht* zu den $\vec{J}$-Feldlinien, also $\vec{J} \,||\, \mathrm{d}\vec{A}_q$) gilt, lässt sich wegen $\vec{J}\,\mathrm{d}\vec{A}_q = \vec{J}\,\mathrm{d}\vec{A}$ in die *allgemeingültige* Form

$$\mathrm{d}I = \vec{J}\,\mathrm{d}\vec{A} \tag{9.25}$$

überführen, was in Bild 9.4 veranschaulicht wird.

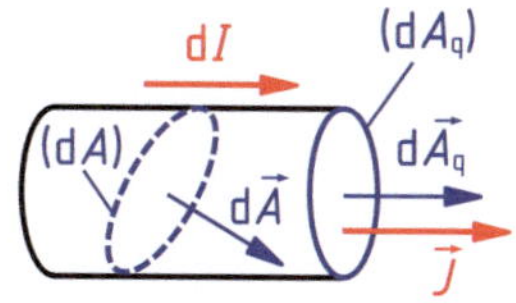

Bild 9.4: Stromröhre mit senkrechter Querschnittsfläche $(\mathrm{d}A_q)$ und allgemeiner Querschnittsfläche $(\mathrm{d}A)$

Soll der Gesamtstrom I durch eine *beliebig geformte* Fläche (A) bestimmt werden, sind die Teilströme durch die Teilflächen $(\mathrm{d}A)$, in die (A) zerlegbar ist, zu integrieren. Aus Gl. (9.25) folgt die *allgemeingültige* Gleichung zur Berechnung des Stroms aus der Stromdichte

$$I = \iint_{(A)} \vec{J}\,\mathrm{d}\vec{A}. \tag{9.26}$$

Der *Zählpfeil* von I weist in Richtung der Vorderseite von (A).

Merke: *In einem elektrischen Strömungsfeld kann der Strom durch eine Fläche dadurch berechnet werden, dass die Skalarprodukte der die differenziellen Flächenelemente beschreibenden Normalenvektoren mit der am Ort des jeweiligen Flächenelementes herrschenden elektrischen Stromdichte über die gesamte Fläche aufsummiert werden.*

Der elektrische Strom ist eine *Zählpfeilgröße* und eine integrale Feldgröße, die einer Fläche zugeordnet ist.

In *passiven* Gebieten kann die Stromdichte in einem Feldpunkt aus der elektrischen Feldstärke und der *elektrischen Leitfähigkeit* in dem Feldpunkt berechnet werden:

$$\vec{J} = \varkappa \vec{E} \tag{9.27}$$

Sofern das Material *elektrisch isotrop* ist, kann $\varkappa$ als positiver Skalar beschrieben werden. In jedem isotropen passiven Gebiet, das widerstandsbehaftet $(0 < \varkappa < \infty)$ ist, haben somit $\vec{J}$ und $\vec{E}$ die selbe Richtung.

Mit dem Kehrwert der elektrischen Leitfähigkeit $\varkappa$, dem *spezifischen elektrischen Widerstand* $\varrho = 1/\varkappa$, folgt aus Gl. (9.27)

$$\vec{E} = \varrho \vec{J}. \tag{9.28}$$

Nach der Behandlung des elektrischen Potenzials und der elektrischen Feldstärke in Abschnitt 9.2 sowie der elektrischen Stromdichte in diesem Abschnitt werden im folgenden Beispiel 9.2 die ersten Feldbilder für passive Gebiete in SESF skizziert.

Beispiel 9.2: Feldbilder einfacher elektrischer Strömungsfelder

Zu skizzieren sind die *qualitativen Feldbilder* der Strömungsfelder, bestehend aus

- den Feldlinien der elektrischen Stromdichte $\vec{J}$ (rot) und
- den Äquipotenzialflächen $\varphi = \text{const.}$ (blau)

außerhalb der *idealen* Elektroden in einem widerstandsbehafteten Gebiet mit konstantem, isotropem $0 < \varkappa < \infty$ für folgende Anordnungen:

a) Kugelelektrode, in die ein Strom $I_0 > 0$ fließt im unendlich ausgedehnten Raum
b) Halbkugelelektrode mit Strom $I_0 > 0$ an der Oberfläche eines Halbraumes
c) Zwei Kugelelektroden mit Strömen $I_0 > 0$ bzw. $-I_0$, Rest wie bei a)
d) Zwei Kugelelektroden mit Strömen $I_0 > 0$, Rest wie bei a)

Hinweise zur Modellierung:

- Die Art der Zu- bzw. Abführung der Quellströme zu/von den genannten Elektroden wird nicht betrachtet.
- Wird in einer solchen Aufgabe nur eine Elektrode angegeben, ist stets anzunehmen, dass sich die Gegenelektrode „im Unendlichen“ befindet, also auf einer Kugelschale um den Mittelpunkt der Anordnung, die viel weiter von der Anordnung entfernt ist, also deren größte Abmessung.
- Bei c) und d) sei der Durchmesser der Elektroden vernachlässigbar klein gegenüber ihrem Abstand.

Skizziert wird jeweils das Feldbild in einer Schnittebene durch die dreidimensionalen Felder. Die Schnittebene geht durch den/die Mittelpunkt/e der Elektrode/n und steht bei Aufgabenteil b) senkrecht auf der Grenzfläche zwischen den beiden Halbräumen.

Vorüberlegungen:

- Da nur das Feld *außerhalb* der Elektroden skizziert werden soll, beginnen die zu zeichnenden Feldlinien an der Oberfläche derjenigen Elektrode, über die der Strom zugeführt wird und enden an der Oberfläche der Elektrode, über die der Strom abgeführt wird.
- Das elektrische Verhalten des Materials im betrachteten Teil des Strömungsfeldes wird durch seine konstante Leitfähigkeit $\varkappa$ vollständig beschrieben. Elektrische Stromdichte und elektrische Feldstärke sind wegen $\vec{J} = \varkappa \vec{E}$ und $\varkappa = \text{const.}$ im betrachteten Feldbereich proportional zueinander. Daher sind ihre Feldbilder geometrisch identisch.
- Die $\vec{E}$- und die $\vec{J}$-Feldlinien beginnen und enden *senkrecht* auf den Oberflächen der Elektroden.
- Die Äquipotenzialflächen, die in der Schnittebene als Äquipotenziallinien dargestellt werden, stehen senkrecht auf den Feldlinien der elektrischen Feldstärke und somit auch auf denen der elektrischen Stromdichte.

Nach diesen allgemeinen Vorüberlegungen folgen die Überlegungen zu den einzelnen Anordnungen:

a) - Die Anordnung ist kugelsymmetrisch. Daher muss auch das Strömungsfeld kugelsymmetrisch sein. In der gewählten Schnittebene ergibt sich also ein radialsymmetrisches Feld: Die $\vec{J}$-Feldlinien weisen radial vom Mittelpunkt der Elektrode weg.
 - Die Äquipotenzialflächen sind konzentrische Kugelschalen.

Bild 9.5 zeigt das Feldbild für diesen Fall.

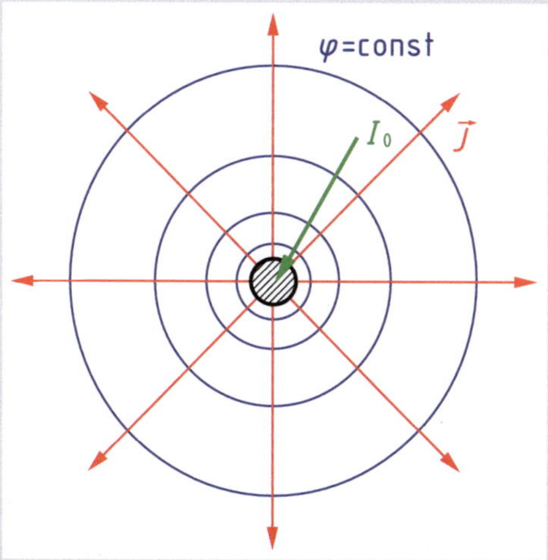

Bild 9.5: Feldbild des Strömungsfeldes einer Kugelelektrode im homogenen Raum

b) Wie bei a), jedoch geometrisch nur eine Hälfte, dafür verdoppelter Betrag der Feldgrößen $\vec{J}$, $\vec{E}$ und φ, da bei unverändertem Gesamtstrom die Fläche, die dem Strömungsfeld zur Verfügung steht, halbiert ist. Bild 9.6 zeigt das Feldbild für diesen Fall.

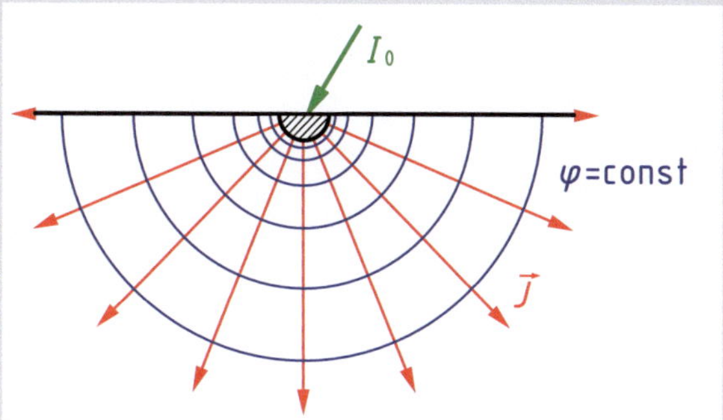

Bild 9.6: Feldbild des Strömungsfeldes einer Halbkugelelektrode an der Oberfläche eines homogenen Halbraumes

c) - Alle $\vec{J}$-Feldlinien beginnen auf der einen und enden auf der anderen Elektrode.
- Das Feldbild ist rotationssymmetrisch zu der Achse, die durch die Mittelpunkte der beiden Elektroden verläuft.
- Es ist bezüglich seiner Form spiegelsymmetrisch zur Mittelebene zwischen den Elektroden.
- Diese Mittelebene ist eine Äquipotenzialfläche.

Bild 9.7 zeigt das Feldbild für diesen Fall.

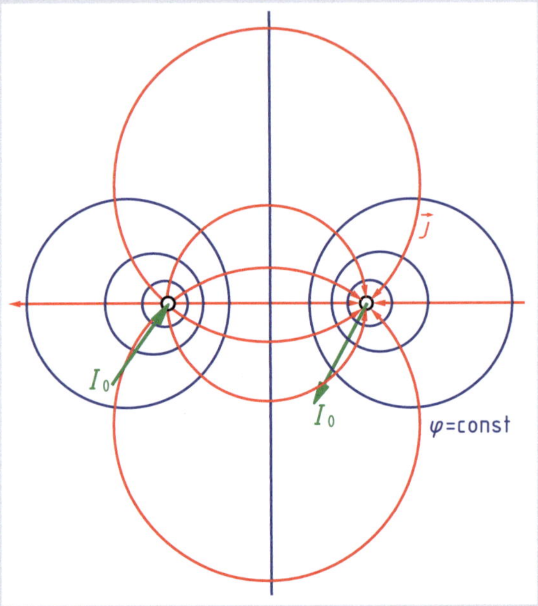

Bild 9.7: Feldbild des Strömungsfeldes zwischen zwei Kugelelektroden im homogenen Raum

d) - Wegen der Linearität der Anordnung kann das resultierende Feldbild näherungsweise als Überlagerung von zwei Feldbildern nach a) aufgefasst werden. Die Näherung ist umso besser, je weniger die kugelsymmetrische Form eines Teilfeldes durch die Anwesenheit der anderen Elektrode im ansonsten widerstandsbehafteten Material gestört wird.
- Bei der Überlagerung sind die $\vec{J}$-Felder vektoriell und die φ-Felder skalar zu addieren.
- Alle $\vec{J}$-Feldlinien beginnen auf den beiden Elektroden und enden im Unendlichen.
- Das Feldbild ist rotationssymmetrisch zu der Achse, die durch die Mittelpunkte der beiden Elektroden verläuft und spiegelsymmetrisch zur Mittelebene zwischen den Elektroden.
- Die Äquipotenzialflächen in der Nähe der Elektroden umschließen jeweils nur eine Elektrode. Weiter entfernte Äquipotenzialflächen umschließen beide Elektroden.
- Interessant ist der Punkt in der Mitte zwischen den Elektroden: In ihm gilt $\vec{J} = \vec{0}$

und $\vec{E} = \vec{0}$. Scheinbar „verzweigen" sich dort die $\vec{J}$-Feldlinien, die horizontal auf den Punkt zulaufen, in die Feldlinien, die vertikal von ihm weg laufen. Tatsächlich enden beziehungsweise beginnen diese Feldlinien aber in infinitesimal kleinem Abstand von diesem Punkt. Genau in diesem Punkt berühren sich die äußersten derjenigen Äquipotenzialflächen, die jeweils nur eine Elektrode umschließen.

- In großem Abstand von den Elektroden nähert sich das Feldbild demjenigen einer Anordnung aus einer Elektrode an, in die der Gesamtstrom $2\,I_0$ eingespeist wird.

Bild 9.8 zeigt das Feldbild für diesen Fall.

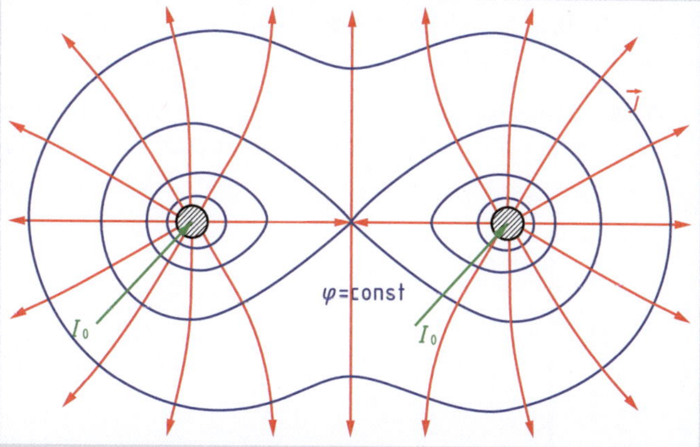

Bild 9.8: Feldbild des Strömungsfeldes aus zwei Kugelelektroden im homogenen Raum

Nur bei den kugelsymmetrischen Fällen a) und b) beginnen alle $\vec{J}$-Feldlinien im gleichen Abstand an den Elektrodenoberflächen! Es ist ein üblicher Anfängerfehler, bei Skizzen von Feldbildern immer davon auszugehen, dass die Feldlinien im gleichen Abstand an den Elektroden beginnen bzw. enden (s. Abschnitt 8.5.2.2).

9.5 Aktive und passive Gebiete

Die Begriffe „aktiv" und „passiv" werden im Kontext von *Zweipolen mit konzentrierten Parametern* in Abschnitt 1.3.3 erkärt.

In diesem Kapitel 9 geht es um *räumlich ausgedehnte* elektrische Strömungsfelder. Dabei werden weitgehend *passive Gebiete* betrachtet, also Bereiche, in denen sich positive Ladungen[4] unter dem Einfluss eines elektrischen Feldes vom höheren zum niedrigeren elektrischen Potenzial frei bewegen und dabei elektrische Energie *abgeben*. Solche Gebiete wirken als *Verbraucher*.

[4]In der Fachdidaktik der Physik wird bei der Behandlung elektrischer Anordnungen danach unterschieden, welche Art von Ladungsträgern konkret beteiligt sind. Beim Stromfluss in metallischen Leitern sind dies Elektronen. Als Konsequenz dieser Methodik muss z. B. unterschieden werden, ob in bestimmten Fällen die „Rechte-Hand-Regel" oder die „Linke-Hand-Regel" angewandt werden muss. In der ausgereifteren Fachdidaktik der Elektrotechnik wird bei der Behandlung von Netzwerken und Anordnungen, bei denen die tatsächliche Art der Ladungsträger unwichtig ist, *immer das Verhalten positiver Ladungen betrachtet*. Bei der Beschreibung eines Stromflusses wird immer die *technische Stromrichtung* zugrunde gelegt, also die Richtung, in der positive Ladungen fließen würden - unabhängig davon, ob der Ladungstransport tatsächlich durch positive oder negative Ladungsträger erfolgt.

In jedem Strömungsfeld muss es mindestens ein *aktives Gebiet* geben, in dem den Ladungen durch eine *äußere antreibende Kraft* (*Elektromotorische Kraft, EMK*) elektrische Energie *zugeführt* wird. Ein solches Gebiet wirkt dann als *Erzeuger*.

Diese zugeführte Energie kann unterschiedlicher *unmittelbarer* Herkunft sein:

- mechanische Energie (z. B. Influenzmaschine, Elektretmikrofon, Piezoeffekt)
- chemische Energie (z. B. Akkumulator, Batterie)
- thermische Energie (z. B. thermoelektrischer Generator unter Nutzung des Seebeck-Effektes)
- Strahlungsenergie (z. B. Photovoltaik-Modul unter Nutzung des photoelektrischen Effektes)
- elektrische Energie (z. B. aufgeladener Kondensator)
- magnetische Energie (z. B. Transformator, rotierender Generator)

Zunächst wird ein *isoliertes* aktives Gebiet mit zwei Elektroden gemäß Bild 9.9 betrachtet, das *nicht* über ein passives Gebiet zu einem Stromkreis ergänzt wird, sich also im *Leerlauf* befindet.

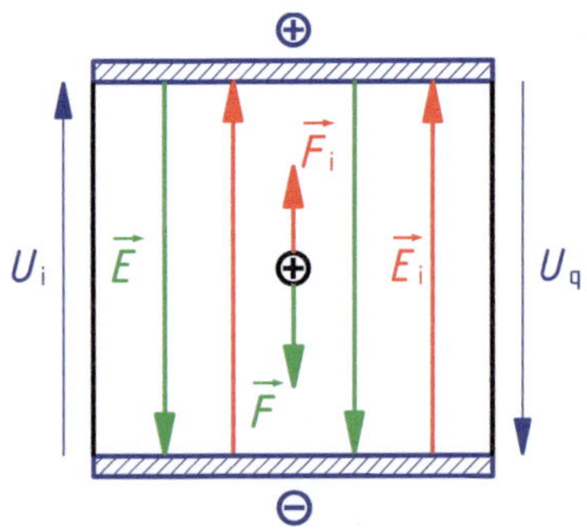

Bild 9.9: Aktives Gebiet mit wirkenden Feldstärken und Polen

Die EMK verursacht eine durch ihre Herkunft bestimmte *induzierte (antreibende) elektrische Feldstärke* $\vec{E}_i$, die innerhalb kürzester Zeit eine *Trennung von Ladungen* und damit die Aufladung der Elektroden des aktiven Gebietes zu einem Pluspol (⊕) und einem Minuspol (⊖) bewirkt. Die EMK kann man sich also als „Ladungspumpe" vorstellen. Die *Ursache* der im aktiven Gebiet zwischen den Elektroden erzeugten Potenzialdifferenz kann sowohl durch die differenzielle Feldgröße $\vec{E}_i$ als auch durch die integrale Feldgröße „*induzierte Spannung*"

$$U_i = \int_{\ominus}^{\oplus} \vec{E}_i \, d\vec{s} > 0 \tag{9.29}$$

beschrieben werden.

Als *Folge* der zunehmenden Ladungstrennung ensteht zwischen den Polen durch die Coulomb-Kraft eine ansteigende elektrische Feldstärke $\vec{E}$, die $\vec{E}_i$ *entgegengerichtet* ist. Sobald sich beide Feldstärken gegenseitig kompensieren, ist der Ladungstrennungprozess abgeschlossen und im aktiven Gebiet fließt kein Strom mehr.

Die Spannung zwischen den Elektroden des aktiven Gebietes kann als *Quellenspannung*

$$U_q = \int_{\oplus}^{\ominus} \vec{E} \, d\vec{s} > 0 \tag{9.30}$$

gemessen werden. Es gilt

$$U_\mathrm{q} = U_\mathrm{i} \,. \tag{9.31}$$

Das Klemmenverhalten dieses aktiven Gebietes kann als Spannungsquelle charakterisiert werden, da Ladungen bis zum Ereichen einer bestimmten Potenzialdifferenz „gepumpt“ werden.

Weil das aktive Gebiet auch widerstandsbehaftet ist ($\varrho > 0$), beschreibt das in Bild 9.10 dargestellte *Ersatzschaltbild* das aktive Gebiet sowohl bezüglich der Ladungstrennung (durch U_q) als auch bezüglich seines Widerstandes (durch R_i).

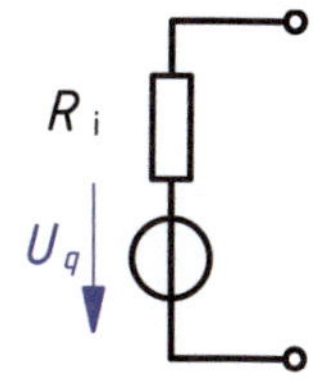

Bild 9.10: Ersatzschaltbild eines widerstandsbehafteten aktiven Gebietes

Nun wird das aktive Gebiet durch Verbindung mit einem passiven Gebiet mit dem Widerstand R gemäß Bild 9.11 zu einem *geschlossenen Stromkreis* ergänzt. Die positiven Ladungen fießen jetzt vom ⊕-Pol des aktiven Gebietes durch das passive Gebiet zum ⊖-Pol und werden dann im aktiven Gebiet zurück zum ⊕-Pol „gepumpt“.

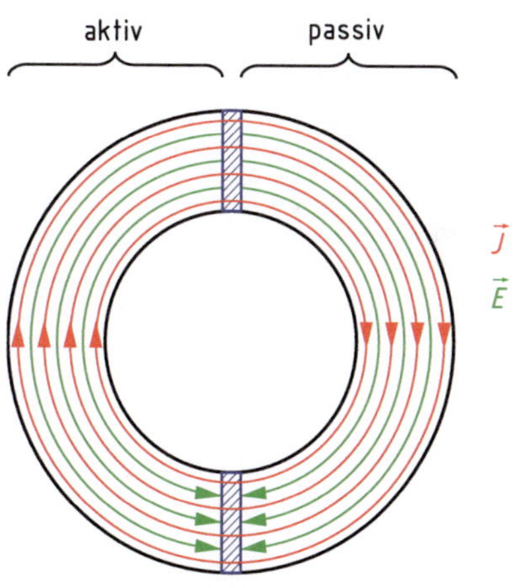

Bild 9.11: Stromkreis aus aktivem und passivem Gebiet mit Feldbild

Im passiven Gebiet geben die Ladungen die Energie, die ihnen im aktiven Gebiet von außen zugeführt wurde, wieder ab.

Bild 9.11 zeigt, dass das $\vec{J}$-Feld, das die Bewegung der Ladungen beschreibt, ein *reines Wirbelfeld* ist. Das $\vec{E}$-Feld, das die durch die Ladungstrennung *bewirkte* Feldstärke beschreibt, ist hingegen ein *reines Quellenfeld*. Es weist sowohl im aktiven wie auch im passiven Gebiet vom ⊕-Pol zum ⊖-Pol der Quelle.

Wenn R_i von J unabhängig ist, liegt eine lineare Quelle an einem Lastwiderstand R_Last vor, wie im ESB in Bild 9.12 dargestellt.

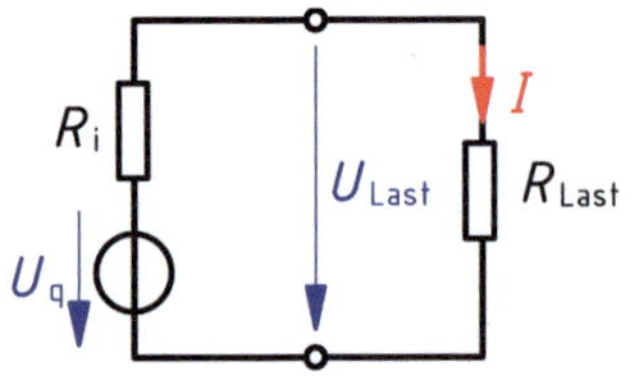

Bild 9.12: Ersatzschaltbild der Zusammenschaltung von aktivem und passivem Gebiet

9.6 Widerstand passiver Zweipole

Bei der Analyse elektrischer Strömungsgebiete werden die Anschlüsse, über die der Strom zu- und abgeführt wird, oft als *„ideale Elektroden"* behandelt. Eine ideale Elektrode ist ein *Modell*, bei dem der spezifische elektrische Widerstand des Materials vernachlässigt, also $\varrho = 0$ gesetzt wird. Nach Gl. (9.28) ist in einer idealen Elektrode die elektrische Feldstärke immer null, unabhängig von der Stromdichte in ihr. Wegen Gl. (9.2) ist eine ideale Elektrode daher immer ein *Äquipotenzialgebiet*.

Wir betrachten nachfolgend ein beliebig geformtes, *passives*[5] ($0 < \varrho < \infty$) Strömungsgebiet, das mittels zwei *idealer Elektroden* 1 und 2 kontaktiert ist, s. Bild 9.13.

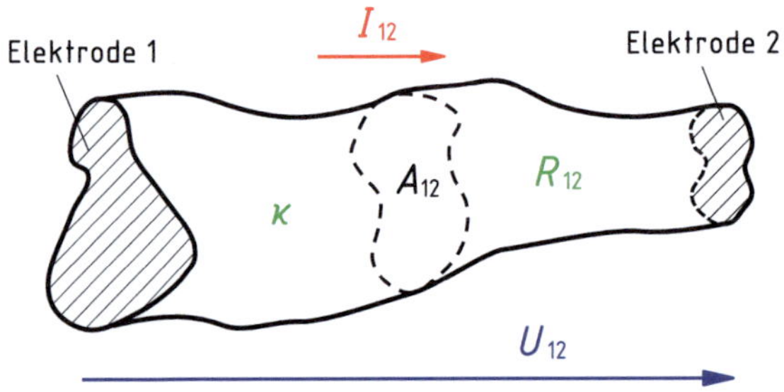

Bild 9.13: Passives Strömungsgebiet mit zwei Elektroden

Zwischen den Elektroden liegt die Spannung U_{12}. Im Strömungsgebiet fließt der Strom I_{12}. Die Zählpfeile von Klemmenspannung U_{12} und Klemmenstrom I_{12} bilden ein Verbraucher-Zählpfeilsystem.

Der Widerstand des Strömungsgebietes ist nach der Definition in Gl. (2.5)

$$R_{12} = \frac{U_{12}}{I_{12}}. \tag{9.32}$$

Die integralen Feldgrößen Spannung und Strom lassen sich mittels der Gln. (9.11) und (9.26) auf die zugehörigen differenziellen Feldgrößen zurückführen:

$$U_{12} = \int_{(1)}^{(2)} \vec{E}\,\mathrm{d}\vec{s} \tag{9.33}$$

[5] Bei der Behandlung von SESF wird nur die *elektrische* Leitfähigkeit eines Gebietes betrachtet, die durch den Materialparameter ϱ oder κ beschrieben wird. Zusätzlich ist *jedes* Material *elektrisch polarisierbar*. Das bedeutet, dass jeder Zweipol neben dem hier betrachteten resistiven auch kapazitives Verhalten zeigt, das durch eine Kapazität C beschrieben werden kann. Technische Bauelemente werden so ausgeführt, dass entweder der resistive Effekt dominiert (Widerstände) oder der kapazitive (Kondensatoren). Jedes der genannten Bauelemente hat aber *unvermeidlich* auch einen Effekt, der nicht erwünscht ist: Widerstände haben eine *parasitäre Kapazität* und Kondensatoren einen *parasitären Leitwert*. Darüber hinaus hat jedes leitfähige Gebiet eine – ggf. auch als parasitär zu bezeichnende – Induktivität.

$$I_{12} = \iint\limits_{(A_{12})} \vec{J}\,\mathrm{d}\vec{A} \tag{9.34}$$

Daraus folgt die *allgemeingültige Gleichung zur Berechnung des elektrischen Widerstandes passiver Zweipole* aus den differenziellen Feldgrößen

$$R_{12} = \frac{\int\limits_{(1)}^{(2)} \vec{E}\,\mathrm{d}\vec{s}}{\iint\limits_{(A_{12})} \vec{J}\,\mathrm{d}\vec{A}} > 0\,. \tag{9.35}$$

Der Integrationsweg von Elektrode 1 zu Elektrode 2 ist innerhalb des Strömungsgebietes beliebig wählbar.

Die Fläche (A_{12}) durchteilt das Strömungsgebiet zwischen den beiden Elektroden *vollständig*. Sie muss so orientiert sein, dass ihre Vorderseite von Elektrode 1 zu Elektrode 2 weist.

Der elektrische Widerstand R ist eine positive integrale Feldgröße, die einem Volumen zugeordnet ist.

Nur dann, wenn das Verhalten des Materials im Strömungsgebiet von den Feldgrößen $\vec{E}$ und $\vec{J}$ unabhängig, also linear, ist, ist der Widerstand ebenfalls linear.

Für passive Gebiete gelten folgende Analogien zwischen den integralen und differenziellen Feldgrößen:

$$\begin{aligned} I &= G\,U \\ \vec{J} &= \kappa\,\vec{E} \end{aligned} \quad \text{bzw.} \quad \begin{aligned} U &= R\,I \\ \vec{E} &= \varrho\,\vec{J} \end{aligned}$$

Die Anwendung von Gl. (9.35) zur Widerstandsberechnung ist in der Praxis nur möglich, wenn die Geometrie des Strömungsgebietes einfach und das Material isotrop und linear und zumindest abschnittsweise homogen ist. Anderenfalls sind in Software implementierte numerische Verfahren anzuwenden, die allerdings nur Näherungswerte liefern.

Bei *nichtlinearem* Material, bei dem der Wert von κ beziehungsweise ϱ vom örtlichen Wert von $\vec{E}$ bzw. $\vec{J}$ abhängig ist und womöglich die *Art dieser Abhängigkeit* ebenfalls ortsabhängig ist, ist sogar bei numerischen Verfahren ein iteratives Vorgehen erforderlich.

Der Widerstandswert *mehrpoliger Widerstände*, wie sie beispielsweise in integrierten Schaltungen auftreten, ist auf Basis eines sinnvoll gewählten Ersatzschaltbildes aus den geometrischen - und Materialparametern in der Regel nur numerisch bestimmbar. Bei nichtlinearem Material können die Parameter des Ersatzschaltbildes dann sogar von *allen* Klemmenströmen abhängig sein.

9.7 Leistungsdichte, Leistung

Zunächst wird die in einem SESF in einem infinitesimal kleinen *Zylinder* gemäß Bild 9.14 umgesetzte Leistung untersucht. Das Gebiet, in dem der Zylinder liegt, darf aktiv oder passiv und auch anisotrop und/oder nichtlinear sein. Da der Zylinder infinitesimal klein ist, sind alle Material- und Feldgrößen in ihm näherungsweise homogen.

Die vordere Stirnfläche (dA) des Zylinders wird durch den Normalenvektor d$\vec{A}$ beschrieben, die *Länge des Zylinders* durch den von der hinteren zur vorderen Deckelfläche gerichteten Vektor d$\vec{s}$. Es gilt also d$\vec{s}$ $\uparrow\uparrow$ d$\vec{A}$.

Die *Lage* des Zylinders wird so gewählt, dass seine Deckelflächen senkrecht zu $\vec{E}$ stehen, also $\vec{E}$ || d$\vec{A}$ gilt. Damit liegen die Deckelflächen auf Äquipotenzialflächen des Strömungsfeldes und man kann den Zylinder als einen infinitesimal kleinen Widerstand dR auffassen, der an den Stirnseiten des Zylinders kontaktiert ist.

Die *Zählpfeile* für die Spannung dU und den Strom dI sind gleichgerichtet eingetragen, bilden also ein Verbraucher-Zählpfeilsystem.

Die in diesem Widerstand umgesetzte *elektrische Leistung* ist entsprechend Gl. (2.5)

$$\mathrm{d}P = \mathrm{d}U\,\mathrm{d}I\,. \tag{9.36}$$

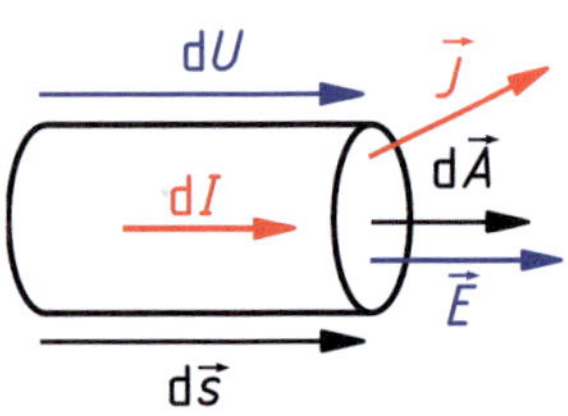

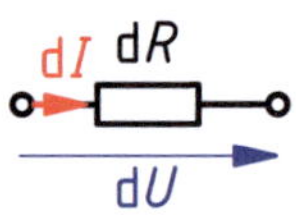

Bild 9.14: Zylinderförmiger Ausschnitt aus einem elektrischen Strömungsfeld mit ESB

Die *elektrische Spannung* zwischen der hinteren und der vorderen Deckelfläche ist

$$\mathrm{d}U = \vec{E}\,\mathrm{d}\vec{s}\,. \tag{9.37}$$

Der *Zählpfeil* von dU hat die gleiche Richtung wie d$\vec{s}$.

Der *elektrische Strom* entlang der Achse des Zylinders ist

$$\mathrm{d}I = \vec{J}\,\mathrm{d}\vec{A}\,. \tag{9.38}$$

Der Zählpfeil von dI hat die gleiche Richtung wie d$\vec{A}$.

Durch Einsetzen der Gln. (9.37) und (9.38) in Gl. (9.36) folgt

$$\mathrm{d}P = (\vec{E}\,\mathrm{d}\vec{s})\,(\vec{J}\,\mathrm{d}\vec{A})\,. \tag{9.39}$$

Mit dem Volumen des Zylinders

$$\mathrm{d}V = \mathrm{d}s\,\mathrm{d}A = \mathrm{d}\vec{s}\,\mathrm{d}\vec{A} \tag{9.40}$$

folgt aus Gl. (9.39) die im Zylinder umgesetzte Leistung

$$\mathrm{d}P = \vec{E}\,\vec{J}\,\mathrm{d}V\,. \tag{9.41}$$

Die volumenbezogene Leistung

$$p = \mathrm{d}P/\mathrm{d}V \tag{9.42}$$

wird *elektrische Leistungsdichte* genannt. Die Leistungsdichte ist eine differenzielle, skalare, volumenbezogene Feldgröße. Aus Gl. (9.42) folgt mit Gl. (9.41)

$$p = \vec{E}\,\vec{J}\,. \tag{9.43}$$

Wegen des bei der Herleitung verwendeten Verbaucher-Zählpfeilsystems gilt: Ist p positiv, wird in $\mathrm{d}V$ aus dem Strömungsgebiet elektrische Leistung abgeführt; es wirkt also als Verbraucher. Ist p negativ, wird in $\mathrm{d}V$ dem Strömungsgebiet elektrische Leistung zugeführt; es ist also aktiv und wirkt als Erzeuger.

Die innerhalb eines Strömungsgebietes in einem Volumen (V) umgesetzte elektrische Gesamtleistung lässt sich durch Integration aus der (ggf. ortsabhängigen) Leistungsdichte berechnen:

$$P = \iiint\limits_{(V)} p\,\mathrm{d}V\,. \tag{9.44}$$

Mit Gl. (9.43) in Gl. (9.44) folgt *allgemeingültig*

$$P = \iiint\limits_{(V)} \vec{E}\,\vec{J}\,\mathrm{d}V\,. \tag{9.45}$$

Merke: *Die in einem Volumen eines elektrischen Strömungsfeldes umgesetzte Leistung kann dadurch berechnet werden, dass die Produkte der einzelnen Volumenelemente mit der dort herrschenden elektrischen Leistungsdichte über das gesamte Volumen aufsummiert werden.*

Die mittels Gl. (9.44) oder Gl. (9.45) berechnete Leistung ist eine integrale Feldgröße, die einem Volumen zugeordnet ist.

Erfolgt die Integration in Gl. (9.44) bzw. (9.45) über das Volumen des *gesamten* Strömungsgebietes, muss das Ergebnis immer null sein, da *im stationären Fall* die Summe aller zugeführten elektrischen Leistungen gleich der Summe aller abgeführten elektrischen Leistungen sein muss (s. Thema Leistungsbilanz in Abschnitt 2.1.4.6).

Die in einem elektrischen Strömungsfeld zwischen zwei Elektroden *umgesetzte elektrische Leistung* P lässt sich also aus den

- *integralen Feldgrößen* (Klemmengrößen) U und I oder den
- *differenziellen Feldgrößen* $\vec{E}$ und $\vec{J}$

berechnen:

$$P = U\,I = \iiint\limits_{(V)} \vec{E}\,\vec{J}\,\mathrm{d}V \tag{9.46}$$

In jedem Fall gelten für die Interpretation der berechneten Leistung (aufgenommen oder abgegeben) die aus Abschnitt 2.1.4.3 bekannten Regeln.

Im folgenden Beispiel 9.3 wird anhand einer sehr einfachen Anordnung der Zusammenhang zwischen den differenziellen Größen $\vec{J}$, $\vec{E}$, p und den zugehörigen integralen Größen I, U und P des

SESF aufgezeigt. Dabei geht es nicht um die Ergebnisse, sondern um die Überlegungen und Rechenwege, die auf kompliziertere Anordnungen übertragbar sind.

Beispiel 9.3: Elektrisches Strömungsfeld in einem homogenen, isotropen Quader

Betrachtet wird ein an zwei gegenüberliegenden Flächen widerstandslos mittels der idealen Elektroden 1 und 2 kontaktierter Quader mit konstanter Querschnittsfläche A_Q, Länge l_Q, und homogener, isotroper, konstanter elektrischer Leitfähigkeit $0 < \kappa_Q < \infty$. An dem Quader liegt die Spannung U_{12} gemäß Bild 9.15. Zunächst gelte $U_{12} > 0$.

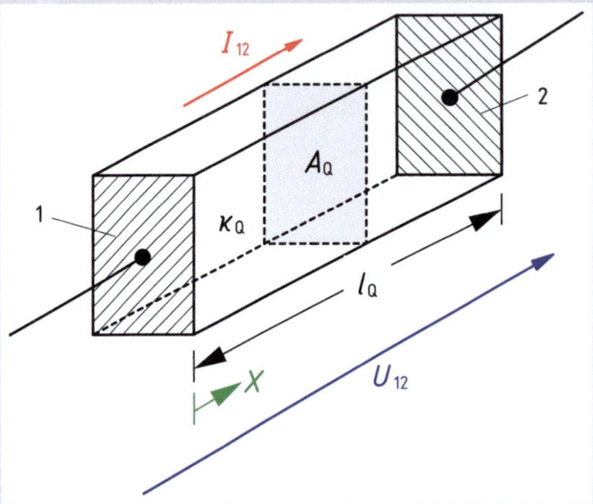

Bild 9.15: Leitfähiger Quader an einer Gleichspannung

Berechnet werden sollen die elektrische Feldstärke $\vec{E}$ und die elektrische Stromdichte $\vec{J}$ im Quader, der Strom I_{12} und der Widerstand R_{12} zwischen den Elektroden des Quaders sowie die Leistungsdichte p im Quader und die im Quader umgesetzte elektrische Leistung P.

Vorüberlegungen:

- Aufgrund der Geometrie der Anordnung wird zur Analyse ein kartesisches Koordinatensystem gewählt, bei dem, wie in Bild 9.15 eingetragen, die x-Achse in Längsrichtung des Quaders weist und $x = 0$ an der Grenzfläche zu Elektrode 1 liegt.
- Der Quader ist ein elektrisch passives Gebiet. In diesem fließt der Strom vom höheren zum niedrigeren Potenzial, also von Elektrode 1 zu Elektrode 2.
- Die idealen Elektroden sind Äquipotenzialflächen. Im Quader müssen die $\vec{E}$-Feldlinien daher senkrecht aus Elektrode 1 austreten und senkrecht in Elektrode 2 eintreten.
- An den Grenzflächen des Quaders im Bereich zwischen den beiden Elektroden können die $\vec{J}$-Feldlinien nur tangential verlaufen.
- Da das Material isotrop ist, müssen daher im *gesamten* Quader die $\vec{E}$- und die $\vec{J}$-Feldlinien in Richtung der x-Achse verlaufen. Es gilt also

  $$\vec{J} = J_x \vec{e}_x \quad \text{und} \quad \vec{E} = E_x \vec{e}_x \,.$$

  Achtung: J_x und E_x sind nicht die Beträge von $\vec{J}$ bzw. $\vec{E}$, sondern deren x-Komponenten! Diese sind somit prinzipiell vorzeichenbehaftet!

- Wegen der Homogenität des Materials sind alle Feldgrößen unabhängig von der y- und der z-Koordinate.
- Da alle $\vec{J}$-Feldlinien an Elektrode 1 beginnen und an Elektrode 2 enden, muss das $\vec{J}$-Feld und damit auch das $\vec{E}$-Feld im Quader homogen sein. Somit sind J_x und E_x konstant.

Aus Gl. (9.46) folgt mit

$$\mathrm{d}\vec{x} = \mathrm{d}x\,\vec{e}_x \quad \text{und} \quad \vec{e}_x \cdot \vec{e}_x = 1$$

$$\int_1^2 \vec{E}\,\mathrm{d}\vec{s} = \int_0^{l_Q} \vec{E}\,\mathrm{d}\vec{x} = \int_0^{l_Q} E_x \vec{e}_x\,\mathrm{d}x\,\vec{e}_x = \int_0^{l_Q} E_x\,\mathrm{d}x = E_x \int_0^{l_Q} \mathrm{d}x = E_x\, l_Q = U_{12}\,,$$

also

$$E_x = \frac{U_{12}}{l_Q}$$

und daraus

$$\vec{E} = \frac{U_{12}}{l_Q}\,\vec{e}_x\,.$$

Mit Gl. (9.27) folgt

$$\vec{J} = \frac{\kappa_Q}{l_Q}\,U_{12}\,\vec{e}_x\,.$$

Der Strom I_{12} durch den Quader ergibt sich gemäß Gl. (9.26) aus der Integration der Stromdichte über eine beliebige Querschnittsfläche durch den Quader:

$$I_{12} = \int_{(A_Q)} \vec{J}\,\mathrm{d}\vec{A}$$

Dieses Flächenintegral lässt sich besonders einfach lösen, wenn als Querschnittsfläche eine Ebene senkrecht zur x-Achse gewählt wird. Die Normalenvektoren $\mathrm{d}\vec{A}$ der Flächenelemente müssen die gleiche Orientierung haben wie der Zählpfeil für I_{12}, also in Richtung der x-Achse weisen. Mit $\mathrm{d}\vec{A} = \mathrm{d}A\,\vec{e}_x$ folgt

$$I_{12} = \iint_{(A_Q)} J_x \vec{e}_x\,\mathrm{d}A\,\vec{e}_x = J_x \iint_{(A_Q)} \mathrm{d}A = J_x\, A_Q = \frac{A_Q\,\kappa_Q}{l_Q}\,U_{12}$$

und daraus mit Gl. (9.36) der Widerstand des Quaders

$$R_{12} = \frac{U_{12}}{I_{12}} = \frac{l_Q}{\kappa_Q\, A_Q}\,.$$

Die Leistungsdichte im Quader ist nach Gl. (9.43)

$$p = \vec{E}\,\vec{J} = \frac{U_{12}}{l_Q}\,\vec{e}_x \cdot \frac{\kappa_Q\, U_{12}}{l_Q}\,\vec{e}_x = \frac{\kappa_Q\, U_{12}^2}{l_Q^2}\,,$$

also, wie zu erwarten war, ortsunabhängig. Daher lässt sich die im Quader umgesetzte Leistung nach Gl. (9.44) durch Multiplikation der Leistungsdichte mit dem Quadervolumen

$$V_{\mathrm{Q}} = A_{\mathrm{Q}}\, l_{\mathrm{Q}}$$

berechnen:

$$P = \iiint\limits_{(V_{\mathrm{Q}})} p\,\mathrm{d}V = p\,V_{\mathrm{Q}} = \frac{\kappa_{\mathrm{Q}}\,U_{12}^2}{l_{\mathrm{Q}}^2}\,A_{\mathrm{Q}}\,l_{\mathrm{Q}} = \frac{\kappa_{\mathrm{Q}}\,A_{\mathrm{Q}}}{l_{\mathrm{Q}}}\,U_{12}^2$$

Auf das selbe Ergebnis kommt man natürlich, wenn man die Leistung nach Gl. (9.46) aus den Klemmengrößen des Quaders berechnet:

$$P = U_{12}\,I_{12} = U_{12}\,\frac{\kappa_{\mathrm{Q}}\,A_{\mathrm{Q}}}{l_{\mathrm{Q}}}\,U_{12} = \frac{\kappa_{\mathrm{Q}}\,A_{\mathrm{Q}}}{l_{\mathrm{Q}}}\,U_{12}^2$$

An den Vorüberlegungen und am Rechengang ändert sich nichts, falls der Leiter keinen rechteckigen, sondern einen beliebigen, aber festen Querschnitt aufweist.

Durch Weglassen der Indizes und mit $\varrho = 1/\kappa$ erhält man die in Abschnitt 2.1.2.1 auf Grund von Plausibilitätsbetrachtungen angegebene *Bemessungsgleichung* (2.11) für den Widerstand langer, gerader, homogener Leiter mit konstanter Querschnittsfläche

$$R = \varrho\,\frac{l}{A}\,. \tag{9.47}$$

Sofern die in der Beschreibung der Anordnung enthaltene Einschränkung, dass $U_{12} > 0$ sein soll, fallen gelassen wird, bleiben alle Rechenergebnisse gültig. Bei $U_{12} < 0$ kehren sich lediglich die Richtung des $\vec{J}$- und des $\vec{E}$-Feldes sowie die Stromrichtung um. Leistungsdichte, Leistung und Widerstand bleiben unverändert. Daran ist erkennbar, dass die Annahme einer bestimmten Polarität der das Feld verursachenden Spannung lediglich erforderlich war, um die Orientierung der $\vec{E}$- und die $\vec{J}$-Feldlinien in einem qualitativen Feldbild im Rahmen der Vorüberlegungen festlegen zu können. Der darauf aufbauende Rechenweg ist aber von dieser Annahme unabhängig.

9.8 Knotensatz für differenzielle Feldgrößen

Der Kirchhoffsche Knotensatz in seiner bisher verwendeten Form macht eine Aussage über die vorzeichenbehaftete Summe der elektrischen Ströme (integrale Feldgrößen) in einem Knoten eines elektrischen Netzwerks, das durch ein Ersatzschaltbild aus *konzentrierten Elementen* und *punktförmigen Knoten* modelliert wird:

Die Summe aller Ströme in einem Knoten ist null.

Für *zeitinvariante* Ströme (Gleichstromtechnik, Kapitel 2) gilt

$$\sum I = 0\,. \tag{9.48}$$

Für *zeitvariante* Ströme in Netzwerken, bei denen sich die *Gesamtladung des betrachteten Knotens nur in vernachlässigbarer Weise ändert* (Sinusstromtechnik, Kapitel 3), gilt *näherungsweise*

$$\sum i(t) = 0\,. \tag{9.49}$$

Nun werden *räumlich verteilte Strömungsgebiete* betrachtet. Hier gilt der *Knotensatz* für differenzielle Feldgrößen in der integralen Formulierung

$$\oiint_{(A)} \vec{J}\,\mathrm{d}\vec{A} = 0\,, \tag{9.50}$$

sofern sich die Gesamtladung des durch die Hüllfläche (A) begrenzten Volumens des Strömungsfeldes nicht ändert. Das ist bei SESF immer der Fall, da dort alle Ströme und Spannungen zeitinvariant sind.

An die Stelle der in den Gln. (9.48) und (9.49) auftretenden *integralen Feldgröße* „elektrischer Strom" tritt in Gl. (9.50) die differenzielle Feldgröße „elektrische Stromdichte". In den Gln. (9.48) und (9.49) wird die vorzeichenbehaftete *Summe der diskreten Ströme* in den Zweigen, die mit dem betrachteten Knoten *inzident* sind, berechnet. In Gl. (9.50) wird analog dazu das *Hüllenintegral der infinitesimal kleinen Teilströme*

$$\mathrm{d}I = \vec{J}\,\mathrm{d}\vec{A} \tag{9.51}$$

durch die Teilflächen ($\mathrm{d}A$), aus denen die *Hüllfläche* (A) besteht, betrachtet. Da bei Hüllflächen die Normalenvektoren $\mathrm{d}\vec{A}$ stets aus dem durch die Fläche begrenzten Volumen *herausweisen* (s. Abschnitt 8.6), weisen auch die Zählpfeile der $\mathrm{d}I$ in Gl. (9.51) aus der Hülle heraus, s. Bild 9.16.

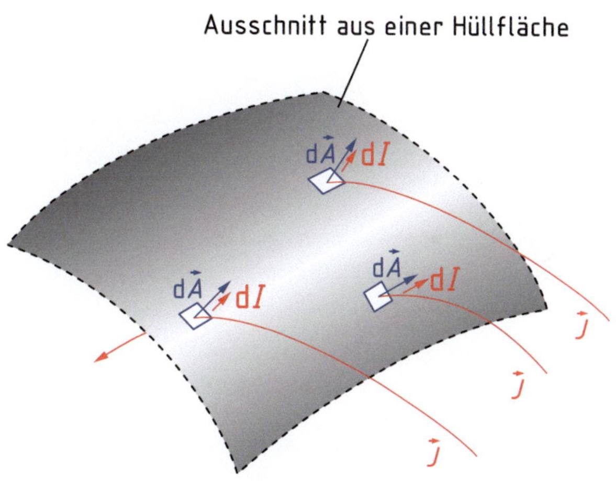

Bild 9.16: Ausschnitt aus einer Hüllfläche (A) mit Normalenvektoren $\mathrm{d}\vec{A}$ für Flächenelemente ($\mathrm{d}A$) und Zählpfeilen für Teilströme $\mathrm{d}I$

Bei der Anwendung von Gl. (9.50) tritt häufig der Fall auf, dass die Integrationshülle einen Leiter schneidet, in dem ein *konzentrierter* (also in seiner räumlichen Verteilung nicht betrachteter) Strom in die zu analysierende Anordnung hinein oder aus ihr heraus fließt. Dann ist der Strom auf der linken Seite der Gl. (9.50) positiv anzusetzen, sofern sein *Zählpfeil* aus der Hülle *heraus* weist, ansonsten negativ. Das entspricht der Behandlung der Teilströme $\mathrm{d}I$ in Bild 9.16.

Lässt man den Flächeninhalt der Hüllfläche (A) gegen Null gehen, betrachtet also die Oberfläche eines infinitesimal kleinen Volumens, tritt an Stelle der integralen Formulierung in Gl. (9.50) die *differenzielle Formulierung*

$$\operatorname{div}\vec{J} = 0\,. \tag{9.52}$$

Während Gl. (9.50) eine Aussage über ein *ausgedehntes Gebiet* eines SESF liefert, macht der Knotensatz in der Form von Gl. (9.52) eine Aussage über eine Eigenschaft der einzelnen *Punkte* (die eigentlich infinitesimal kleine Volumina sind) eines SESF.

Merke: *In stationären elektrischen Strömungsfeldern ist das Feld der elektrischen Stromdichte quellenfrei.*

Der Operator „div" (von „*Divergenz*") der Vektoranalysis bildet ein Vektorfeld auf ein Skalarfeld ab, das die *Quelldichte* des Vektorfeldes beschreibt. Er lässt sich als *Punktprodukt* mit dem *Nabla-Operator* ausdrücken. Damit kann Gl. (9.52) auch geschrieben werden in der Form

$$\nabla \cdot \vec{J} = 0\,. \tag{9.53}$$

Für kartesische Koordinaten, also

$$\vec{J} = \begin{pmatrix} J_x \\ J_y \\ J_z \end{pmatrix}, \tag{9.54}$$

gilt

$$\operatorname{div}\vec{J} = \nabla \cdot \vec{J} = \begin{pmatrix} \frac{\partial}{\partial x} \\ \frac{\partial}{\partial y} \\ \frac{\partial}{\partial z} \end{pmatrix} \cdot \begin{pmatrix} J_x \\ J_y \\ J_z \end{pmatrix} = \frac{\partial}{\partial x}J_x + \frac{\partial}{\partial y}J_y + \frac{\partial}{\partial z}J_z\,. \tag{9.55}$$

Die Quellenfreiheit der Stromdichte in SESF spiegelt sich in *vollständigen* Feldbildern dadurch wider, dass die $\vec{J}$-Feldlinien weder Anfang noch Ende haben, sondern geschlossene Linien bilden, s. Bild 9.11.

Falls das Strömungsfeld *nicht stationär* ist, kann sich die Ladung innerhalb der betrachteten Hüllfläche zeitlich ändern. Dann sind die Gln. (9.50), (9.52) und (9.53) zu erweitern. Dieser allgemeine Fall wird durch die *Kontinuitätsgleichung* (12.10) beschrieben, die in Abschnitt 12.2 behandelt wird.

Der Knotensatz in der Form von Gl. (9.50) ist der Ausgangspunkt zur Berechnung der meisten SESF, was in den Beispielen 9.4 bis 9.6 gezeigt wird.

Beispiel 9.4: Strömungsfeld im Halbraum mit Halbkugelelektrode

Untersucht wird eine Anordnung bestehend aus einer ideal leitfähigen Halbkugelelektrode mit dem Radius r_K an der Oberfläche eines homogenen, isotropen Halbraumes mit konstantem $0 < \kappa_E < \infty$. Ein Strom I_0 wird in der Mitte der Kugel eingespeist. Zunächst gelte $I_0 > 0$. Das Bezugspotenzial $\varphi = 0$ befinde sich an Orten, die unendlich weit vom Einspeisepunkt entfernt sind.

Eine solche Anordnung wurde bereits in Fall b) von Beispiel 9.2 *qualitativ* betrachtet.

Ein „*Halbraum*" ist ein Gebiet, das in einer Richtung durch eine ebene Fläche begrenzt wird und in den anderen Richtungen unendlich weit ausgedehnt ist. Somit ist ein Halbraum ein *Modell* für jede Anordnung, in der die anderen Grenzen des durch eine Ebene begrenzten Gebietes so weit von dem Teil der Anordnung entfernt sind, der analysiert werden soll, dass die Auswirkungen dieser Grenzen auf die Ergebnisse vernachlässigbar klein sind. Da es in der Realität keine unendlich ausgedehnten Gebiete gibt, kann jede Rechnung, die ein solches Modell verwendet, nur eine Näherungslösung für ähnliche reale Anordnungen liefern.

Bild 9.17 zeigt einen Querschnitt durch die Anordnung, der senkrecht auf der Oberfläche des Halbraumes steht und durch den Kugelmittelpunkt geht.

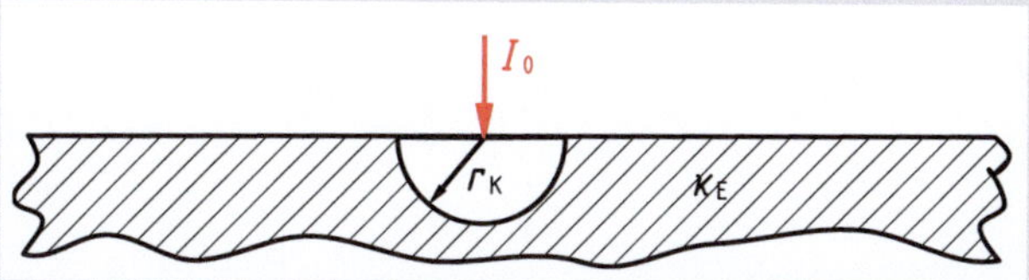

Bild 9.17: Schnitt durch eine Halbkugelelektrode an der Oberfläche eines leitfähigen Halbraumes

Hier wird der elektrisch nicht leitfähige Halbraum über der beschriebenen Anordnung nicht betrachtet.

Die nicht erwähnte *Gegenelektrode*, über die der eingespeiste Strom wieder abgeleitet wird, wird wegen der Kugelsymmetrie als unendlich weit entfernte *konzentrische Halbkugelschale* modelliert. (In einer zylindersymmetrischen Anordnung würde eine nicht gegebene Gegenelektrode als unendlich weit entfernter konzentrischer Hohlzylinder modelliert.) Dieses Modell der Gegenelektrode ermöglicht im vorliegenden Fall erst die geschlossene Berechnung der Anordnung.

Vorüberlegungen:

- Das geeignetste Koordinatensystem zur Analyse dieser Anordnung sind Kugelkoordinaten mit dem Koordinatenursprung im Kugelmittelpunkt.
- Da die Anordnung im unteren Halbraum bezüglich ihrer geometrischen und elektrischen Eigenschaften kugelsymmetrisch ist, müssen alle Feldgrößen ebenfalls kugelsymmetrisch sein und können daher nur von der r-Koordinate abhängen.
- Wegen der Kugelsymmetrie müssen die $\vec{J}$-Feldlinien radial vom Einspeisepunkt weg zur Gegenelektrode verlaufen.
- Außerhalb der Elektrode verlaufen die $\vec{E}$-Feldlinien gleichgerichtet parallel zu den $\vec{J}$-Feldlinien.
- Innerhalb der Elektrode kann kein $\vec{E}$-Feld existieren, da die Elektrode widerstandslos ist. Sie bildet somit ein *Äquipotenzialvolumen*.
- Die Äquipotenzialflächen außerhalb der Elektrode sind konzentrische Halbkugeloberflächen.

Damit ergibt sich das in Bild 9.18 dargestellte qualitative Feldbild.

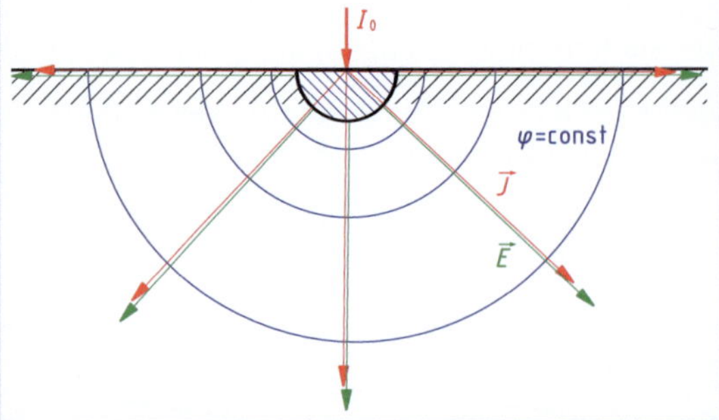

Bild 9.18: Qualitatives Feldbild der Anordnung in Bild 9.17

Zunächst werden die Ortsfunktionen von $\vec{J}$, $\vec{E}$ und φ unter der Annahme $\varphi(r \to \infty) = 0\,\mathrm{V}$ berechnet.

Aus den Vorüberlegungen folgt der allgemeine Ansatz für die Feldgrößen

$$\vec{J} = J_\mathrm{r}(r)\,\vec{\mathrm{e}}_\mathrm{r}\,, \quad \vec{E} = E_\mathrm{r}(r)\,\vec{\mathrm{e}}_\mathrm{r} \quad \text{und} \quad \varphi = \varphi(r)\,.$$

Das $\vec{J}$-Feld wird mittels des Knotensatzes Gl. (9.48) berechnet:

$$\oint\!\!\!\oint_{(A)} \vec{J}\,\mathrm{d}\vec{A} = 0$$

Dazu ist die Hüllfläche (A) so zu wählen, dass sie das Gebiet, in dem $\vec{J}$ berechnet werden soll, *vollständig* durchschneidet. Um die Rechnung möglichst einfach zu gestalten, sollte die Hüllfläche so gewählt werden, dass sie abschnittsweise entweder senkrecht oder parallel zu den $\vec{J}$-Feldlinien verläuft. Das bedeutet, dass die Normalenvektoren $\mathrm{d}\vec{A}$ der Flächenelemente entweder parallel $(\mathrm{d}\vec{A} \,||\, \vec{J})$ oder senkrecht $(\mathrm{d}\vec{A} \perp \vec{J})$ zu den $\vec{J}$-Vektoren verlaufen. Weiterhin sollte im ersten Fall der betreffende Teil der Hüllfläche möglichst so verlaufen, dass auf ihm der *Betrag* der Stromdichte konstant ist, also $|\vec{J}| = \text{const.}$ gilt. In dieser Anordnung sind beide Bedingungen dadurch zu erfüllen, dass als Integrationshülle eine Kugeloberfläche mit dem Radius r gemäß Bild 9.19 gewählt wird, die konzentrisch zum Einspeisepunkt des Stromes I_0 liegt.

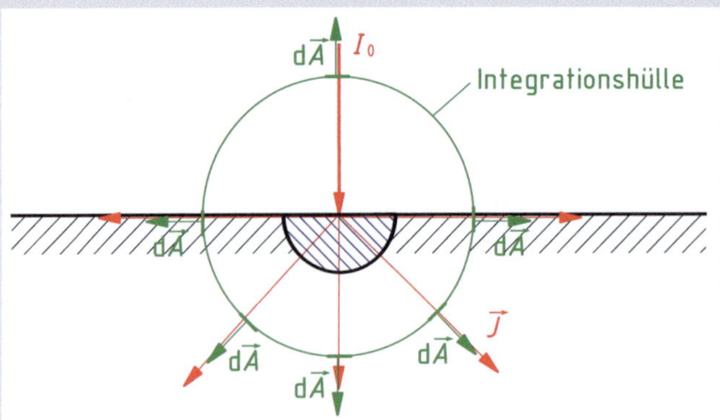

Bild 9.19: Integrationshülle bei der Anwendung des Knotensatzes auf die Anordnung in Bild 9.17

Alle Normalenvektoren $\mathrm{d}\vec{A}$ der Flächenelemente der Integrationshülle weisen radial nach außen: $\mathrm{d}\vec{A} = \mathrm{d}A\,\vec{\mathrm{e}}_\mathrm{r}$

Im oberen Halbraum existiert kein Strömungsfeld, jedoch fließt ein konzentrierter Strom I_0, dessen *Zählpfeil* entgegen der Richtung der $\mathrm{d}\vec{A}$ gerichtet ist. Daher liefert dieser Strom den Beitrag $-I_0$ zum Hüllenintegral. Im unteren Halbraum gilt auf der Integrationsfläche $\mathrm{d}\vec{A} \,||\, \vec{J}$ und $|\vec{J}| = |J_\mathrm{r}| = \text{const}$. Daraus folgt

$$\iint\limits_{\substack{\text{(untere Halb-}\\\text{kugeloberfläche)}}} \vec{J}\,\mathrm{d}\vec{A} = \iint\limits_{\substack{\text{(untere Halb-}\\\text{kugeloberfläche)}}} J_\mathrm{r}(r)\,\vec{\mathrm{e}}_\mathrm{r}\;\mathrm{d}A\,\vec{\mathrm{e}}_\mathrm{r} = J_\mathrm{r}\iint\limits_{\substack{\text{(untere Halb-}\\\text{kugeloberfläche)}}} \mathrm{d}A\;\overbrace{\vec{\mathrm{e}}_\mathrm{r}\,\vec{\mathrm{e}}_\mathrm{r}}^{1}\,.$$

Die Oberfläche einer Kugel mit dem Radius r ist $4\pi r^2$. Damit folgt

$$\iint\limits_{\substack{\text{(untere Halb-}\\\text{kugeloberfläche)}}} \vec{J}\,\mathrm{d}\vec{A} = J_\mathrm{r}\,2\pi r^2.$$

Zusammenfassung der Teilintegrale für den oberen und den unteren Halbraum ergibt

$$\oiint\limits_{(A)} \vec{J}\,\mathrm{d}\vec{A} = -I_0 + J_\mathrm{r}\,2\pi r^2 = 0\,,$$

woraus

$$J_\mathrm{r} = \frac{I_0}{2\pi r^2}$$

und schließlich

$$\vec{J} = \frac{I_0}{2\pi r^2}\,\vec{\mathrm{e}}_\mathrm{r} \sim \frac{1}{r^2}$$

folgt. Dieses Ergebnis gilt für den gesamten unteren Halbraum, also auch innerhalb der Elektrode.

Da die Fläche, die dem eingespeisten Strom zur Verfügung steht, mit dem Quadrat der Entfernung r von Einspeisepunkt zunimmt, nimmt der Betrag der Stromdichte mit $1/r^2$ ab.

Hier zeigt sich eine Unzulänglichkeit des betrachteten Modells. Weil die Einspeisung des Stromes in die Elektrode punktförmig angenommen wird, um Kugelsymmetrie zu erreichen, wird die Stromdichte an dieser Stelle unendlich groß. In der Praxis existiert dieses Problem natürlich nicht.

Ingenieure müssen bei der Analyse realer Anordnungen immer modellieren, also vereinfachen, um den Analyseaufwand drastisch zu verringern. Das führt immer dazu, dass die Analyseergebnisse nur Näherungen und eventuell sogar in untergeordneten Details grob falsch sein können. Sich dieser Begrenzungen bewusst zu sein und entsprechend zu handeln, ist eine wesentliche Aufgabe jedes Ingenieurs.

Bei der Berechnung der elektrischen Feldstärke aus der Stromdichte mit Gl. (9.25) ist eine Fallunterscheidung wegen der unterschiedlichen Leitfähigkeiten innerhalb und außerhalb der

Elektrode erforderlich:

$$\vec{E} = \frac{1}{\kappa}\vec{J} = \begin{cases} \vec{0} & \text{für} \quad 0 \le r \le r_K \quad \text{wegen} \quad \kappa \to \infty \\ \dfrac{I_0}{2\pi\,\kappa_E\, r^2}\,\vec{e}_r \sim \dfrac{1}{r^2} & \text{für} \quad r > r_K \quad \text{wegen} \quad \kappa = \kappa_E \end{cases}$$

Das Feld des elektrischen Potenzials lässt sich aus der elektrischen Feldstärke und dem Bezugspotenzial berechnen. Dazu wird von demjenigen Feldpunkt P, dessen Potenzial berechnet werden soll, auf einem beliebigen Weg zu einem Punkt P_0 mit bekanntem Potenzial $\varphi(P_0)$ das Wegintegral der elektrischen Feldstärke gebildet:

$$\varphi(P) = \int_P^{P_0} \vec{E}\,\mathrm{d}\vec{s} + \varphi(P_0)$$

Um die Rechnung einfach zu gestalten, sollte der Integrationsweg möglichst so gewählt werden, dass er zumindest abschnittsweise parallel oder senkrecht zu den $\vec{E}$-Feldlinien verläuft, also entweder $\vec{E} \,||\, \mathrm{d}\vec{s}$ oder $\vec{E} \perp \mathrm{d}\vec{s}$ gilt. Hier kann vom betrachteten Feldpunkt P in radialer Richtung entlang einer Feldlinie integriert werden; es gilt also $\mathrm{d}\vec{s} = \mathrm{d}\vec{r} = \mathrm{d}r\,\vec{e}_r$. Die radiale Koordinate des Punktes P sei r_P. Mit $\varphi(P_0) = \varphi(r \to \infty) = 0\,\mathrm{V}$ folgt für $r_P > r_K$

$$\varphi(r_P) = \int_{r_P}^{\infty} \frac{I_0}{2\pi\,\kappa_E\, r^2}\,\vec{e}_r\,\mathrm{d}r\,\vec{e}_r = \frac{I_0}{2\pi\,\kappa_E}\int_{r_P}^{\infty}\frac{1}{r^2}\,\mathrm{d}r = \frac{I_0}{2\pi\,\kappa_E}\,\frac{1}{r_P}\,.$$

Da die gesamte Elektrode ein Äquipotenzialvolumen ist, nimmt sie das Potenzial des direkt an sie grenzenden Strömungsgebietes an. Daher gilt für $r_P \le r_K$

$$\varphi(r_P) = \frac{I_0}{2\pi\,\kappa_E}\,\frac{1}{r_K}\,.$$

Bezeichnet man die radiale Koordinate des betrachteten Feldpunktes statt mit r_P mit r, folgt die Lösung in der Form

$$\varphi(r) = \begin{cases} \dfrac{I_0}{2\pi\,\kappa_E}\,\dfrac{1}{r_K} = \text{const.} & \text{für} \quad r \le r_K \\ \dfrac{I_0}{2\pi\,\kappa_E}\,\dfrac{1}{r} \sim \dfrac{1}{r} & \text{für} \quad r > r_K \end{cases}$$

Bild 9.20 zeigt den qualitativen Verlauf der Ortsfunktionen der Beträge der Stromdichte $J(r)$, der elektrischen Feldstärke $E(r)$ und des elektrischen Potenzials $\varphi(r)$.

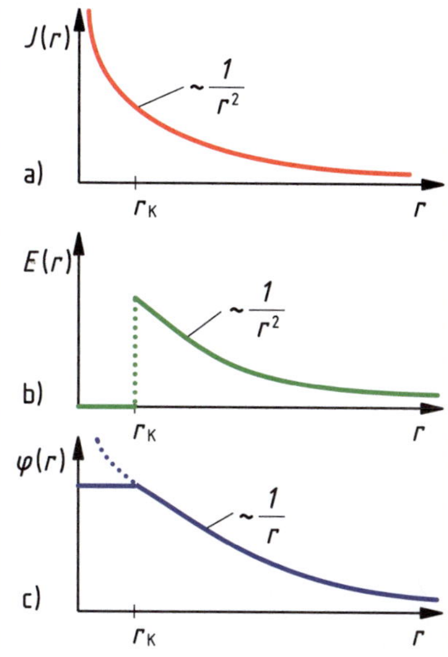

Bild 9.20: Qualitativer Verlauf der Funktionen $J(r)$, $E(r)$ und $\varphi(r)$ zur Anordnung in Bild 9.17

Wäre $I_0 < 0$, würden sich die ersten beiden Verläufe nicht ändern, der Graph von $\varphi(r)$ wäre an der r-Achse zu spiegeln.

Mit der Kenntnis der Potenzialverteilung im Strömungsbiet ist es einfach, die Spannung U_{12} zwischen zwei beliebigen Punkten $P_1(r_1)$ und $P_2(r_2)$ außerhalb der Halbkugelelektrode, also mit $r_1, r_2 \geq r_K$, zu berechnen:

$$U_{12} = \varphi_1 - \varphi_2 = \frac{I_0}{2\pi\,\kappa_E}\,\frac{1}{r_1} - \frac{I_0}{2\pi\,\kappa_E}\,\frac{1}{r_2} = \frac{I_0}{2\pi\,\kappa_E}\left(\frac{1}{r_1} - \frac{1}{r_2}\right)$$

Der Widerstand R_E der Anordnung, also der Widerstand zwischen den beiden Elektroden ist

$$R_E = \frac{U_{12}}{I_0}$$

mit U_{12} für den Fall, dass P_1 zur Einspeiseelektrode gehört ($r_1 \leq r_K$) und P_2 zur Gegenelektrode ($r_2 \to \infty$). Also gilt

$$R_E = \frac{\frac{I_0}{2\pi\,\kappa_E}\left(\frac{1}{r_K} - \frac{1}{\infty}\right)}{I_0} = \frac{1}{2\pi\,\kappa_E\, r_K}\,.$$

Dieses endliche Ergebnis ist insofern bemerkenswert, als der Abstand zwischen den beiden Elektroden unendlich groß ist. Allerdings wächst der Querschnitt, der dem Strömungsfeld zur Verfügung steht, *quadratisch* mit dem Abstand von der Einspeiseelektrode. Der Beitrag der Kugelschalen, durch die der Strom fließt, zum Gesamtwiderstand geht daher mit steigendem r gegen null.

Die hier betrachtete Anordnung kann als sehr einfaches Modell für *Erder* (hier den *Halbkugelerder*) aufgefasst werden, die in der Energietechnik und beim Blitzschutz eine sehr große Rolle spielen, etwa als *Fundamenterder* von Bauwerken oder als *Staberder* in Anlagen der Energietechnik. In diesem Kontext wird R_E als „*Ausbreitungswiderstand*“ bezeichnet. U_{12} wird für den Fall, dass sich ein Mensch in der näheren Umgebung der Einspeisestelle des Stromes (der z. B. von einem Blitz herrühren kann) *radial* zu dieser Stelle bewegt, als „*Schrittspannung*“ bezeichnet. Der Betrag dieser Spannung $|U_{12}|$ hängt von der radialen Schrittweite $|r_1 - r_2|$ und der Entfernung von der Einspeisestelle $\min(r_1, r_2)$ ab.

Abschließend sollen die Leistungsdichte p und die im Feld insgesamt umgesetzte Leistung P berechnet werden.

Die Leistungsdichte ist eine differenzielle Feldgröße, die als Ortsfunktion anzugeben ist:

$$p(r) = \vec{E}\,\vec{J} = \varkappa E^2 = \begin{cases} 0 & \text{für} \quad r \le r_\text{K} \\ \left(\dfrac{I_0}{2\pi\,\varkappa_\text{E}\,r^2}\right)^2 \varkappa_\text{E} = \dfrac{I_0^2}{4\pi^2\,\varkappa_\text{E}\,r^4} \sim \dfrac{1}{r^4} & \text{für} \quad r > r_\text{K} \end{cases}$$

Die insgesamt umgesetzte Leistung ist eine auf das gesamte Strömungsfeld bezogene, integrale Feldgröße, die entweder aus der Leistungsdichte über ein Volumenintegral in Kugelkoordinaten oder aus den Klemmengrößen der Anordnung zu berechnen ist:

$$P = \iiint\limits_{\text{(Strömungsfeld)}} p\,\mathrm{d}V = \int\limits_{\varphi=0}^{2\pi} \int\limits_{\vartheta=0}^{\pi/2} \int\limits_{r=r_\text{K}}^{\infty} p\,r^2 \sin\vartheta\,\mathrm{d}r\,\mathrm{d}\vartheta\,\mathrm{d}\varphi$$

oder

$$P = I_0^2\,R_\text{E}\,.$$

Beide Wege führen zum Ergebnis

$$P = \frac{I_0^2}{2\pi\,\varkappa_\text{E}\,r_\text{K}}\,.$$

Beispiel 9.5: Strömungsfeld im Hohlzylinder mit konzentrischen Elektroden

Gegeben ist ein Hohlzylinder der Länge l_Z mit dem Innenradius r_i und dem Außenradius r_a gemäß Bild 9.21. Die innere und die äußere Mantelfläche sind jeweils ideal leitfähig kontaktiert. Zwischen diesen Elektroden befindet sich isotropes, homogenes Material mit der elektrischen Leitfähigkeit $\varkappa_\text{Z}$. Zwischen Innen- und Außenelektrode liegt eine ideale *Spannungs*quelle U_ia. Die Außenelektrode ist geerdet. Der Zählpfeil für den Strom I_0, der von der Spannungsquelle in die innere Elektrode fließt, weist zur inneren Elektrode. I_0 ist *nicht* gegeben! Zunächst gelte $U_\text{ia} > 0$.

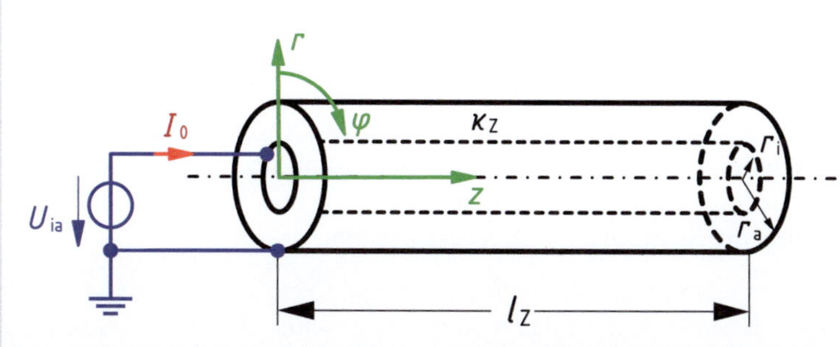

Bild 9.21: Leitfähiger Hohlzylinder mit konzentrischen Elektroden

Vorüberlegungen:

- Da die Anordnung hinsichtlich Geometrie, Materialeigenschaften und der Einwirkungsgebiete der elektrischen Anregungsgrößen (hier der Elektroden) zylindersymmetrisch ist, müssen auch die Ortsfunktionen aller elektrischen Reaktionsgrößen zylindersymmetrisch sein. Daher werden zur Analyse Zylinderkoordinaten gewählt, deren z-Achse mit der Achse des Zylinders zusammenfällt und deren Ursprung bei einem Zylinderdeckel liegt, s. Bild 9.21.
- Innerhalb des Hohlzylinders sind alle elektrischen Größen von der z-Koordinate unabhängig. In einer zur Zylinderachse senkrechten Ebene ist das Strömungsfeld radialsymmetrisch. Also gelten die Ansätze

  $$\vec{J} = J_{\mathrm{r}}(r)\,\vec{\mathrm{e}}_{\mathrm{r}}\,, \quad \vec{E} = E_{\mathrm{r}}(r)\,\vec{\mathrm{e}}_{\mathrm{r}}\,, \quad \varphi = \varphi(r)\,.$$

  Diese spiegeln sich in der in Bild 9.22 dargestellten Feldskizze der Anordnung wider: Die Feldlinien von $\vec{J}$ und $\vec{E}$ verlaufen radial von der Innen- zur Außenelektrode. Die Äquipotenzialflächen sind konzentrische Zylindermäntel.

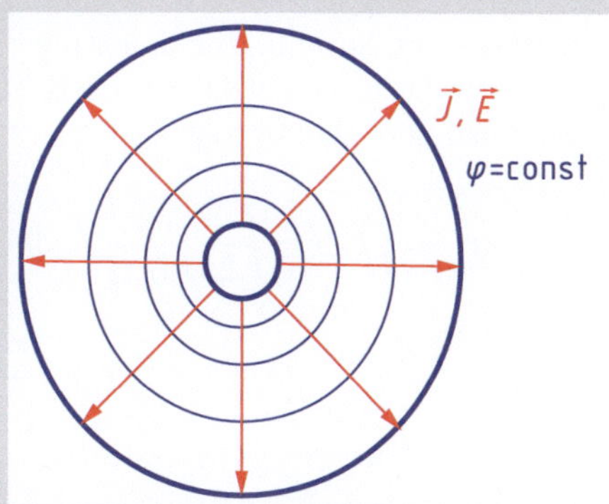

Bild 9.22: Qualitatives Feldbild in einer Ebene senkrecht zur Achse des Hohlzylinders

- Im Unterschied zu den bisher betrachteten Anordnungen, in denen ein eingeprägter *Strom* als Anregungsgröße vorgegeben und die Spannung über dem Strömungsfeld eine Reaktionsgröße war, ist hier eine Spannung als Anregungsgröße gegeben.

  Der grundlegende Ansatz zur Berechnung von Strömungsfeldern ist der Knotensatz, der Stromdichten beziehungsweise Ströme verknüpft, nicht aber Spannungen.

Da die von uns betrachteten Strömungsgebiete passive, lineare, gedächtnislose Systeme sind, besteht immer eine Proportionalität zwischen Anregungs- und Reaktionsgröße. Wir können daher trotz vorgegebener Spannung als Anregungsgröße einen Strom *annehmen*, aus dem eine Gleichung für die Spannung als Funktion dieses Stromes resultiert. Wird diese Spannung der gegebenen Spannung gleichgesetzt, lässt sich der angenommene Strom durch die gegebene Spannung ersetzen und alle Ergebnisse können als Funktion der Spannung ausgedrückt werden.

Bei der Anwendung des Knotensatzes wird als Integrationshülle (A) die Oberfläche eines konzentrischen Zylinders mit dem Radius $r_\mathrm{i} < r < r_\mathrm{a}$ gewählt, der in z-Richtung *beidseitig über den Hohlzylinder hinausragt*. Dann existiert an den Deckelflächen von (A) kein Strömungsfeld, jedoch fließt der angenommene, konzentrierte Strom I_0 durch einen Deckel. Sein Zählpfeil weist hier in die Integrationshülle hinein. Der Anteil des Zylindermantels, der im Strömungsgebiet liegt, hat die Fläche $2\pi r\, l_\mathrm{Z}$. Auf ihm ist die radiale Komponente J_r der Stromdichte konstant.

Daraus folgt

$$\oiint_{(A)} \vec{J}\,\mathrm{d}\vec{A} = J_\mathrm{r}(r)\, 2\pi r\, l_\mathrm{Z} - I_0 = 0\,,$$

woraus sich die Stromdichte

$$\vec{J}(r) = \frac{I_0}{2\pi r\, l_\mathrm{Z}}\,\vec{\mathrm{e}}_\mathrm{r} \sim \frac{1}{r}$$

und wegen $\vec{E} = \vec{J}/\kappa_\mathrm{Z}$ die elektrische Feldstärke

$$\vec{E}(r) = \frac{I_0}{2\pi r\, l_\mathrm{Z}\,\kappa_\mathrm{Z}}\,\vec{\mathrm{e}}_\mathrm{r} \sim \frac{1}{r}$$

innerhalb des Strömungsgebietes als Funktion der Hilfsgröße I_0 ergeben.

Zur Berechnung der Potenzialverteilung wird von einem Feldpunkt P mit der radialen Koordinate r_P im Strömungsfeld entlang einer $\vec{E}$-Feldlinie radial zur Außenelektrode mit dem gegebenen Bezugspotenzial integriert. Das elektrische Potenzial der Erde wird üblicherweise zu 0 V definiert. Daraus folgt

$$\begin{aligned}\varphi(r_\mathrm{P}) &= \int_{r_\mathrm{P}}^{r_\mathrm{a}} \vec{E}\,\mathrm{d}\vec{r} = \int_{r_\mathrm{P}}^{r_\mathrm{a}} \frac{I_0}{2\pi r\, l_\mathrm{Z}\,\kappa_\mathrm{Z}}\,\vec{\mathrm{e}}_\mathrm{r}\,\mathrm{d}r\,\vec{\mathrm{e}}_\mathrm{r} = \frac{I_0}{2\pi\, l_\mathrm{Z}\,\kappa_\mathrm{Z}} \int_{r_\mathrm{P}}^{r_\mathrm{a}} \frac{1}{r}\,\mathrm{d}r \\ &= \frac{I_0}{2\pi\, l_\mathrm{Z}\,\kappa_\mathrm{Z}}(\ln r_\mathrm{a} - \ln r_\mathrm{P}) = \frac{I_0}{2\pi\, l_\mathrm{Z}\,\kappa_\mathrm{Z}} \ln\frac{r_\mathrm{a}}{r_\mathrm{P}}\,.\end{aligned}$$

Das Potenzial der Innenelektrode ist

$$\varphi(r_\mathrm{i}) = \frac{I_0}{2\pi\, l_\mathrm{Z}\,\kappa_\mathrm{Z}} \ln\frac{r_\mathrm{a}}{r_\mathrm{i}}\,,$$

das Potenzial der Außenelektrode ergibt sich aus der Gleichung richtig zu $\varphi(r_\mathrm{a}) = 0\,\mathrm{V}$.

Somit ist die Spannung über der Anordnung

$$U_{ia} = \varphi(r_i) - \varphi(r_a) = \varphi(r_i) = \frac{I_0}{2\pi\, l_Z\, \kappa_Z} \ln\frac{r_a}{r_i}\,.$$

Aus ihr lässt sich der zu einem gegebenen Wert von U_{ia} gehörende Wert von I_0 bestimmen:

$$I_0 = \frac{U_{ia}\, 2\pi\, l_Z\, \kappa_Z}{\ln\frac{r_a}{r_i}}$$

Dieser Ausdruck ist in die Zwischenergebnisse für der Ortsfunktionen von $\vec{J}$, $\vec{E}$ und φ innerhalb des Strömungsfeldes einzusetzen. Nach Umbenennung der Variable r_P in r ergibt sich:

$$\vec{J}(r) = \frac{U_{ia}\, \kappa_Z}{r\, \ln\frac{r_a}{r_i}}\, \vec{e}_r \sim \frac{1}{r}$$

$$\vec{E}(r) = \frac{U_{ia}}{r\, \ln\frac{r_a}{r_i}}\, \vec{e}_r \sim \frac{1}{r}$$

$$\varphi(r) = \frac{U_{ia}}{\ln\frac{r_a}{r_i}} \ln\frac{r_a}{r} = -\frac{U_{ia}}{\ln\frac{r_a}{r_i}} \ln\frac{r}{r_a}$$

Der Widerstand R_{ia} der Anordnung ist

$$R_{ia} = \frac{U_{ia}}{I_0} = \frac{1}{2\pi\, l_Z\, \kappa_Z} \ln\frac{r_a}{r_i}\,.$$

Betrachtet man wie in Beispiel 9.4 den Fall, dass das Strömungsfeld unendlich weit ausgedehnt wird, also $r_a \to \infty$ geht, geht auch $R_{ia} \to \infty$. Was ist der Grund für dieses völlig andere Verhalten als im vorigen Beispiel? Mit steigendem r_a wächst die dem Strom zur Verfügung stehende Fläche $2\pi\, r_a\, l_Z$ nur proportional zu r_a an und nicht wie in Beispiel 9.4 proportional zum *Quadrat* des Abstandes zur Gegenelektrode.

Die Ortsfunktion der Leistungsdichte ist

$$p(r) = \vec{E}(r)\, \vec{J}(r) = \frac{U_{ia}^2\, \kappa_Z}{r^2\, \ln^2\frac{r_a}{r_i}}\, \vec{e}_r \sim \frac{1}{r^2}$$

und die im Strömungsfeld insgesamt umgesetzte Leistung

$$P = \iiint\limits_{\text{(Strömungsfeld)}} p\, \mathrm{d}V = U_{ia}\, I_0 = \frac{U_{ia}}{R_{ia}} = \frac{2\pi\, l_Z\, \kappa_Z}{\ln\frac{r_a}{r_i}}\, U_{ia}^2\,.$$

Wenn die in der Aufgabenstellung angegebene Bedingung $U_{ia} > 0$ umgekehrt wird in $U_{ia} < 0$, kehrt sich lediglich die Richtung der $\vec{J}$- und $\vec{E}$-Feldlinien in Bild 9.22 um. Ansonsten ändert sich an den Rechenwegen und -ergebnissen nichts.

Beispiel 9.6: Strömungsfeld in einer halben Kugelschale

Betrachtet wird das Strömungsfeld in einer halben Kugelschale mit dem Innenradius r_i und Außenradius r_a aus homogenem, isotropem Material mit der konstanten elektrischen Leitfähigkeit $0 < \varkappa_K < \infty$ gemäß Bild 9.23. Innen- und Außenfläche der halben Kugelschale sind ideal leitfähig kontaktiert. An den Elektroden liegt die Spannung U_{ia}. Die äußere Elektrode ist geerdet. Zunächst gelte $U_{ia} > 0$.

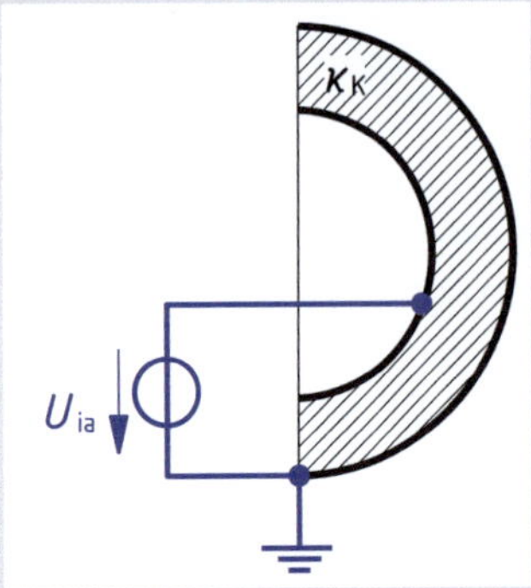

Bild 9.23: Querschnitt durch eine innen und außen kontaktierte halbe Kugelschale

Vorüberlegungen:

- Da die Anordnung kugelsymmetrisch ist, kann auch das Strömungsfeld nur kugelsymmetrisch sein. Daher wird ein Kugelkoordinatensystem mit Ursprung im Mittelpukt der Kugel gewählt. Von den Kugelkoordinaten wird nur die r-Koordinate benötigt.
- Die $\vec{E}$- und $\vec{J}$-Feldlinien beginnen an der Innenfläche und verlaufen radial zur Außenfläche der Kugelschale. Also ist die Ansatzfunktion

$$\vec{J} = J_r(r)\,\vec{e}_r\,.$$

- Die Äquipotenzialflächen sind konzentrische halbe Kugeloberflächen.

Zunächst wird *als Hilfsgröße* der Strom I_{ia} eingeführt, der auf der Innenseite der halben Kugelschale eingespeist und von ihrer Außenseite wieder abgeführt wird. Sein *Zählpfeil* zeigt zur inneren Kugelschale, s. Bild 9.24.

Als Hüllfläche (A) bei der Anwendung des Knotensatzes wird eine konzentrische Kugeloberfläche gewählt. Sie wird nur zur Hälfte vom Strömungsfeld durchsetzt. Durch die andere Hälfte verläuft die Zuleitung des Stromes I_{ia}, s. Bild 9.24.

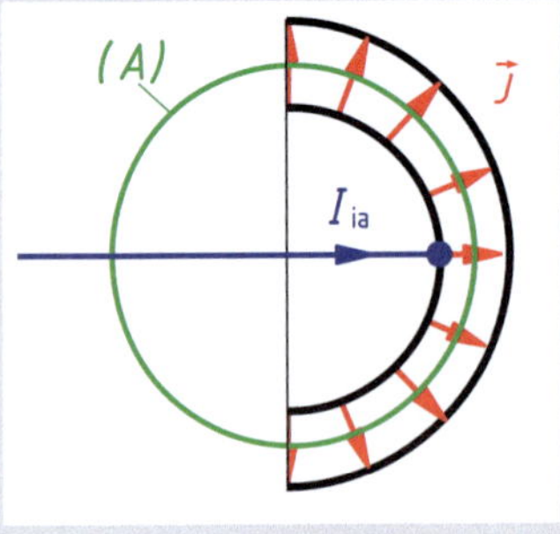

Bild 9.24: Hüllfläche zur Anwendung des Knotensatzes bei der halben Kugelschale

Die Oberfläche einer Kugel mit dem Radius r ist $4\pi r^2$. Aus

$$\oiint\limits_{(A)} \vec{J}\,\mathrm{d}\vec{A} = \iint\limits_{2\pi r^2} J_\mathrm{r}(r)\,\vec{\mathrm{e}}_\mathrm{r}\,\mathrm{d}A\,\vec{\mathrm{e}}_\mathrm{r} = J_\mathrm{r}(r)\,2\pi r^2 = I_\mathrm{ia}$$

folgen die Zwischenergebnisse

$$\vec{J} = \frac{I_\mathrm{ia}}{2\pi r^2}\,\vec{\mathrm{e}}_\mathrm{r} \quad \text{und} \quad \vec{E} = \frac{I_\mathrm{ia}}{2\pi\,\kappa_\mathrm{K}\,r^2}\,\vec{\mathrm{e}}_\mathrm{r}\,.$$

Aus

$$U_\mathrm{ia} = \int\limits_{r_\mathrm{i}}^{r_\mathrm{a}} \vec{E}\,\mathrm{d}\vec{r} = \frac{I_\mathrm{ia}}{2\pi\,\kappa_\mathrm{K}} \int\limits_{r_\mathrm{i}}^{r_\mathrm{a}} \frac{1}{r^2}\,\vec{\mathrm{e}}_\mathrm{r}\,\mathrm{d}r\,\vec{\mathrm{e}}_\mathrm{r} = \frac{I_\mathrm{ia}}{2\pi\,\kappa_\mathrm{K}}\left[-\frac{1}{r}\right]_{r_\mathrm{i}}^{r_\mathrm{a}} = \frac{I_\mathrm{ia}}{2\pi\,\kappa_\mathrm{K}}\left(\frac{1}{\frac{1}{r_\mathrm{i}}-\frac{1}{r_\mathrm{a}}}\right)$$

erhält man durch Substitution von

$$I_\mathrm{ia} = U_\mathrm{ia}\,\frac{2\pi\,\kappa_\mathrm{K}}{\frac{1}{r_\mathrm{i}}-\frac{1}{r_\mathrm{a}}}$$

die Endergebnisse

$$\vec{J} = U_\mathrm{ia}\,\frac{\kappa_\mathrm{K}}{\frac{1}{r_\mathrm{i}}-\frac{1}{r_\mathrm{a}}}\,\frac{1}{r^2}\,\vec{\mathrm{e}}_\mathrm{r} \sim \frac{1}{r^2}$$

und

$$\vec{E} = U_\mathrm{ia}\,\frac{1}{\frac{1}{r_\mathrm{i}}-\frac{1}{r_\mathrm{a}}}\,\frac{1}{r^2}\,\vec{\mathrm{e}}_\mathrm{r} \sim \frac{1}{r^2}\,.$$

Da die dem Strom zur Verfügung stehende Querschnittsfläche mit dem Quadrat der r-Koordinate zunimmt, nimmt der Betrag der Stromdichte mit dem Quadrat von r ab.

Das elektrische Potenzial eines Feldpunktes mit dem Abstand r_P vom Kugelmittelpunkt ist

$$\varphi(r_\mathrm{P}) = \int\limits_{r_\mathrm{P}}^{r_\mathrm{a}} \vec{E}\,\mathrm{d}\vec{s} + \varphi(r_\mathrm{a}) = \int\limits_{r_\mathrm{P}}^{r_\mathrm{a}} U_\mathrm{ia}\,\frac{1}{\frac{1}{r_\mathrm{i}}-\frac{1}{r_\mathrm{a}}}\,\frac{1}{r^2}\,\vec{\mathrm{e}}_\mathrm{r}\,\mathrm{d}r\,\vec{\mathrm{e}}_\mathrm{r} + 0 = U_\mathrm{ia}\,\frac{1}{\frac{1}{r_\mathrm{i}}-\frac{1}{r_\mathrm{a}}}\left(\frac{1}{r_\mathrm{P}}-\frac{1}{r_\mathrm{a}}\right)$$

und nach dem Umbenennung von r_P in r

$$\varphi(r) = U_\mathrm{ia}\,\frac{1}{\frac{1}{r_\mathrm{i}}-\frac{1}{r_\mathrm{a}}}\left(\frac{1}{r}-\frac{1}{r_\mathrm{a}}\right).$$

Der Widerstand R_ia der Anordnung ist

$$R_\mathrm{ia} = \frac{U_\mathrm{ia}}{I_\mathrm{ia}} = \frac{1}{2\pi\,\kappa_\mathrm{K}}\left(\frac{1}{r_\mathrm{i}}-\frac{1}{r_\mathrm{a}}\right).$$

Für $r_\mathrm{a} \to \infty$ ergibt sich der Ausdruck

$$R_{\mathrm{i}\infty} = \frac{1}{2\pi\,\kappa_\mathrm{K}\,r_\mathrm{i}}\,,$$

der genauso groß wie der Widerstand des in Beispiel 9.4 behandelten Halbkugelerders ist.

Die Leistungsdichte im Strömungsgebiet ist

$$p(r) = \vec{E}(r)\,\vec{J}(r) = U_{\mathrm{ia}}^2\,\frac{\kappa_{\mathrm{K}}}{\left(\frac{1}{r_{\mathrm{i}}} - \frac{1}{r_{\mathrm{a}}}\right)^2}\,\frac{1}{r^4} \sim \frac{1}{r^4}\,.$$

Die insgesamt im Strömungsfeld umgesetzte Leistung kann entweder aus den Klemmengrößen oder durch räumliche Integration der Leistungsdichte in Kugelkoordinaten berechnet werden:

$$P = U_{\mathrm{ia}}\,I_{\mathrm{ia}} = \iint\limits_{\substack{\text{(halbe}\\ \text{Kugelschale)}}} p\,\mathrm{d}V$$

mit

$$\mathrm{d}V = r^2 \sin\vartheta\,\mathrm{d}r\,\mathrm{d}\vartheta\,\mathrm{d}\varphi\,.$$

Als Ergebnis ergibt sich auf beiden Wegen

$$P = U_{\mathrm{ia}}^2\,\frac{2\pi\,\kappa_{\mathrm{K}}}{\frac{1}{r_{\mathrm{i}}} - \frac{1}{r_{\mathrm{a}}}}\,.$$

9.9 Maschensatz für differenzielle Feldgrößen

Der Kirchhoffsche Maschensatz in seiner bisher verwendeten Form macht eine Aussage über die Summe der elektrischen Spannungen (integrale Feldgrößen) in einer *Masche* eines elektrischen Netzwerks, das durch ein Ersatzschaltbild aus *konzentrierten Elementen* modelliert wird:

Die Summe aller Spannungen in einem Umlauf (Umlaufspannung) ist null.

Für *zeitinvariante* Spannungen (Gleichstromtechnik) gilt

$$\sum U = 0\,. \tag{9.56}$$

Für *zeitvariante* Spannungen, bei denen die betrachtete Masche *nur von einem vernachlässigbaren zeitvarianten magnetischen Fluss durchsetzt* wird (Sinusstromtechnik), gilt näherungsweise

$$\sum u(t) = 0\,. \tag{9.57}$$

Nun werden *räumlich verteilte elektrische Strömungsfelder* betrachtet. Hier gilt der *Maschensatz* für differenzielle Feldgrößen in der Form

$$\oint\limits_{(s)} \vec{E}\,\mathrm{d}\vec{s} = 0\,, \tag{9.58}$$

sofern die durch den *geschlossenen Weg* (*s*) aufgespannte Fläche *nicht von einem zeitvarianten magnetischen Fluss* (s. Abschnitt 11.7.1) *durchsetzt* wird. Das trifft bei SESF stets zu. Gl. (9.58) ist die Fassung der allgemeiner gültigen 2. Maxwellsche Gleichung (s. Abschnitt 12.2) für genau diesen Fall.

An Stelle der in den Gln. (9.56) und (9.57) auftretenden *integralen Feldgröße* „elektrische Spannung“ tritt in Gl. (9.58) die *differenzielle Feldgröße* „elektrische Feldstärke“. In den Gln. (9.56) und

(9.57) wird die *Summe der diskreten Spannungen* über den einzelnen Elementen des gewählten Umlaufs im Netzwerk berechnet. In Gl. (9.58) wird analog dazu das *Ringintegral* (auch *Umlaufintegral* genannt) *der infinitesimal kleinen Teilspannungen* $\mathrm{d}U = \vec{E}\,\mathrm{d}\vec{s}$ über den gerichteten Teilstrecken $\mathrm{d}\vec{s}$, aus denen der Umlauf (s) besteht, berechnet. Die Richtung, in der (s) durchlaufen wird, ist frei wählbar.

Aus Gl. (9.58) folgt, dass das elektrische Potenzial in jedem Feldpunkt eindeutig und damit der Wert von

$$U_{12} = \int_{P_1}^{P_2} \vec{E}\,\mathrm{d}\vec{s} \tag{9.59}$$

unabhängig vom gewählten Integrationsweg ist. Dies lässt sich anhand der in Bild 9.25 dargestellten Anordnung einfach beweisen:

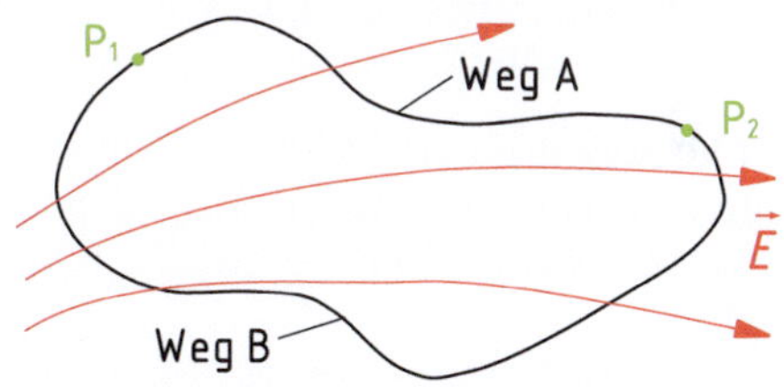

Bild 9.25: Zum Beweis des Maschensatzes

Eine Ladung Q, die sich in einem Feldpunkt mit dem elektrischen Potenzial φ befindet, hat nach Gl. (1.13) die elektrische Energie $W = \varphi\,Q$ (bezogen auf eine Bezugsenergie W_0, die zum Bezugspotenzial φ_0 gehört). Die Ladung Q wird von einem beliebigen Punkt P_1 auf einem beliebigen Weg A durch den Feldraum zu einem beliebigen anderen Punkt P_2 und auf einem beliebigen anderen Weg B zurück zu Punkt P_1 bewegt. Bei der Bewegung wird auf jedem Wegstückchen $\mathrm{d}\vec{s}$ im elektrischen Feld $\vec{E}$ die Arbeit

$$\mathrm{d}W = \vec{F}\,\mathrm{d}\vec{s} = Q\,\vec{E}\,\mathrm{d}\vec{s} \tag{9.60}$$

geleistet. Die bei dem Vorgang *insgesamt* geleistete Arbeit ist

$$\Delta W = \int_{\mathrm{P}_1}^{\mathrm{P}_2} \mathrm{d}W + \int_{\mathrm{P}_2}^{\mathrm{P}_1} \mathrm{d}W. \tag{9.61}$$

Mit $Q = \text{const.}$ folgt daraus

$$\Delta W = Q\left(\int_{\mathrm{P}_1}^{\mathrm{P}_2} \vec{E}\,\mathrm{d}\vec{s} + \int_{\mathrm{P}_2}^{\mathrm{P}_1} \vec{E}\,\mathrm{d}\vec{s}\right). \tag{9.62}$$

Wird der gewählte Weg von P_1 über P_2 zurück zu P_1 (geschlossener Umlauf) mit (s) bezeichnet, ergibt sich

$$\Delta W = Q \oint_{(s)} \vec{E}\,\mathrm{d}\vec{s}. \tag{9.63}$$

Mit Gl. (9.58) folgt daraus

$$\Delta W = 0\,, \tag{9.64}$$

was die Eindeutigkeit des elektrischen Potenzials beweist.

Wenn die Länge des geschlossenen Weges (s) gegen Null geht, also ein Umlauf um eine infinitesimal kleine Fläche betrachtet wird, tritt an Stelle der *integralen Formulierung* in Gl. (9.58) die *differenzielle Formulierung*

$$\operatorname{rot}\vec{E} = \vec{0}\,. \tag{9.65}$$

Während Gl. (9.58) eine Aussage über ein *ausgedehntes Gebiet* liefert, macht der Maschensatz in der differentiellen Form Gl. (9.65) eine Aussage über eine Eigenschaft der einzelnen *Punkte* (die eigentlich infinitesimal kleine Flächen sind) eines SESF.

Merke: *In stationären elektrischen Strömungsfeldern ist das Feld der elektrischen Feldstärke wirbelfrei.*

Der Operator „rot" (von „*Rotation*") der Vektoranalysis bildet ein Vektorfeld auf ein anderes Vektorfeld ab, das die *Wirbelstärke* des ersten Vektorfeldes beschreibt.

Der Vektor rot $\vec{V}$ eines Wirbelfeldes $\vec{V}$ steht in jedem Feldpunkt *senkrecht* auf der Ebene, die in der unmittelbaren Umgebung dieses Feldpunktes durch die Wirbel gebildet wird und ist der Wirbelrichtung *rechtswendig* zugeordnet, s. Bild 9.26. Der Betrag $|\operatorname{rot}\vec{V}|$ ist ein Maß für die *Wirbelintensität*.

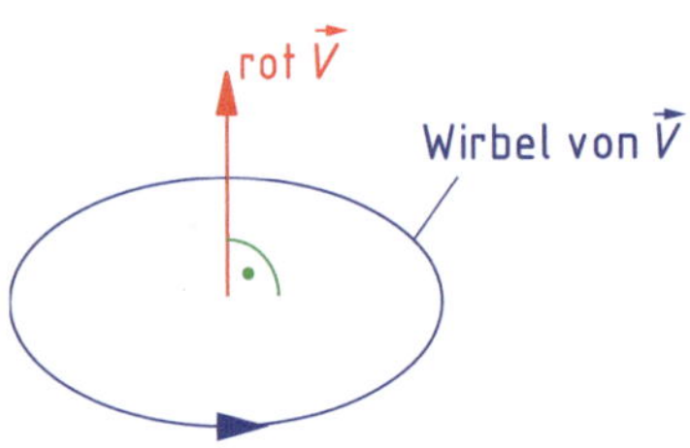

Bild 9.26: Wirbel um einen Feldpunkt und zu diesem gehörige Rotation

Der Operator „rot" lässt sich als *Kreuzprodukt* mit dem *Nabla-Operator* ausdrücken. Damit kann Gl. (9.58) auch geschrieben werden in der Form

$$\vec{\nabla} \times \vec{E} = \vec{0}\,. \tag{9.66}$$

Für kartesische Koordinaten, also

$$\vec{E} = \begin{pmatrix} E_x \\ E_y \\ E_z \end{pmatrix}, \tag{9.67}$$

gilt

$$\operatorname{rot}\vec{E} = \vec{\nabla} \times \vec{E} = \begin{pmatrix} \frac{\partial}{\partial x} \\ \frac{\partial}{\partial y} \\ \frac{\partial}{\partial z} \end{pmatrix} \times \begin{pmatrix} E_x \\ E_y \\ E_z \end{pmatrix} = \begin{pmatrix} \frac{\partial}{\partial y}E_z - \frac{\partial}{\partial z}E_y \\ \frac{\partial}{\partial z}E_x - \frac{\partial}{\partial x}E_z \\ \frac{\partial}{\partial x}E_y - \frac{\partial}{\partial y}E_x \end{pmatrix}. \tag{9.68}$$

In Gebieten, in denen ein *zeitvariantes* Magnetfeld existiert, ist das Feld der elektrischen Feldstärke *nicht mehr wirbelfrei*. Dann gilt der Maschensatz nicht mehr und das elektrische Potenzial eines

Feldpunktes ist nicht mehr eindeutig. An Stelle des Maschensatzes tritt dann das allgemeingültige *Induktionsgesetz* (s. Abschnitt 11.16).

Es gibt Strömungsfelder, bei denen der Knotensatz nicht als Ausgangspunkt der Analyse geeignet ist. In Beispiel 9.7 wird eine solche Anordnung untersucht und ein Weg zu ihrer Berechnung gezeigt.

Beispiel 9.7: Strömungsfeld im halben Hohlzylinder mit radialen Elektroden

Betrachtet wird ein homogener, isotroper Leiter in Form eines *längs halbierten* Hohlzylinders mit dem Innenradius r_i, Außenradius r_a, der Länge l_Z und der elektrischen Leitfähigkeit $0 < \kappa_\text{Z} < \infty$ gemäß Bild 9.27. Die beiden *radialen Schnittflächen* 1 und 2 sind jeweils ideal leitend kontaktiert und mit einer idealen *Spannungs*quelle U_{12} verbunden. Der Zählpfeil für den Strom I_0, der von der Spannungsquelle in die Elektrode 1 fließt, weist zur Elektrode 1. Zunächst gelte $U_{12} > 0$. I_0 ist *nicht* gegeben.

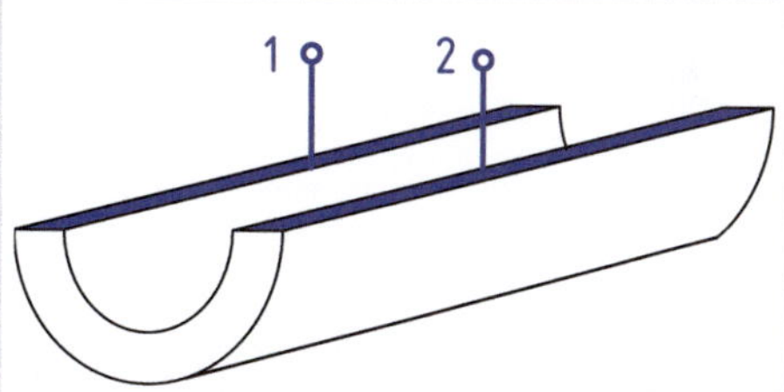

Bild 9.27: Halber Hohlzylinder mit radialen Elektroden

Vorüberlegungen:

- Zur Analyse des Strömungsfeldes bietet sich die Verwendung von Zylinderkoordinaten an. Die z-Achse wird auf die Zylinderachse gelegt. Die Koordinate $\varphi = 0$ liege bei Schnittfläche 1, s. Bild 9.28.
- Die $\vec{E}$- und die $\vec{J}$-Feldlinien treten senkrecht aus der Elektrode 1 aus und senkrecht in die Elektrode 2 ein.
- $\vec{J}$-Feldlinien, die an der äußeren oder inneren Mantelfläche beginnen, müssen weiter auf dieser Mantelfläche verlaufen, da $\vec{J}$ an Grenzflächen zu einem Nichtleiter keine Normalkomponente haben kann und nach Gl. (9.73) die Normalkomponenten von $\vec{J}$ an Grenzflächen zwischen Gebieten mit unterschiedlichem κ stetig sind..
- Die $\vec{J}$-Feldlinien können wegen der vorhandenen Symmetrie nur senkrecht durch die mittlere radiale Schnittebene bei $\varphi = 90°$ verlaufen, die somit eine Äquipotenzialfläche ist.
- Diese Argumentation lässt sich wie in Beispiel 9.11 rekursiv auf weitere radiale Schnittebenen in der Mitte zwischen zwei bereits betrachteten anwenden. Daraus folgt, dass alle $\vec{J}$-Feldlinien die Form von konzentrischen Halbkreisen haben.
- Der Betrag der Stromdichte wird an der inneren Mantelfläche maximal und an der äußeren minimal sein.
- $\vec{J}$ muss in jeder radialen Querschnittsfläche die selbe Ortsfunktion haben.

Aus diesen Vorüberlegungen folgen das in Bild 9.28 skizzierte Feldbild und die Ansatzfunktionen

$$\vec{J} = J_\varphi(r)\,\vec{e}_\varphi \quad \text{und} \quad \vec{E} = E_\varphi(r)\,\vec{e}_\varphi\,.$$

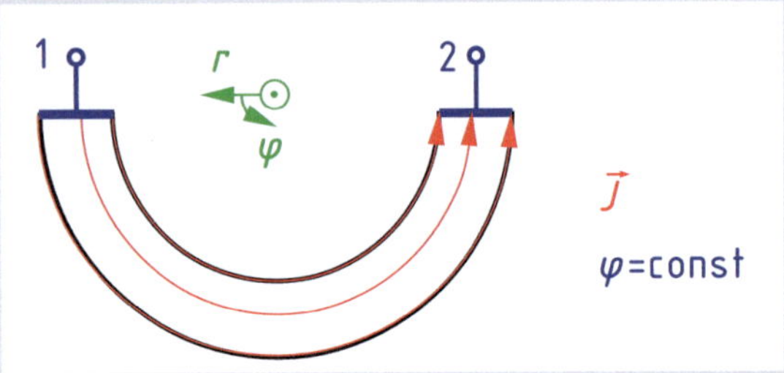

Bild 9.28: Feldbild und Koordinatensystem zum halben Hohlzylinder mit radialen Elektroden

Die Anwendung des Knotenatzes führt hier nicht weiter, da die Art der Abhängigkeit der Stromdichte von der r-Koordinate unbekannt ist. Bekannt ist aber die Spannung zwischen den Elektroden und somit der Wert des Wegintegrals der elektrischen Feldstärke entlang einer beliebigen $\vec{E}$-Feldlinie in Zylinderkoordinaten:

$$\int\limits_{\text{Elektrode 1}}^{\text{Elektrode 2}} \vec{E}\,\mathrm{d}\vec{s} = \int\limits_0^\pi E_\varphi(r)\,\vec{e}_\varphi\, r\,\mathrm{d}\varphi\,\vec{e}_\varphi = U_{12}$$

Da E_φ nicht von der φ-Koordinate abhängt, kann es vor das Integral gezogen werden und es ergibt sich

$$E_\varphi(r)\int\limits_0^\pi r\,\mathrm{d}\varphi = E_\varphi(r)\,\pi r = U_{12}\,.$$

Daraus folgen

$$\vec{E} = \frac{U_{12}}{\pi r}\,\vec{e}_\varphi \sim \frac{1}{r} \quad \text{und} \quad \vec{J} = \frac{U_{12}\,\kappa_Z}{\pi r}\,\vec{e}_\varphi \sim \frac{1}{r}\,.$$

Der Gesamtstrom I_0, der im Strömungsfeld von Elektrode 1 zu Elektrode 2 fließt, ergibt sich aus dem Integral der Stromdichte über eine beliebige radiale Schnittfläche (A) in Zylinderkoordinaten:

$$I_0 = \int\limits_{(A)} \vec{J}\,\mathrm{d}\vec{A} = \int\limits_{r_\mathrm{i}}^{r_\mathrm{a}} \frac{\kappa_Z\,U_{12}}{\pi r}\,\vec{e}_\varphi\,\underbrace{(\mathrm{d}r\,l_Z\,\vec{e}_\varphi)}_{\mathrm{d}\vec{A}} = \frac{\kappa_Z\,U_{12}\,l_Z}{\pi}\int\limits_{r_\mathrm{i}}^{r_\mathrm{a}} \frac{1}{r}\,\mathrm{d}r = \frac{\kappa_Z\,U_{12}\,l_Z}{\pi}\ln\frac{r_\mathrm{a}}{r_\mathrm{i}}$$

Der Widerstand der Anordnung ist

$$R_{12} = \frac{U_{12}}{I_0} = \frac{\pi}{\kappa_Z\,l_Z\,\ln\frac{r_\mathrm{a}}{r_\mathrm{i}}}\,.$$

Die Ortsfunktion der Leistungsdichte berechnet sich zu

$$p(r) = \vec{E}(r)\vec{J}(r) = \frac{U_{12}^2\,\kappa_Z}{\pi^2\,r^2} \sim \frac{1}{r^2}\,.$$

Die insgesamt umgesetzte Leistung lässt sich aus dem Produkt der Klemmengrößen oder durch das Volumenintegral in Zylinderkoordinaten der Leistungsdichte über das Strömungsfeld berechnen:

$$P = U_{12}\,I_0 = \iiint\limits_{\text{(Strömungsfeld)}} p\,\mathrm{d}V = \int\limits_{z=0}^{l_Z}\int\limits_{r=r_i}^{r_a}\int\limits_{\varphi=0}^{\pi} p(r)\,r\,\mathrm{d}\varphi\,\mathrm{d}r\,\mathrm{d}z = \frac{U_{12}^2\,\kappa_Z\,l_Z}{\pi}\ln\frac{r_a}{r_i}$$

9.10 Kennzeichen der Feldbilder von SESF

Hier werden ausschließlich die Eigenschaften der Feldbilder von näherungsweise zweidimensional beschreibbaren SESF in *passiven* Anordnungen mit *isotroper* elektrischer Leitfähigkeit zwischen zwei *idealen* Elektroden betrachtet.

Ein solches Feldbild ist die zweidimensionale grafische Darstellung einer sinnvollen Auswahl von *Äquipotenziallinien bzw. -flächen* sowie von $\vec{J}$*-Feldlinien* oder/und $\vec{E}$-Feldlinien.

Nachfolgend wird der Ausdruck „Äquipotenzialfläche bzw. -linie“ mit *ÄPL* abgekürzt.

1. Die *prinzipielle geometrische Form* des Feldbildes wird *allein* durch die *geometrischen* (Form der Grenzen zwischen Gebieten unterschiedlicher elektrischer Leitfähigkeit) und *elektrischen* (elektrische Leitfähigkeit) Eigenschaften des Feldraumes bestimmt – unabhängig von der das Feld antreibenden Quelle. Lediglich die *Orientierung* der Feldlinien ist von der *Polarität* der Quelle abhängig.
2. Die $\vec{J}$-Feldlinien *beginnen* an der Elektrode, an der der Strom in das Strömungsgebiet hineinfließt und *enden* an der Elektrode, an der er aus ihm herausfließt.
3. Zu unterschiedlichen Potenzialen gehörende ÄPLs können sich *nicht berühren*.
4. ÄPLs und $\vec{E}$-Feldlinien stehen in jedem Feldpunkt mit $E \neq 0$ *senkrecht aufeinander*.
5. *Feldlinien* können sich *nicht schneiden*.
6. An der *Grenze des Strömungsgebietes zu einem Nichtleiter* können die $\vec{J}$-Feldlinien nur tangential zur Grenze verlaufen. Wegen der Isotropie des Materials treffen ÄPLs stets *senkrecht* auf einen solchen Rand.
7. An der Grenze des Strömungsgebietes zu einer idealen Elektrode treten die $\vec{E}$-Feldlinien senkrecht in die Elektrode ein bzw. aus ihr aus, da die Oberfläche einer idealen Elektrode eine ÄPL ist.
8. Sind bei *homogener, isotroper* Leitfähigkeit die Feldlinien von $\vec{J}$ gekrümmt, sinkt $|\vec{J}|$ in der Richtung, *die vom Mittelpunkt des Krümmungsbogens weg weist*, s. Bild 9.29.

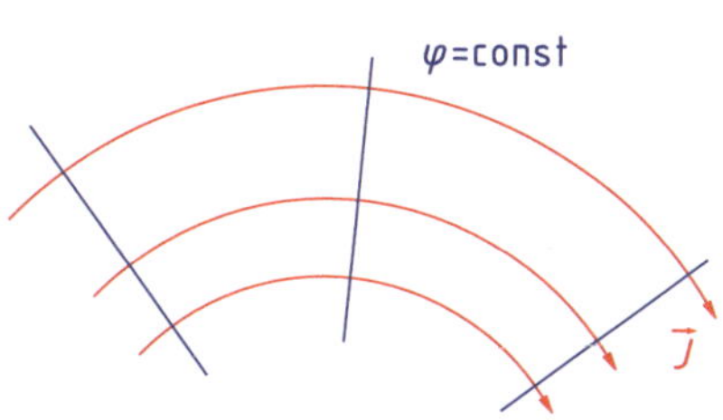

Bild 9.29: Ausschnitt aus einem Strömungsfeld mit gekrümmten Feldlinien

9.11 Komplementäre Feldanordnungen

Das Verfahren der komplementären Feldanordnungen kann beim Skizzieren qualitativer Feldbilder sehr hilfreich sein. Es ist sehr anschaulich und fördert das Verständnis der SESF.

Anwendbar ist das Verfahren nur auf *zweidimensional* darstellbare Felder in passiven, homogenen, isotropen Gebieten mit endlicher Leitfähigkeit ($0 < \varkappa < \infty$), die von Nichtleitern und idealen Elektroden begrenzt werden. Bei Anordnungen, die Bereiche mit unterschiedlicher *endlicher* Leitfähigkeit beinhalten, ist das Verfahren *nicht* anwendbar!

$\vec{E}$-Feldlinien (in isotropen Gebieten auch $\vec{J}$-Feldlinien) und Äquipotenziallinien zeigen an den Grenzen zwischen

- Gebieten mit endlicher Leitfähigkeit und idealen Elektroden einerseits bzw.
- Gebieten mit endlicher Leitfähigkeit und Nichtleitern andererseits

komplementäres Verhalten, s. Abschnitt 9.10 und Bild 9.30:

- Grenzen idealer Elektroden sind Äquipotenziallinien, in die bzw. aus denen die $\vec{E}$-Feldlinien senkrecht ein- bzw. austreten.
- An Grenzen zu Nichtleitern verlaufen die $\vec{J}$-Feldlinien und wegen der Isotropie auch die $\vec{E}$-Feldlinien im Leiter *tangential* zur Grenzfläche und die Äquipotenziallinien stehen *senkrecht* zur Grenzfläche.

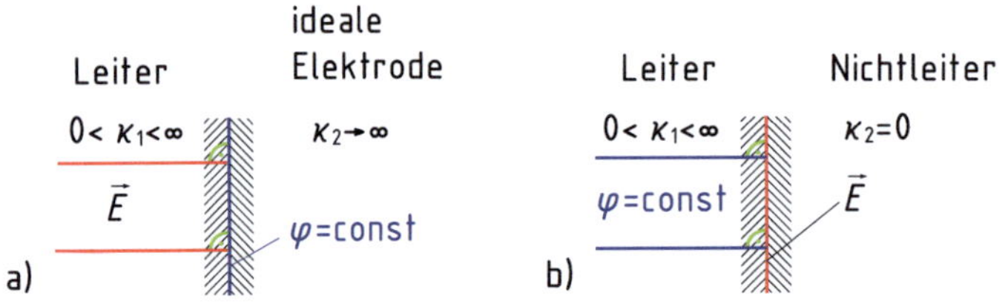

Bild 9.30: Feldausschnitte mit a) Grenzen Leiter/ideale Elektrode und b) Leiter/Nichtleiter

Auf Grund dieser Tatsachen lassen sich zu einigen einfachen Feldanordnungen *komplementäre Feldanordnungen* angeben, bei denen die Feldbilder durch Vertauschen der $\vec{E}$-Feldlinien und Äquipotenziallinien ineinander übergehen. Bei komplementären Feldanordnungen werden Grenzen des Leiters zu idealen Elektroden durch Grenzen zu Nichtleitern ersetzt und umgekehrt.

Bild 9.31 zeigt das Prinzip anhand des einfachsten Beispiels. Da das Verfahren keine Aussage über die *Richtung* der Feldlinien machen kann, sind die eigentlich erforderlichen Pfeile an den Feldlinien der elektrischen Feldstärke in den Bildern 9.30 und 9.31 bewusst nicht eingezeichnet worden.

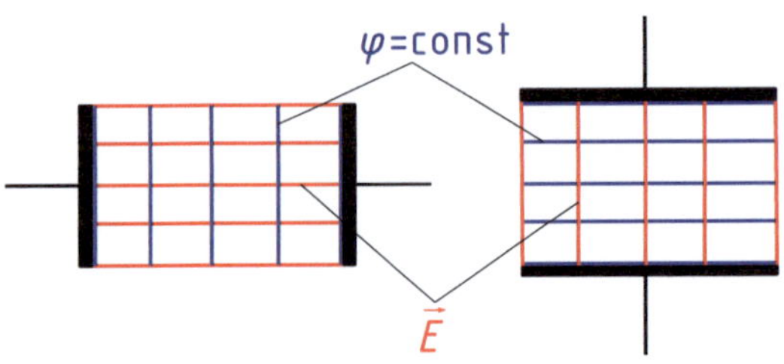

Bild 9.31: Einfachste zueinander komplementäre Feldanordnungen mit Feldbildern

In Beispiel 9.8 wird anhand eines relativ einfachen geformten Strömungsgebietes gezeigt, wie hilf- und lehrreich das Verfahren der komplementären Feldanordnungen sein kann.

Beispiel 9.8: Komplementäre Feldanordnungen

Betrachtet wird ein Quader aus homogenem, isotropem, widerstandsbehaftetem Material gemäß Bild 9.32. Der Quader ist an gegenüberliegenden Flächen widerstandslos kontaktiert. Am oberen Rand des Quaders ist in der Mitte zwischen den Elektroden über die ganze Breite des Quaders ein wiederum quaderförmiges Stück des Materials durch ideal leitfähiges Material ersetzt. Durch den Quader fließt ein Strom $I > 0$.

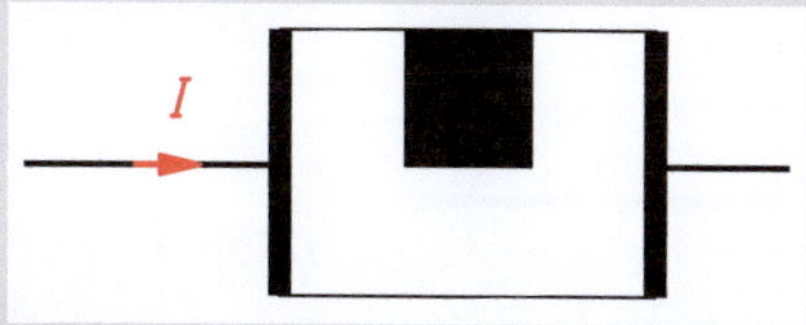

Bild 9.32: Längsschnitt durch einen Quader mit unterschiedlichen Leitwerten

Das Feldbild ($\vec{J}$-Feldlinien, ÄPLs) in der in Bild 9.32 dargestellten Schnittebene ist zu skizzieren, die komplementäre Anordnung ist darzustellen und für diese ist ebenfalls das Feldbild zu skizzieren.

Vorüberlegungen:

- Die beiden Elektroden und der ideale Leiter im Quader sind Äquipotenzialgebiete.
- Die Stromdichte ist dort am höchsten, wo die Stromfäden zwischen den Elektroden den geringsten Widerstand zu überwinden haben. Das ist an der oberen Kante des Quaders der Fall, da die Stromfäden dort teilweise durch ein widerstandsloses Gebiet verlaufen.
- Die $\vec{E}$-Feldlinien und wegen der Isotropie des Materials auch die $\vec{J}$-Feldlinien treten im rechten Winkel aus der linken Elektrode aus und in die rechte Elektrode ein. Gleiches gilt für den Ein- und Austritt in den bzw. aus dem ideal leitfähigen Bereich im Quader.
- Die $\vec{J}$-Feldlinien, die auf einer Kante des Quaders beginnen, bleiben dort.
- Die Form des Feldbildes muss wegen der Symmetrie der Anordnung spiegelsymmetrisch zur Mittelebene zwischen den Elektroden sein.
- Selbstverständlich müssen sich im widerstandsbehafteten Bereich die $\vec{J}$-Feldlinien und die Äquipotenziallinien überall im rechten Winkel schneiden.

Basierend auf diesen Vorüberlegungen lässt sich das in Bild 9.33 dargestellte Feldbild skizzieren.

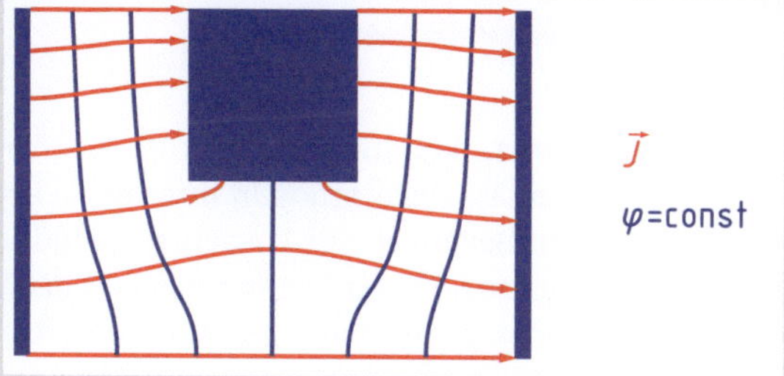

Bild 9.33: Skizze des Feldbildes für den Quader

Die Voraussetzungen zur Anwendung des Prinzips der komplementären Feldanordnungen sind erfüllt: Neben nicht leitenden und ideal leitenden Gebieten enthält die Anordnung nur Material mit homogener, isotroper Leitfähigkeit.

Nach Vertauschung der nichtleitenden und ideal leitenden Gebiete ergibt sich die in Bild 9.34 dargestellte komplementäre Anordnung.

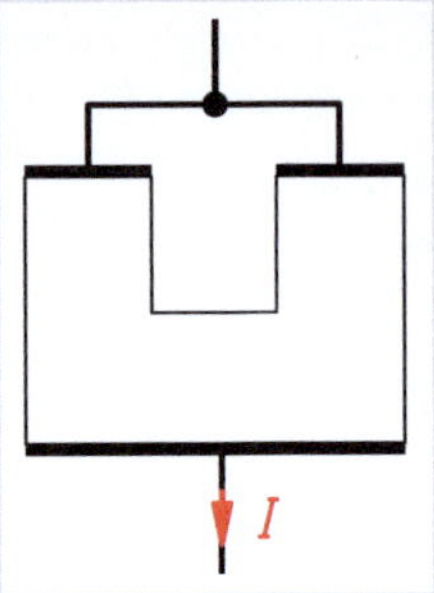

Bild 9.34: Zu der Anordnung in Bild 9.32 komplementäre Anordnung

Vorüberlegungen:

- Die Stromdichte muss am oberen Quaderrand größer als am unteren sein, da dort dem Strom eine kleinere Querschnittsfläche zur Verfügung steht.
- Das Feldbild ist wiederum spiegelsymmetrisch zur Mitteleben des Quaders.
- An allen Grenzflächen zum Nichtleiter können die $\vec{J}$-Feldlinien nur tangential zu den Grenzflächen verlaufen.
- Aus den beiden vorigen Überlegungen folgt, dass es drei Linien (in der Schnittdarstellung drei Punkte) gibt, auf denen die Stromdichte verschwindet. An ihnen treffen $\vec{J}$-Feldlinien senkrecht aufeinander.

Aus diesen Vorüberlegungen folgt die in Bild 9.35 dargestellte Skizze des Feldbildes der komplementären Anordnung.

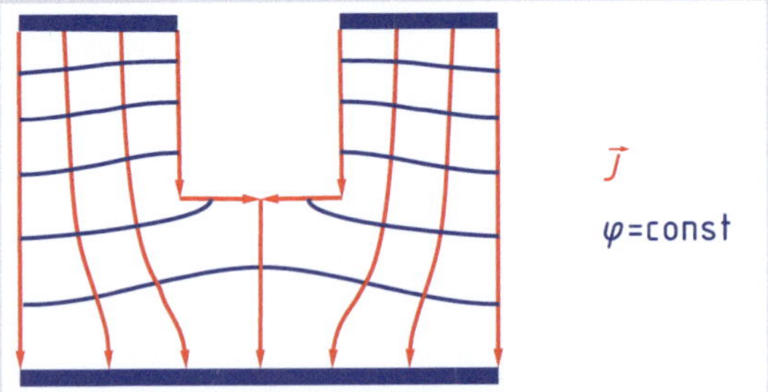

Bild 9.35: Skizze des Feldbildes für die komplementäre Anordnung

Es ist bemerkenswert, dass unabhängig voneinander skizzierte Feldbilder für die ursprüngliche und die komplementäre Anordnung in ihrer Form üblicherweise voneinander abweichen. Das ermöglicht nach dem Bedenken der Ursachen oftmals eine Verbesserung der Feldskizze für die ursprüngliche Anordnung. Dieser Umstand macht das Verfahren der komplementären Felder zu einer wertvollen Methode – insbesondere für Studierende der Elektrotechnik.

9.12 SESF an Grenzflächen, Brechungsgesetz

In diesem Abschnitt wird das Brechungsgesetz für SESF hergeleitet. Die Kenntnis der Herleitung ist für die spätere Anwendung des Gesetzes nicht erforderlich, kann aber das Verständnis für den Umgang mit den grundlegenden Gesetzen des SESF fördern.

Betrachtet wird ein Ausschnitt aus der Grenzfläche zwischen zwei *passiven* Gebieten 1 und 2 mit den Leitfähigkeiten $\varkappa_1$ bzw. $\varkappa_2$ gemäß Bild 9.36. Die Anordnung erfüllt zwei Bedingungen:

1. Die Leitfähigkeiten sind isotrop.
2. In der Grenzfläche wird kein Strom zu- oder abgeführt.

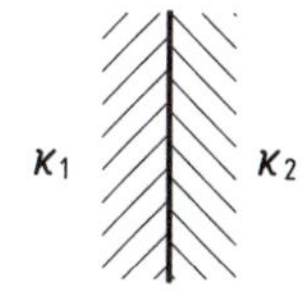

Bild 9.36: Grenzfläche zwischen zwei Gebieten unterschiedlicher Leitfähigkeit

In beiden Gebieten existiere ein Strömungsfeld. Um zu ermitteln, wie sich die Feldlinien beim Durchgang durch die Grenzfläche verhalten, wird die Umgebung von zwei Feldpunkten P_1 und P_2 untersucht, die sich direkt nebeneinander auf den beiden Seiten der Grenzfläche befinden. Die Feldgrößen $\vec{E}$ und $\vec{J}$ in den beiden Feldpunkten werden jeweils durch Vektoren dargestellt. In Bild 9.37 sind diese Vektoren so eingezeichnet, dass $\vec{E}_1$ und $\vec{J}_1$ in Punkt P_1 enden, während $\vec{E}_2$ und $\vec{J}_2$ in Punkt P_2 beginnen. Ohne Einschränkung der Allgemeingültigkeit der Ergebnisse wird angenommen, dass das elektrische Strömungsfeld von Gebiet 1 zu Gebiet 2 verläuft. Die in den nachfolgenden Bildern dargestellte Schnittebene wird durch die Feldvektoren aufgespannt.

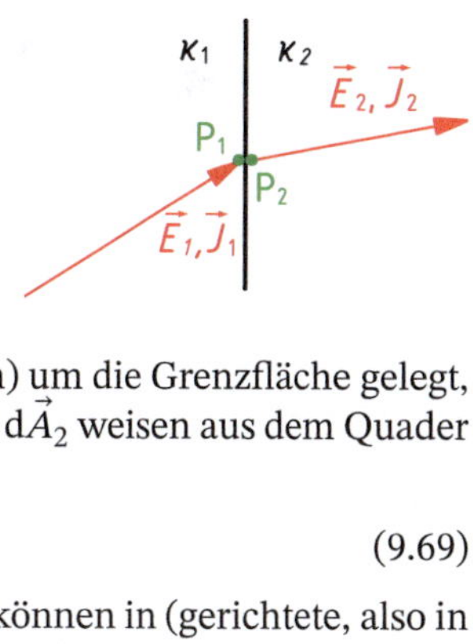

Bild 9.37: Vektorielle Feldgrößen in benachbarten Feldpunkten beiderseits der Grenzfläche

Nun wird gemäß Bild 9.38 ein infinitesimal kleiner Quader (Plättchen) um die Grenzfläche gelegt, der die Punkte P_1 und P_2 einschließt. Die Normalenvektoren $d\vec{A}_1$ und $d\vec{A}_2$ weisen aus dem Quader heraus. Für ihre Flächeninhalte gilt

$$dA_1 = dA_2 \,. \tag{9.69}$$

Die vektoriellen Feldgrößen in den beiden betrachteten Feldpunkten können in (gerichtete, also in Rechnungen vorzeichenbehaftet eingehende) Anteile senkrecht (normal) zur Grenzfläche (Index n) und tangential zur Grenzfläche (Index t) zerlegt werden, was in Bild 9.38 am Beispiel von $\vec{J}$ dargestellt ist.

Die Anwendung des Knotensatzes

$$\oiint_{(A)} \vec{J}\, d\vec{A} = 0 \tag{9.70}$$

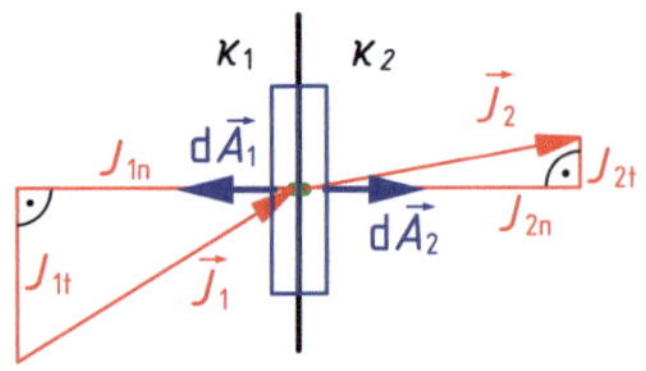

Bild 9.38: Hüllfläche um die betrachteten Feldpunkte und Zerlegung von $\vec{J}$

auf die Hüllfläche liefert

$$\vec{J}_1\,\mathrm{d}\vec{A}_1 + \vec{J}_2\,\mathrm{d}\vec{A}_2 = 0\,, \tag{9.71}$$

woraus mit Bild 9.38

$$-J_{1\mathrm{n}}\,\mathrm{d}A_1 + J_{2\mathrm{n}}\,\mathrm{d}A_2 = 0 \tag{9.72}$$

folgt und mit Gl. (9.69)

$$J_{1\mathrm{n}} = J_{2\mathrm{n}}\,. \tag{9.73}$$

Erkenntnis: *Die Normalkomponente der elektrischen Stromdichte ist beim Übergang zwischen Gebieten unterschiedlicher elektrischer Leitfähigkeit stetig.*

Für den Extremfall der Grenze zwischen einem Leiter und einem Nichtleiter (in dem $J = 0$ ist), belegt dieses Ergebnis, dass im Leiter die Stromdichte nur eine Komponente tangential zur Grenze haben kann.

Nun wird der Maschensatz

$$\oint\limits_{(s)} \vec{E}\,\mathrm{d}\vec{s} = 0 \tag{9.74}$$

auf einen Integrationsweg gemäß Bild 9.39 mit

$$\mathrm{d}s_1 = \mathrm{d}s_2 \tag{9.75}$$

auf der Oberfläche des Quaders angewandt.

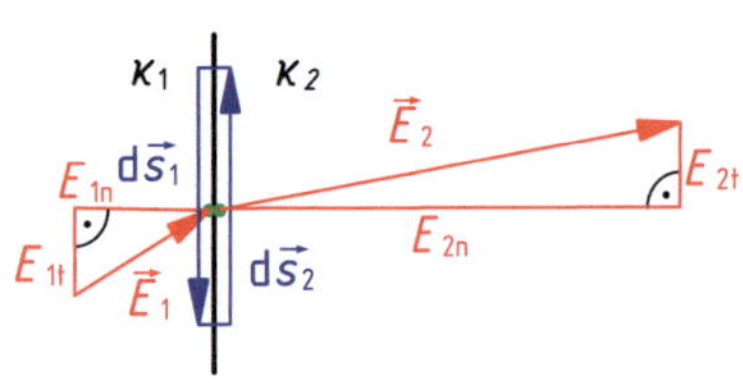

Bild 9.39: Umlauf um die betrachteten Feldpunkte mit Zerlegung von $\vec{E}$

Aus Gl. (9.74) folgt mit Bild 9.39

$$\vec{E}_1\,\mathrm{d}\vec{s}_1 + \vec{E}_2\,\mathrm{d}\vec{s}_2 = 0 \tag{9.76}$$

und daraus mit der Zerlegung von $\vec{E}$

$$-E_{1\mathrm{t}}\,\mathrm{d}s_1 + E_{2\mathrm{t}}\,\mathrm{d}s_2 = 0\,, \tag{9.77}$$

woraus sich mit Gl. (9.75)

$$E_{1\mathrm{t}} = E_{2\mathrm{t}} \tag{9.78}$$

ergibt.

Erkenntnis: *Die Tangentialkomponente der elektrischen Feldstärke ist beim Übergang zwischen Gebieten unterschiedlicher elektrischer Leitfähigkeit stetig.*

Für den Extremfall der Grenze zwischen einen Leiter und einem Nichtleiter besagt dieses Ergebnis, dass die tangentiale Komponente der elektrischen Feldstärke im Nichtleiter direkt an der Oberfläche zum Leiter genauso groß wie im angrenzenden Leiter ist. Dieses Feld im Nichtleiter wird bei der Behandlung des SESF nicht betrachtet.

Mit

$$\vec{E} = \frac{1}{\kappa}\vec{J} \tag{9.79}$$

folgt aus Gl. (9.78)

$$\frac{J_{1t}}{\kappa_1} = \frac{J_{2t}}{\kappa_2}\,. \tag{9.80}$$

Division von Gl. (9.80) durch Gl. (9.73) ergibt

$$\frac{J_{1t}}{J_{1n}\,\kappa_1} = \frac{J_{2t}}{J_{2n}\,\kappa_2}\,. \tag{9.81}$$

Für den Einfallswinkel α_1 und den Ausfallswinkel α_2 von $\vec{E}$ und $\vec{J}$ auf den beiden Seiten der Grenze gilt, s. Bild 9.40,

$$\tan\,\alpha_1 = \frac{J_{1t}}{J_{1n}} \quad \text{und} \quad \tan\,\alpha_2 = \frac{J_{2t}}{J_{2n}}\,. \tag{9.82}$$

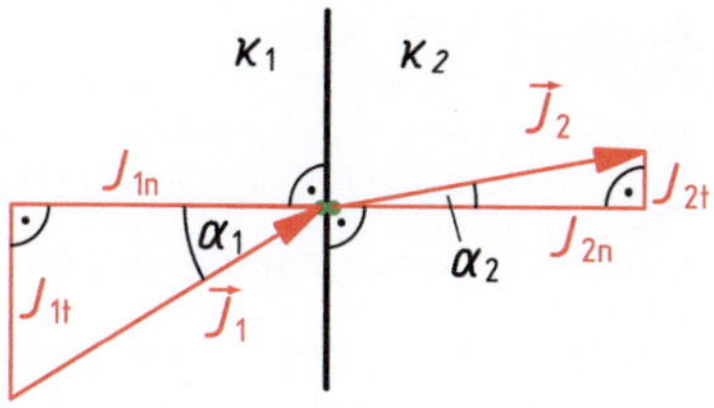

Bild 9.40: Zusammenhang zwischen Ein- und Ausfallswinkel und den Komponenten von $\vec{J}$

Substitution von Gl. (9.82) auf den beiden Seiten von Gl. (9.81) ergibt

$$\frac{\tan\,\alpha_1}{\kappa_1} = \frac{\tan\,\alpha_2}{\kappa_2}\,, \tag{9.83}$$

woraus das *Brechungsgesetz für stationäre elektrische Strömungsfelder* folgt:

$$\frac{\tan\,\alpha_1}{\tan\,\alpha_2} = \frac{\kappa_1}{\kappa_2}\,. \tag{9.84}$$

Erkenntnis: *An der Grenze zwichen Bereichen unterschiedlicher elektrischer Leitfähigkeit werden elektrische Feldlinien im elektrisch schlechter leitenden Material zum Einfallslot hin gebrochen.*

Daraus folgt, dass elektrische Feldlinien beim Übergang zwischen einer Elektrode und deutlich schlechter leitendem Material (auf der Seite des letzteren Materials) fast senkrecht in die Elektrode ein- bzw. aus ihr austreten, was im folgenden Beispiel quantifiziert wird.

Beispiel 9.9: Brechung an Grenzflächen im elektrischen Strömungsfeld

Zunächst wird der durchaus realistische Übergang von Silber zu Graphit betrachtet. Die elektrische Leitfähigkeit von Silber ist $\varkappa_{\text{Ag}} \approx 6 \cdot 10^5\,\text{S/cm}$, die von Graphit $\varkappa_{\text{C}} \approx 10^{-3}\,\text{S/cm}$. Damit ergibt sich $\varkappa_{\text{Ag}}/\varkappa_{\text{C}} \approx 6 \cdot 10^8$.

Eine Feldlinie, die im Silber unter einem Einfallswinkel von 89,999°, also fast tangential, auf die Grenze zum Graphit trifft, wird im Graphit mit einem Winkel von etwa 0,005°, also fast senkrecht, austreten!

Selbst bei einem wesentlich kleineren Unterschied zwischen den Leitfähigkeiten der angrenzenden Medien von z. B. $\varkappa_1/\varkappa_2 = 1000$ ergeben sich die aus Tabelle 9.1 zu entnehmenden (gerundeten) Ein- und Ausfallswinkel, die die Aussage gerechtfertigt erscheinen lassen, dass die Feldlinien aus einem gut leitenden Material 1 in ein deutlich schlechter leitendes Material 2 in der Regel fast senkrecht austreten.

Tabelle 9.1: Gerundete Ein- und Ausfallswinkel für $\varkappa_1/\varkappa_2 = 1000$

α_1	0°	45°	60°	85°	89°	89,9°	89,99°
α_2	0°	0,06°	0,1°	0,65°	3,3°	30°	80°

In den beiden folgenden Beispielen werden die Stetigkeitsbedingungen in SESF genutzt, um besser zu verstehen, wie die $\vec{E}$- und $\vec{J}$-Felder in den Anordnungen verlaufen müssen.

Beispiel 9.10: Strömungsfeld im quer geteilten Quader

Betrachtet wird ein an zwei gegenüberliegenden Flächen widerstandslos mittels der Anschlüsse 1 und 2 kontaktierter Quader mit der Querschnittsfläche A_{Q} und der Länge l_{Q}, der an einer idealen *Spannungs*quelle mit U_{12} liegt, s. Querschnitt in Bild 9.41.

Der Quader ist quer in zwei Teilquader mit jeweils homogener, isotroper Leitfähigkeit aufgeteilt: ein Teilquader der Länge l_1 mit $\varkappa_1$, ein Teilquader der Länge l_2 und $\varkappa_2$. Es gilt $l_1 + l_2 = l_{\text{Q}}$ sowie $\varkappa_2 > \varkappa_1$. Zunächst gelte $U_{12} > 0$.

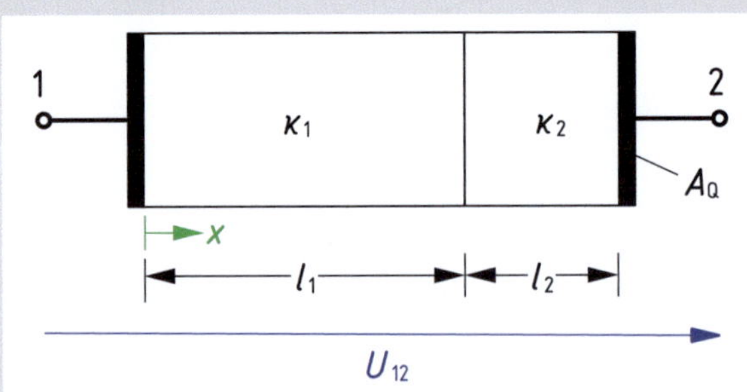

Bild 9.41: Quer geteilter Quader an einer Spannungsquelle

In diesem und dem folgenden Beispiel geht es in besonderem Maße um Verständnis, weniger um Rechnungen.

Zunächst soll die Beschaffenheit des $\vec{J}$-Feldes im Quader diskutiert werden.

- In jedem SESF ist die Stromdichte auf demjenigen Weg zwischen den Elektroden am höchsten, auf dem der Widerstand für einen Stromfaden am geringsten ist.
- Die $\vec{E}$-Feldlinien treten senkrecht aus Elektrode 1 aus und in Elektrode 2 ein, da die Elektrodenoberflächen Äquipotenzialflächen sind.
- Da das Material des Quaders isotrop ist, gilt diese Aussage auch für die $\vec{J}$-Feldlinien.
- Eine $\vec{J}$-Feldlinie, die an der Oberfläche eines Leiters an einem Ort beginnt, der an einen Nichtleiter grenzt, muss weiter tangential zur Oberfläche des Leiters verlaufen, da nirgendwo an der Grenzfläche eine Normalkomponente der Stromdichte auftreten kann. Daraus folgt, dass diejenigen $\vec{J}$-Feldlinien, die am Rand der Oberfläche von Elektrode 1, also an einer Außenfläche des Quaders, in den Quader eintreten, weiter an der Oberfläche verlaufen müssen. Wegen der Symmetrie der Anordnung müssen sie parallel zur x-Achse zur Oberfläche von Elektrode 2 verlaufen.
- Jede dieser Feldlinien durchläuft gleich lange Abschnitte mit gleichem spezifischem Widerstand. Somit gibt es keinen bevorzugten Weg durch den Quader. An der Grenze zwischen Gebieten mit unterschiedlichem κ ist nach Gl. (9.73) die Normalkomponente von $\vec{J}$ stetig. $\vec{J}$-Feldlinien, die genau auf der Grenze zwischen den Teilquadern beginnen, haben keine Normalkomponente bezÃ¼glich der Grenze und verlaufen daher weiter auf der Grenze. Daraus folgt, dass das $\vec{J}$-Feld im gesamten Quader homogen sein muss.
- Wegen $\vec{E} = \frac{1}{\kappa}\vec{J}$ und $\kappa_2 > \kappa_1$ gilt $E_2 < E_1$. Also muss der Abstand zwischen den senkrecht zu den $\vec{E}$-Feldlinien stehenden Äquipotenzialflächen im Teilquader 2 größer als im Teilquader 1 sein. Das $\vec{E}$-Feld ist daher nur bereichsweise homogen.
- Die Grenzfläche zwischen den Teilquadern ist eine Äquipotenzialfläche.

Daraus ergibt sich die in Bild 9.42 dargestellte Feldskizze.

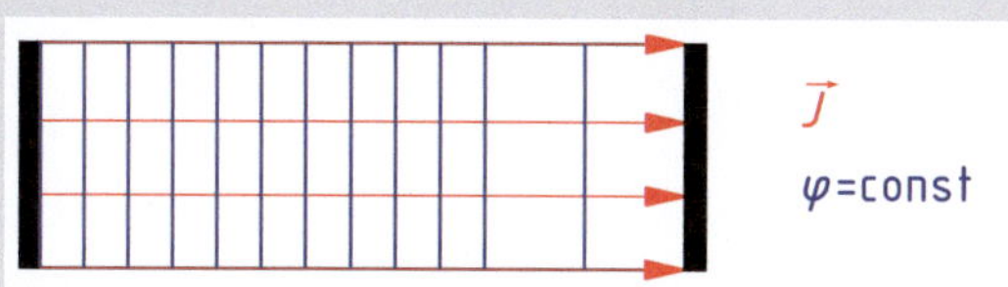

Bild 9.42: Qualitatives Feldbild für den quer geteilten Quader

Nun sollen die Felder im Quader berechnet werden.

Aus den Vorüberlegungen ergibt sich der Ansatz

$$\vec{J} = J_x \,\vec{e}_x \,.$$

Da wie in Beispiel 9.3 die Spannung und nicht der Strom gegeben ist, wird als Hilfsgröße der Strom I_{12} mit Zählpfeil gemäß Bild 9.43 eingeführt.

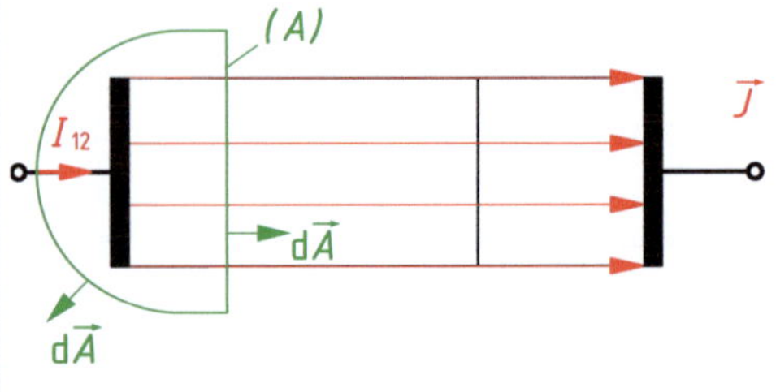

Bild 9.43: Zur Berechnung des Feldes im quer geteilten Quader

Die Anwendung des Knotensatzes auf die in Bild 9.43 eingezeichnete Hüllfläche (A) ergibt

$$\oint\!\!\!\oint_{(A)} \vec{J}\mathrm{d}\vec{A} = -I_{12} + J_\mathrm{x}\,A_\mathrm{Q} = 0\,,$$

woraus die Zwischenergebnisse

$$\vec{J} = \frac{I_{12}}{A_\mathrm{Q}}\,\vec{\mathrm{e}}_\mathrm{x}\,,\quad \vec{E}_1 = \frac{I_{12}}{\kappa_1\,A_\mathrm{Q}}\,\vec{\mathrm{e}}_\mathrm{x}\quad \text{und}\quad \vec{E}_2 = \frac{I_{12}}{\kappa_2\,A_\mathrm{Q}}\,\vec{\mathrm{e}}_\mathrm{x}$$

folgen. Nun kann die Hilfsgröße I_{12} ersetzt werden:

$$\begin{aligned} U_{12} &= \int_{\text{Elektrode 1}}^{\text{Elektrode 2}} \vec{E}\,\mathrm{d}\vec{s} = \int_0^{l_1} \vec{E}_1\,\mathrm{d}\vec{x} + \int_{l_1}^{l_1+l_2} \vec{E}_2\,\mathrm{d}\vec{x} = \int_0^{l_1} \frac{I_{12}}{\kappa_1\,A_\mathrm{Q}}\,\vec{\mathrm{e}}_\mathrm{x}\,\mathrm{d}x\,\vec{\mathrm{e}}_\mathrm{x} + \int_{l_1}^{l_1+l_2} \frac{I_{12}}{\kappa_2\,A_\mathrm{Q}}\,\vec{\mathrm{e}}_\mathrm{x}\,\mathrm{d}x\,\vec{\mathrm{e}}_\mathrm{x} \\ &= I_{12}\left(\frac{l_1}{\kappa_1\,A_\mathrm{Q}} + \frac{l_2}{\kappa_2\,A_\mathrm{Q}}\right) \end{aligned}$$

aufgelöst nach I_{12} ergibt

$$I_{12} = \frac{U_{12}}{\dfrac{l_1}{\kappa_1\,A_\mathrm{Q}} + \dfrac{l_2}{\kappa_2\,A_\mathrm{Q}}}\,.$$

Daraus folgen die Endergebnisse

$$\vec{J} = \frac{U_{12}}{\dfrac{l_1}{\kappa_1} + \dfrac{l_2}{\kappa_2}}\,\vec{\mathrm{e}}_\mathrm{x}\,,$$

$$\vec{E}_1 = \frac{U_{12}}{l_1 + l_2\dfrac{\kappa_1}{\kappa_2}}\,\vec{\mathrm{e}}_\mathrm{x}\,,$$

$$\vec{E}_2 = \frac{U_{12}}{\dfrac{\kappa_2}{\kappa_1}l_1 + l_2}\,\vec{\mathrm{e}}_\mathrm{x}\,.$$

Teilt man die Gesamtspannung in die Teilspannungen über den Teilquadern auf

$$U_{12} = U_1 + U_2 = I_{12}\left(\frac{l_1}{\kappa_1\,A_\mathrm{Q}} + \frac{l_2}{\kappa_2\,A_\mathrm{Q}}\right)$$

und berechnet die Widerstände der Teilquader

$$R_1 = \frac{U_1}{I_{12}} = \frac{l_1}{\kappa_1 A_Q}, \quad R_2 = \frac{U_2}{I_{12}} = \frac{l_2}{\kappa_2 A_Q},$$

erhält man die Parameter eines Modells aus Zweipolen, das das Klemmenverhalten der Anordnung richtig beschreibt: Eine Reihenschaltung aus zwei Widerständen gemäß Bild 9.44, für die die Bemessungsgleichung (2.11) bzw. (9.47) gilt.

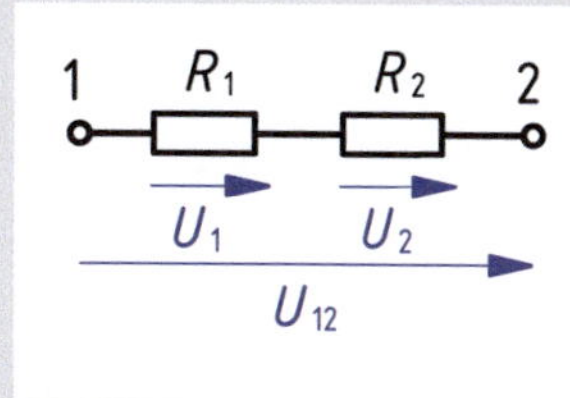

Bild 9.44: Ersatzschaltbild für die Anordnung in Bild 9.41

Das aus den Parametern des Quaders berechnete Verhältnis der Teilspannungen ergibt natürlich das gleiche Resultat wie das aus den Parametern des Modells aus konzentrierten Elementen berechnete, nämlich die Spannungsteilerregel:

$$\frac{U_1}{U_2} = \frac{I_{12}\,\frac{l_1}{\kappa_1 A_Q}}{I_{12}\,\frac{l_2}{\kappa_2 A_Q}} = \frac{\frac{l_1}{\kappa_1 A_Q}}{\frac{l_2}{\kappa_2 A_Q}} = \frac{R_1}{R_2}$$

Auch in diesem Beispiel gilt: Alle Rechenwege und -ergebnisse blieben unverändert, wenn das Vorzeichen von U_{12} negativ würde. Lediglich einige Formulierungen in den Vorüberlegungen und die Richtungspfeile an den Feldlinien wären anzupassen.

Beispiel 9.11: Strömungsfeld im längs geteilten Quader

Betrachtet wird ein an zwei gegenüberliegenden Flächen widerstandslos mittels der Anschlüsse 1 und 2 kontaktierter Quader mit der Querschnittsfläche A_Q und der Länge l_Q, der an einer idealen *Spannungs*quelle mit U_{12} liegt, s. Bild 9.45. Der Quader ist längs in zwei Teilquader mit jeweils homogener, isotroper Leitfähigkeit aufgeteilt: ein Teilquader der Querschnittsfläche A_1 mit κ_1, ein Teilquader der Querschnittsfläche A_2 mit κ_2. Es gilt $A_1 + A_2 = A_Q$ sowie $\kappa_2 > \kappa_1$. Zunächst gelte $U_{12} > 0$.

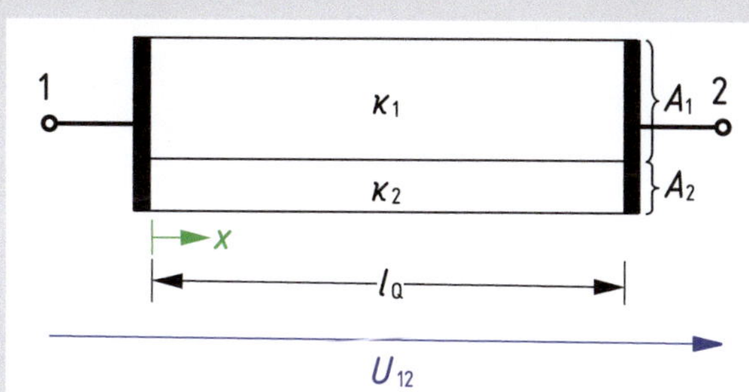

Bild 9.45: Längs geteilter Quader an einer Spannungsquelle

Vorüberlegungen:

- In dieser Anordnung kann das $\vec{J}$-Feld nicht mehr im ganzen Quader homogen sein, da alle Stromfäden, die vollständig im Teilquader 2 verlaufen, einen kleineren Widerstand zu überwinden haben als diejenigen, die teilweise oder ganz in Teilquader 1 verlaufen. Daher muss die Stromdichte in Teilquader 2 größer sein als in Teilquader 1.
- Wegen der Symmetrie der Anordnung muss die zu den Elektrodenoberflächen parallele Ebene in der Mitte des Quaders eine Äquipotenzialfläche sein, deren Potenzial der Mittelwert der Potenziale der beiden Elektroden ist. Diese Argumentation kann rekursiv auf eine der Elektrodenoberflächen und diese mittlere Äquipotenzialfläche und die sich daraus ergebenden weiteren mittleren Äquipotenzialflächen angewandt werden, woraus folgt, dass *alle* Äquipotenzialflächen Ebenen parallel zu den Elektrodenoberflächen sind.
- Da die $\vec{E}$-Feldlinien stets senkrecht zu den Äquipotenzialflächen verlaufen, folgt daraus, dass die $\vec{E}$- und somit auch die $\vec{J}$-Feldlinien im *gesamten* Quader wie die x-Achse gerichtet sind:

  $$\vec{E} = E_x \vec{e}_x$$

  Es gibt also keine gebogenen Stromfäden, die durch *beide* Teilquader verlaufen.
- Jede $\vec{E}$-Feldlinie verläuft über ihre gesamte Länge im gleichen Material. Daher nimmt das Potenzial innerhalb des *gesamten* Quaders *linear* mit steigender x-Koordinate ab.
- Gl. (9.78) besagt, dass die Tangentialkomponente von $\vec{E}$ an Grenzen zwischen Gebieten mit unterschiedlichem κ stetig ist. Da $\vec{E}$ hier nur aus einer Komponente tangential zur Grenze besteht, muss das $\vec{E}$-Feld im *gesamten* Quader homogen sein.
- Wegen $\vec{J} = \kappa \vec{E}$ sind die $\vec{J}$-Felder pro Teilquader homogen und die Stromdichte ist, wie erwartet, in Teilquader 2 größer als in Teilquader 1, wie in Bild 9.46 skizziert.

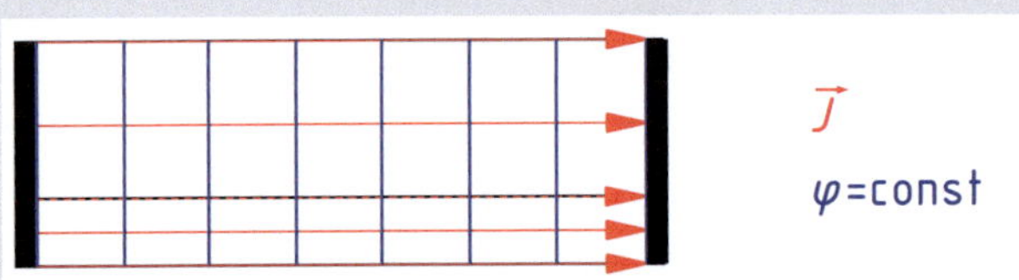

Bild 9.46: Qualitatives Feldbild für den längs geteilten Quader

Wegen der Homogenität des $\vec{E}$-Feldes wird dieses zunächst berechnet. (Die Anwendung des Knotensatzes würde hier nicht weiterführen, da die Hüllfläche zwei Teilströmungsfelder mit unterschiedlichem Betrag der Stromdichte schneiden würde.)

$$\int_0^{l_Q} \vec{E}\,\mathrm{d}\vec{x} = \int_0^{l_Q} E_x \vec{e}_x\,\mathrm{d}x\,\vec{e}_x = \int_0^{l_Q} E_x\,\mathrm{d}x = E_x\,l_Q = U_{12}\,,$$

also

$$\vec{E} = \frac{U_{12}}{l_Q}\vec{e}_x\,.$$

Da das $\vec{E}$-Feld homogen ist, kommt man auf dieses Ergebnis auch ohne ausführliche Rechnung. Das liegt aber nur daran, dass die x-Achse die selbe Richtung wie der Zählpfeil von U_{12}

hat. Anderenfalls hätte das Ergebnis ein negatives Vorzeichen!

Damit folgen

$$\vec{J}_1 = \kappa_1 \vec{E} = U_{12} \frac{\kappa_1}{l_\mathrm{Q}} \vec{e}_\mathrm{x} \quad \text{und} \quad \vec{J}_2 = \kappa_2 \vec{E} = U_{12} \frac{\kappa_2}{l_\mathrm{Q}} \vec{e}_\mathrm{x} \,.$$

Für die Teilströme gilt bei Wahl ihrer Zählpfeile in der gleichen Richtung wie der von I_{12}:

$$I_1 = \int_{(A_1)} \vec{J}_1 \,\mathrm{d}\vec{A} = J_{1x} A_1 = U_{12} \frac{\kappa_1 A_1}{l_\mathrm{Q}} \,, \qquad I_2 = \int_{(A_1)} \vec{J}_1 \,\mathrm{d}\vec{A} = J_{2x} A_2 = U_{12} \frac{\kappa_2 A_2}{l_\mathrm{Q}}$$

Teilt man den Gesamtstrom in die Teilströme durch die Teilquader auf

$$I_{12} = I_1 + I_2 = U_{12} \left(\frac{\kappa_1 A_1}{l_\mathrm{Q}} + \frac{\kappa_2 A_2}{l_\mathrm{Q}} \right)$$

und berechnet die Leitwerte der Teilquader

$$G_1 = \frac{I_1}{U_{12}} = \frac{\kappa_1 A_1}{l_\mathrm{Q}} \,, \qquad G_2 = \frac{I_2}{U_{12}} = \frac{\kappa_2 A_2}{l_\mathrm{Q}} \,,$$

erhält man die Parameter eines Modells aus Zweipolen, das das Klemmenverhalten der Anordnung richtig beschreibt: Eine Parallelschaltung aus zwei Leitwerten gemäß Bild 9.47, für die die Bemessungsgleichung (2.16) gilt.

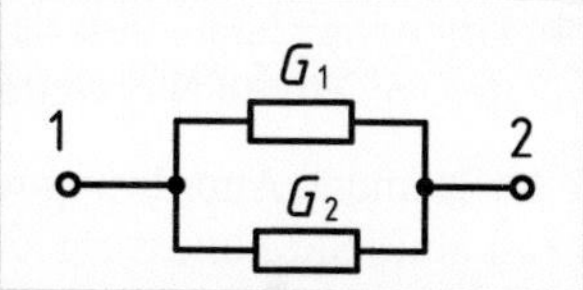

Bild 9.47: Ersatzschaltbild für die Anordnung in Bild 9.45

Das aus den Parametern des Quaders berechnete Verhältnis der Teilströme ergibt natürlich das gleiche Resultat wie das aus den Parametern des Modells aus konzentrierten Elementen berechnete, nämlich die Stromteilerregel:

$$\frac{I_1}{I_2} = \frac{U_{12} \frac{\kappa_1 A_1}{l_\mathrm{Q}}}{U_{12} \frac{\kappa_2 A_2}{l_\mathrm{Q}}} = \frac{\frac{\kappa_1 A_1}{l_\mathrm{Q}}}{\frac{\kappa_2 A_2}{l_\mathrm{Q}}} = \frac{G_1}{G_2}$$

Bezüglich einer Änderung des Vorzeichens von U_{12} gilt das im vorigen Beispiel Gesagte.

9.13 Spiegelungsverfahren

Das Spiegelungsverfahren[6] ermöglicht die Berechnung von *Potenzialfeldern* (also SESF und elektrostatischen Feldern, s. Kapitel 10) in *linearen Räumen*[7], die bestimmte Symmetrieeigenschaften bzw. Randbedingungen aufweisen. Hierbei kommt *stets* der *Überlagerungssatz* zur Anwendung.

Grundidee des Spiegelungsverfahrens ist es, eine relativ komplizierte Feldanordnung auf eine einfacher zu berechnende *Ersatzanordnung* zurückzuführen. Diese Ersatzanordnung weist *mehr Feldquellen* (Ströme bzw. Ladungen) als die Originalanordnung auf, dafür aber eine *einfachere Geometrie* durch Wegfall von Materialgrenzen.

Das Spiegelungsverfahren ersetzt die Wirkung einer Grenze zwischen Materialien mit unterschiedlichen elektrischen Eigenschaften durch eine zusätzliche, *spiegelsymmetrisch zur Grenze des gerade betrachteten Raumes* (daher „Spiegelungsverfahren“) angeordnete *virtuelle Quelle* („Spiegelstrom“, „Spiegelladung“). Virtuellen Quellen befinden sich bei den einfachen, von uns berechenbaren Anordnungen *stets* im *nicht* zu berechnenden Feldbereich.

Beispiele für mit dem Spiegelungsverfahren einfach berechenbare Felder:

1. Punktförmige Quelle vor ebener Gegenelektrode
2. Unendlich lange, gerade Linienquelle parallel zur Oberfläche einer ebenen Gegenelektrode
3. Punktförmige Quelle innerhalb eines homogenen *Halb*raumes, der von einem Nichtleiter begrenzt wird
4. Unendlich lange, gerade Linienquelle parallel zur Oberfläche eines homogenen *Halb*raumes, der von einem Nichtleiter begrenzt wird

Bei der 1. und 2. Anordnung reicht es im Fall eines ESF aus, dass die Gegenelektrode leitfähig ist. Im Fall eines SESF muss sie *ideal* leitfähig sein. Die 3. und 4. Anordnung gelten nur für SESF.

Bild 9.48 a) zeigt die Anordnung zu den Fällen 1. und 2., Bild 9.48 b) die Anordnung zu den Fällen 3. und 4.

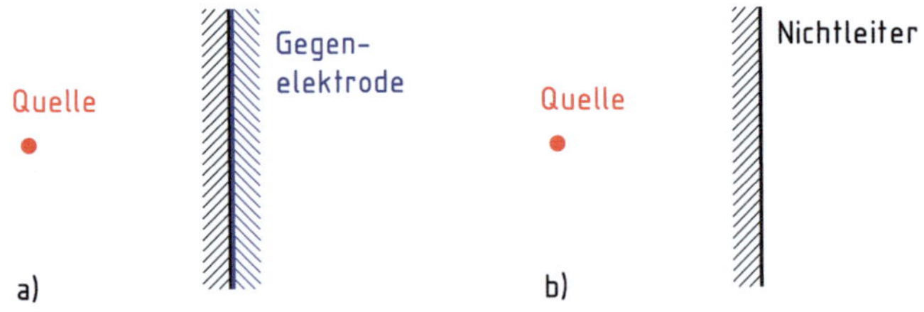

Bild 9.48: Grenztypen beim Spiegelungsverfahren a) Quelle vor Gegenelektrode b) Quelle vor Nichtleiter

In Beispiel 9.12 wird das Prinzip des Spiegelungsverfahrens anhand einer einfachen Anordnung demonstriert.

[6] Auch als „elektrische Spiegelung“ [Sim89] oder „Methode der Spiegelbilder“ [Phi00] bezeichnet.
[7] Materialien, deren Eigenschaften von den elektrischen Größen im Feldraum unabhängig sind.

Beispiel 9.12: Prinzip des Spiegelungsverfahrens

Bild 9.49 zeigt die Skizze des Feldbildes einer punktförmigen Stromeinspeisung $I > 0$ im homogenen, isotropen, leitfähigen Halbraum, der an einen nicht leitfähigen Halbraum angrenzt.

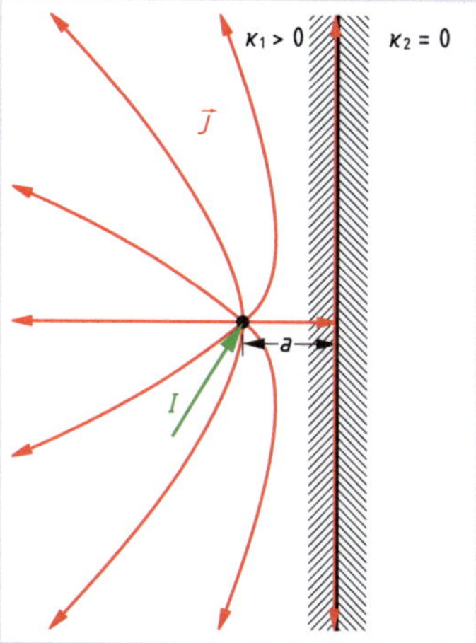

Bild 9.49: Punktquelle im leitfähigen Halbraum

Die Grenze zwischen den Halbräumen kann ersetzt werden durch eine Spiegelquelle, die ebenfalls einen Strom I einspeist, wodurch sich die Ersatzanordnung in Bild 9.50 ergibt.

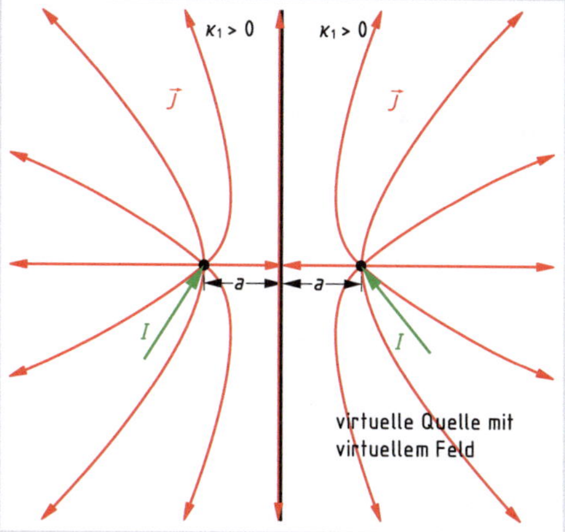

Bild 9.50: Ersatzanordnung für die Anordnung in Bild 9.49

In diesem Fall speist die Spiegelquelle den gleichen Strom ein wie die Quelle. Wäre der rechte Halbraum ein idealer Leiter, würde die Ersatzanordnung eine Spiegelquelle mit $-I$ enthalten. Das Feld im linken Halbraum ergibt sich durch Überlagerung der Felder der Quelle in linken und der Spiegelquelle im rechten Halbraum. Beide Teilfelder sind kugelsymmetrisch. Das Feld in einem Punkt im linken Halbraum ergibt sich durch vektorielle Addition der durch die Quelle und die Spiegelquelle bewirkten Teilfelder von $\vec{J}$.

Beispiel 9.13 zeigt den Einsatz des Spiegelungsverfahrens zur Analyse einer einfachen Anordnung, die ohne dieses Verfahren nicht berechenbar wäre.

Beispiel 9.13: Strömungsfeld einer Kugelelektrode im homogenen Halbraum

Betrachtet wird eine ideal leitfähige Kugelelektrode gemäß Bild 9.51 mit dem Radius r_K im homogenen, isotropen *Halb*raum mit konstantem $0 < \kappa_E < \infty$. Der Mittelpunkt der Kugel hat den Abstand $a \gg r_K$ von der Oberfläche des Halbraumes. Ein Strom I_0 wird in der Mitte der Kugel eingespeist. Die Gegenelektrode mit dem Potenzial $\varphi = 0$ befinde sich im Unendlichen. Das Strömungsfeld innerhalb der Kugelelektrode wird nicht betrachtet. Zunächst gelte $I_0 > 0$.

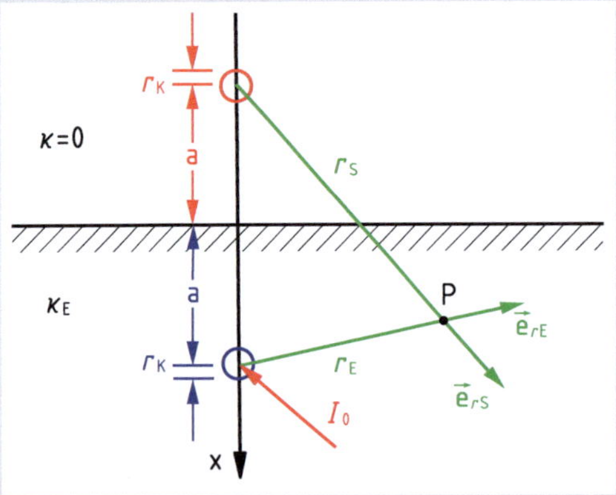

Bild 9.51: Kugelelektrode im homogenen Halbraum

Die Anordnung weist keine elementare Symmetrie auf, so dass eine Berechnung zunächst nicht möglich erscheint. Hier führt die Anwendung des Spiegelungsverfahrens zum Ziel. Der nicht leitfähige Halbraum wird ersetzt durch einen Halbraum mit κ_E und eine Spiegelquelle in diesem Halbraum, durch die ein Spiegelstrom I_0 eingespeist wird. Die Ersatzanordnung besteht also aus zwei weit voneinander entfernten, kugelförmigen Einspeisungen im homogenen, isotropen, linearen Material. Somit ist der Überlagerungsansatz anwendbar. Das Feld jeder einzelnen Quelle ist kugelsymmetrisch.

Um den mathematischen Aufwand zu minimieren, werden zur Berechnung *zwei lokale Kugelkoordinatensysteme* verwendet. Wegen der Kugelsymmetrie wird zur Beschreibung der Wirkung einer Quelle jeweils nur die zugehörige lokale r-Koordinate benötigt.

Zur Unterscheidung der den beiden Quellen bzw. ihren Wirkungen zugeordneten Größen werden nachfolgend die Indizes „E" für die Elektrode und „S" für die Spiegelelektrode verwendet.

Die folgenden Überlegungen gelten für die Ersatzanordnung:

- Das Feld ist rotationssymmetrisch bezüglich der Geraden, auf der die Mittelpunkte der beiden Elektroden liegen.
- Alle $\vec{J}$-Feldlinien treten senkrecht aus den Elektroden aus und enden im Unendlichen.
- In sehr großer Entfernung nähert sich das resultierende Feld dem Feld einer punktförmigen Einspeisung des Stromes $2\,I_0$ in der Mitte zwischen der Elektroden an; es ist also näherungsweise kugelsymmetrisch.
- Das höchste elektrische Potenzial im Feldraum haben die beiden Elektroden.

- Der höchste Betrag der Stromdichte tritt wegen der vektoriellen Überlagerung der Teilfelder an den Punkten der Elektrodenoberflächen auf, die von der Halbraumoberfläche den größten Abstand haben.
- In jedem Punkt der Halbraumoberfläche haben die Teil-Stromdichten gleichen Betrag und schließen mit der Oberfläche den betragsmäßig gleichen Winkel ein, so dass die resultierenden Stromdichtevektoren in der Halbraumoberfläche liegen und radial vom Mittelpunkt der Anordnung weg weisen. Das muss auch deshalb so sein, weil in der gegebenen Anordnung der untere Halbraum von einem Nichtleiter begrenzt wird. An solchen Grenzen kann die Stromdichte nur eine tangentiale Komponente haben.
- In dem singulären Punkt in der Mitte zwischen den Elektroden verschwindet die Stromdichte, da die Teil-Stromdichten gleichen Betrag und entgegengesetzte Richtungen haben. Dieser Punkt ist also hinsichtlich der Stromdichte feldfrei. In infinitesimal kleinem Abstand von ihm enden die geraden $\vec{J}$-Feldlinien, die von den beiden Elektroden kommen, und beginnen die $\vec{J}$-Feldlinien, die an der Halbraumoberfläche radial von dem Punkt weglaufen.

Das Feldbild der Ersatzanordnung stimmt mit dem in Bild 9.7 überein. In der gegebenen Anordnung gibt es natürlich kein Feld im oberen Halbraum.

Die Teilfelder der beiden Einspeisungen lassen sich getrennt mit dem Knotensatz berechnen. Integrationsfläche ist jeweils eine konzentrische Kugeloberfläche, auf der der Betrag der Teil-Stromdichte konstant ist. Daraus folgen die Teilfelder

$$\vec{J}_\mathrm{E}(r_\mathrm{E}) = \frac{I_0}{4\pi r_\mathrm{E}^2}\,\vec{e}_\mathrm{rE} \sim \frac{1}{r_\mathrm{E}^2} \quad \text{und} \quad \vec{J}_\mathrm{S}(r_\mathrm{S}) = \frac{I_0}{4\pi r_\mathrm{S}^2}\,\vec{e}_\mathrm{rS} \sim \frac{1}{r_\mathrm{S}^2}\,.$$

Die Überlagerung ist wegen der Verwendung der beiden lokalen Koordinatensysteme trivial.

Für einen Feldpunkt, der den Abstand r_E vom Mittelpunkt der Elektrode und den Abstand r_S vom Mittelpunkt der Spiegelelektrode hat, gilt mit den radialen Einheitsvektoren $\vec{e}_\mathrm{rE}$ bzw. $\vec{e}_\mathrm{rS}$ der lokalen Kugelkoordinatensysteme

$$\vec{J}(r_\mathrm{E}, r_\mathrm{S}) = \frac{I_0}{4\pi}\left(\frac{1}{r_\mathrm{E}^2}\,\vec{e}_\mathrm{rE} + \frac{1}{r_\mathrm{S}^2}\,\vec{e}_\mathrm{rS}\right),$$

woraus

$$\vec{E}(r_\mathrm{E}, r_\mathrm{S}) = \frac{I_0}{4\pi\kappa_\mathrm{E}}\left(\frac{1}{r_\mathrm{E}^2}\,\vec{e}_\mathrm{rE} + \frac{1}{r_\mathrm{S}^2}\,\vec{e}_\mathrm{rS}\right)$$

folgt.

Das elektrische Potenzial eines Feldpunktes außerhalb der Elektrode, hervorgerufen durch die Einströmung in der Elektrode, ist

$$\varphi_\mathrm{E}(r_\mathrm{E}) = \int\limits_{r_\mathrm{E}}^{\infty} \frac{I_0}{4\pi\kappa_\mathrm{E}}\,\frac{1}{r^2}\,\mathrm{d}r = \frac{I_0}{4\pi\kappa_\mathrm{E}}\,\frac{1}{r_\mathrm{E}} \sim \frac{1}{r_\mathrm{E}}$$

und somit das Potenzial eines Punktes außerhalb der Elektroden durch beide Einströmungen

$$\varphi(r_{\mathrm{E}}, r_{\mathrm{S}}) = \frac{I_0}{4\pi\kappa_{\mathrm{E}}}\left(\frac{1}{r_{\mathrm{E}}} + \frac{1}{r_{\mathrm{S}}}\right).$$

Damit folgt für die Spannung U_{12} zwischen zwei Feldpunkten P_1 (mit den Abständen $r_{1\mathrm{E}}$ bzw. $r_{1\mathrm{S}}$ von den Elektroden) und P_2 (mit den Abständen $r_{2\mathrm{E}}$ bzw. $r_{2\mathrm{S}}$ von den Elektroden) außerhalb der Elektroden

$$U_{12} = \varphi(\mathrm{P}_1) - \varphi(\mathrm{P}_2) = \frac{I_0}{4\pi\kappa_{\mathrm{E}}}\left(\frac{1}{r_{1\mathrm{E}}} + \frac{1}{r_{1\mathrm{S}}} - \frac{1}{r_{2\mathrm{E}}} - \frac{1}{r_{2\mathrm{S}}}\right)$$

und daraus mit

$$r_{1E} = r_{\mathrm{K}}\,, \quad r_{1S} = (2\,a - r_{\mathrm{K}}) \ldots (2\,a + r_{\mathrm{K}}) \approx 2\,a \quad \text{und} \quad r_{2E}, r_{2S} \to \infty$$

das Potenzial der Elektrode

$$\varphi_{\mathrm{K}} \approx \frac{I_0}{4\pi\kappa_{\mathrm{E}}}\left(\frac{1}{r_{\mathrm{K}}} + \frac{1}{2\,a}\right).$$

Spätestens an dieser Stelle wird evident, dass die beiden Teilfelder wegen der Anwesenheit der jeweils anderen Elektrode und der dadurch bewirkten Inhomogenität des Feldraumes außerhalb der gerade betrachteten Elektrode nicht exakt kugelsymmetrisch sind. Alle bisherigen Überlegungen und Berechnungen waren also nur Näherungen, die umso besser sind, je besser die Voraussetzung $a \gg r_{\mathrm{K}}$ erfüllt und je weiter der betrachtete Feldpunkt von Elektrode und Spiegelelektrode entfernt ist.

Der Widerstand R_{E} des zwischen der Kugelelektrode und ihrer Gegenelektrode im Unendlichen ist

$$R_{\mathrm{E}} = \frac{\varphi_{\mathrm{E}}}{I_0} \approx \frac{1}{4\pi\kappa_{\mathrm{E}}}\left(\frac{1}{r_{\mathrm{K}}} + \frac{1}{2\,a}\right).$$

Für $a \to \infty$ geht dieser Wert gegen die Hälfte des in Beispiel 9.4 berechneten Wertes des Widerstandes eines Halbkugelerders, also des Widerstandes zwischen einer Halbkugelelektrode an der Oberfläche eines homogenen Halbraumes und der unendlich weit entfernten Gegenelektrode.

Zur Visualisierung der Überlagerung der Teil-Stromdichten und Teil-Potenziale wird nun eine Achse durch die Mittelpunkte der Elektroden gelegt, die nach unten weist und bei der der Wert $x = 0$ an der Oberfläche des Halbraumes liegt.

Über dieser x-Achse werden zunächst die Komponenten der Teil-Stromdichten sowie der Gesamt-Stromdichte in x-Richtung außerhalb der Elektroden aufgetragen, s. Bild 9.52.

Das Bild verdeutlicht die gegenseitige Abschwächung der Stromdichten im Abschnitt zwischen den Elektroden und die gegenseitige Verstärkung in den Bereichen jenseits der Elektroden.

Bei den folgenden, auf den obigen Rechenergebnissen beruhenden Darstellungen ist zu beachten, dass die Störung der Wirkung einer Einströmung im Bereich der jeweils anderen Elektrode nicht berücksichtigt ist.

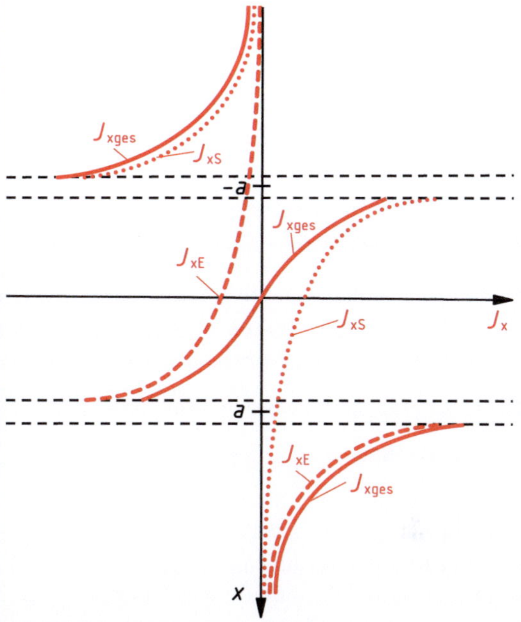

Bild 9.52: x-Komponenten der Teil- und der Gesamt-Stromdichten auf der x-Achse

Bild 9.53 zeigt die Ortsfunktionen der Teil- und Gesamtpotenziale auf der x-Achse.

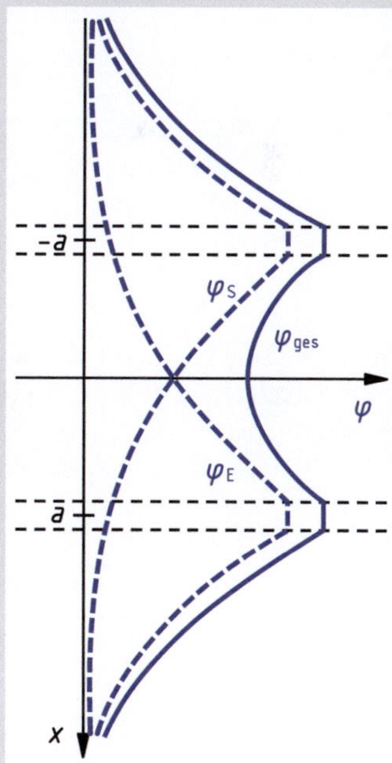

Bild 9.53: Teil- und Gesamt-Potenziale auf der x-Achse

9.14 Verfahren der Materialisierung

Das allgemeiner gültige Verfahren der Materialisierung[8] wird hier nur dazu genutzt, die Ähnlichkeit elektrischer Potenzialfelder in geometrisch einfach geformten Gebieten zu beleuchten. Diese Felder haben genau eine Quelle und eine Senke in Form von Kugeln, Zylindern oder Ebenen. Das Verfahren ist auch zur Vertiefung des Verständnisses der Eigenschaften von Potenzialfeldern wertvoll.

Für alle elektrischen Potenzialfeld gilt

a) *Äquipotenzialflächen* dürfen durch *unendlich dünne, leitfähige Folien* und
b) *Flächen, die überall parallel zu den Feldlinien (also senkrecht zu den Äquipotenzialflächen) verlaufen*, durch *unendlich dünne, isolierende* Folien

ersetzt („*materialisiert*") werden, ohne dass sich das Feld ändert.

Aus Punkt a) folgt:

- Legt man eine unendlich dünne, *leitfähige* Folie, die den felderfüllten Raum auf einer Äquipotenzialfläche in zwei Teile teilt, *fest* auf das Potenzial, das sie im *ursprünglichen* Feld hat und entfernt dann auf *einer* Seite der Folie *alle* Feldquellen (auch ggf. auf dieser Seite der Folie influenzierte Flächenladungen), bleibt auf der *anderen* Seite der Folie das Feld unverändert.
- Ersetzt man eine Äquipotenzialfläche durch *zwei* unendlich dünne, leitfähige Folien und verbindet diese Folien elektrisch, kann man den Feldraum durch Auseinanderziehen der Folien in zwei Teilräume zerlegen, in denen die Teilfelder jeweils unverändert bleiben[9].

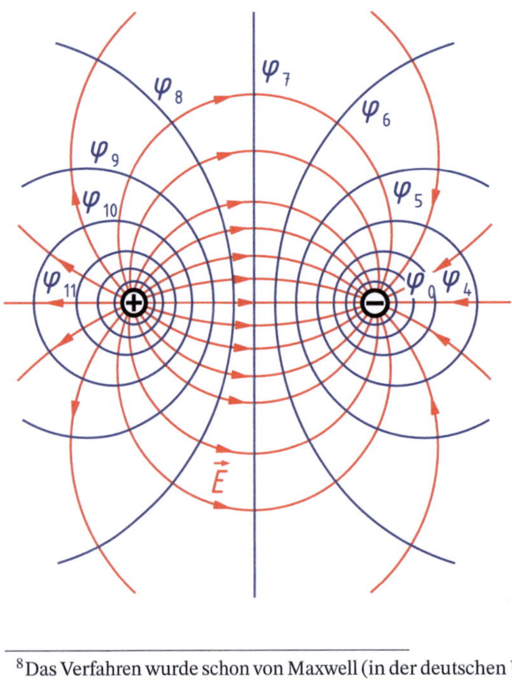

Bild 9.54: Feldbild zum Verfahren der Materialisierung

[8] Das Verfahren wurde schon von Maxwell (in der deutschen Übersetzung [Max83a], S. 249 ff.) als „Theorie der electrischen Bilder" behandelt.

[9] Diese Regel entspricht der Regel bei Netzwerken, dass Knoten, die das gleich elektrische Potenzial haben, miteinander kurzgeschlossen werden dürfen, ohne dass sich am Verhalten des Netzwerks etwas ändert.

Bild 9.54 enthält (jeweils als geometrische Untermenge des gesamten Feldbildes) die Darstellung der Feldbilder folgender Potenzialfelder mit vertauschbarer Rolle von Quelle und Senke:

- *Kugelförmige* Quelle vor *kugelförmiger* Senke; Kugelradien beliebig
- Unendlich lange *zylinderförmige* Quelle vor dazu paralleler *zylinderförmiger* Senke; Zylinderradien beliebig
- *Kugelförmige* Quelle *konzentrisch* oder *exzentrisch innerhalb* einer *kugelförmigen* Senke
- Unendlich lange *zylinderförmige* Quelle *konzentrisch* oder *exzentrisch innerhalb* einer parallelen *zylinderförmigen* Senke

Die Radien der Kugeln und Zylinder können auch gegen null gehen, wodurch die Modelle *punktförmiger* beziehungsweise *linienförmiger* Quellen und Senken berücksichtigt werden.

Wenn der Radius der Kugel bzw. des Zylinders, der als Senke fungiert, gegen unendlich geht, wird damit auch der Fall einer *ebenen* Senke abgedeckt.

Je nach vorliegendem Fall sind jeweils geeignete Äquipotenzialflächen in Bild 9.54 durch Elektroden zu ersetzen („zu materialisieren").

Aus Punkt b) folgt:

- Trennt man einen felderfüllten Raum entlang einer isolierenden Folie mit den oben beschriebenen Eigenschaften in zwei Teilräume, bleibt in jedem der beiden Teilräume das Teilfeld unverändert[10].

Die praktische Anwendung des Verfahrens der Materialisierung in einfachen Anordnungen wird in den Beispielen 10.5, 10.6 und 10.8 demonstriert. Die Anwendung bei komplizierteren Anordnungen erfordert hohen mathematischen Aufwand, der den Rahmen der Grundlagen sprengt, s. z. B. [Phi00].

9.15 Vorgehensweise bei der Berechnung von SESF

Die in diesem Kapitel behandelten Beispiele zeigen, dass es einen in vielen Fällen anwendbaren Weg zur Berechnung von SESF gibt. Das nachfolgende Schema beschreibt diesen Weg in knapper Form.

SESF lassen sich mit unseren mathematischen Mitteln nur dann berechnen, wenn der *prinzipielle Feldverlauf bekannt* und das Feld *hochsymmetrisch* ist. Die Ermittlung des qualitativen Feldverlaufes kann mittels Plausibilitäts- und Symmetriebetrachtungen erfolgen.

Bei *mehreren Quellen* und *linearem Medium* ist zur Berechnung der differenziellen Feldgrößen bei den Schritten 3. bis 6. ggf. der *Überlagerungssatz* anzuwenden. Eventuell ist das *Spiegelungsverfahren* hilfreich.

[10] Diese Regel entspricht der Regel bei Netzwerken, dass ein Zweig, durch den kein Strom fleißt, aufgetrennt werden darf, ohne dass sich am Verhalten des Netzwerks etwas ändert.

Gegeben: Anordnung mit *zwei idealen* Elektroden 1 und 2 zur Stromzu- bzw. -abführung.
Bereichsweise konstante, isotrope elektrische Leitfähigkeit κ.
Gesamtstrom I_{12} durch das Strömungsfeld.

Gesucht: Differenzielle Feldgrößen $\vec{J}, \vec{E}, \varphi, p$, integrale Feldgrößen U_{12}, P_{12}, R_{12}

Rechenweg:

I	1.	*Zählpfeil* für den *Gesamtstrom* I_{12} durch das Strömungsfeld (innerhalb des Feldes von Elektrode 1 zu Elektrode 2) *annehmen*, sofern nicht vorgegeben.
	2.	*Qualitativen Feldverlauf* ($\vec{J}, \vec{E}, \varphi =$ const.) überlegen und eventuell zeichnen.
$\vec{J}$	3.	Elektrische *Stromdichte*: aus $\oint\!\!\oint_{(A)} \vec{J}\,\mathrm{d}\vec{A} = 0$ bzw. $\iint_{(A_q)} \vec{J}\,\mathrm{d}\vec{A} = I_{12}$ Die geschlossene Hüllfläche (A) ist, wenn irgend möglich, so zu wählen, dass auf (A) bereichsweise entweder $\vec{J} \parallel \mathrm{d}\vec{A}$ und $\lvert\vec{J}\rvert =$ const. oder $\vec{J} \perp \mathrm{d}\vec{A}$ gilt. In der ersten Form konzentrierte Ströme, die in/aus (A) fließen, nicht vergessen! Findet man eine Fläche (A_q), die das *gesamte* Strömungsgebiet durchtrennt *und* auf der *sowohl* $\lvert\vec{J}\rvert =$ const. *als auch* $\vec{J} \parallel \mathrm{d}\vec{A}$ gilt, kann mittels $J = \lvert I_{12}\rvert / A$ der *Betrag* von $\vec{J}$ auf dieser Fläche berechnet werden. Die *Richtung* von $\vec{J}$ ergibt sich aus $\vec{J} \parallel \mathrm{d}\vec{A}$ und der Richtung des *Zählpfeils* von I_{12} relativ zur Richtung der $\mathrm{d}\vec{A}$.
$\vec{E}$	4.	Elektrische *Feldstärke*: $\vec{E} = \frac{1}{\kappa}\vec{J}$
p	5.	*Leistungsdichte*: $p = \vec{E}\,\vec{J}$
φ	6.	Elektrisches *Potenzial* eines interessierenden Punktes P über das Potenzial φ_0 eines Bezugspunktes P_0: $\varphi(\mathrm{P}) = \int_{\mathrm{P}}^{\mathrm{P}_0} \vec{E}\,\mathrm{d}\vec{s} + \varphi_0 = -\int_{\mathrm{P}_0}^{\mathrm{P}} \vec{E}\,\mathrm{d}\vec{s} + \varphi_0$
U	7.	Elektrische *Spannung* zwischen den Elektroden: $U_{12} = \varphi(1) - \varphi(2)$ oder $U_{12} = \int_1^2 \vec{E}\,\mathrm{d}\vec{s}$
R	8.	Elektrischer *Widerstand* zwischen den Elektroden: $R_{12} = \frac{U_{12}}{I_{12}}$
P	9.	Aufgenommene elektrische *Leistung*: $P_{12} = U_{12} I_{12}$ oder $P_{12} = \iiint_{(V)} p\,\mathrm{d}V$

Zum Abschluss zwei anspruchsvolle Beispiele aus der Praxis.

Beispiel 9.14: Messung des spezifischen Widerstandes mit der Vier-Spitzen-Methode

Gegeben ist eine Probe mit ebener Oberfläche aus homogenem, isotropem, linearem Material, deren spezifischer elektrischer Widerstand ϱ messtechnisch bestimmt werden soll.

Dazu werden auf der Oberfläche des Materials *in einer Reihe* vier Messspitzen (runde Elektroden) aufgebracht. Der Abstand zwischen benachbarten Messspitzen ist einheitlich a. Der Durchmesser der Messspitzen ist gegenüber ihren Abständen vernachlässigbar klein.

Die Abmessungen der Materialprobe sind im Vergleich zu der Anordnung aus den vier Messspitzen so groß, dass sie als Halbraum betrachtet werden kann. (In der Praxis liegt der Wert von a im Bereich von deutlich unter einem Millimeter bis zu wenigen Millimetern.)

An die beiden äußeren Elektroden wird eine Stromquelle mit $I_0 > 0$ angeschlossen, an die inneren Elektroden ein *idealer* Spannungsmesser, der den Wert U_{12} anzeigt.

Bild 9.55 zeigt eine schematische Darstellung der Anordnung in der zur Oberfläche der Materialprobe senkrechten Ebene, die durch die vier Punkte geht, in denen die Messspitzen die Probe elektrisch kontaktieren.

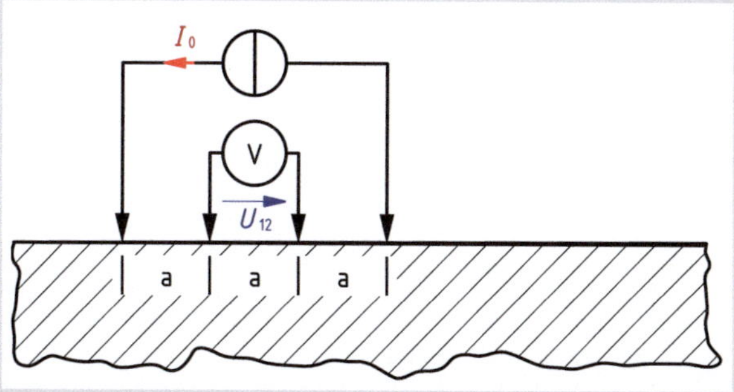

Bild 9.55: Anordnung zur Messung des spezifischen Widerstandes einer Materialprobe

Die über die äußeren Messspitzen eingespeisten Ströme I_0 bzw. $-I_0$ erzeugen im unteren Halbraum jeweils ein kugelsymmetrisches Strömungsfeld entsprechend Beispiel 9.3.

Die Überlagerung der Felder ergibt an der Oberfläche des Halbraumes das in Bild 9.56 dargestellte Feldbild, das dem in Bild 9.7 entspricht.

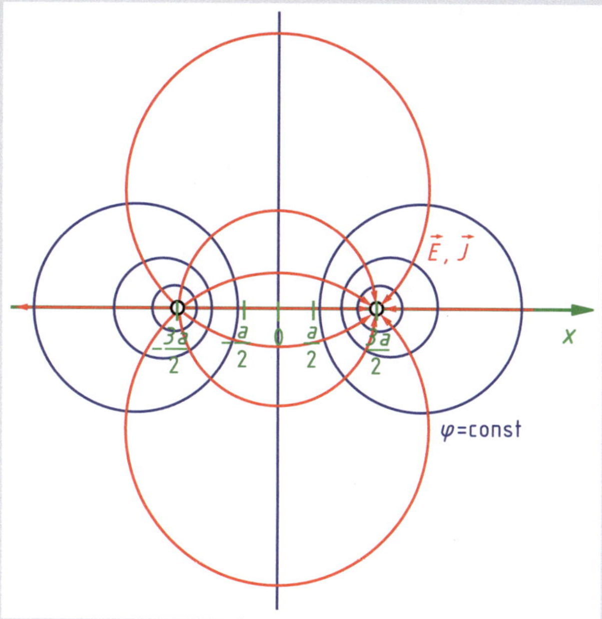

Bild 9.56: Feldbild an der Oberfläche der Materialprobe

In Bild 9.56 ist eine x-Achse durch die Punkte gelegt, an denen die Messspitzen aufliegen. Der Ursprung der Achse liegt im Mittelpunkt der Anordnung. Der Strom I_0 wird also bei $x = -1{,}5\,a$ eingespeist, der Strom $-I_0$ bei $x = 1{,}5\,a$.

Zunächst ist die Spannung U_{12} zu berechnen. Dafür reicht es aus, die elektrischen Verhältnisse auf der x-Achse im durch die inneren Messspitzen begrenzten Bereich, also von $x = -0{,}5\,a$ bis $x = 0{,}5\,a$, zu betrachten.

Nach einer Herleitung entsprechend der in Beispiel 9.4 für das durch den Strom I_0 bewirkte $\vec{E}$-Feld bei Verwendung von Kugelkoordinaten mit dem Ursprung an der Einspeisestelle ergibt sich

$$\vec{E}_1(r) = \frac{I_0\,\varrho}{2\pi\,r^2}\,\vec{e}_r\,.$$

Angepasst an die vorliegende Anordnung gilt also für $x > -1{,}5\,a$ auf der x-Achse

$$\vec{E}_1(x) = \frac{I_0\,\varrho}{2\pi\,(x+1{,}5\,a)^2}\,\vec{e}_x\,.$$

Die $\vec{E}$-Vektoren weisen also in Richtung der x-Achse, was anschaulich richtig ist.

Entsprechend gilt für das durch den Strom $-I_0$ bei $x = 1{,}5\,a$ bewirkte $\vec{E}$-Feld für $x < 1{,}5\,a$ auf der x-Achse

$$\vec{E}_2(x) = \frac{I_0\,\varrho}{2\pi\,(x-1{,}5\,a)^2}\,\vec{e}_x\,,$$

was anschaulich ebenfalls richtig ist, da die $\vec{E}$-Vektoren auch in Richtung der x-Achse weisen. Im interessierenden Bereich der x-Achse verstärken sich die $\vec{E}$-Felder also. Die resultierende Feldstärke ist dort

$$\vec{E}_{ges}(x) = \vec{E}_1(x) + \vec{E}_2(x) = \frac{I_0\,\varrho}{2\pi}\left(\frac{1}{(x+1{,}5\,a)^2} + \frac{1}{(x-1{,}5\,a)^2}\right)\vec{e}_x\,.$$

Die Spannung U_{12} ergibt sich aus dem Wegintegral der resultierenden Feldstärke zwischen den Kontakten des Voltmeters:

$$\begin{aligned}
U_{12} &= \int_{-a/2}^{a/2} \vec{E}_{ges}(x)\,\mathrm{d}\vec{x} = \int_{-a/2}^{a/2} \left(\vec{E}_1(x) + \vec{E}_2(x)\right)\,\mathrm{d}\vec{x} \\
&= \int_{-a/2}^{a/2} \frac{I_0\,\varrho}{2\pi}\left(\frac{1}{(x+1{,}5\,a)^2} + \frac{1}{(x-1{,}5\,a)^2}\right)\vec{e}_x\,\mathrm{d}x\,\vec{e}_x \\
&= \frac{I_0\,\varrho}{2\pi}\int_{-a/2}^{a/2}\left(\frac{1}{(x+1{,}5\,a)^2} + \frac{1}{(x-1{,}5\,a)^2}\right)\mathrm{d}x \\
&= \frac{I_0\,\varrho}{2\pi}\left[\frac{-1}{x+1{,}5\,a} + \frac{-1}{x-1{,}5\,a}\right]_{-a/2}^{a/2} \\
&= \frac{I_0\,\varrho}{2\pi\,a}
\end{aligned}$$

Nun lässt sich der gesuchte spezifische Widerstand der Materialprobe aus dem eingestellten Messstrom und der gemessenen Spannung berechnen:

$$\varrho = \frac{U_{12}}{I_0} 2\pi a \tag{9.85}$$

Das hier ermittelte Ergebnis beruht auf den vereinfachenden Annahmen, die in das Modell eingeflossen sind:

- Die Materialprobe ist ein unendlich ausgedehnter Halbraum.
- Das Material ist homogen und isotrop.
- Das Material ist linear (hier wird der Überlagerungssatz angewandt).
- Die Messspitzen kontaktieren die Materialprobe punktförmig.
- Die Messspitzen verformen die Oberfläche der Probe nicht.
- An den Punkten, an denen das Voltmeter angeschlossen ist, treten keine Spannungen auf.
- Das Voltmeter hat einen unendlich hohen Innenwiderstand, so dass Übergangswiderstände zwischen Messspitzen und Material die Messung nicht beeinflussen.

In der Praxis sind diese Voraussetzungen für die exakte Gültigkeit des Ergebnisses nur in unterschiedlich guten Näherungen erfüllt. Hinzu kommt der Umstand, dass alle Materialien eine Temperaturabhängigkeit des spezifischen Widerstandes aufweisen und durch den Stromfluss bei der Messung das Material erwärmt wird.

Beispiel 9.15: Messung des Schichtwiderstandes mit der Vier-Spitzen-Methode

Gegeben ist eine sehr dünne Schicht der konstanten Dicke d mit ebener Oberfläche aus homogenem, isotropem, linearem Material.

Messtechnisch bestimmt werden soll der *Schichtwiderstand* (auch als *Flächenwiderstand* bezeichnet) der Materialprobe.

Der Schichtwiderstand R_S ist der Widerstand eines Quaders mit gleicher Länge und Breite b und der Höhe/Dicke d eines Materials mit dem spezifischen Widerstand ϱ, für den nach der Bemessungsgleichung (9.47) im vorliegenden Fall gilt:

$$R_S = \frac{\varrho\, b}{b\, d} = \frac{\varrho}{d} \tag{9.86}$$

Obwohl die Einheit des Schichtwiderstandes das Ohm ist, wird er oft in „Ohm pro Quadrat" (engl. „Ohm per square", $\Omega/\square$) angegeben, was falsch ist, da Einheiten nicht indiziert werden. Richtig ist hingegen die Bezeichnung $R_\square$ für den Flächenwiderstand.

Wenn mit einem beliebigen Verfahren R_S einer Schicht mit bekanntem ϱ gemessen wurde, lässt sich mittels Gl. (9.86) die Schichtdicke d berechnen:

$$d = \frac{\varrho}{R_S}$$

Zur Messung des Schichtwiderstandes wird hier die gleiche Anordnung wie in Beispiel 9.14 verwendet. Nun gilt aber $d \ll a$. Die Methode wird insbesondere in der Mikro- und Nanoelektronik angewandt, in der die Schichtdicken im Bereich von Nano- bis Mikrometern liegen, so dass die Näherung meist sehr gut erfüllt ist.

Bild 9.57 zeigt eine schematische Darstellung der Anordnung in der zur Oberfläche der Materialprobe senkrechten Ebene, die durch die vier Punkte geht, an denen die Messspitzen die Probe elektrisch kontaktieren.

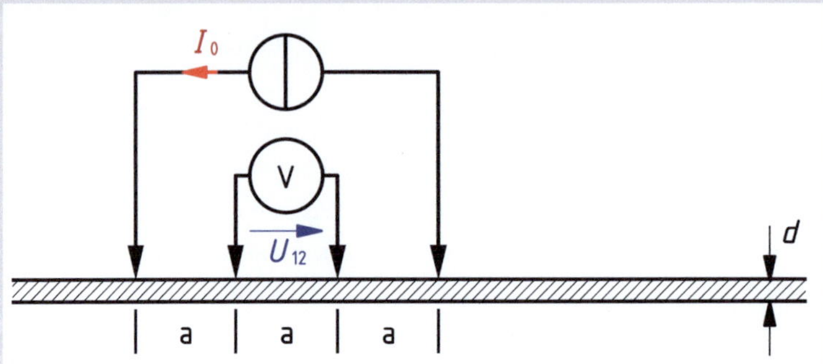

Bild 9.57: Anordnung zur Messung des Schichtwiderstandes einer Materialprobe

Das Strömungsfeld in der Schicht lässt sich durch Anwendung des Spiegelungsverfahrens berechnen. Dazu wird die gesamte Anordnung sowohl an der oberen wie auch an der unteren Begrenzungsebene gespiegelt. Dann kommen zu den zwei Original-Quellen vier Spiegel-Quellen. Nach dieser Spiegelung hat die Ersatzanordnung die Dicke $3\,d$, aber immer noch zwei Grenzflächen, die jeweils eine weitere Spiegelung erfordern. Im Endeffekt sind unendlich viele Spiegelungen erforderlich. Die geschlossene Berechnung des resultierenden Feldes ist möglich, aber mathematisch sehr aufwändig.

Daher wird hier ein anderer Weg eingeschlagen, der zwar nur eine Näherungslösung liefert, aber mathematisch wesentlich einfacher und für die meisten Anwendungen ausreichend genau ist.

Die Abweichung des Strömungsfeldes auf der Unterseite der Schicht von dem an der Oberfläche der Schicht geht mit steigender Entfernung von den Einspeisepunkten der Ströme I_0 bzw. $-I_0$ gegen null. Daher können die beiden Teilfelder im Abstand $a \gg d$ vom jeweiligen Einspeisepunkt näherungsweise als unabhängig von der Tiefenkoordinate betrachtet werden. Sie sind also näherungsweise zylindersymmetrisch. Dann gilt nach einer Herleitung entsprechend Beispiel 9.5 für die durch den Strom I_0 bewirkte elektrische Feldstärke im Abstand r von der Einspeisestelle in Zylinderkoordinaten:

$$\vec{E}_1(r) = \frac{I_0\,\varrho}{2\pi\,r\,d}\,\vec{e}_r$$

Beim Übergang zur Betrachtung von $\vec{E}_1$ auf der x-Achse wie in Beispiel 9.14 mit der Einspeisestelle bei $x = -1{,}5\,a$ gilt

$$\vec{E}_1(x) = \frac{I_0\,\varrho}{2\pi(x + 1{,}5\,a)\,d}\,\vec{e}_x\,.$$

Analog zur Vorgehensweise in Beispiel 9.14 folgt damit der Ausdruck für die durch I_0 und $-I_0$ insgesamt bewirkte Feldstärke

$$\vec{E}_{\text{ges}}(x) = \vec{E}_1(x) + \vec{E}_2(x) = \frac{I_0\,\varrho}{2\pi\,d}\left(\frac{1}{x+1{,}5\,a} + \frac{-1}{x-1{,}5\,a}\right)\vec{e}_x\,.$$

Die gemessene Spannung ist

$$\begin{aligned}U_{12} &= \int_{-a/2}^{a/2} \vec{E}_{\text{ges}}(x)\,\mathrm{d}\vec{x} = \frac{I_0\,\varrho}{2\pi\,d}\int_{-a/2}^{a/2}\left(\frac{1}{x+1{,}5\,a} + \frac{-1}{x-1{,}5\,a}\right)\mathrm{d}x \\ &= \frac{I_0\,\varrho}{2\pi\,d}\left[\ln|x+1{,}5\,a| - \ln|x-1{,}5\,a|\right]_{-a/2}^{a/2} = \frac{I_0\,\varrho}{2\pi\,d}\left(2\ln(2\,a) - 2\ln a\right) \\ &= \frac{I_0\,\varrho}{2\pi\,d}\,2\ln 2 = \frac{I_0\,\varrho}{\pi\,d}\,\ln 2\end{aligned}$$

. Mit Gl. (9.86) folgt daraus die gesuchte Bestimmungsgleichung

$$R_S = \frac{\varrho}{d} = \frac{U_{12}}{I_0}\,\frac{\pi}{\ln 2} \approx 4{,}53\,\frac{U_{12}}{I_0}\,. \tag{9.87}$$

Die Schichtdicke ist

$$d = \frac{\varrho}{R_S} = \varrho\,\frac{I_0}{U_{12}}\,\frac{\ln 2}{\pi}\,.$$

Wie oben erläutert, handelt es sich bei Gl. (9.87) um eine Näherungslösung für den Fall, dass die Probendicke vernachlässigbar klein gegenüber dem Elektrodenabstand ist.

Die Gültigkeit der am Ende von Beispiel 9.14 aufgelisteten zugrundeliegenden Annahmen ist auch hier im Einzelfall zu überprüfen.

Von besonderer Bedeutung ist die Annahme, dass die Schicht horizontal unendlich ausgedehnt ist, was in der Praxis niemals erfüllt ist. Je näher ein Teil des Randes der Materialprobe an den Messspitzen liegt, desto größer ist die Beeinflussung des Strömungsfeldes und damit die Verfälschung des Messergebnisses. Sofern die Berandung der Probe rechteckig ist, lässt sich der Einfluss der Ränder durch zusätzliche Anwendung des Spiegelungsverfahrens an allen vier Kanten berücksichtigen. Auch eine solche Anordnung ist mit hohem mathematischem Aufwand geschlossen berechenbar.

10 Elektrostatisches Feld (ESF)

Das elektrostatische Feld (ESF) ist das elektrische Feld relativ zum Beobachter ruhender Ladungen.

Positive Ladungen sind Quellen, negative Ladungen Senken des ESF, das somit ein reines Quellenfeld (s. Abschnitt 8.5.5.1) ist. Daher gehört das ESF wie das SESF zu den Potenzialfeldern (s. Abschnitt 8.5.6), in denen jeder Feldpunkt ein *eindeutiges elektrisches Potenzial* hat.

Geladene Objekte üben aufeinander Coulomb-Kräfte aus (s. Abschnitt 8.4). Damit diese Kräfte keine *makroskopische* Ladungsbewegung, also einen elektrischen Strom, bewirken, darf der Raum zwischen den geladenen Objekten keine frei beweglichen Ladungsträger enthalten. Er muss also ein Isolator sein. Der Raum darf aber Materialien enthalten, in denen sich elektrische Ladungen unter dem Einfluss eines äußeren elektrischen Feldes (reversibel) *verschieben* können. Diesen Vorgang nennt man *elektrische Polarisation* und solche Stoffe *Dielektrika*.

Elektrisch leitfähige Objekte sind *im statischen Fall*, also *nach Abschluss aller makroskopischen Ladungsträgerbewegungen in ihnen, elektrisch feldfrei*. Das bedeutet, dass auch „schlechte Leiter" (die auch als „schlechte Isolatoren" bezeichnet werden können), in ESF Äquipotenzialgebiete darstellen.

Elektrostatische Felder existieren genau genommen in der Natur nicht. Auf atomarer Ebene sind alle Teilchen, die elektrisch geladen sind, stets in Bewegung. Somit kann das ESF nur als *Modell* zur näherungsweisen Beschreibung von Anordnungen verwendet werden, deren Abmessungen weit oberhalb der atomaren Ebene liegen.

Um ein ESF zu erzeugen, sind zunächst Ladungen voneinander zu trennen und an die gewünschten Orte zu bringen. Dieser Vorgang erfordert das Aufbringen von Energie und das Fließen elektrischer Ströme. Diese Phase des Feldaufbaus, in der zeitvariante elektrische und magnetische Felder auftreten, wird hier nicht betrachtet.

In diesem Kapitel werden nach Modellen zur Beschreibung von Ladungsverteilungen die wichtigen Phänomene „elektrische Polarisation" und „Influenz" behandelt.

Als grundlegendes Gesetz zur Berechnung elektrostatischer Felder wird der Gaußsche Satz der Elektrostatik vorgestellt und seine Anwendung an einer Vielzahl von Beispielen demonstriert.

Nach der Berechnung der Kapazität von Zweipolen werden Zusammenschaltungen von Kapazitäten thematisiert.

In weiteren Abschnitten werden Energien und Kräfte in elektrostatischen Feldern behandelt.

Den Abschluss bildet ein Vergleich der elektrischen Potenzialfelder, der ihre Gemeinsamkeiten und Unterschiede kompakt veranschaulicht.

T. Harriehausen und D. Schwarzenau, *Moeller Grundlagen der Elektrotechnik*,
https://doi.org/10.1007/978-3-658-49993-8_10

10.1 Kennzeichen und Randbedingungen

Hier werden die wichtigsten Eigenschaften von ESF aufgelistet, um einen ersten Überblick zu vermitteln. Die Erklärung und Anwendung der Aussagen erfolgt in den nachfolgenden Abschnitten.

1. *Ursache* eines elektro*statischen Feldes* sind *relativ zum Beobachter ruhende Ladungen.*
2. Ein elektro*statisches* Feld kann nur in elektrisch nicht leitenden Medien (Isolatoren, Dielektrika) *existieren*[1].
3. Der wesentliche *Materialparameter* des elektrostatischen Feldes ist die *Permittivität* ε, die ein Maß für die *elektrische Polarisierbarkeit* des Materials ist. Die Permittivität kann *richtungsabhängig (anisotrop)* sein und ist dann mathematisch nicht mehr als *Skalar*, sondern als *Tensor 2. Stufe* zu behandeln. Wir betrachten nachfolgend nur *isotrope* Stoffe (deren Eigenschaften *richtungsunabhängig* sind).
4. Wir gehen davon aus, dass die Permittivität im betrachteten Feldgebiet *linear*, also von den elektrischen Größen unabhängig ist.
5. In einer Anordnung, in der Ladungen voneinander getrennt wurden, wird *Energie gespeichert.* Es ist genau die Energie, die zur Ladungstrennung erforderlich war[2]. In einem elektro*statischen* Feld wird *keine Energie umgesetzt.*
6. Ein elektro*statisches* Feld ist ein *wirbelfreies Quellenfeld*, also im mathematischen Sinn gemäß Abschnitt 8.5.6 ein *Potenzialfeld.* Elektrisch bedeutet dies, dass jeder Feldpunkt ein *eindeutiges elektrische Potenzial* hat. (Beweis s. Abschnitt 9.9.)
7. Zusätzlich zu einem elektrostatischen Feld kann ein magnetostatisches Feld existieren, das durch einen oder mehrere ruhende Dauermagnete erzeugt wird. Ein solches Feld hat keinerlei makroskopische Auswirkungen auf das elektrostatische Feld, sondern beeinflusst lediglich die Energie des Feldraumes (s. Anmerkungen zum Poynting-Vektor in Abschnitt 12.4).

10.2 Ladungstrennung, Ladungsverteilungen

Materie enthält positiv (Protonen) und negativ (Elektronen) geladene Teilchen. Jedes vollständige Atom ist *makroskopisch* betrachtet elektrisch neutral (s. Abschnitt 8.2). Durch äußere Einwirkung kann die Anzahl der *Elektronen* eines Atoms oder Materiestücks durch *Ladungstrennung* verändert werden. Zur Trennung entgegengesetzt geladener Teilchen voneinander ist wegen der zwischen ihnen wirkenden anziehenden Coulomb-Kraft (s. Abschnitt 8.4) *stets eine Energiezufuhr* erforderlich.

Wird eine durch Ladungstrennung erzeugte Ladungsmenge auf oder in ein zuvor elektrisch neutrales, *leitfähiges* Gebiet gebracht, können sich die Ladungsträger entsprechend den auf sie wirkenden *abstoßenden* Coulomb-Kräften bewegen. Das führt in jedem Fall dazu, dass sich die Überschussladungen *auf der Oberfläche* des Gebietes so ansammeln, dass sein Inneres nach Abschluss dieser Bewegungen elektrisch feldfrei ist.

Da die Elektrotechnik sich meist mit Phänomenen oberhalb der atomaren Ebene beschäftigt, wird in der Regel vernachlässigt, dass Ladungen an Teilchen mit endlichen Abmessungen gebunden sind. *Es wird also davon ausgegangen, dass Ladung beliebig fein und gleichmäßig verteilt werden kann.*

[1] Ein elektrisches Feld in einem leitfähigen Medium erzeugt ein elektrisches Strömungsfeld. Daraus folgt, dass ein elektro*statisches* Feld in Leitern nicht existieren kann.

[2] Das gilt nur, wenn bei der Ladungstrennung keine Verluste auftraten.

Die allgemeine und immer anwendbare Form zur *Beschreibung von Ladungsverteilungen* ist die *Raumladungsdichte* ϱ (sprich „rho")

$$\varrho = \frac{\mathrm{d}Q}{\mathrm{d}V} \,. \tag{10.1}$$

Sie beschreibt in einem beliebig geformten Gebiet die (ggf. ortsabhängige) Ladung pro infinitesimal kleinem Volumenelement.

Daneben werden als Spezialfälle der Raumladungsdichte häufig folgende *idealisierten Ladungsverteilungen* betrachtet, die in der Realität nicht existieren, also nur zur *modellhaften* Beschreibung realer Anordnungen dienen.

Die *Flächenladungsdichte* σ (sprich „sigma")

$$\sigma = \frac{\mathrm{d}Q}{\mathrm{d}A} \tag{10.2}$$

beschreibt die (ggf. ortsabhängige) Ladung pro infinitesimal kleinem Flächenelement in einer infinitesimal dünnen, beliebig geformten Schicht. Bild 10.1 zeigt eine Fläche (A) mit der Gesamtladung Q und der ortsabhängigen Flächenladungsdichte $\sigma(x, y, z)$.

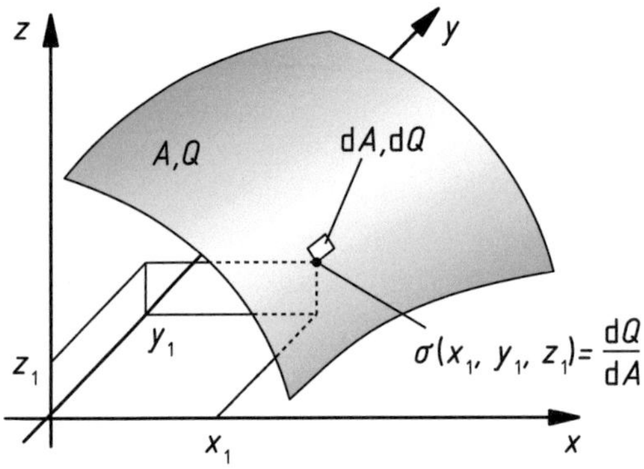

Bild 10.1: Flächenladungsdichte σ als Raumfunktion in kartesischen Koordinaten dargestellt

Dieses Modell eignet sich beispielsweise zur näherungsweisen Beschreibung von Ladungsverteilungen an der Oberfläche von Leitern, die durch Aufbringen von Ladungen, elektrische Polarisation oder Influenz entstanden sind.

Die *Linienladungsdichte* λ (sprich „lambda")

$$\lambda = \frac{\mathrm{d}Q}{\mathrm{d}s} \tag{10.3}$$

beschreibt die (ggf. ortsabhängige) Ladung pro infinitesimal kleiner Strecke auf einer infinitesimal dünnen, beliebig geformten Linie. Bild 10.2 zeigt einen Abschnitt einer Linie (l) mit der Gesamtladung Q und der ortsabhängigen Linienladungsdichte $\lambda(x, y, z)$.

Dieses Modell eignet sich z. B. zur näherungsweisen Beschreibung elektrisch geladener langer Leiter in Entfernungen von den Leitern, die viel größer als deren Durchmesser sind.

Die *Punktladung* Q enthält eine beliebige Ladungsmenge konzentriert in einem infinitesimal kleinen Volumen, das durch einen Punkt angenähert wird. Bild 10.3 zeigt ein Gebiet (V) mit der Raumladungsdichte $\varrho(x, y, z)$, das durch eine Punktladung Q_P modelliert wird.

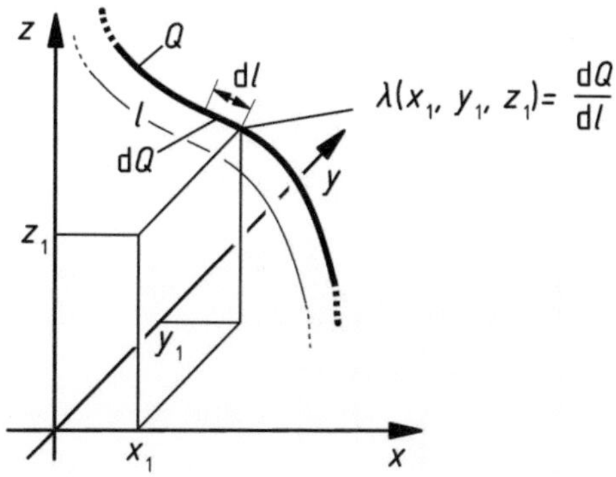

Bild 10.2: Linienladungsdichte λ als Raumfunktion in kartesischen Koordinaten dargestellt

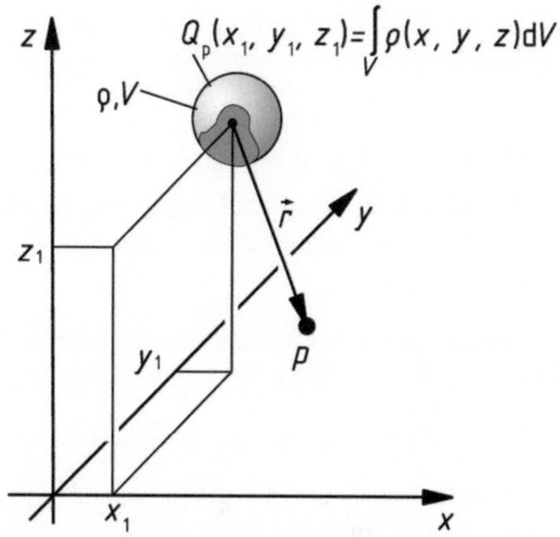

Bild 10.3: Geladenes Volumen V als Punktladung Q_P modelliert

Dieses Modell eignet sich zur näherungsweisen Beschreibung elektrisch geladener Gebiete in Entfernungen von den Gebieten, die viel größer als deren größte Abmessung sind.

10.3 Elektrisierung, elektrische Polarisation

Ein *elektrischer Dipol* ist eine Anordnung, die insgesamt elektrisch neutral ist, bei der die *Ladungsschwerpunkte* der positiven und negativen Ladungen aber räumlich nicht zusammenfallen, so dass die Anordnung insgesamt einen positiven und einen negativen Pol aufweist.

Als *elektrische Polarisation* wird das Phänomen der (meist reversiblen) *Verschiebung* von Ladungen gegenüber ihren Gegenladungen in *Nichtleitern (Dielektrika)* nach Anlegen eines äußeren elektrischen Feldes bezeichnet. Hierdurch entstehen elektrische Dipole oder vorhandene Dipole richten sich aus.

Bild 10.4 zeigt schematisch die Wechselwirkung zwischen einem äußeren elektrischen Feld $\vec{E}_{\text{außen}}$, das durch elektrisch aufgeladene Flächen erzeugt wird, und einem in diesem Feld befindlichen Dielektrikum. Die Dipole im Dielektrikum richten sich so aus, dass ihr negativer Pol zur positiv geladenen Fläche weist und ihr positiver zur negativ geladenen Fläche. Dieses Verhalten ist sowohl mit der allgemein bekannten Tatsache zu erklären, dass sich ungleichnamige Ladungen anziehen,

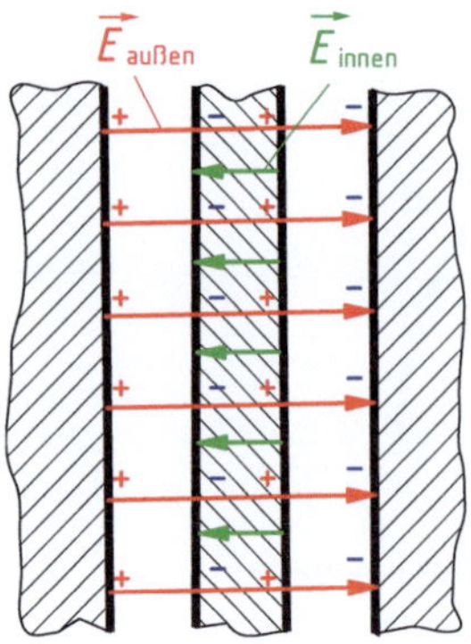

Bild 10.4: Schwächung des äußeren elektrischen Feldes in einem Dielektrikum

als auch mit Gl. (9.17), die die Kraftwirkung auf Ladungen im äußeren elektrischen Feld konkret beschreibt.

Die ausgerichteten Dipole erzeugen im Dielektrikum ein als „*Elektrisierung*" bezeichnetes elektrisches Feld $\vec{E}_{\text{innen}}$, das *dem äußeren Feld entgegengerichtet*, aber *betragsmäßig schwächer* als das äußere Feld ist ($|\vec{E}_{\text{innen}}| < |\vec{E}_{\text{außen}}|$). Die vektorielle Überlagerung der beiden Teilfelder ergibt das resultierende Feld im Dielektrikum $\vec{E}_{\text{res}} = \vec{E}_{\text{außen}} + \vec{E}_{\text{innen}}$, das stets die gleiche Richtung hat wie das äußere Feld.

Als „*elektrische Polarisation*" im engeren Sinne wird die Größe

$$\vec{P} = \frac{\vec{E}_{\text{innen}}}{\varepsilon_0} \tag{10.4}$$

bezeichnet. Der Grund für diese Definition wird in Abschnitt 10.8 im Zusammenhang mit der elektrischen Flussichte und der elektrischen Suzeptibilität verständlich.

Die Polarisation schwächt stets das sie verursachende äußere elektrische Feld innerhalb des Dielektrikums ab.

Innerhalb *homogener* Dielektrika heben sich die Wirkungen *benachbarter* Dipole im räumlichen Mittel auf, so dass ihr Inneres ungeladen erscheint. An der Grenzfläche zwischen unterschiedlichen Dielektrika tritt diese Kompensation nicht auf, was zur Ansammlung von (gebundenen) Ladungen an der Grenzfläche führt, die als *Flächenladungsdichte* σ modelliert werden kann.

Nachfolgend wird beschrieben, wie Materialien, in denen verschiedene *elektrischen Polarisationsmechanismen* wirken, auf das Anlegen eines äußeren elektrischen Feldes reagieren. Die Bilder in Tabelle 10.1 illustrieren diese Aussagen.

- *Orientierungspolarisation*: Ausrichtung im Material vorhandener polarer Moleküle. Beispiel: reines Wasser (H_2O)
- *Ionenpolarisation*: Gegensätzliche Verschiebung positiver bzw. negativer Ionen in einem zuvor elektrisch neutralen Ionengitter. Beispiel: kristallines Kochsalz (NaCl)
- *Elektronenpolarisation*: Reversible Verschiebung der Elektronenhülle eines Atoms gegenüber dem Atomkern. Durch diese Verschiebung des Schwerpunktes der negativen Ladung gegenüber dem in seiner Lage unveränderten Atomkern mit der positiven Gegenladung wird *jedes* Atom zu einem elektrischen Dipol. Dieser Effekt tritt bei *allen* Stoffen auf. Sein Beitrag zur gesamten Polarisation ist gering.

- *Ferropolarisation* (ferroelektrische Polarisation): Polarisation ferroelektrischer Kristalle, die auch als *Ferroelektrika* bezeichnet werden (in Analogie zu Ferromagnetika). Diese Materialien enthalten Bereiche („Domänen") einheitlicher spontaner elektrischer Polarisation. Ohne den Einfluss eines äußeren elektrischen Feldes heben sich die Polarisationen der Domänen über viele Domänen gemittelt auf. Durch das Anlegen eines stärker werdenden äußeren elektrischen Feldes richten sich die Domänen zunehmend einheitlich aus und bewirken eine sehr starke resultierende Polarisation. Nach Entfernen des äußeren elektrischen Feldes bleibt ein Teil der Polarisation erhalten, was zu *Hysterese* wie bei Magnetwerkstoffen führt. Dieser Effekt wird in *Elektreten* genutzt, die das elektrische Gegenstück zu Magneten sind. Das bekannteste Ferroelektrikum ist Bariumtitanat ($BaTiO_3$).

Tabelle 10.1: Polarisationsmechanismen

	Nichtleitende Materie (Dielektrikum)			
	Unpolares Dielektrikum		Polares Dielektrikum	
	a) Elektronische Polarisation	b) Ionische Polarisation	c) Orientierungs-polarisation	d) Ferropolarisation
Kein äußeres elektrisches Feld $\vec{E} = 0$	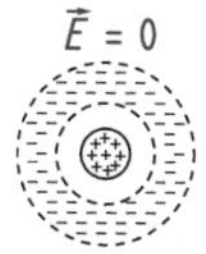	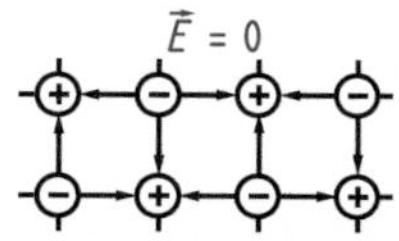	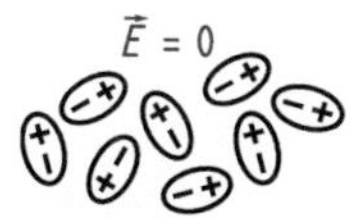	Auch bei $\vec{E} = 0$ ist $\vec{P} \neq 0$ möglich 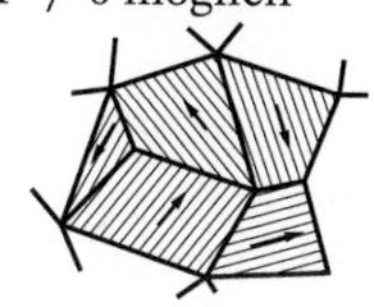
	aus makroskopischer Sicht elektrisch neutral			
Äußeres elektrisches Feld $\vec{E} \neq 0$ bewirkt Polarisation	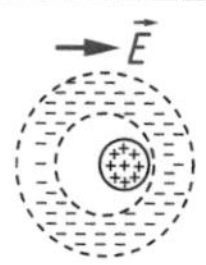 In den Atomen werden Ladungsschwerpunkte von Kern und Elektronenhülle gegeneinander verschoben.	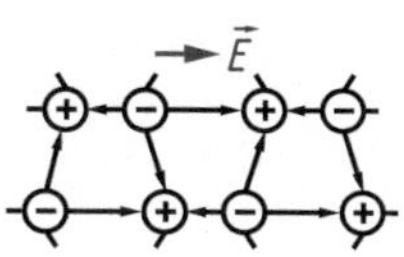 Positive und negative Ionen werden gegeneinander verschoben.	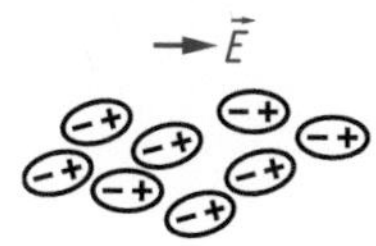 Elementardipole der Moleküle werden in die Orientierung von $\vec{E}$ gedreht.	Elementardipole werden in den Domänen jeweils in die Orientierung von $\vec{E}$ gedreht

10.4 Permittivität

Ein Maß für die maximale elektrische Polarisierbarkeit bzw. die tatsächliche elektrische Polarisation eines Stoffes ist seine *relative Permittivität*[3] (auch *Permittivitätszahl* genannt) ε_r. Die relative Permittivität ist eine ortsbezogene Feldgröße (keine elektrische Feldgröße, sondern ein Materialparameter).

[3]Die Bezeichnung „Permittivitätskonstante" ist falsch, da ε_r nicht konstant ist, sondern von vielen Größen abhängt, s. Abschnitt 12.3.

Ideales Vakuum, das nicht polarisierbar ist und daher als Bezugsgröße dient, hat die konstante relative Permittivität $\varepsilon_r = 1$.

Übliche Materialien haben bei niedrigen Frequenzen ein $\varepsilon_r > 1$.

Für Luft gilt bei Normalbedingungen $\varepsilon_r \approx 1{,}00059$, so dass in der Regel näherungsweise mit $\varepsilon_r = 1$ gerechnet werden kann. Für reines Wasser gilt wegen seiner natürlichen Polarität $\varepsilon_r \approx 80$. Bei Bariumtitanat sind Werte $\varepsilon_r \gg 1000$ erreichbar.

Als *Permittivität* (auch *dielektrische Leitfähigkeit* genannt) ε wird das Produkt der dimensionslosen relativen Permittivität mit der *elektrischen Feldkonstante*

$$\varepsilon_0 \approx 8{,}854\,187\,8128 \cdot 10^{-12}\,\frac{\mathrm{A\,s}}{\mathrm{V\,m}} \tag{10.5}$$

bezeichnet:

$$\varepsilon = \varepsilon_0\,\varepsilon_r \tag{10.6}$$

10.5 Influenz

Influenz ist die durch ein *äußeres* elektrisches Feld verursachte *reversible Ladungstrennung innerhalb eines Leiters*. Bei Entfernen des äußeren Feldes verschwindet die Influenz *vollständig*.

Unmittelbar nach dem Anlegen des äußeren elektrischen Feldes, das den Leiter durchdringt, beginnen freie Ladungsträger, sich im Leiter aufgrund der Coulomb-Kräfte zu bewegen. Die Bewegung endet, wenn sich an der Oberfläche des Leiters eine *Flächenladungsdichte* σ eingestellt hat, die *innerhalb* des Leiters das äußere elektrische Feld *vollständig* kompensiert. Dadurch wird das Innere des Leiters im *statischen* Zustand *elektrisch feldfrei*. Dies ist anhand von Bild 10.4 einfach nachvollziehbar. Wenn das Material zwischen den geladenen Flächen kein Dielektrikum, sondern ein Leiter ist, werden auf seiner Oberfläche Ladungen so influenziert, dass die innere Feldstärke die äußere im Leiter exakt kompensiert, also

$$\vec{E}_{\mathrm{res}} = \vec{E}_{\mathrm{außen}} + \vec{E}_{\mathrm{innen}} = \vec{0} \tag{10.7}$$

gilt.

Ein Leiter verhält sich im ESF also wie ein Dielektrikum mit $\varepsilon_r \to \infty$.

Merke: *Influenz kann als „perfekte“ Polarisation aufgefasst werden.*

Da im Leiter die *resultierende* elektrische Feldstärke verschwindet, bildet der *gesamte* Leiter ein *Äquipotenzialgebiet*. Dieses Äquipotenzialgebiet wirkt auf das äußere Feld, das die Influenz verursacht hat, zurück. Das äußere Feld wird durch die Existenz des Leiters also verändert!

Das Phänomen der Influenz kann das Verständnis zweier Sachverhalte im ESF erleichtern:

- Ein Leiter, der *insgesamt ungeladen* ist, kann durchaus an seiner Oberfläche geladen sein.
- Ein Leiter, der an verschiedenen Stellen seiner Oberfläche unterschiedlich geladen ist, kann durchaus ein Äquipotenzialgebiet sein.

10.6 Faradayscher Käfig

Die in Kapitel 9 behandelten Felder der elektrischen Stromdichte $\vec{J}$ lassen sich einfach durch Nichtleiter, also Stoffe mit $\kappa = 0$, begrenzen. Bei ESF ist eine solche Begrenzung nicht möglich, da es keinen Stoff mit $\varepsilon = 0$ gibt. Auch im materiefreien Raum (Vakuum) können ESF existieren.

Der Effekt der Influenz kann aber auf zweierlei Weise praktisch zum *Abschirmen von ESF* genutzt werden:

- Das Innere eines leitfähigen Hohlkörpers, in dem sich keine Ladungen befinden, bleibt frei von einem ESF, auch wenn außerhalb des Hohlkörpers ein beliebiges ESF existiert.
- Befindet sich in einem durch eine leitfähige Hülle begrenzten Hohlraum eine beliebige, ruhende Ladungsverteilung *mit der Gesamtladung null*, wird das ESF dieser Anordnung auf den Innenraum des Hohlkörpers begrenzt.

Selbst, wenn in den oben beschriebenen Anordnungen der leitfähige Hohlkörper nicht durch eine *massive* Hülle, sondern durch ein *feinmaschiges Gitter* begrenzt wird, gelten die Aussagen noch näherungsweise. Diese Anordnungen sind bekannt unter der Bezeichnung „*Faradayscher Käfig*“.

Ein Faradayscher Käfig schützt seinen Innenraum nur bedingt vor den Wirkungen eines in der Hülle fließenden Stromes, der beispielsweise durch einen Blitzeinschlag hervorgerufen wird. Dieser Schutz beruht nur auf der extrem unterschiedlichen elektrischen Leitfähigkeit von Metall und Luft. Ein Stromfluss durch das widerstandsbehaftete Käfigmaterial erzeugt nicht nur in diesem selbst, sondern auch in seiner inneren und äußeren Umgebung ein elektrisches Feld (s. Gl. (9.78)).

Ein Faradayscher Käfig aus magnetisch neutralem Material schirmt kein zeitinvariantes Magnetfeld ab. Zeitvariante Magnetfelder werden durch Wirbelströme (s. Abschnitt 11.18) im Käfig abgeschwächt.

Aus den oben genannten Gründen trifft die plakative Aussage „Das Innere eines Faradayschen Käfigs ist feldfrei.“ – selbst bei der Beschränkung auf elektrische und magnetische Felder – nur eingeschränkt zu.

10.7 Elektrisches Potenzial, elektrische Spannung, elektrische Feldstärke

Da das ESF wie das SESF ein Potenzialfeld ist, gelten alle in Abschnitt 9.2 gemachten Aussagen zum elektrisches Potenzial und zur elektrischen Spannung auch hier.

In Abschnitt 9.3 wurde die durch eine *Punktladung Q* verursachte elektrische Feldstärke an einem Ort, der durch den von der Punktladung ausgehenden Ortsvektor $\vec{r} = r \cdot \vec{e}_r$ beschrieben wird, als

$$\vec{E} = \frac{Q}{4\pi\,\varepsilon_0\,r^2}\,\vec{e}_r \qquad (10.8)$$

angegeben. Diese Gleichung gilt nur, wenn sich die Anordnung im leeren Raum (Vakuum) befindet. Befindet sich die Anordnung in einem homogenen, isotropen Medium mit der relativen Permittivität (s. Abschnitt 10.4) ε_r, kann Gl. (10.8) verallgemeinert werden zu

$$\vec{E} = \frac{Q}{4\pi\,\varepsilon_0\varepsilon_r\,r^2}\,\vec{e}_r\,. \qquad (10.9)$$

Der Vergleich der Gln. (10.8) und (10.9) verdeutlicht die feldschwächende Wirkung der durch ε_r berücksichtigten elektrischen Polarisation.

Auf eine ruhende Ladung, die sich an einem Ort mit der elektrischen Feldstärke $\vec{E}$ befindet, wirkt die Kraft

$$\vec{F} = Q\vec{E}\,, \tag{10.10}$$

s. Gl. (9.60). Da die elektrische Feldstärke $\vec{E}$ also direkt für die *Kraftwirkung* auf (unbewegte) Ladungen im ESF verantwortlich ist, wird sie als *Wirkungsfeldgröße* des ESF bezeichnet.

Das ESF enthält wie das SESF keine Wirbel der elektrischen Feldstärke. Daher hat jeder Feldpunkt ein *eindeutiges elektrisches Potenzial*.

Nachfolgend sind die wichtigsten Gleichungen aus Abschnitt 9.2, die auch in ESF gelten, aufgelistet:

$$\vec{E} = -\operatorname{grad}\varphi \tag{10.11}$$

$$U_{12} = \int_1^2 \vec{E}\,\mathrm{d}\vec{s} \tag{10.12}$$

$$U_{12} = \varphi_1 - \varphi_2 \tag{10.13}$$

$$\varphi = \int_P^{P_0} \vec{E}\,\mathrm{d}\vec{s} + \varphi_0 \tag{10.14}$$

10.8 Elektrische Flussdichte, elektrischer Fluss, elektrische Suszeptibilität

Durch Multiplikation der elektrischen Feldstärke gemäß Gl. (10.9) mit der elektrischen Permittivität $\varepsilon = \varepsilon_0\,\varepsilon_r$ erhält man eine Feldgröße, die nur von den feldverursachenden Ladungen und nicht mehr von den dielektrischen Eigenschaften des Feldraumes abhängig ist.

Die *elektrische Flussdichte*[4]

$$\vec{D} = \varepsilon\vec{E} = \varepsilon_0\varepsilon_r\vec{E} \tag{10.15}$$

kann in *dielektrisch homogenen, isotropen Räumen* (mit $\varepsilon_r = \text{const.}$) *direkt* aus der das Feld verursachenden Ladungsverteilung berechnet werden. Sie wird daher als *Ursachenfeldgröße* des ESF bezeichnet. Sie ist also in diesen Anordnungen unabhängig von der Polarisierbarkeit des Materials im felderfüllten Raum[5].

In *dielektrisch inhomogenen Räumen* (mit ortsabhängigem ε_r) gibt es zwei Ursachen für das $\vec{E}$-Feld:

1. Die räumliche Verteilung freier Ladungen Q bzw. ϱ.
2. Die Flächenladungsdichten σ an Grenzen zwischen Gebieten mit unterschiedlichem ε_r bzw. die Raumladungsdichten ϱ in Gebieten, in denen sich ε_r stetig ändert.

[4] Die Bezeichnung „dielektrische Flussdichte" ist treffender.

[5] Wegen der in Abschnitt 10.11 behandelten Brechung von Feldgrößen an Grenzflächen zwischen Dielektrika mit unterschiedlicher Permittivität bzw. ihrer Ablenkung in stetig inhomogenen Bereichen gilt diese Aussage nicht für elektrisch inhomogene oder anisotrope Räume.

Diese Unterscheidung wird deutlich, wenn Gl. (10.15) in der Form

$$\vec{D} = \varepsilon_0 \varepsilon_r \vec{E} = \varepsilon_0 (1 + \chi_e) \vec{E} \tag{10.16}$$

geschrieben wird. Darin ist χ_e (sprich „chi e“) die *elektrische Suzeptibilität*. Sie beschreibt den Einfluss der dielektrischen Polarisation

$$\vec{P} = \varepsilon_0 \chi_e \vec{E} \tag{10.17}$$

des Dielektrikums auf das elektrische Feld.

Die elektrische Flussdichte beschreibt im Gegensatz zur elektrischen Stromdichte keine tatsächliche Bewegung von Materie. Sie ist eine reine Rechengröße, die üblicherweise in der Fachdidaktik der Physik nicht verwendet wird.

Aus GL. (10.15) folgt als Einheit von $\vec{D}$

$$[D] = [\varepsilon] \cdot [E] = 1 \, \frac{\mathrm{A\,s}}{\mathrm{Vm}} \cdot 1 \, \frac{\mathrm{V}}{\mathrm{m}} = 1 \, \frac{\mathrm{A\,s}}{\mathrm{m}^2} = 1 \, \frac{\mathrm{C}}{\mathrm{m}^2} \tag{10.18}$$

und als Dimension „Ladung pro Fläche“.

Die elektrische Flussdichte ist (wie die elektrische Stromdichte) ein *flächenbezogener Vektor.*

In isotropen Dielektrika sind die elektrische Flussdichte und die elektrische Feldstärke stets gleichgerichtet ($\vec{D} \uparrow\uparrow \vec{E}$).

Das Flächenintegral von $\vec{D}$ über eine Fläche (A) wird als *elektrischer Fluss*[6] Ψ (sprich „Psi“) bezeichnet:

$$\Psi = \iint\limits_{(A)} \vec{D} \, \mathrm{d}\vec{A} \tag{10.19}$$

Der elektrische Fluss ist (wie der elektrische Strom) eine *Zählpfeilgröße*. Die Richtung des Zählpfeils von Ψ stimmt mit der Orientierung der Integrationsfläche (A) überein.

Auch der elektrische Fluss ist eine reine Rechengröße, der keine physikalische Existenz beigemessen wird.

Seine Einheit ist

$$[\Psi] = [D] \cdot [A] = 1 \, \mathrm{C} \tag{10.20}$$

und seine Dimension „Ladung“.

Folgende Analogien zwischen Größen des SESF und des ESF erleichtern das Verständnis für diese elementaren Feldtypen und erklären die Ähnlichkeit der Rechengänge und Ergebnisse für einander entsprechende Anordnungen im SESF bzw. ESF:

Tabelle 10.2: Korrespondenz zwischen den Größen des SESF und des ESF

	Flussdichtegröße	Flussgröße	Feldstärke	Spannung	Leitfähigkeit
SESF	$\vec{J}$	I	$\vec{E}$	U	κ
ESF	$\vec{D}$	Ψ	$\vec{E}$	U	ε

[6] Die Bezeichnung „dielektrischer Fluss“ ist treffender.

10.9 Gaußscher Satz der Elektrostatik

Der *Gaußsche*[7] *Satz der Elektrostatik* ist die 4. der Maxwellschen Gleichungen (s. Abschnitt 12.2). Er ist die wichtigste Gleichung zur Beschreibung von ESF und erlaubt die *geschlossene Berechnung* einfacher ESF, deren prinzipieller Verlauf bekannt ist und die einen hohen Grad an Symmetrie aufweisen. Die mit unseren mathematischen Mitteln berechenbaren Anordnungen entsprechen *geometrisch* denen, in denen SESF berechenbar sind.

Der Gaußsche Satz der Elektrostatik kann in verschiedenen Formen geschrieben werden, z. B. in der *integralen Formulierung*

$$\oiint_{(A)} \vec{D}\,\mathrm{d}\vec{A} = \oiint_{(A)} \mathrm{d}\Psi = \iiint_{(V)} \varrho\,\mathrm{d}V = Q_{\mathrm{ges}} = \mathring{\Psi}. \qquad (A) \text{ ist Hülle von } (V) \tag{10.21}$$

Die Gesamtladung Q_{ges} umfasst alle Ladungen, die sich im Volumen (V) befinden. Als Platzhalter für alle möglichen realen oder idealisierten Ladungsverteilungen ist das Volumenintegral über eine beliebig ortsabhängige Raumladungsdichte ϱ angegeben. Die Summe der Ladungen innerhalb der Hülle ist gleich dem *insgesamt* durch die Hülle *aus*tretenden *elektrischen Fluss*, dem *elektrischen Hüllenfluss* $\mathring{\Psi}$ (sprich „Psi Hülle").

Wie der elektrische Fluss ist auch der Hüllenfluss eine *Zählpfeilgröße*.

Falls das Volumen mehr negative als positive Ladungen enthält, ist Q_{ges} negativ und der Hüllenfluss weist in die Hülle hinein.

Merke: *Das Integral der elektrischen Teilflüsse über eine Hüllfläche ist gleich der von der Hüllfläche eingeschlossenen Ladung.*

Die *differenzielle Formulierung* des Gaußschen Satzes der Elektrostatik ist

$$\operatorname{div} \vec{D} = \varrho\,. \tag{10.22}$$

Merke: *Elektrische Ladungen sind die Quellen bzw. Senken der elektrischen Flussdichte.*

Je größer die Raumladung in einem Feldpunkt (der eigentlich ein infinitesimal kleines Volumen ist), desto höher ist die Quelldichte (desto mehr Feldlinien entspringen) in dem Punkt. Punkte mit negativer Raumladung sind die Senken des Feldes; in ihnen enden Feldlinien.

Aus dem Gaußschen Satz folgt eine wichtige und sofort einleuchtende Konsequenz für *das elektrische Feld unmittelbar über der Oberfläche leitender Körper*:

Das Innere von Leitern ist im ESF elektrisch feldfrei. Befindet sich auf der Oberfläche eines Leiters eine Ladung Q, kann deren Verteilung durch eine (im Allgemeinen ortsabhängige) *Flächenladungsdichte* σ beschrieben werden. Das $\vec{D}$-Feld dieser Flächenladung kann sich von der Oberfläche des Körpers nur in das angrenzende Dielektrikum ausbreiten. Die Oberfläche des Leiters ist eine Äquipotenzialfläche. Die $\vec{E}$-Feldlinien im direkt angrenzenden Bereich des Dielektrikum stehen also senkrecht auf ihr. In einem isotropen Dielektrikum gilt dies auch für die $\vec{D}$-Feldlinien. Das $\vec{D}$-Feld hat also nur eine Normalkomponente bezüglich der Oberfläche, d. h. $\vec{D} = D_{\mathrm{n}}\,\vec{e}_{\mathrm{n}}$.

Nun wird die Hüllfläche (A) beim Gaußschen Satz wie in Bild 10.5 dargestellt so in Form eines infinitesimal kleinen Quaders um einen Teil der Oberfläche des geladenen Körpers gelegt, dass die im $\vec{D}$-Feld befindlichen Flächen $(\mathrm{d}\vec{A})$ des Quaders parallel bzw. senkrecht zur Oberfläche stehen.

[7] Benannt nach dem deutschen Mathematiker und Naturwissenschaftler Carl Friedrich Gauß (1777–1855).

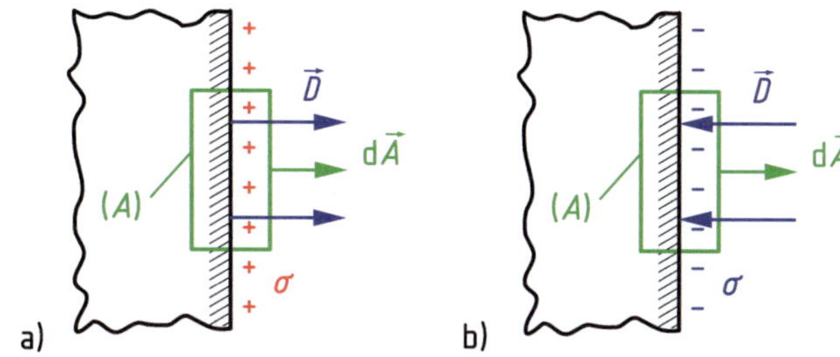

Bild 10.5: Grenze zwischen Leiter mit Flächenladungsdichte und Dielektrikum mit senkrecht zur Grenze stehenden $\vec{D}$-Feldlinien bei a) positiver bzw. b) negativer Flächenladungsdichte

Diejenige Oberfläche des Quaders, die im $\vec{D}$-Feld parallel zur Oberfläche des Körpers verläuft, wird durch den Normalenvektor $\mathrm{d}\vec{A}\,\vec{e}_\mathrm{n}$ beschrieben. Die vom Quader eingeschlossene Ladung ist

$$\mathrm{d}Q = \sigma\,\mathrm{d}A\,. \tag{10.23}$$

Daraus folgt

$$\oiint_{(A)} \vec{D}\,\mathrm{d}\vec{A} = D_\mathrm{n}\,\vec{e}_\mathrm{n}\cdot\mathrm{d}\vec{A}\,\vec{e}_\mathrm{n} = D_\mathrm{n}\,\mathrm{d}A = \mathrm{d}Q = \sigma\,\mathrm{d}A\,, \tag{10.24}$$

woraus die wichtige Beziehung

$$D_\mathrm{n} = \sigma \tag{10.25}$$

folgt.

Merke: *Die Normalkomponente der elektrischen Flussdichte in einem Feldpunkt direkt über der Oberfläche eines Leiters ist im ESF gleich der dortigen Flächenladungsdichte.*

Die Anwendung des Gaußschen Satzes wird in den folgenden Beispielen gezeigt.

Beispiel 10.1: Elektrisches Potenzial und Spannung im Feld einer Punktladung

Betrachtet wird eine Punktladung gemäß Bild 10.6 a) mit $Q_\mathrm{P} > 0$ in einem homogenen, isotropen Dielektrikum mit $\varepsilon_\mathrm{r} > 1$. Die Gegenladung mit Potenzial $\varphi_0 = 0$ befinde sich im Unendlichen.

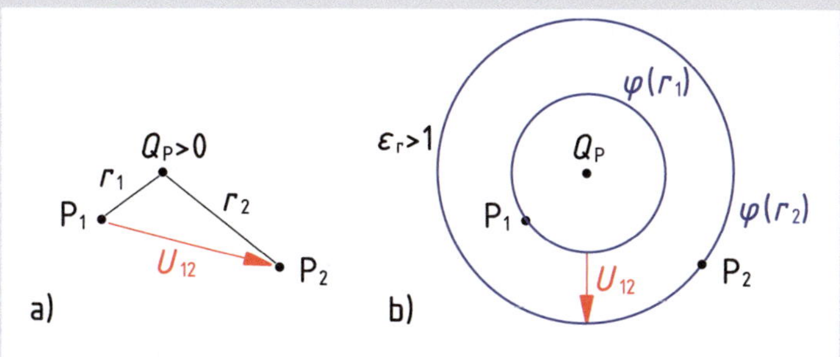

Bild 10.6: Zwei Punkte im Feld einer Punktladung

Die Spannung U_{12} zwischen zwei Punkten P_1 und P_2 im Abstand r_1 bzw. r_2 von Q_P und die Ortsfunktion des elektrischen Potenzials φ im felderfüllten Raum sind zu berechnen.

Wegen der Kugelsymmetrie der Anordnung werden Kugelkoordinaten mit dem Mittelpunkt in der Punktladung gewählt. Alle elektrischen Größen können nur von der r-Koordinate abhängen. Also muss gelten

$$\vec{D} = D_{\mathrm{r}}(r)\,\vec{\mathrm{e}}_{\mathrm{r}}\,. \tag{10.26}$$

Als Hüllfläche bei der Anwendung des Gaußschen Satzes wird eine konzentrische Kugeloberfläche gewählt, für die

$$\mathrm{d}\vec{A} = \mathrm{d}A\,\vec{\mathrm{e}}_{\mathrm{r}}$$

gilt. Dann sind auf der Hüllfläche die Vektoren $\vec{D}$ und $\mathrm{d}\vec{A}$ gleichgerichtet ($\vec{D} \uparrow\uparrow \mathrm{d}\vec{A}$) und es gilt $|\,\vec{D}\,| = \text{const.}$ wegen $r = \text{const.}$ Die Oberfläche einer Kugel mit dem Radius r ist $4\pi r^2$.

Damit folgt für die linke Seite des Gaußschen Satzes Gl. (10.21):

$$\begin{aligned}\oint\!\!\!\oint_{\text{(Hüllfläche)}} \vec{D}\,\mathrm{d}\vec{A} &= \iint_{\substack{\text{(Kugel-}\\\text{oberfläche)}}} D_{\mathrm{r}}(r)\,\vec{\mathrm{e}}_{\mathrm{r}}\,\mathrm{d}A\,\vec{\mathrm{e}}_{\mathrm{r}} = \iint_{\substack{\text{(Kugel-}\\\text{oberfläche)}}} D_{\mathrm{r}}(r)\,\mathrm{d}A\,\overbrace{\vec{\mathrm{e}}_{\mathrm{r}}\,\vec{\mathrm{e}}_{\mathrm{r}}}^{=1}\\ &= \iint_{\substack{\text{(Kugel-}\\\text{oberfläche)}}} D_{\mathrm{r}}(r)\,\mathrm{d}A = D_{\mathrm{r}}(r)\iint_{\substack{\text{(Kugel-}\\\text{oberfläche)}}}\mathrm{d}A\\ &= D_{\mathrm{r}}(r)\,4\pi r^2\end{aligned}$$

Auf der rechten Seite des Gaußschen Satzes gilt für jedes $r > 0$

$$Q_{\mathrm{ges}} = Q_{\mathrm{P}}\,.$$

Daraus folgt

$$D_{\mathrm{r}}(r)\,4\pi r^2 = Q_{\mathrm{P}}$$

und hieraus mit Gl. (10.26)

$$\vec{D} = \frac{Q_{\mathrm{P}}}{4\pi r^2}\,\vec{\mathrm{e}}_{\mathrm{r}}\,.$$

Mit Gl. (10.15) ergibt sich

$$\vec{E} = \frac{Q_{\mathrm{P}}}{4\pi\,\varepsilon_0\varepsilon_r}\,\frac{1}{r^2}\,\vec{\mathrm{e}}_{\mathrm{r}} \sim \frac{1}{r^2}\,.$$

Die elektrische Feldstärke nimmt umgekehrt proportional zum Quadrat der Entfernung von der Punktladung ab.

Damit wurde die Aussage des Coulombschen Gesetzes in der Form der Gl. (10.9) mittels des Gaußschen Satzes hergeleitet. Der im Coulombschen Gesetz willkürlich erscheinende Faktor 4π im Nenner wird damit verständlich.

Direkt an der Punktladung, also für $r \to 0$, steigt der Betrag der elektrischen Feldstärke gegen unendlich, was im Feldbild an den Feldlinien zu erkennen ist, die scheinbar an einem Punkt beginnen, also verschwindenden Abstand voneinander haben. Da es keine Punktladungen gibt, sondern alle geladenen Objekte ausgedehnt sind, ist das kein reales Problem, sondern zeigt nur die Grenze der Tauglichkeit des Modells der Punktladung.

Die Äquipotenzialflächen $\varphi = \text{const.}$ stehen überall senkrecht auf den $\vec{E}$-Vektoren. Sie müssen konzentrische Kugeloberflächen sein, siehe Bild 10.6 b). Alle Punkte mit festem r haben gleiches Potenzial φ. Das folgt auch aus der Kugelsymmetrie der Anordnung.

Um mittels Gl. (10.12) die Spannung zwischen zwei Feldpunkten P_1 und P_2 zu berechnen, darf man auf einem beliebigen Weg zwischen den Äquipotenzialflächen, auf denen diese Punkte liegen, integrieren:

$$U_{12} = \int_{P_1}^{P_2} \vec{E}\,\mathrm{d}\vec{s}$$

Der mathematisch einfachste Weg verläuft radial. Dann gilt

$$\mathrm{d}\vec{s} = \mathrm{d}r\,\vec{e}_\mathrm{r} \tag{10.27}$$

und es folgt

$$U_{12} = \int_{r_1}^{r_2} \frac{Q_\mathrm{P}}{4\pi\,\varepsilon_0\varepsilon_\mathrm{r}}\,\frac{1}{r^2}\,\vec{e}_\mathrm{r}\,\mathrm{d}r\,\vec{e}_\mathrm{r} = \frac{Q_\mathrm{P}}{4\pi\,\varepsilon_0\varepsilon_\mathrm{r}} \int_{r_1}^{r_2} \frac{1}{r^2}\,\overbrace{\vec{e}_\mathrm{r}\,\vec{e}_\mathrm{r}}^{=1}\,\mathrm{d}r = \frac{Q_\mathrm{P}}{4\pi\,\varepsilon_0\varepsilon_\mathrm{r}} \left[-\frac{1}{r}\right]_{r_1}^{r_2} = \frac{Q_\mathrm{P}}{4\pi\,\varepsilon_0\varepsilon_\mathrm{r}} \left(\frac{1}{r_1} - \frac{1}{r_2}\right).$$

Das elektrische Potenzial eines Feldpunktes P im Abstand r_P von der Punktladung lässt sich mit Gl. (10.14) berechnen:

$$\varphi(r_\mathrm{P}) = \int_{P}^{P_0} \vec{E}\,\mathrm{d}\vec{s}$$

Der Potenzialbezugspunkt P_0 soll im Unendlichen liegen, also bei $r \to \infty$. Für sein Potenzial gilt $\varphi(P_0) = \varphi_0 = 0$. Als Integrationsweg wird ein radialer Weg von P zu P_0 gewählt. Mit (Gl. 10.27) folgt

$$\varphi(r_\mathrm{P}) = \int_{r_\mathrm{P}}^{\infty} \frac{Q_\mathrm{P}}{4\pi\,\varepsilon_0\varepsilon_\mathrm{r}}\,\frac{1}{r^2}\,\vec{e}_\mathrm{r}\,\mathrm{d}r\,\vec{e}_\mathrm{r} = \frac{Q_\mathrm{P}}{4\pi\,\varepsilon_0\varepsilon_\mathrm{r}} \int_{r_\mathrm{P}}^{\infty} \frac{1}{r^2}\,\mathrm{d}r = \frac{Q_\mathrm{P}}{4\pi\,\varepsilon_0\varepsilon_\mathrm{r}} \left[-\frac{1}{r}\right]_{r_\mathrm{P}}^{\infty} = \frac{Q_\mathrm{P}}{4\pi\,\varepsilon_0\varepsilon_\mathrm{r}}\,\frac{1}{r_\mathrm{P}}.$$

Bei dieser Rechnung war es wichtig, mathematisch sauber zwischen der radialen Koordinate r_P des interessieren Feldpunktes und der Integrationsvariablen r zu unterscheiden. Nun kann r_P umbenannt werden in r und man erhält

$$\varphi(r) = \frac{Q_\mathrm{P}}{4\pi\,\varepsilon_0\varepsilon_\mathrm{r}}\,\frac{1}{r} \sim \frac{1}{r}.$$

Das Potenzial fällt also umgekehrt proportional zum Abstand von der Punktladung. Für das Potenzial der Punktladung selbst gilt

$$\varphi(r \to 0) \to \infty,$$

was sinnlos ist und ebenfalls die Grenze der Tauglichkeit des Modells der Punktladung zeigt.

Beispiel 10.2: Elektrostatisches Feld geladener, konzentrischer, leitfähiger Hohlkugeln

Gegeben sind drei konzentrische, metallische Hohlkugeln vernachlässigbarer Dicke mit den Radien $0 < r_1 < r_2 < r_3$ und den Ladungen $Q_1 = Q_0 > 0$, $Q_2 = Q_0$ und $Q_3 = -2\,Q_0$ gemäß Bild 10.7. Die gesamte Anordnung befindet sich in einem homogenen, isotropen Dielektrikum mit konstantem ε.

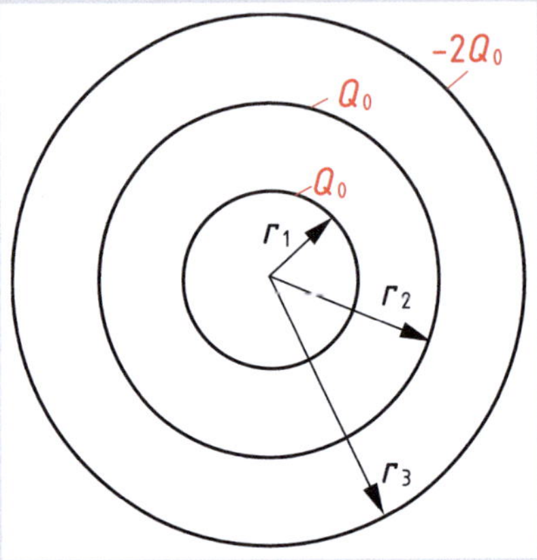

Bild 10.7: Geladene, konzentrische, leitende Hohlkugeln

Vorüberlegungen:

- Die Anordnung ist geometrisch kugelsymmetrisch. Die Ladungen pro Hohlkugel werden sich daher homogen, also ebenfalls kugelsymmetrisch, auf die Kugeln verteilen. Daher werden Kugelkoordinaten mit dem Mittelpunkt im Mittelpunkt der Anordnung verwendet. Alle elektrischen Größen können nur von der radialen Koordinate r abhängen.
- Die Anordnung ist *insgesamt* elektrisch neutral. Da sie eine leitfähige Hülle hat, schirmt sie den Außenraum von den Wirkungen der Ladungen innerhalb der äußeren Hohlkugel ab (s. Abschnitt 10.6). Für $r > r_3$ ist also kein elektrisches Feld zu erwarten.
- Da sich innerhalb der inneren Kugel keine Ladungen befinden, ist dieser Raum feldfrei.
- Die elektrischen Feldlinien verlaufen radial von den positiven Ladungen auf der Außenfläche der inneren Hohlkugel zur Innenfläche mittleren Hohlkugel. Dort wird ihre Gegenladung $-\,Q_0$ *influenziert*. Da die Gesamtladung dieser Hohlkugel Q_0 beträgt, muss sich auf ihrer Außenfläche die Ladung $2\,Q_0$ befinden. Von diesen Ladungen verlaufen die elektrischen Feldlinien radial zu ihren Gegenladungen $-2\,Q_0$ auf der Innenfläche der äußeren Hohlkugel. Die Außenfläche der äußeren Hohlkugel trägt keine Ladung. Damit erscheint die Anordnung für den äußeren Betrachter ungeladen.
- Also ist der Ansatz für $\vec{D}$:

$$\vec{D} = D_\mathrm{r}(r)\,\vec{e}_\mathrm{r} \tag{10.28}$$

Aus diesen Vorüberlegungen ergibt sich das Feldbild der elektrischen Flussdichte $\vec{D}$ gemäß Bild 10.8.

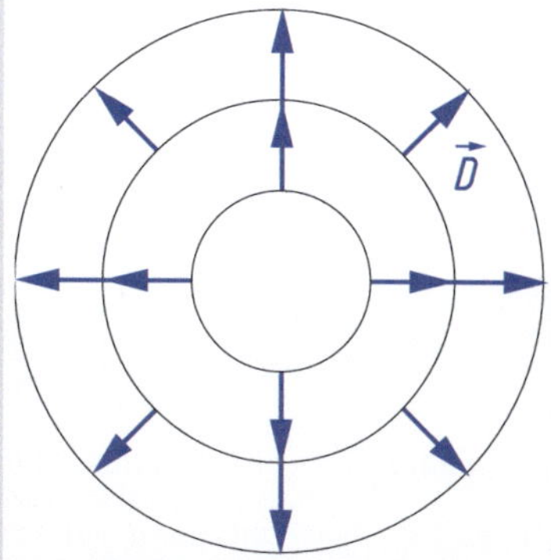

Bild 10.8: Feldbild der elektrischen Flussdichte in den konzentrischen Hohlkugeln

Als Hüllfläche bei der Anwendung des Gaußschen Satzes wird eine konzentrische Kugeloberfläche gewählt, für die

$$\mathrm{d}\vec{A} = \mathrm{d}A\,\vec{e}_\mathrm{r}$$

gilt. Dann sind auf der Hüllfläche die Vektoren $\vec{D}$ und $\mathrm{d}\vec{A}$ gleichgerichtet ($\vec{D} \uparrow\uparrow \mathrm{d}\vec{A}$) und es gilt $|\vec{D}| = \text{const.}$ wegen $r = \text{const.}$ Die Oberfläche einer Kugel mit dem Radius r ist $4\pi r^2$.

Damit folgt für die linke Seite des Gaußschen Satzes Gl. (10.21):

$$\underset{\text{(Hüllfläche)}}{\oint\!\!\!\oint} \vec{D}\,\mathrm{d}\vec{A} = \underset{\substack{\text{(Kugel-}\\\text{oberfläche)}}}{\iint} D_\mathrm{r}(r)\,\vec{e}_\mathrm{r}\,\mathrm{d}A\,\vec{e}_\mathrm{r} = \underset{\substack{\text{(Kugel-}\\\text{oberfläche)}}}{\iint} D_\mathrm{r}(r)\,\mathrm{d}A\;\overbrace{\vec{e}_\mathrm{r}\,\vec{e}_\mathrm{r}}^{=1}$$

$$= \underset{\substack{\text{(Kugel-}\\\text{oberfläche)}}}{\iint} D_\mathrm{r}(r)\,\mathrm{d}A = D_\mathrm{r}(r) \underset{\substack{\text{(Kugel-}\\\text{oberfläche)}}}{\iint} \mathrm{d}A$$

$$= D_\mathrm{r}(r)\,4\pi r^2$$

Auf der rechten Seite von Gl. (10.21) ist eine Fallunterscheidung erforderlich:

$$Q_\mathrm{ges} = \begin{cases} 0 & \text{für} \quad r < r_1 \\ Q_0 & \quad\quad r_1 < r < r_2 \\ 2\,Q_0 & \quad\quad r_2 < r < r_3 \\ 0 & \quad\quad r > r_3 \end{cases} .$$

Daraus folgt mit Gl. 10.28

$$\vec{D} = \begin{cases} \vec{0} & \text{für} \quad r < r_1 \\ \dfrac{Q_0}{4\pi r^2}\,\vec{e}_\mathrm{r} & \quad\quad r_1 < r < r_2 \\ \dfrac{2\,Q_0}{4\pi r^2}\,\vec{e}_\mathrm{r} & \quad\quad r_2 < r < r_3 \\ \vec{0} & \quad\quad r > r_3 \end{cases}$$

und daraus

$$\vec{E} = \begin{cases} \vec{0} & \text{für} \quad r < r_1 \\ \dfrac{Q_0}{4\pi\,\varepsilon}\,\dfrac{1}{r^2}\,\vec{e}_r & r_1 < r < r_2 \\ \dfrac{2\,Q_0}{4\pi\,\varepsilon}\,\dfrac{1}{r^2}\,\vec{e}_r & r_2 < r < r_3 \\ \vec{0} & r > r_3 \end{cases} .$$

Im Gegensatz zum Feldbild sind die Rechenergebnisse unabhängig vom Vorzeichen von Q_0.

Die Hüllen der Hohlkugeln selbst sind feldfrei und Äquipotenzialvolumina, da sie Leiter sind.

Der Betrag der elektrische Feldstärke springt an der mittleren Hohlkugel um den Faktor 2.

Die Feldstärke in einem Bereich von r hängt nur von der Ladung *innerhalb* des Bereiches ab, nicht von der Ladung außerhalb. Das ist genau eine wesentliche Aussage des Gaußschen Satzes!

Bild 10.9 zeigt eine Skizze der Ortsfunktion $E(r) = |\vec{E}(r)|$. Die Feldstärke sinkt umgekehrt proportional zum Quadrat des Abstandes vom Kugelmittelpunkt.

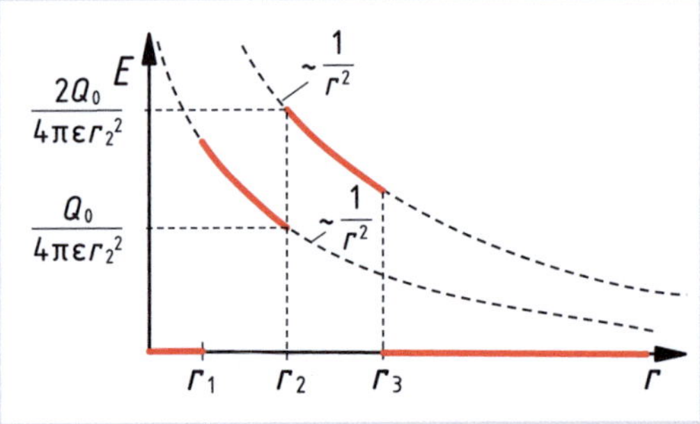

Bild 10.9: Ortsfunktion des Betrages der elektrischen Feldstärke

Ob die höchste Feldstärke E an der Oberfläche der inneren oder der mittleren Hohlkugel auftritt, hängt von deren Radienverhältnis ab.

Die Feldstärke an der Oberfläche der inneren Kugel $E(r_1 + \mathrm{d}r)$ steigt mit kleiner werdendem r_1. Wenn der Radius der inneren Hohlkugel sehr klein wird ($r_1 \to 0$), steigt – unabhängig vom Wert von $Q_1 > 0$ die Feldstärke E gegen unendlich! Daher ist die Punktladung ein Modell, das in seiner unmittelbaren Umgebung unsinnige Ergebnisse liefert.

Beispiel 10.2 zeigt: *Die Feldstärke an der Oberfläche eines beliebig geformten, geladenen Leiters ist dort besonders hoch, wo der Krümmungsradius der nach außen gewölbten Oberfläche besonders klein ist!* Dieses Phänomen wird als *Spitzeneffekt* bezeichnet und praktisch beispielsweise bei Blitzableitern und Überspannungsableitern genutzt. Umgekehrt wird in Anlagen der Hochspannungstechnik, wo elektrische Durchschläge durch hohe Feldstärken vermieden werden sollen, auf *große Krümmungsradien* geachtet.

In Beispiel 10.3 wird ein geladener Hohlzylinder untersucht und der Unterschied zwischen den elektrischen Feldern bei Vernachlässigung bzw. Berücksichtigung von Randeffekten diskutiert.

Beispiel 10.3: Elektrostatisches Feld eines geladenen, leitfähigen Hohlzylinders

Betrachtet wird ein metallischer Hohlzylinder gemäß Bild 10.10 a) und b) mit der Länge l_Z, dem Innenradius r_{Zi} und dem Außenradius r_{Za}. Es gilt $l_Z \gg r_{Za}$. Der Zylinder trägt die Gesamtladung $Q_Z > 0$. Die Gegenladung befinde sich im Unendlichen. Der Zylinder befindet sich in einem homogenen, isotropen Dielektrikum mit konstantem ε. Randeffekte sind zunächst zu vernachlässigen.

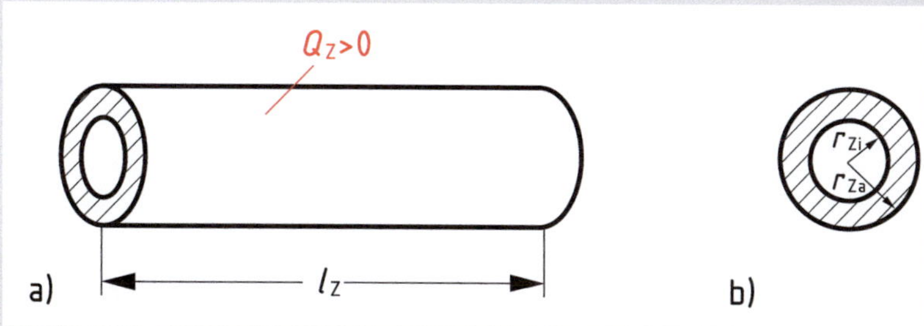

Bild 10.10: Geladener Hohlzylinder

Vorüberlegungen

- Die Vernachlässigung von *Randeffekten* bedeutet hier, dass der Einfluss der endlichen Länge des Zylinders nicht berücksichtigt werden soll. Das ist elegant dadurch möglich, dass man den Zylinder als Teil eines unendlich langen Zylinders auffasst, der pro Länge l_Z die Ladung Q_Z trägt. Ein solcher Ansatz ist häufig anwendbar.
- Die Vorgabe, dass sich die Gegenladung zu der Gesamtladung einer Anordnung „im Unendlichen" befinde, bedeutet stets, dass sich diese Ladung auf einer Fläche befinden soll, die von allen Punkten der Oberfläche der Anordnung annähernd gleich weit entfernt ist. Das heißt, dass sich die Oberfläche mit der Gegenladung möglichst weit weg, also in einer Entfernung „gegen unendlich" von der Anordnung befinden soll. Das ist bei dem *endlich* langen Hohlzylinder eine Hohlkugel mit unendlich großem Radius, deren Mittelpunkt sich im Ladungsschwerpunkt der Anordnung, hier also dem geometrischen Mittelpunkt des Zylinders, befindet. Würde der axial *unendlich* lange Zylinder betrachtet, wäre als Ort der Gegenladung ein konzentrischer Hohlzylinder mit unendlich großem Innendurchmesser anzunehmen, der auf seiner Innenfläche pro Länge l_Z die Ladung $-Q_Z$ trägt.
- Die Anordnung ist geometrisch zylindersymmetrisch. Unabhängig davon, wo und wie die positive Ladungsmenge Q_Z aufgebracht wurde, muss sie sich daher ebenfalls zylindersymmetrisch verteilen. Weil sich die gleichnamigen Ladungen, aus denen Q_Z besteht, gegenseitig abstoßen, müssen sie sich gleichmäßig auf der *äußeren* Mantelfläche des Zylinders verteilen, da sie dort den maximalen Abstand voneinander haben. Sie können also durch eine homogene Flächenladungsdichte

  $$\sigma = \frac{Q_Z}{l_Z\, 2\pi\, r_{Za}} > 0 \qquad (10.29)$$

  auf der Mantelfläche des Zylinders modelliert werden.

- Aus den obigen Überlegungen folgt, dass die $\vec{D}$- und die $\vec{E}$-Feldlinien gemäß Bild 10.11 an der Oberfläche des Hohlzylinders beginnen und zylindersymmetrisch radial nach außen verlaufen. Der gesamte Raum innerhalb der Mantelfläche des Hohlzylinders ist also feldfrei.

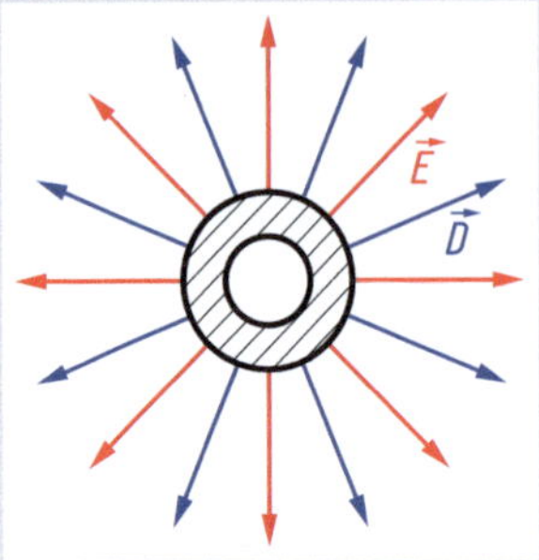

Bild 10.11: Elektrisches Feld des geladenen Hohlzylinders

- Zur mathematischen Analyse der Anordnung wird ein Zylinderkoordinatensystem verwendet, dessen z-Achse auf der Zylinderachse liegt.
- Alle elektrischen Größen sind unabhängig von der z- und der φ-Koordinate. Sie können nur eine radiale Komponente haben, die auch nur von der r-Koordinate abhängen kann. Daraus folgt der Ansatz für die elektrische Flussdichte

$$\vec{D} = D_\mathrm{r}(r)\,\vec{e}_\mathrm{r}\,. \tag{10.30}$$

Nun kann der Gaußsche Satz in Form von Gl. (10.21) zur Berechnung des $\vec{D}$-Feldes angewandt werden. Das Ziel muss es stets sein, das linke Integral nach der gesuchten Funktion $\vec{D}$ aufzulösen. Dazu muss die Hüllfläche (A) so geschickt in den Bereich gelegt werden, in dem $\vec{D}$ berechnet werden soll, dass dies möglichst einfach ist.

Im Integral ist das Skalarprodukt der einzelnen Flächenormalenvektoren $\mathrm{d}\vec{A}$, die (A) beschreiben, mit dem bei ihnen jeweils geltenden Vektor $\vec{D}$ zu bilden. Daher sollte (A) so gewählt werden, dass die einzelnen Vektoren $\mathrm{d}\vec{A}$ möglichst einen Winkel von 0°, 90° oder 180° mit dem an ihrem Ort geltenden $\vec{D}$ einschließen.

Das Skalarprodukt zweier unterschiedlicher Einheitsvektoren eines beliebigen Koordinatensystems ist immer null, da sie einen Winkel von 90° einschließen. Das Skalarprodukt eines beliebigen Einheitsvektors mit sich selbst ergibt immer 1.

Hier wird als Hüllfläche (A) die Oberfläche eines konzentrischen Zylinders gewählt, der die Länge l_Z und einen Radius $r > r_\mathrm{Za}$ hat.

Die Zylinderoberfläche besteht aus den beiden Deckelflächen und der Mantelfläche:

$$\underset{\text{(Hüllfläche)}}{\oiint} \vec{D}\,\mathrm{d}\vec{A} = \underset{\text{(1. Deckel)}}{\iint} \vec{D}\,\mathrm{d}\vec{A} + \underset{\text{(2. Deckel)}}{\iint} \vec{D}\,\mathrm{d}\vec{A} + \underset{\text{(Mantel)}}{\iint} \vec{D}\,\mathrm{d}\vec{A}$$

Die $\mathrm{d}\vec{A}$, die die beiden Deckelflächen beschreiben, weisen in Richtung bzw. entgegen der z-Achse, haben also nur eine z-Komponente. Sie schließen mit den $\vec{D}$-Vektoren einen Winkel von 90° ein. Dadurch ergeben die ersten beiden Teilintegrale den Wert null. Für die Mantelfläche gilt

$$\mathrm{d}\vec{A} = \mathrm{d}A\,\vec{e}_\mathrm{r}\,,$$

woraus

$$\underset{\text{(Hüllfläche)}}{\oint\!\!\oint} \vec{D}\,\mathrm{d}\vec{A} = \underset{\text{(Mantel)}}{\iint} D_\mathrm{r}(r)\,\vec{e}_\mathrm{r}\,\mathrm{d}A\,\vec{e}_\mathrm{r} = \underset{\text{(Mantel)}}{\iint} D_\mathrm{r}(r)\,\mathrm{d}A\,\overbrace{\vec{e}_\mathrm{r}\,\vec{e}_\mathrm{r}}^{=1} = \underset{\text{(Mantel)}}{\iint} D_\mathrm{r}(r)\,\mathrm{d}A$$

folgt. Unabhängig davon, welchen Radius die Mantelfläche hat, haben alle Flächenelemente auf ihr die selbe r-Koordinate. Da $D_\mathrm{r}(r)$ nur von r abhängt, ist D_r auf der Mantelfläche konstant und kann somit vor das Integral gezogen werden. Damit ist nur noch das Flächenintegral über alle Flächenelemente des Mantels zu bilden. Es ergibt den Flächeninhalt des Mantels:

$$\underset{\text{(Hüllfläche)}}{\oint\!\!\oint} \vec{D}\,\mathrm{d}\vec{A} = D_\mathrm{r}(r) \underset{\text{(Mantel)}}{\iint} \mathrm{d}A = D_\mathrm{r}(r) \cdot l_\mathrm{Z} \cdot 2\pi r \tag{10.31}$$

Damit ist die linke Seite des Gaußschen Satzes ausgewertet und das Ziel (fast) erreicht, das Integral nach der gesuchten Ortsfunktion $\vec{D}$ aufzulösen. Das Ergebnis Gl. (10.31) ist mit der von der Hüllfläche eingeschlossenen Gesamtladung gleichzusetzen. Liegt die Hüllfläche innerhalb des Hohlzylinders, also für $r < r_\mathrm{Za}$, ist $Q_\mathrm{ges} = 0$. Für $r > r_\mathrm{Za}$ ist $Q_\mathrm{ges} = Q_\mathrm{Z}$. Daraus folgt

$$D_\mathrm{r}(r)\,l_\mathrm{Z}\,2\pi r = \begin{cases} 0 & \text{für } r < r_\mathrm{Za} \\ Q_\mathrm{Z} & \text{für } r > r_\mathrm{Za} \end{cases} .$$

Aufgelöst nach $D_\mathrm{r}(r)$ und eingesetzt in die Ansatzfunktion Gl. (10.30) folgt das Ergebnis

$$\vec{D} = \vec{D}(r) = \begin{cases} \vec{0} & \text{für } r < r_\mathrm{Za} \\ \dfrac{Q_\mathrm{Z}}{l_\mathrm{Z}\,2\pi r}\,\vec{e}_\mathrm{r} & \text{für } r > r_\mathrm{Za} \end{cases} .$$

Am Ort der als Flächenladungsdichte modellierten Ladungsverteilung springt die Funktion. In der Realität hat die Ladung an der Oberfläche eines Körpers eine endliche Dicke, so dass die Funktion stetig verläuft.

Bemerkenswert ist die Tatsache, dass die zur Oberfläche orthogonale Komponenten von $\vec{D}$ (hier D_r) direkt über der Oberfläche des Leiters mit der Flächenladungsdichte gemäß Gl. (10.29) übereinstimmt:

$$D_\mathrm{r}(r_\mathrm{Za} + \mathrm{d}r) = \frac{Q_\mathrm{Z}}{l_\mathrm{Z}\,2\pi\,r_\mathrm{Za}}$$

Nun lässt sich die Ortsfunktion der elektrischen Feldstärke berechnen.

$$\vec{E} = \vec{E}(r) = \frac{1}{\varepsilon}\vec{D} = \begin{cases} \vec{0} & \text{für } r < r_\mathrm{Za} \\ \dfrac{Q_\mathrm{Z}}{2\pi\,\varepsilon\,l_\mathrm{Z}}\,\dfrac{1}{\mathrm{r}}\,\vec{e}_\mathrm{r} & \text{für } r > r_\mathrm{Za} \end{cases} \tag{10.32}$$

Damit ist die Ortsfunktion des Betrages der elektrischen Feldstärke $\vec{E}$ skizzierbar, s. Bild 10.12. Die elektrische Feldstärke nimmt von ihrem Maximum direkt über der Zylinderoberfläche

$$\left|\vec{E}(r_{Za} + \mathrm{d}r)\right| = \frac{Q_Z}{2\pi\,\varepsilon\, l_Z\, r_{Za}}$$

umgekehrt proportional zum Abstand von der Zylinderachse ab.

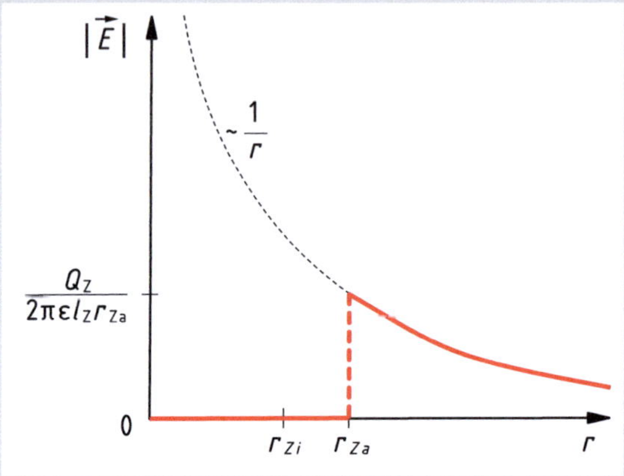

Bild 10.12: Ortsfunktion des Betrages der elektrischen Feldstärke

Nun soll die Auswirkung der Randeffekte betrachtet werden:

- Bei einem *endlich* langen Hohlzylinder verteilen sich Teile der Gesamtladung auch auf den Deckelflächen und sogar in sehr kurzen Bereichen an beiden Seiten der Bohrung. Das Innere des Hohlzylinders ist – bis auf die Bereiche an den Öffnungen – näherungsweise feldfrei. Der Hohlzylinder wirkt also als *Faradayscher Käfig* gegenüber dem durch die Ladungen an seiner Oberfläche erzeugten Feld.
- Die Ladungsverteilung auf der Mantelfläche ist nicht mehr homogen. Das elektrische Feld ist daher nicht mehr zylindersymmetrisch.
- Weiterhin treten aber die $\vec{D}$- und die $\vec{E}$-Feldlinien senkrecht aus der Oberfläche, die ja eine Äquipotenzialfläche ist, aus.
- In großem Abstand vom Hohlzylinder nähert sich der Feldverlauf dem Feld einer Punktladung Q_Z im Mittelpunkt des Zylinders an. Bild 10.13 zeigt eine Skizze des Feldbildes von $\vec{E}$.
- Nur in der Mittelebene des Zylinders bei $l_Z/2$ weisen alle Feldlinien radial nach außen.

Die geschlossene Berechnung dieses Feldes ist nicht möglich.

Bei dem Modell des Hohlzylinders mit rechtwinkligen Kanten zwischen den Deckelflächen und der Mantel- bzw. Bohrungsfläche dürfen *exakt* an diesen Kanten keine Feldlinien beginnen, da sonst die Bedingung, dass Feldlinien senkrecht auf Äquipotenzialflächen stehen, verletzt würde. An den Kanten gibt es überall zwei Flächen, für die die Bedingung nicht gleichzeitig erfüllt werden kann. In der Realität gibt es spätestens im Mikrokosmos keine scharfen Kanten, so dass sich das Problem erübrigt.

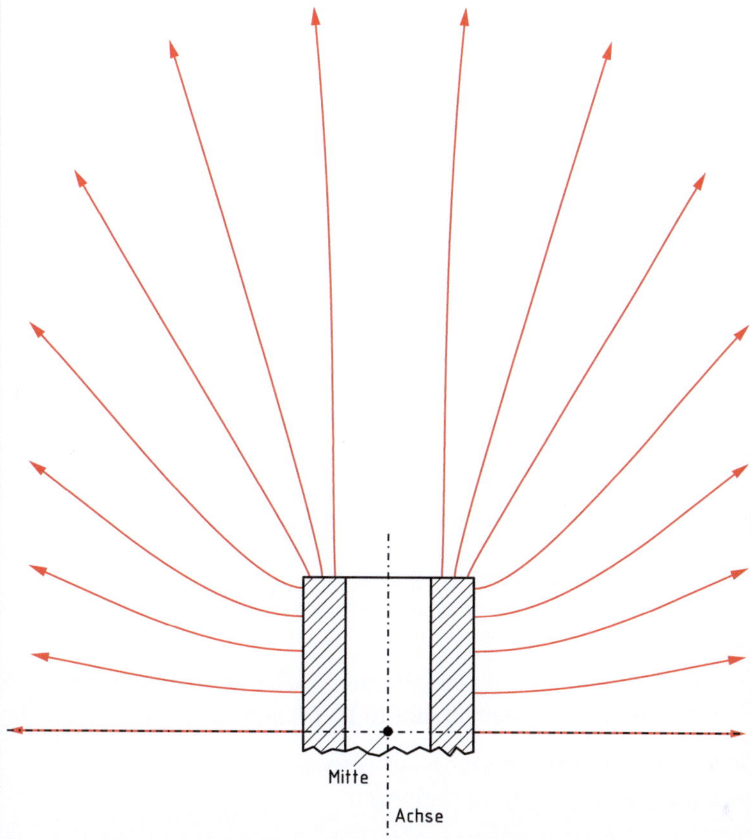

Bild 10.13: Skizze der elektrischen Feldstärke bei Berücksichtigung der Randeffekte

10.10 Kennzeichen der Feldbilder von ESF

Hier werden die Eigenschaften der Feldbilder von ESF in Anordnungen mit *isotroper* Permittivität zwischen *zwei geladenen, leitfähigen Festkörpern, die insgesamt elektrisch neutral sind*, zusammengestellt.

Unter einem Feldbild wird die *zweidimensionale* grafische Darstellung einer Auswahl von *Äquipotenziallinien bzw. -flächen* (ÄPL) sowie von *Feldlinien* von $\vec{D}$ oder/und $\vec{E}$ verstanden.

- Die *prinzipielle geometrische Form* des Feldbildes wird *allein* durch die *geometrische* Form der Grenzen zwischen Gebieten unterschiedlicher dielektrischer Leitfähigkeit) und *elektrischen* (Permittivität) Eigenschaften des Feldraumes bestimmt – unabhängig von den das Feld erzeugenden Ladungen. Lediglich die *Orientierung* der Feldlinien ist von der *Polarität* der Ladungen auf den leitfähigen Gebieten abhängig.
- Die Feldlinien von $\vec{D}$ *beginnen* an der Oberfläche des *positiv geladenen Gebietes* und *enden* an der Oberfläche des *negativ geladenen Gebietes*.
- Zu *unterschiedlichen Potenzialen* gehörende *ÄPLs* können sich *nicht berühren*.

- ÄPLs und $\vec{E}$-*Feldlinien* stehen in jedem Feldpunkt mit $|\vec{E}| \neq 0$ *senkrecht aufeinander.*
- *Feldlinien* können sich *nicht schneiden.*
- Dort, wo der Abstand zwischen benachbarten ÄPLs größer wird, wird $|\vec{E}|$ kleiner, was durch einen größeren Abstand zwischen den Feldlinien angezeigt wird. Eine entsprechende Aussage gilt für $|\vec{D}|$.
- Sind bei homogener, isotroper Permittivität die Feldlinien von $\vec{E}$ gekrümmt, sinkt $|\vec{E}|$ in der Richtung, die vom Mittelpunkt des Krümmungsbogens weg weist, s. Bild 10.14.

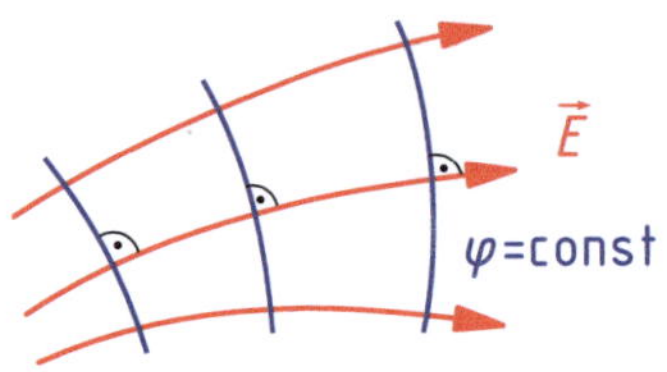

Bild 10.14: Ausschnitt aus einem elektrostatischen Feld mit gekrümmten Feldlinien

10.11 ESF an Grenzflächen, Brechungsgesetz

In diesem Abschnitt wird das Brechungsgesetz für ESF hergeleitet. Die Kenntnis der Herleitung ist für die spätere Anwendung des Gesetzes nicht erforderlich, kann aber das Verständnis für den Umgang mit den grundlegenden Gesetzen des ESF fördern.

Betrachtet wird ein Ausschnitt aus der Grenzfläche zwischen zwei dielektrischen Gebieten 1 und 2 mit den Permittivitäten ε_1 bzw. ε_2 gemäß Bild 10.15. Die Anordnung erfüllt zwei Bedingungen:

1. Die Permittivitäten sind isotrop.
2. Die Grenzfläche ist frei von Flächenladungen.

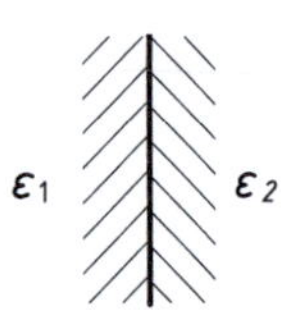

Bild 10.15: Grenzfläche zwischen zwei Gebieten unterschiedlicher Permittivität

In den beiden Gebieten existiere ein elektrostatisches Feld. Um zu ermitteln, wie sich die Feldlinien beim Durchgang durch die Grenzfläche verhalten, wird die Umgebung von zwei Feldpunkten P_1 und P_2 untersucht, die sich direkt nebeneinander auf den beiden Seiten der Grenzfläche befinden. Die Feldgrößen $\vec{D}$ und $\vec{E}$ in den beiden Feldpunkten werden jeweils durch Vektoren dargestellt. In Bild 10.16 sind diese Vektoren so eingezeichnet, dass $\vec{D}_1$ und $\vec{E}_1$ in Punkt P_1 enden, während $\vec{D}_2$ und $\vec{E}_2$ in Punkt P_2 beginnen. Ohne Einschränkung der Allgemeingültigkeit der Ergebnisse wird angenommen, dass das elektrostatische Feld von Gebiet 1 zu Gebiet 2 verläuft. Die in den nachfolgenden Bildern dargestellte Schnittebene ist diejenige Ebene, in der die Feldvektoren auf beiden Seiten der Grenze liegen.

Nun wird gemäß Bild 10.17 ein infinitesimal kleiner Quader (Plättchen) um die Grenzfläche gelegt, der die Punkte P_1 und P_2 einschließt. Die Normalenvektoren $d\vec{A}_1$ und $d\vec{A}_2$ weisen aus dem Quader heraus. Es gilt

$$dA_1 = dA_2\,. \tag{10.33}$$

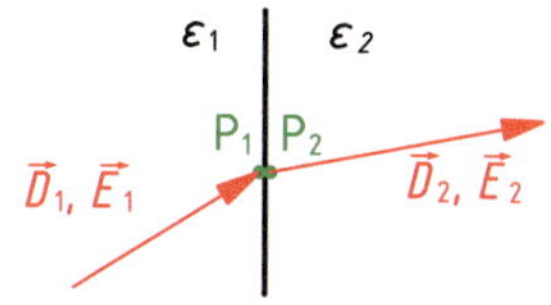

Bild 10.16: Vektorielle Feldgrößen in benachbarten Feldpunkten beiderseits der Grenzfläche

Die vektoriellen Feldgrößen in den beiden betrachteten Feldpunkten können in (gerichtete, also in Rechnungen vorzeichenbehaftet eingehende) Anteile senkrecht (normal) zur Grenzfläche (Index n) und Anteile parallel (tangential) zur Grenzfläche (Index t) zerlegt werden, was in Bild 10.17 am Beispiel von $\vec{D}$ dargestellt ist.

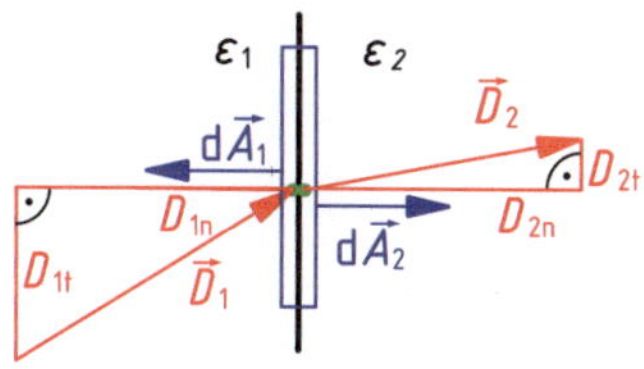

Bild 10.17: Hüllfläche um die betrachteten Feldpunkte und Zerlegung von $\vec{D}$

Die Anwendung des Gaußschen Satzes der Elektrostatik

$$\oint\!\!\oint_{(A)} \vec{D}\,\mathrm{d}\vec{A} = \iiint_{(V)} \varrho\,\mathrm{d}V \tag{10.34}$$

auf die Hüllfläche liefert wegen der Ladungsfreiheit der Grenzfläche

$$\vec{D}_1\,\mathrm{d}\vec{A}_1 + \vec{D}_2\,\mathrm{d}\vec{A}_2 = 0\,, \tag{10.35}$$

woraus mit Bild 10.17

$$-D_{1\mathrm{n}}\,\mathrm{d}A_1 + D_{2\mathrm{n}}\,\mathrm{d}A_2 = 0 \tag{10.36}$$

folgt und mit Gl. (10.33)

$$D_{1\mathrm{n}} = D_{2\mathrm{n}}\,. \tag{10.37}$$

Erkenntnis: *Die Normalkomponente der elektrischen Flussdichte ist beim Übergang zwischen Gebieten unterschiedlicher Permittivität stetig.*

Nun wird der Maschensatz

$$\oint_{(s)} \vec{E}\,\mathrm{d}\vec{s} = 0 \tag{10.38}$$

auf einen Integrationsweg gemäß Bild 10.18 mit

$$\mathrm{d}s_1 = \mathrm{d}s_2 \tag{10.39}$$

auf der Oberfläche des Quaders angewandt.

Aus Gl. (10.38) folgt mit Bild 10.18

$$\vec{E}_1\,\mathrm{d}\vec{s}_1 + \vec{E}_2\,\mathrm{d}\vec{s}_2 = 0 \tag{10.40}$$

und daraus mit der Zerlegung von $\vec{E}$

$$-E_{1\mathrm{t}}\,\mathrm{d}s_1 + E_{2\mathrm{t}}\,\mathrm{d}s_2 = 0\,, \tag{10.41}$$

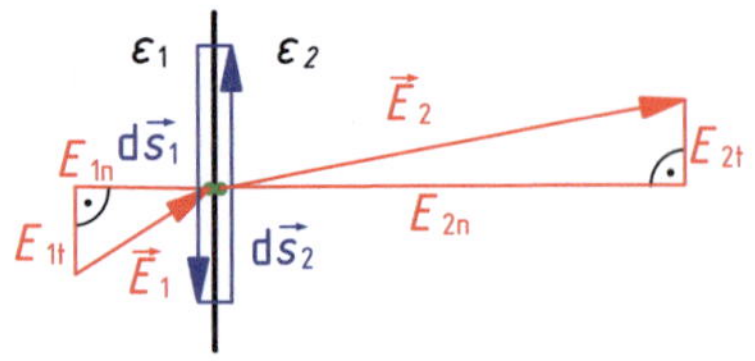

Bild 10.18: Umlauf um die betrachteten Feldpunkte mit Zerlegung von $\vec{E}$

woraus sich mit Gl. (10.39)

$$E_{1t} = E_{2t} \tag{10.42}$$

ergibt.

Erkenntnis: *Die Tangentialkomponente der elektrischen Feldstärke ist beim Übergang zwischen Gebieten unterschiedlicher Permittivität stetig.*

Mit

$$\vec{E} = \frac{1}{\varepsilon}\vec{D} \tag{10.43}$$

folgt aus Gl. (10.42)

$$\frac{D_{1t}}{\varepsilon_1} = \frac{D_{2t}}{\varepsilon_2}\,. \tag{10.44}$$

Division von Gl. (10.44) durch Gl. (10.37) ergibt

$$\frac{D_{1t}}{D_{1n}\,\varepsilon_1} = \frac{D_{2t}}{D_{2n}\,\varepsilon_2}\,. \tag{10.45}$$

Für den Einfallswinkel α_1 und Ausfallswinkel α_2 von $\vec{D}$ und $\vec{E}$ auf den beiden Seiten der Grenze gilt, s. Bild 10.19,

$$\tan\,\alpha_1 = \frac{D_{1t}}{D_{1n}} \quad \text{und} \quad \tan\,\alpha_2 = \frac{D_{2t}}{D_{2n}}\,. \tag{10.46}$$

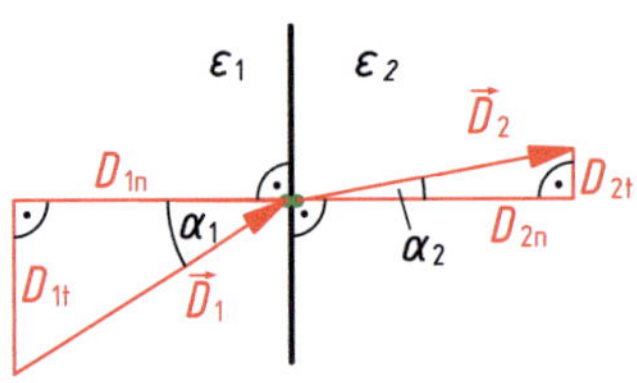

Bild 10.19: Zusammenhang zwischen Ein- und Ausfallswinkel und den Komponenten von $\vec{D}$

Substitution von Gl. (10.46) auf den beiden Seiten von Gl. (10.45) ergibt

$$\frac{\tan\alpha_1}{\varepsilon_1} = \frac{\tan\alpha_2}{\varepsilon_2}, \tag{10.47}$$

woraus das *Brechungsgesetz für elektrostatische Felder* folgt:

$$\frac{\tan\alpha_1}{\tan\alpha_2} = \frac{\varepsilon_1}{\varepsilon_2} \tag{10.48}$$

Das Material mit der größeren Permittivität wird als das „dielektrisch dichtere" bezeichnet.

Merke: *An der Grenze zwischen Bereichen unterschiedlicher Permittivität werden die Feldlinien im dielektrisch dünneren Material zum Einfallslot hin gebrochen.*

10.12 Kapazität und Kondensator

Ein *Kondensator* ist eine Anordnung aus zwei guten elektrischen *Leitern (Elektroden)*, die durch einen guten elektrischen *Isolator (Dielektrikum)* getrennt sind.

Durch Transport elektrischer Ladung von einer Elektrode zur anderen (*Ladungstrennung*) entsteht ein elektrischer *Potenzialunterschied* zwischen den Elektroden und ein *elektrisches Feld* im Dielektrikum. Zwischen den Elektroden ist eine elektrische *Spannung* messbar.

Ein Kondensator mit den Ladungen $Q > 0$ und $-Q$ auf seinen Elektroden[8] und der Spannung $U > 0$ zwischen der positiv und der negativ geladenen Elektrode hat definitionsgemäß die *elektrische Kapazität*

$$C = \frac{Q}{U}. \tag{10.49}$$

Merkhilfe: „CU = Q“

Die Einheit der Kapazität ist das *Farad*[9] mit dem Einheitenzeichen F:

$$[C] = \frac{[Q]}{[U]} = \frac{1\,\mathrm{C}}{1\,\mathrm{V}} = 1\,\mathrm{F} \tag{10.50}$$

Die Dimension der Kapazität ist „Ladung pro Spannung“.

Die Kapazität ist eine integrale Feldgröße, die einem bestimmten Volumen zugeordnet ist.

Die Ladung Q in Gl. (10.49) erzeugt zwischen den Elektroden des Kondensators von der positiv geladenen Elektrode ausgehend den elektrischen Fluss $\Psi = Q$. Die Schreibweise

$$C = \frac{\Psi}{U}. \tag{10.51}$$

verdeutlich die Analogie der Kapazität zum elektrischen Leitwert

$$G = \frac{I}{U}. \tag{10.52}$$

Eine Kapazität hat im elektrischen Feld *Leitwertcharakter* und wurde daher sehr treffend auch als *dielektrischer Leitwert* bezeichnet.

Die Kapazität einer Anordnung wird ausschließlich durch geometrische- und Materialparameter bestimmt.

Sofern diese Parameter unabhängig vom Wert von Q bzw. U in Gl. (10.49) sind, ist die Kapazität *linear.*

Die durch den Materialparameter ε_r beschriebenen dielektrischen Eigenschaften *aller* Materialien zeigen bei sehr großen elektrischen Feldstärken Sättigungserscheinungen. Daher gibt es keine exakt linearen Kapazitäten mit materiellem Dielektrikum.

[8] Ein Kondensator ist nach dieser Definition *insgesamt* zu keinem Zeitpunkt aufgeladen, sondern nur Speicher für voneinder getrennte Ladungen mit der Gesamtladung null. Neben der Kapazität zwischen den Elektroden des Kondensators hat jeder Kondensator auch eine Kapazität gegenüber Leitern in seiner Umgebung. Diese *parasitäre Kapazität* ist in der Regel verschwindend klein gegenüber der Kapazität des Kondensators. Sie führt aber dazu, dass ein Kondensator sich *insgesamt* doch etwas aufladen kann. Unter Berücksichtigung dieses Effektes ist die Aussage, dass ein Kondensator *insgesamt* stets ungeladen ist, falsch.

[9] Benannt nach dem englischen Physiker Michael Faraday (1791–1867).

Die Kapazität ist *zeitinvarant*, wenn ihre Geometrie und ihre Materialparameter nicht von der Zeit t abhängen. Anwendungen zeitvarianter Kapazitäten sind z. B. Drehkondensatoren, Kondensatormikrofone und kapazitive Näherungssensoren. Eine unerwünschte Zeitvarianz kann durch Alterungsprozesse des Materials entstehen, z. B. bei Elektrolytkondensatoren.

Weitere Effekte werden in Abschnitt 12.3 diskutiert.

Kondensatoren sind Bauelemente, deren geometrische und elektrische Eigenschaften durch eine Vielzahl von Parametern beschrieben werden, von denen die Kapazität einer der wichtigsten ist. Kondensatoren als Einzelbauelemente sind erhältlich mit Kapazitäten im Bereich von etwa 1 pF = 10^{-12} F bei Keramikkondensatoren bis etwa 10.000 F bei den sogenannten „Superkondensatoren". Die Aufgabe von Kondensatoren ist immer die Zwischenspeicherung elektrischer Energie.

Insbesondere in der Mikro- und Nanoelektronik sind die unvermeidbaren Kapazitäten zwischen allen *Paaren leitfähiger Gebiete, die unterschiedliche elektrische Potenzial annehmen können, unerwünscht*, da diese *parasitären Kapazitäten* die Funktion einer Schaltung verschlechtern oder verhindern können.

Das *Modell* des *idealen Kondensators*, das durch den Wert seiner Kapazität *vollständig* beschrieben wird, wird ebenfalls als „Kapazität" bezeichnet.

10.12.1 Klemmenverhalten von Kapazitäten

Bild 10.20 zeigt das Schaltymbol einer Kapazität C mit Zählpfeilen für die Klemmengrößen $u(t)$ und $i(t)$ im Verbraucher-Zählpfeilsystem. Diejenige Elektrode, zu der der Zählpfeil von i hin weist, trägt die (vorzeichenbehaftete!) Ladung q. Der Zählpfeil für Ψ weist von der Elektrode mit q zu der Elektrode mit $-q$. Somit liegt auch Verbraucher-Zählpfeilsystem bezüglich Ψ und u vor.

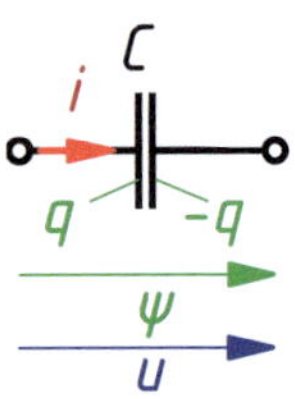

Bild 10.20: Schaltsymbol einer Kapazität mit Zählpfeilen für u, i und Ψ sowie der Zuordnung der Ladungen q und $-q$

Die Verallgemeinerung von Gl. (10.49) für zeitvariante Größen lautet

$$q(t) = C\,u(t)\,. \tag{10.53}$$

Umgestellt nach der Klemmenspannung

$$u(t) = \frac{1}{C}\,q(t) \tag{10.54}$$

und mit dem allgemeinen Zusammanhang zwischen Strom $i(t)$ und durch ihn transportierter Ladung $q(t)$

$$q(t) = \int_0^t i(\vartheta)\,\mathrm{d}\vartheta + q(t=0) \tag{10.55}$$

sowie Berücksichtigung einer Vorladung $q(t=0)$ bzw. Vorspannung $u(t=0)$

$$q(t=0) = C\,u(t=0) \tag{10.56}$$

folgt durch Einsetzen in Gl. (10.53) die Beschreibung des Klemmenverhaltens in der Form $u(i)$ einer Kapazität bei VZS:

$$u(t) = \frac{1}{C}\int_0^t i(\vartheta)\,\mathrm{d}\vartheta + u(t=0)\,, \tag{10.57}$$

in symbolischer Schreibweise

$$u(t) = \frac{1}{C}\int i(t)\,\mathrm{d}t\,. \tag{10.58}$$

Die zeitliche Ableitung beider Seiten ergibt bei konstantem C

$$\dot{u}(t) = \frac{1}{C}\,i(t) \tag{10.59}$$

woraus die Beschreibung des Klemmenverhaltens in der Form $i(u)$ einer konstanten Kapazität bei VZS folgt:

$$i(t) = C\,\dot{u}(t) \tag{10.60}$$

Aus Gl. (10.53) folgt durch Ableiten beider Seiten nach der Zeit für konstantes C

$$\dot{q}(t) = C\,\dot{u}(t)\,. \tag{10.61}$$

Mit Gl. (10.61) in Gl. (10.60) folgt

$$i(t) = \dot{q}(t)\,. \tag{10.62}$$

Merke: *Der Strom durch eine konstante Kapazität ist gleich ihrer Ladungsänderungsgeschwindigkeit.*

10.12.2 Kapazität passiver Zweipole

In Analogie zur Berechnung des Widerstandes zweipoliger passiver Gebiete (s. Gl. (9.35)), lautet die zu Gl. (10.49) analoge *allgemeingültige Gleichung zur Berechnung der Kapazität* passiver Zweipole aus den differenziellen Feldgrößen

$$C = \frac{\displaystyle\oiint\limits_{\substack{\text{(positiv gela-}\\\text{dene Elektrode)}}} \vec{D}\,\mathrm{d}\vec{A}}{\displaystyle\int\limits_{\substack{\text{(positiv gela-}\\\text{dene Elektrode)}}}^{\substack{\text{(negativ gela-}\\\text{dene Elektrode)}}} \vec{E}\,\mathrm{d}\vec{s}} > 0\,. \tag{10.63}$$

Der Ausdruck im Zähler von Gl. (10.63) ist der durch die Ladung Q bewirkte Hüllenfluss $\mathring{\Psi}$. Sein *Zählpfeil* weist von der positiv geladenen zur negativ geladenen Elektrode. Die gleiche Richtung hat auch der *Zählpfeil* der Spannung im Nenner. Bezüglich $\mathring{\Psi}$ und U liegt also Verbraucher-Zählpfeilsystem vor. Daher können Kapazitäten nur positiv sein.

Oft lässt sich die Kapazität einer Anordnung einfach über die elektrische Feldenergie berechnen, s. Abschnitt 10.13.2.

Neben zweipoligen Kondensatoren gibt es auch *mehrpolige Kondensatoren*. Bei diesen werden die resultierenden Kapazitäten zwischen je zwei Elektroden als *Teilkapazitäten* bezeichnet (s. [Sim89]). Teilkapazitäten spielen z. B. in der Energietechnik als Kapazitäten zwischen den drei Leitern eines Drehstromnetzes, die in Verteilnetzen über hunderte von Kilometern in relativ kleinem Abstand parallel zueinander geführt werden, eine Rolle. Sie sind aber auch von entscheidender Bedeutung für die Funktionsweise nanoelektronischer Schaltungen, in denen teilweise Signale auf weit über 100 nah benachbarten Busleitungen übertragen werden und die kapazitive Kopplung zwischen den Leitungen störend ist.

In Beispiel 10.4 wird zunächst ein idealisierter Plattenkondensator untersucht. Danach werden die Auswirkungen von Randeffekten und eines nicht idealen Dielektrikums diskutiert.

Beispiel 10.4: Idealer und realer Plattenkondensator

Gegeben sind zwei große, parallele, leitfähige Platten 1 und 2 mit den Flächen A_P im Abstand d gemäß Bild 10.21. Der gesamte Raum zwischen den Platten ist mit einem homogenen, isotropen Dielektrikum mit $\varepsilon_\mathrm{r} = \mathrm{const.}$ ausgefüllt. Zunächst sei das Dielektrikum verlustfrei.

Bild 10.21 a) zeigt die Anordnung in einer Schnittebene, die senkrecht auf den Platten steht.

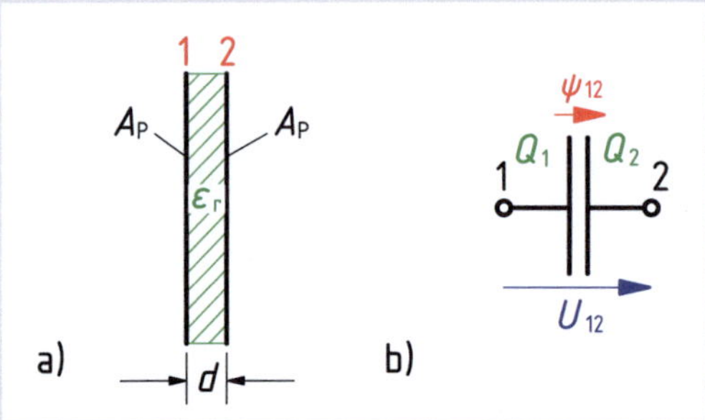

Bild 10.21: Plattenkondensator a) Geometrie und b) Schaltsymbol mit Zählpfeilen

Zunächst sollen Randeffekte vernachlässigt werden. Die gegebene Anordnung wird also als Teil zweier unendlich ausgedehnter Platten angesehen. Siehe hierzu die Erläuterungen in Beispiel 10.3. Dann ist die Form der Platten irrelevant und das Feld zwischen den Platten wird durch die Anwesenheit der Ränder der Anordnung nicht gestört.

Zur Berechnung der Kapazität des Kondensators werden als Feldquellen die Ladungen $Q_1 = Q > 0$ und $Q_2 = -Q$ auf den Platten angenommen. Wegen der gegenseitigen Anziehung verteilen sich diese Ladungen *homogen* auf den einander gegenüberliegenden Plattenflächen und bilden dort die Flächenladungsdichten $\sigma_1 = Q/A_\mathrm{P} > 0$ bzw. $\sigma_2 = -Q/A_\mathrm{P} < 0$.

Auf diese durch Überlegung gefundene Verteilung der Ladungen kann man auch formal kommen. Die Anordnung ist linear. Also darf der Überlagerungssatz angewandt werden:

1. Zunächst wird nur die Ladung $Q_1 = Q$ auf Platte 1 aufgebracht. Ihre Gegenladung befindet sich im Unendlichen links und rechts der Platte. Diese Ladung verteilt sich *homogen* auf *beide* Seiten der Platte 1 und erzeugt dort die Flächenladungsdichten

   $$\sigma_{1l1} = \sigma_{1r1} = Q/\,(2\,A_{\mathrm{P}}) > 0$$

   entsprechend Bild 10.22 a). Dadurch entstehen *homogene* $\vec{D}$- und $\vec{E}$-Felder *zu beiden Seiten* der Platte. In Platte 2 werden dadurch die homogenen Flächenladungsdichten

   $$\sigma_{2l1} = -\,Q/\,(2\,A_{\mathrm{P}}) < 0$$

   und

   $$\sigma_{2r1} = Q/\,(2\,A_{\mathrm{P}}) > 0$$

   influenziert.

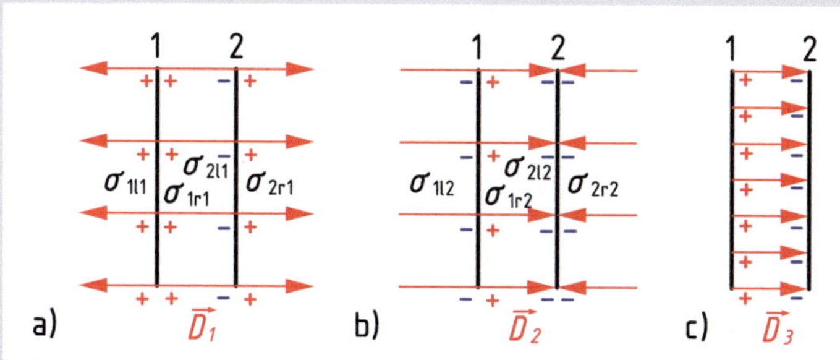

Bild 10.22: Ermittlung der Ladungsverteilung mit dem Überlagerungssatz

2. Nun wird nur die Ladung $Q_2 = -\,Q$ auf Platte 2 aufgebracht. Ihre Gegenladung befindet sich im Unendlichen. Diese Ladung verteilt sich *homogen* auf *beide* Seiten der Platte 2 und erzeugt dort die Flächenladungsdichten

   $$\sigma_{2l2} = \sigma_{2r2} = -\,Q/\,(2\,A_{\mathrm{P}}) < 0$$

   entsprechend Bild 10.22 b). Dadurch entstehen *homogene* $\vec{D}$- und $\vec{E}$-Felder zu beiden Seiten der Platte. In Platte 1 werden dadurch die homogenen Flächenladungsdichten

   $$\sigma_{1r2} = Q/(2\,A_{\mathrm{P}}) > 0$$

   und

   $$\sigma_{1l2} = -\,Q/(2\,A_{\mathrm{P}}) < 0$$

   influenziert.

3. Die Überlagerung der beiden einzelnen Ladungsverteilungen und Felder zeigt Bild 10.22 c). Platte 1 weist auf der linken Seite die Ladungdichte

   $$\sigma_{1l1} + \sigma_{1l2} = 0$$

und auf der rechten Seite

$$\sigma_{1r1} + \sigma_{1r2} = Q/A_{\mathrm{P}} = \sigma_1 > 0$$

auf. Platte 2 weist auf der linke Seite die Ladungdichte

$$\sigma_{2l1} + \sigma_{2l2} = -Q/A_{\mathrm{P}} = \sigma_2 < 0$$

und auf der rechten Seite

$$\sigma_{2r1} + \sigma_{2r2} = 0$$

auf.

Die Platten selbst sind feldfrei und Äquipotenzialgebiete.

Das elektrische Feld zwischen den Platten ist von der positiv geladenen Platte zur negativ geladenen Platte gerichtet. Wegen der Vernächlässigung der Randeffekte und der Symmetrie der Anordnung ist das Feld *homogen*.

Zur Berechnung des Feldes zwischen den Platten wird ein kartesisches Koordinatensystem eingeführt. Von diesem wird nur eine Koordinate benötigt. Die x-Achse weist von der Oberfläche von Platte 1 zu Platte 2, s. Bild 10.23. Dann gilt für den Bereich zwischen den Platten die Ansatzfunktion

$$\vec{D} = D_{\mathrm{x}}\,\vec{\mathrm{e}}_{\mathrm{x}} \tag{10.64}$$

und im sonstigen Raum

$$\vec{D} = \vec{0}\,.$$

Nun wird die Hüllfläche (A_{12}) wie in Bild 10.23 dargestellt um die Platte 1 gelegt.

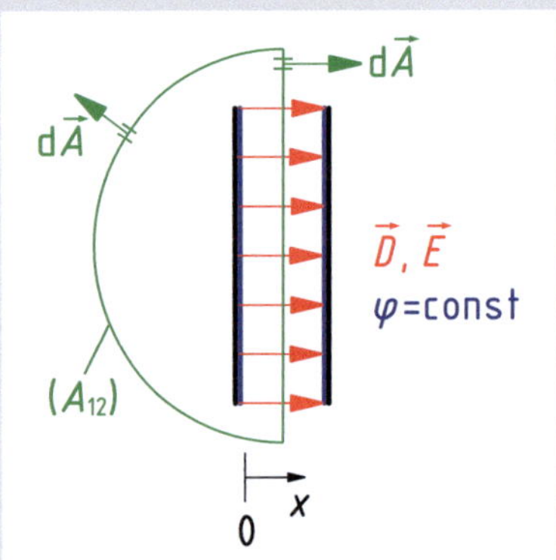

Bild 10.23: Integrationsfläche beim Plattenkondensator

Im Bereich zwischen den Platten wird die Fläche so gewählt, dass sie senkrecht auf dem $\vec{D}$-Feld steht. Dann weisen die Normalenvektoren $\mathrm{d}\vec{A}$ der Flächenelemente in Richtung der x-Achse:

$$\mathrm{d}\vec{A} = \mathrm{d}A\,\vec{\mathrm{e}}_{\mathrm{x}} \tag{10.65}$$

Zur linken Seite des Gaußschen Satzes gemäß Gl. (10.21) trägt nur derjenige Teil der Hüllfläche bei, der zwischen den Platten liegt. In diesem Bereich ist das $\vec{D}$-Feld homogen, das bedeutet

$D_x = \text{const.}$ Mit den Gln. (10.64) und (10.65) folgt

$$\underset{\text{(Hüllfläche)}}{\iint} \vec{D}\,\mathrm{d}\vec{A} = \underset{\substack{\text{(Fläche zwischen}\\ \text{den Platten)}}}{\iint} D_x\,\vec{e}_x\,\mathrm{d}A\,\vec{e}_x = D_x \underset{\substack{\text{(Fläche zwischen}\\ \text{den Platten)}}}{\iint} \mathrm{d}A\,\overbrace{\vec{e}_x\,\vec{e}_x}^{=1} = D_x \underset{\substack{\text{(Fläche zwischen}\\ \text{den Platten)}}}{\iint} \mathrm{d}A = D_x\,A_P\,.$$

Die von der Hüllfläche eingeschlossene Gesamtladung ist $Q_{ges} = Q_1 = Q$. Der von der Ladung auf Platte 1 ausgehende Hüllenfluss $\mathring{\Psi} = \Psi_{12} = Q$ fließt zu Platte 2.

Daraus folgt

$$D_x = \frac{Q}{A_P}$$

und mit Gl. (10.64)

$$\vec{D} = D_x\,\vec{e}_x = \frac{Q}{A_P}\,\vec{e}_x\,. \tag{10.66}$$

Die zur Plattenoberfläche orthogonale Komponenten (hier D_x) der von Elektrode 1 ausgehenden elektrischen Flussdichte ist also gleich der Flächenladungsdichte auf der Elektrode.

Die elektrische Feldstärke zwischen den Platten ist nach Gl. (10.15)

$$\vec{E} = \frac{\vec{D}}{\varepsilon_0\varepsilon_r} = \frac{Q}{\varepsilon_0\varepsilon_r\,A_P}\,\vec{e}_x\,. \tag{10.67}$$

Bei festem Q sinkt die Feldstärke zwischen den Platten mit steigendem ε_r, also steigender Polarisierbarkeit des Dielektrikums zwischen den Platten.

Um die Spannung zwischen den Platten zu berechnen, ist gemäß Gl. (10.12) die elektrische Feldstärke von Platte 1 zu Platte 2 zu integrieren. Als Integrationsweg wird ein Weg parallel zur x-Achse gewählt, wodurch auf ihm

$$\mathrm{d}\vec{s} = \mathrm{d}x\,\vec{e}_x \tag{10.68}$$

gilt. Damit ergibt sich

$$U_{12} = \int_{\text{Platte 1}}^{\text{Platte 2}} \vec{E}\,\mathrm{d}\vec{s} = \int_{x=0}^{x=d} \frac{Q}{\varepsilon_0\varepsilon_r\,A_P}\,\vec{e}_x\,\mathrm{d}x\,\vec{e}_x = \frac{Q}{\varepsilon_0\varepsilon_r\,A_P}\int_0^d \overbrace{\vec{e}_x\,\vec{e}_x}^{=1}\,\mathrm{d}x = \frac{Q\,d}{\varepsilon_0\varepsilon_r\,A_P}\,.$$

Nun kann die Kapazität des Kondensators berechnet werden:

$$C = \frac{\Psi_{12}}{U_{12}} = \frac{Q}{\frac{Q\,d}{\varepsilon_0\varepsilon_r\,A_P}} = \frac{\varepsilon_0\varepsilon_r\,A_P}{d} \tag{10.69}$$

Wie zu erwarten war, hängt der Wert von C nur von der Geometrie der Anordnung (d, A_P) und den Materialeigenschaften des felderfüllten Raumes ($\varepsilon_0\varepsilon_r$) ab.

Bei *linearen* Kapazitäten muss sich die angenommene Ladung am Ende des Rechenweges

$$Q \to \vec{D}(Q) \to \vec{E}(Q) \to U(Q) \to C = \frac{Q}{U(Q)}$$

immer herauskürzen.

Welche Auswirkungen haben die in der Realität auf jeden Fall auftretenden Randeffekte?

Die aufgebrachten Ladungen verteilen sich nicht homogen auf die einander gegenüberliegenden Plattenflächen, sondern – allerdings in geringem Maße – auf die *gesamte* Plattenoberfläche. Dadurch gibt es auch im *gesamten* Raum außerhalb des Plattenzwischenraumes ein elektrisches Feld, das in Bild 10.24 für den Fall skizziert ist, dass für das Dielektrikum zwischen den Platten $\varepsilon_r = 1$ gilt.

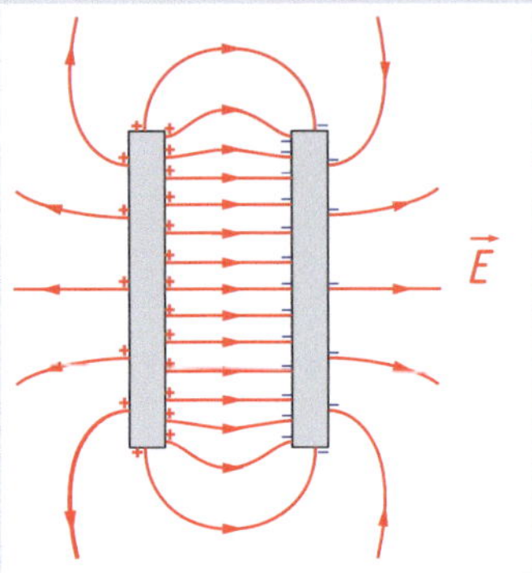

Bild 10.24: Feldskizze eines Plattenkondensators mit Außenfeld durch Randeffekte

Dieser Effekt ist verringerbar durch

- Kleine Randlänge der Platten bei fester Fläche, also möglichst kreisförmige Platten.
- Kleinen Plattenabstand und große Plattenfläche, also $d \ll \sqrt{A_P}$. (Die Wurzel erzeugt die für die Relation nötige einheitliche Dimension „Länge“.)
- Hohe Polarisierbarkeit des Dielektrikums (großes ε_r), wodurch ein höherer Anteil der Ladung auf den an das Dielektrikum grenzenden Flächen der Platten gehalten wird.

Durch den oben beschriebenen Effekt ist nun auch das Feld zwischen den Platten *überall* inhomogen, darf also *nur näherungsweise* noch als homogen angenommen werden! An den Rändern der inneren Plattenflächen sind die Feldlinien von $\vec{D}$ und $\vec{E}$ nach außen gewölbt.

Bei Berücksichtigung der Randeffekte verteilt sich die unveränderte Ladung Q auf eine größere Fläche. Dadurch *sinkt die Flächenladungsdichte* σ und infolgedessen das D, das E und das U im oben beschriebenen Rechenweg.

Daraus folgt die allgemeingültige Aussage: *Die Randeffekte führen zu einer Vergrößerung der Kapazität!*

Durch den *Spitzeneffekt* (s. Beispiel 10.2) ist das Feld der elektrische Feldstärke bei scharfen Kanten am Rand der Platten besonders intensiv und inhomogen.

Das Dielektrikum war zunächst als verlustlos vorgegeben. Alle realen Dielektrika mit $\varepsilon_r > 1$ weisen jedoch Verluste auf, die durch verschiedene *Verlustmechanismen* verursacht werden:

- Jedes Material, auch jedes Dielektrikum, hat eine spezifische elektrische Leitfähigkeit $\kappa > 0$. Dadurch fließt durch das Dielektrikum, sobald am Kondensator eine Spannung anliegt, ein Strom. Dieser Strom führt zur *Selbstentladung* eines einmalig aufgeladenen Kondensators. Im Dielektrikum existiert nun also auch ein elektrisches Strömungsfeld $\vec{J}$. Im Ersatzschaltbild eines Kondensators ist diese Erscheinung, die zu *Ableitungsverlusten* führt, durch einen *Leitwert oder einen Widerstand parallel zur Kapazität* zu berücksichtigen.

- Wird der Kondensator an einer *zeitlich veränderlichen* Spannung betrieben, entstehen im Dielektrikum *Umpolarisationsverluste*, die mit steigender Frequenz ansteigen. Diese Verluste entziehen dem Stromkreis, zu dem der Kondensator gehört, elektrische Leistung, die in Wärme umgewandelt wird. Dieser Effekt kann ebenfalls durch einen Widerstand oder Leitwert modelliert werden.

Beide Mechanismen zusammen werden üblicherweise durch einen *frequenzabhängigen* Leitwert G parallel zur Kapazität C im Ersatzschaltbild des Kondensators gemäß Bild 10.25 berücksichtigt. Siehe hierzu auch Beispiel 3.30.

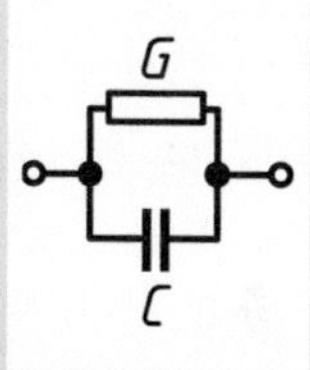

Bild 10.25: Ersatzschaltbild eines verlustbehafteten Kondensators

Reale Dielektrika dürfen nur mit einer materialabhängigen *maximalen Feldstärke* betrieben werden, um einen *elektrischen Durchschlag*, der das Dielektrikum beschädigen oder dauerhaft zerstören kann, zu vermeiden. Bei idealisierten Kondensatoren, die nur durch ihre Kapazität modelliert werden, geht diese Information verloren. Daher ist ein *Kondensator* „voll aufgeladen", wenn an ihm seine maximale Betriebsspannung liegt. Eine *Kapaziät* ist *nie* „voll aufgeladen", weil es bei ihr keine maximale Betriebsspannung gibt.

Um eine anschauliche Vorstellung von der notwendigen Fläche eines Plattenkondensators zu bekommen, soll die Plattenfläche A für eine Kapazität von $C = 0{,}1\,\mu\text{F}$ abgeschätzt werden, die bei einem Plattenabstand von $d = 0{,}1$ mm und Einsatz von Luft als Dielektrikum erforderlich ist.

Durch Umstellen von Gl. (10.69) erhält man mit Gl. (10.5)

$$A \approx \frac{C\,d}{\varepsilon_0\varepsilon_\text{r}} = \frac{0{,}1\,\mu\text{F}\cdot 0{,}1\,\text{mm}}{8{,}85\cdot 10^{-12}\,\text{As/(Vm)}} = \frac{0{,}1\cdot 10^{-6}\,\text{As/V}\cdot 0{,}1\cdot 10^{-3}\,\text{m}}{8{,}85\cdot 10^{-12}\,\text{As/(Vm)}} \approx 1{,}13\,\text{m}^2$$

Die erforderliche Fläche ist etwas mehr als ein Quadratmeter. Damit ist die Bedingung $d \ll \sqrt{A}$ erfüllt und die Verwendung von Gl. (10.69) für die Abschätzung zulässig.

Luft hat eine Durchschlagfeldstärke von $E_\text{D} \approx 10^6\,\frac{\text{V}}{\text{m}} = 1\,\text{kV/mm}$. Daraus folgt, dass der oben betrachtete Plattenkondensator bei einer Spannung von etwa 100 V durchschlagen würde.

Durch das Einbringen eines über die Plattenränder hinausragenden Dielektrikums aus Glas mit $\varepsilon_\text{r} = 5$ wird die erforderliche Plattenfläche auf etwa $0{,}23\,\text{m}^2$ verringert. Bei einer Durchschlagfeldstärke des Glases von etwa 30 kV/mm ergibt sich eine Durchschlagsspannung des Kondensators von 3000 V.

Als weiteres praktisches Beispiel wird der Kondensator einer DRAM-Speicherzelle in einer integrierten Schaltung betrachtet. Seine Kapazität beträgt etwa $C = 10\,\text{fF}$ und seine Fläche etwa $A = 1\,\mu\text{m}$. Als Dielektrikum wird reines Siliziumdioxid SiO_2 mit $\varepsilon_\text{r} = 3{,}9$ verwendet, das bei dieser Anwendung in der Nanoelektronik eine maximal zulässige äußere Feldstärke von erstaunlichen $E_{max} = 700\,kV/mm = 700\,V/\mu m = 0{,}7\,V/nm$ aufweist.

Wie groß ist in diesem Fall die Dicke des Dielektrikums, also der Abstand der Kondensatorelektroden?

Aus Gl. (10.69) folgt

$$d \approx \frac{\varepsilon_0 \varepsilon_r A}{C} = \frac{8{,}85 \cdot 10^{-12}\,As/(Vm) \cdot 3{,}9 \cdot 1\,\mu m^2}{10\,fF} = \frac{8{,}85 \cdot 10^{-12}\,As/(Vm) \cdot 3{,}9\,(1 \cdot 10^{-6}\,m)^2}{10 \cdot 10^{-15}\,\frac{As}{V}}$$

$$= \frac{8{,}85 \cdot 3{,}9 \cdot 10^{-12} \cdot 10^{-12}}{10^{-14}}\,m \approx 3{,}45 \cdot 10^{-9}\,m = 3{,}45\,nm\,.$$

Das ist ein durchaus realistischer Wert.

An welcher Spannung darf der Kondensator maximal betrieben werden?

Da die Geometrie des Kondensators nicht bekannt ist, wird das Modell des Plattenkondensators mit vernachlässigten Randeffekten verwendet. Dann folgt aus Gl. (10.14)

$$U_{max} = E_{max}\,d \approx 0{,}7\,V/nm \cdot 3{,}45\,nm \approx 2{,}4\,V$$

Auch dieser Wert ist realistisch und nur durch die hohe Durchschlagfestigkeit des sehr dünnen Dielektrikums möglich.

In den Beispielen 10.5 und 10.6 werden die Felder in Kondensatoren mit geschichteten Dielektrika untersucht und ihre Kapazitäten berechnet. Dabei wird das *Verfahren der Materialisierung* angewandt.

Beispiel 10.5: Plattenkondensator mit quer geschichtetem Dielektrikum

Betrachtet wird ein Plattenkondensator mit den Platten A und B mit den Flächen A_P. Im Unterschied zu Beispiel 10.4 ist das Dielektrikum nun quer geschichtet mit ε_1 auf d_1, ε_2 auf d_2 und ε_3 auf d_3 mit $d_1 + d_2 + d_3 = d$ gemäß Bild 10.26 a). Randeffekte sind zu vernachlässigen.

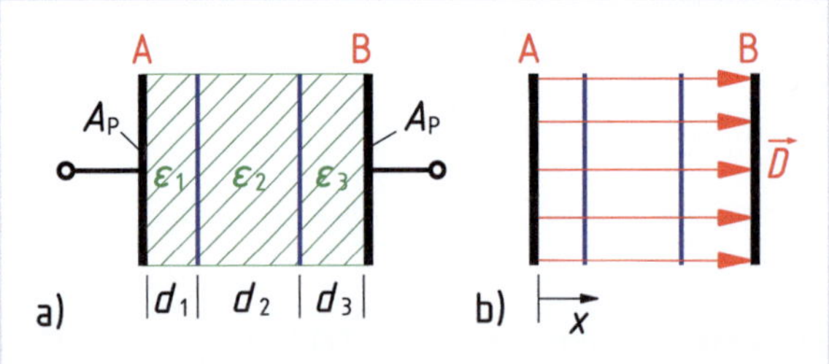

Bild 10.26: Plattenkondensator mit quer geschichtetem Dielektrikum

Zur Berechnung der Kapazität der Anordnung werden wie in Beispiel 10.4 als Feldquellen die Ladungen $Q_A = Q > 0$ und $Q_B = -Q$ auf den Platten angenommen, die auf den einander zugewandten Plattenoberflächen *homogene* Flächenladungsdichten $\sigma_A = Q/A_P > 0$ bzw. $\sigma_B = -Q/A_P < 0$ erzeugen.

Wegen der Vernachlässigung der Randeffekte und den parallel zu den Plattenoberflächen verlaufenden Grenzen zwischen den Dielektrika folgt daraus ein homogenes $\vec{D}$-Feld im *gesamten* Kondensator wie in Beispiel 10.4. Die Bezeichnung „quer geschichtet" rührt davon her, dass die Grenzflächen zwischen den Dielektrika quer (senkrecht) zu den Feldlinien verlaufen. Nach dem gleichen Rechenweg wie in Beispiel 10.4 folgt für die elektrische Flussdichte Gl. (10.66):

$$\vec{D} = D_\mathrm{x}\,\vec{e}_\mathrm{x} = \frac{Q}{A_\mathrm{P}}\,\vec{e}_\mathrm{x}$$

Wegen Gl. (10.15) sind die elektrischen Feldstärken in den drei Bereichen zwar *bereichsweise* homogen, aber unterschiedlich:

$$\vec{E}_1 = \vec{D}/\varepsilon_1, \quad \vec{E}_2 = \vec{D}/\varepsilon_2 \quad \text{und} \quad \vec{E}_3 = \vec{D}/\varepsilon_3 \tag{10.70}$$

Je größer die Permittivität ist, desto kleiner ist die elektrische Feldstärke.

Um die Spannung zwischen den Platten nach Gl. (10.12) zu ermitteln, müssen hier drei Teilintegrale berechnet werden. Integriert wird wieder in x-Richtung gemäß Bild 10.26 b), also gilt wieder Gl. (10.68)

$$\mathrm{d}\vec{s} = \mathrm{d}x\,\vec{e}_\mathrm{x}\,.$$

Daraus folgt:

$$\begin{aligned} U_\mathrm{AB} &= \int_A^B \vec{E}\,\mathrm{d}\vec{s} = \int_{(d_1)} \frac{D_\mathrm{x}}{\varepsilon_1}\,\vec{e}_\mathrm{x}\,\mathrm{d}x\,\vec{e}_\mathrm{x} + \int_{(d_2)} \frac{D_\mathrm{x}}{\varepsilon_2}\,\vec{e}_\mathrm{x}\,\mathrm{d}x\,\vec{e}_\mathrm{x} + \int_{(d_3)} \frac{D_\mathrm{x}}{\varepsilon_3}\,\vec{e}_\mathrm{x}\,\mathrm{d}x\,\vec{e}_\mathrm{x} \\ &= D_\mathrm{x}\left(\frac{d_1}{\varepsilon_1} + \frac{d_2}{\varepsilon_2} + \frac{d_3}{\varepsilon_3}\right) = \frac{Q}{A_\mathrm{P}}\left(\frac{d_1}{\varepsilon_1} + \frac{d_2}{\varepsilon_2} + \frac{d_3}{\varepsilon_3}\right) \end{aligned}$$

Die Kapazität des Kondensators ist

$$C_\mathrm{AB} = \frac{Q}{U_\mathrm{AB}} = \frac{Q}{\frac{Q}{A_\mathrm{P}}\left(\frac{d_1}{\varepsilon_1} + \frac{d_2}{\varepsilon_2} + \frac{d_3}{\varepsilon_3}\right)} = \frac{1}{\left(\frac{d_1}{\varepsilon_1 A_\mathrm{P}} + \frac{d_2}{\varepsilon_2 A_\mathrm{P}} + \frac{d_3}{\varepsilon_3 A_\mathrm{P}}\right)}\,. \tag{10.71}$$

Die Grenzen zwischen den Dielektrika sind Äquipotenzalflächen. Nach dem *Verfahren der Materialisierung* (s. Abschnitt 9.14) dürfen an Äquipotenzialflächen zwei infinitesimal dünne, ideal leitfähige Folien in das Feld eingebracht werden, ohne dass sich das Feld ändert. Anschließend darf das Feldgebiet entlang eines Folienpaares aufgetrennt werden, wenn die beiden Folien leitend miteinander verbunden bleiben. In den nun räumlich voneinander getrennten Feldgebieten ändert sich dadurch nichts. Bild 10.27 zeigt die nach diesem Verfahren modifizierte Anordnung.

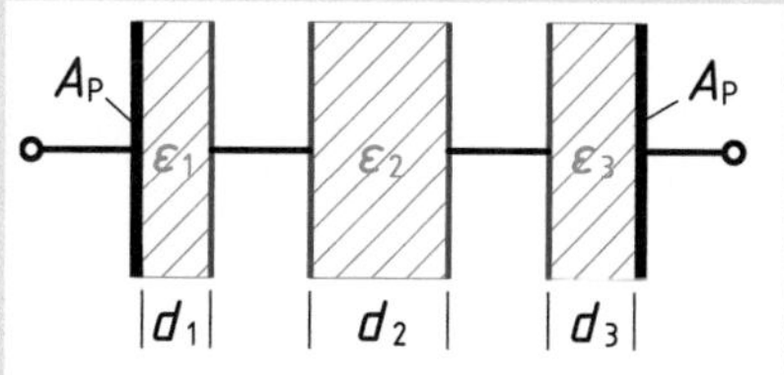

Bild 10.27: Ergebnis der Anwendung des Verfahrens der Materialisierung

Der Kondensator mit dem quer geschichteten Dielektrikum entspricht also einer Reihenschaltung von drei Kondensatoren mit den Kapazitäten, vergleiche Gl. (10.69),

$$C_1 = \frac{\varepsilon_1 A_P}{d_1}, \quad C_2 = \frac{\varepsilon_2 A_P}{d_2} \quad \text{und} \quad C_3 = \frac{\varepsilon_3 A_P}{d_3}.$$

Werden diese Teilkapazitäten in Gl. (10.71) eingesetzt, folgt

$$C_{AB} = \frac{1}{\left(\frac{1}{C_1} + \frac{1}{C_2} + \frac{1}{C_3}\right)}$$

beziehungsweise

$$\frac{1}{C_{AB}} = \frac{1}{C_1} + \frac{1}{C_2} + \frac{1}{C_3}. \tag{10.72}$$

Gl. (10.70) ist von besonderer Relevanz für hochspannungstechnische Anlagen: In einem Bereich, der wegen der hohen auftretenden elektrischen Feldstärke durchschlaggefährdet ist, kann durch Einbringen eines Dielektrikums mit hoher Permittivität die Feldstärke gesenkt werden. Bei unveränderter Gesamtspannung erhöhen sich dadurch aber die elektrischen Feldstärken in den anderen Bereichen.

Beispiel 10.6: Zylinderkondensator mit längs geschichtetem Dielektrikum

Gegeben ist ein Zylinderkondensator, bestehend aus zwei sehr dünnen, konzentrischen Zylinderelektroden mit den Radien r_i bzw. r_a und der Länge l. Der Raum zwischen den Elektroden ist gemäß Bild 10.28 a) in 3 Bereiche mit unterschiedlichen Dielektrika aufgeteilt: Anteil α_1 mit ε_1, Anteil α_2 mit ε_2, Anteil α_3 mit ε_3 mit $\alpha_1 + \alpha_2 + \alpha_3 = 1$. An den Elektroden liegt die Spannung $U_{ia} > 0$. Randeffekte sind zu vernachlässigen.

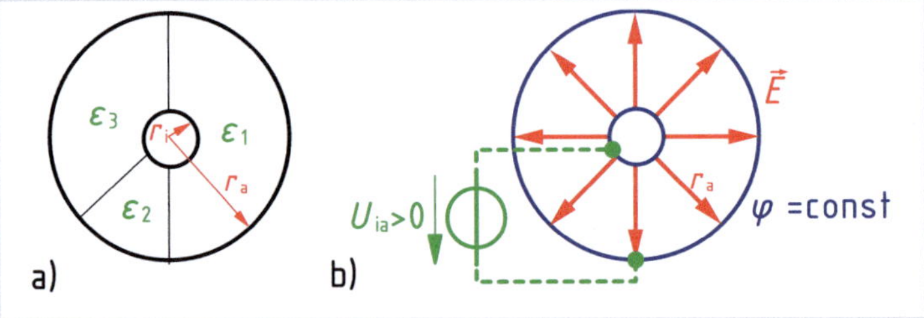

Bild 10.28: Zylinderkondensator mit längs geschichtetem Dielektrikum
a) Querschnitt und b) Feldbild der elektrischen Feldstärke $\vec{E}$

Vorüberlegungen:

- Die unterschiedlichen Dielektrika binden wegen ihrer unterschiedlichen Polarisierbarkeit unterschiedliche Flächenladungsdichten σ an den Elektroden. Das $\vec{D}$-Feld wird in den drei Bereichen also unterschiedlich sein. Somit ist der in den vorherigen Beispielen beschrittene Rechenweg hier nicht gangbar.
- Die Spannung zwischen den Elektroden, die Äquipotenzialflächen sind, bewirkt aber im gesamten Kondensator ein einheitliches $\vec{E}$-Feld.

- Die $\vec{E}$-Feldlinien treten senkrecht aus der Innenelektrode aus und senkrecht in die Außenelektrode ein.
- Nun wird eine Feldlinie betrachtet, die genau auf der Grenze zwischen zwei unterschiedlichen Dielektrika beginnt. Der Vektor der elektrischen Feldstärke hat in diesem Fall bezüglich der Grenzschicht nur eine Tangentialkomponente. Nach Gl. (10.42) ändert sich diese an der Grenze nicht, was bedeutet, dass die Feldlinie auf der Grenze bleibt. Somit muss das *gesamte* $\vec{E}$-Feld zylindersymmetrisch sein mit einem Feldbild gemäß Bild 10.28 b). Die Bezeichnung „längs geschichtet" rührt davon her, dass die Grenzflächen zwischen den Dielektrika längs der Feldlinien verlaufen.
- Da das gesamte Dielektrikum isotrop ist, sind $\vec{E}$ und $\vec{D}$ in allen Feldpunkten gleichgerichtet und auch das $\vec{D}$-Feld ist *bereichsweise* zylindersymmetrisch.
- Wegen $\vec{D} = \varepsilon\,\vec{E}$ ist das $\vec{D}$-Feld in dem Bereich mit dem größten ε am größten, unabhängig vom Verhältnis der Anteile α_1, α_2 und α_2.
- Zur Berechnung der Anordnung wird ein Zylinderkoordinatensystem verwendet, dessen z-Achse auf der Mittelachse des Kondensators liegt.
- Daraus folgen die Ansatzfunktionen

  $$\vec{E} = E_\mathrm{r}(r)\,\vec{e}_\mathrm{r} \tag{10.73}$$

  sowie

  $$\vec{D}_\mu = \varepsilon_\mu\,E_\mathrm{r}(r)\,\vec{e}_\mathrm{r} \quad \text{mit} \quad \mu \in \{1,2,3\}\,.$$

Nun wird der Gaußsche Satz Gl. (10.21) angesetzt. Integrationshülle ist die Oberfläche eines konzentrischen Zylinders mit $r_\mathrm{i} < r < r_\mathrm{a}$, der beidseitig aus dem Zylinderkondensator herausragt. Durch diese Wahl brauchen die Anteile der Hüllfläche, die sich außerhalb des Feldraumes befinden, bei der Integration nicht berücksichtigt zu werden.

Die Flächenelemente der Integrationsfläche innerhalb des Kondensators werden durch ihre radial nach außen weisenden Normalenvektoren beschrieben:

$$\mathrm{d}\vec{A} = \mathrm{d}A\,\vec{e}_\mathrm{r}$$

In jedem der drei Bereiche gilt

$$\vec{D}_\mu\,\mathrm{d}\vec{A} = \mathrm{d}\Psi_\mu = \varepsilon_\mu\,E_\mathrm{r}(r)\,\vec{e}_\mathrm{r}\,\mathrm{d}A\,\vec{e}_\mathrm{r} = \varepsilon_\mu\,E_\mathrm{r}(r)\,\mathrm{d}A\,.$$

Dieser Ausdruck gilt für den gesamten Anteil der Hüllfläche innerhalb eines Dielektrikums. Daher lässt sich der elektrische Fluss durch jeden Anteil statt durch Integration einfacher durch Multiplikation mit seiner Fläche berechnen:

$$\Psi_\mu = \iint\limits_{(A_\mu)} \mathrm{d}\Psi_\mu = \iint\limits_{(A_\mu)} \varepsilon_\mu\,E_\mathrm{r}(r)\,\mathrm{d}A = \varepsilon_\mu\,E_\mathrm{r}(r) \iint\limits_{(A_\mu)} \mathrm{d}A = \varepsilon_\mu\,E_\mathrm{r}(r)\,A_\mu$$

Mit

$$A_\mu = 2\pi r \cdot \alpha_\mu \cdot l$$

ergibt sich

$$\underset{\text{(Hüllfläche)}}{\oiint} \vec{D}\,\mathrm{d}\vec{A} = \sum_{\mu=1}^{3} \Psi_\mu = E_\mathrm{r}(r)\cdot 2\pi r\, l \sum_{\mu=1}^{3} \varepsilon_\mu\, \alpha_\mu = \mathring{\Psi}\,.$$

Diese Gleichung wird nach der Ortsfunktion von E aufgelöst:

$$E_\mathrm{r}(r) = \frac{\mathring{\Psi}}{2\pi l \sum\limits_{\mu=1}^{3} \varepsilon_\mu\, \alpha_\mu}\,\frac{1}{r}$$

Mit Gl. (10.73) folgt

$$\vec{E}(r) = \frac{\mathring{\Psi}}{2\pi l \sum\limits_{\mu=1}^{3} \varepsilon_\mu\, \alpha_\mu}\,\frac{1}{r}\,\vec{\mathrm{e}}_\mathrm{r}\,.$$

Das Wegintegral von $\vec{E}$ von der Innen- zur Außenelektrode muss gemäß Gl. (10.12) gleich der am Kondensator anliegenden Spannung sein. Integrationsweg ist ein radialer Strahl mit $\mathrm{d}\vec{s} = \mathrm{d}\vec{r} = \mathrm{d}r\,\vec{\mathrm{e}}_\mathrm{r}$:

$$U_\mathrm{ia} = \int_{(i)}^{(a)} \vec{E}\,\mathrm{d}\vec{s} = \int_{r_\mathrm{i}}^{r_\mathrm{a}} \frac{\mathring{\Psi}}{2\pi l \sum\limits_{\mu=1}^{3} \varepsilon_\mu\, \alpha_\mu}\,\frac{1}{r}\,\vec{\mathrm{e}}_\mathrm{r}\,\mathrm{d}r\,\vec{\mathrm{e}}_\mathrm{r} = \frac{\mathring{\Psi}}{2\pi l \sum\limits_{\mu=1}^{3} \varepsilon_\mu\, \alpha_\mu} \int_{r_\mathrm{i}}^{r_\mathrm{a}} \frac{1}{r}\,\mathrm{d}r$$

$$= \frac{\mathring{\Psi}}{2\pi l \sum\limits_{\mu=1}^{3} \varepsilon_\mu\, \alpha_\mu}\,[\ln r]_{r_\mathrm{i}}^{r_\mathrm{a}}$$

Wegen $\ln r_\mathrm{a} - \ln r_\mathrm{i} = \ln(r_\mathrm{a}/r_\mathrm{i})$ folgt daraus

$$U_\mathrm{ia} = \frac{\mathring{\Psi}}{2\pi l \sum\limits_{\mu=1}^{3} \varepsilon_\mu\, \alpha_\mu}\,\ln(r_\mathrm{a}/r_\mathrm{i})\,.$$

Nun kann die Kapazität nach Gl. (10.63) berechnet werden:

$$C = \frac{\mathring{\Psi}}{U_\mathrm{ia}} = \frac{2\pi l\,(\varepsilon_1\,\alpha_1 + \varepsilon_2\,\alpha_2 + \varepsilon_3\,\alpha_3)}{\ln(r_\mathrm{a}/r_\mathrm{i})} \tag{10.74}$$

Auch bei dieser Anordnung kann das in Abschnitt 9.14 behandelte *Verfahren der Materialisierung* angewandt werden. Da die Grenzen zwischen den drei Dielektrika parallel zu den Feldlinien von $\vec{E}$ und $\vec{D}$ verlaufen, können diese Grenzen durch je zwei unendlich dünne, isolierende Folien ersetzt werden, ohne dass sich an den elektrischen Verhältnissen etwas ändert. Der Kondensator kann entlang dieser Ebenen sogar in drei Teile aufgeteilt werden gemäß Bild 10.29.

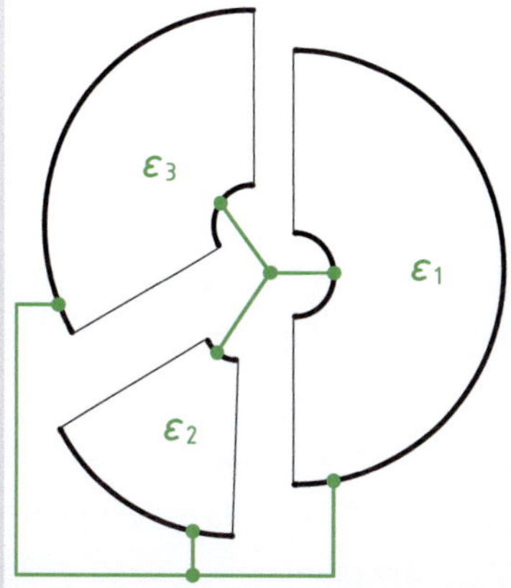

Bild 10.29: In einzelne Kondensatoren aufgeteilter Zylinderkondensator

So ist deutlich erkennbar, dass die Anordnung als Parallelschaltung aus 3 Kondensatoren aufgefasst werden kann, die an der selben Spannung liegen und deren Kapazitäten sich zur Gesamtkapazität addieren, wie an der Summation im Zähler von Gl. (10.74) erkennbar ist.

In Beispiel 10.7 wird der einfachste Fall eines räumlich weit ausgedehnten ESF betrachtet.

Beispiel 10.7: Kapazität einer Kugel gegen ihre Umgebung

Betrachtet wird eine von ihrer sehr weit entfernten Umgebung isolierte, elektrisch leitende Kugel 1 mit dem Durchmesser d in einem homogenen, isotropen Dielektrikum mit konstantem ε.

Zu berechnen ist die Kapazität C_K der Kugel gegenüber ihrer Umgebung 2.

Zunächst ist zu klären, was unter dem Begriff „Umgebung" hier zu verstehen ist und wie die Anordnung einschließlich dieser *als Gegenelektrode dienenden Umgebung* zweckmäßigerweise modelliert werden sollte, um die Berechnung zu ermöglichen.

Zu den denkbaren und sinnvollen Modellen für die die Kugel umgebende Geometrie gehören:

1. konzentrische Hohlkugel
2. exzentrische Hohlkugel
3. Raum, der durch eine Ebene begrenzt wird
4. Raum, der durch zwei orthogonale Ebenen begrenzt wird
5. Hohlquader

Das 1. Modell ist am einfachsten zu berechnen. Es ist ein Kugelkondensator mit konzentrischen Elektroden. Das 3. Modell ist mittels des in Abschnitt 9.13 erläuterten Spiegelungsverfahrens näherungsweise berechenbar. Die anderen Modelle sind mit unseren Mitteln nicht berechenbar: Das 2. Modell ist ein Fall für das Verfahren der Materialisierung. Das 4. und 5. Modell sind auch Fälle für das Spiegelungsverfahren, führen aber zu sehr vielen Spiegelquellen.

Gewählt wird das 1. Modell.

Als Feldquelle wird auf der Kugel 1 die Ladung $Q_1 = Q > 0$ angenommen und auf der konzentrischen Hohlkugel 2 die Gegenladung $Q_2 = -Q$.

Vorüberlegungen:

- Die Anordnung ist kugelsymmetrisch.
- Daher wird zur Berechnung ein Kugelkoordinatensystem mit Ursprung im Mittelpunkt der Anordnung eingeführt.
- Die Ladungen verteilen sich jeweils homogen auf der Oberfläche der Kugel und der Innenfläche der Hohlkugel.
- Die $\vec{D}$- und die $\vec{E}$-Feldlinien verlaufen von der Kugel radial zur Hohlkugel.
- Also lautet die Ansatzfunktion

$$\vec{D} = D_\mathrm{r}(r)\,\vec{\mathrm{e}}_\mathrm{r}\,. \tag{10.75}$$

Als Hüllfläche bei der Anwendung des Gaußschen Satzes wird eine konzentrische Kugeloberfläche (A_K) mit dem Radius r gewählt, die sich im felderfüllten Raum befindet. Die Flächenelemente dieser Hüllfläche werden durch radial nach außen weisende Normalenvektoren beschrieben:

$$\mathrm{d}\vec{A} = \mathrm{d}A\,\vec{\mathrm{e}}_\mathrm{r}$$

Daraus folgt

$$\oint\!\!\!\oint_{(\text{Hüllfläche})} \vec{D}\,\mathrm{d}\vec{A} = \oint\!\!\!\oint_{(A_\mathrm{K})} D_\mathrm{r}(r)\,\vec{\mathrm{e}}_\mathrm{r}\,\mathrm{d}A\,\vec{\mathrm{e}}_\mathrm{r} = \oint\!\!\!\oint_{(A_\mathrm{K})} D_\mathrm{r}(r)\,\mathrm{d}A\,.$$

Da auf der Hüllfäche (A_K) die r-Koordinate konstant ist und D_r nur von r abhängt, ist auf (A_K) der Wert von D_r konstant und darf daher vor das Integral gezogen werden. Damit ist nur noch die Oberfläche (A_K) zu berechnen. Diese ist $A_\mathrm{K} = 4\pi r^2$. Die von der Hüllfäche eingeschlossene Ladung ist Q. Damit ergibt sich

$$\oint\!\!\!\oint_{(\text{Hüllfläche})} \vec{D}\,\mathrm{d}\vec{A} = D_\mathrm{r}(r) \oint\!\!\!\oint_{(A_\mathrm{K})} \mathrm{d}A = D_\mathrm{r}(r)\,4\pi r^2 = Q = \mathring{\Psi}\,,$$

woraus

$$D_\mathrm{r}(r) = \frac{Q}{4\pi r^2} \tag{10.76}$$

folgt.

Auf dieses Ergebnis kommt man auch ohne Rechnung durch Überlegung: Wegen der Symmetrie des Feldes ist der Betrag der Flussdichte auf der Hüllfläche konstant. Also ist die radiale Komponente der Flussdichte gleich dem Gesamtfluss dividiert durch die von ihm durchsetzte Fläche:

$$D_\mathrm{r} = \frac{\mathring{\Psi}}{A_\mathrm{K}} = \frac{Q}{4\pi r^2}$$

Da sich die Anordnung in Luft befindet, ergibt sich aus den Gln. (10.75), (10.76) und (10.15)

$$\vec{E} = \frac{\vec{D}}{\varepsilon} = \frac{Q}{4\pi\,\varepsilon}\,\frac{1}{r^2}\,\vec{e}_r \sim \frac{1}{r^2}\,.$$

Dieses Ergebnis stimmt mit der Gleichung für die Feldstärke im Feld einer Punktladung überein, die in Beispiel 10.1 berechnet wird.

Das bedeutet: *Das Feld außerhalb einer leitfähigen Kugel mit fester Ladung hängt nicht vom Radius der Kugel ab!*

Als nächster Schritt ist die Spannung zwischen der Kugel und ihrer Umgebung zu berechnen. Dazu wird entlang einer $\vec{E}$-Feldlinie von der Kugeloberfläche zu der nun als unendlich weit entfernt angenommenen Gegenelektrode integriert:

$$U_{12} = \int_{d/2}^{\infty} \frac{Q}{4\pi\,\varepsilon}\,\frac{1}{r^2}\,\vec{e}_r\,\mathrm{d}r\,\vec{e}_r = \frac{Q}{4\pi\,\varepsilon}\int_{d/2}^{\infty}\frac{1}{r^2}\,\mathrm{d}r = \frac{Q}{4\pi\,\varepsilon}\left[-\frac{1}{r}\right]_{d/2}^{\infty} = \frac{Q}{4\pi\,\varepsilon}\left(\frac{1}{d/2}\right)$$

Hieraus folgt die gesuchte Kapazität

$$C_K = \frac{Q}{U_{12}} = 2\pi\,\varepsilon\,d\,. \tag{10.77}$$

Das bedeutet: *Die Kapazität einer leitfähigen Kugel in Luft gegenüber ihrer Umgebung ist ausschließlich vom Durchmesser der Kugel abhängig! Sie ist proportional zum Durchmesser der Kugel.*

Welche Kapazitäten haben metallische Kugeln mit den Durchmessern

1. $d_1 = 10\,\mathrm{cm}$
2. $d_2 = 1000\,\mathrm{km}$

gegenüber ihrer sehr weit entfernten Umgebung in Luft ($\varepsilon = \varepsilon_0$)?

Durch Einsetzen der Zahlenwerte in Gl. (10.76) erhält man

$$C_1 = 2\pi\,\varepsilon_0\,d_1 \approx 2\cdot 3{,}14\cdot 8{,}85\cdot 10^{-12}\mathrm{As/(Vm)}\cdot 0{,}1\,\mathrm{m} \approx 5{,}6\cdot 10^{-12}\,\mathrm{F} = 5{,}6\,\mathrm{pF}$$

Das ist ein kleiner, schaltungstechnisch aber durchaus relevanter Wert. Ein leitfähiger Gegenstand mit Abmessungen in dieser Größenordnung verursacht schon eine *parasitäre Kapazität*, die das Verhalten einer in der Nähe befindlichen Schaltung beeinflussen kann.

$$C_2 = 2\pi\,\varepsilon_0\,d_2 = 10^7\,C_1 \approx 5{,}6\cdot 10^{-5}\,\mathrm{F} = 56\cdot 10^{-6}\,\mathrm{F} = 5{,}6\,\mu\mathrm{F}$$

Im Vergleich zu den Kapazitätswerten, die übliche Kondensatoren aufweisen, ist das ein recht kleiner Wert. Er verdeutlicht die Kenntnisse und Fertigkeiten, die erforderlich sind, um kompakte Kondensatoren mit solchen und deutlich größeren Kapazitätswerten herzustellen.

In Beispiel 10.8 werden zur Kapazitätsberechnung neben dem Gaußschen Satz auch das *Spiegelungsverfahren* und das *Verfahren der Materialisierung* eingesetzt.

Bei Leitungen wird die Kapazität in der Regel als *Kapazitätsbelag*

$$C' = \frac{\mathrm{d}C}{\mathrm{d}l}\,, \tag{10.78}$$

also Kapazität pro Länge, angegeben.

Beispiel 10.8: Kapazitätsbelag einer Doppelleitung

Gegeben ist eine Doppelleitung, bestehend aus zwei langen, parallelen zylindrischen Leitern 1 und 2 mit den Radien r_L und dem Abstand $a \gg r_L$ zwischen den Leiterachsen gemäß Bild 10.30. Die Anordnung befinde sich in einem homogenen, isotropen Dielektrikum mit konstantem ε. Das Potenzial unendlich ferner Punkte sei 0 V.

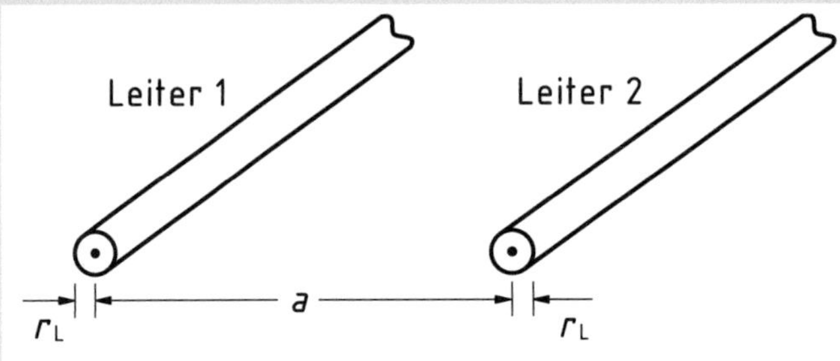

Bild 10.30: Doppelleitung

Die Länge der Doppelleitung ist nicht gegeben. Die Formulierung weist darauf hin, dass Randeffekte vernachlässigt werden sollen. Das bedeutet, dass der betrachtete Abschnitt der Doppelleitung als Teil einer unendlich langen Doppelleitung aufgefasst werden kann.

Zur Berechnung des Kapazitätsbelages nach Gl. (10.78) kann wegen der Vernachlässigung von Randeffekten ein Abschnitt beliebiger Länge l betrachtet werden, dessen Kapazität C berechnet und dann durch l dividiert wird:

$$C' = \frac{C}{l}$$

Zur Erzeugung eines ESF zwischen den Leitern werden als Feldursache Ladungen $Q_1 = Q > 0$ und $Q_2 = -Q$ auf den Leiterabschnitten aufgebracht.

Vorüberlegungen:

- Alle $\vec{D}$-Feldlinien beginnen auf der Oberfläche von Leiter 1 und enden auf der Oberfläche von Leiter 2. Gleiches gilt für die $\vec{E}$-Feldlinien.
- Daher hat Leiter 1 das höchste (φ_{max}) und Leiter 2 das niedrigste (φ_{min}) Potenzial im Feldraum.
- Alle Feldpunkte, die gleich weit von beiden Leitern entfernt sind, haben das in der Mitte zwischen ihren Potenzialen liegende Potenzial $\varphi_m = (\varphi_{max} + \varphi_{min})/2$.
- Beide Leiter sind Äquipotenzialgebiete.
- Die Anordnung hat zwei geometrische Symmetrieebenen: Ebene S_1, die durch die beiden Leiterachsen definiert wird und Ebene S_2, die auf der ersten Ebene senkrecht steht und von beiden Leitern den selben Abstand hat.
- S_2 ist also die Ebene mit dem Potenzial φ_m. Diese Ebene erstreckt sich bis ins Unendliche. Da laut der Aufgabenstellung alle von der Doppelleitung unendlich weit entfernten Punkte das Potenzial $\varphi = 0$ haben sollen, gilt $\varphi_m = 0$. Daraus folgt $\varphi_{min} = -\varphi_{max}$.

- Aufgrund von S_1 müssen Feldlinien, die bei Leiter 1 auf S_1 beginnen und nach links weisen, ihre Richtung beibehalten, also gerade ins Unendliche verlaufen. Entsprechend treffen gerade Feldlinien auf S_1 von rechts auf den Leiter 2. (Bei realen Anordnungen gibt es keine solchen ins Unendliche gehenden oder aus ihm kommenden Feldlinien, da jede Anordnung durch ihre Umgebung eine Unsymmetrie aufweist.)

  Bild 10.31 zeigt eine Skizze des Feldbildes der Anordnung mit den Symmetrieebenen.

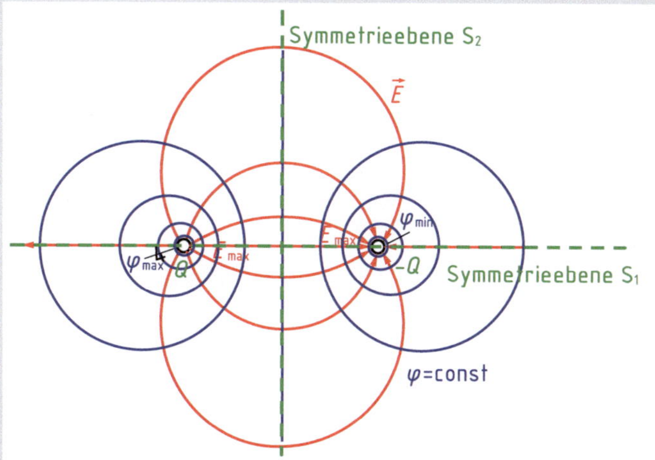

Bild 10.31: Feldbild der aufgeladenen Doppelleitung (links Leiter 1, rechts Leiter 2) mit Symmetrieebenen

- Das elektrische Feld ist am stärksten dort, wo die Feldlinien am dichtesten sind, also an den Leiteroberflächen und im Bereich zwischen den Leitern. In Schnittbild 10.31 sind die Punkte mit dem höchsten Betrag der Feldstärke E_{max} die beiden Punkte auf den Leiteroberflächen, die den kleinsten Abstand zueinander haben, also auf S_1 liegen.
- Das Feld weist keine elementare Symmetrie auf, was eine Berechnung wie bei den vorhergehenden Beispielen unmöglich macht.
- Da die Anordnung linear ist, darf der *Überlagerungssatz* angewandt werden.

Als Ergebnis der Vorüberlegungen werden die zwei Teilfelder, die durch die geladenen Leiter verursacht werden, einzeln betrachtet und die Ergebnisse überlagert:

Zunächst wird nur das Feld des Leiters 1 mit der Ladung Q_1 betrachtet. Die Gegenladung $-Q_1 < 0$ befindet sich im Unendlichen, also auf der Innenseite eines zu Leiter 1 konzentrischen Zylindermantels mit $r \to \infty$. Leiter 2 ist ungeladen.

Dieses Teilfeld ist *näherungsweise* zylindersymmetrisch. Die Symmetrie wird gestört durch die Anwesenheit von Leiter 2, der zwar ungeladen, aber ein Äquipotenzialgebiet ist, auf dessen Oberfläche durch das Feld von Leiter 1 Ladungen influenziert werden. Diese Störung der Symmetrie wird vernachlässigt, um das Feld mit unseren Mitteln berechnen zu können. Dies wird durch die Vorgabe $a \gg r_{\text{L}}$ gerechtfertigt. Diese Vereinfachung führt aber dazu, dass das Ergebnis der Berechnungen nur eine Näherung ist. Eine Berechnung des Feldes ohne diese Vernachlässigung ist mittels des *Verfahrens der Materialisierung* (s. Abschnitt 9.14) möglich, erfordert aber mathematisch deutlich höheren Aufand.

Eine entsprechende Überlegung gilt für das durch die Ladung Q_2 auf Leiter 2 bewirkte Feld.

Nun werden zwei *lokale* Zylinderkoordinatensysteme eingeführt, deren z-Achsen auf den Leiterachsen liegen. Die radialen Einheitsvektoren sind $\vec{e}_{r1}$ bzw. $\vec{e}_{r2}$, s. Bild 10.32.

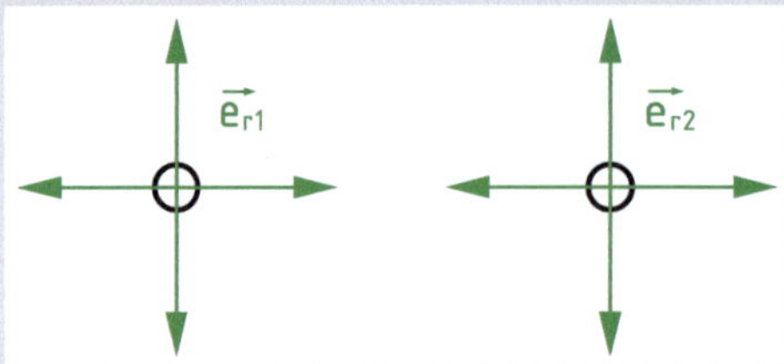

Bild 10.32: Radiale Einheitsvektoren der lokalen Zylinderkoordinatensysteme

Für jeden der beiden Leiter ist der Rechengang aus Beispiel 10.3 anwendbar, der die Teilergebnisse entsprechend Gl. (10.32) liefert:

$$\vec{E}_\mu = \vec{E}_\mu(r_\mu) = E_{r\mu}(r_\mu)\,\vec{e}_{r\mu} \approx \begin{cases} \vec{0} & \text{für } r_\mu < r_a \\ \dfrac{Q_\mu}{2\pi\varepsilon l}\dfrac{1}{r_\mu}\,\vec{e}_{r\mu} & \text{für } r_\mu > r_a \end{cases} \qquad \text{mit } \mu \in \{1,2\}$$

Damit ist die Spannung zwischen Leiter 1 mit Q und Leiter 2 mit $-Q$ berechenbar. Dazu werden die durch die beiden Teilfelder bewirkten Spannungen berechnet und überlagert (addiert). Diese sind die Wegintegrale der jeweiligen Ortsfunktionen von $\vec{E}$ zwischen den Leitern:

$$U_{12} = \int_1^2 \vec{E}_1\,\mathrm{d}\vec{s}_1 + \int_1^2 \vec{E}_2\,\mathrm{d}\vec{s}_2$$

Als Integrationsweg wird ein radialer Weg auf Symmetrieebene S_1 gewählt. Mit $\mathrm{d}\vec{s}_1 = \mathrm{d}r_1\,\vec{e}_{r1}$ und $\mathrm{d}\vec{s}_2 = \mathrm{d}r_2\,\vec{e}_{r2}$ folgt

$$U_{12} \approx \int_{r_L}^{a-r_L} \frac{Q_1}{2\pi\varepsilon l}\frac{1}{r_1}\,\vec{e}_{r1}\,\mathrm{d}r_1\,\vec{e}_{r1} + \int_{a-r_L}^{r_L} \frac{Q_2}{2\pi\varepsilon l}\frac{1}{r_2}\,\vec{e}_{r2}\,\mathrm{d}r_2\,\vec{e}_{r2}\,.$$

Mit $Q_1 = Q$ und $Q_2 = -Q$ folgt daraus

$$U_{12} \approx \frac{Q}{2\pi\varepsilon l}\left(\int_{r_L}^{a-r_L} \frac{1}{r_1}\,\mathrm{d}r_1 - \int_{a-r_L}^{r_L} \frac{1}{r_2}\,\mathrm{d}r_2\right) = \frac{Q}{2\pi\varepsilon l}\left(\int_{r_L}^{a-r_L} \frac{1}{r_1}\,\mathrm{d}r_1 + \int_{r_L}^{a-r_L} \frac{1}{r_2}\,\mathrm{d}r_2\right).$$

An dieser Stelle ist erkennbar, dass die beiden Teilfelder gleich große Beiträge zur Gesamtspannung liefern – was wegen der Symmetrie der Anordnung zu erwarten war:

$$U_{12} \approx \frac{Q}{2\pi\varepsilon l}\,2\,(\ln(a-r_L) - \ln r_L) = \frac{Q}{\pi\varepsilon l}\ln\frac{a-r_L}{r_L}$$

Nun kann die Kapazität des betrachteten Abschnitts mit Gl. (10.49) berechnet werden

$$C = \frac{Q}{U_{12}} \approx \frac{\pi\varepsilon l}{\ln\frac{a-r_L}{r_L}}$$

und daraus der *Kapazitätsbelag der Doppelleitung*

$$C' = \frac{C}{l} \approx \frac{\pi\,\varepsilon}{\ln\frac{a-r_\mathrm{L}}{r_\mathrm{L}}}\,.$$

Dieser Wert ist eine Näherung, da die Feldverzerrung durch die Leiter vernachlässigt wurde. Die Gleichung kann weiter vereinfacht werden, indem die in der Aufgabenstellung angegebene Bedingung $a \gg r_\mathrm{L}$ berücksichtigt wird, was die Näherung aber weiter verschlechtert:

$$C' \approx \frac{\pi\,\varepsilon}{\ln(a/r_\mathrm{L})} \tag{10.79}$$

Nun soll der Kapazitätsbelag C'_L einer der beiden Leitungen gegenüber einer leitenden Ebene im Abstand $d = a/2$ (entsprechend Symmetrieebene S_2) berechnet werden.

Dies ist mit dem *Verfahren der Materialisierung* (s. Abschnitt 9.14) einfach möglich. Dazu wird Symmetrieebene S_2, die eine Äquipotenzialfläche ist, durch zwei infinitesimal dünne, *leitfähige Folien* F ersetzt, die auseinander gezogen werden, aber elektrisch miteinander verbunden bleiben. Dann ändern sich die elektrischen Verhältnisse in den beiden Teilfeldern nicht. Auf der dem Leiter 1 zugewandten Seite der linken Folie wird die Gegenladung $-Q$ influenziert, auf der rechten Seite der rechten Folie die Gegenladung Q. Die Folie bleibt also insgesamt ungeladen.

Wegen der Symmetrie der Anordnung gilt für die Spannungen zwischen den Leitern und der Folie $U_\mathrm{1F} = U_\mathrm{F2} = 0{,}5\,U_{12}$. Bei unveränderter Ladung Q folgt aus der Halbierung der Spannung eine Verdopplung des Kapazitätsbelages.

Daraus folgt der Kapazitätsbelag eines zylindrischen Leiters mit dem Radius r_L, dessen Achse den Abstand $d = a/2$ von einer parallel zum Leiter liegenden Ebene hat:

$$C'_\mathrm{L} \approx \frac{2\pi\,\varepsilon}{\ln(2\,d/r_\mathrm{L})}$$

Die Anordnung aus den beiden Leitern und der materialisierten Symmetrieebene kann als Reihenschaltung aus zwei Kapazitäten gemäß Bild 10.33 mit den Kapazitätsbelägen C'_L betrachtet werden.

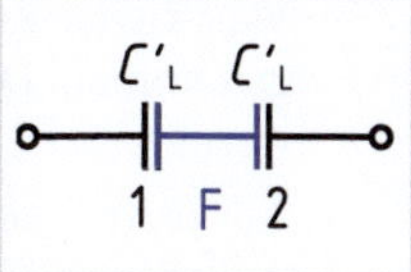

Bild 10.33: Aufteilung der Kapazität in zwei Teilkapazitäten

Entsprechend Gl. (10.71) in Beispiel 10.5 addieren sich hier die Kehrwerte der einzelnen Kapazitätsbeläge zum Kehrwert des resultierenden Kapazitätsbelages:

$$\frac{1}{C'_\mathrm{L}} + \frac{1}{C'_\mathrm{L}} = \frac{\ln(2\,d/r_\mathrm{L})}{2\pi\,\varepsilon} + \frac{\ln(2\,d/r_\mathrm{L})}{2\pi\,\varepsilon} = \frac{\ln(a/r_\mathrm{L})}{\pi\,\varepsilon} = \frac{1}{C'}$$

Die Überlegungen zu dieser Anordnung zeigen auch, wie die Ortsfunktion des Feldes eines langen geraden Leiters vor einer ebenen Gegenelektrode berechnet werden kann: Betrachtet wird dazu das Feld zwischen Leiter 1 mit der Ladung Q und der Gegenelektrode auf Ebene S_2 mit der Gegenladung $-Q$ gemäß dem linken Teil von Bild 10.31.

Dieses Feld weist keine elementare Symmetrie auf und ist daher mit unseren Mitteln nicht berechenbar. Wir wissen nun aber, dass das Feld links von S_2 identisch ist mit dem Feld, das in einer Anordnung entsteht, in der die Gegenladung auf der Ebene S_2 ersetzt wird durch eine Spiegelladung $-Q$, die sich auf einem Leiter befindet, die durch Spiegelung des vorhandenen Leiters 1 an der Symmetrieebene ensteht. Damit ist das Feld im interessierenden Bereich mittels des Überlagerungssatzes berechenbar. Genau das ist das Prinzip des in Abschnitt 9.13 behandelten *Spiegelungsverfahrens.*

In Beispiel 10.9 wird ein Koaxialkabel nach einem vorgegebenen Kriterium konstruktiv optimiert.

Beispiel 10.9: Optimiertes Koaxialkabel

Untersucht wird ein Koaxialkabel gemäß Bild 10.34 mit homogenem, isotropem Dielektrikum mit konstantem ε und gegebenem, *festem* Innenradius des Außenleiters r_a an der *konstanten Spannung* U_{ia}. Der Radius des Innenleiters r_i sei *variabel.*

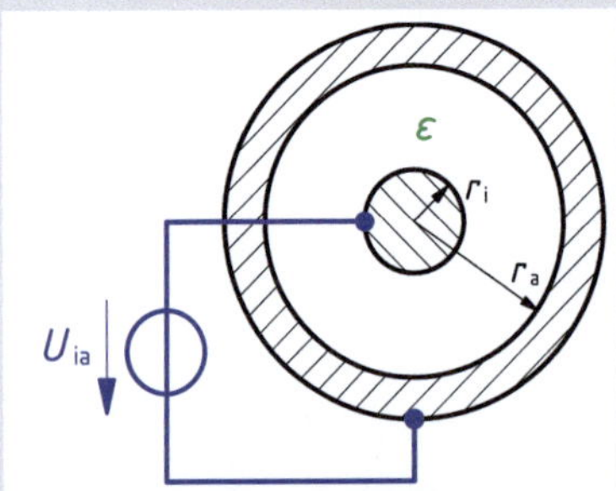

Bild 10.34: Schnitt durch ein Koaxialkabel senkrecht zur Leiterachse

Bestimmt werden soll derjenige Radius r_i des Innenleiters, bei dem der Betrag E_{max} der zwischen den Leitern auftretenden *höchsten* elektrische Feldstärke *minimal* wird. Vorüberlegungen:

- Zur Beantwortung der Fragestellung muss zunächst die Funktion $\vec{E}(U_{ia}, r_a, r_i, r)$ zwischen den Elektroden ermittelt werden.
- Weil die Länge des Kabels nicht gegeben ist, wird zur Feldberechnung eine Länge l angenommen. Dadurch kann das Koaxialkabel als *idealer Zylinderkondensator* aufgefasst werden.
- Auf dem Innenleiter wird als Feldquelle die Ladung $Q_1 = Q$ angenommen, auf dem Außenleiter die Ladung $Q_2 = -Q$.
- Da die Anordnung zylindersymmetrisch ist, wird zur Berechnung ein Zylinderkoordinatensystem gewählt, dessen z-Achse auf der Mittelachse des Kabels liegt.
- Das $\vec{D}$-Feld verläuft radial zwischen den Elektroden, also gilt der Ansatz

$$\vec{D} = D_r(r)\,\vec{e}_r\,. \tag{10.80}$$

- Hüllfläche für die Anwendung des Gaußschen Satzes ist ein konzentrischer Zylinder, der beidseitig aus dem Feldraum hinausragt wie in Beispiel 10.6. Dann braucht nur derjenige Teil des Zylindermantels berücksichtigt zu werden, der im Feldraum liegt, da die Deckelflächen im feldfreien Raum liegen.

- Die Flächenelemente des Zylindermantels werden durch ihre Normalenvektoren beschrieben:

$$\mathrm{d}\vec{A} = \mathrm{d}A\,\vec{\mathrm{e}}_\mathrm{r}$$

- Da diese Flächenelemente alle die gleiche r-Koordinate haben, ist auf ihnen $D_\mathrm{r}(r)$ konstant.

Die Anwendung des Gaußschen Satzes liefert nach diesen Vorüberlegungen

$$\underset{\text{(Hüllfläche)}}{\oint\!\!\!\oint} \vec{D}\,\mathrm{d}\vec{A} = \underset{\substack{\text{(Hüllfläche}\\ \text{im Feld)}}}{\iint} D_\mathrm{r}(r)\,\vec{\mathrm{e}}_\mathrm{r}\,\mathrm{d}A\,\vec{\mathrm{e}}_\mathrm{r} = D_\mathrm{r}(r) \underset{\substack{\text{(Hüllfläche}\\ \text{im Feld)}}}{\iint} \mathrm{d}A = D_\mathrm{r}(r)\,2\pi\,r\,l = Q = \mathring{\Psi}\,,$$

woraus

$$D_\mathrm{r}(r) = \frac{Q}{2\pi\,r\,l} \tag{10.81}$$

folgt.

Auch hier gilt, wie in Beispiel 10.7, dass man dieses Ergebnis wegen der Symmetrie der Anordnung auch nur durch Überlegung erhalten kann: Die aus der Hüllfläche heraus weisende Komponente der Flussdichte ist gleich dem Hüllenfluss dividiert durch die von ihm durchsetzte Fläche.

Aus den Gln. (10.80), (10.81) und (10.15) folgt

$$\vec{E} = \frac{\vec{D}}{\varepsilon} = \frac{Q}{2\pi\,\varepsilon\,l}\,\frac{1}{r}\,\vec{\mathrm{e}}_\mathrm{r} \sim \frac{1}{r}\,. \tag{10.82}$$

Das ist die Ortsfunktion von $\vec{E}$ als Funktion von Q. Gegeben ist aber U_ia. Um Q durch U_ia ersetzen zu können, wird die durch die angenommene Ladung Q bewirkte Spannung U_ia berechnet. Integrationsweg ist ein radialer Strahl mit $\mathrm{d}\vec{s} = \mathrm{d}\vec{r} = \mathrm{d}r\,\vec{\mathrm{e}}_\mathrm{r}$:

$$U_\mathrm{ia} = \int_{(i)}^{(a)} \vec{E}\,\mathrm{d}\vec{s} = \int_{r_\mathrm{i}}^{r_\mathrm{a}} \frac{Q}{2\pi\,\varepsilon\,l}\,\frac{1}{r}\,\vec{\mathrm{e}}_\mathrm{r}\,\mathrm{d}r\,\vec{\mathrm{e}}_\mathrm{r} = \frac{Q}{2\pi\,\varepsilon\,l}\int_{r_\mathrm{i}}^{r_\mathrm{a}} \frac{1}{r}\,\mathrm{d}r = \frac{Q}{2\pi\,\varepsilon\,l}\,[\ln r]_{r_\mathrm{i}}^{r_\mathrm{a}} = \frac{Q}{2\pi\,\varepsilon\,l}\ln(r_\mathrm{a}/r_\mathrm{i})$$

Daraus folgt

$$Q = \frac{U_\mathrm{ia}\,2\pi\,\varepsilon\,l}{\ln(r_\mathrm{a}/r_\mathrm{i})}\,,$$

was in Gl. (10.82) eingesetzt wird:

$$\vec{E}(U_\mathrm{ia}, r_\mathrm{a}, r_\mathrm{i}, r) = \frac{\dfrac{U_\mathrm{ia}\,2\pi\,\varepsilon\,l}{\ln(r_\mathrm{a}/r_\mathrm{i})}}{2\pi\,\varepsilon\,l}\,\frac{1}{r}\,\vec{\mathrm{e}}_\mathrm{r} = \frac{U_\mathrm{ia}}{\ln(r_\mathrm{a}/r_\mathrm{i})}\,\frac{1}{r}\,\vec{\mathrm{e}}_\mathrm{r}\,. \tag{10.83}$$

Die Ortsfunktion der elektrischen Feldstärke im Koaxialkabel ist also unabhängig von der Permittivität ε des Dielektrikums.

Betragsbildung von Gl. (10.83) liefert die gesuchte Funktion

$$E(U_\mathrm{ia}, r_\mathrm{a}, r_\mathrm{i}, r) = \frac{U_\mathrm{ia}}{\ln(r_\mathrm{a}/r_\mathrm{i})}\,\frac{1}{r}\,.$$

Unabhängig von der Wahl von r_i tritt die höchste Feldstärke immer beim kleinstmöglichen Wert von r, nämlich $r = r_i + dr$ auf, also an der Oberfläche des Innenleiters. (Hier ist auch die Dichte der $\vec{E}$-Feldlinien maximal.) Daher gilt

$$E_{max} = E(r_i) = \frac{U_{ia}}{\ln(r_a/r_i)}\frac{1}{r_i}. \tag{10.84}$$

Je kleiner r_i wird, desto größer wird E auf der Oberfläche des Innenleiters. Für $r_i \to 0$ gilt $E \to \infty$. Je größer r_i wird, desto kleiner wird der Abstand zwischen den Elektroden des Zylinderkondensators bei fester Spannung, wodurch im gesamten Feldraum E ansteigt. Für $r_i \to r_a$ gilt ebenfalls $E \to \infty$. Die Funktion $E_{max}(r_i)$ muss also den in Bild 10.35 skizzierten Verlauf mit zwei Polstellen haben. Zwischen diesen Polstellen kann es bei dieser einfachen Funktion nur ein Minimum geben.

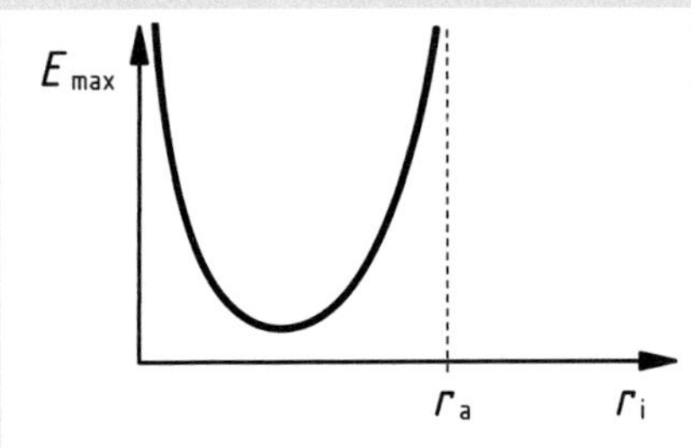

Bild 10.35: Maximale Feldstärke als Funktion des Innenleiter-Radius

Gesucht ist das Minimum von $E_{max}(r_i)$. Die rechte Seite von Gl. (10.84) wird minimal, wenn ihr Nenner maximal wird. Zur Suche dieses Extremwertes wird der Nenner von Gl. (10.84) partiell nach r_i abgeleitet und null gesetzt:

$$\frac{\partial}{\partial r_i}(r_i \cdot \ln(r_a/r_i)) = 1 \cdot \ln(r_a/r_i) + r_i \cdot \frac{1}{r_a/r_i} \cdot \frac{r_a}{-r_i^2} = \ln(r_a/r_i) - 1 \overset{!}{=} 0$$

Daraus folgt $\ln(r_a/r_i) = 1$, also $r_a/r_i = \mathrm{e}$ und somit

$$r_i = r_a/\mathrm{e}. \tag{10.85}$$

Die zweite partielle Ableitung des Nenners ergibt

$$\frac{\partial^2}{\partial r_i^2}(r_i \cdot \ln(r_a/r_i)) = \frac{\partial}{\partial r_i}(\ln(r_a/r_i) - 1) = \frac{1}{r_a/r_i} \cdot \frac{r_a}{-r_i^2} = -\frac{1}{r_i} < 0,$$

was bestätigt, dass es sich um ein Maximum des Nenners, also ein Minimum von $E_{max}(r_i)$ handelt.

Abschließend sollen für ein solches optimiertes Koaxialkabel die Zahlenwerte von r_i und E_{max} für $\varepsilon_r = 2$, $r_a = 5\,\mathrm{mm}$ und $U_{ia} = 1\,\mathrm{kV}$ berechnet werden.

Aus Gl. (10.85) folgt

$$r_i = 5\,\mathrm{mm}/\mathrm{e} \approx 1{,}8\,\mathrm{mm}$$

und aus den Gln. (10.84) und (10.85)

$$E_{max}(r_i) = \frac{10\,\mathrm{kV}}{\ln(r_a/r_i)}\frac{1}{r_i} \approx 0{,}57\,\mathrm{kV/cm}.$$

Während das Dielektrikum keinen Einfluss auf den Wert von $E_{max}(r_i)$ hat, ist es hinsichtlich der Durchschlagfestigkeit bei diesem Wert entscheidend.

10.12.3 Zusammenschaltungen von Kapazitäten

In diesem Abschnitt werden zuerst reine Parallel- und Reihenschaltungen von Kapazitäten und danach gemischte Schaltungen rein kapazitiver Zweipole behandelt.

Alle in diesem Abschnitt hergeleiteten Gleichungen stimmen mit denen bei der gleichen Zusammenschaltung von Leitwerten G überein, wenn die dielektrischen Leitwerte C durch Leitwerte G und die Ladungen $q(t)$ durch Ströme $i(t)$ ersetzt werden. Die Analogie wird noch klarer, wenn die $q(t)$ durch die elektrischen Flüsse $\Psi(t)$ zwischen den Elektroden der Kapazitäten ersetzt werden, also die (di)elektrischen Flüsse. Dann gilt: C entspricht G, Ψ entspricht i.

Parallelschaltung von Kapazitäten

Zwei zunächst ungeladene Kapazitäten werden gemäß Bild 10.36 parallel geschaltet. Die den beiden Zweipolen gemeinsamen Größe ist die Klemmenspannung, denn es gilt

$$u_{ges}(t) = u_1(t) = u_2(t)\,. \tag{10.86}$$

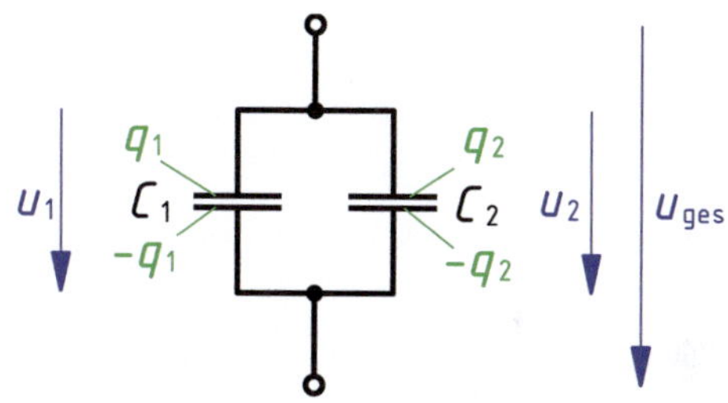

Bild 10.36: Parallelschaltung zweier Kapazitäten mit gleich gerichteten Spannungszählpfeilen

In jedem Betriebsfall ist die Gesamtladung des oberen Knotens in Bild 10.36 gleich der Summe der Einzelladungen

$$q_{ges}(t) = q_1(t) + q_2(t)\,. \tag{10.87}$$

Bei der Parallelschaltung von beliebig vielen Kapazitäten gilt

$$q_{ges}(t) = \sum_{\mu} q_{\mu}(t)\,. \tag{10.88}$$

Das Klemmenverhalten der Schaltung lässt sich beschreiben mittels einer *Ersatzkapazität* C_{ges}, für die

$$C_{ges} = \frac{q_{ges}(t)}{u_{ges}(t)} = \frac{q_1(t) + q_2(t)}{u_{ges}(t)} = \frac{q_1(t)}{u_1(t)} + \frac{q_2(t)}{u_2(t)} = C_1 + C_2 \tag{10.89}$$

gilt.

Verallgemeinernd lassen sich aus Gl. (10.89) die Bestimmungsgleichung für die resultierende Kapazität einer Parallelschaltung von beliebig vielen Kapazitäten

$$C_{ges} = \sum_{\mu} C_{\mu} \tag{10.90}$$

ableiten.

Merke: *Bei der Parallelschaltung von Kapazitäten addieren sich die Einzelkapazitäten zur Gesamtkapazität.*

Setzt man die Ladungen auf den beiden Kapazitäten mittels Gl. (10.53) zueinander ins Verhältnis, folgt

$$\frac{q_1(t)}{q_2(t)} = \frac{C_1\,u_1(t)}{C_2\,u_2(t)} = \frac{C_1\,u_{\text{ges}}(t)}{C_2\,u_{\text{ges}}(t)} = \frac{C_1}{C_2}\,. \tag{10.91}$$

Gl. (10.91) wird als „*Ladungsteilerregel*" bezeichnet.

Die Ladungsteilerregel lässt sich verallgemeinern, wenn man zwei (einzelne oder Gruppen von) Kapazitäten einer Parallelschaltung betrachtet:

$$\frac{q_\mu(t)}{q_\nu(t)} = \frac{C_\mu}{C_\nu} \tag{10.92}$$

Merke: *Bei einer Parallelschaltung von Kapazitäten verhalten sich die Ladungen auf den Kapazitäten wie die Kapazitäten.*

Beispiel 10.10: Parallelschaltung zweier verlustfreier Kondensatoren

Gegeben ist die Parallelschaltung zweier zunächst ungeladener Kondensatoren mit maximal zulässigen Betriebsspannungen:
$C_1 = 47\,\mu\text{F}$ mit $U_{1\,\text{max}} = 100\,\text{V}$ und $C_2 = 10\,\mu\text{F}$ mit $U_{2\,\text{max}} = 400\,\text{V}$.

Gesucht sind die Gesamtkapazität, die maximal zulässige Betriebsspannung U_{max} und die bei ihr verschobene Ladung.

Die Kondensatoren haben zwar maximale Betriebsspannungen, sind ansonsten aber ideal und daher gemäß Bild 10.37 als Kapazitäten modellierbar.

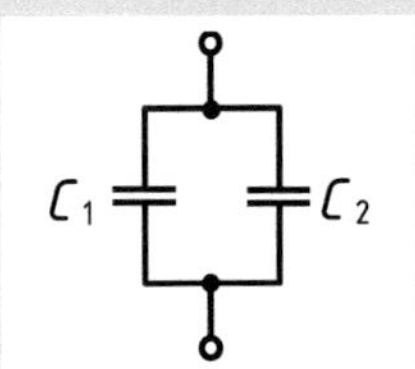

Bild 10.37: Parallelschaltung zweier Kapazitäten

Die Gesamtkapazität ist nach Gl. (10.89)

$$C_{\text{ges}} = C_1 + C_2 = 57\,\mu\text{F}\,.$$

Da beide Kondensatoren an der selben Spannung liegen, bestimmt der Kondensator mit dem kleinsten U_{max} die insgesamt zulässige Betriebsspannung:

$$U_{\text{max}} = \min(U_{1\,\text{max}}, U_{2\,\text{max}}) = 100\,\text{V}$$

Die bei U_{max} insgesamt verschobene Ladung ist

$$Q_{\text{ges}} = C_{\text{ges}}\,U_{\text{max}} = 5{,}7\,\text{mC}\,,$$

da die Kondensatoren zunächst ungeladen waren.

Reihenschaltung von Kapazitäten

Zwei bei $t = 0$ *ungeladene* Kapazitäten werden gemäß Bild 10.38 in Reihe geschaltet.

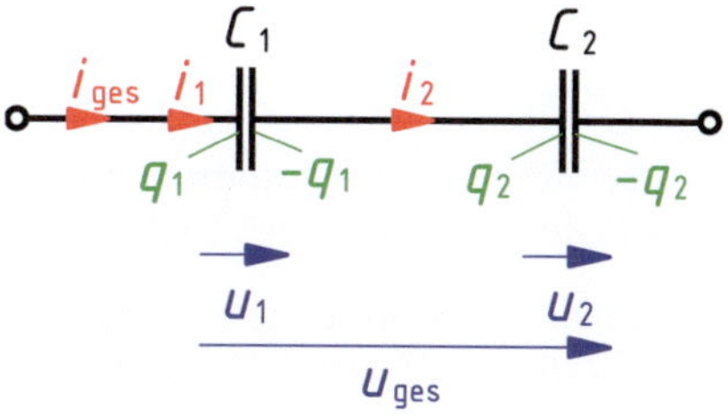

Bild 10.38: Reihenschaltung zweier Kapazitäten mit Klemmengrößen im VZS

Die den beiden Zweipolen gemeinsame Größe ist der Klemmenstrom, denn es gilt

$$i_{ges}(t) = i_1(t) = i_2(t)\,. \tag{10.93}$$

Die Elektroden, zu denen der Zählpfeile der $i_\mu(t)$ *hin* weisen, tragen die Ladungen

$$q_\mu(t) = \int_0^t i_\mu(\vartheta)\,\mathrm{d}\vartheta\,, \tag{10.94}$$

die anderen die Gegenladungen $-q_\mu(t)$. Aus den Gln. (10.93) und (10.94) folgt die *Identität der verschobenen Ladungen*:

$$q_{ges}(t) = q_1(t) = q_2(t) \tag{10.95}$$

In Reihenschaltungen addieren sich die Spannungsabfälle. Für die Zählpfeilrichtungen in Bild 10.38 gilt

$$u_{ges}(t) = u_1(t) + u_2(t)\,. \tag{10.96}$$

Durch Einsetzen von Gl. (10.53) in Gl. (10.96) erhält man

$$u_{ges}(t) = \frac{q_1(t)}{C_1} + \frac{q_2(t)}{C_2}\,. \tag{10.97}$$

Das Klemmenverhalten der Schaltung in Bild 10.38 lässt sich beschreiben mittels einer *Ersatzkapazität* C_{ges}, für die

$$u_{ges}(t) = \frac{q_{ges}(t)}{C_{ges}} \tag{10.98}$$

gelten muss. Aus den Gln. (10.97) und (10.98) folgt mit Gl. (10.95)

$$\frac{1}{C_{ges}} = \frac{1}{C_1} + \frac{1}{C_2}\,. \tag{10.99}$$

Gl. (10.99) kann in die Form

$$C_{ges} = \frac{C_1 \cdot C_2}{C_1 + C_2} \tag{10.100}$$

überführt werden.

Verallgemeinernd lässt sich aus Gl. (10.99) die Gleichung

$$\frac{1}{C_{\text{ges}}} = \sum_{\mu} \frac{1}{C_{\mu}} \tag{10.101}$$

für die resultierende Kapazität einer Reihenschaltung von beliebig vielen Kapazitäten ableiten. Die Gesamtkapazität ist also kleiner als die kleinste Einzelkapazität.

Merke: *Bei der Reihenschaltung von Kapazitäten addieren sich die Kehrwerte der Einzelkapazitäten zum Kehrwert der Gesamtkapazität.*

Setzt man die Spannungen über den beiden Kapazitäten zueinander ins Verhältnis, folgt aus den Gln. (10.53) und (10.95) die *kapazitive Spannungsteilerregel*

$$\frac{u_1(t)}{u_2(t)} = \frac{q_1(t)/C_1}{q_2(t)/C_2} = \frac{C_2}{C_1}. \tag{10.102}$$

Für das Verhältnis zwischen der Spannung über einer Kapazität und der Gesamtspannung ergibt sich für die Zählpfeile in Bild 10.38

$$\frac{u_1(t)}{u_{\text{ges}}(t)} = \frac{u_1(t)}{u_1(t) + u_2(t)} = \frac{\frac{q_1(t)}{C_1}}{\frac{q_1(t)}{C_1} + \frac{q_2(t)}{C_2}} = \frac{\frac{1}{C_1}}{\frac{1}{C_1} + \frac{1}{C_2}} = \frac{\frac{1}{C_1}}{\frac{C_2+C_1}{C_1 \cdot C_2}} = \frac{C_1 \cdot C_2}{C_1\,(C_2 + C_1)} = \frac{C_2}{C_1 + C_2}. \tag{10.103}$$

Merke: *Bei der Reihenschaltung von zwei Kapazitäten verhält sich die Spannung über der einen Kapazität zur Gesamtspannung wie die andere Kapazität zur Summe der Kapazitäten.*

Die kapazitive Spannungsteilerregel lässt sich ebenfalls verallgemeinern, wenn man zwei (einzelne oder Gruppen von) Kapazitäten einer Reihenschaltung betrachtet:

$$\frac{u_{\mu}(t)}{u_{\nu}(t)} = \frac{C_{\nu}}{C_{\mu}} \tag{10.104}$$

Merke: *Bei einer Reihenschaltung von Kapazitäten verhalten sich die Spannungen umgekehrt wie die Kapazitäten.*

Gl. (10.104) ist von besonderer praktischer Bedeutung, da an der kleinsten Kapazität die größte Spannung anliegt!

Beispiel 10.11: Reihenschaltung zweier verlustfreier Kondensatoren

Nun werden die bereits in Beispiel 10.10 betrachteten, zunächst ungeladenen Kondensatoren in Reihe geschaltet. Es gilt also wieder:
$C_1 = 47\,\mu\text{F}$ mit $U_{1\,\text{max}} = 100\,\text{V}$ und $C_2 = 10\,\mu\text{F}$ mit $U_{2\,\text{max}} = 400\,\text{V}$.

Gesucht sind die Gesamtkapazität, die maximal zulässige Betriebsspannung U_{max} und die bei ihr verschobene Ladung.

Die Kondensatoren sind, abgesehen von ihren begrenzten Betriebsspannungen, wieder als Kapazitäten modellierbar, s. Bild 10.39.

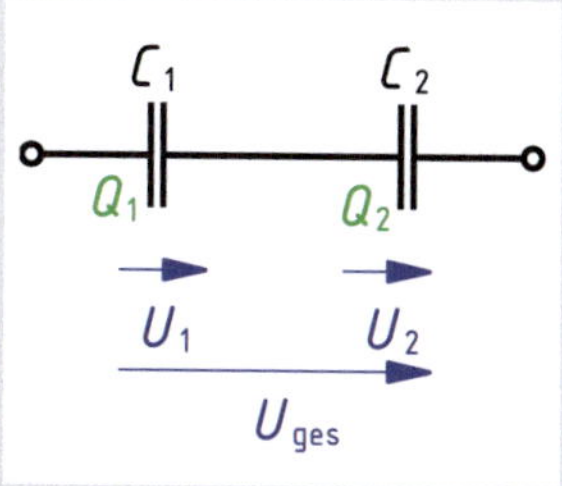

Bild 10.39: Reihenschaltung zweier Kapazitäten

Die Gesamtkapazität ist nach Gl. (10.100)

$$C_{ges} = \frac{C_1 \cdot C_2}{C_1 + C_2} = 8{,}25\,\mu\text{F}\,,$$

also kleiner als die kleinste Einzelkapazität.

Zur Berechnung der zulässigen Betriebsspannung der Reihenschaltung ist etwas Überlegung nötig. Dabei werden die Bezeichnungen der Größen entsprechend Bild 10.39 verwendet. Die Gesamtspannung ist die Summe der Einzelspannungen:

$$U_{ges} = U_1 + U_2$$

Der kapazitive Spannungsteiler Gl. (10.102) gilt:

$$\frac{U_1}{U_2} = \frac{C_2}{C_1}$$

Die verschobene Ladung ist bei beiden Kondensatoren gleich:

$$Q_1 = Q_2$$

Die Ladung, die maximal verschoben werden darf, hängt bei den Kondensatoren vom Wert der Kapazität und der maximalen Betriebsspannung ab:

$$Q_{1\,\max} = C_1\,U_{1\,\max} = 4{,}7\,\text{mC}$$
$$Q_{2\,\max} = C_2\,U_{2\,\max} = 4\,\text{mC}$$

Die in der Reihenschaltung maximal verschiebbare Ladung ist die kleinere der beiden:

$$Q_{\max} = \min(Q_{1\,\max}, Q_{2\,\max}) = Q_{2\,\max} = 4\,\text{mC}$$

Bei diesem Wert liegt C_2 an $U_{2\,\max} = 400$ V und C_1 an

$$U_1 = U_{1\,\max}\,(Q_{2\,\max}/Q_{1\,\max}) \approx 85\,\text{V}\,.$$

Daraus folgt der gesuchte Wert

$$U_{\max} = U_1 + U_{2\,\max} \approx 485\,\text{V} < U_{1\,\max} + U_{2\,\max} = 500\,\text{V}\,.$$

Allgemein gilt: *Die Spannungsfestigkeit einer Reihenschaltung von Kondensatoren mit unterschiedlichen Kapazitäten ist in der Regel kleiner als die Summe der maximalen Betriebsspannungen der einzelnen Kondensatoren.*

Für die Reihenschaltung gilt wieder

$$C_{ges}\,U_{\max} \approx 8{,}2\,\mu\text{F} \cdot 485\,\text{V} \approx 4\,\text{mC} = Q_{\max}\,.$$

Gemischte Schaltungen aus Kapazitäten

Gemischte Schaltungen aus Kapazitäten lassen sich entweder schrittweise mittels der oben angegebenen Zusammenhänge für Parallel- und Reihenschaltungen oder mittels der Analogie zu elektrischen Leitwerten G berechnen.

Beispiel 10.12: Netzwerk aus Kapazitäten

Betrachtet wird die in Bild 10.40 dargestellte Schaltung aus vier zunächst ungeladenen Kapazitäten C_μ von je 10 µF. Die Schaltung wurde auf die Gesamtspannung $U_{ges} = 100\,\text{V}$ aufgeladen.

Zu berechnen sind die zwischen den Klemmen wirksame Gesamtkapazität C_{ges} des Zweipols sowie die Spannung U_4 und die Ladung Q_4 von C_4 allgemein und als Zahlenwert.

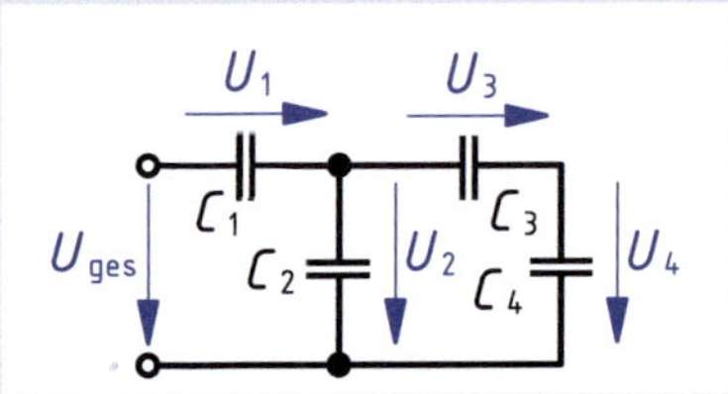

Bild 10.40: Rein kapazitives Netzwerk

Die Schaltung kann als zweistufiger kapazitiver Spannungsteiler analog zu den in Abschnitt 2.2.5.2 behandelten mehrstufigen resistiven Spannungsteilern betrachtet werden. Allerdings ist zu beachten, dass Kapazitäten nicht Widerständen, sondern Leitwerten entsprechen.

Da es sich um eine gemischte Schaltung aus Reihen- und Parallelschaltungen handelt, sind zur Berechnung der Gesamtkapazität sowohl Gl.(10.102) als auch Gl. (10.91) anzuwenden.

Die Gesamtkapazität wird von „innen" (topologisch am weitesten von den Klemmen entfernter Zweipol) nach „außen" (Klemmen des Zweipols) berechnet:

Reihenschaltung aus C_3 und C_4:

$$C_{34} = \frac{C_3 \cdot C_4}{C_3 + C_4}$$

Parallelschaltung aus C_2 und C_{34}:

$$C_{234} = C_2 + C_{34}$$

Reihenschaltung aus C_1 und C_{234}:

$$C_{ges} = \frac{C_1 \cdot C_{234}}{C_1 + C_{234}}$$

Durch Einsetzen der Zahlenwerte der Kapazitäten folgt

$$C_{ges} = 6\,\mu\text{F}\,.$$

Ob dieses Ergebnis plausibel ist, lässt sich durch eine Überschlagsrechnung überprüfen: Die Reihenschaltung der gleich großen Kapazitäten C_3 und C_4 von 10 µF ergibt eine Ersatzkapazität mit dem halben Wert, also 5 µF. Diese parallel zu $C_2 = 10\,\mu\text{F}$ geschaltet ergibt 15 µF. Diese in Reihe mit $C_1 = 10\,\mu\text{F}$ geschaltet muss einen Wert zwischen 5 µF und 10 µF ergeben, der etwas größer als 5 µF ist. Das ist der Fall.

Die Berechnung von U_4 erfolgt rekursiv analog zu Beispiel 2.25 unter Verwendung der kapazitiven Spannungsteilerregel Gl. (10.102):

$$\frac{U_4}{U_{\text{ges}}} = \frac{U_4}{U_2} \cdot \frac{U_2}{U_{\text{ges}}} \quad \text{mit} \quad \frac{U_4}{U_2} = \frac{C_3}{C_3 + C_4} \quad \text{und} \quad \frac{U_2}{U_{\text{ges}}} = \frac{C_1}{C_1 + C_2 + \frac{C_3 \cdot C_4}{C_3 + C_4}}$$

Daraus folgt

$$U_4 = U_{\text{ges}} \frac{C_1 \cdot C_3}{(C_1 + C_2)(C_3 + C_4) + C_3 C_4}$$

mit dem Zahlenwert

$$U_4 = 20\,\text{V}\,.$$

Schließlich gilt

$$Q_4 = C_4 U_4$$

mit dem Zahlenwert

$$Q_4 = 0{,}2\,\text{mC}\,.$$

10.12.4 Verlustbehaftete Kondensatoren

Bei der Berechnung der elektrischen Eigenschaften passiver Zweipole wurden in Abschnitt 9.6 nur der Widerstand und in Abschnitt 10.12.2 nur die Kapazität betrachtet.

Abgesehen von zwei nur theoretisch relevanten Sonderfällen weisen alle praktisch relevanten Stoffe sowohl eine endliche elektrische ($0 < \varkappa < \infty$) als auch eine endliche dielektrische ($0 < \varepsilon_r < \infty$) Leitfähigkeit auf:

1. Idealisiertes Vakuum hat mit $\varkappa = 0$ keine elektrische, mit $\varepsilon_r = 1$ aber eine endliche dielektrische Leitfähigkeit.
2. Idealisierte Elektroden haben wegen $\varkappa \to \infty$ eine unendliche elektrische und wegen $\varepsilon_r \to \infty$[10] auch eine unendliche dielektrische Leitfähigkeit.

Jeder Kondensator hat also neben seiner Kapazität C auch einen resistiven Leitwert G, der in einem Ersatzschaltbild *parallel* zur Kapazität zu schalten ist, da beide Leitmechanismen parallel wirken und anderenfalls die Selbstentladung eines einmal aufgeladenen Kondensators nicht nachgebildet werden könnte.

Kondensatoren werden niemals dauerhaft an einer exakten Gleichspannung betrieben. Mit ihrer Klemmenspannung ändert sich auch die elektrische Feldstärke in ihrem Dielektrikum. Damit ändert sich die Intensität und ggf. auch die Richtung der Polarisation im Dielektrikum. Die damit verbundene mechanischen Bewegungen der polaren Strukturen im Dielektrikum führen zu mechanischer Reibung und dadurch zur Erwärmung des Dielektrikums. Diese spannungs- und frequenzabhängigen Verluste werden ebenfalls mittels eines Leitwertes G oder eines entsprechenden Widerstandes $R = 1/G$ nachgebildet.

Zum Verhalten von verlustbehafteten Kondensatoren in Sinusstromnetzwerken, bei dem die Begriffe Verlustwinkel, Verlustfaktor und Güte eine wichtige Rolle spielen, siehe Abschnitt 3.12.

[10] In Abschnitt 10.5 wird erklärt, dass Influenz in einem Leiter als Grenzfall idealer Polarisation mit $\varepsilon_r \to \infty$ aufgefasst werden kann.

In Beispiel 10.13 wird die Auswirkung der Leitfähigkeit des Dielektrikums von Kondensatoren auf ihr Verhalten an Gleichspannung untersucht.

Beispiel 10.13: Reihenschaltung verlustbehafteter Kondensatoren

Gegeben ist die Reihenschaltung zweier verlustbehafteter, zunächst ungeladener Kondensatoren mit Ersatzschaltbild gemäß Bild 10.41 und bekannten Parametern C_1, C_2, R_1, R_2 an der Gleichspannung U_{ges}.

Gesucht sind die Verhältnisse U_1/U_2 und Q_1/Q_2 *im stationären Zustand.*

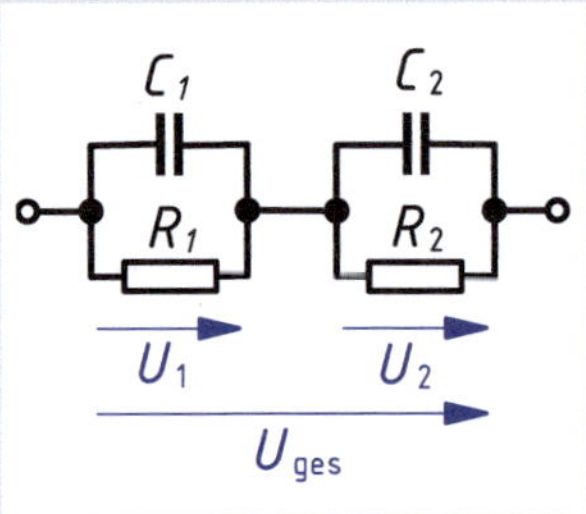

Bild 10.41: Ersatzschaltbild der Reihenschaltung verlustbehafteter Kondensatoren

Das in der Aufgabenstellung vorgegebene Modell für die beiden Kondensatoren berücksichtigt nicht die in Reihe mit den Kapazitäten wirksamen Widerstände, die den Strom begrenzen, wenn die ungeladenen Kondensatoren an eine ideale Spannungsquelle gelegt werden. Da hier nur der stationäre Zustand betrachtet werden soll, in dem das Aufladen der Kapazitäten abgeschlossen ist, ist dieser Mangel nicht bedeutsam.

Die gesuchten Größen werden nicht durch Rechnen, sondern durch Überlegen ermittelt.

Wenn der Aufladevorgang der Kapazitäten abgeschlossen ist, fließt durch sie kein Strom mehr. Der durch die Gesamtspannung U_{ges} bewirkte Strom wird also nur noch durch die Reihenschaltung der beiden Widerstände bestimmt. Daher wird das gesuchte Verhältnis der Spannungen ausschließlich durch die Widerstandswerte bestimmt und nicht etwa durch den kapazitiven Spannungsteiler:

$$\frac{U_1}{U_2} = \frac{R_1}{R_2}$$

Dieses Ergebnis ist sehr praxisrelevant für die Dimensionierung von Reihenschaltungen von Kondensatoren, die an Spannungen liegen, die einen erheblichen Gleichanteil enthalten! Bei der Berechnung der erforderlichen Spannungfestigkeiten der Kondensatoren müssen deren Verlustwiderstände berücksichtigt werden.

Aus $Q_1 = C_1\,U_1$ und $Q_2 = C_2\,U_2$ folgt

$$\frac{Q_1}{Q_2} = \frac{C_1\,U_1}{C_2\,U_2} = \frac{C_1}{C_2}\,\frac{R_1}{R_2}\,.$$

Die Aufteilung der Ladungen wird also durch *alle* Parameter der Ersatzschaltung bestimmt. Beide gesuchten Verhältnisse sind unabhängig von etwaigen Vorladungen der Kondensatoren.

10.13 Energiedichte und Energie im ESF

10.13.1 Berechnung der Feldenergie aus den differenziellen Feldgrößen

Für die volumenbezogene *elektrische Energiedichte* im elektrostatischen Feld gilt nach [Phi00] allgemein

$$w_{\mathrm{el}} = \frac{\mathrm{d}W_{\mathrm{el}}}{\mathrm{d}V} = \frac{1}{2}\vec{D}\,\vec{E} \tag{10.105}$$

und speziell für Gebiete mit isotroper Permittivität

$$w_{\mathrm{el}} = \frac{1}{2}D\,E = \frac{1}{2}\frac{1}{\varepsilon}D^2 = \frac{1}{2}\varepsilon E^2. \tag{10.106}$$

Die elektrische Energiedichte ist eine skalare, differenzielle Feldgröße.

Ihre Einheit ist

$$[w_{\mathrm{el}}] = [D]\cdot[E] = 1\,\frac{\mathrm{C}}{\mathrm{m}^2}\,1\,\frac{\mathrm{V}}{\mathrm{m}} = 1\,\frac{\mathrm{Ws}}{\mathrm{m}^3} = 1\,\frac{\mathrm{J}}{\mathrm{m}^3} = 1\,\frac{\mathrm{Nm}}{\mathrm{m}^3} = 1\,\frac{\mathrm{N}}{\mathrm{m}^2}\,. \tag{10.107}$$

Die Energiedichte kann auch als mechanische Spannung σ_{mech} (Kraft pro Fläche, also mechanischer Druck) aufgefasst werden. Diese im gesamten felderfüllten Raum vorhandene mechanische Spannung[11] äußert sich in Bereichen, in denen sich w_{mag} ändert, durch eine mechanische Kraft. Siehe hierzu Abschnitt 10.14.2.

Aus der Energiedichte lässt sich durch Integration über den Feldraum die im Feld gespeicherte elektrische Energie berechnen:

$$W_{\mathrm{el}} = \iiint\limits_{(Feldraum)} w_{\mathrm{el}}\,\mathrm{d}V \tag{10.108}$$

10.13.2 Berechnung der Feldenergie aus den integralen Feldgrößen

Betrachtet wird eine *konstante* Kapazität C mit den Klemmengrößen $u(t)$ und $i(t)$ im Verbraucher-Zählpfeilsystem und den Ladung $q(t)$ und $-q(t)$ gemäß Bild 10.20.

Die Kapazität sei zum Zeitpunkt $t = 0$ ungeladen ($q(t = 0) = 0$, $u(t = 0) = 0$) und damit energielos ($W_{\mathrm{C}}(t = 0) = 0$).

Nun werden die Veränderungen dieser Größen in kleinen Zeiträumen $\mathrm{d}t$ betrachtet. Zur Verbesserung der Lesbarkeit werden die Argumente (t) weitgehend weggelassen.

Ab $t = 0$ fließt ein Strom i durch die Kapazität. Sie nimmt dadurch die elektrische Leistung

$$p = u\,i \tag{10.109}$$

auf und speichert die elektrische Energie

$$W_{\mathrm{C}(t)} = \int_0^t p(\tau)\,\mathrm{d}\tau = \int_0^t u(\tau)\,i(\tau)\,\mathrm{d}\tau\,. \tag{10.110}$$

[11] Sie wird durch den *Maxwellschen Spannungstensor* beschrieben, der Thema der Theoretischen Elektrotechnik ist.

Aus

$$q = C\,u \tag{10.111}$$

folgt durch Ableiten beider Seiten nach der Zeit

$$\mathrm{d}q = C\,\mathrm{d}u\,. \tag{10.112}$$

Allgemein gilt

$$\mathrm{d}q = i\,\mathrm{d}t\,. \tag{10.113}$$

Aus Gleichsetzen der Gln. (10.112) und (10.113) folgt

$$C\,\mathrm{d}u = i\,\mathrm{d}t \tag{10.114}$$

Aus Gl. (10.110) folgt

$$\mathrm{d}W_\mathrm{C} = u\,i\,\mathrm{d}t\,. \tag{10.115}$$

Gl. (10.114) in Gl. (10.115) eingesetzt ergibt

$$\mathrm{d}W_\mathrm{C} = u\,C\,\mathrm{d}u\,. \tag{10.116}$$

Die in der Kapazität beim Aufladen von $u = 0$ bis $u = U$ gespeicherte Energie ist

$$W_\mathrm{C}(U) = \int_0^U C\,u\,\mathrm{d}u = C\int_0^U u\,\mathrm{d}u = C\left[\frac{1}{2}u^2\right]_0^U = \frac{1}{2}C\,U^2\,. \tag{10.117}$$

Daraus folgt die übliche Schreibweise für die in einer konstanten Kapazität C gespeicherte elektrische Energie als Funktion der Klemmenspannung u:

$$W_\mathrm{C} = \frac{1}{2}C\,u^2 \tag{10.118}$$

Eine alternative Herleitung basiert auf der Betrachtung der Verhältnisse in einem idealen Plattenkondensator mit der Plattenfläche A, dem Plattenabstand d, der Permittivität ε und den daraus folgenden Größen Volumen $V = A\,d$ und Kapazität $C = \varepsilon\,A/d$.

Wird der Kondensator mit der Ladung Q aufgeladen, ist der Betrag der Flussdichte in ihm

$$D = Q/A \tag{10.119}$$

und der Betrag der elektrischen Feldstärke

$$E = D/\varepsilon = Q/(\varepsilon\,A)\,. \tag{10.120}$$

Aus Gl. (10.108) folgt der Energieinhalt des Kondensators

$$W_\mathrm{C} = \frac{1}{2}D\,E\,V = \frac{1}{2}Q/A\cdot Q/(\varepsilon\,A)\cdot A\cdot d = \frac{1}{2}\frac{Q^2\,d}{\varepsilon\,A} = \frac{1}{2}\frac{Q^2}{C}\,, \tag{10.121}$$

der sich mit $Q = C\,U$ in Gl. (10.118) überführen lässt.

10.14 Kräfte im ESF

10.14.1 Kraft auf ruhende Ladung

In diesem Abschnitt werden die Kräfte auf verschiedene ruhende Ladungsverteilungen in einem äußeren $\vec{E}$-Feld hergeleitet.

Kraft auf ruhende Punktladungen

Sie wurde bereits aus dem Coulombschen Gesetz abgeleitet:

$$\vec{F} = \vec{E}\,Q \tag{10.122}$$

Für eine infinitesimal kleine Ladung $\mathrm{d}Q$ gilt entsprechend $\mathrm{d}\vec{F} = \vec{E}\,\mathrm{d}Q$.

Nun werden räumliche Ladungsverteilungen betrachtet, die aus unendlich vielen $\mathrm{d}Q$ bestehen. Die resultierende Kraft $\vec{F}$ ergibt sich jeweils aus der Integration der Teilkräfte $\mathrm{d}\vec{F}$ über das gesamte Gebiet der Ladungsverteilung:

$$\vec{F} = \int\limits_{\substack{\text{(Ladungs-}\\\text{verteilung)}}} \mathrm{d}\vec{F} \tag{10.123}$$

Kraft auf ruhende Linienladungen

Hier gilt $\mathrm{d}Q = \lambda\,\mathrm{d}s$:

$$\vec{F} = \int\limits_{(s)} \vec{E}\,\lambda\,\mathrm{d}s \tag{10.124}$$

Kraft auf ruhende Flächenladungen

Hier gilt $\mathrm{d}Q = \sigma\,\mathrm{d}A$:

$$\vec{F} = \iint\limits_{(A)} \vec{E}\,\sigma\,\mathrm{d}A \tag{10.125}$$

Kraft auf ruhende Raumladungen

Hier gilt $\mathrm{d}Q = \varrho\,\mathrm{d}V$:

$$\vec{F} = \iiint\limits_{(V)} \vec{E}\,\varrho\,\mathrm{d}V \tag{10.126}$$

Die Gln. (10.122) bis (10.126) gelten nur, wenn die Rückwirkung der Ladungsverteilungen auf das *äußere* $\vec{E}$-Feld vernachlässigbar ist.

Die so berechneten Kräfte sind *summarische* Kräfte auf die *gesamte* Ladungsverteilung. Sie beschreiben nicht Kräfte, die durch Teile der verteilten Ladungen auf andere Teile der selben Ladungsverteilung ausgeübt werden.

10.14.2 Kraft auf Grenzflächen

Auf eine *Grenzfläche* (A) zwischen zwei Dielektrika 1 und 2 mit unterschiedlichen Permittivitäten ε_1 bzw. ε_2 wirkt im elektrischen Feld eine *Kraft*

$$\vec{F} = \iint\limits_{(A)} \sigma_{\text{mech}} \, \mathrm{d}\vec{A} \,, \tag{10.127}$$

die durch die *mechanische Spannung*[12]

$$\vec{\sigma}_{\text{mech}} = \frac{\mathrm{d}\vec{F}}{\mathrm{d}A} \tag{10.128}$$

verursacht wird. Diese lässt sich mit den unterschiedlichen Energiedichten auf den beiden Seiten 1 und 2 der Grenzfläche (s. Abschnitt 10.13.1) begründen.

Der Betrag der mechanischen Spannung ist nach [KMR08]:

$$\sigma_{\text{mech}} = \frac{1}{2}\,(\varepsilon_2 - \varepsilon_1)\left| E_{\text{t}}^2 + \frac{\varepsilon_1}{\varepsilon_2}\, E_{\text{1n}}^2 \right| . \tag{10.129}$$

Dabei ist $E_{\text{t}} = E_{\text{1t}} = E_{\text{2t}}$ der Betrag der Tangentialkomponenten von $\vec{E}$ auf den beiden Seiten der Grenzfläche, die nach Gl. (10.42) gleich sind, und E_{1n} die Normalkomponente von $\vec{E}$ auf Seite 1.

$\vec{\sigma}_{\text{mech}}$ wirkt in jedem Flächenelement ($\mathrm{d}A$) *unabhängig von den Richtungen der elektrischen Felder auf den beiden Seiten der Grenzfläche* (A) immer *senkrecht zur Grenzfläche zu derjenigen Seite mit dem geringeren* ε *hin.*

Führt $\vec{\sigma}_{\text{mech}}$ zu einer Bewegung, wird die Grenze so verschoben, dass sich der Bereich mit dem größeren ε ausdehnt.

Speziell gilt an der Grenze zwischen einem Dielektrikum 1 und einem Leiter 2

$$\sigma_{\text{mech}} = \frac{1}{2}\left| \vec{D}_1\,\vec{E}_1 \right| . \tag{10.130}$$

Der Betrag der mechanischen Spannung ist also gleich der elektrischen Energiedichte (vgl. Gl. (10.105)) direkt über der Oberfläche des Leiters. Sofern das Dielektrikum isotrop ist, gilt

$$\vec{D}_1\,\vec{E}_1 = D_1\,E_1 \,. \tag{10.131}$$

Mit $E_1 = D_1/\varepsilon_1$ folgt dann

$$\sigma_{\text{mech}} = \frac{1}{2}\,\frac{1}{\varepsilon_1}\,D_1^2. \tag{10.132}$$

Im isotropen Dielektrikum hat $\vec{D}_1$ nur eine Normalkomponente. Diese stimmt nach Gl. (10.25) mit der Flächenladungsdichte σ an der Oberfläche des Leiters überein. Daraus folgt

$$\sigma_{\text{mech}} = \frac{1}{2}\,\frac{1}{\varepsilon_1}\,\sigma^2. \tag{10.133}$$

[12] Die mechanische Spannung ist kein Vektor, sondern ein *Tensor*. Sie wird hier wie ein Vektor behandelt, da nur ihre Komponente senkrecht zu einer Fläche betrachtet wird.

10.15 Vorgehensweise bei der Berechnung von ESF

ESF lassen sich mit unseren mathematischen Mitteln nur berechnen, wenn der *prinzipielle Feldverlauf bekannt* und das Feld *hochsymmetrisch* ist. Die Ermittlung des qualitativen Feldverlaufes kann mittels Plausibilitäts- und Symmetriebetrachtungen erfolgen.

Bei *mehreren Quellen* und *linearem Medium* ist zur Berechnung der *differenziellen* Feldgrößen bei den Schritten 3. bis 6. ggf. der *Überlagerungssatz* anzuwenden. Eventuell ist das *Spiegelungsverfahren* hilfreich.

Gegeben: Anordnung mit *zwei* leitfähigen Gebieten (Elektroden) 1 und 2 in einem Dielektrikum mit *bereichsweise konstanter, isotroper* Permittivität ε.

Gesucht: Differenzielle Feldgrößen $\vec{D}, \vec{E}, \varphi, w$, integrale Feldgrößen U_{12}, C_{12}, W_{12}

Rechenweg:

Q	1.	*Ladungen* $Q > 0$ und $-Q$ auf den Elektroden *annehmen*, sofern keine Ladungsverteilung vorgegeben ist.
	2.	*Qualitativen Feldverlauf* ($\vec{D}, \vec{E}, \varphi = \text{const.}$) überlegen und eventuell zeichnen.
$\vec{D}$	3.	Elektrische *Flussdichte*: mittels $\oiint_{(1)} \vec{D}\,\mathrm{d}\vec{A} = \iiint_{(V)} \varrho\,\mathrm{d}V = Q$ Die Hüllfläche (A) ist um die positiv geladenen Elektrode zu legen und möglichst so zu wählen, dass auf (A) bereichsweise entweder $\vec{D} \,\|\, \mathrm{d}\vec{A}$ und $\lvert\vec{D}\rvert = \text{const.}$ oder $\vec{D} \perp \mathrm{d}\vec{A}$ gilt. Gibt es eine Hüllfläche (A), die den *gesamten* elektrischen Fluss umschließt *und* auf der *sowohl* $\lvert\vec{D}\rvert = \text{const.}$ *als auch* $\vec{D} \,\|\, \mathrm{d}\vec{A}$ gilt, kann mittels $D = Q_{\text{ges}}/A$ der *Betrag* von $\vec{D}$ auf dieser Fläche berechnet werden. Die *Richtung* von $\vec{D}$ ergibt sich aus $\vec{D} \,\|\, \mathrm{d}\vec{A}$ und der Richtung des *Zählpfeils* von I_{AB} relativ zur Richtung der $\mathrm{d}\vec{A}$.
$\vec{E}$	4.	Elektrische *Feldstärke*: $\vec{E} = \frac{1}{\varepsilon}\vec{D}$
w	5.	Elektrische *Energiedichte*: $w_{\text{el}} = \frac{1}{2}\vec{D}\,\vec{E}$
φ	6.	Elektrisches *Potenzial* $\varphi(\mathrm{P})$ eines interessierenden Punktes P über das Potenzial φ_0 eines Bezugspunktes P_0: $\varphi(\mathrm{P}) = \int_{\mathrm{P}}^{\mathrm{P}_0} \vec{E}\,\mathrm{d}\vec{s} + \varphi_0 = -\int_{\mathrm{P}_0}^{\mathrm{P}} \vec{E}\,\mathrm{d}\vec{s} + \varphi_0$
U	7.	Elektrische *Spannung* zwischen den Elektroden: $U_{12} = \varphi(1) - \varphi(2)$ oder $U_{12} = \int_{(1)}^{(2)} \vec{E}\,\mathrm{d}\vec{s}$
C	8.	Elektrische *Kapazität* zwischen den Elektroden: $C_{12} = \frac{Q}{U_{12}}$
W	9.	Gespeicherte elektrische *Energie*: $W_{\text{el}} = \frac{1}{2} C_{12}\, U_{12}^2$ oder $W_{\text{el}} = \oiint_{(V)} w_{\text{el}}\,\mathrm{d}V$

10.16 Vergleich der elektrischen Potenzialfelder

In Tabelle 10.3 werden die wesentlichen Eigenschaften der beiden behandelten Potenzialfelder SESF und dem ESF übersichtlich zusammengestellt. Dies soll das Erkennen von Analogien unterstützen, die sowohl das Verständnis als auch die Fähigkeit zum Berechnen einfacher Feldaufgaben fördern.

Tabelle 10.3: Vergleich der elektrischen Potenzialfelder

<table>
<tr><th colspan="2"></th><th>Stationäres elektrisches Strömungsfeld</th><th>Elektrostatisches Feld</th></tr>
<tr><td colspan="2">Ursachenfeldgröße</td><td rowspan="2">Ursache und Wirkung sind nicht eindeutig identifizierbar: zeitinvarianter Ladungstrennungsprozess, beschrieben durch $\vec{J}$-Feld oder $\vec{E}$-Feld</td><td>Durch getrennte, ruhende Ladungen Q bzw. ϱ, σ, oder λ verursachte elektrische Flussdichte $\vec{D}$</td></tr>
<tr><td colspan="2">Wirkungsfeldgröße</td><td>Elektrische Feldstärke $\vec{E}$, die mit steigendem ε sinkt</td></tr>
<tr><td rowspan="10">Differenzielle Feldgrößen</td><td>Feldquellen</td><td>-</td><td>Punktladungen Q,
Raumladungsdichte $\varrho = \mathrm{d}Q/\mathrm{d}V$,
Flächenladungsdichte $\sigma = \mathrm{d}Q/\mathrm{d}A$,
Linienladungsdichte $\lambda = \mathrm{d}Q/\mathrm{d}s$</td></tr>
<tr><td>Flussdichtegröße</td><td>Elektrische Stromdichte
$\vec{J} = \kappa \vec{E}$</td><td>Elektrische Flussdichte
$\vec{D} = \varepsilon \vec{E}$</td></tr>
<tr><td>Feldcharakter des Gesamtfeldes der Flussdichtegröße</td><td>Quellenfreies Wirbelfeld
$\iint_{(A)} \vec{J}\,\mathrm{d}\vec{A} = 0$
bzw. $\operatorname{div} \vec{J} = 0$</td><td>Wirbelfreies Quellenfeld
$\iint_{(A)} \vec{D}\,\mathrm{d}\vec{A} = \iiint_{(V)} \varrho\,\mathrm{d}V = Q_{\mathrm{ges}}$
bzw. $\operatorname{div} \vec{D} = \varrho$</td></tr>
<tr><td>Feldstärke</td><td colspan="2">Elektrische Feldstärke $\vec{E}$</td></tr>
<tr><td>Feldcharakter der Feldstärke</td><td colspan="2">Wirbelfreies Feld $\oint_{(s)} \vec{E}\,\mathrm{d}\vec{s} = 0$
bzw. $\operatorname{rot} \vec{E} = \vec{0}$</td></tr>
<tr><td>Potenzialgröße</td><td colspan="2">Elektrisches Potenzial φ mit $\vec{E} = -\operatorname{grad} \varphi$</td></tr>
<tr><td>Spez. Leitfähigkeit</td><td>Elektrische Leitfähigkeit κ</td><td>Elektrische Permittivität[a] ε</td></tr>
<tr><td>Leistungsdichte</td><td>$p = \vec{E}\,\vec{J}$</td><td>0</td></tr>
<tr><td>Energiedichte</td><td>Nur bei Berücksichtigung des Magnetfeldes sinnvolle Aussage möglich.</td><td>Elektrische[b] Energiedichte
$w_{\mathrm{el}} = \frac{1}{2}\vec{E}\,\vec{D}$</td></tr>
</table>

		Stationäres elektrisches Strömungsfeld	**Elektrostatisches Feld**
Integrale Feldgrößen	**Flussgröße**	Elektrischer Strom $I = \iint_{(A)} \vec{J}\,\mathrm{d}\vec{A}$	Elektrischer Fluss $\Psi = \iint_{(A)} \vec{D}\,\mathrm{d}\vec{A}$
	Flussantriebsgröße	Elektrische Spannung $U = \int_{(s)} \vec{E}\,\mathrm{d}\vec{s}$	
	Leitwertgröße	Elektrischer Leitwert $G = I/U$	Elektrische Kapazität[c] $C = Q/U$
	Leistungsumsatz	Elektrische Leistung $P = U\,I = \iiint_{(V)} p\,\mathrm{d}V$	0
	Energieinhalt	Nur bei Berücksichtigung des Magnetfeldes sinnvolle Aussage möglich.	Elektrische Energie $W_{\mathrm{el}} = \frac{1}{2}\,Q\,U = \frac{1}{2}\,C\,U^2$ $= \iiint_{(V)} w_{\mathrm{el}}\,\mathrm{d}V$

[a] Wird auch als „dielektrischer Leitfähigkeit“ bezeichnet.

[b] Zusätzlich kann noch ein Beitrag zur Gesamt-Energiedichte durch ein konstantes äußeres Magnetfeld existieren.

[c] Wird auch als „dielektrischer Leitwert“ bezeichnet.

11 Magnetisches Feld

Mit diesem Kapitel wird die Klasse der Potenzialfelder (in denen das Feld der elektrischen Feldstärke wirbelfrei ist und somit jeder Feldpunkt ein eindeutiges elektrisches Potenzial hat) verlassen. Daher sollen vorab wichtige Gemeinsamkeiten und Unterschiede zwischen elektrischen Potenzialfeldern und Magnetfeldern aufgezeigt werden.

In den vorangehenden Kapiteln werden *elektrische* Phänomene behandelt, die zwischen relativ zum Beobachter *ruhenden oder gleichförmig bewegten* elektrischen Ladungen auftreten.

Durch Ladungs*trennung* lassen sich einfach Objekte erstellen, die summarisch positiv oder negativ geladen, also *elektrische Monopole*, sind. Durch Ladungs*verschiebung* können *elektrische Dipole* erzeugt werden, die zwar summarisch ungeladen sind, bei denen aber die Schwerpunkte der positiven und negativen Ladungen nicht zusammenfallen. Sowohl die Wahl der Bezeichnungen „positiv" und „negativ" für die beiden unterschiedlichen Ladungsarten, wie auch ihre Zuordnung, erfolgten historisch willkürlich.

Gleichnamige elektrische Ladungen stoßen sich ab, ungleichnamige ziehen sich an. Die Kraftwirkung ruhender elektrischer Ladungen aufeinander wird durch das Coulombsche Gesetz beschrieben, aus dem die Definition der Feldgröße „elektrische Feldstärke" resultiert. Die Visualisierung von Feldern der elektrische Feldstärke erfolgt durch Feldlinien, die im Falle zeitinvarianter Felder bei positiven Ladungen beginnen und bei negativen enden.

Magnetische Phänomene lassen sich auf elektrische Ladungen zurückführen, die sich *relativ zum Beobachter bewegen*. Diese Bewegung kann auf atomarer Ebene erfolgen (wie bei *Dauermagneten*) oder oberhalb der atomaren Ebene (makroskopisch) durch elektrische Ströme, also die gerichtete Bewegung freier Ladungen.

In beiden Fällen entstehen Anordnungen, die einen *magnetischen Dipol* darstellen. Die bekannteste Ausführungsform magnetischer Dipole sind *stabförmige Dauermagnete* (*Stabmagnete*) mit einem Nord- und einem Südpol. Eine von einem Gleichstrom durchflossene Spule erzeugt ein ähnliches Magnetfeld wie ein Stabmagnet und kann daher als *Elektromagnet* bezeichnet werden.

Eine *Kompassnadel* ist ein kleiner, drehbar gelagerter Stabmagnet. Diejenige Seite, die zum geografischen Nordpol der Erde weist, wurde als *magnetischer Nordpol* („nordweisender Pol") definiert. Kompasse werden seit Urzeiten zur Navigation verwendet, da sie an jedem Punkt an der Erdoberfläche in unterschiedlich guter Näherung nach Norden zeigen. Das liegt daran, dass sich in der Nähe des geografischen Nordpols der Erde ein magnetischer Südpol befinden muss.

Es ist nicht möglich, durch Aufteilen eines Dauer- oder Elektromagneten eine Anordnung zu erzeugen, die nur einen magnetischen Pol aufweist, also ein *magnetischer Monopol* ist.

Gleichnamige magnetische Pole stoßen sich ab, ungleichnamige ziehen sich an. Die Kraftwirkung eines Magnetfeldes auf eine in ihm *bewegte* Ladung wird durch die Gleichung für die Lorentz-Kraft beschrieben. In ihr tritt eine magnetische Feldgröße auf, die der elektrischen Feldstärke entspricht.

Die Visualisierung magnetischer Felder erfolgt ebenfalls durch Feldlinien, die allerdings in sich geschlossen sind, also weder Anfang noch Ende haben. Bei einem Magneten treten die Feldlinien

T. Harriehausen und D. Schwarzenau, *Moeller Grundlagen der Elektrotechnik*,
https://doi.org/10.1007/978-3-658-49993-8_11

aus dem Nordpol aus und am Südpol wieder ein. Innerhalb des Magneten verlaufen sie somit vom Südpol zum Nordpol.

Die magnetischen Feldgrößen sind messtechnisch nur mit wesentlich geringerer Genauigkeit als die entsprechenden elektrischen bestimmbar. Auch bei den Rechenergebnissen gibt man sich bei magnetischen Feldern oftmals mit deutlich geringeren Genauigkeiten zufrieden. Aufgrund des Wirbelcharakters von Magnetfeldern und ihrer mathematisch kaum beschreibbaren Ausbreitung in magnetisch neutralen Stoffen werden bei ihrer Berechnung wesentlich häufiger Näherungen angewandt als bei der Berechnung elektrischer Felder. Ein Rechenergebnis mit einer Unsicherheit von $\pm 10\,\%$ ist in den meisten Fällen schon als gute Lösung zu betrachten.

In diesem Kapitel werden zunächst im Rahmen der *Magnetostatik zeitinvariante* Magnetfelder in *relativ zum Beobachter ruhenden* Anordnungen betrachtet, also

- *stationäre Magnetfelder*, die durch zeitinvariante *makroskopische* Ladungsbewegungen (also Gleichströme) verursacht werden sowie
- *magnetostatische Felder*, die durch ruhende Dauermagnete erzeugt werden (in denen keine *makroskopischen* Ströme fließen).

Danach werden im Rahmen der *Magnetodynamik* Magnetfelder behandelt, die in einfacher Weise relativ zum Beobachter *zeitvariant* sind. In solchen Anordnungen treten *Induktionseffekte* auf, die für die Funktion von Spulen, elektrischen Transformatoren, Generatoren und Motoren essenziell sind.

Ausführlich wird auf Dauermagnetkreise eingegangen, also Anordnungen, in denen das Magnetfeld ausschließlich durch einen Dauermagneten erzeugt wird. Mit Seltenerdmagneten können u. a. Elektromotoren und Generatoren mit hervorragenden elektromechanischen Eigenschaften und Wirkungsgraden gebaut werden.

11.1 Kennzeichen und Randbedingungen

Hier werden die wichtigsten Eigenschaften magnetischer Felder aufgelistet, um einen ersten Überblick zu vermitteln. Die Erklärung und Anwendung der Aussagen erfolgt in den nachfolgenden Abschnitten.

1. *Ursache* eines Magnetfeldes ist eine mit der Geschwindigkeit $\vec{v}$ *relativ zum Beobachter* bewegte elektrische Ladung Q. Das Produkt $Q \cdot \vec{v}$ kann also als Feldursache aufgefasst werden. Die Ladung Q darf beliebig im Raum verteilt sein, was im allgemeinen Fall als Raumladungsdichte ϱ beschrieben werden kann.
2. Ein (bei Dauermagneten auftretendes) magneto*statisches* Feld existiert ohne makroskopischen Stromfluss. Seine Ursache sind bewegte Ladungen *auf atomarer Ebene*. Ursache eines *stationären* Magnetfeldes sind ein oder mehrere zeitlich konstante makroskopische Ladungsströmungen, also Gleichströme.
3. Ein magnetisches Feld kann prinzipiell in jedem Medium[1] einschließlich Vakuum *existieren*. Im Gegensatz zu elektrischen Strömungsfeldern, die sehr einfach durch Isolatoren und elektrostatischen Feldern, die relativ einfach durch elektrische Abschirmung zu begrenzen sind, sind zeitinvariante Magnetfelder daher nicht vollständig begrenzbar, sondern nur durch Materialien, die magnetisch sehr gut leitfähig sind, in ihrem Verlauf zu lenken.

[1] Eine Ausnahme bilden Supraleiter vom Typ 1, die Magnetfelder verdrängen.

4. Der wesentliche *Materialparameter* des magnetischen Feldes ist die *Permeabilität* μ, die ein Maß für die *magnetische Polarisierbarkeit* und damit für die magnetische Leitfähigkeit des Materials ist. Die Permeabilität ist bei einigen technisch wichtigen magnetischen Werkstoffen (z. B. Blechpaketen aus gewalzten Eisenblechen) oftmals *richtungsabhängig*. Wir berücksichtigen solche Anisotropien in den Rechenbeispielen aus Gründen des mathematischen Aufwandes nicht.
5. Wir gehen – außer bei der Behandlung von Anordnungen, in denen das magnetische Feld weitgehend in ferromagnetischem Material verläuft („*Eisenkreisen*“) – stets davon aus, dass die Permeabilität im betrachteten Feldgebiet von den magnetischen Größen und der Zeit unabhängig (also linear und zeitinvariant) ist.
6. In einem magnetischen Feld wird *Energie gespeichert*[2]. In einem magneto*statischen* Feld wird *keine Energie umgesetzt* (da es keine makroskopisch bewegten Ladungen gibt). In einem *stationären* Magnetfeld wird nur diejenige Energie umgesetzt, die zur Aufrechterhaltung des elektrischen *Strömungsfeldes* erforderlich ist, das das Magnetfeld erzeugt[3]. Ist dieses Strömungsfeld verlustfrei (Supraleitung), wird auch im stationären Magnetfeld keine Energie umgesetzt.
7. Ein magnetisches Feld ist in seiner Gesamtheit stets ein *Wirbelfeld*.

11.2 Lorentz-Kraft, magnetische Flussdichte

Das Experiment zeigt: Auf eine Ladung Q, die sich mit der Geschwindigkeit $\vec{v}$ in einem Magnetfeld bewegt, wirkt eine Kraft, die als *Lorentz-Kraft*[4] bezeichnet wird:

$$\vec{F} = Q \cdot \vec{v} \times \vec{B} \tag{11.1}$$

Die Lorentz-Kraft steht senkrecht auf dem Vektor der Geschwindigkeit $\vec{v}$ und dem Vektor $\vec{B}$, der die *Wirkung des Magnetfeldes* beschreibt. Die Vektoren $\vec{v}$, $\vec{B}$ und $\vec{v} \times \vec{B}$ bilden ein *Rechtssystem*. Zur Ermittlung der Richtung von $\vec{v} \times \vec{B}$ kann die *Rechtsschraubenregel* verwendet werden: Wenn der Vektor $\vec{v}$ *auf kürzestem Weg* so gedreht wird, dass er in die Richtung des Vektors $\vec{B}$ weist[5], zeigt der *Drehvektor* in Richtung von $\vec{v} \times \vec{B}$, s. Bild 11.1. Für $Q > 0$ stimmt die Richtung von $\vec{F}$ mit der von $\vec{v} \times \vec{B}$ überein, für $Q < 0$ hat sie die entgegengesetzte Richtung.

Der Vergleich von Gl. (11.1) mit der analogen Gl. (11.2) aus der Elektrostatik

$$\vec{F} = Q\vec{E} \tag{11.2}$$

zeigt, dass der Ausdruck $\vec{v} \times \vec{B}$ den physikalischen Charakter einer *antreibenden elektrischen Feldstärke* haben muss.

Die differenzielle Feldgröße $\vec{B}$ wird als *magnetische Flussdichte* (oft auch als *magnetische Induktion*) bezeichnet. Sie ist die *Wirkungsfeldgröße* des magnetischen Feldes[6].

---

[2] Genau die Energie, die zum Aufbau des Feldes erforderlich war – ggf. abzüglich der Energie, die beim Feldaufbau durch Verlustmechanismen in Wärme umgesetzt wurde.

[3] Ein *in*stationäres Magnetfeld wird durch ein *in*stationäres elektrisches Feld erzeugt, in dem sich auch die elektrische Feldenergie zeitlich ändert.

[4] Benannt nach dem niederländischen Physiker Hendrik Antoon Lorentz (1853–1928).

[5] Das ist die *axiale* Richtung, in die sich eine Schraube mit Rechtsgewinde oder ein Korkenzieher bei dieser Drehung bewegt.

[6] Da die Wirkungsfeldgröße des elektrischen Feldes als „elektrische Feldstärke“ bezeichnet wird, müsste $\vec{B}$ konsequenterweise als „magnetische Feldstärke“ bezeichnet werden.

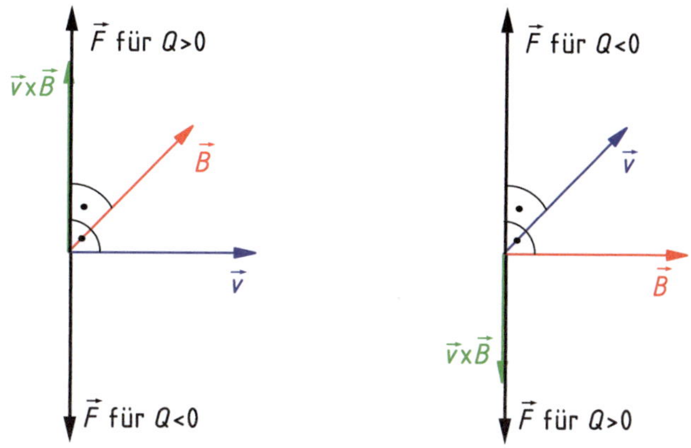

Bild 11.1: Rechtssystem der Vektoren bei der Lorentz-Kraft

Die Einheit der magnetischen Flussdichte ist das *Tesla*[7] [8] mit dem Einheitenzeichen T:

$$[B] = \frac{[F]}{[Q]\cdot[v]} = \frac{1\,\mathrm{N}}{1\,\mathrm{A\,s}\cdot 1\,\frac{\mathrm{m}}{\mathrm{s}}} = 1\,\frac{\mathrm{N}}{\mathrm{A\,m}} = 1\,\frac{\frac{1\,\mathrm{W}}{1\,\mathrm{m}}}{\mathrm{A\,m}} = 1\,\frac{\mathrm{V\,s}}{\mathrm{m}^2} = 1\,\mathrm{T} \tag{11.3}$$

Auf der Erde treten magnetische Flussdichten im Bereich von etwa 10^{-9} ... 100 T auf[9].

11.3 Magnetische Feldstärke, Permeabilität, magnetische Polarisation

Die *Ursachenfeldgröße* des magnetischen Feldes wird in der aktuellen Fachliteratur als „*magnetische Feldstärke*" $\vec{H}$ bezeichnet. Die nicht mehr übliche Bezeichnung „*magnetische Erregung*" ist wesentlich anschaulicher.

Die magnetische Feldstärke ist eine differenzielle vektorielle Feldgröße.

Sie hat keine spezielle Einheit, sondern die Basiseinheit[10]

$$[H] = 1\,\mathrm{A/m}\,, \tag{11.4}$$

wird aber oft in A/cm angegeben, bei Dauermagneten auch in kA/m.

Die auf der Erde in der Regel auftretenden Werte von H liegen im Bereich von etwa 10^{-12} ... 10^{6} A/cm[11].

$\vec{H}$ entspricht der elektrischen Flussdichte (elektrischen Erregung) $\vec{D}$ im elektrischen Feld.

---

[7] Benannt nach dem kroatischen Forscher und Erfinder Nikola Tesla (1856–1943).

[8] Eine veraltete, aber im angloamerikanisch geprägten Raum weiterhin übliche Einheit für die magnetische Flussdichte aus dem cgs-System ist das Gauß (Einheitenzeichen G) mit der Umrechnungsvorschrift 1 T = 10.000 G.

[9] Das Erdmagnetfeld hat am Nordpol angeblich eine magnetische Flussdichte von etwa 60 µT, in Mitteleuropa von ca. 50 µT. In elektrischen Maschinen treten Felder von bis zu ca. 1,5 T auf. Mit speziellen Magnetwerkstoffen lassen sich im Laborbetrieb Dauermagnete mit bis zu ca. 30 T herstellen. Mit großen Elektromagneten sind im Impulsbetrieb bis zu ca. 100 T erreichbar.

[10] Eine veraltete, aber im angloamerikanisch geprägten Raum weiterhin übliche Einheit für die magnetische Feldstärke aus dem cgs-System ist das Oerstedt (Einheitenzeichen Oe) mit der Umrechnungsvorschrift 1 Oe = 1000/(4π) A/m.

[11] Das Erdmagnetfeld hat am Nordpol angeblich eine magnetische Feldstärke von etwa 0,5 A/cm.

Als Ursachenfeldgröße lässt sich $\vec{H}$ in magnetisch homogenen, isotropen Räumen direkt aus der Feldursache (Ladungsströmung) berechnen.

Analog zum ESF sind auch im Magnetfeld Ursachen- und Wirkungsfeldgröße über einen *Materialparameter* miteinander verknüpft:

$$\vec{B} = \mu \vec{H} \tag{11.5}$$

Die *Permeabilität* μ besteht (wie die Permittivität $\varepsilon = \epsilon_0 \varepsilon_r$) aus zwei Anteilen:

$$\mu = \mu_0 \mu_r \tag{11.6}$$

mit der *magnetischen Feldkonstante* μ_0, deren Zahlenwert im SI seit 2019 nur noch in sehr guter Näherung

$$\mu_0 \approx 4\pi \cdot 10^{-7} \frac{\mathrm{V\,s}}{\mathrm{A\,m}} \tag{11.7}$$

beträgt und der einheitenlosen *Permeabilitätszahl* oder *relativen Permeabilität* μ_r, die ein Maß für die magnetische Polarisierbarkeit bzw. Polarisation und damit für die *magnetische Leitfähigkeit* eines Materials ist.

Nach ihrer Reaktion auf äußere Magnetfelder und dem daraus folgenden Wertebereich von μ_r werden folgende Stoffklassen unterschieden:

1. $\mu_r = 0$: Supraleiter im supraleitenden Zustand[12]
2. $\mu_r \lesssim 1$, z. B. $1 - 10^{-4}$: *Diamagnetische Stoffe*, z. B. Kupfer, Silber, Gold, Silizium, Queckilber
3. $\mu_r = 1$: Vakuum
4. $\mu_r \gtrsim 1$, z. B. $1 + 10^{-4}$: *Paramagnetische Stoffe*, z. B. Aluminium, Platin, Sauerstoff
5. $\mu_r \gg 1$, z. B. 5.000[13]: *Ferromagnetische Stoffe*, z. B. Eisen, Kobalt, Nickel, Gadolinium

Bei Stoffen der Klassen 1. bis 4. ist der Wert von μ_r konstant. Sie sind also *magnetisch linear*.

Der Vergleich der Wirkung der dielektrischen Leitfähigkeit

$$\vec{E} = \frac{1}{\varepsilon} \vec{D}$$

mit der Wirkung der magnetischen Leitfähigkeit

$$\vec{B} = \mu \vec{H}$$

zeigt die *feldschwächende Wirkung* von Stoffen mit großem ε und die *feldverstärkende Wirkung* von Stoffen mit großem μ.

Unter Verwendung der relativen Permeabilität $\mu_r = 1$ des Vakuums als Bezugsgröße kann der *makroskopische* Materialeinfluss auf ein äußeres Magnetfeld in der Form

$$\mu_r = 1 + \chi_m \tag{11.8}$$

besonders deutlich beschrieben werden. Dabei ist χ_m (sprich „chi m") die *magnetische Suszeptibilität* des Materials, also die durch seine Anwesenheit bewirkte Abweichung der relativen Permeabilität vom Bezugswert 1.

---

[12] In ihrem Inneren existiert also trotz beliebiger magnetischer Feldstärke keine magnetische Flussdichte.

[13] Bei technisch relevanten Stoffen liegt μ_r in der Regel im Bereich 1000 ... 100.000. Wichtig ist der Umstand, dass der Wert von μ_r nicht konstant, sondern vom Wert von H und der magnetischen Vorgeschichte des Ferromagnetikums abhängt. Solche Materialien sind also *magnetisch nichtlinear* und wegen ihres „Gedächtnisses" *zeitvariant*.

Mit den Gln. (11.8) und (11.6) in Gl. (11.5) folgt

$$\vec{B} = \mu_0 (1 + \chi_m) \vec{H} = \mu_0 \vec{H} + \mu_0 \chi_m \vec{H} = \vec{B}_0 + \vec{J}\,. \tag{11.9}$$

Darin ist

$$\vec{B}_0 = \mu_0 \vec{H} \tag{11.10}$$

der Anteil der magnetischen Flussdichte ohne Materialeinfluss und

$$\vec{J} = \mu_0 \chi_m \vec{H} \tag{11.11}$$

die im Material bewirkte *magnetische Polarisation*[14].

$\vec{J}$ ist wie $\vec{B}$ eine differenzielle Feldgröße.

Die Größe

$$\vec{M} = \frac{\vec{J}}{\mu_0} = \chi_m \vec{H} \tag{11.12}$$

wird als „*Magnetisierung*“ im engeren Sinne bezeichnet. Sie hat den Charakter einer magnetischen Feldstärke.

Während der Anteil B_0 der magnetischen Flussdichte B mit steigendem H beliebig groß werden kann, steigt der bei ferromagnetischen Stoffen sehr große Anteil J nur bis zum Erreichen der *magnetischen Sättigung* des Stoffes (wenn alle magnetisch polarisierbaren Bestandteile vollständig ausgerichtet sind).

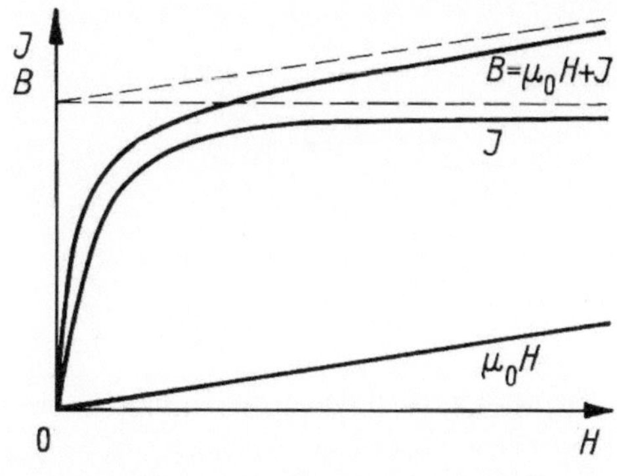

Bild 11.2: Bestandteile der magnetischen Flussdichte bei Ferromagnetika

Bild 11.2 zeigt den durch Gl. (11.9) beschriebenen Zusammenhang bei einem ferromagnetischen Material in schematischer Form. Bei der Anwendung *weichmagnetischer* Werkstoffe ist wegen der kleinen auftretenden Werte von H der Anteil $\mu_0 H$ an der magnetischen Flussdichte B sehr gering. Bei *hartmagnetischen* Werkstoffen kann der Anteil wegen um mehrere Zehnerpotenzen größerer Werte von H hingegen erheblich sein.

[14] Wo Verwechslungsgefahr mit der elektrischen Stromdichte $\vec{J}$ besteht, empfiehlt es sich, das Formelzeichen $\vec{J}_m$ zu verwenden.

11.4 Magnetfeld stromdurchflossener Leiter

Jede bewegte Teilladung $dQ \cdot \vec{v}$ innerhalb eines Gebietes mit bewegten elektrischen Ladungen erzeugt ein Magnetfeld. Üblicherweise werden im Rahmen der Grundlagen die folgenden Arten makroskopischer Ladungsströmungen als Ursache von Magnetfeldern betrachtet:

- bewegte Punktladung $Q \cdot \vec{v}$
- konzentriert (linienförmig) fließender elektrischer Strom I
- ausgedehntes elektrisches Strömungsfeld $\vec{J}$

Im Gegensatz zum elektro*statischen* Feld, das Quellen (ruhende positive Ladungen) und Senken (ruhende negative Ladungen) hat, ist ein Magnetfeld in seiner Gesamtheit ein *Wirbelfeld*.

Die Erfahrung zeigt: Zwischen bewegten Ladungen[15] und dem durch sie bewirkten Magnetfeld besteht eine *rechtswendige Zuordnung*.

Bild 11.3 zeigt zwei Feldbilder der magnetischen Felder von langen, geraden, homogenen, stromdurchflossenen Leitern, die von ihrer magnetisch homogenen, isotropen Umgebung elektrisch isoliert sind. Im linken Bild fließt der Strom $I > 0$ in die Zeichenebene hinein (die Richtung des *Zählpfeils* von I wird durch ein Kreuz symbolisiert), im rechten aus ihr heraus (die Richtung des *Zählpfeils* von I wird durch einen Punkt symbolisiert).

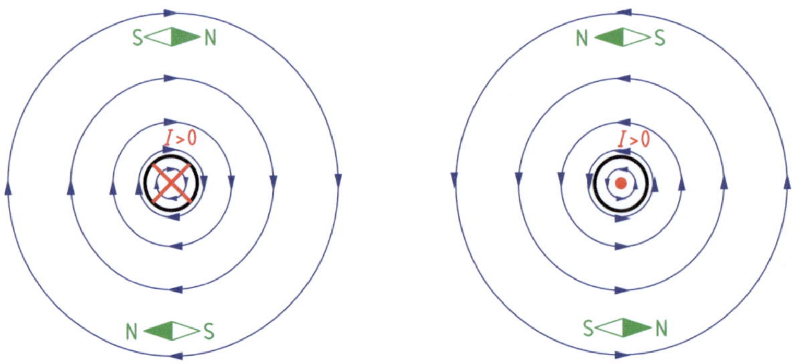

Bild 11.3: Feldbilder stromdurchflossener Leiter in Schnittebenen senkrecht zur Leiterachse

Die Feldlinien können wegen der Zylindersymmetrie der Anordnung und des Wirbelcharakters des Magnetfeldes nur konzentrische Kreise um die Leiterachsen bilden. Die Wirbel sind den erzeugenden Strömen *rechtswendig zugeordnet*. Da die Intensität aller physikalischen Felder mit steigendem Abstand von ihrer Ursache abnimmt, nimmt die Dichte der Feldlinien mit steigendem Abstand von den Leiteroberflächen ab.

In beiden Feldbildern sind symbolisch Kompassnadeln mit der Bezeichnung ihres Nord- (N) und Südpols (S) eingetragen, die sich im Feld ausgerichtet haben. Die Nordpole N weisen jeweils in Richtung des Feldes.

Wie später gezeigt wird, existiert auch *innerhalb* der Leiter ein Magnetfeld.

[15] Wie immer in der Fachdidaktik der Elektrotechnik werden implizit positive Ladungen betrachtet.

Um das Magnetfeld eines stromdurchflossenen Leiters in einem Raumgebiet zu verstärken, werden eine oder mehrere *Windungen* dieses Leiters zu einer *Wicklung* aufgewickelt. Während dieser Begriff bei elektrischen Maschinen und Transformatoren üblich ist, wird eine solche Anordnung in der Schaltungstechnik als *Spule* bezeichnet.

Ist das *unvermeidliche Magnetfeld eines stromdurchflossenen Leiters* in einem Raumgebiet *unerwünscht*, werden Hin- und Rückleiter eng beieinander geführt. Eine Verbesserung der Kompensation der durch die Ströme in den beiden Leitern erzeugten Magnetfelder kann durch Verdrehen der Leiter um eine gemeinsame Achse („*Verdrillen*") und eine theoretisch vollständige Kompensation durch zylindersymmetrische Anordnung von Hin- und Rückleiter (*Koaxialkabel*) erreicht werden.

11.5 Durchflutungssatz

Die üblicherweise als *Durchflutungssatz* bezeichnete 1. Maxwellsche Gleichung (s. vollständige Form in Abschnitt 12.2) erlaubt die *geschlossene Berechnung* magnetischer Felder mit einfacher, hochsymmetrischer Geometrie, deren prinzipieller Verlauf bekannt ist.

Der Durchflutungssatz spielt bei der Berechnung magnetischer Felder die überragende Rolle, die der Knotensatz bei der Berechnung von SESF und der Gaußsche Satz bei der Berechnung von ESF spielen.

Integrale Formulierung des Durchflutungssatzes:

$$\oint_{(s)} \vec{H}\,\mathrm{d}\vec{s} = \Theta \tag{11.13}$$

Der *Zählpfeil* der elektrischen Durchflutung Θ (sprich „Theta") und der *Umlaufsinn* von (s) sind einander *rechtswendig zugeordnet*.

Merke: *Das Integral der magnetischen Feldstärke über einen geschlossenen Weg ist gleich der von diesem Weg eingeschlossenen elektrischen Durchflutung.*

Die Einheit von Θ ist

$$[\Theta] = [H] \cdot [s] = 1\,\frac{\mathrm{A}}{\mathrm{m}} \cdot 1\,\mathrm{m} = 1\,\mathrm{A}\,. \tag{11.14}$$

Θ ist eine integrale Feldgröße und eine *Zählpfeilgröße*.

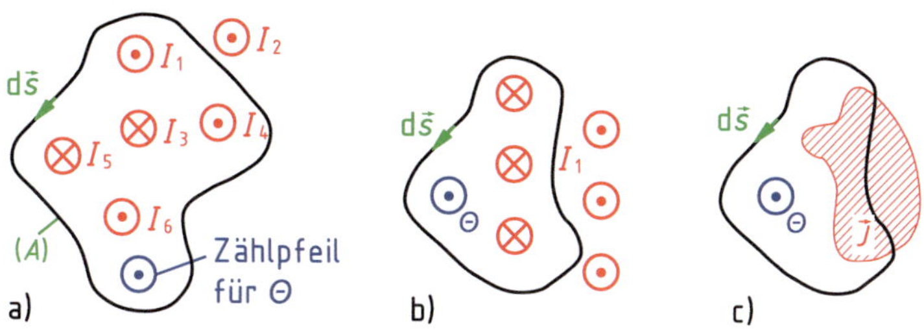

Bild 11.4: Zur Anwendung des Durchflutungssatzes bei a) einzelnen Leitern, b) Wicklungen, c) ausgedehnten Strömungsgebieten

Zur Durchflutung auf der rechten Seite von Gl. (11.13) können beitragen, s. Bild 11.4:

1. Ein oder mehrere *konzentrierte Ströme* I_μ. Dann gilt

$$\Theta = \sum_\mu I_\mu \,. \tag{11.15}$$

Ströme, deren *Zählpfeil* dieselbe Richtung wie der *Zählpfeil* von Θ hat, gehen mit positivem Vorzeichen in die Summe ein, die anderen mit negativem.

2. Ein oder mehrere *konzentrierte Ströme* I_μ, die jeweils in N_μ Windungen von Wicklungen fließen, durch die (s) führt. Dann gilt in Verallgemeinerung von Gl. (11.15)

$$\Theta = \sum_\mu N_\mu I_\mu \,. \tag{11.16}$$

Ströme, deren *Zählpfeil* dieselbe Richtung wie der *Zählpfeil* von Θ hat, gehen mit positivem Vorzeichen in die Summe ein, die anderen mit negativem.

Dieser praktisch sehr wichtige Fall ist der Grund dafür, dass die Durchflutung früher oft in der Einheit „*Amperewindungen*" angegeben wurde (s. Beispiel 11.3).

3. Ein oder mehrere *räumlich verteilte elektrische Strömungsfelder* $\vec{J}$, die die von (s) aufgespannte Fläche (A) vollständig oder teilweise durchsetzen. Dann gilt

$$\Theta = \iint\limits_{(A)} \vec{J}\,\mathrm{d}\vec{A} \,. \tag{11.17}$$

Die Orientierung von (A) ist so zu wählen, dass die *Vorderseite* von (A) in Richtung des *Zählpfeils* von Θ weist. Also *rechtswendige Zuordnung* zwischen den $\mathrm{d}\vec{s}$ in Gl. (11.13) und den $\mathrm{d}\vec{A}$ in Gl. (11.17).

Da die Fälle 1. und 2. als Spezialfälle von Fall 3. aufgefasst werden können, wird der Durchflutungssatz meist in der Form

$$\oint\limits_{(s)} \vec{H}\,\mathrm{d}\vec{s} = \iint\limits_{(A)} \vec{J}\,\mathrm{d}\vec{A} \tag{11.18}$$

mit: (s) ist der Rand von (A), *rechtswendige Zuordnung* zwischen $\mathrm{d}\vec{s}$ und $\mathrm{d}\vec{A}$

geschrieben.

Ein übliches Verständnisproblem bezüglich des Durchflutungssatzes besteht darin, dass elektrische Durchflutungen *außerhalb* des Integrationsweges (s) keinen Einfluss auf den Wert des Ringintegrals in Gl. (11.18) haben sollen. Schließlich beeinflussen auch diese das Magnetfeld *innerhalb* des durch (s) berandeten Gebietes. Diese Beeinflussung erfolgt tatsächlich. Allerdings heben sich durch externe Durchflutungen bewirkte Änderungen des $\vec{H}$-Feldes in der durch (s) aufgespannten Fläche (A) *summarisch* gegenseitig auf, so dass ihre *resultierende* Wirkung verschwindet.

Differenzielle Formulierung des Durchflutungssatzes:

$$\operatorname{rot} \vec{H} = \vec{J} \tag{11.19}$$

Merke: *Die elektrischen Stromfäden erzeugen Wirbel der magnetischen Feldstärke. Die* $\vec{H}$*-Feldlinien umwirbeln rechtswendig die* $\vec{J}$*-Feldlinien.*

In elektrischen Stromkreisen werden Gebiete, in denen eine *antreibende äußere Kraft* (*Elektromotorische Kraft, EMK*) den Ladungen *elektrische* Energie zuführen kann, als *aktive Gebiete* bezeichnet (s. Abschnitte 1.3.3 und 9.5). In Anordnungen, in denen das Magnetfeld durch einen oder mehrere makroskopische elektrische Ströme erzeugt wird, hat Θ den Charakter einer *antreibenden äußeren Kraft* (*Magnetomotorische Kraft, MMK*), die dem *magnetischen* Feld Energie zuführen kann (s. Abschnitt 11.10).

Der Durchflutungssatz ist nicht allgemeingültig. Auch eine zeitliche Veränderung des $\vec{D}$-Feldes bewirkt ein $\vec{H}$-Feld (s. Erweiterung zur 1. Maxwellschen Gleichung in Abschnitt 12.2).

Die Anwendung des Durchflutungssatzes wird in den folgenden Beispielen gezeigt.

Als der einfachste mögliche Fall wird in Beispiel 11.1 mittels des Durchflutungssatzes das Magnetfeld berechnet, das ein in einem zylindrischen Leiter fließender Gleichstrom erzeugt.

Beispiel 11.1: Magnetfeld eines zylindrischen Leiters

Betrachtet wird ein unendlich langer zylindrischer Leiter mit dem Radius r_{L}, der von einem Gleichstrom $I > 0$ durchflossen wird. Es wird angenommen, dass der Strom über den Leiterquerschnitt homogen verteilt fließt. Die Anordnung befinde sich in einem magnetisch homogenen, isotropen Dielektrikum.

Gesucht ist die Ortsfunktion der magnetischen Feldstärke $\vec{H}$ im gesamten Raum.

Vorüberlegungen:

- Zunächst ist der in der Beschreibung der Anordnung nicht erwähnte *Zählpfeil* für I festzulegen. Er wird *willkürlich* gemäß Bild 11.5 in die Zeichenebene *hinein* weisend angenommen.
- Der *qualitative* Verlauf des $\vec{H}$-Feldes ist durch Überlegung einfach zu beschreiben: Es umwirbelt seine Ursache (die Stromfäden, aus denen I besteht). Die $\vec{H}$-Feldlinien müssen wegen der Zylindersymmetrie der Anordnung und der Tatsache, dass das magnetische Feld ein Wirbelfeld ist, konzentrische Kreise um die Leiterachse bilden.
- Daher wird ein Zylinderkoordinatensystem gewählt. Seine z-Achse liegt auf der Leiterachse und wird *willkürlich entgegen* der Richtung des Zählpfeils von I, also aus der Zeichenebene *heraus weisend*, gewählt.
- Das $\vec{H}$-Feld kann wegen seines Wirbelcharakters nur eine φ-Komponente haben und muss unabhängig von der z-Koordinate sein. Daraus folgt die Ansatzfunktion

$$\vec{H} = H_{\varphi}(r)\,\vec{e}_{\varphi}\,. \tag{11.20}$$

Damit ergibt sich der in Bild 11.5 dargestellte Sachverhalt. In einer Ebene, die senkrecht zur Leiterachse steht, sind der Leiter, der *Zählpfeil* für den Strom I, die Richtungen der Zylinderkoordinaten r, φ und z sowie $\vec{H}$-Feldlinien (absichtlich noch ohne Richtungspfeile) eingezeichnet.

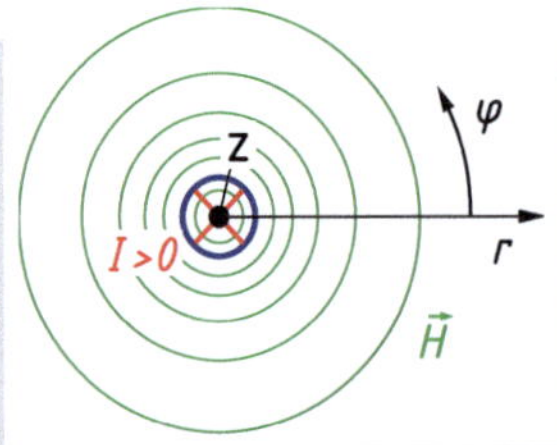

Bild 11.5: Skizze zur Berechnung des Magnetfeldes des zylindrischen stromdurchflossenen Leiters

Nun kann der Durchflutungssatz angewandt werden:

$$\oint_{(s)} \vec{H}\,\mathrm{d}\vec{s} = \Theta \tag{11.21}$$

Als Integrationsweg (s) wird zweckmäßigerweise ein konzentrischer Kreis um die z-Achse mit dem Radius r gewählt. Auf ihm gilt nämlich $\vec{H} \parallel \mathrm{d}\vec{s}$ und wegen $r = \text{const.}$ auch $H_\varphi(r) = \text{const.}$ Als Integrationsrichtung wird *willkürlich* die φ-Richtung gewählt, also gilt

$$\mathrm{d}\vec{s} = \mathrm{d}s\,\vec{e}_\varphi\,. \tag{11.22}$$

Aus Gl. (11.21) folgt mit den Gln. (11.20) und (11.22)

$$\oint_{(s)} \vec{H}\,\mathrm{d}\vec{s} = \oint_{\substack{\text{(Kreis mit}\\ \text{dem Radius r)}}} H_\varphi(r)\vec{e}_\varphi\,\mathrm{d}s\,\vec{e}_\varphi = H_\varphi(r) \oint_{\substack{\text{(Kreis mit}\\ \text{dem Radius r)}}} \overbrace{\vec{e}_\varphi\vec{e}_\varphi}^{=1}\,\mathrm{d}s = H_\varphi(r)\,2\pi r\,. \tag{11.23}$$

Nun ist die zum Integrationsweg (s) gehörende elektrische Durchflutung Θ zu bestimmen.

Der *Zählpfeil* von Θ *muss* dem Integrationsweg (s) *rechtswendig* zugeordnet sein. Daher weist er hier in Richtung der z-Achse, also *entgegen* der Richtung des *Stromzählpfeils*, s. Bild 11.6.

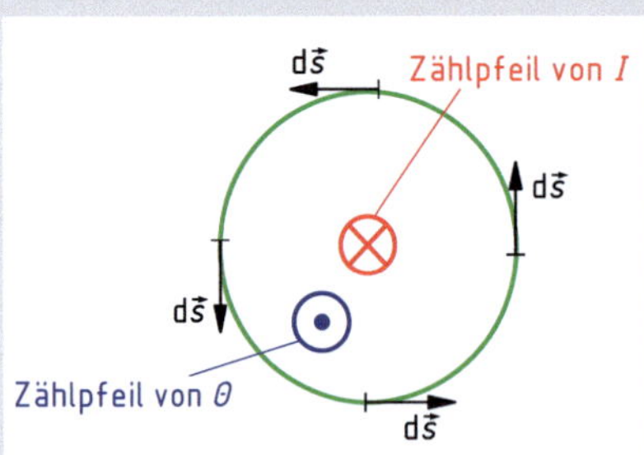

Bild 11.6: Richtung der Zählpfeile von Strom und Durchflutung sowie Orientierung des Integrationsweges in Beispiel 11.1

Ein Integrationsweg mit $r \geq r_\mathrm{L}$ umschließt den *gesamten* Leiterstrom. Wegen der gegensinnigen Orientierung der Zählpfeile von Θ und I gilt dann

$$\Theta = -I = \text{const.} \tag{11.24}$$

Ein Integrationsweg mit $r < r_\mathrm{L}$ umschließt nur einen Teilstrom

$$\Theta(r) = -\frac{I}{\pi r_\mathrm{L}^2}\,\pi r^2 = -\frac{I}{r_\mathrm{L}^2}\,r^2 \sim r^2\,. \tag{11.25}$$

Mit den Gln. (11.23) bis (11.24) sind beide Seiten des Durchflutungssatzes berechnet:

$$H_\varphi(r)\,2\pi r = \begin{cases} -\dfrac{I}{r_L^2}\,r^2 & \text{für} \quad r < r_L \\ -I & \text{für} \quad r \geq r_L \end{cases} \tag{11.26}$$

Aus Gl. (11.20) folgt mit Gl. (11.26) das gesuchte Ergebnis

$$\vec{H}(r) = \begin{cases} -\dfrac{I}{2\pi r_L^2}\, r\,\vec{e}_\varphi \sim r & \text{für} \quad r < r_L \\ -\dfrac{I}{2\pi r}\,\vec{e}_\varphi \sim \dfrac{1}{r} & \text{für} \quad r \geq r_L \end{cases} . \tag{11.27}$$

Zur Erinnerung: Die Minuszeichen in Gl. (11.27) rühren daher, dass *willkürlich* der *Zählpfeil* für den Strom I *entgegen* der Richtung der z-Achse angenommen wurde. Bei – wie üblich – entgegengesetzter Wahl der Richtung des *Zählpfeils* entfallen die Minuszeichen.

Die wichtigsten und *allgemeingültigen* Aussagen von Gl. (11.27) sind:

- *Auch innerhalb eines stromdurchflossenen Leiters existiert ein Magnetfeld.*
- Das Magnetfeld umwirbelt den Leiter *rechtswendig* zur *tatsächlichen* Stromrichtung. Diese Aussage ergab sich hier aus dem sauberen Rechenweg ohne vorherige Kenntnis der Feldrichtung. (Daher wurden in der Feldlinienskizze in Bild 11.5 noch keine Richtungspfeile eingetragen.)
- In dieser bezüglich Geometrie und Materialeigenschaften hochsymmetrischen Anordnung lässt sich die Ursachenfeldgröße $\vec{H}$ direkt aus dem feldverursachenden Strom berechnen. Die Permeabilität μ des Feldraumes hat keinen Einfluss auf das Ergebnis.

Zur quantitativen grafischen Darstellung von Gl. (11.27) ist die Darstellung der Funktion $H_\varphi(r)$ entsprechend Bild 11.7 naheliegend.

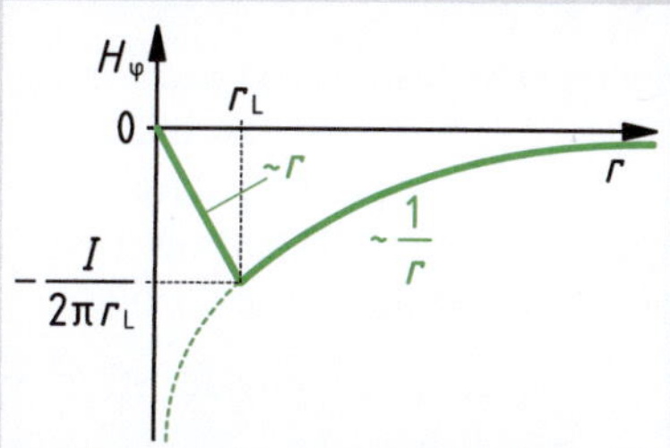

Bild 11.7: Darstellung der Funktion $H_\varphi(r)$ für Beispiel 11.1

Die Darstellung der gesamten Funktion $\vec{H}(r,\varphi)$ für z = const. wäre ein Feldlinienbild, das allerdings kaum *quantitative* Aussagekraft hätte.

Eine alternative Darstellung des Ergebnisses bei Verwendung eines kartesischen Koordinatensystems gemäß Bild 11.8 a) ist in Bild 11.8 b) dargestellt: $H_y(x)$ in der xz-Ebene, also für $y = 0$ und beliebige z.

Der Betrag der magnetischen Feldstärke H steigt *innerhalb* des Leiters proportional zum Abstand von der Leiterachse und fällt *außerhalb* des Leiters umgekehrt proportional zu diesem Abstand gemäß Gl. (11.27). Der höchste Betrag der magnetischen Feldstärke H_{max} tritt an der Leiteroberfläche auf.

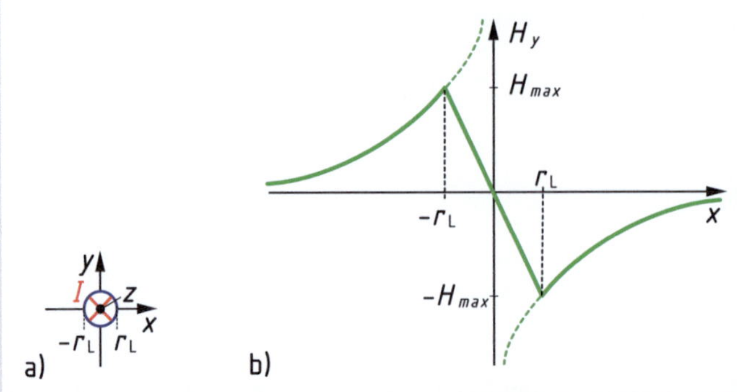

Bild 11.8: a) Kartesisches Koordinatensystem mit dem Leiter in Beispiel 11.1 und b) Darstellung der Funktion $H_y(x)$ für Beispiel 11.1

Welche Änderung würde eine Verringerung des Leiterradius r_L bei konstantem I bewirken?

Am zuvor *außerhalb* des Leiters befindlichen $\vec{H}$-Feld würde sich nichts ändern. In Bild 11.8 b) würden sich mit kleiner werdendem r_L die Punkte, in denen sich die Ursprungsgerade (die die Feldintensität innerhalb) und die Hyperbeläste (die sie außerhalb des Leiters beschreiben) berühren, immer weiter auf den Hyperbelästen zur H_y-Achse hin verschieben, wodurch der Betrag der magnetischen Feldstärke an der Leiteroberfläche

$$H_{max} = |\vec{H}(r_L)| = \frac{I}{2\pi r_L}$$

immer größer würde.

Die Tatsache, dass sich das $\vec{H}$-Feld *außerhalb* des Leiters (bei konstantem I) bei Veränderung von r_L nicht ändert, ist eine anschauliche Bestätigung des Durchflutungssatzes.

Solange die Zylindersymmetrie erhalten bleibt, kann die Stromverteilung im Leiter beliebig verändert werden, ohne dass dies eine Auswirkung auf das Magnetfeld *außerhalb* des Leiters hat. Dort wird das Magnetfeld nur durch die unveränderte Durchflutung, die durch den *Gesamtstrom* gegeben ist, bestimmt. Daraus folgt, dass das hier hergeleitete Ergebnis für das $\vec{H}$-Feld *außerhalb* des Leiters auch gilt bei:

- Berücksichtigung der Stromverdrängung im Leiter (s. Abschnitt 11.19.1)
- Hohlleitern
- radial geschichteten runden Leitern (z. B. versilberten Kupferleitern)
- Koaxialkabeln (s. Beispiel 11.7)

In diesem Beispiel wird angenommen, dass die das Magnetfeld verursachende elektrische Stromdichte homogen über den Leiterquerschnitt verteilt ist. Eine zu dieser Anordnung analoge Anordnung *aus der Elektrostatik* ist ein unendlich langer dielektrischer Zylinder mit homogener Raumladungsdichte ϱ. Auch diese Anordnung ist zylindersymmetrisch, jedoch ist das $\vec{D}$-Feld ein *reines Quellenfeld*, das nur eine radiale Komponente $\vec{D}(r) = D_r(r)\vec{e}_r$ hat. Die Analyse der Anordnung mit dem Gaußschen Satz zeigt ebenfalls innerhalb des Zylinders ein Ansteigen der Feldintensität proportional zur r-Koordinate und außerhalb des Zylinders einen Abfall umgekehrt proportional zur r-Koordinate.

Auf dem Ergebnis von Beispiel 11.1 aufbauend wird in Beispiel 11.2 des Magnetfeld von Gleichströmen dargestellt, die gegen- bzw. gleichsinning durch zwei parallele zylindrische Leiter fließen.

Beispiel 11.2: Magnetfeld einer Doppelleitung

Betrachtet werden zwei unendlich lange, parallele, zylindrische Leiter aus Kupfer mit dem Radius r_L im Abstand $a \gg r_L$, die vom gleichen Strom $I > 0$ durchflossen werden. Die Anordnung befindet sich in Luft. Es wird angenommen, dass die Ströme jeweils homogen über die Leiterquerschnitte verteilt fließen.

Kupfer und Luft sind magnetisch näherungsweise neutral ($\mu_r \approx 1$). Daher ist die Anordnung in guter Näherung linear und der Überlagerungssatz darf verwendet werden. Somit dürfen die Ergebnisse aus Beispiel 11.1 jeweils auf die beiden Leiter angewandt werden. Hier sollen lediglich die Komponenten der $\vec{H}$-Felder entsprechend Bild 11.8 grafisch überlagert werden. Dabei ist zu unterscheiden zwischen den Fällen, dass die Leiter

a) gegensinnig
b) gleichsinnig

vom Strom durchflossen werden.

Für die Darstellung wird ein kartesisches Koordinatensystem eingeführt, dessen z-Achse in der Mitte zwischen den Leitern liegt. In der xz-Ebene erzeugen beide Ströme $\vec{H}$-Felder, die senkrecht auf dieser Ebene stehen, also dort nur y-Komponenten $H_y(x)$ haben. Daher wird das resultierende Feld in der xz-Ebene durch die Funktion

$$\vec{H}_{y\,res}(x, z) = H_{y\,res}(x)\,\vec{e}_y$$

beschrieben.

Bild 11.9 zeigt die y-Komponenten der Einzelfelder $\vec{H}_y(x)$ und deren Überlagerung für den ersten Fall, Bild 11.10 für den zweiten.

Bei gegensinnigen Strömen wird das Magnetfeld zwischen den Leitern verstärkt. Die magnetisch feldfreien Orte fallen nicht mehr mit den Achsen der Leiter zusammen.

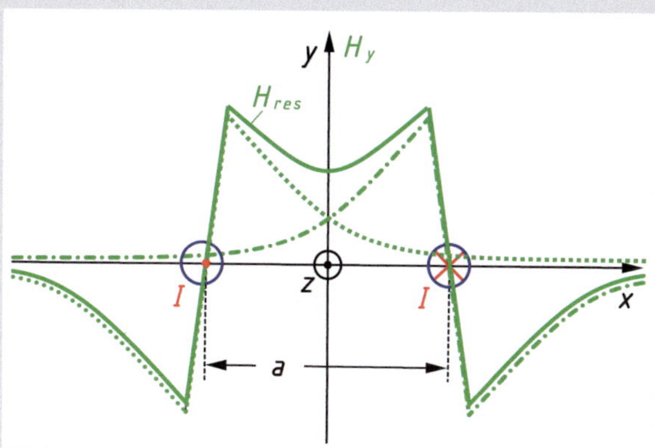

Bild 11.9: Durch die einzelnen Ströme bewirkte und resultierende Funktionen $H_y(x)$ für den Fall gegensinniger Ströme in der Doppelleitung

Bei gleichsinnigen Strömen wird das Magnetfeld zwischen den Leitern abgeschwächt. Auch hier fallen die magnetisch feldfreien Orte nicht mehr mit den Achsen der Leiter zusammen. Zusätzlich ist die Mittellinie zwischen den Leiterachsen feldfrei.

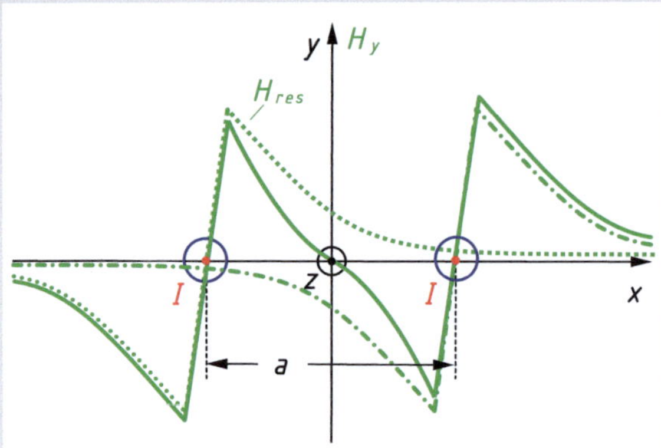

Bild 11.10: Durch die einzelnen Ströme bewirkte und resultierende Funktionen $H_y(x)$ für den Fall gleichsinniger Ströme in der Doppelleitung

Die Zylinderspule ist die bekannteste und konstruktiv einfachste Spulenbauform. Sie wird bereits in der Schulphysik behandelt und die Formel für ihr Magnetfeld steht in jeder elektrotechnischen Formelsammlung. In Beispiel 11.3 wird deutlich, dass weit verbeitete Aussagen über das Magnetfeld von Zylinderspulen falsch sind.

Beispiel 11.3: Magnetfeld einer langen zylindrischen Luftspule

Gegeben ist eine *Zylinderspule* aus N in einer Lage eng gewickelten, dünnen Windungen aus rundem Kupferdraht in Luft. Der Durchmesser der Spule ist d_0, ihre Länge $l_0 \gg d_0$. Durch die Spule fließt der Strom $I > 0$.

Zu Berechnen ist das $\vec{H}$-Feld in der Spule.

Vorüberlegungen

- Die Anordnung ist näherungsweise linear.
- Jeder kleine Abschnitt der stromdurchflossenen Windungen erzeugt ein Magnetfeld entsprechend Beispiel 11.1. Diese Teilfelder überlagern sich zum resultierenden Feld, dessen Feldbild in einer Ebene, in der die Spulenachse liegt, in Bild 11.11 skizziert ist.

  Typischerweise werden in solchen Skizzen keine Feldlinien eingezeichnet, die nur einzelne Leiter, Teile davon oder kleine Gruppen von Leitern umschließen, da sie für die Funktion einer Spule als Teil z. B. eines Transformators, Motors, Generators oder Elektromagneten meist von untergeordneter Bedeutung sind. Die durch solche Feldlinien repräsentierten Anteile des Magnetfeldes existieren aber.
- Wenn die Spule unendlich lang wäre und der Strom durch einen Leiter mit rechteckigem Querschnitt fließen würde und die Isolation zwischen benachbarten Windungen vernachlässigbar dünn wäre, wäre die Anordnung näherungsweise zylindersymmetrisch

und das Magnetfeld müsste daher im Endlichen auch näherungsweise zylindersymmetrisch sein. In diesem Grenzfall könnten die Feldlinien des Magnetfeldes innerhalb der Spule nur parallel zur Spulenachse verlaufen.

Die endliche Länge der Spule führt dazu, dass sich das Magnetfeld zu den Enden der Spule hin deutlich *aufweitet* und die Feldlinien auch innerhalb der Spule *nirgends exakt parallel zueinander verlaufen können*. Wie die Darstellung in Bild 11.9 verdeutlicht, kann das Magnetfeld *innerhalb eines Querschnitts* senkrecht zur Spulenachse auch nicht homogen sein.

Die sehr weit verbreitete Aussage, das Magnetfeld innerhalb einer Zylinderspule sei homogen, ist daher in zweifacher Hinsicht falsch.

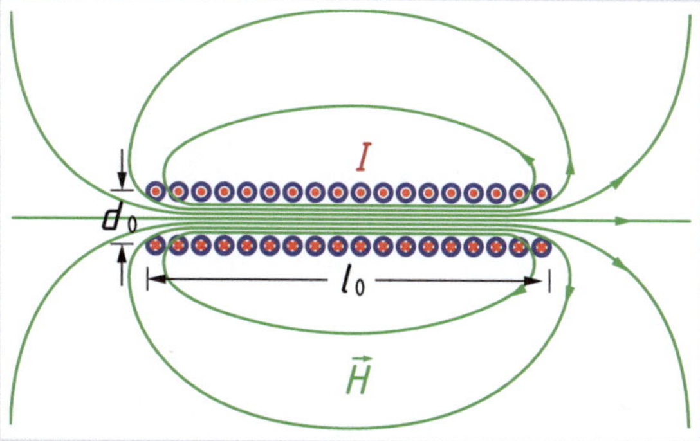

Bild 11.11: Skizze des Magnetfeldes in einer langen Zylinderspule

Nun soll auf Grundlage dieser Vorüberlegungen das H-Feld innerhalb der Spule berechnet werden.

Dazu wird eine der in Bild 11.11 skizzierten Feldlinien, die die *gesamte* Wicklung (und damit die gesamte Durchflutung) einschließt, betrachtet und der Durchflutungssatz angewandt, wobei als Integrationsweg (s) die betrachtete Feldlinie gewählt und *in Richtung* des $\vec{H}$-Feldes integriert wird. Die eingeschlossene elektrische Durchflutung ist wegen der *rechtswendigen Zuordnung* zwischen der *tatsächlichen* Stromrichtung und den $\vec{H}$-Feldlinien in jedem Fall positiv:

$$\Theta = N\,I$$

Wegen $\mathrm{d}\vec{s} \uparrow\uparrow \vec{H}$ auf jedem Abschnitt des Integrationsweges gilt daher

$$\oint\limits_{(s)} \vec{H}\,\mathrm{d}\vec{s} = \oint\limits_{(s)} H\,\mathrm{d}s = \int\limits_{(s_{\text{innen}})} H_{\text{innen}}(s)\,\mathrm{d}s + \int\limits_{(s_{\text{außen}})} H_{\text{außen}}(s)\,\mathrm{d}s = \Theta = N\,I\,.$$

Um die beiden Teilintegrale bearbeiten zu können, ist Vorwissen über den Wert von H auf dem Integrationsweg erforderlich. Dieses Vorwissen ist nur grob qualitativ vorhanden. Es ist unzweifelhaft, dass H weit außerhalb der Spule wesentlich kleiner als innerhalb der Spule sein muss. An dieser Stelle werden üblicherweise zwei Vereinfachungen angewandt, um überhaupt zu einem Ergebnis zu kommen.

Es wird angenommen, dass

1. das $\vec{H}$-Feld innerhalb der Spule näherungsweise homogen ist, also

   $$H_{\text{innen}}(s) \approx \text{const.}$$

   und

2. der Beitrag des zweiten Teilintegrals näherungsweise vernachlässigbar ist, also

   $$\int\limits_{(s_{\text{außen}})} H_{\text{außen}}(s)\,\mathrm{d}s \approx 0$$

   gilt.

Bei einer sehr langen, dünnen Spule ist der Einfluss der Feldaufweitung an den Spulenenden auf den Wert des ersten Teilintegrals gering, so dass die erste Vereinfachung verantwortbar ist.

Die zweite Vereinfachung ist auf keinen Fall erfüllt, da das H-Feld sich an den Spulenenden wegen des homogenen Materials nur stetig ändern kann und daher insbesondere direkt außerhalb der Spulenenden

$$\int H_{\text{außen}}(s)\,\mathrm{d}s > 0$$

gelten muss.

Die ebenfalls weit verbreitete Behauptung, außerhalb einer Zylinderspule existiere kein Magnetfeld, ist grober Unfug.

In *sehr großer* Entfernung von der Zylinderspule nähert sich ihr Magnetfeld an das Feld eines vom Strom I durchflossenen Linienleiters der Länge l_0 auf der Spulenachse entsprechend Beispiel 11.1 an. Bei Vernachlässigung des Einflusses der Anschlussleitungen der Spule sind die magnetischen Feldlinien dort also näherungsweise konzentrische Kreise *um die Spulenachse*. Das durch die stromdurchflossene Spule erzeugte Magnetfeld durchsetzt den *gesamten* Raum außerhalb der Spule.

Wird ein Feldlinienanteil *außerhalb* der Spule betrachtet, der *in der Nähe* der Spule verläuft, ist der Integrationsweg $s_{\text{außen}}$ relativ kurz, $H_{\text{außen}}(s)$ auf ihm im Mittel aber relativ groß. Wird umgekehrt ein Feldlinienteil betrachtet, der auch *in großer Entfernung* von der Spule verläuft, ist $s_{\text{außen}}$ sehr lang, $H_{\text{außen}}(s)$ auf ihm im Mittel aber relativ klein.

Das Verhältnis zwischen dem Wert des zweiten Teilintegrals und dem des ersten Teilintegrals ist nicht abschätzbar, sinkt aber mit zunehmender Erfüllung der Voraussetzung $l_0 \gg d_0$. Damit sinkt auch der relative Fehler der unter Verwendung dieser Vereinfachungen aufgestellten Näherung

$$\int\limits_{(s_{\text{innen}})} H_{\text{innen}}(s)\,\mathrm{d}s \approx H_{\text{innen}}\,l_0 \approx N\,I\,,$$

aus der die weit verbreitete Formel

$$H_{\text{innen}} \approx \frac{N\,I}{l_0} = \frac{\Theta}{l_0} \tag{11.28}$$

resultiert, deren relativer Fehler als Funktion des Parameters l_0/d_0 messtechnisch oder mittels numerischer Feldberechnungen ermittelbar ist.

Das Ergebnis zeigt, dass die elektrische Durchflutung Θ, also das Produkt aus Windungszahl N und Strom I, die Stärke des Magnetfeldes bestimmt. Bei Verdopplung der Windungszahl ist eine Halbierung des fließenden Stromes möglich, um das (wegen des leicht unterschiedlichen Wicklungsaufbaus nur näherungsweise) gleiche Magnetfeld zu erzeugen.

Zur Veranschaulichung der möglichen Größenordnung in der Praxis auftretender magnetischer Feldstärken in Luftspulen wird eine große Spule mit $N = 10.000$, $d_0 = 5$ cm, $l_0 = 1$ m, $I = 1$ A betrachtet.

Für sie gilt $l_0/d_0 = 20$ und

$$H_{\text{innen}} \approx 10\,\frac{\text{kA}}{\text{m}} = 100\,\frac{\text{A}}{\text{cm}}\,.$$

11.6 Gesetz von Biot-Savart

Das *Gesetz von Biot-Savart*[16] erlaubt die Berechnung des Feldes der magnetischen Feldstärke $\vec{H}$ *in magnetisch linearen* (μ = const.), *isotropen Räumen* in der *Umgebung* eines von einem *Gleichstrom* I durchflossenen, *beliebig geformten, geschlossenen Linienleiters* gegebener Geometrie (s):

$$\vec{H}(P) = \frac{I}{4\pi} \oint\limits_{(s)} \frac{(\mathrm{d}\vec{s} \times \vec{e}_{\mathrm{P}})}{r_{\mathrm{P}}^2} \tag{11.29}$$

„*Linienleiter*" bedeutet, dass der größte Leiterdurchmesser vernachlässigbar klein ist gegenüber dem Abstand zwischen den einzelnen Abschnitten (ds) des Leiters und dem *Feldpunkt* P, für den $\vec{H}$ berechnet werden soll. Das Gesetz ist daher *nicht* geeignet zur Berechnung des Feldes innerhalb oder in unmittelbarer Umgebung des Leiters. Weiterhin gilt es nur für magneto*statische* Felder, also zeitinvariante Felder, die durch Gleichströme erzeugt werden.

Die Orientierung der $\mathrm{d}\vec{s}$ ist so zu wählen, dass der Umlaufsinn der Leiterschleife mit der Richtung des *Zählpfeils* des Stromes I übereinstimmt.

r_{P} ist der Abstand zwischen einem *Stromelement* $I \cdot \mathrm{d}\vec{s}$ und dem betrachteten Feldpunkt P.

$\vec{e}_{\mathrm{P}}$ ist der Einheitsvektor, der von $\mathrm{d}\vec{s}$ zum Feldpunkt P weist, s. Bild 11.12.

Aussagen des Gesetzes von Biot-Savart:

- Die magnetische Feldstärke $\vec{H}$ ist (wegen der vorausgesetzten magnetischen Linearität des Raumes) in jedem Feldpunkt P proportional zum sie verursachenden Strom I.
- Ein Stromelement $I \cdot \mathrm{d}\vec{s}$ erzeugt in einem Feldpunkt P einen magnetischen Feldstärkeanteil $\mathrm{d}\vec{H}$, der senkrecht auf der durch $\mathrm{d}\vec{s}$ und $\vec{e}_{\mathrm{P}}$ aufgespannten Ebene steht und den Größen $I \cdot \mathrm{d}\vec{s}$ und $\vec{e}_{\mathrm{P}}$ *rechtswendig zugeordnet* ist. Das durch $I \cdot \mathrm{d}\vec{s}$ hervorgerufene Teilfeld besteht also aus Feldlinien, die *konzentrische Kreise* um die Gerade bilden, auf der $\mathrm{d}\vec{s}$ liegt[17].
- Für feste r_{P} (also auf einer Kugelschale mit dem Radius r_{P} um das betrachtete $\mathrm{d}\vec{s}$) erzeugt ein Stromelement $I \cdot \mathrm{d}\vec{s}$

[16] Benannt nach den französischen Mathematikern Jean-Baptiste Biot (1774–1862) und Félix Savart (1791–1841).

[17] Dieses Teilfeld ist aber *nicht* zylindersymmetrisch.

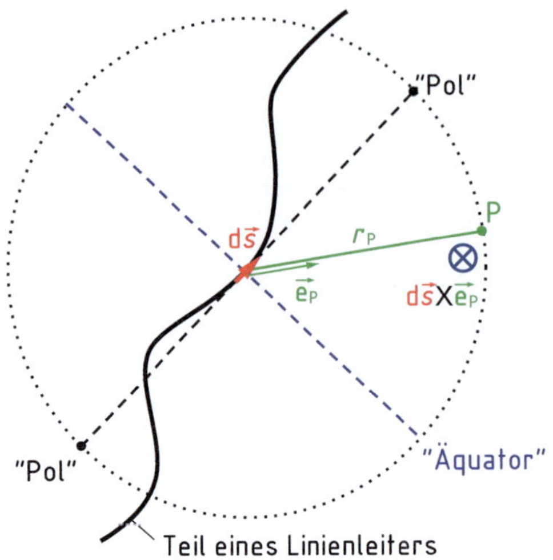

Bild 11.12: Zum Gesetz von Biot-Savart

  - einen betragsmäßig *maximalen Feldstärkeanteil* $\mathrm{d}H$ in denjenigen Punkten, die auch auf der Ebene liegen, die senkrecht auf $\mathrm{d}\vec{s}$ steht und durch $\mathrm{d}\vec{s}$ geht. (Diese Punkte liegen auf dem geometrischen „Äquator" der Kugelschale.)
  - *keinen Feldstärkeanteil* in denjenigen Punkten, die auch auf der Geraden liegen, auf der $\mathrm{d}\vec{s}$ liegt. (Diese Punkte liegen auf den geometrischen „Polen" der Kugelschale.)
- Der durch ein Stromelement $I \cdot \mathrm{d}\vec{s}$ erzeugte Anteil des magnetischen Feldes nimmt in jeder (fest gehaltenen) Richtung *quadratisch* mit dem Abstand r_P von diesem Stromelement ab.

Da das Gesetz implizit (durch die Überlagerung unendlich vieler Teilfelder $\mathrm{d}\vec{H}$) ein Superpositionsverfahren ist, darf es nur bei magnetisch linearen Anordnungen verwendet werden. Das schränkt seine Anwendbarkeit auf technisch relevante Fälle stark ein.

Bei der Auswertung des Umlaufintegrals ist prinzipiell über den gesamten, *geschlossenen Stromkreis* (s) zu integrieren. Oft bleiben Teile des Stromkreises unberücksichtigt, deren Beitrag zum Gesamtfeld vernachlässigbar ist. Dies sind z. B. verdrillte Zuleitungen und Anteile, die sehr weit von den betrachteten Feldpunkten entfernt sind.

Da die mathematische Auswertung des Integrals bei den in der Praxis vorkommenden, kompliziert geformten Leiterschleifen geschlossen meist nicht möglich ist, wird das Gesetz nur zur Berechnung des Magnetfeldes einfacher Anordnungen, bei denen der Durchflutungssatz jedoch nicht mehr zum Ziel führt, eingesetzt, sowie im Rahmen numerischer Feldberechnungen.

Das Gesetz von Biot-Savart ist nicht fundamental, sondern aus den Maxwellschen Gleichungen herleitbar. Der hierfür erforderliche mathematische Formalismus übersteigt aber die im Rahmen der Grundlagen der Elektrotechnik behandelten Methoden.

11.7 Magnetischer Fluss, Knotensatz des magnetischen Kreises

11.7.1 Magnetischer Fluss

Die Integration der *magnetischen Flussdichte* $\vec{B}$ über eine Fläche (A) ergibt den diese Fläche durchsetzenden *magnetischen Fluss* Φ (sprich „Phi"):

$$\Phi = \iint_{(A)} \vec{B}\,\mathrm{d}\vec{A} \tag{11.30}$$

Φ ist eine *Zählpfeilgröße*. Die *Richtung des Zählpfeils* stimmt mit der *Orientierung* von (A) überein.

Soll der magnetische Fluss berechnet werden, der durch den Strom I in einer *Leiterschleife* erzeugt wird, *muss* die Orientierung von (A) so gewählt werden, dass zwischen der Richtung des *Zählpfeils* von I und der Orientierung von (A) eine *rechtswendige Zuordnung* besteht!

Die *Einheit* des magnetischen Flusses ist das *Weber*[18] [19] mit dem Einheitenzeichen Wb:

$$[\Phi] = [B] \cdot [A] = 1\,\mathrm{T} \cdot 1\,\mathrm{m}^2 = 1\,\frac{\mathrm{V\,s}}{\mathrm{m}^2} \cdot 1\,\mathrm{m}^2 = 1\,\mathrm{V\,s} = 1\,\mathrm{Wb} \tag{11.31}$$

Wird die Integrationsfläche (A) in Gl. (11.30) so gewählt, dass sie *von allen Feldlinien eines Magnetfeldes* genau einmal durchsetzt wird, liefert die Gl. den *magnetischen Gesamtfluss* Φ_{ges} dieses Feldes.

Die magnetische Flussdichte entspricht der elektrischen Stromdichte ($\vec{B} \mathrel{\hat{=}} \vec{J}$) und der magnetische Fluss dem elektrischen Strom ($\Phi \mathrel{\hat{=}} I$).

Im SESF können die $\vec{J}$-Feldlinien als Mittellinien von elektrischen Stromröhren für Teilströme dI aufgefasst werden. Analog dazu können im magnetischen Feld die $\vec{B}$-Feldlinien als Mittellinien von *magnetischen Flussröhren* für Teilflüsse dΦ aufgefasst werden. *Daher können in Feldbildern die* $\vec{B}$*-Feldlinien auch als Repräsentanten für magnetische Teilflüsse verstanden werden* (s. Bild 11.29 wo die roten und grünen Feldlinien auch als Repräsentanten für magnetische Teilflüsse verstanden werden können).

Im Gegensatz zum elektrischen Strömungsfeld, in dem die Feldgrößen $\vec{J}$ und I die Bewegung von geladenen Teilchen beschreiben, gibt es im Magnetfeld keine Teilchen, deren Fließen durch $\vec{B}$ bzw. Φ beschrieben würde.

11.7.2 Knotensatz des magnetischen Kreises

Bei der Beschreibung elektrischer Strömungsfelder mittels integraler Feldgrößen (U, I) wird häufig der Begriff „elektrischer Stromkreis" verwendet. Analog dazu wird bei der Beschreibung von Magnetfeldern mittels integraler Feldgrößen (Θ, Φ, V) häufig der Begriff „*magnetischer Kreis*" verwendet.

Die empirisch ermittelte 3. Maxwellsche Gleichung (s. Abschnitt 12.2) beschreibt die Quellenfreiheit des $\vec{B}$-Feldes und damit auch des magnetischen Flusses Φ. Daraus folgt der *Knotensatz des*

[18] Benannt nach dem deutschen Physiker Wilhelm Eduard Weber (1804–1891).

[19] Eine veraltete, aber im angloamerikanisch geprägten Raum weiterhin übliche Einheit für den magnetischen Fluss aus dem cgs-System ist das Maxwell (Einheitenzeichen Mx) mit der Umrechnungsvorschrift 10^8 Mx = 1 Wb.

magnetischen Kreises, der dem Knotensatz für Gleichstromnetzwerke und SESF entspricht, in seinen verschiedenen Formulierungen:

- Für die integrale Feldgröße „magnetischer Fluss“:

$$\sum \Phi = 0 \tag{11.32}$$

- Für die differenzielle Feldgröße „magnetische Flussdichte“ in integraler Formulierung:

$$\oiint\limits_{(A)} \vec{B}\,\mathrm{d}\vec{A} = 0 \tag{11.33}$$

- Für die differenzielle Feldgröße „magnetische Flussdichte“ in differenzieller Formulierung:

$$\operatorname{div} \vec{B} = 0 \tag{11.34}$$

Die Gln. (11.32) bis (11.34) gelten auch für *zeitvariante* magnetische Felder.

Merke: *Das Feld der magnetischen Flussdichte ist ein quellenfreies Wirbelfeld.*

Alle $\vec{B}$-Feldlinien sind also in sich geschlossen. Daraus folgt, dass *in magnetisch inhomogenen Räumen* (mit ortsabhängiger Permeabilität) das $\vec{H}$*-Feld* wegen $\vec{B} = \mu \vec{H}$ Quellen und Senken enthalten muss.

Die magnetisch einfachste Spulenbauform ist die Ringspule. Sofern sie einen ferromagnetischen Kern enthält, sind ihre magnetischen Größen mit hoher Genauigkeit berechenbar. Das ist Inhalt von Beispiel 11.4.

Beispiel 11.4: Magnetfeld einer Ringspule mit ferromagnetischem Kern

Betrachtet wird eine Ringspule (Toroidspule), bestehend aus einem Ring mit rechteckigem Querschnitt (Höhe h, Innenradius r_i, Außenradius r_a) aus Ferrit mit konstanter, homogener, isotroper relativer Permeabilität $\mu_\mathrm{r} \gg 1$, der mit einer Wicklung mit N Windungen einlagig eng bewickelt ist. Durch die Wicklung fließt der Strom $I > 0$. Die Anordnung befindet sich in Luft.

Berechnet werden sollen die magnetische Feldstärke $\vec{H}$, die magnetischen Flussdichte $\vec{B}$ und der magnetische Fluss Φ im Kern.

Vorüberlegungen:

- Da nicht nur die Beträge der magnetischen Größen gesucht sind, sind zunächst die nicht gegebenen *Zählpfeile* für I und Φ festzulegen. Bei einem magnetischen Fluss Φ, der durch einen Strom I in einer Leiterschleife bewirkt wird, *muss* der *Zählpfeil* für Φ *rechtswendig* zu dem von I eingetragen werden.
- Das geeignetste Koordinatensystem für diese Anordnung sind Zylinderkoordinaten. Bild 11.13 zeigt die Anordnung in einer Schnittebene, die durch den Kern verläuft mit den Richtungen der Zylinderkoordinaten und den Zählpfeilen für I und Φ. Die umlaufende Wicklung ist nur im oberen Teil des Bildes angedeutet.

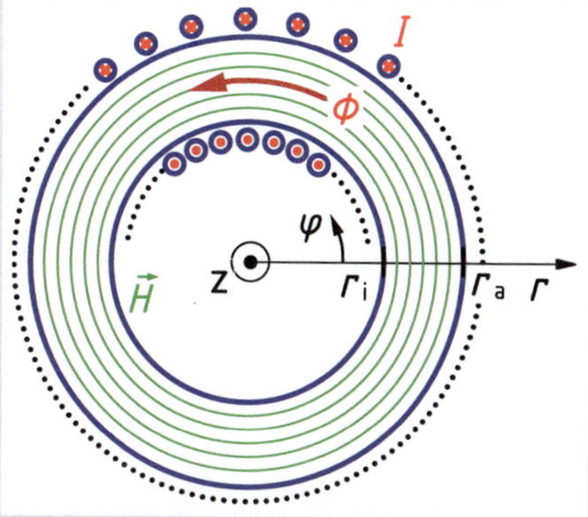

Bild 11.13: Skizze der Ringspule mit Zählpfeilen und Koordinatensystem

- Durch die enge Bewicklung des Kerns und seine im Vergleich zur umgebenden Luft sehr gute magnetische Leitfähigkeit kann davon ausgegangen werden, dass die magnetischen Feldlinien in ihm näherungsweise zur z-Achse konzentrische Kreise bilden. Diese sind in Bild 11.13 noch ohne Richtungspfeile eingezeichnet.
- Das Magnetfeld weist im Kern näherungsweise Zylindersymmetrie auf, ist also von der z- und der φ-Koordinate unabhängig. Daraus folgt die Ansatzfunktion

$$\vec{H} = H_\varphi(r)\,\vec{e}_\varphi\,.$$

Der weitere Rechenweg ähnelt dem in Beispiel 11.1. Zur Auswertung des Durchflutungssatzes

$$\oint_{(s)} \vec{H}\,\mathrm{d}\vec{s} = \Theta$$

wird als Integrationsweg (s) eine Feldlinie, also ein konzentrischer Kreis um die z-Achse mit dem Radius $r_\mathrm{i} \le r \le r_\mathrm{a}$, gewählt. Auf ihm ist $\vec{H}\,||\,\mathrm{d}\vec{s}$ und wegen $r = \text{const.}$ auch $H_\varphi(r) = \text{const.}$ Als Integrationsrichtung wird die φ-Richtung gewählt. Also gilt

$$\mathrm{d}\vec{s} = \mathrm{d}s\,\vec{e}_\varphi\,.$$

Daraus folgt wie in Beispiel 11.1

$$\oint_{(s)} \vec{H}\,\mathrm{d}\vec{s} = \oint_{\substack{\text{(Kreis mit dem}\\ \text{Radius } r)}} H_\varphi(r)\,\vec{e}_\varphi\,\mathrm{d}s\,\vec{e}_\varphi = H_\varphi(r) \oint_{\substack{\text{(Kreis mit dem}\\ \text{Radius } r)}} \overbrace{\vec{e}_\varphi\,\vec{e}_\varphi}^{=1}\,\mathrm{d}s = H_\varphi(r)\,2\pi r\,.$$

Die zum Integrationsweg (s) gehörige elektrische Durchflutung Θ ist wegen der gewählten Zählpfeilrichtung von I hier ähnlich wie in Beispiel 11.3

$$\Theta = N\,I\,,$$

woraus das Ergebnis

$$\vec{H} = \frac{N\,I}{2\pi}\,\frac{1}{r}\,\vec{e}_\varphi \sim \frac{1}{r}$$

folgt.

Die magnetische Flussdichte ergibt sich damit zu

$$\vec{B} = \mu \vec{H} = \mu_0 \mu_r \vec{H} = \frac{\mu_0 \mu_r N I}{2\pi} \frac{1}{r} \vec{e}_\varphi \sim \frac{1}{r} .$$

Der im Kern erzeugte magnetische Fluss ist

$$\Phi = \int_{(A)} \vec{B} \, d\vec{A} .$$

(A) ist eine beliebige Fläche, die den Kern genau einmal durchschneidet. Die *Orientierung* von (A) *muss* mit der Richtung des *Zählpfeils* für Φ übereinstimmen. Um den mathematischen Aufwand zu minimieren, wird für (A) eine radiale Querschnittsfläche gewählt. Dann gilt

$$d\vec{A} = dA \, \vec{e}_\varphi .$$

Zur Vereinfachung des zu berechnenden Flächenintegrals in r- und z-Richtung wird die Tatsache genutzt, dass das Magnetfeld im Kern unabhängig von der z-Koordinate ist. Somit können als Flächenelemente (dA) Rechtecke der Höhe h und Breite dr gewählt werden. Dann ist nur noch ein Einfachintegral zu berechnen:

$$\Phi = \int_{r_i}^{r_a} \vec{B} (h \, dr \, \vec{e}_\varphi) = \frac{\mu_0 \mu_r N I}{2\pi} h \int_{r_i}^{r_a} \frac{1}{r} \vec{e}_\varphi \, dr \, \vec{e}_\varphi = \frac{\mu_0 \mu_r N I h}{2\pi} \int_{r_i}^{r_a} \frac{1}{r} \, dr$$

$$= \frac{\mu_0 \mu_r N I h}{2\pi} \ln \frac{r_a}{r_i}$$

Sofern der Kern schmal ist, also $r_i \gg (r_a - r_i)$ gilt, reicht es für eine *Näherungslösung* aus, mit einem mittleren Radius r_m zu rechnen, etwa dem arithmetischen Mittel

$$r_m = \frac{r_i + r_a}{2}$$

oder dem geometrischen Mittel

$$r_m = \sqrt{r_i \cdot r_a} .$$

Dann ergibt sich als Näherungswert für den magnetischen Fluss im Kern das Produkt aus der mittleren magnetischen Flussdichte und der Querschnittsfläche des Kerns:

$$\Phi \approx \frac{\mu_0 \mu_r N I}{2\pi r_m} h (r_a - r_i)$$

Für die Zahlenwerte $h = 1\,\text{cm}$, $r_i = 4{,}5\,\text{cm}$, $r_a = 5{,}5\,\text{cm}$, $\mu_r = 2500$, $N = 1000$, $I = 100\,\text{mA}$ ergeben sich die magnetischen Größen

$$H \approx 318 \frac{\text{A}}{\text{m}}, \quad B \approx 1\,\text{T} \quad \text{und} \quad \Phi \approx 1\,\text{mWb} .$$

Wegen der hohen Permeabilität des Kerns führt die kleine magnetische Feldstärke zu einer hohen magnetischen Flussdichte.

Die Übertragung der Ergebnisse auf Ringspulen mit Kernen mit anderen Querschnittsformen ist trivial.

Der gesamte Rechenweg gilt in guter Näherung nicht nur für Ringspulen mit ferromagnetischem Kern mit $\mu_r \gg 1$, sondern auch für *Luftspulen in Ringform* mit $\mu_r = 1$.

Im Gegensatz dazu sind die magnetischen Verhältnisse in Luftspulen in Zylinderform *nicht* durch einfache Anpassung des Wertes von μ_r auf Zylinderspulen mit ferromagnetischem Kern übertragbar, da bei der Herleitung der Näherungsgleichungen (s. Beispiel 11.3) Vereinfachungen verwendet wurden, die bei einem ferromagnetischen Kern nicht mehr zulässig sind.

Bislang wurde nur das Magnetfeld *innerhalb* des Kerns betrachtet. Entgegen üblichen anderslautenden Aussagen ist der Raum außerhalb der Spule *nicht* feldfrei. Das Feld ist allerdings viel schwächer als im Kern. Im Bereich der z-Achse sowie in großer Entfernung von der Spule entspricht das Magnetfeld näherungsweise dem einer Spule *mit einer Windung*, die in der Mitte des Kerns verläuft und durch die der Strom I fließt. Dieses Feld ist mittels des Gesetzes von Biot-Savart (s. Abschnitt 11.6) mit zumutbarem Aufwand berechenbar.

11.8 Magnetische Spannung, Maschensatz des magnetischen Kreises

11.8.1 Magnetische Spannung

Analog zur *elektrischen Spannung U*, dem *Linienintegral der elektrischen Feldstärke* $\vec{E}$

$$U_{12} = \int_{(1)}^{(2)} \vec{E}\,\mathrm{d}\vec{s}, \tag{11.35}$$

ist die *magnetische Spannung* als *Linienintegral der magnetischen Feldstärke* $\vec{H}$ definiert:

$$V_{12} = \int_{(1)}^{(2)} \vec{H}\,\mathrm{d}\vec{s} \tag{11.36}$$

Die magnetische Spannung ist wie die elektrische Spannung eine *Zählpfeilgröße*. Der *Zählpfeil* von V_{12} weist vom Ort 1 zum Ort 2.

Merke: *Die magnetische Spannung ist das Wegintegral der magnetischen Feldstärke.*

Die Einheit dieser integralen magnetischen Feldgröße ist wegen

$$[V] = [H] \cdot [s] = 1\,\frac{\mathrm{A}}{\mathrm{m}} \cdot 1\,\mathrm{m} = 1\,\mathrm{A} \tag{11.37}$$

das Ampere[20] und somit identisch mit der Einheit der Durchflutung, was aus Gl. (11.36) in Verbindung mit Gl. (11.13) sofort nachvollziehbar wird.

[20] Eine veraltete, aber im angloamerikanisch geprägten Raum weiterhin übliche Einheit für die magnetische Spannung aus dem cgs-System ist das Gilbert (Einheitenzeichen Gb) mit der Umrechnungsvorschrift $1\,\mathrm{Gb} = 10/(4\pi)\,\mathrm{A}$.

11.8.2 Maschensatz des magnetischen Kreises

Elektrische Potenzialfelder sind bezüglich der elektrischen Feldstärke *wirbelfrei*, was durch den Maschensatz

$$\oint_{(s)} \vec{E}\,\mathrm{d}\vec{s} = 0 \tag{11.38}$$

beschrieben wird. Dieser Sachverhalt kann auch über einzelne elektrische Spannungen ausgedrückt werden in der aus der Gleichstromtechnik bekannten Form

$$\sum U = \sum U_\mathrm{R} + \sum U_\mathrm{q} = 0\,. \tag{11.39}$$

Die Summe der *elektrischen Spannungen* (*Spannungsabfällen über Widerständen* und *Quellenspannungen*) über einen geschlossenen Umlauf ist gleich null.

Im SESF verläuft jeder Stromfaden durch mindestens ein *aktives Gebiet* und mindestens ein *passives Gebiet*.

Den Zusammenhang zwischen ursächlicher makroskopischer Ladungsströmung und resultierendem magnetischen $\vec{H}$-Feld beschreibt der Durchflutungssatz in der Form

$$\oint_{(s)} \vec{H}\,\mathrm{d}\vec{s} = \Theta\,. \tag{11.40}$$

Dieser Sachverhalt kann mittels Gl. (11.36) auch über einzelne magnetische Spannungen V ausgedrückt werden in der Form

$$\sum V = \Theta\,, \tag{11.41}$$

die als *Maschensatz des magnetischen Kreises* bezeichnet wird.

Merke: *Die Summe der magnetischen Spannungsabfälle in einem magnetischen Kreis ist gleich der das Magnetfeld erzeugenden elektrischen Durchflutung.*

Im Magnetfeld verläuft jede Flussröhre durch mindestens ein magnetisch *aktives Gebiet* und mindestens ein magnetisch *passives Gebiet*.

Bei der praktischen Anwendung von Gl. (11.39) bzw. Gl. (11.41) wird ein *geschlossener Umlauf* durch das elektrische bzw. magnetische Feld durchgeführt. Spannungen, deren *Zählpfeilrichtung* mit der Umlaufrichtung übereinstimmt, werden positiv angesetzt, die anderen negativ.

Der strukturelle Unterschied zwischen Gl. (11.39) und Gl. (11.41) rührt daher, dass Θ eine *Ursache*, hingegen U_q eine *Wirkung* beschreibt. Eine alternative Beschreibung, die Gl. (11.41) in die gleiche Form wie Gl. (11.39) überführt, wird in Abschnitt 11.10 vorgestellt.

11.9 Magnetischer Widerstand, magnetischer Leitwert

Auf Grund der in Tabelle 11.1 dargestellten Analogie zwischen den Feldgrößen des elektrischen Strömungsfeldes und des Magnetfeldes liegt es nahe, eine magnetische Größe zu definieren, die dem in Abschnitt 9.6 behandelten elektrischen Widerstand entspricht.

Tabelle 11.1: Korrespondenz zwischen den Größen des elektrischen und des magnetischen Kreises

	Flussdichtegröße	Flussgröße	Feldstärke	Spannungsabfall
elektrischer Kreis	$\vec{J}$	I	$\vec{E}$	U
magnetischer Kreis	$\vec{B}$	Φ	$\vec{H}$	V

Diese Größe ist der *magnetische Widerstand* (auch als *Reluktanz* bezeichnet) mit dem Formelzeichen R_m. Er ist analog zu Gl. (9.35) definiert als

$$R_{\mathrm{m}12} = \frac{V_{12}}{\Phi_{12}} = \frac{\int\limits_{(1)}^{(2)} \vec{H}\,\mathrm{d}\vec{s}}{\iint\limits_{(A_{12})} \vec{B}\,\mathrm{d}\vec{A}} > 0\,. \tag{11.42}$$

Dabei sind 1 und 2 Flächen, die von Φ_{12} *senkrecht*[21] durchsetzt werden. Der Integrationsweg von 1 nach 2 beim Integral im Zähler ist beliebig wählbar. (A_{12}) ist eine beliebig wählbare Fläche zwischen den Flächen 1 und 2, durch die der magnetische Fluss Φ_{12} fließt. Die zugehörigen Normalenvektoren $\mathrm{d}\vec{A}_{12}$ weisen aus der Seite heraus, die der Fläche 2 zugewandt ist. Die *Zählpfeile* von V_{12} und Φ_{12} weisen beide von 1 nach 2, bilden also ein Verbraucher-Zählpfeilsystem. Da V_{12} und Φ_{12} immer das gleiche Vorzeichen haben, kann R_m nur positiv sein.

Der magnetische Widerstand ist eine integrale Feldgröße, die einem bestimmten Feldvolumen zugeordnet ist.

Nur in Gebieten, in denen die Permeabilität vom örtlichen Wert von H bzw. B unabhängig ist, ist der magnetische Widerstand linear. Das ist bei den technisch relevanten dia- und paramagnetischen Stoffen wie Luft, Kupfer und den meisten Kunststoffen der Fall. Diese Stoffe sind darüber hinaus magnetisch isotrop, wodurch ihr magnetischer Widerstand *richtungsunabhängig* ist. Bei ferromagnetischen Stoffen ist R_m stets *nichtlinar*, *zeitvariant* und teilweise auch deutlich *anisotrop*.

Der magnetische Widerstand hat die Einheit

$$[R_\mathrm{m}] = \frac{[V]}{[\Phi]} = \frac{1\,\mathrm{A}}{1\,\mathrm{Vs}} = 1\,\frac{1}{\Omega\,\mathrm{s}} = 1\,\frac{1}{\mathrm{H}} = 1\,\mathrm{H}^{-1}\,. \tag{11.43}$$

[21] Diese Bedingung ist erforderlich, weil nur dann die magnetische Spannung zwischen beliebigen Punkten der beiden Flächen gleich ist.

Der Kehrwert von R_m ist der *magnetische Leitwert* (auch als *Permeanz* bezeichnet) mit dem Formelzeichen Λ[22] (sprich „Lambda“)

$$\Lambda = \frac{1}{R_\mathrm{m}} = \frac{\Phi}{V} \tag{11.44}$$

und der Einheit *Henry* mit dem Einheitenzeichen H

$$[\Lambda] = \frac{1}{[R_\mathrm{m}]} = 1\,\mathrm{H}\,. \tag{11.45}$$

Für die Berechnung der Zusammenschaltungen von magnetischen Widerständen gelten die gleichen Rechenregeln wie bei elektrischen Widerständen.

Mit diesen Größen lässt sich das *Hopkinsonsche*[23] *Gesetz* formulieren, das auch das „*Ohmsche Gesetz des magnetischen Kreises*“ genannt wird[24]:

$$\Phi = \Theta\,\Lambda_\mathrm{ges} = \frac{\Theta}{R_\mathrm{m\,ges}} \tag{11.46}$$

Gl. (11.46) gilt in dieser Form nur für den *gesamten* magnetischen Kreis, während die Gln. (11.42) und (11.44) auch für *einzelne* Abschnitte davon gelten.

Die Berechnung des magnetischen Widerstandes und Leitwertes wird in Beispiel 11.5 für einen Quader demonstriert.

Beispiel 11.5: Magnetischer Widerstand und magnetischer Leitwert eines Quaders

Betrachtet wird ein Quader mit der Querschnittsfläche A_Q, der Länge l_Q und konstantem, homogenem, isotropem $\mu_\mathrm{r\,Q}$ gemäß Bild 11.14.

Berechnet werden sollen der magnetische Widerstand $R_\mathrm{m\,12}$ und der magnetische Leitwert Λ_{12} des Quaders zwischen den Flächen 1 und 2.

Die gesuchten Größen werden mittels der Gln. (11.42) und (11.44) hergeleitet.

Zunächst wird als Anregungsgröße ein homogenes Feld der magnetischen Ursachenfeldgröße $\vec{H}$ von Fläche 1 zu Fläche 2 angenommen. In diese Richtung weisen die x-Achse sowie die Zählpfeile für den magnetischen Fluss Φ_{12} und die magnetische Spannung V_{12}. Also liegt ein Verbraucher-Zählpfeilsystem vor. Bild 11.14 zeigt alle benötigten Größen.

Damit gilt im Quader:

$$\begin{aligned}
&\vec{H} = H_\mathrm{x}\,\vec{e}_\mathrm{x} = \text{const.} \quad \text{mit} \quad H_\mathrm{x} > 0\,,\\
&\vec{B} = \mu\vec{H} = \mu_0\mu_\mathrm{r\,Q}\vec{H} = \mu_0\mu_\mathrm{r\,Q}\,H_\mathrm{x}\,\vec{e}_\mathrm{x}\,,\\
&\Phi_{12} = \iint\limits_{(A_\mathrm{Q})} \vec{B}\,\mathrm{d}\vec{A} \quad \text{mit} \quad \mathrm{d}\vec{A} = \mathrm{d}A\,\vec{e}_\mathrm{x}\,,
\end{aligned}$$

[22] Alternativ wird das Formelzeichen G_m verwendet.

[23] Benannt nach dem englischen Ingenieur John Hopkinson (1849–1898).

[24] Diese Bezeichnung ist unpassend, da das Ohmsche Gesetz ausschließlich für *lineare* elektrische Widerstände gilt, während das Hopkinsonsche Gesetz auch bei beliebig *nichtlinearen* magnetischen Widerständen anwendbar ist.

also

$$\Phi_{12} = \iint\limits_{(A_Q)} \mu_0 \mu_{rQ} H_x \vec{e}_x \, dA \, \vec{e}_x = \mu_0 \mu_{rQ} H_x A_Q > 0$$

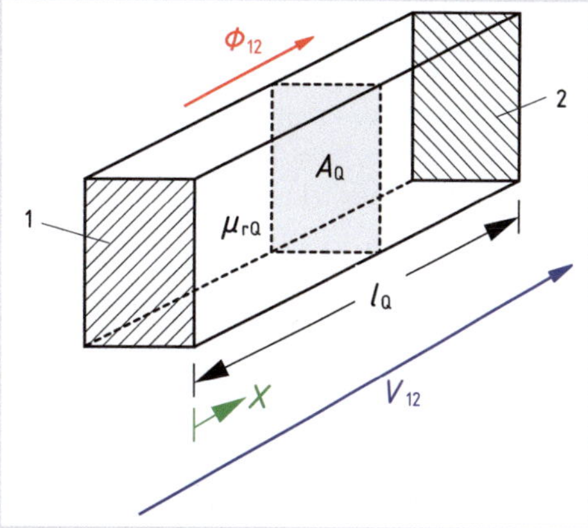

Bild 11.14: Anordnung zur Berechnung des magnetischen Widerstandes eines Quaders

und

$$V_{12} = \int\limits_{(1)}^{(2)} \vec{H} \, d\vec{s} \quad \text{mit} \quad d\vec{s} = dx \, \vec{e}_x \,,$$

also

$$V_{12} = \int\limits_{0}^{l_Q} H_x \vec{e}_x \, dx \, \vec{e}_x = H_x l_Q > 0 \,.$$

Daraus folgen die *Bemessungsgleichungen* für den magnetischen Widerstand

$$R_{m\,12} = \frac{V_{12}}{\Phi_{12}} = \frac{H_x l_Q}{\mu_0 \mu_{rQ} H_x A_Q} = \frac{l_Q}{\mu_0 \mu_{rQ} A_Q} > 0 \tag{11.47}$$

und den magnetischen Leitwert

$$\Lambda_{12} = \frac{1}{R_{m\,12}} = \frac{\mu_0 \mu_{rQ} A_Q}{l_Q} > 0 \tag{11.48}$$

des Quaders.

Wie bei linearen Anordnungen nicht anders zu erwarten, kürzt sich die angenommene Anregungsgröße $\vec{H}$ bei der Berechnung der Kenngrößen $R_{m\,12}$ und Λ_{12} heraus.

Am Rechenweg und an den Ergebnissen ändert sich nichts, wenn der Körper nicht einen rechteckigen, sondern beliebigen, aber festen Querschnitt mit dem Flächeninhalt A_Q hat.

Gl. (11.47) hat unter Berücksichtigung des Leitwertcharakters der Permeabilität die gleiche Form wie die Bemessungsgleichung (9.47) für den elektrischen Widerstand.

11.10 Magnetische Ersatzschaltbilder

Elektrische Ersatzschaltbilder (ESBs) beschreiben die Verhältnisse in tatsächlich räumlich ausgedehnten elektrischen Strömungsgebieten mittels idealisierter elektrischer Zwei- und Mehrpole mit konzentrierten Parametern und *integraler* Feldgrößen wie U_q, U, I, R, G.

Entsprechend können die Verhältnisse in räumlich ausgedehnten Magnetfeldern mittels *idealisierter magnetischer Zweipole* und *integraler* Feldgrößen wie Θ, V, Φ, R_m, Λ beschrieben werden.

Bild 11.15 a) zeigt das *magnetische Ersatzschaltbild* einer Spule mit der Durchflutung Θ, die einen magnetischen Fluss $\Phi = \Theta / R_{m\,ges}$ in einem magnetischen Kreis mit dem magnetischen Gesamtwiderstand $R_{m\,ges}$ bewirkt. In Bild 11.15 b) ist ein äquivalentes elektrisches ESB dargestellt, in dem $I = U_i / R_{ges}$ gilt.

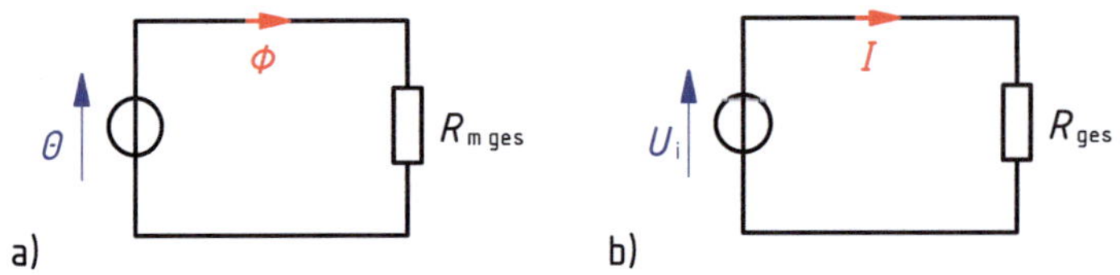

Bild 11.15: Ersatzschaltbilder a) eines magnetischen und b) eines elektrischen Stromkreises mit antreibenden Spannungen

Deutlich erkennbar ist die Rolle von Θ als den Fluss *antreibende* Größe, die die Wirkung einer *Magnetomotorischen Kraft* (MMK) beschreibt. Wie aus Gl. (11.41) zu erkennen ist, kann Θ als *magnetische Spannungsquelle* aufgefasst werden. Θ entspricht einer antreibenden (induzierten) elektrischen Spannung U_i, die die Wirkung einer *Elektromotorischen Kraft* (EMK) beschreibt.

Um die gleiche Darstellungsform wie in elektrischen ESBs, wo Spannungsquellen üblicherweise durch ihre *Quellenspannung* U_q beschrieben werden, verwenden zu können, muss eine neue Größe eingeführt werden, die hier als „*Quellendurchflutung*" Θ_q bezeichnet wird. Damit ergeben sich in Bild 11.16 die Bild 11.15 entsprechenden ESBs unter Verwendung von Quellenspannungen, in denen $\Phi = \Theta_q / R_{m\,ges}$ bzw. $I = U_q / R_{ges}$ gilt.

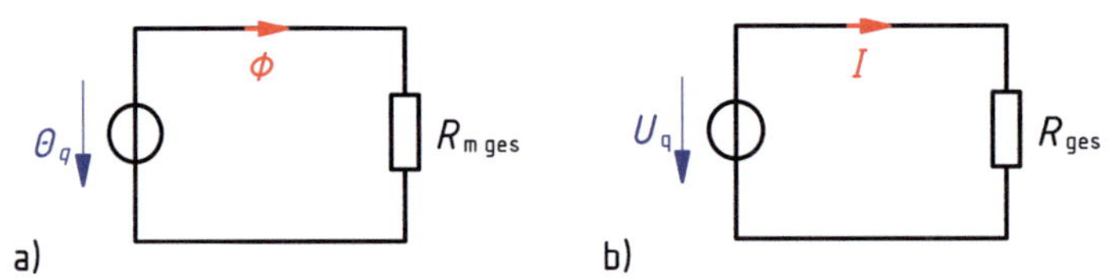

Bild 11.16: Ersatzschaltbilder a) eines magnetischen und b) eines elektrischen Stromkreises mit Quellenspannungen

Ebenso, wie $U_q = U_i$ gilt, gilt $\Theta_q = \Theta$. Die *Zählpfeile* der Quellengrößen haben die umgekehrte Richtung wie die der antreibenden Größen!

Bild 11.17 zeigt das magnetische Ersatzschaltbild einer Spule mit der Quellendurchflutung Θ_q und dem magnetischen Widerstand $R_{m\,i}$ innerhalb des Spulenvolumens sowie den parallelen magnetischen Widerständen $R_{m\,\sigma}$ (durch den der Streufluss Φ_σ) und $R_{m\,Nutz}$ (durch den der Nutzfluss Φ_{Nutz} fließt).

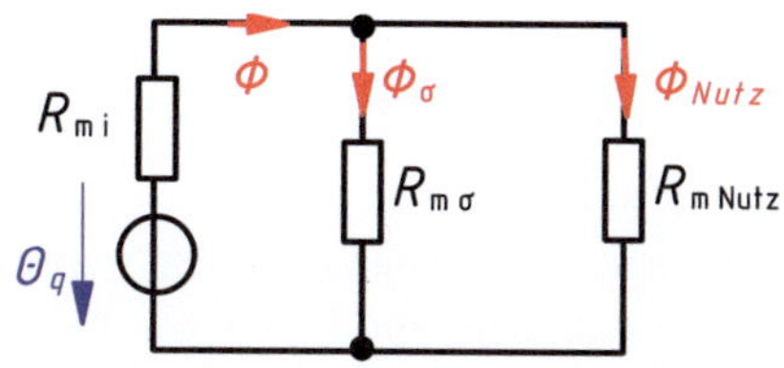

Bild 11.17: Magnetisches Ersatzschaltbild einer Spule mit Quellendurchflutung, magnetischem Innenwiderstand und Aufteilung des Flusses auf Streu- und Nutzanteil

Unter Verwendung der Quellendurchflutung Θ_q kann der Maschensatz des magnetischen Kreises nach Gl. (11.41) in der gleichen Form wie der Maschensatz für Gleichstromnetzwerke formuliert werden:

$$\sum V = \sum V_R + \sum \Theta_q = 0 \qquad (11.49)$$

Dabei sind V_R die magnetischen Spannungsabfälle über magnetischen Widerständen.

11.11 Induktivitäten

Induktivitäten beschreiben die Kopplung zwischen integralen elektrischen und magnetischen Größen, nämlich zwischen einem elektrischen Strom I und dem durch ihn hervorgerufenen magnetischen Fluss $\Psi(I)$. In magnetisch linearen Anordnungen sind Induktivitäten rein konstruktive Parameter. Sie werden daher hier im Rahmen der Magnetostatik behandelt.

Das *Klemmenverhalten* von Induktivitäten wird in Abschnitt 11.17 behandelt, da es durch das Induktionsgesetz bestimmt wird, das im Rahmen der Magnetodynamik in Abschnitt 11.16 thematisiert wird.

11.11.1 Leiterschleife, Spule, Spulenfluss

Der Fachbegriff „*Leiterschleife*“ bezeichnet eine (stets geschlossene) Masche eines Stromkreises. Betrachtet wird hier meist der *magnetische Fluss*, der durch eine Leiterschleife tritt (Fachbegriff: der mit ihr „verkettet“ ist). Dieser Fluss kann durch einen Strom in der Leiterschleife selbst oder einen anderen Strom verursacht werden. Die geometrische Form einer Leiterschleife ist zunächst unwichtig. Ihre wesentlichen Eigenschaften sind ihr Rand (s) und die von diesem Rand aufgespannte Fläche (A).

Eine *Spule* besteht aus einem Leiter, der in einer oder mehreren *Windungen* zu einer *Wicklung* aufgewickelt ist. Um Kurzschlüsse zwischen benachbarten Windungen zu vermeiden, ist der Leiter in der Regel mit einer isolierenden Oberfläche versehen. Die Wicklung kann in einer oder mehreren *Lagen* übereinander ausgeführt werden. Zur mechanischen Stabilisierung wird die Wicklung meistens auf einen magnetisch neutralen, elektrisch isolierenden *Spulenkörper* aufgebracht. Die elektrischen Anschlüsse (Klemmen) einer Spule werden als *Wicklungsenden* (oder konkreter als *Wicklungsanfang* und *Wicklungsende*) bezeichnet.

Eine Spule ohne ferromagnetischen Kern wird als *Luftspule* bezeichnet, eine mit ferromagnetischem Kern oft als *Eisendrossel*, *Drosselspule* oder kurz *Drossel*. Ein ferromagnetischer Kern bewirkt eine Konzentration des magnetischen Flusses innerhalb des von der Wicklung eingeschlossenen Volumens auf den Kern. Das führt dazu, dass bei Eisendrosseln in besserer Näherung als bei Luftspulen alle Windungen der Wicklung vom selben magnetischen Fluss durchsetzt werden.

Die „*abgewickelte Fläche*“ einer Spule entsteht dadurch, dass *gedanklich* die einzelnen Windungen der Wicklung abgewickelt werden, so dass eine einzige große Windung entsteht. Durch diese eine Windung fließt nun die *Summe* der magnetischen Flüsse Φ_i, die zuvor durch die *einzelnen* Windungen geflossen sind. Diese Summe ist der *magnetische Spulenfluss* Ψ (sprich „Psi“), der mit der Spule verkettet ist.

Wie der magnetische Fluss ist auch der Spulenfluss eine *Zählpfeilgröße.*

Bei einer Spule mit *einer Windung* gilt

$$\Psi = \Phi . \tag{11.50}$$

Bei einer Spule mit *N Windungen*, die mit *unterschiedlichen magnetischen Flüssen* Φ_i verkettet sind (etwa bei Luftspulen), gilt

$$\Psi = \sum_{i=1}^{N} \Phi_i . \tag{11.51}$$

Sind *alle Windungen mit dem selben Fluss verkettet* (was bei Eisendrosseln näherungsweise der Fall ist), gilt speziell

$$\Psi = N\Phi . \tag{11.52}$$

Bild 11.18 zeigt hinsichtlich der geometrischen Form und damit auch bezüglich des mit den einzelnen Windungen verketteten magnetischen Flusses extreme Bauformen von Spulen:

a) Einlagige, dünne, lange Zylinderspule, bei der zumindest die weit von den Spulenenden entfernten Windungen näherungsweise mit dem gleichen magnetischen Fluss verkettet sind.
b) Ebene, flächige Spule (wie sie z. B. in Induktionsherden verwendet wird), in der die Flussverkettung der einzelnen Windungen sehr unterschiedlich ist.

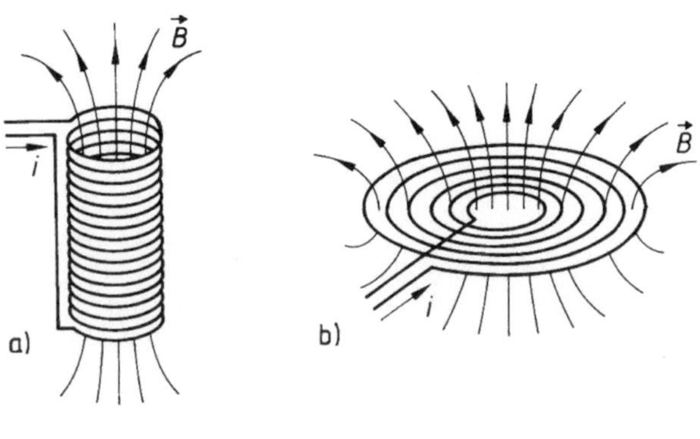

Bild 11.18: Extreme Spulenformen: a) lange, dünne und b) ebene, flächige Spule

11.11.2 Selbstinduktivität einer Leiterschleife

Die *Selbstinduktivität* L einer Leiterschleife ist das Verhältnis zwischen dem mit der Leiterschleife verketteten Spulenfluss Ψ und dem *in der Leiterschleife selbst* fließenden Strom I, der diesen Fluss verursacht.

Selbstinduktivitäten werden in der Regel nur als „Induktivitäten" bezeichnet. In Kontexten, in denen auch Gegeninduktivitäten (s. Abschnitt 11.11.3) eine Rolle spielen, sollte aber zur klaren Unterscheidung der korrekte Begriff verwendet werden.

Definition der Selbstinduktivität für den Fall, dass alle Anteile des Spulenflusses Ψ mit dem *gesamten* Strom I verkettet sind:

$$L = \frac{\Psi(I)}{I} \tag{11.53}$$

Der *Zählpfeil* von Ψ innerhalb der Leiterschleife ist dem *Zählpfeil* von I auf ihrem Rand *rechtswendig zugeordnet*. Somit sind Selbstinduktivitäten *immer positiv*. Bei ihrer Berechnung reicht es daher aus, mit den *Beträgen* der beteiligten Größen zu rechnen.

Die Einheit der Induktivität ist das *Henry*[25] mit dem Einheitenzeichen H:

$$[L] = \frac{[\Psi]}{[I]} = \frac{1\,\mathrm{V\,s}}{1\,\mathrm{A}} = 1\,\Omega\,\mathrm{s} = 1\,\mathrm{H} \tag{11.54}$$

Die Induktivität ist ein Parameter, der für niedrige Frequenzen und kleine Stromdichten näherungsweise ausschließlich von der *Geometrie* der Anordnung und den *Materialeigenschaften* des felderfüllten Raumes abhängt.

Die Berechnung einer Selbstinduktivität ist wesentlich schwieriger, als es auf den ersten Blick erscheinen mag. Gl. (11.53) gilt nur für den Fall, dass *alle Anteile* des Spulenflusses Ψ mit dem *gesamten* Strom I durch die Spule verkettet sind. Dieser Fall tritt in realen Anordnungen nicht auf.

Nur beim Modell des *Linienleiters* kann durch eine *vernachlässigbar kleine Querschnittsfläche* ein beliebig großer Strom fließen. Dieser Strom erzeugt *nur außerhalb* des Linienleiters ein Magnetfeld. Jeder reale Leiter hat eine Querschnittsfläche, über die sich der fließende Strom als Feld der Stromdichte $\vec{J}$ verteilt. Es gibt *immer* einen durch dieses $\vec{J}$-Feld verursachten Anteil des $\vec{B}$-Feldes, dessen Feldlinien *vollständig innerhalb des Leiters* verlaufen. Der damit verbundene magnetische Fluss trägt nicht zu demjenigen Spulenfluss Ψ bei, der üblicherweise bei der Induktivitätsberechnung berücksichtigt wird, nämlich dem Fluss, der durch die *innere Berandung* der Wicklung fließt. Die auf Grundlage dieses Spulenflusses, der nur die Flussanteile *außerhalb* des stromdurchflossenen Leiters berücksichtigt, ermittelte Selbstinduktivität wird konkret als *„äußere Selbstinduktivität"* L_a bezeichnet.

Dementsprechend wird der Induktivitätsanteil, der nur den magnetischen Fluss *innerhalb* des Leiters, der die Wicklung bzw. Leiterschleife bildet, berücksichtigt, als *„innere Selbstinduktivität"* L_i bezeichnet. Die Berechnung der inneren Selbstinduktivität ist selbst für sehr einfache Anordnungen mit Gl. (11.53) nicht möglich. Wie in Beispiel 11.12 gezeigt wird, kann der Weg über die Berechnung der magnetischen Feldenergie sehr einfach zum Ergebnis führen. Für reale Anordnungen ist die Berechnung nicht exakt möglich, da das zu berücksichtigende Magnetfeld durch den Einfluss benachbarter stromdurchflossener Leiter in keinem Fall exakt beschreibbar ist.

[25] Benannt nach dem amerikanische Physiker Joseph Henry (1797–1878).

Die wirksame *Gesamtinduktivität* ist

$$L = L_\mathrm{a} + L_\mathrm{i}\,. \tag{11.55}$$

In jedem Fall ist die Bestimmung der Gesamtinduktivität *experimentell* sehr einfach möglich auf Basis der Beschreibung des Klemmenverhaltens von Selbstinduktivitäten (s. Gl. (11.178). Dazu wird die Reaktion eines induktiven Zweipols auf die Anregung mit einer Sinusgröße gemessen, wie in Beispiel 3.27 gezeigt. Dabei können auch resistive Anteile und die Frequenzabhängigkeit der Parameter ermittelt werden.

Bild 11.19 zeigt das Schaltsymbol einer Induktivität L mit *Zählpfeilen* für die Klemmengrößen im Verbraucher-Zählpfeilsystem.

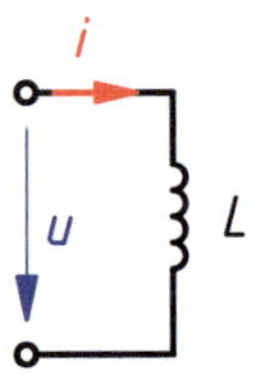

Bild 11.19: Schaltsymbol einer Induktivität mit Klemmengrößen im VZS

Da das von einem elektrischen Strömungsfeld erzeugte Magnetfeld *immer* eine Rückwirkung auf das Strömungsfeld selbst hat (s. Pinch-Effekt in Abschnitt 11.15.3, Skin-Effekt in Abschnitt 11.19.1), ist eine Induktivität *immer* mehr oder weniger strom- und frequenzabhängig.

Sofern die *unvermeidliche* Induktivität eines Leiters störend ist, wird sie als *parasitäre Induktivität* bezeichnet.

Falls näherungsweise davon ausgegangen werden kann, dass *alle Windungen einer Wicklung mit dem selben Fluss verkettet* sind, gilt neben $\Theta = N I$ auch $\Psi = N\Phi$. Ist der magnetische Gesamt-Leitwert $\Lambda_\mathrm{ges} = \Phi/\Theta = \Phi/(N I)$ der vom magnetischen Fluss durchsetzten Anordnung bekannt, kann die Selbstinduktivität sehr einfach berechnet werden mittels der Gleichung

$$L = \frac{\Psi(I)}{I} = \frac{N\Phi}{\Theta/N} = \frac{\Phi}{\Theta}N^2 = \Lambda_\mathrm{ges}N^2\,. \tag{11.56}$$

Merke: *Die Selbstinduktivität einer Wicklung steigt quadratisch mit ihrer Windungszahl*[26].

In manchen Fällen führt die Berechnung von L über die Energie W_mag des magnetischen Feldes, das der Strom I in der Leiterschleife erzeugt, am einfachsten (oder sogar ausschließlich) zum Ziel, s. Gl. (11.129).

Hochwertige Spulen werden oft mit einem *Schalenkern* aus Ferrit realisiert. Die Permeabilität solcher Schalenkerne ist unterhalb der Sättigung näherungsweise konstant. Bei diesen Kernen wird der magnetische Leitwert Λ als „$\mathrm{A_L}$-*Wert*" bezeichnet und oftmals als Zahlenwert in der Einheit nH auf den Kern gedruckt.

Für die magnetisch einfachste Spulenform wird die Selbstinduktivität in Beispiel 11.6 berechnet.

[26] Das gilt allerdings nur dann, wenn Λ_ges unabhängig von N ist. Das ist der Fall, wenn $\mu = \text{const.}$ gilt.

Beispiel 11.6: Selbstinduktivität einer Ringspule mit ferromagnetischem Kern

Betrachtet wird die bereits in Beispiel 11.4 behandelte Ringspule (Toroidspule), bei der als Näherungswert für den magnetischen Fluss der Ausdruck

$$\Phi \approx \frac{\mu_0 \mu_r A}{l_m} N I$$

ermittelt worden war. Ausgehend von dieser Beziehung soll ein Näherungswert für die Selbstinduktivität der Spule berechnet werden.

Da alle Windungen der Wicklung mit dem selben magnetischen Fluss verkettet sind, ist der Spulenfluss (Zählpfeilrichtung wie bei Φ)

$$\Psi = N\Phi\,.$$

Daraus folgt die Selbstinduktivität der Ringspule

$$L = \frac{\Psi}{I} = \frac{N\Phi}{I} \approx \frac{\mu_0 \mu_r A}{l_m} N^2\,.$$

Diese Näherungsgleichung gilt für beliebige Spulen auf beliebig geformten Kernen mit konstanter relativer Permeabilität μ_r sowie bekannter Querschnittsfläche A und mittlerer Feldlinienlänge l_m.

Diesem Ergebnis liegt unter anderem die bereits in Beispiel 11.4 genannte Vereinfachung zugrunde, dass nur das Magnetfeld innerhalb des Kerns berücksichtigt wird und das außerhalb des Kerns stets existente Streufeld vernachlässigt werden kann.

Der Ausdruck

$$\Lambda \approx \frac{\mu_0 \mu_r A}{l_m}$$

ist der Näherungswert für den *magnetischen Leitwert* des Spulenkerns, vgl. Beispiel 11.5. Damit lässt sich die Selbstinduktivität ausdrücken in der Form

$$L = \Lambda N^2\,.$$

Die vorausgesetzte konstante relative Permeabilität μ_r des Kerns ist in der Praxis höchstens näherungsweise gegeben. Die Intensität des $\vec{H}$-Feldes im Kern hängt von der radialen Koordinate ab. Der aktuelle lokale Wert von μ_r hängt von der magnetischen Vorgeschichte und dem aktuellen Wert von H ab. Daraus folgt, dass die Selbstinduktivität von Anordnungen in Räumen mit ferromagnetischem Material genaugenommen *immer nichtlinear und zeitvariant* ist. Um beides berücksichtigen zu können, ist die Kenntnis der Hystereseschleifen des Kernmaterials (s. Abschnitt 11.12.1) erforderlich. Bei magnetisch hochwertigem Material, etwa aus weichmagnetischem Ferrit, ist dieser Aufwand in der Regel unnötig.

Bei Leitungen wird die Induktivität in der Regel als *Induktivitätsbelag*

$$L' = \frac{\mathrm{d}L}{\mathrm{d}l}\,, \tag{11.57}$$

also Induktivität pro Länge, angegeben.

In den nächsten beiden Beispielen werden die äußeren Induktivitätsbeläge für Koaxialkabel und Doppelleitungen hergeleitet.

Beispiel 11.7: Äußerer Induktivitätsbelag eines Koaxialkabels

Gegeben ist ein Koaxialkabel, bestehend aus einem massiven Innenleiter mit dem Radius r_i und einem Außenleiter (Abschirmung) mit dem Außenradius r_a. Die Abschirmung sei sehr dünn. Alle Materialien der Leitung seien magnetisch neutral.

Gesucht ist eine *Näherungs*formel für den *Induktivitätsbelag* (s. Gl. (11.57)) des Koaxialkabels, wenn der Innenleiter als Hinleiter und der Außenleiter als Rückleiter für den selben Strom I benutzt werden. Der magnetische Fluss innerhalb der Leiter soll vernachlässigt werden. Somit ist nur der *äußere Induktivitätsbelag* zu berechnen.

Da Selbstinduktivitäten nur positiv sein können, wird mit den Beträgen der beteiligten elektrischen und magnetischen Größen gerechnet.

Betrachtet wird ein Leitungsstück der Länge l und nur das Feld zwischen Innen- und Außenleiter.

Für den Feldraum zwischen den beiden Leitern gilt, siehe Beispiel 11.1:

$$H(r) = \frac{I}{2\pi}\,\frac{1}{r}\,.$$

Wegen des magnetisch neutralen Materials folgt daraus

$$B(r) = \frac{\mu_0 I}{2\pi}\,\frac{1}{r}\,.$$

Sowohl das $\vec{H}$- als auch das $\vec{B}$-Feld haben nur Komponenten in φ-Richtung. Der magnetische Fluss durchsetzt eine *radiale* Fläche (A) der Länge l zwischen Innen- und Außenleiter *senkrecht*. Um den magnetischen Fluss zwischen Innen- und Außenleiter zu berechnen, ist die magnetische Flussdichte über die Länge l von $r = r_\mathrm{i}$ bis $r = r_\mathrm{a}$ zu integrieren. Die Normalenvektoren $\mathrm{d}\vec{A}$ weisen ebenfalls in φ-Richtung. Um ein Doppelintegral zu vermeiden, wird $\mathrm{d}A = l\,\mathrm{d}r$ gewählt. Damit ergibt sich

$$\Phi = \frac{\mu_0 I}{2\pi}\,l \int_{r_\mathrm{i}}^{r_\mathrm{a}} \frac{1}{r}\,\mathrm{d}r = l\,\frac{\mu_0 I}{2\pi}\,\ln\frac{r_\mathrm{a}}{r_\mathrm{i}}\,.$$

Der äußere Induktivitätsbelag des Koaxialkabels ist also

$$L' = \frac{\mathrm{d}L}{\mathrm{d}l} = \frac{L}{l} = \frac{\Phi}{l\,I} = \frac{\mu_0}{2\pi}\ln\frac{r_\mathrm{a}}{r_\mathrm{i}}\,. \tag{11.58}$$

Der gesamte Induktivitätsbelag ist größer, da die magnetischen Flussanteile innerhalb der beiden Leiter berücksichtigt werden müssen. Diese Flussanteile sind zwar einfach berechenbar (sofern man von jeweils homogenen Stromdichten in den Leitern ausgeht); sie erlauben aber nicht die Berechnung der daraus resultierenden inneren Induktivitätsbeläge auf einem Weg analog zu dem oben beschrittenen. Wegen des *Skin-Effektes* kann nur für niederfrequente Ströme und dünne Leiter von näherungsweise homogener Stromdichteverteilung in den Leitern ausgegangen werden.

Beispiel 11.8: Äußerer Induktivitätsbelag einer Doppelleitung

Hier wird wieder die Doppelleitung in Luft betrachtet, deren Magnetfeld bereits in Beispiel 11.2 *qualitativ* beschrieben wurde. Die runden Kupferleiter haben die Radien r_L, der Abstand zwischen den Leiterachsen ist $a \gg r_\mathrm{L}$.

Gesucht ist analog zu Beispiel 11.7 eine *Näherungs*formel für den *äußeren Induktivitätsbelag* der Doppelleitung, wenn (entsprechend Fall a) in Beispiel 11.2) der eine Leiter als Hinleiter und der andere als Rückleiter für den selben Strom I benutzt werden.

Vorüberlegungen:

- Die weit entfernten Enden der Doppelleitung werden gedanklich miteinander verbunden. Dadurch bildet die Doppelleitung eine ebene Spule mit einer einzigen, rechteckigen Windung.
- Randeffekte am Anfang und Ende der Doppelleitung werden vernachlässigt. Betrachtet wird ein Leitungsstück der Länge l.
- Der zu berücksichtigende magnetische Fluss durchsetzt ein Rechteck der Länge l, das durch die einander zugewandten Ränder der Leiter begrenzt wird. (Der magnetische Fluss innerhalb der Leiter soll wieder unberücksichtigt bleiben.)
- Wie in Bild 11.9 erkennbar, verstärken sich die durch die entgegengesetzen Ströme in den beiden Leitern hervorgerufenen Magnetfelder innerhalb der betrachteten Fläche.
- Diese Fläche wird vom resultierenden Magnetfeld *senkrecht* durchsetzt, was die Berechnung des magnetischen Flusses besonders einfach macht.
- Beide Ströme bewirken gleich große Teilflüsse $\Phi_1 = \Phi_2$ durch das Rechteck.
- Da es sich um eine geschlossene Leiterschleife handelt, *muss* der *Zählpfeil* für den magnetischen Gesamtfluss Φ_ges dem *Zählpfeil* für den Strom I in der Leiterschleife *rechtswendig* zugeordnet werden. In Bild 11.9 weist der Zählpfeil für Φ_ges also in Richtung der y-Achse.

Aus Beispiel 11.7 lässt sich durch Anpassung der Integrationsgrenzen der Ausdruck für einen äußeren Teilfluss ableiten:

$$\Phi_1 = \Phi_2 = l\,\frac{\mu_0 I}{2\pi}\int\limits_{r_\mathrm{L}}^{a-r_\mathrm{L}} \frac{1}{r}\,\mathrm{d}r = l\,\frac{\mu_0 I}{2\pi}\ln\frac{a-r_\mathrm{L}}{r_\mathrm{L}}$$

Unter Berücksichtigung der Angabe $a \gg r_\mathrm{L}$ folgt daraus der äußere Gesamtfluss

$$\Phi_\mathrm{ges} = \Phi_1 + \Phi_2 = 2\cdot l\,\frac{\mu_0 I}{2\pi}\ln\frac{a-r_\mathrm{L}}{r_\mathrm{L}} \approx l\,\frac{\mu_0 I}{\pi}\ln\frac{a}{r_\mathrm{L}}\,.$$

Somit ist der gesuchte äußere Induktivitätsbelag der Doppelleitung

$$L' = \frac{\mathrm{d}L}{\mathrm{d}l} = \frac{L}{l} = \frac{\Phi_\mathrm{ges}}{l\,I} = \frac{\mu_0}{\pi}\ln\frac{a-r_\mathrm{L}}{r_\mathrm{L}} \approx \frac{\mu_0}{\pi}\ln\frac{a}{r_\mathrm{L}}\,. \tag{11.59}$$

11.11.3 Gegeninduktivität zwischen zwei Leiterschleifen

Die *Gegeninduktivität M* beschreibt die *magnetische Kopplung* zwischen *zwei Leiterschleifen.*

Die technische Realisierung einer Anordnung, bei der die Nutzung der magnetischen Kopplung zwischen zwei relativ zueinander *ruhenden* Leiterschleifen im Vordergrund steht, wird als *Transformator* (in der Energietechnik) bzw. *Übertrager* (in der Nachrichtentechnik) bezeichnet. Im einfachsten Fall bestehen diese Bauelemente aus nur *zwei* magnetisch miteinander gekoppelten Wicklungen. Auf ihre elektromagnetische Funktionsweise wird in Abschnitt 11.17.3 eingegangen, auf ihr Klemmenverhalten in Sinusstromnetzwerken in Abschnitt 3.13.

Die Leiterschleifen können aber auch zwei beliebige Maschen in einer elektrischen Schaltung oder Anlage sein. Dann ist die magnetische Kopplung in der Regel unerwünscht und M wird als *parasitäre Gegeninduktivität* bezeichnet.

Im Fall der *Gegen*induktivität zwischen zwei Leiterschleifen μ und ν wird der Spulenfluss Ψ in einer Leiterschleife betrachtet, der durch den Strom *I in einer anderen Leiterschleife* verursacht wird.

Definition der Gegeninduktivität (sprich „$M\ \mu$ von ν"):

$$M_{\mu\nu} = \frac{\Psi_\mu(I_\nu)}{I_\nu} \tag{11.60}$$

Im Fall von zwei Leiterschleifen 1 und 2 gibt es also zwei Gegeninduktivitäten:

$$M_{21} = \frac{\Psi_2(I_1)}{I_1} \tag{11.61}$$

und

$$M_{12} = \frac{\Psi_1(I_2)}{I_2} \tag{11.62}$$

In linearen Anordnungen (mit von den magnetischen Feldgrößen unabhängiger Permeabilität) gilt

$$M_{\mu\nu} = M_{\nu\mu}\,. \tag{11.63}$$

Während Selbstinduktivitäten *L stets positiv* sind, können Gegeninduktivitäten *M positiv, null oder negativ* sein. Das Vorzeichen von M hängt von der *Orientierung* der Leiterschleifen zueinander, ihrem „*Wicklungssinn*", ab. Um diese Orientierung festzulegen, ist es erforderlich, die (elektrischen, nicht konstruktiven!) *Anfänge der Leiterschleifen* zu bestimmen.

Soll $M_{\mu\nu} > 0$ sein, sind die Anfänge der Leiterschleifen folgendermaßen festzulegen: Ein Strom $I_\nu > 0$, der in den *Anfang* von Leiterschleife ν fließt, erzeugt in Leiterschleife μ einen magnetischen Fluss in einer bestimmten Richtung. Der elektrische *Anfang* von Leiterschleife μ muss dann so gewählt werden, dass ein Strom $I_\mu > 0$, der in diese Klemme fließt, einen magnetischen Fluss in der selben Richtung bewirkt.

In Bild 11.20 sind zwei parallele, ebene, drehbare, runde Leiterschleifen dargestellt, deren Mittelpunkte auf einer Geraden liegen, die senkrecht auf den Ebenen steht.

In Leiterschleife 1 fließt in die mit einem *Wicklungspunkt* gekennzeichnete Klemme ein Strom $I_1 > 0$, der ein Magnetfeld $\vec{B}(I_1)$ erzeugt. Dieses Magnetfeld durchsetzt teilweise auch Leiterschleife 2. Um durch einen Strom $I_2 > 0$ ein gleichgerichtetes Magnetfeld $\vec{B}(I_2)$ in Leiterschleife 2 zu erzeugen, muss dieser in die ebenfalls mit einem Punkt gekennzeichnete Klemme von Leiterschleife

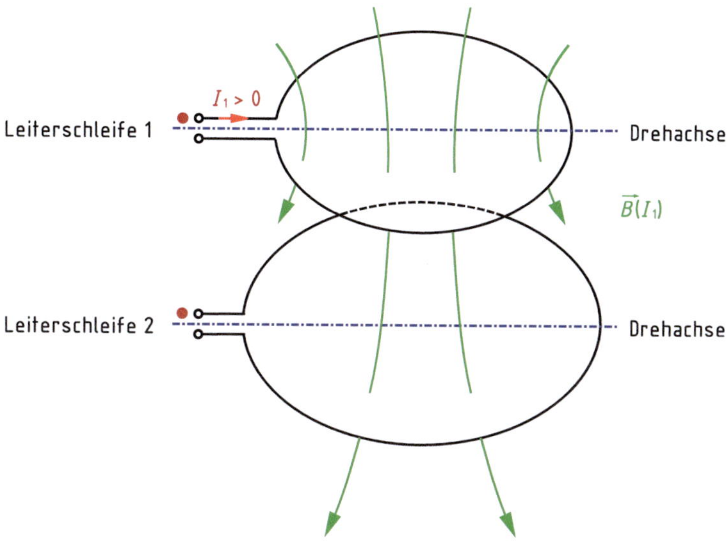

Bild 11.20: Zwei magnetisch gekoppelte, drehbare Leiterschleifen

2 fließen. In der dargestellten Position und mit den Wicklungspunkten wie beschrieben haben die beiden Leiterschleifen *gleichsinnigen* Wicklungssinn und eine Gegeninduktivität $M = M_{max} > 0$.

Wird eine der beiden Leiterschleifen kontinuierlich gedreht, verringert sich M, bis bei einer Drehung um 90° $M = 0$ wird, die beiden Leiterschleifen also *magnetisch entkoppelt* sind. Bei weiterer Drehung wird $M < 0$, erreicht bei einer Drehung um 180° den negativen Extremwert $M = -M_{max} < 0$, wird wieder zu null und erreicht bei einer vollen Umdrehung wieder den positiven Maximalwert.

Würde einer der beiden Wicklungspunkte vertauscht, läge gegensinniger Wicklungssinn mit $M = -M_{max} < 0$ vor.

Bei zwei oder mehr Wicklungen, die *fertigungstechnisch* über- oder hintereinander bezüglich der *gemeinsamen magnetischen Achse* (das ist eine Flussröhre des magnetischen Flusses, der beide Wicklungen durchsetzt) *gleichsinnig* gewickelt sind (s. Bild 3.65), erübrigt sich diese Überlegung. Dann stimmen die elektrischen mit den konstruktiven Wicklungsanfängen überein.

In elektrischen *Ersatzschaltbildern* erfolgt die Kennzeichnung des Wicklungssinns durch Eintragen von *Wicklungspunkten* an den jeweiligen Enden der Schaltsymbole der Induktivitäten. In *Stromlaufplänen* fehlen meist die Wicklungspunkte. Die Anschlüsse der Wicklungen sind dann in der Regel so eingezeichnet, dass die Wicklungspunkte an einander gegenüberliegenden Enden der Wicklungen liegen würden, also *gleichsinniger Wicklungssinn* angenommen werden kann.

Bild 11.21 zeigt die Schaltsymbole von zwei magnetisch gekoppelten Induktivitäten L_1 und L_2 mit gleichsinnigem bzw. gegensinnigem Wicklungssinn. Die magnetische Kopplung wird durch den Bogen mit dem Buchstaben M hervorgehoben.

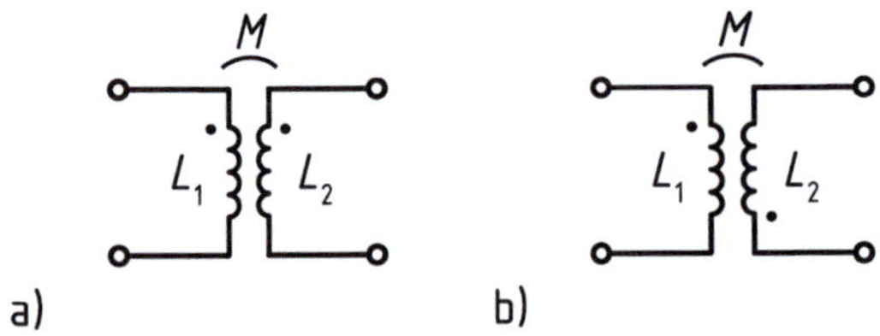

Bild 11.21: Schaltsymbole von magnetisch gekoppelten Induktivitäten mit a) gleichsinnigem bzw. b) gegensinnigem Wicklungssinn

In Beispiel 11.9 wird eine Anordnung mit mechanisch einstellbarer Gegeninduktivität analysiert.

Beispiel 11.9: Gegeninduktivität ineinander liegender Zylinderspulen

Betrachtet wird eine Anordnung aus zwei koaxial ineinander liegenden Zylinderspulen 1 und 2 (jeweils entsprechend Beispiel 11.3) mit den Längen l_1 bzw. $l_2 \ll l_1$, den Querschnittsflächen A_1 bzw. $A_2 \ll A_1$ sowie den Windungszahlen N_1 bzw. N_2. Die gesamte Anordnung sei magnetisch neutral ($\mu_r = 1$).

Herzuleiten ist eine *Näherungs*formel für die Gegeninduktivität M_{21} zwischen den Spulen.

Bild 11.22 zeigt einen Schnitt durch die Anordnung in einer Ebene, die die Spulenachsen enthält. Die *willkürlich* festgelegten *elektrischen* Wicklungsanfänge sind durch rote Punkte gekennzeichnet. Die *Zählpfeile* für I_1 und I_2 sind an den Wicklungsanfängen und in den Schnittflächen der Wicklungen eingezeichnet: Punkte stehen für aus der Zeichenebene heraus weisende, Kreuze für in sie hinein weisende *Zählpfeile*.

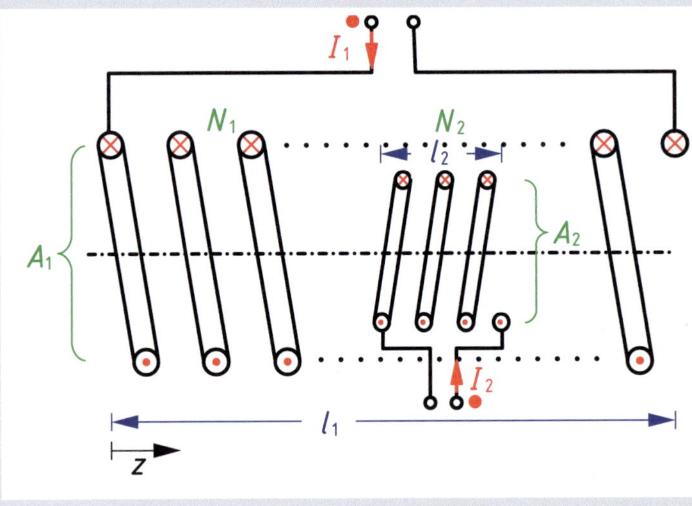

Bild 11.22: Schnitt durch zwei konzentrische Zylinderspulen mit Wicklungspunkten und Zählpfeilen für die Klemmenströme

Vorüberlegungen:

- Die Spulen sind *fertigungstechnisch* gegensinnig gewickelt.
- Zur Analyse der Anordnung werden Zylinderkoordinaten verwendet. Der Ursprung der z-Achse wird wie in Bild 11.22 dargestellt am linken Ende der Spule 1 angenommen.
- Da

$$M_{21} = \frac{\Psi_2(I_1)}{I_1}$$

  zu bestimmen ist, wird ein Strom $I_1 > 0$ in Spule 1 angenommen.
- I_1 bewirkt im Zentrum von Spule 1 ein Magnetfeld, das vereinfachend als homogen angenommen wird (s. Beispiel 11.3) und entgegen der z-Richtung verläuft.

Aus dem Ergebnis von Beispiel 11.3 folgt durch Anpassung an die hier betrachtete Anordnung

$$\vec{H}_{\text{innen}} \approx -\frac{N_1 I_1}{l_1}\,\vec{e}_z$$

und daraus

$$\vec{B}_{\text{innen}} \approx -\frac{\mu_0 N_1 I_1}{l_1}\,\vec{e}_z\,.$$

Um den durch dieses $\vec{B}$-Feld in der Querschnittsfläche (A_2) von Spule 2 bewirkten magnetischen Fluss

$$\Phi_2 = \iint\limits_{(A_2)} \vec{B}_{\text{innen}}\,\mathrm{d}\vec{A}_2$$

berechnen zu können, muss die Orientierung von (A_2) bekannt sein. (A_2) *muss* dem *Zählpfeil* von I_2 *rechtswendig* zugeordnet sein, weist also *entgegen* der z-Achse:

$$\mathrm{d}\vec{A}_2 = -\,\mathrm{d}\vec{A}_2\,\vec{e}_z$$

Daraus folgen der magnetische Fluss durch Spule 2

$$\Phi_2 \approx \frac{\mu_0 N_1 A_2 I_1}{l_1}\,,$$

der Spulenfluss

$$\Psi_2 \approx \frac{\mu_0 N_1 N_2 A_2 I_1}{l_1}$$

und schließlich die gesuchte Gegeninduktivität zwischen den konzentrischen Zylinderspulen

$$M_{21} \approx \frac{\mu_0 N_1 N_2 A_2}{l_1} > 0\,. \tag{11.64}$$

Die Gegeninduktivität ist positiv; die beiden Spulen haben also *elektromagnetisch* gleichsinnigen Wicklungssinn, obwohl sie *fertigungstechnisch* gegensinnig gewickelt sind. Der Grund hierfür sind die an *entgegengesetzten* Enden der Wicklungen angenommenen Wicklungspunkte. Die *gemeinsame magnetische Achse* der beiden Spulen ist die z-Achse. Werden Ströme $I_1 > 0$ bzw. $I_2 > 0$ an den mit Wicklungspunkten gekennzeichneten Klemmen eingespeist, erzeugen sie (s. *Zählpfeile* für die beiden Ströme in den Leiterquerschnitten) entlang der gemeinsamen magnetischen Achse *magnetische Flüsse in der selben Richtung* (entgegen der z-Achse). *Das ist das entscheidende Kriterium für gleichsinnigen Wicklungssinn.*

Der Rechengang zur Bestimmung von M_{21} ist bezüglich des magnetischen Feldes in der Anordnung anschaulich gut nachvollziehbar. Eine entsprechende Bestimmung von M_{12} wäre *anschaulich* nicht möglich. Trotzdem gilt wegen der Linearität der Anordnung $M_{12} = M_{21}$. Daraus folgt, dass bei der Bestimmung von Gegeninduktivitäten die geschickte Wahl der felderzeugenden Leiterschleife entscheidend für die Berechenbarkeit sein kann.

Wie ändert sich die Gegeninduktivität, wenn Spule 2 kontinuierlich innerhalb von Spule 1 gedreht wird?

Die Gegeninduktivität wird, ausgehend von ihrem oben ermittelten Maximalwert, bei der Drehung kleiner. Bei aufeinander senkrecht stehenden Spulenachsen ist sie null. Bei weiterer Drehung wird sie negativ. Bei 180° hat sie ihr negatives Extremum, das gleich dem negativen Maximalwert ist, usw. Die Abhängigkeit der Gegeninduktivität vom Drehwinkel hat also den Verlauf einer Kosinus-Funktion.

In magnetisch linearen Anordnungen sind Gegeninduktivitäten – zusammen mit den Wicklungspunkten – *rein konstruktive Parameter*. Lediglich zu ihrer *Berechnung* müssen Ströme angenommen werden.

Erfolgt die Drehung von Spule 2 in der von einem Gleichstrom durchflossenen Spule 1, ändert sich der magnetische Fluss durch Spule 2 zeitlich auch nach einer Kosinus-Funktion. Nach dem Induktionsgesetz (s. Abschnitt 11.16) wird dann in der Spule 2 eine Spannung mit sinusförmigem Zeitverlauf induziert. Die Anordnung wirkt bezüglich der Klemmen von Spule 2 in diesem Fall als *Sinusspannungsgenerator*.

11.11.4 Vorgehensweise bei der Berechnung von Induktivitäten

Mittels des folgenden Schemas lassen sich für einfache Anordnungen Selbst- bzw. Gegeninduktivität berechnen.

Gegeben: Eine Leiterschleife 1 oder zwei Leiterschleifen 1 und 2.

Gesucht: Äußere Selbstinduktivität der Leiterschleife 1 oder Gegeninduktivität zwischen den Leiterschleifen 1 und 2.

Rechenweg:

I_1	1.	*Felderregenden Strom* I_1 in Leiterschleife 1 annehmen.
	2.	*Qualitativen Feldverlauf* überlegen und eventuell zeichnen. Ggf. sinnvolle Vereinfachungen wählen. Evtl. geeignetes Koordinatensystem wählen.
$\vec{H}_1(I_1)$ bzw. $\vec{H}_2(I_1)$	3.	$\vec{H}$ in der „Ziel“-Leiterschleife 1 oder 2 berechnen.
$\vec{B}_1(I_1)$ bzw. $\vec{B}_2(I_1)$	4.	$\vec{B}$ in der „Ziel“-Leiterschleife 1 oder 2 berechnen.
$\Psi_1(I_1)$ bzw. $\Psi_2(I_1)$	5.	Ψ durch die „Ziel“-Leiterschleife 1 oder 2 berechnen.
L_1 oder M_{21}	6.	$L_1 = \dfrac{\Psi_1(I_1)}{I_1}$ bzw. $M_{21} = \dfrac{\Psi_2(I_1)}{I_1}$ berechnen.

1. Soll M_{12} statt M_{21} berechnet werden, sind im Schema alle Ziffern 1 und 2 miteinander zu vertauschen.
2. Sofern sich im felderfüllten Raum ferromagnetisches Material befindet, ist das Rechenergebnis nicht konstant, sondern von der Aussteuerung des Magnetwerkstoffes durch den fließenden Strom abhängig.
3. Das Schema ist sinngemäß auf Anordnungen von beliebig vielen Leiterschleifen erweiterbar, wo Gegeninduktivitäten zwischen je zwei Leiterschleifen zu berechnen sind. Bei magnetisch nichtlinearem Material hängt der Wert von μ_r in jedem Feldpunkt von der *resultierenden* magnetischen Feldstärke ab, die durch die Ströme in *allen* Leiterschleifen verursacht wird. Damit hängen die Gegeninduktivitäten zwischen Paaren von Leiterschleifen auch von den Strömen in weiteren Leiterschleifen ab!
4. Ist der magnetische Gesamtleitwert Λ_1 für den durch I_1 erzeugten magnetischen Fluss einfach berechenbar, kann auch die Beziehung $L_1 = \Lambda_1 N_1^2$ zur Berechnung der Selbstinduktivität verwendet werden.
5. Sofern die magnetische Feldenergie W_{mag} bekannt ist (z. B. als Ergebnis einer numerischen Feldberechnung), lässt sich die Gesamtinduktivität L_1 einfach bestimmen aus $L_1 = 2\,W_{mag}/I_1^2$ (s. Abschnitt 11.14.2).

11.12 Magnetisches Feld in Ferromagnetika

Ferromagnetische Stoffe werden bei der Behandlung magnetischer Felder oft pauschal als „Eisen“ bezeichnet, selbst wenn es sich im konkreten Fall nicht um Eisen handelt.

Ferromagnetische Stoffe sind von überragender Bedeutung für die Anwendung magnetischer Felder, da sie es ermöglichen, diese zu leiten und zu verstärken. Durch der Einsatz ferromagnetischer Werkstoffe können Bauelemente und Geräte hergestellt werden, die in sehr kompakter Form die Nutzung elektromagnetischer Effekte erlauben. Der Nachteil von Ferromagnetika ist ihr unvermeidbar nichtlineares Verhalten, das durch geschickte Wahl von Werkstoff und Arbeitsbereich hinsichtlich seiner negativen Auswirkungen aber begrenzt werden kann.

11.12.1 Magnetisches Verhalten von Ferromagnetika

In Abschnitt 11.3 wurden bereits die bezüglich ihres magnetischen Verhaltens zu unterscheidenden Stoffklassen aufgeführt. In diesem Abschnitt geht es nur um das magnetische Verhalten der Ferromagnetika.

Für die *magnetische Polarisation* (also die Bildung magnetischer Dipole) von Materie gibt es nach der aktuellen Sichtweise der Physik zwei Erkärungen auf Basis des Bohrschen Atommodells:

1. Mit dem Spin der Elektronen verbundenes magnetisches Dipolmoment (Spinmoment).
2. Aus dem Bahndrehimpuls der Elektronen resultierendes magnetisches Dipolmoment (Bahnmoment).

Durch diese Effekte können einzelne Atome als *Elementarmagnete* wirken.

Ferromagnetische Materialien enthalten mikroskopisch kleine kristalline Bereiche (*Domänen*) mit einheitlich ausgerichteter spontaner magnetischer Polarisation $\vec{J}$ (s. Abschnitt 11.3). Diese vollständig magnetisierten Domänen werden als „*Weißsche Bezirke*“[27] bezeichnet.

Die Grenzen zwischen diesen Bezirken heißen „*Bloch-Wände*“[28]. Im makroskopisch unmagnetisierten Zustand heben sich die magnetischen Felder der Domänen im räumlichen Mittel gegenseitig auf. Unter dem Einfluss eines ansteigenden äußeren $\vec{H}$-Feldes vergrößern sich zunächst diejenigen Domänen, bei denen die Richtung der Polarisation $\vec{J}$ ungefähr mit der Richtung des äußeren Feldes übereinstimmt. Dabei verschieben sich die Bloch-Wände *reversibel*. Bei weiterer Erhöhung des äußeren Feldes wandern und springen Bloch-Wände *irreversibel*. Schließlich richtet sich die Polarisation der Domänen vollständig nach dem äußeren Feld aus. Bei Erreichen dieser *magnetischen Sättigung* bewirkt eine Erhöhung des äußeren Feldes keine weitere Steigerung der magnetischen Polarisation des Material mehr.

Die *Curie-Temperatur*[29] ist diejenige Temperatur, bei der ein ferromagnetischer Stoff aufgrund der intensiven Schwingungen seines Gefüges seine magnetische Polarisation reversibel völlig verliert ($J = 0$), also magnetisch neutral ($\mu_r = 1$) wirkt. Bereits weit unterhalb dieser Temperatur lässt die magnetische Polarisierbarkeit eines Ferromagnetikums deutlich nach.

---

[27] Benannt nach dem französischen Physiker Pierre-Ernest Weiß (1865–1940).

[28] Benannt nach dem schweizer Physiker Felix Bloch (1905–1983).

[29] Benannt nach dem französischen Physiker Pierre Curie (1859–1906).

Als *Hystereseschleife* wird die grafische Darstellung der *experimentell aufgenommenen* Abhängigkeit $B = f(H)$ eines ferromagnetischen Materials bei periodischer *symmetrischer* Aussteuerung zwischen den Extremwerten $H_{max} > 0$ und $H_{min} = -H_{max}$ bezeichnet.

Die Kurve, die *beim erstmaligen Aufmagnetisieren aus dem unmagnetisierten Zustand* durchlaufen wird, ist die *Neukurve*, s. Kurve 1 in Bild 11.23.

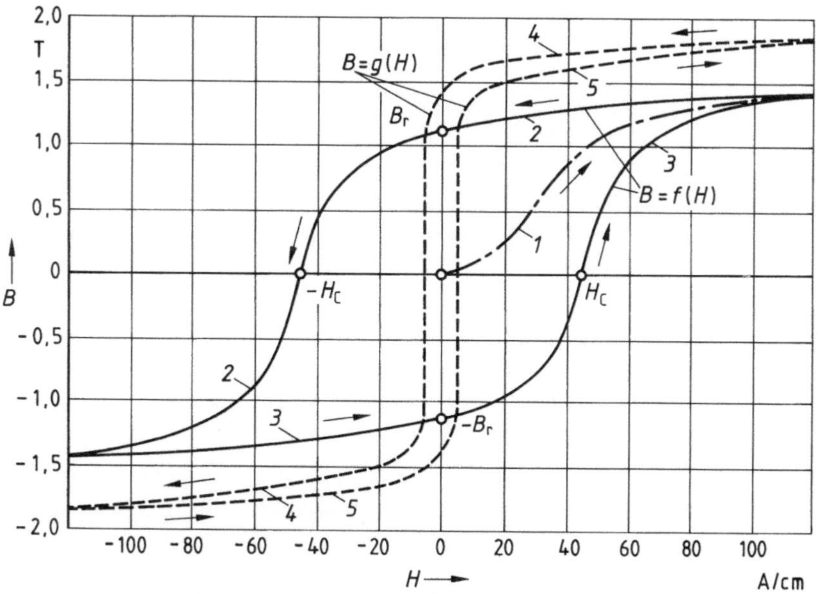

Bild 11.23: Hystereseschleifen $B = f(H)$ einer magnetisch harten (2), (3) und $B = g(H)$ einer magnetisch weichen (4), (5) Eisensorte
(1) Neukurve der harten Eisensorte

Die Werte B und H, die an den Achsen der Darstellung $B = f(H)$ aufgetragen werden, sind *nicht* die *Beträge* der Vektoren $\vec{H}$ bzw. $\vec{B}$, sondern deren *Komponenten* entlang einer Bezugsrichtung, in bzw. entgegen der die Aufmagnetisierung erfolgt.

Für jeden Stoff gibt es *unendlich viele* Hystereseschleifen, die zu verschiedenen Werten von H_{max} gehören.

Die Fläche innerhalb einer Hystereseschleife ist ein Maß für die während eines Ummagnetisierungszyklus im Ferromagnetikum in Wärme umgesetzte *Verlustenergie*. Die aufgrund dieser *Hystereseverluste* auftretende Verlustleistung ist *proportional zur Frequenz der Ummagnetisierung*.

Während die Menge aller Hystereseschleifen des magnetische Verhalten eines Ferromagnetikums entlang einer Bezugsrichtung vollständig beschreibt, machen die beiden Kennwerte *Koerzitivfeldstärke* $H_c > 0$ und *Remanenzflussdichte* $B_r > 0$ wichtige Aussagen über die *magnetische Härte* eines Ferromagnetikums.

B_r ist der Betrag derjenigen magnetischen Polarisation $\vec{J}$, die in einem Material zurückbleibt, wenn es bis in die Sättigug magnetisiert wurde und danach die äußere magnetische Feldstärke $\vec{H}$ entfernt wird, die die magnetische Polarisation bewirkt hatte. B_r wird an der positiven B-Achse des Diagramms $B = f(H)$ eingetragen.

H_c ist der Betrag diejenigen magnetischen Feldstärke $\vec{H}$, die *entgegen* der in einem Stoff verbliebenen Aufmagnetisierung wirken muss, um das Material vollständig zu entmagnetisieren. H_c wird als $-H_c$ an der negativen H-Achse des Diagramms $B = f(H)$ bzw. $J = g(H)$ eingetragen. Hierbei ist zwischen weich- und hartmagnetischen Materialien zu unterscheiden:

- *Weichmagnetische Materialien* werden nur bis zu kleinen magnetischen Feldstärken H ausgesteuert. Dadurch ist der Anteil von $\mu_0 H$ gegenüber dem Anteil von J an B (s. Gl. (11.9) und Bild 11.2) vernachlässigbar. Der quantitative Unterschied zwischen J und B ist unbedeutend. Daher werden bei weichmagnetischen Materialien nur die Hystereseschleifen $B = f(H)$ der magnetischen Flussdichte B und nur *ein* Wert für H_c angegeben.
- *Hartmagnetische Materialien* werden (zumindest während der Aufmagnetisierung) bis zu sehr großen magnetischen Feldstärken H ausgesteuert. Dadurch darf der Anteil von $\mu_0 H$ gegenüber dem Anteil von J an B auf keinen Fall vernachlässigt werden, da sie in der gleichen Größenordnung liegen können. Daher muss bei hartmagnetischen Materialien zwischen *zwei Arten von Hystereseschleifen mit zugehörigen Werten von* H_c unterschieden werden:
  1. In der Darstellung $B = f(H)$ verschwindet bei H_{cB} die gesamte magnetische Flussdichte: $B = 0$
  2. In der Darstellung $J = g(H)$ verschwindet bei H_{cJ} (auch als H_{ci} bezeichnet) nur die magnetische Polarisation: $J = 0$

Bei der Darstellung vollständiger Hystereseschleifen, die sich über alle 4 Quadranten des $B = f(H)$-Diagramms erstrecken, werden die 4 Werte H_c, $-H_c$, B_r und $-B_r$ an den Achsen markiert.

Werkstoffe, in denen das $\vec{B}(t)$-Feld einer durch ein äußeres $\vec{H}(t)$-Feld vorgegebenen *Wechselmagnetisierung* in möglichst guter Näherung *proportional* folgen soll und in denen dabei möglichst *geringe Hystereseverluste* auftreten sollen, müssen *schmale* Hystereseschleifen aufweisen, die in einer möglichst großen Umgebung um den Ursprung annähernd linear verlaufen. Diese Stoffe werden als *magnetisch weich* bezeichnet und insbesondere für elektrische Transformatoren, Motoren, Generatoren und Elektromagnete eingesetzt, die üblicherweise bei der Netzfrequenz von 50 Hz betrieben werden. Besonders hohe Anforderungen werden an Materialien für Kerne von Spulen und Transformatoren gestellt, die bei Frequenzen im kHz oder MHz-Bereich betrieben werden (z. B. in Schaltnetzteilen und Rundfunkempfängern).

Werkstoffe, die eine einmal erfolgte Magnetisierung möglichst stark (großes B_r) und möglichst robust gegenüber äußeren Störfeldern (großes H_c) beibehalten sollen, werden als *magnetisch hart* bezeichnet. Sie werden zur Herstellung von *Dauermagneten* verwendet.

Die *Magnetisierungskurve* (mittlere Kommutierungskurve) eines ferromagnetischen Materials (s. Kurve 2 in Bild 11.24) ist die Menge der *Umkehrpunkte* aller Hystereseschleifen im 1. Quadranten des Darstellung $B = f(H)$. Bei Berechnungen, die die durch die Hystereseschleifen beschriebene Zeitvarianz (das „Gedächtnis") des ferromagnetischen Materials nicht berücksichtigen, wird die Magnetisierungskurve des Materials verwendet. Sie ähnelt der Neukurve.

Magnetisch weiche Stoffe sollen eine Magnetisierungskurve aufweisen, die bis zum deutlichen Beginn der Sättigung beim *Sättigungsknie* möglichst linear verläuft. Diese Eigenschaft haben weichmagnetische Ferrite.

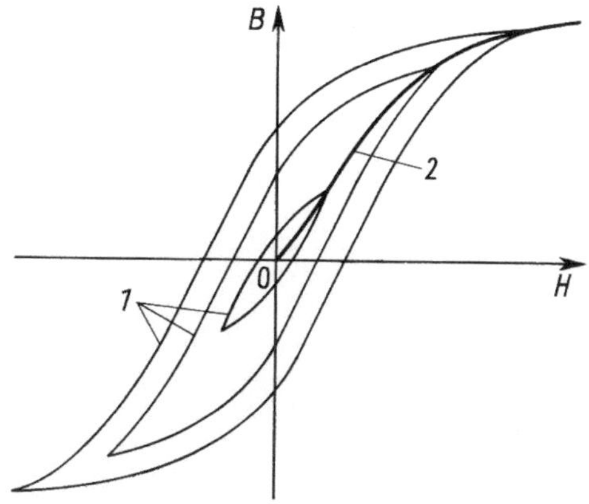

Bild 11.24: Schematische Darstellung von Hystereseschleifen (1) und der Magnetisierungskurve (2) eines Ferromagnetikums

Bei Dauermagneten aus magnetisch harten Werkstoffen ist die Magnetisierungskurve für die praktische Anwendung irrelevant, da keine Wechselmagnetisierung erfolgt. Für die Dimensionierung von magnetischen Kreisen mit Dauermagneten (s. Abschnitt 11.12.6) werden nur deren Hystereseschleifen benötigt.

Bild 11.25 zeigt eine exemplarische, in zwei Teile aufgeteilte Magnetisierungskurve für das häufig zum Bau von Motoren und Transformatoren eingesetzte Elektroblech M 530-50 A, die den Bereich bis $H = 15\,\mathrm{kA/m}$ abdeckt.

In Abschnitt 11.3 wurden bereits die Permeabilität μ und die relative Permeabilität μ_r behandelt. Beide Größen sind bei Ferromagnetika arbeitspunktabhängig. Bild 11.26 illustriert diese und die Bedeutung weiterer Permeabilitätsdefinitionen:

Die *Permeabilität* μ in einem *Arbeitspunkt* A ist

$$\mu(\mathrm{A}) = \mu(H_\mathrm{A}) = \frac{B_\mathrm{A}}{H_\mathrm{A}}, \tag{11.65}$$

also gleich der Steigung der *Sekante* an die Magnetisierungskurve im Arbeitspunkt. Sie ist relevant beim Betrieb eines Ferromagnetikums *in einem festen Arbeitspunkt.*

Durch Division der Funktion $\mu(\mathrm{A})$ durch μ_0 erhält man die Funktion

$$\mu_\mathrm{r}(H_\mathrm{A}) = \frac{\mu(H_\mathrm{A})}{\mu_0}, \tag{11.66}$$

die die *relative Permeabilität* beschreibt und von der ein typischer qualitativer Verlauf in Bild 11.27 dargestellt ist.

Bei gegebener Magnetisierungskurve hat ein Material in demjenigen Arbeitspunkt seine *maximale Permeabilität*, in dem die Steigung der Sekante maximal ist. Das ist der erste Berührpunkt zwischen der Magnetisierungskurve und einer zunächst vertikalen Ursprungsgeraden, deren Steigung verringert wird. Dieser Punkt $\mu_{\mathrm{r\,max}}$ ist in Bild 11.27 markiert.

Die *differenzielle Permeabilität* μ_d in einem Arbeitspunkt A ist

$$\mu_\mathrm{d}(\mathrm{A}) = \left.\frac{\mathrm{d}B}{\mathrm{d}H}\right|_\mathrm{A}, \tag{11.67}$$

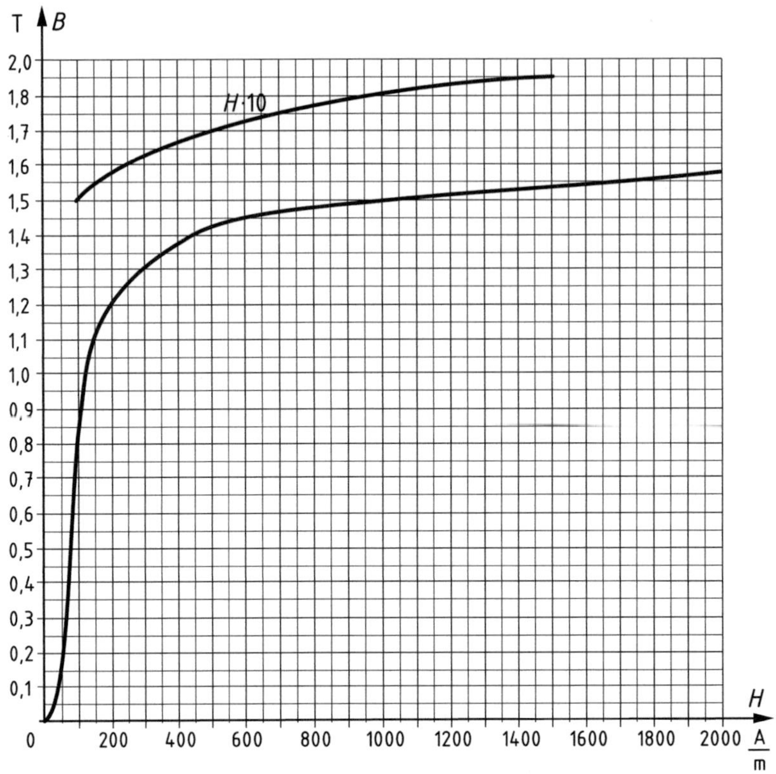

Bild 11.25: In zwei Teile aufgeteilte Magnetisierungskurve für Elektroblech M 530-50 A

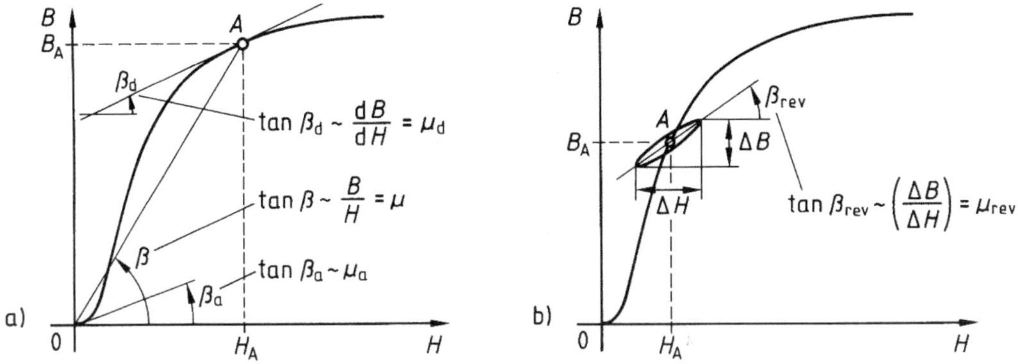

Bild 11.26: Grafische Darstellung der Permeabilitätsdefinitionen
a) Permeabilität μ, differenzielle Permeabilität μ_d, Anfangspermeabilität μ_a
b) reversible Permeabilität μ_{rev}

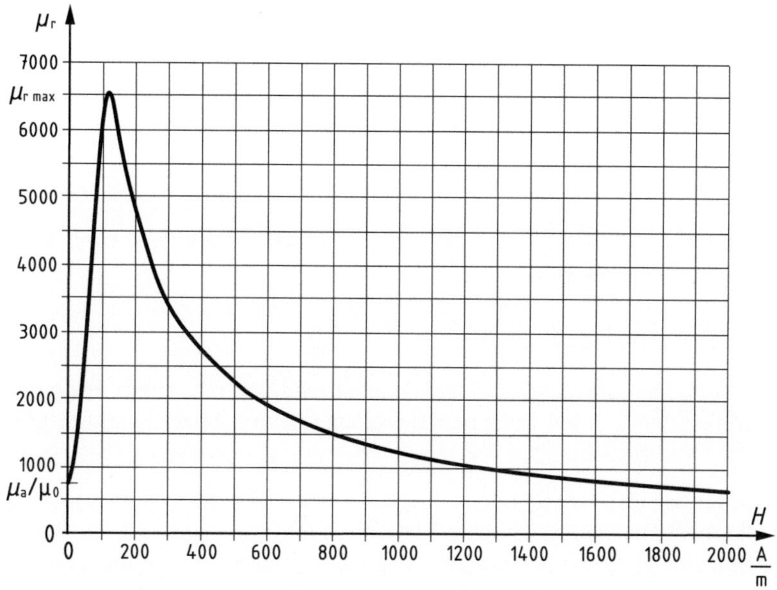

Bild 11.27: Permeabilitätskurve von Elektroblech M 530-50 A
μ_a Anfangspermeabilität
$\mu_{r\,max}$ maximale relative Permeabilität

also gleich der Steigung der *Tangente* an die Magnetisierungskurve im Punkt A. Sie ist relevant bei *sehr kleiner Aussteuerung* eines Ferromagnetikums um A.

Die *Anfangspermeabilität* μ_a ist gleich der differenziellen Permeabilität μ_d für $H \to 0$, also gleich der Anfangssteigung der Magnetisierungskurve:

$$\mu_a = \left.\frac{dB}{dH}\right|_{H \to 0} \tag{11.68}$$

Die *reversible Permeabilität* μ_{rev} ist relevant bei der Aussteuerung um $\Delta H \gg 0$ um einen Arbeitspunkt A gemäß Bild 11.26 b):

$$\mu_{rev}(A, \Delta H) = \left.\frac{\Delta B}{\Delta H}\right|_{A} \tag{11.69}$$

Sie ist die Steigung der Verbindungsgerade zwischen den Spitzen der *lokalen* Hystereseschleife, die sich bei deutlicher Aussteuerung des Ferromagnetikums um ΔH um den Arbeitspunkt A ergibt. Für $\Delta H \to 0$ geht μ_{rev} in μ_d über.

Bei der besonders praxisrelevanten Gruppe der Bleche aus Metallen, die aus Eisen mit unterschiedlichsten Zuschlagstoffen bestehen, sind die magnetischen Eigenschaften teilweise *sehr richtungsabhängig* (anisotrop). Bei gewalzten Blechen können die Eigenschaften – einschließlich der Permeabilität – in Walzrichtung und quer dazu unterschiedlich sein. Diese zum Bau von Eisenblechpaketen verwendeten Bleche werden stets mit einer elektrisch isolierenden – und daher magnetisch schlecht leitfähigen – Oberfläche (z. B. aus Lack, Papier oder einer Oxidschicht) versehen, um Wirbelstromverluste zu reduzieren. Dadurch ist die magnetische Leitfähigkeit in der *Stapelrichtung* der Bleche drastisch geringer als in der Blechebene. Pakete aus *lamellierten Eisenblechen* werden daher immer so konstruiert, dass der magnetische Fluss in der Blechebene geführt wird.

Durch die Blechung unterscheidet sich der *geometrische* Querschnitt A_{geom} eines *Blechpaketes* vom *magnetisch wirksamen* (effektiven) Querschnitt A_{Fe}. Das Verhältnis

$$k_{Fe} = \frac{A_{Fe}}{A_{geom}} < 1 \tag{11.70}$$

wird als *Stapelfaktor*, *Laminierungsfaktor* oder *Eisenfüllfaktor* bezeichnet. Übliche Eisenfüllfaktoren liegen im Bereich 85 % bis 97 %.

11.12.2 Dauermagnetwerkstoffe

Dauermagnete (*Permanentmagnete*) sind ferromagnetische Bauteile (meist aus metallischen oder keramischen Werkstoffen), deren Remanenzflussdichte B_r und Koerzitivfeldstärke H_c besonders groß sind.

Dauermagnete werden bis zu sehr hohen magnetischen Feldstärken H betrieben, deren Anteil $B_0 = \mu_0 H$ an der magnetischen Flussdichte B erheblich sein kann. Daher ist bei diesen Materialien zwischen der üblichen Hystereseschleife für die gesamte magnetische Flussdichte $B = f(H)$ und der Hystereseschleife $J = g(H)$ für die magnetische Polarisation zu unterscheiden (s. Abschnitt 11.12.1). Wegen der sehr hohen relevanten magnetischen Feldstärken werden diese bei Dauermagneten in der Regel nicht, wie sonst üblich, in A/m oder A/cm, sondern in kA/m angegeben.

Bei der *Herstellung* wird das noch unmagnetisierte Material ($H = 0, B = 0$) sehr kurzzeitig einem sehr starken äußeren Magnetfeld $H > 2\,H_{cJ}$ ausgesetzt, das das Material bis in die Sättigung magnetisch polarisiert, also zu einem sehr hohen Wert von J führt. Dieser Vorgang wird in Bild 11.23 durch die *Neukurve* 1 beschrieben.

Das Reduzieren des äußeren Magnetfeldes auf $H = 0$ führt durch Wegfall des Anteils $B_0 = \mu_0 H$ zur Verringerung der magnetischen Flussdichte B auf die Remananzflussdichte B_r. Dieser Vorgang wird in Bild 11.23 durch den oberen rechten Teil der Kurve 2 beschrieben.

Nach der Herstellung erzeugt ein hochwertiger Dauermagnet einen magnetischen Fluss Φ, der durch äußere Einwirkungen wie z. B. ein durch eine elektrische Durchflutung Θ bewirktes schwaches Magnetfeld, relativ unempfindlich ist. Hochwertige Dauermagnete haben eine in erster Näherung *rechteckige Hystereseschleife* $J = g(H)$ und *parallelogrammförmige Hystereseschleife* $B = f(H)$. Ihre magnetische Polarisation J bricht erst kurz vor Erreichen der entmagnetisierenden äußeren Feldstärke H_{cJ} (Punkt $J = 0, H = -H_{cJ}$) im Diagramm $J = g(H)$) zusammen und ist davor in erster Näherung konstant.

Das bedeutet, dass im Diagramm $J = g(H)$ im Feldstärkebereich $-H_{cJ} < H < H_{cJ}$

$$\frac{dJ}{dH} \approx 0 \tag{11.71}$$

gilt und somit die Funktion $B = f(H)$ in diesem Bereich näherungsweise durch die linearen Funktion

$$B = B_r + \mu_0 H \tag{11.72}$$

beschrieben werden kann.

Aus Gl. (11.9) folgt, dass die Hystereseschleife $B = f(H)$ sich aus der Hystereseschleife $J = g(H)$ durch Addition des linearen Anteils $\mu_0 H$ ergibt. Also gilt wegen Gl. (11.67) für $-H_{cJ} < H < H_{cJ}$

$$\mu_d = \frac{dB}{dH} \approx \mu_0 \,. \tag{11.73}$$

Ein Dauermagnet verhält sich in diesem Bereich also *differenziell* wie ein magnetisch neutraler Stoff (Luft) mit $\mu_r \approx 1$!

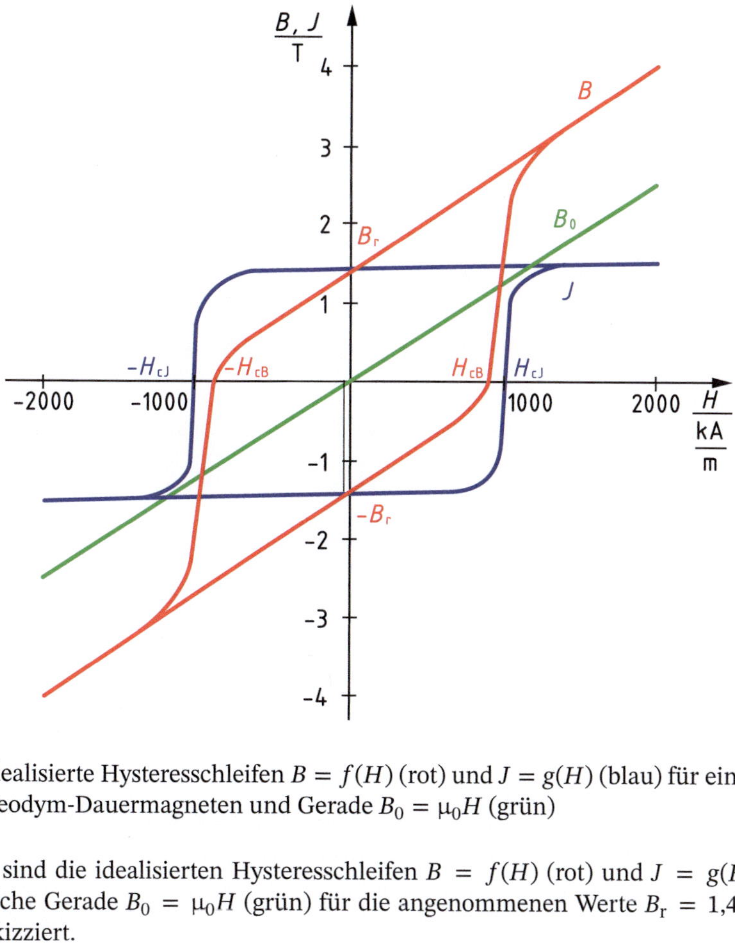

Bild 11.28: Idealisierte Hysteresschleifen $B = f(H)$ (rot) und $J = g(H)$ (blau) für einen Neodym-Dauermagneten und Gerade $B_0 = \mu_0 H$ (grün)

In Bild 11.28 sind die idealisierten Hysteresschleifen $B = f(H)$ (rot) und $J = g(H)$ (blau) und die maßstäbliche Gerade $B_0 = \mu_0 H$ (grün) für die angenommenen Werte $B_r = 1{,}4\,\mathrm{T}$ und $H_{cJ} = 1000\,\mathrm{kA/m}$ skizziert.

Betrieben werden Dauermagnete in einem *Arbeitspunkt* oder *Arbeitsbereich* im 2. Quadranten $(B > 0, H < 0)$ des Diagramms $B = f(H)$, der die *Entmagnetisierungskurve* beschreibt.

Je höher die *maximale magnetische Energiedichte* (s. Abschnitt 11.14.1)

$$\frac{dW_{\text{mag max}}}{dV} = (B \cdot H)_{\max} \tag{11.74}$$

eines Dauermagneten ist, desto kleiner kann sein Volumen sein, um in einer Anordnung eine bestimmte magnetische Feldenergie zu erzeugen. Die maximale Energiedichte lässt sich grafisch als

Fläche des größten Rechtecks deuten, das durch den Ursprung des Diagramms $B = f(H)$ und einen Punkt $(B, -H)$ auf der Entmagnetisierungskurve gebildet wird.

In *magnetischen Ersatzschaltbildern* wirkt ein Dauermagnet analog zu einer elektrischen Stromquelle wie eine *magnetische Flussquelle*, die (innerhalb der Grenzen ihres Arbeitsbereiches) einen magnetischen Fluss Φ einprägt. Der *magnetische Innenwiderstand* einer solchen Quelle ist sehr groß, s. Gl. (11.73).

Starke Dauermagnete sollten immer mit einer magnetisch gut leitfähigen äußeren Verbindung zwischen ihren Polen magnetisiert, gelagert, transportiert und betrieben werden, um ihre Polarisation nicht zu gefährden. Das entspricht dem Verhalten von elektrischen Stromquellen, deren energetisch günstigeste und praktisch unbedenklichste Betriebsart der Kurzschluss ist.

Die stärksten Dauermagnete, die in Massenproduktion hergestellt werden, sind *Neodym*-Magnete, die neben Eisen Neodym und Bor enthalten ($Nd_2Fe_{14}B$). Sie haben die früher üblichen Dauermagnete aus *Samarium-Kobalt* (Sm_2Co_{17}) weitgehend verdrängt. Zu den preislich günstigsten, allerdings magnetisch nicht hochwertigen, Dauermagnetwerkstoffen gehören *hartmagnetische Ferrite*[30]. Sie werden auch in großen Mengen in Haushalten eingesetzt, etwa als Haftmagnete.

Neodym-Magnete können Remanenzflussdichten B_r von bis zu ca. 1,4 T und Koerzitivfeldstärken H_c von über 2000 kA/m aufweisen. Ihre *maximale magnetische Energiedichte* $(B \cdot H)_{max}$ kann Werte von über 400 kJ/m³ erreichen.

Die *Klassifizierung von Dauermagnetwerkstoffen* erfolgt auch heute noch mittels der veralteten Einheiten Gauß (G) und Oerstedt (Oe) aus dem cgs-System in MGOe (sprich „Mega Gauß Oerstedt"). Aus $1\,\mathrm{Oe} = 1000/(4\pi)\,\mathrm{A/m}$ und $1\,\mathrm{T} = 10.000\,\mathrm{G}$ folgt

$$1\,\mathrm{MGOe} = \frac{25}{\pi}\,\mathrm{kJ/m^3} \approx 8\,\mathrm{kJ/m^3} = 8\,\mathrm{mJ/cm^3}\,. \tag{11.75}$$

Magnete der Klasse N55 weisen z. B. eine Energiedichte von ca. $55\,\mathrm{MGOe} \approx 440\,\mathrm{kJ/m^3}$ auf.

Die Curie-Temperatur von Neodym-Magneten von knapp über 300 °C ist im Vergleich zu anderen Dauermagnetwerkstoffen sehr niedrig. Diese Schwäche macht sich schon beim Erwärmen auf nur etwa 100 °C durch einen erheblichen Abfall der Energiedichte bemerkbar. Die wesentlich teureren Samarium-Kobalt-Magnete weisen eine Curie-Temperatur von über 700 °C auf. Sie sind in der Regel bis etwa 350 °C einsetzbar.

Die wesentlichen Informationen zur Charakterisierung der magnetischen Eigenschaften eines Dauermagneten sind:

- Maximale magnetische Energiedichte $(B \cdot H)_{max}$.
- Entmagnetisierungskurve des Magnetmaterials im 2. Quadranten des Diagramms $B = f(H)$ mit den Kennwerten B_r und H_{cB} oder des Diagramms $J = g(H)$ mit den Kennwerten B_r und H_{cJ}.
- Geometrie, insbesondere die magnetisch wirksame Länge und Querschnittsfläche (jeweils bezüglich der Richtung der Magnetisierung)
- Anordnung der Pole. Dauermagnete können auch so magnetisiert werden, dass sie mehr als ein *Polpaar* aufweisen.
- Maximale Einsatztemperatur ϑ_{max}.

[30] Ferrite gehören hinsichtlich ihres Magnetisierungsmechanismus nicht zu den ferromagnetischen Stoffen, verhalten sich aber sehr ähnlich wie diese.

11.12.3 Kennzeichen von Eisenkreisen und vereinfachende Annahmen

Als *Eisenkreise* werden bei der Behandlung magnetischer Felder Anordnungen mit den nachfolgenden Merkmalen bezeichnet:

1. Eine für das gesamte Magnetfeld typische Feldlinie verläuft zum weit überwiegenden Teil in Eisen[31] und nur zu einem kleinen Teil in Luft[32] Anders ausgedrückt: Die *mittlere Eisenweglänge* l_{Fe} ist wesentlich größer als die *mittlere Luftweglänge* l_L.

   In der Anordnung in Bild 11.29 a) ist diese Aussage erfüllt, in der in Bild 11.29 b) nicht.

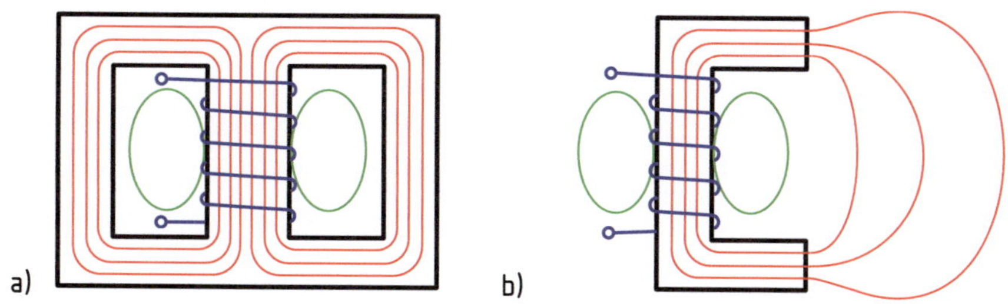

Bild 11.29: Feldlinien verlaufen a) im Eisen b) zum erheblichen Teil in Luft

2. Der in den Bildern 11.29 a) und b) durch grüne Flusslinien symbolisierte Anteil des magnetischen Flusses außerhalb des Eisens (*Streufluss*) ist vernachlässigbar gegenüber dem durch rote Flusslinien symbolisierten Fluss innerhalb des Eisens (*Nutzfluss*).
3. Grenzflächen zwischen Eisen und Luft (*Polflächen*) sind eben und parallel zueinander. Die *Luftspaltlänge* δ ist sehr klein gegenüber dem kleinsten Durchmesser der Polflächen.

   Der Ausschnitt in Bild 11.30 a) erfüllt diese Voraussetzung, die Ausschnitte in Bild 11.30 b) und c) nicht.

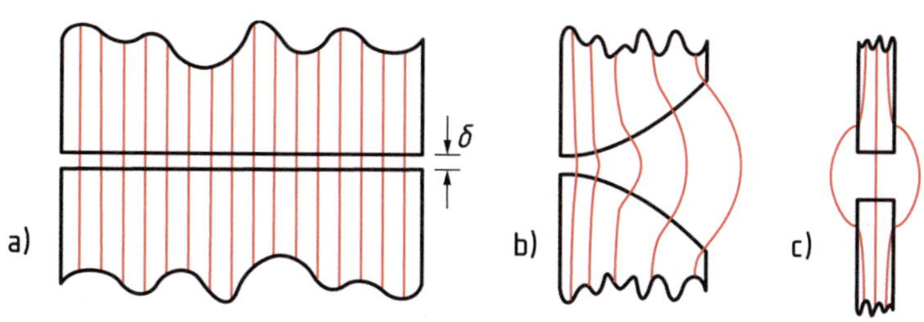

Bild 11.30: Polflächen a) parallel mit kleinem Abstand,
b) nicht parallel mit nicht einheitlichem Abstand und
c) parallel mit großem Abstand

Wenn diese Voraussetzung erfüllt ist, kann die *Aufweitung*[33] *des Magnetfeldes im Luftspalt* (*Feldaufweitung*) in manchen Fällen vernachlässigt werden. Dann sind die vom Feld durchsetzten Flächen im Eisen A_{Fe} und in der Luft A_L *näherungsweise* gleich.

[31] Der Begriff „Eisen" steht bei der Behandlung von Eisenkreisen für „ferromagnetischer Stoff" mit $\mu_r \gg 1$.

[32] Der Begriff „Luft" steht bei der Behandlung von Eisenkreisen für „magnetisch näherungsweise neutraler Stoff" mit $\mu_r \approx 1$.

[33] Diese Aufweitung wird dadurch verursacht, dass das Magnetfeld wegen der vergleichsweise schlechten magnetischen Leitfähigkeit der Luft nicht so gut konzentriert wird wie im Eisen.

Um die Feldaufweitung im Luftspalt in Berechnungen zu berücksichtigen, wird häufig statt der geometrischen *Luftspaltbreite b für jede zu berücksichtigende Richtung* (also ggf. sowohl für die Breite als auch die Tiefe) eine *Ersatz-Luftspaltbreite* $b_{\mathrm{Ers}} > b$ angesetzt. Durch diese Ersatzbreite(n) wird diejenige *Luftspaltfläche* A_{L} beschrieben, die von einer *als homogen angenommenen* magnetischen Flussdichte B_{L} durchsetzt würde. Ziel dieser Korrekturmaßnahme ist es, die magnetische Spannung $V_{\mathrm{L}} = (B_{\mathrm{L}}/\mu_0)\, l_{\mathrm{L}}$, die über dem Luftspalt abfällt, richtig zu beschreiben.

Wegen der Quellenfreiheit des magnetischen Flusses gilt an den Polflächen auf jeden Fall $\Phi_{\mathrm{Fe}} = \Phi_{\mathrm{L}}$. Daraus folgt

$$\frac{B_{\mathrm{L}}}{B_{\mathrm{Fe}}} = \frac{A_{\mathrm{Fe}}}{A_{\mathrm{L}}}\,.$$

4. Der *Betrag* der magnetischen Feldgrößen ist viel wichtiger als ihre *Richtung*. Daher werden bei Feldbildern von Eisenkreisen häufig die Richtungspfeile der Feldlinien weggelassen.

Bei der Berechnung von Eisenkreisen werden in der Regel die folgenden vereinfachenden Annahmen verwendet:

1. Die *mittlere Länge der magnetischen Feldlinien* in einem Abschnitt wird gleich der Weglänge *in der Mitte dieses Abschnitts* gesetzt, s. Bild 11.31. Innnerhalb eines Abschnitts muss die Querschnittsfläche des Eisens konstant sein.

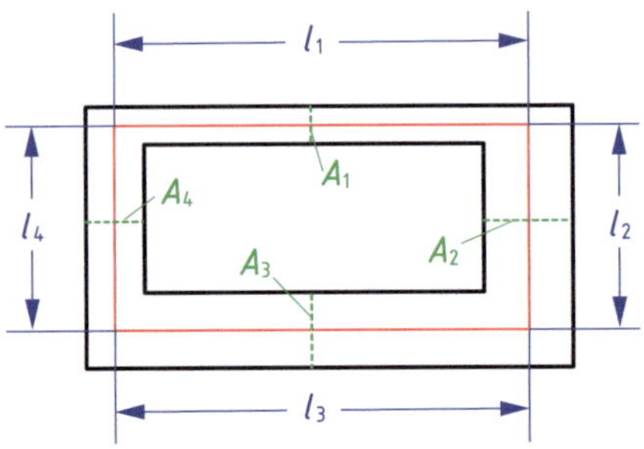

Bild 11.31: Eisenkreis aus 4 Abschnitten mit unterschiedlichen Querschnittsflächen

In Bild 11.31 ist die mittlere Länge einer magnetischen Feldlinie

$$l_{\mathrm{m}} = l_1 + l_2 + l_3 + l_4\,.$$

Daher gilt

$$\oint \vec{H}\, \mathrm{d}\vec{s} = H_1\, l_1 + H_2\, l_2 + H_3\, l_3 + H_4\, l_4\,.$$

Aus

$$\Phi_1 = \Phi_2 = \Phi_3 = \Phi_4$$

folgt

$$B_1\, A_1 = B_2\, A_2 = B_3\, A_3 = B_4\, A_4$$

mit

$$B_1 = \mu_1\, H_1;\; B_2 = \mu_2\, H_2;\; B_3 = \mu_3\, H_3;\; B_4 = \mu_4\, H_4\,.$$

2. Die *magnetische Flussdichte* innerhalb eines Abschnitts wird als *homogen* über den jeweiligen Querschnitt verteilt angenommen.

11.12.4 Eisenkreise ohne Luftspalt

Diese Eisenkreise, in denen das Eisen zur optimalen Materialnutzung in der Regel überall im näherungsweise gleichen Arbeitspunkt betrieben wird, können *direkt* mittels des *Durchflutungssatzes* und der *Magnetisierungskurve* berechnet werden, wie im folgenden Beispiel gezeigt wird.

Beispiel 11.10: Eisenkreis ohne Luftspalt

Gegeben ist ein Blechpaket vom Typ EI 106b/45 mit folgenden technischen Daten:

- Blechsorte: Elektroblech M 530-50 A (kaltgewalzt, nicht kornorientiert)
- maximal übertragbare Leistung: ca. 150 VA
- Gewicht: ca. 2 kg
- Blechdicke: ca. 0,5 mm
- Eisenverluste bei 50 Hz: max. 5,30 W/kg
- Wirkungsgrad: bis ca. 89 %
- effektiver Eisenquerschnitt A_{Fe}: ca. 12,2 cm^2
- Tiefe: 45 mm, Gesamtbreite: 106 mm, Schenkelbreite: 14,5 mm (außen) bzw. 29 mm (Mitte), Gesamthöhe: 70,5 mm („E"-Teil) + 14,5 mm („I"-Teil)

Eine exemplarische Magnetisierungskurve des Bleches ist in Bild 11.25 dargestellt. Sie soll hier verwendet werden.

Bild 11.32 zeigt eine bemaßte perspektivische Darstellung des Blechpaketes (alle Abmessungen in mm).

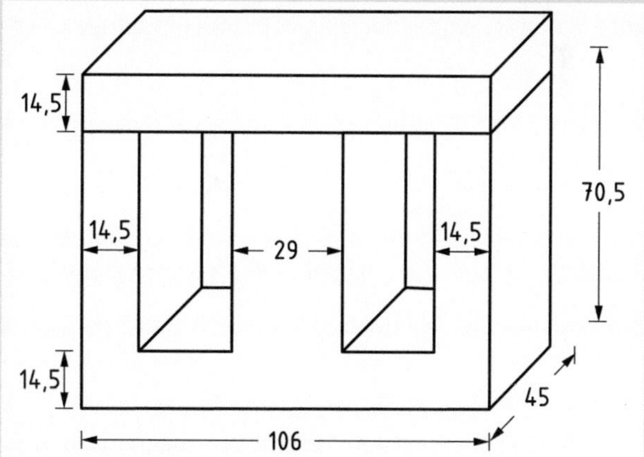

Bild 11.32: Bemaßte Darstellung eines EI-Blechpaketes für Netztransformatoren

Ein solches Paket aus elektrisch voneinander isolierten Eisenblechen wird typischerweise für Transformatoren verwendet, die bei 50 Hz arbeiten. Die Bezeichnung „EI" steht für die Form der Bleche, die in Bild 11.32 erkennbar ist.

Auf dem mittleren Schenkel des Blechpaketes soll eine Wicklung aufgebracht werden, die beim Strom $I = 100$ mA die Flussdichte $B_{Fe} = 1{,}2$ T im Kern erzeugt.

Wie muss die Windungszahl N der Wicklung dafür gewählt werden?

Wegen der Symmetrie des Blechpaketes teilt sich ein durch die Durchflutung auf dem Mittelschenkel erzeugter magnetischer Fluss Φ_{ges} im Verhältnis 1:1 in Teilflüsse durch die beiden Seitenschenkel auf. Da der Mittelschenkel den doppelten Querschnitt der Seitenschenkel hat, ist der Betrag der magnetischen Flussdichte B in allen Abschnitten näherungsweise gleich – und damit auch der Betrag der magnetischen Feldstärke H, wie in Bild 11.33 vereinfacht dargestellt.

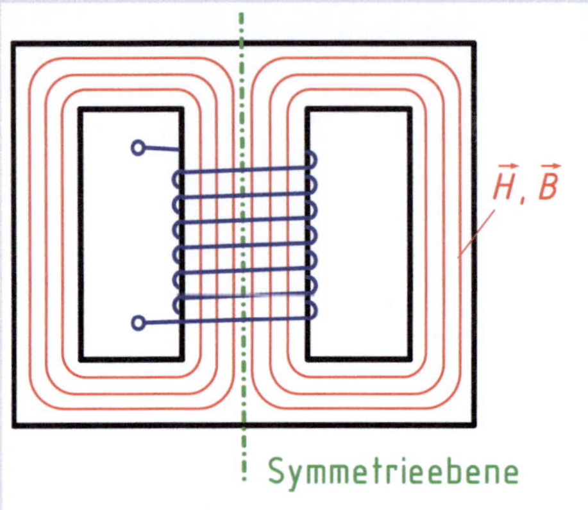

Bild 11.33: Wicklung auf dem Mittelschenkel und schematischer Verlauf des Magnetfeldes im EI-Kern

Die Anwendung des Durchflutungssatzes

$$\oint_{(s)} \vec{H}\, d\vec{s} = \Theta$$

auf eine typische magnetische Feldlinie der Länge l_m ergibt

$$H_{Fe}\, l_m = N\, I\,,$$

woraus die Bestimmungsgleichung für die gesuchte Windungszahl folgt:

$$N = \frac{H_{Fe}\, l_m}{I} \qquad (11.76)$$

Aus der Magnetisierungskurve des verwendeten Bleches ist zu entnehmen, dass zur Flussdichte $B_{Fe} = 1{,}2\,\mathrm{T}$ die Feldstärke $H_{Fe} \approx 200\,\mathrm{A/m}$ gehört.

Zur Bestimmung des noch fehlenden Wertes von l_m gibt es zwei leicht unterschiedliche Ansätze:

1. Betrachtung des magnetischen Flusses Φ
   Bild 11.34 zeigt den Verlauf der magnetischen Flüsse in den drei Schenkeln, jeweils durch eine Flusslinie in der Mitte der Schenkel symbolisiert.

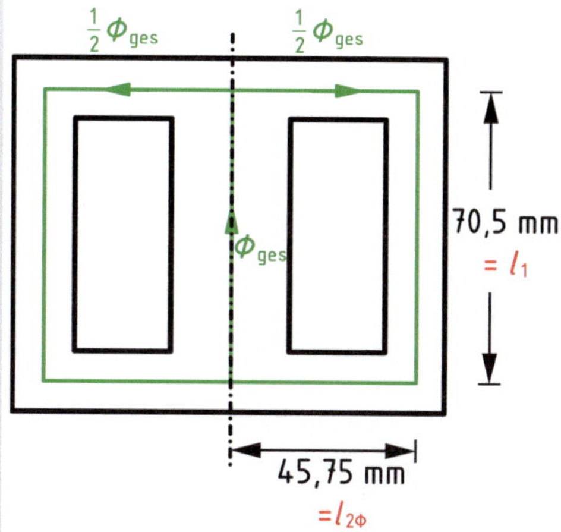

Bild 11.34: Verlauf der konzentriert angenommenen magnetischen Flüsse im EI-Kern

Die Länge einer geschlossenen Flusslinie ist
$l_{\mathrm{m}\,\Phi} \approx 2\,(l_1 + l_{2\Phi}) = 2\,(70{,}5 + 45{,}75)\,\mathrm{mm} = 232{,}5\,\mathrm{mm} \approx 23\,\mathrm{cm}.$

2. Betrachtung der magnetischen Flussdichte $\vec{B}$
Bild 11.35 zeigt symbolisch die $\vec{B}$-Feldlinien, die in der Mitte der Seitenschenkel verlaufen. Sie können wegen der Symmetrie der Anordnung im Mittelschenkel nicht in dessen Mitte verlaufen.

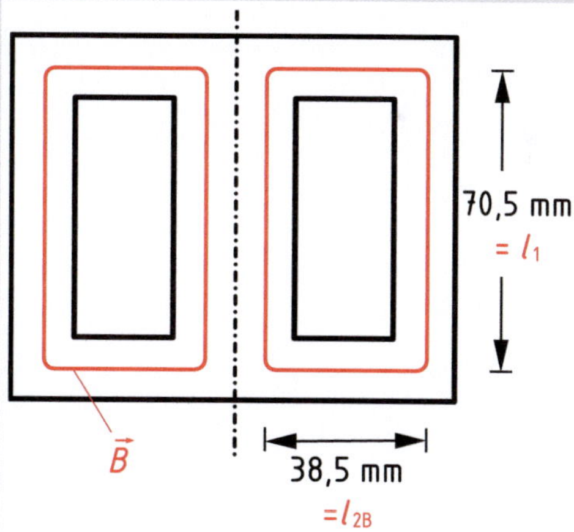

Bild 11.35: Verlauf der mittleren Flussdichtefeldlinien im EI-Kern

Die Länge einer geschlossenen Feldlinie ist
$l_{\mathrm{m\,B}} \approx 2\,(l_1 + l_{2\mathrm{B}}) = 2\,(70{,}5 + 38{,}5)\,\mathrm{mm} = 218\,\mathrm{mm} \approx 22\,\mathrm{cm}.$

Der zweite Ansatz ist sinnvoller. Die Abweichung zwischen den beiden so ermittelten Werten von l_m liegt aber bei deutlich unter 10 %, ist also unerheblich.

Durch Einsetzen der beiden Werte von l_m in die Bestimmungsgleichung (11.76) für N erhält man die gesuchte Windungszahl im Bereich $N = 440 \ldots 460$. Gewählt wird

$$N = 450\,.$$

Die mittlere relative Permeabilität des Bleches im Arbeitspunkt ist

$$\mu_{\mathrm{r\,Fe}} = \frac{B_{\mathrm{Fe}}}{\mu_0 H_{\mathrm{Fe}}} \approx 4800\,.$$

Dieser Wert ist typisch für Elektroblech und liegt nach Bild 11.27 in der Nähe von $\mu_{\mathrm{r\,max}}$.

Wie groß ist der *Eisenfüllfaktor* des Blechpaketes?

Aus dem gegebenen effektiven Eisenquerschnitt $A_{\mathrm{Fe}} = 12{,}2\,\mathrm{cm}^2$ und den Abmessungen des Mittelschenkels $A_{\mathrm{geom}} = 4{,}5\,\mathrm{cm} \cdot 2{,}9\,\mathrm{cm} \approx 13\,\mathrm{cm}^2$ ergibt sich

$$k_{\mathrm{Fe}} = \frac{A_{\mathrm{Fe}}}{A_{\mathrm{geom}}} \approx \frac{12{,}2\,\mathrm{cm}^2}{13\,\mathrm{cm}^2} \approx 93\,\%\,,$$

was ein plausibler Wert ist.

Wie groß ist die Selbstinduktivität L der Wicklung auf dem Mittelschenkel?

Aus dem magnetischen Gesamtfluss

$$\Phi_{\mathrm{ges}} = B_{\mathrm{Fe}}\,A_{\mathrm{Fe}} = 1{,}2\,\mathrm{T} \cdot 12{,}2\,\mathrm{cm}^2 \approx 14{,}6\,\mathrm{T\,cm}^2 = 1{,}46\,\mathrm{mWb}$$

folgt mit $N = 450$ und $I = 0{,}1$ A die Selbstinduktivität

$$L = \frac{N\,\Phi_{ges}}{I} \approx 6{,}6\,\mathrm{H}\,.$$

Dieser große Wert ist auf die große Windungszahl und den Betrieb des Kerns in der Nähe seiner maximalen Permeabilität zurückzuführen.

Alternativ kann L gemäß Gl. (11.56) aus der Windungszahl N der Wicklung und dem magnetischen Gesamtleitwert $\Lambda_{\mathrm{ges}} = 1/R_{\mathrm{m\,ges}}$ des magnetischen Kreises, auf den die Durchflutung Θ arbeitet, ermittelt werden:

$$L = \Lambda_{\mathrm{ges}}\,N^2 = \frac{N^2}{R_{\mathrm{m\,ges}}}$$

Um das Arbeiten mit magnetischen Widerständen in magnetischen Ersatzschaltbildern zu demonstrieren, wird nun $R_{\mathrm{m\,ges}}$ schrittweise berechnet.

Bild 11.36 zeigt das magnetische Ersatzschaltbild des Kerns mit der stromdurchflossenen Wicklung. Die Richtung des *Zählpfeils* für Θ wurde willkürlich gewählt, da kein *Zählpfeil* für den Strom durch die Wicklung gegeben ist.

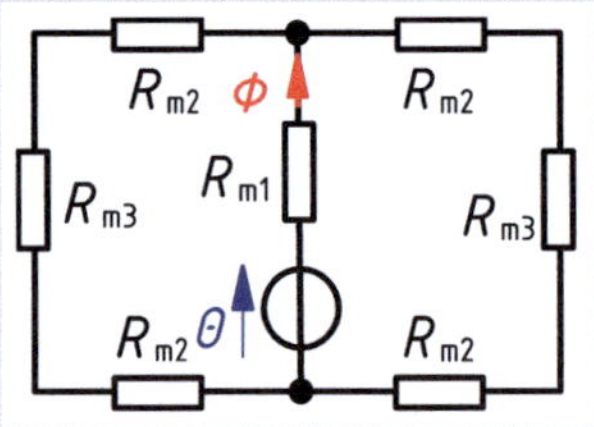

Bild 11.36: Magnetisches Ersatzschaltbild des EI-Kerns mit Durchflutung auf dem Mittelschenkel

Die magnetischen Widerstände in Bild 11.36 haben folgende Werte:

$$R_{m1} = \frac{l_1}{A_{Fe}\,\mu}$$
$$R_{m2} = \frac{l_2}{0{,}5\,A_{Fe}\,\mu}$$
$$R_{m3} = \frac{l_3}{A_{Fe}\,\mu} = 2\,R_{m1}$$

Der magnetische Gesamtwiderstand ist in symbolischer Schreibweise (s. Gl. (2.100))

$$R_{m\,ges} = R_{m1} + (2\,R_{m2} + R_{m3})||(2\,R_{m2} + R_{m3}) = R_{m1} + R_{m2} + 0{,}5\,R_{m3} = 2\,R_{m1} + R_{m2}\,.$$

Durch Einsetzen der Werte von R_{m1} und R_{m2} folgt

$$R_{m\,ges} = \frac{2\,l_1 + 2\,l_2}{A_{Fe}\,\mu} = \frac{l_m}{A_{Fe}\,\mu} = \frac{l_m}{A_{Fe}\,\mu_0\mu_r}\,. \tag{11.77}$$

Die Rechnung bestätigt die Aussagekraft der mittleren Feldlinienlänge l_m für die Berechnung von Eisenkreisen. Mit ihr hätte die Gleichung für $R_{m\,ges}$ auch direkt aufgestellt werden können.

Durch Einsetzen der Zahlenwerte in Gl. (11.77) erhält man

$$R_{m\,ges} \approx \frac{0{,}225\,\mathrm{m}}{12{,}2\cdot 10^{-4}\,\mathrm{m}^2\cdot 4\pi\cdot 10^{-7}\,\mathrm{Vs/(Am)}\cdot 4800} \approx 30.600\,\mathrm{H}^{-1},$$

woraus wie oben

$$L \approx \frac{450^2}{30.600}\,\mathrm{H} \approx 6{,}6\,\mathrm{H}$$

folgt.

Bei der obigen Berechnung der magnetischen Widerstände wird vernachlässigt, dass die einzelnen Bleche des Blechpaketes aus zwei Teilen bestehen, an deren Stoßstellen unvermeidlich kleine Luftspalte entstehen, die das magnetische Verhalten des Kerns erheblich beeinträchtigen können. Um diesen Effekt zu verringern, werden die „E"-förmigen Bleche abwechselnd von beiden Seiten in den Spulenkörper, der die Wicklung trägt, gesteckt. Dadurch bietet sich dem magnetischen Fluss im Falle breiter Luftspalte zwischen „E" - und „I"-Blech ein besser leitfähiger Weg über die benachbarten Bleche, die an dieser Stelle keinen Luftspalt haben.

Bei der Aussteuerung bis $B = 1{,}2$ T wird die Magnetisierungskurve nur bis zum Anfang des Sättigungsknies durchlaufen. Die Spule verhält sich also noch näherungsweise linear.

11.12.5 Eisenkreise mit Luftspalt

Die Berechnung von Eisenkreisen mit einem oder mehreren Luftspalten setzt ebenfalls die Kenntnis der *Magnetisierungskurve* des Eisens voraus. Die Aufteilung der magnetischen Spannungen zwischen den Eisen- und Luftabschnitten hängt vom Arbeitspunkt, in dem das Eisen betrieben wird, ab. Dieser hängt entscheidend von der *Luftspaltlänge* δ bzw. der gesamten *Luftweglänge* l_L ab. Eine *rein rechnerische* Lösung erfordert daher *iteratives Vorgehen* und ist sehr aufwändig. Sie wird hier nicht behandelt.

Eine *halbgrafische* Lösung ist in einfachen Fällen *direkt* möglich. Dabei wird aus den nicht-magnetischen Parametern des Eisenkreises eine *Arbeitsgerade* berechnet, die grafisch mit der Magnetisierungskurve zum Schnittpunkt gebracht wird. Hieraus ergibt sich der *Arbeitspunkt des Eisens*.

Diese Vorgehensweise ähnelt der bei elektrischen Netzwerken, die *genau einen* nichtlinearen Zweipol enthalten. Dort wird das Verhalten des linearen Teils des Netzwerks an den Verbindungsklemmen zum nichtlinearen Zweipol durch eine *lineare Quelle* modelliert. *Der Schnittpunkt der linearen Kennlinie mit der Kennlinie des nichtlinearen Zweipols ergibt den Arbeitspunkt.* Siehe hierzu Beispiel 2.53 in Abschnitt 2.5.2.

In vielen Fällen lässt sich ein Eisenkreis – im Rahmen der üblichen Näherungen – durch folgende Parameter *vollständig* beschreiben:

- mittlere Eisenweglänge l_{Fe}
- mittlere Luftweglänge l_{L}
- konstanter *effektiver Eisenquerschnitt* A_{Fe}
- Feldaufweitung am Luftspalt bzw. an den Luftspalten vernachlässigbar
- Magnetisierungskurve

$$B_{\mathrm{Fe}} = f(H_{\mathrm{Fe}}) \tag{11.78}$$

- Eine Wicklung mit N Windungen
- Strom $I > 0$ durch die Wicklung

Die Anwendung des Durchflutungssatzes

$$\oint_{(s)} \vec{H}\,\mathrm{d}\vec{s} = \Theta \tag{11.79}$$

auf eine typische Feldlinie ergibt

$$H_{\mathrm{Fe}}\, l_{\mathrm{Fe}} + H_{\mathrm{L}}\, l_{\mathrm{L}} = N\, I\,. \tag{11.80}$$

Aus

$$B_{\mathrm{Fe}} = B_{\mathrm{L}} = B \tag{11.81}$$

sowie

$$B_{\mathrm{L}} = \mu_0\, H_{\mathrm{L}} \tag{11.82}$$

und

$$B_{\mathrm{Fe}} = \mu_0 \mu_{\mathrm{r\,Fe}}\, H_{\mathrm{Fe}} \tag{11.83}$$

folgt

$$H_{\mathrm{L}} = \mu_{\mathrm{r\,Fe}}\, H_{\mathrm{Fe}}\,. \tag{11.84}$$

Merke: *Bei Eisenkreisen mit Luftspalt ist die magnetische Feldstärke in der Luft um den Faktor der relativen Permeabilität des Eisens höher als im Eisen!*

Mit den Gln. (11.82) und (11.83) in Gl. (11.80) folgt unter Berücksichtigung von Gl. (11.81)

$$\frac{B}{\mu_0 \mu_{\mathrm{r\,Fe}}}\, l_{\mathrm{Fe}} + \frac{B}{\mu_0}\, l_{\mathrm{L}} = N\, I\,. \tag{11.85}$$

Auflösen nach der magnetischen Flussdichte ergibt

$$B = \frac{\mu_0\, N\, I}{\dfrac{l_{\mathrm{Fe}}}{\mu_{\mathrm{r\,Fe}}} + l_{\mathrm{L}}}\,. \tag{11.86}$$

Merke: *Je größer $\mu_{\mathrm{r\,Fe}}$ ist, desto magnetisch unbedeutender ist die Eisenweglänge gegenüber der Luftweglänge. Bei Eisenkreisen mit Luftspalt darf daher der Einfluss des Luftspaltes auf keinen Fall vernachlässigt werden!*

Auf der rechten Seite von Gl. (11.86) sind alle Größen außer $\mu_{\mathrm{r\,Fe}}$ bekannt. Zur Bestimmung des sich einstellenden Wertes von $\mu_{\mathrm{r\,Fe}}$ im Eisen wird eine Beziehung $B_{\mathrm{Fe}} = g(H_{\mathrm{Fe}})$ benötigt, die zusammen mit der Kurve (Gl. (11.78)) einen Arbeitspunkt $(H_{\mathrm{Fe\,AP}}, B_{\mathrm{Fe\,AP}})$ definiert. Aus Gl. (11.82) folgt mit Gl. (11.81)

$$H_{\mathrm{L}} = \frac{B_{\mathrm{L}}}{\mu_0} = \frac{B_{\mathrm{Fe}}}{\mu_0}. \tag{11.87}$$

Einsetzen von Gl. (11.87) in Gl. (11.80) ergibt

$$H_{\mathrm{Fe}}\, l_{\mathrm{Fe}} + \frac{B_{\mathrm{Fe}}}{\mu_0}\, l_{\mathrm{L}} = N\,I \tag{11.88}$$

und Auflösen nach B_{Fe}

$$B_{\mathrm{Fe}} = \frac{N\,I - H_{\mathrm{Fe}}\, l_{\mathrm{Fe}}}{l_{\mathrm{L}}}\,\mu_0 = \underbrace{\frac{N\,I\,\mu_0}{l_{\mathrm{L}}}}_{K_1} - \underbrace{\frac{l_{\mathrm{Fe}}\,\mu_0}{l_{\mathrm{L}}}}_{K_2} H_{\mathrm{Fe}}. \tag{11.89}$$

Gl. (11.89) ist die gesuchte Funktion $B_{\mathrm{Fe}} = g(H_{\mathrm{Fe}})$. Da die von den Parametern des Eisenkreises abhängigen Koeffizienten K_1 und K_2 stets positiv sind, beschreibt diese Funktion stets eine fallende Gerade, die „*Luftspaltgerade*" der Form

$$B_{\mathrm{Fe}} = K_1 - K_2\, H_{\mathrm{Fe}}. \tag{11.90}$$

Der grafisch bestimmte Schnittpunkt dieser Geraden mit der Magnetisierungskurve (Gl. (11.78)) ist der gesuchte Arbeitspunkt.

Um die Luftspaltgerade einfach in das Diagramm mit der Magnetisierungskurve einzeichnen zu können, werden die Achsenabschnitte von Gl. (11.89) bzw. Gl. (11.90) bestimmt:

Die Bedingung $B_{\mathrm{Fe}} = 0$ liefert den H_{Fe}-Achsen-Abschnitt

$$H_{\mathrm{Fe}\,0} = \frac{K_1}{K_2} = \frac{N\,I}{l_{\mathrm{Fe}}} = \frac{\Theta}{l_{\mathrm{Fe}}}; \tag{11.91}$$

aus $H_{\mathrm{Fe}} = 0$ folgt der B_{Fe}-Achsen-Abschnitt

$$B_{\mathrm{Fe}\,0} = K_1 = \frac{N\,I\,\mu_0}{l_{\mathrm{L}}} = \frac{\Theta\,\mu_0}{l_{\mathrm{L}}}. \tag{11.92}$$

Die Lage der Luftspaltgeraden hängt also nur von den nicht-magnetischen Parametern N, l_{Fe} und l_{L} des Eisenkreises sowie I ab, nicht vom effektiven Eisenquerschnitt A_{Fe}. Letzterer bestimmt aber den magnetischen Fluss Φ im Eisenkreis.

Bild 11.37 zeigt schematisch in einem Diagramm die Magnetisierungskurve $B_{\mathrm{Fe}} = f(H_{\mathrm{Fe}})$ und die Luftspaltgerade $B_{\mathrm{Fe}} = g(H_{\mathrm{Fe}})$ samt dem grafisch ermittelten Arbeitspunkt $(H_{\mathrm{Fe\,AP}}, B_{\mathrm{Fe\,AP}})$.

Die relative Permeabilität im Arbeitspunkt lässt sich einfach aus Gl. (11.83) berechnen:

$$\mu_{\mathrm{r\,Fe\,AP}} = \frac{B_{\mathrm{Fe\,AP}}}{H_{\mathrm{Fe\,AP}}\,\mu_0} \tag{11.93}$$

Werden ein oder mehrere der Parameter der Anordnung verändert, ergibt sich aus den Gln. (11.91) und (11.92) die zugehörige Veränderung der Lage der Luftspaltgeraden:

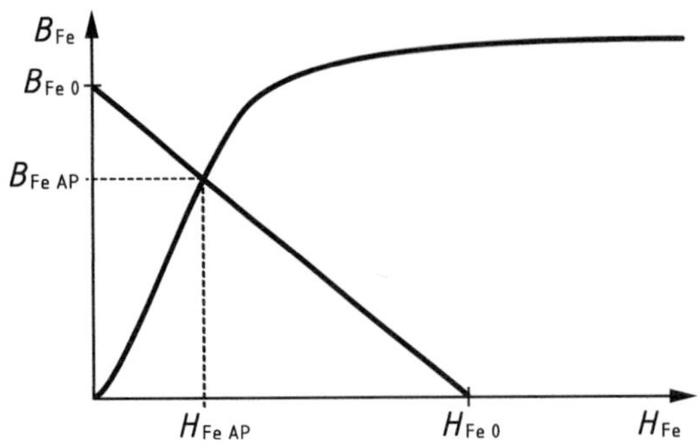

Bild 11.37: Schnittpunkt der Luftspaltgeraden mit der Magnetisierungskurve

1. Bei einer Vergrößerung von N oder I vergrößern sich sowohl $H_{Fe\,0}$ als auch $B_{Fe\,0}$ proportional hierzu; die Luftspaltgerade wird also nach rechts oben parallel verschoben.
2. Bei einer (in der Regel nur theoretisch möglichen) Vergrößerung von l_{Fe} verringert sich $H_{Fe\,0}$ umgekehrt proportional hierzu, während $B_{Fe\,0}$ unverändert bleibt; die Luftspaltgerade fällt also bei unverändertem B_{Fe}-Achsenabschnitt steiler ab.
3. Bei einer Vergrößerung von l_L verringert sich $B_{Fe\,0}$ umgekehrt proportional hierzu, während $H_{Fe\,0}$ unverändert bleibt; die Luftspaltgerade fällt also bei unverändertem H_{Fe}-Achsenabschnitt flacher ab.

Das oben geschilderte grafische Verfahren der Arbeitspunktbestimmung im Diagramm $B = f(H)$ lässt sich durch folgende Überlegungen (s. hierzu Tabelle 11.1) in eine Darstellung überführen, die der erwähnten bei elektrischen Netzwerken entspricht, wo mit dem Diagramm $I = g(U)$ gearbeitet wird: Die magnetische Flussdichte $\vec{B}$ entspricht der elektrischen Stromdichte $\vec{J}$. Die magnetische Feldstärke $\vec{H}$ entspricht der elektrischen Feldstärke $\vec{E}$. Durch Integration über eine Fläche erhält man aus $\vec{J}$ der elektrische Strom I und aus $\vec{B}$ den magnetischen Fluss Φ. Durch Integration über eine Strecke erhält man aus $\vec{E}$ die elektrische Spannung U und aus $\vec{H}$ die magnetische Spannung V.

Im elektrischen Kreis beschreibt die lineare Arbeitsgerade das Klemmenverhalten aller Quellen und linearen Widerstände im Netzwerk. Die nichtlineare Kennlinie beschreibt das Klemmenverhalten des nichtlinearen Widerstandes. Im magnetischen Kreis beschreibt die lineare Arbeitsgerade des Verhalten aller Durchflutungen und linearen Widerstände (der Abschnitte aus Luft). Die nichtlineare Kennlinie beschreibt das Verhalten des nichtlinearen Widerstandes (der Abschnitte aus Eisen).

Durch Multiplikation mit A_{Fe} wird die B_{Fe}-Achse in die Φ_{Fe}-Achse transformiert. Durch Multiplikation mit l_{Fe} wird die H_{Fe}-Achse in die V_{Fe}-Achse transformiert. Dadurch ergeben sich folgende Analogien zu Bild 2.102:

- Der elektrischen Leerlaufspannung U_0 entspricht die Durchflutung Θ.
- Dem linearen elektrischen Innenwiderstand R_i entspricht der lineare magnetischen Widerstand $R_{m\,L} = 1/\Lambda_L = l_L/(\mu_0\,A_{Fe})$ der Luftstrecken.
- Dem Kurzschlusstrom $I_k = U_0/R_i$ entspricht der magnetische Fluss ohne Eisenstrecken $\Phi_{Fe\,0} = \Theta/R_{m\,L}$.

Bild 11.38 zeigt das nach dem obigen Angaben transformierte Bild 11.37 $\Phi_{Fe} = f(V_{Fe})$.

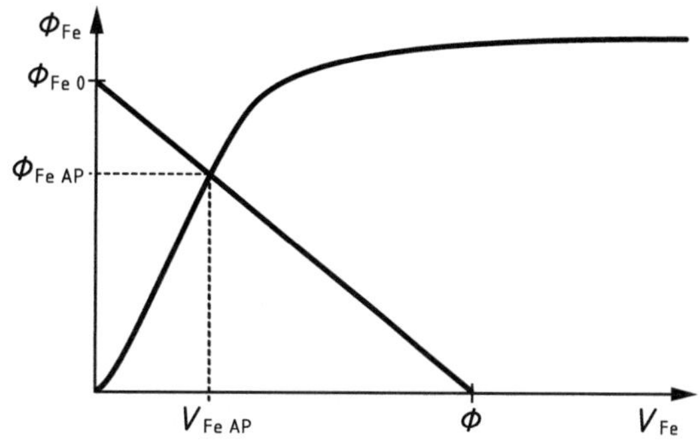

Bild 11.38: Magnetisierungskurve und Luftspaltgerade in der Darstellung $\Phi_{Fe} = f(V_{Fe})$

In Beispiel 11.11 werden zunächst für einen Eisenkreis mit kleinem Luftspalt die Beträge von B, H, Φ und die Selbstinduktivität L berechnet. Danach wird untersucht, welche Einfluss die Vernachlässigung der magnetischen Spannungen im Eisen bzw. im Luftspalt auf die obigen Werte hat und wie sich die Spule verhält, wenn sie als Eisendrossel ohne Luftspalt oder als Luftspule ausgeführt wird.

Beispiel 11.11: Spule auf Ringkern mit Luftspalt

Gegeben ist eine Spule auf einem Ringkern aus Elektroblech M 530-50 A mit quadratischem Querschnitt mit folgenden Daten:

- effektiver Eisenquerschnitt $A_{Fe} = 4\,\mathrm{cm}^2$
- mittlere Eisenweglänge $l_{Fe} = 60\,\mathrm{cm}$
- Luftspaltlänge $l_L = 1\,\mathrm{mm}$
- Wicklung mit Windungszahl $N = 400$

Durch die Spule fließt der Strom $I = 2\,\mathrm{A}$.

Die Magnetisierungskurve des Bleches ist Bild 11.25 zu entnehmen.

Wie groß sind die Beträge H, B und Φ der magnetischen Größen im Eisen und in der Luft sowie $\mu_{r\,Fe\,AP}$ im Arbeitspunkt?

Der Rechnung werden die üblichen vereinfachenden Annahmen bei der Berechnung von Eisenkreisen zugrunde gelegt, die am Anfang von Abschnitt 11.12.3 aufgelistet sind. Die Feldaufweitung im Luftspalt wird angesichts der Werte von A_{Fe} und l_L vernachlässigt.

Um die gesuchten Größen zu berechnen, muss zunächst der magnetische Arbeitspunkt des Eisens ermittelt werden. Dazu wird die Lage der Arbeitsgeraden mittels der Gln. (11.91) und (11.92) bestimmt:

$$H_{Fe\,0} = \frac{\Theta}{l_{Fe}} = \frac{N\,I}{l_{Fe}} = \frac{400 \cdot 2\,\mathrm{A}}{0{,}6\,\mathrm{m}} \approx 1333\,\mathrm{A/m}$$

$$B_{Fe\,0} = \frac{\Theta\,\mu_0}{l_L} = \frac{N\,I\,\mu_0}{l_L} = \frac{400 \cdot 2\,\mathrm{A} \cdot 4\pi \cdot 10^{-7}\,\mathrm{Vs/(Am)}}{10^{-3}\,\mathrm{m}} = 32\,\pi \cdot 10^{-2}\,\frac{\mathrm{Vs}}{\mathrm{m}^2} \approx 1{,}0\,\mathrm{T}$$

Der Schnittpunkt der Arbeitsgeraden mit der Magnetisierungskurve liefert den Arbeitspunkt des Eisens:

$$B_{\mathrm{Fe\,AP}} \approx 0{,}92\,\mathrm{T}$$
$$H_{\mathrm{Fe\,AP}} \approx 115\,\mathrm{A/m} = 1{,}15\,\mathrm{A/cm}$$

Die Lage des Arbeitspunktes auf der Magnetisierungskurve zeigt, dass das Eisen sich noch weit unterhalb des Sättigungsbereiches befindet.

Der Arbeitspunkt im Luftspalt liegt bei:

$$B_{\mathrm{L\,AP}} = B_{\mathrm{Fe\,AP}} = B_{\mathrm{AP}} \approx 0{,}92\,\mathrm{T}$$
$$H_{\mathrm{L\,AP}} = \frac{B_{\mathrm{L\,AP}}}{\mu_0} \approx \frac{0{,}92\,\mathrm{T}}{4\pi \cdot 10^{-7}\,\mathrm{Vs/(Am)}} \approx 732.000\,\mathrm{A/m} = 7320\,\mathrm{A/cm}$$

Daraus folgt der Betrag des magnetischen Flusses im Kreis:

$$\Phi_{\mathrm{Fe\,AP}} = \Phi_{\mathrm{L\,AP}} = \Phi_{\mathrm{AP}} = B_{\mathrm{AP}}\,A_{\mathrm{Fe}} \approx 0{,}92\,\mathrm{T} \cdot 4 \cdot 10^{-4}\,\mathrm{m}^2 \approx 0{,}368\,\mathrm{mWb}$$

Dieser kleine magnetische Fluss ist auf den großen magnetischen Widerstand des Eisenkreises zurückzuführen, der hauptsächlich durch den Luftspalt verursacht wird.

Die relative Permeabilität des Eisens im Arbeitspunkt

$$\mu_{\mathrm{r\,Fe\,AP}} = \frac{B_{\mathrm{Fe\,AP}}}{\mu_0\,H_{\mathrm{Fe\,AP}}} = \frac{H_{\mathrm{L\,AP}}}{H_{\mathrm{Fe\,AP}}} \approx \frac{7320\,\mathrm{A/cm}}{1{,}15\,\mathrm{A/cm}} \approx 6370$$

liegt, wie Bild 11.27 zeigt, sehr nahe bei $\mu_{\mathrm{r\,max}}$.

Die hohe relative Permeabilität des Eisens bewirkt, dass der magnetische Widerstand des Eisenweges in diesem Arbeitspunkt klein ist. Bei gegebener Durchflutung wird der magnetische Fluss im Eisenkreis hauptsächlich durch den magnetischen Widerstand des Luftspaltes bestimmt. Von der Durchflutung $\Theta = 800\,\mathrm{A}$ fällt nur die magnetische Spannung

$$V_{\mathrm{Fe\,AP}} = H_{\mathrm{Fe\,AP}}\,l_{\mathrm{Fe}} \approx 115\,\mathrm{A/m} \cdot 0{,}6\,\mathrm{m} = 69\,\mathrm{A}$$

über dem gesamten Eisenweg ab; über dem Luftspalt, dessen Länge nur 1/600 der Eisenweglänge beträgt, jedoch

$$V_{\mathrm{L\,AP}} = H_{\mathrm{L\,AP}}\,l_{\mathrm{L}} \approx 732.000\,\mathrm{A/m} \cdot 10^{-3}\,\mathrm{m} = 732\,\mathrm{A}\,,$$

also das mehr als 10-fache.

Wenn das Eisen durch eine wesentlich höhere Durchflutung bis in den Sättigungsbereich magnetisiert würde, würde seine relative Permeabilität drastisch verkleinert (s. Bild 11.27). Dadurch würde sein magnetischer Widerstand und mit diesem der magnetische Spannungsabfall über dem Eisenweg erheblich vergrößert.

Die Selbstinduktivität der Spule beträgt

$$L = \frac{N\,\Phi}{I} \approx \frac{400 \cdot 0{,}368\,\mathrm{mWb}}{2\,\mathrm{A}} = 73{,}6\,\mathrm{mH}\,.$$

Dieser sehr kleine Wert ist auf den geringen magnetischen Fluss zurückzuführen. Da sich der Arbeitspunkt im näherungsweise linearen Bereich der Magnetisierungkurve befindet, ist die Spule bezüglich ihres induktiven Verhaltens auch näherungsweise linear.

Nun wird untersucht, welchen Einfluss die Vernachlässigung der magnetischen Spannungsabfälle im Eisen bezw. im Luftspalt auf die obigen Ergebnisse haben:

1. Bei Vernachlässigung des magnetischen Spannungsabfalls im Eisen ergibt sich
$$H_{\mathrm{L\,AP}} = \frac{N\,I}{l_{\mathrm{L}}} \approx \frac{400 \cdot 2\,\mathrm{A}}{10^{-3}\,\mathrm{m}} = 800.000\,\mathrm{A/m} = 8000\,\mathrm{A/cm}\,,$$
was zumindest in der richtigen Größenordnung liegt und zu einem annähernd richtigen Arbeitspunkt des gesamten Eisenkreises führt.
2. Die Vernachlässigung des magnetischen Spannungsabfalls im Luftspalt führt zu
$$H_{\mathrm{Fe\,AP}} = \frac{N\,I}{l_{\mathrm{Fe}}} = H_{\mathrm{Fe}\,0} \approx 1333\,\mathrm{A/m}\,,$$
woraus mit der Magnetisierungskurve
$$B_{\mathrm{Fe\,AP}} \approx 1{,}53\,\mathrm{T}$$
folgt und damit
$$\mu_{\mathrm{r\,Fe\,AP}} = \frac{B_{\mathrm{Fe\,AP}}}{H_{\mathrm{Fe\,AP}}\,\mu_0} \approx \frac{1{,}53\,\mathrm{T}}{1333\,\mathrm{A/m} \cdot 4\pi \cdot 10^{-7}\,\mathrm{Vs/(Am)}} \approx 910\,.$$
Diese Werte sind grob falsch, was die Tatsache, dass bei Eisenkreisen der Einfluss des Luftspaltes auf keinen Fall vernachlässigt werden darf, quantitativ demonstriert.

   Der Rechenweg veranschaulicht auch die unter Gl. (11.93) beschriebene Abhängigkeit der Lage der Luftspaltgeraden von der Länge des Luftspaltes bei ansonsten festen Parametern: Eine Vernachlässigung des Luftspaltes entspricht dem Übergang $l_{\mathrm{L}} \to 0$. Das heißt, dass das Gefälle der Luftspaltgeraden bei unverändertem H_{Fe}-Achsenabschnitt immer größer wird und sie für $l_{\mathrm{L}} = 0$ senkrecht zur H-Achse steht, was zu dem oben genannten Arbeitspunkt des Eisens führt.

Zum Abschluss werden die beiden extremen konstruktiven Varianten untersucht, dass

a) der Luftspalt fehlt, es sich also um eine *Eisendrossel* handelt bzw.
b) das Eisen fehlt, es sich also um eine *Luftspule* handelt.

a) Die Variante „Eisendrossel“ läuft rechnerisch auf den obigen Fall 2. hinaus. Das Eisen wird im Arbeitspunkt $H_{\mathrm{Fe\,AP}} \approx 1333\,\mathrm{A/m}$, $B_{\mathrm{Fe\,AP}} \approx 1{,}53\,\mathrm{T}$ weit im Sättigungsbereich betrieben. Der Betrag des magnetischen Flusses ist nun
$$\Phi_{\mathrm{Fe\,AP}} = \Phi_{\mathrm{AP}} = B_{\mathrm{AP}}\,A_{\mathrm{Fe}} \approx 1{,}53\,\mathrm{T} \cdot 4 \cdot 10^{-4}\,\mathrm{m}^2 = 0{,}612\,\mathrm{mWb}$$
und dic Induktivität
$$L = \frac{N\,\Phi}{I} \approx \frac{400 \cdot 0{,}612\,\mathrm{mWb}}{2\,\mathrm{A}} \approx 122\,\mathrm{mH}\,.$$
Diese Eisendrossel verhält sich wegen ihres magnetischen Arbeitsbereiches sehr nichtlinear. Bei der Aussteuerung durch eine Sinusspannung würde ein Strom mit dem Scheitelwert 2 A gegenüber der Sinusform deutlich verzerrt sein (s. Abschnitt 7.2.3). Der Vergleich der Eigenschaften der Eisendrossel mit denen der Spule mit kleinem Luftspalt zeigt eindrucksvoll die *linearisierende Wirkung eines Luftspaltes in einem Eisenkreis.*

b) Die Variante „Luftspule“ bedeutet, dass nun $l_\mathrm{L} \approx 60\,\mathrm{cm}$ und $A_\mathrm{L} \approx 4\,\mathrm{cm}^2$ gilt, woraus

$$H_{\mathrm{L\,AP}} = \frac{\Theta}{l_\mathrm{L}} = \frac{N\,I}{l_\mathrm{L}} \approx \frac{400 \cdot 2\,\mathrm{A}}{0{,}6\,\mathrm{m}} \approx 1333\,\mathrm{A/m}$$

folgt. Die Magnetisierungskurve wird hier nicht benötigt, da $\mu_{\mathrm{r\,L}} = 1$ gilt. Daraus folgen die Beträge der magnetischen Flussdichte

$$B_{\mathrm{L\,AP}} = \mu_0\,H_{\mathrm{L\,AP}} = \mu_0\,\frac{N\,I}{l_\mathrm{L}} \approx 4\pi \cdot 10^{-7}\,\mathrm{Vs/(Am)} \cdot 1333\,\mathrm{A/m} \approx 1{,}675\,\mathrm{mT}$$

und des magnetischen Flusses

$$\Phi_{\mathrm{L\,AP}} = B_{\mathrm{L\,AP}}\,A_\mathrm{L} = N\,I\,\frac{\mu_0\,A_\mathrm{L}}{l_\mathrm{L}} \approx 1{,}675\,\mathrm{mT} \cdot 4 \cdot 10^{-4}\,\mathrm{m}^2 \approx 0{,}67\,\mu\mathrm{Wb}$$

sowie die Induktivität

$$L = \frac{N\,\Phi}{I} = N^2\,\frac{\mu_0\,A_\mathrm{L}}{l_\mathrm{L}} \approx \frac{400 \cdot 0{,}67\,\mu\mathrm{Wb}}{2\,\mathrm{A}} \approx 134\,\mu\mathrm{H}\,.$$

Die Luftspule hat zwar nur eine sehr kleine Selbstinduktivität, ist aber näherungsweise völlig linear.

11.12.6 Dauermagnetkreise

Bei der Berechnung von Eisenkreisen, die einen Dauermagneten enthalten (Dauermagnetkreisen), sind einige Besonderheiten zu beachten.

Üblicherweise enthalten sie als *einzige Ursache* des Magnetfeldes einen Dauermagneten. Daher gibt es in ihnen keine elektrische Durchflutung Θ, es gilt also

$$\oint_{(s)} \vec{H}\,\mathrm{d}\vec{s} = 0\,. \tag{11.94}$$

Der durch einen Dauermagneten erzeugte magnetische Fluss wird in der Regel durch weichmagnetische *Polschuhe* mit hoher Permeabilität (also sehr geringem magnetischem Widerstand) zu dem Ort geführt, wo er in einem in der Regel vergleichsweise großen Luftvolumen zwischen zwei Polflächen einen bestimmten Zweck erfüllen soll.

Die Länge des Luftspaltes ist in der Regel im Verhältnis zum kleinsten Durchmesser der Polflächen *nicht* sehr klein. *Daher muss die Feldaufweitung im Luftspalt berücksichtigt werden.*

Der mit einer großen Luftspaltlänge verbundene große magnetische Widerstand führt dazu, dass auch *der magnetische Streufluss parallel zum Luftspalt unbedingt berücksichtigt werden muss.* Die geschlossene Berechnung des Streuflusses ist nicht möglich und seine Abschätzung nur bei Anordnungen anzuraten, die bekannten Anordnungen magnetisch stark ähneln. Für neue Anordnungen muss er also durch Messungen an einem Prototypen oder besser mittels numerischer Feldberechnung in der Entwicklungsphase ermittelt werden.

Da der magnetische Widerstand der Polschuhe wesentlich kleiner als der des Luftspaltes ist, wird er in der Regel – so auch nachfolgend – vernachlässigt.

Aufgrund dieser Vorbemerkungen sollte klar sein, dass die Berechnung von Dauermagnetkreisen mit noch höherer Unsicherheit behaftet ist als die von Eisenkreisen mit *kleinen Luftspalten.* Die

Gleichheitszeichen in den folgenden Rechnungen sind daher zum größten Teil als Ungefährzeichen zu interpretieren.

Betrachtet wird nun ein *elementarer Dauermagnetkreis*. Er besteht aus

- einem Dauermagneten (Indizes „D"), beschrieben durch:
  Entmagnetisierungskurve $B_D = f(H_D)$
  Geometrische Größen
  - feste Länge l_D
  - feste Querschnittsfläche A_D

  Arbeitspunktabhängige magnetische Größen
  - Flussdichte B_D
  - Spannung V_D
  - Fluss Φ_D
- einem Luftspalt (Indizes „L"), beschrieben durch:
  Geometrische Größen
  - Länge l_L
  - effektive Querschnittsfläche A_L

  Arbeitspunktabhängige magnetische Größen
  - Flussdichte B_L
  - Spannung V_L
  - Fluss Φ_L

Eine wesentliche weitere Kenngrößen ist das Verhältnis des Nutzflusses Φ_L zum Streufluss Φ_σ. Es kann gemäß Gl. (11.199) durch den *Kopplungsfaktor*

$$k = \frac{\Phi_L}{\Phi_D} \tag{11.95}$$

oder gemäß Gl. (11.201) durch den *Streufaktor*

$$\sigma = \frac{\Phi_\sigma}{\Phi_D} \tag{11.96}$$

beschrieben werden.

Zur groben Orientierung kann als Wertebereich für k etwa 30 % ... 80 % angenommen werden.

Bild 11.39 a) zeigt einen elementaren Dauermagnetkreis und Bild 11.39 b) ein magnetisches Ersatzschaltbild der Anordnung mit *Zählpfeilen* für die magnetischen Flüsse und Spannungen.

An allen magnetischen Zweipolen haben die *Zählpfeile* für die Φ_μ und die V_μ die gleiche Richtung. Für die enthaltenen magnetischen Widerstände gilt

$$R_{\mathrm{m\,L}} = \frac{V_L}{\Phi_L} = \frac{l_L}{\mu_0 A_L}$$

und

$$R_{\mathrm{m}\,\sigma} = \frac{V_L}{\Phi_\sigma}$$

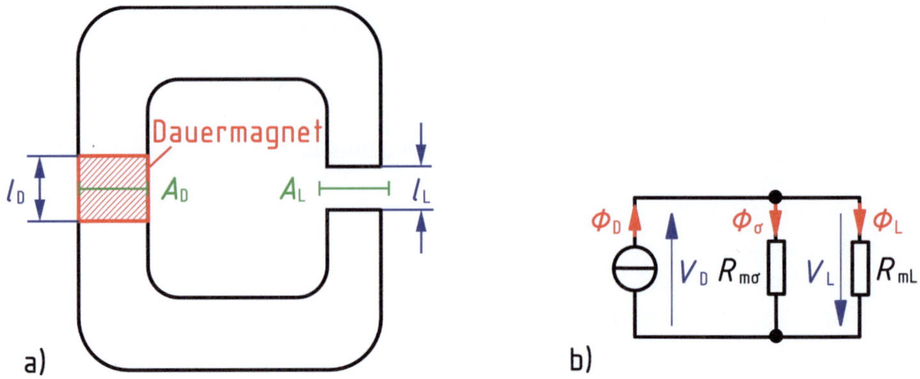

Bild 11.39: a) Elementarer Dauermagnetkreis und b) magnetisches Ersatzschaltbild mit Zählpfeilen für die magnetischen Spannungen und Flüsse

Aus Gl. (11.94) folgt mit den *Zählpfeilen* in Bild 11.39 b) die Näherungsgleichung

$$\int_{(l_D)} \vec{H}_D \, d\vec{s} + \int_{(l_L)} \vec{H}_L \, d\vec{s} = H_D \, l_D + H_L \, l_L = V_D + V_L = 0 \,, \tag{11.97}$$

also gilt

$$H_L = -H_D \frac{l_D}{l_L} \,. \tag{11.98}$$

Aus Gl. (11.95) folgt

$$\Phi_L = k \, \Phi_D \,, \tag{11.99}$$

woraus sich mit

$$\Phi_D = B_D \, A_D \tag{11.100}$$

und

$$\Phi_L = B_L \, A_L \tag{11.101}$$

die Funktion

$$B_D = B_L \frac{1}{k} \frac{A_L}{A_D} \tag{11.102}$$

ergibt. Mit

$$B_L = \mu_0 H_L \tag{11.103}$$

folgt daraus die Funktion

$$B_D = -H_D \, \mu_0 \frac{1}{k} \frac{A_L}{A_D} \frac{l_D}{l_L} \,. \tag{11.104}$$

Diese Funktion $B_D = g(H_D)$ beschreibt eine *fallende Ursprungsgerade* mit der Steigung

$$m = \frac{dB_D}{dH_D} = -\mu_0 \frac{1}{k} \frac{A_L}{A_D} \frac{l_D}{l_L} \,. \tag{11.105}$$

Der Schnittpunkt dieser *Luftspaltgeraden* mit der *Entmagnetisierungskurve* $B_{\mathrm{D}} = f(H_{\mathrm{D}})$ des Dauermagneten im 2. Quadranten ergibt den *Arbeitspunkt des Dauermagneten* $(-H_{\mathrm{D\,AP}}, B_{\mathrm{D\,AP}})$. Bild 11.40 zeigt die als Gerade idealisierte Entmagnetisierungskurve des Dauermagneten mit der Luftspaltgeraden und dem Arbeitspunkt AP.

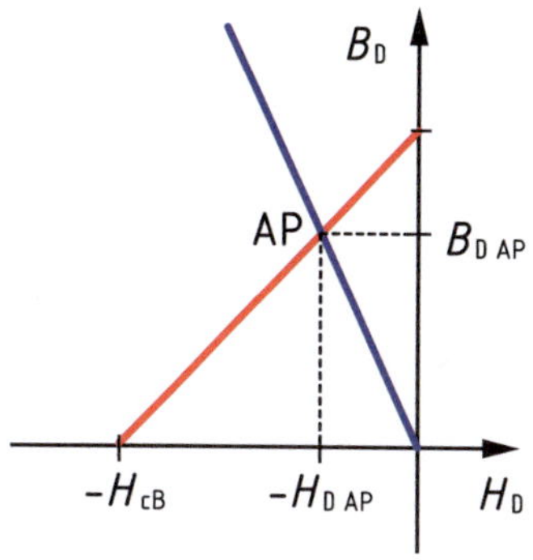

Bild 11.40: Idealisierte Entmagnetisierungskurve (rot) und Luftspaltgerade (blau) sowie Arbeitspunkt des Dauermagneten $(-H_{\mathrm{D\,AP}}, B_{\mathrm{D\,AP}})$

Durch Umstellen von Gl. (11.102) folgt damit die für die Anwendung relevante magnetische Flussdichte im Luftspalt:

$$B_{\mathrm{L\,AP}} = B_{\mathrm{D\,AP}}\, k\, \frac{A_{\mathrm{D}}}{A_{\mathrm{L}}} \tag{11.106}$$

In vielen Dauermagnetkreisen sind die konstruktiven Parameter Luftspaltlänge l_{L} und effektive Luftspaltfläche A_{L} des Luftspaltes während des Betriebes nicht konstant. Wenn einer oder beide Parameter sich ändern, verändert sich die Steigung der Luftspaltgeraden und damit die Lage des Arbeitspunktes. Er bewegt sich dann auf einer *lokalen Hystereseschleife* entsprechend Bild 11.26 b) in der Nähe der Entmagnetisierungskurve.

Da die Änderung der Luftspaltgeometrie den magnetischen Luftspaltwiderstand $R_{\mathrm{m\,L}}$ verändert, ändert sich auch die Aufteilung zwischen Luftspalt- und Streufluss und damit der Kopplungsfaktor k. Eine Vergrößerung von l_{L} und eine Verkleinerung von A_{L} bewirken eine Vergrößerung von $R_{\mathrm{m\,L}}$. Dadurch wird k kleiner, also $1/k$ größer. Gl. (11.104) zeigt, dass dieser Effekt im Sinne einer Gegenkopplung zu einer leichten Stabilisierung des Arbeitspunktes führt. Dieser bewegt sich auf der Entmagnetisierungskurve nach links unten in Richtung eines kleineren $B_{\mathrm{D\,AP}}$ und eines *betragsmäßig* größeren $H_{\mathrm{D\,AP}}$. Je größer $R_{\mathrm{m\,L}}$ ist, desto größer ist die entmagnetisierende Feldstärke im Dauermagneten.

Das Entfernen der Polschuhe entspricht einer drastischen Erhöhung $R_{\mathrm{m\,L}} \to \infty$, so dass der gesamte magnetische Fluss Φ_{D} des Dauermagneten nur noch als Streufluss Φ_{σ} fließen kann. Dadurch kann der Arbeitspunkt des Magneten auf der Entmagnetisierungskurve sehr weit nach links unten zu einer entmagnetisierenden Feldstärke in der Nähe von H_{cJ} verlagert werden, die die magnetische Polarisation bleibend verringert.

11.13 Magnetisches Feld an Grenzflächen, Brechungsgesetz

In diesem Abschnitt wird das Brechungsgesetz für Magnetfelder hergeleitet. Die Kenntnis der Herleitung ist für die spätere Anwendung des Gesetzes nicht erforderlich, kann aber das Verständnis für den Umgang mit den grundlegenden Gesetzen des Magnetfeldes fördern.

Betrachtet wird ein Ausschnitt aus der Grenzfläche zwischen zwei Gebieten 1 und 2 mit den Permeabilitäten μ_1 bzw. μ_2 gemäß Bild 11.41.

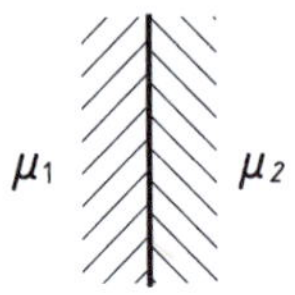

Bild 11.41: Grenzfläche zwischen zwei Gebieten unterschiedlicher Permeabilität

Die Anordnung erfüllt zwei Bedingungen:

1. Die Permeabilitäten sind isotrop.
2. In der Grenzfläche existiert kein elektrisches Strömungsfeld ($\vec{J} = \vec{0}$).

In beiden Gebieten existiere ein magnetisches Feld. Um zu ermitteln, wie sich die Feldlinien beim Durchgang durch die Grenzfläche verhalten, wird die Umgebung von zwei Feldpunkten P_1 und P_2 untersucht, die sich direkt nebeneinander auf den beiden Seiten der Grenzfläche befinden. Die Feldgrößen $\vec{B}$ und $\vec{H}$ in den beiden Feldpunkten werden jeweils durch Vektoren dargestellt. In Bild 11.42 sind diese Vektoren so eingezeichnet, dass $\vec{B}_1$ und $\vec{H}_1$ in Punkt P_1 enden, während $\vec{B}_2$ und $\vec{H}_2$ in Punkt P_2 beginnen. Ohne Einschränkung der Allgemeingültigkeit der Ergebnisse wird angenommen, dass das magnetische Feld von Gebiet 1 zu Gebiet 2 verläuft. Die in den nachfolgenden Bildern dargestellte Schnittebene ist diejenige Ebene, in der die Feldvektoren auf beiden Seiten der Grenze liegen.

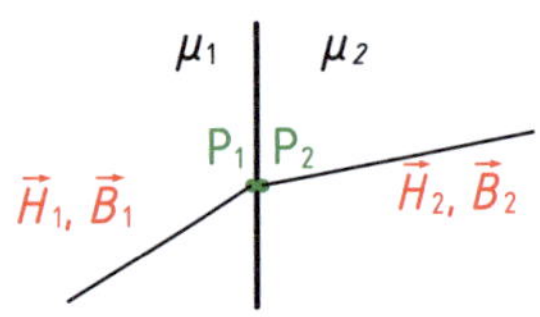

Bild 11.42: Vektorielle Feldgrößen in benachbarten Feldpunkten beiderseits der Grenzfläche

Nun wird gemäß Bild 11.43 ein infinitesimal kleiner Quader (Plättchen) um die Grenzfläche gelegt, der die Punkte P_1 und P_2 einschließt. Die Normalenvektoren $\mathrm{d}\vec{A}_1$ und $\mathrm{d}\vec{A}_2$ weisen aus dem Quader heraus. Es gilt

$$\mathrm{d}A_1 = \mathrm{d}A_2 \,. \tag{11.107}$$

Die vektoriellen Feldgrößen in den beiden betrachteten Feldpunkten können in (gerichtete, also in Rechnungen vorzeichenbehaftet eingehende) Anteile senkrecht (normal) zur Grenzfläche (Index n) und Anteile parallel (tangential) zur Grenzfläche (Index t) zerlegt werden, was in Bild 11.43 am Beispiel von $\vec{B}$ dargestellt ist.

Die Anwendung des Knotensatzes für das magnetische Feld

$$\oiint_{(A)} \vec{B}\,\mathrm{d}\vec{A} = 0 \tag{11.108}$$

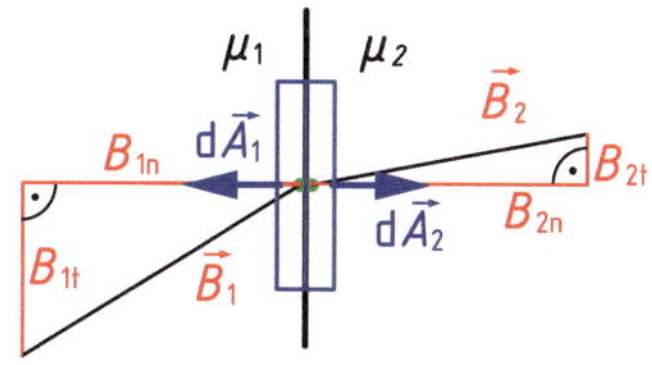

Bild 11.43: Hüllfläche um die betrachteten Feldpunkte und Zerlegung von $\vec{B}$

auf die Hüllfläche liefert

$$\vec{B}_1\,\mathrm{d}\vec{A}_1 + \vec{B}_2\,\mathrm{d}\vec{A}_2 = 0\,, \tag{11.109}$$

woraus mit Bild 11.43

$$-B_{1\mathrm{n}}\,\mathrm{d}A_1 + B_{2\mathrm{n}}\,\mathrm{d}A_2 = 0 \tag{11.110}$$

folgt und mit Gl. (11.107)

$$B_{1\mathrm{n}} = B_{2\mathrm{n}}\,. \tag{11.111}$$

Erkenntnis: *Die Normalkomponente der magnetischen Flussdichte ist beim Übergang zwischen Gebieten unterschiedlicher Permeabilität stetig.*

Nun wird der Maschensatz für das magnetische Feld

$$\oint\limits_{(s)} \vec{H} d\vec{s} = \iint\limits_{(A)} \vec{J}\,\mathrm{d}\vec{A} \tag{11.112}$$

auf einen Integrationsweg gemäß Bild 11.44 mit

$$\mathrm{d}s_1 = \mathrm{d}s_2 \tag{11.113}$$

auf der Oberfläche des Quaders angewandt.

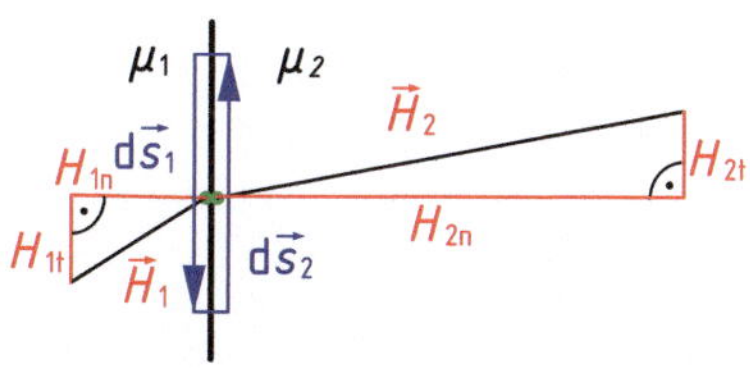

Bild 11.44: Umlauf um die betrachteten Feldpunkte mit Zerlegung von $\vec{H}$

Aus Gl. (11.112) folgt mit Bild 11.44 und der Voraussetzung, dass in der Grenzfläche kein elektrisches Strömungsfeld existiert

$$\vec{H}_1\,\mathrm{d}\vec{s}_1 + \vec{H}_2\,\mathrm{d}\vec{s}_2 = 0 \tag{11.114}$$

und daraus mit der Zerlegung von $\vec{H}$

$$-H_{1\mathrm{t}}\,\mathrm{d}s_1 + H_{2\mathrm{t}}\,\mathrm{d}s_2 = 0\,, \tag{11.115}$$

woraus sich mit Gl. (11.113)

$$H_{1\mathrm{t}} = H_{2\mathrm{t}} \tag{11.116}$$

ergibt.

Erkenntnis: *Die Tangentialkomponente der magnetischen Feldstärke ist beim Übergang zwischen Gebieten unterschiedlicher Permeabilität stetig.*

Mit

$$\vec{H} = \frac{1}{\mu}\vec{B} \tag{11.117}$$

folgt aus Gl. (11.116)

$$\frac{B_{1t}}{\mu_1} = \frac{B_{2t}}{\mu_2}. \tag{11.118}$$

Division von Gl. (11.118) durch Gl. (11.111) ergibt

$$\frac{B_{1t}}{B_{1n}\,\mu_1} = \frac{B_{2t}}{B_{2n}\,\mu_2}. \tag{11.119}$$

Für den Einfallswinkel α_1 und den Ausfallswinkel α_2 von $\vec{B}$ und $\vec{H}$ auf den beiden Seiten der Grenze gilt, s. Bild 11.45,

$$\tan\alpha_1 = \frac{B_{1t}}{B_{1n}} \quad \text{und} \quad \tan\alpha_2 = \frac{B_{2t}}{B_{2n}}. \tag{11.120}$$

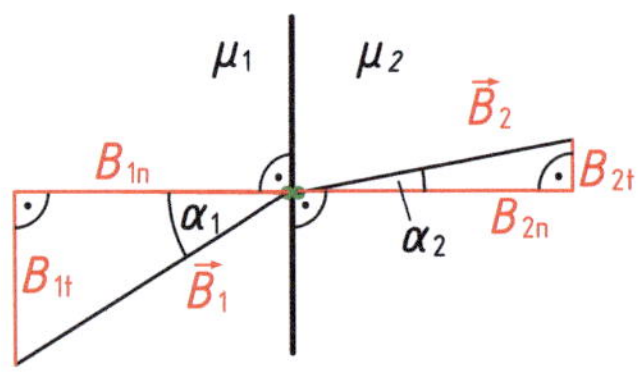

Bild 11.45: Zusammenhang zwischen Ein- und Ausfallswinkel und den Komponenten von $\vec{B}$

Substitution von Gl. (11.83) auf den beiden Seiten von Gl. (11.51) ergibt

$$\frac{\tan\alpha_1}{\mu_1} = \frac{\tan\alpha_2}{\mu_2}, \tag{11.121}$$

woraus das *Brechungsgesetz für magnetische Felder* folgt:

$$\frac{\tan\alpha_1}{\tan\alpha_2} = \frac{\mu_1}{\mu_2} = \frac{\mu_{r1}}{\mu_{r2}} \tag{11.122}$$

Das Material mit der größeren Permeabilität wird als das „magnetisch dichtere“ bezeichnet.

Merke: *An der Grenze zwischen Bereichen unterschiedlicher Permeabilität werden magnetische Feldlinien im magnetisch dünneren Material zum Einfallslot hin gebrochen.*

Daraus folgt, dass magnetische Feldlinien beim Übergang zwischen Luft und Eisen in der Luft fast senkrecht in das Eisen ein- bzw. aus ihm austreten.

11.14 Energiedichte und Energie im Magnetfeld

Im magnetischen Feld wird Energie gespeichert. Zum *Feldaufbau* wird Energie benötigt, die üblicherweise einem elektrischen Stromkreis entnommen wird (Energieaufnahme, *Verbraucherverhalten*). Beim *Feldabbau* wird die gespeicherte magnetische Energie abgegeben – üblicherweise in einen elektrischen Stromkreis (Energieabgabe, *Erzeugerverhalten*).

Die magnetische Feldenergie lässt sich sowohl aus den differenziellen ($\vec{H}$, $\vec{B}$), als auch aus den integralen (L, Ψ, I) magnetischen Feldgrößen berechnen.

11.14.1 Berechnung der Feldenergie aus den differenziellen Feldgrößen

Völlig allgemein (d. h. auch für nichtlineare, zeitvariante und anisotrope Stoffe) gilt für die volumenbezogene *magnetische Energiedichte*

$$w_{\mathrm{mag}} = \frac{W_{\mathrm{mag}}}{\mathrm{d}V} \tag{11.123}$$

beim Aufmagnetisieren von $B = 0$ bis $B = B_{\mathrm{max}}$ nach [Phi00]

$$w_{\mathrm{mag}}(B_{\mathrm{max}}) = \int\limits_{0}^{B_{\mathrm{max}}} \vec{H}\,\mathrm{d}\vec{B}\,. \tag{11.124}$$

Die Bilder 11.46 und 11.47 veranschaulichen den durch Gl. (11.124) beschriebenen Zusammenhang für den Fall eines magnetisch neutralen Stoffes (z. B. Luft) mit $\mu_{\mathrm{r}} = 1$ bzw. eines Ferromagnetikums mit $\mu_{\mathrm{r}} \gg 1$ und $\mu_{\mathrm{r}} \neq \mathrm{const.}$

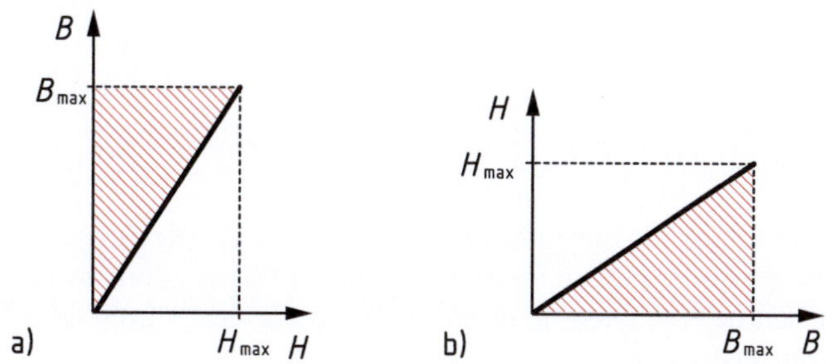

Bild 11.46: Funktionen $B = f(H)$ und $H = f^{-1}(B)$ für magnetisch neutrales Material

Die Darstellungen in den beiden Bildern verwenden nicht den gleichen Maßstab! Wenn in Bild 11.46 der gleiche Maßstab wie in Bild 11.47 verwendet würde, wäre die Gerade $B = f(H)$ in Bild 11.46 a) bei weichmagnetischem Material kaum von der H-Achse unterscheidbar.

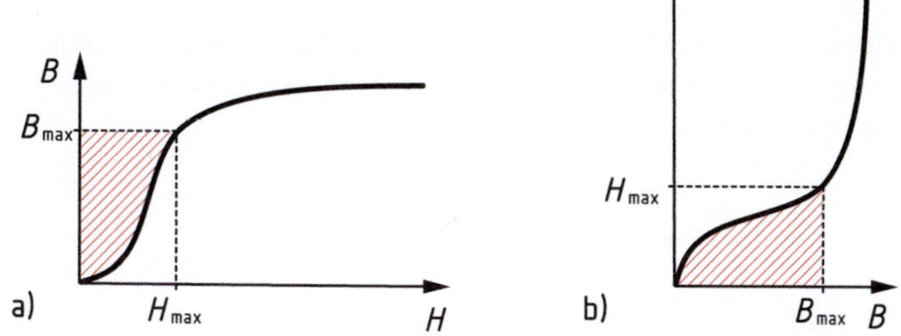

Bild 11.47: Funktionen $B = f(H)$ und $H = f^{-1}(B)$ für ferromagnetisches Material

Die schraffierten Flächen sind jeweils ein Maß für die beim Aufmagnetisieren erzeugten magnetischen Energiedichten und Energien. In den Bildern b) sind die zur Auswertung von Gl. (11.124)

benötigten Funktionen $H = f^{-1}(B)$ dargestellt, die Umkehrfunktionen der üblichen Magnetisierungskurven $B = f(H)$.

Bei magnetisch hochwertigem Material (große Permeabilität) verläuft die Magnetisierungskurve $B = f(H)$ bis zum Sättigungsknie sehr steil. Um ein bestimmtes B_{max} zu erreichen, ist also nur ein vergleichsweise kleines H_{max} erforderlich. Das bedeutet, dass der Energieaufwand zur Erzeugung eines bestimmten Wertes von B_{max} viel kleiner ist als bei magnetisch schlechterem Material (mit kleiner Permeabilität).

Für den Fall magnetisch linearen Materials, d. h. $B \sim H$ wegen $\mu = \text{const.}$, folgt aus Gl. (11.124) bei Weglassen des Index „max"

$$w_{\text{mag}} = \frac{1}{2} \vec{H} \vec{B} \tag{11.125}$$

und speziell für zusätzlich magnetisch isotropes Material

$$w_{\text{mag}} = \frac{1}{2} H B = \frac{1}{2} \mu H^2 = \frac{1}{2} \frac{1}{\mu} B^2 . \tag{11.126}$$

Die magnetische Energiedichte ist eine skalare, differenzielle Feldgröße.

Ihre Einheit ist

$$[w_{\text{mag}}] = [H] \cdot [B] = 1 \frac{\text{A}}{\text{m}} \cdot 1 \frac{\text{Vs}}{\text{m}^2} = 1 \frac{\text{Ws}}{\text{m}^3} = 1 \frac{\text{J}}{\text{m}^3} = 1 \frac{\text{Nm}}{\text{m}^3} = 1 \frac{\text{N}}{\text{m}^2} . \tag{11.127}$$

Die Energiedichte kann auch als mechanische Spannung σ_{mech} (Kraft pro Fläche, also mechanischer Druck) aufgefasst werden. Diese im gesamten felderfüllten Raum vorhandene mechanische Spannung[34] äußert sich in Bereichen, in denen sich w_{mag} ändert, durch eine mechanische Kraft. Siehe hierzu Abschnitt 11.15.4.

Für die Energie des gesamten magnetischen Feldes gilt

$$W_{\text{mag}} = \iiint\limits_{\text{(Feldraum)}} w_{\text{mag}} \, \mathrm{d}V . \tag{11.128}$$

11.14.2 Berechnung der Feldenergie aus den integralen Feldgrößen

Betrachtet wird der besonders einfach zu beschreibende Fall eines *elementaren Eisenkreises* mit magnetisch homogenem, isotropem Kern mit *konstanter* Querschnittsfläche und *Permeabilität.*

Unter Verwendung der üblichen Vereinfachungen zur Berechnung von Eisenkreisen (s. Abschnitt 11.12.3) wird das magnetische Verhalten des Kreises durch die Kenngrößen N, l_{m}, A, μ sowie den Strom I vollständig beschrieben:

$$H = \frac{N I}{l_{\text{m}}}; \quad B = \mu H = \mu \frac{N I}{l_{\text{m}}}; \quad \Phi = B A = \mu \frac{N I}{l_{\text{m}}} A; \quad \Psi = \Phi N = \mu \frac{N^2 I}{l_{\text{m}}} A;$$

$$L = \frac{\Psi}{I} = \mu \frac{N^2}{l_{\text{m}}} A$$

Daraus folgt mit Gl. (11.125)

$$w_{\text{mag}} = \frac{1}{2} H B = \frac{1}{2} \mu \frac{N^2 I^2}{l_m^2}$$

[34] Sie wird durch den *Maxwellschen Spannungstensor* beschrieben, der Thema der Theoretischen Elektrotechnik ist.

und

$$W_{\text{mag}} = w_{\text{mag}}\, l_{\text{m}}\, A = \frac{1}{2}\,\mu\,\frac{N^2 I^2}{l_m} A = \frac{1}{2}\,\mu\,\frac{N^2}{l_m}\, A\, I^2 .$$

Durch Koeffizientenvergeich mit der Gleichung für L erhält man die Gleichung für die *magnetische Feldenergie einer Induktivität*:

$$W_{\text{mag}} = \frac{1}{2}\, L\, I^2 \tag{11.129}$$

Mit $L = \Psi / I$ ergibt sich

$$W_{\text{mag}} = \frac{1}{2}\, \Psi\, I . \tag{11.130}$$

Diese Ergebnisse gelten nicht nur für Gleichströme, sondern auch für beliebig zeitvariante Ströme, *sofern das magnetische Material die oben genannten Voraussetzungen erfüllt*. Mit dem Index „L“ statt „mag“ zur Verdeutlichung der Zuordnung zu einer Induktivität L folgt die Schreibweise:

$$W_{\text{L}}(t) = \frac{1}{2}\, L\, i^2(t) \qquad \text{vergleiche: } W_{\text{C}}(t) = \frac{1}{2}\, C\, u^2(t) \tag{11.131}$$

$$W_{\text{L}}(t) = \frac{1}{2}\, \Psi\, i(t) \qquad \text{vergleiche: } W_{\text{C}}(t) = \frac{1}{2}\, Q\, u(t) \tag{11.132}$$

Ausgehend von Gl. (11.131) lässt sich die Selbstinduktivität einer Anordnung sehr einfach aus dem Strom und der bekannten magnetischen Feldenergie ermitteln.

Bei Induktivitäten mit magnetisch nichtlinearem oder zeitvariantem Material gelten wesentlich kompliziertere Zusammenhänge, die nicht geschlossen angegeben werden können. Auch die Berechnung der Feldenergie bei Anordnungen aus mehreren magnetisch gekoppelten Leiterschleifen (z. B. Transformatoren mit mehreren Wicklungen) ist wesentlich aufwändiger.

In Beispiel 11.12 wird gezeigt, wie innere Selbstinduktivitäten elegant über die magnetische Feldenergie berechnet werden können, da dies auf dem direkten Weg mittels Gl. (11.53) nicht möglich ist.

Beispiel 11.12: Innerer Induktivitätsbelag eines zylindrischen Leiters

In Beispiel 11.1 wird als Ortsfunktion der magnetischen Feldstärke innerhalb eines langen zylindrischen Leiters mit dem Radius r_{L}, in dem der *Zählpfeil* für den *homogen über den Querschnitt verteilten* Strom I in Richtung der z-Achse des Zylinderkoordinatensystems weist, die Gleichung

$$\vec{H}(r) = \frac{I}{2\pi\, r_{\text{L}}^2}\, r\, \vec{e}_{\varphi}$$

hergeleitet.

Der Leiter bestehe aus magnetisch homogenem, isotropem Material mit $\mu = \text{const.}$

In einem infinitesimal dünnen koaxialen Hohlzylinder der Länge l mit dem Innenradius r und dem Außenradius $r + \mathrm{d}r$ dieses Leiters wird nach den Gln. (11.126) und (11.128) die magnetische Energie

$$\mathrm{d}W_{\text{mag}}(r) = \frac{1}{2}\,\mu\, H^2 \cdot l \cdot 2\pi r \cdot \mathrm{d}r = \mu\,\frac{I^2}{4\pi\, r_{\text{L}}^4}\, l\, r^3\, \mathrm{d}r$$

gespeichert.

Die im Leiterabschnitt insgesamt gespeichert magnetische Energie ist also

$$W_{\text{mag}} = \int_0^{r_\text{L}} \mathrm{d}W_{\text{mag}}(r) = I^2\, l\, \frac{\mu}{4\pi\, r_\text{L}^4} \int_0^{r_\text{L}} r^3\, \mathrm{d}r = I^2\, l\, \frac{\mu}{16\pi}\,.$$

Mit Gl. (11.129) folgen daraus die innere Induktivität

$$L_\text{i} = \frac{2\, W_{\text{mag}}}{I^2} = l\, \frac{\mu}{8\pi} \tag{11.133}$$

und der innere Induktivitätsbelag

$$L_\text{i}' = \frac{L_\text{i}}{l} = \frac{\mu}{8\pi} \tag{11.134}$$

des zylindrischen Leiters.

Der innere Induktivitätsbelag eines zylindrischen Leiters ist also unabhängig von seinem Radius!

Bei der Herleitung wurde angenommen, dass im Leiter ein über seinen Querschnitt *homogen* verteilter Gleichstrom I fließt. Diese Annahme ist nicht exakt erfüllbar, da der Pinch-Effekt (s. Abschnitt 11.15.3) immer auftritt. Bei kleinen Stromdichten ist er allerdings vernachlässigbar.

Das Ergebnis ist nur bedingt auf zeitvariante Ströme $i(t)$ übertragbar, da bei diesen immer der Skin-Effekt (s. Abschnitt 11.19.1) auftritt, der nur bei niedrigen Frequenzen und kleinen Leiterradien vernachlässigbar ist. Sofern der Skin-Effekt berücksichtigt werden muss, führt er zu einer Verringerung des inneren Induktivitätsbelages.

11.15 Kräfte im Magnetfeld

11.15.1 Kraft auf bewegte Ladungen

Die *resultierende* Kraftwirkung auf jede Form bewegter Ladungen in einem *äußeren* Magnetfeld $\vec{B}$ lässt sich aus der *Lorentz-Kraft* herleiten.

Kraft auf bewegte Punktladungen

Hier reicht die Gleichung für die Lorentz-Kraft in ihrer Grundform aus:

$$\vec{F} = Q\,\vec{v} \times \vec{B} \tag{11.135}$$

Kraft auf beliebig geformte, stromdurchflossene Linienleiter

Betrachtet wird zunächst ein infinitesimal kurzer, zylindrischer Abschnitt eines *Linienleiters* gemäß Bild 11.48. Er hat die Querschnittsfläche $\mathrm{d}A$ und der Länge $\mathrm{d}s$. Durch ihn fließen die Ladungen, die den Strom I bilden, mit der Driftgeschwindigkeit $\vec{v}$. Die Vektoren $\mathrm{d}\vec{A}$ und $\mathrm{d}\vec{s}$ weisen in die Richtung des *Zählpfeils* des Stromes I.

Aus $I = \mathrm{d}Q/\mathrm{d}t$ und $\vec{v} = \mathrm{d}\vec{s}/\mathrm{d}t$ folgt für die Teilkraft auf die Teilladung $\mathrm{d}Q$, die den kleinen Zylinder in der Zeit $\mathrm{d}t$ durchströmt,

$$\mathrm{d}\vec{F} = \mathrm{d}Q\,\vec{v} \times \vec{B} = I\,\mathrm{d}t\,\frac{\mathrm{d}\vec{s}}{\mathrm{d}t} \times \vec{B} = I\,\mathrm{d}\vec{s} \times \vec{B}\,. \tag{11.136}$$

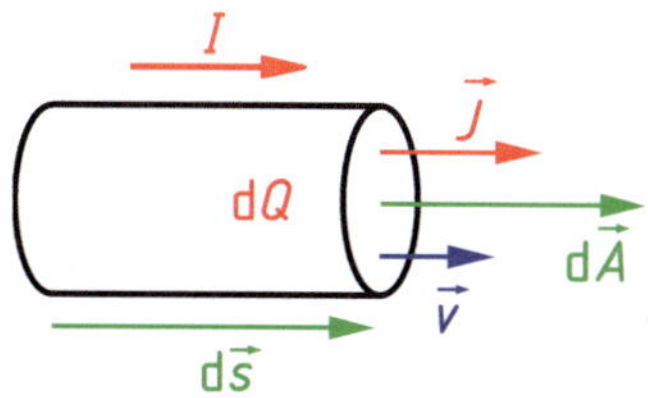

Bild 11.48: Zur Kraftwirkung auf einen differenziell kleinen Abschnitt eines Linienleiters

Durch Integration über den gesamten Leiter (s) folgt daraus die Gesamtkraft auf den Leiter:

$$\vec{F} = I \int_{(s)} \mathrm{d}\vec{s} \times \vec{B} \tag{11.137}$$

(s) muss in der Richtung des *Zählpfeils* von I durchlaufen werden.

Kraft auf gerade, stromdurchflossene Linienleiter im homogenen Magnetfeld

Als Spezialfall der oben betrachteten Anordnung wird nun ein *gerader* Linienleiter der Länge l im *homogenen* Magnetfeld betrachtet. In diesem Fall kann die Integration durch eine Multiplikation ersetzt werden:

$$\vec{F} = I\,(\vec{l} \times \vec{B}) \tag{11.138}$$

$\vec{l}$ weist in die Richtung des *Zählpfeils* von I.

Bild 11.49 zeigt ein Feldlinienbild für diesen Fall. $\vec{B}_{\mathrm{A}}$ ist das homogene äußere Feld, $\vec{B}(I)$ das *Eigenfeld* des stromdurchflossenen Leiters und $\vec{B}$ die Überlagerung der beiden Teilfelder. $\vec{F}$ bezeichnet die Richtung der Kraftwirkung auf den Leiter.

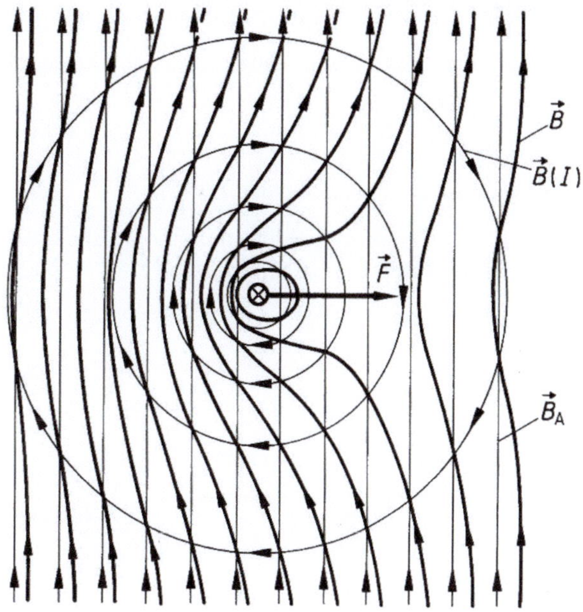

Bild 11.49: Feldlinienbild für einen strom- durchflossenen, unendlich langen, geraden Leiter im homogenen äußeren Magnet- feld

Kraft auf Strömungsgebiete beliebiger Geometrie

Nun wird der oben betrachtete kleine Zylinder als Teilvolumen eines beliebig geformten Strömungsgebietes aufgefasst. Der Strom I durch den Zylinder ist nun nur noch ein Teilstrom $\mathrm{d}I = \vec{J}\,\mathrm{d}\vec{A}$. Mit $\mathrm{d}V = \mathrm{d}\vec{s}\,\mathrm{d}\vec{A}$ folgt aus Gl. (11.136)

$$\mathrm{d}\vec{F} = \vec{J}\,\mathrm{d}\vec{A}\,\mathrm{d}\vec{s} \times \vec{B} = \vec{J}\,\mathrm{d}V \times \vec{B} = \vec{J} \times \vec{B}\,\mathrm{d}V. \tag{11.139}$$

Daraus folgt die *volumenbezogene Kraftdichte*

$$\frac{\mathrm{d}\vec{F}}{\mathrm{d}V} = \vec{J} \times \vec{B} \tag{11.140}$$

und daraus die resultierende Kraft auf den gesamten Leiter durch Integration über das gesamte Volumen (V) des Strömungsfeldes

$$\vec{F} = \iiint\limits_{(V)} (\vec{J} \times \vec{B})\,\mathrm{d}V. \tag{11.141}$$

Die durch die Gln. (11.137), (11.138) und (11.141) beschriebenen Kräfte sind *summarische Kräfte auf den gesamten Leiter* und machen daher keine Aussage über die räumliche Verteilung der Teilkräfte auf die einzelnen Teile des Leiters. Sie berücksichtigen auch keine Kräfte, die durch das *magnetische Eigenfeld* des stromdurchflossenen Leiters auf Teile des Leiters selbst ausgeübt werden.

In Beispiel 11.13 wird die Kraft zwischen parallelen Leitern berechnet, die gleich- bzw. gegensinnig von Gleichströmen durchflossen werden.

Beispiel 11.13: Kraft zwischen zwei stromdurchflossenen parallelen Leitern

Gegeben sind zwei unendlich lange, dünne, zylindrische, parallele, stromdurchflossene Leiter 1 und 2 mit den Radien r_L im Abstand $a \gg r_\mathrm{L}$ im magnetisch homogenen, isotropen Raum mit $\mu_r = 1$. Durch die Leiter fließen die Ströme I_1 bzw. I_2.

Gesucht sind die magnetischen Kräfte auf die Leiter bei

a) gleichsinnigen
b) gegensinnigen

Stromrichtungen in den beiden Leitern.

Bild 11.50 zeigt einen Schnitt durch die parallelen Leiter senkrecht zu den Leiterachsen mit *Zählpfeilen* für die beiden Ströme.

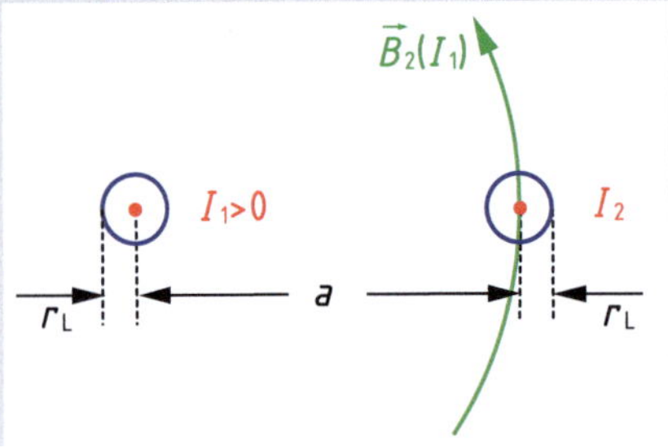

Bild 11.50: Schnitt durch zwei stromdurchflossene parallele Leiter mit Zählpfeilen für die Ströme

Die Formulierung „unendlich lange“ weist darauf hin, dass Randeffekte vernachlässigt werden sollen. Die beiden Leiter werden also als Abschnitt einer in axialer Richtung unendlich langen Anordnung betrachtet.

Das $\vec{H}$-Feld eines von einem Gleichstrom I durchflossenen Leiters wurde in Beispiel 11.1 berechnet.

Wenn die z-Achse des verwendeten Koordinatensystems im Gegensatz zu Beispiel 11.1 *in Richtung* des *Zählpfeils* des Stromes weisend angenommen wird, lautet das Ergebnis

$$\vec{H} = \begin{cases} \dfrac{I}{2\pi r_L^2}\, r\,\vec{e}_\varphi \sim r & \text{für} \quad r < r_L \\ \dfrac{I}{2\pi r}\,\vec{e}_\varphi \sim \dfrac{1}{r} & \text{für} \quad r \geq r_L \end{cases} .$$

Daraus folgt wegen $\mu_r = 1$

$$\vec{B} = \begin{cases} \dfrac{\mu_0 I}{2\pi r_L^2}\, r\,\vec{e}_\varphi \sim r & \text{für} \quad r < r_L \\ \dfrac{\mu_0 I}{2\pi r}\,\vec{e}_\varphi \sim \dfrac{1}{r} & \text{für} \quad r \geq r_L \end{cases} .$$

Das Magnetfeld umwirbelt die Stromfäden, aus denen I besteht, *rechtswendig*.

Es bewirkt nach Gl. (11.139) *innerhalb* des Leiters ein Kraftfeld, das *unabhängig von der Stromrichtung zur Leiterachse hin* gerichtet ist:

$$\frac{d\vec{F}}{dV} = \vec{J} \times \vec{B}$$

Diese magnetische Kraft *des Strömungsfeldes auf sich selbst* bewirkt wegen ihrer Zylindersymmetrie aber *keine summarische Kraft* auf den Leiter und braucht daher hier nicht weiter betrachtet zu werden. Sie wird in Abschnitt 11.15.3 behandelt.

Fall a)
Betrachtet wird der vom Strom $I_2 > 0$ durchflossene Leiter 2 im Magnetfeld $\vec{B}$ des Stromes im Leiter 1. Da der Abstand zwischen den beiden Leitern viel größer ist als ihr Radius, wird die Ortsabhängigkeit von $\vec{B}$ über den Querschnitt von Leiter 2 vernachlässigt. Dann gilt für das gesamte Volumen von Leiter 2 näherungsweise

$$B_2(I_1) \approx \frac{\mu_0 I_1}{2\pi a}$$

und Gl. (11.138)

$$\vec{F} = I\,(\vec{l} \times \vec{B})$$

kann verwendet werden, um den Betrag der Kraft $\vec{F}_2$ auf Leiter 2 zu berechnen:

$$F_2 \approx I_2\,(l \cdot B_2(I_1)) = \frac{\mu_0 l}{2\pi a} I_1 I_2$$

Die Richtung von $\vec{F}_2$ ergibt sich aus der Rechtsschraubenregel: $\vec{l}$ weist in Richtung des *Zählpfeils* von I_2, also aus der Zeichenebene heraus, $\vec{B}_2(I_1)$ weist nach oben. Somit weisen $\vec{l} \times \vec{B}_2(I_1)$ und wegen $I_2 > 0$ auch $\vec{F}_2$ nach links (also zum Leiter 1).

Ein Vertauschen der Rollen der beiden stromdurchflossenen Leiter (I_1 im von I_2 erzeugten Magnetfeld $\vec{B}_1(I_2)$) würde eine nach rechts (also zum Leiter 2) weisende Kraft auf Leiter 1 ergeben. Daraus folgt:

Die gleichsinnig stromdurchflossenen Leiter *ziehen sich gegenseitig an* mit betragsmäßig gleich großen Kräften

$$F_{1,2} = \frac{\mu_0 l}{2\pi a} I_1 I_2 .$$

Fall b)
Nun braucht nur das Vorzeichen von I_2 umgekehrt zu werden, es gilt also $I_2 < 0$. Der Rechenweg bleibt weitgehend unverändert. Lediglich im letzten Schritt kehrt sich die Richtung von $\vec{F}_2$ um. Daraus folgt:

Die gegensinnig stromdurchflossenen Leiter *stoßen sich gegenseitig ab* mit betragsmäßig gleich großen Kräften.

In beiden Fällen gilt für den Betrag der anziehenden bzw. abstoßenden Kraft

$$F_{1,2} = |\vec{F}_{1,2}| = \frac{\mu_0 l}{2\pi a} |I_1 I_2| \tag{11.142}$$

und für den Betrag der Kraft zwischen den beiden Leitern pro Länge

$$F'_{1,2} = \frac{\mathrm{d}F_{1,2}}{\mathrm{d}l} = \frac{\mu_0}{2\pi a} |I_1 I_2| . \tag{11.143}$$

Bild 11.51 zeigt die einzelnen und überlagerten Magnetfelder der hier betrachteten Leiter mit den Vektoren der auf die Leiter wirkenden Kräfte. In der durch die Leiterachsen gebildeten Ebene ist die Intensität der Magnetfelder jeweils auf derjenigen Seite der Leiter höher, von der aus ein Druck auf die Leiter ausgeübt wird. Siehe hierzu Abschnitt 11.14.1.

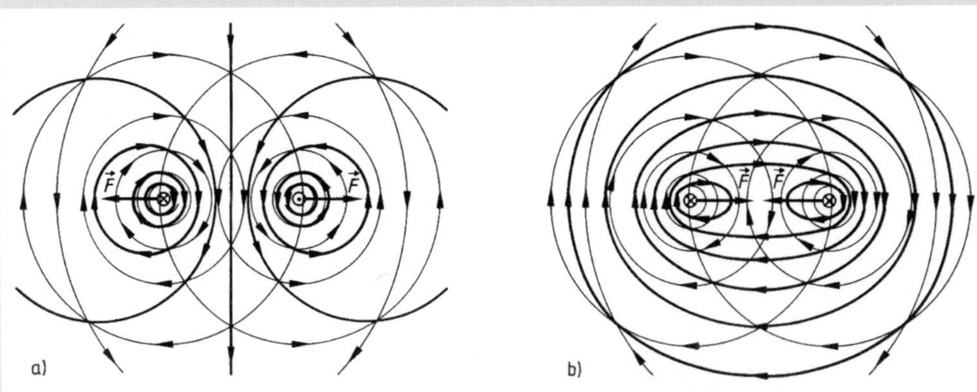

Bild 11.51: Magnetische Felder unendlich langer, gerader, paralleler, stromdurchflossener Leiter bei a) entgegengesetzter bzw. b) gleicher Stromrichtung

Sind die beiden Leiter Hin- und Rückleiter für den selben Strom I, gilt für die längenbezogene

Abstoßungskraft

$$F' = \frac{\mathrm{d}F}{\mathrm{d}l} = \frac{\mu_0}{2\pi\, a} I^2 . \tag{11.144}$$

In Anlagen der Energietechnik können durch diese quadratische Abhängigkeit bei sehr großen Strömen (die insbesondere im Fehlerfall fließen) so große magnetische Kräfte auftreten, dass die Leiter verbogen oder zerstört werden können.

Zahlenbeispiel: Für $I = 30$ kA, $a = 5$ cm ergibt sich

$$F' = \frac{4\pi \cdot 10^{-7}\,\mathrm{Vs/(Am)}}{2\pi \cdot 0{,}5\,\mathrm{m}} (3 \cdot 10^4 \mathrm{A})^2 = 3600\,\mathrm{N/m}\,.$$

Von 1948 bis zur Revision des internationalen Einheitensystems SI im Mai 2019 war die Basiseinheit Ampere folgendermaßen definiert:

1 Ampere ist die Stärke des zeitlich konstanten elektrischen Stromes, der im Vakuum zwischen zwei parallelen, unendlich langen, geraden Leitern mit vernachlässigbar kleinem, kreisförmigem Querschnitt und dem Abstand von 1 Meter zwischen diesen Leitern eine Kraft von $2 \cdot 10^{-7}$ Newton pro Meter Leiterlänge hervorrufen würde.

Mit $a = 1$ m, $I = 1$ A und dem damals noch exakt geltenden Wert $\mu_0 = 4\pi \cdot 10^{-7}\,\mathrm{Vs/(Am)}$ liefert Gl. (11.144) genau diesen Wert.

Allgemein gilt:

- Gleichsinnig stromdurchflossene Leiter ziehen sich an.
- Gegensinnig stromdurchflossene Leiter stoßen sich ab.

Dieser einfache Grundsatz erklärt auch folgendes Phänomen:

Eine große, flexible Leiterschleife (etwa aus Litzendraht), die flach liegend nur an ihren Enden mechanisch befestigt ist, nimmt eine kreisrunde Form an, wenn sie kurzzeitig von einem großen Strom I durchflossen wird, siehe Bild 11.52.

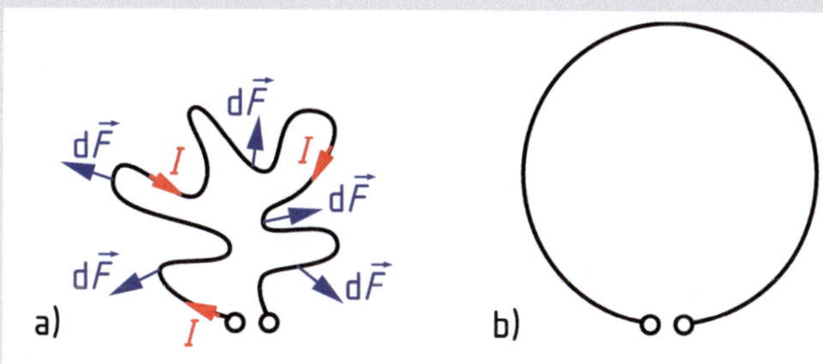

Bild 11.52: Ebene Leiterschleife aus flexiblem Leitermaterial
a) vor und b) nach einem starken Stromstoß

Jeder stromdurchflossene Abschnitt der Leiterschleife erzeugt ein Teilmagnetfeld, das auf alle Abschnitte wirkt. Die Überlagerung dieser Teilfelder bewirkt an einander gegenüber liegenden Abschnitten der Leiterschleife, in denen der Strom I (grob) in entgegengesetzter Richtung fließt, eine abstoßende, also nach außen gerichtete Kraft.

11.15.2 Hall-Effekt

Der zu den „magnetogalvanischen Effekten" gehörende *klassische Hall-Effekt*[35] beruht auf der *Lorentz-Kraft* auf bewegte Ladungen im Magnetfeld. Er bewirkt in *stromdurchflossenen Festkörpern* unter Einwirkung eines *äußeren Magnetfeldes* eine *Ladungstrennung orthogonal zur Stromrichtung.*

Betrachtet wird ein quaderförmiges Leiterplättchen der Breite b, Länge l und Dicke d aus homogenem, isotropem Material gemäß Bild 11.53.

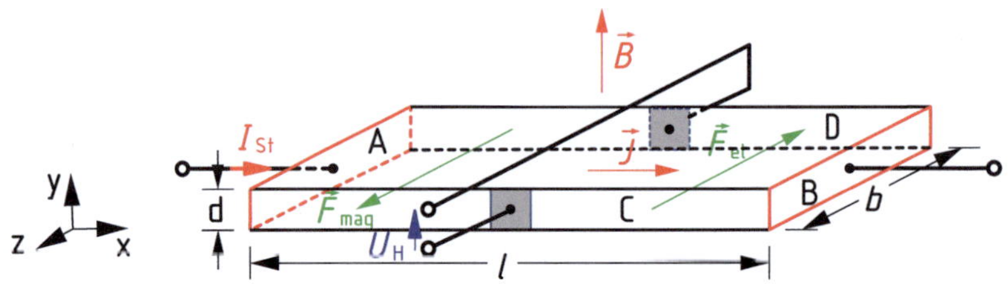

Bild 11.53: Hall-Sonde mit Anschlüssen für Steuerstrom und Hall-Spannung

Der *Steuerstrom* $I_{St} > 0$ erzeugt durch *vollflächige Kontakte* an den Seiten A und B ein *in erster Näherung* homogenes Strömungsfeld in x-Richtung

$$\vec{J} = \frac{I_{St}}{b\,d}\,\vec{e}_x\,. \tag{11.145}$$

Senkrecht[36] zum Leiterplättchen existiere ein *homogenes* Magnetfeld

$$\vec{B} = B_N\,\vec{e}_y\,. \tag{11.146}$$

Unabhängig von der Polarität der fließenden Ladungsträger (Elektronen oder Defektelektronen) wirkt auf diese eine Kraft[37] in Richtung der z-Achse(!):

$$\vec{F}_{mag} = Q\cdot\vec{v}\times\vec{B} = Q\cdot v\cdot B_N\,\vec{e}_z\,. \tag{11.147}$$

Bei positiven Ladungsträgern gilt $Q > 0$ und $\vec{v}$ weist in x-Richtung; bei negativen Ladungsträgern gilt $Q < 0$ und $\vec{v}$ weist entgegen der x-Richtung.

Bei nur einer Art von freien Ladungsträgern oder unterschiedlicher Konzentration von Elektronen und Defektelektronen (Löchern) im Plättchen laden sich die Seiten C und D des Plättchens gegensinnig elektrisch auf. Diese *Ladungstrennung* führt zu einer transversalen elektrischen Feldstärke $\vec{E}_{el}$[38] zwischen den Seiten C und D, die über die *Hall-Spannung*

$$U_H = \int\limits_C^D \vec{E}_{el}\,d\vec{s} = E_{el}\,b \tag{11.148}$$

zwischen zwei *schmalen,*[39] *einander genau gegenüberliegenden*[40] *Elektroden* nachweisbar ist. Im *sta-*

[35]Benannt nach dem amerikanischen Physiker Edwin H. Hall (1855–1938).

[36]B_N ist gegebenenfalls die zur Plättchenoberfläche senkrechte *Komponente* eines *beliebig gerichteten* Magnetfeldes.

[37]Durch die Lorentz-Kraft verursachte Größen werden hier mit dem Index „mag" bezeichnet.

[38]Durch die Coulomb-Kraft verursachte Größen werden hier mit dem Index „el" bezeichnet.

[39]Da die Hall-Spannung im Bereich der Steuerstrom-Elektroden kurzgeschlossen wird, ist $l \gg b$ zu wählen.

[40]Eine Verschiebung der Elektroden gegeneinander in x-Richtung bewirkt durch das Strömungsfeld im widerstandsbehafteten Plättchen eine Gleichspanung zwischen den Elektroden, die als *Offset-Spannung* bezeichnet wird und durch

tionären Fall (Kräftegleichgewicht) ist die durch die Lorentz-Kraft erzeugte Feldstärke

$$\vec{E}_{\text{mag}} = \frac{\vec{F}_{\text{mag}}}{Q}, \tag{11.149}$$

die die *Ursache* für die Ladungstrennung ist, *betragsmäßig* gleich groß wie die durch die *Coulomb-Kraft* hervorgerufene, in entgegengesetzter Richtung wirkende Feldstärke $\vec{E}_{\text{el}}$, die die *Wirkung* der Ladungstrennung beschreibt.

Aus der Gleichgewichtsbedingung

$$\vec{E}_{\text{el}} + \vec{E}_{\text{mag}} = 0 \tag{11.150}$$

folgt mit den Gln. (11.147) und (11.148)

$$U_H = v\,B\,b\,. \tag{11.151}$$

Bei nur einer Art von freien Ladungsträgern im Plättchen gilt (s. Gl. (9.22))

$$\vec{J} = \eta\,\vec{v} \tag{11.152}$$

mit der Stromdichte $\vec{J}$, der Dichte der freien Ladungsträger η und deren mittlerer Driftgeschwindigkeit $\vec{v}$. Aus Gl. (11.152) folgt mit Gl. (11.145)

$$v\,b = \frac{I_{\text{St}}}{\eta\,d} \tag{11.153}$$

und damit aus Gl. (11.151)

$$U_{\text{H}} = R_{\text{H}}\,\frac{I_{\text{St}}\,B}{d}\,. \tag{11.154}$$

Der Proportionalitätsfaktor in Gl. (11.154) ist die *Hall-Konstante*

$$R_{\text{H}} = \frac{1}{\eta}\,. \tag{11.155}$$

Bei einer Kombination aus Elektronen- und Defektelektronenleitung in etwa gleicher Größenordnung gilt ein wesentlich komplizierterer Ausdruck für R_H, in den auch die Beweglichkeiten der beiden Ladungsträgerarten eingehen. In diesem Fall kann die Hall-Spannung wegen der gleichsinnigen Ablenkung beider Ladungsträgerarten zu null werden.

In der hier betrachteten Anordnung ist

- $U_H > 0$ bei Überwiegen der Defektelektronenleitung (bei p-Halbleitern) und
- $U_H < 0$ bei Überwiegen der Elektronenleitung (bei metallischen Leitern und n-Halbleitern).

Um bei gegebenem I_{St} und B_{N} eine möglichst große Hall-Spannung zu erhalten, müssen die Dicke d des Plättchens und die Konzentration η der freien Ladungsträger möglichst klein sein. Daher wählt man als Material für die Plättchen Halbleiter. Bei diesen ist η um ca. 8 bis 9 Zehnerpotenzen kleiner als bei metallischen Leitern.

Übliche Hall-Spannungen liegen in der Größenordnung 0,1 ... 1 V bei 1 T.

Der Hall-Effekt wird technisch genutzt bei *Hall-Sonden* (Funktionsweise wie oben beschrieben), *Hall-Generatoren* (bei denen U_{H} einen nennenswerten Strom I_{H} treiben kann) sowie bei *Feldplatten* (bei denen nicht die Hall-Spannung, sondern die Widerstandserhöhung für I_{St} ausgewertet wird).

Kalibrierung bei $B = 0$ einfach kompensiert oder herausgerechnet werden kann.

Hall-Sonden werden eingesetzt als *Sensoren* für die magnetische Flussdichte $\vec{B}$, z. B. als Positionssensoren von Antriebsmotoren, deren Achse hierfür mit kleinen Dauermagneten bestückt wird.

Nach entsprechender Kalibrierung können Hall-Sonden auch zur *Messung* von Magnetfeldern eingesetzt werden. Hierbei ist die Abhängigkeit von R_H von der Temperatur und von B zu beachten. Daher ist es zweckmäßig, den Steuerstrom I_{St} *einzuprägen*.

Hall-Sonden als Einzelbauelemente werden kaum noch produziert. Sie sind durch preiswerte integrierte Schaltungen mit integrierter Auswerteelektronik verdrängt worden.

11.15.3 Pinch-Effekt

Der *Pinch-Effekt*[41] oder *Einschnüreffekt* bezeichnet den nur bei Gleichströmen und sehr niederfrequenten Wechselströmen auftretenden, auf der *Lorentz-Kraft* beruhenden Effekt, dass sich in elektrischen Strömungsfeldern mit sehr hoher Stromdichte J die Stromfäden durch das *von ihnen selbst erzeugte Magnetfeld* deutlich zusammenziehen.

Die den Pinch-Effekt verursachende Kraftdichte wird beschrieben durch Gl. (11.140):

$$\frac{\mathrm{d}\vec{F}}{\mathrm{d}V} = \vec{J} \times \vec{B} \tag{11.156}$$

Die magnetische Flussdichte $\vec{B}$ wird durch das Strömungsfeld $\vec{J}$ selbst verursacht.

Bild 11.54 zeigt die Verhältnisse am einfachsten Fall eines linearen, zylindrischen Leiters, bei dem der Effekt konkret als *z-Pinch* bezeichnet wird (weil er die Stromfäden zur Leiterachse, die die z-Achse des Zylinderkoordinatensystems ist, hin drückt).

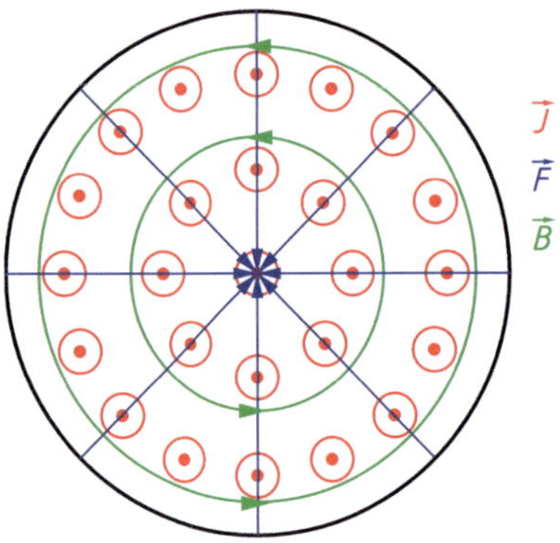

Bild 11.54: Zur Erklärung des Pinch-Effektes

Das aus der Zeichenebene heraus weisende $\vec{J}$-Feld erzeugt ein ihm *rechtswendig zugeordnetes* $\vec{B}$-Feld, dessen Feldlinien zur Leiterachse konzentrische Kreise bilden. In jedem Punkt des Strömungsfeldes weist die Lorentz-Kraft gemäß Gl. (11.156) zur Leiterachse hin.

Der Pinch-Effekt spielt erst bei Stromstärken[42] in der Größenordnung von 100 A oder deutlich darüber eine wesentliche Rolle. Da er aber bei *jedem* Gleichstrom auftritt, ist die bei der Analyse

[41] von engl. *to pinch* = einschnüren, quetschen

[42] Tatsächlich ist nicht die Stromstärke, sondern nur die *Stromdichte* für die Intensität des Pinch-Effektes ausschlaggebend. In der Mikro- und Nanoelektronik können in den Leitern zur Stromversorgung der Schaltung Gleichstromanteile mit sehr hohen Stromdichten auftreten, die zu einem deutlichen Pinch-Effekt führen können.

von SESF übliche Annahme der homogenen Verteilung eines Stromes über den Leiterquerschnitt *immer* eine Näherung.

Der Betrag F der Lorentz-Kraft ist proportional zum Produkt aus dem Betrag der Stromdichte J und dem Betrag der magnetischen Flussdichte B. Wegen $J \sim I$ und $B \sim I$ steigt F quadratisch mit I:

$$F \sim I^2 \tag{11.157}$$

Das ist der Grund dafür, dass der Pinch-Effekt erst bei großen Stromstärken bzw. Stromdichten relevant wird.

In Festkörpern (z. B. metallischen Leitern mit rundem Querschnitt) führt der Effekt dazu, dass fließende Gleichströme sich nicht homogen über den gesamten Leiterquerschnitt verteilen, sondern durch die radial nach innen gerichteten Kräfte zur Leiterachse hin konzentrieren. Diese Erhöhung der Stromdichte in der Nähe der Leiterachse verstärkt den Pinch-Effekt weiter im Sinne einer unerwünschten Mitkopplung.

Durch die schlechtere Nutzung des verfügbaren Leiterquerschnitts bewirkt der Pinch-Effekt eine *Erhöhung des effektiven Widerstandes* des Leiters und dadurch eine *Erhöhung der Stromwärmeverluste* bei eingeprägtem Strom. Hierdurch erhöht sich die Temperatur des Leiters, insbesondere im Bereich der Leiterachse. In Materialien mit negativem Temperaturkoeffizienten des spezifischen Widerstandes (Heißleitern) führt diese Temperaturerhöhung zu einer weiteren Erhöhung der Stromdichte im Bereich der Leitermitte.

Halbleiter sind Heißleiter. Durch Leistungshalbleiter wie Thyristoren können Ströme von mehreren hundert Ampere fließen. Würde ein solches Bauelement in Form einer einzigen großen aktiven Fläche auf einer Halbleiterscheibe realisiert, durch die der gesamte Strom fließt, würde der Halbleiter durch den Pinch-Effekt innerhalb kürzester Zeit thermisch zerstört. Daher werden solche Leistungshalbleiter intern als Parallelschaltung einer Vielzahl kleinerer Bauelemente aufgebaut, auf die der Gesamtstrom symmetrierend aufgeteilt wird.

Fließt ein großer Gleichstrom in einem Leiter, der *plastisch* ist (z. B. flüssiges Metall, Plasma), bewirkt der Pinch-Effekt auch eine *mechanische* Einschnürung des Leiters. Diese Einschnürung kann beim Lichtbogenschweißen zur Ablösung eines verflüssigten Tropfens des Schweißdrahtes führen. Bei sehr großen Strömen im Bereich von kA bis vielen MA im Plasma (etwa bei Lichtbögen, Blitzen oder in Kernfusionsreaktoren) führt der Effekt zur – allerdings nicht stabilen – Fokussierung des Plasmaschlauches.

11.15.4 Kraft auf Grenzflächen

An Grenzflächen zwischen Materialien unterschiedlicher Permeabilität, die von einem magnetischen Feld durchsetzt sind, tritt eine *mechanische Spannung*

$$\vec{\sigma}_{\text{mech}} = \frac{\mathrm{d}\vec{F}}{\mathrm{d}A} \tag{11.158}$$

auf. Diese lässt sich mit den unterschiedlichen Energiedichten auf den beiden Seiten 1 und 2 der Grenzfläche (s. Abschnitt 11.14.1) begründen.

Der Betrag der mechanischen Spannung ist die Differenz dieser magnetischen Energiedichten:

$$|\,\vec{\sigma}_{\text{mech}}\,| = \frac{1}{2}\left|\vec{B}_1\,\vec{H}_1 - \vec{B}_2\,\vec{H}_2\right|. \tag{11.159}$$

Die mechanische Spannung wirkt in jedem Flächenelement (dA) *unabhängig von den Richtungen der Magnetfelder auf den beiden Seiten der Grenzfläche* immer *senkrecht zur Grenzfläche zu derjenigen Seite mit dem geringeren μ hin*. Führt $\vec{\sigma}_{\text{mech}}$ zu einer Bewegung, wird die Grenze so verschoben, dass sich der Bereich mit dem größeren μ ausdehnt.

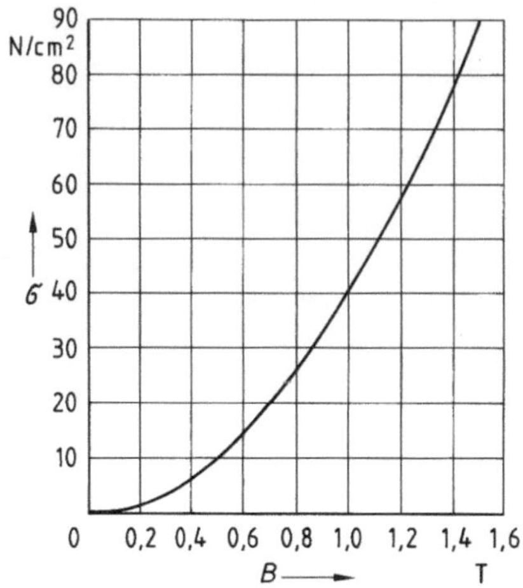

Bild 11.55: Mechanische Zugspannung σ auf Grenzflächen zwischen ungesättigtem Eisen und Luft in Abhängigkeit von der magnetischen Flussdichte B in der Grenzfläche

Speziell für Grenzflächen zwischen Eisen und Luft gilt wegen
$\mu_{\text{Fe}} \gg \mu_{\text{L}}, \quad B = B_{\text{L}} = B_{\text{Fe}}, \quad \mu_{\text{Fe}} - \mu_{\text{L}} \approx \mu_{\text{Fe}}, \quad H_{\text{Fe}} = B/\mu_{\text{Fe}}, \quad H_{\text{L}} = B/\mu_0$ näherungsweise

$$|\vec{\sigma}_{\text{mech}}| \approx \frac{1}{2}\frac{B^2}{\mu_0}. \tag{11.160}$$

Bild 11.55 zeigt den Graphen dieser Funktion für den Bereich bis $B = 1{,}5$ T.

Die Gln. (11.159) und (11.160) gelten nicht für Anordnungen mit Permanentmagneten, da in diesen *abstoßende* Kräfte auftreten können.

11.16 Induktionsgesetz

Im Rahmen der *Magnetostatik* werden *zeitinvariante* Magnetfelder in *ruhenden* Anordnungen betrachtet. In diesem Fall[43] gilt der Kirchhoffsche Maschensatz in der bisher verwendeten Form

$$\sum u(t) = 0 \quad \text{bzw.} \quad \oint_{(s)} \vec{E}\,\mathrm{d}\vec{s} = 0 \quad \text{bzw.} \quad \operatorname{rot}\vec{E} = 0\,. \tag{11.161}$$

In der *Magnetodynamik* werden Magnetfelder betrachtet, die sich relativ zum Beobachter ändern. Dabei ist es zunächst unerheblich, ob diese Veränderung z. B. durch eine *zeitvariante Ladungsströmung*, die Bewegung eines Dauermagneten oder die *Veränderung der Lage des Feldes relativ zum Beobachter* bewirkt wird.

[43] In diesen Anordnungen kann sich der magnetische Fluss, der durch die Masche eines Netzwerks oder elektrischen Strömungsfeldes fließt, zeitlich nicht ändern.

11.16.1 Allgemeine Form des Induktionsgesetzes

In elektrischen Potenzialfeldern hat jeder Feldpunkt ein eindeutiges elektrisches Potenzial φ. Das ist, wie in Abschnitt 9.9 bewiesen wird, gleichbedeutend mit der Aussage, dass

$$\oint_{(s)} \vec{E}\,\mathrm{d}\vec{s} = 0 \tag{11.162}$$

gilt. Daraus folgt, dass die elektrische Spannung zwischen zwei Punkten (die Differenz ihrer elektrischen Potenziale) ebenfalls eindeutig ist. Diese Aussagen gelten nicht mehr, wenn im betrachteten Gebiet ein zeitvariantes Magnetfeld $\vec{B}(t)$ existiert.

Die empirisch gefundene 2. Maxwellsche Gleichung (s. Abschnitt 12.2) sagt aus: In Raumbereichen, in denen sich die magnetische Flussdichte $\vec{B}$ *zeitlich* ändert, entsteht ein *elektrisches Wirbelfeld* $\vec{E}$, das das $\dot{\vec{B}}$-Feld umwirbelt:

$$\operatorname{rot} \vec{E} = -\dot{\vec{B}} \tag{11.163}$$

Die Wirbel von $\vec{E}$ sind der Änderungsgeschwindigkeit $\dot{\vec{B}}$ *linkswendig* zugeordnet.

Während Gl. (11.163) *allgemeingültig* ist, gelten die nachfolgenden Aussagen *nur für Leiterschleifen*. Die Wirkung zeitlich veränderlicher Magnetfelder auf *räumlich ausgedehnte Leiter* wird in Abschnitt 11.18 behandelt.

Wird eine *Leiterschleife* von einem *zeitlich veränderlichen magnetischen Fluss* $\dot{\Psi} = \mathrm{d}\Psi/\mathrm{d}t$ durchsetzt, wird durch das durch Gl. (11.163) beschriebene elektrische Wirbelfeld *entlang der Berandung (s) der Leiterschleife* eine elektrische Spannung u_i *induziert*[44]. Die Leiterschleife wirkt also als *aktives Gebiet* (s. Abschnitte 1.3.3 und 9.5).

Die in der Leiterschleife *induzierte Spannung* ist

$$u_\mathrm{i}(t) = \oint_{(s)} \vec{E}\,\mathrm{d}\vec{s} = -\frac{\partial}{\partial t}\int_{(A)} \vec{B}\,\mathrm{d}\vec{A} = -\dot{\Psi} \tag{11.164}$$

mit

$$\dot{\Psi} = \frac{\mathrm{d}\Psi}{\mathrm{d}t}\,. \tag{11.165}$$

Besteht die Leiterschleife aus nur einer Windung, gilt

$$\Psi = \Phi \tag{11.166}$$

und somit

$$\dot{\Psi} = \dot{\Phi}\,. \tag{11.167}$$

Daraus folgt die *übliche* (aber eigentlich spezielle) *Schreibweise des Induktionsgesetzes*

$$u_\mathrm{i}(t) = -\dot{\Phi} \tag{11.168}$$

mit

$$\dot{\Phi} = \frac{\mathrm{d}\Phi}{\mathrm{d}t}\,. \tag{11.169}$$

[44] bewirkt, hervorgerufen

Besteht die Leiterschleife aus N Windungen, die alle mit dem magnetischen Fluss Φ verkettet sind, gilt

$$u_{\mathrm{i}}(t) = -N\dot{\Phi} \tag{11.170}$$

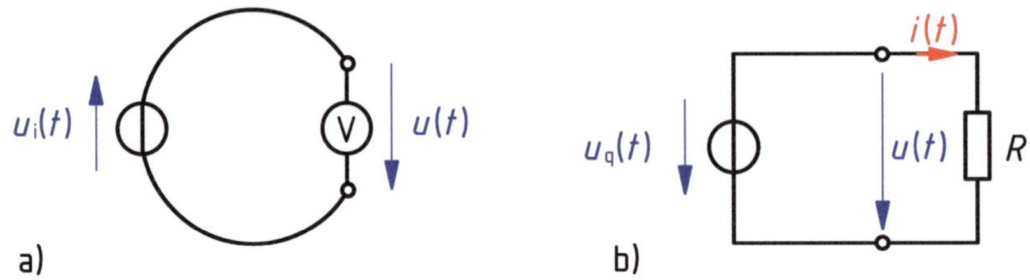

Bild 11.56: Induzierte Spannung $u_{\mathrm{i}}(t)$, Klemmenspannung $u(t)$ und Quellenspannung $u_{\mathrm{q}}(t)$ beim Induktionsgesetz

Die *antreibende induzierte Umlaufspannung* $u_{\mathrm{i}}(t)$ verursacht (s. Bild 11.56)

a) eine *Klemmenspannung*

$$u(t) = u_{\mathrm{i}}(t) \tag{11.171}$$

zwischen den Klemmen der (in Bild 11.56 a) durch das Voltmeter ebenfalls geschlossenen) Leiterschleife.

b) einen *Strom* durch die Leiterschleife, sofern sie leitfähig (in Bild 11.56 b) durch einen Widerstand R modelliert) geschlossen wird.

Induzierte Spannung $u_{\mathrm{i}}(t)$ und Klemmenspannung $u(t)$ haben unterschiedlichen Charakter. $u_{\mathrm{i}}(t)$ beschreibt eine *Ursache*, nämlich die *antreibende äußere Kraft* (Elektromotorische Kraft, EMK) auf die Ladungen in der Leiterschleife. $u(t)$ beschreibt eine *Wirkung*, nämlich die *Klemmenspannung* der als Spannungsquelle wirkenden Anordnung, die üblicherweise durch ihre *Quellenspannung* $u_{\mathrm{q}}(t)$ beschrieben wird. Von den Klemmen der Leiterschleife aus gesehen haben die *Zählpfeile* von $u_{\mathrm{i}}(t)$ und $u(t)$ entgegengesetzte Richtungen (vgl. Abschnitt 11.10).

Gl. (11.164) gilt für *rechtswendige Zuordnung* zwischen den $\mathrm{d}\vec{s}$, die den Rand (s) der Leiterschleife bilden und den $\mathrm{d}\vec{A}$, die die Fläche (A) der Leiterschleife beschreiben. Die *Zählpfeile* von $u_{\mathrm{i}}(t)$ und $u(t)$ haben den gleichen Umlaufsinn wie die $\mathrm{d}\vec{s}$. Der *Zählpfeil* für Ψ (bzw. für Φ) hat die gleiche Orientierung wie die $\mathrm{d}\vec{A}$, s. Bild 11.57. Damit besteht auch eine *rechtswendige Zuordnung* zwischen den *Zählpfeilen* von Ψ (bzw. für Φ) und der Klemmenspannung $u(t)$.

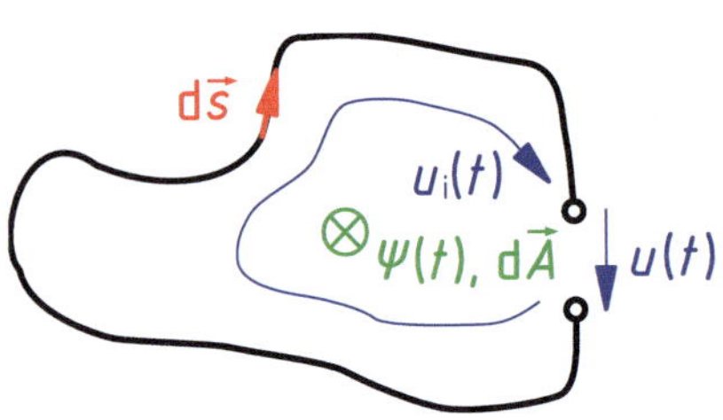

Bild 11.57: Zur Richtungszuordnung von Vektoren und Zählpfeilen beim Induktionsgesetz

Besteht (A) aus mehreren Windungen, ist in Gl. (11.164) die „abgewickelte" Fläche (s. Abschnitt 11.11.1) einzusetzen.

Die wichtigste Konsequenz aus dem Induktionsgesetz ist der Umstand, dass in Gebieten, in denen ein zeitvariantes Magnetfeld existiert, das Feld des elektrischen Potenzials φ nicht mehr eindeutig, sondern *unendlich vieldeutig* ist!

Daraus folgt, dass die elektrische Spannung $u(t)$ zwischen zwei Punkten davon abhängt, auf welchem Weg (s) das Integral $u(t) = \int_{(s)} \vec{E}(t)\,\mathrm{d}\vec{s}$ zwischen ihnen gebildet wird. Praktisch bedeutet das, dass die Spannung zwischen den Klemmen einer Leiterschleife (d. h. eines elektrischen Leiters beliebiger Form und Länge) nicht null ist, sondern davon abhängt, welchen zeitvarianten magnetischen Fluss die Leiterschleife umschließt.

Besonders anschaulich tritt dieser Effekt beim Transformator (s. Abschnitt 11.17.3) auf: Der zeitvariante magnetische Fluss Φ durch den Kern eines Transformators induziert in einer Leiterschleife (Wicklung auf dem Kern), die diesen Fluss umschließt, eine Spannung, die davon abhängt, wie oft dieser Fluss umschlossen wird, also wie der Weg (s) gewählt wird.

In Beispiel 11.14 wird eine wichtige Konsequenz des Induktionsgesetzes verdeutlicht, nämlich die Abhängigkeit der in einer Spule induzierten Spannung von verschiedenen Parametern.

Beispiel 11.14: In einer Spule induzierte Spannung bei sinusförmig zeitvariantem Magnetfeld

Eine Spule mit N Windungen wird von einem sinusförmig zeitvarianten magnetischen Fluss $\Phi(t)$ mit der Frequenz f und der Amplitude $\hat{\Phi}$ durchsetzt.

Wie hängt die Amplitude der Klemmenspannung $u(t)$ der Spule von den oben genannten Größen ab?

Die Zählpfeile für $u(t)$ und $\Phi(t)$ seien einander *rechtswendig zugeordnet.*

Aus

$$\Phi(t) = \hat{\Phi} \sin(2\pi f\, t)$$

folgt mit den Gln. (11.170) und (11.171)

$$u(t) = -N\,\dot{\Phi} = -N \cdot 2\pi f \cdot \hat{\Phi}\, \cos(2\pi f\, t)\,.$$

Das bedeutet, dass die Amplitude

$$\hat{u} = N \cdot 2\pi f \cdot \hat{\Phi}$$

der induzierten sinusförmigen Spannung proportional zur Windungszahl und nicht nur proportional zur Amplitude, sondern *auch proportional zur Frequenz des magnetischen Flusses* ist.

Eine Anwendung dieser Frequenzabhängigkeit sind Schaltnetzteile, die nicht mit 50 Hz, sondern vielen kHz betrieben werden, wodurch viel kleinere Transformatoren (allerdings mit magnetisch sehr hochwertigen Kernen) benötigt werden.

Die Abhängigkeit von der Windungszahl verdeutlicht die Mehrdeutigkeit des elektrischen Potenzials in der Anordnung: Wenn die Wicklung aus sehr dünnem Draht besteht und räumlich konzentriert ausgeführt ist, umschlingt jede Windung auf näherungsweise dem gleichen Weg den magnetischen Fluss.

Falls die den magnetischen Fluss $\Phi(t)$ verursachende magnetische Flussdichte $\vec{B}(t)$ eine variable Fläche A innerhalb der Spule homogen senkrecht durchsetzt, ist wegen $\Phi(t) = A \cdot B(t)$ die induzierte Spannung auch proportional zur vom Magnetfeld durchsetzten Fläche A.

11.16.2 Lenzsche Regel

Die Lenzsche[45] Regel ist kein grundlegendes Gesetz, sondern nur eine nützliche Erklärungs- und Merkhilfe:

Die Änderung des magnetischen Flusses durch eine Leiterschleife bewirkt eine induzierte Spannung in der Leiterschleife. Führt diese Spannung zu einem Stromfluss, ist das durch diesen Strom bewirkte Magnetfeld innerhalb der Leiterschleife seiner Ursache (der Änderung des Magnetfeldes) *entgegengerichtet*.

Die Lenzsche Regel ist sinngemäß auf Vorgänge in *ausgedehnten Leitern*, die sich in einem zeitvarianten magnetischen Feld befinden, erweiterbar. Siehe hierzu Abschnitt 11.18.

Die Lenzsche Regel wird häufig verwendet, um bei Spulen oder Übertragern die Richtung einer induzierten Spannung oder eines durch eine solche Spannung bewirkten Stromflusses „auszugucken“. Das ist nur notwendig, wenn nicht mit *Zählpfeilen* gearbeitet wird[46].

[45] Benannt nach dem russischen Physiker Emil Lenz (1804–1865).
[46] Das ist in Lehrbüchern der Physik der Fall.

11.16.3 Ruheinduktion und Bewegungsinduktion

Auch in diesem Abschnitt wird nur der wichtige Spezialfall der Induktionswirkung in *Leiterschleifen* betrachtet.

Die zeitliche Änderung des magnetischen Flusses durch eine Leiterschleife kann verursacht werden durch:

1. *Zeitliche Veränderung der magnetischen Flussdichte* bei *unveränderter Lage und Form* der Leiterschleife („*Ruheinduktion*"):

$$u(t) = -\iint\limits_{(A)} \frac{\partial \vec{B}}{\partial t}\, \mathrm{d}\vec{A} \tag{11.172}$$

   Hier ist (A) zeitinvariant und $\vec{B}$ ändert sich innerhalb von (A).

2. *Veränderung von Lage oder/und Form der Leiterschleife* in einem *zeitinvarianten* Magnetfeld („*Bewegungsinduktion*"):

$$u(t) = \oint\limits_{(s)} (\vec{v} \times \vec{B})\, \mathrm{d}\vec{s} \tag{11.173}$$

   Hier ist $\vec{B}$ zeitinvariant und (A) ändert sich, was durch die Relativbewegung zwischen Stücken $(\mathrm{d}s)$ des Randes (s) von (A) und dem Magnetfeld beschrieben wird.

   Der Ausdruck $\vec{v} \times \vec{B}$ hat den Charakter einer induzierten elektrischen Feldstärke $\vec{E}_i$ (Elektromotorische Kraft, EMK). Diese Feldstärke (s. Abschnitt 11.2) bewirkt eine äußere Kraft auf Ladungen in der Berandung der Leiterschleife (oder einem Teil davon). Durch diese Kraft wird eine *Ladungstrennung* bewirkt, die als Klemmenspannung $u(t)$ messbar ist. Siehe hierzu auch Abschnitt 9.5.

Ruheinduktion und Bewegungsinduktion können einzeln auftreten oder zusammen, z. B. bei der Bewegung oder Formänderung einer Leiterschleife in einem zeitvarianten oder inhomogenen Magnetfeld. In Bild 11.58 werden drei Arten von Spannungsinduktion dargestellt.

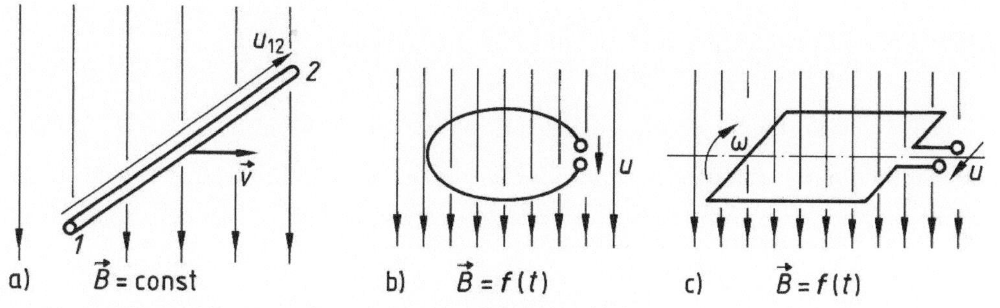

Bild 11.58: Verschiedene Arten der Spannungsinduktion
a) bewegter Leiter im zeitlich konstanten Magnetfeld
b) ruhende Leiterschleife im zeitvarianten Magnetfeld
c) bewegte Leiterschleife im zeitvarianten Magnetfeld

Durch getrennte Berücksichtigung der beiden Induktionsanteile nach Gl. (11.172) und Gl. (11.173) folgt das Induktionsgesetz in der speziellen Form

$$u(t) = \underbrace{-\iint\limits_{(A)} \frac{\partial \vec{B}}{\partial t}\,\mathrm{d}\vec{A}}_{\text{Ruheinduktion}} + \underbrace{\oint\limits_{(s)} (\vec{v}\times\vec{B})\,\mathrm{d}\vec{s}}_{\text{Bewegungsinduktion}} \quad , \tag{11.174}$$

die den *transformatorischen Anteil* (Ruheinduktion) und den *translatorischen Anteil* (Bewegungsinduktion) der induzierten Spannung getrennt darstellt.

In den Gln. (11.172), (11.173) und (11.174) gelten wieder die vor Bild 11.57 gemachten Aussagen über die Richtungszuordnung der enthaltenen Größen zueinander.

Die Beispiele 11.15 und 11.16 behandeln je eine Anordnung, in der nur Ruhe- bzw. nur Bewegungsinduktion auftritt.

Beispiel 11.15: Leiterschleife im zeitvarianten Magnetfeld

Betrachtet wird eine rechteckige Leiterschleife mit der Fläche A gemäß Bild 11.59 a), die von einem homogenen, zeitvarianten Magnetfeld $\vec{B}(t) = B(t)\,\vec{e}_\mathrm{B}$ senkrecht durchsetzt wird. Außerhalb der Schleife existiert kein Magnetfeld. Der Einheitsvektor $\vec{e}_\mathrm{B}$ weist gemäß Bild 11.59 a) aus der Zeichenebene heraus. Bild 11.59 b) zeigt die Zeitfunktion von $B(t)$.

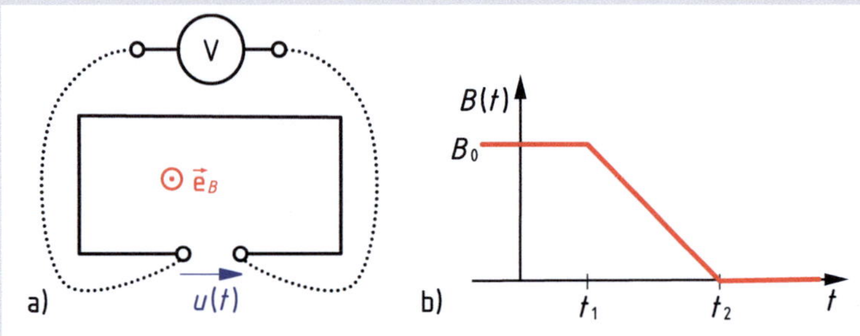

Bild 11.59: a) Leiterschleife im zeitvarianten Magnetfeld und
b) Darstellung der Funktion $B(t)$

Gesucht ist die Spannung $u(t)$ zwischen den Klemmen der Leiterschleife.

Da die Anordnung ruht, tritt nur *Ruheinduktion* auf, so dass Gl. (11.172) angewandt werden kann. Die Orientierung der Integrationsfläche (A) ist dem *Zählpfeil* von $u(t)$ *rechtswendig* zuzuordnen, stimmt also mit der Richtung von $\vec{e}_\mathrm{B}$ überein.

Für $t < t_1$ und $t > t_2$ ist $\dot{\vec{B}} = 0$ und daher $u(t) = 0$.

Für $t_1 < t < t_2$ gilt

$$u(t) = -\iint\limits_{(\mathrm{A})} \frac{\partial \vec{B}}{\partial t}\,\mathrm{d}\vec{A} = -\dot{B}\,A = -\frac{-B_0}{t_2 - t_1}A = \frac{A\,B_0}{t_2 - t_1} = \text{const.} > 0$$

Nun wird das in Bild 11.59 a) eingezeichnete Voltmeter entlang der gepunkteten Verbindung an die Klemmen der Leiterschleife angeschlossen. Welche Spannung zeigt es an?

Wäre das elektrische Potenzial in der Anordnung eindeutig, würde das Voltmeter die oben berechnete Spannung $u(t)$ anzeigen. Da es in der Anordnung ein zeitvariantes Magnetfeld $\vec{B}(t)$ gibt, hat das $\vec{E}$-Feld in ihr Wirbel, das elektrische Potenzial φ ist nicht mehr eindeutig und die Spannung zwischen zwei Punkten davon abhängig, wie der Leiter zwischen ihnen verläuft.

Die für die Spannung am Voltmeter relevante Verbindung besteht aus dem durchgezogenen und dem gepunkteten Leitungsabschnitt. Die von dieser Leiterschleife eingeschlossene Fläche liegt außerhalb der vom Magnetfeld durchsetzten Fläche. Somit gilt in ihr $\Phi = 0$ und $\dot{\Phi} = 0$. Daher zeigt das Voltmeter durchgehend die Spannung 0 V an.

Beispiel 11.16: Bewegung einer Leiterschleife in ein zeitinvariantes Magnetfeld

Eine rechteckige, starre, offene Leiterschleife mit der Länge a und Breite b tritt bei $t = 0$ mit der Geschwindigkeit $\vec{v}$ mit ihrer Vorderkante in ein homogenes, zeitinvariantes Magnetfeld mit der zur Leiterschleife senkrechten magnetischen Flussdichte $\vec{B}_0$ ein, s. Bild 11.60.

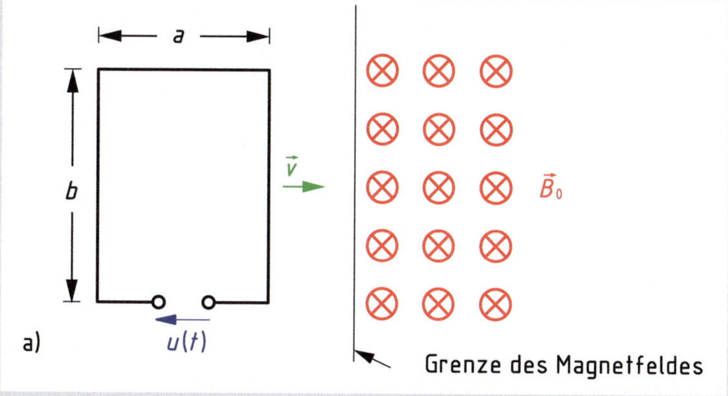

Bild 11.60: Rechteckige Leiterschleife vor homogenem Magnetfeld

Die Spannung $u(t)$ mit dem in Bild 11.60 angegebenen *Zählpfeil* ist zu berechnen.

Für $t < 0$ befindet sich die gesamte Leiterschleife im magnetisch feldfreien Raum. Daher gilt $u(t) = 0$ für $t < 0$.

Ab $t = 0$ bewegt sich ein Teil der Leiterschleife im Magnetfeld, wodurch sich der magnetische Fluss $\Phi(t)$, der die Leiterschleife durchsetzt, ändert.

Aus dieser Sichtweise ergeben sich zwei verschiedene Lösungswege zur Berechnung von $u(t)$ für $t > 0$:

1. Über die zeitliche Änderung des magnetischen Flusses durch die Leiterschleife gemäß Gl. (11.164).

2. Über die Bewegung der einzelnen Kanten der Leiterschleife im Magnetfeld, also die durch Gl. (11.173) beschriebene Bewegungsinduktion.

1. Weg:
Von $t = 0$ bis $t = a/v$ steigt der Flächenanteil der Leiterschleife, der vom Magnetfeld durchsetzt wird, *linear* mit der Zeit an. Der *Zählpfeil* für $\Phi(t)$ ist dem *Zählpfeil* von $u(t)$ *rechtswendig* zuzuordnen. Er weist also in die Zeichenebene hinein und hat somit die gleiche Richtung wie das $\vec{B}$-Feld. Daher gilt für $0 < t < a/v$

$$\Phi(t) = B_0\, v\, t\, b\,,$$

woraus

$$\dot{\Phi}(t) = B_0\, v\, b = \text{const.} > 0$$

und

$$u(t) = -\,\dot{\Phi}(t) = -\,B_0\, v\, b = \text{const.} < 0$$

folgen.

Für $t > a/v$ bleibt $\Phi(t) = B_0\, a\, b$ konstant; daher sind $\dot{\Phi}(t) = 0$ und somit $u(t) = 0$.

2. Weg:
Die Bewegung der einzelnen Kanten der Leiterschleife im Magnetfeld wird betrachtet. Da es keine Angaben über den Querschnitt der Leiterstücke gibt, werden sie als *Linienleiter* behandelt. Der Vektor der antreibenden elektrischen Feldstärke

$$\vec{E}_\mathrm{i} = \vec{v} \times \vec{B}$$

weist in Bild 11.60 von unten nach oben. Eine Spannung wird in denjenigen Leiterstücken induziert, die parallel zu diesem Vektor verlaufen, in denen also $\vec{E}_\mathrm{i} \,||\, \mathrm{d}\vec{s}$ gilt. Das ist nur in der vorderen und der hinteren Kante der Leiterschleife der Fall. Die Lorentz-Kraft

$$\vec{F}_\mathrm{L} = Q\,\vec{E}_\mathrm{i}$$

wirkt auf positive Ladungen ebenfalls von unten nach oben und führt zu einer *Ladungstrennung*: Das obere Ende der Kante lädt sich gegenüber dem unteren Ende positiv auf. Die getrennten Ladungen bewirken eine Coulomb-Kraft $\vec{F}_\mathrm{C} = -\,\vec{F}_\mathrm{L}$ entgegen der Lorentz-Kraft und eine elektrische Feldstärke

$$\vec{E} = -\,\vec{E}_\mathrm{i}\,,$$

die von oben nach unten gerichtet ist. Die Ladungstrennung ist abgeschlossen, wenn beide Kräfte bzw. Feldstärken sich gegenseitig aufheben. Bei der Berechnung der Klemmenspannung $u(t)$ mittels Gl. (11.173) ist nach der in Bild 11.57 dargestellten Richtungszuordnung im Uhrzeigersinn zu integrieren.

Im Zeitraum $0 < t < a/v$ bewegt sich nur die vordere Kante im Magnetfeld. In ihr weisen die Vektoren $\mathrm{d}\vec{s}$ von oben nach unten, also entgegen der Richtung von $\vec{E}_\mathrm{i}$. Somit gilt in diesem Zeitraum

$$u(t) = -\,B_0\, v\, b = \text{const.} < 0\,.$$

Für $t > a/v$ bewegen sich die vordere und die hintere Kante im Magnetfeld. In beiden wird die gleiche elektrische Feldstärke induziert. Bei der Integration heben sich die in der vorderen und der hinteren Kante induzierten Spannungen genau auf, so dass $u(t) = 0$ gilt.

Beide Lösungswege führen also zum selben Ergebnis.

Bei Berücksichtigung der Tatsache, dass die Leiter keine Linienleiter sind, sondern eine nicht vernachässigbare Querschnittsfläche haben, ist auch die Betrachtung der Vorgänge in den beiden Leiterabschnitten, die parallel zu $\vec{v}$ stehen, interessant. In diesen Abschnitten erfolgt auch eine Ladungstrennung wie oben beschrieben, die dazu führt, dass sich die oberen Kanten gegenüber den unteren positiv aufladen. Diese sehr kleine Spannung zwischen den Kanten beeinflusst die Klemmenspannung aber nicht.

11.17 Klemmenverhalten von Induktivitäten

In diesem Abschnitt wird das durch das Induktionsgesetz beschriebene Klemmenverhalten von einzelnen oder miteinander magnetisch gekoppelten, ruhenden Leiterschleifen, durch die zeitvariante elektrische Ströme fließen, untersucht.

11.17.1 Klemmenverhalten von Selbstinduktivitäten

Betrachtet wird eine widerstandslose Leiterschleife mit bekannter, konstanter Induktivität L und *Zählpfeilen* für die Klemmengrößen $u(t)$ und $i(t)$ gemäß Bild 11.61 a).

Bild 11.61 b) zeigt das Schaltsymbol für die Induktivität, die das Klemmenverhalten der Leiterschleife in einem elektrischen Ersatzschaltbild modelliert, mit den aus a) übernommenen *Zählpfeilen* für die Klemmengrößen.

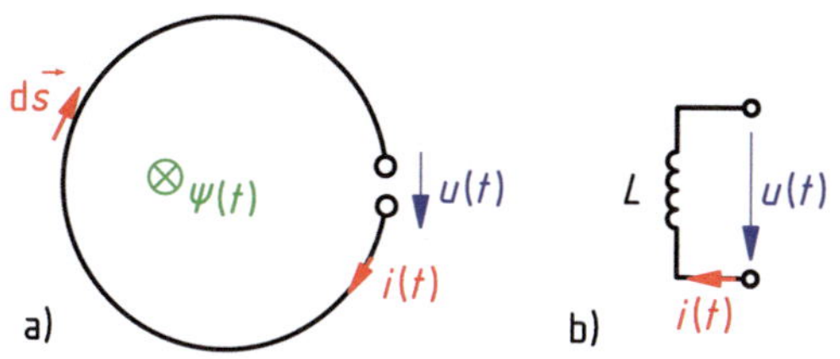

Bild 11.61: a) Leiterschleife mit Zählpfeilen und b) Schaltsymbol für eine Induktivität mit den gleichen Zählpfeilen

Die *Zählpfeile* für die Klemmenspannung $u(t)$ und den Spulenfluss $\Psi(t)$ sind in Bild 11.61 a) wie in Bild 11.57 eingetragen. Der *Zählpfeil* für den Strom $i(t)$ ist entsprechend der Vorgabe in Abschnitt 11.11.2 dem *Zählpfeil* für $\Psi(t)$ *rechtswendig zugeordnet*. Daraus folgt, dass an den Zweipolen in den Bildern 11.61 a) und b) *Erzeuger-Zählpfeilsystem* vorliegt.

Aus Gl. (11.53) folgt

$$\Psi(t) = L\,i(t) \tag{11.175}$$

und aus Gl. (11.164) in Verbindung mit Gl. (11.171)

$$u(t) = -\,\dot{\Psi}(t)\,. \tag{11.176}$$

Durch Einsetzen von Gl. (11.175) in Gl. (11.176) erhält man die Beschreibung des Klemmenverhaltens konstanter Induktivitäten *bei Erzeuger-Zählpfeilsystem*:

$$u(t) = -L\,\dot{i}(t) \tag{11.177}$$

Da Induktivitäten passive Zweipole sind, wird an ihnen meist Verbraucher-Zählpfeilsystem verwendet. Durch Umkehren des *Zählpfeils* für $i(t)$ kehrt sich das Vorzeichen in Gl. (11.177) um.

Somit wird das Klemmenverhalten $u(i(t))$ konstanter Induktivitäten L *bei Verbraucher-Zählpfeilsystem* durch die lineare Differenzialgleichung

$$u(t) = +\dot{\Psi}(t) = L\,\dot{i}(t) \tag{11.178}$$

beschrieben.

Im allgemeinen Fall (also auch für nicht konstante Induktivitäten) gilt

$$u(t) = \frac{\mathrm{d}}{\mathrm{d}t}\,\Psi(t) = \frac{\mathrm{d}}{\mathrm{d}t}\,(L(t)\cdot i(t)) = \frac{\mathrm{d}}{\mathrm{d}t}\,L(t)\cdot i(t) + L(t)\cdot\frac{\mathrm{d}}{\mathrm{d}t}\,i(t) = \dot{L}(t)\cdot i(t) + L(t)\cdot\dot{i}(t) \tag{11.179}$$

Alle Anordnungen, die ein Ferromagnetikum enthalten, sind durch die arbeitspunktabhängige Permeabilität nichtlinear und durch die Hysterese zeitvariant. Daher müsste bei ihnen immer mit Gl. (11.179) gearbeitet werden. Das unterbleibt in der Regel aus Aufwandsgründen und führt immer dazu, dass die mittels Gl. (11.178) ermittelten Ergebnisse nur Näherungswerte sein können. Bei magnetisch weichem Material, das im annähernd linearen Teil der Magnetisierungskurve betrieben wird, sind solche Näherungswerte in der Regel ausreichend.

11.17.2 Zusammenschaltungen magnetisch nicht gekoppelter Induktivitäten

Betrachtet werden einfache Zweipole, die ausschließlich aus Induktivitäten L *ohne magnetische Kopplungen* bestehen. Von Interesse sind die Ersatzinduktivitäten L_{ges} der Schaltungen und das Verhalten der Klemmengrößen der enthaltenen Induktivitäten.

Diese Netzwerke beschreiben das Verhalten von Schaltungen aus Spulen nur teilweise, da diese Bauelemente durch die Kupfer- und ggf. auch Eisenverluste nicht rein induktiv, sondern induktiv-resistiv wirken. Es ist aber möglich, die bei den Zusammenschaltungen wirksamen Ersatzwiderstände R_{ges} separat zu behandeln. Zu beachten ist dabei ggf., dass insbesondere Widerstandsanteile, die Eisenverluste modellieren, nicht konstant sind.

Sofern die Werte der einzelnen Induktivitäten nicht konstant sind – was insbesondere bei Spulen mit ferromagnetischem Kern der Fall ist – müssen die Abhängigkeiten der Induktivitätswerte der einzelnen Spulen auf die Ersatzinduktivität übertragen werden.

Bei den nachfolgenden Schaltungen gilt an allen Zweipolen das Verbraucher-Zählpfeilsystem.

Reihenschaltung

Das Klemmenverhalten der in Bild 11.62 a) dargestellten Reihenschaltung aus n Induktivitäten lässt sich durch eine Ersatzinduktivität L_{ges} gemäß Bild 11.62 b) nachbilden.

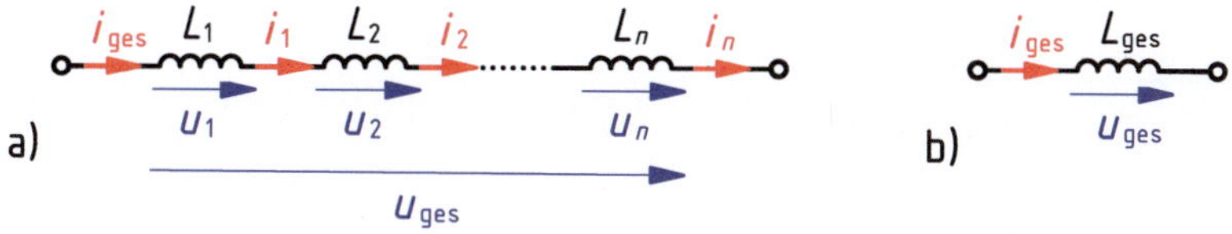

Bild 11.62: a) Reihenschaltung von n Induktivitäten, b) Ersatzinduktivität

Aus

$$i_{\text{ges}} = i_1 = i_2 = \cdots = i_{\text{n}} \tag{11.180}$$

folgt durch Differenzieren nach der Zeit

$$\dot{i}_{\text{ges}} = \dot{i}_1 = \dot{i}_2 = \cdots = \dot{i}_{\text{n}} \,. \tag{11.181}$$

Aus

$$u_{\text{ges}} = u_1 + u_2 + \cdots + u_{\text{n}} \tag{11.182}$$

ergibt sich mit der Beziehung zwischen den Klemmengrößen einer Induktivität bei VZS

$$u_\nu = L_\nu \, \dot{i}_\nu \tag{11.183}$$

für die Ersatzinduktivität

$$L_{\text{ges}} \, \dot{i}_{\text{ges}} = L_1 \, \dot{i}_1 + L_2 \, \dot{i}_2 + \cdots + L_{\text{n}} \, \dot{i}_{\text{n}} \,, \tag{11.184}$$

woraus mit Gl. (11.181)

$$L_{\text{ges}} \, \dot{i}_{\text{ges}} = (L_1 + L_2 + \cdots + L_{\text{n}}) \, \dot{i}_{\text{ges}} \tag{11.185}$$

und damit die Gleichung

$$L_{\text{ges}} = L_1 + L_2 + \cdots + L_{\text{n}} = \sum_\nu L_\nu \tag{11.186}$$

folgt, die der Gleichung zur Berechnung des Gesamtwiderstandes einer Reihenschaltung von Wirkwiderständen entspricht.

Merke: *Bei der Reihenschaltung von Induktivitäten addieren sich die Werte der einzelnen Induktivitäten zum Wert der Gesamtinduktivität.*

Für das Verhältnis zweier beliebiger Spannungen in der Schaltung in Bild 11.62 a) folgt aus den Gln. (11.184) und (11.181) die *induktive Spannungsteilerregel*, die der Spannungsteilerregel für Wirkwiderstände entspricht:

$$\frac{u_\mu}{u_\nu} = \frac{L_\mu \, \dot{i}_\mu}{L_\nu \, \dot{i}_\nu} = \frac{L_\mu}{L_\nu} \tag{11.187}$$

Merke: *Bei einer Reihenschaltung von Induktivitäten verhalten sich die Spannungen über Induktivitäten zueinander wie die Werte dieser Induktivitäten.*

Parallelschaltung

Das Klemmenverhalten der in Bild 11.63 dargestellten Parallelschaltung von *n* Induktivitäten lässt sich durch eine Ersatzinduktivität L_{ges} gemäß Bild 11.62 b) nachbilden.

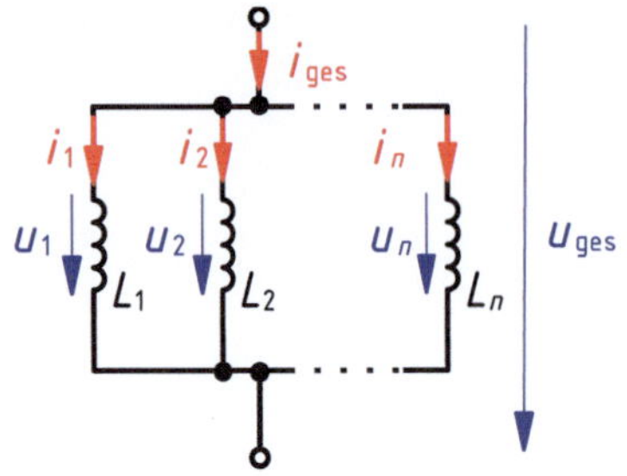

Bild 11.63: Parallelschaltung von *n* Induktivitäten

Aus

$$i_{\text{ges}} = i_1 + i_2 + \cdots + i_{\text{n}} \tag{11.188}$$

folgt durch Differenzieren nach der Zeit

$$\dot{i}_{\text{ges}} = \dot{i}_1 + \dot{i}_2 + \cdots + \dot{i}_{\text{n}}\,. \tag{11.189}$$

Aus Gl. (11.183) folgt

$$\dot{i}_\nu = \frac{u_\nu}{L_\nu} \tag{11.190}$$

und damit durch Einsetzen in Gl. (11.189)

$$\frac{u_{\text{ges}}}{L_{\text{ges}}} = \frac{u_1}{L_1} + \frac{u_2}{L_2} + \cdots + \frac{u_{\text{n}}}{L_{\text{n}}}\,, \tag{11.191}$$

woraus mit

$$u_{\text{ges}} = u_1 = u_2 = \cdots = u_{\text{n}} \tag{11.192}$$

die Gleichung

$$\frac{1}{L_{\text{ges}}} = \frac{1}{L_1} + \frac{1}{L_2} + \cdots + \frac{1}{L_{\text{n}}} = \sum_\nu \frac{1}{L_\nu} \tag{11.193}$$

folgt, die der Gleichung zur Berechnung des Ersatzwiderstandes einer Parallelschaltung von Wirkwiderständen entspricht.

Merke: *Bei einer Parallelschaltung von Induktivitäten addieren sich die Kehrwerte der einzelnen Induktivitätswerte zum Kehrwert des Wertes der Gesamtinduktivität.*

Speziell gilt für zwei Induktivitäten

$$L_{\text{ges}} = \frac{L_1 \cdot L_2}{L_1 + L_2}\,. \tag{11.194}$$

Aus Gl. (11.192) folgt mit Gl. (11.183), dass es *keine induktive Stromteilerregel gibt*, die der Stromteilerregel bei Wirkwiderständen entspricht, denn es gilt

$$L_\mu\, \dot{i}_\mu = L_\nu\, \dot{i}_\nu\,, \tag{11.195}$$

woraus nur eine Aussage über die *zeitlichen Ableitungen* der Zweigströme folgt:

$$\frac{\dot{i}_\nu}{\dot{i}_\mu} = \frac{L_\mu}{L_\nu} \tag{11.196}$$

Merke: *Bei einer Parallelschaltung von Induktivitäten verhalten sich die zeitlichen Ableitungen(!) der Ströme umgekehrt wie die Werte der zugehörigen Induktivitäten.*

Durch die Schaltung in Bild 11.63 könnte zusätzlich zu dem betrachteten zeitvarianten Strom ein beliebiger Gleichstromanteil fließen. Über die Aufteilung dieses Stromes auf die parallelen Zweige kann das Modell keine Aussage machen. Das Problem erübrigt sich, sobald die resistiven Anteile der Spulen im Modell berücksichtigt werden.

11.17.3 Selbstinduktion und Gegeninduktion, Transformatormodelle

In diesem Abschnitt werden die integralen magnetischen und elektrischen Feldgrößen bei einer Anordnung aus zwei magnetisch gekoppelten Leiterschleifen untersucht.

Zur Herleitung der in *linearen, verlustlosen* magnetischen Kreisen gültigen Zusammenhänge wird ein besonders anschaulicher, *idealisierter Eisenkreis* mit zwei *Wicklungen* gemäß Bild 11.64 betrachtet[47].

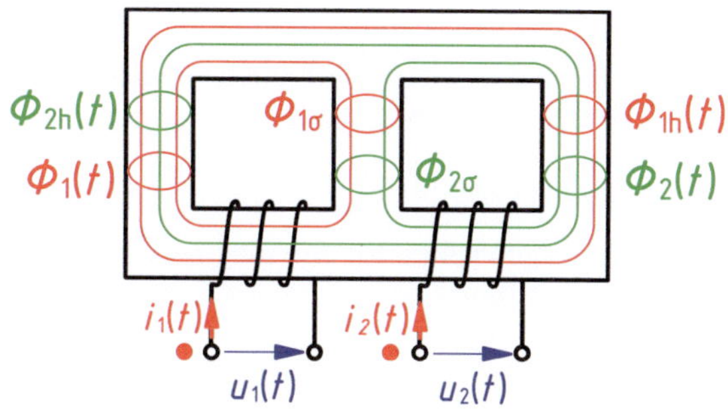

Bild 11.64: Durch einen idealisierten Eisenkreis magnetisch gekoppelte Leiterschleifen

Die *Zählpfeile* für die magnetischen Spulenflüsse Ψ_1 und Ψ_2 durch die beiden Wicklungen sind den *Zählpfeilen* für die Ströme i_1 bzw. i_2 *rechtswendig zugeordnet*, weisen also in Bild 11.64 von rechts nach links.

Alle elektrischen, magnetischen und konstruktiven Parameter sind zeitinvariant. Es tritt also ausschließlich *Ruheinduktion* gemäß Gl. (11.172) auf.

Zur Erhöhung der Übersichtlichkeit wird bei allen Strömen, Spannungen und magnetischen Flüssen auf die Angabe des Argumentes (t) verzichtet.

Wegen ihrer Wichtigkeit werden die oben genannten *Idealisierungen* erläutert. Sie schränken die Gültigkeit der Ergebnisse ein:

1. Die *Permeabilität des Eisens sei konstant.* Somit sind alle Selbst- und Gegeninduktivitäten unabhängig von den felderzeugenden Strömen. Daher liegt eine *lineare Anordnung* vor und der *Überlagerungssatz* darf angewandt werden. Diese Voraussetzung ist bei Anordnungen mit

[47] Hier wird ein Eisenkreis betrachtet, da in ihm die relevanten magnetischen Flüsse konzentriert – und damit sehr anschaulich – geleitet werden. Ein Eisenkreis in dieser Form hat keine praktische Bedeutung.

ferromagnetischem Material im Feldraum auf keinen Fall exakt erfüllt. Bei magnetisch hochwertigem Material, das nur im näherungsweise linearen Teil der Magnetisierungskurve ausgesteuert wird und eine sehr schmale Hystereseschleife hat, sind die nachfolgend abgeleiteten Gleichungen zumindest als Näherungen einsetzbar.

2. Die Anordnung sei *verlustlos*. Es treten also weder Eisen- noch Kupferverluste auf. Somit wirken in den Wicklungen nur induktive, nicht aber resistive Effekte, die zusätzlich zu den induzierten Spannungen weitere Spannungsabfälle bewirken würden.
3. Die gesamte Anordnung ist mechanisch starr, ruht also. Dadurch ist eine Änderung der Wicklungen und eine daraus resultierende Veränderung der Selbst- und Gegeninduktivitäten ausgeschlossen.

Durch diese Vereinfachungen besteht eine *lineare Abhängigkeit* zwischen einer Ursache $\dot{i}(t)$ und einer zugehörigen Wirkung $u(t)$ über die *Wirkungskette*

$$\dot{i}(t) \rightarrow \dot{H}(t) \xrightarrow{\mu_r = const.} \dot{B}(t) \rightarrow \dot{\Phi}(t) \rightarrow \dot{\Psi}(t) \rightarrow u(t) .$$

Magnetische Flüsse

Der Strom i_1 in Wicklung 1 erzeugt den *Gesamtfluss* Φ_1. Dieser setzt sich zusammen aus:

1. *Hauptfluss* (alternativ *Nutzfluss* genannt) Φ_{1h} (alternativ mit Φ_{12} bezeichnet), der auch Wicklung 2 durchsetzt und
2. *Streufluss* $\Phi_{1\sigma}$ (alternativ mit Φ_{1s} bezeichnet), der *nicht* mit Wicklung 2 verkettet ist.

Es gilt

$$\Phi_1 = \Phi_{1h} + \Phi_{1\sigma} . \tag{11.197}$$

Analoge Aussagen gelten für den magnetischen Fluss, der durch einen in Wicklung 2 fließenden Strom i_2 erzeugt wird:

$$\Phi_2 = \Phi_{2h} + \Phi_{2\sigma} \tag{11.198}$$

Kopplungsfaktor, Streufaktor

Die *Kopplungsfaktoren* k_i sind jeweils das Verhältnis von Hauptfluss zu Gesamtfluss:

$$k_1 = \frac{\Phi_{1h}}{\Phi_1} \quad \text{bzw.} \quad k_2 = \frac{\Phi_{2h}}{\Phi_2} \quad \text{mit} \quad 0 \le k_1, k_2 \le 1 \tag{11.199}$$

Der *Kopplungsfaktor* k ist der geometrische Mittelwert der einzelnen Kopplungsfaktoren:

$$k = \sqrt{k_1 k_2} \quad \text{mit} \quad 0 \le k \le 1 \tag{11.200}$$

In Anordnungen mit konstanter Permeabilität (wie hier vorausgesetzt) gilt $k = k_1 = k_2$.

Neben den Kopplungsfaktoren werden häufig auch die *Streufaktoren* σ_i, die Verhältnisse von Streufluss zu Gesamtfluss, verwendet:

$$\sigma_1 = \frac{\Phi_{1\sigma}}{\Phi_1} \quad \text{bzw.} \quad \sigma_2 = \frac{\Phi_{2\sigma}}{\Phi_2} \quad \text{mit} \quad 0 \le \sigma_1, \sigma_2 \le 1 \tag{11.201}$$

Wegen

$$k_1 + \sigma_1 = 1 \quad \text{und} \quad k_2 + \sigma_2 = 1 \tag{11.202}$$

gilt auch

$$k = \sqrt{(1-\sigma_1)(1-\sigma_2)}\,. \qquad (11.203)$$

Der *Streufaktor* σ ist definiert als

$$\sigma = 1 - k^2. \qquad (11.204)$$

Daraus folgt

$$k = \sqrt{1-\sigma}\,. \qquad (11.205)$$

Selbst- und Gegeninduktionsspannung bewirkt durch den Strom in Wicklung 1

Nun fließe durch die Wicklung 1 ein *eingeprägter* Strom i_1. Die Klemmen von Wicklung 2 seien offen, also $i_2 = 0$.

Der durch i_1 erzeugte Fluss Φ_1 tritt durch Wicklung 1 und erzeugt einen *Spulenfluss*

$$\Psi_1 = N_1\,\Phi_1\,. \qquad (11.206)$$

Ändert sich i_1, so induziert die Änderung des Spulenflusses Ψ_1 gemäß Gl. (11.178) eine *Selbstinduktionsspannung* u_1 an den Klemmen der Wicklung 1:

$$u_1 = \frac{\mathrm{d}}{\mathrm{d}t}\Psi_1\,(i_1) = N_1\,\frac{\mathrm{d}}{\mathrm{d}t}\Phi_1\,(i_1) \qquad (11.207)$$

Das Verhältnis zwischen dem Spulenfluss durch Wicklung 1 und dem ihn erzeugenden Strom in Wicklung 1 ist die *Selbstinduktivität der Wicklung 1*:

$$L_1 = \frac{\Psi_1(i_1)}{i_1} = \frac{N_1\,\Phi_1}{i_1} \quad \text{mit} \quad L_1 > 0 \qquad (11.208)$$

Gl. (11.208) nach Φ_1 aufgelöst und in Gl. (11.207) eingesetzt ergibt

$$u_1 = L_1\,\frac{\mathrm{d}}{\mathrm{d}t}i_1 = L_1\,\dot{i}_1\,. \quad \text{(gilt für VZS an } L_1) \qquad (11.209)$$

Eine zeitliche Änderung des die Wicklung 2 durchsetzenden Hauptflusses $\Phi_{1\mathrm{h}}$ induziert eine *Gegeninduktionsspannung* u_2 an den Klemmen der Wicklung 2:

$$u_2 = \frac{\mathrm{d}}{\mathrm{d}t}\Psi_2\,(i_1) = N_2\,\frac{\mathrm{d}}{\mathrm{d}t}\Phi_{1\mathrm{h}}\,(i_1) = M_{21}\,\frac{\mathrm{d}}{\mathrm{d}t}i_1 = M_{21}\,\dot{i}_1 \quad \text{(gilt für VZS an } L_2) \qquad (11.210)$$

Dabei ist das Verhältnis zwischen dem Spulenfluss durch Wicklung 2 und dem ihn erzeugenden Strom in Wicklung 1 die *Gegeninduktivität zwischen Wicklung 2 und Wicklung 1*:

$$M_{21} = \frac{\Psi_2\,(i_1)}{i_1} = \frac{N_2\,\Phi_{1\mathrm{h}}}{i_1} > 0 \qquad (11.211)$$

Bei der Anordnung in Bild 11.64 haben die beiden Wicklungen gleichsinnigen Wicklungssinn. Daher ist $\Psi_2 > 0$ und damit $M_{21} > 0$. Würde bei einer der beiden Wicklungen der Wicklungssinn geändert (durch Umkehren der Wicklungsrichtung oder Vertauschen der Lage des Wicklungspunktes), würde $\Psi_2 < 0$ und damit $M_{21} < 0$.

Selbst- und Gegeninduktionsspannung bewirkt durch den Strom in Wicklung 2

Nun fließe durch die Wicklung 2 ein *eingeprägter* Strom i_2. Die Klemmen von Wicklung 1 seien offen, also $i_1 = 0$.

Ändert sich i_2, ergeben sich zu den obigen Ausdrücken analoge Gleichungen:

Selbstinduktionsspannung u_2 an den Klemmen der Wicklung 2:

$$u_2 = \frac{\mathrm{d}}{\mathrm{d}t}\Psi_2(i_2) = N_2 \frac{\mathrm{d}}{\mathrm{d}t}\Phi_2(i_2) = L_2 \frac{\mathrm{d}}{\mathrm{d}t} i_2 = L_2 \dot{i}_2 \quad \text{(VZS)} \tag{11.212}$$

mit der *Selbstinduktivität* der Wicklung 2:

$$L_2 = \frac{\Psi_2(i_2)}{i_2} = \frac{N_2 \Phi_2}{i_2} \quad \text{mit} \quad L_2 > 0\,. \tag{11.213}$$

Gegeninduktionsspannung u_1 an den Klemmen der Wicklung 1:

$$u_1 = \frac{\mathrm{d}}{\mathrm{d}t}\Psi_1(i_2) = N_1 \frac{\mathrm{d}}{\mathrm{d}t}\Phi_{2\mathrm{h}}(i_2) = M_{12} \frac{\mathrm{d}}{\mathrm{d}t} i_2 = M_{12} \dot{i}_2 \quad \text{(VZS)} \tag{11.214}$$

mit der *Gegeninduktivität zwischen Wicklung 1 und Wicklung 2*:

$$M_{12} = \frac{\Psi_1(i_2)}{i_2} = \frac{N_1 \cdot \Phi_{2\mathrm{h}}}{i_2} > 0\,. \tag{11.215}$$

Zum Vorzeichen von M_{12} gilt das oben zum Vorzeichen von M_{21} gesagte.

Selbst- und Gegeninduktionsspannung bewirkt durch Ströme in beiden Wicklungen

Nun mögen in *beiden* Wicklungen Ströme i_1 bzw. i_2 fließen.

Wegen der angenommenen Linearität der Anordnung dürfen nun die durch die Gln. (11.207), (11.210), (11.212) und (11.214) beschriebenen Wirkungen überlagert, also addiert werden.

Damit folgen die *Transformatorgleichungen* für gleichsinnigen Wicklungssinn (bei VZS auf beiden Seiten):

$$\begin{aligned} u_1 &= L_1 \dot{i}_1 + M_{12} \dot{i}_2 \\ u_2 &= L_2 \dot{i}_2 + M_{21} \dot{i}_1 \end{aligned} \tag{11.216}$$

Identität der Gegeninduktivitäten

In *magnetisch linearen Räumen* ($\mu = \text{const.}$) gilt

$$M_{12} = M_{21} = M\,. \tag{11.217}$$

Im allgemeinen Fall folgt aus der Definition

$$M^2 = M_{12} M_{21} \tag{11.218}$$

mit den Gln. (11.211) und (11.215) durch Vergleich mit den Gln. (11.199), (11.208) und (11.213)

$$M^2 = M_{12} M_{21} = \frac{N_1 \Phi_{2\mathrm{h}}}{i_2} \cdot \frac{N_2 \Phi_{1\mathrm{h}}}{i_1} = k_1 L_1\, k_2 L_2 = k^2 L_1 L_2 \tag{11.219}$$

und damit die häufig benötigte Gleichung zur Berechnung der Gegeninduktivität

$$M = k\sqrt{L_1 L_2}\,. \tag{11.220}$$

Transformatorgleichungen und elektrische Ersatzschaltbilder

Aus Gl. (11.216) folgen mit Gl. (11.217) die *Transformatorgleichungen* in der meist verwendeten Form für Verbraucher-Zählpfeilsystem an L_1 und L_2 *bei gleichsinnigem Wicklungssinn*:

$$\begin{aligned} u_1 &= L_1\,\dot{i}_1 + M\,\dot{i}_2 \\ u_2 &= L_2\,\dot{i}_2 + M\,\dot{i}_1 \end{aligned} \tag{11.221}$$

Bild 11.65 a) zeigt ein Ersatzschaltbild für diesen Fall. Die *Wicklungspunkte* sind an einander gegenüberliegenden Klemmen der beiden Selbstinduktivitäten eingezeichnet.

Im elektrischen Ersatzschaltbild werden die Schaltsymbole von Induktivitäten, die magnetisch gekoppelt sind, durch einen Bogen mit der Bezeichnung der Gegeninduktivität M gemäß Bild 11.65 verbunden.

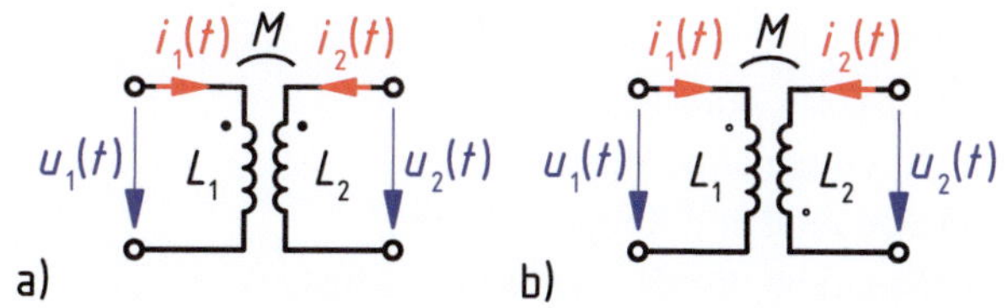

Bild 11.65: Gegeninduktivität im elektrischen Ersatzschaltbild bei a) gleichsinnigem und b) gegensinnigem Wicklungssinn mit VZS auf beiden Seiten

Bei gegensinnigem Wicklungssinn kehrt sich das Vorzeichen von M um. Für diesen Fall lauten die Transformatorgleichungen für Verbraucher-Zählpfeilsystem an L_1 und L_2:

$$\begin{aligned} u_1 &= L_1\,\dot{i}_1 - M\,\dot{i}_2 \\ u_2 &= L_2\,\dot{i}_2 - M\,\dot{i}_1 \end{aligned} \tag{11.222}$$

Bild 11.65 b) zeigt ein Ersatzschaltbild für diesen Fall. Die Wicklungspunkte sind an entgegengesetzten Klemmen der beiden Selbstinduktivitäten eingezeichnet.

Die in 11.65 dargestellten ESBs berücksichtigen die Tatsache, dass es keine leitfähige („galvanische") Verbindung zwischen den beiden Wicklungen des Transformators gibt.

Bild 11.66: T-Ersatzschaltung des Transformators

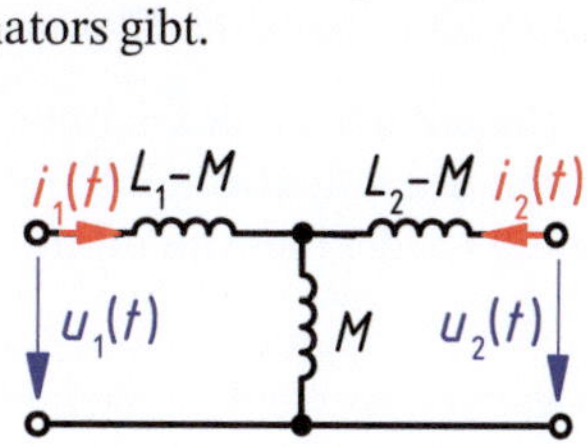

Bild 11.66 zeigt eine *Ersatzschaltung*, die die Transformatorgleichungen ebenfalls erfüllt, aber eine galvanische Verbindung zwischen den beiden Seiten des Transformators herstellt, die in der Regel nicht existiert. Wegen ihrer Form wird sie als „*T-Ersatzschaltung*" bezeichnet. Sie darf nur dann verwendet werden, wenn die künstlich eingeführte Kopplung der elektrischen Potenziale zwischen Primär- und Sekundärseite nicht zu Problemen bei der Schaltungsanalyse führt. Problemlos ist der Einsatz der T-Ersatzschaltung auf jeden Fall, wenn die dadurch geschaffene Verbindung der beiden Wicklungen an einem Ende in genau dieser Art tatsächlich existiert. Besondere Vorsicht ist

hingegen geboten, sofern es eine andere Verbindung zwischen den Schaltungsteilen auf den beiden Seiten des Transformators gibt.

Der Einsatz einer T-Ersatzschaltung ist, wann immer möglich, sehr zu empfehlen, da er die Anwendung der Transformatorgleichungen erübrigt. Deren Aussage ist in der Struktur und Parametrierung der T-Ersatzschaltung bereits enthalten.

Zur Beschreibung des Klemmenverhaltens von Transformatoren werden verschiedene *Modelle* verwendet, die sich durch ihre Komplexität unterscheiden. Je einfacher ein Modell ist, desto weniger der in der Realität auftretende Effekte kann es nachbilden, aber desto geringer ist der Aufwand bei seinem Einsatz.

Die folgenden Modelle werden in Abschnitt 3.13 vorgestellt und bezüglich ihres Verhaltens in Sinusstrom-Netzwerken untersucht:

- Idealer Transformator
- Verlust- und streuungsloser Transformator
- Transformator mit Streuung ohne Verluste
- Transformator mit Streuung und Kupferverlusten
- Transformator mit Streuung, Kupfer- und Eisenverlusten
- Vereinfachtes Transformatormodell mit reduzierten Größen
- Transformatormodell für Energieversorgungsnetze

Die Verwendung dieser Modelle in Sinusstrom-Netzwerken setzt ihre Linearität voraus. Diese ist nur erreichbar durch die Vernachlässigung der Nichtlinearität und Zeitvarianz, die durch den Einsatz ferromagnetischer Kernmaterialien unvermeidbar auftreten.

11.17.4 Zusammenschaltungen magnetisch gekoppelter Induktivitäten

Nachfolgend werden Zweipole betrachtet, die durch unterschiedliche Verschaltung von zwei *magnetisch gekoppelten* Induktivitäten entstehen. Die Induktivitäten L_1, L_2 und die Gegeninduktivität M können als Modelle für miteinander verschaltete Wicklungen von Übertragern bzw. Transformatoren aufgefasst werden. Daher können bei solchen Schaltungen alle Verfahren und Gleichungen zur Beschreibung des Klemmenverhaltens von Transformatoren angewandt werden.

Bezüglich der Berücksichtigung resistiver Anteile in den Wicklungsmodellen und der Abhängigkeiten der induktiven und resistiven Parameter bei Anordnungen mit ferromagnetischen Kernen gelten wieder die Anmerkungen am Anfang von Abschnitt 11.17.2.

Die hier betrachteten Schaltungen können zur messtechnischen Ermittlung der Gegeninduktivität M verwendet werden, nachdem die beiden Selbstinduktivitäten L_1 und L_2 ermittelt wurden.

Reihenschaltung

Zunächst werden Reihenschaltungen von zwei magnetisch gekoppelten Induktivitäten gemäß Bild 11.67 a) untersucht. Wie üblich, wird $M \geq 0$ angenommen. Das Klemmenverhalten dieser Schaltungen lässt sich durch eine Ersatzinduktivität L_{ges} gemäß Bild 11.67 b) nachbilden. An allen Zweipolen gilt Verbraucher-Zählpfeilsystem.

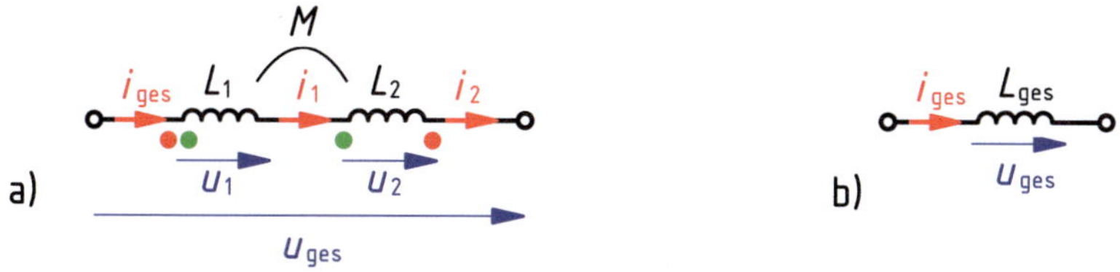

Bild 11.67: a) Reihenschaltung zweier magnetisch gekoppelter Induktivitäten
b) Ersatzinduktivität

Aus Bild 11.67 a) folgt

$$i_{ges} = i_1 = i_2 \tag{11.223}$$

und

$$u_{ges} = u_1 + u_2\,. \tag{11.224}$$

Für die Ersatzinduktivität gilt

$$u_{ges} = L_{ges}\,\dot{i}_{ges}\,. \tag{11.225}$$

Zuerst wird der Fall betrachtet, dass die in Bild 11.67 a) *grün* eingezeichneten Wicklungspunkte gelten. Die *Zählpfeile* für i_1 und i_2 haben bezüglich der Wicklungspunkte an L_1 bzw. L_2 die gleiche Richtung. Daher handelt es sich um eine Reihenschaltung von Wicklungen mit *gleichsinnigem Wicklungssinn* und die Transformatorgleichungen gelten gemäß Gl. (11.216) in der Form:

$$\begin{aligned} u_1 &= L_1\,\dot{i}_1 + M\,\dot{i}_2 \\ u_2 &= L_2\,\dot{i}_2 + M\,\dot{i}_1 \end{aligned} \tag{11.226}$$

Aus Gl. (11.224) folgt mit Gl. (11.226)

$$\begin{aligned} u_{ges} &= u_1 + u_2 = L_1\,\dot{i}_1 + M\,\dot{i}_2 + L_2\,\dot{i}_2 + M\,\dot{i}_1 = (L_1 + M)\,\dot{i}_1 + (L_2 + M)\,\dot{i}_2 \\ u_{ges} &= (L_1 + L_2 + 2M)\,\dot{i}_{ges}\,. \end{aligned} \tag{11.227}$$

Koeffizientenvergleich von Gl. (11.227) mit Gl. (11.225) liefert

$$L_{ges} = L_1 + L_2 + 2M. \tag{11.228}$$

Durch die magnetisch gleichsinnige Kopplung ist der Wert der resultierenden Induktivität also größer als ohne magnetische Kopplung.

Nun wird der Fall betrachtet, dass die in Bild 11.67 a) *rot* eingezeichneten Wicklungspunkte gelten. Dann handelt es sich um *gegensinnigen Wicklungssinn* und die Transformatorgleichungen gelten gemäß Gl. (11.222) in der Form:

$$\begin{aligned} u_1 &= L_1\,\dot{i}_1 - M\,\dot{i}_2 \\ u_2 &= L_2\,\dot{i}_2 - M\,\dot{i}_1 \end{aligned} \tag{11.229}$$

Daraus folgt

$$\begin{aligned} u_{ges} &= u_1 + u_2 = L_1\,\dot{i}_1 - M\,\dot{i}_2 + L_2\,\dot{i}_2 - M\,\dot{i}_1 = (L_1 - M)\,\dot{i}_1 + (L_2 - M)\,\dot{i}_2 \\ u_{ges} &= (L_1 + L_2 - 2M)\,\dot{i}_{ges} \end{aligned} \tag{11.230}$$

und durch Koeffizientenvergleich von Gl. (11.230) mit Gl. (11.225)

$$L_{ges} = L_1 + L_2 - 2M\,. \tag{11.231}$$

Durch die magnetisch gegensinnige Kopplung ist der Wert der resultierenden Induktivität also kleiner als ohne magnetische Kopplung.

Parallelschaltung

In diesem Abschnitt werden Parallelschaltungen von zwei magnetisch gekoppelten Induktivitäten gemäß Bild 11.68 a) untersucht. Wiederum wird $M \geq 0$ angenommen. Das Klemmenverhalten dieser Schaltungen lässt sich ebenfalls durch eine Ersatzinduktivität L_{ges} gemäß Bild 11.67 b) nachbilden. An allen Zweipolen gilt Verbraucher-Zählpfeilsystem.

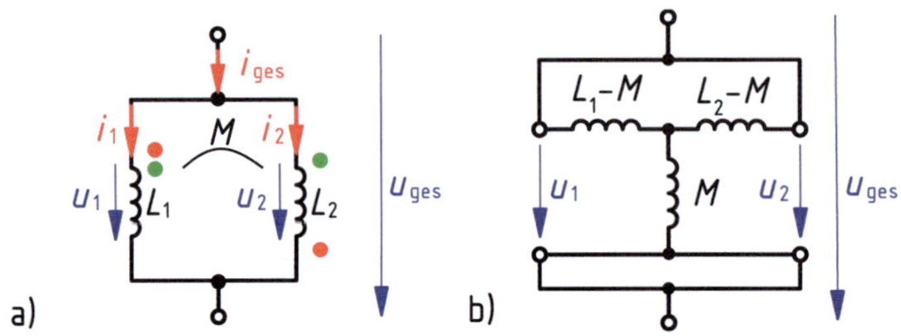

Bild 11.68: a) Parallelschaltung zweier magnetisch gekoppelter Induktivitäten
b) Schaltung unter Verwendung der T-Ersatzschaltung

Hier gilt

$$u_{ges} = u_1 = u_2 \tag{11.232}$$

und

$$i_{ges} = i_1 + i_2 \,. \tag{11.233}$$

Zuerst wird der Fall betrachtet, dass die in Bild 11.68 a) *grün* eingezeichneten Wicklungspunkte gelten. Dann handelt es sich um eine Parallelschaltung von Wicklungen mit *gleichsinnigem Wicklungssinn* und die Transformatorgleichungen gelten wieder gemäß Gl. (11.226).

Aus Gl. (11.232) folgt mit Gl. (11.229)

$$u_{\text{ges}} = L_1 \dot{i}_1 + M \dot{i}_2 = L_2 \dot{i}_2 + M \dot{i}_1 \,. \tag{11.234}$$

Aus Gl. (11.234) ergibt sich die Beziehung

$$\dot{i}_1 (L_1 - M) = \dot{i}_2 (L_2 - M) \tag{11.235}$$

zwischen $\dot{i}_1$ und $\dot{i}_2$, aus der

$$\dot{i}_2 = \dot{i}_1 \frac{(L_1 - M)}{(L_2 - M)} \tag{11.236}$$

folgt. Aus Gl. (11.233) folgt

$$\dot{i}_{\text{ges}} = \dot{i}_1 + \dot{i}_2 \,. \tag{11.237}$$

Mit Gl. (11.236) in Gl. (11.234), Gl. (11.225) und Gl. (11.237) ergibt sich

$$L_1 \dot{i}_1 + M \dot{i}_2 = L_1 \dot{i}_1 + M \dot{i}_1 \frac{(L_1 - M)}{(L_2 - M)} = L_{\text{ges}} \left(\dot{i}_1 + \dot{i}_2\right) = L_{\text{ges}} \left(\dot{i}_1 + \dot{i}_1 \frac{(L_1 - M)}{(L_2 - M)}\right) , \tag{11.238}$$

woraus durch Koeffizientenvergleich der Ausdrücke nach dem ersten und dritten Gleichheitszeichen

$$L_1 + M\frac{(L_1 - M)}{(L_2 - M)} = L_{ges}\left(1 + \frac{(L_1 - M)}{(L_2 - M)}\right) \tag{11.239}$$

folgt. Auflösen ergibt

$$L_{ges} = \frac{L_1\,(L_2 - M) + M\,(L_1 - M)}{(L_2 - M) + (L_1 - M)} \tag{11.240}$$

und schließlich

$$L_{ges} = \frac{L_1 L_2 - M^2}{L_1 + L_2 - 2M}\,. \tag{11.241}$$

Dieser Rechenweg unter Verwendung der Transformatorgleichungen ist ziemlich aufwändig.

Da bei den Schaltungen in Bild 11.68 a) die unteren Klemmen der beiden Induktivitäten direkt miteinander verbunden sind, bietet sich die Verwendung der T-Ersatzschaltung an, bei dem diese Verbindung auch vorhanden ist. Bild 11.68 b) zeigt die vollständige Beschaltung der T-Ersatzschaltung zur Nachbildung des Klemmenverhaltens der Schaltungen in Bild 11.68 a). In der T-Ersatzschaltung wird die magnetische Kopplung durch die Struktur und Parametrierung der Ersatzschaltung nachgebildet. Um mit der T-Ersatzschaltung zu arbeiten, braucht man die Transformatorgleichungen nicht, sondern kann mit den Gleichungen für magnetisch nicht gekoppelte Induktivitäten aus Abschnitt 11.17.2 arbeiten.

Aus der T-Ersatzschaltung erhält man *direkt* durch Anwendung der Gleichungen für die Parallel- und Reihenschaltung magnetisch *nicht* gekoppelter Induktivitäten die Gleichung

$$L_{ges} = \frac{(L_1 - M)\cdot(L_2 - M)}{(L_1 - M) + (L_2 - M)} + M = M + \frac{L_1 L_2 - M\,(L_1 + L_2) + M^2}{L_1 + L_2 - 2M}\,, \tag{11.242}$$

die sich in Gl. (11.241) umformen lässt.

Die gerade untersuchte Schaltung ist magnetisch interessant. Man kann sich die beiden Wicklungen gleichsinnig auf einen Ringkern gewickelt vorstellen. Im theoretischen Grenzfall einer streuungslosen Anordnung (k = 1) muss durch beide Wicklungen zu jedem Zeitpunkt derselbe magnetische Spulenfluss $\Psi = \Psi_1 = \Psi_2$ fließen. Der durch L_1 bewirkte Fluss ist $\Psi_1 = L_1\,i_1$, der durch L_2 bewirkte $\Psi_2 = L_2\,i_2$. Wenn L_1 und L_2 an derselben Wechselspannung liegen, hängt das Verhältnis von i_1 zu i_2 nur von den Werten von L_1 und L_2 ab. Daraus folgt, dass diese Schaltung ausschließlich für $L_1 = L_2$ physikalisch möglich ist und sonst wegen $\Psi_1 \neq \Psi_2$ zu einem Widerspruch führt. Das Problem löst sich, sobald $k < 1$ ist (was praktisch immer der Fall ist), da dann der Differenzfluss als Streufluss nur durch eine Wicklung fließt.

Entsprechend der obigen Rechnung für gleichsinnigen Wicklungssinn folgt aus den Transformatorgleichungen für *gegensinnigen Wicklungssinn* (rote Wicklungspunkte in Bild 11.68 a)

$$u_{ges} = L_1\,\dot{i}_1 - M\,\dot{i}_2 = L_2\,\dot{i}_2 - M\,\dot{i}_1\,. \tag{11.243}$$

Aus Gl. (11.243) lässt sich die Beziehung

$$\dot{i}_1\,(L_1 + M) = \dot{i}_2\,(L_2 + M)\,. \tag{11.244}$$

zwischen $\dot{i}_1$ und $\dot{i}_2$ gewinnen, die hier

$$\dot{i}_2 = \dot{i}_1\frac{(L_1 + M)}{(L_2 + M)} \tag{11.245}$$

liefert. Aus den Gln. (11.236), (11.237) und (11.238) folgt

$$L_1\,\dot{i}_1 - M\,\dot{i}_2 = L_1\,\dot{i}_1 - M\,\dot{i}_1\frac{(L_1+M)}{(L_2+M)} = L_{\text{ges}}\left(\dot{i}_1 + \dot{i}_1\frac{(L_1+M)}{(L_2+M)}\right), \tag{11.246}$$

also

$$L_1 - M\,\frac{(L_1+M)}{(L_2+M)} = L_{\text{ges}}\left(1 + \frac{(L_1+M)}{(L_2+M)}\right), \tag{11.247}$$

woraus

$$L_{\text{ges}} = \frac{L_1\,(L_2+M) - M\,(L_1+M)}{(L_2+M)+(L_1+M)} \tag{11.248}$$

und schließlich

$$L_{\text{ges}} = \frac{L_1 L_2 - M^2}{L_1 + L_2 + 2\,M} \tag{11.249}$$

folgt.

Auch diese Schaltungsvariante lässt sich mit der T-Ersatzschaltung analysieren, indem in ihm das Vorzeichen von M umgekehrt und dann wie oben gerechnet wird. Man erhält das Ergebnis aber auch ohne weitere Rechnung durch Umkehren des Vorzeichens von M in Gl. (11.241).

11.18 Wirbelströme

In Abschnitt 11.16 wurden hauptsächlich Induktionswirkungen in *Leiterschleifen*, also innerhalb von Flächen, die durch *Linienleiter* berandet sind, behandelt.

Wird ein *räumlich ausgedehnter Leiter* einem zeitvarianten magnetischen Feld $\dot{\vec{B}}(t)$ ausgesetzt, wird in diesem Leiter gemäß Gl. (11.163) ein *räumlich ausgedehntes Wirbelfeld* der elektrischen Feldstärke $\vec{E}(t)$ senkrecht zum $\dot{\vec{B}}(t)$-Feld induziert, das ein *Wirbelfeld der elektrischen Stromdichte* $\vec{J}(t)$ bewirkt.

Dieses zeitvariante $\vec{J}(t)$-Feld hat zwei wesentliche Wirkungen:

1. Es erzeugt gemäß Gl. (11.19) ein $\vec{H}(t)$-Feld und dieses gemäß Gl. (11.5) ein $\vec{B}(t)$-Feld, das der ursächlichen Feldänderung *entgegengerichtet* ist (s. Lenzsche Regel in Abschnitt 11.16.2).
2. Es erzeugt im widerstandbehafteten Material gemäß Gl. (9.45) Stromwärme. Die hiermit verbundene *Verlustleistung* wird dem Prozess, der das Wirbelfeld verursacht, entzogen.

Die unter Punkt 2. beschriebenen Verluste heißen *Wirbelstromverluste*. Sie treten in allen elektrisch leitfähigen Materialien auf, die einem zeitvarianten Magnetfeld ausgesetzt sind.

Die Wirbelströme können hervorgerufen werden durch (s. Abschnitt 11.16.3)

- ein *zeitvariantes Magnetfeld, das einen ruhenden Leiter durchsetzt* („*Ruheinduktion*"),
- ein *zeitinvariantes Magnetfeld, das sich relativ zum Leiter bewegt* („*Bewegungsinduktion*"),
- eine Kombination aus beidem.

Die Intensität des induzierten $\vec{E}$-Feldes steigt proportional zur Intensität B und zur Frequenz f des zeitvarianten Magnetfeldes bzw. zum Betrag der Relativgeschwindigkeit v zwischen Magnetfeld und Leiter. Bei elektrisch linearem Material steigt wegen $\vec{J} = \varkappa\,\vec{E}$ die Intensität des $\vec{J}$-Feldes proportional zur Intensität des $\vec{E}$-Feldes. Daher steigen die Verlustdichte $p = \vec{E}\,\vec{J}$ (s. Gl. (9.43) und damit auch die Verlustleistung P (s. Gl. (9.44) in elektrisch linearem Material linear mit $\varkappa$ und *quadratisch* mit B sowie mit f bzw. v.

Wirbelstrom-Felder in praxisrelevanten Anordnungen sind *nicht geschlossen berechenbar*, sondern können nur mit numerischen Verfahren näherungsweise bestimmt werden. Daher werden nachfolgend nur qualitative Aussagen gemacht.

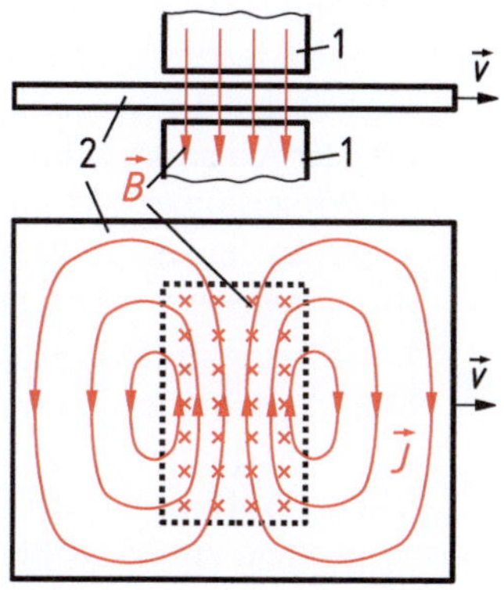

Bild 11.69: Wirbel der Stromdichte $\vec{J}$ in einer Platte (2), die im Magnetfeld $\vec{B}$ zwischen den Polen (1) bewegt wird: oben im Querschnitt, unten in der Aufsicht

Bild 11.69 zeigt im oberen Teil eine metallische, magnetisch neutrale Platte, die durch eine äußere Kraft $\vec{F}$ mit der Geschwindigkeit $\vec{v}$ durch den schmalen Luftspalt zwischen den Polen eines Magneten gezogen wird. Das zeitinvariante $\vec{B}$-Feld ist von oben nach unten gerichtet. Der untere Teil des Bildes zeigt den Blick auf die Platte von oben gesehen. Im punktiert berandeten Bereich, in dem das $\vec{B}$-Feld die Platte durchsetzt, sind Kreuze eingezeichnet, um die Richtung des $\vec{B}$-Feldes (in die Zeichenebene hinein weisend) zu kennzeichnen.

An der *linken Kante* des punktiert berandeten Bereiches wird ein zuvor feldfreier Bereich der Platte in das $\vec{B}$-Feld heineingezogen. An dieser Kante wird ein räumlich kleines $\vec{E}$-Wirbelfeld induziert, das ein deutlich weiter ausgedehntes $\vec{J}$-Wirbelfeld bewirkt, das (von oben gesehen) *gegen den Uhrzeigersinn* gerichtet ist. Dieses $\vec{J}$-Feld bewirkt in dem Bereich der Platte, der gerade in das Magnetfeld eintritt, ein $\vec{B}$-Feld, das dem stärker werdenden äußeren Magnetfeld *entgegegerichtet* ist, es also abschwächt.

An der *rechten Kante* des punktiert berandeten Bereiches wird ein zuvor im Magnetfeld befindlicher Bereich der Platte aus dem Magnetfeld herausgezogen. An dieser Kante wird ein räumlich kleines $\vec{E}$-Wirbelfeld induziert, das ein deutlich weiter ausgedehntes $\vec{J}$-Wirbelfeld bewirkt, das (von oben gesehen) *im Uhrzeigersinn* gerichtet ist. Dieses $\vec{J}$-Feld bewirkt in dem Bereich der Platte, der gerade aus dem Magnetfeld tritt, ein $\vec{B}$-Feld, das der Abschwächung des äußeren Magnetfeld *entgegegerichtet* ist, es also verstärkt.

Das aus den beiden oben beschriebenen Vorgängen resultierende $\vec{J}$-Feld ist im unteren Teil von Bild 11.69 skizziert. Es enthält zwei gegenläufige $\vec{J}$-Wirbel.

Wichtig ist die Tatsache, dass sowohl das $\vec{J}$-Feld, als auch das durch dieses erzeugte $\vec{B}$-Feld, wesentlich weiter ausgedehnt sind als die beiden Bereiche, in denen das $\dot{\vec{B}}(t)$-Feld auftritt.

Würde in der in Bild 11.69 dargestellten Anordnung nicht die Platte in einem *zeitinvarianten* Magnetfeld *bewegt*, sondern *ruhend* im punktiert berandeten Bereich von einem (z. B. sinusförmig) *zeitvarianten* Magnetfeld durchsetzt, würde das $\vec{J}$-Wirbelfeld aus nur *einem* Wirbel bestehen, der sich um die Mitte des punktierten Bereiches drehen und seine Richtung periodisch umkehren würde. In diesem Fall wäre die Intensität des $\vec{J}$-Wirbelfeldes proportional zur Intensität und zur Frequenz des $\vec{B}$-Feldes und zur von diesem durchsetzten Fläche A.

Zu den bekanntesten Anwendungen von Wirbelströmen gehören:

- **Wirbelstrombremse**
  Eine mit einer rotierenden Achse fest verbundene, elektrisch leitfähige Scheibe wird von einem senkrecht zur Scheibenoberfläche gerichteten Magnetfeld eines Elektromagneten durchsetzt, sobald die Achse abgebremst werden soll. Die Bremswirkung lässt mit sinkender Drehzahl der Achse nach. Eine Abbremsung bis zum Stillstand ist daher nicht möglich. Die durch die Wirbelstöme bewirkte Verlustleistung in der Scheibe wird der Bewegungsenergie des Objektes, zu dem die Achse gehört, entnommen. Dadurch entsteht die Bremswirkung. Wirbelstrombremsen arbeiten mechanisch verschleißfrei.
- **Zerstörungsfreie Werkstoffprüfung leitfähiger Materialien**
  Eine kleine Spule wird von einem Sinusstrom gespeist. Die direkt an der Oberfläche des Prüflings befindliche Spule erzeugt durch den in ihr fließenden Strom ein magnetisches Wechselfeld im Prüfling, das ein Wirbelstromfeld bewirkt, dessen Magnetfeld auf das ursprüngliche Magnetfeld zurückwirkt. Diese Wirkung kann am Klemmenverhalten der Spule oder mittels einer zweiten Spule aufgenommen und ausgewertet werden. Fehler wie Risse oder Einschlüsse im Prüfling mit anderer elektrischer Leitfähigkeit verändern das Wirbelstromfeld und können dadurch erkannt werden. Durch Verändern der Frequenz des Spulenstromes kann die Eindringtiefe des Magnetfeldes gesteuert werden (s. Skin-Effekt).
- **Induktives Erwärmen**
  Eine Spule mit einer oder wenigen (je nach Anwendungsfall starren oder flexiblen) Windungen eines Leiters mit großem Querschnitt wird von einem starken Wechselstrom hoher Frequenz durchflossen. In einem elektrisch leitfähigen Werkstück, das sich in der Spule befindet, wird ein Wirbelstromfeld erzeugt, das dieses Werkstück in einem kleinen Bereich so stark erhitzen kann, dass es glühend oder sogar flüssig wird. Dieses Verfahren wird z. B. beim Erzeugen hochreiner Silizium-Einkristalle verwendet. Kleine Geräte zum induktiven Erwärmen (etwa zum Lösen verrosteter Verbindungen) sind sehr günstig erhältlich.
- **Metalldetektor**
  Mit diesen Geräten können elektrisch leitfähige Objekte, die im Boden verborgen sind. aufgespürt werden. Bei einfachen Metalldetektoren wird eine Sonde, die eine große, flache Spule enthält, in geringem Abstand über den Boden geführt. Ein Wechselstrom, der durch die Spule fließt, erzeugt ein Magnetfeld, das – je nach Frequenz unterschiedlich tief – in den Boden eindringt. In einem leitfähigen Objekt, das sich im Magnetfeld befindet, werden Wirbelströme erzeugt, die dem Magnetfeld der Spule Energie entziehen. Die Spule wirkt aus Sicht des sie speisenden Generators dadurch wie eine Impedanz mit variablem Betrag (Scheinwiderstand) und Phasenverschiebungswinkel. Durch Auswerten dieser beiden Informationen kann auf Art und Entfernung des Objektes geschlossen werden.
- **Magnetische Levitation**
  Hierbei wird die Wirkung der Schwerkraft durch ein Magnetfeld kompensiert, wodurch ein Objekt zum Schweben gebracht werden kann. Im einfachsten Fall wird eine nicht ferromagnetische Platte aus elektrisch gut leitfähigem Material (wie Kupfer oder Aluminium) auf eine Spule mit großem Durchmesser gelegt, die von einem Sinusstrom steigender Amplitude durchflossen wird. Das durch diesen Elektromagneten in der Platte erzeugte Wirbelfeld führt

dazu, dass die Platte ebenfalls wie ein Elektromagnet wirkt, der stets eine abstoßende Kraft gegenüber der Spule erzeugt. Wird der Strom in der Spule hoch genug, hebt die Platte von der Spule ab. Sofern ihr seitliches Abkippen durch geeignete Stabilisierung verhindert wird, ist ihre Schwebehöhe durch den Spulenstrom einstellbar.

- **Magnetische Abschirmung**
  Ein zeitvariantes Magnetfeld, das in die Oberfläche einer elektrisch leitfähigen Platte eindringt, erzeugt in dieser ein Wirbelstromfeld, dessen magnetisches Feld dem eindringenden Feld so entgegenwirkt, dass es auf der anderen Seite der Platte stark abgeschwächt ist. Durch diesen Effekt ist es möglich, zeitvariante Magnetfelder weitgehend abzuschirmen. Die Abschirmwirkung steigt mit der Frequenz des Magnetfeldes und der elektrischen Leitfähigkeit des Leiters. Ein Nachteil dieses Verfahrens ist der Umstand, dass dem Magnetfeld Energie entzogen wird, die im Leiter in Wärme umgesetzt wird.

Zu den unerwünschte Effekten von Wirbelströmen gehören *Wirbelstromverluste* in elektrischen Maschinen und Bauteilen, die einem magnetischen Wechselfeld ausgesetzt wird. Dazu gehören insbesondere elektrische Transformatoren, Motoren und Generatoren. Um diese Verluste zu verringern, werden statt massiver, elektrisch leitfähiger ferromagnetischer Konstruktionselemente entweder gegeneinander isolierte Bleche oder Materialien, die aus gegeneinander elektrisch isolierten, kleinen magnetischen Partikeln (z. B. Metalloxiden) bestehen, eingesetzt.

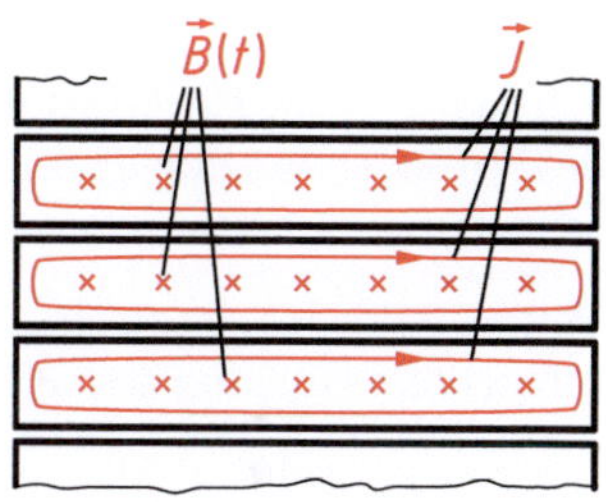

Bild 11.70: Wirbelstromdichte $\vec{J}$, die von einem zeitvarianten Magnetfeld $\vec{B}(t)$ in den Querschnittsebenen eines geblechten Eisenkerns verursacht wird

Bild 11.70 zeigt einen Ausschnitt aus einem Blechpaket, das senkrecht zur Zeichenebene von einem zeitvarianten $\vec{B}(t)$-Feld (symbolisiert durch die Kreuze) durchsetzt wird. Die über den gesamten Querschnitt verteilten $\vec{E}(t)$-Wirbel überlagern sich und bewirken in jedem Blech ein $\vec{J}(t)$-Wirbelfeld, das sich über den gesamten Querschnitt erstreckt. An einander gegenüber liegenden Kanten haben die $\vec{J}$-Feldlinien entgegengesetzte Richtungen. Die Intensität der Wirbelströme und damit die durch sie verursachten Verluste sinken mit dünner werdenden Blechen.

11.19 Stromverdrängung

Das Phänomen der Stromverdrängung *tritt ausschließlich bei zeitvarianten Strömen* auf und nimmt mit steigender Frequenz zu. Es beruht immer auf der *Rückwirkung* des Magnetfeldes, das ein elektrisches Strömungsfeld erzeugt, auf dieses Strömungsfeld selbst.

Unterschieden wird zwischen *allseitiger Stromverdrängung* in Leitern in magnetisch homogener Umgebung, die zum Skin-Effekt führt, und *einseitiger Stromverdrängung*, die in Leitern auftritt, die sich in Nuten von Ferromagnetika befinden.

Durch die Stromverdrängung wird das Feld der elektrischen Stromdichte $\vec{J}$ im Leiter in jedem Fall so inhomogenisiert, dass sein effektiver Widerstand steigt.

Die geschlossene Berechnung der Stromverdrängung selbst in einfachsten Anordnungen erfordert mathematische Methoden, die weit oberhalb des Niveaus der ansonsten im Rahmen der Grundlagen der Elektrotechnik verwendeten liegen. Daher wird hier nur das wichtigste Ergebnis der Rechengänge verwendet.

11.19.1 Skin-Effekt

Der in Abschnitt 11.15.3 behandelte Einschnür- oder Pinch-Effekt tritt am ausgeprägtesten bei Gleichströmen auf. Er bewirkt eine Stromverdrängung *zur Leitermitte* hin.

Der Haut- oder *Skin-Effekt* tritt bei Gleichstrom nicht auf, sondern wird mit steigender Frequenz des Stromes ausgeprägter. Er bewirkt eine Stromverdrängung *zur Oberfläche des Leiters* hin – woher sein Name stammt.

Beide Effekte führen zu einer Erhöhung des effektiven Widerstandes des Strömungsgebietes durch schlechtere Nutzung des verfügbaren Leiterquerschnitts.

Ein anschauliches Erklärungsmodell für den Skin-Effekt basiert auf dem Auftreten von Wirbelströmen im Leiterinneren, deren Wirkung mit der Lenzschen Regel (s. Abschnitt 11.16.2) erklärt werden kann: Das zeitlich schnell veränderliche axiale $\vec{J}$-Feld im Leiter erzeugt nach dem Durchflutungssatz ein zeitlich schnell veränderliches $\vec{H}$-Wirbelfeld und dieses ein $\vec{B}$-Wirbelfeld, das nach dem Induktionsgesetz ein zeitlich schnell veränderliches axiales $\vec{E}$-Feld im Leiter induziert, das seiner Ursache, also dem zeitvarianten $\vec{J}$-Feld, entgegenwirkt – und zwar an den Leiteroberfläche am schwächsten. Die resultierende Stromverteilung muss bei einer zylindersymmetrischen Anordnung zylindersymmetrisch sein.

Der Betrag J der Stromdichte nimmt bei Leitern mit rundem Querschnitt auf Grund des Skin-Effektes von der Leiteroberfläche zur Leiterachse hin gemäß einer fallenden Exponentialfunktion ab.

Der wichtigste Parameter zur Beschreibung des Skin-Effektes ist die *Eindringtiefe* δ. Sie ist die Dicke einer Schicht am Außenrand eines runden Leiters, in der eine *homogen verteilte* Stromdichte den im Leiter fließenden Gesamtstrom ergibt. Der Rest des Leiters wäre bei dieser stark vereinfachten Betrachtungsweise elektrisch und magnetisch feldfrei.

Tatsächlich ist in der Tiefe δ die Stromdichte auf den 1/e-ten Teil (also etwa 37%) des Wertes an der Oberfläche gesunken.

Für homogene Leiter *mit rundem Querschnitt* mit einem Radius $r_L \gg \delta$ gilt nach [KMR08] näherungsweise für Sinusströme

$$\delta \approx \sqrt{\frac{2}{\mu\,\kappa\,\omega}} = \sqrt{\frac{2\,\varrho}{\mu\,\omega}} \tag{11.250}$$

mit

μ : Permeabilität des Leitermaterials
κ : elektrische Leitfähigkeit des Leitermaterials
ϱ : spezifischer elektrischer Widerstand des Leitermaterials
ω : Kreisfrequenz des fließenden Stromes

Aus Gl. (11.250) folgt

$$\delta \sim \sqrt{\varrho}\,; \tag{11.251}$$

die Eindringtiefe steigt proportional zur Wurzel aus dem spezifischen elektrischen Widerstand des Leitermaterials. Ein schlechter elektrischer Leiter wirkt also homogenisierend bezüglich der Stromverteilung über den Leiterquerschnitt. Bei undotierten Halbleitern ist ϱ und damit auch δ so groß, dass der Skin-Effekt meistens vernachlässigt werden kann.

Ebenfalls aus Gl. (11.250) folgt

$$\delta \sim \frac{1}{\sqrt{\mu}}\,. \tag{11.252}$$

Bei Ferromagnetika ist μ sehr groß und daher δ sehr klein.

Der Skin-Effekt bewirkt durch die Verringerung des $\vec{J}$- und des $\vec{B}$-Feldes im Leiterinneren eine starke Verringerung der *inneren Induktivität* des Leiters, s. Beispiel 11.14.

In Beispiel 11.17 wird anhand von Zahlenwerten verdeutlicht, dass die Auswirkungen des Skin-Effektes bei üblichen Leitermaterialien schon bei 50 Hz erheblich und bei Frequenzen im MHz-Bereich und darüber dramatisch sind.

Beispiel 11.17: Skin-Effekt in Kupfer und Eisen

Zwei homogene Leiter mit rundem Querschnitt aus

- Eisen mit $\mu_{r\,Fe} = 5000$
- Kupfer

sollen bezüglich des Skin-Effektes verglichen werden.

Bei nicht ferromagnetischen, nicht supraleitenden Leitern darf näherungsweise $\mu_r = 1$ gesetzt werden.

Für die elektrischen Leitfähigkeiten werden $\kappa_{Fe} = 8\,\mathrm{Sm/mm^2}$ und $\kappa_{Cu} = 57\,\mathrm{Sm/mm^2}$ angenommen.

Durch Einsetzen der oben angegebenen Materialparameter in Gl. (11.250) erhält man als Verhältnis der Eindringtiefen bei gleicher Frequenz

$$\frac{\delta_{Cu}}{\delta_{Fe}} \approx \sqrt{\frac{\kappa_{Cu}\,\mu_{r\,Cu}}{\kappa_{Fe}\,\mu_{r\,Fe}}} \approx 0{,}038$$

Die Eindringtiefe bei gleicher Frequenz beträgt bei runden Kupferleitern nur etwa 4 % des Wertes bei runden Leitern aus dem hier betrachteten magnetisch hochwertigen Eisen.

Werden $\mu_r = 1$, $\mu_0 = 4\pi \cdot 10^{-7}\,\frac{\text{V s}}{\text{A m}}$ und $\omega = 2\pi f$ in Gl. (11.250) eingesetzt, ergibt sich für die *Eindringtiefe bei magnetisch neutralen Leitern mit rundem Querschnitt* die kompakte Gleichung

$$\delta \approx \frac{503}{\sqrt{\kappa\, f\, \text{Vs/(Am)}}}\,. \tag{11.253}$$

Speziell gilt für Kupfer

$$\delta_{Cu} \approx \frac{66{,}7}{\sqrt{f/\text{Hz}}}\,\text{mm}\,. \tag{11.254}$$

Daraus folgt entsprechend Beispiel 1.3 die zugeschnittene Größengleichung

$$\frac{\delta_{Cu}}{\mu\text{m}} \approx \frac{66{,}7}{\sqrt{\frac{f}{\text{MHz}}}}\,. \tag{11.255}$$

Aus Gl. (11.255) ergeben sich die in Tabelle 11.2 aufgeführten gerundeten Eindringtiefen für verschiedene Frequenzen:

Tabelle 11.2: Gerundete Eindringtiefen für runde Leiter aus Kupfer bei verschiedenen Frequenzen

Frequenz	50 Hz	1 kHz	1 MHz	1 GHz
δ_{Cu}	9,4 mm	2,1 mm	67 µm	2 µm

Aus dem Wert von δ_{Cu} für 50 Hz folgt, dass es in der Energietechnik bezüglich der Materialnutzung nicht sinnvoll ist, Kupferleiter mit einem Durchmesser von deutlich über 2 cm einzusetzen.

Die Eindringtiefe für Aluminium ($\kappa_{Al} = 36\,\text{Sm/mm}^2$) liegt bei 50 Hz gemäß Gl. (11.253) bei ca. 12 mm, weshalb der Einsatz von Aluminiumleitern mit Durchmessern von deutlich über 3 cm nicht sinnvoll ist.

Bei der Energieübertragung mittels *Gleichstrom* (Hochspannungs-Gleichstrom-Übertragung) spielt der Skin-Effekt keine Rolle.

Bei einem homogenen, runden Leiter mit dem Radius r_L steht dem Stromfluss bei Gleichstrom die Fläche $A_0 = \pi r_L^2$ zur Verfügung. Bei ausgeprägter Stromverdrängung, also $\delta \ll r_L$, ist es hingegen nur ein Ring mit der Fläche $A \approx 2\pi r_L \cdot \delta$. Dementsprechend ist der *Faktor der Widerstandserhöhung durch den Skin-Effekt*

$$\frac{R}{R_0} = \frac{A_0}{A} \approx \frac{r_L}{2\,\delta}\,. \tag{11.256}$$

Bei Leitern mit sehr kleinem Durchmesser (also $r_L \leq \delta$) macht sich der Skin-Effekt deutlich weniger bemerkbar als bei Leitern mit großem Durchmesser. Daher wird in der Hochfrequenztechnik oft *Hochfrequenzlitze* verwendet. Diese Litze besteht aus einer Vielzahl voneinander isolierter dünner Drähte, die miteinander verflochten sind, so dass jeder Draht abwechselnd innen und außen liegt, was zur Symmetrierung der Stromverteilung innerhalb der Litze führt.

Eine andere Maßnahme, die die Folge des Skin-Effektes mindert, ist die Beschichtung der Leiteroberfläche mit besser leitfähigem Material. Daher wird für Spulen zum Einsatz im MHz-Bereich versilberter Kupferdraht verwendet.

Um Material einzusparen, können Leiter für hohe Frequenzen hohl ausgeführt werden, da der Innenraum kaum noch zum Stromfluss beiträgt[48].

11.19.2 Einseitige Stromverdrängung

Einseitige Stromverdrängung tritt in Leitern auf, die sich in Nuten ferromagnetischen Materials befinden. Dieser Effekt spielt bei elektrischen Maschinen eine wesentliche Rolle. Bei sehr großen Asynchronmotoren mit Käfigläufer befinden sich in tiefen Nuten an der Oberfläche des ferromagnetischen Rotors massive Leiter aus Kupfer oder Aluminium. Beim Anlauf eines solchen Motors macht sich die Verdrängung der Stromfäden zur Oberfläche der Stäbe hin erheblich durch eine Erhöhung des effektiven Widerstandes der Stäbe bemerkbar.

[48] Solche Leiter sind nicht mit Hohlleitern gleichzusetzen, bei denen der Energietransport durch elektromagnetische Wellen im Innenraum erfolgt.

12 Grundlagen der Elektrodynamik

In den Kapiteln 9 bis 11 wurden vier wichtige, einfache Spezialfälle des allgemeinen elektromagnetischen Feldes getrennt voneinander behandelt:

1. Das *stationäre* elektrische Strömungsfeld von Gleichströmen (SESF) in Kapitel 9.
2. Das elektro*statische* Feld (ESF) ruhender Ladungen in Kapitel 10.
3. Das *stationäre* magnetische Feld von *Gleich*strömen bzw. das magneto*statische* Feld von Dauermagneten in ruhenden Anordnungen in den Abschnitten 11.1 bis 11.15.
4. Langsam zeitvariante elektrische und magnetische Felder, bei denen Induktionseffekte auftreten, in den Abschnitten 11.16 bis 11.19 zur Magnetodynamik.

Diese oft als „elementare Felder" bezeichneten Spezialfälle werden üblicherweise in den Vorlesungen des Grundstudiums behandelt, um den Studierenden der Elektrotechnik einen Überblick über grundlegende Phänomene unter Verwendung relativ einfacher mathematischer Methoden und Gleichungen zu geben. In technischen Anwendungen treten die unter Punkt 1. bis 3. beschriebenen Fälle, in denen die elektromagnetischen Feldgrößen zeitlich konstant sind, nicht auf.

In den Grundlagen der Elektrotechnik werden meist Anordnungen betrachtet, die relativ zum Beobachter ruhen oder sich nur langsam geradlinig relativ zu ihm bewegen. Die Beschreibung und Analyse von Anordnungen, die rotieren, ist mathematisch wesentlich aufwändiger, jedoch für die Energietechnik äußerst relevant, wie man an elektromagnetischen Motoren und Generatoren erkennen kann.

Nur bei dem oben unter Punkt 2. aufgeführten elektrostatischen Feld kann zusätzlich ein magnetostatisches Feld existieren, ohne dass die beiden Felder makroskopisch wechselwirken. Sie dürfen idealisierend also getrennt voneinander betrachtet und berechnet werden. Bei Berücksichtigung der Körper, die die beiden Felder verursachen, ist eine gegenseitige Beeinflussung in der Praxis kaum vermeidbar.

Bereits bei dem unter Punkt 1. aufgeführten SESF führt das durch die Ladungsströmung bewirkte, unter Punkt 3. aufgeführte, stationäre magnetische Feld *in jedem Fall* aufgrund der Lorentz-Kraft zu einer Rückwirkung auf das Strömungsfeld. Dieser Effekt wird in der Regel vernachlässigt. Neben diesen beiden Feldern gibt es *in jedem Fall* auch ein elektrisches Feld im Dielektrikum außerhalb der betrachteten Leiteranordnung, dessen Berechnung in realen Anordnungen sehr aufwändig und höchstens näherungsweise möglich ist. Dieses elektromagnetische Feld ist bezüglich des Energietransportes aber essenziell.

Bei den zu Punkt 4. gehörenden Anordnungen tritt neben den im vorigen Absatz genannten Effekten *in jedem Fall* ein durch das zeitveränderliche Magnetfeld induziertes, ebenfalls zeitveränderliches elektrisches Wirbelfeld auf, das auf die Anordnung rückwirkt. Die in zeitvarianten Feldern *immer* vorhandene Abstrahlung elektromagnetischer Energie wird bei diesen langsam zeitverän-

T. Harriehausen und D. Schwarzenau, *Moeller Grundlagen der Elektrotechnik*,
https://doi.org/10.1007/978-3-658-49993-8_12

derlichen Feldern vernachlässigt[1]. Eine Berechnung aller genannten Effekte in realen Anordnungen ist höchstens näherungsweise möglich.

Schnell veränderliche Felder, bei denen zusätzlich zu den im vorigen Absatz beschriebenen Effekten die *Ausbreitung elektromagnetischer Wellen* und damit die *Abstrahlung elektromagnetischer Energie* eine wesentliche Rolle spielt, werden im Rahmen der Grundlagen der Elektrotechnik üblicherweise nicht behandelt, sondern sind Gegenstand der Hochfrequenztechnik. Dort werden wiederum nur Teilaspekte des Gesamtfeldes betrachtet, beispielsweise das Feld außerhalb, aber in unmittelbarer Nähe einer ruhenden Antenne oder in großer Entfernung von einer Antenne in einer stark idealisierten Umgebung.

Das eigentlich wünschenswerte Heranziehen von Fachliteratur über elektromagnetische Felder, die sich an Physiker wendet, kann bei Studierenden der Elektrotechnik zu Irritationen führen. Der Grund dafür ist der Umstand, dass die *Fachdidaktik der Physik* sich auch bezüglich der Betrachtung und mathematischen Beschreibung elektrischer und magnetischer Felder grundsätzlich von der *Fachdidaktik der Elektrotechnik* unterscheidet. In der Physik werden vorzugsweise Felder *im leeren Raum* (ideales Vakuum) *mikroskopisch* (also auf atomarer Ebene) betrachtet, weswegen in den Maxwellschen Gleichungen mit den zugehörigen Materialparametern ε_0 und μ_0 gearbeitet wird. Der Einfluss von Materialien, die elektrisch bzw. magnetisch polarisierbar sind, wird durch zusätzliche vektorielle Feldgrößen, nämlich die elektrische bzw. magnetische Polarisation, berücksichtigt. In der Elektrotechnik werden wegen der praktischen Bedeutung die Felder in beliebigen Materialien *makroskopisch* (also räumlich über viele Atome bzw. Moleküle gemittelt) betrachtet, was durch die zusätzlichen Materialparameter ε_r und μ_r berücksichtigt wird. Das führt zu sehr unterschiedlichen Darstellungen gleicher Sachverhalte. In der Physik wird neben dem eleganten, international gültigen SI auch heute noch das veraltete, unhandliche cgs-System verwendet, während in der Elektrotechnik (mit Ausnahme der angloamerikanisch geprägten Länder) fast ausschließlich das SI angewandt wird. Auch dadurch ergeben sich unterschiedliche Darstellungen. Darüberhinaus ist die in der Elektrotechnik im deutschen Sprachraum seit vielen Jahrzehnten weitgehend übliche Verwendung von *Zählpfeilen* für Zählpfeilgrößen (s. Abschnitt 1.4) und die konsequent *rechtswendige Zuordnung* zwischen zusammenhängenden Zählpfeilgrößen in der Fachdidaktik der Physik unbekannt.

In Abschnitt 12.1 werden die in den vorausgehenden Kapiteln verwendeten Größen und die sie verknüpfenden Gleichungen in vergleichender Form zusammengefasst und einander gegenübergestellt, wodurch fundamentale Analogien und Unterschiede leicht erkennbar werden.

Abschnitt 12.2 enthält die *vollständigen* Maxwellschen Gleichungen in gegenüber den vorangegangenen Kapiteln teilweise erweiterten Form, die nicht nur für die bislang betrachteten elementaren Felder, sondern darüber hinaus gültig ist.

Die in Abschnitt 12.3 zusammengestellten Materialgleichungen gehören nicht zu den Maxwellschen Gleichungen, sind aber unerlässlich für die vollständige Beschreibung elektromagnetischer Felder. Erweiternd werden verschiedene mathematische Formen der Materialparameter zur Beschreibung unterschiedlicher praktisch relevanter Eigenschaften angegeben.

[1] Dass diese Vorgehensweise nicht immer angebracht ist, zeigt die Verwendung extrem niederfrequenter (Extremely Low Frequency, ELF) elektromagnetischer Wellen im Bereich 3 ... 30 Hz, etwa zur Kommunikation mit abgetauchten U-Booten. Die zugehörigen Wellenlängen in Luft liegen bei ca. 10.000 ... 100.000 km. Die Abstrahlung dieser Wellen mit den üblichen Antennen (die möglichst mindestens ein Viertel der Wellenlänge lang sein sollten) ist ineffektiv. Daher ist es üblich, sie durch die Interferenz mindestens zweier - deutlich höherfrequenter - Signale mit dem benötigten Frequenzunterschied zu erzeugen, die von mehreren Antennen abgestrahlt werden.

In Abschnitt 12.4 wird auf den Poynting-Vektor eingegangen, der den Leistungsfluss im elektromagnetischen Feld beschreibt.

Abschnitt 12.5 enthält sowohl historische Betrachtungen zur Entwicklung der Theorie der elektromagnetischen Felder als auch einen fachlichen Ausblick, der über die im Rahmen der Grundlagen behandelten Zusammenhänge hinausgeht. Beides soll dem Leser eine bessere Einordnung des aktuellen Standes der Theorie des Elektromagnetismus aus dem für Elektroingenieure relevanten Blickwinkel ermöglichen.

12.1 Vergleich der elementaren Felder der Elektrotechnik

Tabelle 12.1 stellt die wesentlichen Eigenschaften der in den vorhergehenden Kapiteln behandelten elementaren Felder der Elektrotechnik einander gegenüber, so dass Gemeinsamkeiten und Unterschiede einfach erkennbar sind.

Tabelle 12.1: Vergleich der elementaren Felder der Elektrotechnik

	Stationäres elektrisches Strömungsfeld	**Elektrostatisches Feld**	**Stationäres Magnetfeld**
Feldursache und Ursachenfeldgröße	Kontinuierliche Ladungstrennung durch eingeprägte elektrische Feldstärke $\vec{E}$ oder eingeprägte elektrische Stromdichte $\vec{J}$	Durch getrennte, ruhende Ladungen Q bzw. ϱ, σ oder λ verursachte elektr. Flussdichte[a] $\vec{D}$	Durch bewegte Ladungen $Q \cdot \vec{v}$, konzentrierte Ströme I oder ein Strömungsfeld $\vec{J}$ verursachte magnetische Feldstärke[b] $\vec{H}$
Wirkungsfeldgröße		Elektrische Feldstärke $\vec{E}$, die mit steigendem ε sinkt	Magnetische Flussdichte $\vec{B}$, die mit steigendem μ steigt

		Stationäres elektrisches Strömungsfeld	**Elektrostatisches Feld**	**Stationäres Magnetfeld**
Differentielle Feldgrößen	**Feldquellen**	–	Punktladungen Q, Raumladungsdichte $\varrho = \mathrm{d}Q/\mathrm{d}V$, Flächenladungsdichte $\sigma = \mathrm{d}Q/\mathrm{d}A$, Linienladungsdichte $\lambda = \mathrm{d}Q/\mathrm{d}s$	–
	Flussdichtegröße	Elektrische Stromdichte $\vec{J} = \kappa\,\vec{E}$	Elektrische Flussdichte $\vec{D} = \varepsilon\,\vec{E}$	Magnetische Flussdichte $\vec{B} = \mu\,\vec{H}$
	Feldcharakter des *Gesamt*feldes der Flussdichtegröße	Quellenfreies Wirbelfeld[c] $\oiint_{(A)} \vec{J}\,\mathrm{d}\vec{A} = 0$ bzw. $\operatorname{div}\vec{J} = 0$	Quellenfeld[d] $\oiint_{(A)} D\,\mathrm{d}A = \iiint_{(V)} \varrho\,\mathrm{d}V = \sum_{(V)} Q$ bzw. $\operatorname{div} D = \varrho$	Quellenfreies Wirbelfeld $\oiint_{(A)} \vec{B}\,\mathrm{d}\vec{A} = 0$ bzw. $\operatorname{div}\vec{B} = 0$
	Feldstärke	Elektrische Feldstärke $\vec{E}$		Magnetische Feldstärke $\vec{H}$
	Feldcharakter des *Gesamt*feldes der Feldstärke	Wirbelfreies Feld $\oint_{(s)} \vec{E}\,\mathrm{d}\vec{s} = 0$ bzw. $\operatorname{rot}\vec{E} = \vec{0}$		Wirbelfeld[f] $\oint_{(s)} \vec{H}\,\mathrm{d}\vec{s} = \Theta$ bzw. $\operatorname{rot}\,\vec{H} = \vec{J}$
	(Skalar-) Potenzial	Elektrisches Potenzial φ mit $\vec{E} = -\operatorname{grad}\,\varphi$		–
	Spezifische Leitfähigkeit	Elektrische Leitfähigkeit κ	Permittivität[e] $\varepsilon = \varepsilon_r\varepsilon_0$	Permeabilität[g] $\mu = \mu_r\mu_0$
	Leistungsdichte	$p = \vec{E}\,\vec{J}$	0	0
	Energiedichte	Nur bei Berücksichtigung des Magnetfeldes sinnvolle Aussage möglich.	*Elektrische* Energiedichte $w_{\mathrm{el}} = \frac{1}{2}\vec{E}\,\vec{D}$	*Magnetische* Energiedichte $w_{\mathrm{mag}} = \frac{1}{2}\vec{B}\,\vec{H}$
	Brechungsgesetz	$\tan\alpha_1/\tan\alpha_2 = \kappa_1/\kappa_2$	$\tan\alpha_1/\tan\alpha_2 = \varepsilon_1/\varepsilon_2 = \varepsilon_{\mathrm{r1}}/\varepsilon_{\mathrm{r2}}$	$\tan\alpha_1/\tan\alpha_2 = \mu_1/\mu_2 = \mu_{\mathrm{r1}}/\mu_{\mathrm{r2}}$

<table>
<tr><th colspan="2"></th><th>Stationäres elektrisches Strömungsfeld</th><th>Elektrostatisches Feld</th><th>Stationäres Magnetfeld</th></tr>
<tr><td rowspan="5">Integrale Feldgrößen</td><td>Flussgröße</td><td>Elektrischer Strom
$I = \iint\limits_{(A)} \vec{J}\,\mathrm{d}\vec{A}$</td><td>Elektrischer Fluss
$\Psi = \iint\limits_{(A)} \vec{D}\,\mathrm{d}\vec{A}$</td><td>Magnetischer Fluss
$\Phi = \iint\limits_{(A)} \vec{B}\,\mathrm{d}\vec{A}$</td></tr>
<tr><td>Flussantriebsgröße</td><td colspan="2">Elektrische Spannung
$U_{12} = \int\limits_{(1)}^{(2)} \vec{E}\,\mathrm{d}\vec{s}$</td><td>Durchflutung
$\Theta = \oint\limits_{(s)} \vec{H}\,\mathrm{d}\vec{s} = \sum V$
mit der magnetischen Spannung
$V_{12} = \int\limits_{(1)}^{(2)} \vec{H}\,\mathrm{d}\vec{s}$</td></tr>
<tr><td>Leitwertgröße</td><td>Elektrischer Leitwert
$G = \frac{I}{U} = \frac{\iint\limits_{(A)} \vec{J}\,\mathrm{d}\vec{A}}{\int\limits_{(s)} \vec{E}\,\mathrm{d}\vec{s}}$</td><td>Elektrische Kapazität[h]
$C = \frac{Q}{U} = \frac{\oint\!\!\oint\limits_{A} \vec{D}\,\mathrm{d}\vec{A}}{\int\limits_{(s)} \vec{E}\,\mathrm{d}\vec{s}}$</td><td>Magnetischer Leitwert
$\Lambda = \frac{\Phi}{V} = \frac{\iint\limits_{(A)} \vec{B}\,\mathrm{d}\vec{A}}{\int\limits_{(s)} \vec{H}\,\mathrm{d}\vec{s}}$</td></tr>
<tr><td>Leistungsumsatz</td><td>Elektrische Leistung
$P = U\,I = \iiint\limits_{(V)} p\,\mathrm{d}V$</td><td>0</td><td>0</td></tr>
<tr><td>Energieinhalt</td><td>Nur bei Berücksichtigung des Magnetfeldes sinnvolle Aussage möglich.</td><td>Elektrische Energie
$W_{\mathrm{el}} = \frac{1}{2}\,Q\,U = \frac{1}{2}\,C\,U^2 = \iiint\limits_{(V)} w_{\mathrm{el}}\,\mathrm{d}V$</td><td>Magnetische Energie
$W_{\mathrm{mag}} = \frac{1}{2}\,\Psi I = \frac{1}{2}\,L\,I^2 = \iiint\limits_{(V)} w_{\mathrm{mag}}\,\mathrm{d}V$</td></tr>
</table>

[a] Wurde auch als „elektrische Erregung" bezeichnet.
[b] Wurde auch als „magnetische Erregung" bezeichnet.
[c] Wirbelfrei, sofern nur passive Gebiete betrachtet werden.
[d] Kann in inhomogenen Medien Wirbel enthalten.
[e] Wurde auch als „dielektrische Leitfähigkeit" bezeichnet.
[f] Kann in inhomogenen Medien Quellen enthalten.
[g] Wurde auch als „magnetische Leitfähigkeit" bezeichnet.
[h] Wurde auch als „dielektrischer Leitwert" bezeichnet.

12.2 Maxwellsche Gleichungen

Die *Maxwellschen Gleichungen* stellen eine stellenweise *erweiterte* Fassung der bisher behandelten Zusammenhänge dar. Sie gelten auch für Anordnungen, in denen die *Ausbreitung elektromagnetischer Wellen wesentlich ist.*

Sie sind sowohl in *integraler Form*, die für *ausgedehnte Raumgebiete* gilt, als auch in *differenzieller Form*, die für *einzelne Raumpunkte* gilt, formulierbar.

1. Maxwellsche Gleichung (Verallgemeinerter Durchflutungssatz)

Der Durchflutungssatz in seiner bisher angegebenen Form geht auf den französischen Physiker André-Marie Ampère zurück und wird daher auch als „Ampères Gesetz“ bezeichnet. Maxwell erweiterte die auf der rechten Seite stehende *Leitungsstromdichte* $\vec{J}$ um die *Verschiebungsstromdichte* $\frac{\partial}{\partial t}\vec{D} = \dot{\vec{D}}$.

Integrale Form, vgl. Gl. (11.13):

$$\oint\limits_{(s)} \vec{H}\,\mathrm{d}\vec{s} = \iint\limits_{(A)} (\vec{J} + \frac{\partial}{\partial t}\vec{D})\,\mathrm{d}\vec{A} \tag{12.1}$$

(s) ist der Rand von (A), *rechtswendige Zuordnung* zwischen den $\mathrm{d}\vec{s}$ und den $\mathrm{d}\vec{A}$.

Differenzielle Form, vgl. Gl. (11.19):

$$\mathrm{rot}\,\vec{H} = \vec{J} + \dot{\vec{D}} \tag{12.2}$$

Neben einer Ladungsströmung in einem leitfähigen Medium, die durch die Leitungsstromdichte $\vec{J}$ beschrieben wird, erzeugt laut Maxwell auch eine *zeitliche Änderung der elektrischen Flussdichte* $\vec{D}$ ein Magnetfeld. Dieser Effekt kann bei den bisher behandelten stationären elektrischen Strömungsfeldern nicht auftreten.

Eine anschauliche Konsequenz: Im Bereich zwischen den Elektroden eines Plattenkondensators, durch den ein Strom fließt, existiert ebenso ein Magnetfeld wie im Bereich seiner Anschlussleitungen. Mathematisch ist dieser Sachverhalt einfach nachvollziehbar: In Gl. (12.1) ist die Form und Lage der Fläche (A), die vom Rand (s) begrenzt wird, beliebig wählbar. Wird (s) um eine stromdurchflossene Anschlussleitung des Kondensators gelegt (die von einem $\vec{H}$-Feld umwirbelt wird), die Fläche (A) aber wie eine halbe Seifenblase in den Raum zwischen den Elektroden (in dem es ja keine Leitungsstromdichte $\vec{J}$ gibt), muss es auf der rechten Seite von Gl. (12.1) einen Term geben, der dafür sorgt, dass die Gleichung erfüllt ist. Umgekehrt kann man den Umlauf (s) zwischen die Elektroden legen und (A) eine Anschlussleitung, in der ja ein $\vec{J}$-Feld existiert, schneiden lassen. Dann muss es zwischen den Elektroden ein $\vec{H}$-Feld geben, damit die Gleichung erfüllt sein kann.

Im folgenden Beispiel wird für einen sehr einfachen Körper das Verhältnis zwischen Leitungs- und Verschiebungsstrom hergeleitet.

Beispiel 12.1: Leitungs- und Verschiebungsstrom

Zur Veranschaulichung der Bedeutung von Leitungs- und Verschiebungsstrom wird ein quaderförmiges, homogenes, isotropes, *verlustbehaftetes* Dielektrikum mit der Querschnittsfläche A, Länge l, der elektrischen Leitfähigkeit σ und Permittivität ε bei Verbraucher-Zählpfeilsystem betrachtet.

Wird dieses Dielektrikum einem äußeren elektrischen Feld $\vec{E}(t)$ in Längsrichtung ausgesetzt, das sich zeitlich sinusförmig mit der Kreisfrequenz ω ändert, liegt über dem Quader eine sinusförmige Spannung $u(t)$. Im Dielektrikum fließen nun sowohl ein *Leitungsstrom*

$$i_{\mathrm{L}}(t) = u(t)\,G$$

als auch ein *Verschiebungsstrom*

$$i_{\mathrm{V}}(t) = u(t + \pi/(2\,\omega))\,\omega C\,.$$

Dabei gilt

$$G = \sigma\,\frac{A}{l}$$

und

$$C = \varepsilon\,\frac{A}{l}\,.$$

Der Verschiebungsstrom eilt gegenüber dem Leitungsstrom um 90° vor. Das Verhältnis der Effektivwerte der beiden Stromanteile ist

$$\frac{I_{\mathrm{V}}}{I_{\mathrm{L}}} = \frac{\omega C}{G} = \frac{\omega\,\varepsilon}{\sigma} \sim \omega\,.$$

An diesem einfachen Beispiel ist zu erkennen, dass die Bedeutung des Verschiebungsstromes proportional zur Frequenz steigt und – wie zu erwarten war – nur in Gebieten mit geringer Leitfähigkeit und hoher Permittivität relevant ist.

In praktischen Anordnungen ist das durch die elektrische Flussdichteänderung bewirkte Magnetfeld gegenüber dem durch den Leitungsstrom verursachten Magnetfeld in der Regel vernachlässigbar.

2. Maxwellsche Gleichung (Verallgemeinerter Maschensatz, Induktionsgesetz)

Das Induktionsgesetz geht auf den englischen Physiker Michael Faraday zurück und wird daher auch als „Faradaysches Induktionsgesetz" bezeichnet.

Integrale Form, s. Gl. (9.58):

$$\oint\limits_{(s)} \vec{E}\,\mathrm{d}\vec{s} = -\frac{\partial}{\partial t}\iint\limits_{(A)} \vec{B}\,\mathrm{d}\vec{A} = -\,\dot{\Phi} \qquad (12.3)$$

(s) ist der Rand von (A), *rechtswendige Zuordnung* zwischen den $\mathrm{d}\vec{s}$ und den $\mathrm{d}\vec{A}$.

Differenzielle Form, s. Gl. (9.65):

$$\operatorname{rot}\vec{E} = -\dot{\vec{B}} \qquad (12.4)$$

Das Induktionsgesetz ist eine Verallgemeinerung des exakt nur für Gleichstromnetzwerke und SESF gültigen Kirchhoffschen Maschensatzes.

Die integrale Form des Induktionsgesetzes sagt aus, dass eine Veränderung des magnetischen Flusses durch eine Fläche eine Umlaufspannung auf dem Rand der Fläche bewirkt. Ursache dieser induzierten Spannung kann sowohl eine Änderung von (A) als auch eine Änderung von $\vec{B}$ innerhalb von (A) sein. Die differenzielle Form besagt, dass ein zeitlich veränderliches $\vec{B}$-Feld *linkswendig* von einem $\vec{E}$-Feld umwirbelt wird.

3. Maxwellsche Gleichung (Keine magnetischen Ladungen als Ursache des magnetischen Flusses)

Integrale Form, s. Gl. (11.33):

$$\oiint_{(A)} \vec{B}\,\mathrm{d}\vec{A} = 0 \tag{12.5}$$

Differenzielle Form, s. Gl. (11.34):

$$\operatorname{div}\vec{B} = 0 \tag{12.6}$$

Diese Gleichungen sagen aus, dass es in der auf ihnen basierenden klassischen Elektrodynamik keine Quellen oder Senken des $\vec{B}$-Feldes (magnetischen Monopole, magnetische Ladungen) gibt und daher die Feldlinien des $\vec{B}$-Feldes stets in sich geschlossen sind.

4. Maxwellsche Gleichung (Elektrische Ladungen als Ursache des elektrischen Flusses)

Diese Gleichung geht auf den deutschen Mathematiker und Naturwissenschaftler Carl Friedrich Gauß zurück und wird daher auch als „Gaußscher Satz der Elektrostatik" bezeichnet.

Integrale Form, s. Gl. (10.21):

$$\oiint_{(A)} \vec{D}\,\mathrm{d}\vec{A} = \iiint_{(V)} \varrho\,\mathrm{d}V \tag{12.7}$$

(A) ist die Hülle von (V).

Differenzielle Form, s. Gl. (10.22):

$$\operatorname{div}\vec{D} = \varrho \tag{12.8}$$

Diese Gleichungen sagen aus, dass elektrische Ladungen (hier allgemein beschrieben durch die Raumladungsdichte $\varrho = \mathrm{d}Q/\mathrm{d}V$, *die nun auch zeitvariant* sein darf) die Quellen der elektrischen Flussdichte $\vec{D}$ sind.

Kontinuitätsgleichung (Verallgemeinerter Knotensatz)

Die vier Maxwellschen Gleichungen werden oftmals ergänzt durch eine Verallgemeinerung des Kirchhoffschen Knotensatzes, der in der Form

$$\oiint_{(A)} \vec{J}\,\mathrm{d}\vec{A} = 0 \tag{12.9}$$

die Quellenfreiheit der Stromdichte $\vec{J}$ im SESF beschreibt.

Integrale Form der Kontinuitätsgleichung:

$$\oiint_{(A)} \vec{J}\,\mathrm{d}\vec{A} = -\frac{\partial}{\partial t}\iiint_{(V)} \varrho\,\mathrm{d}V \tag{12.10}$$

(A) ist die Hülle von (V).

Differenzielle Form, vgl. Gl. (9.52):

$$\operatorname{div}\vec{J} = -\dot{\varrho} \tag{12.11}$$

Aussage beider Formen: Wenn aus einem Volumen Ladung strömt, verringert sich die in ihm enthaltene Ladung. Oder andersherum: Die Abnahme der Ladung in einem Volumen ist nur möglich, indem Ladung aus ihm herausströmt.

Diese erweiterte Form des Knotensatzes ist aus der 1. und 4. Maxwellschen Gleichung herleitbar. Sie berücksichtigt auch den Fall, dass sich die *Gesamtladung innerhalb des betrachteten Volumens (V) ändert*. Damit ist es unter anderem möglich, die Hüllfläche (A) um nur *eine* Elektrode eines Kondensators zu legen, durch den ein Strom fließt.

Mit Gl. (12.8) folgt als alternative Formulierung von Gl. (12.11) der Ausdruck

$$\operatorname{div}(\vec{J} + \dot{\vec{D}}) = 0\,. \tag{12.12}$$

Er beschreibt die Tatsache, dass bei einem Übergang von einem Leiter zu einem Nichtleiter die $\dot{\vec{D}}$-Feldlinien als die Weiterführung der $\vec{J}$-Feldlinien aufgefasst werden können.

12.3 Materialgleichungen

Bislang wurden nur Anordnungen betrachtet, in denen die Materialparameter bereichsweise unabhängig von Betrag, Richtung und Frequenz der zugehörigen Feldgrößen, der Zeit sowie anderen physikalischen Größen sind. In diesem Fall können die Materialparameter mathematisch durch *konstante Skalare* beschrieben werden:

$$\vec{J} = \kappa\vec{E}\,, \tag{12.13}$$

$$\vec{D} = \varepsilon\vec{E} = \varepsilon_0\varepsilon_r\vec{E} = \varepsilon_0(1+\chi_e)\vec{E} = \varepsilon_0\vec{E} + \vec{P} \tag{12.14}$$

mit der elektrischen Suszeptibilität χ_e und der elektrischen Polarisation $\vec{P}$, sowie

$$\vec{B} = \mu\vec{H} = \mu_0\mu_r\vec{H} = \mu_0(1+\chi_m)\vec{H} = \mu_0\vec{H} + \mu_0\chi_m\vec{H} = \mu_0\vec{H} + \vec{J}_m \tag{12.15}$$

mit der magnetischen Suszeptibilität χ_m und der magnetischen Polarisation[2] $\vec{J}_m$.

Diese drei Materialgleichungen verknüpfen jeweils einen längenbezogenen ($\vec{E}, \vec{H}$) und einen flächenbezogenen ($\vec{D}, \vec{B}, \vec{J}$) Vektor miteinander. Das ist formal mathematisch fragwürdig, aber üblich.

Um Effekte zu berücksichtigen, die in realen Anordnungen auftreten, müssen die Materialparameter mathematisch aufwändiger beschrieben werden. Dies wird im Folgenden getan.

Richtungsabhängigkeit

Materialien, deren relevante Eigenschaften *richtungsabhängig* (*anisotrop*) sind, müssen durch Größen beschrieben werden, die diese Richtungsabhängigkeit mathematisch abbilden können. Dies sind *Tensoren 2. Stufe*, die die Form von 3 x 3-Matrizen haben. Aus den als Spaltenvektoren aufzufassenden Ursachen-Feldgrößen ergeben sich durch Matrixmultiplikation die Spaltenvektoren der Wirkungs-Feldgrößen:

[2] Da ansonsten Verwechslungsgefahr mit der elektrischen Stromdichte $\vec{J}$ besteht, wird hier der Index „m“ verwendet.

$$\vec{J} = \underline{\kappa}\,\vec{E} \tag{12.16}$$

mit dem *Tensor der elektrischen Leitfähigkeit* $\underline{\kappa}$, Im einfachsten Fall kartesischer Koordinaten gilt

$$\underline{\kappa} = \begin{bmatrix} \kappa_{xx} & \kappa_{xy} & \kappa_{xz} \\ \kappa_{yx} & \kappa_{yy} & \kappa_{yz} \\ \kappa_{zx} & \kappa_{zy} & \kappa_{zz} \end{bmatrix}. \tag{12.17}$$

Entsprechend gilt

$$\vec{E} = \frac{1}{\underline{\varepsilon}}\,\vec{D} = \underline{\varepsilon}^{-1}\,\vec{D} \tag{12.18}$$

mit dem *Tensor der elektrischen Permittivität* $\underline{\varepsilon}$, in kartesischen Koordinaten

$$\underline{\varepsilon} = \begin{bmatrix} \varepsilon_{xx} & \varepsilon_{xy} & \varepsilon_{xz} \\ \varepsilon_{yx} & \varepsilon_{yy} & \varepsilon_{yz} \\ \varepsilon_{zx} & \varepsilon_{zy} & \varepsilon_{zz} \end{bmatrix} \tag{12.19}$$

und

$$\vec{B} = \underline{\mu}\,\vec{H} \tag{12.20}$$

mit dem *Tensor der magnetischen Permeabilität* $\underline{\mu}$, in kartesischen Koordinaten

$$\underline{\mu} = \begin{bmatrix} \mu_{xx} & \mu_{xy} & \mu_{xz} \\ \mu_{yx} & \mu_{yy} & \mu_{yz} \\ \mu_{zx} & \mu_{zy} & \mu_{zz} \end{bmatrix}. \tag{12.21}$$

Die Richtungsabhängigkeit der Materialeigenschaften spielt insbesondere bei geschichteten Werkstoffen wie z. B. Eisenblechpaketen eine bedeutende Rolle.

Nichtlinearität

Da die Materialparameter *aller* Stoffe *nichtlinear*, also von den Größen abhängig sind, die sie verknüpfen, ergeben sich aus den linearen Maxwellschen Gleichungen nichtlineare Zusammenhänge. Diese Nichtlinearität wird beschrieben durch Abhängigkeiten $\kappa(E)$ bzw. $\underline{\kappa}(\vec{E})$, $\varepsilon(D)$ bzw. $\underline{\varepsilon}(\vec{D})$ und $\mu(H)$ bzw. $\underline{\mu}(\vec{H})$.

Insbesondere bei ferromagnetischen Stoffen, die stark ausgesteuert werden, führt die Vernachlässigung des nichtlinearen Verhaltens zu großen Fehlern in den Rechenergebnissen.

Frequenzabhängigkeit

Bei der elektrischen und der magnetischen Polarisation werden Teilchen verschiedenster Massen durch ein äußeres Feld aus ihrer Ruhelage ausgelenkt. Diese Verschiebung oder/und Drehung ist ein mechanischer Prozess, der durch die Massenträgheit zwangsläufig gegenüber seiner Ursache zeitverzögert abläuft. Bei linearem Material, das mit einer zeitlich sinusförmigen Größe angeregt wird, ergibt sich durch diese Nacheilung eine Phasenverschiebung der Polarisation. Diese beginnt bei null und steigt mit steigender Frequenz. Bei Erreichen einer mechanischen Eigenfrequenz der die Polarisation bewirkenden Strukturen können Erscheinungen wie Resonanzüberhöhung oder/und Gegenphasigkeit auftreten. Erfolgt die Änderung der äußeren Anregung so schnell, dass die polaren Teilchen ihr mit ihrer Ausrichtung nicht mehr folgen können, sinkt die effektive Polarisation und verschwindet schließlich.

Diese Frequenzabhängigkeit spielt als grober Anhaltswert bei Magnetwerkstoffen erst im MHz-Bereich und bei Dielektrika erst im MHz- bis GHz-Bereich eine wesentliche Rolle. Es sind also auch Frequenzabhängigkeiten der Form $\varepsilon(f)$ bzw. $\underline{\varepsilon}(f)$ und $\mu(f)$ bzw. $\underline{\mu}(f)$ zu berücksichtigen.

Bei Dielektrika führt die Frequenzabhängigkeit der Permittivität zu einem frequenzabhängigen Brechungsverhalten für elektromagnetische Felder (einschließlich Licht) an Grenzschichten. Diese Eigenschaft wird als *Dispersivität* bezeichnet.

Bild 12.1 zeigt schematisch die Frequenzabhängigkeit der elektrischen Polarisation, angegeben mittels der relativen Permittivität, bei einem Stoff, bei dem drei Polarisationsmechanismen (Orientierungs-, Ionen- und Elektronenpolarisation, s. Tabelle 10.1 in Abschnitt 10.3) auftreten, die durch unterschiedlich schwere – und damit träge – Bestandteile verursacht werden.

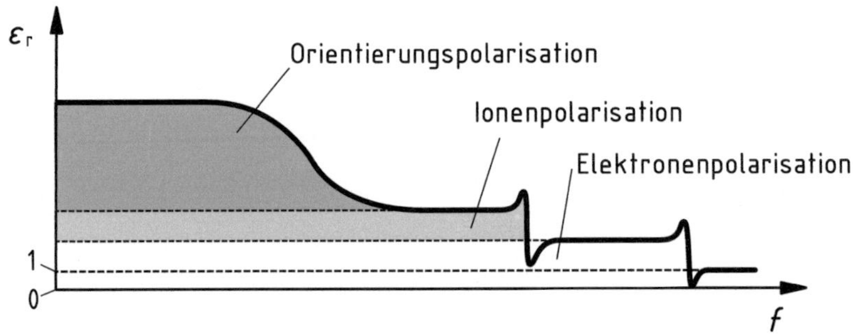

Bild 12.1: Schematische Darstellung der Frequenzabhängigkeit der relativen Permittivität (nach [Mün87])

Gedächtnis, Zeitabhängigkeit

Einige der Strukturen in Werkstoffen, die die elektrische bzw. magnetische Polarisation bewirken, können bei Verschwinden der Anregungsgröße einen Teil ihrer Verschiebung oder/und Drehung beibehalten. Das Verhalten bei erneuter Anregung hängt dann von der Vorgeschichte des Werkstoffes ab. Allgemein bekannt ist dieses Verhalten bei ferromagnetischem Material und bei Elektreten. Auch memristives Verhalten bei Leiterwerkstoffen kann in diese Kategorie eingeordnet werden. Typisch für solche Materialien sind Scharen von Hystereseschleifen, die den Zusammenhang zwischen Anregungs- und Reaktionsgröße für unterschiedliche Aussteuerungen angeben. Die geschlossene Berücksichtigung dieser Materialeigenschaft ist bei Feldberechnungen nicht möglich.

Temperaturabhängigkeit

Die Temperatur eines Materials ist ein Maß für die Intensität der mechanischen Schwingungen der Atome bzw. Moleküle, aus denen es besteht. Mit steigender Temperatur werden bestehende Polarisationen durch das regellose Schwingen überdeckt bzw. ganz aufgehoben.

12.4 Poynting-Vektor

Der *Poynting-Vektor*[3] beschreibt den Energietransport im elektromagnetischen Feld. Er ist definiert als

$$\vec{S} = \vec{E} \times \vec{H}\,, \tag{12.22}$$

seine Einheit ist

$$[S] = [E] \cdot [H] = 1\,\frac{\mathrm{V}}{\mathrm{m}} \cdot 1\,\frac{\mathrm{A}}{\mathrm{m}} = 1\,\frac{\mathrm{W}}{\mathrm{m}^2}\,, \tag{12.23}$$

seine Dimension „Leistung pro Fläche".

Der Poynting-Vektor beschreibt also die *Leistungsflussdichte*.

Gl. (12.22) sagt aus, dass der Poynting-Vektor senkrecht auf der durch $\vec{E}$ und $\vec{H}$ aufgespannten Fläche steht und mit diesen beiden Vektoren ein *Rechtssystem* bildet. Sofern in einem Feldpunkt $\vec{E}$ oder $\vec{H}$ nicht verschwinden oder parallel oder antiparallel zueinander stehen, strömt durch eine durch $\mathrm{d}\vec{A}$ beschriebene Fläche an diesem Feldpunkt ein von null verschiedener Leistungsanteil

$$\mathrm{d}P = \vec{S}\,\mathrm{d}\vec{A} \tag{12.24}$$

und durch eine beliebige Fläche (A) die Leistung

$$P = \iint\limits_{(A)} \vec{S}\,\mathrm{d}\vec{A}\,. \tag{12.25}$$

Lediglich in elektrostatischen Feldern, in denen kein zusätzliches Magnetfeld existiert, sowie in magnetostatischen Feldern, in denen kein zusätzliches elektrisches Feld existiert, tritt kein Leistungsfluss auf. In Anordnungen, die ein elektrostatisches und zusätzlich ein magnetostatisches Feld beinhalten, tritt also (faszinierenderweise) ein Leistungsfluss auf, der jedoch nicht mit einem Energieumsatz verbunden ist.

Der Leistungsfluss in Schaltungen der Gleichstrom- und Sinusstromtechnik kann sowohl aus den Klemmengrößen der in den Kapiteln 2 und 3 behandelten Modelle mit konzentrierten Parametern als auch aus den den gesamten Raum ausfüllenden Feldgrößen berechnet werden. Letzteres ist bei praktisch relevanten Anordnungen höchstens näherungsweise möglich.

12.5 Rückblick und Ausblick

Der schottische Experimentalphysiker James Clerk Maxwell (1831–1879) veröffentlichte die „Theorie des elektromagnetischen Feldes" erstmalig in einem 1864 eingereichten, 54-seitigen Zeitschriftenartikel (s. [Max65]) und 1873 in einem zweibändigen Werk (s. [Max73a], [Max73b]) mit einem Umfang von 866 Abschnitten auf über 970 Seiten, das 1883 auch in deutscher Übersetzung erschien (s. [Max83a], [Max83b]). Der Inhalt des Werkes wird als „Maxwellsche Theorie" bezeichnet.

Maxwell war es ein besonderes Anliegen, die zur damaligen Zeit bekannten elektrischen und magnetischen Effekte nicht nur wie bis dahin üblich *qualitativ*, sondern auch *quantitativ* zu beschreiben und Messvorschriften für die beteiligten Größen anzugeben. Weiterhin enthält sein Werk umfangreiche Informationen über elektrische Quellen und Messgeräte.

---

[3]Benannt nach dem englischen Physiker John Henry Poynting (1852–1914), der ihn 1884 definierte.

Maxwell leitete seine Gleichungen nicht aus grundlegenderen Gleichungen her, sondern stellte sie allein aufgrund der ihm bekannten umfangreichen experimentellen Untersuchungen auf. Das war eine höchst erstaunliche geistige Abstraktionsleistung. Die Experimente, auf deren Ergebnisse sich Maxwell stützte, wurden von ihm selbst und insbesondere dem englischen Experimentalphysiker Michael Faraday (1791–1867) (s. [Far38], [Far44], [Far55]) durchgeführt. Darüberhinaus verwendete Maxwell Ergebnisse, die von Vorgängern und Zeitgenossen wie André-Marie Ampère (1775–1836), Carl Friedrich Gauß (1777–1855), Franz Ernst Neumann (1798–1895), Heinrich Hertz (1857–1894), Gustav Robert Kirchhoff (1824–1887), Georg Simon Ohm (1789–1854), Bernhard Riemann (1826–1866) und Wilhelm Eduard Weber (1804–1891) publiziert worden waren.

Die Maxwellsche Theorie bildet auch heute, über 150 Jahre nach ihrer Entstehung, die *Grundlage der klassischen Elektrodynamik*, die das Verhalten elektromagnetischer Felder oberhalb der atomaren Ebene hinreichend genau beschreibt. Unterhalb der atomaren Ebene ist die klassische Elektrodynamik nach aktueller Sichtweise der Physik nicht mehr ausreichend zur Beschreibung aller auftretenden Effekte und durch die Quantenelektrodynamik (QED) zu ersetzen.

Maxwell formulierte seine Gleichungen in Form von linearen, partiellen Differenzialgleichungen sowie linearen Integralgleichungen. In die heute übliche mathematische Form von linearen, partiellen Differentialgleichungen unter Verwendung der Operatoren der Vektoranalysis wurden die Maxwellschen Gleichungen um 1900 vom englischen Mathematiker und Physiker Oliver Heaviside (1850–1925) gebracht (s. [Hea93a], [Hea93b]).

Im Rahmen von Vorlesungen über Grundlagen der Elektrotechnik kann über die Maxwellschen Gleichungen hinaus nur ein winziger Bruchteil des in Maxwells Werk enthaltenen Stoffes behandelt werden. Selbst Vorlesungen über Theoretische Elektrotechnik in den höheren Semestern können nur einen kleinen Teil des Stoffes abdecken.

Basierend auf den ab Mitte des 19. Jahrhunderts von Physikern erforschten und veröffentlichten Gleichungen zur Beschreibung des Elektromagnetismus konnten Elektroingenieure und Unternehmer wie Werner von Siemens (1816–1892), Ferdinand Braun (1850–1918), Nikola Tesla (1856–1943) und Robert Bosch (1861–1942) Geräte und Anlagen entwickeln und fertigen, die die rasante wirtschaftliche und allgemeine technische Entwicklung seit jener Zeit ermöglichen.

Interessant ist die Tatsache, dass Faraday, Maxwell, Heaviside und ihre Zeitgenossen von der Existenz einer als „Äther“ (in [Max73a] auf S. 437: „special aethereal fluid“) bezeichneten Substanz ausgingen, die auch im ansonsten materiefreien Raum (also im idealen Vakuum) als Träger elektromagnetischer Felder und insbesondere elektromagnetischer Wellen angenommen wurde. In diesem Äther sollten sich die elektromagnetischen Felder analog zu Schallwellen in Fluiden (wie Luft oder Wasser) ausbreiten. Diese Vorstellung wurde nach den Experimenten von Michelson [Mic81] und Morley durch die 1905 veröffentlichte Spezielle Relativitätstheorie verworfen.

Die Richtigkeit und Vollständigkeit der Maxwellschen Gleichungen zur Beschreibung *beliebiger* elektromagnetischer Phänomene ist nicht bewiesen. Sie haben sich in der praktischen Anwendung durch Ingenieure aber bewährt.

Magnetismus wird entsprechend der 1. Maxwellschen Gleichung (12.1) stets direkt oder indirekt auf eine mikroskopische oder makroskopische Ladungsbewegung zurückgeführt. Ein so erzeugtes Magnetfeld $\vec{B}$ ist stets ein *quellenfreies* Wirbelfeld. Faraday und Maxwell schlossen die Existenz magnetischer Monopole (damals oft als „magnetische Ladungen“ bezeichnet) aus – wahrscheinlich, weil sie in den durchgeführten Experimenten nicht beobachtet wurden. Magnetische Monopole wurden aber beispielsweise von Heaviside in [Hea93a], S. 52 sowie von Dirac in [Dir31] als hypothetische Teilchen mathematisch berücksichtigt. In den 1920er bis 1950er Jahren publizierte der österreichische Physiker Felix Ehrenhaft (1879–1952) etliche Artikel in Fachzeitschriften (z. B. [Ehr41]), in denen er behauptete, makroskopische magnetische Monopole und magnetische Ströme experimentell nachgewiesen zu haben. Berichte über Versuche anderer Wissenschaftler, seine Experimente nachzuvollziehen, sind nicht bekannt. Auch in der aktuelleren Literatur (z. B. [Mil06], [Raj12]) gibt es intensive theoretische Betrachtungen zur mathematischen Beschreibung und den möglichen physikalischen Konsequenzen der Existenz magnetischer Monopole. Sie würden eine Erweiterung der 3. Maxwellsche Gleichung, die die Quellen der magnetischen Flussdichte beschreibt, und der 2. Maxwellschen Gleichung, die die Ursache einer induzierten elektrischen Feldstärke beschreibt, erforderlich machen. Dadurch würde ein Satz von 4 Gleichungen entstehen, der bezüglich der elektrischen und magnetischen Größen hochsymmetrisch ist. Bislang sind in der etablierten physikalischen Fachliteratur trotz intensiver Forschungsaktivitäten (z. B. [RDV22]) keine Berichte über den Nachweis echter magnetischer Monopole zu finden.

Erkenntnistheoretisch ist es zwar möglich, Widersprüche innerhalb eines Aussagenkonstruktes wie beispielsweise einer physikalischen Theorie nachzuweisen. Es ist aber unmöglich, die *Nichtexistenz* von Etwas in der Natur zu beweisen, außer durch erschöpfende Suche. Dieser Ansatz ist im Mikrokosmos aussichtslos.

Allgemein kann die Richtigkeit einer *naturwissenschaftlichen Hypothese* selbst durch *beliebig viele Beispiele* nicht bewiesen (verifiziert), durch *ein einziges Gegenbeispiel* aber widerlegt (falsifiziert) werden.

Die Nichtexistenz magnetischer Monopole ist unbewiesen und ohne Heranziehung weiterer ebenfalls nicht herleitbarer Aussagen unbeweisbar und daher als willkürlich gewählte axiomatische Grundlage für Theorien des Elektromagnetismus ungeeignet.

Über die technischen Folgen, also mögliche praktischen Anwendungen magnetischer Monopole, die unter normalen Bedingungen stabil existieren, sind keine Überlegungen bekannt.

Die Maxwellsche Theorie beruht auf einem Modell der physikalischen Welt, das 3+1 Dimensionen (drei räumliche und eine zeitliche) umfasst. Aktuelle, noch nicht breit akzeptierte Theorien verwenden bis zu 12 Dimensionen. Die Wechselwirkung elektromagnetischer Größen mit den Größen in den anderen Dimensionen ist Gegenstand von Forschungen in der theoretischen Physik.

Literaturverzeichnis

[BDHG06] BRAUCH, Wolfgang ; DREYER, Hans-Joachim ; HAACKE, Wolfhart ; GENTZSCH, Wolfgang: *Mathematik für Ingenieure.* 11. Aufl. Stuttgart : Teubner, 2006

[Bee08] BEETZ, Bernhard: *Elektroniksimulation mit PSPICE.* 3. Aufl. Wiesbaden : Vieweg+Teubner, 2008

[Ber96] BERGMANN, Kurt: *Elektrische Meßtechnik.* 6. Aufl. Wiesbaden : Vieweg, 1996

[BSR06] BERGMANN, Ludwig ; SCHAEFER, Clemens ; RAITH, Wilhelm: *Bergmann Schaefer Lehrbuch der Experimentalphysik.* Bd. 2. 9. Aufl. Berlin : de Gruyter, 2006

[CA12] CORINTO, Fernando ; ASCOLI, Alon: Memristive Diode Bridge with LCR Filter. In: *Electronic Letters* 14 (2012), S. 824–825

[CHSW11] CLAUSERT, H. ; HINRICHSEN, V. ; STENZEL, J. ; WIESEMANN, G.: *Grundgebiete der Elektrotechnik 1.* 11. Aufl. München : Oldenbourg Wissenschaftsverlag, 2011

[Chu71] CHUA, Leon O.: Memristor - The Missing Circuit Element. In: *IEEE Transactions on Circuit Theory* 18 (1971), Nr. 5, S. 507–519

[Chu14] CHUA, Leon O.: If It's Pinched It's A Memristor. In: *Semiconductor Science and Technology* 29 (2014), 09, S. 104001. – DOI 10.1088/0268-1242/29/10/104001

[dina] *DIN 1301-1:2010, Einheiten - Teil 1 : Einheitennamen, Einheitenzeichen*

[dinb] *DIN 1304-1:1994, Formelzeichen; Allgemeine Formelzeichen*

[dinc] *DIN 1313:1998, Größen und Gleichungen : Begriffe, Schreibweisen*

[dind] *DIN 40110-1:1994, Wechselstromgrößen; Zweileiter-Stromkreise*

[dine] *DIN 5483-3:1994, Zeitabhängige Größen - Teil 3 : Komplexe Darstellung sinusförmig zeitabhängiger Größen*

[dinf] *DIN EN 60617-2:1997, Graphische Symbole für Schaltpläne - Teil 2: Symbolelemente, Kennzeichen und andere Schaltzeichen für allgemeine Anwendungen*

[ding] *DIN EN 60617-4:1997, Graphische Symbole für Schaltpläne - Teil 4 : Schaltzeichen für passive Bauelemente*

[dinh] *DIN EN 60617-6:1997, Graphische Symbole für Schaltpläne - Teil 6 : Schaltzeichen für die Erzeugung und Umwandlung elektrischer Energie*

[dini] *DIN EN IEC 60375:2022, Vereinbarungen über Stromkreise und magnetische Kreise*

[Dir31] DIRAC, Paul A. M.: Quantised Singularities in the Electromagnetic Field. In: *Proceedings of the Royal Society* A 133 (1931), S. 60–72. `http://dx.doi.org/https://doi.org/10.1098/rspa.1931.0130`. – DOI https://doi.org/10.1098/rspa.1931.0130

[Ehr41] EHRENHAFT, Felix: The Magnetic Current. In: *Science 94* (1941), S. 232–233

T. Harriehausen und D. Schwarzenau, *Moeller Grundlagen der Elektrotechnik*,
https://doi.org/10.1007/978-3-658-49993-8

[Far38] FARADAY, Michael: *Experimental Researches in Electricity*. Bd. 1. London, Red Lion Court, Fleet Street : Richard And John Edward Taylor, printers And Publishers To The University Of London, 1838 `https://www.gutenberg.org/ebooks/14986`

[Far44] FARADAY, Michael: *Experimental Researches in Electricity*. Bd. 2. London, Red Lion Court, Fleet Street : Richard And John Edward Taylor, 1844 `https://www.gutenberg.org/ebooks/14986`

[Far55] FARADAY, Michael: *Experimental Researches in Electricity*. Bd. 3. London, Red Lion Court, Fleet Street : Richard And John Edward Taylor, 1855 `https://www.gutenberg.org/ebooks/14986`

[Fet73] FETZER, Viktor: *Ortskurven und Kreisdiagramme*. Heidelberg : Hüthig, 1973

[FF12] FETZER, Albert ; FRÄNKEL, Heiner: *Mathematik*. Bd. 1 und 2. 11./7. Aufl. Berlin : Springer, 2012

[FH05] FLOSDORFF, René ; HILGARTH, Günther: *Elektrische Energieverteilung*. 9. Aufl. Stuttgart : Teubner, 2005

[Fis11] FISCHER, Rolf: *Elektrische Maschinen*. 15. Aufl. München : Hanser, 2011

[Fra13] FRANZ, Joachim: *EMV*. 5. Aufl. Wiesbaden : Springer Vieweg, 2013

[FU84] FROHNE, Heinrich ; UECKERT, Erwin: *Grundlagen der elektrischen Messtechnik*. Stuttgart : Teubner, 1984

[FV82] FRICKE, Hans ; VASKE, Paul: *Elektrische Netzwerke*. 17. Aufl. Stuttgart : Teubner, 1982

[Hea93a] HEAVISIDE, Oliver: *Electromagnetic Theory*. Bd. 1. Printing and Publishing Company, 1893

[Hea93b] HEAVISIDE, Oliver: *Electromagnetic Theory*. Bd. 2. Printing and Publishing Company, 1893

[Hei11] HEINEMANN, Robert: *PSPICE, Einführung in die Elektroniksimulation*. 7. Aufl. München : Hanser, 2011

[Heu96] HEUMANN, Klemens: *Grundlagen der Leistungselektronik*. 6. Aufl. Stuttgart : Teubner, 1996

[Jan01] JANSEN, Dirk (Hrsg.): *Handbuch der Electronic Design Automation*. München : Hanser, 2001

[KMR08] KÜPFMÜLLER, K. ; MATHIS, W. ; REIBIGER., A.: *Theoretische Elektrotechnik*. 18. Aufl. Berlin : Springer, 2008

[LBL08] LINDNER, Helmut ; BRAUER, Harry ; LEHMANN, Constans: *Taschenbuch der Elektrotechnik und Elektronik*. 9. Aufl. München : Hanser, 2008

[Lun91] LUNZE, Klaus: *Einführung in die Elektrotechnik, Lehrbuch*. 13. Aufl. Berlin : Verlag Technik, 1991

[Max65] MAXWELL, James C.: A Dynamical Theory of the Electromagnetic Field. In: *Philosophical Transactions of the Royal Society of London* 155 (1865), S. 459–512

[Max73a] MAXWELL, James C.: *A Treatise on Electricity and Magnetism*. Bd. 1. The Clarendon Press, 1873

[Max73b] MAXWELL, James C.: *A Treatise on Electricity and Magnetism*. Bd. 2. Oxford : The Clarendon Press, 1873

[Max83a] MAXWELL, James C. ; WEINSTEIN, Dr. B. (Hrsg.): *Lehrbuch der ElectricitÃ¤t und des Magnetismus*. Bd. Band 1. 1. Berlin : Verlag von Julius Springer, 1883

[Max83b] MAXWELL, James C. ; WEINSTEIN, Dr. B. (Hrsg.): *Lehrbuch der ElectricitÃ¤t und des Magnetismus*. Bd. Band 2. 1. Berlin : Verlag von Julius Springer, 1883

[Mey11] MEYER, Martin: *Signalverarbeitung*. 6. Aufl. Wiesbaden : Vieweg+Teubner, 2011

[Mic81] MICHELSON, Albert A.: The Relative Motion of the Earth and the Luminiferous Ether. In: *American Journal of Science* 22 (1881), August, Nr. 128, S. 120–129. http://dx.doi.org/https://doi.org/10.2475/ajs.s3-22.128.120. – DOI https://doi.org/10.2475/ajs.s3–22.128.120. – ISSN 0002–9599

[Mil06] MILTON, Kimball A.: Theoretical and experimental status of magnetic monopoles. In: *Reports on Progress in Physics* 69 (2006), Nr. 6, S. 1637–1712

[Müh08] MÜHL, Thomas: *Einführung in die elektrische Messtechnik: Grundlagen, Messverfahren, Geräte*. 3., neu bearbeitete Aufl. Wiesbaden : Vieweg+Teubner, 2008

[Mün87] MÜNCH, Waldemar von: *Elektrische und magnetische Eigenschaften der Materie*. Stuttgart : Teubner, 1987

[NP73] NAGEL, Laurence W. ; PEDERSON, Don O.: Simulation Program with Integrated Circuit Emphasis / Berkeley : University of California, Electronics Research Laboratory. 1973 (Memo ERL-M382). – Forschungsbericht

[NT98] NELLES, Dieter ; TUTTAS, Christian: *Elektrische Energietechnik*. Stuttgart : Teubner, 1998

[OS16] OLKA, O ; STIEBLER, M: Anwendungsfall-optimierte Bereitstellung von Blindleistung aus dezentralen Erzeugungsanlagen im 110-kV-Verteilnetz. In: *Symposium Energieinnovation, Graz* (2016)

[Phi00] PHILIPPOW, Eugen: *Grundlagen der Elektrotechnik*. 10. Aufl. Berlin : Verlag Technik, 2000

[Raj12] RAJANTIE, Arttu: Introduction to Magnetic Monopoles. In: *Contemporary Physics* 53 (2012), Mai, Nr. 3, S. 195–211. http://dx.doi.org/https://doi.org/10.1080/00107514.2012.685693. – DOI https://doi.org/10.1080/00107514.2012.685693. – ISSN 1366–5812

[RDV22] R., Workman. ; D., Burkert V. ; V., Crede: Review of Particle Physics. In: *Progress of Theoretical and Experimental Physics* 2022 (2022), August, Nr. 8. http://dx.doi.org/https://doi.org/10.1093/ptep/ptac097. – DOI https://doi.org/10.1093/ptep/ptac097. – ISSN 2050–3911

[Sim89] SIMONYI, Károly: *Theoretische Elektrotechnik*. 9. Aufl. Berlin : VEB Deutscher Verlag der Wissenschaften, 1989

[SS07] SIEMERS, Christian (Hrsg.) ; SIKORA, Axel (Hrsg.): *Taschenbuch Digitaltechnik*. 2. Aufl. Leipzig : Fachbuchverlag Leipzig, 2007

[ST22] STANDARDS, National I. ; TECHNOLOGY: *CODATA Internationally recommended values of the Fundamental Physical Constants*. `http://physics.nist.gov/cuu/Constants/`. Version: 2022

[Süß05] SÜSSE, Roland (Hrsg.): *Theoretische Grundlagen der Elektrotechnik*. Bd. 1. 1. Aufl. Stuttgart : Teubner, 2005

[Tet14] TETZLAFF, Ronald: *Memristors and Memristive Systems*. New York : Springer, 2014

[WU12] WEBER, Hubert ; ULRICH, Helmut: *Laplace-, Fourier- und z-Transformation*. 9. Aufl. Wiesbaden : Vieweg+Teubner, 2012

A Anhang

A.1 Griechisches Alphabet

A	α	Alpha	I	ι	Jota	P	ϱ	Rho
B	β	Beta	K	κ	Kappa	Σ	σ	Sigma
Γ	γ	Gamma	Λ	λ	Lambda	T	τ	Tau
Δ	δ	Delta	M	μ	My	Y	υ	Ypsilon
E	ε	Epsilon	N	ν	Ny	Φ	φ	Phi
Z	ζ	Zeta	Ξ	ξ	Xi	X	χ	Chi
H	η	Eta	O	o	Omikron	Ψ	ψ	Psi
Θ	ϑ	Theta	Π	π	Pi	Ω	ω	Omega

A.2 SI-Einheiten

Tabelle A.2: SI-Einheiten nach [dina]; die Basiseinheiten sind fett gedruckt

Größe	Formelzeichen	SI-Einheit	Einheitenzeichen	Definitionsgleichung
Mechanik				
Länge	l	**Meter**	m	
Zeit	t	**Sekunde**	s	
Frequenz	f	Hertz	Hz	1 Hz = 1/s
Kreisfrequenz	ω	reziproke Sekunde	$1/\mathrm{s} = \mathrm{s}^{-1}$	
Drehzahl	n	reziproke Sekunde	1/s, (1/min)	
Geschwindigkeit	v	Meter durch Sekunde	m/s	
Beschleunigung	a	Meter durch Sekunde hoch zwei	$\mathrm{m/s^2}$	
Masse	m	**Kilogramm**	kg	
Kraft	F	Newton	N	$1\,\mathrm{N} = 1\,\mathrm{kg\,m/s^2}$
Gewichtskraft	G	Newton	N	$1\,\mathrm{N} = 1\,\mathrm{kg\,m/s^2}$
Energie, Leistung				
Energie, Arbeit	W	Joule	J	$1\,\mathrm{J} = 1\,\mathrm{Nm} = 1\,\mathrm{Ws} = 1\,\mathrm{kg\,m^2/s^2}$
Energiedichte	w	Joule durch Kubikmeter	$\mathrm{J/m^3}$	
Leistung (Energiestrom)	P	Watt	W	$1\,\mathrm{W} = 1\,\mathrm{J/s} = 1\,\mathrm{VA} = 1\,\mathrm{Nm/s}$

T. Harriehausen und D. Schwarzenau, *Moeller Grundlagen der Elektrotechnik*,
https://doi.org/10.1007/978-3-658-49993-8

Temperatur, Wärme				
Temperatur	T	**Kelvin**	K	
Celsius-Temperatur	ϑ	Grad Celsius	°C	
Wärmemenge	Q	Joule	J	1 J = 1 Nm = 1 Ws = 1 kg m²/s²
Elektrische Größen				
el. Stromstärke	I	**Ampere**	A	
el. Stromdichte	J	Ampere durch Quadratmeter	A/m²	
el. Ladung	Q	Coulomb	C	1 C = 1 As
el. Flussdichte	D	Coulomb durch Quadratmeter	C/m²	
el. Spannung	U	Volt	V	1 V = 1 W/A
el. Feldstärke	E	Volt durch Meter	V/m	
Scheinleistung	S	Voltampere	VA	
Blindleistung	Q	Var	var	
el. Widerstand	R	Ohm	Ω	1 Ω = 1 V/A
el. Leitwert	G	Siemens	S	1 S = 1 A/V
spez. Widerstand	ϱ	Ohmmeter	Ωm	
el. Leitfähigkeit	κ	Siemens durch Meter	S/m	
el. Kapazität	C	Farad	F	1 F = 1 As/V = 1 s/Ω
Permittivität	ε	Farad durch Meter	F/m	1 F/m = 1 As/Vm
Magnetische Größen				
mag. Fluss	Φ	Weber, Voltsekunde	Wb, Vs	1 Wb = 1 Vs
mag. Flussdichte	B	Tesla	T	1 T = 1 Vs/m²
mag. Spannung	V	Ampere	A	
mag. Feldstärke	H	Ampere durch Meter	A/m	
mag. Leitwert	Λ	Henry	H	1 H = 1 Vs/A = 1 Ωs
Induktivität	L	Henry	H	1 H = 1 Vs/A = 1 Ωs
Permeabilität	μ	Henry durch Meter	H/m	1 H/m = 1 Vs/Am

Tabelle A.3: Vorsätze zur Bezeichnung von Zehnerpotenzen von Einheiten nach [dina]

Yotta-	(Y)	für das 10^{24}-fache	Dezi-	(d)	für das 10^{-1}-fache
Zetta-	(Z)	für das 10^{21}-fache	Zenti-	(c)	für das 10^{-2}-fache
Exa-	(E)	für das 10^{18}-fache	Milli-	(m)	für das 10^{-3}-fache
Peta-	(P)	für das 10^{15}-fache	Mikro-	(µ)	für das 10^{-6}-fache
Tera-	(T)	für das 10^{12}-fache	Nano-	(n)	für das 10^{-9}-fache
Giga-	(G)	für das 10^{9}-fache	Piko-	(p)	für das 10^{-12}-fache
Mega-	(M)	für das 10^{6}-fache	Femto-	(f)	für das 10^{-15}-fache
Kilo-	(k)	für das 10^{3}-fache	Atto-	(a)	für das 10^{-18}-fache
Hekto-	(h)	für das 10^{2}-fache	Zepto-	(z)	für das 10^{-21}-fache
Deka-	(da)	für das 10-fache	Yokto-	(y)	für das 10^{-24}-fache

A.3 Elektrische Leitungseigenschaften einiger Werkstoffe

Tabelle A.4: Elektrische Leitfähigkeit $\varkappa_{20}$ sowie Temperaturkoeffizienten α_{20} und β_{20} von ϱ_{20}; alle Angaben für 20 °C

Werkstoff	$\frac{\varkappa_{20}}{\mathrm{Sm/mm^2}}$	$\frac{\alpha_{20}}{10^{-3}\mathrm{K}^{-1}}$	$\frac{\beta_{20}}{10^{-6}\mathrm{K}^{-2}}$
Aluminium, weich	36	3,7 ... 5,0	1,3
hart	33 ... 34		
Bronze, Draht	18 ... 48	0,5	
Chromnickel WM 100	0,9 ... 1,4	0,2	
Eisen, Flussstahl	7 ... 10	4,5 ... 6	6
Gold	45	3,9	0,5
Konstantan WM 50	2	0,01	
Kupfer, weich	57	3,9 ... 4,3	0,6
hart	55 ... 56		
Manganin WM 43	2,32	0,01	
Messing	12 ... 15,9	1,5 ...4	1,6
Nickel	10 ... 15	3,7 ... 6	9
Platin	10,2	2 ... 4	0,6
Quecksilber	1,063	0,92	1,2
Silber	60 ... 62	3,8	0,7
Wolfram	18,2	4,1	1

Tabelle A.5: Mittelwerte spezifischer Widerstände ϱ in Ωcm bei 20 °C von Isolierstoffen

Werkstoff	ϱ	Werkstoff	ϱ
Aminoplast-Pressmasse	10^{11}	Phenolharz	10^{11}
Bitumen-Vergussmasse	10^{15}	Plexiglas	10^{15}
Epoxydharze	10^{16}	Polystyrol	10^{17}
Glas	10^{14}	Polyvinylchlorid, hart	10^{15}
Hartgummi	10^{16}	weich	10^{13}
Hartpapier	10^{10}	Quarz	10^{16}
Hartporzellan	10^{14}	Silikonöl	10^{14}
Papier, getränkt	10^{15}	Wasser, destilliert	10^{10}

A.4 Schaltzeichen

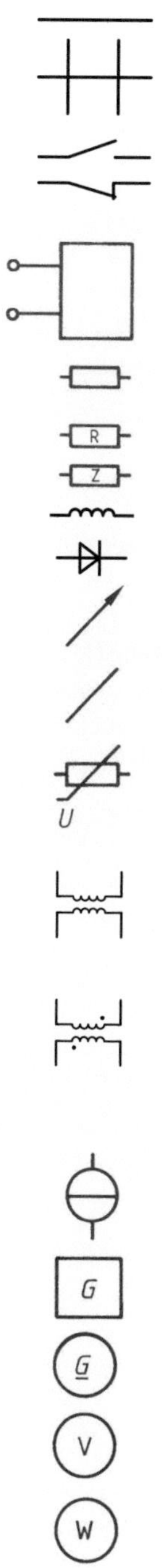

- Leitung, allgemein
- Kreuzung von Leitungen ohne Verbindung
- Einschalter, Schließer
- Umschalter, Wechsler
- allgemeiner Zweipol
- Widerstand, allgemein
- Wirkwiderstand
- komplexer Widerstand
- Induktivität
- Diode
- Veränderbarkeit, nicht inhärent
- Veränderbarkeit, inhärent
- spannungsabhängiger Widerstand
- Transformator mit zwei getrennten Wicklungen
- magnetisch gekoppelte Induktivitäten mit entgegengesetztem Wicklungssinn
- ideale Stromquelle
- Generator, allgemein
- Gleichspannungsgenerator
- Spannungsmesser, Voltmeter
- Leistungsmesser, Wattmeter

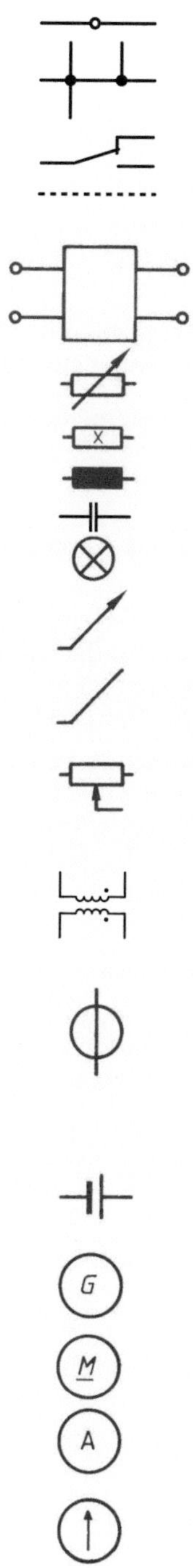

- Anschluss (z. B. Klemme)
- feste leitende Verbindung
- Ausschalter, Öffner
- mechanische Wirkverbindung
- allgemeines Zweitor
- veränderbarer Widerstand
- Blindwiderstand
- Induktivität (veraltet)
- Kapazität
- Lampe, allgemein
- Veränderbarkeit, nicht inhärent, nichtlinear
- Veränderbarkeit, inhärent, nichtlinear
- Widerstand mit Schleifkontakt, Potentiometer
- magnetisch gekoppelte Induktivitäten mit gleichem Wicklungssinn
- ideale Spannungsquelle
- Akkumulator, Batterie
- rotierender Generator
- Gleichstrommotor
- Strommesser, Amperemeter
- Galvanometer

A.5 Symbole und Schreibweisen

Zusätzliche Auszeichnung eines Größensymbols nach [dine], [dind]

$\{x\}$	Zahlenwert einer Größe $x = \{x\} \cdot [x]$
$[x]$	Einheit einer Größe $x = \{x\} \cdot [x]$
$\overline{x}$	Linearer Mittelwert
$\overline{\lvert x \rvert}$	Linearer Mittelwert der Absolutwerte (Gleichrichtwert)
X	Effektivwert, wenn für die Größe der Groß- (X) und Kleinbuchstabe (x) als Formelzeichen festgelegt sind (s. Liste der Formelzeichen in Anhang A.7)
x_{max}	Maximalwert
$\hat{x}$	Scheitelwert einer Wechselgröße, Amplitude einer Sinusgröße
x_{12}	Zählpfeilgröße, d. h. vorzeichenbehaftete skalare Größe, die eine orientierte Wirkung beschreibt
$\underline{X}$	Komplexe Größe oder Matrix
$\underline{X}^*$	Konjugiert komplexe Größe
$\vec{x}$	Vektor
$y(x)$	Abhängigkeit der Größe y von der Größe x, wenn diese Abhängigkeit betont werden soll

Die Zeitabhängigkeit einer Größe wird herausgestellt durch:

x	Kleinbuchstabe, wenn für die Größe der Klein- (x) und der Großbuchstabe (X) festgelegt sind (s. Formelzeichenliste in Anhang A.7)
$x(t)$	t in Klammern, wenn für die Größe nur der Groß- (X) oder nur der Kleinbuchstabe (x) als Formelzeichen festgelegt ist
$\dot{x}$	zeitliche Ableitung einer Größe x ($\dot{}$ = $\mathrm{d}/\mathrm{d}t$)

A.6 Indizes

Die folgende Aufstellung ist zeilenweise zu lesen.

a	äußerer Wert	a	Anfangswert
Al	Aluminium	B	Blindleitwert
b	Blindkomponente	C	Kapazität
Cu	Kupfer	d	dielektrischer Wert
d, diff	differenziell	dr	Drossel
E, ers	Ersatzgröße	e	Elektron
e, el	elektrischer Wert	eff	effektiver Wert
f	Oberflächenwert	Fe	Eisen, ferromagnetisch
G	Generator	G	Wirkleitwert
g, ges	Gesamtwert	h, hom	homogen
i	innerer Wert	i	Strom
k	Kurzschlusswert	L	Induktivität
M	Messgerät	m, mag	magnetischer Wert
max	Maximalwert	mech	mechanischer Wert

mi	Mittelwert	min	Kleinstwert
N, nom	Nominalwert, Nennwert	n	Normalkomponente
p	Parallelschaltung	p	partikulär
p	Proton	q	Quelleigenschaft (eingeprägt)
R	Wirkwiderstand	r	Reihenschaltung; Remanenzwert
r	relativ	rev	reversibel
Str	Strangwert	t	Tangentialkomponente
u	Spannung	ü	Überschwingwert
v	Verbraucher	v	Verschiebung
W	Energie	w	Wirkkomponente
X	Blindwiderstand	Y	komplexer Leitwert, Admittanz
Z	komplexer Widerstand, Impedanz	zul	zulässiger Wert
0	Anfangswert	0	Leerlaufwert
0	ungedämpft	0	leerer Raum
1	primär, Eingang	2	sekundär, Ausgang
∞	Endwert	δ	Luftspalt
res	Resonanzwert	σ	Streuungswert
ν, μ	Zahlenfolge 1, 2, ...	–	Gleichgröße
$\sim$	Wechselgröße	Δ	Dreieckschaltung
⅄	Sternschaltung	_⌐	Sprungerregung

A.7 Formelzeichen

Die folgende Aufstellung ist zeilenweise zu lesen.

A	Fläche, Querschnitt	a	Beschleunigung
a_ν	Fourier-Koeffizient	a_0	Gleichanteil
B	magnetische Flussdichte	B	Blindleitwert
B_r	Remanenzinduktion	B	Bandbreite
b_ν	Fourier-Koeffizient	C	elektrische Kapazität
$\underline{c}_\nu$	Koeffizient der komplexen Fourier-Reihe	C_F	Crest-Faktor, Scheitelfaktor
c_0	Lichtgeschwindigkeit im leeren Raum	D	Determinante
D	elektrische Flussdichte	d	Durchmesser
d	Dämpfung	E	elektrische Feldstärke
e	Elementarladung	e	Basis des natürlichen Logarithmus
F	Fehler, Abweichung	F	Formfaktor
F	Kraft	f	Frequenz
G	Wirkleitwert	g	Grundschwingungsgehalt
H	magnetische Feldstärke	H_c	Koerzitivfeldstärke
h	Höhe	I, i	Strom
J	Stromdichte	J	magnetische Polarisation

j	$\sqrt{-1}$
k	Boltzmann-Konstante
k, d	Klirrfaktor
l	Länge, Strecke
M	Gegeninduktivität
m	Anzahl der Maschengleichungen
N	Windungszahl
n	Drehzahl
P	Wirkleistung
p	Parameter
Q	Blindleistung
R	Wirkwiderstand, Resistanz
r	Radius
s	Schwingungsgehalt
T	Periodendauer
U, u	elektrische Spannung
$ü$	Übersetzungsverhältnis
V	magnetische Spannung
v	Geschwindigkeit
W	Energie, Arbeit
w	Welligkeit
Y	Scheinleitwert
z	Anzahl der Zweige
β	Blindfaktor
Δ	Differenz
δ	Luftspaltlänge
ε	Sprungfunktion, Einheitssprung
ε_0	elektrische Feldkonstante
Θ	elektrische Durchflutung
ϑ	Celsius-Temperatur (in °C)
κ	elektrische Leitfähigkeit
λ	Linienladungsdichte
λ	Leistungsfaktor
μ_0	magnetische Feldkonstante
ξ	Scheitelfaktor
ϱ	Raumladungsdichte
σ	Flächenladungsdichte
σ_{mech}	mechanische Spannung
τ	Lebensdauer
φ	elektrisches Potenzial
φ_i	Nullphasenwinkel des Stromes
φ_Y	Argument des komplexen Leitwertes
Ψ	elektrischer Fluss
$\mathring{\Psi}$	elektrischer Hüllenfluss
ω	Winkelgeschwindigkeit
k	Anzahl der Knoten
k	Kopplungsgrad
L	Induktivität
M_d	Drehmoment
m	Masse
m_e	Ruhemasse des Elektrons
n	Anzahl
P, p	Leistung
p	Pulszahl
Q	elektrische Ladung
Q	Güte
R_m	magnetischer Widerstand, Reluktanz
S	Scheinleistung
T	Thermodynamische Temperatur (in K)
t	Zeit
$\mathring{U}, \mathring{u}$	elektrische Umlaufspannung
V	Volumen, Rauminhalt
$\mathring{V}$	magnetische Umlaufspannung
v	Verstimmung
w	Energiedichte
X	Blindwiderstand, Reaktanz
Z	Scheinwiderstand
α	linearer Temperaturkoeffizient
β	quadratischer Temperaturkoeffizient
δ	Verlustwinkel
ε	Permittivität
ε_r	relative Permittivität
η	Wirkungsgrad
Θ	Laufwinkel
θ	Dämpfungsgrad
Λ	magnetischer Leitwert
λ	Wellenlänge
μ	Permeabilität
ν	Teilschwingungszahl
ϱ	Dichte
ϱ	spezifischer Widerstand
σ	Streuung
τ	Zeitkonstante
Φ	magnetischer Fluss
φ	Phasenverschiebungswinkel, Argument der Impedanz
φ_u	Nullphasenwinkel der Spannung
χ	Suszeptibilität
Ψ	magnetischer Spulenfluss
Ω	relative Frequenz
ω	Kreisfrequenz

A.8 Werte der Normreihe E 24

Die Werte der Normreihe E 12 sind fett gedruckt.

1,0	1,1	**1,2**	1,3	**1,5**	1,6	**1,8**	2,0	**2,2**	2,4	**2,7**	3,0
3,3	3,6	**3,9**	4,3	**4,7**	5,1	**5,6**	6,2	**6,8**	7,5	**8,2**	9,1

A.9 Werte wichtiger Naturkonstanten

Werte nach [ST22]. Nach den drastischen Korrekturen im Jahr 2010, die weit über die bis dahin geltenden Unsicherheitsbereiche hinaus gingen, wurden die Werte vieler sogenannter „Naturkonstanten" mit Wirkung von Mai 2019 erneut erheblich revidiert. Seit dieser Revision ist μ_0 keine Konstante mehr, sondern ein experimentell zu bestimmender Wert.

c_0	$= 299\,792\,458\,\mathrm{m/s}$ (exakt)	Lichtgeschwindigkeit im leeren Raum
μ_0	$\approx 4\pi \cdot 10^{-7}\mathrm{H/m} \approx 1{,}256\,637\,061\,27\,\mu\mathrm{H/m}$	magnetische Feldkonstante
ε_0	$\approx 1/(\mu_0 c_0^2) \approx 8{,}854\,187\,8188 \cdot 10^{-12}\,\mathrm{As/(Vm)}$	elektrische Feldkonstante
e	$= 1{,}602\,176\,634 \cdot 10^{-19}\mathrm{C}$ (exakt)	Elementarladung
F	$= 96.485{,}332\,12\,\mathrm{C\,mol^{-1}}$ (exakt)	Faraday-Konstante
m_e	$\approx 9{,}109\,383\,7139 \cdot 10^{-31}\,\mathrm{kg}$	Ruhemasse des Elektrons
m_p	$\approx 1{,}672\,621\,925\,95 \cdot 10^{-27}\,\mathrm{kg}$	Ruhemasse des Protons
N_A	$= 6{,}022\,140\,76 \cdot 10^{23}\,\mathrm{mol^{-1}}$ (exakt)	Avogadro-Konstante, Loschmidt-Zahl
h	$= 6{,}626\,070\,15 \cdot 10^{-34}\,\mathrm{Js}$ (exakt)	Planck-Konstante

Stichwortverzeichnis

T. Harriehausen und D. Schwarzenau, *Moeller Grundlagen der Elektrotechnik*,
https://doi.org/10.1007/978-3-658-49993-8